装备科技译著出版基金

# 动态系统概率模型(第2版)

Probabilistic Models for Dynamical Systems
Second Edition

[美] Haym Benaroya
　　 Seon Mi Han　　主编
　　 Mark Nagurka

李秋红　王平　史冬岩　译
薛开　主审

国防工业出版社

·北京·

著作权合同登记　图字:军-2018-059号

**图书在版编目(CIP)数据**

动态系统概率模型:第2版/(美)海姆·贝纳罗亚 (Haym Benaroya),(美)韩善美(Seon Mi Han),(美) 马克·纳古卡(Mark Nagurka)主编;李秋红,王平, 史冬岩译.—北京:国防工业出版社,2023.2
书名原文:Probabilistic Models for Dynamical Systems:Second Edition
ISBN 978-7-118-12795-9

Ⅰ.①动… Ⅱ.①海…②韩…③马…④李…⑤王… ⑥史… Ⅲ.①动态系统-概率-数学模型 Ⅳ.①N94

中国国家版本馆 CIP 数据核字(2023)第028861号

Probabilistic Models for Dynamical Systems
Second Edition
by Haym Benaroya, Seon Mi Han and Mark Nagurka.
ISBN 978-1-4398-4989-7
Authorized translation from English language edition published by CRC Press, part of Taylor & Francis Group LLC; All rights reserved.

本书原版由 Taylor & Francis 出版集团旗下, CRC 出版公司出版, 并经其授权翻译出版. 版权所有, 侵权必究.

National Defense Industry Press is authorized to publish and distribute exclusively the Chinese (Simplified Characters) language edition. This edition is authorized for sale throughout Mainland of China. No part of the publication may be reproduced or distributed by any means, or stored in a database or retrieval system, without the prior written permission of the publisher.

本书中文简体翻译版经授权由国防工业出版社独家出版,并限在中国大陆地区销售。未经出版者书面许可,不得以任何方式复制或发行本书的任何部分。
Copies of this book sold without a Taylor & Francis sticker on the cover are unauthorized and illegal. 本书封面贴有 Taylor & Francis 公司防伪标签,无标签者不得销售。

※

国防工业出版社出版发行
(北京市海淀区紫竹院南路23号　邮政编码100048)
三河市腾飞印务有限公司印刷
新华书店经售

\*

开本710×1000　1/16　印张45　字数815千字
2023年2月第1版第1次印刷　印数1—1500册　定价269.00元

**(本书如有印装错误,我社负责调换)**

国防书店:(010)88540777　　书店传真:(010)88540776
发行业务:(010)88540717　　发行传真:(010)88540762

# 第1版前言

《动态系统概率模型》为工程师和科学家们提供了一套概率建模的完备系统,适用于解决工程和科学应用方面的概率建模问题。

本书适合本科生或研究生等不同层次的学生来学习。本书的特色包括:完整独立地阐述一些概率概念和原理,同时由浅入深地选择了大量的例题和习题,因此本书非常适合自学;此外,书中还有包含一些人物传记、章末习题和文献脚注。增加脚注主要有两个目的:一是标注引用、参考文献和适当的拓展讨论;二是向读者推荐相关期刊文献和非常有价值的书籍。

书中的人物传记并不是为了阐述其在本领域的历史地位和人生经历的丰富性,而是为了让读者了解相关研究主题与该人物的基本关系。一般我们在研究时很少花时间去了解相关人物事迹,但不可忽视的是,这些人物在历史上确实为学科发展做出了宝贵的贡献。书中的传记和肖像,已经苏格兰圣安德鲁斯大学数学与计算机科学学院的 E. F. Roberton 和 J. J. O'Connor 教授许可,从万维网下载的。网站网址为 http://WWW. GROUPS. DCS. STANDDREWS. AC. UK/HISTORY/INDEX. HTML。

本书自成体系,学生可以借助本书自行进行从概率入门到高阶的学习。如确需研究概率的其他观点内容,可参考其他引用文献。

教师也可以灵活地运用本书进行不同层次的教学。一般来说,本科生可以讲授第1章~第4章概率简述,第5章随机过程,第6章单自由度系统随机振动和第9章可靠性。研究生或高年级学生可以学习本书全部内容。

我们为本书创建了一个更正和附加注释的网页:http:// CSXE. RUTGERS. EDU/ LINKS. HTML。该网站上也有一些其他有趣的主题。

在阅读本书中,读者如有疑问,敬请批评指正,也欢迎联系作者:BENAROYA@ RUTGERS. EDU , SEONHAN@ TTU. EDU。

# 第 2 版前言

《动态系统概率模型》第 1 版已出版多年,为了使读者更轻松和愉快地阅读本书,第 2 版在第 1 版的基础上进行了重新编写。同时,增加了新的内容和习题,如第 14 章"机电系统控制的概率模型"。鉴于第 1 版中人物传记部分受到了好评,在第 2 版中我们又增加了几个新的人物传记。

我们认为本书的内容不仅适用于本科生和研究生的学习,也为读者提供了概率建模的核心理解及更加复杂的分支学科的介绍,有助于读者转向更专业的研究。

在阅读本书中,读者如果有任何疑问,敬请批评指正,也欢迎联系作者:BENAROYA@ RUTGERS. EDU , SEONHAN @ TTU. EDU , MARK. NAGURKA @ MARQUETTE. EDU。

# 目　　录

## 第 1 章　绪论 ································································· 1
### 1.1　应用 ·································································· 1
#### 1.1.1　结构的随机振动 ············································· 1
#### 1.1.2　疲劳寿命 ······················································ 2
#### 1.1.3　海浪力 ·························································· 4
#### 1.1.4　风力 ····························································· 6
#### 1.1.5　材料属性 ······················································ 8
#### 1.1.6　统计和概率 ··················································· 9
### 1.2　单位 ·································································· 10
### 1.3　本书结构 ··························································· 10
### 1.4　格言 ·································································· 10
### 1.5　习题 ·································································· 11

## 第 2 章　事件与概率 ························································ 12
### 2.1　集合 ·································································· 12
#### 2.1.1　基本事件 ······················································ 13
#### 2.1.2　运算规则 ······················································ 16
### 2.2　概率 ·································································· 21
#### 2.2.1　概率公理 ······················································ 23
#### 2.2.2　公理的扩展 ··················································· 24
#### 2.2.3　条件概率 ······················································ 25
#### 2.2.4　相互统计独立性 ············································· 26
#### 2.2.5　总概率 ·························································· 28
#### 2.2.6　贝叶斯定理 ··················································· 31
### 2.3　本章小结 ··························································· 38
### 2.4　格言 ·································································· 38

2.5 习题 ········································································································· 38

## 第3章 随机变量模型 ··················································································· 41

3.1 概率分布函数 ························································································ 41
3.2 概率密度函数 ························································································ 43
3.3 概率质量函数 ························································································ 49
3.4 数学期望 ······························································································· 51
 3.4.1 均值 ···························································································· 51
 3.4.2 方差 ···························································································· 53
3.5 常用连续型概率密度函数 ······································································ 58
 3.5.1 均匀分布 ······················································································ 59
 3.5.2 指数分布 ······················································································ 61
 3.5.3 正态或高斯分布 ············································································ 62
 3.5.4 对数正态分布 ················································································ 72
 3.5.5 瑞利分布 ······················································································ 75
3.6 离散随机变量的概率分布函数 ······························································· 81
 3.6.1 二项式分布函数 ············································································ 81
 3.6.2 泊松分布函数 ················································································ 82
3.7 矩量母函数(动差生成函数) ··································································· 83
 3.7.1 特征函数 ······················································································ 85
3.8 两个随机变量 ························································································ 88
 3.8.1 边缘密度 ······················································································ 89
 3.8.2 条件密度函数 ················································································ 95
 3.8.3 再谈总概率 ··················································································· 99
 3.8.4 协方差与相关性 ·········································································· 100
3.9 本章小结 ····························································································· 107
3.10 格言 ·································································································· 107
3.11 习题 ··································································································· 108

## 第4章 随机变量函数 ················································································· 114

4.1 单随机变量的精确函数 ········································································ 114
4.2 多随机变量函数 ·················································································· 120
 4.2.1 一般情况 ···················································································· 131

4.3 近似分析 ································································· 139
    4.3.1 直接法 ····························································· 140
    4.3.2 一般函数 $X$ 展开到 $\sigma_x^2$ 的均值与方差 ······················· 142
    4.3.3 多变量一般函数的均值和方差 ·································· 146
4.4 蒙特卡罗法 ······························································ 154
    4.4.1 独立均匀随机数 ················································· 154
    4.4.2 独立正态随机数 ················································· 157
    4.4.3 离散化过程 ······················································· 158
    4.4.4 联合分布随机变量的生成 ······································· 160
4.5 本章小结 ································································ 161
4.6 格言 ····································································· 161
4.7 习题 ····································································· 162

# 第5章 随机过程 ···························································· 166

5.1 基本随机过程 ··························································· 166
5.2 集合平均法 ······························································ 167
5.3 平稳性 ··································································· 171
5.4 平稳过程导数的相关函数 ············································ 179
5.5 傅里叶级数与傅里叶变换 ············································ 181
    5.5.1 筛选定理 ··························································· 188
    5.5.2 时间差分 ··························································· 191
    5.5.3 卷积定理 ··························································· 191
    5.5.4 移位定理 ··························································· 193
    5.5.5 比例定理 ··························································· 194
5.6 谐波过程 ································································ 194
5.7 功率谱 ··································································· 196
    5.7.1 维纳–辛钦定理的讨论 ·········································· 198
    5.7.2 功率谱单元 ······················································· 215
5.8 窄带和宽带过程 ························································ 217
    5.8.1 白噪声处理 ······················································· 220
5.9 相关函数和谱密度的解释 ············································ 220
5.10 平稳随机过程导数的谱密度 ········································· 221
5.11 平稳随机过程的傅里叶表达 ········································· 223

  5.11.1 博格曼频率离散化方法 ········· 228
 5.12 本章小结 ········· 231
 5.13 格言 ········· 231
 5.14 习题 ········· 231

# 第6章 单自由度系统的振动 ········· 236

 6.1 激励实例 ········· 237
  6.1.1 卫星运送 ········· 237
  6.1.2 火箭 ········· 239
 6.2 牛顿第二运动定律 ········· 239
 6.3 无阻尼自由振动 ········· 246
 6.4 无阻尼谐波强迫振动 ········· 247
  6.4.1 共振 ········· 248
 6.5 黏性阻尼自由振动 ········· 251
 6.6 强迫谐波振动 ········· 253
  6.6.1 谐波基础激励 ········· 255
 6.7 脉冲激励 ········· 260
 6.8 任意载荷:Duhamel 卷积积分 ········· 262
 6.9 频率响应函数 ········· 266
 6.10 一维随机载荷响应 ········· 268
  6.10.1 响应均值 ········· 268
  6.10.2 响应相关性 ········· 269
  6.10.3 响应谱密度 ········· 274
 6.11 二维随机载荷响应 ········· 283
 6.12 本章小结 ········· 289
 6.13 格言 ········· 289
 6.14 习题 ········· 290

# 第7章 多自由度系统的振动 ········· 294

 7.1 确定性振动 ········· 294
  7.1.1 脉冲响应函数 ········· 295
  7.1.2 模态分析 ········· 297
  7.1.3 模态分析的优点 ········· 302

## 7.2 随机载荷响应 ······ 304
### 7.2.1 单个随机载荷引起的响应 ······ 305
### 7.2.2 多随机载荷响应 ······ 308
## 7.3 周期性结构 ······ 325
### 7.3.1 完美的晶格模型 ······ 325
### 7.3.2 缺陷的影响 ······ 327
## 7.4 振动反问题 ······ 329
### 7.4.1 确定性振动反问题 ······ 330
### 7.4.2 不确定性数据的影响 ······ 332
## 7.5 随机特征值 ······ 337
## 7.6 本章小结 ······ 343
## 7.7 格言 ······ 343
## 7.8 习题 ······ 343

# 第 8 章 连续振动系统 ······ 349
## 8.1 确定性连续系统 ······ 349
### 8.1.1 弦的分析 ······ 349
### 8.1.2 梁的轴向振动 ······ 351
### 8.1.3 横向振动梁 ······ 354
## 8.2 特征值问题 ······ 355
### 8.2.1 正交性 ······ 356
### 8.2.2 固有频率和振型 ······ 357
## 8.3 确定性振动 ······ 362
### 8.3.1 自由振动响应 ······ 362
### 8.3.2 通过特征函数展开的强迫振动响应 ······ 364
## 8.4 连续系统的随机振动 ······ 368
### 8.4.1 响应谱密度的推导 ······ 369
## 8.5 复杂载荷承重梁 ······ 377
### 8.5.1 轴向力梁的横向振动 ······ 377
### 8.5.2 弹性地基上梁的横向振动 ······ 380
### 8.5.3 梁对移动力的响应 ······ 384
## 8.6 本章小结 ······ 387
## 8.7 格言 ······ 387

8.8 习题 ································································· 388

# 第9章 可靠性 ································································· 391

9.1 简介 ································································· 391

9.2 首次超越破坏 ································································· 392

 9.2.1 指数失效定律 ································································· 393

 9.2.2 修正的指数失效定律 ································································· 401

 9.2.3 上交叉率 $v_Z^+$ ································································· 402

 9.2.4 窄带过程的包络函数 ································································· 409

 9.2.5 高斯窄带过程的赖斯包络函数 ································································· 410

9.3 其他失效定律 ································································· 422

 9.3.1 伽马失效定律 ································································· 422

 9.3.2 正态失效定律 ································································· 424

 9.3.3 威布尔失效定律 ································································· 424

9.4 疲劳寿命预测 ································································· 426

 9.4.1 失效曲线 ································································· 428

 9.4.2 平稳随机过程的峰值分布 ································································· 430

 9.4.3 高斯过程的峰值分布 ································································· 432

 9.4.4 特殊情况 ································································· 435

9.5 本章小结 ································································· 442

9.6 格言 ································································· 442

9.7 习题 ································································· 442

# 第10章 非线性和随机动态模型 ································································· 445

 10.0.1 引言 ································································· 445

 10.0.2 非线性振动的例子 ································································· 447

 10.0.3 单摆的近似解 ································································· 450

 10.0.4 单摆的精确解 ································································· 450

 10.0.5 Duffing 方程和范德波尔方程 ································································· 452

10.1 相平面 ································································· 453

 10.1.1 平衡的稳定性 ································································· 457

10.2 统计等效线性化 ································································· 460

 10.2.1 等效非线性化 ································································· 469

- 10.3 扰动或扩展方法 470
  - 10.3.1 Lindstedt – Poincaré 方法 475
  - 10.3.2 准谐波系统的强迫振荡 478
  - 10.3.3 跳跃现象 481
  - 10.3.4 非自治系统的周期解 482
  - 10.3.5 随机杜芬振荡器 489
  - 10.3.6 次谐波和超谐波振荡 490
- 10.4 Mathieu 方程 493
- 10.5 范德波尔方程 498
  - 10.5.1 非强迫范德波尔方程 499
  - 10.5.2 限制周期 500
  - 10.5.3 强迫范德波尔方程 501
- 10.6 基于马尔可夫过程的模型 504
  - 10.6.1 概率背景 505
  - 10.6.2 福克 – 普朗克方程 509
- 10.7 本章小结 525
- 10.8 格言 526
- 10.9 习题 526

# 第11章 非平稳模型 529

- 11.1 包络函数模型 533
  - 11.1.1 瞬态响应 534
  - 11.1.2 均方非平稳响应 539
- 11.2 非平稳概述 541
  - 11.2.1 确定性预处理 541
  - 11.2.2 离散随机模型 541
  - 11.2.3 复值随机过程 543
  - 11.2.4 连续随机模型 543
- 11.3 普里斯特利模型 544
  - 11.3.1 斯蒂尔杰斯积分简介 545
  - 11.3.2 普里斯特利模型 546
- 11.4 振动响应 547
  - 11.4.1 稳态振动 547

- 11.4.2 非平稳振动 548
- 11.4.3 无阻尼振动 550
- 11.4.4 欠阻尼振动 551
- 11.5 多自由度振荡器响应 553
  - 11.5.1 输入特征 553
  - 11.5.2 响应特征 555
- 11.6 非平稳和非线性振动 556
  - 11.6.1 非平稳和非线性杜芬方程 558
- 11.7 本章小结 560
- 11.8 格言 560
- 11.9 习题 560

## 第12章 蒙特卡罗法 561

- 12.1 引言 561
- 12.2 随机数生成 564
  - 12.2.1 标准均匀随机数 564
  - 12.2.2 非均匀随机变量的产生 568
  - 12.2.3 组合方法 577
  - 12.2.4 冯·诺依曼的拒绝-接受法 579
- 12.3 联合概率密度的随机数 581
  - 12.3.1 逆变换方法 581
  - 12.3.2 线性变换方法 583
- 12.4 误差估计 586
- 12.5 应用 590
  - 12.5.1 有限维积分的评估 590
  - 12.5.2 生成由功率谱密度定义的稳态随机过程的时间历程 596
- 12.6 本章小结 598
- 12.7 格言 598
- 12.8 习题 599

## 第13章 流体诱发振动 600

- 13.1 洋流和海浪 600
  - 13.1.1 谱密度 601

    13.1.2 海浪谱密度 …………………………………………………… 603
    13.1.3 时间序列的谱密度的近似逼近 …………………………… 608
    13.1.4 时间序列的频谱密度生成 ………………………………… 609
    13.1.5 短期统计 …………………………………………………… 610
    13.1.6 长期统计 …………………………………………………… 614
    13.1.7 线性波理论计算波速度 …………………………………… 616
  13.2 一般流体力 ………………………………………………………… 618
    13.2.1 波浪力规则 ………………………………………………… 618
    13.2.2 小结构的波浪力 – Morison 方程 ………………………… 619
    13.2.3 涡激振动 …………………………………………………… 623
  13.3 实例 ………………………………………………………………… 625
    13.3.1 牵引缆的静态结构 ………………………………………… 626
    13.3.2 铰接塔架上的流体力 ……………………………………… 628
    13.3.3 Weibull 和 Gumbel 波高分布 ……………………………… 630
    13.3.4 重建有效波高的时间序列 ………………………………… 632
  13.4 可用的数值代码 …………………………………………………… 633
  13.5 本章小结 …………………………………………………………… 634
  13.6 格言 ………………………………………………………………… 634

第14章 机电控制系统的概率模型 ……………………………………… 636
  14.1 确定性系统概念 …………………………………………………… 637
    14.1.1 反馈控制简介 ……………………………………………… 638
    14.1.2 反馈控制的优缺点 ………………………………………… 645
    14.1.3 状态空间模型 ……………………………………………… 646
    14.1.4 状态空间模型的传递方程 ………………………………… 651
    14.1.5 可控性和可观测性 ………………………………………… 653
    14.1.6 状态反馈 …………………………………………………… 656
    14.1.7 状态观测 …………………………………………………… 658
    14.1.8 用状态观测器进行状态反馈控制 ………………………… 663
    14.1.9 多变量控制 ………………………………………………… 665
  14.2 随机系统概念 ……………………………………………………… 667
    14.2.1 统计和随机 ………………………………………………… 668
    14.2.2 概率背景 …………………………………………………… 668

- 14.3 随机信号滤波 ······················································· 675
  - 14.3.1 滤波器分类 ·················································· 675
  - 14.3.2 理论滤波器与实际滤波器 ··································· 675
- 14.4 白噪声滤波器 ······················································· 681
  - 14.4.1 白噪声 ······················································· 681
  - 14.4.2 白噪声滤波器特性 ··········································· 682
- 14.5 随机系统模型 ······················································· 688
  - 14.5.1 多输入输出随机系统模型 ···································· 688
- 14.6 卡尔曼滤波器 ······················································· 689
  - 14.6.1 卡尔曼滤波器简介 ··········································· 689
  - 14.6.2 卡尔曼滤波方程推导 ········································· 692
- 14.7 其他问题 ···························································· 701
  - 14.7.1 扩展卡尔曼滤波 ·············································· 701
  - 14.7.2 最优补偿器 ··················································· 702
- 14.8 本章小结 ···························································· 703
- 14.9 格言 ································································· 703

# 第 1 章 绪 论

概率和随机过程是量化不确定性的数学工具,利用这个工具我们就能构建出数学模型来表示输入、输出和系统相关参数的不确定性。

在考虑包含概率问题的任何重大问题之前,我们需要攀登一条陡峭的学习之路。首先,我们必须学习一种新的思维方式——以不确定性作为学习的范式①。对于工程师来说,概率范式并不是最合适的,因为我们接受的教育使我们相信,只要有足够的实验数据和理论,任何问题都可以精确地解决,或者至少在测量公差范围内。但现实告诉我们,确定性只存在于理想化的模型中,在实际物理系统中并不存在。只是有时,在特定的应用中,忽略了不确定性。在本书中,我们运用一些概率的基本概念来研究实际物理系统中存在的不确定性。

首先,我们来了解一些有关激励的例子。

## 1.1 应用

为了证明机械系统建模中不确定性的重要性,我们选择了一些领域的示例来进行讨论。这些示例具有无法用确定性函数精确描述的复杂行为的特征。不考虑其动力学的基本根源是什么,只考虑概率框架模型。就其本质而言,概率模型是用概率相关概念构建可能性的模型,以这种方式对输入进行建模,意味着响应必然具有概率性。

### 1.1.1 结构的随机振动

因为动态载荷太复杂而无法确定性地建模,所以我们需要了解结构的随机振动规律,以便更好地理解结构如何响应动态载荷。我们所提及的工程结构,包含电子元件、汽车、悬索桥等。典型的载荷有飞机上的空气动力载荷和建筑物上的地震载荷。从本质上讲,必须解决的问题是:给定加载的统计数据(即不确定性),响应的统计数据(即最有可能的有界值)是什么? 通常,对于工程应用,最关心的统计数据是平均数或平均值,以及方差或分散。随后,将详细讨论这些概念。有大量关于结构随机振

---

① 范式是一种思维方式。它被视为特定人群共享的信仰、价值观和技术。因此,技术领域的新范式意味着对该领域的全新思考方式。范式转换的例子如非线性动力学中混沌领域的发展。

动的文献[①]对这一主题进行了充分的探讨。本书还涉及概率建模的这一重要应用,值得注意的是,本书介绍和研发的方法适用于工程和物理科学中的各种问题。

假设我们是飞机设计师,负责分析和设计新飞机的机翼。作为熟悉固体力学的工程师,可以根据静态载荷确定机翼尺寸;根据在振动领域的经验,可以评估机翼对谐波或冲击强迫的响应。但是机翼需要为飞行在充满湍流的大气中的飞机提供升力。湍流是一个非常复杂的物理过程,需要概率模型来模拟其行为。这里,确定性的(但非常复杂的)动态过程被建模为随机函数。机翼设计需要空气动力学数据,如图1.1的时间历程所示。

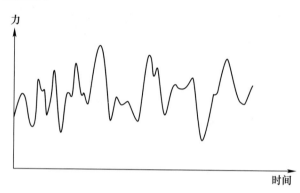

图1.1　湍流力的样本时间历程(振荡具有复杂性和随机性,并且表现为多频能量)

为了理解这种错综复杂的波动,工程师进行了机翼比例模型风洞试验,以确保数学模型能充分表示物理系统。在风洞中,放置机翼,风洞中典型的空气动力作用于机翼,然后收集风力和结构响应的数据并进行分析,通过对附加数据分析,可以估计力的大小。可以计算出这些力平均值的估计值,即可能力的范围。通过这些估计,可以使用概率统计、数据驱动的方法,在各种实际加载情景下,研究机翼行为的复杂物理问题。概率提供了量化不确定性的工具。

本文介绍了概率方法在机械系统分析和设计中的应用,主要在结构和动力系统方面。我们研究的工具不仅适用于机械工程学科,也广泛适用于许多其他的学科和工程问题。

### 1.1.2　疲劳寿命

机械零部件和结构的疲劳寿命和许多因素相关,如材料特性、温度、腐蚀环境和

---

[①]　包括广泛理论和应用在内的非常有用的一个是 I. Elishakoff,结构理论中的概率方法,Wiley - Interscience,1983,现在是 Dover 版本。关于随机振动的两本格外清晰的早期书籍值得一读。第一本是 S. H. Crandall 和 W. D. Mark 的《机械系统中的随机振动》,学术出版社,1963 年。另一本是 J. D Robson 的《随机振动导论》,Elsevier,1964 年,和 D. E. Newland 的《随机振动和光谱分析简介》,Longman,1975 年,现已进入第 3 版,可通过 Dover Publications 获得。

振动经历[1]。估算结构疲劳寿命的第一步涉及其静态和动态载荷循环特性。要解决的问题包括周期数、幅度范围以及负载是谐波还是宽频带。疲劳寿命的估计很重要,因为它与机器和结构的可靠性密切相关,决定了需要更换零部件的频率、机器操作的经济性以及保险成本。

研究疲劳寿命数据的人往往会受离散数据的影响。通常认为,相同的组件一般具有广泛的寿命范围。作为工程师,我们关心的是要有一个严格的标准,来估算名义上相同的加工零部件的疲劳寿命。最终,有必要将结构或机器的寿命估计与其组件的寿命估计相关联。这通常是一项艰巨的任务,需要能够评估结构和机器对随机力的响应。第9章会介绍可靠性。

**例1.1 Miner 的疲劳损伤规则**

早期关于疲劳寿命估算最重要的一项研究是由 Miner 开展的[2],Miner 是道格拉斯飞机公司的强度测试工程师。Miner 规则是一种处理结构损坏和疲劳的不确定性的确定性方法。假设在重复载荷作用下,累积损伤现象与试样吸收的总功相关,施加的载荷循环次数表示为给定应力水平下失效循环次数的一部分,其与所消耗的有用结构寿命成比例。当总损伤率达到1时,假设疲劳试样失效。Miner 用铝板的实验证实了他的理论。

在特定材料和几何形状的特定应力水平下[3],Miner 规则估计了失效的循环次数。在数学上,可以写成

$$\frac{n}{N} = 1 \qquad (1.1)$$

式中:$n$ 为结构或组件在特定应力水平下经历的循环次数;$N$ 为实验中已知的在该应力水平下失效的循环次数。由于大多数结构在不同的应力水平下经历混合的加载循环,对于每个应力水平 $i$,式(1.1)写成如下形式:

$$\sum_i \frac{n_i}{N_i} = 1 \qquad (1.2)$$

其中每个分数代表在每个压力水平下消耗的寿命百分比。假设结构在两个应力水平下加载,$i=1,2$,相应的失效循环数 $N_1=100, N_2=50$。然后,根据式(1.2),该关系为

$$\frac{n_1}{100} + \frac{n_2}{50} = 1$$

这是对失效前每个应力水平的最大可能循环数 $n_1$ 和 $n_2$ 的描述,它们有许多组合情况会导致失效,如 $(n_1,n_2)=(50,25)$,$(n_1,n_2)=(100,0)$,$(n_1,n_2)=(0,50)$。

---

[1] 开始研究疲劳的一本非常有用的书是 V. V. Bolotin 的《机器和结构的使用寿命预测》,ASME 出版社,1989年。

[2] M. A. Miner,"疲劳累积损伤",应用力学杂志,1945年9月,A159 – A164 页。

[3] 角和不连续导致高应力集中和较低的疲劳寿命。

Miner意识到这个例子的总和只是近似值,他的实验表明,有时一个组件在总和为1之前就失效了,而另一些时候直到总和大于1才失效。此外,假设在这一规则下的失效与应力循环的顺序无关,这意味着无论高应力循环是在低应力循环之前还是之后,疲劳寿命都是相同的。然而,我们知道应力历程也会影响疲劳寿命。

　　自Miner的论文发表的半个多世纪以来,为了更好地理解疲劳,尽管人们已经在他的基础上做了大量的工作,但Miner规则及其变体仍然是被广泛使用的实用方法。

### 1.1.3　海浪力

　　波浪和水流对海上石油钻井平台、船舶以及其他海洋与水利建筑物如水渠溢洪道和堤坝的作用力估算,是设计此类建筑物的基础。没有力的估算,就无法分析或设计结构。负载估算始终位于工程师的任务列表中的第一位。图1.2是一个在海洋中的结构圆柱体的示意图,该圆柱体结构受到叠加在静水线上的随机波和谐波的作用。

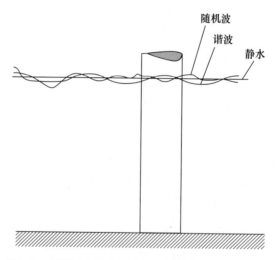

图1.2　受随机和谐波影响的海洋结构圆柱体示意图

　　用来模拟海浪对建筑物的作用力的方法与用来模拟风力的方法有相似之处。这种差异主要是由于海水的附加质量①,以及为在海洋中使用而设计的不同结构类型而产生的。波浪力的计算在海洋工程领域是非常重要的。②

---

①　通常在静止流体介质中,加速质量为$m$的刚体所需的力为($m$+环境流体的附加质量)×$\ddot{y}$,这个额外的力使周围的流体介质加速到$\ddot{y}$。如果流体介质为空气,则一般忽略这个额外力。

②　在数百个可用书中,推荐有价值的参考书如下:
J. F. Wilson,海洋结构物动力学,John Wiley & Sons,1984(第1版已绝版,还有第2版);
O. M. Faltinsen,船舶和海洋结构物环境载荷,剑桥大学出版社,1990;
S. Gran,海洋工程教程,Elsevier Science,1992,这是一本非常详尽的教科书。

## 例1.2 石油钻井平台上的波浪力

对海洋中石油的需求,推动了我们提高对海洋结构的设计能力,以满足不断增加的深度需求。目前,固定底部的海洋结构,如果考虑到它们的地基,比我们最高的摩天大楼还要高。因此,理解海浪和海流对这些结构的动态响应是必要的。考虑海浪力对海洋平台上影响的实例如图1.3所示。

图1.3 基于桁架的海上平台(可达海底)的上部结构
(这在相对浅的水域中既实用又经济)

一篇关于海浪对固定结构施加力的最重要的论文①,虽然它写于半个多世纪以前,却推导出了后来广为人知的Morison方程。经过大量的实验工作,Morison和他的同事得出的结论是:不间断的表面波对从海底向上延伸到波峰上方的圆形柱施加的力由两部分组成。

（1）阻力与水质点速度的平方成正比,其比例由在稳定流动时评估的阻力系数表示。

（2）惯性力与施加在由圆柱体排开的水体积上的惯性力的水平分量成正比,其比例用惯性力系数表示。

长度为 $dx$ 的圆柱形结构元件上的阻力由下式给出:

$$dF_D = C_D \rho D \frac{u|u|}{2} dx \qquad (1.3)$$

式中:$C_D$ 是实验确定的无量纲阻力系数;$\rho$ 是水的密度;$D$ 是圆柱的直径;$u$ 是瞬时水平水质点速度;表达式 $u|u|$ 代表力的方向在水流方向上,其中 $|u|$ 是水质点速度的绝对值。长度为 $dx$ 的元件上的惯性力由下式给出:

---

① J. R. Morison, M. P. O'Brien, J. W. Johnson 和 S. A. Schaff, 表面波对桩施加的力, 石油交易, 第189卷, 1950年, 第140—154页。

$$dF_1 = C_1 \rho D \frac{\pi D^2}{4} \dot{u} dx \tag{1.4}$$

式中：$\dot{u} \equiv \partial u/\partial t$ 是瞬时水平水质点加速度；$C_1$ 是实验确定的无量纲惯性系数。阻力和惯性系数 $C_D$ 与 $C_I$ 是水流特性、汽缸直径和水密度的函数。这些系数可以是有效常数，也可以是上述水流特性的函数，主要取决于应用情况。

Morison 方程是上述阻力和惯性分量的总和。波质点速度和加速度是由经典的确定性流体力学推导得到的。

由于许多海洋高层结构存在明显的振荡现象，水与结构之间的相对速度和加速度通常用在 Morison 方程中，其中 $u$ 被 $u - \dot{x}$ 代替，$\dot{u}$ 被 $(\dot{u} - \ddot{x})$ 代替，$\dot{x}$ 和 $\ddot{x}$ 分别是结构速度和加速度。

为了更好地表征波浪运动的复杂性，流体的速度和加速度以及合力被建模为时间的随机函数。我们将在第 5 章中详细探讨随机函数的概念。关于流体中结构振动的更多信息可以在许多书中找到[1]，第 13 章介绍了流体引起的振动。

### 1.1.4 风力

冷却塔、飞机、摩天大楼、火箭和桥梁等工程结构都暴露在风中，从而暴露在空气动力载荷中。这些工程结构的例子如图 1.4 ~ 图 1.7 所示。风是大气由于温度和压力梯度而产生的自然运动。空气动力载荷是由风和结构相互作用产生的大气力。

图 1.4　气体上升的冷却塔（所有地面结构必须抵抗风力以及潜在的地震运动）

---

[1]　例如，D. Blevins，流动引起的振动，van Nostrand Reinhold，1977（还有第 2 版）。A. T. Ippen，编辑，河口和海岸线流体动力学，McGraw - Hill，1966 年。

图 1.5 飞机涡旋研究(美国国家航空航天局,干燥机飞行研究中心)

图 1.6 "土星"V"阿波罗"11 号于 1969 年 7 月 16 日当地时间上午 9 点 32 分在肯尼迪航天中心的 19 号发射台起飞,12min 后进入轨道,于 7 月 20 日降落在月球上

图 1.7　查尔斯顿格雷斯纪念大桥(有许多类型的桥梁,从斜拉索到悬架,再到这个桁架桥。它们的设计都考虑了风力和波浪力以及一些地震力的影响)

虽然我们知道如何编写谐波力方程,但风力方程式是什么样的?由于风的流体力学的复杂性,通常需要近似表示它对物体施加的力。根据应用,有各种级别的近似关系。在所有情况下,力关系包括至少一个实验确定的参数或系数。这种方程在风力工程实践中很有价值。这些看起来非常像上一节中讨论的 Morison 方程,因为它们是基于物理方程的半经验公式,其中包括实验得出的系数。读者可以参考 Simiu 和 Scanlan 等专著。①

### 1.1.5　材料属性

虽然材料特性的随机性建模超出了我们的研究范围,但这种类型的建模还是值得一提的,因为许多具有有效性能的新材料的重要性,即体现在横截面上的平均性能。这些材料包括各种复合材料和定制材料,为专业结构应用而设计的现代材料,特别是在需要高强度和耐用性以及重量轻的情况下。这种设计需要复杂的纤维和基底混合物,以获得特定的性能。为这些组件定义应力-应变关系和杨氏模量并不简单,有时需要进行平均性能或定义有效性能。

土壤是天然材料,其性能非常复杂,不能以传统方式建模。相邻的两块土壤也可能具有非常不同的力学性能。因此,在诸如地震工程的结构动力学应用中,载荷实际上被认为是随机的。当地震载荷传递到结构时,它已经穿过了地球的复杂拓扑结构。②

---

① E. Simiu,R. I. Scarlan,风对结构的影响:设计基础及应用,第 3 版,Wiley - Interscience,1996。
② 被称为"地震工程"和"随机介质中的波"的研究,即能量如何通过诸如土壤等复杂材料的传播。

关于材料性能变异性的数据在许多参考文献中都有,包括 Haugen。[①] 例如,直径在 1~9 英寸(1 英寸 =25.4mm)范围内的热轧 1035 钢制圆棒的屈服强度为 40000~60000psi,平均屈服强度不到 50000psi。此外,变异性会随着温度而发生明显变化。钛铝铅合金在 90℉时的极限剪切强度为 88000~114000psi,但在 1000℉时,其强度为 42000~60000psi。

力学性能的变异性是显著的,并且是不同因素的函数。温度和热效应是许多先进航空航天器和机器设计中的关键因素,在进行这些结构分析和设计时,了解结构运行或可能运行的环境是必要的。

### 1.1.6 统计和概率

前面关于自然力的例子都有一个共同的因素,即它们是依赖于实验确定的参数。正如振动的线性度依赖于小振荡一样,这些方程仅在数据的特定范围内有效。虽然确定性模型非常依赖于实验数据的公式化和有效性,但随机模型试图明确处理数据中观察到的离散和非常复杂的动态行为。随机模型还可以评估数据离散是如何影响响应离散的。

数据始终是有效确定性和概率模型的链接。虽然实验方法和数据收集不是本书讨论的重点,但需要明确的是有效的概率模型是建立在准确的数据之上的。

**例 1.3  从数据到模型再回到数据**

建模既是一门艺术也是一门科学。工程师通常遇到需要解决的问题,可能不是一个方程,甚至不是对问题的一个经过深思熟虑的描述。例如,我们需要在 10 年内登月,或者,我们需要在 10 年内实现能源独立。

工程要求理解结构、机器和材料在各种工作条件下的行为。这种理解是基于理论和数据的。只有通过实验,工程师才能表现出我们目前的理解的水平。实验表明,变量之间存在因果关系,它们为我们提供了参考数值,是我们推导出的方程的基础。

我们知道数据是分散的,散点对特定问题的重要性决定了它是否可以被忽略。如果不能忽略,那么,数据被用于估计随机性的统计。由此产生的概率模型用于研究手头的特定问题,并通过将其预测与可用数据进行比较来建立模型的有效性。这种比较有助于确定模型有效性的范围。

以这种方式来实现完整的闭环。数据促进理解和产生参数,这些理解和参数影响控制方程及其预测,最后通过将模型预测与不属于原始集合的新数据进行比较来建立有效性。

---

① E. B. Haugen 的书《概率机械设计》,Wiley – Interscience,1980,机械工程中主要存在基于高斯分布的概率应用。

## 1.2 单位

所有物理参数都具有与特定系统相联系的单位。主要的单位系统包括英制系统和 SI 系统,其中 SI 代表国际单位制。SI 单位是国际公认的。在本书中,使用了两种系统,因为在美国,它们都被现行使用。在表 1.1 中,显示了我们将在本文中遇到的基本物理参数单位的英制和 SI 系统。①

表 1.1 关键物理参数的英制和 SI 对照表

| 参数 | 英制 | SI |
| --- | --- | --- |
| 力 | 1lb | $4.448\text{N}(\text{kg}\cdot\text{m/s}^2)$ |
| 质量 | $1\text{slug}(\text{lb}\cdot\text{s}^2/\text{ft})$ | 14.59kg |
|  | $1\text{lb}_m$ | 0.454kg |
| 长度 | 1ft | 0.3048m |
| 加速度 | $1\text{ft/s}^2$ | $0.3048\text{m/s}^2$ |
| 弹簧常数 | 1lb/ft | 175.12N/m |
| 扭矩常数 | $1\text{lb}\cdot\text{ft/rad}$ | $0.1130\text{N}\cdot\text{m/rad}$ |
| 阻尼常数 | $1\text{lh}\cdot\text{s/ft}$ | $175.12\text{N}\cdot\text{s/m}$ |
| 转动惯量 | $1\text{lb}\cdot\text{ft}\cdot\text{s}^2$ | $0.1130\text{kg}\cdot\text{m}^2$ |
| 角度 | 1° | 0.0175rad |
| 压力 | 1psi | $6895\text{Pa}\cdot(\text{N/m}^2)$ |

## 1.3 本书结构

本书的组织结构主要分为静力学问题和动力学问题两个方面,前 4 章为不考虑时间影响因素的静力学问题,后续章节中是考虑时间影响的动力学问题。本书不仅包含许多标准主题,也囊括了一些非主流的但重要的内容,以及更深入的学科主题。

本科生课程可以选用第 1 章~第 5 章学习,研究生课程可以选用第 5 章及后续章节学习。

## 1.4 格言

- 人生就是一场实验,尝试得越多,就越好。——拉尔夫·沃尔多·爱默生(Ralph Waldo Emerson)

---

① 在过去的几十年里,SI 系统已经在英语国家的科学和工程界中占据了一席之地,但英语系统仍在继续使用。

- 任何事情发生的可能性与其可取性成反比。——约翰·哈德泽(John W. Hazard)
- 大致正确总比精确的错误好。——以法莲·苏希尔(Ephraim Suhir)报道的工程师
- 可能是通常发生的事情。——亚里士多德(Aristotie)
- 木已成舟。——朱利叶斯·恺撒(Julius Caesar)
- 当你排除所有的不可能时,无论剩下的是什么,即使是不可能也一定是真相。——亚瑟·柯南道尔(Sir Arthur Conan Doyle)
- 值得注意的是,一门从考虑机会游戏开始的科学应该成为人类知识最重要的对象。——皮埃尔·西蒙·拉普拉斯(Pierre Simon Laplace)

## 1.5 习题

1. 解释说明如何识别工程和科学应用中可忽略的不确定性。
2. 解释说明如何识别工程和科学应用中不可忽略的不确定性。
3. 以举例形式讨论工程师如何确定分析和设计中的不确定性是否重要或可忽略不计。
4. Miner 的疲劳损伤规则如何扩展到加载周期顺序很重要的情况?可以使用或不使用方程式进行解释。
5. Miner 的疲劳损伤规则如何扩展到应力循环不会造成压力周期 $n$ 倍损伤的情况?使用或不使用方程式进行解释。
6. 在式(1.3)和式(1.4)中哪些变量或参数更适合假设为随机变量?解释你的选择。

# 第 2 章 事件与概率

这一章我们介绍在工程上有非常重要应用的一个数学分支——概率论。为了更好地理解概率,我们首先介绍集合,集合对于理解概率是非常有用的。集合的基本构成要素就是事件,事件是分配概率结果的集合。

为什么需要概率论呢?假设我们进行测量一组杆直径的实验。尽管这组杆应该有相同的尺寸,但由于制造缺陷和测量误差,它们的尺寸是不同的。因此,如果设计的直径被指定,则不会是单一的值,而是许多个可能的值,这些可能的值就是事件。

概率就是用数学方式来解释适应所有的可能性信息的方法,并实现计算。

## 2.1 集合

集合是具有某些共同特征的事物的集合。事物可以是具体的物品、数字、颜色或者是抽象的任何名称或概念。我们将研究事件和概率之间的联系。

样本空间是所有可能结果组成的集合。例如,杆的可能的直径尺寸就是一个样本空间的例子。样本空间也可以表示变量的可能值,每一个可能值称为样本点,如果其中一个样本点出现了,那么我们就说该样本点已经实现了。在这例子中,样本点是离散值,但在其他应用中,样本点可能是连续值。在应用中,我们将感兴趣的集合定义为事件。事件是样本空间的子集。

在工程可靠性中,无失效是一个可能事件。这意味着,在对系统按设计执行的概率进行估计时,在一定的设计寿命和一定的可靠性水平上,无失效事件的性能达到或优于设计规范。我们评估事件的安全性时,系统不按设计执行的概率被定义为失效概率。一般来说,由于工程系统的复杂性和与操作环境等相关因素的不确定性,失效概率的估计是非常困难的。

**例 2.1 概率**

在定义特定设计鲁棒性上,安全和故障是两个非常重要的概率。其他的概率可能进行定量地定义:①动载荷[①]小于 $10N/m^2$;②温度大于 $50℃$;③频率振动为 $10 \sim 20Hz$;④流量小于 3 英尺$^3$/s。复杂机器的安全性取决于所有部件的可靠性以及部件之间的相互连接方式。首先,必须确定单个部件的安全性。

---

[①] 动载荷是由瞬态效应引起的,例如,汽车在桥上行驶,与之对应的显然是自重,如地基的重量是不变的。

当频率的范围在$\omega_1 < \omega < \omega_2$时,其中$\omega_1$为最小值,$\omega_2$为最大值,这就是连续样本空间的一个例子。特定值,$\omega_1 < 33.0\text{Hz} < \omega_2$,就是一个可能实现的样本点。

### 2.1.1 基本事件

一个完整的建模框架需要几个事件。

(1) 不可能事件。{ }或$\phi$被定义为不可能事件,是一个没有采样点的事件,在采样空间中,不可能事件或空事件为空集。

(2) 基本事件。$S$或$\Omega$表示为必然事件或基本事件,其包含所有样本点的事件。必然事件是样本空间本身。

(3) 对立事件。事件上带上划线的标志称为对立事件,如事件$E$,其对立事件(或称逆事件、余事件)为$\bar{E}$,表示它包含所有样本点$S$中没有事件$E$,因此,$\bar{E}$不是$E$。

维恩图直观地表达了集合、样本空间和它们之间的关系。如图2.1所示,样本空间或集合用矩形表示,事件$E$由矩形内的封闭区域表示,事件的补集$\bar{E}$是剩余的区域。

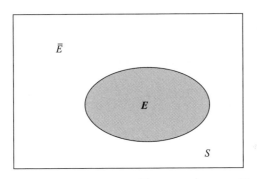

图2.1 样本空间$S$、事件$E$及$\bar{E}$的维恩图(注:$E + \bar{E} = S$)

下面通过一个例子来说明不可能事件、必然事件或普遍事件和对立事件的概念。

**例2.2 不可能事件、基本事件和对立事件**

下面给出一个实验,一枚硬币连续抛掷3次,然后数出正面的总数。必然事件或基本事件是所有可能结果的集合,也就是总共的硬币正面出现的个数,即

$$S = \{0, 1, 2, 3\}$$

如果$A$事件为正面总数大于3的事件,那么,$A$是一个不可能发生的事件,写成

$$A = \{\}$$

或

$$A = \phi$$

注:{0}不是不可能事件,而是没有正面出现的事件。

假设$B$为正面的总数是2的事件,也就是

$$B = \{2\}$$

那么,$B$ 的对立事件为

$$\bar{B} = \{0,1,3\}$$

应该指出,不可能事件是基本事件的对立事件,反之亦然,即

$$\bar{S} = \phi, \quad \bar{\phi} = S$$

在许多实际情况下,有必要考虑多个事件以及不同事件如何耦合或相互影响。例如,高强度合金的屈服应力范围取决于温度。这两个事件是屈服应力和温度,需要同时考虑,为此,我们需要对事件组合使用以下规则来操作集合。下面的操作如图 2.2 的维恩图所示。

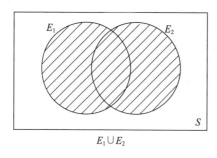
$E_1 \cup E_2$

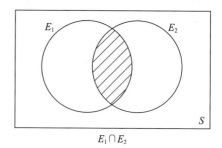
$E_1 \cap E_2$

图 2.2 事件 $E_1$ 和 $E_2$ 的并和交事件

(1)事件 $E_1$ 和 $E_2$ 的并,记为 $E_1 \cup E_2$,定义为 $E_1$ 或 $E_2$ 或两者兼而有之,表示两个事件都可能发生。

(2)事件 $E_1$ 和 $E_2$ 的交,记为 $E_1 \cap E_2$ 或者 $E_1 E_2$,表示为由事件 $E_1$ 和 $E_2$ 的公共区域,即事件 $E_1$ 和 $E_2$ 同时发生。

事件的概念可以用来表示样本空间 $S$ 中某些感兴趣的区域。注意以下几点:$E_i \cup S = S$ 且 $E_i \cap \phi = \phi$。事件 $E_1$ 和 $E_2$ 是互斥的或不相交的,则有 $E_1 \cap E_2 = \phi$。

**例 2.3 2 个事件的并集和交集**

同时掷两个骰子的实验。重复多次,然后把显示的数字相加。和事件是样本空间中可能发生的事件。$S$ 是基本事件,即

$$S = \{2,3,4,5,6,7,8,9,10,11,12\}$$

$A$ 事件表示两次骰子的数字之和大于 7,$B$ 事件表示两次骰子之和小于 11,即

$$A = \{8,9,10,11,12\} \text{ 和 } B = \{2,3,4,5,6,7,8,9,10\}$$

判断并集和交集运算,即 $A$ 和 $B$、$\bar{A}$ 和 $B$、$A$ 和 $\bar{B}$、$\bar{A}$ 和 $\bar{B}$ 事件。

**解**:并集和交集定义如下:

$$A \cup B = \{2,3,4,5,6,7,8,9,10,11,12\}$$
$$\bar{A} \cup B = \{2,3,4,5,6,7,8,9,10\}$$
$$A \cup \bar{B} = \{8,9,10,11,12\}$$

和
$$\overline{A} \cup \overline{B} = \{2,3,4,5,6,7,11,12\}$$

$$A \cap B = \{8,9,10\}$$
$$\overline{A} \cap B = \{2,3,4,5,6,7\}$$
$$A \cap \overline{B} = \{11,12\}$$
$$\overline{A} \cap \overline{B} = \phi$$

**例2.4  3个事件的并集和交集**

令 $E_1$、$E_2$ 和 $E_3$ 表示3个事件。用集合符号表示以下语句:①至少发生一个事件;②所有3个事件都发生;③恰好发生3个事件中的一个。

**解:** ① 至少有一个事件发生就等于发生 $E_1$,或发生 $E_2$,或发生 $E_3$,也就是 $E_1 \cup E_2 \cup E_3$。

② 3个事件都发生就等于 $E_1$、$E_2$ 和 $E_3$ 同时发生,也就是 $E_1 \cap E_2 \cap E_3$。

③ 3个事件中任意一个发生。第一种是 $E_1$ 发生,$E_2$ 和 $E_3$ 不发生。第二种情况是 $E_2$ 发生,$E_1$ 和 $E_3$ 不发生。第三种是 $E_3$ 发生,$E_1$ 和 $E_2$ 不发生,将这些事件分别表示为 $A_1$、$A_2$ 和 $A_3$,可以得到

$$A_1 = E_1 \cap \overline{E_2} \cap \overline{E_3}$$
$$A_2 = \overline{E_1} \cap E_2 \cap \overline{E_3}$$
$$A_3 = \overline{E_1} \cap \overline{E_2} \cap E_3$$

3个互不相容事件 $A_1$、$A_2$ 和 $A_3$ 中恰好有一个发生的事件是 $A_1 \cup A_2 \cup A_3$,或者

$$(E_1 \cap \overline{E_2} \cap \overline{E_3}) \cup (\overline{E_1} \cap E_2 \cap \overline{E_3}) \cup (\overline{E_1} \cap \overline{E_2} \cap E_3)$$

这些操作可以扩展到任意数量的随机变量。

约翰·维恩
(1834年8月4日—1923年4月4日)

**贡献**:约翰·维恩是英国的逻辑学家和哲学家,被认为是布尔数学逻辑的奠基人,以维恩图而闻名,维恩图可以表示集合、并集和交集,广泛地应用在许多领域中,如集合理论、概率、逻辑、统计和计算机科学等。他的著作《机会的逻辑》(1866)、《符号逻辑》(1881)和《逻辑归纳的原则》(1889),对统计学的发展有深远影响。

**生平简介**:约翰·维恩1834年出生于约克郡的赫尔河畔金斯顿。约翰的母亲玛莎·赛契斯来自赫尔附近的斯旺兰,在约翰3岁时去世。约翰的父亲是亨利·维恩牧师,是女王家族的一员,出身显赫,在约翰出生时,他是赫尔附近的德莱普尔教区的牧师。约翰的祖父,是约翰·维恩牧师,曾是伦敦南部克拉朋的教区牧师,并且是克拉朋教派(Clapham Sect)的领袖,他们是福音派基督徒,为监狱改革、废除奴隶制和残酷的体育运动而奔走。

约翰·维恩受过严格的教育。1853年,约翰·维恩从海格特中学毕业,然后进入冈维尔和凯乌斯学院。1857年毕业后,不久就被选为讲师,1858年他被任命为伊利(英格兰东部教区总教堂所在城市)的执事,1859年成为牧师。大家都以为他会按照家族的传统一直从事基督教方面的工作。然而,在1862年,约翰·维恩又返回母校剑桥大学成为伦理道德科学方面的讲师。

1867年,维恩迎娶了查尔斯·埃德蒙斯通牧师的女儿苏珊娜·卡内基·艾德蒙史东(Susanna Carnegie Edmonstone)。他们的儿子,约翰·阿奇博尔德·维恩(John Archibald Venn)1932年成为剑桥皇后学院(Queens' College, Cambridge)的院长。

1923年,约翰·维恩在剑桥去世,葬在附近的特兰平顿教堂墓地。

**显著成就**:维恩感兴趣的主要领域是逻辑学,发表了3篇关于这个主题的文章。他在1866年写了《机会的逻辑》,介绍频率和频率概率论,在1881年发表了《符号逻辑》,介绍维恩图,在1889年完成了《逻辑归纳的原理》。

1883年,维恩被选入皇家学会。1897年,他发表了一篇关于学院的历史书《冈维尔与凯斯学院事纪》(1849—1897)。而后他开始编纂《剑桥大学校友的传记》,这本书后来由他的儿子约翰·阿奇博尔德·维恩(John Archibald Venn,1883—1958)继续出版,从1922年到1953年共出版了10卷。第一卷出版于1922年,收录了76000个名字,可以追溯到1751年。

维恩是家里第8代接受过大学教育的人。维恩也是一位天才的机器制造师。他制造了一台打保龄球的机器"清洁之弓"(Clean Bow),这台机器的性能非常好,当澳大利亚球队访问剑桥时,与其进行比赛,它曾4次领先于一名顶级球星。

### 2.1.2 运算规则

集合运算和加法、乘法的数学运算是相似的。例如,已知集合 $A$ 和 $B$,$A \cup B$ 就产生一个新的集合 $C = A \cup B$。

在工程应用中,我们也不断扩展"集合运算"的系统知识。例如,飞机机翼的设计寿命和可靠性取决于我们对机翼应力状态的了解。我们需要知道机翼上的应力是如何随时间和位置变化的,然而,应力也受许多其他事件的影响,如风速和环境温度分布就是两个这样的因素。虽然可以估计速度和温度,但这就必然与结构的应力状态有关。这就是事件运算的意义。

运算使我们能够发现关于其他因素的相关性,甚至更重要事件的信息。下面介绍并集和交集的一些更重要的性质,并用维恩图来验证这些性质。

(1) 交换律。表示交换并集和交集的顺序不会影响计算的结果,如事件 $E_1$ 和 $E_2$:

$$E_1 \cup E_2 = E_2 \cup E_1$$

$$E_1 \cap E_2 = E_2 \cap E_1$$

(2) 结合律。表示事件运算组合并不会改变运算结果,如事件 $E_1$、$E_2$ 和 $E_3$:

$$E_1 \cup (E_2 \cup E_3) = (E_1 \cup E_2) \cup E_3$$

$$E_1 \cap (E_2 \cap E_3) = (E_1 \cap E_2) \cap E_3$$

(3) 分配律。关于混合操作的运算逻辑,如和的交集和交集的和,对于事件 $E_1$、$E_2$ 和 $E_3$:

$$E_1 \cap (E_2 \cup E_3) = (E_1 \cap E_2) \cup (E_1 \cap E_3) \tag{2.1}$$

$$E_1 \cup (E_2 \cap E_3) = (E_1 \cup E_2) \cap (E_1 \cup E_3) \tag{2.2}$$

有时为了简便而省略了交集符号,如式(2.1)可以写成

$$E_1(E_2 \cup E_3) = E_1 E_2 \cup E_1 E_3$$

新规则可以通过交换∪和∩而得到,德摩根公式表达如下:

$$\overline{E_1 \cup E_2} = \overline{E_1} \cap \overline{E_2} \tag{2.3}$$

$$\overline{E_1 \cap E_2} = \overline{E_1} \cup \overline{E_2} \tag{2.4}$$

这些规则可以推广到 $n$ 个事件。如图2.3维恩图所示解释式(2.3)的有效性。德摩根公式证明了两者的关系:并集和交集补集等于补集的并集和交集。这些性质可以简化计算,因为计算事件的补集比计算事件本身更方便,如下面的两个示例所示。

### 例2.5 传动系统失效

在传动系统中,两个传动轴通过离合器相连,即使最初传动轴(自然地)没有对齐,也能实现动力的传递,如图2.4所示。传动轴传递扭矩 $T$,如果其中一个传动轴失效,那么,传动系统将不能运行。用公式表示这个问题,将每个轴的断裂单独地定义为事件,根据这些事件为传动系统找到失效事件。假定离合器

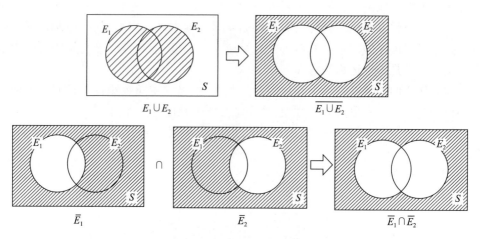

图 2.3 德摩根公式的维恩图

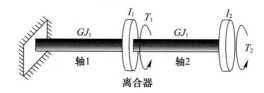

图 2.4 转矩作用下的传动系统(两个轴通过离合器连接)

不会失效。

**解**:下面的事件定义为

$$E_1 = 轴1断裂$$

$$E_2 = 轴2断裂$$

传动系统的故障被定义为任意一个轴有故障或两个轴同时有故障。使用符号

$$传动系统的故障 = E_1 \cup E_2$$

因此,无故障事件被定义为

$$传动系统无故障 = \overline{E_1 \cup E_2}$$

另一种看待无故障事件的方式是传动系统正常工作的条件是两个轴必须都能工作,或者

$$传动系统无故障 = \overline{E_1} \cap \overline{E_2}$$

因此,这两个事件是相等的,我们用这个例子解释了德摩根公式:

$$\overline{E_1 \cup E_2} = \overline{E_1} \cap \overline{E_2}$$

奥古斯都·德·摩根
(1806年6月27日—1871年3月18日)

**贡献**：奥古斯都·德·摩根是英国数学家和逻辑学家，他被认为是数学逻辑的改革者，在定义德·摩根定律时引入了数学归纳法。德·摩根著有《算术(1830)》、《三角学》和《二重代数》(1849)，在这些书中，他给出了复数的几何解释。1838年，他定义了"数学归纳法"这种数学思维的基本工具，但却没有明确地使用。同年，出版了《微分与积分学》。

**生平简介**：奥古斯都·德·摩根是约翰·德·摩根中校的第五个孩子，出生在印度。他出生后不久就失去了右眼的视力。他的家人在他7个月大的时候搬到了英国。奥古斯是在一些同学的恶作剧中长大的。虽然他在学校表现不佳，但在1823年他16岁时被剑桥三一学院录取。1826年毕业，获得文学学士学位，回到伦敦的家，在林肯律师学院学习当律师。尽管没有数学著作，但在1828年德·摩根被任命为新开办的伦敦大学学院的第一位数学教授。德·摩根担任主席近40年，因为原则问题，他曾两次辞职，一次是在1831年到1836年，另一次是在1866年。

德·摩根不是皇家学会的成员，因为他拒绝公开自己的名字，他还拒绝了爱丁堡大学的荣誉学位。他的态度无疑是由于他的身体虚弱，使他不能成为一个观察者或实验者。他从未参加过选举，也从未参观过下议院、伦敦塔或威斯敏斯特教堂。

**显著成就**："数学归纳法"一词首次出现在德·摩根的文章《归纳(数学)》中，发表在小百科全书上(多年来，他曾为《小百科全书》(Penny Cyclopedia)撰写712篇论文)。

德·摩根与查尔斯·巴贝奇通信，并给洛夫莱斯夫人做私人辅导，据说他为巴贝奇编写了第一个计算机程序。德·摩根也与汉密尔顿通信,和汉密尔顿一样,他也试图将二重代数扩展到三维空间。

1866年,他参与创立了伦敦数学学会,并成为该学会的首任会长。德·摩根的儿子乔治也是一位非常优秀的数学家,他成了该学会的第一任秘书。同年,德·摩根被选为皇家天文学会会员。

德·摩根强烈反对神学,尽管他是英国国教的一员。德·摩根因为没有文学硕士学位,他就没有资格获得奖学金,因此不能在剑桥大学继续深造。

后来,德·摩根对唯心论的现象产生了兴趣。1849年,他研究了千里眼,对这个课题印象深刻。他在自己家中与媒体玛丽亚·海登(Maria Hayden)一起进行了超自然现象调查。后来,这些调查的结果由他的妻子索菲亚公布。德·摩根认为,如果他对唯心论的研究表示出兴趣,那么,他作为科学家的职业生涯可能会受到伤害。1863年,虽然他帮助出版了《从物质到精神:十年精神表现经验的结果》一书,但在该书中则是匿名的。

德·摩根的妻子索菲亚是一个坚定的唯心论者,但德·摩根对唯心论现象采取了"观望"的态度。他既不相信也不怀疑,相反,他的观点是,物理科学的方法论并不会自动排除精神现象,而且这种现象可以通过可能存在的自然力量及时解释,而物理学家们还没有识别出来。

德·摩根提出了一个难题:到 $x^2$ 年我 $x$ 岁。

伦敦数学学会的总部称为德·摩根学院,伦敦大学数学系的学生协会称为奥古斯都·德·摩根学会。

月球上的摩根火山口就是以他的名字命名的。

**例2.6 列举案例**

以火车的一节车厢为例。车厢前部和后部的挠度分别由变量 $d_1$ 和 $d_2$ 表示,它们的变形小于设计最大值。设 $E_1$ 事件为 $d_1$ 的最大挠度值,$E_2$ 事件为 $d_2$ 的最大挠度值。我们知道,如果车厢前部或车厢后部在最大挠度,则车厢可以行驶,但如果车厢前部和车厢后部都在最大挠度,则不能行驶。应用德·摩根定律,列举出车厢可能运动、不能运动的情况。

**解**:我们知道,如果 $E_1$ 或 $E_2$ 任何一种情况发生,车厢都能行驶。但如果 $E_1$ 和 $E_2$ 这两种情况同时发生,在停车时车厢就会被冻结。因此,$E_1 \cap E_2$ 是交集事件时,车厢无法移动;$\overline{E_1 \cap E_2}$ 是车厢可以行驶的事件。我们还可以知道,如果两个事件都不发生,则车厢就可以移动。因此,$\overline{E_1} \cup \overline{E_2}$ 也是车厢能够运动的事件。

因此,有

$$\overline{E_1} \cup \overline{E_2} = \overline{E_1 \cap E_2}$$

这就是德·摩根定律的例子,如图2.5所示。

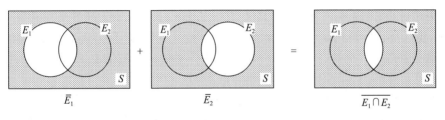

图 2.5 德·摩根定律的维恩图

## 2.2 概率

下面我们来定义概率①。以随机振动振荡器为例,其中随机行为意味着不可预测的周期、振幅和频率。这些参数似乎都随时间而变化,如图2.6所示。另一个例子是火焰的温度。显然,火焰中某一特定点的温度会以非常复杂的方式变化,如图2.6所示的波动。

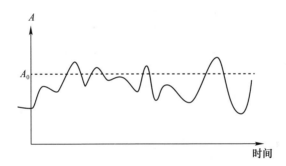

图 2.6 随机振子的振幅随时间的变化

我们如何回答这样的问题:振幅 $A$ 大于某个特定值 $A_0$ 的概率是多少?我们从用概率符号表示问题开始,$\Pr(A > A_0)$,其中 $\Pr(\ )$ 表示括号中事件的概率。问题可以重新表述为:在振幅大于 $A_0$ 的情况下,振子持续多长时间?这意味着对概率的分数或频率解释。观察振荡的长期历程,可以估计振幅大于 $A_0$ 的时间量。振子振幅大于 $A_0$ 的时间与振荡总时间的比值称为偏移频率,就是振子振幅大于 $A_0$ 的概率的近似,即

$$\Pr(A \geqslant A_0) \approx \frac{A > A_0 \text{ 的时间}}{\text{总振荡时间}}$$

---

① 概率论的定义一直备受争议,一些人认为概率是人的主观量,另一些人认为概率是通过实验才能严格推导出来的。前者反驳说,一般来说,不可能有足够的实验来得出严格概率和判断。因为我们此文的目的并不是要解决这场争论,所以这里假设在数据分析中,可以得到计算所需的概率。下面这本书里介绍了这场争论:

J. S. Bendat 和 A. G. Pierso,《随机数据:分析与测量过程(第2版)》,约翰·威利,1986 年。这本书为数据分析的理论和技术提供了很好的发展。

例如,如果振荡时间为350h,其中37h为$A>A_0$,那么,$\Pr(A>A_0)\approx 37/350=0.106$或10.6%。这只是一个估计,如果测试持续3500h而不是350h,我们可能会观察到不同的概率。希望这一变化是微小的,这样对估计就有信心了。精确估计的关键是要有足够长的时间测试,使概率估计收敛到一个稳定的(常)值。

图2.7称为直方图,它表示在离散过程中7种结果之一出现的频率,用来估计概率的过程。计算每个结果的频率,每个结果相对于结果总数的比率就是发生概率的估计。通过对频率进行归一化使它们的总数在直方图中等于1,我们给出了这些频率的概率解释。估计概率的频率解释是最有用的,也是本书中使用的方法。

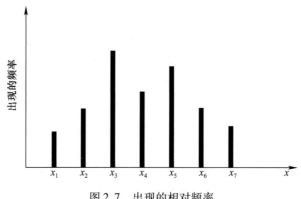

图2.7 出现的相对频率

机械系统的概率模型大多是观察到多数物理变量具有一系列可能值的自然结果。例如,假设制造了100个机器的轴,并且测量了每个轴的直径。图2.8描绘了直径数据的直方图。符号$nx$表示值$x$的总出现次数的分数(频率)。变量$d_{AV}$是轴的平均直径。

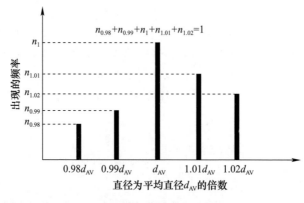

图2.8 机器轴直径直方图

正如我们所知道的,这些轴的直径值是非常接近的,但不完全相同。需要注意的是,所有频率相加的总和必须为1,即所有可能的结果都已包含在内。

当估计轴在扭转时的强度时,如何考虑可能直径值的扩展?应力-应变关系中应该代入哪些数?类似地,在"相同样本"上多次进行极限抗拉强度试验,也不会得到两个相同的结果。因为尺寸、材料性能和边界条件上的微小差异使得不可能完全复现实验结果,总会有一些不同。如何利用这些信息呢?

常数和函数(时间或空间)的随机性是可能的。带有可能值离散点的常数称为随机变量。具有离散的时间函数通常称为随机过程[①]。随机变量是指那些只能在一定程度上确定的变量。重要的例子是材料屈服特性定义了从弹性行为到塑性行为的转变。随机过程是时间依赖(或空间依赖)的现象,在本质相同的条件下反复观察,并不显示相同的时间历史。

对于日益复杂的工程需求,理解并能够对不确定性建模是非常重要的。开发分析不确定性的能力允许工程师决定在哪些应用中它们是不重要的,可能会被忽略。对于本文中讨论的许多应用,由于响应的可变性,离散点是不能被忽略的。

### 2.2.1 概率公理

概率是数学的一个分支,它的发展可以追溯到3个概率论公理。公理是对未经证明的性质的规定,它是假设的,并被用作建立推论框架的基础。

概率公理如下。

(1) 对于样本空间 $S$ 中的每个事件,事件发生的概率 $\Pr(E) \geq 0$。

(2) 必然事件 $S$ 的概率为 $\Pr(S)=1$,或100%。

(3) 对于两个相互排斥的事件 $E_1$ 和 $E_2$,即 $E_1 \cap E_2 = \varnothing$(空集),两个事件发生的概率为

$$\Pr(E_1 \cup E_2) = \Pr(E_1) + \Pr(E_2)$$

运用这些公理和前面的组合规则,我们可以推导出所有的概率规则。

**例 2.7 概率第三公理的应用**

以加工轴为例,在制造过程中,如果轴的直径小于其名义值98%或大于其名义值的102%,则不合格("名义"值是所需要的值或设计值)。轴因其直径小于其名义值的98%而被认为不合格的概率为0.02,轴因其直径大于其名义值的102%而被认为不合格的概率为0.015。那么,轴被认为不合格的概率是多少?

**解:** 假设轴的直径小于其名义值的98%为事件 $E_1$,轴的直径大于其标称值的102% 为事件 $E_2$。两个事件的概率分别是 $\Pr(E_1)=0.02$,$\Pr(E_2)=0.015$。

如果事件 $E_1$ 或 $E_2$ 中任意一个发生则轴将被认为不合格。因此,轴不合格的概率等于 $E_1$ 和 $E_2$ 并集的概率,即 $\Pr(E_1 \cup E_2)$。由于轴的直径不能同时太小和太大,$E_1$ 和 $E_2$ 事件是不相容事件,运用概率的第三公理,有

---

① 或者称为希腊随机:στοκος。

$$\Pr(E_1 \cup E_2) = \Pr(E_1) + \Pr(E_2) = 0.035$$

### 2.2.2 公理的扩展

概率的数值范围是 $0 \leq \Pr(E) \leq 1$，或 $0 \sim 100\%$。由公理化定义，则概率具有以下基本性质(为了说明这一点，有以下等价关系)：

$$\Pr(E \cup \overline{E}) = \Pr(E) + \Pr(\overline{E}) \quad (由公理3)$$

$$\Pr(E \cup \overline{E}) = \Pr(S) = 1 \quad (由公理2)$$

我们发现两个概率的和 $\Pr(E_1) + \Pr(\overline{E_2}) = 1$，因此 $0 \leq \Pr(E) \leq 1$。

对于 $E_1 \cap E_2 = \varnothing$ 在公理 3 的扩展在应用中非常有用，因为大多数情况下，同一系统的事件都是相交的。重叠事件如图 2.9 维恩图所示，即

$$\Pr(E_1 \cup E_2) = \Pr(E_1) + \Pr(E_2) - \Pr(E_1 \cap E_2) \quad (2.5)$$

从维恩图中可以清楚地看出，$E_1 \cap E_2$ 事件需要被减去，因为在添加 $E_1$ 和 $E_2$ 时，它已经被计算了两次。式(2.5)可以扩展到任意数量的变量，如图 2.9 所示，即

$$\Pr(E_1 \cup E_2 \cup E_3) = \Pr([E_1 \cup E_2] \cup E_3)$$

$$= \Pr(E_1 \cup E_2) + \Pr(E_3) - \Pr([E_1 \cup E_2] \cap E_3)$$

$$= \Pr(E_1) + \Pr(E_2) - \Pr(E_1 \cap E_2) + \Pr(E_3) -$$

$$\Pr([E_1 \cap E_2] \cup [E_2 \cap E_3])$$

$$= \Pr(E_1) + \Pr(E_2) + \Pr(E_3) - \Pr(E_1 \cap E_2) - \Pr(E_1 \cap E_3) -$$

$$\Pr(E_2 \cap E_3) + \Pr(E_1 \cap E_2 \cap E_3)$$

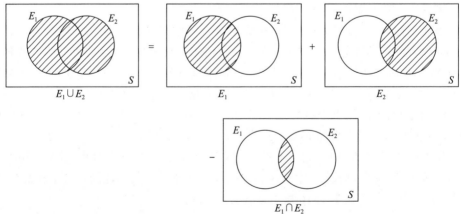

图 2.9 $E_1$ 和 $E_2$ 交集的维恩图

估计概率如 $\Pr(E_i \cap E_j)$ 和 $\Pr(E_i \cap E_j \cap E_k)$ 需要的信息,通常是由实验推导出来的,取决于这些事件是否"相互依赖"。如果它们不相交,或者不重叠,那么,$E_i \cap E_j = \varnothing$ 和 $E_i \cap E_j \cap E_k = \varnothing$,即它们的概率等于零。根据德摩根定律,由式(2.3)可得

$$\Pr(E_1 \cup E_2 \cup E_3) = 1 - \Pr(\overline{E_1 \cup E_2 \cup E_3})$$
$$= 1 - \Pr(\overline{E_1} \cap \overline{E_2} \cap \overline{E_3})$$

**例 2.8 概率公理的扩展**

**证明**:$\Pr(E_1 \cup E_2) \leqslant \Pr(E_1) + \Pr(E_2)$。

**解**:由第一公理,我们知道 $\Pr(E_1 \cap E_2) \geqslant 0$。因此,有

$$\Pr(E_1) + \Pr(E_2) - \Pr(E_1 \cap E_2) \leqslant \Pr(E_1) + \Pr(E_2) \tag{2.6}$$

根据式(2.5),式(2.6)的左边等于并集产生的概率 $\Pr(E_1 \cup E_2)$,即

$$\Pr(E_1 \cup E_2) \leqslant \Pr(E_1) + \Pr(E_2)$$

### 2.2.3 条件概率

假设已知事件 $E_2$ 发生,那么,事件 $E_1$ 发生的概率是多少?假设这两个事件相交,如图 2.2 所示。已知事件 $E_2$ 已经发生了,那么,原来的样本空间 $S$ 就简化为 $E_2$。对于 $E_1$,若它发生,则必在相交区域。条件概率可以将概率理解为事件概率的重叠部分,定义为 $\Pr(E_1 | E_2)$,即

$$\Pr(E_1 | E_2) = \frac{\Pr(E_1 \cap E_2)}{\Pr(E_2)} \tag{2.7}$$

有时,这个方程的等效形式也会用到:

$$\Pr(E_1 \cap E_2) = \Pr(E_1 | E_2)\Pr(E_2) \tag{2.8}$$

注意:$\Pr(E_1 \cap E_2)$ 也等效于 $\Pr(E_2 | E_1)\Pr(E_1)$,因此,$E_1 \cap E_2 = E_2 \cap E_1$。

我们可以用样本空间 $S$ 和概率的相对频率来解释式(2.7)。在这种解释中,期望结果与完全空间的比值是对实现该结果概率的度量。由于条件概率表示事件 $E_2$ 已经发生,因此样本空间从 $S$ 减小到 $E_2$。已知事件 $E_1$ 的发生是由已经发生的事件 $E_2$ 通过 $E_1 \cap E_2$ 的交集产生的,并且概率等于交集的概率与 $E_2$ 的概率之比。

考虑到我们刚才说的条件概率,很明显,我们在描述"规则"概率时使用了条件概率,其中条件在整个空间 $S$ 上,即 $E_2 = S$,所以有

$$\Pr(E_1 | S) = \frac{\Pr(E_1 | S)}{\Pr(S)}$$
$$= \frac{\Pr(E_1)}{1}$$
$$= \Pr(E_1)$$

因此,事件 $E_1$ 的概率 $\Pr(E_1)$ 是关于样本空间 $S$ 的隐式定义。

**例 2.9  灯泡失效的条件概率**

测试灯泡的平均寿命。由于各种原因,灯泡可能会过早失效,其中一个原因是灯丝有缺陷。假设灯泡(因任何原因)失效的概率是 0.01。如果碰巧有一个灯泡的灯丝有缺陷,那么,我们假设它过早失效的概率为 0.1。如果灯泡坏了,那么故障的原因是灯丝有缺陷的概率为 0.05,灯丝有缺陷的概率是多少?

**解:** 假设 $A$ 是灯泡过早失效的事件,$B$ 是灯丝有缺陷的事件。给定的概率为

$$\Pr(A) = 0.01, \quad \Pr(A|B) = 0.1, \quad \Pr(B|A) = 0.05$$

求 $\Pr(B)$。

由式(2.7)中条件概率的定义可得

$$\begin{aligned}\Pr(B \cap A) &= \Pr(B|A)\Pr(A) \\ &= 0.05 \times 0.01 \\ &= 0.0005\end{aligned}$$

灯泡因灯丝有缺陷而坏的概率是 0.0005。由条件概率的定义可得

$$\Pr(B) = \frac{\Pr(A \cap B)}{\Pr(A|B)}$$

$$= \frac{0.0005}{0.1} = 0.005$$

灯泡灯丝有缺陷的概率为 0.005 或 0.5%。

### 2.2.4  相互统计独立性

如果一个事件的发生与另一个事件无关,并且不影响另一个事件的发生,那么,这两个事件是相互独立的。根据条件概率的定义,对于相互独立事件 $E_1$ 和 $E_2$,有

$$\Pr(E_1|E_2) = \Pr(E_1)$$

$$\Pr(E_2|E_1) = \Pr(E_2)$$

因此,有

$$\Pr(E_1 \cap E_2) = \Pr(E_1|E_2)\Pr(E_2) = \Pr(E_1)\Pr(E_2)$$

$$\Pr(E_2 \cap E_1) = \Pr(E_2|E_1)\Pr(E_1) = \Pr(E_2)\Pr(E_1)$$

那么,相互独立可以定义为

$$\Pr(E_1 \cap E_2) = \Pr(E_1)\Pr(E_2) \tag{2.9}$$

值得注意的是,相互独立性在以下意义上是一个对称性质。即两个随机变量中的每一个在统计上都必须独立于另一个。一个变量可能依赖于另一个变量,但是不可逆。在这种情况下,变量间不是相互独立的。例如,材料的屈服应力取决于周围的

温度,反之不行,则这两个变量不是相互独立的。

一方面,相互独立性涉及交集事件 $E_1 \cap E_2$ 的概率与单个事件 $E_1$ 和 $E_2$ 的概率的相关性。另一方面,互斥事件是 $E_1 \cap E_2$ 交集事件是否存在的阐述。相互排斥的事件不能同时发生,也就是说,如果 $E_1$ 和 $E_2$ 是互斥的,则 $\Pr(E_1 \cap E_2) = 0$。也就是说,对于事件 $E_1$ 和 $E_2$,$\Pr(E_1) \neq 0$ 和 $\Pr(E_2) \neq 0$ 时,式(2.9)的右侧不等于0,所以,互斥事件不是相互独立的。

另一种解释是:相互独立指的是所有可能的实现对,因此有许多结果。但是,相互排斥的事件是指两个特定事件不可能实现的结果。

**例2.10 相互独立事件与互斥事件**

设计一个抛硬币的例子来说明相互独立性和互斥性之间的区别。

**解**:抛硬币一次,$E_1$ 事件是正面,$E_2$ 事件是反面,其中

$$\Pr(E_1) = 0.5$$

$$\Pr(E_2) = 0.5$$

这两个事件是互斥的,因为它们不能同时发生,即 $\Pr(E_1 \cap E_2) = 0$。这些事件在统计上不是独立的,因为如果事件 $E_1$ 发生了,则事件 $E_2$ 就不会发生。

现在抛两枚硬币,设 $E_1$ 为第一次抛硬币的结果是正面的事件,$E_2$ 为第二次抛硬币的结果也是正面的事件。这两个事件是相互独立的,因为一个事件的结果不会影响另一个事件的结果。这些事件也可以同时发生。也就是说,这些事件不是相互排斥的,而是相互独立的。

**例2.11 材料中的应力及其屈服应力**

假设结构上的恒力是不确定的一个随机变量,那么,结构中材料的应力也是不确定的随机变量 $M$。假设屈服应力是一个随机变量 $Y$,那么,材料在载荷作用下的应力显然是统计独立于材料的屈服应力的。因此,$\Pr(M, Y) = \Pr(M)\Pr(Y)$。但是对于任何值 $Y$,值 $M$ 都有可能出现,所以它们之间不是互斥的。

**例2.12 相互独立性**

掷骰子和掷硬币:假设它们被抛出时互相不干扰,如果硬币正面朝上,掷出2的概率是多少?同样,骰子显示偶数且硬币正面朝上的概率是多少?

**解**:假设 $A$ 为骰子数是2的事件,$B$ 为硬币显示正面的事件。假设硬币和骰子都是均匀的,每个事件的概率为

$$\Pr(A) = 1/6$$

和

$$\Pr(B) = 1/2$$

可以认为这两个事件是独立的。也就是说,一个事件的结果不会影响另一个事件的结果。因此,骰子显示2的概率不受硬币结果的影响,答案是1/6。我们刚刚展

示了

$$\Pr(A|B) = \Pr(A)$$

骰子显示 2 和硬币显示正面的概率可以写成 $\Pr(A \cap B)$。这个交集的概率为

$$1/6 \times 1/2 = 1/12$$

### 2.2.5 总概率

工程设计需要了解系统参数之间的相互关系。其中一些参数很难直接估计,但可以通过对其他参数的估计来推断。在这种情况下,假设存在影响设计的事件 $E_0$,但它不能被直接测量或确定。然而,它的发生总是伴随着一个或几个其他事件的发生。例如,可能需要压力但无法测量,而可以测量与压力相关的温度。

让其他可能的事件用相互排斥的事件 $E_1, E_2, \cdots, E_n$ 来表示,如图 2.10 所示。

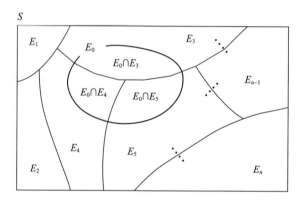

图 2.10 (用维恩图构造)总概率定理

事件 $E_0$ 可以相交于维恩图中的任何其他事件,因此 $E_0$ 可以写成它与所有其他事件的交集之和,即

$$\Pr(E_0) = \Pr(E_0 E_1) + \Pr(E_0 E_2) + \cdots + \Pr(E_0 E_n)$$

这些交集可以写成条件概率的形式,即

$$\Pr(E_0) = \Pr(E_0|E_1)\Pr(E_1) + \Pr(E_0|E_2)\Pr(E_2) + \Pr(E_0|E_n)\Pr(E_n) \quad (2.10)$$

这个方程称为总概率定理,它可以根据事件对其他事件的依赖程度来推断事件的概率。

**例 2.13 用总概率检验产品**

加工一个产品,需要焊接两个部件,然后进行目视检查。如果焊缝有缝隙或零件未对准,则检验不合格。从加工过程来看,可以估计 1% 的焊缝有间隙,4% 的零件没有对齐。我们还知道,如果焊缝未对准,则焊缝出现裂纹的可能性比对准时高出 30%。估计给定的焊缝通过检验的概率。

**解**:首先找到失效的概率,然后根据结果来回答问题。定义以下事件:$G$ = 焊缝中的间隙,$M$ = 未对准零件。我们可以得到 $\Pr(G) = 0.01$ 和 $\Pr(M) = 0.04$ 的概率,如图 2.11 的维恩图所示(不一定是按比例的)。我们还得到了偏差与间隙之间的关系,即 $\Pr(G|M) = 1.3\Pr(G|\overline{M})$。

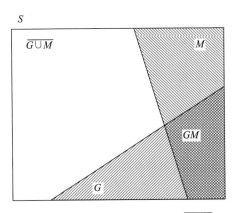

图 2.11 区域示意图 $(G, M, GM, \overline{G \cup M})$

由于失效发生在两个事件之一或两个事件 $G$ 和 $M$ 同时发生时,我们需要进行评估

$$\Pr(G \cup M) = \Pr(G) + \Pr(M) - \Pr(GM)$$

式中:$\Pr(GM) = \Pr(G|M)\Pr(M)$,但是 $\Pr(G|M)$ 的概率未知,因为有两个未知数,所以还需要另一个方程。由总概率定理得出另一个方程,该方程可以给出匹配或不匹配的情况下可能出现间隙的概率:

$$\Pr(G) = \Pr(G|M)\Pr(M) + \Pr(G|\overline{M})\Pr(\overline{M})$$

$$0.01 = \Pr(G|M) 0.04 + \frac{1}{1.3}\Pr(G|M)(1-0.04)$$

$$0.01 = 0.778\Pr(G|M)$$

$$0.0128 = \Pr(G|M)$$

在不匹配的情况下,存在间隙的概率是 $\Pr(G|M)$。因此,有

$$\Pr(\overline{G \cup M}) = \Pr(G) + \Pr(M) - \Pr(G|M)\Pr(M)$$

$$= 0.01 + 0.04 - 0.0128(0.04)$$

$$= 0.0495$$

因此,焊缝检验不合格的概率为 4.95%,检验合格概率为

$$\Pr(\overline{G \cup M}) = 1 - 0.0495 = 0.95$$

或 95.05%。如果设计者或最终用户认为这个概率太小,则前一组计算就可以提供

关于改进加工的指导。

在实际应用中,具有如此多有效数字的概率是不可能得到的,因此需要做出额外的假设。例如,如果假设 $G$ 和 $M$ 在统计上是独立的,那么 $\Pr(GM) = \Pr(G)\Pr(M)$。进行与上面相同的计算,得到的概率 $\Pr(G \cup M) = 0.0496$。另一种可能,做出不切实际的假设,即 $G$ 和 $M$ 是相互排斥的(它们不可能同时发生),然后,$\Pr(GM) = 0$ 和 $\Pr(G \cup M) = 0.0500$。对于本例,这些假设不会显著改变结果。其他问题可能不会像这样,允许这些假设。

**例 2.14  波形的均匀采样**

实验电压波形需要在 $t = 0$ 和 $t = 3s$ 之间进行均匀采样。该波形适合于以下函数:

$$V(t) = \begin{cases} t^2 V, & 0 \leq t < 2s \\ 12 - 4t V, & 2 \leq t < 3s \end{cases}$$

在其他地方为 0,如图 2.12 所示。

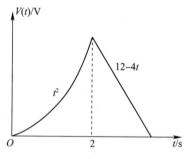

图 2.12  函数 $V(t)$

求出以下事件的概率:①在 $0 \leq t \leq 2s$ 求出电压值小于 2.6V 的值;②若电压值小于 2.6V,则为来自 $0 \leq t \leq 2s$ 的样本数值。

**解:**

① 定义以下事件:

$A$ = 采样值小于 2.6V;

$B$ = 样本数值在 $0 \leq t \leq 2s$ 范围内;

$C$ = 样本数值在 $0 \leq t \leq 2s$ 范围内并且小于采样值 2.6V。

我们可以用下面的方法把这些事件联系起来,即

$$C = A \cap B$$

$$\Pr(C) = \Pr(AB)$$

$$= \Pr(A \mid B)\Pr(B)$$

$$= \frac{\sqrt{2.6}}{2} \times \frac{2}{3} = 0.54$$

式中：$\Pr(B) = 2/3$ 为均匀采样后事件 $B$ 在 $0 \leqslant t \leqslant 2\mathrm{s}$ 范围内的概率；$\Pr(A|B) = \sqrt{2.6}/2$ 是不在 $0 \leqslant t \leqslant 2\mathrm{s}$ 范围内的概率，或者是不在 $t < \sqrt{2.6}\mathrm{s}$ 的概率。此时，采样值 $V < 2.6\mathrm{V}$ 时，即其等于 $t < \sqrt{2.6}\mathrm{s}$ 时。

这个结果可以直接写为

$$\Pr(C) = \frac{\sqrt{2.6}}{3} = 0.54$$

通过使用上述参数和分数或频率的概率解释，其中分母在 $t$ 的范围内。因为抽样是统一的，所以这些论点是成立的。

② 条件概率。在 $2 \leqslant t \leqslant 3\mathrm{s}$ 内取采样值为 $V < 2.6\mathrm{s}$ 是可能的。这里的有趣之处在于，如果找到了 $V < 2.6\mathrm{s}$，那么，它是否在 $0 \leqslant t \leqslant 2\mathrm{s}$ 内。将此定义为事件 $D$。为了解决这部分问题，我们使用了总概率定理，即

$$\Pr(D) = \Pr(B|A)$$

$$= \frac{\Pr(BA)}{\Pr(A)}$$

$$= \frac{\Pr(BA)}{\Pr(A|B)\Pr(B) + \Pr(A|\bar{B})\Pr(\bar{B})}$$

$$= \frac{0.54}{0.54 + 0.65 \times (1/3)} = 0.71$$

式中：$\Pr(A|\bar{B}) = (3-2.35)/1 = 0.65$。$t$ 是从 $V = 2.6\mathrm{V}$ 和 $\Pr(B) = 1/3$ 处的 $V$ 取值得到的。这些概率就是用我们上面做过的分数解释来计算的。

### 2.2.6 贝叶斯定理

将条件概率表达式和总概率定理合并为一个表达式用在新信息中，可实时更新概率，这是可能的。对于任意两个事件 $E_i$ 和 $E_a$，其交集概率是可交换的，$\Pr(E_i \cap E_a) = \Pr(E_a \cap E_i)$ 并且

$$\Pr(E_i \cap E_a) = \Pr(E_i|E_a)\Pr(E_a) = \Pr(E_a|E_i)\Pr(E_i)$$

因此，对于任意事件 $E_a$，有

$$\Pr(E_a|E_i)\Pr(E_i) = \Pr(E_i|E_a)\Pr(E_a)$$

$$\Rightarrow \Pr(E_i|E_a) = \frac{\Pr(E_a|E_i)\Pr(E_i)}{\Pr(E_a)} \tag{2.11}$$

式中：$E_a$ 可以解释为附加信息；$i = 1, 2, \cdots, n, n$ 为可能事件的数量。这个方程称为贝叶斯定理。总概率的定理可以用 $\Pr(E_a)$ 来取代分母，推导出广义贝叶斯定理，即

$$\Pr(E_i|E_a) = \frac{\Pr(E_a|E_i)\Pr(E_i)}{\sum_{j=1}^{n}\Pr(E_a|E_j)\Pr(E_j)} \quad (2.12)$$

为了给这个等式赋予意义,我们首先定性地解释它,然后举例。

考虑式(2.11),其中 $E_i = E_0$ 是关注事件,有

$$\Pr(E_0|E_a) = \frac{\Pr(E_a|E_0)\Pr(E_0)}{\Pr(E_a)} \quad (2.13)$$

初始概率估计 $E_0$ 出现概率是 $\Pr(E_0)$。为了改进这个估计,需要对导致事件 $E_a$ 的系统进行测试。图2.10给出了前进方向的提示。在总概率定理中,通过计算空间中所有其他事件的交集 $E_0$,得到 $\Pr(E_0)$。这些其他事件的发生或不发生提供了关于 $\Pr(E_0)$ 的额外信息。以类似的方式,知道 $E_a$ 发生的概率为 $\Pr(E_a)$ 提供了额外的信息。估计 $\Pr(E_0)$ 可以使用额外的知识来更新,即事件 $E_a$ 已经与 $\Pr(E_a)$ 一起发生,从而更新事件 $E_0$ 到 $\Pr(E_0|E_a)$ 的概率估计。为了表示这个更新,我们将式(2.13)改写如下:

$$\Pr(E_0|E_a) = \left[\frac{\Pr(E_a|E_0)}{\Pr(E_a)}\right]\Pr(E_0)$$

方括号中的术语有时称为似然函数或传递函数,表示新信息对初始估计 $\Pr(E_0)$ 的影响。下面的例子有助于展示这个过程。

**例2.15** 制造业中的贝叶斯定理

相机是在 $A$ 和 $B$ 两家工厂生产的,我们知道一个有缺陷的部件仍然通过最后的检验,进入市场的概率是0.01。如果部件有缺陷,它来自工厂 $A$ 的概率是0.3。如果部件没有缺陷,它来自工厂 $B$ 的概率是0.8。假设消费者在购买之前可以知道相机来自哪里。这些附加信息可以帮助客户决定购买哪种相机。求出 $A$ 工厂生产的相机有缺陷的概率和 $B$ 工厂生产的相机有缺陷的概率。

**解:**设相机有缺陷的事件为 $F$,来自 $A$ 工厂的相机为事件 $A$,来自 $B$ 工厂的相机为事件 $B$。我们给出

$$\Pr(F) = 0.01, \quad \Pr(A|F) = 0.3$$
$$\Pr(B|\overline{F}) = 0.8$$

同时,如果相机不是在 $A$ 工厂生产的,那么它一定是在 $B$ 工厂生产的,则有 $\overline{A} = B$ 和 $A = \overline{B}$,

我们要求 $\Pr(F|A)$ 和 $\Pr(F|B)$。

考虑到有30%的缺陷的相机来自 $A$ 工厂,剩余70%概率来自 $B$ 工厂。基于这些信息,消费者可能会选择一个来自工厂 $A$ 的相机。然而,如果工厂 $B$ 比工厂 $A$ 生产更多的产品。选择来自工厂 $B$ 的相机可能更安全。利用贝叶斯规则,下列条件概率

是已知的,即

$$\Pr(F|A) = \frac{\Pr(A|F)\Pr(F)}{\Pr(A|F)\Pr(F) + \Pr(A|\bar{F})\Pr(\bar{F})}$$

$$\Pr(F|B) = \frac{\Pr(B|F)\Pr(F)}{\Pr(B|F)\Pr(F) + \Pr(B|\bar{F})\Pr(\bar{F})}$$

因为 $A$ 和 $B$ 是互补的,所以有

$$\Pr(A|\bar{F}) = 1 - \Pr(B|\bar{F}) = 0.2$$

相机没有缺陷的概率是 $\Pr(\bar{F}) = 0.99$,可得

$$\Pr(B|F) = 1 - \Pr(A|F) = 0.7$$

那么,相机来自 $A$ 工厂有缺陷的概率为

$$\Pr(F|A) = \frac{0.3 \times 0.01}{0.3 \times 0.01 + 0.2 \times 0.99} = 0.0149$$

或者是 1.49%。

相机来自 $B$ 工厂有缺陷的概率为

$$\Pr(F|B) = \frac{0.7 \times 0.01}{0.7 \times 0.01 + 0.8 \times 0.99} = 0.00876$$

或者是 0.88%。

因此,消费者最好选择由 $B$ 工厂生产的相机。

不知道产品的产地时,消费者面临有缺陷产品的概率是 0.01。然而,根据相机出厂的信息,购买从 $B$ 工厂生产的有缺陷相机的概率降低到 0.00876。通过这种方式,可以使用额外的信息来细化,使概率估计更精确。

**例 2.16 机器检测中的误报**

如果存在缺陷,则机器在检测和定位层压结构缺陷方面的效率是 95%。然而,对于 1% 的样本,它有时也会"检测"出不存在的缺陷,即"误判"。如果制造过程中有 0.5% 的缺陷,那么,检测到样品有缺陷的概率是多少?

**解**:设事件 $I$ 为缺陷事件,事件 $D$ 为检测到缺陷事件,期望概率是 $\Pr(I|D)$,可得

$$\Pr(I|D) = \frac{\Pr(ID)}{\Pr(D)}$$

$$= \frac{\Pr(D|I)\Pr(I)}{\Pr(D|I)\Pr(I) + \Pr(D|\bar{I})\Pr(\bar{I})}$$

$$= \frac{0.95 \times 0.005}{0.95 \times 0.005 + 0.01 \times 0.995} = 0.323$$

只有32.3%的有缺陷的标本会被检测到。显然,这种可能性对于适当的质量控制来说太低了。

### 例2.17 贝叶斯定理和灌铅骰子

表2.1为投掷3个灌铅的骰子(不均匀的)的所有可能出现的概率。所有骰子都被灌铅,这意味着它们在某种程度上是不平衡的,导致出现任何数字的概率不相等。对每一行求和仍然会得到1,这表明,6个面中有一个面出现的概率是100%。①如果随机选择一个骰子,求出现数字是6的概率。②找出随机选择的骰子掷出6的概率,即骰子2被选中的概率。

表2.1  3个灌铅骰子的投掷概率

| 骰子朝向 | 1 | 2 | 3 | 4 | 5 | 6 |
| --- | --- | --- | --- | --- | --- | --- |
| 骰子1 | 1/12 | 1/6 | 1/12 | 1/3 | 1/6 | 1/6 |
| 骰子2 | 1/6 | 1/6 | 1/6 | 1/12 | 1/12 | 1/3 |
| 骰子3 | 1/3 | 1/6 | 1/6 | 1/6 | 1/12 | 1/12 |

**解:** ①利用全概率公式。设 $B$ 为掷出一个6的事件,设 $A_1$、$A_2$、$A_3$ 分别为选择骰子1、2和3的事件。因为随机选择骰子,所以有 $\Pr(A_1) = \Pr(A_2) = \Pr(A_3) = 1/3$。从表2.1中可以看出,$\Pr(B|A_1) = 1/6, \Pr(B|A_2) = 1/3, \Pr(B|A_3) = 1/12$,将这些概率代入全概率公式中,我们得到了掷出6的概率,即

$$\Pr(B) = \Pr(B|A_1)\Pr(A_1) + \Pr(B|A_2)\Pr(A_2) + \Pr(B|A_3)\Pr(A_3)$$

$$= \left(\frac{1}{6} \cdot \frac{1}{3}\right) + \left(\frac{1}{3} \cdot \frac{1}{3}\right) + \left(\frac{1}{12} \cdot \frac{1}{3}\right)$$

$$= \frac{7}{36} = 0.1944$$

如果所有骰子都是均匀的,我们就会发现:

$$\Pr(B) = 3 \times (1/18) = 1/6 = 0.1667$$

② 从另一个角度来看这个问题,条件概率为

$$\Pr(A_2|B) = \frac{\Pr(B|A_2)\Pr(A_2)}{\Pr(B)}$$

利用贝叶斯公式,注意: $\Pr(B)$ 是计算这个表达式所必需的,因此,即使前面的问题没有被提及,我们也必须应用全概率定理。因此,有

$$\Pr(A_2|B) = \frac{\frac{1}{3} \cdot \frac{1}{3}}{\frac{7}{36}} = \frac{4}{7} = 0.5714$$

这个结果也可以通过考虑掷6次骰子的概率,缩小空间来获得。从表2.1中可

以看出,实现6时的概率,表示缩小的空间。因此,有

$$\Pr(A_2|B) = \frac{\frac{1}{3}}{\frac{1}{3}+\frac{1}{6}+\frac{1}{12}} = 0.5714$$

同理,运用贝叶斯公式,可以发现:

$$\Pr(A_1|B) = \frac{\frac{1}{6} \cdot \frac{1}{3}}{\frac{7}{36}} = 0.2857$$

$$\Pr(A_3|B) = \frac{\frac{1}{12} \cdot \frac{1}{3}}{\frac{7}{36}} = 0.1429$$

这些条件概率之和一定等于1,事实上它们的和确实为1,即

$$\Pr(A_1|B) + \Pr(A_2|B) + \Pr(A_3|B) = 1$$

表示概率被准确地确定。

### 例2.18 容器内液体的晃动[①]

液体在容器中的晃动是工程中的一个重要问题。许多重要的工程系统都有封闭的流体,如建筑物顶部的水塔,飞机机翼和机身中的燃料,在低重力或微重力下飞行的航天器中的燃料、管道中的液体。这些都是液体在容器中晃动的例子。这些例子的一个共同的特点是容器内液体的体积随时间变化,当容器使用时,液体的体积会变少,晃动(移动)液体具有惯性,液体的体积会影响封闭结构的振动特性。

我们以地震带中简化的水塔问题为例,对水塔抵抗各种地震冲击波的能力进行了研究。在这个问题中有3个主要的不确定因素:地震时间和震级,以及地震发生时塔内的水量。发生时间的不确定性和塔内的水量是相关的,因为如果知道地震的发生时间,我们可以确定塔内的水量。

从塔上测试数据和该地区地震活动性的历史数据,可以获得以下信息:在地震发生时,塔倒塌的概率取决于地震的震级和塔内的水量。由于地震震级和塔的储水程度可以在一个广泛的数字范围内取值,我们简化这个模型,假设塔内水是满的或半满的,相对的可能性是1∶3,也就是说,塔是半满的概率是满的3倍。

最低震级的地震称为弱地震,最高震级的地震称为强震。假设相对可能性分别为4∶1,即弱地震发生的频率是强震的4倍。

---

[①] 这个问题是以 A. H–S 为基础的。唐文华,《工程规划概率论》,第1卷,基本原理,John Wiley,1975。

可以确定的是,如果一场强烈的地震袭击了塔,不管水箱中有多少水,塔都会倒塌。如果一场弱地震袭击了塔,塔中最多装一半的水,则塔肯定能避免倒塌①。然而,如果在弱地震事件中,塔中水是满的,那么,它只有 1/2 的机会幸存(这 50% 的幸存机会意味着弱地震组的能量谱有显著的差异,有时也会导致塔的倒塌)。

关于这个系统及其环境的响应有两个有趣的问题:①塔倒塌的概率是多少;②如果塔在地震事件中倒塌,当时塔箱装满的概率是多少?

**解**:第一步是定义所有可能事件的概率,然后应用贝叶斯定理和全概率定理,定义以下事件:

$$F = 满塔箱水, H = 半塔箱水, C = 塔倒塌, S = 强地震, W = 弱地震$$

利用问题陈述中给出的相对似然信息,推导出以下概率:

$$\Pr(F) = 0.25, \quad \Pr(H) = 0.75$$

$$\Pr(S) = 0.20, \quad \Pr(W) = 0.80$$

$$\Pr(C|SF) = \Pr(C|SH) = 1$$

$$\Pr(C|WF) = \Pr(\bar{C}|WH) = 0.5$$

$$\Pr(C|WH) = 0$$

① 计算坍塌的概率,使用全概率定理,将所有可能发生坍塌的情况相加,即

$$\Pr(C) = \Pr(CSH) + \Pr(CSF) + \Pr(CWH) + \Pr(CWF)$$

$$= \Pr(C|SH)\Pr(SH) + \Pr(C|SF)\Pr(SF) + \Pr(C|WH)\Pr(WH) +$$

$$\Pr(C|WF)\Pr(WF)$$

此时,需要对联合事件(地震事件的强度,水箱中的水量)进行物理判断。我们有理由假设这两个事件在统计上是相互独立的,即

$$\Pr(SH) = \Pr(S)\Pr(H), \quad \Pr(SF) = \Pr(S)\Pr(F)$$

$$\Pr(WH) = \Pr(W)\Pr(H), \quad \Pr(WF) = \Pr(W)\Pr(F)$$

因此,有

$$\Pr(C) = \Pr(C|SH)\Pr(S)\Pr(H) + \Pr(C|SF)\Pr(S)\Pr(F) +$$

$$\Pr(C|WH)\Pr(W)\Pr(H) + \Pr(C|WF)\Pr(W)\Pr(F)$$

$$= (1 \times 0.20 \times 0.75) + (1 \times 0.20 \times 0.25) + (0) + (0.5 \times 0.80 \times 0.25)$$

$$= 0.3$$

塔倒塌的可能性是 30%。

---

① 这些信息表明水塔可以安装传感器,以便在发生地震时检测,使得多余的水被释放到下水道中,保证塔中的水不到 1/2。

② 假设故障事件发生时,塔中水满的概率为

$$\Pr(F|C) = \Pr(FS|C) + \Pr(FW|C)$$

$$= \frac{\Pr(C|FS)\Pr(FS)}{\Pr(C)} + \frac{\Pr(C|FW)\Pr(FW)}{\Pr(C)}$$

$$= \frac{1 \times 0.25 \times 0.20}{0.3} + \frac{0.5 \times 0.25 \times 0.80}{0.3}$$

$$= 0.5$$

塔倒塌时塔中水满的概率是50%。设计师会观察结果并考虑如何降低塔倒的可能性。方程$\Pr(C)$为总概率,等于右边每个分量的概率加起来的和。它指出了结构的弱点,以及设计上可以改进的地方,以显著降低倒塌的可能性。因此,上述过程可以通过迭代来进行设计,直到$\Pr(C)$足够小为止。

托马斯·贝叶斯
(1701年—1761年4月7日)

**贡献:** 托马斯·贝叶斯(Thomas Bayes)是英国数学家,牧师,以贝叶斯定理而闻名。虽然贝叶斯从未发表过这个定理,但最终却成为他最著名的成就。贝叶斯的笔记在他死后由理查德·普莱斯(Richard Price)编辑出版。

贝叶斯的"概率论"于1764年(在他死后)发表于《伦敦皇家学会哲学学报》,其关注的是"机会主义",是由贝叶斯的朋友理查德·普莱斯提交给皇家学会的,他在已故朋友的众多论文中发现了这篇文章。

贝叶斯还写了《流变学说导论》和《为数学家辩护反对〈分析学家〉作者的异议》(1736年),来反击伯克利对微积分逻辑基础的攻击。

**生平简介:** 托马斯·贝叶斯的职业生涯始于新教牧师,他的父亲是当时英国6名新教的牧师之一。他是自学成才的,也很可能是受教于著名的德·莫弗教授。起初,

贝叶斯在霍尔本协助他的父亲。在18世纪20年代末,他成为了汤布里奇韦尔斯长老会教堂的牧师,该教堂位于伦敦东南35英里(mile)(1英里 = $1.609344 \times 10^3$ m)。虽然贝叶斯在1749年曾试图从牧师职位上退休,但还是一直坚持到1752年。

**显著成就**:贝叶斯在1742年被选为皇家学会会员,尽管他当时还没有发表任何关于数学的著作。事实上,在他有生之年,没有一本书是以他的名字出版的。关于流变的文章也是匿名发表的。他死后出版了一本关于渐近级数的数学著作。

长期以来,人们对这篇关于"概率"的论文褒贬不一。拉普拉斯(Laplace)在1781年的回忆录中接受了他的理论,孔多塞(Condorcet)重新研究了他的结论,布尔在《思想的规律》中对此提出了质疑。从那时起,贝叶斯的技术一直备受争议。

## 2.3 本章小结

本章介绍了概率论的基础,即集合和集合运算,它们和概率公理允许发展处理不确定参数和变量的规则;给出了具有实践意义的发生频率、概率的定义;此外,还介绍了一些基本的概率概念,特别是条件概率和独立性。

## 2.4 格言

- 你的理论有多好并不重要,你有多聪明也无关紧要。如果它与实验不符,那它就是错的。——理查德·费曼(Richard Feynman)
- 少许或者概率值得很多猜想。——詹姆斯·G·瑟伯(James G. Thurber)
- 我们必须相信运气,否则我们如何解释那些我们不喜欢的人的成功。——让·科克托(Jean Cocteau)
- 生活是一种艺术,要在不充足的前提下得出充足的结论。——塞缪尔·巴特勒(Samuel Butler)
- 所有的预测都是统计学上的,但有些预测的概率非常高,以至于人们倾向于认为它们是确定的。——约翰·马歇尔·沃克(John Marshall Walker) 美国物理学家
- 这是一个非常确定的事实,当我们不能确定什么是真实的时候,我们应该遵循什么是最可能的。——笛卡儿(Descartes)
- 对概率的误解可能是阻碍科学素养的最大障碍。——斯蒂芬·杰·古尔德(Stephen Jay Gould)

## 2.5 习题

### 2.1节 集合

1. 列举3个日常生活中不可能发生的事情的例子。

2. 列举 3 个流体工程中不可能发生的事件的例子。
3. 列举 3 个材料工程中不可能发生的事件的例子。
4. 从材料的强度给出 3 个不可能事件的例子。
5. 列举 3 个机械振动不可能事件的例子。
6. 列举 3 个热工程中不可能发生的事件的例子。
7. 列举 3 个日常生活中的确定性事件的例子。
8. 列举 3 个流体工程中的确定性事件的例子。
9. 列举 3 个材料工程中确定性事件的例子。
10. 列举 3 个材料强度中确定性事件的例子。
11. 列举 3 个机械振动中确定性事件的例子。
12. 列举 3 个热能工程中确定性事件的例子。
13. 举例说明日常生活中的互补事件。
14. 举例说明流体工程中的互补事件。
15. 举例说明材料工程中的互补事件。
16. 举例说明材料强度中的互补事件。
17. 举例说明机械振动中的互补事件。
18. 举例说明热能工程中的互补事件。
19. 考虑到这 3 个事件:

$$X = \{奇数\}, \quad Y = \{偶数\}, \quad Z = \{负数\}$$

求解以下各式:(1)$X \cup Y$;(2)$X \cap Y$;(3)$\bar{X}$;(4)$\bar{Y}$;(5)$\bar{Z}$;(6)$Y \cap Z$。

20. 将示例 2.5 扩展到 3 个轴连接 2 个离合器(而不是 2 个轴连接 1 个离合器)的情况。轴从左到右编号为 1、2、3。传动系统的故障被定义为 3 个轴中的任意 1 个轴的故障,事件分别定义为 $E_1$、$E_2$ 和 $E_3$。假设离合器不会失灵,找出以下事件:

(1)传动系故障;
(2)无传动系故障;
(3)举例说明德摩根法则。

## 2.2 节  概率

21. 参考图 2.8,其中制造了 50 个 $d_{AV} = 50$mm 的轴。从测量中我们观察到:25 个轴的直径是 $d_{AV}$,10 个轴的直径是 $1.01d_{AV}$,6 个轴的直径是 $1.02d_{AV}$,5 个轴的直径是 $0.99d_{AV}$,4 个轴的直径是 $0.98d_{AV}$。

画出沿坐标轴显示适当数字的频率图。使用概率的频率进行解释,计算每个轴尺寸发生的概率,并验证这些概率之和是否等于 1。

22. 用自己的话,解释总概率定理的基本思想并讨论它的重要性。
23. 假设 $\Pr(E_1) = 0.20$ 和 $\Pr(E_2) = 0.30$。

（1）如果 $E_1$ 和 $E_2$ 属于一种特殊关系,是否有任何事件在此没有说明？为什么？

（2）如果 $\Pr(E_1 \cup E_2) = 0.90$ 这些过程是互斥的吗？为什么？

（3）如果 $\Pr(E_1 \cup E_2) = 0.50$,那么 $\Pr(E_1 E_2)$ 的值是多少？

24. 假设 $\Pr(A) = 0.5, \Pr(A|B) = 0.3$ 和 $\Pr(B|A) = 0.1$,计算 $\Pr(B)$。

25. 假设 $\Pr(A) = 0.5, \Pr(A|B) = 0.5$ 和 $\Pr(B|A) = 0.1$,计算 $\Pr(B)$。如果两者之间存在统计关系,可以得出什么结论？

26. 参考示例 2.17,设 $G$ 为骰子数字 3 的事件,并且 $A_1$、$A_2$、$A_3$ 事件分别是骰子 1、2 或 3。

（1）随机选择一个骰子,求掷出 3 的概率,用总概率定理。

（2）确定如果随机选择的骰子掷出 3 个骰子,选择骰子 2 的概率。

27. 通常 2 根缆绳起吊载荷 $W$ 的物体,一般情况下,当缆绳 $B$ 长度略大于 $A$ 时,只有缆绳 $A$ 承载。但如果缆绳 $A$ 断了,那么 $B$ 就必须承担全部载荷,直到更换缆绳 $A$ 为止。缆绳 $A$ 断裂的概率是 0.02。如果 $B$ 必须自己承担负载,它失效的概率是 0.30。

$$A = 缆绳 A 损坏$$
$$B = 缆绳 B 损坏$$
$$\Pr(A) = 0.02$$
$$\Pr(B|A) = 0.30 = A 已损坏的情况下 B 损坏的概率$$

（1）2 根电缆都失效的概率是多少？

（2）如果负载继续上升,没有一根缆绳发生失效的概率是多少？

28. 从不同的角度考虑传动系统示例 2.5。传动系统由转子 $R$ 和涡轮叶片 $B$ 组成。系统运行的好坏取决于制造部件的精度。制造商对单个部件的测试得出以下信息：

$$R 有缺陷的概率为 0.1\%$$
$$B 失效的概率为 0.01\%$$

此外,如果叶片 $R$ 有缺陷,那么,由于额外的振动力,叶片 $B$ 失效的可能性会增加 50%。确定系统通过检查的概率。

# 第3章 随机变量模型

上一章,我们介绍了集合来处理概率和不确定性,用几个关键的公式建立概率之间的关系,这些概率通常是关于"极端"事件的,例如,某个组件以一定概率失效,以及其他特定极端事件。我们希望能够提供完整的变量范围内的概率,这个概率不仅仅是特定变量的概率,而是整个变量范围内的概率。

一般情况下,在概率描述中,我们引入了随机变量的概念。随机变量是表示有很多可能值的变量,不像确定性变量只有一个值。随机变量体现了参数存在的不确定性。

在本章,我们首先介绍随机变量的性质和定义。在工程分析和设计研发中,概率为我们提供了定义和应用变量的框架。物理现象的数学模型,本质上是变量之间的关系。对于有不确定性的变量,有多种可能的值。例如,通过在"相同"试样上的实验确定的一组杨氏模量的可能值。这种多样性将由下面介绍的概率函数表示,其中随机参数完全由其概率函数定义。

随机变量可以是离散的、连续的或混合的。虽然我们给出了离散变量的定义和示例,但我们的重点更多地偏向连续变量。这主要是由我们所考虑应用程序的类型决定的,其中随机可变性是在连续值范围内的变化,工程系统通常都是这种情况。同样,输入值的可变性通常是连续的。例如,建筑物上的风力的大小是连续的。

接下来介绍的概率函数是随机性数学运算的基础。

## 3.1 概率分布函数

随机变量的可能性具有特定取值范围,由其概率分布函数[①],可定义为

$$F_X(x) = \Pr(X \leq x) \tag{3.1}$$

式中:$\Pr(X \leq x)$是随机变量 $X$ 小于等于实数 $x$ 的概率。这是关于 $x$ 的概率函数。因为概率分布函数是概率,因此它是无量纲的,并且遵循公理。通常用大写字母表示随机变量,用小写字母表示这些变量的值。我们用大写的 $X$ 作为下标来表示随机变量 $X$ 的分布函数,这个下标可以在不混淆的地方省略。起初,我们可以保留这些下标,但它们也能在不产生混淆的情况下省略。

---

① 有时称为累积分布函数,因为概率随着变大而累积。

基于概率公理①,可以看出 $F_X(x)$ 是一个关于 $x$ 的递增函数,它受 0 和 1 的约束,如图 3.1 所示。不可能事件的概率是 0,而必然事件的概率是 1。特别是

$$\lim_{x \to -\infty} F_X(x) = 0$$

因为 $\Pr(X < -\infty) = 0$,所有随机变量的实参都必须大于负无穷。实参是随机变量的众多可能值之一。同理

$$\lim_{x \to +\infty} F_X(x) = 1$$

因为 $\Pr(X < +\infty) = 1$,所有的随机变量的实参都必须小于正无穷。因此,$F_X(x)$ 的范围是 $0 \leq F_X(x) \leq 1$,因为 $\Pr(X \leq x_1) \leq \Pr(X \leq x_2)$,则有 $x_1 \leq x_2, F_X(x_1) \leq F_X(x_2)$。

这表明概率分布函数是非递减函数②,如图 3.1 所示。

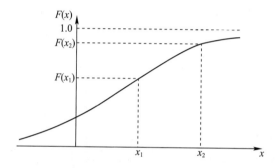

图 3.1 连续概率分布函数

$(F_X(x_2) = \Pr(X \leq x_2), \quad F_X(X \leq x_1) = \Pr(X \leq x_1)$

和 $F_X(x_2) - F_X(x_1) = \Pr(x_1 \leq X \leq x_2))$

以上定义适用于所有类型的随机变量。如果变量为离散的,则式(3.1)变为

$$F_X(x) = \sum_{\text{所有} x_i < x} \Pr(X = x_i)$$

$$= \sum_{\text{所有} x_i < x} p_X(x_i) \tag{3.2}$$

式中:$p_X(x_i)$ 是每个实参(变量)的概率。

在直方图 2.8 中可以找到累积分布函数。每个频率都是一个概率 $p_X(x_i)$,从左到右的和就是累积分布函数。直方图是建立离散随机变量分布函数的一种实用

---

① 由 A. Papoulis 撰写的《概率、随机变量和随机过程》是一本关于概率建模基础的好书,由 McGraw Hill 出版社 1965 年出版。这本书有几个版本,其中第 1 版最易读。我们也会鼓励读者去查阅 Papoulis 的其他关于概率和随机过程的文章,它们都很好。1993 年,IEEE 出版社出版了 C. Ash 的《概率辅导书:面向工程师和科学家(以及所有人)的直观课程》,这本书提供了一种解释概率的不同方法,即通过解决问题来进行介绍。

② 在上下文清楚的情况下,为了简化,可省略下标。

方法。

### 例3.1 从直方图到累积分布函数

绘制与直方图2.8对应的累积分布函数。

**解**：利用式(3.2)进行绘制，如图3.2所示。例如：

$$F(0.98 d_{AV}) = n_{0.98}$$

$$F(0.99 d_{AV}) = n_{0.98} + n_{0.99}$$

$$\vdots$$

$$F(1.02 d_{AV}) = n_{0.98} + \cdots + n_{1.02} = 1$$

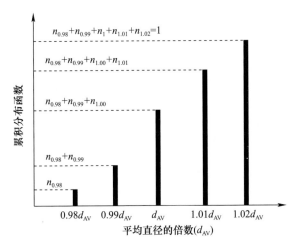

图3.2 离散累积分布函数

### 例3.2 离散和连续随机变量

例如，装螺栓容器的包装机，这是一个包含连续和离散随机变量参数的系统。

如果机器不计算容器中放置的螺栓数量，那么这个数字是近似的。每包中的螺栓数量是一个离散的随机变量，因为只能是整数。每个螺栓直径都大致相同。因此，螺栓直径是一个连续的随机变量，因为直径可以在一个连续的范围内取任何值。

## 3.2 概率密度函数

概率密度函数包含的信息与概率分布函数相同，但形式更实用。假设分布具有连续性[①]，密度函数 $f_X(x)$ 被定义为

---

① 分布函数不一定是连续函数，它可能有离散跳跃，其中存在一个有限的实参概率。最初，用连续函数更容易理解。

$$f_X(x) = \frac{\mathrm{d}F_X(x)}{\mathrm{d}x} \tag{3.3}$$

或者,通过两边的积分和重新排列,分布和密度的关系如下:

$$\int_{-\infty}^{x} f_X(\zeta)\mathrm{d}\zeta = F_X(x) = \Pr(X \leq x) \tag{3.4}$$

概率密度函数 $f_X(x)$ 类似于离散随机变量的单个概率 $p_X(x_i)$。由式(3.3)可知,$X$ 的概率密度函数单位的倒数是 $X$ 的单位。例如,如果 $X$ 的单位是 m,那么 $f_X(x)$ 的单位是 $m^{-1}$。

分布函数的式(3.4)提供了一个有用的解释:连续随机变量 $X$ 具有小于或等于实现 $x$ 的值,它的概率值等于密度函数下小于或等于的值的面积。同样,对于任意的 $x_1$ 和 $x_2$,概率为在 $x_1 \leq X \leq x_2$ 范围内的积分①,即

$$\Pr(x_1 \leq X \leq x_2) = \int_{x_1}^{x_2} f_X(x)\mathrm{d}x \tag{3.5}$$

如图3.3所示,对于小区间 $\mathrm{d}x = x_2 - x_1$ 概率可以估算为 $\Pr(x_1 \leq X \leq x_2) \approx f_X(x)\mathrm{d}x$,连续变量的任何特定点的概率都等于零,即

$$\Pr(X = \lambda) = \int_{\lambda}^{\lambda} f_X(x)\mathrm{d}x = 0$$

因为密度函数图中的阴影面积等于0。

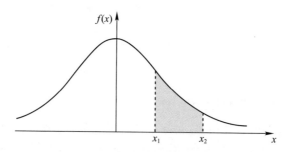

图3.3 阴影面积为概率分布函数在 $x_1 \leq X \leq x_2$ 区间的概率

下面介绍概率密度函数重要性质归一化,即

$$\int_{-\infty}^{\infty} f_X(x)\mathrm{d}x = 1 \tag{3.6}$$

这表示密度函数代表随机变量的所有可能值(实参)。密度函数的阴影面积归

---

① 关于随机变量不等式 $x_1 \leq X \leq x_2$ 的解释。在不等式一侧允许相等,这样任何点都不会被计算两次。因此,在一定范围内 $X$ 的概率可以写成

$$\Pr(x_1 \leq X \leq x_3) = \Pr(x_1 \leq X \leq x_2) + \Pr(x_2 \leq X \leq x_3)$$

我们看到 $X = x_2$ 没有计算两次。实际上,这(仅)对离散随机变量来说是很重要的。

一化为1。由于在数值上概率为0~1范围内的值,因此密度函数必须是非负的[①]函数:$f_X(x) \geq 0$。

必须强调的是,随机变量具有一个静态属性,即密度函数的形状不随时间变化。如果密度函数与时间有关,则该变量称为随机或随机过程。本书的第二部分从第5章开始将讨论这个(更高级的)主题。

对于两个值$a$和$b$,其中$b>a$,即

$$\Pr(a<X<b) = \int_{-\infty}^{b} f_X(x)\,\mathrm{d}x - \int_{-\infty}^{a} f_X(x)\,\mathrm{d}x$$
$$= F_X(b) - F_X(a)$$

式中:当密度函数的下标$X$不引起歧义时,是可以省略的。

在某些特殊情况下,随机变量$X$既可以假设为离散值,也可以为连续值。如果$X$同时是一个具有离散和连续的混合随机变量,则概率$\Pr(a<X<b)$可以写成

$$\Pr(a<X<b) = \int_a^b f_X(x)\,\mathrm{d}x + \sum_{a<x_i\leq b} p_X(x_i)$$

式中:$p_X(x_i)$是离散概率质量函数,是为随机变量$X$离散部分定义的概率。如果在$X=x_0$处的概率等于$P$,那么,概率分布函数$F_X(x)$在$x_0$处有跳跃,如图3.4所示,即

$$\Pr(X=x_0) = p$$
$$\Pr(X\leq x_0) = p_0 + p$$
$$\Pr(X<x_0) = p_0$$

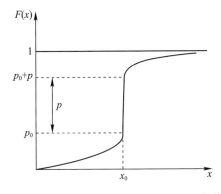

图3.4 混合分布的随机变量(函数中的跳跃点表示离散变量的位置)

## 例3.3 指数分布函数

假设随机变量的概率密度函数$X$是$f_X(x)=c\exp(-|x|)$。估算常数$c$,求$\Pr(-2<X\leq 2)$,推导出概率分布函数$F_X(x)$。

---

[①] 正函数是指所有值都大于零的函数。如果它是非负的,那么它也可能等于0。

**解**:在密度函数可以用来推导事件的概率之前,必须使用归一化性质来估算常数 $c$,由式(3.6)可得

$$c\int_{-\infty}^{\infty} \exp(-|x|) = 1$$

$$2\int_{-\infty}^{\infty} \exp(-x)\mathrm{d}x = 1 \Rightarrow c = \frac{1}{2}$$

因此,有

$$f_X(x) = \frac{1}{2}\exp(-|x|)$$

如图3.5所示,接下来,我们估算事件 $-2 \leq X \leq 2$ 的概率,即

$$\Pr(-2 \leq X \leq 2) = \int_{-2}^{2} \frac{1}{2}\exp(-|x|)\mathrm{d}x$$

$$= 1 - \mathrm{e}^2 = 0.8647$$

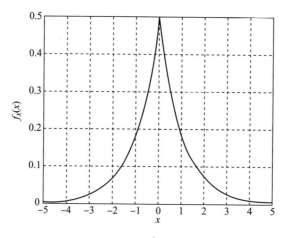

图3.5　$f_X(x) = \frac{1}{2}\exp(-|x|)$

得出概率分布函数:

$$F_X(x) = \int_{-\infty}^{x} \frac{1}{2}\exp(-|\xi|)\mathrm{d}\xi$$

$$= \begin{cases} \frac{1}{2}\mathrm{e}^x & x \leq 0 \\ 1 - \frac{1}{2}\mathrm{e}^{-x}, & x > 0 \end{cases}$$

注意:

$$\Pr(-2 < X \leq 2) = F_X(2) - F_X(-2)$$

指数密度函数被应用到许多实际工程中,如可靠性分析。

### 例3.4　逆平方密度函数

对于随机变量 $X$ 的密度函数

$$f_X(x) = 100/x^2, \quad x \geqslant 100$$

求出分布函数并绘制这两个函数。

**解**:通过对密度函数进行积分可得到如下分布函数:

$$F_X(x) = \int_{-\infty}^{x} f_X(\xi)\,\mathrm{d}\xi = \int_{100}^{x} \frac{100}{\xi^2}\mathrm{d}\xi = \frac{x-100}{x}, \quad x \geqslant 100$$

分布函数和密度函数,分别绘制在图 3.6 和图 3.7 中,在这里我们可以检查这两个函数如何以互补的方式表示变量 $X$ 的概率。

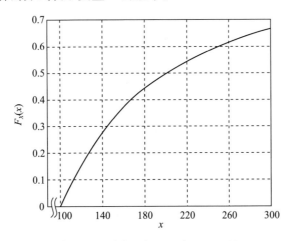

图 3.6　$F_X(x) = (x-100)/x, x \geqslant 100$

(如 $\Pr(140 < X \leqslant 180) = F_X(180) - F_X(140) = 0.444 - 0.285 = 0.159$ 或 15.9%)

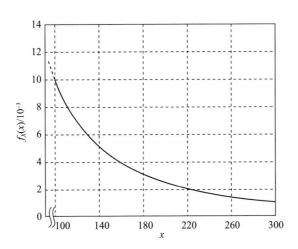

图 3.7　$f_X(x) = 100/x^2, x \geqslant 100$

$\left(\text{如 } \Pr(140 < X \leqslant 180) = \int_{140}^{180} f_X(x)\,\mathrm{d}x = 100/140 - 100/180 = 0.159 \text{ 或 } 15.9\%\right)$

### 例3.5 应力测量误差

假设在受控实验中测量材料应力误差是一个具有以下概率密度函数的连续随机变量 $X$，即

$$f_X(x) = \begin{cases} x^2/3, & -1 \leq x \leq 2 \\ 0, & \text{其他} \end{cases} \tag{3.7}$$

如图3.8所示，①是一个有效的概率密度函数吗？如果它是，那么求出在 $0 < X \leq 1$ 区间的概率。②推导出累积分布函数，并用它来估算与①相同的概率。

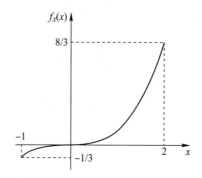

图3.8 式(3.7)中概率密度函数 $f_X(x)$ 的示意图

**解：**① 首先，我们验证密度函数，要求它在变量范围内的面积为1，并且在其范围内为正值或等于0，很明显满足了第二个条件。接下来需要对第一个条件测试，即

$$\int_{-\infty}^{\infty} f_X(x)\,\mathrm{d}x = \int_{-1}^{2} \frac{x^2}{3}\,\mathrm{d}x = 1$$

从而满足了第一个的条件。$0 < X \leq 1$ 的概率由这个范围内的密度函数的积分给出，即

$$\int_0^1 \frac{x^2}{3}\,\mathrm{d}x = \frac{1}{9}$$

② 根据定义，分布函数为

$$F_X(x) = \int_{-\infty}^{x} f_X(\zeta)\,\mathrm{d}\zeta = \int_{-\infty}^{x} \frac{\zeta^2}{3}\,\mathrm{d}\zeta$$

$$= \begin{cases} 0, & x \leq 1 \\ (x^3 + 1)/9, & -1 < x \leq 2 \\ 1, & x > 2 \end{cases} \tag{3.8}$$

并绘制在图3.9中。

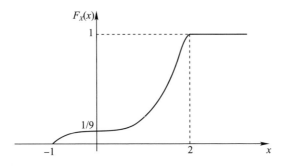

图 3.9 式(3.8)中累积分布函数 $F_X(x)$ 示意图

然后,有

$$\Pr(0 < X \leqslant 1) = F_X(1) - F_X(0) = \frac{2}{9} - \frac{1}{9} = \frac{1}{9}$$

验证了①部分。

## 3.3 概率质量函数

对于只有离散值的变量,在计算某个范围内的概率时需要格外注意,严格理解不等式(<或>)和不等式(≤或≥)之间的区别。假设离散随机变量 $X$ 有 $n$ 种可能的值,那么,以下内容一定是正确的:

$$\Pr(X = x_i) = p(x_i)$$
$$p(x_i) \geqslant 0$$
$$\sum_{i=1}^{n} p(x_i) = 1$$

式中: $p(x_i)$ 是参数 $x_i$ 的概率质量函数。图 3.10 为 $n=3$ 时的概率质量函数。

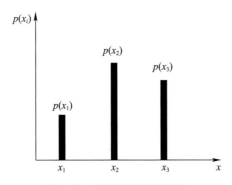

图 3.10 通用概率质量函数

通过将各个分量相加可以得到累积分布函数,如图 3.11 所示。

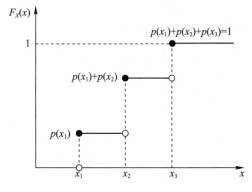

图 3.11 累积分布函数

### 例 3.6 混合离散 – 连续随机变量

考虑具有以下累积概率分布函数的随机变量 $X$：

$$F_X(x) = \begin{cases} 0, & x < -1 \\ (x+2)/4, & -1 \leq x < 1 \\ 1, & 1 \leq x \end{cases}$$

画出分布函数图，并将其与累积分布的定义一起使用，以得到以下概率：$\Pr(-1/2 < X \leq 1/2)$，$\Pr(-1 < X < 1)$ 和 $\Pr(-1 < X \leq 1)$。

**解**：使用累积分布的示意图，如图 3.12 所示，得到

$$\Pr\left(-\frac{1}{2} < X \leq \frac{1}{2}\right) = F_X\left(\frac{1}{2}\right) - F_X\left(-\frac{1}{2}\right)$$

$$= \frac{1/2+2}{4} - \frac{-1/2+2}{4} = \frac{1}{4}$$

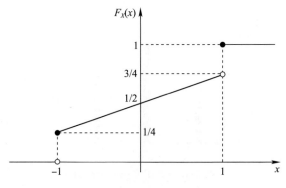

图 3.12 累积分布函数

由于函数的不连续点在 $X$ 的范围内,这里没有歧义。

在下列情况下,需要特别注意范围边界在不连续的哪一侧:

$$\Pr(-1<X<1) = F_X(1^-) - F_X(-1) = 3/4 - 1/4 = 1/2$$
$$\Pr(-1<X\leqslant 1) = F_X(1^+) - F_X(-1) = 1 - 1/4 = 3/4$$
$$\Pr(-1\leqslant X<1) = F_X(1^-) - F_X(-1) = 3/4 - 1/4 = 1/2$$
$$\Pr(-1\leqslant X\leqslant 1) = F_X(1^+) - F_X(-1) = 1 - 1/4 = 3/4$$

和

$$\Pr(X\leqslant 1) = F_X(1^+) = 1$$
$$\Pr(X<-1) = F_X(-1) = 0$$

上标 + 或 − 分别表示 $F_X(x^\pm)$ 在 $x$ 的左边或右边求值,从而解释了 $x$ 处的不连续。

在研究广泛应用的一些重要分布之前,我们需要定义一个平均值过程,即概率变量数值期望(在下文中,如果函数所引用的随机变量没有歧义,我们将选择性地省略累积分布函数和概率密度函数中的下标)。因此,在以上示例中,我们可以在不造成任何歧义的情况下进行替换。所以在示例 3.6 中,可以将 $F_X(x)$ 替换为 $F(x)$,而不影响理解。

## 3.4 数学期望

期望或均值是描述随机变量最重要的参数。尽管许多随机变量可能具有相同的均值,但值的分布或它们的方差可能有很大的不同。因此,方差是第二个重要的统计描述参数。

随机变量的均值和方差是统计均值,可以用随机变量 $X$ 的函数的数学期望来评估。

$$E\{g(X)\} = \int_{-\infty}^{\infty} g(x)f(x)\mathrm{d}x \tag{3.9}$$

### 3.4.1 均值

期望或均值 $\mu_X$,由式(3.9)定义,即

$$\mu_X = E\{X\} = \int_{-\infty}^{\infty} xf(x)\mathrm{d}x \tag{3.10}$$

期望值是一个常数,一阶统计量,因为变量 $x$ 是一次方,也称为第一阶矩。力矩这个术语类似于力学中的质心,即期望 $E(X)$ 是"概率质量"的中心。积分中的密度函数充当概率"加权"函数,并且是积分中较大因素(对于更可能的随机变量值)。这

样,就可以找到平均值的位置。

常数的期望值就是常数,即 $E\{c\} = c$。

**例 3.7 连续变量的期望值**

油箱内的随机压力 $P$ 由以下分布决定:

$$f_P(p) = \frac{1}{10}, \quad 100\text{psi} \leq p \leq 110\text{psi}$$

计算 $P$ 的数学期望值。

**解**:数学期望值计算公式如下:

$$\begin{aligned} E\{P\} &= \int_{100}^{110} p f_P(p) \, dp \\ &= \int_{100}^{110} p \frac{1}{10} dp = 105\text{psi} \end{aligned}$$

这个恒定分布函数称为均匀分布,它将在后面的章节中正式介绍。我们注意到均匀分布随机变量的均值是该变量上限和下限的平均值。

**例 3.8 离散随机变量的期望值**

式(3.10)被定义为连续随机变量。有时有效变量是离散的,如何分析离散变量? 给出一个数值例子。

**解**:对于离散随机变量,数学期望中的积分变成求和。假设对一种材料的屈服强度进行 10 次试验,得到以下数据:

$$10.0, 9.8, 11.1, 9.1, 9.9, 9.7, 10.3, 10.1, 9.9, 10.0$$

为了求期望值,我们用式(3.10)的离散对应形式:

$$u_X = E\{X\} = \sum_{i=1}^{10} x_i p_X(x_i) \tag{3.11}$$

式中:$x_i$ 是测试的结果;$p_X(x_i)$ 是概率质量,等于特定值出现的次数的分数。对于列出的数据,出现一次的测试结果的概率是 1/10。出现两次像 9.9 和 10.0 这样结果的概率为 2/10。注意:$\sum_{i=1}^{10} p_X(x_i) = 1$ 表示已包含所有可能的结果。

那么,均值就是

$$\begin{aligned} \mu_X &= \left(10.0 \times \frac{2}{10}\right) + \left(9.8 \times \frac{1}{10}\right) + \left(11.1 \times \frac{1}{10}\right) + \\ &\quad \left(9.1 \times \frac{1}{10}\right) + \left(9.9 \times \frac{2}{10}\right) + \left(9.7 \times \frac{1}{10}\right) + \\ &\quad \left(10.3 \times \frac{1}{10}\right) + \left(10.1 \times \frac{1}{10}\right) \\ &= \frac{99.9}{10} = 9.99 \end{aligned}$$

相反,假设屈服强度是连续的,并在 9.1~11.1 是均匀①的且具有连续密度 $f(x) = 1/(11.1-9.1) = 1/2$。那么,有

$$\mu = \int_{9.1}^{11.1} x \cdot \frac{1}{2} dx = 10.1$$

由于离散分布不均匀,这一结果与离散情况略有不同。可以看出,期望值不一定是可能变量(实现)。

有时,对于 $n$ 个离散变量,$p_X(x_i)$ 被写为 $\Pr(x_i)$,因此式(3.11)写为

$$\mu_X = E\{X\} = \sum_{i=1}^{n} \Pr(x_i)$$

同时,随机变量最可能出现的值定义为众数,即最可能值或最频繁出现的值。中值,$F_X(x_m) = 0.5$ 的中值,式中 $x_m$ 是概率空间一半的概率,一半小于变量 $x_m$,一半大于变量 $x_m$。中值可以通过下面方程来确定,即

$$F_X(x_m) = 0.5$$

$$\int_{-\infty}^{x_m} f_X(x) dx = \int_{x_m}^{\infty} f_X(x) dx = 0.5$$

### 例3.9 均值、模数和中值

电路元件在包装时,随机选择 10 个包装,并记录其重量,保留小数点后一位有效数字,重量为(以盎司 oz 为单位)

14.1,14.7,14.7,15.0,15.1,15.1,15.2,15.2,15.2,15.7

平均重量为

$$\mu = 14.1 \frac{1}{10} + 14.7 \frac{2}{10} + 15.0 \frac{1}{10} + 15.1 \frac{2}{10} + 15.2 \frac{3}{10} + 15.7 \frac{1}{10}$$

$$= 15.0 \text{oz}$$

模数是 15.2oz,因为它是出现最多频率值(3 次),中值是 15.1,意思是一半重量比其多,一半重量比其少。

既然已经使用期望值解决了随机变量最可能值的问题,我们在下一节中推导一个关于衡量平均值分布的方程。

## 3.4.2 方差

方差是二阶矩,定义为

---

① 均匀概率分布的详细介绍在 3.5.1 节。

$$\text{Var}\{X\} = E\{(X - E\{X\})^2\} = \int_{-\infty}^{\infty}(x-\mu)^2 f(x)\,\mathrm{d}x$$

展开括号中的平方项,逐项积分,我们发现方差等于

$$\text{Var}\{X\} = E\{X\}^2 - (E\{X\})^2 \tag{3.12}$$

方差是均方根值与均方根之间的差。此处,机械类比是质量惯性矩。

离散度的度量与随机变量的维数相同,标准差被定义为方差的正平方根,即

$$\sigma = +\sqrt{\text{Var}\{X\}} \tag{3.13}$$

一个重要的无量纲参数是相关系数(变异系数),即

$$\delta = \frac{\sigma}{\mu}$$

它被用作参数中不确定度的无量纲度量,也就是说,当用平均值进行标准化时,数据分布的范围有多大。根据这一定义,两个不同的随机变量可能具有相同的数据分布 $\sigma$,但由于它们的平均值 $\delta$ 可能会有很大的不同。这种情况如下表所列。

| | $\sigma$ | $\mu$ | $\delta$ |
|---|---|---|---|
| 随机变量 $A$ | 1 | 4 | 0.25 |
| 随机变量 $B$ | 1 | 100 | 0.01 |
| 随机变量 $C$ | 2 | 100 | 0.02 |

随机变量 $A$ 和 $B$ 有相同的标准差。随机变量 $B$ 被认为比 $A$ 随机性更小,因为它的 $\delta$ 值更小。随机变量 $B$ 和 $C$ 的均值相同,但标准差不同,因此,$\delta$ 也不同,同样,随机变量 $B$ 比 $C$ 的随机性更小,因为它的 $\delta$ 值更小。

对于均值为零或近似为零的情况,由于值会存在偏差,需要更详细地解释 $\delta$。如果 $\mu \to 0$,那么 $\delta \to \infty$,在工程实践中,$\delta$ 值在 0.05~0.15 或 5%~15% 是最可能的。大于此值意味着对系统缺乏足够的了解。在这种情况下,在分析和设计这个系统之前,应该开展一些重要的实验。

**例 3.10 检测材料的裂缝**

由于桥梁和飞机等结构的老化,在许多情况下超出了设计寿命,因此,在发生巨灾故障之前,检测和修复损坏变得越来越重要。越早维修越容易,成本也越低。在这个例子中,我们考虑了无损检测(NDT)设备的有效性。材料的裂纹具有多种形状和尺寸,因此 NDT 器件检测到某一阈值大小的裂纹的概率为 0.9。注意下列问题:

① 在材料中发现两处裂缝的概率是多少?将事件 $D$ 定义为检测到单个裂缝发生的概率。检测到两个裂缝发生的概率为

$$\Pr(\text{检测 2 个裂纹}) = \Pr(D_1 D_2)$$

由于没有给出联合事件,也没有进一步的数据,我们假设 NDT 设备独立检测每

个裂纹。假设事件相互独立：

$$\Pr(\text{检测 2 个裂纹}) = \Pr(D_1)\Pr(D_2) = \Pr(D)\Pr(D) = 0.9 \times 0.9 = 0.81$$

未检测到两个裂纹的概率是 $1 - 0.81 = 0.19$。

② 如果裂纹数 $N$ 可以是 $n = 0、1、2$ 或 $3$，并且概率质量函数如图 3.13 所示，即 NDT 仪器检测不到裂纹的概率。一般来说，裂缝的数量是未知的，它是由离散概率密度函数控制的随机数。

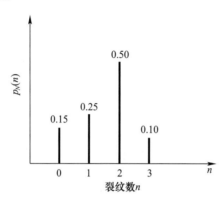

图 3.13　概率质量函数定义发现 $n$ 个裂纹的概率 $p_N(n)$

（如发现两个裂缝的概率是 0.5 或 50%）

设事件 $A$ 为检测任意一个裂缝。那么，利用总概率计算公式 $\Pr(\bar{A})$：

$$\Pr(\bar{A}) = \Pr(\bar{A}\mid N=0)\Pr(N=0) + \Pr(\bar{A}\mid N=1)\Pr(N=1) +$$

$$\Pr(\bar{A}\mid N=2)\Pr(N=2) + \Pr(\bar{A}\mid N=3)\Pr(N=3)$$

$$= (1.0 \times 0.15) + (1-0.9) \times 0.25 + (1-0.9^2) \times 0.50 +$$

$$(1-0.9^3) \times 0.10 = 0.2971$$

假设 $N=0, \Pr(\bar{A})=1$；也就是说，$\Pr(\bar{A}\mid N=0)=1$，不存在错误读数。

③ 确定随机变量 $N$ 的均值、方差和变异系数 $N$。根据各自的定义，均值定义如下：

$$\mu_N = \sum_{i=1}^{4} n_i p_i$$

$$= 0 \times 0.15 + 1 \times 0.25 + 2 \times 0.50 + 3 \times 0.1 = 1.55$$

方差为

$$\text{Var}\{N\} = \sum_{i=1}^{4} (n_i - \mu_N)^2 p_i$$

$$= (0-1.55)^2 \times 0.15 + (1-1.55)^2 \times 0.25 +$$

$$(2-1.55)^2 \times 0.50 + (3-1.55)^2 \times 0.10 = 0.7475$$

标准差等于方差的正平方根,即

$$\sigma_N = +\sqrt{0.7475} = 0.8646$$

偏差系数(变异系数)等于标准差与均值之比,即

$$\delta_N = \frac{0.8646}{1.55} = 0.5578$$

④ 令人担心的是,如果设备未检测到裂纹,那么可能设备无法正常运行,所以未检测到存在裂纹。如果设备未能检测到任何裂纹,但它实际运行正常且没有裂纹的可能性是多少?利用贝叶斯定理,有

$$\Pr(N=0 \mid \bar{A}) = \frac{\Pr(\bar{A} \mid N=0)\Pr(N=0)}{\Pr(\bar{A})}$$

$$= \frac{1.0 \times 0.15}{0.2971} = 0.5049$$

或者只有50%的概率设备是准确的。很明显,这些数字表明该装置质量低劣,不是一种可靠的仪器。

**例3.11  两段装配线**

考虑如图3.14所示的两段装配线。装配线分两个不同的阶段运行:在第一阶段,将原材料送入 $A$ 位置,在 $T_1$ 时间,材料进行初步组装,直到第二阶段的 $T_2$ 时间结束。两个时间跨度是近似的。未完成的产品在 $B$ 位置要经过初步检查。

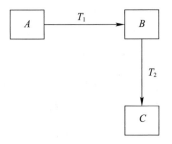

图3.14  两段装配线

结果发现,如果在产品检验前进行一次初步检验,任何存在的缺陷在检验结束后都可以以更低的成本得到纠正。在 $C$ 处进行另一项检查。$B$ 处的检查是明确的,仅需1h。图3.15给出了两个随机变量 $T_1$ 和 $T_2$ 的概率质量函数。

概率质量函数表明,时间是离散的、整数的,第一阶段时间 $T_1$ 的范围在1~4h,第二阶段时间 $T_2$ 范围在4~6h。关于位置 $A$ 和 $C$ 之间的装配时间有几个问题需要解决。

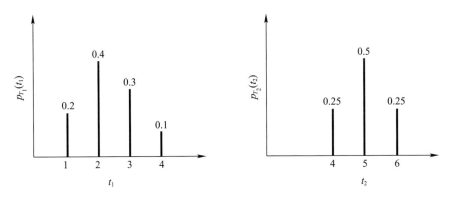

图 3.15 $T_1$ 和 $T_2$ 的概率质量函数

(1) 计算第一阶段 $T_1$ 时间的均值、方差、标准差、偏差系数(变异系数),即

$$\mu_{T_1} = \sum_{i=1}^{4} t_i p_i = 1 \times 0.2 + 2 \times 0.4 + 3 \times 0.3 + 4 \times 0.1 = 2.3\text{h}$$

$$\begin{aligned}\text{Var}\{T_1\} &= \sum_{i=1}^{4}(t_1 - \mu_{T_1})^2 p_i \\ &= (1-2.3)^2 \times 0.2 + (2-2.3)^2 \times 0.4 + (3-2.3)^2 \times \\ &\quad 0.3 + (4-2.3)^2 \times 0.1 = 0.81\text{h}^2\end{aligned}$$

$$\sigma_{T_1} = \sqrt{0.81} = 0.9\text{h}$$

$$\delta_{T_1} = \frac{\sigma_{T_1}}{\mu_{T_1}} = \frac{0.9}{2.3} = 0.3913$$

(2) 接下来,推导出产品到达 $C$ 步。所需要的总时间的概率质量函数,表 3.1 所列的是两个制造部门所有可能时间的组合。设 $T$ 为总时间事件,$T = T_1 + 1 + T_2$,其中值 1 为检验 $B$ 的确定性时间,假设两个随机变量是独立的,因此持续时间 $T_1$ 对持续时间 $T_2$ 没有影响。

从表 3.1 中,我们添加了所有相同时间 $T$ 的概率,如图 3.16 所示,即

$$\Pr(T=6) = 0.05$$

$$\Pr(T=7) = 2 \times 0.10 = 0.2$$

$$\Pr(T=8) = 0.05 + 0.20 + 0.075 = 0.325$$

$$\Pr(T=9) = 0.10 + 0.150 + 0.025 = 0.275$$

$$\Pr(T=10) = 0.075 + 0.05 = 0.125$$

表 3.1 持续时间、总时间和概率质量

| $T_1$ | $T_2$ | $T$ | 概率质量 | $T_1$ | $T_2$ | $T$ | 概率质量 |
|---|---|---|---|---|---|---|---|
| 1 | 4 | 6 | $0.2 \times 0.25 = 0.05$ | 3 | 4 | 8 | $0.3 \times 0.25 = 0.075$ |
| 1 | 5 | 7 | $0.2 \times 0.50 = 0.10$ | 3 | 5 | 9 | $0.3 \times 0.50 = 0.150$ |
| 1 | 6 | 8 | $0.2 \times 0.25 = 0.05$ | 3 | 6 | 10 | $0.3 \times 0.25 = 0.075$ |
| 2 | 4 | 7 | $0.4 \times 0.25 = 0.10$ | 4 | 4 | 9 | $0.1 \times 0.25 = 0.025$ |
| 2 | 5 | 8 | $0.4 \times 0.50 = 0.20$ | 4 | 5 | 10 | $0.1 \times 0.50 = 0.050$ |
| 2 | 6 | 9 | $0.4 \times 0.25 = 0.10$ | 4 | 6 | 11 | $0.1 \times 0.25 = 0.025$ |

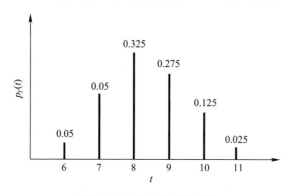

图 3.16 $T$ 的概率质量函数

注意:以下所有概率质量之和为 1。我们可以把它画成图 3.16 中的概率质量函数。

利用这个概率质量函数,我们可以对整个过程的可能持续时间做出概率声明。例如,总制造过程至少 10h 的概率为 $\Pr(T \geqslant 10) = 0.125 + 0.025 = 0.150$。如果我们要求"大于",则概率变成 $\Pr(T > 10) = 0.025$。

在工程应用中哪些密度函数有用呢?为了设计产品,如一个结构或一个机器,设计者需要了解材料的性能,振动系统的特征和外力。通常,最大的不确定性与外部载荷有关。即便如此,在实践中,我们通常假设许多关注变量的均值有小的方差。

在工程中,有时我们只知道变量的最大/最小值,并假定所有中间值均具有相同的可能性。对变量的这种认知水平导致了均匀概率密度。其他时候,经验告诉我们,也会出现参数值与均值明显不同的情况,即使这种情况不太可能发生。这个特性就是在 3.5.3 节中研究的高斯密度。根据测试和设计经验数据,对于选择最实用的概率密度函数方面帮助很大。3.5 节中提供了示例和详细信息。

## 3.5 常用连续型概率密度函数

事实证明,常用的几个密度函数对于 5 个许多工程应用的概率建模就足够用,这里讨论其中5个:均匀分布密度函数,指数正态或高斯密度函数,对数正态密度函数和瑞利密度函数。

### 3.5.1 均匀分布

均匀分布函数是已知变量的上限和下限,以及在范围内等可能值的一种合适的模型。图3.17所示为3个均匀分布密度函数的例子。对于 $a$ 和 $b$ 之间的任意范围的 $\Delta x$ 的面积,在 $1/(b-a)$ 密度曲线(一条水平线)下的面积是相同的。因此,变量在任意范围 $\Delta x$ 中的概率是相等的。

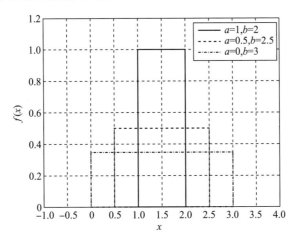

图3.17 在不同范围内 $x$ 均匀分布函数的3个例子

假设 $X$ 是一个连续随机变量,在区间 $[a,b]$ 中取任意值,其中 $a$ 和 $b$ 都是有限的。如果概率密度函数为

$$f(x) = \begin{cases} 1/(b-a), & a \leq x \leq b \\ 0, & 其他 \end{cases}$$

那么,$X$ 是均匀分布的,均匀分布随机变量的概率分布函数为

$$F(x) = \Pr(X \leq x) = \int_{\infty}^{x} f(s)\,\mathrm{d}s$$

$$= \begin{cases} 0, & x < a \\ (x-a)/(b-a), & a \leq x < b \\ 1, & x \geq b \end{cases}$$

由式(3.9)可得,均匀分布随机变量 $X$ 的均值和均方值为

$$E\{X\} = \int_{a}^{b} x \frac{1}{b-a}\mathrm{d}x = \frac{b+a}{2} \tag{3.14}$$

$$E\{X^2\} = \int_{a}^{b} x^2 \frac{1}{b-a}\mathrm{d}x = \frac{b^2+ab+a^2}{3} \tag{3.15}$$

由式(3.12)和式(3.13)可以推导出标准差:

$$\sigma = \frac{b-a}{\sqrt{12}} = 0.2887(b-a)$$

由此可知,统计数据只是上限和下限的函数。

### 例3.12 均匀分布力

已知恒力 $P$ 的值为 10~25N(但没有其他信息可用)。假设范围内的所有值都具有相等的概率。找出 $P$ 的最可能值,估计力 $P>20$N 的概率,并计算出方差和偏差(变异)系数的概率。

**解**:对于在一个范围内的任何值都是等可能的情况,选择一个均匀分布的概率密度函数 $f_P(p) = c$,其中 $c$ 是常数。我们可以用归一化分布性质来求 $c$ 值,即

$$\int_{10}^{25} f_P(p) \mathrm{d}p = \int_{10}^{25} c \mathrm{d}p = 1$$

得到 $c = 1/15$,是均匀分布最可能的值(或者说平均值),它是上限和下限的中点。由式(3.14)可得,力的均值为 $\mu_P = (25+10)/2 = 17.5$N(我们可以用均值的定义,$E\{P\} = \int_{10}^{25} p f_P(p) \mathrm{d}p$,得到同样的结果)。

力 $P>20$N 的概率为

$$\Pr(P>20) = \int_{20}^{25} \frac{1}{15} \mathrm{d}p = \frac{1}{3}$$

方差为

$$\sigma_P^2 = E\{P^2\} - \mu_P^2 = 18.75 \mathrm{N}^2$$

那么,偏差系数为

$$\delta = \frac{\sigma_P}{\mu_P} = \frac{4.330}{17.50} = 0.2474$$

或者为 24.74%。这是一个相对较大的均值离散。在工程应用中,偏差(变异)系数大于 0.15 或 15%,都意味着需要进一步收集数据。

### 例3.13 力的二次分布概率密度

相比较而言,假设 $P$ 分布的不是均匀密度,而是二次定律,$f_P(p) = \alpha p^2$,取值范围也为 $10\mathrm{N} < P < 25\mathrm{N}$。参照前面例子的方法:

由 $\int_{10}^{25} \alpha p^2 \mathrm{d}p = 1$,求出 $\alpha$,即

$$\mu_P = \int_{10}^{25} p \cdot \alpha p^2 \mathrm{d}p$$

我们得到 $\alpha = 0.00021$,$\mu_P = 19.98$N。$P>20$N 的概率为

$$\Pr(P>20) = \int_{20}^{25} 0.00021p^2 \mathrm{d}p = 0.5338$$

这是一个有意义的结果,因为密度函数的更多区域位于该范围的上限附近。

这里,方差为 $\sigma_P^2 = 6.76\mathrm{N}^2$,比均匀分布概率密度小得多,偏差系数为 $\delta = 0.13$ 或 13%。再次说明,二次函数分布密度比均匀分布密度要小得多。图 3.18 显示了叠加在均匀密度上的二次密度函数,这证实了对于二次密度函数,大部分区域聚集在较高的 $P$ 值处。

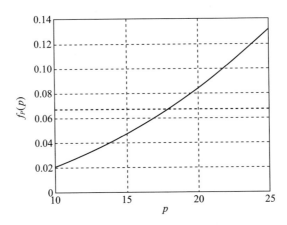

图 3.18 二次分布(—)与均匀分布(- - -) $f_P(p) = 0.00021p^2$ 和 $f_P(p) = 1/15, 10\mathrm{N} \leq P \leq 25\mathrm{N}$

### 3.5.2 指数分布

对于机械可靠性[①],指数分布密度函数最常用于估计失效时间 $T$,即

$$f_T(t) = \lambda \mathrm{e}^{-\lambda t}, \quad \lambda > 0, t \geq 0 \tag{3.16}$$

式中:$\lambda$ 为单位时间的恒定的故障率,$1/\lambda$ 为平均故障率。图 3.19 绘制 $\lambda = 1\mathrm{s}^{-1}$ 样本指数分布函数。注意:恒定的故障率意味着 $T$ 是一个无记忆变量。这意味着,存活到 $t = t_0$ 中的组件的寿命与在 $t_0$ 相同的新组件一样多。

**例 3.14 水泵的故障时间**

根据指数分布函数模型,水泵的平均故障时间为 1000h。假设一个关键任务需要水泵工作 200h,计算发生故障的概率。

**解**:概率分布函数 $f_T(t)$,$\lambda = 1/1000\mathrm{h}^{-1}$ 表示平均故障时间为 $1/\lambda = 1000\mathrm{h}$。泵失效的时间要求小于或等于 200h 的概率,只要无故障时间超过 200h,水泵的性能就会令人满意。水泵失效的时间要求小于或等于 200h 的概率为

---

① 关于可靠性更详细的介绍,请参阅 B. S. Dhillon,《机械可靠性:理论,模型和应用》,AIAA,1988。

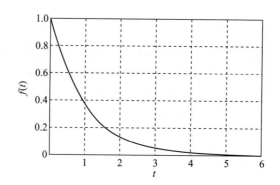

图 3.19 $\lambda = 1\text{s}^{-1}$ 的指数分布函数

$$\Pr(\text{故障}) = \Pr(t \leqslant 200)(\text{或 } F_T(200))$$

式中:$F_T(t)$ 为密度函数 $f(t)$ 对应的累积分布函数。对于指数分布,概率分布函数为

$$F(t) = \int_{-\infty}^{t} (\lambda e^{-\lambda t}) dt = 1 - e^{-\lambda t}$$

例如:

$$F(200) = 1 - e^{-200/1000} = 0.1813$$

水泵在前 200h 内失效的概率为 0.1813 或 18.13%。知道这个值将有助于决定是否需要备用泵。对于一个关键任务,这是有意义的。

### 3.5.3 正态或高斯分布

假设许多物理变量服从正态或高斯概率密度函数,图 3.20 给出了 3 种情况。高

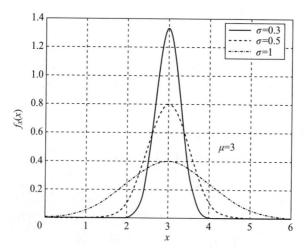

图 3.20 正态或高斯分布函数,$\mu = 3$ 和 $\sigma = 0.3, 0.5, 1$

斯分布具有广泛的适用性,主要有两个原因:一是它遵循中心极限定理①;二是在数学上易于处理和表格化。

服从高斯分布随机变量的概率密度函数为

$$f_X(x) = \frac{1}{\sigma\sqrt{2\pi}}\left\{-\frac{1}{2}\left(\frac{x-\mu}{\sigma}\right)^2\right\}, \quad -\infty < x < \infty$$

式中:参数 $\mu$ 和 $\sigma$ 分别为 $X$ 和 $X^2$ 的期望值②,即

$$E\{X\} = \frac{1}{\sqrt{2\pi}}\int_{-\infty}^{\infty}(\sigma y + \mu)e^{-y^2/2}dy = \mu$$

$$E\{X^2\} = \frac{1}{\sqrt{2\pi}}\int_{-\infty}^{\infty}(\sigma y + \mu)^2 e^{-y^2/2}dy = \mu^2 + \sigma^2$$

因此,均值是 $\mu$,由式(3.13)可得,标准差是 $\sigma$。

我们注意到,高斯分布可以扩展到 $(-\infty, \infty)$,因此只能表示一个近似物理变量。因为没有任何物理参数可以到无穷大的值,因此我们可能会怀疑高斯模型对于所有受取值约束的物理变量的合理性,但事实上,在许多情况下,这个近似值是非常好的。例如,假设一个正的随机变量 $X$ 用高斯函数来建模,偏差系数 $\delta = 0.20$ 或 $\mu = 5\sigma$,密度函数的 $X$ 负向区域的面积有多大意义?对 $x < 0$ 进行数值积分,会得到一个近似值 $24 \times 10^{-8}$,这在大多数情况下可忽略不计。因此,高斯模型的适用性取决于应用场合和密度函数末端的实际物理意义。

当不可能接受任何负值③时,可以使用截断的高斯分布函数,其余范围为0,即

$$f_X(x) = \frac{A}{\sigma\sqrt{2\pi}}\exp\left\{-\frac{(x-x_0)^2}{2\sigma^2}\right\}, \quad 0 \leq x_1 \leq x \leq x_2$$

如果 $x_1 \to -\infty$ 和 $x_2 \to \infty$,那么 $A \to 1$,$X$ 是一个高斯随机变量,$E\{X\} = x_0$ 和 $\mathrm{Var}(X) = \sigma^2$,该函数的3个例子如图3.21所示。

为便于应用,高斯变量 $X$ 有时转换为具有0均值和单位方差的标准正态变量 $S$,即

$$S = \frac{X - \mu_X}{\sigma_X}$$

得出标准正态分布

---

① 中心极限定理指出,在非常普遍的情况下,随着总和中变量数量的增加,随机变量总和的密度将接近高斯密度,而无关于各个密度如何。例如,由许多随机效应(其中没有一个效应占主导地位)之和引起的变量、降雨产生的噪声、湍流边界层的影响以及线性结构对湍流环境的响应。许多自然界出现的现象接近于高斯分布。
② 用变量变换进行推导 $y = (x-\mu)/\sigma$,其中 $dx = \sigma dy$。
③ 在可靠性计算时,失效概率可能是非常小的,甚至在 $10^{-8}$ 的数量级上,但必须格外小心,以确保密度函数是合适的,特别是在随机变量为正的情况下。

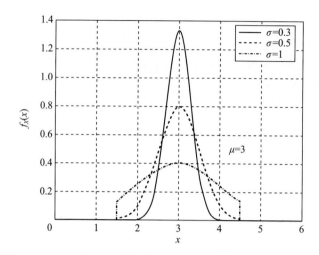

图 3.21　$1.5 \leqslant X \leqslant 4.5$ 截断高斯密度函数, $\mu = 3, \sigma = 0.3, 0.5, 1$

$$f_S(S) = \frac{1}{\sqrt{2\pi}} e^{-s^2/2}$$

和概率分布函数

$$F_S(s) = \Pr(S \leqslant s) = \int_{-\infty}^{S} \frac{1}{\sqrt{2\pi}} e^{-s^2/2} ds$$

计算在 $k$ 均值标准差范围内 $X$ 的概率是很有意义的。这个概率表示为

$$\Pr(\mu_X - k\sigma_X < X \leqslant \mu_X + k\sigma_X) = \Pr\left(-k < \frac{X - \mu_X}{\sigma_X} \leqslant k\right)$$

$$= \Pr(-k < S \leqslant k)$$

这个概率等于标准正态随机变量 $S$ 的概率,$-k \leqslant S \leqslant k$。注意:概率仅取决于 $k$,而不是 $\mu_X$ 和 $\sigma_X$。在图 3.22 中,曲线的阴影面积是相等的。在例 3.16 中,我们将会看到 $X$ 的概率在 $\pm 1\sigma_X$、$\pm 2\sigma_X$ 和 $\pm 3\sigma_X$ 范围内的均值分别是 0.6827、0.9545 和 0.9973,95% 的正态分布的面积在 $\pm 1.96\sigma_X$ 范围内,如图 3.23 所示。

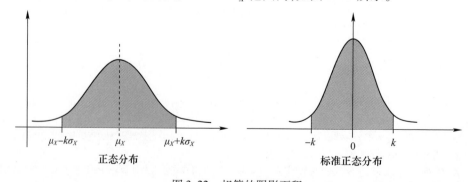

图 3.22　相等的阴影面积

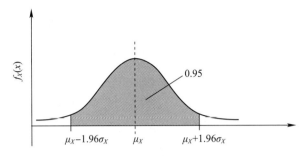

图 3.23　正态分布函数均值在 $\pm 1.96\sigma_X$ 范围内的面积

**高斯表：**

应用高斯模型可直接利用标准正态累积分布函数的表,这个表替代了对一系列值的高斯函数积分,表中的概率值都是标准正态函数的值。

均值为 $\mu$ 和标准差为 $\sigma$ 的标准随机变量 $X$,用 $N(\mu,\sigma)$ 表示。为了使用表中的值,通过将 $X$ 转换为标准正态变量 $S$,关系式为

$$S = \frac{X - \mu}{\sigma}$$

因此,事件 $X \leqslant x$ 的概率等于事件 $S \leqslant \frac{X-\mu}{\sigma}$,其中表中标准值是可变的。常用的表示方式为

$$\Pr\left(S \leqslant \frac{X-\mu}{\sigma}\right) = \Phi\left(\frac{X-\mu}{\sigma}\right) \tag{3.17}$$

式中:$\Phi(-a) = 1 - \Phi(a)$。$\Phi$ 是大于或小于均值的标准差。$\Phi(s)$ 的值如图 3.24 所示。表顶部的数字 0.00~0.09 表示 $S$ 小数点后的第二位数。

**例 3.15　查询标准正态分布表**

利用图 3.24 中的标准正态分布表求出下面的概率：①$\Pr(S \leqslant -2.03)$；②$\Pr(S \leqslant 1.76)$；③$\Pr(S \geqslant -1.58)$。

**解：**

① 由标准正态分布表可得 $\Pr(S \leqslant -2.03) = 0.0212$ 或 2.12%。

② $\Pr(S \leqslant 1.76)$ 可以用下式得到

$$\begin{aligned}\Pr(S \leqslant 1.76) &= 1 - \Pr(S < 1.76) \\ &= 1 - 0.0392 \\ &= 0.9608 \text{ 或}(96.08\%)\end{aligned}$$

③ $\Pr(S \geqslant -1.58)$ 可以写成

For $s<0$, use $\Phi(s)=1-\Phi(-s)$.
$\Phi(0.32)=0.6255$
$\Phi(-0.32)=1-\Phi(0.32)=1-0.6255=0.3745$

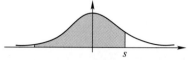

| s | 0.00 | 0.01 | 0.02 | 0.03 | 0.04 | 0.05 | 0.06 | 0.07 | 0.08 | 0.09 |
|---|---|---|---|---|---|---|---|---|---|---|
| 0.0 | 0.5000 | 0.5040 | 0.5080 | 0.5120 | 0.5160 | 0.5199 | 0.5239 | 0.5279 | 0.5319 | 0.5359 |
| 0.1 | 0.5398 | 0.5438 | 0.5478 | 0.5517 | 0.5557 | 0.5596 | 0.5636 | 0.5675 | 0.5714 | 0.5753 |
| 0.2 | 0.5793 | 0.5832 | 0.5871 | 0.5910 | 0.5948 | 0.5987 | 0.6026 | 0.6064 | 0.6103 | 0.6141 |
| 0.3 | 0.6179 | 0.6217 | 0.6255 | 0.6293 | 0.6331 | 0.6368 | 0.6406 | 0.6443 | 0.6480 | 0.6517 |
| 0.4 | 0.6554 | 0.6591 | 0.6628 | 0.6664 | 0.6700 | 0.6736 | 0.6772 | 0.6808 | 0.6844 | 0.6879 |
| 0.5 | 0.6915 | 0.6950 | 0.6985 | 0.7019 | 0.7054 | 0.7088 | 0.7123 | 0.7157 | 0.7190 | 0.7224 |
| 0.6 | 0.7257 | 0.7291 | 0.7324 | 0.7357 | 0.7389 | 0.7422 | 0.7454 | 0.7486 | 0.7517 | 0.7549 |
| 0.7 | 0.7580 | 0.7611 | 0.7642 | 0.7673 | 0.7704 | 0.7734 | 0.7764 | 0.7794 | 0.7823 | 0.7852 |
| 0.8 | 0.7881 | 0.7910 | 0.7939 | 0.7967 | 0.7995 | 0.8023 | 0.8051 | 0.8078 | 0.8106 | 0.8133 |
| 0.9 | 0.8159 | 0.8186 | 0.8212 | 0.8238 | 0.8264 | 0.8289 | 0.8315 | 0.8340 | 0.8365 | 0.8389 |
| 1.0 | 0.8413 | 0.8438 | 0.8461 | 0.8485 | 0.8508 | 0.8531 | 0.8554 | 0.8577 | 0.8599 | 0.8621 |
| 1.1 | 0.8643 | 0.8665 | 0.8686 | 0.8708 | 0.8729 | 0.8749 | 0.8770 | 0.8790 | 0.8810 | 0.8830 |
| 1.2 | 0.8849 | 0.8869 | 0.8888 | 0.8907 | 0.8925 | 0.8944 | 0.8962 | 0.8980 | 0.8997 | 0.9015 |
| 1.3 | 0.9032 | 0.9049 | 0.9066 | 0.9082 | 0.9099 | 0.9115 | 0.9131 | 0.9147 | 0.9162 | 0.9177 |
| 1.4 | 0.9192 | 0.9207 | 0.9222 | 0.9236 | 0.9251 | 0.9265 | 0.9279 | 0.9292 | 0.9306 | 0.9319 |
| 1.5 | 0.9332 | 0.9345 | 0.9357 | 0.9370 | 0.9382 | 0.9394 | 0.9406 | 0.9418 | 0.9429 | 0.9441 |
| 1.6 | 0.9452 | 0.9463 | 0.9474 | 0.9484 | 0.9495 | 0.9505 | 0.9515 | 0.9525 | 0.9535 | 0.9545 |
| 1.7 | 0.9554 | 0.9564 | 0.9573 | 0.9582 | 0.9591 | 0.9599 | 0.9608 | 0.9616 | 0.9625 | 0.9633 |
| 1.8 | 0.9641 | 0.9649 | 0.9656 | 0.9664 | 0.9671 | 0.9678 | 0.9686 | 0.9693 | 0.9699 | 0.9706 |
| 1.9 | 0.9713 | 0.9719 | 0.9726 | 0.9732 | 0.9738 | 0.9744 | 0.9750 | 0.9756 | 0.9761 | 0.9767 |
| 2.0 | 0.9772 | 0.9778 | 0.9783 | 0.9788 | 0.9793 | 0.9798 | 0.9803 | 0.9808 | 0.9812 | 0.9817 |
| 2.1 | 0.9821 | 0.9826 | 0.9830 | 0.9834 | 0.9838 | 0.9842 | 0.9846 | 0.9850 | 0.9854 | 0.9857 |
| 2.2 | 0.9861 | 0.9864 | 0.9868 | 0.9871 | 0.9875 | 0.9878 | 0.9881 | 0.9884 | 0.9887 | 0.9890 |
| 2.3 | 0.9893 | 0.9896 | 0.9898 | 0.9901 | 0.9904 | 0.9906 | 0.9909 | 0.9911 | 0.9913 | 0.9916 |
| 2.4 | 0.9918 | 0.9920 | 0.9922 | 0.9925 | 0.9927 | 0.9929 | 0.9931 | 0.9932 | 0.9934 | 0.9936 |
| 2.5 | 0.9938 | 0.9940 | 0.9941 | 0.9943 | 0.9945 | 0.9946 | 0.9948 | 0.9949 | 0.9951 | 0.9952 |
| 2.6 | 0.9953 | 0.9955 | 0.9956 | 0.9957 | 0.9959 | 0.9960 | 0.9961 | 0.9962 | 0.9963 | 0.9964 |
| 2.7 | 0.9965 | 0.9966 | 0.9967 | 0.9968 | 0.9969 | 0.9970 | 0.9971 | 0.9972 | 0.9973 | 0.9974 |
| 2.8 | 0.9974 | 0.9975 | 0.9976 | 0.9977 | 0.9977 | 0.9978 | 0.9979 | 0.9979 | 0.9980 | 0.9981 |
| 2.9 | 0.9981 | 0.9982 | 0.9982 | 0.9983 | 0.9984 | 0.9984 | 0.9985 | 0.9985 | 0.9986 | 0.9986 |

图 3.24　高斯表 $\Phi(s)$ 和 $\Phi(-s)=1-\Phi(s)$

$$\Pr(S-1.58)=1-\Pr(S<-1.58)$$

由标准正态分布表可得 $\Pr(S\leqslant-1.58)=0.0570$，因此，有

$$\Pr(S\geqslant-1.58)=1-0.0570$$
$$=0.9430 \text{ 或 } 94.30\%$$

下面列举一些利用标准正态分布表的例子。

**例 3.16　标准差 $k$ 范围内的概率**

分别找出高斯随机变量 $X$ 在 $\pm1\sigma_X$、$\pm2\sigma_X$ 和 $\pm3\sigma_X$ 范围内的概率，并给出均值 $\pm1.96\sigma_X$ 范围内的 95% 正态分布下的面积。

**解**：$X$ 在 $\pm1\sigma_X$ 的概率计算如下：

$$\Pr(\mu_X-k\sigma_X<X\leqslant\mu_X+k\sigma_X)=\Pr(-1<S\leqslant1)$$
$$=\Pr(S\leqslant1)-r(S<-1)$$

$$= \Phi(1) - \Phi(-1)$$
$$= \Phi(1) - (1 - \Phi(1))$$
$$= 2\Phi(1) - 1$$
$$= 0.6826 \text{ 或 } 68.26\%$$

$X$ 在 $\pm 2\sigma_X$ 和 $\pm 3\sigma_X$ 概率分别为

$$\Pr(\mu_X - 2\sigma_X < X \leq \mu_X + 2\sigma_X) = 2\Phi(2) - 1$$
$$= 0.9544 \text{ 或 } 95.44\%$$

并且

$$\Pr(\mu_X - 3\sigma_X < X \leq \mu_X + 3\sigma_X) = 2\Phi(3) - 1$$
$$= 0.9974 \text{ 或 } 99.74\%$$

均值在 $\pm 1.96\sigma_X$ 范围内正态分布 95% 的面积,计算的概率如下:

$$\Pr(\mu_X - k\sigma_X < X \leq \mu_X + k\sigma_X) = 0.95$$
$$2\Phi(k) - 1 = 0.95$$
$$\Phi(k) = 0.975$$

由高斯分布表得,$k = 1.96$,因此约 95% 的面积的正常分布均值在 $\pm 1.96\sigma_X$ 内。

### 例 3.17 缆索故障

吊桥的缆索是由许多制造商提供的。基于统计分析的随机测试,缆索的屈服应力正态分布为 $N(50\text{ksi}, 5\text{ksi})$,50ksi 表示均值,5ksi 表示标准差。如果一个 40ksi 的负载作用于缆索,发生故障的概率是多少?

**解:** 设 $Y$ 为屈服事件,变换为

$$S = \frac{Y - 50}{5}$$

给定载荷下的故障概率可计算为

$$\Pr(Y < 40) = \Pr\left(S < \frac{40 - 50}{5}\right)$$
$$= \Phi(-2.0)$$
$$= 0.0228$$

缆索的屈服应力小于 40ksi 的概率是 2.28%。

### 例 3.18 火箭运输量

这是在 2150 年,真正小城市,永久的栖息地,自从 2025 年第一次有突破性进展以来,持续一直在月球上发展。火星上目前有 3 个前哨,其中最古老的一个可以追溯到 2031 年。人类在月球和火星上出生从而人口在增长。星际贸易已经成为人类贸

易的重要组成部分。甚至有人说要把定居者送到木星的一颗卫星上的永久地点,我们被要求为月球太空港阿尔法进行一项交通研究。作为月球上最古老和最大的太空港,它需要扩大。以下是我们所知道的和需要估计的。

在月球太空港阿尔法,目前的容量 $V$(火箭船着陆和起飞)在高峰期是 $N(50, 10)$。目前的能力是每小时总共 80 次行动。如果有 80 多个操作,就会出现发射积压,进入月球空间的火箭必须进入轨道,直到获得着陆许可。

(1) 求出当前拥塞的概率。由于容量是一个正态随机变量,我们可以选择使用正态密度函数或标准正态表。对于正态密度函数,所需概率为

$$\Pr(V>80) = \frac{1}{\sigma\sqrt{2\pi}}\int_{80}^{\infty}\exp\left[-\frac{1}{2}\left(\frac{V-\mu}{\sigma}\right)^2\right]dV$$

$$= \frac{1}{10\sqrt{2\pi}}\int_{80}^{\infty}\exp\left[-\frac{1}{2}\left(\frac{V-50}{10}\right)^2\right]dV = 0.001350$$

0.135% 的概率是非常小的一个数值。利用标准正态分布表前,我们需要对容量进行如下变化,即

$$S = \frac{V-\mu}{\sigma} = \frac{V-50}{10}$$

则有

$$\Pr(V>80) = 1 - \Pr(V<80)$$

$$= 1 - \Pr\left(S<\frac{80-50}{10}\right)$$

$$= 1 - \Pr(S<3.0)$$

$$= 1 - \Phi(3.0)$$

式中:由标准正态分布表可得 $\Phi(3.0) = 0.9987$,因此 $\Pr(V>80) = 0.00133$ 或 0.133%,这和我们上面求得的结果很接近(误差是由于四舍五入产生的)。注意:函数 $\Phi$ 的自变量等于高于或低于均值的标准偏差的数量。因此,当前的拥塞不是问题。

(2) 据估计,平均容量每年将增加当前容量的 15%,而偏差系数将保持不变,假定容量不增加,则确定 10 年内的拥塞概率。

偏差系数为

$$\delta = \frac{\sigma}{\mu} = \frac{10}{50} = 0.2$$

10 年后平均容量为 $50 + (0.05 \times 50) \times 10 = 75.0$,标准差将为

$$\sigma_{10} = \delta\mu_{10} = 0.2 \times 75 = 15.0$$

因此,10 年后的容量 $V_{10}$ 被定义为 $N(75,15)$。依据(1)部分的计算 $N(75,15)$,

预期概率为

$$\Pr(V_{10}>80) = \frac{1}{15\sqrt{2\pi}}\int_{80}^{\infty}\exp\left[-\frac{1}{2}\left(\frac{V-75}{15}\right)^2\right]dV = 0.3694$$

或 36.94%。也可选择用标准正态分布表来计算：

$$\begin{aligned}\Pr(V_{10}>80) &= 1-\Pr(V_{10}<80)\\ &= 1-\Pr\left(S_{10}<\frac{80-75}{15}\right)\\ &= 1-\Phi(0.33)\\ &= 1-0.6293\\ &= 0.3707\end{aligned}$$

或 37.07%。这几乎是一样的，差值是由于表格查找中的四舍五入造成的。因此，我们预计在 10 年内，如果设施不扩大，拥堵的可能性为 37%。

（3）由于估计的拥塞可能性太大，因此需找出 10 年后所需的容量，以维持目前的服务条件。设 10 年后必要的容量为 $C_{10}$，需满足

$$\Pr(V_{10}>C_{10}) = 0.001350$$

$$1-\Phi\left(\frac{C_{10}-75}{15}\right) = 1-\Phi(3.0)$$

$$\frac{C_{10}-75}{15} = 3.0$$

$$C_{10} = 120$$

因此，为了保持同样低的拥塞率，必须将容量提高到每小时 120 次着陆和起飞操作。

约翰·卡尔·弗雷德里希·高斯
(1777 年 4 月 30 日—1855 年 2 月 23 日)

**贡献**：高斯是一位德国数学家和科学家，他对数论、统计学、分析学、微分几何、大地测量学、静电学、天文学和运筹学等诸多领域做出了重大贡献。高斯影响深远，被评为历史上最具影响力的数学家之一。他被称为"数学王子"。

**生平简介**：高斯出生在不伦瑞克，不伦瑞克公国（现在的德国）。高斯是一个神童，有很多关于他在蹒跚学步时早熟的轶事。高斯7岁时开始上小学，他的潜力几乎立刻就被人注意到了。

1788年，高斯在文理中学开始学习德语和拉丁语。他在十几岁时就有了突破性的数学发现。在获得不伦瑞克公爵的津贴后，高斯于1792年进入不伦瑞克学院。在学院，高斯独立地发现了伯德定律、二项式定理、算术-几何平均、二次互反律和素数定理。

1795年，高斯离开不伦瑞克到哥廷根大学学习。1798年，21岁的他完成了代表作《算术研究》，该书有7个部分，除最后一部分都是关于数论，此书直到1801年才出版。这项工作为数论作为一门学科继续发展奠定了重要基础，并延续至今。

高斯于1798年离开哥廷根时没有文凭，这时，他有了一个最重要的发现：用尺子和圆规构造了一个17字形的正多边形。这是自希腊数学时代以来最重大的进步，并作为《算术难题》的第三卷出版。

高斯回到不伦瑞克，并在1799年获得学位。在不伦瑞克公爵同意继续给予高斯津贴后，他要求高斯向赫尔姆斯特德大学提交一份博士论文。他已经认识普法夫，被选为他的顾问。高斯的论文是对代数基本定理的讨论。

在津贴支持下，高斯不需要找工作，使他可以专注于研究。于是，在1802年6月，高斯拜访了奥尔伯斯（一位德国天文学家和内科医生），奥尔伯斯在那年3月发现了帕拉斯，高斯调查了它的轨道。奥尔伯斯要求高斯担任拟议中的哥廷根新天文台的主任，但没有采取任何行动。高斯开始与贝塞尔和索菲·日耳曼通信，贝塞尔直到1825年才与他见面。

高斯于1805年10月结婚。尽管他的个人生活很幸福，但他的恩人不伦瑞克公爵在为普鲁士军队作战时牺牲了。1807年，高斯离开不伦瑞克担任哥廷根天文台主任（高斯在那之前一直是由公爵的津贴资助的）。1807年，他被任命为天文学教授和哥廷根天文台的主任，在他的余生一直担任这个职位。

1808年，高斯的父亲去世了，一年后他的妻子在生下第二个儿子后去世了（高斯和他的第一任妻子生了6个孩子）。高斯崩溃了，他写信给奥尔伯斯，"在友谊的怀抱中凝聚新的力量"，请求给他一个家暂住几个星期。第二年，高斯第二次结婚，虽然他们有3个孩子，但这似乎是一段便利婚姻。

高斯的作品似乎从未受到他个人悲剧的影响。在1809年，高斯出版了第二本书，是关于天体运动的两卷大论文。在第一卷中，他讨论了微分方程、圆锥截面和椭圆轨道，而在第二卷中，他展示了如何估计并改进对行星轨道的估计。高斯对理论天文学的贡献在1817年之后就停止了，尽管他的观测持续到70岁。

高斯的大部分时间都花在了1816年建成的新天文台上，但他仍然有时间研究其他课题。在此期间，他的著作包括对级数的严格处理和超几何函数的介绍，一篇关于近似积分的实用论文、一篇关于统计估计的讨论以及一篇关于主要与势理论有关的测地线问题的研究。19世纪20年代，高斯发现自己对测地线越来越感兴趣（测地线是地球科学的一个分支，研究在三维时变空间中测量和表示地球，包括它的引力场）。

高斯曾在1818年被要求对汉诺威州进行测地线调查，以连接丹麦现有的电网。高斯很高兴地接受并亲自负责这项调查，利用他非凡的计算能力在白天测量，晚上减少测量。

为了支持这项调查，高斯发明了一种名为heliotrope的望远镜，它的原理是利用镜子和小型望远镜反射太阳光。然而，在调查中使用了不准确的基线，导致三角形的网状结构不理想。高斯常常在想，如果他从事别的职业会不会更好，但他在1820年至1830年间发表了70多篇论文。

1822年，高斯赢得了哥本哈根大学的奖项，他的理念是将一个表面映射到另一个表面，这样两个表面的最小部分就会相似。1823年的一篇论文（1828年增刊）专门研究数理统计，特别是最小二乘法。

19世纪初，高斯对非欧几里得几何的可能存在兴趣。在1816年的一篇书评中，他讨论了从其他欧几里德公理推导出平行公理的证明，表明他相信存在非欧几里得几何，尽管相当模糊。高斯相信，如果他公开承认自己相信存在非欧几里得几何，他的声誉将会受损。

高斯对微分几何有很大的兴趣，并发表了许多关于微分几何的论文。他在1828年发表的论文源于他对测地学的兴趣，但其中也包含了高斯曲率等几何概念。

1817年至1832年是高斯最痛苦的时期。在1817年，高斯收留了生病的母亲，直到1839年母亲去世。当时，高斯与妻子和家人为是否去柏林而起争执。然而，高斯从来都不喜欢改变，他决定留在哥廷根。1831年，高斯的第二任妻子在长期患病后去世。

高斯研究了物理问题，发表了包含最小约束原理和讨论引力的论文。这些论文都是基于高斯的势能理论，这在他的物理学研究中具有重要意义。后来，他开始相信他的势理论和最小二乘法为科学和自然提供了重要的联系。

1831年，高斯与物理学教授威廉·韦伯进行了卓有成效的合作，从而获得了磁学方面的新知识（包括发现磁学单位在质量、长度和时间方面的表征），并发现了基尔霍夫的电路定律。1833年，他们建造了第一台电磁电报机，将天文台和哥廷根的物理研究所连接起来。高斯下令在天文台的花园里建一个磁观测台，韦伯和他一起建立了磁力协会（德国的磁力俱乐部），该协会支持世界许多地区的地球磁场测量。他发明了一种测量水平磁场强度的方法，这种方法一直沿用到20世纪下半叶，并提出了分离地球磁场的内（核、壳）和外（磁层）源的数学理论。

高斯证明了地球上只能有两个磁极,并进一步证明了一个重要的定理,即磁力水平分量的强度与倾角的关系。高斯利用拉普拉斯方程来帮助他进行计算,最终确定了磁极南极的位置。

从1845年到1851年,高斯花了几年时间更新哥廷根大学的遗孀基金。这份工作给了他在金融事务方面的实际经验,他继续通过精明地投资私人公司发行的债券而发家致富。

高斯在1849年发表了他的50周年演讲,这是他1799年论文的一个变体,50年前,他被赫姆斯特德大学授予文凭。只有雅可比和狄利克雷在场,但是高斯收到了许多信息和荣誉。

从1850年开始,高斯的工作几乎完全是一种实践性质的,虽然他确实批准了黎曼的博士论文并听了他的见习课。他最后一次出行是参加汉诺威和哥廷根之间新铁路的开通仪式,后来,他的健康状况慢慢恶化,在汉诺威的哥廷根,高斯在睡梦中去世,享年77岁。

**显著成就**:高斯的父亲不支持高斯的数学和科学学习,因为他想让高斯子承父业,成为一名泥瓦匠。在数学和科学研究上,高斯主要受到他的母亲和布劳恩施威格公爵支持。

1799年,高斯在博士论文中证明了一个定理,即一个变量的所有积分有理代数函数都可以分解为一阶或二阶的实因子。高斯证明了代数基本定理,它说明了复数上的每一个非常数单变量多项式至少有一个根。包括达朗贝尔在内的数学家在他之前就提出了错误的证明,而高斯的论文包含了对达朗贝尔工作的批评。具有讽刺意味的是,以今天的标准来看,高斯自己的尝试是不可接受的,因为它隐含地使用了约当曲线定理。然而,他随后又提出了另外3种证明,试图澄清复数的概念,最后一种是在1849年提出的。

高斯的个人生活一直受到在1809年早逝的第一任妻子的影响,紧接着一个孩子也去世了。使他陷入了一种永远无法完全恢复的抑郁状态。

高斯是一个热情的完美主义者,也是一个努力工作的人。他从来不是个多产的作家,拒绝发表他认为不完整、存在非议的作品。这与他的个人座右铭 *pauca sed matura*("很少,但成熟")不谋而合。他的个人日记表明,在他的同时代人发表之前,他已经有过几次重要的数学发现。

虽然他确实接收了一些学生,但高斯并不喜欢教学。据说他仅在1828年参加过一次柏林举行的科学会议。

为了纪念高斯,磁感应的CGS单位以高斯命名,月球上的一个火山口被命名为高斯。小行星1001也称为高斯。

### 3.5.4 对数正态分布

有时,将参数的可能值限制在正范围内是很重要的。在这种情况下,可以选择对数正态密度函数。图3.25中给出了3个示例。对数正态分布可以应用到材料强度、疲劳寿命、载荷强度、事件发生的时间、长度、面积和体积等方面。

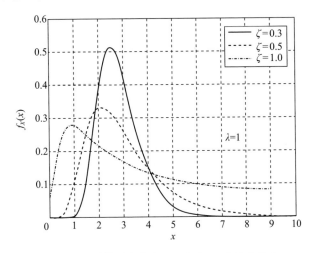

图3.25 对数正态分布，$\lambda=1$ 和 $\zeta=0.3,0.5,1$

如果 $\ln X$ 是分布式的，则随机变量 $X$ 具有对数正态概率密度函数为

$$f_X(x) = \frac{1}{x\zeta\sqrt{2\pi}}\exp\left\{-\frac{1}{2}\left(\frac{\ln x - \lambda}{\zeta}\right)^2\right\}, \quad 0 < x < \infty \quad (3.18)$$

式中：$\lambda = E\{\ln X\}$ 是 $\ln X$ 的均值；$\zeta = \sqrt{\operatorname{Var}\{\ln X\}}$ 是 $\ln X$ 的标准差。

将 $X$ 的均值 $\lambda$ 和标准差 $\zeta$ 联系起来是很有意义的，如果我们定义 $Y=\ln X$，那么，从对数正态的定义来看，$Y$ 是一个具有均值 $\lambda$ 和标准差 $\zeta$ 的正态随机变量，即 $Y=N(\lambda,\zeta)$。我们可以通过两边取指数来求 $X$，$X=\exp Y$。那么，有

$$\mu_X = E\{X\}$$
$$\operatorname{Var}\{X\} = E\{X^2\} - E^2\{X\}$$

由 $Y$ 为正态随机变量的特性，可以得到

$$\begin{aligned}\mu_X = E\{\exp(Y)\} &= \int_{-\infty}^{\infty}\exp(y)\frac{1}{\zeta\sqrt{2\pi}}\exp\left[-\frac{1}{2}\left(\frac{y-\lambda}{\zeta}\right)^2\right]\mathrm{d}y \\ &= \int_{-\infty}^{\infty}\frac{1}{\zeta\sqrt{2\pi}}\exp\left[y-\frac{1}{2}\left(\frac{y-\lambda}{\zeta}\right)^2\right]\mathrm{d}y \\ &= \exp\left(\lambda+\frac{1}{2}\zeta^2\right)\end{aligned}$$

而后求出 $\lambda$，即

$$\lambda = \ln\mu_X - \frac{1}{2}\zeta^2$$

同理,可得
$$E\{X^2\} = \exp[2(\lambda + \zeta^2)]$$

方差为
$$\text{Var}\{X\} = \mu_X^2[\exp(\zeta^2) - 1]$$

标准差为
$$\sigma_X = +\sqrt{\text{Var}(X)}$$
$$= \sqrt{\mu_X^2[\exp(\zeta^2) - 1]}$$
$$\zeta^2 = \ln\left(1 + \frac{\sigma_X^2}{\mu_X^2}\right)$$

和
$$\lambda = \ln\mu_X - \frac{1}{2}\ln(1 + \sigma_X^2/\mu_X^2)$$

对于大多数工程应用,$\sigma_X/\mu_X$ 比率是 0.1,因此,$\sigma_X^2/\mu_X^2 \approx 0.01$。鉴于 $\sigma_X^2/\mu_X^2 \ll 1$,用 $\ln(1+x)$ 的展开式[①],则有

$$\ln\left(1 + \frac{\sigma_X^2}{\mu_X^2}\right) \approx \frac{\sigma_X^2}{\mu_X^2}$$

$$\zeta \approx \frac{\sigma_X^2}{\mu_X^2}$$

也就是 $X$ 的变异系数。因此,$Y$ 的标准差近似等于 $X$ 的变异系数。

### 例 3.19 缆索故障重现

例 3.17 中的悬索桥的缆索,展示了高斯分布的使用,现在假设其屈服应力为对数正态分布,均值为 50ksi,标准差为 5ksi。如果一个 40ksi 的负载作用于一根缆索,发生故障的概率是多少?

**解**:设 $X$ 为 $\mu_X = 50$ksi 和屈服应力 $\sigma_X = 5$ksi。设 $Y = \ln X$,其中 $Y$ 为标准正态分布,概率密度为 $N(\lambda, \zeta)$。图 3.26 显示了施加应力 $X = 40$ksi 时,左侧对数正态分布曲线下的面积,该面积等于屈服应力小于施加应力的概率。因此,通过取值可以得到 $\Pr(X < 40)$ ksi,即

$$\Pr(X < 40) = \int_{-\infty}^{40} \frac{1}{x\zeta\sqrt{2\pi}} \exp\left\{-\frac{1}{2}\left(\frac{x-\lambda}{\zeta}\right)^2\right\} dx \tag{3.19}$$

式中:$\lambda$ 和 $\zeta$ 分别是 $Y = \ln X$ 中的均值和标准差。不用式(3.19)来计算,而是利用高

---

[①] 展开式为 $\ln(1+x) = x - \frac{x^2}{2} + \frac{x^3}{3} - , \cdots, -1 < x \leqslant 1$。

斯表对积分进行计算。

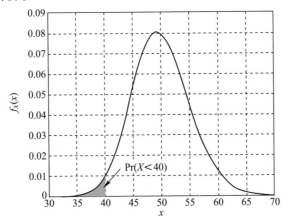

图 3.26　$\zeta = 0.09975$ ksi 和 $\lambda = 3.907$ ksi 的对数正态分布，阴影面积等于 $\Pr(X<40\mathrm{ksi}) = 4.46\%$

$X$ 小于 40ksi 的概率等于 $Y$ 小于 ln 40 的概率，即

$$\Pr(X<40) = \Pr(Y<\ln 40)$$

使用高斯表计算 $\Pr(Y<\ln 40)$，进行变换

$$S = \frac{Y - \lambda}{\zeta}$$

其中

$$\lambda = \ln\mu_X - \frac{1}{2}\zeta^2$$

$$\zeta = \sqrt{\ln(1+\zeta_X^2)}$$

代入 $\mu_X = 50$ 和 $\sigma_X = 5$ksi，得到

$$\zeta = \sqrt{\ln(1+(5/50)^2)} = 0.09975\mathrm{ksi}$$

或 99.75psi，且

$$\lambda = \ln 50 - 0.5 \times (9.9751 \times 10^{-2})^2 = 3.907$$

然后，根据高斯表计算得到负载 40ksi 的故障概率为

$$\Pr = (Y<\ln 40) = \Pr\left(S < \frac{\ln 40 - 3.907}{9.9751 \times 10^{-2}}\right) = \Phi(-2.18) = 0.0146 \text{ 或 } 1.46\%$$

因此，发现当变量假设为正态分布时，发生故障的概率小于 2.28%。

### 3.5.5　瑞利分布

瑞利分布和对数正态分布一样，也仅限于随机变量 $x \geqslant 0$ 的情况：

$$f_X(x) = \frac{x}{\sigma^2}\exp\left\{-\frac{x^2}{2\sigma^2}\right\}, \quad x \geqslant 0$$

可以推导出前两阶的统计量：

$$E\{X\} = \sqrt{\frac{\pi}{2}}\sigma$$

$$E\{X^2\} = 2\sigma^2$$

和标准差 $\mathrm{Var}\{X\} = \sigma_X^2 = E\{X^2\} - E^2\{X\}$，进而求出标准偏差，即

$$\sigma_X = \sqrt{\frac{4-\pi}{2}}\sigma \approx 0.6551\sigma$$

3 个不同标准差 $\sigma$ 的瑞利分布如图 3.27 所示。瑞利分布是一个合适的模型的例子，考虑了由高斯控制的随机振荡或任意时间依赖过程。瑞利分布适用于振荡峰值随机分布的模型。

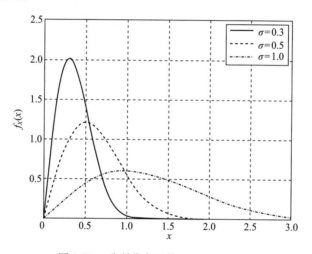

图 3.27　瑞利分布函数 $\sigma = 0.3, 0.5, 1$

**危险率函数：**

假设随机变量 $T$ 表示某项生命周期，其概率密度为 $f_T(t)$ 且分布为 $F_T(t)$。$F_T(t)$ 的危险度或故障率函数为

$$\lambda(t) = \frac{f_T(t)}{1 - F_T(t)}$$

以下对危险率函数进行讨论，假设某个事件已运行时间为 $t$，估计它在时间 $t + \mathrm{d}t$ 中失效的概率，也就是说，找出事件 $T$ 的失效概率 $t < T < t + \mathrm{d}t$。那么，有

$$\Pr(t < T \leq t + \mathrm{d}t \mid T > t) = \frac{\Pr(t < T \leq t + \mathrm{d}t, T > t)}{\Pr(T > t)}$$

$$\frac{\Pr(t < T \leq t + \mathrm{d}t)}{\Pr(T > t)} \approx \frac{f_T(t)\mathrm{d}t}{1 - F_T(t)}$$

式中：$\lambda(t)$ 为在 $t$ 时间内运行而在 $t + \mathrm{d}t$ 时间内失效的条件概率。

对于生存期的无记忆指数模型，寿命为 $t$ 的物品的剩余寿命与新的同类物品的

概率分布相同。这意味着 $\lambda(t)$ 为常数,即

$$\lambda(t) = \frac{f_T(t)}{1-F_T(t)} = \frac{\lambda\exp(-\lambda t)}{1-(1-\exp(-\lambda t))} = \lambda$$

因此,指数分布函数的危险率函数是一个常数。$\lambda$ 通常称为分布率。

正如我们观察到的指数分布的随机变量,$\lambda$ 唯一地确定了分布函数。这可以通过如下定义的危险率函数来说明,即

$$\lambda(t) = \frac{\mathrm{d}[F_T(t)]/\mathrm{d}t}{1-F_T(t)}$$

然后,两边积分得

$$\log[1-F_T(t)] = -\int_0^t \lambda(\zeta)\mathrm{d}\zeta + k$$

和

$$1-F_T(t) = \mathrm{e}^k \exp\left[-\int_0^t \lambda(\zeta)\mathrm{d}\zeta\right]$$

基于 $F_T(t)$ 的定义则 $F_T(t)=0$,在最后一个方程中设 $t=0$ 可以得到 $k=0$,因此,有

$$F_T(t) = 1 - \exp\left[-\int_0^t \lambda(\zeta)\mathrm{d}\zeta\right]$$

这证明了 $\lambda(t)$ 唯一地决定了 $F_T(t)$ 的结论。如果危险率函数为线性函数,即

$$\lambda(t) = a + bt$$

则其概率分布函数为

$$F_T(t) = 1 - \exp(-at - bt^2/2)$$

概率密度分布函数为

$$f_T(t) = (a+bt)\exp(-at-bt^2/2), \quad t \geq 0$$

如果 $a=0, b=1$,则前面的函数简化为瑞利概率密度函数

### 例 3.20 危险率加倍

有两种型号的机器待出售,其中一台机器的故障率为另一台机器的 1/2。解释这句话的准确含义。

**解**:我们定义价格低的为机器 $A$,价格贵且具有较高的可靠性的为机器 $B$。当机器使用时间为 $t$ 时,我们假设 $\lambda_A(t)$ 为机器 $A$ 的危险率或故障率,$\lambda_B(t)$ 为机器 $B$ 的危险率或故障率,则有 $\lambda_A(t) = 2\lambda_B(t)$,即机器 $A$ 的故障率为机器 $B$ 的故障率的 2 倍。首先,我们计算机器 $B$ 在时间 $t$ 之后的 $\Delta t$ 内的无故障率。

$$\Pr(B \text{ 在 } t+\Delta t \text{ 时间内工作}) = \Pr(B \text{ 工作} > t+\Delta t \mid B \text{ 工作} > t)$$

$$= \frac{1-F_B(t+\Delta t)}{1-F_B}$$

$$= \frac{\exp\left[-\int_0^{t+\Delta t}\lambda_B(\xi)\mathrm{d}\xi\right]}{\exp\left[-\int_0^t\lambda_B(\xi)\mathrm{d}\xi\right]}$$

$$= \exp\left[-\int_t^{t+\Delta t}\lambda_B(\xi)\mathrm{d}\xi\right]$$

同理,对于机器 $A$,其在工作 $t$ 时间后,在 $t+\Delta t$ 时间内无故障概率为

$$\Pr(A\text{ 在 }t+\Delta t\text{ 内工作}) = \exp\left[-\int_t^{t+\Delta t}\lambda_A(\xi)\mathrm{d}\xi\right]$$

$$= \exp\left[-2\int_t^{t+\Delta t}\lambda_B(\xi)\mathrm{d}\xi\right]$$

$$= \left(\exp\left[-\int_t^{t+\Delta t}\lambda_B(\xi)\mathrm{d}\xi\right]\right)^2$$

因此,在 $t+\Delta t$ 内机器 $A$ 无故障概率为机器 $B$ 无故障概率的二次方。例如,对于机器 $B$,$\lambda_B(t)=1/30$,$50\leq t\leq 60$ 年,50 年后机器 $B$ 工作到 60 年后的概率为 $\exp(-1/3)=0.7165$,那么,机器 $A$ 对应的概率为 $\exp(-2/3)=0.5134$。

约翰·威廉·斯特拉特,瑞利勋爵
(1842 年 11 月 12 日—1919 年 6 月 30 日)

**贡献**:被誉为英国最后一位伟大的古典物理学家。瑞利在振动领域做出了重大贡献。他还推动了声学、光学和电磁学等领域的发展。瑞利以描述惯性和保守力的方式在拉格朗日方程中引入了耗散效应。他发现并分离了氩,并因此于 1904 年获得诺贝尔奖。

**生平简介**:约翰·威廉·斯特拉特(John William Strutt),达隆·瑞利(Daron Rayleigh)三世,出生于英国埃塞克斯郡的朗福德格鲁夫(Langford Grove),是英国约翰·詹姆斯·斯特拉特男爵二世(John James Strutt)的儿子。他是少数几位获得杰出科

学家声誉的贵族成员之一。

瑞利身体虚弱,他能否长大成人的前景似乎不确定。他的教育一再因健康问题而中断。他表现出是一个能力平平的普通孩子。

1861年,他进入剑桥大学三一学院,在那里他对数学产生了浓厚的兴趣。他在剑桥大学的导师是爱德华·罗斯,他是剑桥大学最有名的导师。在那个时候(也许是所有的时间),他是一个非常优秀的应用数学家,并对动力学做出了重要的贡献。毫无疑问,瑞利从劳斯那里获得的数学技巧的基础是他杰出的科学生涯中的一个重要因素。

瑞利在剑桥读本科的另一个关键影响因素是斯托克斯。他是当时的卢卡斯数学教授。斯托克斯的理论与实践相结合的讲座给了瑞利许多理论和实践上的启发,都是在讲座期间进行的。当时,学生们自己还没有进行物理实验,所以看到斯托克斯在光的课程上做实验是瑞利接触到科学实验的唯一途径。

在剑桥,他证明了自己远非一个普通的学生。1864年,他获得了天文学奖学金,然后在1865年的Tripos考试中,他是高级牧马人(第一名学生),同年,他是第一个史密斯奖获得者。

他的第一篇论文是受麦克斯韦1865年关于电磁理论的论文的启发。他是当前科学文献的忠实读者,瑞利试图从这些论文中确定需要解决的重要研究问题。他深受亥姆霍兹工作的影响(特别是阅读亥姆霍兹1860年关于声学谐振器的结果)。

1866年,瑞利被选为剑桥大学三一学院的院士,一直任职到1871年。1872年,一次严重的风湿热使他去埃及和希腊过冬。回国后不久,他的父亲去世(1873年),他继承了男爵爵位,住在埃塞克斯郡威瑟姆的家族所在地特林。当时,他发现自己不得不把一部分时间用于管理自己的地产(7000英亩)。

科学知识与农业知识的结合,使他的物业管理实践走在时代的前列。然而,在1876年,他把土地的全部管理权留给了他的弟弟。

从那时起,他把全部时间都用在了科学上。1879年,他被任命为剑桥大学实验物理学教授兼卡文迪许实验室主任,继詹姆斯克拉克麦克斯韦之后。1884年,他离开剑桥,到埃塞克斯郡的特林继续他的实验工作。1887年至1905年,他在廷德尔之后,在英国皇家政府担任自然哲学高级教授。1908年,他成为剑桥大学校长。

瑞利担任政府爆炸物委员会主席六年。1896年至1919年,他是三一学院的科学顾问。1892年至1901年,他是埃塞克斯郡的上尉。

瑞利的早期研究主要是数学,关于光学和振动系统系统,但是他后来的工作几乎涉及整个物理学领域,包括声音、波浪理论、色觉、电动力学、电磁学、光散射、液体的流动、流体动力学、气体密度、黏度、毛细管作用、弹性、摄影。他耐心而精细的实验建立了电阻、电流和电动势的标准。他后来的工作主要集中在电磁问题上。

1871年,瑞利娶了亚瑟·詹姆斯·鲍尔弗(Arthur James Balfour)的妹妹伊芙琳·鲍尔弗(Arthur James Balfour)。鲍尔弗担任保守党领袖50年,30年后成为英国首相。他们有3个儿子。他死于埃塞克斯郡的威瑟姆,享年76岁。

**显著成就:** 瑞利是一位太平绅士,并获得了科学和法律荣誉学位。他是英国皇家学会的会员(1873年),1885年至1896年担任秘书,1905年至1908年担任会长。他是荣誉勋章的最初获得者(1902年),1905年他被任命为枢密院委员。1904年,他被授予英国皇家学会的科普利奖章、皇家奖章和拉姆福德奖章以及诺贝尔奖。

瑞利是一个谦虚而慷慨的人。他将诺贝尔奖的收入捐赠给剑桥大学扩建卡文迪什实验室。

当时有社会地位的年轻英国人通常的做法是去欧洲旅行,也就是所谓的"大旅行"。瑞利进行了一次不同寻常的旅行。他外出去美国旅行了。瑞利享有特权的社会地位的一个好处是,他不需要靠学术职位来谋生。当他从美国回来时,购买了进行科学实验的设备,并把它安装在特林的家族庄园里。

在瑞利自己建立的实验室里,他做出了重大发现,但人们不应认为这是因为里奇·瑞利能够比任何人拥有更好的设备。相反,他用廉价的设备获得了令人印象深刻的实验结果。瑞利一向节俭,用简单的设备凑合着过日子。他也没有预期的那么富裕,因为19世纪70年代英国农业出现了经济问题,因此他的收入远低于预期。

许多现象以他的名字命名,包括瑞利波、瑞利散射和瑞利判据。发表于1871年的瑞利散射理论是对天空为什么是蓝色的第一个正确解释。

瑞利是一位优秀的教师。在他的积极指导下,剑桥大学设计了一套实验物理学的理论教学系统,从一个只有五六名学生的班级发展成为一所约有70名实验物理学家的高级学校。

他对文学风格很有鉴赏力。他写的每一篇论文,即使是关于最深奥的主题,措辞都是清晰简洁的典范。他的声音理论在1877年至1878年出版了2卷,他的其他广泛的理论在他的科学论文中被报道——在1889年至1920年发行了6卷。在他的作品集中转载的446篇论文显示了他理解事物的能力,比任何人都要深入一点。

除了应用数学和物理学中比较常见的一些问题(关于贝塞尔函数、拉普拉斯函数和贝塞尔函数的关系、勒让德函数的论文),他还写过一些更不寻常的话题,如《星座与花的颜色》(1874年)、《网球的不规则飞行》(1877年)、《鸟类的鸣叫》(1883年)、《滑翔中的信天翁》(1889年)和《回音廊的问题》(1910年)。他还为《大英百科全书》撰写文章。

瑞利在他1885年的论文《波沿弹性固体平面传播》中写道:"我们提议研究波在无限均匀各向同性弹性固体平面表面上的行为,其特征是扰动被限制在厚度与波长相当的表面区域。"表面波在地震和弹性固体碰撞中起着重要作用,这是不可否认的。由于它们只在二维方向发散,它们必须在距离源很远的地方获得不断增加的优势。

虽然瑞利是上议院的一员,但他只在很少的情况下干预辩论,而且从不允许政治干涉科学。他的娱乐活动是旅行、网球、摄影和音乐。

火星和月球上的陨石坑都是以他的名字命名的。小行星22740"瑞利"在2007年6月1日以他的名字命名。

## 3.6 离散随机变量的概率分布函数

到目前为止,我们已经讨论了连续随机变量的概率分布函数。本节我们将讨论离散随机变量的概率分布函数。

### 3.6.1 二项式分布函数

假设进行了一个实验,其结果是事件 $A$ 或 $\bar{A}$,事件 $A$ 发生的概率为 $p_0$。如果这个实验重复 $n$ 次,事件 $A$ 恰好发生 $k$ 次的概率是多少?注意:每次重复实验都在统计上独立,并且概率 $p_0$ 为常数。如果 $X$ 为二项式[①]变量,在 $n$ 次重复后,$X$ 的概率密度函数为

$$p_X(k) = \binom{n}{k} p_0^k (1-p_0)^{n-k} \tag{3.20}$$

式中:$p_X(k)$ 表示 $p_X(x=k)$,二项式系数定义为

$$\binom{n}{k} = \frac{n!}{k!(n-k)!} = \frac{n(n-1)\cdots(n-k+1)}{k!}$$

当 $n=5$ 和 $p_0=0.3$ 时,$k=0,\cdots,5$ 的概率为

$$p_X(0) = \left(\frac{5!}{0!\ 5!}\right)(0.3^0)(1-0.3)^5 = 0.16807$$

$$p_X(1) = \left(\frac{5!}{1!\ 4!}\right)(0.3^1)(1-0.3)^4 = 0.36015$$

$$p_X(2) = \left(\frac{5!}{2!\ 3!}\right)(0.3^2)(1-0.3)^3 = 0.30870$$

$$p_X(3) = \left(\frac{5!}{3!\ 2!}\right)(0.3^3)(1-0.3)^2 = 0.13230$$

$$p_X(4) = \left(\frac{5!}{4!\ 1!}\right)(0.3^4)(1-0.3)^1 = 0.02835$$

$$p_X(5) = \left(\frac{5!}{5!\ 0!}\right)(0.3^5)(1-0.3)^0 = 0.00243$$

读者可以通过下式验证

$$\sum_{k=0}^{5} p_X(k) = 1$$

二项分布的期望值为

$$\mu_X = \sum_{k=0}^{n} k p_X(k) = \sum_{k=0}^{n} k \frac{n!}{k!(n-k)!} p_0^k (1-p_0)^{n-k}$$

---

① 这个分布之所以称为二项,是因为求和中的第 $k^{th}$ 项和 $(p_0+(1-p_0))^n$ 的二项式展开中的第 $k^{th}$ 项是一样的。

因为第一项等于0,可以写成

$$\mu_X = \sum_{k=1}^{n} k \frac{n!}{k!(n-k)!} p_0^k (1-p_0)^{n-k}$$

用 $l+1$ 代替 $k$,可得

$$\mu_X = \sum_{l=0}^{n-1} (l+1) \frac{n!}{(l+1)!(n-1-l)!} p_0^{l+1} (1-p_0)^{n-1-l}$$

$$= np_0 \sum_{l=0}^{n-1} \frac{(n-1)!}{l!(n-1-l)!} p_0^l (1-p_0)^{n-1-l}$$

同理,用 $m$ 替换 $n-1$,可得

$$\mu_X = np_0 \sum_{l=0}^{m} \left( \frac{m!}{l!(m-l)!} p_0^l (1-p_0)^{m-l} \right)$$

$$\mu_X = np_0$$

因为所有个体概率之和加起来是1。

同理,可以得到方差为

$$\sigma_X = np_0(1-p_0)$$

**例 3.21** (制造)车辆检验

在装配线上,每天生产 300 辆汽车。组装后,每辆车都要接受测试,平均 2% 的车辆检测不合格。这些不合格的车辆被重新拆解并重新组装。求出通过测试的合格车辆数量的期望值和标准差。另外,所有 300 辆车通过测试的概率是多少?

**解**:设 $X$ 为通过测试的车辆数,其中 $X$ 为二项密度函数。那么,期望值和标准差为

$$\mu_X = np_0 = 294$$

$$\sigma_X = \sqrt{np_0(1-p_0)} = 2.425$$

$k$ 辆车通过测试的概率为

$$p_X(k) = \binom{300}{k} 0.98^k (0.02)^{300-k}$$

所有 300 辆汽车通过测试的概率为

$$p_X(k) = \binom{300}{300} 0.98^{300} (0.02)^0 = 0.002333$$

或 0.23%,是一个很小的值。也就是说,在任何一天 300 辆汽车都通过测试是不太可能的。

### 3.6.2 泊松分布函数

考虑与二项分布相似的实验,实验的结果是事件 $A$ 或 $\bar{A}$。事件 $A$ 发生的概率是

$p_0$。如果这个实验重复无限次而不是 $n$ 次,那么,$A$ 发生 $k$ 次的概率是多少呢? 我们假设每次的重复是统计独立的,实验结果的概率 $p_0$ 是常数,进而假设 $p_0 \to 0$,$n \to \infty$ 时,使得期望值 $np_0$ 保持不变,等于 $\lambda$。

在式(3.20)中用 $\lambda/n$ 代替 $p_0$,可得

$$P_{二项 X}(k) = n(n-1)\cdots(n-k+1)\frac{1}{k!}\left(\frac{\lambda}{n}\right)^k\left(1-\frac{\lambda}{n}\right)^{n-k}$$

$$= 1 \cdot \left(1-\frac{1}{n}\right)\cdots\left(1-\frac{k-1}{n}\right)\frac{1}{k!}(\lambda)^k\left(1-\frac{\lambda}{n}\right)^{n-k}$$

$$= 1 \cdot \left(1-\frac{1}{n}\right)\cdots\left(1-\frac{k-1}{n}\right)\frac{1}{k!}(\lambda)^k\left(\frac{\lambda n}{n-\lambda}\right)^k\left(1-\frac{\lambda}{n}\right)^n$$

因为 $n \to \infty$,所以有

$$\lim_{n\to\infty} p_{二项 X}(k) = \frac{e^{-\lambda}\lambda^k}{k!}$$

其中

$$\lim_{n\to\infty}(1-\lambda/n)^n = e^{-\lambda}$$

这称为泊松分布函数

$$p_{泊松 X}(k) = \frac{e^{-\lambda}\lambda^k}{k!}, \quad k=0,1,2,\cdots$$

均值和方差为

$$\mu_X = \sigma_X^2 = \lambda$$

在极限 $n \to \infty$,$p_0 \to 0$ 和 $np_0 = \lambda$ 时,泊松密度收敛于二项密度。在二项密度的值近似一个相当大的值 $n$ 时,可用泊松密度来解释。在二项密度中对于中等值 $n$,其 $n!$ 可以相当大,近似可能是有序的。

有时 $\lambda$ 写成 $vt$,其中 $v$ 等于单位时间或单位空间的平均出现次数,$t$ 是一个参数,如时间或物理空间。泊松密度是可靠性理论中一个非常有用的模型。第 9 章将会讲到可靠性的问题。

## 3.7 矩量母函数(动差生成函数)

随机变量 $X$ 的矩量母函数(又称为动差生成函数)$M_X(t)$ 定义为

$$M_X(t) = E\{\exp(tX)\}$$
$$= \int_{-\infty}^{\infty} \exp(tx) f_X(x) \mathrm{d}x \quad (3.21)$$

式中:$f_X(x)$ 是 $X$ 的概率密度函数,将指数函数写成幂级数形式,即

$$\exp(tx) = \sum_{k=0}^{\infty} \frac{1}{k!}(tx)^k$$

将其代入式(3.21),可得

$$M_X(t) = \int_{-\infty}^{\infty} \left(1 + tx + \frac{1}{2!}(tx)^2 + \frac{1}{3!}(tx)^2 + \cdots\right) f_X(x) dx$$

$$= 1 + tE\{X\} + \frac{1}{2!}t^2 E\{X^2\} + \frac{1}{3!}t^3 E\{X^3\} + \frac{1}{4!}t^4 E\{X^4\} + \cdots$$

该式非常有用,因为所有的矩都可以通过对相应的矩量母函数的求导获得,即

$$E\{X^k\} = \left.\frac{d^k}{dt^k} M_X(t)\right|_{t=0} \tag{3.22}$$

有趣的是,如果实验数据可以用来估计 $X$ 的矩量,那么,可以用式(3.22)来求 $M_X(t)$,原则上可以用式(3.21)的逆变换来求 $f_X(x)$。

### 例3.22 高斯矩量母函数

推导标准正态密度函数 $Z$ 的矩量母函数,其中 $E\{Z\}=0, \sigma_z^2 = 1$。所有高阶矩都与前两个矩相关,如下所示:

$$E\{Z^n\} = 1 \cdot 3 \cdots (n-1)\sigma^n, n\text{ 为奇数}$$

$n$ 为偶数时 $E\{Z^n\} = 0$。

**解**:由式(3.21)得矩量母函数为

$$M_X(t) = E\{\exp(tZ)\}$$

$$= \frac{1}{\sqrt{2\pi}} \int_{-\infty}^{\infty} e^{tx} e^{-x^2/2} dx, \text{其中 } x \text{ 为虚拟变量}$$

$$= \frac{1}{\sqrt{2\pi}} \int_{-\infty}^{\infty} \exp\left[-\frac{(x^2 - 2tx)}{2}\right] dx$$

$$= \frac{1}{\sqrt{2\pi}} \int_{-\infty}^{\infty} \exp\left[-\frac{(x^2-t)^2}{2} + \frac{t^2}{2}\right] dx$$

$$= e^{t^2/2} \frac{1}{\sqrt{2\pi}} \int_{-\infty}^{\infty} \exp\left[-\frac{(x^2-t)^2}{2}\right] dx = e^{t^2/2}$$

因此,标准正态随机变量 $Z$ 的矩量母函数为 $M_Z(t) = \exp(t^2/2)$,我们现在可以对矩计算得

$$E\{Z\} = \left.\frac{d}{dt} M_Z(t)\right|_{t=0} = \left.t\exp\left(\frac{t^2}{2}\right)\right|_{t=0} = 0$$

$$E\{Z^2\} = \left.\frac{d^2}{dt^2} M_Z(t)\right|_{t=0} = \left.\exp\left(\frac{t^2}{2}\right) + t^2\exp\left(\frac{t^2}{2}\right)\right|_{t=0} = 1$$

因此,$\sigma = 1$,高阶矩的求解方法类似。

我们还可以证明任意正态随机变量 $X$ 的矩量母函数为

$$M_X(t) = \exp\left[\frac{\sigma^2 t^2}{2} + \mu t\right]$$

## 3.7.1 特征函数

特征函数和矩量母函数相关,可定义为

$$\Phi_X(t) = E\{\exp(itX)\} = \int_{-\infty}^{\infty} \exp(itx) f_X(x) \mathrm{d}x \tag{3.23}$$

式中:$f_X(x)$ 为傅里叶变换。

所有概率密度函数都有特征函数,而矩量生成函数则不存在特征函数。矩可以用特征函数推导,示例如下。

**例 3.23 高斯特征函数**

展示如何用高斯特征函数推导随机变量矩量。

**解**:由式(3.23)展开特征函数如下:

$$\Phi_X(t) = 1 + itE\{X\} + \frac{1}{2!}(it)^2 E\{X^2\} + \cdots$$

那么,有

$$E\{X^n\} = \frac{1}{i^n} \frac{\mathrm{d}^n}{\mathrm{d}t^n} \Phi_X(t) \bigg|_{t=0} \tag{3.24}$$

由高斯分布得

$$\Phi_X(t) = 1 + \frac{1}{2!}(it)^2(\sigma^2) + \frac{1}{4!}(it)^4(3\sigma^4) + \cdots$$

$$= \exp\left(-\frac{1}{2}t^2\right)$$

因此,标准高斯分布函数的一阶矩和二阶矩可由式(3.24)求得,即

$$E\{X\} = \frac{1}{i} \frac{\mathrm{d}}{\mathrm{d}t} \exp\left(-\frac{1}{2}t^2\right)\bigg|_{t=0}$$

$$= \frac{1}{i}\left(-t\exp\left(-\frac{1}{2}t^2\right)\right)\bigg|_{t=0} = 0$$

和

$$E\{X^2\} = \frac{1}{i^2} \frac{\mathrm{d}^2}{\mathrm{d}t^2} \exp\left(-\frac{1}{2}t^2\right)\bigg|_{t=0}$$

$$= -\frac{\mathrm{d}^2}{\mathrm{d}t^2} \exp\left(-\frac{1}{2}t^2\right)\bigg|_{t=0}$$

$$= \exp\left(-\frac{1}{2}t^2\right) - t^2 \exp\left(-\frac{1}{2}t^2\right)\bigg|_{t=0} = 1$$

丹尼斯·泊松
(1781年6月21日—1840年4月25日)

**贡献**：1808年，泊松与美国科学院合作出版了《论平等论》。他研究了拉普拉斯和拉格朗日提出的关于行星扰动的数学问题。他解决这些问题的方法是用级数展开来得到近似解。

1809年，他发表了两篇论文，《地球的自转》和《机械化问题中永恒的变化》，这两篇论文的灵感来自他1808年的论文。在1811年，泊松出版了他的两卷专著《机器学传》(Traite de Mecanique)，根据他在理工学院的课程笔记，在1813年泊松研究了吸引质量内部的电位，产生了可以在静电学中应用的结果。他主要从事电和磁方面的工作，其次是弹性表面方面的工作。泊松于1823年发表了关于热的论文，发表了影响萨迪·卡诺特的研究结果。

泊松概率分布最早出现在1837年出版的《犯罪与民事结合概率的研究》一书中。泊松分布描述了随机事件发生几次的概率，如果试验数量非常大。他还介绍了"大数定律"。尽管我们现在认为这项工作非常重要，但在当时却没有得到什么青睐，除了在俄罗斯，切比雪夫的想法是在俄罗斯发展出来的。

他总共出版了300~400本数学著作。尽管他的产量非常大，但他一次只研究一个主题，泊松的名字与各种各样的思想联系在一起，如泊松积分、势理论中的泊松方程、微分方程中的泊松括号、弹性中的泊松比、电中的泊松常数。

**生平简介**：泊松的父亲不是贵族出身，在军队中受到歧视，退休后被委以低微的行政职务，这在当时是一种习俗。当时，西蒙-丹尼斯·泊松出生于法国巴黎附近的斯考克斯，出生时很脆弱，被托付给一个护士照顾，帮助他度过了关键时期。小时候，泊松的父亲慈爱地投入时间教他读书和写字。父亲的社会地位对这个小男孩也有很大的影响。

当1789年7月14日的巴黎起义预示着法国大革命的开始时，西蒙-丹尼斯·泊松才8岁。正如人们所预料的那样，在贵族手中遭受歧视的老泊松对事态的政治转折充满热情。他支持革命的一个直接后果是,他成了皮西维尔区的总统。皮西维尔区位于法国中部,距巴黎南部约80km。在这个职位上他能够影响他儿子未来的事业。

泊松的父亲决定认为,从事医学职业,可以为他的儿子提供一个稳定的未来。泊松的一个叔叔是枫丹白露的一名外科医生,泊松被派到那里当见习外科医生。然而,泊松发现他不适合做外科医生。第一,他在很大程度上缺乏协调性,这意味着他完全无法掌握所需的精细动作。第二,很明显,他虽然是个很有天赋的孩子,但他对医疗行业毫无兴趣。泊松从枫丹白露回到家里,因为他的学徒生涯根本没能达到要求,所以他的父亲不得不重新考虑,为他找到一份工作。

1796年,泊松被父亲送回枫丹白露,这次是为了进入中央理工学院。虽然他的手很不灵巧,但是,现在他在学习方面显示出了天赋,尤其是数学。他在中央理工学院的老师们对此印象深刻。他在巴黎高等理工学院的入学考试中取得了第一名,超过了那些受过正规教育的人,从而证明了他的老师是对的。在1798年,他开始学习数学,并抽空去参加戏剧和其他社会活动。

泊松的老师拉普拉斯和拉格朗日很快就发现了他的数学天赋。他们和才华横溢的年轻学生泊松成为终生的朋友,并以各种方式给予他强有力的支持。泊松18岁时写的一本关于有限差异差分的回忆录报告引起了勒让德的注意。在最后一年的学习中,他关于"方程理论"和贝索定理的出色论文让他在1800年毕业,没有参加期末考试。他立即开始在理工学院担任重复教师的职务,这主要是由于拉普拉斯的大力推荐。任何人在巴黎获得第一次约会任命都是很不寻常的,大多数顶尖的数学家在回到巴黎之前先在各省工作。

1802年,泊松被任命为理工学院的副教授。1806年,因傅里叶被拿破仑派往格勒诺布尔后,他的教授位置空出来了,泊松被任命为教授。在此期间,泊松研究了常微分方程和偏微分方程的物理应用。他特别研究了阻力介质中摆的运动和声学理论。然而,他的研究纯粹是理论性的,由于缺乏协调性而受到限制。虽然泊松曾在1806年试图被选入该学院的数学专业,但在拉普拉斯、拉格朗日、拉克鲁瓦、勒让德和比奥特的支持下,直到7年后,76岁的博斯苏特去世,他才得到了空缺的职位。然而,他的确获得了更多的声望和很高的职位。1808年,泊松成为子午线局的天文学家,并于1809年,担任新成立的理工学院力学系主任。

大奖赛目的是招收人才,填补在马卢斯(Malus,法国物理学家)去世后理工学院物理系的空缺。这个比赛以电力为主题,这最大限度地增加泊松的机会。在马卢斯1812年2月24日去世之前,泊松在这个问题上已经取得了相当大的进展。3月9日,他向学院提交了他的解决方案的第一部分,题目是"关于电晶体的分配和地面指挥",并被选入学院物理系,取代了马卢斯。这一举动标志着物理学从实验研究转向理论研究,重新定义了物理学的趋势。

1815年,泊松成为军事学院的考官,第二年,他成为理工学院期末考试的考官。

1817年,他与南希·德·巴蒂结婚,并为他已经忙碌的生活增添各种责任。他的研究成果涉及广泛的应用数学课题。虽然他没有提出创新的新理论,但他为进一步发展他人的理论做出了重大贡献,经常成为第一个展示其理论真正意义的人。

**显著成就**:泊松的主要缺点是缺乏协调性,这使他无法从事外科医生的工作,也影响了他作为数学家的工作。他发现了画法几何,因为蒙热缘故,这成为综合理工学院的一个重要课题,但由于他不会画图表,所以他没有成功。

泊松很少有时间从政;他的毕业典礼是为了支持数学科学和在理工学院的教育。泊松成功地阻止了他的学生在1804年发表一篇攻击拿破仑关于大帝国的思想的文章,不是因为他支持拿破仑的观点,而是因为发表文章会损害理工学院的声誉。泊松的动机被拿破仑政府误解了:他们把泊松看作一个支持者,当然这对他的职业生涯没有任何伤害。

泊松的工作既源于当时著名的物理科学家,也影响了他们。1815年,他发表了一篇关于热的文章,这惹恼了傅里叶,他继续对泊松的论点提出合理的反对意见。在1820年和1821年的回忆录中,泊松·格恩修正了他的作品。在1808年,他出版了 *Clairaut de Theorie de la Figure de la Terre* 的新版本,第一版是由 Clairaut 在1743年出版的,这证实了牛顿－惠更斯的观点,即地球在两极长胖变平。泊松对声速和引力的相对速度的研究很大程度上受到拉氏理论的影响,拉氏理论也包含了 Ivory 象牙的思想。泊松对吸引力的研究本身对格林1828年的主要论文产生了重大影响,尽管泊松从未发现这一点。泊松的"大数定律"在当时并不受欢迎,但在切比雪夫发展他的思想的俄罗斯却是例外。

有趣的是,泊松并没有表现出当时许多科学家的沙文主义态度。拉格朗日和拉普拉斯承认费马是微分和积分学的发明者,毕竟他是法国人,而莱布尼茨和牛顿不是。然而,泊松却给予了应有的赞誉认为这是应该的。1831年,他写道:"这种[微分与积分]演算是由一系列规则组成的……而不是使用无限小的量……在这方面,它的诞生并不早于莱布尼茨,这位算法的作者和普遍流行的符号的创造者。"

泊松在他的研究、教学和在法国数学组织中扮演着越来越重要的角色,并投入了大量的精力。然而,无论在他生前还是死后,他都没有得到其他法国数学家的高度认可。而外国数学家对他的尊重,才保证了他的声誉,他们似乎比他自己的同事更能认识到他的思想的重要性。泊松本人更喜欢数学。阿拉戈报告说,泊松经常说:"生命只有两件事是好的:学习数学和教授数学。"

## 3.8 两个随机变量

我们已经介绍了两个随机变量的统计独立性和条件概率的相关概念。我们希望解决的问题,例如随机变量 $X$ 的实现如何影响随机变量 $Y$ 的实现?

考虑两个随机变量 $X$ 和 $Y$,联合累积分布函数完全可以定义它们的概率性质,表

示为

$$F_{XY}(x,y) = \Pr(X \leq x, Y \leq y)$$

这个函数定义了随机变量 $X$ 和 $Y$ 的概率,其中 $X \leq x, Y \leq y$。这个定义对连续和离散随机变量是有效的。根据这个定义,$F_{XY}(x,y)$ 有以下性质,

$$F_{XY}(-\infty,-\infty) = 0, \quad F_{XY}(\infty,\infty) = 1$$

$$F_{XY}(-\infty,y) = 0, \quad F_{XY}(x,-\infty) = 0$$

$$F_{XY}(\infty,y) = F_Y(y), \quad F_{XY}(x,\infty) = F_X(x)$$

函数 $F_{XY}(x,y)$ 是三维曲面,和单个随机变量一样都是非递减的,且有 $F_{XY}(x,y) > 0$。

从我们对一个随机变量和联合离散变量的研究中得出结论,一对连续随机变量的联合密度函数近似为

$$f_{XY}(x,y)\Delta x\Delta y \approx \Pr(x < X \leq x+\Delta x, y < Y \leq y+\Delta y)$$

对于微量 $\Delta x$ 和 $\Delta y$,上式等价于

$$\Pr(a < X \leq b, c < Y \leq d) = \int_c^d \int_a^b f_{XY}(x,y)\mathrm{d}x\mathrm{d}y \tag{3.25}$$

对于无穷小量 $\mathrm{d}x$ 和 $\mathrm{d}y$,则联合分布函数为

$$F_{XY}(x,y) = \int_{-\infty}^y \int_{-\infty}^x f_{XY}(u,v)\mathrm{d}u\mathrm{d}v$$

两次微分得到联合概率密度函数

$$f_{XY}(x,y) = \frac{\partial^2 F_{XY}(x,y)}{\partial x \partial y}$$

式(3.25)同时表示出两个随机变量概率的范围,具体指 $a < X \leq b$ 和 $c < Y \leq d$。

当需要确定一个变量如何影响其他变量,解决具有两个或多个变量的问题,这类信息非常有用。3.8.4 节将具体阐述,对于有两个随机变量的过程,密度函数下的体积必须等于 1。

### 3.8.1 边缘密度

对于联合密度函数 $f_{XY}(x,y)$,定义 $X$ 和 $Y$ 的边缘概率密度函数为

$$f_X(x) = \int_{-\infty}^{\infty} f_{XY}(x,y)\mathrm{d}y$$

$$f_Y(x) = \int_{-\infty}^{\infty} f_{XY}(x,y)\mathrm{d}x$$

两个随机变量的边缘密度函数是一个变量的降阶密度函数通过对另一个变量的域积分得到的。从概念上讲,这消除了对其他变量的依赖,而是仅基于一个变量进行概率计算。图 3.28 为联合概率密度函数以及两个独立的边缘密度函数。

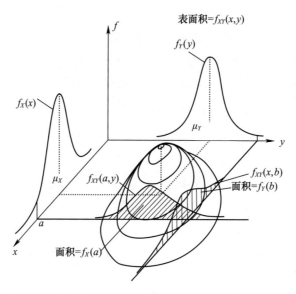

图 3.28 联合概率密度函数及两个独立的边缘密度函数

对于离散随机变量 $X$ 和 $Y$，联合概率质量函数 $p_{XY}(x,y)$ 定义为

$$p_{XY}(x,y) = \Pr(X=x, Y=y)$$

这些离散随机变量的联合累积分布函数可通过求和得到，即

$$F_{XY}(x,y) = \sum_{x_i \leq x, y_i \leq y} p_{XY}(x_i, y_i)$$

定义条件概率质量函数 $p_{X|Y}(X|Y)$，可参照式(2.7)，即

$$p_{X|Y}(x|y) = \Pr(X=x|Y=y) = \frac{p_{XY}(x,y)}{p_Y(y)}$$

利用总概率定理可推导出边缘概率质量函数为

$$\Pr(A) = \sum_{i=1}^{n} \Pr(A|B_i)\Pr(B_i)$$

$$p_X(x) = \sum_{y_i} \Pr(X=x|Y=y_i)\Pr(Y=y_i)$$

$$= \sum_{y_i} \Pr(X=x, Y=y_i)$$

$$= \sum_{y_i} p_{XY}(x, y_i)$$

如果 $X$ 和 $Y$ 是统计独立的，则对所有可能的 $x$ 和 $y$ 组合均有

$$p_{X|Y}(x|y) = p_X(x), \quad p_{Y|X}(y|x) = p_Y(y)$$

和

$$p_{XY}(x,y) = p_X(x)p_Y(y) \tag{3.26}$$

### 例 3.24 概率质量数据中的离散边缘概率和总概率

假设两个参数 $X$ 和 $Y$ 的数据是通过一系列的实验获得的,如下表所列,其中方括号中的数字代表各自列和行的和。求出各自的边缘密度,建立 $X$ 和 $Y$ 的独立状态。在机翼上方的气流这个例子中,$X$ 为归一化流速,$Y$ 为湍流波动长度。

| $Y\downarrow$ | $X\rightarrow$ | 25 | 27 | 29 | $p_Y(y)$ |
|---|---|---|---|---|---|
| 1.0 | | 7/30 | 1/30 | 0 | [8/30] |
| 1.5 | | 0 | 5/30 | 1/30 | [6/30] |
| 2.0 | | 1/30 | 6/30 | 1/30 | [8/30] |
| 2.5 | | 0 | 1/30 | 7/30 | [8/30] |
| | $p_X(x)$ | [8/30] | [13/30] | [9/30] | $\sum = 1$ |

**解**:$X$ 取值为 $x = 25, 27, 29$,$Y$ 取值为 $y = 1.0, 1.5, 2.0, 2.5$。一些样本的联合概率为

$$\Pr(X=25, Y=2.0) = p_{XY}(25, 2.0) = \frac{1}{30}$$

$$\Pr(X=29, Y=2.5) = p_{XY}(29, 2.5) = \frac{7}{30}$$

边缘概率 $p_X(27)$ 可通过对联合概率求和得到

$$\begin{aligned}p_X(27) &= \Pr(X=27) \\ &= \Pr(X=27, Y=1.0) + \Pr(X=27, Y=1.5) + \\ &\quad \Pr(X=27, Y=2.0) + \Pr(X=27, Y=2.5) \\ &= \frac{13}{30}\end{aligned}$$

对 $X = 27$ 这一列求和可得到上述结果。同理,可得出 $p_X(25) = 8/30$ 和 $p_X(29) = 9/30$。注意:边缘概率质量和为 1,即概率空间被完全覆盖了。$X$ 的边缘密度,即不考虑 $Y$ 值时,$p_X(25)$ 是 $X$ 取值(变量)为 25 的概率。

我们可以通过测试式(3.26)是否对所有的独立的概率质量都适用来检验 $X$ 和 $Y$ 的统计独立是否成立。例如,从表中得出

$$p_{XY}(29, 1.0) \neq p_X(25) p_Y(1.0)$$

因此,随机变量不是统计独立的。注意:统计独立性必须是对所有的 $(i,j)$ 而言的

$$p_{XY}(x_i, y_i) = p_X(x_i) p_Y(y_i), 对所有 (i,j)$$

### 例 3.25 大型结构引起的风速放大

我们都曾在大型建筑物(如摩天大楼)周围遇到过高风速,这种高风速与结构的

大小和形状以及周围的地形以及诸如温度(梯度)等大气条件有关。在这种情况下,风速可以用概率密度表示,是地表的联合密度函数。

假设在两个正交方向上的分量速度为连续的随机变量 $U$ 和 $V$,则联合概率密度函数按指数递减,即

$$f_{UV}(u,v) = C\exp(-3[u+v]), \quad u \geq 0, v \geq \mu \quad \text{m/s}$$

对于这个概率密度和指定地点的变量范围来确定 $C$ 值。计算概率 $\Pr(V<3U)$ 和两个方向的最大速度小于 5m/s 的概率。

**解**:通过将联合分布函数归一化的方法得到 $C$ 值:

$$\int_u \int_v f_{UV}(u,v)\,\mathrm{d}u\mathrm{d}v = 1$$

对于

$$\int_0^\infty \int_u^\infty C\exp(-3[u+v])\,\mathrm{d}v\mathrm{d}u = 1$$

$$\Rightarrow C = \frac{1}{\int_0^\infty \int_u^\infty \exp(-3[u+v])\,\mathrm{d}v\mathrm{d}u} = 18$$

为了计算概率 $\Pr(V<3U)$,确定积分的上下限是必需的,可以通过画线 $u=v$ 和 $v=3u$ 得到,如图 3.29 所示,两条直线间的区域为积分区域。

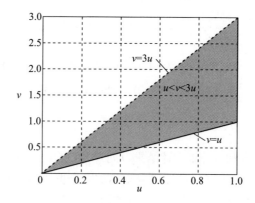

图 3.29 由 $V=3U$ 和 $V=U$ 构成的积分区域

图 3.29 是由 $V=3U$ 和 $V=U$ 构成的积分区域,即

$$\Pr(V<3U) = \int_0^\infty \int_u^{3u} 18\exp(-3[u+v])\,\mathrm{d}u\mathrm{d}v \approx \frac{1}{2} \text{ 或 } 50\%$$

同理,两种速度小于 5m/s 的概率为

$$\begin{aligned}
\Pr(U<5,V<5) &= \int_0^5 \int_u^5 18\exp(-3[u+v])\,\mathrm{d}v\mathrm{d}u \\
&= \exp(-30) - 2\exp(-15) + 1 \\
&= -6.118 \times 10^{-7} + 1 \\
&\approx 1.0 \text{ 或 } 100\%
\end{aligned}$$

由结果可知,两种速度都不小于5m/s的概率是千万分之一,因此几乎可以肯定两个方向的最大速度都小于5m/s。

**例 3.26　边缘密度**

假设 $X$ 和 $Y$ 的联合密度函数 $f_{XY}(x,y)$ 在 $y \geq x^2 - 1, y \leq 0$ 区域上是均匀的,如图 3.30 所示,求出 $f_{XY}(x,y)$ 的边缘密度函数 $f_X(x)$ 和 $f_Y(y)$。

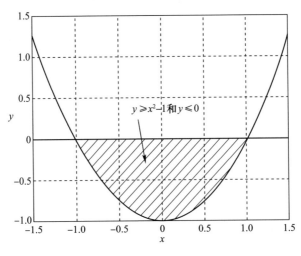

图 3.30　以 $Y \geq X^2 - 1$ 和 $Y \leq 0$ 的积分域

**解**:为了满足概率定理,则联合密度函数所围成的体积必须为1。因为密度函数是均匀的,它的大小等于示意图中面积的倒数,这是对单个随机变量密度归一化的扩展,阴影面积为

$$\text{Area} = \left| \int_{-1}^{1} (x^2 - 1) \mathrm{d}x \right| = \frac{4}{3}$$

则联合密度函数为

$$f_{XY}(x,y) = 1/\text{Area} = \frac{3}{4}$$

计算边缘密度为

$$f_X(x) = \int_{x^2-1}^{0} f_{XY}(x,y) \mathrm{d}y$$
$$= \int_{x^2-1}^{0} \frac{3}{4} \mathrm{d}y = \frac{3}{4} - \frac{3}{4}x^2$$

和

$$f_Y(y) = \int_{-\sqrt{y+1}}^{\sqrt{y+1}} f_{XY}(x,y) \mathrm{d}x$$
$$= \int_{-\sqrt{y+1}}^{\sqrt{y+1}} \frac{3}{4} \mathrm{d}x = \frac{3}{2}\sqrt{(y+1)}$$

因为 $f_{XY}(x,y) \neq f_X(x)f_Y(y)$，所以 $X$ 和 $Y$ 在统计上不独立。

**例 3.27** 两个几何参数

从生产设备的数据来看，两个主要影响产品设计寿命的几何参数 $H$ 和 $W$，其联合分布函数为

$$f_{WH}(w,h) = \begin{cases} 2\omega^2 e^{-\omega(1+2h)}, & \omega > 0, h > 0 \\ 0, & 其他 \end{cases}$$

求概率 $\Pr(W \leq 0.1, H \leq 2.0)$，推导出边缘密度，并计算概率 $\Pr(H \leq 2.0 | 0.1 < W \leq 0.2)$。

**解**：联合密度如图 3.31 所示，则

$$\Pr(W \leq 0.1, H \leq 2.0) = \int_0^{0.1} \int_0^2 2w^2 e^{-w(1+2h)} dh dw = 0.001071$$

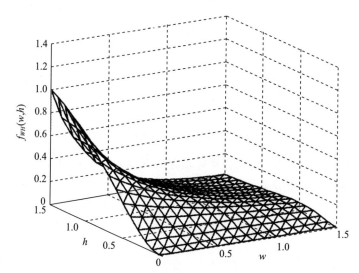

图 3.31 随机变量 $W$ 和 $H$ 的联合密度函数：$f_{WH}(w,h) = 2w^2 e^{-w(1+2h)}, w > 0, h > 0$

各变量的边缘密度可以由式(3.28)得到，即

$$f_W(w) = \int_0^\infty f_{WH}(w,h) dh$$

$$= \int_0^\infty 2w^2 e^{-w(1+2h)} dh = we^{-w}$$

同理，可得

$$f_H(h) = \int_0^\infty f_{WH}(w,h) dw$$

$$= \int_0^\infty 2w^2 e^{-w(1+2h)} dw = \frac{4}{(1+2h)^3}$$

最后,可得

$$\Pr(H \leq 2.0 \mid 0.1 < W \leq 0.2) = \frac{\Pr(H \leq 2.0, 0.1 < W \leq 0.2)}{\Pr(0.1 < W \leq 0.2)}$$

$$= \frac{\int_0^2 \int_{0.1}^{0.2} f_{WH}(w,h) \, dw \, dh}{\int_0^2 \left\{ \int_{0.1}^{\infty} f_{WH}(w,h) \, dh \right\} dw}$$

$$= \frac{\int_0^2 \int_{0.1}^{0.2} 2w^2 e^{-w(1+2h)} \, dw \, dh}{\int_0^2 \left\{ \int_{0.1}^{\infty} 2w^2 e^{-w(1+2h)} \, dh \right\} dw}$$

$$= \frac{5.883 \times 10^{-3}}{1.284 \times 10^{-2}} = 0.4580$$

或45.8%,此处用到了式(3.28)。注意:$W$ 和 $H$ 不是统计独立的,因为联合密度函数不等于边缘密度的乘积。

### 3.8.2 条件密度函数

这部分我们主要推导条件密度函数的表达式,在继续对联合随机变量的概率特性描述时,我们根据条件概率的表达式定义条件密度:$\Pr(C \mid D) = \Pr(CD)/\Pr(D)$。条件概率 $\Pr(C \mid D)$ 是关于简化的样本空间 $\Pr(D)$ 的,需要条件密度函数来得到概率,如:

$$\Pr(a < X \leq b \mid Y = y)$$

这是在 $Y = y$ 条件下 $a < X \leq b$ 的概率,与我们之前讨论的概率密度函数相似,我们将条件密度函数 $f_{X \mid Y}(x \mid y)$ 定义为

$$\Pr(a < X \leq b \mid Y = y) = \int_a^b f_{X \mid Y}(x \mid y) \, dx$$

式中:$f_{X \mid Y}(x \mid y)$ 是 $X$ 在给定 $Y$ 条件下的条件概率,积分的结果也就是条件概率是 $y$ 的函数。假设密度函数区域下的面积是各自的概率,通过建立下面的等量关系表达式,我们可以推导出条 1 件密度函数的表达式为

$$f_{X \mid Y}(x \mid y) \Delta x \approx \Pr(x < X \leq x + \Delta x \mid Y = y)$$

$$= \lim_{\Delta y \to 0} \frac{\Pr(x < X \leq x + \Delta x, y < Y \leq y + \Delta y)}{\Pr(y < Y \leq y + \Delta y)}$$

$$= \lim_{\Delta y \to 0} \frac{f(x,y) \Delta x \Delta y}{f(y) \Delta y} = \frac{f(x,y) \Delta x}{f(y)}$$

$$f_{X \mid Y}(x \mid y) = \frac{f(x,y)}{f(y)} \tag{3.27}$$

同理,$f_{X \mid Y}(x \mid y) = \frac{f(x,y)}{f(y)}$。因此,我们可以计算下列条件概率,如:

$$\Pr(X|Y=y) = \int_{-\infty}^{\infty} f_{X|Y}(x|y)\,dx$$

$$\Pr(X \leq a|Y=y) = \int_{-\infty}^{a} f_{X|Y}(x|y)\,dx = F_{X|Y}(a|y)$$

即使我们已经限定了$\{Y=y\}$的连续事件的概率为零,这些表达式对于计算条件概率也是有用的,如下面例子所示。

统计独立可以用以下方式定义。式(3.27)可以写成$f(x,y) = f_{X|Y}(x|y)f(y)$,如果$X$和$Y$是统计独立的,则有$f_{(X|Y)}(x|y) = f(x)$和$f(x,y) = f(x)f(y)$。

应用连续随机变量的总概率定理(这里求和成为积分),改写式(2.9)和式(2.10),有

$$f_X(x) = \int_{-\infty}^{\infty} f_{X|Y}(x|y)f_Y(y)\,dy$$

$$= \int_{-\infty}^{\infty} f_{X|Y}(x,y)\,dy \qquad (3.28)$$

式中:$f_X(x)$为边缘概率密度函数。同理,可得

$$f_Y(y) = \int_{-\infty}^{\infty} f_{XY}(x,y)\,dx$$

条件密度函数可以像密度函数一样用于计算,条件均值就是一个例子。

**例 3.28** 来自联合概率密度函数的条件密度函数

随机变量$X$和$Y$的联合密度函数为

$$f_{XY}(x,y) \begin{cases} \dfrac{3}{2}(x^2+y^2), & 0 < x,y < 1 \\ 0, & \text{其他} \end{cases} \qquad (3.29)$$

如图 3.32 所示。

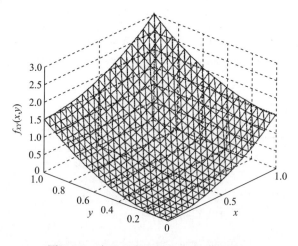

图 3.32 式(3.29)的联合概率密度函数

求条件密度函数 $f_{X|Y}(x|y)$。

**解**：由边缘密度函数 $f(y)$ 的表达式可得

$$f_Y(y) = \int_{-\infty}^{\infty} f_{XY}(x,y)\,\mathrm{d}x$$

$$= \int_0^1 \frac{3}{2}(x^2+y^2)\,\mathrm{d}x = \frac{3}{2}y^2 + \frac{1}{2}, \quad 0 < y < 1 \qquad (3.30)$$

如图 3.33 所示。

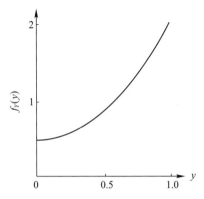

图 3.33 式(3.30)的边缘密度函数

因此，有

$$f_{(X|Y)}(x|y) = \frac{\dfrac{3}{2}(x^2+y^2)}{\dfrac{3}{2}y^2 + \dfrac{1}{2}}$$

$$= \frac{3(x^2+y^2)}{3y^2+1}, \quad 0 < x, y < 1 \qquad (3.31)$$

如图 3.34 所示。

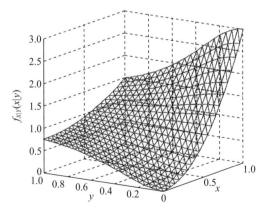

图 3.34 式(3.31)的条件概率密度函数

97

其他情况下为 0。

因此,可以得到以 $Y$ 为条件的概率密度函数 $X$,如 $y=0.5$,即

$$f_{(X|Y)}(x|y=0.5) = \frac{3(x^2+0.25)}{3(0.25)+1}, \quad 0<x<1 \tag{3.32}$$

如图 3.35 所示。

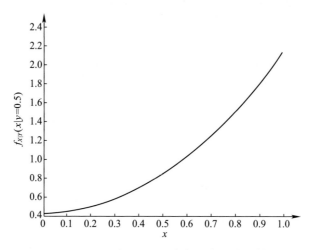

图 3.35  $y=5$,式(3.32)的条件概率密度函数 $X$

这样密度函数可以计算主变量 $X$ 的概率,$X$ 的概率取决于次变量 $Y$ 的特定值。可以通过以下方式构造示例的应用程序:如果 $X$ 是材料的应力而 $Y$ 是温度,则可以在给定温度下,对应力做出概率性结论。

### 例 3.29  联合密度函数的条件概率密度

$X$ 和 $Y$ 的联合密度函数为

$$f_{XY}(x,y) = \begin{cases} \exp(-x/y)\exp(-y)/y, & 0<x,y<\infty \\ 0, & 其他 \end{cases}$$

求条件概率 $\Pr(X>1|Y=y)$。

**解**:由定义可知

$$f_{X|Y}(x|y) = \frac{f_{XY}(x,y)}{f_Y(y)} = \frac{\exp(-x/y)\exp(-y)/y}{[\exp(-y)/y]\int_0^\infty \exp(-x/y)\mathrm{d}x}$$

式中:分母为边缘密度函数 $f_Y(y)$,那么,条件密度函数为

$$f_{X|Y}(x|y) = \frac{1}{y}\exp(-x/y) \tag{3.33}$$

如图 3.36 所示。

因此,对于任意 $Y=y$,以下概率均成立:

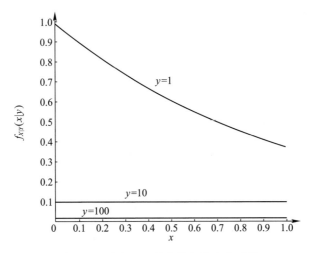

图3.36 式(3.33)的条件概率密度函数

$$\Pr(X>1\mid Y=y) = \int_1^\infty \frac{1}{y}\exp(-x/y)\,\mathrm{d}x$$

$$= \exp(-1/y)$$

这是 $X>1$ 在 $Y=y$ 时的概率。相对简单的表达式 $\exp(-1/y)$ 等于 $X>1$ 的条件概率 $y$。图3.36为 $y=1$、10和100的条件概率 $f_{X\mid Y}(x\mid y)$。

### 3.8.3 再谈总概率

事件 $A$ 的总概率可由以下公式[①]给出

$$\Pr(A) = \int_{-\infty}^\infty f_X(x)\Pr(A\mid x)\,\mathrm{d}x \qquad (3.34)$$

式中：$f_X(x)$ 是随机变量 $X$ 的概率密度函数，其值取决于 $A$ 的出现概率；$\Pr(A\mid x)$ 是 $X=x$ 的条件概率，即 $\Pr(A\mid X=x)$。

广义贝叶斯公式可以用式(3.34)来表达，即

$$f_{X\mid A}(x\mid A) = \frac{f_X(x)\Pr(A\mid x)}{\int_{-\infty}^\infty f_X(x)\Pr(A\mid x)\,\mathrm{d}x} \qquad (3.35)$$

式中：$f_X(x)$ 是 $X$ 的先验概率密度函数，在引起事件 $A$ 出现的实验前。

**例3.30 随机变量事件的概率**

假设事件 $A$ 的发生依赖于随机变量 $X$ 的实现，则条件概率为

---

① 该讨论改编自 V. V. Sveshnikov 的《概率论、数理统计和随机函数理论的问题》，Dover 出版社：1978年，第80页。

$$\Pr(A|X=x) = \exp(-x)$$

如果 $X$ 在 $(1,2)$ 区间均匀分布,求出事件 $A$ 的总概率。

**解**:由式(3.34)求出总概率

$$\begin{aligned}\Pr(A) &= \int_{-\infty}^{\infty} f_X(x)\Pr(A|x)\mathrm{d}x \\ &= \int_1^2 1 \cdot \exp(-x)\mathrm{d}x \\ &= -[-\exp(-2) - \exp(-1)] = 0.23254\end{aligned}$$

这就是在 $1 < x \leq 2, f_X(x) = 1$ 时事件 $A$ 的概率。

**例 3.31 依赖于事件的随机变量的条件密度**

根据上个例子,试确定 $f_X(x|A)$。

**解**:待求条件密度可以由广义贝叶斯公式,即式(3.35)得出

$$\begin{aligned}f_{X|A}(x|A) &= \frac{f_X(x)\Pr(A|x)}{\int_{-\infty}^{\infty} f_X(x)\Pr(A|x)\mathrm{d}x} \\ &= \frac{1 \cdot \exp(-x)}{0.23354} = 4.2819\exp(-x), \quad 1 < x \leq 2\end{aligned}$$

校验:

$$\int_1^2 4.2819\exp(-x)\mathrm{d}x = -4.2819[\exp(-2) - \exp(-1)]$$

如果消掉舍入误差,则上式等于 1。

### 3.8.4 协方差与相关性

将含有一个随机变量的模型推广到含有两个随机变量的模型时,需要引入协方差的概念和相关参数,即相关系数。相关系数用于衡量两个随机变量之间的线性关系。考虑具有第二联合矩的两个随机变量 $X$ 和 $Y$,即

$$E\{XY\} = \int_{-\infty}^{\infty}\int_{-\infty}^{\infty} xy f_{XY}(x,y)\mathrm{d}x\mathrm{d}y \tag{3.36}$$

如果 $X$ 和 $Y$ 是统计独立的,那么,联合密度函数可以写成各自的边缘密度的乘积 $f_{XY}(x,y) = f_X(x)f_Y(y)$,由式(3.36)可知,积分可以被分离,从而得到 $E\{XY\} = E\{X\}E\{Y\}$。这是一个单向关系:密度的乘积也就是期望的乘积,但是反之并不成立。即使 $X$ 和 $Y$ 在统计上不独立,$E\{XY\} = E\{X\}E\{Y\}$ 也是有可能的。假设 $Z = X + Y$,其中 $x$ 和 $y$ 的均值与标准差已知。通过取方程的期望,可以求出派生量 $Z$ 的均值和标准差,即

$$E\{Z\} = E\{X+Y\} = E\{X\} + E\{Y\}$$

$$\mu_Z = \mu_X + \mu_Y$$

无论 $X$ 和 $Y$ 在统计上是否独立,上式均成立。为求出标准差 $\sigma_Z$,我们展开下面的平方表达式然后求出期望:

$$\begin{aligned}
\mathrm{Var}\{Z\} &= E\{|Z-\mu_Z|^2\} = E\{(X+Y-\mu_X-\mu_Y)^2\} \\
&= E\{X^2\} - \mu_X^2 + E\{Y^2\} - \mu_Y^2 + 2E\{XY\} - 2\mu_X\mu_Y \\
&= \mathrm{Var}\{X\} + \mathrm{Var}\{Y\} + 2E\{XY\} - 2\mu_X\mu_Y
\end{aligned}$$

为计算和方差 $Z$,了解 $E\{XY\}$ 中含有的联合统计性质是必要的。如果 $X$ 和 $Y$ 在统计上是独立的,那么,有

$$E\{XY\} = E\{X\}E\{Y\}$$
$$\mathrm{Var}\{Z\} = \mathrm{Var}\{X\} + \mathrm{Var}\{Y\}$$
$$\sigma_Z^2 = \sigma_X^2 + \sigma_Y^2 \tag{3.37}$$

协方差定义为均值 $\mu_X$ 和 $\mu_Y$ 的第二个联合矩,即

$$\mathrm{Cov}\{X,Y\} = E\{(X-\mu_X)(Y-\mu_Y)\} = E\{XY\} - \mu_X\mu_Y \tag{3.38}$$

注意:如果变量是统计独立的,即 $\mathrm{Cov}\{X,Y\}=0$,则相关系数定义为归一化(无量纲)协方差,即

$$\rho = \frac{\mathrm{Cov}\{X,Y\}}{\sigma_X \sigma_Y} \tag{3.39}$$

方差是单个随机变量离散度的度量,而协方差可以表示两个随机变量如何分散,或如何共同变化。

因此,有

$$\mathrm{Cov}\{X,X\} = \mathrm{Var}\{X\}$$
$$\mathrm{Cov}\{X,Y\} = \mathrm{Var}\{Y,X\}$$

两个随机变量系统的协方差矩阵如下:

$$[\mathrm{Cov}] = \begin{bmatrix} \sigma_X^2 & \mathrm{Cov}\{X,Y\} \\ \mathrm{Cov}\{X,Y\} & \sigma_Y^2 \end{bmatrix}$$

为了更好地理解相关系数,假设 $X=aY$,则 $X$ 和 $Y$ 是线性相关,其中 $a$ 为常数,那么,$X$ 的方差为

$$\begin{aligned}
\mathrm{Var}\{X\} &= E\{X^2\} - E^2\{X\} \\
&= E\{a^2Y^2\} - E^2\{aY\} \\
&= a^2(E\{Y^2\} - E^2\{Y\}) \\
&= a^2 \mathrm{Var}\{Y\}
\end{aligned}$$

方程两边同时开方,因为 $X$ 和 $Y$ 的标准差是相关的,则有

$$\sigma_X = |a|\sigma_Y$$

同理,计算协方差为

$$\begin{aligned}\text{Cov}\{X,X\} &= E\{XY\} - E\{X\}E\{Y\} \\ &= a(E\{Y^2\} - E^2\{Y\}) \\ &= a\text{Var}\{Y\} = a\sigma_Y^2\end{aligned}$$

因此,式(3.39)变成

$$\rho = \frac{a\sigma_Y^2}{\sigma_X\sigma_Y} = \frac{a\sigma_Y}{\sigma_X} = \frac{a}{|a|}$$

如果 $a>0$,相关系数 $\rho = +1$,那么,随机变量 $X$ 和 $Y$ 为完全正相关;如果 $a<0$,相关系数 $\rho = -1$,则 $X$ 和 $Y$ 为完全负相关[①]。

可以看出,$\rho = -1$ 和 $\rho = +1$ 为 $\rho$ 的极值情况,即 $-1 \leq \rho \leq 1$。图 3.37 描述了典

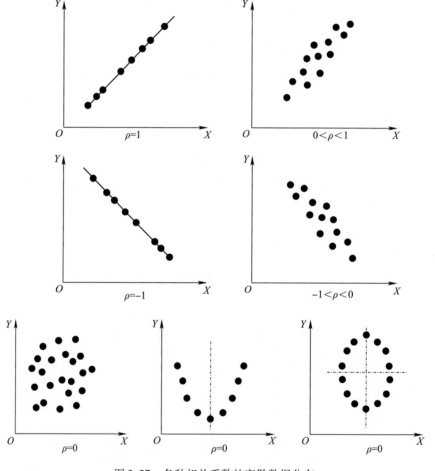

图 3.37　各种相关系数的离散数据分布

---

① 接近 $\rho = \pm 1$ 时表示强相关,但不是直接的因果,因为 $X$ 和 $Y$ 可能与第三个变量相关。同理,如果 $X$ 和 $Y$ 是独立的,则 $\rho = 0$。如例 3.32 所示。反之未必正确,即如果 $\rho = 0$,表示 $X$ 和 $Y$ 之间不存在线性关系;但是 $X$ 和 $Y$ 之间可能仍然存在随机或非线性的函数关系。

型数据点之间的线性关系和非线性关系的相关性。注意:如果非线性关系的样本点恰巧在 $X=\mu_X$、$Y=\mu_Y$ 附近对称,则相关系数为 0。

**例 3.32 联合分布变量**

两个随机变量 $X$ 和 $Y$ 的联合分布函数为

$$f_{XY}(x,y) = \frac{1}{2}\mathrm{e}^{-y}, \quad -\infty < x < \infty$$

如图 3.38 所示,计算边缘密度和协方差。

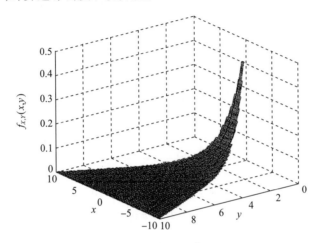

图 3.38 联合概率密度函数 $f_{XY}(x,y) = \frac{1}{2}\mathrm{e}^{-y}, y > |x|, -\infty < x < \infty$

**解:** 计算边缘密度

$$f_X(x) = \int_{-\infty}^{\infty} f_{XY}(x,y)\mathrm{d}y = \int_{|x|}^{\infty} \frac{1}{2}\mathrm{e}^{-y}\mathrm{d}y = \frac{1}{2}\mathrm{e}^{-|x|}, \quad -\infty < x < \infty$$

$$f_Y(y) = \int_{-\infty}^{+\infty} f_{XY}(x,y)\mathrm{d}y = \int_{-y}^{y} \frac{1}{2}\mathrm{e}^{-y}\mathrm{d}y = y\mathrm{e}^{-y}, \quad y > 0$$

因为联合密度函数不等于两个边缘密度的乘积,所以这些变量在统计上不是独立的。为计算协方差,由式(3.38)可计算出二阶矩

$$E\{XY\} = \int_0^{\infty}\int_{-y}^{y} \frac{1}{2}xy\mathrm{e}^{-y}\mathrm{d}x\mathrm{d}y$$

$$= \frac{1}{2}\int_0^{\infty} y\mathrm{e}^{-y}\int_{-y}^{y} x\mathrm{d}x\mathrm{d}y = 0$$

和各自的均值

$$E\{X\} = \int_{-\infty}^{\infty} xf_X(x)\mathrm{d}x = \int_{-\infty}^{0} \frac{1}{2}x\mathrm{e}^{x}\mathrm{d}x + \int_0^{\infty} \frac{1}{2}x\mathrm{e}^{-x}\mathrm{d}x = 0$$

同理,$E\{Y\} = 2$。因此,$\mathrm{Cov}\{X,Y\} = 0$,不是因为 $X$ 和 $Y$ 两个变量是独立的,而是因为

$E\{XY\} = E\{X\}E\{Y\}$ 和 $E\{X\} = 0$，所以 $E\{XY\} = 0$。对于特定的密度和参数值，即使两个随机变量不是统计独立的，$E\{XY\} = E\{X\}E\{Y\}$ 也可以成立。

**例 3.33** 简支梁支反力的统计

如图 3.39 中的简支梁，在梁上作用了两种力，$F_1$ 作用在距离左端 $d_1$ 处，$F_2$ 作用在距离右端 $d_3$ 处。梁的长度为 $L = d_1 + d_2 + d_3$，已知载荷统计量为

$$\mu_1 = E\{F_1\}$$

$$\sigma_1 = \sqrt{E\{F_1^2\} - \mu_1^2}$$

$$\mu_2 = E\{F_2\}$$

$$\sigma_2 = \sqrt{E\{F_2^2\} - \mu_2^2}$$

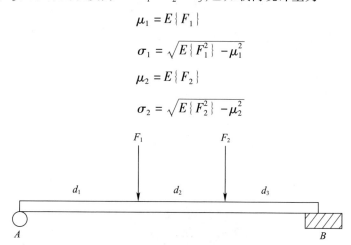

图 3.39 随机力 $F_1$ 和 $F_2$ 作用的简支梁

假设这些力在统计上是独立的，推导出 $A$ 和 $B$ 处的支反力 $R_A$ 和 $R_B$。

**解**：通过对梁的自由体进行静态分析，假设力是已知的，可以求出力、尺寸和反作用力之间的函数关系：

$$R_A = \frac{(F_1 + F_2)d_3 + F_1 d_2}{L} = \frac{F_1(d_3 + d_2) + F_2 d_3}{L}$$

$$R_B = \frac{(F_1 + F_2)d_1 + F_2 d_2}{L} = \frac{F_2(d_1 + d_2) + F_1 d_1}{L}$$

虽然这些假设的力在统计上是独立的，但是支反力在统计上是相关的，因为它们都是相同的两个力 $F_1$ 和 $F_2$ 的函数，这些可以通过推导相关系数来说明。对于这个问题，还假设距离 $d_i$ 已知，然后，通过对 $R_A$ 和 $R_B$ 的表达式取数学期望，可以直接得到支反力的平均值，求出它们各自的平均值，即

$$\mu_A = \frac{(\mu_1 + \mu_2)d_3}{L}$$

和

$$\mu_B = \frac{(\mu_1 + \mu_2)d_1 + \mu_2 d_2}{L}$$

这些独立随机变量的和方差可以用式(3.37)计算,即

$$\sigma_A^2 = \frac{1}{L^2}[(d_3+d_2)^2\sigma_1^2 + d_3^2\sigma_2^2]$$

和

$$\sigma_B^2 = \frac{1}{L^2}[d_1^2\sigma_1^2 + (d_1+d_2)^2\sigma_2^2]$$

标准差是各方差的正平方根。为了计算相关系数,首先需要确定期望 $E\{R_AR_B\}$,即

$$E\{R_AR_B\} = E\left\{\frac{[F_1(d_3+d_2)+F_2d_3][F_2(d_1+d_2)+F_1d_1]}{L^2}\right\}$$

$$= \frac{1}{L^2}E\{(2d_1d_3+d_2d_3+d_1d_2+d_2^2)F_1F_2 +$$

$$d_1(d_3+d_2)F_1^2 + d_3(d_1+d_2)F_2^2\}$$

$$= \frac{1}{L^2}[(2d_1d_3+d_2d_3+d_1d_2+d_2^2)E\{F_1F_2\} +$$

$$d_1(d_3+d_2)E\{F_1^2\} + d_3(d_1+d_2)E\{F_2^2\}]$$

$$= a_1E\{F_1F_2\} + a_2E\{F_1^2\} + a_3E\{F_2^2\}$$

式中:$a_i, i=1,2,3$ 是简化表达式的常系数。我们利用 $E\{F_1F_2\}=E\{F_1\}E\{F_2\}$ 的独立性(如果 $F_1$ 和 $F_2$ 不是统计独立的,则需要进一步计算它们的相关系数 $\rho_{F_1F_2}$。)可得

$$E\{F_1^2\} = \sigma_1^2 + \mu_1^2$$
$$E\{F_2^2\} = \sigma_2^2 + \mu_2^2$$

所以有

$$E\{R_AR_B\} = a_1\mu_1\mu_2 + a_2(\sigma_1^2+\mu_1^2) + a_3(\sigma_2^2+\mu_2^2)$$

式中:$a_1, a_2$ 和 $a_3$ 是很容易得到的距离组合。

协方差为

$$\text{Cov}\{R_A,R_B\} = E\{R_AR_B\} - \mu_A\mu_B$$

相关系数表达式为

$$\rho_{R_AR_B} = \frac{\text{Cov}\{R_A,R_B\}}{\sigma_A\sigma_b}$$

当 $\sigma_1 = \sigma_2 = \sigma$ 时,则有

$$\sigma_A^2 = \frac{1}{L^2}[(d_3+d_2)^2\sigma^2 + d_3^2\sigma^2] = \frac{\sigma^2(2d_3^2+2d_3d_2+d_2^2)}{L^2}$$

$$\sigma_B^2 = \frac{1}{L^2}[d_1^2\sigma^2 + (d_1+d_2)^2\sigma^2] = \frac{\sigma^2(2d_1^2+2d_1d_2+d_2^2)}{L^2}$$

和

$$\rho_{R_A R_B} = \frac{L^2[a_1\mu_1\mu_2 + a_2(\sigma^2+\mu_1^2) + a_3(\sigma^2+\mu_2^2)] - \mu_A\mu_B}{\sigma^2\sqrt{(2d_3^2+2d_3d_2+d_2^2)(2d_1^2+2d_1d_2+d_2^2)}}$$

因此,根据系统的几何形状和力的均值与方差,我们得到了相关系数 $\rho_{R_A R_B}$ 的一般关系。若不考虑 $\sigma_1 = \sigma_2 = \sigma$,会导致 $\rho_{R_A R_B}$ 的一般关系更加复杂。

### 例 3.34 相关系数与可靠性

我们的任务是评估在特定压力环境中组件使用的可靠性。假设已经收集了组件和加载的测试数据,然后如何进行呢?

**解**:定义构件的强度为 $X$,应力为 $Y$,强度可以是屈服应力或极限应力。测试足够数量的相同组件以建立强度概率密度函数 $f_X(x)$,同理,载荷测试帮助我们构建载荷或应力概率密度函数 $f_Y(y)$。

强度设计是为了满足所有压力情况,除了极罕见情况,图 3.40 所示的例子除外。图中阴影区域表示加载时,应力大于构件的设计强度,这时组件出现故障。故障概率为 $\Pr([X-Y]\leqslant 0)$,组件的可靠性定义为 $R = 1 - \Pr(Z\leqslant 0)$,其中 $Z = X - Y$,$R$ 的设计值接近 1。

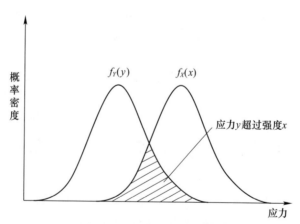

图 3.40 可靠性示意图(其中阴影区域是失效概率的度量)

由式(3.38)和式(3.39)可得

$$E\{XY\} = \rho\sigma_X\sigma_Y + \mu_X\mu_Y$$

利用式(3.12),新变量 $Z$ 的方差为

$$\mathrm{Var}\{Z\} = \mathrm{Var}\{X\} + \mathrm{Var}\{Y\} - 2\rho\sigma_X\sigma_Y$$

由于载荷和载荷应力是不相关的，$\rho=0$，$Z$ 的方差等于 $X$ 和 $Y$ 的方差和，或者

$$\sigma_Z = \sqrt{\sigma_X^2 + \sigma_Y^2}$$

$Z$ 的均值为

$$\mu_Z = \mu_X - \mu_Y$$

以上为失效概率的均值和方差。设密度函数为 $f_Z(z)$，组件的可靠性为

$$R = 1 - \int_{-\infty}^{0} f_Z(z)\,\mathrm{d}z \tag{3.40}$$

假设 $X$ 和 $Y$ 为高斯函数，那么 $Z$ 也为高斯函数。在这个例子中，由 $f_Z(z)$ 的定义给出 $\mu_Z$ 和 $\sigma_Z$，然后可计算式(3.40)。

## 3.9 本章小结

在这一章中，我们介绍了用来定义随机变量的概率分布函数和概率密度函数，它们可以充分地描述随机变量的概率性质。数学期望被定义为推导随机变量矩的函数。本章给出了工程上各种常见的概率密度，并提供了如何应用数学期望函数的实例。另外，为了应用多个随机变量而引入了附加的描述符，为了说明变量间的"交互"或"耦合"，引入了相关系数的概念。

## 3.10 格言

- 机会只垂青有准备的人。——路易斯·巴斯德(Louis Pasteur)
- 我非常清楚，这些来自概率的论证是有欺骗性的，除非使用它们时格外谨慎，否则很容易被欺骗。——柏拉图(Plato)
- 有机会法则吗？答案似乎应该是否定的，因为机会实际上是现象的特征，该现象不遵循任何因果关系，因为太过复杂而无法预测。——埃米尔·波雷尔(Emile Borel)
- 毕竟，可靠性是最实用的工程形式。——詹姆斯·施莱辛格(James R. Schlesinger)
- 看见容易预测难。——本杰明·富兰克林(Benjamin Franklin)
- 如果人们知道了我为掌握这个本领付出了很大的努力，那就一点也不精彩美妙了。——米开朗琪罗·迪·洛多维科·布奥纳罗蒂·西蒙尼(Michelangelo di Lodovico Buonarroti Simoni)
- 从本质上讲，所有的模型都是错误的，但有一些是有用的。实际的问题是，模

型要错到什么程度才会"无用"。——乔治·博斯(George Box)

• 失败只是一个机会——让你重新开始的时候更明智。——亨利·福特(Henry Ford)

• 在写这本书(随机过程)的时候,我和 Feller 有过一次争论,他断言每个人都说"随机变量",我断言每个人都说"机会变量",显然我们在书中必须使用相同的名字,所以我们用一个随机过程来决定这个问题。就是说,我们掷骰子赌,他赢了。——约瑟夫·杜布(Joseph Doob)

## 3.11 习题

### 3.1 节 概率分布函数

1. 解释图 3.41 (a)、(b)、(c)中所表示的随机分布函数。

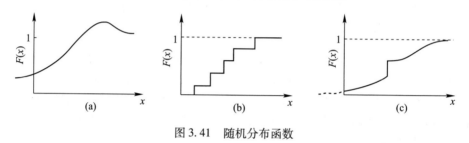

图 3.41 随机分布函数

2. 证明一个常数的期望值等于该常数。

3. 混合随机变量 $X$,其由连续范围和间断组成,累计概率分布函数如下,请计算以下概率,并绘制以下概率分布函数图:

$$F_X(x) \begin{cases} 0, & x < 0 \\ x/2, & 0 \le x < 1 \\ 2/3, & 1 \le x < 2 \\ 11/12, & 2 \le x < 3 \\ 1, & 3 \le x \end{cases}$$

①$\Pr(X<3)$;②$\Pr(X=1)$;③$\Pr(X>1/2)$;④$\Pr(2<X\le 4)$。

4. 假设 $X$ 分布如图 3.42 所示,在 $1<x<3$ 区间按指数曲线分布,其余则都为直线,根据绘制求解以下概率。

①$\Pr(X=1/3)$;②$\Pr(X=1)$;③$\Pr(X<1/3)$;④$\Pr(X\approx 1/3)$;⑤$\Pr(X<1)$;⑥$\Pr(X\le 1)$;⑦$\Pr(1<X\le 2)$;⑧$\Pr(1\le X\le 2)$;⑨$\Pr(X=1 \text{ 或 } 1/4<X<1/2)$。

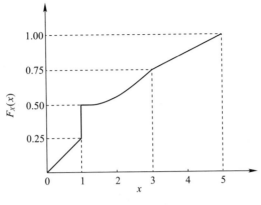

图 3.42 概率分布函数 $F_X(x)$

## 3.2节 概率密度函数

5.（1）验证并绘制以下概率密度函数，

$$f(x) = \begin{cases} \dfrac{1}{2} - \dfrac{1}{4}|x-3|, & 1 \leq x \leq 5 \\ 0, & \text{其他} \end{cases}$$

（2）计算并画出其草图绘制函数图。

6. 随机变量 $X$ 是连续的，它的值由 $f(x)$ 或 $F(x)$ 控制。如果随机变量 $Y = 2X$，推导出 $f_Y(y)$ 和 $F_Y(y)$ 的表达式。

7. 连续随机变量 $X$ 由概率密度函数 $f(x) = \begin{cases} 2/x^2, & 1 \leq x \leq 2 \\ 0, & \text{其他} \end{cases}$ 控制。

假设 $Y = X^2$，推导 $f_Y(y)$ 和 $F_Y(y)$。

8. 对于以下每个函数，说明它们是有效的还是无效的概率分布函数。然后，求累积分布函数并绘制草图。

（1）$f_X(x) = 1/10$，$0 \leq x \leq 10$。

（2）$f_X(x) = c\exp(-\lambda x)$，$x \geq 0$。

（3）$f_X(x) = c + 1/20$，$0 \leq x \leq 10$。

9. 对于以下每个应用程序，为每个随机变量绘制一个合适的概率密度函数。解释你的推理。

（1）一个盒子放在水平的桌子上。在盒子的末端施加一个力，盒子最终会随着力的增加而移动，克服静摩擦力。画出一个合理的摩擦力概率密度函数。

（2）一个球从很高的空中由静止落下。当它下落时，受到来自四面八方的阵风的影响。阵风大小由一个基于球加速度的随机变量组成，描述了一个合理的速度概率密度函数。

10. 对于以下每个应用程序,为每个随机变量绘制一个合的概率密度函数并解释你的推理。

（1）涡轮（旋转机）从静止开始,将其速度提高到最终运行速度。涡轮转速是一个随机变量,因为轴上会有很小的电压和摩擦变化很小。画出最终转速的合理概率密度函数。

（2）一枚均匀的硬币掷 $n$ 次。画一个合理的概率质量函数 $n=1$、10、1000。

### 3.4节 数学期望

11. 求出以下函数和数据集的期望和方差。
（1）$X$，$f_X(x) = 1/3$，$1 \leq x \leq 4$。
（2）$X^2$，$f_X(x) = 1/3$，$1 \leq x \leq 4$。
（3）2,2.5,2.5,4,4.3,4.9,7,10,10,11。

12. 推导式(3.12)。

13. 连续随机变量 $X$，其概率密度函数为

$$f(x) = \begin{cases} 1, & 0 \leq x \leq 1 \\ 0, & 其他 \end{cases}$$

计算 $E\{e^X\}$。

14. 随机变量 $X$，已知其概率密度函数为

$$f(x) = \frac{c}{x^2}, \quad x \geq 10$$

推导累积分布函数 $F(x)$，并绘制这两个函数。求出 $X$ 的期望值和标准差。变量的相关系数是什么？它是一个很大的数吗？

15. 两种不同的概率密度函数被推荐作为一个随机变量的模型,该变量在无量纲单位中代表了一种特殊材料的强度,即

$$f(x) = \exp(-c_1 x), \quad 0 \leq x \leq 15$$
$$f(x) = c_2 x, \quad 0 \leq x \leq 15$$

讨论这些模型有何不同,表示出均值、标准差、变异系数,绘制出这两个函数。提出你认为哪种物理模型更好的建议,并说明理由。

16. 已知概率密度函数为

$$f_X(x) = cx^2 \exp(-kx), \quad k > 0, 0 \leq x \leq 15$$

求出①系数 $c$，②分布函数 $F_X(x)$，③$0 \leq x \leq 1/k$ 的概率。

17. 材料和结构随时间而老化。老化的速度是可变的,并且取决于设计师无法控制的许多因素。可以合理地说,这个老化过程是时间的随机函数。首先,陈述老化的定义:工程师如何定义材料或结构(如飞机)的老化？其次,我们是否可以利用我们研究过的概率函数,如累积分布函数或概率密度函数,来模拟这种老化过程？

18. 作用于结构上的力的持续时间 $T$ 是一个具有如下概率分布函数的随机变量：

$$f_T(t) = \begin{cases} \alpha t^2, & 0 \leq t \leq 12 \\ \beta, & 12 \leq t \leq 16 \\ 0, & 其他 \end{cases}$$

（1）确定常数 $a$ 和 $b$ 的值。
（2）计算 $T$ 的均值和方差。
（3）计算 $\Pr(T \geq 6)$。

19. 一个特定地点的强风可能来自正东 $\theta = 0°$ 和正北 $\theta = 90°$ 之间的任何方向，风速 $V$ 可以在 $0 \sim 150\text{mile/h}$ 之间变化。
（1）在图中画出风速和风向的样本空间。
（2）设 $A = \{V \geq 20\text{mile/h}\}$，$B = \{12\text{mile/h} \leq V \leq 20\text{mile/h}\}$，$C = \{V \leq 30°\}$。验证第(1)部分所描绘的样本空间中 $A$、$B$、$C$、$\bar{A}$ 事件。
（3）绘制新图以验证下列事件：

$$D = A \cap C$$
$$E = A \cup B$$
$$F = A \cap B \cap C$$

（4）事件 $D$ 和 $E$ 相互排斥吗？事件 $A$ 和 $C$ 相互排斥吗？

20. 光缆制造中的一个重要参数是光缆直径 $d$。对制造产品的测试发现，光缆直径呈正态分布，平均直径为 $0.1\text{m}$，变异系数为 $0.02$。如果电缆直径比平均值小 $3\%$，则认为电缆不可接受。电缆不被接受的概率是多少？画出概率密度函数和不可接受区域。

### 3.5 节　常用的概率密度

21. 证明由二项式密度控制的随机变量的方差等于 $np_0(1 - p_0)$。

22. 测量物体之间的距离时，系统误差和随机误差始终如影相随，假设在距离减小方向上，系统误差为 $50\text{m}$，随机误差服从正态分布规律，标准偏差为 $100\text{m}$。求出①测量距离的绝对值误差不超过 $150\text{m}$ 的概率，②测量距离不超过实际距离的概率。

23. 例 3.14 中，在管道中的另一种设计提供了两个并联的泵。如例子中所示，每台设备的平均故障时间为 $1000\text{h}$，由指数密度控制。说明你的任何假设，并计算两台泵在运行 $200\text{h}$ 后能够正常运行的概率。

### 3.8 节　两个随机变量

24. 考虑例 3.33，假设外力是由相关原因引起的，并且在统计学上是相互依赖的。请解释在推导过程中和原例中存在的差异。

25. 重新考虑例 3.33 的值 $\mu_1=30, \sigma_1=10, \mu_2=50, \sigma_2=5$,计算两个支反力的统计量和它们之间的相关系数。

26. 对于 16 题中推导出的例 3.33 的统计相关版本,计算当 $\mu_1=30$、$\sigma_1=10$、$\mu_2=50$、$\sigma_2=5$ 和 $E\{F_1F_2\}=75$ 时两个反力的统计量及其相关系数。

27. 随机变量 $X$ 和 $Y$ 的联合密度函数 $f(x,y)=K\exp[-(x+y)]$,$x \geqslant 0, y \geqslant x$。绘制 $xy$ 平面内的 $X$、$Y$ 的定义域,并求解?
(1) 求出 $K$ 值使得该函数为一个有效的概率密度函数。
(2) 求解 $\Pr(Y<2X)$。
(3) 求出 $X$ 或 $Y$ 最大值为 4 的概率。
(4) 在(2)和(3)部分绘制出 $xy$ 平面内的积分域。

28. 已知联合概率密度函数

$$f_{XY}(x,y)=\begin{cases} 1/2a^2, & -a \leqslant x < a, -a \leqslant y < a, y \geqslant x \\ 0, & \text{其他} \end{cases}$$

,分别求出 $E\{X\}$,$E\{y\}$,$E\{XY\}$,$\text{Cov}\{X,Y\}$,并判断两个随机变量是否相关。

29. 随机变量 $X$ 和 $Y$ 在以 $x$ 轴和曲线 $1-x^2$ 为边界区域上具有联合均匀概率密度函数。在 $xy$ 平面上绘制出这个定义域。求出联合概率密度函数 $f(x,y)$,以及边缘密度 $f(x)$ 和 $f(y)$,并绘制积分域。

30. 已知联合概率密度函数

$$f_{XY}(x,y)=\begin{cases} x(1+3y^2)/4, & 0<x<2, 0<y<1 \\ 0, & \text{其他} \end{cases}$$

分别推导出边缘密度函数 $f_X(x)$、$f_Y(y)$,条件密度函数 $f_{X|Y}(x|y)$ 并计算概率 $\Pr\left(\dfrac{1}{4}<X<\dfrac{1}{2}\bigg|Y=\dfrac{1}{3}\right)$。

31. 求出 $X$ 的边缘密度和 $X$ 条件下的 $Y$ 的条件密度,其中

$$f_{XY}(x,y)=\begin{cases} 15x(2-x-y)/2, & 0<x<1, 0<y<1 \\ 0, & \text{其他} \end{cases}$$

32. 计算 $Y=y$ 条件下的 $X$ 的条件概率密度函数,其中 $0<y<1$。

33. 随机变量 $X$、$Y$ 联合分布函数为

$$f_{XY}(x,y)=a\cos x, \quad 0 \leqslant x \leqslant \pi/2, \quad 0 \leqslant y \leqslant 1$$

(1) 绘制联合密度函数图。
(2) 求出边缘密度函数 $f_X$ 和 $f_Y$。
(3) 求概率 $\Pr(X \leqslant \pi/4, Y \leqslant 1/2)$。
(4) 求 $\Pr(X>\pi/4, Y>1/2)$。
(5) 判断 $X$ 和 $Y$ 是否统计独立?

(6) 求出协方差 $\text{Cov}(X,Y)$。

34. 随机变量 $X$ 均匀分布在 $(-1,1)$ 和 $Y=X^2$ 之间,求协方差。

35. 随机变量 $(X,Y)$ 在 $(0 \leqslant x \leqslant \pi/2, 0 \leqslant y \leqslant \pi/2)$ 范围内,有联合密度函数 $f_{XY}(x,y)=\sin(x+y)$,确定①累积分布函数,②期望 $E\{XY\}$,③协方差矩阵,即

$$\begin{bmatrix} \text{Cov}(X,X) & \text{Cov}(X,Y) \\ \text{Cov}(Y,X) & \text{Cov}(Y,Y) \end{bmatrix}$$

36. 证明随机变量 $X$ 和 $Y$ 与下面的联合概率密度函数不是线性相关的:

$$f_{XY}(x,y) = \begin{cases} x+y, & 0<x<1, 0<y<1 \\ 0, & \text{其他} \end{cases}$$

37. 在例 3.33 中,假设力是相关的并重新导出统计数据,然后将这些方程化简为 $\rho_{12}=1$ 和 $\rho_{12}=-1$。比较结果并讨论相关系数对最终结果的影响的重要性。

38. 水平悬臂梁长度为 $L$,固定左端,在其右端施加一个向下的作用力 $F$。长度 $L$ 是确定的且力 $F$ 是一个随机变量均值 $\mu_F$ 和标准偏差 $\sigma_F$。①求出剪切反力 $S$ 和抵抗力矩 $M$ 的均值和标准差。②求出 $S$ 和 $M$ 之间的相关系数 $\rho_{SM}$。根据你的结果,可以求出 $S$ 和 $M$ 之间的函数关系是什么?

39. 假设以下联合概率密度函数在 $(X,Y)$ 平面内的目标需要量化:

$$f_{XY}(x,y) = \frac{1}{2\pi\sigma_X\sigma_Y\rho_{XY}} \exp\left(-\frac{1}{2(1-\rho^2)}\left[\frac{(x-\mu_X)^2}{\sigma_X^2}+\frac{(y-\mu_Y)^2}{\sigma_Y^2}-\frac{2\rho_{XY}(x-\mu_X)(y-\mu_Y)}{\sigma_X\sigma_Y}\right]\right)$$

确定①$X$ 和 $Y$ 的边缘密度,②条件密度 $f_Y(y|x)$ 和 $f_X(x|y)$,③条件期望 $E\{Y|x\}$ 和 $E\{x|Y\}$,④条件方差 $\sigma_{Y|X}$ 和 $\sigma_{X|Y}$。

40. 例如例 3.33,评估下面参数值的统计信息:

| 参数名称 | 参数值 |
| --- | --- |
| $F_1$ | 10 |
| $F_2$ | 20 |
| $d_1$ | 1 |
| $d_2$ | 1 |
| $d_3$ | 1 |

先假设为不相关统计数据,然后假设为相关统计数据。讨论相关性对最终结果的重要度。

# 第4章 随机变量函数

当一个或多个变量根据特定的概率密度随机分布时,就需要根据给定的概率密度推导出导函数的密度。例如,最简单的情况 $Y=g(X)$,给定 $f_X(x)$ 以及变量 $X$ 和 $Y$ 之间的函数关系 $g(X)$,我们需要推导出密度函数 $f_Y(x)$,或者至少确定 $Y$ 的均值和标准差。我们能够推导出内容的多少取决于函数 $g(X)$ 的复杂程度。

虽然密度函数 $f_X(x)$ 是未知的,但是统计参数 $\mu_X$ 和 $\sigma_X$ 是可以确定的。在这种情况下,求解目标就是估计 $\mu_X$ 和 $\sigma_X$ 的值。本章给出了用于精确和近似估计导出密度以及导出近似统计方法的一般方法。

## 4.1 单随机变量的精确函数

当给定 $f_X(x)$ 和 $g(X)$,其中 $Y=g(X)$,我们希望确定 $f_Y(x)$。假设 $g(X)$ 足够简单能计算出反函数 $X=g^{-1}(Y)$,那么可以推导出一般关系。图 4.1 中所示的图形关

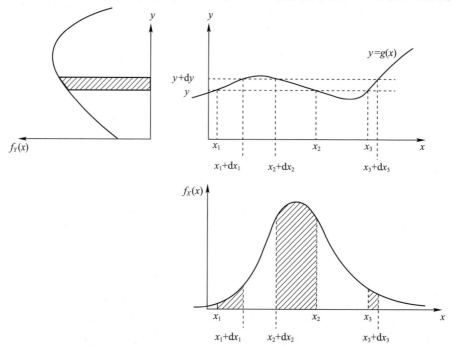

图 4.1 由方程 $y=g(x)$ 控制的单随机变量的函数的可视化变换过程

系表示了该方法的演算过程。以图4.1作为参考,这个方法确定的概率为 $\Pr(y < Y \leq y+\mathrm{d}y)$,对于无穷小量 $\mathrm{d}y$,这个概率近似等于 $f_Y(y)\mathrm{d}y$。在推导出 $f_Y(y)$ 时,可以找到 $\Pr(y<Y\leq y+\mathrm{d}y)$ 的等效关系式。从图4.1中可以看出,下式左右两侧存在等价关系:

$$\{y<Y\leq y+\mathrm{d}y\} = \{x_1<X\leq x_1+\mathrm{d}x_1\} + \{x_2+\mathrm{d}x_2<X\leq x_2\} + \{x_3<X\leq x_3+\mathrm{d}x_3\}$$

式中: $\mathrm{d}x_1>0, \mathrm{d}x_2<0$ 和 $\mathrm{d}x_3>0$。因为 $\mathrm{d}x_2$ 使 $x_2$ 的值减小,所以其值为负。然后

$$\Pr(y<Y\leq y+\mathrm{d}y) = \Pr(x_1<X\leq x_1+\mathrm{d}x_1) + \Pr(x_2+\mathrm{d}x_2<X\leq x_2) + \Pr(x_3<X\leq x_3+\mathrm{d}x_3)$$

式中:等号右侧等于 $f_X(x)$ 图中的阴影部分的总和,则

$$f_Y(y)\mathrm{d}y \approx f_X(x_1)\mathrm{d}x_1 + f_X(x_2)|\mathrm{d}x_2| + f_X(x_3)\mathrm{d}x_3 \tag{4.1}$$

当给出 $X$ 和 $Y$ 之间的函数关系 $f_X(x)$ 和 $Y=g(x)$,则求解目标是确定 $f_Y(y)$,是等式的近似值,因为 $\mathrm{d}x_2$ 是负值,所以使用了 $\mathrm{d}x_2$ 的绝对值。为了完成推导,有必要将 $\mathrm{d}x_i$ 与 $X$ 和 $Y$ 之间的函数关系联系起来。在关系式 $Y=g(X)$ 中 $y=g(x)$ 是单变量函数,即

$$g'(X) = \frac{\mathrm{d}g}{\mathrm{d}X} = \frac{\mathrm{d}y}{\mathrm{d}X},$$

则有

$$g'(x_i)\mathrm{d}X|_{X=x_i} = \mathrm{d}y$$

因为所有 $\mathrm{d}y$ 的值是相等的。令 $\mathrm{d}x_i = \mathrm{d}X|_{X=x_i}$,用 $|\mathrm{d}x_i|$ 代替式(4.1)中的 $\mathrm{d}x_i$,从而得到

$$f_Y(y)\mathrm{d}y = \frac{f_X(x_1)}{|g'(x_1)|}\mathrm{d}y + \frac{f_X(x_2)}{|g'(x_2)|}\mathrm{d}y + \frac{f_X(x_3)}{|g'(x_3)|}\mathrm{d}y$$

通常,对于根 $x_i$ 的任意个数 $n$,该函数关系为

$$f_Y(y) = \sum_{i=1}^{n} \frac{f_X(x_i)}{|g'(x_i)|} \tag{4.2}$$

同样,使用该方程的条件是函数 $g^{-1}(X)$ 存在。只有真正的根 $x_i$ 在这个过程中是有意义的。此外,由于物理原因,一些根可能不具有实际意义。

以下的例子演示了 $g(X)$ 和 $f_X(x)$ 的一些特殊情况的推导过程。

**例 4.1  对数正态密度**

随机变量 $X$ 和 $Y$ 的函数关系为 $Y=\mathrm{e}^X$。随机变量 $X$ 根据均值 $\lambda$ 和标准差 $\zeta$ 正态分布,求解 $f_Y(y)$。

**解:** 变量 $X$ 的概率密度函数可以利用下式得到

$$f_X(x) = \frac{1}{\zeta\sqrt{2\pi}}\exp\left\{-\frac{1}{2}\left(\frac{x-\lambda}{\zeta}\right)^2\right\}$$

转换函数是 $g(X) = e^X$,求解对应于 $y$ 的 $x$,则只有唯一根, $x_1 = \ln y$。$g(X)$ 在 $x_1$ 处的导数为

$$\left.\frac{dg}{dX}\right|_{X=x_1} = e^{x_1} = y$$

则变量 $Y$ 的概率密度函数为

$$f_Y(y) = \frac{f_X(x_1)}{|g'(x_1)|} = \frac{1}{y\zeta\sqrt{2\pi}}\exp\left\{-\frac{1}{2}\left(\frac{\ln y - \lambda}{\zeta}\right)^2\right\}$$

与式(3.18)相同,只是 $y$ 和 $x$ 可以互换的。

**随机变量的和:**

假设 $X$ 和 $Y$ 的函数关系为 $Y = aX + b$,其中 $a$ 和 $b$ 是常数。因此,$g(X) = aX + b$,$g'(X) = a$。求解 $X$ 可得到一个根,对于所有 $y$ 都有 $x_1 = (y-b)/a$。因此,对于任意概率密度 $f_X(x)$,变量 $Y$ 的概率密度函数为

$$f_Y(y) = \frac{f_X(x_1)}{|g'(x_1)|} = \frac{1}{|a|}f_X\left(\frac{y-b}{a}\right)$$

然后代入 $X$ 的概率密度函数去求解 $Y$ 的概率密度函数。举个简单例子,假设 $f_X(x) = 1/(m-n)$,注意:对于均匀密度,因为密度是常数,所以参数是没有区别的,则 $f_X((y-b)/a) = 1/(m-n)$,且

$$f_Y(y) = \frac{1}{|a|}\frac{1}{m-n}, \quad n < \frac{y-b}{a} < m$$

或是 $an + b < y < am + b$。

**随机变量间的反比关系:**

假设 $X$ 和 $Y$ 的函数关系为 $Y = a/X$,其中 $a$ 是常数且 $X$、$Y > 0$。在关系式中对于每个 $y$ 也仅有唯一根,即 $x_1 = a/y$。因为 $g(X) = a/X$,所以导数 $g'(X) = -a/X^2 = -Y^2/a$。因此,有

$$f_Y(y) = \frac{f_X(x_1)}{|g'(x_1)|} = \frac{|a|}{y^2}f_X\left(\frac{a}{y}\right), \quad y > 0$$

其中已知 $a > 0$ 基于 $X > 0, Y > 0$,但保留绝对值符号去论证该演算过程。如果 $X$ 的概率密度函数是指数型,$f_X(x) = \lambda\exp(-\lambda x)$,然后 $f_Y(y) = (|a|/y^2)\lambda\exp(-(a/y)\lambda)$。为了证明具体情况,令 $a = 1$ 和 $\lambda = 1$,则相应的概率密度如图 4.2(a)、(b)所示。

**随机变量的抛物型变换:**

假设随机变量 $X$ 和 $Y$ 的函数关系满足抛物线方程 $Y = aX^2$,$a > 0$。由于只需要实根,并且 $Y < 0$ 时就没有实根,则其求解域为 $f_Y(y) = 0$。如果 $Y \geq 0$,则有两个解,即

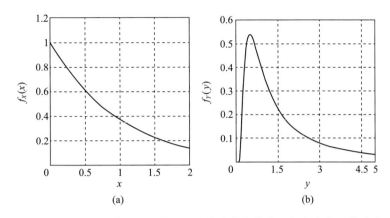

图 4.2 $Y = a/X$ 的概率密度函数(注:变换会使得均值和概率密度函数移动)

(a)$f_X = \exp(-x)$;(b)$f_Y(y) = (1/y^2)\exp(-1/y)$。

$$x_1 = +\sqrt{\frac{y}{a}}, \quad x_2 = -\sqrt{\frac{y}{a}}$$

函数关系是 $g(X) = aX^2$,对其求导 $g'(X) = 2aX = 2a\sqrt{Y/a} = 2\sqrt{aY}$,因此,一般的变换由下式给出

$$f_Y(y) = \sum_{i=1}^{2} \frac{f_X(x_i)}{|g'(x_i)|} = \frac{1}{2\sqrt{ay}}\left\{f_X\left(\sqrt{\frac{y}{a}}\right) + f_X\left(-\sqrt{\frac{y}{a}}\right)\right\}, \quad y \geqslant 0 \quad (4.3)$$

由于 $X$ 是正态分布,则 $X$ 的概率密度函数为

$$f_X(x) = \frac{1}{\sigma_X \sqrt{2\pi}}\exp\left\{-\frac{(x-\mu_X)^2}{2\sigma_X^2}\right\}, \quad -\infty < x < \infty$$

$Y$ 的概率密度函数为

$$f_Y(y) = \frac{1}{\sigma_X \sqrt{2\pi ay}}\exp\left\{-\frac{\left(\sqrt{\frac{y}{a}} - \mu_X\right)^2}{2\sigma_X^2}\right\}, \quad y > 0 \quad (4.4)$$

其中

$$f_X\left(\sqrt{\frac{y}{a}}\right) = f_X\left(-\sqrt{\frac{y}{a}}\right)$$

对于 $\sigma_X = 1, \mu_X = 0$ 和 $a = 1$ 的情况相应的密度函数曲线如图 4.3(a)、(b)所示。

对于类似于由于结构周围的流动而产生的阻力方程,抛物型变换有着重要的应用。该阻力与速度的平方成正比 $F \propto V^2$。比例常数是一个关于阻力系数 $C_D$ 的函数,阻力由 $F = A\rho C_D V^2/2$ 给出。当给出 $V$ 的概率密度,则可以推导出 $F$ 的概率密度。有了力的概率密度函数,分析人员可以计算出力在一定范围的概率,并可根据一定的失效概率来设计结构。有关结构可靠性的内容将在第 9 章探讨。

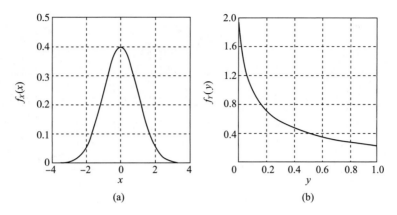

图 4.3 $Y = aX^2$ 概率密度函数

(a)$f_X(x) = \left(\dfrac{1}{\sqrt{2\pi}}\right)\exp\left\{\dfrac{-x^2}{2}\right\}$; (b)$f_Y(y) = \left(\dfrac{1}{\sqrt{2\pi}}\right)\exp\left\{\dfrac{-y}{2}\right\}$。

### 例 4.2 抛物型变换

考虑 $X$ 在 $(0, d)$ 内均匀分布,即

$$f_X(x) = 1/d, \quad 0 < x < d \tag{4.5}$$

见图 4.4。

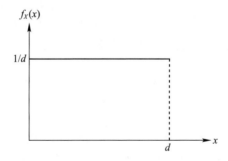

图 4.4 式(4.5)的均匀概率密度函数

随机变量 $X$ 和 $Y$ 的函数关系是 $Y = aX^2$。变量 $Y$ 的概率密度函数由式(4.3)给出

$$f_Y(y) = \dfrac{1}{2\sqrt{ay}}\left\{f_X\left(\sqrt{\dfrac{y}{a}}\right) + f_X\left(-\sqrt{\dfrac{y}{a}}\right)\right\}$$

注意:$f_X(\sqrt{y/a}) = 1/d$。但是,因为 $f_X(X)$ 仅仅在 0 到 $d$ 上有定义,所以 $f_X(-\sqrt{y/a}) = 0$。因此,有

$$f_Y(y) = \dfrac{1}{2\sqrt{ay}\,d}, \quad 0 \leqslant y \leqslant ad^2 \tag{4.6}$$

其曲线如图 4.5 所示。

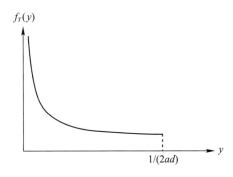

图 4.5　式(4.6)的概率密度函数

**随机变量的谐波变换：**

由于谐波函数的周期性质，谐波变换后就有无限个根，即

$$Y = a\sin(X + \theta), \quad a > 0 \tag{4.7}$$

当 $|Y| < a$ 时才有根，这些根为

$$x_i = \arcsin\left(\frac{y}{a}\right) - \theta, \quad i = \cdots -1, 0, 1, \cdots$$

结合 $g'(x_i) = a\cos(x_i + \theta)$，则

$$f_Y(y) = \frac{1}{\sqrt{a^2 - y^2}} \sum_{i=-\infty}^{\infty} f_X(x_i), \quad |y| < a \tag{4.8}$$

其中需要利用 $g^2 + (g')^2 = a^2$。若 $|y| > a$，则没有实数解并且 $f_Y(y) = 0$。

注意：$f_Y(\pm a) \to \infty$。因为在 $\pm a$ 处没有概率质量值，这样就意味着 $\Pr(y = \pm a) = 0$。尽管在式(4.7)中 $Y$ 可以等于 $\pm a$，但是我们必须将确定性方程和随机方程区分开来。

下面的例子将说明如何利用物理原理来帮助限制根的数量。

**例 4.3　抛射路径的谐波变换**

谐波变换的一个有趣的应用是重力场中的抛射体的平面路径问题。假设一个粒子从我们标记为原点的某点以初始速度 $v$ 和与水平方向夹角 $\theta$ 射出。假设 $v$ 是常数，$\theta$ 在 $(0, 2\pi)$ 均匀分布，求这个粒子在到达水平面之前的水平距离 $Y$ 的密度，并求解这个距离小于或等于特定值 $y$ 的概率。

**解：** 根据基本运动学有以下关系：

$$Y = \frac{v^2}{g} \sin 2\theta \tag{4.9}$$

也可以简写成 $Y = a\sin\phi$，其中 $a = v^2/g$ 有距离单位，并且 $\phi = 2\theta$，$\phi$ 在 $(0, \pi)$ 上均

匀分布。注意：$Y$ 的最大值为 $a$，代入式(4.8)，得到

$$f_Y(y) = \frac{1}{\sqrt{a^2 - y^2}} \left( \frac{1}{\pi} + \frac{1}{\pi} \right), \quad 0 < y < a$$

概率 $\Pr(Y \leqslant y)$ 可以通过对密度函数进行面积积分求得

$$\begin{aligned}
\Pr(Y \leqslant y) &= F_Y(y) = \int_0^y f_Y(\xi) \mathrm{d}\xi \\
&= \int_0^y \frac{1}{\sqrt{a^2 - \xi^2}} \frac{2}{\pi} \mathrm{d}\xi \\
&= \frac{2}{\pi} \arcsin \frac{y}{a}, \quad 0 < y < a
\end{aligned}$$

对于 $a = 1$，$f_Y(y)$ 和 $F_Y(y)$ 如图 4.6(a)、(b) 所示。

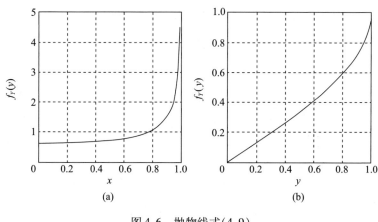

图 4.6　抛物线式(4.9)

(a) $f_Y(y) = \dfrac{2}{(\pi\sqrt{1-y^2})}$； (b) $F_Y(y) = \left(\dfrac{2}{\pi}\right)\arcsin y$。

## 4.2　多随机变量函数

理论上说，以上提出的方法甚至可以扩展到两个或多个变量，而实际问题是只有简单的函数可以取反。对于任意函数关系 $Z = g(X, Y)$，这个过程将在 4.2.1 节演示，但是在演示这个方法时需要考虑一些方程，举例说明，假设

$$Z = aX + bY \tag{4.10}$$

式中：$X$、$Y$ 和 $Z$ 都是随机变量；$a$ 和 $b$ 是给定的常数。通常给出某点的密度函数 $f_{XY}(x, y)$ 和两个随机变量之间的函数关系 $g(X, Y)$，求解目标就是推导出 $f_Z(z)$。

考虑式(4.10)，$X$、$Y$ 是离散变量。已知概率质量方程 $p_{XY}(x_i, y_i)$，求解 $p_Z(z_i)$。假设 $a = b = 1$，$(X, Y)$ 为表 4.1 中所列的离散分布。

表 4.1  $p_{XY}(x_i, y_i)$ 的离散概率表

| Y\X | X=0 | X=1 | X=2 | X=3 | 总计 |
|---|---|---|---|---|---|
| Y=0 | 0.01 | 0.03 | 0.08 | 0.13 | 0.25 |
| Y=1 | 0.02 | 0.04 | 0.08 | 0.12 | 0.26 |
| Y=2 | 0.02 | 0.05 | 0.08 | 0.10 | 0.25 |
| Y=3 | 0.02 | 0.05 | 0.07 | 0.10 | 0.24 |
| 总计 | 0.07 | 0.17 | 0.31 | 0.45 | 1 |

由此可见，$Z = X + Y$ 可以是 $0 \sim 6$ 的任意整数。例如，当 $(X,Y) = (0,0)$ 时 $Z = 0$，当 $(X,Y) = (0,1)$ 或 $(X,Y) = (1,0)$ 时 $Z = 1$，而 $Z = 2$ 时会有 $(X,Y) = (0,2)$，$(X,Y) = (1,1)$ 或 $(X,Y) = (2,0)$ 等情况。一般来说，对于 $Z = Z_j$，这些点是沿着线 $Y = Z_j - X$ 或是图 4.7 所示的对角线。

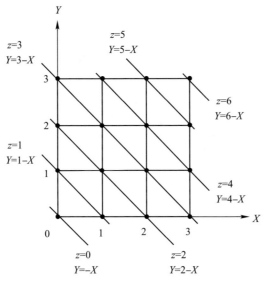

图 4.7  $Y = Z_j - X$ 线族

$Z_j$ 的独立概率可以通过对线 $Y = Z_j - X$ 上每个点的概率求和得到。

$p_Z(z=0) = 0.01, p_Z(z=1) = 0.05, p_Z(z=2) = 0.14, p_Z(z=3) = 0.28,$
$p_Z(z=4) = 0.25, p_Z(z=5) = 0.17, p_Z(z=6) = 0.10$

利用该方程可求得

$$p_Z(z_j) = \sum_{x_i=0}^{3} p_{XY}(x_i, y_i)\Big|_{y_i = z_j - x_i}$$
$$= \sum_{x_i=0}^{3} p_{XY}(x_i, z_j - x_i)$$

例如，$z = 3$，有

$$p_Z(z=3) = \sum_{x_i=0}^{3} p_{XY}(x_i, 3-x_i)$$
$$= p_{XY}(0,3) + p_{XY}(1,2) + p_{XY}(2,1) + p_{XY}(3,0)$$

同时 $x_i$ 可以被 $y_i$ 消去,可得

$$p_Z(z_j) = \sum_{y_i=0}^{3} p_{XY}(x_i, y_i)|_{x_i=z_j-y_i} = \sum_{y_i=0}^{3} p_{XY}(z_j - y_i, y_i)$$

为了演示连续随机变量过程,假设转换函数为 $g(X,Y) = aX + bY$ 和相应的积分分布函数,即

$$F_Z(z) = \Pr(Z \leq z)$$
$$= \Pr(g(X,Y) \leq z)$$
$$= \iint_{g(x,y) \leq z} f_{XY}(x,y) \mathrm{d}x \mathrm{d}y$$

离散随机变量的生成基于对所需 $Z$ 的概率的重写,也就是已知 $f_{XY}(x,y)$ 满足 $\Pr(g(X,Y) \leq z)$。图 4.8 显示积分区域为 $ax + by \leq z$。

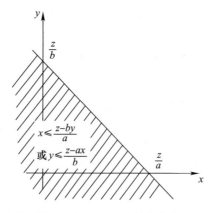

图 4.8 积分区域为 $g(x,y) \leq z$,边界条件方程为 $z = ax + by$

$x$ 的极限可由从 $y$ 和 $z$ 中求解 $x$ 中得出。从式(4.10)中求解 $x$,得到 $x = (z - by)/a$。因此,对 $x$ 从 $-\infty$ 到这个 $x$ 的值进行积分,可得

$$F_Z(z) = \int_{-\infty}^{\infty} \int_{-\infty}^{(z-\tilde{y})/a} f_{XY}(\tilde{x}, \tilde{y}) \mathrm{d}\tilde{x} \mathrm{d}\tilde{y} \qquad (4.11)$$

式中:$\tilde{x}$ 和 $\tilde{y}$ 是虚变量。目标是导出 $f_Z(z)$ 的表达式。据此,在 $(\tilde{y}, \tilde{z})$ 中等效代替 $\mathrm{d}\tilde{x}$。虚变量也存在 $\tilde{x} = (\tilde{z} - b\tilde{y})/a$ 的关系。因此,有

$$\mathrm{d}\tilde{x} = \frac{\partial \tilde{x}}{\partial \tilde{z}} \mathrm{d}\tilde{z} = \frac{\partial}{\partial \tilde{z}} \left( \frac{\tilde{z} - b\tilde{y}}{a} \right) \mathrm{d}\tilde{z} = \frac{1}{a} \mathrm{d}\tilde{z}$$

其被理解为$|1/a|$,如此一来无论$a$的值为多少,概率函数都是正值。这样就使得积分后的结果仅仅是关于$z$的函数,关于$\tilde{x}$的积分限就可以变换为

$$\int_{-\infty}^{(z-b\tilde{y})/a}\cdots\mathrm{d}\tilde{x} \to \int_{-\infty}^{(z-b\tilde{y})}\cdots\mathrm{d}\tilde{z}$$

则

$$F_Z(z) = \int_{-\infty}^{\infty}\int_{-\infty}^{z-b\tilde{y}}\frac{1}{|a|}f_{XY}\left(\frac{\tilde{z}-b\tilde{y}}{a},\tilde{y}\right)\mathrm{d}\tilde{z}\,\mathrm{d}\tilde{y}$$

并且

$$f_Z(z) = \frac{\mathrm{d}F_Z(z)}{\mathrm{d}z}$$

$$= \int_{-\infty}^{\infty}\frac{1}{|a|}f_{XY}\left(\frac{z-by}{a},y\right)\mathrm{d}y \tag{4.12}$$

根据莱布尼茨法则,式(4.11)对$z$求微分可以得到相同的结果,由下式给出的关系

$$\frac{\mathrm{d}}{\mathrm{d}z}\int_{a(z)}^{b(z)}f(x,z)\mathrm{d}x = \frac{\mathrm{d}b(z)}{\mathrm{d}z}f(b(z),z) - \frac{\mathrm{d}a(z)}{\mathrm{d}z}f(a(z),z) + \int_{a(z)}^{b(z)}\frac{\partial f(x,z)}{\partial z}\mathrm{d}x$$

$$\tag{4.13}$$

在这里是有用的。利用莱布尼茨法则,概率密度函数$f_Z(z)$为

$$f_Z(z) = \frac{\mathrm{d}F_Z(z)}{\mathrm{d}z}$$

$$= \frac{\mathrm{d}}{\mathrm{d}z}\int_{-\infty}^{\infty}\int_{-\infty}^{(z-by)/a}f_{XY}(x,y)\mathrm{d}x\mathrm{d}y$$

$$= \int_{-\infty}^{\infty}\frac{1}{|a|}f_{XY}\left(\frac{z-by}{a},y\right)\mathrm{d}y \tag{4.14}$$

其由式(4.12)定义。

同样地,用变量$x$代替$y$重复以上相同的过程,则其关系为

$$x = h_1(y,z)$$

和

$$F_Z(z) = \int_{-\infty}^{\infty}\int_{-\infty}^{x=h_1(y,z)}f_{XY}(x,y)\mathrm{d}x\mathrm{d}y$$

以及

$$\mathrm{d}x = \frac{\partial h_1(y,z)}{\partial z}\mathrm{d}z$$

则得到密度函数为

$$f_Z(z) = \frac{dF_Z(z)}{dz}$$

$$= \int_{-\infty}^{\infty} {}_{XY}[h_1(y,z),y] f \left| \frac{\partial h_1(y,z)}{\partial z} \right| dy \tag{4.15}$$

以 $x$ 代替 $y$ 代入得到以下等效关系:

$$f_Z(z) = \int_{-\infty}^{\infty} f_{XY}[x,h_2(x,z)] \left| \frac{\partial h_2(x,z)}{\partial z} \right| dx \tag{4.16}$$

$$= \int_{-\infty}^{\infty} \frac{1}{|b|} f_{XY}\left(x, \frac{z-ax}{b}\right) dx \tag{4.17}$$

于是,式(4.17)与式(4.14)相对应。

式(4.15)和式(4.16)是完全通用的,但是其要求函数 $Z=g(X,Y)$ 是可逆的。

戈特弗里德·威廉·莱布尼茨
(1646 年 7 月 5 日—1716 年 11 月 14 日)

**贡献**:莱布尼茨是德国数学家、哲学家,主要用法语和拉丁语写作。他独立于牛顿发明了微积分,并创造了现在使用的微分和积分符号,其中包括 $\int f(x)dx$ 和 $d(x^n)=nx^{n-1}dx$。

莱布尼茨在物理学和工程学方面也做出了重大贡献,并预见了生物学、医学、地质学、概率论、心理学、语言学和信息科学中出现的概念。他也是计算机体系结构基础的二进制的坚定支持者。

莱布尼茨以动能和势能为基础,设计了一种新的运动理论——动力学,该理论假定空间是相对的,而牛顿强烈地认为空间是绝对的。

莱布尼茨是一位严肃的发明家、工程师和应用科学家,非常尊重实际生活。他主张理论与实际应用相结合,被称为应用科学之父。他设计了风力驱动的螺旋桨和水泵、开采矿石的矿机、水压机、灯具、潜水艇、钟表等。他与丹尼斯·帕宾一起发明了蒸汽机,甚至提出了一种淡化海水的方法。

通过提出地球有一个熔融的核心,他预见了现代地质学。

在哲学界,他以乐观主义而为人所铭记,也就是说,他的结论是:我们的宇宙,在某种意义上是上帝所创造的最好的一个。莱布尼茨和勒内·笛卡儿(René Descartes)和巴鲁赫·斯宾诺莎(Baruch Spinoza),被称为17世纪最伟大的3位理性主义者。但莱布尼茨在哲学上面的工作预见了现代逻辑学和分析哲学诞生的同时,也深受经院哲学传统的影响。

他在政治、法律、伦理、科学、历史、语言学等方面留下了著作,甚至还有诗作。他对诸多学科的贡献散布在期刊和成千上万的信件和未出版的手稿中。

**生平简介:** 莱布尼茨出生在德国莱比锡市。他的父亲是莱比锡大学的道德哲学教授,在他6岁的时候就去世了。他的母亲在宗教和道德价值观方面对他的哲学思想有深远的影响。

他的父亲留有一个私人图书馆。自7岁起,莱布尼茨自由进出图书馆,到12岁时,他自学了拉丁语,并能熟练地使用,同时也开始学习希腊语。

14岁时,他进入父亲的大学,专攻法律,掌握古典、逻辑学、神学和经学院哲学的标准课程,20岁完成大学学业。然而,他在数学方面的造诣并没达到法国和英国的教育标准。1666年,他出版了第一本书《论组合艺术》。

莱布尼茨想毕业后在莱比锡大学教授法律,但他被莱比锡大学拒绝了。在1667年,莱布尼茨向阿尔道夫大学提交了原本打算提交给莱比锡大学的论文,他用时5个月获得了法学博士学位。随后,他拒绝了阿尔道夫大学的教职任命,因为,他有截然不同的观点。他的余生都在为两大德国贵族家庭服务。

莱布尼茨的第一个职位是在纽伦堡的做一个带薪炼金术士,尽管他对这个领域一无所知。他很快结识了一个被解雇的美因茨的首席选举部长,约翰·克里斯蒂安·冯·博内伯格(Johann Christian von Boineburg)(1622年—1672年)。他聘请莱布尼茨担任助理,不久后,将莱布尼茨引荐给与他和解的选帝侯。随后,为了就业,莱布尼茨写了一篇关于选举准则的文章献给了选帝侯。这个策略见效了;莱布尼茨被任命为上诉法院的法官。1669年,选帝侯在他的协助下重新起草了选区的法律准则。虽然,冯·博内伯格于1672年去世,但莱布尼茨仍为他的遗孀工作,直到1674年被解雇。

冯·博内伯格为提升莱布尼茨的声誉做了很多工作,他的备忘录和信件开始受到人们的关注。莱布尼茨为选帝侯服务不久,就担任了外交职务。在莱布尼茨成年后,欧洲地缘政治形势主要是法国路易十四的野心得到了法国的军事和经济实力的支持而战争不断。30年的战争,使讲德语的欧洲地区疲惫不堪,支离破碎,经济落后。

莱布尼茨提议通过埃及计划来分散路易十四的注意力,以保护讲德语的欧洲地区。法国以埃及为垫脚石来实现最终征服荷属东印度群岛的目的。作为回报,法国将不再干扰德国和荷兰。这一计划获得了选帝侯的谨慎支持。1672年,法国政府邀请莱布尼茨到巴黎进行商讨,但很快因其他事件的影响而被搁置。1798年,拿破仑入侵埃及失败,可以视为莱布尼茨计划无意的实施。

因此,莱布尼茨在巴黎生活了好几年。到达巴黎不久,莱布尼茨结识了荷兰物理学家和数学家克里斯蒂安·惠更斯(Christian Huygens),这使他意识到自己的数学和物理的知识还有欠缺。在惠更斯的指导下,他开始了一项自学计划,很快就促使他做出了重大贡献,包括发明了他的微分和积分计算方法。他遇到了当时的法国哲学家,并研究了笛卡儿和帕斯卡未出版以及出版的著作。

当很明显法国不会执行莱布尼茨的埃及计划时,选帝侯在1673年初派遣他的侄子在莱布尼茨的陪同下前往伦敦的英国政府。在那里,莱布尼茨向英国皇家学会展示了他自1670年以来一直在设计和建造的计算机器,它是第一个能够执行所有4个基本运算的机器。这个学会接纳他成为一个外部成员。当选帝侯的死讯传来时,任务突然结束,莱布尼茨立即返回了巴黎。

莱布尼茨的两位赞助人在同一个冬天突然去世,这意味着莱布尼茨必须为他的事业找到新的基础。在这方面,1669年来自布伦瑞克公爵的访问汉诺威的邀请被证明是命中注定的。莱布尼茨拒绝了邀请,但在1671年开始与公爵通信。在1673年,公爵向他提供了一份顾问的职位,莱布尼茨在两年后勉强接受了这一职位,直到他清楚地意识到在巴黎找不到他喜欢的智力刺激的工作。

莱布尼茨拖延到1676年底才抵达汉诺威,他又一次去伦敦的短途旅行中,可能看到了牛顿在微积分方面的一些未发表的作品(这被视为几十年后的指控他剽窃了牛顿的微积分的证据)。在从伦敦到汉诺威的旅途中,莱布尼茨在海牙认识了微生物发现者列文·虎克(Leeuwenhoek)。他还花了几天时间与刚刚完成杰作《伦理学》斯宾诺莎进行了激烈的讨论。莱布尼茨尊重斯宾诺莎的超强智慧,但对他的与基督教和犹太教的正统观点相矛盾的结论感到失望。

1677年,应莱布尼茨的要求,布伦瑞克公爵提升他为司法顾问,这是他后半生所担任的职位。莱布尼茨作为历史学家、政治顾问,以及最重要的图书馆的图书馆员,连续服务3任布伦瑞克的统治者。他写了所有涉及布伦瑞克家族的政治、历史和神学问题;这些文件成了这一时期历史记录的重要组成部分。

1700年,莱布尼茨创办了柏林学院,并担任首任校长。他晚年在汉诺威成了隐居者,70岁去世。

**显著成就**:他生命的最后几年因他是否独立于牛顿发现了微积分而饱受争议。牛顿声称"没有一个以前未解决的问题是由莱布尼茨解决的"。但是,莱布尼茨方法的形式体系在微积分的发展中是至关重要的。莱布尼茨从不认为导数是极限(这第一次出现在达朗贝尔的工作中)。

1684年,莱布尼茨在两年前在莱比锡创刊《博学学报》上发表了微分学的详细资料。这篇论文包含了我们熟悉的导数符号d,以及计算幂、积和商的导数的规则。然而,它没有任何证据,伯努利称之为谜,而不是解释。

1686年,莱布尼茨在《博学学报》上发表了一篇关于积分的论文,$\int$ 符号第一次在印刷中出现。第二年,牛顿的《原理》发表。牛顿的《微分法》是在1671年写成的,但直到约翰·科尔森(John Colson)1736年将拉丁文翻译成英文后才出版,这也引发了他与莱布尼茨的争执。

莱布尼茨的动能(拉丁语的生命力)$mv^2$是现代动能的2倍。他意识到在某些机械系统中总能量是守恒的,因此他认为这是物质的固有动力特性。在这里,他的思想引发了另一场令人遗憾的民族主义争端。他的动能被认为与英国牛顿和法国笛卡儿所倡导的动量守恒相匹敌,因此,英法两国的学者倾向于忽视莱布尼茨的想法。后来,工程师们发现动能是有用的,所以这两种方法最终被认为是互补的。

布伦瑞克公爵容忍了莱布尼茨与他作为一名朝臣的职责无关的对智力追求的巨大努力,诸如完善微积分、撰写关于数学、逻辑学、物理学和哲学等方面的文章和持续不断大量的信件。1674年,莱布尼茨开始研究微积分;最早的证据表明,在1675年,微积分在他的笔记中使用过。到1677年,他已有了一套连贯的系统,但直到1684年才出版。莱布尼茨最重要的数学论文发表于1682年至1692年。

选帝侯恩斯特·奥古斯特(Ernst August)委托莱布尼茨撰写布伦瑞克家族的历史,可以追溯到查理曼时代或更早的时候,希望由这本书能推进他的王朝野心。从1687年到1690年,莱布尼茨在德国、奥地利和意大利寻找与这个项目有关的档案材料。几十年过去了,这本历史书并没有出现;下一任选帝侯很恼火,认为莱布尼茨从未完成这个项目,部分原因是他把精力投入到许多其他方面,另一部分原因是他坚持要写一本基于档案来源、经过精心研究和博学的书。他们从不知道莱布尼茨已经完成了相当一部分工作。当莱布尼茨为布伦瑞克家族的撰写的历史和收集的资料最终在19世纪出版时,已经有3卷了。

尽管莱布尼茨是皇家学会和柏林科学院的终身会员,但这两个组织都认为不适合纪念他的逝世。他的坟墓有50多年没有标记。

莱布尼茨从未结婚。他偶尔会为钱而抱怨,但他留给他唯一的继承人(他妹妹的继子)一笔可观的钱,证明了布伦瑞克家给了他丰厚的报酬。

微分学的乘积法则仍然被称为"莱布尼茨定律"。此外,告诉我们如何以及何时在积分符号下求导的定理称为"莱布尼茨积分法则"。

在发现亚原子粒子和量子力学之前,莱布尼茨关于自然方面的许多推测都没有什么影响。例如,他先于爱因斯坦反对牛顿,认为空间、时间和运动是相对的,而不是绝对的。

1934年,诺伯特维纳声称在莱布尼茨的著作中发现了反馈的概念,这是后来维纳的控制论理论的核心。

在1677年,莱布尼茨呼吁建立一个由理事会或参议院管理的欧洲联盟,其成员将代表整个国家,并且可以凭心愿自由地投票。他一直期待着欧盟的发展,相信欧洲会采用统一的宗教,并在1715年重申了这些建议。

莱布尼茨将大量的智力和外交努力投入到现在被称为"普世"的努力中,首先寻求调和罗马天主教和路德教会,以及后来的路德教会和改革教会。这些努力让莱布尼茨陷入了相当多的神学争论中。

我们接下来考虑一些例子,函数 $g(X,Y)$ 是连续的,讨论如何推导这些变换,这样我们就可以对许多变量的更复杂的函数进行操作。

**例 4.4 动能密度**

一个质量为 $m$ 的粒子在 $xy$ 平面内运动,动能为 $T = mZ^2/2$,其中 $Z$ 是与每个坐标方向上速度分量相关的合速度,$Z = \sqrt{\dot{X}^2 + \dot{Y}^2}$。为了方便,假设 $\dot{X}$ 和 $\dot{Y}$ 在统计上是独立的,并且都是标准正态分布随机变量,也就是均值为零和单位标准差。推导出动能的概率密度函数。

**解:** 我们使用 4.1 节中推导抛物线型密度变换的结果来解本问题,那么将动能写成

$$T = \frac{1}{2}mZ^2 = \frac{1}{2}m(\dot{X}^2 + \dot{Y}^2) = U + V$$

第一步是应用式(4.4)来转换 $\dot{X}^2$ 和 $U$ 及 $\dot{Y}^2$ 和 $V$,得到的概率密度函数为

$$f_U(u) = \frac{1}{\sqrt{\pi m u}} \exp\left(-\frac{u}{m}\right), \quad u \geq 0 \tag{4.18}$$

$$f_V(v) = \frac{1}{\sqrt{\pi m v}} \exp\left(-\frac{v}{m}\right), \quad v \geq 0 \tag{4.19}$$

依照本节的步骤,可以解出 $u$ 或 $v$。选择 $v = t - u$,其中 $t - u \geq 0$ 或者 $t \geq u$。这个关系在设定积分限时是有用的,积分域如图 4.9 所示。利用式(4.15),动能密度由下式给出①

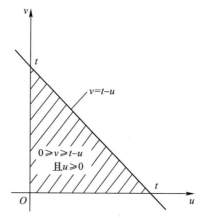

图 4.9 例 4.4 的积分域

---

① 式(4.20)可以用 MAPLE 直接积分,或者可以根据 $r = u/t$ 和 $du = t dr$ 转换来进行积分求得,得到一个贝塔函数 $B$,即

$$f_T(t) = \frac{1}{\pi m} \exp\left(-\frac{t}{m}\right) \int_0^t u^{-1/2} (t-u)^{-1/2} du = \frac{1}{\pi m} \exp\left(-\frac{t}{m}\right) \int_0^1 r^{-1/2}(1-r)^{-1/2} dr$$

$$= \frac{1}{\pi m} \exp\left(-\frac{t}{m}\right) B\left(\frac{1}{2}, \frac{1}{2}\right) = \frac{1}{m} \exp\left(-\frac{t}{m}\right)$$

$$\begin{aligned} f_T(t) &= \int_0^t f_U(u) f_V(t-u) \mathrm{d}u \\ &= \int_0^t \frac{1}{\sqrt{\pi m u}} \exp\left(-\frac{u}{m}\right) \frac{1}{\sqrt{\pi m (t-u)}} \exp\left(-\frac{t-u}{m}\right) \mathrm{d}u \\ &= \frac{1}{m} \exp\left(-\frac{t}{m}\right) \end{aligned} \tag{4.20}$$

见图 4.10。

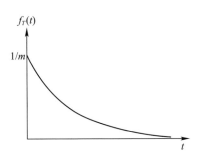

图 4.10  式(4.20)的概率密度函数

式(4.18)~式(4.20)称为有一个和两个自由度的卡方概率密度函数。

**例 4.5  积与商**

在众多应用方程中两个最为重要的转换函数是 $Z = XY$ 和 $Z = X/Y$。对每个函数推导对应的 $f_Z(z)$。

**解**：对于乘积 $Z = XY$，先解出 $x$，然后根据以下过程可得

$$x = z/y = h_1(y, z)$$

$$\frac{\partial h_1}{\partial z} = \frac{1}{y}$$

$$f_Z(z) = \int_{-\infty}^{\infty} \frac{1}{|y|} f_{XY}\left(\frac{z}{y}, y\right) \mathrm{d}y$$

$$= \int_{-\infty}^{\infty} \frac{1}{|x|} f_{XY}\left(x, \frac{z}{x}\right) \mathrm{d}x$$

最后的等式利用 $\partial h_2/\partial z = 1/x$ 解 $y = z/x = h_2(x, z)$ 得到。

对于商 $Z = X/Y$，按以下过程解出 $x$，即

$$x = zy = h_1(y, z)$$

$$\frac{\partial h_1}{\partial z} = y$$

$$f_Z(z) = \int_{-\infty}^{\infty} |y| f_{XY}(zy, y) \mathrm{d}y$$

$$= \int_{-\infty}^{\infty} |x| f_{XY}(x, zx) \mathrm{d}x$$

假设 $Z = XY$,并且 $X$ 和 $Y$ 是在统计量上相独立的随机变量,其边缘概率密度函数为

$$f_X(x) = \frac{x}{\sigma^2} \exp\left\{-\frac{x^2}{2\sigma^2}\right\}, \quad x \geq 0$$

$$f_Y(y) = \frac{1}{y} \ln \frac{b}{a}, \quad 0 < a \leq y \leq b$$

则累积分布函数 $F_Z(z)$ 为

$$F_Z(z) = \iint_{xy \leq z} f_X(x) f_Y(y) \mathrm{d}x \mathrm{d}y$$

积分域为

$$x \geq 0, \quad a \leq y \leq b, \quad xy \leq z$$

如图 4.11 所示,因此 $F_Z(z)$ 可以写成

$$F_Z(z) = \int_a^b f_Y(y) \int_0^{z/y} f_X(x) \mathrm{d}x \mathrm{d}y$$

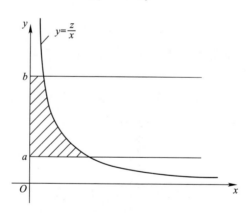

图 4.11 例 4.5 的积分域 $x \geq 0$、$a \leq y \leq b$ 和 $xy \leq z$

对 $F_Z(z)$ 关于 $z$ 求微分,利用式(4.13),得到

$$f_Z(z) = \frac{\mathrm{d}}{\mathrm{d}z} F_Z(z)$$

$$= \int_a^b \frac{1}{|y|} f_X\left(\frac{z}{y}\right) f_Y(y) \mathrm{d}y$$

$$= \int_a^b \frac{1}{|y|} \frac{z}{y\sigma^2} \exp\left\{-\frac{z}{2\sigma^2 y^2}\right\} \frac{1}{y} \ln \frac{b}{a} \mathrm{d}y$$

因为 $y$ 总是正的,所以绝对值符号可以省略。得到的概率密度函数为

$$f_Z(z) = \frac{1}{z}\ln\frac{b}{a}\int_a^b \frac{z^2}{y^3\sigma^2}\exp\left\{-\frac{z^2}{2\sigma^2 y^2}\right\}dy$$

$$= \frac{1}{z}\ln\frac{b}{a}\left(\exp\left\{-\frac{z^2}{2\sigma^2 b^2}\right\} - \exp\left\{-\frac{z^2}{2\sigma^2 a^2}\right\}\right)$$

有了 $Z$ 的密度函数,可以计算出变量的矩。

上面的例子是为了演示基本的过程,它可以推广到任意数量的随机变量,并且可以通过一系列的转换来应用到非常复杂的函数关系中。例如,一个复杂的关系可以通过以下方式构建,箭头表示密度转换的方向,即

$$Y_1 \leftarrow X_1^2$$

$$Y_2 \leftarrow Y_1 + X_2$$

$$Y_3 \leftarrow Y_2^2$$

$$Y_4 \leftarrow X_3 X_4$$

$$Y_5 \leftarrow Y_3 + Y_4$$

$$\Rightarrow Y_5 = (X_1^2 + X_2)^2 + X_3 X_4$$

因此,一般而言,当给出 $X_i$ 密度函数时,我们可以通过像序列中所示那样按一次转换一个步骤来确定 $Y_5$ 的概率密度函数。

### 4.2.1　一般情况

假设二维连续随机变量$(X,Y)$,具有联合概率密度函数 $f_{XY}(x,y)$。如果 $Z$ 和 $W$ 是二维连续随机变量且是 $X$ 和 $Y$ 的函数,如:

$$Z = H_1(X,Y)$$

和

$$W = H_2(X,Y) \tag{4.21}$$

那么,我们如何找到联合概率密度函数 $f_{ZW}(z,w)$ 呢? 为了回答这个问题,在4.1节中演示了一个单变量函数的类似推导过程。

假设$(Z,W)$和$(X,Y)$是一一对应的关系,那么,就存在反变换

$$X = g_1(Z,W), \quad Y = g_2(Z,W) \tag{4.22}$$

考虑以下概率

$$\Pr(x < X \leq x + dx \text{ 和 } y < Y \leq y + dy)$$

对于足够小 $dx$ 和 $dy$,这个概率可以用联合概率密度函数 $f_{XY}(x,y)$ 的积来近似,即 $f_{XY}(x,y)dxdy$。等效概率可用原始随机变量 $Z$、$W$ 来表示,即

$$\Pr(z < Z \leqslant z + \mathrm{d}z \text{ 和 } w < W \leqslant w + \mathrm{d}w)$$

$f_{ZW}(z,w)\mathrm{d}z\mathrm{d}w$ 的近似值为

$$f_{XY}(x,y)\mathrm{d}x\mathrm{d}y = f_{ZW}(z,w) \mid \mathrm{d}z\mathrm{d}w \mid \qquad (4.23)$$

这与单变量概率密度函数式(4.1)等效。

接下来就是通过上式求得 $\mathrm{d}x\mathrm{d}y$，比前面部分更有难度。图 4.12(a) 所示的增量区域 $R$ 是 $\mathrm{d}z\mathrm{d}w$。图 4.12(b) 显示了使用式(4.22)逆变换后的 $xy$ 平面上相同的增量区域。将逆变换定为 $F$，结果表示为图中 $S$，由 $ABCD$ 4 个顶点定义

$$A: [g_1(z,w), g_2(z,w)]$$
$$B: [g_1(z+\mathrm{d}z,w), g_2(z+\mathrm{d}z,w)]$$
$$C: [g_1(z+\mathrm{d}z,w+\mathrm{d}w), g_2(z+\mathrm{d}z,w+\mathrm{d}w)]$$
$$D: [g_1(z,w+\mathrm{d}w), g_2(z,w+\mathrm{d}w)]$$

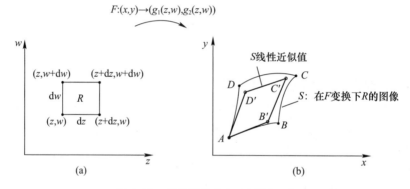

图 4.12 变量转换从 $(z,w)$ 到 $(x,y)$

利用泰勒级数展开关于 $(z,w)$ 的 $g_1(z,w)$，我们可以大致地近似得到变换后区域的各个角的位置

$$g_1(z+\mathrm{d}z,w+\mathrm{d}w) \approx g_1(z,w) + \frac{\partial g_1}{\partial z}\mathrm{d}z + \frac{\partial g_1}{\partial w}\mathrm{d}w$$

$$g_1(z,w+\mathrm{d}w) \approx g_1(z,w) + \frac{\partial g_1}{\partial w}\mathrm{d}w$$

$$g_1(z+\mathrm{d}z,w) \approx g_1(z,w) + \frac{\partial g_1}{\partial z}\mathrm{d}z$$

同理展开 $g_2$。

面积 $S$ 是用顶点为 $A'B'C'D'$ 平行四边形来近似表示的，四角用泰勒近似定义。以下是对 $S$ 的映射顶点的线性近似，用来定义该区域。

$$A' = A : (g_1(z,w), g_2(z,w))$$

$$B' : \left(g_1(z,w) + \frac{\partial g_1}{\partial z}dz, g_2(z,w) + \frac{\partial g_2}{\partial z}dz\right)$$

$$C : \left(g_1(z,w) + \frac{\partial g_1}{\partial z}dz + \frac{\partial g_1}{\partial w}dw, g_2(z,w) + \frac{\partial g_2}{\partial z}dz + \frac{\partial g_2}{\partial w}dw\right)$$

$$D : \left(g_1(z,w) + \frac{\partial g_1}{\partial w}dw, g_2(z,w) + \frac{\partial g_2}{\partial w}dw\right)$$

平行四边形的面积 $A'B'C'D'$ 可以通过执行 $(A_1+A_2)-(A_3+A_4)$ 操作获得,如图 4.13 所示。$A_1$、$A_2$、$A_3$ 和 $A_4$ 由下式给出

$$A_1 = \frac{1}{2}\frac{\partial g_1}{\partial w}dw \frac{\partial g_2}{\partial w}dw$$

$$A_2 = \frac{1}{2}\frac{\partial g_1}{\partial z}dz \left(\frac{\partial g_2}{\partial w}dw + \frac{\partial g_2}{\partial z}dz + \frac{\partial g_2}{\partial w}dw\right)$$

$$A_3 = \frac{1}{2}\frac{\partial g_1}{\partial z}dz \frac{\partial g_2}{\partial z}dz$$

$$A_4 = \frac{1}{2}\frac{\partial g_1}{\partial w}dw \left(\frac{\partial g_2}{\partial z}dz + \frac{\partial g_2}{\partial z}dz + \frac{\partial g_2}{\partial w}dw\right)$$

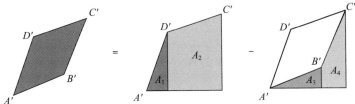

图 4.13 平行四边形区域

因此,平行四边形的面积为

$$A = \frac{1}{2}\frac{\partial g_1}{\partial w}\frac{\partial g_2}{\partial w}dw^2 + \frac{\partial g_1}{\partial z}\frac{\partial g_2}{\partial w}dzdw + \frac{1}{2}\frac{\partial g_1}{\partial z}\frac{\partial g_2}{\partial z}dz^2 -$$

$$\frac{1}{2}\frac{\partial g_1}{\partial z}\frac{\partial g_2}{\partial z}dz^2 - \frac{\partial g_1}{\partial w}\frac{\partial g_2}{\partial z}dzdw - \frac{1}{2}\frac{\partial g_1}{\partial w}\frac{\partial g_2}{\partial w}dw^2$$

$$= \left(\frac{\partial g_1}{\partial z}\frac{\partial g_2}{\partial w} - \frac{\partial g_1}{\partial w}\frac{\partial g_2}{\partial z}\right)dzdw$$

因此,在转换过程中 $dzdw$ 为

$$A_1 = \frac{1}{2}\frac{\partial g_1}{\partial w}dw \frac{\partial g_2}{\partial w}dw$$

增加了因数

$$\left(\frac{\partial g_1}{\partial z}\frac{\partial g_2}{\partial w}-\frac{\partial g_1}{\partial w}\frac{\partial g_2}{\partial z}\right)$$

也就是雅可比矩阵 $J$, 或者说是矩阵的行列式

$$\begin{bmatrix} \partial g_1/\partial z & \partial g_1/\partial w \\ \partial g_2/\partial z & \partial g_2/\partial w \end{bmatrix}$$

增加的面积 $S$ 在 $xy$ 平面为 $\mathrm{d}x\mathrm{d}y$

$$\mathrm{d}x\mathrm{d}y = \det\begin{bmatrix} \dfrac{\partial g_1}{\partial z} & \dfrac{\partial g_1}{\partial w} \\ \dfrac{\partial g_2}{\partial z} & \dfrac{\partial g_2}{\partial w} \end{bmatrix}\mathrm{d}z\mathrm{d}w$$

$$= J\mathrm{d}z\mathrm{d}w$$

重写式(4.23), 可得到

$$f_{ZW}(z,w) = f_{XY}(g_1(z,w),g_2(z,w))|J| \tag{4.24}$$

式中: $|J|$ 是雅可比矩阵的绝对值。下面将演示式(4.24)的使用。

### 例 4.6 二维随机变量函数

假设 $(X,Y)$ 是一个二维随机变量, 其联合概率密度函数 $f_{XY}(x,y)$ 被定义为圆心为 $(0,0)$ 半径为 1 的圆。联合概率密度函数为

$$f_{XY} = \begin{cases} \dfrac{1}{2\pi\sigma^2}\exp\left\{-\dfrac{1}{2}\left(\dfrac{x^2+y^2}{\sigma^2}\right)\right\}, & (x,y)\text{在圆内} \\ 0, & (x,y)\text{在其他位置} \end{cases} \tag{4.25}$$

见图 4.14。

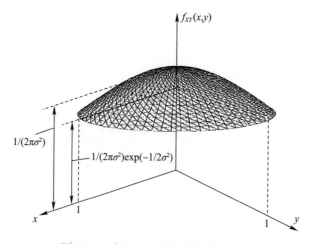

图 4.14 式(4.25)联合概率密度函数

假设用到中心的距离 $R$ 和与正轴之间的夹角 $\Theta$ 来表示概率密度函数。那么,随机变量 $R$ 和 $\Theta$ 与 $X$ 和 $Y$ 之间的关系为

$$R = \sqrt{X^2 + Y^2}$$

$$\Theta = \arctan\frac{Y}{X}$$

求概率密度函数 $f_{R\Theta}(r,\theta)$。

**解**:求解 $X$ 和 $Y$,得到

$$X = R\cos\Theta$$
$$Y = R\sin\Theta$$

雅可比矩阵为

$$J = \det\begin{bmatrix} \partial x/\partial r & \partial x/\partial \theta \\ \partial y/\partial r & \partial y/\partial \theta \end{bmatrix} = \det\begin{bmatrix} \cos\theta & -r\sin\theta \\ \sin\theta & r\cos\theta \end{bmatrix} = r$$

则联合概率密度函数 $f_{R\Theta}(r,\theta)$ 为

$$f_{R\Theta}(r,\theta) = |r| f_{XY}(r\cos\theta, r\sin\theta)$$

$$= \frac{r}{2\pi\sigma^2}\exp\left\{-\frac{1}{2}\left(\frac{r^2}{\theta^2}\right)\right\}, \quad 0 \leq r < 1, 0 \leq \theta < 2\pi \quad (4.26)$$

见图 4.15。

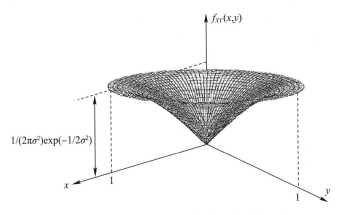

图 4.15 式(4.26)转换后的联合概率密度函数

## 例 4.7 随机变量和的分布

假设 $(X,Y)$ 是一个二维随机变量,其联合概率密度函数为 $f_{XY}(x,y)$,求概率密度函数 $f_Z$,其中 $Z$ 的定义为

$$Z = aX + bY$$

令 $f_{XY}(x,y)$ 一般分布在 $0 < x < 1$ 和 $0 < y < 1$ 范围内。为了得到数值解,假设分

布是均匀的并求解特定的密度函数 $f_Z(z)$。

**解**:类似的问题在前面解答过,在无限域内定义 $f_{XY}(x,y)$,其结果如式(4.12)和式(4.17)所示。为了使用一般的变换方法,需要两个方程,因此需定义另一个变量 $W$:

$$W = X$$

$W$ 的选择是任意的,因此在这选择一个简单的函数。

求解 $X$ 和 $Y$,即

$$X = W$$

$$Y = \frac{Z - aW}{b}$$

雅可比行列式的值为

$$J = \det\begin{bmatrix} 0 & 1 \\ 1/b & -a/b \end{bmatrix} = -\frac{1}{b}$$

那么,联合概率密度函数为

$$f_{ZW}(z,w) = \left| -\frac{1}{b} \right| f_{XY}\left(w, \frac{z-aw}{b}\right)$$

如果 $f_{XY}(x,y)$ 是在 $0<x<1$ 和 $0<y<1$ 矩形域内定义的,那么,就需要获得相应的 $W$ 和 $Z$ 范围以及边缘密度 $f_Z(z)$。

先从 $W$ 和 $Z$ 的定义域出发,因为 $X=W$,那么,$0<W<1$。$Z$ 的范围可由 $Y$ 导出,$0<Y<1$。用 $W$ 和 $Z$ 来表示 $Y$ 就可得到转换的范围,即

$$0 < Y < 1 \rightarrow 0 < \frac{Z-aW}{b} < 1$$

求解 $Z$,即

$$aW < Z < b + aW$$

$Z$ 的范围在两条线之间:$Z = aW$ 和 $Z = b+aW$。因此,$f_{ZW}(z,w)$ 定义域为一个与 $a$ 和 $b$ 值有关的平行四边形,如图 4.16(b)、(c)所示。

为了获得边际密度函数,联合密度函数 $f_{ZW}(z,w)$ 需要对 $W$ 进行积分,$W$ 的范围取决于 $Z$,如图 4.16(b)所示,如果 $a<b$,那么,$W$ 定义为

$$0 < W < \frac{Z}{a}, \quad 0 < Z < a$$

$$0 < W < 1, \quad a < Z < b$$

$$\frac{Z-b}{a} < W < 1, \quad b < Z < a+b$$

用等效联合密度 $f_{XY}(x,y)$ 来代替 $f_{ZW}(z,w)$,获得边缘密度

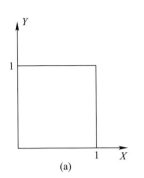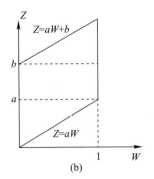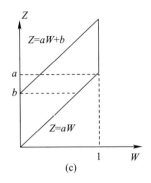

图 4.16 变换域

$$f_Z(z) = \int_0^{z/a} \left| -\frac{1}{b} \right| f_{XY}\left(w, \frac{z-aw}{b}\right) \mathrm{d}w, \quad 0 < z < a$$

$$= \int_0^1 \left| -\frac{1}{b} \right| f_{XY}\left(w, \frac{z-aw}{b}\right) \mathrm{d}w, \quad a < z < b$$

$$= \int_{(z-a)/b}^1 \left| -\frac{1}{b} \right| f_{XY}\left(w, \frac{z-aw}{b}\right) \mathrm{d}w, \quad b < z < a+b$$

如果像图 4.16(c) 所示 $a > b$,那么,$W$ 的范围为

$$0 < W < \frac{Z}{a}, \quad 0 < Z < b$$

$$\frac{Z-b}{a} < W < \frac{Z}{a}, \quad b < Z < a$$

$$\frac{Z-b}{a} < W < 1, \quad a < Z < 1$$

那么,边缘密度函数为

$$f_Z(z) = \int_0^{z/a} \left| -\frac{1}{b} \right| f_{XY}\left(w, \frac{z-aw}{b}\right) \mathrm{d}w, \quad 0 < z < b$$

$$= \int_{(z-a)/b}^{z/a} \left| -\frac{1}{b} \right| f_{XY}\left(w, \frac{z-aw}{b}\right) \mathrm{d}w, \quad b < z < a$$

$$= \int_{(z-a)/b}^1 \left| -\frac{1}{b} \right| f_{XY}\left(w, \frac{z-aw}{b}\right) \mathrm{d}w, \quad a < z < a+b$$

如果 $a = b$,那么,边缘密度为

$$f_Z(z) = \int_0^{z/a} \left| -\frac{1}{b} \right| f_{XY}\left(w, \frac{z-aw}{b}\right) \mathrm{d}w, \quad 0 < z < a$$

$$= \int_{(z-a)/a}^1 \left| -\frac{1}{b} \right| f_{XY}\left(w, \frac{z-aw}{b}\right) \mathrm{d}w, \quad a < z < a+b$$

为了得到数值解，假设 $a=b=1$，并且 $f_{XY}(x,y)$ 为均匀分布。那么，有
$$f_{XY}(x,y) = 1, \quad 0<x<1, 0<y<1$$
边缘密度为
$$f_Z(z) = \begin{cases} \int_0^z f_{XY}(w,z-w)\mathrm{d}w, & 0<z<1 \\ \int_{z-1}^1 f_{XY}(w,z-w)\mathrm{d}w, & 1<z<2 \end{cases}$$
积分得
$$f_Z(z) = \begin{cases} z, & 0<z<1 \\ 2-z, & 1<z<2 \end{cases}$$
如果 $f_{XY}(x,y)$ 被定义在无限域，$-\infty<x<\infty$ 和 $-\infty<y<\infty$，那么，相应的 $W$ 和 $Z$ 也是无限域，即
$$(-\infty<x<\infty, -\infty<y<\infty) \rightarrow (-\infty<W<\infty, -\infty<Z<\infty)$$
边缘密度函数为
$$f_Z(z) = \int_{-\infty}^{\infty} f_{ZW}(z,w)\mathrm{d}w = = \int_{-\infty}^{\infty} \left|-\frac{1}{b}\right| f_{XY}\left(w, \frac{z-aw}{b}\right)\mathrm{d}w$$
这是获得式(4.17)的另一种方法。

布鲁克·泰勒
(1685年8月18日—1731年11月30日)

**贡献**：布鲁克·泰勒是一位才华横溢的英国数学家，以泰勒定理和泰勒级数而闻名。他的成就归功于包含泰勒展开的"有限差分法"，分部积分也归功于他。

在微积分中，泰勒定理给出了一个给定点上多项式(该函数的泰勒多项式)的可微函数的近似，它的系数只依赖于那个点的函数的导数。该定理还给出了近似中误

差大小的准确估计。尽管这个定理是以泰勒的名字命名的,他在1712年阐述了它,但这个结果最早是由詹姆斯·格里高利在1671年发现的。

泰勒级数是一个函数的表示形式,它是由一个点上导数的值计算出来的无穷求和。它可能被认为是泰勒多项式的极限。如果这个级数以0为中心,这个级数也称为麦克劳林级数,以苏格兰数学家科林·麦克劳林命名。

**生平简介**:泰勒出生在英国的埃德蒙顿。1701年,他作为一名平民进入了剑桥大学圣约翰学院,并于1709年和1714年分别获得了学士学位和博士学位。

他在哲学学报上发表了许多文章,讨论了抛射物的运动、振荡的中心以及由毛细管作用引起的液体的流动形式。1719年,他放弃了数学研究。

1715年,泰勒在伦敦出版了《正和反的增量法》。他是最早发现独立变量变化的定理的数学家。泰勒在他的书中将微积分运用于各种问题。特别地,泰勒提到了弦的跨节振动理论,这个问题困扰了之前的研究人员。他的书为高等数学增加了一个新的分支,现在被指定为"有限差分法"。

1719年,泰勒发表了一篇关于消失点原则的最早一般性阐述的论文。

他在1721年结婚,这导致了他与父亲的关系疏远,在1723年,他的妻子在生产时去世,他的儿子也死了。接下来的两年是和他的家人一起度过的。1725年,他再婚了(这一次是在他父亲的同意下)。他的第二任妻子于1730年死于难产,这次,孩子活了下来,是一个女儿。

泰勒的健康每况愈下。1731年11月30日,他在伦敦萨默赛特宫去世,并于1731年12月2日在伦敦下葬。葬在他的第一任妻子附近,在圣安妮教堂的墓地里。

**显著成就**:在1708年从圣约翰学院毕业之前,他得到了一个关于"振荡中心"问题的非凡的解决方案。尽管直到1714年5月(哲学学报,第二十八章),他主张的优先权被约翰·伯努利提出了不公正的争议。

他的工作在完成很久之后才得到应有的赞扬,这是几个案例中的第一个。他1715年的书中提出的泰勒展开一直被忽视,直到1772年被拉格朗日公认为微分学的基本原理(拉格朗日意识到它的力量,并将其称为"微分学的主要基础")。

1712年初,泰勒被选为英国皇家学会的成员,同年,他还在委员会裁定牛顿和莱布尼兹的主张。1714年1月17日至1718年10月,他担任学会秘书。

从1715年开始,他的研究就带有哲学和宗教倾向。他死后,在他的论文中发现了一些未完成的论述,《关于犹太人的献祭和吃血的合法性》写于1719年。

他的许多作品都是简洁和晦涩的,并被其他人阐发出来。他的很大一部分光辉是由于他未能充分而清晰地表达自己的想法而失去的。

## 4.3 近似分析

考虑到随机变量的简单函数,我们到目前为止已经能够转换概率密度函数。对于随机变量更复杂的函数,有必要采用近似的方法来估计输出统计数据。即使函数关系相对简单,如果密度函数对任何随机变量都未知(人们可能知道每个随机变量的平均值和方差),那么就只能得到派生变量的平均值和方差。本节将讨论这些问题。

### 4.3.1 直接法

"直接法"一词意指将期望直接应用到与随机变量相关的方程式中。例如,我们已经知道如何从函数 $Y = aX + b$ 推导出密度函数 $f_Y(y)$,其中 $f_X(x)$ 和常数 $a$、$b$ 是已知的。然而,假设只有 $\mu_X$ 和 $\sigma_X^2$ 是已知的,$f_X(x)$ 是未知的,在这种情况下,对于一个随机变量的简单函数,直接方法是有用的,如下所示:

$$E\{Y\} = E\{aX + b\} = = \int_{-\infty}^{\infty} (ax + b) f_X(x) \mathrm{d}x$$

$$\mu_Y = a\mu_X + b \tag{4.27}$$

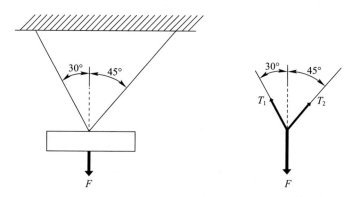

图 4.17 在随机载荷 $F$ 作用下,两根缆绳承受的质量(右图为缆绳的受力图)

同理,方差为

$$\begin{aligned}
\mathrm{Var}\{Y\} &= E\{(Y - E\{Y\})^2\} = \int_{-\infty}^{\infty} (y - \mu_Y)^2 f_Y(y) \mathrm{d}y \\
&= E\{(aX + b - a\mu_X - b)^2\} \\
&= a^2 E\{X^2 - 2\mu_X X + \mu_X^2\} \\
&= a^2 E\{(X - \mu_X)^2\} \\
&= a^2 \mathrm{Var}\{X\} \\
\sigma_Y^2 &= a^2 \sigma_X^2
\end{aligned}$$

因此,有

$$\sigma_Y = a\sigma_X \tag{4.28}$$

注意:均值 – 平方值可以写成

$$E\{X^2\} = \sigma_X^2 + \mu_X^2$$

然后,有

$$\sigma_Y^2 = a^2[E\{X^2\} - \mu_X^2]$$

**例 4.8　随机载荷下的缆索支撑的质量**

考虑在已知方向上显示的两根电缆的质量,如图 4.17 所示。力 $F$ 在质量上的平均值是 $\mu_F = 100\text{N}$,标准偏差为 $\sigma_F = 12\text{N}$,估计每根电缆张力的平均值和标准偏差。

这些知识是设计拉索的抗拉强度,并正确设计支撑结构所需要具备的。假设质量是刚性的,与力的大小相比,它的重量很小,这样就可以忽略它。

**解**:我们假设给定的角是确定的。我们用质量的自由体力图把缆索的张力和外力联系起来,解决各自的确定性问题,然后找到

$$T_1 = 0.732F, \quad T_2 = 0.517F \tag{4.29}$$

接下来,我们求出 $T_1$ 和 $T_2$ 的均值与标准差,用式(4.27)和式(4.28)可得

$$E\{T_1\} = 0.732\mu_F = 73.2\text{N}$$
$$E\{T_2\} = 0.517\mu_F = 51.7\text{N}$$

和

$$\sigma_{T_1} = 0.732\sigma_F = 8.784\text{N}$$
$$\sigma_{T_2} = 0.517\sigma_F = 6.204\text{N}$$

因为式(4.29)是线性的,所以 $T_1$ 和 $T_2$ 的密度函数与 $F$ 的密度是一样的,乘以各自的常数因子。

假设下面的和是已知的,$Y = a_1 X_1 + a_2 X_2$。$Y$ 的均值很容易找到,即

$$E\{Y\} = a_1 E\{X_1\} + a_2 E\{X_2\}$$
$$\mu_Y = a_1 \mu_{X_1} + a_2 \mu_{X_2}$$

求解方差需要更多的工作

$$\begin{aligned}\text{Var}\{Y\} &= E\{[Y - \mu_Y]^2\} \\ &= E\{[a_1 X_1 + a_2 X_2 - a_1 \mu_{X_1} - a_2 \mu_{X_2}]^2\} \\ &= E\{a_1^2 (X_1 - \mu_{X_1})^2 + a_2^2 (X_2 - \mu_{X_2})^2 + \\ &\quad 2a_1 a_2 (X_1 - \mu_{X_1})(X_2 - \mu_{X_2})\}\end{aligned}$$

前两项分别是 $X_1$ 和 $X_2$ 的方差,使用协方差的定义(即式(3.38))和相关系数方差(即式(3.39)),即

$$E\{2a_1 a_2 (X_1 - \mu_{X_1})(X_2 - \mu_{X_2})\} = 2a_1 a_2 \text{Cov}\{X_1, X_2\} = 2a_1 a_2 \rho_{X_1 X_2} \sigma_{X_1} \sigma_{X_2}$$

因此,有

$$\text{Var}\{Y\} = a_1^2 \text{Var}\{X_1\} + a_2^2 \text{Var}\{X_2\} + 2a_1 a_2 \rho_{X_1 X_2} \sigma_{X_1} \sigma_{X_2}$$

或

$$\sigma_Y^2 = (a_1\sigma_{X_1})^2 + (a_2\sigma_{X_2})^2 + 2a_1a_2\rho_{X_1X_2}\sigma_{X_1}\sigma_{X_2}$$

如果 $X_1$ 和 $X_2$ 在统计上相互独立,则协方差等于零并且 $\rho_{X_1X_2}=0$。

对于函数关系

$$Y = a_1X_1 - a_2X_2$$

有

$$\mu_Y = a_1\mu_{X_1} - a_2\mu_{X_2}$$

$$\text{Var}\{Y\} = a_1^2\text{Var}\{X_1\} + a_2^2\text{Var}\{X_2\} - 2a_1a_2\rho_{X_1X_2}\sigma_{X_1}\sigma_{X_2}$$

两个随机变量之和的均值与方差可以推广为 $n$ 个随机变量之和,即

$$Y = \sum_{i=1}^{n} a_iX_i$$

$$E\{Y\} = \sum_{i=1}^{n} a_iE\{X_i\}$$

$$\text{Var}\{Y\} = \sum_{i=1}^{n} a_i^2\text{Var}\{X_i\} + \sum_{i=1}^{n}\sum_{\substack{j=1\\j\neq i}}^{n} a_ia_j\text{Cov}\{X_i, X_j\}$$

$$= \sum_{i=1}^{n} a_i^2\sigma_{X_i}^2 + \sum_{i=1}^{n}\sum_{\substack{j=1\\j\neq i}}^{n} a_ia_j\rho_{ij}\sigma_{X_i}\sigma_{X_j}$$

式中:$\rho_{ij}$ 是 $X_i$ 和 $X_j$ 之间的相关系数。

乘积函数更难以使用,因为乘积的期望值需要联合密度。但是如果随机变量在统计上是独立的,那么,乘积的求解就成为可能。假设函数关系 $Z = X_1X_2\cdots X_n$,$n$ 个变量 $X_i$ 在统计上是独立的。然后,有

$$E\{Z\} = E\{X_1\}E\{X_2\}\cdots E\{X_n\}$$

$$\mu_Z = \mu_{X_1}\mu_{X_2}\cdots\mu_{X_n}$$

$$\sigma_Z^2 = E\{X_1^2\}E\{X_2^2\}\cdots E\{X_n^2\} - (\mu_{X_1}\mu_{X_2}\cdots\mu_{X_n})^2$$

因此,平均值和方差是很容易计算的。

### 4.3.2 一般函数 $X$ 展开到 $\sigma_x^2$ 的均值与方差

求解一般函数的均值和方差的表达式的前提,我们首先考虑 $Y = g(X)$ 之间的关系,$Y$ 的均值可通过对积分变量 $x$ 的积分 $\int g(x)f_X(x)\mathrm{d}x$ 求得。假设函数 $g(X)$ 在均值 $\mu_X(\mu_X \pm \sigma_X$ 定义的区域)区域相对平滑,如图 4.18 所示。

如果是这种情况,那么,下面对 $Y$ 的均值的一项逼近是合理的。

$$E\{Y\} \approx g(\mu_X)\int_{-\infty}^{\infty} f_X(x)\mathrm{d}x = g(\mu_X)$$

式中:$g(x) \approx g(\mu_X)$ 是一个常量。这被认为是 $Y$ 关于 $X$ 的均值的泰勒级数①第一项展开式。关于均值 $\mu_X$ 的 $Y = g(X)$ 完全展开为

$$Y = g(X)|_{X=\mu_X} + (X-\mu_X)\frac{\mathrm{d}g}{\mathrm{d}x}\bigg|_{X=\mu_X} + \frac{1}{2!}(X-\mu_X)^2 \frac{\mathrm{d}^2 g}{\mathrm{d}x^2}\bigg|_{X=\mu_X} + \cdots$$

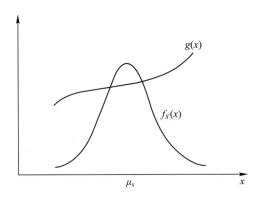

图 4.18  一般函数,$g(x)$ 和 $X$ 的密度函数 $f_X(x)$

接下来,我们求方程两边的期望值

$$E\{Y\} = E\{g(X)|_{X=\mu_X}\} + E\left\{(X-\mu_X)\frac{\mathrm{d}g}{\mathrm{d}x}\bigg|_{X=\mu_X}\right\} + E\left\{\frac{1}{2!}(X-\mu_X)^2 \frac{\mathrm{d}^2 g}{\mathrm{d}x^2}\bigg|_{X=\mu_X}\right\} + \cdots$$

或

$$\mu_Y = g(\mu_X) + \frac{\sigma_X^2}{2}g''(\mu_X) + \cdots \tag{4.30}$$

其用到以下公式

$$E\{X-\mu_X\} = E\{X\} - \mu_X = \mu_X - \mu_X = 0$$

并且 $g$ 的导数在 $X = \mu_X$ 处取值,因此使其成为常量。

通常,在实际应用中两项就够用,但是其取决于 $g(X)$ 的连续性。线性拟合为 $\mu_Y = g(\mu_X)$。从方差的定义入手估计 $Y$ 的方差 $\mathrm{Var}\{Y\} = E\{(Y-\mu_Y)^2\} = E\{Y^2\} - \mu_Y^2$,其中 $Y = g(X)$。定义新变量 $h(X) = g^2(X)$ 使得可以用式(4.30)的前两项计算。

$$E\{Y^2\} = E\{h(X)\}$$
$$\approx h(\mu_X) + \frac{\sigma_X^2}{2}h''(\mu_X)$$
$$= g^2(\mu_X) + \frac{\sigma_X^2}{2}\{2[g'(\mu_X)]^2 + 2g(\mu_X)g''(\mu_X)\}$$

---

① 函数 $g(x)$ 关于 $a$ 的泰勒级数展开为 $g(a) + g'(a)(x-a) + g''(a)(x-a)^2/2! + \cdots$,其中上撇号代表对 $x$ 求微分。

Var{Y}为

$$\sigma_Y^2 = E\{Y^2\} - \mu_X^2$$
$$\approx [g^2(\mu_X) + \sigma_X^2\{[g'(\mu_X)]^2 + g(\mu_X)g''(\mu_X)\}] -$$
$$\left[g(\mu_X) + \frac{\sigma_X^2}{2}g''(\mu_X)\right]^2$$

接下来,我们展开这个等式的右边,对于 $X$ 有一个小的标准差($\sigma_X<1$),假设 $\sigma_X^4 \ll \sigma_X^2$ 的项可以被忽略①。关于 $\sigma_X^2$ 的近似值是由如上假设的对应关系给出的,即

$$\sigma_Y^2 \approx \sigma_X^2[g'(\mu_X)]^2, \sigma_Y \approx \sigma_X[g'(\mu_X)] \tag{4.31}$$

有时,对均值和方差都使用一项近似,表达式一阶二阶矩(FOSM)用于表示均值和方差的近似值。

如果保留 $Y=g(X)$ 的展开式中的 $\sigma^2$ 阶,则

$$Y = g(\mu_X) + (X-\mu_X)\frac{dg}{dx}\bigg|_{X=\mu_X} + \frac{1}{2!}(X-\mu_X)^2\frac{d^2g}{dx^2}\bigg|_{X=\mu_X} + \cdots$$
$$\approx g(\mu_X) + (X-\mu_X)g'(\mu_X) + \frac{1}{2!}(X-\mu_X)^2g''(\mu_X) \tag{4.32}$$

然后,均值的 $\sigma^2$ 阶估计值近似于式(4.30),$\mu_X = g(\mu_X) + \sigma_X^2 g''(\mu_X)/2$。根据基于式(4.32)定义的方差,有如下推导

$$\text{Var}\{Y\} = \int[y-\mu_Y]^2 f_Y(y)dy = \int[g(x)-\mu_Y]^2 f_X(x)dx$$
$$\approx \int\left[g(\mu_X) + (x-\mu_X)g'(\mu_X) + \frac{(x-\mu_X)^2}{2!}g''(\mu_X) - \right.$$
$$\left. g(\mu_X) - \frac{\sigma_X^2}{2}g''(\mu_X)\right]^2 f_X(x)dx$$
$$= \int\left[(x-\mu_X)g'(\mu_X) + \frac{1}{2!}(x-\mu_X)^2 g''(\mu_X) - \frac{\sigma_X^2}{2}g''(\mu_X)\right]^2 f_X(x)dx$$
$$= \int\left\{(x-\mu_X)^2[g'(\mu_X)]^2 + \frac{1}{4}(x-\mu_X)^4[g''(\mu_X)]^2 + \frac{\sigma_X^4}{4}[g''(\mu_X)]^2 + \right.$$
$$(x-\mu_X)^3 g'(\mu_X)g''(\mu_X) - (x-\mu_X)g'(\mu_X)\sigma_X^2 g''(\mu_X) -$$
$$\left. \frac{1}{2}(x-\mu_X)^2 \sigma_X^2 [g''(\mu_X)]^2\right\} f_X(x)dx$$

---

① 如果 $\sigma_X$ 不是小的,放弃更高阶的项是不合理的,那么,我们可以在展开中使用标准化变量。

$$= \sigma_X^2[g'(\mu_X)]^2 + \frac{1}{4}E\{(X-\mu_X)^4\}[g''(\mu_X)]^2 -$$

$$\frac{\sigma_X^4}{4}[g''(\mu_X)]^2 + E\{(X-\mu_X)^3\}g'(\mu_X)g''(\mu_X)$$

在 $g(X)$ 的扩展中保留 $\sigma^2$ 阶需要第三阶和第四阶期望。它们可能很难通过实验来确定。在实践中，如果使用这种近似关系，那么，就很少有人能保留比 $\sigma^2$ 阶更高的阶。

**例 4.9　一个单项近似的简单例子**

实心圆筒的面积惯性矩为 $I = \pi D^4/64$，其中的直径 $D$ 是一个随机变量。找到 $\mu_I$ 和 $\sigma_I$ 的近似关系。

**解**：均值和标准差的一阶近似为

$$E\{I\} \approx \frac{\pi}{64}[E\{D\}]^4$$

$$\sigma_I \approx \sigma_D \frac{\mathrm{d}(\pi D^2/64)}{\mathrm{d}D}\bigg|_{D=E\{D\}} = \frac{\pi[E\{D\}]^3}{16}\sigma_D$$

假设 $E\{D\} = 10\text{in}$ 和 $\sigma_D = 1\text{in}(\text{in} = 25.4\text{mm})$。

然后，有

$$E\{I\} = \pi(10)^4/64 = 491\text{in}^4$$

$$\sigma_I = \pi(10)^3(1)/16 = 196\text{in}^4$$

如果，从式（4.30）中，我们保留了 $\sigma^2$ 阶均值，$\sigma_D^2 g''(\mu_D)/2$，均值 $E\{I\}$ 增加了 $(1)^2 3\pi\mu_D^2/(16\times 2) = 29.5\text{in}^4$，这是 6% 的增值。考虑到 $\sigma_D = 1$，基于一个小的标准差的假设来截断扩展，使得每个后续的项都小得多，在这里是不准确的。

如果可以获得 $f_D(\delta)$，那么，就可以准确地评估这些展开式。假设直径受均匀密度 $f_D(\delta) = 1/(\delta_1 - \delta_2)$ 影响，其中 $\delta_1$ 和 $\delta_2$ 分别是直径的上下极限，那么，有

$$E\{I\} = \frac{\pi}{64}E\{D^4\}$$

$$= \frac{\pi}{64}\frac{1}{\delta_2 - \delta_1}\int_{\delta_1}^{\delta_2}\delta^4\mathrm{d}\delta = \frac{\pi}{64}\frac{1}{\delta_2 - \delta_1}\frac{1}{5}(\delta^5 - \delta^4)$$

$$= \frac{\pi}{64}\frac{1}{5}(\delta_1^4 + \delta_1^3\delta_2 + \delta_1^2\delta_2^2 + \delta_1\delta_2^3 + \delta_2^4)$$

为将这些结果与上面的一阶近似解进行比较，假设 $\delta_2$ 和 $\delta_1$ 的值与 $D$ 的平均值和标准差是相对应的，这部分问题在本章习题 21 中完成，并给出了数值结果。

**例 4.10　对某一区域的统计值的一项估计**

圆的面积方程 $A = \pi R^2$，假设 $\mu_R$ 和 $\sigma_R$，可以找到下面的一阶近似，即

$$\mu_A \approx \pi\mu_R^2$$

$$\sigma_A \approx \sigma_R(2\pi\mu_R)$$

注意：如果使用面积方程 $A = \pi R^2$，其中 $\mu_R$ 和 $\sigma_R$ 是已知的，因为 $\mu_D = 2\mu_R$，那么，计算的平均面积与之前的相同，标准差为 $\sigma_D(\pi\mu_D)$，其中 $\sigma_D = 2\sigma_R$。

### 4.3.3　多变量一般函数的均值和方差

将最后一节的讨论扩展到完全一般函数的近似是很有用的，即

$$Y = g(X_1, X_2, \cdots, X_n)$$

式中：$g(\cdot)$ 是 $n$ 个随机变量的任意非线性函数。我们利用有 $n$ 个变量的函数的泰勒级数展开，展开了每个变量的平均值。作为一个前奏，有关两变量函数 $g(X_1, X_2)$ 相应均值 $(\mu_1, \mu_2)$ 的泰勒级数，是由以下级数给出的，即

$$g(X_1, X_2) = g(\mu_1, \mu_2) + (X_1 - \mu_1)\frac{\partial g}{\partial X_1}\bigg|_{(\mu_1,\mu_2)} +$$

$$(X_2 - \mu_2)\frac{\partial g}{\partial X_2}\bigg|_{(\mu_1,\mu_2)} + \frac{1}{2!}\bigg[(X_1 - \mu_1)^2\frac{\partial^2 g}{\partial X_1^2}\bigg|_{(\mu_1,\mu_2)} +$$

$$(X_2 - \mu_2)^2\frac{\partial^2 g}{\partial X_2^2}\bigg|_{(\mu_1,\mu_2)} + 2(X_1 - \mu_1)(X_2 - \mu_2)\frac{\partial^2 g}{\partial X_1 \partial X_2}\bigg|_{(\mu_1,\mu_2)}\bigg] + \cdots \quad (4.33)$$

一个类似的表达式可以用来展开 $n$ 个随机变量的函数相应的平均值。$Y$ 的期望值和方差通过展开函数的右边得到。

将展开式扩展到 $n$ 个随机变量的函数，平均值由以下级数给出

$$E\{Y\} = g(\mu_1, \mu_2, \cdots, \mu_n) + \frac{1}{2}\sum_{i=1}^{n}\sum_{j=1}^{n}\left(\frac{\partial^2 g(\mu_1, \mu_2, \cdots, \mu_n)}{\partial X_i \partial X_j}\right)\mathrm{Cov}\{X_i, X_j\} + \cdots$$

$$(4.34)$$

其中 $\mathrm{Cov}\{X_i, X_j\} = E\{X_i X_j\} - \mu_i\mu_j$ 和 $\rho_{ij} = \mathrm{Cov}\{X_i, X_j\}/\sigma_i\sigma_j$，且

$$\left(\frac{\partial^2 g(\mu_1, \mu_2, \cdots, \mu_n)}{\partial X_i \partial X_j}\right) = \frac{\partial^2 g}{\partial X_i \partial X_j}\bigg|_{(\mu_1,\mu_2,\cdots,\mu_n)}$$

用 $\sigma_i \equiv \sigma_{X_i}, \rho_{ij} \equiv \rho_{X_i X_j}$，

$Y$ 的方差为

$$\mathrm{Var}\{Y\} = \sigma_Y^2 = E\{Y^2\} - E\{Y\}^2$$

$$= \sum_{i=1}^{n}\left(\frac{\partial g(\mu_1, \mu_2, \cdots, \mu_n)}{\partial X_i}\right)^2 \sigma_i^2 +$$

$$\sum_{i=1}^{n}\sum_{j=1, j\neq i}^{n}\left(\frac{\partial g(\mu_1, \mu_2, \cdots, \mu_n)}{\partial X_i}\right)\left(\frac{\partial g(\mu_1, \mu_2, \cdots, \mu_n)}{\partial X_j}\right)\rho_{ij}\sigma_i\sigma_j + \cdots \quad (4.35)$$

如果任意两个随机变量 $X_i$ 和 $X_j$ 在统计上是独立的,那么, $\rho_{X_iX_j}=0$。另外,如果任何一个变量 $X_i$ 都是确定的,那么, $\mu_i=X_i$ 和 $\sigma_i=0$。在我们的近似中,只保留上面所示的项。为了演示如何使用式(4.34)和式(4.35),将它们展开为 $n=2$ 的情况,即

$$E\{Y\} \approx g(\mu_1,\mu_2) + \frac{1}{2}\left[\frac{\partial^2 g(\mu_1,\mu_2)}{\partial X_1^2}\text{Cov}\{X_1,X_1\} + \frac{\partial^2 g(\mu_1,\mu_2)}{\partial X_1 \partial X_2}\text{Cov}\{X_1,X_2\} + \frac{\partial^2 g(\mu_1,\mu_2)}{\partial X_2 \partial X_1}\text{Cov}\{X_2,X_1\} + \frac{\partial^2 g(\mu_1,\mu_2)}{\partial X_2^2}\text{Cov}\{X_2,X_2\}\right]$$

$$= g(\mu_1,\mu_2) + \frac{1}{2}\left[\frac{\partial^2 g(\mu_1,\mu_2)}{\partial X_1^2}\sigma_1^2 + 2\frac{\partial^2 g(\mu_1,\mu_2)}{\partial X_1 \partial X_2}\rho_{12}\sigma_1\sigma_2 + \frac{\partial^2 g(\mu_1,\mu_2)}{\partial X_2^2}\sigma_2^2\right]$$

(4.36)

$$\sigma_Y^2 \approx \left(\frac{\partial g(\mu_1,\mu_2)}{\partial X_1}\right)^2\sigma_1^2 + 2\left(\frac{\partial g(\mu_1,\mu_2)}{\partial X_1}\right)\left(\frac{\partial g(\mu_1,\mu_2)}{\partial X_2}\right)\rho_{12}\sigma_1\sigma_2 + \left(\frac{\partial g(\mu_1,\mu_2)}{\partial X_2}\right)^2\sigma_2^2$$

(4.37)

注意:在上面的表达式中,只保留了 $\sigma^2$ 阶的项。

**例 4.11 两个随机变量的简单函数**

将式(4.36)和式(4.37)应用于矩形截面矩关系 $I=bh^3/12$,其中底 $b$ 和高 $h$ 是已知均值和方差的随机变量。

**解:** 均值的一项和两项( $\sigma^2$ 阶)近似值,对于一阶近似,有

$$E\{I\}_1 = \frac{1}{12}\mu_b\mu_h^3$$

对于二阶近似,利用式(4.36),有

$$E\{I\}_2 = g(\mu_b,\mu_h) + \frac{1}{2}\left[\frac{\partial^2 g(\mu_b,\mu_h)}{\partial b^2}\sigma_b^2 + 2\frac{\partial^2 g(\mu_b,\mu_h)}{\partial b \partial h}\rho_{bh}\sigma_b\sigma_h + \frac{\partial^2 g(\mu_b,\mu_h)}{\partial h^2}\sigma_h^2\right]$$

$$= \frac{1}{12}\mu_b\mu_h^3 + \frac{1}{2}\left[0\times\sigma_b^2 + 2\frac{\mu_h^2}{4}\rho_{bh}\sigma_b\sigma_h + \frac{\mu_b\mu_h}{2}\sigma_h^2\right]$$

$$\text{Var}\{I\} = \left(\frac{\partial g(\mu_b,\mu_h)}{\partial b}\right)^2\sigma_b^2 + 2\left(\frac{\partial g(\mu_b,\mu_h)}{\partial b}\right)\left(\frac{\partial g(\mu_b,\mu_h)}{\partial h}\right)\rho_{bh}\sigma_b\sigma_h + \left(\frac{\partial g(\mu_b,\mu_h)}{\partial h}\right)^2\sigma_h^2$$

$$= \left(\frac{1}{12}\mu_h^3\right)^2\sigma_b^2 + 2\left(\frac{1}{12}\mu_h^3\right)\left(\frac{1}{4}\mu_b\mu_h^2\right)\rho_{bh}\sigma_b\sigma_h + \left(\frac{1}{4}\mu_b\mu_h^2\right)^2\sigma_h^2$$

如果 $b$ 和 $h$ 是不相关的,那么,$\rho_{bh}=0$。假设 $\mu_b=2\text{cm}$,$\mu_h=3\text{cm}$,$\rho_{bh}=0.5$,$\sigma_b=0.2\text{cm}$ 和 $\sigma_h=0.3\text{cm}$,然后,有

$$E\{I\}_1 = \frac{1}{12} 2 \times 3^3 = 4.5\text{cm}^4$$

$$E\{I\}_2 = 4.5 + \frac{1}{2}\left[2\frac{3^2}{4}\times 0.5 \times 0.2 \times 0.3 + \frac{2\times 3}{2}\times 0.3^2\right] = 4.5 + 0.2 = 4.7\text{cm}^4$$

$$\text{Var}\{I\} = \left(\frac{1}{12}\times 3^3\right)\times 0.2^2 + 2\left(\frac{1}{12}\times 3^3\right)\left(\frac{1}{4}\times 2 \times 3^2\right)0.5 \times 0.2 \times 0.3 +$$

$$\left(\frac{1}{4}\times 2\times 3^2\right)^2 \times 0.3^2$$

$$= 0.20 + 0.61 + 1.82 = 2.63\text{cm}^8$$

$$\sigma_I = \sqrt{2.63} = 1.62\text{cm}^4$$

一般来说,二阶项的贡献比一阶项要小得多,但并非总是这样。

### 例 4.12 张力单元的伸长量

在桁架中经常遇到使用张力单元的情况。延展量 $\Delta$ 的表达式是通过结合以下关系来发现的:应力-应变 $s=E\varepsilon$,应力-力 $s=F/A$,以及应变-位移 $\varepsilon=\Delta/L$,则有结果

$$\Delta = g(F,L,A,E) = \frac{FL}{AE}$$

只使用一项泰勒级数近似,并假设所有的随机变量($X_{i,i=1,2,3,4}=F,L,A,E$)是不相关的,估计均值和方差。

**解:** 通过替换方程 $\Delta$ 中的每一个变量的均值来近似均值

$$\mu_\Delta \simeq \frac{\mu_F \mu_L}{\mu_A \mu_E} \tag{4.38}$$

对于 $\sigma^2$ 阶,不相关的随机变量的方差近似于

$$\sigma_\Delta^2 \approx \sum_{i=1}^n \left(\frac{\partial g(\mu_1,\mu_2,\mu_3,\mu_4)}{\partial X_i}\right)^2 \sigma_i^2$$

$$= \left(\frac{\partial g}{\partial F}\right)^2 \sigma_F^2 + \left(\frac{\partial g}{\partial L}\right)^2 \sigma_L^2 + \left(\frac{\partial g}{\partial A}\right)^2 \sigma_A^2 + \left(\frac{\partial g}{\partial E}\right)^2 \sigma_E^2$$

$$= \left(\frac{\mu_L}{\mu_A \mu_E}\right)^2 \sigma_F^2 + \left(\frac{\mu_F}{\mu_A \mu_E}\right)^2 \sigma_L^2 + \left(-\frac{\mu_F \mu_L}{\mu_A^2 \mu_E}\right)^2 \sigma_A^2 + \left(-\frac{\mu_F \mu_L}{\mu_A \mu_E^2}\right)^2 \sigma_E^2 \tag{4.39}$$

如果任意一个变量 $X_i$ 是确定的,那么,$\sigma_i=0$。一般来说,方差最大的参数对输出方差 $\sigma_\Delta^2$ 的影响最大,对于下列参数值,有

$$(\mu_F, \sigma_F) = (15000, 750) \text{lb}$$
$$(\mu_A, \sigma_A) = (1, 0.05) \text{in}^2$$
$$(\mu_L, \sigma_L) = (250, 2.5) \text{in}$$
$$(\mu_E, \sigma_E) = (30 \times 10^6, 0.45 \times 10^6) \text{psi}$$

可以得到

$$\mu_\Delta \approx \frac{15000 \times 250}{1 \times 30 \times 10^6} = 0.125 \text{in}$$

$$\sigma_\Delta^2 = \left(\frac{250}{1 \times 30 \times 10^6}\right)^2 750^2 + \left(\frac{15000}{1 \times 30 \times 10^6}\right)^2 2.5^2 + \left(-\frac{15000}{1 \times 30 \times 10^6}\right)^2 0.05^2 +$$
$$\left(\frac{15000 \times 250}{1 \times (30 \times 10^6)^2}\right)^2 (0.45 \times 10^6)^{22}$$
$$= 3.91 \times 10^{-5} + 1.56 \times 10^{-6} + 3.91 \times 10^{-5} + 3.52 \times 10^{-6}$$
$$= 8.33 \times 10^{-5} \text{in}^2$$

$$\sigma_\Delta = 9.13 \times 10^{-3} \text{in}$$

通过这种方式,可以确定哪些数据对总体方差有很大的影响。在这里,力和面积方差的影响比长度和弹性模量大一个数量级。此外,如果假设 $\Delta$ 的大多数实现都是高斯式的,并且在平均值的3个标准差范围内,那么,由 $(\mu_\Delta, \sigma_\Delta) = (0.125 \text{in}, 9.13 \times 10^{-3} \text{in})$ 可以这样表示

$$\Delta = \mu_\Delta \pm 3\sigma_\Delta = 0.125 \pm 0.027 \text{in}$$

系统参数的变化系数 $\delta = \sigma/\mu$ 为

$$\delta_F = 0.05, \delta_A = 0.05, \delta_L = 0.01, \delta_E = 0.015, \delta_\Delta = 0.07304$$

正如预期,因为不确定性的累积,参数 $\Delta$ 的变化系数是系统参数的函数,是最大的。

**例4.13 4个随机变量具有相关性的函数**

测试前一个例子中4个随机变量之间的相关性的影响。

**解**:首先推广式(4.38)和式(4.39)使其包括所有随机变量之间的相关性。由式(4.34)和式(4.35),具有4个相关随机变量的任何函数的一般关系,$Y = g(X_1, X_2, X_3, X_4)$,对于 $\sigma^2$ 阶,有

$$E\{Y\} \approx g(\mu_1, \mu_2, \mu_3, \mu_4) +$$
$$\frac{1}{2}\left\{\frac{\partial^2 g}{\partial X_1^2}\sigma_1^2 + \frac{\partial^2 g}{\partial X_2^2}\sigma_2^2 + \frac{\partial^2 g}{\partial X_3^2}\sigma_3^2 + \frac{\partial^2 g}{\partial X_4^2}\sigma_4^2 + \right.$$
$$2\frac{\partial^2 g}{\partial X_1 \partial X_2}\rho_{12}\sigma_1\sigma_2 + 2\frac{\partial^2 g}{\partial X_1 \partial X_3}\rho_{13}\sigma_1\sigma_3 + 2\frac{\partial^2 g}{\partial X_1 \partial X_4}\rho_{14}\sigma_1\sigma_4 +$$
$$\left. 2\frac{\partial^2 g}{\partial X_2 \partial X_3}\rho_{23}\sigma_2\sigma_3 + 2\frac{\partial^2 g}{\partial X_2 \partial X_4}\rho_{24}\sigma_2\sigma_4 + 2\frac{\partial^2 g}{\partial X_3 \partial X_4}\rho_{34}\sigma_3\sigma_4 \right\}$$

$$\text{Var}\{Y\} \approx \left(\frac{\partial g}{\partial X_1}\right)^2 \sigma_1^2 + \left(\frac{\partial g}{\partial X_2}\right)^2 \sigma_2^2 + \left(\frac{\partial g}{\partial X_3}\right)^2 \sigma_3^2 + \left(\frac{\partial g}{\partial X_4}\right)^2 \sigma_4^2 +$$

$$2\frac{\partial g}{\partial X_1}\frac{\partial g}{\partial X_2}\rho_{12}\sigma_1\sigma_2 + 2\frac{\partial g}{\partial X_1}\frac{\partial g}{\partial X_3}\rho_{13}\sigma_1\sigma_3 + 2\frac{\partial g}{\partial X_1}\frac{\partial g}{\partial X_4}\rho_{14}\sigma_1\sigma_4 +$$

$$2\frac{\partial g}{\partial X_2}\frac{\partial g}{\partial X_3}\rho_{23}\sigma_2\sigma_3 + 2\frac{\partial g}{\partial X_2}\frac{\partial g}{\partial X_4}\rho_{24}\sigma_2\sigma_4 + 2\frac{\partial g}{\partial X_3}\frac{\partial g}{\partial X_4}\rho_{34}\sigma_3\sigma_4$$

然后,对于上个例子的函数,$\Delta = g(F,L,A,E) = FL/AE$,近似的均值和方差为

$$\mu_\Delta \approx g(\mu_F,\mu_L,\mu_A,\mu_E) +$$

$$\frac{1}{2}\left\{\frac{\partial^2 g}{\partial F^2}\sigma_F^2 + \frac{\partial^2 g}{\partial L^2}\sigma_L^2 + \frac{\partial^2 g}{\partial A^2}\sigma_A^2 + \frac{\partial^2 g}{\partial E^2}\sigma_E^2 +\right.$$

$$2\frac{\partial^2 g}{\partial F \partial L}\rho_{FL}\sigma_F\sigma_L + 2\frac{\partial^2 g}{\partial F \partial A}\rho_{FA}\sigma_F\sigma_A + 2\frac{\partial^2 g}{\partial F \partial E}\rho_{FE}\sigma_F\sigma_E +$$

$$\left.2\frac{\partial^2 g}{\partial L \partial A}\rho_{LA}\sigma_L\sigma_A + 2\frac{\partial^2 g}{\partial L \partial E}\rho_{LE}\sigma_L\sigma_E + 2\frac{\partial^2 g}{\partial A \partial E}\rho_{AE}\sigma_A\sigma_E\right\}$$

和

$$\text{Var}\{Y\} \approx \left(\frac{\partial g}{\partial F}\right)^2 \sigma_F^2 + \left(\frac{\partial g}{\partial L}\right)^2 \sigma_L^2 + \left(\frac{\partial g}{\partial A}\right)^2 \sigma_A^2 + \left(\frac{\partial g}{\partial E}\right)^2 \sigma_E^2 +$$

$$2\frac{\partial^2 g}{\partial F \partial L}\rho_{FL}\sigma_F\sigma_L + 2\frac{\partial g}{\partial F}\frac{\partial g}{\partial E}\rho_{FE}\sigma_F\sigma_E + 2\frac{\partial g}{\partial F}\frac{\partial g}{\partial A}\rho_{FA}\sigma_F\sigma_A +$$

$$2\frac{\partial g}{\partial L}\frac{\partial g}{\partial E}\rho_{LE}\sigma_L\sigma_E + 2\frac{\partial g}{\partial L}\frac{\partial g}{\partial A}\rho_{LA}\sigma_L\sigma_A + 2\frac{\partial g}{\partial E}\frac{\partial g}{\partial A}\rho_{EA}\sigma_E\sigma_A$$

用 $FL/AE$ 替换 $g(F,L,A,E)$,均值和方差是由下式给出,即

$$\mu_\Delta \approx \frac{\mu_F\mu_L}{\mu_A\mu_E} + \frac{1}{2}\left\{0 + 0 + 2\frac{\mu_F\mu_L}{\mu_A^3\mu_E}\sigma_A^2 + 2\frac{\mu_F\mu_L}{\mu_A\mu_E^3}\sigma_E^2 +\right.$$

$$2\frac{1}{\mu_A\mu_E}\rho_{FL}\sigma_F\sigma_L - 2\frac{1}{\mu_A^2\mu_E}\rho_{FA}\sigma_F\sigma_A - 2\frac{1}{\mu_A\mu_E^2}\rho_{FE}\sigma_F\sigma_E -$$

$$\left.2\frac{\mu_F}{\mu_A^2\mu_E}\rho_{LA}\sigma_L\sigma_A - 2\frac{\mu_F}{\mu_A\mu_E^2}\rho_{LE}\sigma_L\sigma_E + 2\frac{\mu_F\mu_L}{\mu_A^2\mu_E^2}\rho_{AE}\sigma_A\sigma_E\right\}$$

然后得到

$$\text{Var}\{\Delta\} \approx \left(\frac{\mu_L}{\mu_A\mu_E}\right)^2 \sigma_F^2 + \left(\frac{\mu_F}{\mu_A\mu_E}\right)^2 \sigma_L^2 + \left(-\frac{\mu_L\mu_F}{\mu_A^2\mu_E}\right)^2 \sigma_A^2 + \left(-\frac{\mu_L\mu_F}{\mu_A\mu_E^2}\right)^2 \sigma_E^2 +$$

$$2\frac{\mu_L\mu_F}{\mu_A^2\mu_E^2}\rho_{FL}\sigma_F\sigma_L - 2\frac{\mu_L^2\mu_F}{\mu_A^3\mu_E^2}\rho_{FA}\sigma_F\sigma_A - 2\frac{\mu_L^2\mu_F}{\mu_A^2\mu_E^{23}}\rho_{FE}\sigma_F\sigma_E -$$

$$2\frac{\mu_L\mu_F^2}{\mu_A^3\mu_E^2}\rho_{LA}\sigma_L\sigma_A - 2\frac{\mu_L\mu_F^2}{\mu_A^2\mu_E^3}\rho_{LE}\sigma_L\sigma_E + 2\frac{\mu_L^2\mu_F^2}{\mu_A^3\mu_E^3}\rho_{AE}\sigma_A\sigma_E$$

例 4.12 中给出的参数值以及各自假定的相关系数如下所示：

$$(\mu_F, \mu_F) = (15000, 750) \text{lb}$$

$$(\mu_L, \mu_L) = (250, 2.5) \text{in}$$

$$(\mu_A, \mu_A) = (1, 0.05) \text{in}^2$$

$$(\mu_E, \mu_E) = (30 \times 10^6, 0.45 \times 10^6) \text{psi}$$

$$\rho_{FL} = 0.1, \rho_{FA} = 0.1, \rho_{FE} = 0.1$$

$$\rho_{LA} = 0.5, \rho_{LE} = 0.1, \rho_{AE} = 0.1$$

代入上面平均值的近似值中，我们发现

$$\mu_\Delta \approx \frac{15000 \times 250}{1 \times 30 \times 10^6} + \frac{1}{2}\Big\{ 0 + 0 + \frac{2 \times 15000 \times 250}{1^3 \times 30 \times 10^6} \times 0.05^2 +$$

$$2 \times \frac{15000 \times 250}{1 \times (30 \times 10^6)^3}(0.45 \times 10^6)^2 + 2 \times \frac{1}{1 \times 30 \times 10^6} \times 0.1 \times 750 \times 2.5 -$$

$$2 \times \frac{250}{1^2 \times 30 \times 10^6} \times 0.1 \times 750 \times 0.05 - 2 \times \frac{250}{1 \times (30 \times 10^6)^2} \times 0.1 \times 750 \times 0.45 \times 10^6 -$$

$$2 \times \frac{15000}{1^2 \times 30 \times 10^6} \times 0.05 \times 2.5 \times 0.05 - 2 \times \frac{15000}{1^2 \times (30 \times 10^6)^2} \times$$

$$0.1 \times 2.5 \times 0.45 \times 10^6 + 2 \times \frac{15000 \times 250}{1^2 \times (30 \times 10^6)^2} \times 0.1 \times 0.5 \times 0.45 \times 10^6 \Big\}$$

$$= 0.125 + \frac{1}{2}\{6.25 \times 10^{-4} + 5.625 \times 10^{-5} + 1.25 \times 10^{-5} -$$

$$6.25 \times 10^{-5} - 1.875 \times 10^{-5} - 6.25 \times 10^{-6} - 3.75 \times 10^{-6} + 1.875 \times 10^{-4}\}$$

$$= 0.125 + 3.95 \times 10^{-4}$$

$$= 0.1254 \text{in}$$

其中粗体值是 $\sigma^2$ 阶项的贡献（即上式的 $3.95 \times 10^{-4}$），且

$$\text{Var}\{\Delta\} \approx 8.3203 \times 10^{-5} - \mathbf{1.4531 \times 10^{-5}} = 6.8672 \times 10^{-5} \text{in}^2$$

相关项是粗体的（即上式的 $\mathbf{1.4531 \times 10^{-5}}$），因此，对于平均值来说，修正到 $3.95 \times 10^{-4}/0.125 = 0.00316$ 或 $0.316\%$ 的第四个有效数字，并且对于方差的修正是 $1.4531/8.3203 = 0.17465$ 或 $-17.5\%$。

### 例 4.14 两个随机变量的抛物运动模型

考虑以初始速度矢量和如图 4.19 所示的轨迹运动的抛射体。距离 $R$ 是初始速度 $V_0$ 和仰角 $a$ 的函数,$R = g(V_0, a)$。估算 $R$,给定以下条件:

$$\mu_a = 30° = \frac{\pi}{6} \text{rad}, \quad \delta_a = 0.10$$

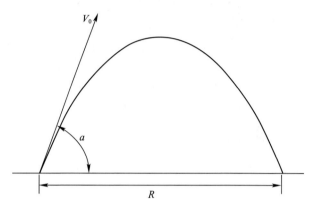

图 4.19 初始速度 $V_0$ 入射角 $a$ 为随机变量的抛物线

和

$$\mu_{V_0} = 300 \text{m/s}, \quad \sigma_{V_0} = 35 \text{m/s}$$

**解**:基本运动学提供了这 3 个变量之间的关系,即

$$R = \frac{V_0^2}{g} \sin 2a \tag{4.40}$$

式中:$g$ 是重力加速度。通过在式(4.40)中替换每个随机变量,得到平均值的一项近似值,即

$$\mu_R = \frac{\mu_{V_0}^2}{g} \sin 2\mu_a$$

$$= \frac{300^2}{9.81} \sin \frac{\pi}{3} = 7950 \text{m}$$

这个函数(两随机变量)的 $\sigma^2$ 阶的方差估计值为

$$\sigma_R^2 \approx \left(\frac{\partial g(\mu_{V_0}, \mu_a)}{\partial V_0}\right)^2 \sigma_{V_0}^2 + 2\left(\frac{\partial g(\mu_{V_0}, \mu_a)}{\partial V_0}\right)\left(\frac{\partial g(\mu_{V_0}, \mu_a)}{\partial a}\right) \rho_{V_0 a} \sigma_{V_0} (\delta_a \mu_a) +$$

$$\left(\frac{\partial g(\mu_{V_0}, \mu_a)}{\partial a}\right)^2 (\delta_a \mu_a)^2$$

如果 $V_0$ 和 $a$ 在统计上是独立的,那么,$\rho_{V_0 a}=0$,方差由下式给出,即

$$\sigma_R^2 \approx \left(\frac{\partial g(\mu_{V_0},\mu_a)}{\partial V_0}\right)^2 \sigma_{V_0}^2 + \left(\frac{\partial g(\mu_{V_0},\mu_a)}{\partial a}\right)^2 (\delta_a \mu_a)^2$$

$$= \left(\frac{2\mu_{V_0}}{g}\sin 2\mu_a\right)^2 \sigma_{V_0}^2 + \left(\frac{2\mu_{V_0}^2}{g}\cos 2\mu_a\right)^2 (\delta_a \mu_a)^2$$

$$= \left(\frac{2 \cdot 300}{9.8}\sin\frac{\pi}{3}\right)^2 35^2 + \left(\frac{2 \cdot 300^2}{9.8}\cos\frac{\pi}{3}\right)^2 \left(\frac{0.1 \cdot \pi}{6}\right)^2$$

$$= 3.444 \times 10^6 + 2.312 \times 10^5 = 3.675 \times 10^6$$

$$\sigma_R \approx \sqrt{3.675 \times 10^6} = 1920 \text{m}$$

为了衡量 $V_0$ 和 $a$ 之间的任何相关性的影响,计算两个例子的 $\sigma_R$。对于 $\rho_{V_0 a}=+1$,有

$$\sigma_R^2 \approx \left(\frac{2\mu_{V_0}}{g}\sin 2\mu_a\right)^2 \sigma_{V_0}^2 + 2\left(\frac{2\mu_{V_0}}{g}\sin 2\mu_a\right)\left(\frac{2\mu_{V_0}^2}{g}\cos 2\mu_a\right)\rho_{V_0 a}\sigma_{V_0}(\delta_a\mu_a) +$$

$$\left(\frac{2\mu_{V_0}^2}{g}\cos 2\mu_a\right)^2 (\delta_a\mu_a)^2$$

$$= \left(\frac{2 \cdot 300}{9.8}\sin\frac{\pi}{3}\right)^2 35^2 + 2\left(\frac{2 \cdot 300}{9.8}\sin\frac{\pi}{3}\right)\left(\frac{2 \cdot 300^2}{9.8}\cos\frac{\pi}{3}\right)(+1)(35)\left(\frac{0.1 \cdot \pi}{6}\right) +$$

$$\left(\frac{2 \cdot 300^2}{9.8}\cos\frac{\pi}{3}\right)^2 \left(\frac{0.1 \cdot \pi}{6}\right)^2$$

$$= 3.444 \times 10^6 + 1.7847 \times 10^6 + 2.312 \times 10^5$$

$$= 5.4598 \times 10^6$$

$$\sigma_R \approx \sqrt{5.4598 \times 10^6} = 2340 \text{m}$$

对于 $\rho_{V_0 a}=-1$,有

$$\sigma_R^2 \approx \left(\frac{2 \cdot 300}{9.8}\sin\frac{\pi}{3}\right)^2 35^2 + 2\left(\frac{2 \cdot 300}{9.8}\sin\frac{\pi}{3}\right)\left(\frac{2 \cdot 300^2}{9.8}\cos\frac{\pi}{3}\right)(-1)(35)\left(0.1 \times \frac{\pi}{6}\right) +$$

$$\left(\frac{2 \cdot 300^2}{9.8}\cos\frac{\pi}{3}\right)^2 \left(0.1 \times \frac{\pi}{6}\right)^2$$

$$= 3.4439 \times 10^6 - 1.7847 \times 10^6 + 2.312 \times 10^5$$

$$= 1.8904 \times 10^6$$

$$\sigma_R \approx \sqrt{1.8904 \times 10^6} = 1370 \text{m}$$

这两个随机变量之间的相关性对距离的方差有显著的影响。对于 $\rho = \pm 1$,$V_0$ 和 $a$ 之间是线性关系。$A+1$ 相关增加了 $R$ 的方差而 $a-1$ 相关减少了 $R$ 的方差。这些计算为分析者提供了所有相关系数的方差范围,作为一个设计过程的一部分,这些知识是有用的。

## 4.4 蒙特卡罗法

一般蒙特卡罗法是指用于解决一些精确解法无法求解的实际的随机[①]和复杂问题的数值方法,蒙特卡罗法是基于对参量与变量之间的潜在确定性关系的认识。蒙特卡罗分析可以被看作是一个计算性的实验,它会产生一个精确到计算机精确程度的解决方案。

该程序的步骤顺序如下。

(1) 定义确定性问题和相关方程。

(2) 识别随机参数及其概率密度或平均值和方差。

(3) 使用一个随机数生成器生成一个随机分布在 0~1 的随机数字列表。

(4) 使用这些随机数字来选择要分析的问题中的随机变量的实现,这可能需要转换到适当的密度。

(5) 把这些结果代入前面提到的确定性方程并解出所需的输出结果。

(6) 多次重复这个过程,以生成一组输出值。

(7) 对这组输出值进行统计分析,以找到它们的均值和方差。

这个过程适合解决一些简单的问题,包括具有均匀和高斯分布密度的变量。

### 4.4.1 独立均匀随机数

图 4.20 显示了一个随机变量 $X$ 的累积概率分布函数,在 $[a,b]$ 范围内的概率密度是一致的,该函数是一条通过坐标 $[a,0]$ 和 $[b,1]$ 的直线。

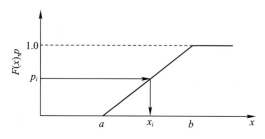

图 4.20 累积均匀分布函数(每个 $p_i$ 对应一个 $x_i$)

当一个随机数被选中时,它被解释为在垂直轴上输入的概率 $p_i$。沿着这个值传递到分布曲线,然后向下对应到横坐标会得到随机变量 $x_i$。这可以通过图形化的方式完成,但是使用分布等式更容易理解。在这个例子中,有

$$x_i = a + (b-a)p_i \tag{4.41}$$

---

[①] 应用统计方法来解决复杂的确定性问题是一个众所周知的过程。蒙特卡罗法最初用于估计定积分。

式中：$p_i = F_X(x_i) = \Pr(X \leq x_i)$，因此，有必要在$[0,1]$范围内均匀地生成随机数。表4.2提供了一个使用 MAPLE 生成的随机数列表。

表4.2 $[0,1]$内均匀分布随机数取样

| 0.42742 | 0.32111 | 0.34363 | 0.47426 | 0.55846 | 0.74675 | 0.03206 |
| --- | --- | --- | --- | --- | --- | --- |
| 0.25981 | 0.31008 | 0.79718 | 0.03917 | 0.08843 | 0.96050 | 0.81292 |
| 0.95105 | 0.14649 | 0.15559 | 0.42939 | 0.52543 | 0.27260 | 0.21976 |
| 0.28134 | 0.79250 | 0.75121 | 0.62836 | 0.31375 | 0.00586 | 0.07481 |
| 0.13554 | 0.99164 | 0.45261 | 0.74287 | 0.50254 | 0.19905 | 0.82524 |
| 0.79539 | 0.62948 | 0.73645 | 0.40159 | 0.17831 | 0.91483 | 0.28131 |
| 0.60513 | 0.55292 | 0.89152 | 0.62032 | 0.91285 | 0.52572 | 0.44747 |
| 0.15763 | 0.88250 | 0.33906 | 0.06591 | 0.11952 | 0.57416 | 0.15065 |
| 0.68159 | 0.70974 | 0.23110 | 0.69380 | 0.18830 | 0.01082 | 0.05431 |
| 0.02581 | 0.12102 | 0.66529 | 0.09740 | 0.78042 | 0.98779 | 0.67420 |
| 0.72297 | 0.45375 | 0.67598 | 0.64384 | 0.99190 | 0.45410 | 0.98149 |

**例 4.15 生成 5 个均匀随机数字**

使用表4.3生成5个随机分布的数字，平均值为9.76，标准偏差为1.15。

表4.3 取样数对应值

| 样本数 $i$ | 随机数 $p_i$ | 生成数 $x_i, \mu = 9.76, \sigma = 1.15$ |
| --- | --- | --- |
| 1 | 0.42742 | 9.4708 |
| 2 | 0.25981 | 8.8031 |
| 3 | 0.95105 | 11.557 |
| 4 | 0.28134 | 8.8889 |
| 5 | 0.13554 | 8.3080 |

**解**：利用均匀密度的性质，可以发现均值和方差为

$$\mu = \frac{a+b}{2}$$

$$\sigma^2 = \frac{1}{12}(b-a)^2$$

求解均匀密度的上界和下界，我们得到 $b = 11.752$ 和 $a = 7.768$。从表格中选择前5个随机数字，并使用最开始的5个对应值

$$x_i = 7.768 + (11.752 - 7.768)p_i$$

给出表4.3中所列的结果，表中任意5个随机数字都可以使用。计算 $x_i$ 是蒙特卡罗程序的第一步。将对应的 $x_i$ 代入正在研究的方程式。

**例 4.16 蒙特卡罗法求解静力梁**

假设一个长度为 $L = 25\text{ft}(1\text{ft} = 30.48\text{cm})$ 的悬臂梁，左端固定，右端施加一个向

上的力 $R$，如图 4.21 所示。这根梁的固定重量是 $w = 100\text{lb/ft}$。力 $R$ 是一个均匀的随机变量，平均值 $\mu_R = 9760\text{lb}$，方差系数 $\delta_R = 0.11783$。估计固定端的剪切力 $V$ 和力矩 $M$。

**解**：我们使用从表 4.2 中生成的随机数字 $p_i$ 来解决这个问题。

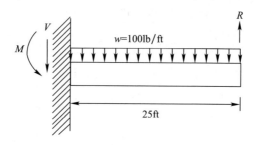

图 4.21　在确定的均匀载荷 $w$ 和集中随机力 $R$ 作用下的悬臂梁

固定端的剪力和弯矩分别为

$$V = R - wL = R - 2500\text{lb}$$

$$M = -RL + wL\left(\frac{L}{2}\right) = -25R + 31250\text{lb} \cdot \text{ft}$$

它们都是随机变量 $R$ 的函数。利用已知的 $\mu_R$ 和 $\delta$ 可得

$$\sigma_R = \mu_R \delta = 9760 \times 0.11783 = 1150\text{ft}$$

均匀密度的上限和下限 $a = 7768, b = 11752$。

我们使用表 4.2 来先生成 $R$。对于每一个 $R_i$，我们使用下列转换来计算 $V_i$ 和 $M_i$，即

$$V_i = R_i - 2500$$

$$M_i = -25R_i + 31250$$

式中

$$R_i = a + (b - a)p_i$$

剪力和弯矩的样例生成如表 4.4 所列。这些样本 $V$ 和 $M$ 可以被平均来估计它们各自的均值和标准偏差，如表 4.5[①] 所列的结果（我们认识到在应用问题中有 10 个样本点是不够的）。作为计算的一部分，每个周期结束时的均值和方差可以计算出来，这样就可以观察到计算出的值是否收敛于规定的值，一旦均值和方差的变化低于这个规定的值，就可以停止模拟。

---

①　离散数据的均值和方差由下获得

$$\mu_X = \frac{1}{n}\sum_{i=1}^{n} x_i, \quad \sigma_X = \sqrt{\sum_{i=1}^{n} \frac{(x_i - \mu_x)^2}{n-1}}$$

表4.4 $V$和$M$的样本值

| $p_i$ | $R_i$ | $V_i = R_i - 2500 (\text{lb})$ | $M_i = -25R_i + 31250 (\text{lb} \cdot \text{ft})$ |
|---|---|---|---|
| 0.42742 | 9470.8 | 6970.8 | $-2.0552 \times 10^5$ |
| 0.25981 | 8803.1 | 6303.1 | $-1.8883 \times 10^5$ |
| 0.95105 | 11557 | 9057.0 | $-2.5786 \times 10^5$ |
| 0.28134 | 8888.9 | 6388.9 | $-1.9097 \times 10^5$ |
| 0.13554 | 8308.0 | 5808.0 | $-1.7633 \times 10^5$ |
| 0.32111 | 9047.3 | 6547.3 | $-1.9493 \times 10^5$ |
| 0.31008 | 9003.4 | 6503.4 | $-1.9384 \times 10^5$ |
| 0.14649 | 8351.6 | 5851.6 | $-1.7754 \times 10^5$ |
| 0.79250 | 10925 | 8425.0 | $-2.4188 \times 10^5$ |
| 0.99164 | 11719 | 9219.0 | $-2.6173 \times 10^5$ |

表4.5 $V$和$M$的样本统计值

| $p_i$ | $V/\text{lb}$ | $M/(\text{lb} \cdot \text{ft})$ |
|---|---|---|
| $\mu$ | 7107.4 | $-2.0892 \times 10^5$ |
| $\sigma$ | 1296.2 | $0.3076 \times 10^5$ |
| $\delta$ | 0.18237 | 0.14721 |

注意:在这个例子中,均值是负数,标准差是(总是)正数,而变化系数也是正数,因为它是由均值标准化的发散的度量。

### 4.4.2 独立正态随机数

许多应用程序都有随机变量,它们不是均匀分布的,而是以其他方式分布的。正态密度是一种常见的随机模型,有两种根据分布直接生成随机数的方法:一种方法是生成标准的统一随机数,然后将它们输入标准的正态值表,以查找相应的标准正态随机数;另一种方法是使用随机数字生成器生成正态的随机数。

第一种方法:

从标准统一的数字列表中选择一个随机数 $p_i$;

(1)使用这个数字作为标准正态数表中的入口点,以一种反过程演算,输入累积概率 $p_i$ 并读取标准的正态数 $s_i$。

(2)使用 $s_i$ 去求一个利用正态和标准正态转换关系 $x = \mu_X + s\sigma_X$ 得到的均值为 $\mu_X$ 和标准差为 $\sigma_X$ 的正态变量 $X$ 的生成值 $x$。

如果我们从标准正态表中取第一个数 0.42742,并用它作为标准正态表[①]的入口点,则得到 $s \approx -0.18$,所以 $x = \mu_X - 0.18\sigma_X$。

---

① 标准正态表与标准正态密度的数字表不同。

第二种方法：

我们生成 20 个标准正态随机数字，如表 4.6 所列（这些标准正态随机数字也可以使用 Box – Muller 方法生成，如例 12.8）。假设需要生成均值为 $\mu_X = 15$、标准差 $\sigma_X = 3$ 的 5 个正态随机数字。实现该步骤的方法是从表 4.6 中选择 5 个标准正态随机数字，然后应用正态 $x$ 和标准正态变量 $s$ 之间的转换关系，得出

$$s = \frac{x - \mu_X}{\sigma_X} = \frac{x - 15}{3}$$

或 $x = 3s + 15$。利用 $s$ 前 5 个值，得到我们正在寻找的 $x$ 值，如表 4.7 所列。这些 $x$ 的值将被用来生成变量 $X$。

表 4.6　标准正态随机数

| 0.58885 | - 0.48187 | - 0.50652 | - 0.13616 | 0.96148 |
| --- | --- | --- | --- | --- |
| - 1.3286 | 1.5813 | - 0.23290 | - 0.42309 | 0.16112 |
| $4.1952 \times 10^{-2}$ | 0.77828 | - 0.19540 | 0.91004 | 0.85910 |
| - 0.46021 | 0.52954 | 0.19337 | 2.0204 | - 0.36170 |

表 4.7　标准正态随机数 $x$（$\mu_X = 15$ 和 $\sigma_X = 3$）

| $s$ | $x = \mu_X + s\sigma_X$ |
| --- | --- |
| 0.58885 | 16.767 |
| - 1.3286 | 11.014 |
| 0.04195 | 15.216 |
| - 0.46021 | 13.619 |
| - 0.48187 | 13.554 |

### 4.4.3　离散化过程

如果由实验数据来创建分布函数就可能相当复杂。一个复杂的分布曲线可以被离散化成一系列直线。这种任意的累积概率分布可以被离散化成许多直线段并保持任何精度。离散化后，任意累积概率分布函数看起来就如图 4.22 所示的示意图。

假设曲线被离散化成 $n$ 个段，这相当于将垂直概率轴离散化为 $m$ 段，$\Delta_p = 1/m$。图中用下标 $j$ 标识这些点。每个 $p_i$ 对应于一个 $x_j$。当 $F^{-1}(x)$ 的显式表达式未知时，采用数值法获得 $x_j$。

对于 $p_j$ 到 $p_{j+1}$ 之间的任何标准均匀随机数 $p_i$，直线段的方程为

$$x_i = x_j + \left[ \frac{x_{j+1} - x_j}{p_{j+1} - p_j} \right] (p_i - p_j) \tag{4.42}$$

这个方程和式（4.41）是一样的。因此，同样的过程可以应用于任何概率分布。为了演示这个过程，考虑随机变量 $X$ 的下列密度函数

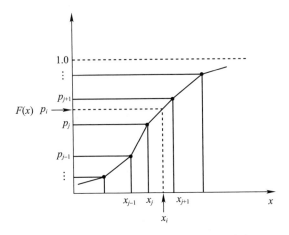

图 4.22 一般蒙特卡罗法的离散累积分布

$$f_X(x) = \begin{cases} 0, & x \leq 25 \\ 1/20, & 25 < x \leq 35 \\ 0, & 35 < x \leq 50 \\ 1/20, & 50 < x \leq 60 \end{cases} \quad (4.43)$$

为了实现根据给定的概率密度生成随机变量 $X$,需要相应的累积分布。它可以使用定义 $F_X(x) = \int_{-\infty}^{x} f_X(x)$ 来派生,如图 4.23 所示。

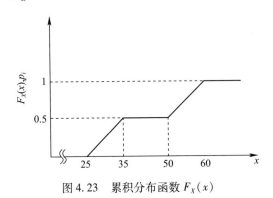

图 4.23 累积分布函数 $F_X(x)$

### 例 4.17 使用离散化生成随机数

根据图 4.23 所示的累积分布,得到 3 个随机分布数。

**解**:我们使用表 4.2 中列出的前 3 个标准均匀随机数,将它们代入到式(4.42)中。点 $(x_j,p_j)$ 和 $(x_{j+1},p_{j+1})$ 是每一条线段的端点。结果在表 4.8 中进行了总结。这种方法对于用直线近似法模拟实验确定的分布是很有用的。

表 4.8　离散变换的随机数

| $p_i$ | $x_i = x_j + \left(\dfrac{x_{j+1}-x_j}{p_{j+1}-p_j}\right)(p_i-p_j)$ | $x_i$ |
|---|---|---|
| 0.42742 | $x_i = 25 + \left(\dfrac{35-25}{0.5-0}\right)(0.42742-0)$ | 33.548 |
| 0.25981 | $x_i = 25 + \left(\dfrac{35-25}{0.5-0}\right)(0.25981-0)$ | 30.196 |
| 0.95105 | $x_i = 25 + \left(\dfrac{60-50}{1.0-0.5}\right)(0.95105-0.5)$ | 59.021 |

### 4.4.4　联合分布随机变量的生成

我们考虑如何从独立的随机变量中生成随机数。这是对两个随机变量情况的演示，但是这个过程很容易推广。对于两个独立的随机变量 $X_1$ 和 $X_2$，联合概率密度函数可以表示为

$$f_{X_1X_2}(x_1,x_2) = f_{X_1}(x_1) f_{X_2|X_1}(x_2|x_1)$$

式中：$f_{X_1}(x_1)$ 是 $X_1$ 的边缘概率密度函数；$f_{X_2|X_1}(x_2|x_1)$ 是给定 $X_1=x_1$ 条件下 $X_2$ 的条件概率密度函数。

对应的联合累积分布函数为

$$F_{X_1X_2}(x_1,x_2) = F_{X_1}(x_1) F_{X_2|X_1}(x_2|x_1)$$

式中：$F_{X_1}(x_1)$ 是 $X_1$ 的边缘概率密度函数；$F_{X_2|X_1}(x_2|x_1)$ 是给定 $X_1=x_1$ 条件下 $X_2$ 的条件概率密度函数。

假设已经生成了一组均匀分布的随机数 $(u_1,u_2,\cdots,u_n)$，然后可以独立生成

$$x_1 = F_{X_1}^{-1}(u_1) \tag{4.44}$$

有了 $x_1$ 的数值，则 $F_{X_2|X_1}(x_2|x_1)$ 仅仅是 $x_2$ 的函数，然后用 $u_2$ 生成

$$x_2 = F_{X_2|X_1}^{-1}(u_2|x_1)$$

通过这种方式，可以按顺序生成一组独立的随机数。这种方法要求边缘条件函数和条件函数是可逆的。下面的例子展示了联合高斯随机变量的生成步骤。

**例 4.18　二元正态随机数**

正态随机变量 $(X,Y)$ 生成一组值为 $(x,y)$ 的随机数。

**解**：首先利用联合概率密度函数

$$f_{XY}(x_1,x_2) = f_X(x) f_{Y|X}(y|x)$$

其中条件概率密度函数为

$$f_{Y|X}(y|x) = \frac{1}{\sqrt{2\pi}\sigma_Y\sqrt{1-\rho^2}} \exp\left[-\frac{1}{2}\left(\frac{y-\mu_Y-\rho\left(\dfrac{\sigma_Y}{\sigma_X}\right)(x-\mu_X)}{\sigma_Y\sqrt{1-\rho^2}}\right)^2\right]$$

式中: $\sigma_Y \sqrt{1-\rho^2} = \sigma_{Y|x}$ 是 $Y$ 的条件标准差; $\rho$ 是相关系数。边缘概率密度函数为

$$f_X(x) = \frac{1}{\sqrt{2\pi}\sigma_X} \exp\left[-\frac{1}{2}\left(\frac{x-\mu_X}{\sigma_X}\right)^2\right]$$

式中所有的参数都很容易识别。

数 $x$ 是根据式(4.44),由均值为 $\mu_X$ 和标准差为 $\sigma_X$ 的正态随机变量 $X$ 生成的。给定 $x$ 的值,则 $Y$ 的条件均值为

$$E(Y|x) = \mu_Y + \rho \frac{\sigma_Y}{\sigma_X}(x-\mu_X)$$

由上述条件均值和条件标准差 $\sigma_{Y|x}$ 的正态概率分布函数生成一个 $y$ 值。因此,这一组值 $(x,y)$ 是从二元正态密度函数中得到的。

## 4.5 本章小结

工程和科学依赖于对物理过程建模的变量函数。如果这些变量的某些或全部都是随机变量,那么,就需要程序来推导与其他随机变量相关的变量的密度函数。对于简单的函数,这是可能的。对于更复杂的函数,就需要近似和数值方法,正如本章所解释的那样。

## 4.6 格言

- 不要相信统计数字,直到你仔细考虑他们没有说什么。——威廉·瓦特(William Watt)
- 物理模型与世界的区别就像地理地图与地球表面的区别一样。——利昂·布里渊(Leon Brillouin)
- 任何从未犯过错误的人,从来没有尝试过新事物。——阿尔伯特·爱因斯坦(Albert Einstein)
- 偶然的概念进入科学活动的第一步,因为没有任何观察是绝对正确的,我认为偶然性是一个比因果性更基本的概念,因为在具体情况下,因果关系是否成立,只能通过对观察的偶然性法则来判断。——麦克斯·玻恩(Max Born)
- 一种统计关系,无论多么强烈,无论多么具有启发性,都无法建立起确定的因果联系。我们关于因果关系的想法必然来自外部统计,最终来自于某些理论。——肯德尔和斯图尔特(M. G. Kendall 和 A. Stuart)
- 概率是生活的指南。——西塞罗(Cicero)
- 概率论只是将常识简化为计算。——皮埃尔·西蒙·拉普拉斯(Pierre Simon Lapalace)

## 4.7 习题

### 4.1节 单随机变量精确函数

1. 给定 $Y = X^4$,对以下密度推导出 $Y$ 的概率密度函数,并画出所有密度函数图。

(1) $f_X(x) = \dfrac{1}{2}, 0 < x < 2$。

(2) $f_X(x) = c\exp(-x), 0 < x < \infty$。

2. 对于函数 $Y = aX^2$,求以下情况下的 $f_Y(y)$,并画出所有密度函数图。

(1) $f_X(x) = c\exp(-x), x \geq 0$。

(2) $f_X(x)$ 是瑞利密度。

(3) $f_X(x)$ 是对数正态密度。

3. 给定 $Y = a + X^3$,推导出 $Y$ 的概率密度函数,考虑以下两种情况,并画出所有密度函数图。

(1) $f_X(x) = c\exp(-x), x \geq 0$。

(2) $f_X(x)$ 是对数正态密度。

4. 随机变量 $Y$ 由下式给出

$$Y = \begin{cases} +\sqrt{X}, & X \geq 0 \\ +\sqrt{-X}, & X < 0 \end{cases}$$

给定 $X$ 是标准正态随机变量,求 $Y$ 的概率密度函数。

5. 给定 $Y = X^3$,推导出 $Y$ 的概率密度函数,其中

$$f_X(x) = 1/c^2, \quad 2 < x < 4$$

画出所有密度函数图。

6. 随机变量 $X$ 和 $Y$ 存在以下关系

$$Y = e^X$$

(1) 如果 $X$ 在 $0 \leq X < 5$ 内均匀分布,求 $f_Y(y)$,并画出该密度函数。

(2) 如果 $X$ 是密度函数 $f_X = ce^X, 0 \leq X < 5$,其中 $c$ 是常数,求 $f_Y(y)$,并画出其密度函数。

7. 推导 $Y = |X|$ 的概率密度函数,给定

$$f_X(x) = \begin{cases} \dfrac{1}{4}, & -2 < x \leq 0 \\ \dfrac{1}{2}\exp(-x), & x > 0 \end{cases}$$

画出全部密度函数。

8. 已知 $Y = 3X - 4$ 和 $f_X(x) = 0.5$，其中 $-1 \leq x \leq 1$，推导 $f_Y(y)$，并画出密度函数。

9. 已知 $Y = 3X - 4$ 和 $f_X(x) = N(0.033)$，推导 $f_Y(y)$，并画出密度函数。

10. 已知流体阻力方程 $F_D = C_D V^2$，其中 $C_D$ 是常量（有单位）和 $f_V(v) = 0.1$，范围 $10 \leq v \leq 20$。推导 $f_{F_D}$ 并画出密度函数。

11. 已知流体阻力方程 $F_D = C_D V^2$，其中 $C_D$ 是常量（有单位），$V$ 是标准正态 $N(0,1)$，$(F_D \geq 0)$。推导 $f_{F_D}$ 并画出密度函数。

12. 根据函数 $Y = a\tan X, a > 0$ 推导 $f_Y(y)$ 的一般函数关系。然后假设 $X$ 在 $[-\pi, \pi]$ 上均匀分布，推导 $f_Y(y)$。画出 $X$ 和 $Y$ 的密度函数。

## 4.2 节 多随机变量函数

13. 对于函数 $Z = XY$，求 $f_Z(z)$ 并画出以下情况对应的密度函数。
（1）$f_{XY}(x,y) = [(b-a)(d-c)]^{-1}$。
（2）$f_{XY}(x,y) = \exp[-(x+y)]$。

14. 随机坐标 $(X,Y)$ 在一个正方形区域内的位置是等概率的，其中心与原点重合。推导变量 $Z = XY$ 的概率密度函数。

15. 对于函数 $Z = X + Y$，求 $f_Z(z)$ 并画出以下情况对应的密度函数。
（1）$f_{XY}(x,y) = c\exp[-(x+y)]$ 在单位正方形内。
（2）$f_{XY}(x,y)$ 在单位正方形内是联合均匀分布。

16. 求和 $Z = X + Y$ 的概率密度函数，其中 $X$ 和 $Y$ 是相互独立的，$X$ 在 $(0,1)$ 上均匀分布，$Y$ 的概率密度函数为

$$f_Y(y) = \begin{cases} y, & 0 \leq y < 1 \\ 2-y, & 1 \leq y < 2 \\ 0, & \text{其他} \end{cases}$$

17. 列出求解一般概率密度函数 $f_{Y_5}$ 所需要的转换序列，其中

$$Y_5 = (X_1^2 + X_2)^2 + X_3 X_4$$

假设所有的 $f_{X_i}$ 已知。

18. 列出求解一般概率密度函数 $f_{Y_i}, i = 1, 2, \cdots, 5$ 所需要的转换序列，其中

$$Y_5 = (X_1^2 + X_2)^2 + X_3 X_4$$

假设 $f_{X_i} = 1, 0 \leq x_i < 1$。

## 4.3 节 近似分析

19. 假设 $Y = a_1 X_1 + a_2 X_2$，其中 $X_1$ 和 $X_2$ 以均值 $\mu_{X_1} = 2$ 和 $\mu_{X_2} = 3$ 均匀分布。两种概率密度函数都是 $1/2$。
（1）直接从给定的信息中计算 $\mu_Y$。

(2) 仅仅用相应的概率密度函数求 $\mu_Y$。

(3) 利用4.2节随机变量的变换方法推导出给定的概率密度函数 $f_Y$,然后计算 $\mu_Y$。

(4) 比较所有结果并讨论。

20. 重新考虑例4.8,假设这些角是随机变量,30°角是一个随机变量,平均值为30°,方差为3°;45°角也是一个随机变量,平均值为45°,方差为4°。施加的力与本例中的统计量相同。计算张力的均值和方差。

21. 通过①计算 $D$ 的标准差,②计算 $\delta_1$ 和 $\delta_2$,使 $D$ 的均值和方差与示例问题第一部分中给出的值相匹配,然后计算 $I$ 的均值和标准差来完成例4.9题的求解,并与第一部分的结果进行比较讨论。

22. 推导式(4.31)。

23. 不合格设备的数由下式给出

$$D = N\left[1 - \left(1 - \frac{P}{SN}\right)^m\right]$$

式中:$N$ 是设备抽样数;$P$ 是一种设备的试验合格的概率;$S$ 是直到第一次失败发生时的试验成功的平均数量,$m$ 是每个设备的试验次数(含成功和失败)。通过一个近似的分析,如果其余的随机变量 $N$、$S$ 和 $P$ 是独立的,就会发现 $D$ 的期望和方差与 $m$ 相关。$m$ 是一个确定的量(Sveshnikov,《问题》,多佛,1978,p137)。

24. 为下列函数找到关于 $\mu$ 和 $\sigma$ 的单项泰勒近似的一般表达式。

(1) $\Delta = PL/AE$,其中所有变量不相关

$$\mu_P = 1000, \sigma_P = 10, \mu_L = 35, \sigma_L = 15$$

$$\mu_A = 0.1, \sigma_A = 0.01, \mu_E = 10 \times 10^6, \sigma_E = 0.01 \times 10^6$$

(2) 求解(1),除 $\rho_{LA} = 0.5$,其他相关系数都为零。

(3) $V = \pi L^3 + ar^3$,其中 $\pi$ 和 $a = 1$ 是常量

$$\mu_L = 100, \sigma_L = 5, \mu_r = 40, \sigma_r = 2$$

(4) 当 $\rho_{Lr} = 1, -1, 0$ 时求解(3)并讨论。

25. 考虑例4.1,假设抛射速度和角度相关,相关系数 $\rho_{V_0 a} = 0.5$,将结果与不相关的情况进行比较分析总结。

26. 利用泰勒级数式(4.33)获得 $Y$ 的均值和方差。

27. 当 $\rho_{bh} = 0, 0.2, 0.7, 1.0$ 时,根据例4.11的条件,进行数值计算,比较并讨论结果。

## 4.4节 蒙特卡罗法

28. 使用计算器或表,在 0~1 之间生成10个随机数。

29. 假设 $f = 1/(b-a)$,其中 $a = 2$ 和 $b = 4$。使用前一个问题的结果来指定5个

随机数。

30. 对于图 4.21 中的悬臂梁,其中 $R = 30\text{lb}$ 和 $W$ 为均匀随机变量,$\mu_W = 100\text{lb/ft}$,变换系数 $\delta_W = 0.10$。求解剪力 $V$ 和弯矩 $M$ 的均值和标准差。

31. 图 4.21 中的悬臂梁,$R$ 和 $L$ 都是随机变量。$L$ 为高斯分布,$\mu_L = 25\text{ft}$,$\sigma_L = 0.1\text{ft}$;$R$ 为均匀随机变量,分布在 $9800 \sim 10200\text{lb}$。求解剪力 $V$ 和弯矩 $M$ 的均值和标准差。

32. 画出密度函数式(4.43),除例 4.17 的结果外再生成 3 个 $x_i$ 的值。

# 第 5 章  随 机 过 程

一般认为随机过程是随时间随机变化的变量。基于这个想法,很容易将随机变量定义扩展到随机过程的定义上。

随机过程被广泛应用于各个领域,如地震工程、海上结构动力学、风力工程、海洋和航空航天结构上的湍流、机器动力学以及裂纹扩展等方面。通过以下各节中的讨论可以更深入地理解随机过程的基本概念。

## 5.1 基本随机过程

当动态过程的行为变得复杂,以至于无法确定性地描述时,概率概念对于描述行为是有用的。所谓复杂行为或运动,是指给定函数 $x(t_0)$ 和 $\dot{x}(t_0)$ 的初始条件,无论 $\varepsilon$ 有多小,都不能精确地预测 $x(t_0+\varepsilon)$。我们将发现,与以一个频率为特征的简单谐波运动相比,复杂的运动由许多频率的能量组成。

随机过程 $X(x;t)$ 可以理解为是与时间相关的随机变量,写为具有两个参数(样本空间 $x$ 和时间 $t$)的函数,通常用分号分隔参数变量,大写变量用来表示随机性。为了方便,我们随后省略了采样空间的标注。对于样本空间,$X_i(t)$ 是时间的样本函数。对于时间 $t$,$X$ 是一阶概率分布函数的随机变量,即

$$F_{X(t)}(x;t) = \Pr(X(t) \leq x)$$

可以用它来评估均值如何随时间变化。相应的一阶概率密度函数由下式给出

$$f_{X(t)}(x;t) = \frac{\partial F_{X(t)}(x;t)}{\partial x}$$

例如,随机变量 $X(t_1)$ 和 $X(t_2)$ 可以分别独立或相关于 $t_1$ 和 $t_2$,如第 3 章中的静态随机变量 $X$ 和 $Y$。

两个随机变量之间的相关性基于它们的联合概率密度。二阶概率分布函数 $X(t_1)$ 和 $X(t_2)$ 定义由下式给出

$$F_{X(t_1)X(t_2)}(x_1, x_2; t_1, t_2) = \Pr(X(t_1) \leq x_1, X(t_2) \leq x_2) \quad (5.1)$$

相应的联合概率密度函数为

$$f_{X_1(t_1)X_2(t_2)}(x_1, x_2; t_1, t_2) = \frac{\partial^2 F_{X_1(t_1)X_2(t_2)}(x_1, x_2; t_1, t_2)}{\partial x_1 \partial x_2} \quad (5.2)$$

这个符号很赘余,但为清晰起见还是必要的。在后续章节中,这个下标可以被简

化,忽略了时间依赖性。注意:我们将采用以下记法 $X = X(t_1)$ 和 $X = X(t_2)$。

式(5.1)可以理解为在时间 $t_1$ 随机过程 $X(t)$ 具有小于或等于实现 $x_1$ 值的概率,并且在时间 $t_2$ 它将具有小于或等于实现 $x_2$ 值的概率。概率密度式(5.2)包含与累积分布式(5.1)相同的信息,但其形式可能更容易计算。二阶密度下的体积是各自界限内相对概率的量度。随机过程可以是离散的、连续的或混合的,它可以是实数值或复数值的。例如,复数随机过程, $Z(t) = X(t) + \mathrm{i}Y(t)$ ,其实部值分量为 $X(t)$ 和 $Y(t)$。

式(5.1)和式(5.2)是 $X(t)$ 在时间上的概率演化的数学建模的起点。对于随机振荡,通常输入力被建模为由概率密度函数控制的随机过程。接下来要考虑的问题是:如果随机函数由许多可能的时间历史表示,那么如何确定平均值?

## 5.2 集合平均法

密度函数为 $f(x;t)$ 的随机函数 $X(t)$ 代表了样本种群的许多可能性。理论上,样本 $X(t)$ 中存在无限个元素,其统计性质受密度函数 $f(x;t)$ 控制。下标 $i$ 表示样本种群中第 $i$ 个元素。

图 5.1 描述了对于任何时间 $t_1$,存在 $n$ 个可能值, $X_1(t_1), X_2(t_2), X_3(t_3), \cdots, X_n(t_n)$,其中 $n$ 可以是非常大的数,这些值在时间 $t_1$ 上是函数最有可能的值,这个过程称为集合平均,因为样本时间历史记录的组称为集合。平均过程采用式(3.10)引入数学期望

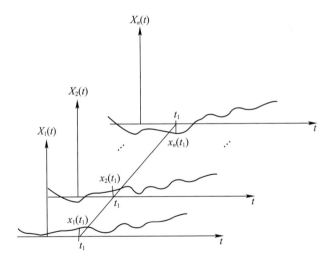

图 5.1 随机过程 $X(t)$ 在 $t = t_1$ 时的集合平均。在集合中有无限多个成员;这里显示了 $n$ 个成员 $X_1(t_1)\cdots X_n(t_n)$。参数 $x_i(t_i)$ 是 $t = t_i$ 时的样本函数 $X_i(t)$ 的值

$$\mu_X(t) = E\{X(t)\} = \int_{-\infty}^{\infty} x f_{X(t)}(x;t) \mathrm{d}x \qquad (5.3)$$

除了统计参数 $\mu_X(t)$ 和 $f_{X(t)}(x;t)$ 现在是时间的函数,式(5.3)中 $x$ 是积分中的虚变量,它在集合上执行,得出均值,该均值通常是时间的函数。如果 $X(t)$ 取离散值,则均值为

$$\mu_X(t) = \lim_{n\to\infty} \frac{1}{n} \sum_{k=1}^{n} x_k(t)$$

通常,随机过程由时间相关的密度函数控制,并具有时间相关的平均值。$f_{X(t)}(x;t) = ce^{-xt}$ 就是一个密度函数的例子,其中 $c$ 是常数。

在任何随机过程模型中,也有必要求其二阶平均值。求这样的均值的意义来源于一个问题:在 $t = t_1$ 的过程 $X(t)$ 的值是如何影响它在 $t = t_2$ 以后时间的值的? 了解这一点有助于我们理解过程变化的速度。

对于一个平稳变化的函数,我们期望如果 $t_1$ 和 $t_2$ 相距不远,那么,$X(t_2)$ 可以在给定 $X(t_1)$ 的情况下被估计,如图 5.2(a) 所示,其中存在一些相关性。如果 $X(t)$ 快速变化,如图 5.2(b) 所示,则对未来值的任何估计都不准确,因为在两个时刻的随机过程的值之间相关性较小。

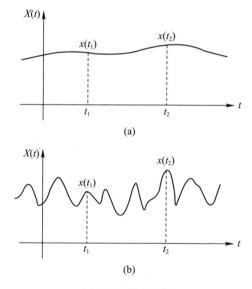

图 5.2 样本函数
(a)$X(t_i)$平稳变化的样本函数;(b)$X(t_i)$快速变化的随机过程。

为了定量地解决这个问题,考虑随机过程 $X(t)$ 在任意两个时刻的 $X(t_1)$ 和 $X(t_2)$。二阶均值为

$$E\{X(t_1)X(t_2)\} = \int_{-\infty}^{\infty} \int_{-\infty}^{\infty} x_1 x_2 f_{X(t_1)X(t_2)}(x_1,x_2;t_1,t_2) \mathrm{d}x_1 x_2 \qquad (5.4)$$

式中:联合密度函数$f_{X(t_1)X(t_2)}$是集成所需的;$x_1$是表示$t_1$处的随机过程$X(t)$实现的虚拟变量;$x_2$是表示$t_2$处的随机过程$X(t)$实现的虚拟变量。如果$X(t)$是离散的随机过程,则$E\{X(t_1)X(t_2)\}$为

$$E\{X(t_1)X(t_2)\} = \lim_{n\to\infty} \frac{1}{n}\frac{1}{n} \sum_{k=1}^{n}\sum_{l=1}^{n} x_k(t_1)x_l(t_2) \tag{5.5}$$

如图5.3所示,由式(5.4)和式(5.5)定义的二阶平均值称作关系函数,并且给出符号$R_{X(t_1)X(t_2)}(t_1,t_2)$,即

$$R_{X(t_1)X(t_2)}(t_1,t_2) = E\{X(t_1)X(t_2)\} \tag{5.6}$$

二重积分的最终结果是$t_1$和$t_2$的函数。

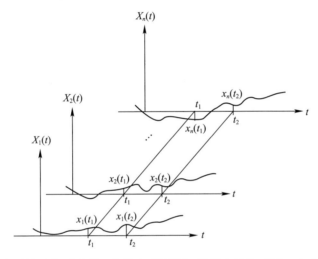

图5.3 集合平均过程$X(t)$的$n$个样本,显示了二阶集合平均,其中$x_i(t_i)$是一个实值

有必要强调,在式(5.4)中,特定时间内,随机过程只不过是一个随机变量。在每一时刻,随机过程的值可以由概率密度函数$f(x;t)$来控制。密度函数随时间而变化,但是一旦选择了特定的时间,密度函数就只是变量的函数,即$f(x;t_1) \to f(x)$,如图5.4所示。

随机过程$X(t)$的符号可以概括如下。当表示为大写$X(t)$时,它表示完整的集合。随机过程在特定时刻变成一个随机变量,表示为$X(t_1)$,每个随机变量$X(t_1)$的实现是一个确定量,并用$X_i(t_1)$表示;$i=1,2,\cdots,n$,如图5.3所示。对于二阶平均值,需要联合密度函数$f(x_1,x_2;t_1,t_2)$,式(5.4)中的二重积分是关于随机变量的实现,并用更简单的记号表示为$X(t_1)=x_1$和$X(t_2)=x_2$。

相关函数是表示两个时间点上一个随机过程或两个时间点上不同随机过程之间相似性的度量。对于不同的随机过程,定义互相关函数$R_{X(t_1)Y(t_2)}(t_1,t_2)=E\{X(t_1)X(t_2)\}$。式(5.4)和式(5.6)表明,相关函数是通过将函数的对应值相乘,然后使用数学期望

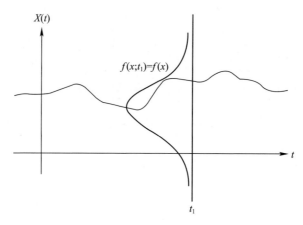

图 5.4 在特定时间 $t = t_1$ 的随机过程 $X(t)$ 的概率密度函数 $f(x;t)$

运算在所有变量平均乘积来计算的。如果这两个函数具有相似的形式，那么预计将发现较大的相关性，否则，一些乘积将较小或为负，从而导致较小的平均值。

当 $t_2 = t_1$ 时为最大相关，结果是均方值 $R_{X(t_1)X(t_1)}(t_1,t_1) = E\{X(t_1)X(t_2)\}$。然后讨论了可能的相关函数。

$X(t)$ 的自协方差定义为

$$C_{X(t_1)X(t_2)}(t_1,t_2) = E\{[X(t_1) - \mu_X(t_1)][X(t_2) - \mu_X(t_2)]\}$$

可以扩展到

$$C_{X(t_1)X(t_2)}(t_1,t_2) = R_{X(t_1)X(t_2)}(t_1,t_2) - \mu_X(t_1)\mu_X(t_2)$$

通常，诸如 $R_{X(t_1)X(t_2)}(t_1,t_2)$ 这类函数是通过一系列的实验得到的。在初步的分析研究中，我们可以假设一个典型的函数来表示 $R_{X(t_1)X(t_2)}(t_1,t_2)$。我们知道，自然过程中发现的相关函数具有共同的基本特征，因此可以安全地假设某个函数（以指数衰减函数为例）并在分析中使用该函数。然后使用实验数据验证对假设相关函数的预测。

通过省略下标中的时间依赖关系，我们简化了相关和协方差函数的符号。在上下文中查看这些功能时不应混淆。

方差定义为 $t_1 = t_2 = t$,

$$\sigma_X^2(t) = C_{XX}(t,t) = R_{XX}(t,t) - \mu_X^2(t)$$

对于一个正态随机过程，例如，与时间有关的概率密度函数为

$$f_{X(t)}(x;t) = \frac{1}{\sqrt{2\pi C_{XX}(t,t)}} \exp\left[\frac{(x - \mu_X t)^2}{2C_{XX}(t,t)}\right]$$

高斯密度函数随 $\mu_X(t)$ 和 $C_{XX}(t,t)$ 时间的演化而变化。

**例 5.1　离散随机过程**

考虑离散随机过程 $X(t)$，在两个时刻 $t_1$ 和 $t_2$，随机过程 $X(t)$ 可以采取表 5.1 中

给出的相应值。计算均值与相关函数。

表5.1 离散随机过程 $X(t)$ 的样本值

| $X(t_1)$ | 1 | 3 | 2 | 5 | 6 | 7 | 3 | 2 | 9 |
| --- | --- | --- | --- | --- | --- | --- | --- | --- | --- |
| $X(t_2)$ | 4 | 1 | 2 | 5 | 3 | 6 | 7 | 10 | 2 |

**解**:通过将离散值相加,用总和除以样本数来获得均值,即

$$\mu_X(t_1) = \frac{1}{9}\sum_{i=1}^{9} x_i(t_1) = \frac{38}{9} = 4.22$$

$$\mu_X(t_2) = \frac{1}{9}\sum_{i=1}^{9} x_i(t_2) = \frac{40}{9} = 4.44$$

显然,均值随时间而变化。利用式(5.4)的离散形式可以获得两个时间点之间 $X(t)$ 的相关关系,即

$$R_{XX}(t_1,t_2) = \frac{1}{n}\frac{1}{n}\sum_{k=1}^{n}\sum_{l=1}^{n} x_k(t_1)x_l(t_2)$$

$$= \frac{1}{9}\frac{1}{9}[1\times(4+1+2+5+3+6+7+10+2)+3\times$$

$$(4+1+2+5+3+6+7+10+2)+$$

$$9\times(4+1+2+5+3+6+7+10+2)] = 18.77$$

该相关是 $t_1$ 和 $t_2$ 的函数。

在下一节中,我们对密度函数进行假设,以简化平均值和相关函数的计算。

## 5.3 平稳性

式(5.3)和式(5.4)不仅在数学上难以计算,而且因为需要获得定义联合密度函数的必要数据,因此更加难以计算。有时,假设平稳性是适当的。如果随机过程 $X(t)$ 在不同时刻 $X(t_1),X(t_2),\cdots,X(t_n)$ 的统计联合概率密度与其在后一时刻的统计联合概率密度 $X(t_1+\Delta t),X(t_2+\Delta t),\cdots,X(t_n+\Delta t)$ 是相等的,则称其为平稳随机过程。也就是说,对于任意的 $\Delta t$ 和 $n$,有

$$f_{X_1X_2\cdots X_n}(x_1,x_2,\cdots,x_n;t_1,t_2,\cdots,t_n) = f_{X_1X_2\cdots X_n}(x_1,x_2,\cdots,x_n;t_1+\Delta t,t_2+\Delta t,\cdots,t_n+\Delta t)$$

(5.7)

如果随机过程 $X(t)$ 是弱平稳[①]的,则式(5.7)仅对 $n=1$ 和2有效。因此,严格平稳的过程也是弱平稳的,反之则不成立。我们常把弱平稳过程称为平稳过程。

虽然平稳性假设似乎限制了下列模型的适用性,但对于许多实际应用来说,这是

---

① 在广义上弱平稳也称为协方差平稳或平稳。

一个可行的假设。使用振动术语,当我们假设平稳性时,从统计意义上假设了稳态行为。例如,一个摩天大厦上的平稳风可以假定是平稳的,而阵风载荷是不可能平稳的。类似地,正常天气的水波撞击近岸石油钻井平台可以假定是平稳的,而短时间的大波不可能是平稳的。

现在让我们来讨论随机过程是平稳的假设的含义。

对于 $n=1$,式(5.7)变为

$$f_X(x;t) = f_X(x;t+\Delta t)$$

对任意 $\Delta t$ 都有效,因此,一阶概率密度函数与时间无关,即

$$f_X(x;t) = f_X(x)$$

一阶统计量,如均值、方差或高阶矩也与时间无关,即

$$E\{X^m(t)\} = E\{X^m\} = \int_{-\infty}^{\infty} x^m f_X(x) \mathrm{d}x, \quad m=1,2,\cdots$$

高阶矩在应用中也经常使用,用以确定过程是高斯还是非线性。

当 $n=2$ 时,式(5.7)可以写成

$$f_{X_1 X_2}(x_1, x_2; t_1, t_2) = f_{X_1 X_2}(x_1, x_2; t_1+\Delta t, t_2+\Delta t)$$

对任意 $\Delta t$ 都有效。因此,二阶概率密度函数只取决于 $t_1$ 和 $t_2$ 或 $t_2-t_1$ 和 $t_1-t_2$ 的时间差。定义 $\tau=t_2-t_1$ 为时间差,联合概率密度函数变为

$$f_{X_1 X_2}(x_1, x_2; t_1, t_2) = f_{X_1 X_2}(x_1, x_2; \tau) \tag{5.8}$$

用式(5.8)可以证明二阶统计量

$$E\{X^m(t_1) X^p(t_2)\} \tag{5.9}$$

对于任何整数 $m$ 和 $p$ 来说仅是 $t$ 的函数。例如,当 $m=p=1$ 时,数学期望可以写为

$$E\{X(t_1)X(t_2)\} = R_{XX}(t_1, t_2) = \int_{-\infty}^{\infty}\int_{-\infty}^{\infty} x_1 x_2 f_{X_1 X_2}(x_1, x_2; \tau)\mathrm{d}x_1 \mathrm{d}x_2 = R_{XX}(\tau)$$

式中:$R_{XX}(\tau)$ 是相关函数。注意:二阶概率密度和二阶统计量是 $\tau$ 的偶函数,即

$$f_{X_1 X_2}(x_1, x_2; \tau) = f_{X_1 X_2}(x_1, x_2; -\tau)$$

$$R_{XX}(\tau) = R_{XX}(-\tau) \tag{5.10}$$

同理,对于两个平稳过程 $X(t)$ 和 $Y(t)$,互相关函数为

$$R_{XY}(\tau) = E\{X(t)Y(t+\tau)\}$$

与相关函数不同,互相关函数是奇函数,意味着 $R_{XY}(\tau) = R_{YX}(-\tau)$ 且 $R_{XY}(\tau) \neq R_{YX}(\tau)$。

对于 $\tau=0$,$X(t)$ 的均方值可以写成

$$R_{XX}(\tau=0) = E\{X^2(t)\} = \sigma_X^2 + \mu_X^2$$

最后的等式是由式(3.12)引出的。均方值是一个具有物理意义的重要量。如果 $X(t)$ 是弹性体中的位移,则 $E\{X^2(t)\}$ 与其平均势能或应变能成正比。例如,如果常数 $k$ 的弹簧被拉伸位移 $X(t)$,则存储在弹簧中的平均势能 $V$ 有

$$E\{V\} = \frac{1}{2}kE\{X^2(t)\}$$

如果 $X(t)$ 是质量 $m$ 的速度,那么,$\frac{1}{2}E\{X^2(t)\}$ 与体的平均动能 $T$ 成正比,即

$$E\{T\} = \frac{1}{2}mE\{X^2(t)\}$$

位移和速度可以归一化,使得以 $X^2(t)$ 代表能量本身。因此,$E\{X^2(t)\}$ 可视为平均值①。

平稳性也意味着自协方差是仅是 $\tau$ 的函数,并且由

$$C_{XX}(\tau) = R_{XX}(\tau) - \mu_X^2$$

给出。其中,对于 $\tau = 0$,有

$$C_{XX}(0) = R_{XX}(0) - \mu_X^2 = \sigma_X^2$$

关联系数定义为

$$\rho_{XX}(\tau) = \frac{C_{XX}(\tau)}{C_{XX}(0)}$$

随机过程的相关时间可以定义为

$$\tau_c = \frac{1}{C_{XX}(0)} \int_0^\infty C_{XX}(\tau) \mathrm{d}\tau$$

还有其他定义形式。相关时间的概念在必须解决的问题中变得很重要,必须在物理基础上进行简化。$\tau_c$ 是动态过程振荡速度的度量,以及当前值在时间上对过程后期值的影响程度。

相关函数可以用相关系数描述如下:

$$R_{XX}(\tau) = C_{XX}(\tau) + \mu_X^2 = \rho_{XX}(\tau)\sigma_X^2 + \mu_X^2$$

由于相关系数为 $-1 \sim 1$,因此,相关函数也是有界的,即

$$-\sigma_X^2 + \mu_X^2 \leq R_{XX}(\tau) \leq \sigma_X^2 + \mu_X^2$$

当 $\tau = 0$ 时,$R_{XX}(\tau)$ 达到最大值,其最大值为 $\sigma_X^2 + \mu_X^2$。对于物理过程,$\tau \to \infty$,$X(t)$ 和 $X(t+\tau)$ 的变量为不相关,然后相关函数变为

$$\lim_{\tau \to \infty} R_{XX}(\tau) = \lim_{\tau \to \infty} E\{X(t_1)X(t_1+\tau)\} = E\{X(t_1)EY(t_1+\tau)\} = \mu_X^2$$

---

① 平稳过程的平均能是独立于时间的,等于 $T = 0$ 的自相关系数。这将有助于我们理解后续部分的谱密度均值问题。

图 5.5 显示了平稳随机过程的一般相关函数的示意图(注意:垂直轴的对称性 $R_{XY}(\tau) = R_{YX}(-\tau)$)。

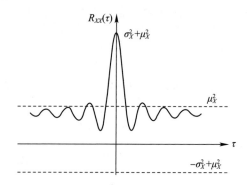

图 5.5　平稳随机过程的一个可能相关函数的示意图

在大多数情况下,平移随机过程,使得平均值等于零,然后 $R_{XX}(\tau)$ 在极限中接近零。

**遍历性:**

一般来说,实际问题很少能通过无数次实验解决,但必须用实验来充分地验证。尤其是对于高成本的测试环境,如太空和海洋。利用一个实验,遍历性的概念可以用来生成所需的平均值。

平稳随机过程的单次记录等于集合平均。这允许我们在时间上平均较长的单个时间历史,如图 5.6 所示,而不是试图获得大量记录以获取集合平均值。

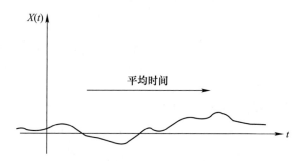

图 5.6　遍历性意味着随机过程的平均可以通过对单个变量的时间平均而不是对变量的集合进行平均来计算

然后,给出平均值

$$\mu_X = \bar{X} = \lim_{T \to \infty} \int_{-T/2}^{T/2} X(t)\,dt$$

式中:$X(t)$ 是随机过程的一种特殊实现,$X$ 上的横线表示时间上的平均值。这样的平均值只有在 $\mu_X$ 是常数时才有意义;否则,$\mu_X$ 将是 $T$ 的函数,并且初始假设不再有效。

遍历过程总是平稳的,反之未必正确。

自相关函数的相应表达式为

$$R_{XX}(\tau) \approx \lim_{T \to \infty} \int_{-T/2}^{T/2} X(t)X(t+\tau)\mathrm{d}t$$

注意:上面的平均值是在不知道 $X(t)$ 的统计或其概率密度函数 $f_X$ 的情况下计算的。

### 例 5.2 样本相关函数

计算下列随机过程的相关函数:(1)$X(t) = At$;(2)$X(t) = A\sin\omega t$;(3)$X(t) = A\cos(\omega t - \Phi)$。指出进程是否平稳。

**解**:(1)对于随机过程 $X(t) = At$,其中 $A$ 是随机变量,已知 $\mu_A$ 和 $\sigma_A$,$t$ 是时间,则有

$$E\{X(t)\} = E\{At\} = \mu_A t$$

$$R_{XX}(t_1, t_2) = E\{X(t_1)X(t_2)\} = E\{At_1 \cdot At_2\} = t_1 t_2 E\{A^2\} = t_1 t_2 (\sigma_A^2 + \mu_A^2)$$

一阶和二阶矩都是时间的函数,过程 $X(t)$ 不是平稳的。任何时刻都是时间的函数足以说明其是非平稳的。

(2)对于随机过程 $X(t) = A\sin\omega t$,其中 $A$ 是具有密度(1)的随机变量,期望值和相关函数为

$$E\{X(t)\} = E\{A\sin\omega t\} = \mu_A \sin\omega t$$

$$R_{XX}(t_1, t_2) = E\{A\sin\omega t_1 A\sin\omega t_2\}$$

$$= \sin\omega t_1 \sin\omega t_2 E\{A^2\}$$

$$= \sin\omega t_1 \sin\omega t_2 (\sigma_A^2 + \mu_A^2)$$

不是平稳过程。

(3)对于随机过程 $X(t) = A\cos(\omega t - \Phi)$,其中 $A$ 是常数,$\Phi$ 是随机相位,变量 $\Phi$ 均匀分布在 $0 \sim 2\pi\mathrm{rad}$。概率密度函数 $f_\Phi(\phi) = \dfrac{1}{2\pi}$ 为

$$f_\Phi(\phi) = \frac{1}{2\pi}, \quad 0 < \phi \leq 2\pi$$

期望值如下:

$$E\{X(t)\} = \int_0^{2\pi} A\cos(\omega t - \Phi) f_\Phi(\phi) \mathrm{d}\phi = \frac{A}{2\pi} \int_0^{2\pi} A\cos(\omega t - \Phi) \mathrm{d}\phi = 0$$

同理,计算得自相关为

$$R_{XX}(t_1, t_2) = E\{A\cos(\omega t_1 - \Phi) A\cos(\omega t_2 - \Phi)\}$$

$$= \int_0^{2\pi} A\cos(\omega t_1 - \phi) A\cos(\omega t_2 - \phi) \frac{1}{2\pi} \mathrm{d}\phi$$

或

$$R_{XX}(t_1,t_2) = A^2 E\{\cos(\omega t_1 - \Phi)\cos(\omega t_2 - \Phi)\}$$
$$= A^2 E\{(\cos\omega t_1 \cos\Phi + \sin\omega t_1 \sin\Phi) \cdot (\cos\omega t_2 \cos\Phi + \sin\omega t_2 \sin\Phi)\}$$
$$= A^2(\cos\omega t_1 \cos\omega t_2 + \sin\omega t_1 \sin\omega t_2) = A^2 \cos\omega\tau$$

其中 $\tau = t_2 - t_1$,我们利用下列期望:

$$E\{\cos\Phi\} = E\{\sin\Phi\} = E\{\cos\Phi\sin\Phi\} = 0$$

$$E\{\cos^2\Phi\} = E\{\sin^2\Phi\} = \frac{1}{2}$$

因此,该过程是平稳的。注意:我们只需要说明均值为常数,或者自相关是 $\tau$ 的函数即可。

### 例 5.3 两个平稳过程之和的自相关

求 $Z(t)$ 对 $Z(t) = aX(t) + bY(t)$ 的自相关性,其中 $X$ 和 $Y$ 是平稳过程,$a$ 和 $b$ 是常数。

**解:** 我们建立 $Z(t)$ 的自相关

$$R_{ZZ}(\tau) = E\{Z(t)Z(t+\tau)\}$$
$$= E\{(aX(t) + bY(t))(aX(t+\tau) + bY(t+\tau))\}$$
$$= E\{a^2 X(t)X(t+\tau) + abX(t)Y(t+\tau) + abX(t+\tau)Y(t) + b^2 Y(t)Y(t+\tau)\}$$
$$= a^2 R_{XX}(\tau) + ab(R_{XY}(\tau) + R_{YX}(\tau)) + b^2 R_{YY}(\tau)$$

其中

$$R_{YX}(\tau) = E\{X(t+\tau)Y(t)\} = E\{X(u)Y(u-\tau)\} = R_{XY}(-\tau)$$

因此,在利用变换 $u = t + \tau$ 之后

$$R_{ZZ}(\tau) = a^2 R_{XX}(\tau) + ab(R_{XY}(\tau) + R_{XY}(-\tau)) + b^2 R_{YY}(\tau)$$

如果 $X(t)$ 和 $Y(t)$ 是不相关的,则互相关为零。

### 例 5.4 遍历过程的计算

考虑图 5.7 中所绘的周期阶跃函数 $x(t)$,给出

$$x(t) = \begin{cases} 0, & -\dfrac{T}{2} \leq t < 0 \\ 1, & 0 \leq t \leq \dfrac{T}{2} \end{cases} \tag{5.11}$$

式中:$T$ 是周期。这样的函数可以近似重复制造过程中遇到的力。计算时间均值和自相关。

**解:** 由于函数是周期性的,平均值可以按一个周期来计算。

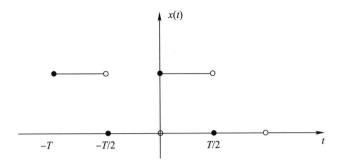

图 5.7 式(5.11)的周期阶跃函数 $x(t)$

均值为

$$\mu_X = \frac{1}{T}\int_{-T/2}^{T/2} x(t)\,dt = \frac{1}{T}\int_{0}^{T/2} 1\,dt = \frac{1}{2}$$

自相关函数为

$$R_{XX}(\tau) = \frac{1}{T}\int_{-T/2}^{T/2} x(t)x(t+\tau)\,dt = \frac{1}{T}\int_{0}^{T/2} x(t)x(t+\tau)\,dt$$

当 $t$ 为负数时,$x(t)=0$,则

$$R_{XX}(\tau) = \frac{1}{T}\int_{0}^{T/2} x(t+\tau)\,dt$$

当 $t$ 为正数时,$x(t)=1$,而后则取决于 $\tau$ 的值。如果 $0<\tau<T/2$,则

$$x(t+\tau) = \begin{cases} 1, & t+\tau < T/2 \\ 0, & t+\tau > T/2 \end{cases}$$

对于第一种情况,我们只有一个非零值,这意味着,$t$ 上的积分对于 $t<T/2-\tau$ 是有效的,即

$$R_{XX}(\tau) = \frac{1}{T}\int_{0}^{T/2-\tau} 1\cdot dt = \frac{1}{T}\left(\frac{T}{2}-\tau\right) = \frac{1}{2}-\frac{\tau}{T} \tag{5.12}$$

同样,如果 $-T/2<\tau<0$,则

$$x(t+\tau) = \begin{cases} 1, & t+\tau > 0 \\ 0, & t+\tau < 0 \end{cases}$$

再次,对于第一种情况,我们得到一个非零值,这意味着,$t$ 上的积分对于 $t>-\tau$ 是有效的,即

$$R_{XX}(\tau) = \frac{1}{T}\int_{-\tau}^{T/2} 1\cdot dt = \frac{1}{T}\left(\frac{T}{2}+\tau\right) = \frac{1}{2}+\frac{\tau}{T} \tag{5.13}$$

自相关函数也是周期性的,如图 5.8 所示。

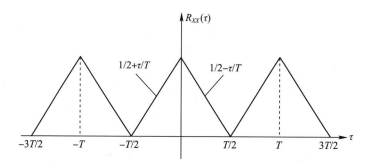

图 5.8 周期阶跃函数的式(5.12)和式(5.13)的自相关函数

### 例 5.5 随机相位平稳随机过程

一个具有均匀概率函数的随机相位角的谐波随机过程为

$$X(t) = \sin(\omega t + \Phi)$$

$$f_\Phi(\phi) = \begin{cases} \dfrac{1}{2\pi}, & 0 < \phi \leqslant 2\pi \\ 0, & \text{其他} \end{cases}$$

假设该过程为平稳过程,求自相关函数。

**解**:利用平稳随机过程的自相关函数定义,可得

$$R_{XX}(\tau) = E\{X(t)X(t+\tau)\}$$
$$= E\{\sin(\omega t + \Phi)\sin(\omega[t+\tau] + \Phi)\}$$
$$= \int_{-\infty}^{\infty}\int_{-\infty}^{\infty} x_1 x_2 f_{X_1 X_2}(x_1, x_2; \tau) \, dx_1 dx_2$$

式中:$x_1 = X(t)$ 和 $x_2 = X(t+\tau)$ 是表示随机过程在不同时刻实现的虚拟变量;$f_{X_1 X_2}(x_1, x_2)$ 是联合概率密度函数。由于随机过程是平稳的,且仅是 $\tau$ 而不是 $t_1$ 和 $t_2$ 的函数,我们可以将二重积分简化为一重积分,即

$$R_{XX}(\tau) = \int_{-\infty}^{\infty} \sin(\omega t + \Phi)\sin(\omega[t+\tau] + \Phi) f_\Phi(\phi) \, d\phi$$
$$= \frac{1}{2\pi}\int_0^{2\pi} \sin(\omega t + \Phi)\sin(\omega[t+\tau] + \Phi) \, d\phi$$

利用三角恒等式

$$\cos A - \cos B = 2\sin\left(\frac{A+B}{2}\right)\sin\left(\frac{B-A}{2}\right)$$

我们得到

$$R_{XX}(\tau) = \frac{1}{2\pi}\int_0^{2\pi} \frac{1}{2}[\cos\omega\tau + \cos(2\omega t + \omega\tau + 2\phi)] \, d\phi = \frac{1}{2}\cos\omega\tau + 0$$

这是一个偶函数。正如我们所知,相关函数一定也是偶函数。我们注意到这个例子与例 5.2 相似,只是这里的解是以平稳性开始的。注意:尽管在本例中随机过程是正弦函数,而之前的是余弦函数,但这两个例子的结果是相同的。

## 5.4  平稳过程导数的相关函数

对于某些应用,循环次数很重要。在疲劳寿命分析中,例如,某个阈值大小的循环数与该时间中结构已承受的损伤量直接相关。循环数的一种方法是计算曲线的斜率改变符号的次数。然而,对于随机变化的动态过程计算循环数并不简单。

如图 5.9 的采样函数,我们计算每一个振荡是否需要考虑峰值之间的差异有多少呢?这个问题和其他问题将在第 9 章中更详细地讨论,这与确定的随机过程的导数有关。

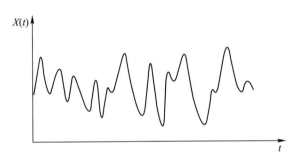

图 5.9  随机过程的采样函数

假设随机过程 $X(t)$ 是可微的,那么

$$\frac{\mathrm{d}}{\mathrm{d}\tau}R_{XX}(\tau) = \frac{\mathrm{d}}{\mathrm{d}\tau}E\{X(t)X(t+\tau)\}$$

$$= E\left\{X(t)\frac{d}{\mathrm{d}\tau}X(t+\tau)\right\}$$

$$= E\{X(t)\dot{X}(t+\tau)\} = R_{X\dot{X}}(\tau) \tag{5.14}$$

同理,可得

$$\frac{\mathrm{d}^2}{\mathrm{d}\tau^2}R_{XX}(\tau) = \frac{\mathrm{d}^2}{\mathrm{d}\tau^2}E\{X(t)X(t+\tau)\}$$

$$= E\left\{X(t)\frac{\mathrm{d}^2}{\mathrm{d}\tau^2}X(t+\tau)\right\}$$

$$= E\{X(t)\ddot{X}(t+\tau)\} = R_{X\ddot{X}}(\tau)$$

二阶导数的另一个表达式是由下面这个表达式推导的,即

$$R_{X\dot{X}}(\tau) = E\{X(t-\tau)\dot{X}(t)\}$$

由于相关函数只取决于时间差,二阶导数可以写成

$$\frac{d^2}{d\tau^2}R_{XX}(\tau) = \frac{d}{d\tau}R_{X\dot{X}}(\tau)$$

$$= \frac{d}{d\tau}E\{X(t-\tau)\dot{X}(t)\}$$

$$= -E\{\dot{X}(t-\tau)\dot{X}(t)\}$$

$$= -R_{\dot{X}\dot{X}}(\tau) \tag{5.15}$$

因此,有

$$R_{X\ddot{X}}(\tau) = -R_{\dot{X}\dot{X}}(\tau) \tag{5.16}$$

现在重新考虑 $R_{X\dot{X}}(0)$ 处的相关函数的一阶导数,因为 $R_{XX}(\tau)$ 是 $\tau$ 的偶函数,它在 $\tau = 0$ 处的斜率等于零,则

$$\left.\frac{dR_{XX}(\tau)}{d\tau}\right|_{\tau=0} = R_{X\dot{X}}(0) = 0 \tag{5.17}$$

稍后将在第9章中使用该结果(在图5.13中,我们在 $\tau = 0$ 中得到了斜率等于零的相关函数的例子)。

### 例5.6 自相关函数的导数

求 $R_{XX}(\tau)$ 的导数 $R_{X\ddot{X}}(\tau)$。

**解:** 根据 $R_{X\ddot{X}}(\tau)$,则 $R_{XX}(\tau)$ 的二阶导数为

$$\frac{d^2}{d\tau^2}R_{XX}(\tau) = R_{X\ddot{X}}(\tau)$$

那么,四阶导数为

$$\frac{d^4}{d\tau^4}R_{XX}(\tau) = \frac{d^2}{d\tau^2}E\{X(t)\ddot{X}(t+\tau)\} = R_{XX^{(4)}}(\tau)$$

由于 $t$ 是任意的,所以我们可以变换变量为

$$E\{X(t)\ddot{X}(t+\tau)\} = E\{X(t-\tau)\ddot{X}(t)\}$$

那么,四阶导数可以写成

$$\frac{d^4}{d\tau^4}R_{XX}(\tau) = \frac{d^2}{d\tau^2}E\{X(t-\tau)\ddot{X}(t)\} = R_{\ddot{X}\ddot{X}}(\tau)$$

因此,有

$$\frac{d^4}{d\tau^4}R_{XX}(\tau) = R_{\ddot{X}\ddot{X}}(\tau) = R_{XX^{(4)}}(\tau) \tag{5.18}$$

这些相关函数导数的例子对于许多依赖于循环次数的分析场是非常重要的。对于随机过程，计数是个问题，因为循环数常常难以确定，它们有时是小周期，有时是大周期，很多时候周期是模糊的。这些计算提供给我们量化循环的能力。

**例5.7** 平稳过程中一阶和二阶导数的相关[①]

对于自相关函数为 $R_{XX}(\tau)=(1-\tau^2)\exp(-\tau^2)$ 的随机过程 $X(t)$，推导出自相关函数 $R_{\dot X \dot X}(\tau)$ 和 $R_{\ddot X \ddot X}(\tau)$。

**解**：利用式(5.16)和式(5.18)，我们推导出导数为

$$\frac{d}{d\tau}R_{XX}(\tau)=(-2\tau)\exp(-\tau^2)+(1-\tau^2)(-2\tau)\exp(-\tau^2)$$

$$=(2\tau^3-4\tau)\exp(-\tau^2)$$

同样，应用乘积和链式法则，高阶导数为

$$\frac{d^2}{d\tau^2}R_{XX}(\tau)=(-4\tau^4+14\tau^2-4)\exp(-\tau^2)$$

$$\frac{d^3}{d\tau^3}R_{XX}(\tau)=(8\tau^5-44\tau^3+36\tau)\exp(-\tau^2)$$

$$\frac{d^4}{d\tau^4}R_{XX}(\tau)=(-16\tau^6+128\tau^4-204\tau^2+36)\exp(-\tau^2)$$

因此，有

$$R_{\dot X \dot X}(\tau)=-\frac{d^2}{d\tau^2}R_{XX}(\tau)=(4\tau^4-14\tau^2+4)\exp(-\tau^2)$$

$$R_{\ddot X \ddot X}(\tau)=\frac{d^4}{d\tau^4}R_{XX}(\tau)$$

本章中我们的另一个目标是推导随机过程的能量随频率变化的函数表达式，这个函数称为功率谱，即自相关函数的傅里叶变换。傅里叶变换的前提是我们需要考虑时变函数与频域函数之间的对应关系。

## 5.5 傅里叶级数与傅里叶变换

如图5.10所示的周期函数 $q(t)$ 可以用傅里叶级数表示为正弦和余弦的和[②]，如：

---

[①] R. W. Clough, J. Penzien，《结构动力学（第二版）》，McGraw-Hill 出版社，1993。

[②] 在有些介绍中"="被表示为"⇔"，这表示方程左边为 $q(t)$，方程右边为傅里叶级数。有时用这个符号"⇔"而不用"="，这是为了强调傅里叶级数在有些地方并不能准确表达函数，级数甚至可以发散。然而，为表达方便，在本文中我们仍用"="来表达傅里叶级数。

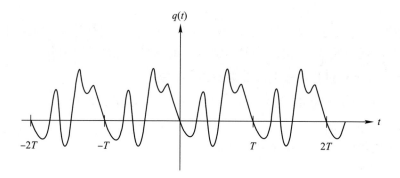

图 5.10 周期为 $T$ 的周期函数

$$q(t) = a_0 + \sum_{n=1}^{\infty} a_n \cos\frac{2n\pi}{T}t + \sum_{n=1}^{\infty} b_n \sin\frac{2n\pi}{T}t \tag{5.19}$$

式中:傅里叶系数为

$$a_0 = \frac{1}{T}\int_{-\frac{T}{2}}^{\frac{T}{2}} q(t)\mathrm{d}t$$

$$a_n = \frac{2}{T}\int_{-\frac{T}{2}}^{\frac{T}{2}} q(t)\cos\frac{2n\pi}{T}t\mathrm{d}t$$

$$b_n = \frac{2}{T}\int_{-\frac{T}{2}}^{\frac{T}{2}} q(t)\sin\frac{2n\pi}{T}t\mathrm{d}t \tag{5.20}$$

其中, $n = 1, 2, 3, \cdots$。

这些关系可以用复指数形式来表示, 即

$$q(t) = \sum_{n=-\infty}^{\infty} c_n \exp\left(\frac{\mathrm{i}2n\pi t}{T}\right) \tag{5.21}$$

其中

$$c_n = \frac{1}{T}\int_{-\frac{T}{2}}^{\frac{T}{2}} q(t)\exp\left(\frac{\mathrm{i}2n\pi t}{T}\right)\mathrm{d}t \tag{5.22}$$

对于 $n = \cdots -2, 1, 0, 1, 2, \cdots$,其中傅里叶系数 $c_n$ 的复数形式为

$$c_n = = \frac{a_n + \mathrm{i}b_n}{2}$$

函数 $q(t)$ 的傅里叶表示给出了它的频率成分。系数 $a_n$ 和 $b_n$ 分别是函数 $q(t)$ 谐波分量 $\sin\frac{2n\pi}{T}t$ 和 $\cos\frac{2n\pi}{T}t$ 的振幅。$\sqrt{a_n^2 + b_n^2}$ 或 $2|c_n|$ 是级数,有时也称为 $q(t)$ 的谱。

例如,设函数 $q(t)$ 为

$$q(t) = 2 + \sin\frac{\pi}{T}t + 3\cos\frac{2\pi}{T}t$$

则 $q(t)$ 的谱,在 $\omega = 0, \dfrac{\pi}{T}$ 和 $\dfrac{2\pi}{T}$ 的峰值分别为 2、1 和 3。谱的单位与 $q(t)$ 的单位相同。

由于式(5.19)是周期性的,频谱是离散的,并且以 $\dfrac{2\pi}{T}$ 的间隔均匀分布。注意到项 $\dfrac{2n\pi}{T}$ 是角频率 $\omega_n$,角频率间隔为 $\dfrac{2\pi}{T}$,我们可以令

$$\frac{2n\pi}{T} = \omega_n$$

$$\frac{2\pi}{T} = \Delta\omega$$

其中 $\Delta\omega = \omega_n/n$,因此,式(5.22)可以写成

$$c_n = \frac{\Delta\omega}{2\pi}\int_{-\frac{T}{2}}^{\frac{T}{2}} q(t)\exp(\mathrm{i}\omega_n t)\mathrm{d}t \tag{5.23}$$

应当指出,如果 $q(t)$ 从 $-\dfrac{T}{2}$ 到 $\dfrac{T}{2}$ 段会自我重复,那么从 0 到 $T$ 的段也重复。因此,式(5.20)和式(5.22)中傅里叶系数的积分极限可以改变,使

$$c_n = \frac{\Delta\omega}{2\pi}\int_0^T q(t)\exp(\mathrm{i}\omega_n t)\mathrm{d}t$$

极限的变化不改变傅里叶系数的值。在某些问题中,它可以简化积分的求值。

将式(5.23)代入式(5.21),得到

$$q(t) = \sum_{n=-\infty}^{\infty} \frac{\Delta\omega}{2\pi}\exp(\mathrm{i}\omega_n t)\int_{-\frac{T}{2}}^{\frac{T}{2}} q(\hat{t})\exp(-\mathrm{i}\omega_n t)\mathrm{d}t$$

式中:$\hat{t}$ 是虚拟变量,避免在计算 $q$ 时与时间 $t$ 混淆。

在周期为 $T \to \infty$ 的情况下,函数 $q(t)$ 自身不重复。因此,频谱 $\Delta\omega$ 的频率间隔可以用 $\mathrm{d}\omega$ 代替,极限中的离散值 $\omega_n$ 变成连续变量 $\omega$,积分可代替求和。我们可以写成

$$q(t) = \int_{-\infty}^{\infty}\left[\frac{1}{2\pi}\int_{-\frac{T}{2}}^{\frac{T}{2}} q(\hat{t})\exp(\mathrm{i}\omega\hat{t})\mathrm{d}\hat{t}\right]\exp(\mathrm{i}\omega t)\mathrm{d}\omega \tag{5.24}$$

括号中的项表示为 $Q(\omega)$,称为函数 $q(t)$ 的傅里叶变换。因此,傅里叶变换是傅里叶系数的连续形式。傅里叶变换为

$$Q(\omega) = \frac{1}{2\pi}\int_{-\infty}^{\infty} q(t)\exp(\mathrm{i}\omega t)\mathrm{d}t \tag{5.25}$$

$$q(t) = \int_{-\infty}^{\infty} Q(\omega)\exp(\mathrm{i}\omega t)\mathrm{d}\omega \tag{5.26}$$

傅里叶变换 $Q(\omega)$ 具有与 $q(t)\times t$ 相同的单位，而傅里叶系数与 $q(t)$ 具有相同的单位。与傅里叶系数相似，傅里叶变换提供函数 $q(t)$ 的频率内容。我们还将傅里叶变换表示为 $\mathcal{F}\{q(x)\}$，并将其逆变换为 $\mathcal{F}^{-1}\{Q(\omega)\}$。

存在多种形式的傅里叶变换对，它们同样有效。傅里叶变换对可以定义为

$$Q(\omega) = A\int_{-\infty}^{\infty} q(t)\exp(-\mathrm{i}\omega t)\mathrm{d}t$$

$$q(t) = B\int_{-\infty}^{\infty} Q(\omega)\exp(\mathrm{i}\omega t)\mathrm{d}\omega \tag{5.27}$$

只要 $A\cdot B = 1/2\pi$，式(5.24)就仍然有效。式(5.24)中的虚拟变量可以从 $\omega$ 到 $-\omega$ 变化，即

$$q(t)\Leftrightarrow \frac{1}{2\pi}\int_{-\infty}^{\infty}\Big[\int_{-\infty}^{\infty} q(\hat{t})\exp(\mathrm{i}\omega\hat{t})\mathrm{d}\hat{t}\Big]\exp(\mathrm{i}\omega t)\mathrm{d}\omega$$

傅里叶变换对变换为

$$Q(\omega) = A\int_{-\infty}^{\infty} q(t)\exp(\mathrm{i}\omega t)\mathrm{d}t$$

$$q(t) = B\int_{-\infty}^{\infty} Q(\omega)\exp(-\mathrm{i}\omega t)\mathrm{d}\omega$$

其中，$A\cdot B = 1/2\pi$。本书中，我们用的傅里叶变换对定义式(5.25)和式(5.26)。

简·巴蒂斯特·约瑟夫·傅里叶
(1768 年 3 月 21 日—1830 年 5 月 16 日)

**贡献**：傅里叶(Fourier)是法国数学家和物理学家，以函数三角近似及其在热流

问题中的应用而闻名。傅里叶的成名是基于他的热传导数学理论,该理论涉及三角函数级数中任意函数的展开。尽管这种展开在早期已经有人进行了研究,但由于他的贡献最大,所以以他的名字命名。傅里叶级数定理是科学和工程中的基本工具。傅里叶变换也以他的名字命名。

傅里叶的另一个贡献是方程中维数均匀性的概念。仅当维数在等式的两边都匹配时,方程才是正确的。傅里叶还开发了以质量、时间、长度等基本维度表示物理单位(例如速度和加速度)的方法。

人们普遍认为傅里叶发现了温室效应。

**生平简介:** 傅里叶出生于巴黎以南 100 英里的欧塞尔。他是父亲第二次婚姻中的第九个孩子。他的父亲是一位裁缝,初婚时育有 3 个孩子。他的母亲在他 9 岁时去世,第二年父亲去世。

作为一个孤儿,傅里叶的生活充满各种困难。他在学校学过拉丁语和法语,表现出极大的天赋。他进入了由欧塞尔本笃会军校创建的皇家军事学院,在那里,他的才华横溢,但很快,到了 13 岁时,他发现自己真正热爱的是数学。

1787 年,傅里叶决定接受圣职培训,并进入卢瓦尔河本笃会修道院。他对数学的兴趣继续存在,傅里叶不确定他是否做出了正确的决定。他在一封信中写道:"昨天是我 21 岁的生日,那时,牛顿和帕斯卡已经获得了不朽的成就。"

傅里叶没有坚持他的宗教誓言。1789 年离开圣贝努瓦之后,他访问了巴黎,并阅读了《科学》杂志上有关代数方程的论文。1790 年,他就在欧塞尔的皇家军事学院任教。直到这时,傅里叶仍在为他应该追随宗教生活或进行数学研究方面感到矛盾。1793 年,他卷入政治斗争并加入地方革命委员会,这一矛盾增加了个第三因素。

傅里叶在促进法国大革命方面发挥了重要作用。他对革命引起的恐怖感到不满,并企图从革命委员会辞职。事实证明这是不可能的,傅里叶的命运与革命紧紧地纠缠在一起。

法国大革命是个很复杂的革命,其中包含着很多派系,这些派系拥有大致相同的目标,但又彼此对立。傅里叶为一个派系的成员辩护。1794 年 7 月,他被捕入狱,这期间,他不止一次地逃避处决。罗伯斯庇尔(法国革命最著名的人物之一)上了断头台,政治上的变化使得傅里叶重获自由。

1794 年底,傅里叶被提名到巴黎的巴黎师范大学学习。这个机构是为培训教师而设立的,旨在为其他教师培训学校提供榜样。这所学校于 1795 年 1 月开学,傅里叶无疑是学生中最出色的。他由拉格朗日、拉普拉斯和其他知名人士教导。

傅里叶在法国学院开始教学,并与拉格朗日、拉普拉斯等人建立了良好的关系,开始进一步的数学研究。他被任命为伊拉瓦中央大学一所学校的校长,该学校由拉扎尔·卡诺(Lazare Carnot)和加斯帕德·蒙格(Gaspard Monge)领导,该校不久将其更名为巴黎高等理工学院。

然而,曾经被捕的经历,影响他再次被捕并监禁。他被释放的原因是多方面的,包括他学生的请愿及拉格朗日、拉普拉斯和蒙格的请愿或政治形势的变化。

1795年9月,傅里叶回到巴黎高等理工学院,1797年,成功接替拉格朗日被任命为分析和力学教授,成为著名的杰出讲师,在这段时间里他似乎并没有进行原创的研究。

1798年,傅里叶以科学顾问的身份加入了拿破仑的军队,入侵了埃及,建立法国式政治机构后,傅里叶被任命为下埃及和埃及研究所的管理者。他在埃及建立了教育机构,并进行了考古探索。

在开罗,傅里叶帮助创立了开罗研究所,担任研究所的部长,成为数学系的12个成员之一。这个职位在埃及任职期间一直保留。傅里叶还把埃及时期的科学和文学发现整理出来,建议编撰了埃及露营时发现的所有宝藏目录,这是首次完整地列出这些珍宝。

1799年,拿破仑放弃了他的军队重返巴黎,并很快掌握了法国的绝对权力。1801年,傅里叶带着远征军的遗体回到法国,并恢复了高等理工学院分析学教授的职位。然而,拿破仑对于傅里叶如何为他服务还有其他的想法,任命傅里叶为总部设在格勒诺布尔的普兰斯大学系主任。

傅里叶对于离开学术界和巴黎的前景并不满意,但不能拒绝拿破仑的要求。他去了格勒诺布尔,在那里他的职责繁多,工作内容也各不相同。他在这个行政职位上取得的两个最大成就是监督排干布尔戈林沼泽的行动,并监督修建一条从格勒诺布尔到都灵的新公路。他还花了很多时间在《埃及见闻》上。1810年,在《埃及见闻》出版之前,拿破仑对其进行了一些修改。在第2版出版的时候,所有提到拿破仑的地方都被删除了。

傅里叶在格勒诺布尔的那段时间,就热理论方面进行了重要的数学研究,关于这一主题的工作始于1804年左右,到1807年,他完成了重要研究报告《热在固体中的传播》。1807年12月,傅里叶将研究报告于交给巴黎研究所,尽管它在今天受到高度重视,但在当时引起了重大争议。

拉格朗日和拉普拉斯在1808年提出的第一个反对意见是关于我们称为傅里叶级数的函数作为三角级数的傅里叶展开。傅里叶进一步解释仍然未能说服他们。

第二个反对意见是比奥(Biot)反对傅里叶推导的热传递方程式。傅里叶没有提及比奥1804年的论文(尽管比奥的论文不正确)。拉普拉斯和后来的泊松(Poisson)也有类似的反对意见。

该研究所将1811年的数学奖颁给了傅里叶,题目为热在固体中的传播。1807年,傅里叶在他的研究报告中补充了关于冷却固体和地面与辐射热的额外工作。虽然傅里叶被授予了奖,但他的作品受到了褒贬不一的评论,巴黎没有出版社出版傅里叶的作品。

当拿破仑被击败并在厄尔巴岛流亡的途中,他的路线应该是经过格勒诺布尔的。傅里叶说这对拿破仑来说是危险的,从而成功地避免了这场艰难的对抗。在拿破仑逃离厄尔巴之后,他率领军队向格勒诺布尔进发,傅里叶试图说服格勒诺布尔人民反对拿破仑,并忠于国王。当拿破仑进城时,傅里叶匆匆离开。

傅里叶返回巴黎,并于1817年当选为科学院院士。路易十八起初反对提名他进入科学院,因为他与拿破仑有过交往,但最后还是同意了。在傅里叶1822年当上了学院数学系秘书之后,他的获奖论文《理论分析》被发表了。

1824年,傅里叶描述了这样一种现象:大气中的气体可能会增加地球的温度。这种效应后来称为温室效应。1827年,他完善了他的想法,补充了大气圈会使行星升温。这就确立了行星能量平衡的概念,即行星从引起温度升高的许多来源获得能量。行星也会因红外线辐射(傅里叶称为"暗热")而损失能量,其速率随温度增加而增加。热量增加和热量损失之间达到了平衡,大气通过减缓热量,使平衡朝着更高的温度移动。傅里叶似乎知道红外辐射的损耗速率随着温度的升高而增加,尽管给出这种依赖关系的确切形式的斯特凡-玻耳兹曼定律(第四次幂律)是在50年后被发现的。

傅里叶在巴黎的最后8年里,重新开始他的数学研究,发表了一些纯数学和应用数学的论文。然而,他的生活并不是没有问题的,因为他的热理论仍然存在争议。比奥声称自己比傅里叶优先。傅里叶几乎没有困难地证明比奥所说的是假的。泊松不仅抨击了傅里叶的数学技术,而且还想提出另一种理论。傅里叶写了《历史记录》作为对这些主张的回应,尽管这本著作已向各位数学家展示,但从未出版过。

傅里叶一生的最后几年都是在巴黎度过的,那时他是科学院的秘书,接替拉普拉斯任综合理工学校理事会主席。因为可能在埃及染上的病,他在医院的时间越来越长,就医期间他还在力学、热传递、方程理论和统计学方面继续发表文章。62岁时他在巴黎去世。

**显著成就**:傅里叶在格勒诺布尔做了他最重要的科学工作。尽管他的职业生涯几乎在政治和科学之间平分,但他在数学科学方面的成就非常出色。

1822年,他出版了《理论分析》一书,其中他根据牛顿的冷却定律进行了推理,声称两个绝热分子之间的热流与它们的温度极小比例成正比。他在这项工作中声称,变量的任何函数,无论是连续的还是不连续的,都可以展开成该变量倍数的一系列正弦函数。尽管这种结果是不正确的,但傅里叶观察到一些不连续的函数是无限级数之和是一个突破。

傅里叶认识到,地球主要从太阳辐射中获取能量,而大气对太阳辐射基本上是透明的,地热对能量平衡的贡献不大。然而,他错误地认为行星际空间的辐射有很大的贡献。

在傅里叶的整个职业生涯中,他通过无私的支持和鼓励赢得了年轻朋友的忠诚。大多数资深同事都对他的成就赞不绝口。但泊松是一个例外,他对傅里叶有争议、批评和敌意。

**例 5.8 狄拉克 $\delta$ 函数**

求狄拉克 $\delta$ 函数 $\delta(t)$ 的傅里叶变换,由此来求 1 的傅里叶变换。当我们开始研究随机振动时,这些变换是非常有用的。

**解:** 狄拉克 $\delta$ 函数的傅里叶变换为

$$\Delta(\omega) = \frac{1}{2\pi}\int_{-\infty}^{\infty}\delta(t)\exp(-\mathrm{i}\omega t)\mathrm{d}t$$

$$= \frac{1}{2\pi}$$

1 的傅里叶变换为

$$\mathcal{F}\{1\} = \int_{-\infty}^{\infty}1\exp(-\mathrm{i}\omega t)\mathrm{d}t \tag{5.28}$$

$\mathcal{F}\{1\}$ 是不容易计算的。为了求 $\mathcal{F}\{1\}$,我们首先用狄拉克 $\delta$ 函数的 $\frac{1}{2\pi}$ 逆变换,即

$$\delta(t) = \int_{-\infty}^{\infty}\frac{1}{2\pi}\exp(\mathrm{i}\omega t)\mathrm{d}\omega$$

变量 $\omega \to -\tau$ 和 $t \to \Omega$ 的变换,积分为

$$\delta(\Omega) = \int_{-\infty}^{\infty}\frac{1}{2\pi}\exp(\mathrm{i}\Omega\tau)\mathrm{d}\tau$$

将该方程与式(5.28)中 1 的傅里叶变换的定义进行比较,我们发现 1 的傅里叶变换就是狄拉克 $\delta$ 函数。

### 5.5.1 筛选定理

通过以下方程定义任意函数 $\omega(x)$ 的狄拉克 $\delta$ 函数的筛选性质

$$\int_{-\infty}^{\infty}\delta(x)\omega(x)\mathrm{d}x = \omega(0)$$

以这种方式,狄拉克 $\delta$ 函数在 $x=0$ 中提取 $\omega(x)$ 的值,或者更一般地在 $x=a$ 时,有

$$\int_{-\infty}^{\infty}\delta(x-a)\omega(x)\mathrm{d}x = \omega(a)$$

我们将在后续的讲解和实例中分析这种特性。

保罗·阿德里安·莫里斯·狄拉克
(1902年8月8日—1984年10月20日)

**贡献**：狄拉克是一位英国理论物理学家，他对量子力学和量子电动力学的发展做出了基础性贡献。他对量子理论的第一个重大贡献是1925年写的一篇论文。他于1930年出版了《量子力学原理》，并因其著作于1933年被授予诺贝尔物理学奖。他与埃尔文·施罗德因"发现了原子理论新的产生形式"而获得诺贝尔奖。

在其他发现中，他提出了狄拉克方程，描述了费密子的行为，并由此预言了反物质的存在。

**生平简介**：狄拉克出生于英国布里斯托尔。他的父亲是一位法国教师，是来自瑞士的移民；他的母亲来自康沃尔。他有一个哥哥，在1925年自杀了。他还有一个妹妹。他早期的家庭生活因父亲异常严格和专制似乎很不愉快（狄拉克曾说过：当我是个孩子时，我从来不知道爱或感动）。他在布里斯托尔大学附属的一所学校接受教育，该校强调科学学科和现代语言，这是不寻常的安排，因为当时英国的中学教育主要用经典语言。后来狄拉克为之感谢他的母校。

1921年，狄拉克在布里斯托尔大学学习电气工程，完成学位。然后，他决定把他的主要精力放在数学科学上。1923年，在布里斯托尔大学获得应用数学学士学位后，他获得了在剑桥大学约翰学院进行研究的资助，在那里继续他的职业生涯。

在剑桥，狄拉克在广义相对论和量子物理学的新兴领域中追求着他的兴趣。狄拉克注意到经典力学中的泊松括号和海森堡量子力学公式中的量子化规则之间的类比。这一观察结果使狄拉克以一种新颖而有启发性的方式获得了量化规则。通过在

1926年出版的这部著作,他获得了剑桥大学的博士学位。

狄拉克于1932年被任命为剑桥大学卢卡斯数学教授,这一职位他任职了37年。第二次世界大战期间,他对气体离心机铀浓缩进行了重要的理论和实验研究。

狄拉克于1937年结婚,并收养了妻子的两个孩子。他和妻子有两个女儿。

他于1971年搬迁到佛罗里达州(接近他的大女儿)。狄拉克在佛罗里达的科勒尔盖布尔斯的迈阿密大学和塔拉哈西的佛罗里达州立大学度过了他生命的最后几年,他是那里的物理学的开创者。

狄拉克在佛罗里达州塔拉哈西逝世,享年82岁。

**显著成就**:1930年,他成为皇家学会会员,1939年被授予皇家学会皇家勋章,1952年被授予科普利勋章和马克思·普朗克勋章。1948,他当选为美国物理学会会员。狄拉克被任命为1973年度功勋者。

许多数量、算子和现象都是以他命名的:狄拉克方程,狄拉克梳,狄拉克$\delta$函数,费密-狄拉克定理。狄拉克海,狄拉克旋量,狄拉克测度,狄拉克伴随,狄拉克大数假设。狄拉克-费密子,狄拉克弦,狄拉克代数,狄拉克算子,布拉姆-洛伦兹-狄拉克力,狄拉克括号,费密-狄拉克积分。

1933年,狄拉克在1931年发表了关于磁单极子的论文之后,指出宇宙中存在一个磁单极子足以解释所观察到的电荷量子化现象。在1975年和1982年,有趣的结果表明磁单极子可能被探测到,而它们的存在在2009年被证实。

狄拉克的量子电动力学预言是无限的,因此是不可接受的。一种被称为重整化的方法被开发出来,但狄拉克从未接受过。"我必须说,我对这种情况非常不满意,"他在1975年说,"因为这个所谓的'好理论',确实包括以任意的方式忽略方程中出现的无限性。这只是不合理的数学。明智的数学包括当数量很小时忽略它,而不是仅仅因为它是无限大的而想忽略它。"

狄拉克以谦虚著称。本文记述了他第一个写下来的量子力学算符的时间演化方程——海森堡运动方程。

狄拉克和他的父亲可能有不同程度的自闭症。在诺贝尔奖得主的传记中,这解释了狄拉克为什么会沉默寡言、有固执的行为模式、有很强的专注和决心。

狄拉克在他的同事中因他的沉默寡言而闻名。当尼尔斯·玻耳解释他不知道如何在他写的科学文章中完成句子时,狄拉克回答说:"我在学校里被教导,永远不要在不知道句子的结尾的情况下开始一个句子。"

他批判了罗伯特·奥本海默对诗歌的兴趣:科学的目的在于使困难的事物以一种更简单的方式被理解;诗歌的目的在于以一种不可理解的方式陈述简单的事物,两者不相容。

他的名言包括:

自然法则应该表现在美丽的方程式中;

上帝用美丽的数学创造了世界;

我不明白为什么我们会讨论宗教。如果我们是诚实的,而且作为科学家,诚实是我们的确切职责,我们必须承认任何宗教都是一堆虚假陈述,没有任何真正的基础。上帝的观念是人们想象的产物。我不承认任何宗教奇迹,至少因为它们互相矛盾(海森堡回忆起狄拉克在 1927 年一次讨论爱因斯坦和普朗克的宗教观的会议上友好交谈时的这句话。当保利被问到他的意见时,他说:"好吧,我也认为我们的朋友狄拉克有一个宗教,这个宗教的第一条戒律是'上帝不存在,保罗·狄拉克是他的先知'",每个人都大笑起来,包括狄拉克)。狄拉克是个无神论者。

### 5.5.2 时间差分

如果将傅里叶变换应用于微分方程,则必须能够进行时间导数的变换。考虑 $dq/dt$ 的傅里叶变换。利用傅里叶变换的定义为

$$\mathcal{F}\left\{\frac{dq}{dt}\right\} = \frac{1}{2\pi} \int_{-\infty}^{\infty} \frac{dq}{dt} \exp(i\omega t) dt$$

通过部分整合,我们得到

$$\mathcal{F}\left\{\frac{dq}{dt}\right\} = \frac{1}{2\pi} \exp(-i\omega t) q(t) \bigg|_{-\infty}^{\infty} + i\omega \frac{1}{2\pi} \int_{-\infty}^{\infty} \exp(-i\omega t) dt$$

假定 $q(t)$ 是绝对可积①的,使得 $q(t)$ 会消失在 $-\infty$ 和 $\infty$ 上。然后,有

$$\mathcal{F}\left\{\frac{dq}{dt}\right\} = i\omega \frac{1}{2\pi} \int_{-\infty}^{\infty} \exp(-i\omega t) dt = i\omega \mathcal{F}\{q(t)\} \tag{5.29}$$

同理,我们求得二阶导数的傅里叶变换为

$$\mathcal{F}\left\{\frac{d^2q}{dt^2}\right\} = -\omega^2 \frac{1}{2\pi} \int_{-\infty}^{\infty} \exp(-i\omega t) dt = -\omega^2 \mathcal{F}\{q(t)\} \tag{5.30}$$

### 5.5.3 卷积定理

傅里叶变换的一个重要性质是卷积定理,即

$$\mathcal{F}^{-1}\{P(\omega)Q(\omega)\} = \frac{1}{2\pi} \int_{-\infty}^{\infty} p(\tau) q(t-\tau) d\tau = \frac{1}{2\pi} \int_{-\infty}^{\infty} q(\tau) p(t-\tau) d\tau$$

(5.31)

式中:$P(\omega)$ 和 $Q(\omega)$ 是 $p(t)$ 和 $q(t)$ 的傅里叶变换。接下来,我们证明这一点,$P(\omega)$ 和 $Q(\omega)$ 的乘积的傅里叶逆变换可以写成

---

① 绝对可积表示整数收敛到特定值,并且无穷大。

$$\mathcal{F}^{-1}\{P(\omega)Q(\omega)\} = \int_{-\infty}^{\infty} P(\omega)Q(\omega)\exp(\mathrm{i}\omega t)\,\mathrm{d}\omega$$

$$= \int_{-\infty}^{\infty} P(\omega)\left\{\frac{1}{2\pi}\int_{-\infty}^{\infty} q(\hat{t})\exp(\mathrm{i}\omega\hat{t})\,\mathrm{d}\hat{t}\right\}\exp(\mathrm{i}\omega t)\,\mathrm{d}\omega$$

$$= \frac{1}{2\pi}\int_{-\infty}^{\infty}\int_{-\infty}^{\infty} P(\omega)q(\hat{t})\exp\{-\mathrm{i}\omega(\hat{t}-t)\}\,\mathrm{d}\hat{t}\,\mathrm{d}\omega$$

式中:$\hat{t}$ 是虚变量。令 $t-\hat{t}=\tau$,则

$$\mathcal{F}^{-1}\{P(\omega)Q(\omega)\} = \frac{1}{2\pi}\int_{-\infty}^{\infty}\int_{-\infty}^{\infty} P(\omega)q(t-\tau)\exp(\mathrm{i}\omega\tau)(-\mathrm{d}\tau)\,\mathrm{d}\omega$$

$$= \frac{1}{2\pi}\int_{-\infty}^{\infty}\int_{-\infty}^{\infty} P(\omega)q(t-\tau)\exp(\mathrm{i}\omega\tau)(\mathrm{d}\tau)\,\mathrm{d}\omega$$

改变积分的顺序

$$\mathcal{F}^{-1}\{P(\omega)Q(\omega)\} = \frac{1}{2\pi}\int_{-\infty}^{\infty} q(t-\tau)\left[\int_{-\infty}^{\infty} P(\omega)\exp(\mathrm{i}\omega\tau)\,\mathrm{d}\omega\right]\mathrm{d}\tau$$

其中方括号中的项为 $p(t)$ 替代,则

$$\mathcal{F}^{-1}\{P(\omega)Q(\omega)\} = \frac{1}{2\pi}\int_{-\infty}^{\infty} q(t-\tau)p(t)\,\mathrm{d}\tau$$

改变变量,$\tau_2 = t-\tau$,我们也可以写成

$$\mathcal{F}^{-1}\{P(\omega)Q(\omega)\} = \frac{1}{2\pi}\int_{-\infty}^{\infty} q(\tau_2)p(t-\tau_2)\,\mathrm{d}\tau_2$$

$$= \frac{1}{2\pi}\int_{-\infty}^{\infty} q(t)p(t-\tau)\,\mathrm{d}\tau$$

因此,式(5.31)得到了证明。积分 $\int_{-\infty}^{\infty} q(\tau)p(t-\tau)\,\mathrm{d}\tau$ 和 $\int_{-\infty}^{\infty} p(\tau)q(t-\tau)\,\mathrm{d}\tau$ 通常表示为 $p*q$。

### 例5.9 两个矩形函数的卷积

求卷积 $p*q$,并将其作为 $t$ 函数的两个矩形函数,即
$$p(t) = 1, \quad -1 < t < 1$$
$$q(t) = 2, \quad -1 < t < 1$$

**解**:矩形二维卷积的函数给定为

$$\int_{-\infty}^{\infty} q(\tau)p(t-\tau)\,\mathrm{d}\tau = \int_{-1}^{1} q(\tau)p(t-\tau)\,\mathrm{d}\tau = \begin{cases} 0, & t < -2 \\ 2(t+2), & -2 < t < 0 \\ 2(-t+2), & 0 < t < 2 \\ 0, & t > 2 \end{cases}$$

图 5.11 绘出了这个例子的卷积运算图像。

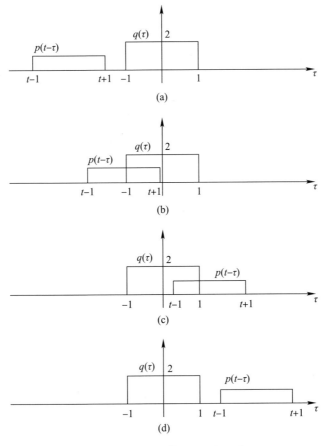

图 5.11 卷积运算 $q(\tau)p(t-\tau)$
(a)$t<-2$;(b)$-2<t<0$;(c)$0<t<2$;(d)$2<t$。

## 5.5.4 移位定理

如果 $p(t)$ 的傅里叶变换是由 $P(\omega)$ 给出的,则 $p(t-t_0)$ 给出的傅里叶变换为 $P(\omega)\exp(-i\omega t_0)$,即

$$\begin{aligned}
\mathcal{F}\{p(t-t_0)\} &= \frac{1}{2\pi}\int_{-\infty}^{\infty} p(t-t_0)\exp(-i\omega t)\,dt \\
&= \frac{1}{2\pi}\int_{-\infty}^{\infty} p(t-t_0)\exp\{-i\omega(t-t_0)\}\exp(-i\omega t_0)\,dt \\
&= P(\omega)\exp(-i\omega t_0)
\end{aligned}$$

这就是所谓的移位定理。

### 例 5.10 调制定理

考虑由 $P(\omega)$ 给出的傅里叶变换的函数 $p(t)$,求出 $p(t)\cos\omega_0 t$ 的傅里叶变换的表达式。

**解**:采用 $p(t)\cos\omega_0 t$ 的傅里叶变换,可以写出

$$\mathcal{F}\{p(t)\cos\omega_0 t\} = \frac{1}{2\pi}\int_{-\infty}^{\infty} p(t)\cos\omega_0 t \exp(-i\omega t)\mathrm{d}t$$

使用欧拉恒等式,$\exp(i\theta) = \cos\theta + i\sin\theta$,函数 $\cos\omega_0 t$ 变为

$$\cos\omega_0 t = \frac{\exp(i\omega_0 t) + \exp(-i\omega_0 t)}{2}$$

然后,有

$$\mathcal{F}\{p(t)\cos\omega_0 t\} = \frac{1}{2\pi}\frac{1}{2}\int_{-\infty}^{\infty} p(t)[\exp\{-i(\omega-\omega_0)t\} + \exp\{-i(\omega-\omega_0)t\}]\mathrm{d}t$$

$$= \frac{1}{2}[P(\omega-\omega_0)P(\omega+\omega_0)]$$

因此,函数乘以频率为 $\omega_0$ 的谐波函数的傅里叶变换等于该函数的傅里叶变换平移了 $\pm\omega_0$。

### 5.5.5 比例定理

如果 $p(t)$ 的傅里叶变换是 $P(\omega)$,则 $p(at)$ 的傅里叶变换是 $|a|^{-1}P(\omega/a)$,其中 $a$ 是实数和非零常数,这就是比例定理。$p(at)$ 的傅里叶变换证明如下:

$$\mathcal{F}\{p(at)\} = \frac{1}{2\pi}\int_{-\infty}^{\infty} p(at)\exp(-i\omega t)\mathrm{d}t$$

$$= \frac{1}{2\pi}\int_{-\infty}^{\infty} p(\tau)\exp\left(-i\frac{\omega}{a}\tau\right)\frac{1}{|a|}\mathrm{d}\tau = \frac{1}{|a|}P(\omega/a)$$

## 5.6 谐波过程

在本节中,我们的目的是预测功率谱的后续推导,因为已知随机过程是由许多频率的能量组成的,所以定义了谐波总和的随机过程,与傅里叶级数类似。我们从随机函数开始,它是一个简谐过程 $X(t) = C\cos(\omega t - \phi)$,或者为

$$X(t) = A\cos\omega t + B\sin\omega t$$

式中:$A$ 和 $B$ 是独立的随机变量。假设两者的均值都为零且分布相同,有

$$\mu_A = \mu_B = 0$$
$$\sigma_A^2 = \sigma_B^2 = \sigma^2$$

$X(t)$的自相关函数为

$$R_{XX}(\tau) = E\{X(t)X(t+\tau)\}$$
$$= E\{(A\cos\omega t + B\sin\omega t)(A\cos\omega[t+\tau] + B\sin\omega[t+\tau])\}$$

扩展结果,利用三角恒等式,则有

$$R_{XX}(\tau) = \sigma^2 \cos\omega\tau \tag{5.32}$$

也就是说,正弦过程的自相关也是正弦曲线。

考虑更一般的公式,其中随机过程的频率组成被扩展,即

$$X(t) = \sum_{k=1}^{m} X_k(t)$$
$$= \sum_{k=1}^{m} (A_k \cos\omega_k t + B_k \sin\omega_k t)$$

在这里,我们假设$A_k$和$B_k$具有与$A$和$B$相同的性质,然后类似地得到

$$R_{XX}(\tau) = \sum_{k=1}^{m} R_{X_k X_k}(\tau) = \sum_{k=1}^{m} \sigma_k^2 \cos\omega_k \tau$$

这个过程的总方差可以用以下方式求出

$$\sigma^2 = E\{X^2(t)\} - \mu_X^2 = R_{XX}(0)$$

最后一个等式对于平均值等于零的情况是成立的,然后可以得出

$$\sigma^2 = \sum_{k=1}^{m} \sigma_k^2$$

每个频率分量$\omega_k$对总方差$\sigma^2$贡献$\sigma_k^2$。总方差的分数由比率$\sigma_k^2/\sigma^2$给出,比率可以定义为$p(\omega_k)$,如图5.12(a)所示。注意:$\sum_{k=1}^{m} p(\omega_k) = 1$。然后,有

$$R_{XX}(\tau) = \sigma^2 \sum_{k=1}^{m} p(\omega_k) \cos\omega_k \tau$$

式中:$p(\omega_k)$为加权函数。这意味着,$p(\omega_k)$的行为类似于概率密度。

如果频谱变得非常宽,包括许多频率,使得$m \to \infty$,则结果是连续的频谱。以类似于从离散概率密度函数到连续概率密度函数的方法,我们可以用$S^0(\omega)d\omega$代替$\sigma^2 p(\omega_k)$,其中$d\omega = \omega_{k+1} - \omega_k$,并用频率范围的积分代替上述和,即

$$R_{XX}(\tau) = \int_0^{\infty} S^0(\omega) \cos\omega\tau d\omega \tag{5.33}$$

式中:$S^0(\omega)$为随机过程的单边谱密度,它将随机过程的方差作为密度分布在频谱上。单边谱密度如图5.12(b)所示。

这一结果在下一节的维纳-辛钦关系中介绍。

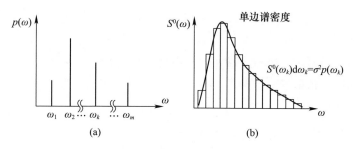

图 5.12 （a）概率密度 $p(\omega)$ 和（b）单边谱密度 $S^0(\omega)$

## 5.7 功率谱

在这一节中,我们来推导傅里叶变换对,即

$$S_{XX}(\omega) \Leftrightarrow R_{XX}(\tau)$$

也称为维纳 – 辛钦关系或定理。为了做到这一点,我们首先采用一般复随机过程[①] $X(t)$ 的傅里叶变换,即

$$X(\omega) = \frac{1}{2\pi}\int_{-\infty}^{\infty} X(t)\exp(-i\omega t)\mathrm{d}t \tag{5.34}$$

当且仅当存在均方根时,有

$$E\{X(\omega_1)X^*(\omega_2)\} = \frac{1}{(2\pi)^2}\int_{-\infty}^{\infty}\int_{-\infty}^{\infty} R_{XX}(t_1,t_2)\exp[-i(\omega_1 t_1 - \omega_2 t_2)]\mathrm{d}t_1\mathrm{d}t_2$$

式中:$\omega_1$ 和 $\omega_2$ 的所有值都有边界的,其中上标 * 表示复数共轭。

如果 $X(t)$ 是平稳的,则 $X(\omega)$ 不存在[②]。为了克服这一点,我们定义了截断傅里叶变换,即

$$X(\omega,T) = \frac{1}{2\pi}\int_{-\frac{T}{2}}^{\frac{T}{2}} X(t)\mathrm{e}^{-i\omega t}\mathrm{d}t$$

与前面一样,当 $\omega_1$ 和 $\omega_2$ 的所有值都有界时,在均方意义下,$X(\omega,T)$ 存在,即

$$E\{X(\omega_1,T)X^*(\omega_2,T)\} = \frac{1}{(2\pi)^2}\int_{-\frac{T}{2}}^{\frac{T}{2}}\int_{-\frac{T}{2}}^{\frac{T}{2}} R_{XX}(t_1-t_2)\exp[-i(\omega_1 t_1 - \omega_2 t_2)]\mathrm{d}t_1\mathrm{d}t_2$$

令 $\tau = t_1 - t_2$,$\omega_1 = \omega_2 = \omega$,最后一个方程变为

---

① 尽管我们没有将随机过程以最一般的形式介绍为复杂函数,但我们之所以这样做是因为我们正在使用傅里叶变换对其进行操作。

② 因为平稳过程始终存在,所以 $X(\omega)$ 不存在,也就是说,傅里叶变换是不确定的(值无限大)。

$$E\{|X(\omega,T)|^2\} = \frac{1}{(2\pi)^2}\int_{-\frac{T}{2}}^{\frac{T}{2}}\Big[\int_{-\frac{T}{2}-t_2}^{\frac{T}{2}-t_2} R_{XX}(\tau)\exp(-i\omega\tau)d\tau\Big]dt_2$$

改变积分的次序,则有

$$E\{|X(\omega,T)|^2\} = \frac{1}{(2\pi)^2}\Big[\int_0^T R_{XX}(\tau)\exp(-i\omega\tau)\Big(\int_{-\frac{T}{2}}^{\frac{T}{2}-\tau}dt_2\Big)d\tau +$$

$$\int_{-T}^0 R_{XX}(\tau)\exp(-i\omega\tau)\Big(\int_{-\frac{T}{2}-\tau}^{\frac{T}{2}}dt_2\Big)d\tau\Big]$$

$$= \frac{1}{(2\pi)^2}\int_{-t}^{t}(T-|\tau|)R_{XX}(\tau)\exp(-i\omega\tau)d\tau$$

将最后一个方程乘以 $2\pi/T$,并将极限作为 $T\to\infty$ 的结果,即

$$\lim_{T\to\infty}\frac{2\pi E\{|X(\omega,T)|^2\}}{T} = \lim_{T\to\infty}\frac{1}{2\pi}\int_{-T}^{T}\Big(1-\frac{|\tau|}{T}\Big)R_{XX}(\tau)\exp(-i\omega\tau)d\tau$$

$$= S_{XX}(\omega) - \lim_{T\to\infty}\frac{1}{2\pi}\int_{-T}^{T}\Big(\frac{|\tau|}{T}\Big)R_{XX}(\tau)\exp(-i\omega\tau)d\tau$$

(5.35)

在这里我们使用下面的定义

$$S_{XX}(\omega) = \lim_{T\to\infty}\frac{1}{2\pi}\int_{-T}^{T}R_{XX}(\tau)\exp(-i\omega\tau)d\tau$$

由于$\lim_{\tau\to 0}R_{XX}(\tau)\to 0$ 对于物理零均值过程和$R_{XX}(\tau)$是绝对可积的,因此它在 $-\infty$ 和$\infty$ 处都消失[1],所以式(5.35)右边的第二项是任意小的。因此,我们定义了功率谱或谱密度$S_{XX}(\omega)$作为它的自相关函数的傅里叶变换,即

$$S_{XX}(\omega) = \frac{1}{2\pi}\int_{-\infty}^{\infty}R_{XX}(\tau)e^{-i\omega\tau}d\tau \tag{5.36}$$

和

$$R_{XX}(\tau) = \frac{1}{2\pi}\int_{-\infty}^{\infty}S_{XX}(\omega)e^{i\omega\tau}d\omega \tag{5.37}$$

式(5.36)和式(5.37)中的傅里叶变换对为维纳-辛钦定理,它是随机过程理论中的一个基本定理。对于弱平稳随机过程,这些方程是也是有效的。图5.13描述了一些重要的$S_{XX}(\omega)\Leftrightarrow R_{XX}(\tau)$对。

---

[1] Y. K. Lin,《结构动力学的概率理论》,Robert E. Krieger 出版公司,1976 年。

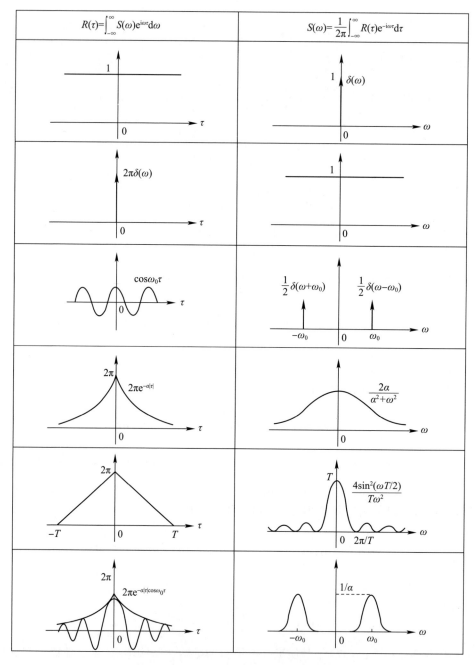

图 5.13 变换对:相关函数与功率谱密度的关系

### 5.7.1 维纳-辛钦定理的讨论

式(5.35)表示谱密度 $S_{XX}(\omega)$,即

$$S_{XX}(\omega) = \lim_{T\to\infty} \frac{2\pi}{T} E\{|X(\omega,T)|^2\}$$

由于 $R_{XX}(\tau) = R_{XX}(-\tau)$，$S_{XX}(\omega)$ 不是复函数而是实数偶函数，即

$$S_{XX}(\omega) = S_{XX}(-\omega)$$

对于 $\tau = 0$，有

$$\int_{-\infty}^{\infty} S_{XX}(\omega)\mathrm{d}\omega = R_{XX}(\tau) = E\{X^2(t)\} \geq 0 \tag{5.38}$$

因此，从物理学角度出发，可以认为零均值随机过程，功率谱密度下的面积等于 $\sigma_X^2$，所以对于任何 $\Delta\omega$，它必须是正量，即 $S_{XX}(\omega) \geq 0$，式(5.38)意味着功率谱的积分等于过程 $X(t)$ 的"平均或均方功率"。

类似地，对于遍历过程，$X(t)$ 的期望值可以写成

$$E\{X^2(t)\} = \lim_{T\to\infty} \frac{1}{T} \int_{-\frac{T}{2}}^{\frac{T}{2}} X^2(t)\mathrm{d}t \tag{5.39}$$

这是总时间中的总能量或平均功率。因此，功率谱是对随机过程 $X(t)$ "能量"的量度。具体地说，它描述了过程总均方值在频率上的分布，因为我们不能始终执行如式(5.39)中用 $T\to\infty$ 定义的平均值，所以均方平均值是一个近似值。

由于相关函数和谱密度是偶函数，所以我们可以使用傅里叶余弦变换对代替复指数函数，并在传递上进行积分，即

$$S_{XX}(\omega) = \frac{1}{\pi} \int_0^{\infty} R_{XX}(\tau)\cos\omega\tau\mathrm{d}\tau \tag{5.40}$$

和

$$R_{XX}(\tau) = 2\int_0^{\infty} S_{XX}(\omega)\cos\omega\tau\mathrm{d}\tau \tag{5.41}$$

例 5.16 ~ 例 5.19 给出了 $R_{XX}(\tau)$ 和 $S_{XX}(\omega)$ 具有广泛物理应用的例子。

同理，交叉谱密度定义为

$$S_{XY}(\omega) = \frac{1}{2\pi} \int_{-\infty}^{\infty} R_{XY}(\tau)\mathrm{e}^{-\mathrm{i}\omega\tau}\mathrm{d}\tau = S_{YX}(\omega)$$

和

$$R_{XY}(\tau) = \int_{-\infty}^{\infty} S_{XY}(\omega)\mathrm{e}^{\mathrm{i}\omega\tau}\mathrm{d}\omega$$

**变换对 $S_{XX}(\omega) \Leftrightarrow R_{XX}(\tau)$：**

变换对式(5.36)和式(5.37)可以通过使用时间周期函数的复数表达形式，即式(5.21)与式(5.22)和式(5.23)更正式地导出。对于随机过程 $X(t)$，我们可以导出相关函数的表达式，然后再导出它的傅里叶变换，即谱密度函数。首先，我们把 $X(t)$ 写成在 $t_1$ 和 $t_2$ 两个瞬间的形式，如下所示：

$$X(t_1) = \sum_{m=-\infty}^{\infty} \left[\frac{1}{T}\int_{-T/2}^{T/2} x(\eta)\exp(-\mathrm{i}\omega_m\eta)\mathrm{d}\eta\right]\exp(\mathrm{i}\omega_m t_1)$$

$$X(t_2) = \sum_{n=-\infty}^{\infty} \left[\frac{1}{T}\int_{-T/2}^{T/2} x(v)\exp(-i\omega_n v)dv\right]\exp(i\omega_n t_2)$$

式中:$\eta$ 和 $v$ 是频率的虚变量。

(1) 形成两个函数之间的相关 $E\{X(t_1)X(t_2)\}$,即

$$E\{X(t_1)X(t_2)\} = E\left\{\sum_{m=-\infty}^{\infty}\sum_{n=-\infty}^{\infty}\frac{1}{T^2}\int_{-T/2}^{T/2}\int_{-T/2}^{T/2}\right.$$
$$\left. x(\eta)x(v)\exp(-i[\omega_m\eta + \omega_n v])d\eta dv \exp(i[\omega_m t_1 + \omega_n t_2])\right\}$$

(2) 改变变量,令 $v = \eta + \Delta, t_1 = t$ 和 $t_2 = t + \tau$。

(3) 完成二重积分的计算。

(4) 令 $T\to\infty$,假设 $X(t)$ 是平稳过程(关于这个过程的后续推导,请参见课后习题16)。

**例5.11 均值非零随机过程**

一个具有均值 $\mu_Y$ 的平稳随机过程 $Y(t)$,定义另一个随机过程 $X(t) = Y(t) - \mu_Y$,这表示随机过程 $X(t)$ 的均值为0。比较 $X(t)$ 和 $Y(t)$ 的谱密度。

**解**:用 $R_{XX}(\tau)$ 表示 $Y(t)$ 的自相关函数

$$\begin{aligned}R_{YY}(\tau) &= E\{Y(t)Y(t+\tau)\} \\ &= E\{(X(t)+\mu_Y)(X(t+\tau)+\mu_Y)\} \\ &= E\{X(t)X(t+\tau)\} + \mu_Y E\{X(t)\} + \mu_Y E\{X(t+\tau)\} + \mu_Y^2 \\ &= R_{XX}(\tau) + \mu_Y^2\end{aligned}$$

因为 $\mu_X = 0$,则谱密度为

$$\begin{aligned}S_{YY}(\omega) &= \frac{1}{2\pi}\int_{-\infty}^{\infty} R_{YY}(\tau)\exp(-i\omega\tau)d\tau \\ &= \frac{1}{2\pi}\int_{-\infty}^{\infty}[R_{XX}(\tau)+\mu_Y^2]\exp(-i\omega\tau)d\tau \\ &= S_{XX}(\omega) + \frac{1}{2\pi}\int_{-\infty}^{\infty}\mu_Y^2\exp(-i\omega\tau)d\tau\end{aligned}$$

第二项可通过考虑傅里叶变换对来求解,即

$$\delta(\omega) = \frac{1}{2\pi}\int_{-\infty}^{\infty} 1 e^{-i\omega\tau}d\tau$$

$$1 = \int_{-\infty}^{\infty}\delta(\omega)e^{i\omega\tau}d\omega$$

式中:$\delta(\omega)$ 是狄拉克 $\delta$ 函数,因此,有

$$S_{YY}(\omega) = S_{XX}(\omega) + \mu_Y^2\delta(\omega)$$

我们已经表明,除了加上 $\mu_Y^2\delta(\omega)$ 的 $\omega = 0$ 处,谱密度是相同的形状,如图5.14所示。

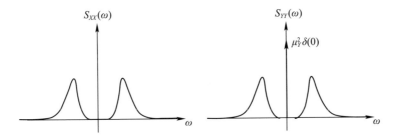

图 5.14 两个谱密度 $S_{XX}(\omega)$ 和 $S_{YY}(\omega)$。两个谱密度的区别在于$S_{XX}(\omega)$对应的是零均值随机过程 $X(t)$,$S_{YY}(\omega)$对应的是均值 $\mu_Y$ 的随机过程 $Y(t)$,从而得到幅值 $\mu_Y^2$ 在 $\omega=0$ 时的狄拉克 $\delta$ 函数

## 例 5.12 限带相关函数

相关函数

$$R(\tau) = \begin{cases} 1 - \dfrac{|\tau|}{T}, & |\tau| < T \\ 0, & 其他 \end{cases} \tag{5.42}$$

见图 5.15。

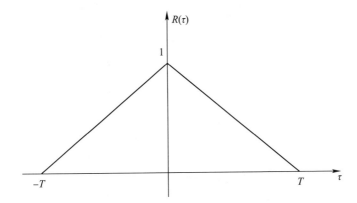

图 5.15 式(5.42)的限带相关函数

这个相关函数是一个实际函数的理想化表示,当 $\tau > T$ 时等于零,求谱密度。

**解:** 使用谱密度的定义作为相关函数的傅里叶变换,我们得到

$$\begin{aligned} S(\omega) &= \frac{1}{2\pi}\int_{-\infty}^{\infty} R(\tau)\mathrm{e}^{-i\omega\tau}\mathrm{d}\tau \\ &= \frac{1}{2\pi}\int_{-\infty}^{\infty} R(\tau)\cos\omega\tau\mathrm{d}\tau \\ &= \frac{1}{\pi}\int_{0}^{\infty} R(\tau)\cos\omega\tau\mathrm{d}\tau \\ &= \frac{1}{\pi}\int_{0}^{\infty} \left(1 - \frac{\tau}{T}\right)\cos\omega\tau\mathrm{d}\tau \end{aligned}$$

式中:由于相关函数是偶函数,偶数分量可以代替复指数表达形式,同理,积分限制为正 $\tau$。计算出积分为

$$S(\omega) = \frac{2}{\pi\omega^2 T}\sin^2\frac{\omega T}{2} \tag{5.43}$$

如图 5.16 所示,两次应用洛必达规则,得到该函数 $\omega \to 0$ 的极限值 $T/2\pi$。

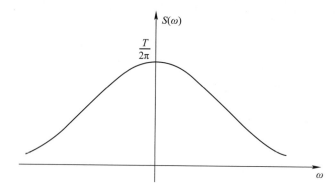

图 5.16　式(5.43)的谱密度函数

纪尧姆·弗朗索瓦·安托万·洛必达侯爵
(1661 年—1704 年 2 月 2 日)

**贡献**:1696 年,洛必达出版了第一本关于微分学的教科书《无穷小分析》。在引言中,虽然他表达了对莱布尼茨,雅各布·伯努利和约翰·伯努利的感激之情,但他认为基础还是源于自己的想法。

洛必达最著名的发现是洛必达法则,寻找一个有理函数的极限,该函数的分子和

分母在某个点上趋于零。洛必达法则将导数用于计算不定式的极限。洛必达法则的应用(或重复应用)常常将不定式转换为确定式,从而实现对极限的计算。洛必达法则首次出现在他的书中。

**生平事迹:** 洛必达出生于法国巴黎。他还是一个孩子的时候,没有学拉丁语的天赋,但有很强的能力,对数学产生了真正的热爱。

洛必达作为骑兵军官经历了一段军旅生涯,但并没有放弃他的数学研究。据报道,他甚至在帐篷里学习几何学。后因近视而辞职,从那时起,洛必达将注意力转向了数学。

1691年,洛必达师从瑞士数学家约翰·伯努利教授学习微积分,最终解决了最速降线问题(最速降线问题是对整个欧洲的数学家的挑战,约翰·伯努利于1696年提出,最速降线问题是要找到一条曲线,从给定的点开始,仅靠重力下降的物体,将在最短的时间内到达另一个给定的点,有时称为最快下降曲线)。事实上,这个问题是由牛顿独立解决的,如果是由洛必达解决的,莱布尼茨和雅各布·伯努利会把他送进很好的公司。

洛必达的书中包含了他的老师约翰·伯努利的讲义和不定式0/0的讨论,这种不定式通过反复微分求解而得名。

洛必达曾考虑出版一本关于积分的书,但当得知莱布尼茨将要出版这本书后,放弃了该计划。在他去世后,这本书的手稿被发现,该手稿于1707年出版,1720年再版。

洛必达结过婚,并育有一子三女。他在法国巴黎逝世,享年43岁。

**显著成就:** 洛必达热爱学习,一生大部分时间致力于科学写作。他的书是非常重要的贡献。被使用了很长时间,直到1781年才再版。该书是第二代微积分书的典范。

洛必达具有非常吸引人的性格,谦虚和慷慨,这两种品质在他那个时代的数学家中并不普遍。

洛必达通常被拼写为"l'Hospital"和"l'Hôpital"。他的名字中原来有s,但是,法语此后删除了不发音的"s",并在前面的元音中添加了抑扬符。

关于洛必达法则的起源存在争议。1694年,约翰·伯努利与洛必达做了一笔交易。这笔交易是洛必达每年付给伯努利300法郎的钱,伯努利告诉他自己的发现。1704,在洛必达死后,伯努利向全世界透露了这笔交易,他声称,洛必达这本书中的许多结果都应归功于他。

1921年,约翰·伯努利给洛必达的手稿复制本被揭露出来。人们看到,这本书跟课程笔记非常相似,伯努利没有在洛必达的书被出版时提出异议,因为那时他们意见一致。但是似乎很有可能洛必达法则是被约翰·伯努利发现的。在微积分中,洛必达法则也被称为伯努利法则,给予了伯努利荣誉。

洛必达的全名很长,所以我们只给出一个简单的版本:纪尧姆·弗朗索瓦·安托万·洛必达侯爵,圣梅梅侯爵,恩德蒙特大公和乌克斯·拉·奇瓦兹勋爵。在 12 世纪前后的几代人中,这个家族中有很多杰出的人物。

**例 5.13** 常数和随机过程之和

求出平稳随机过程 $X(t) = a + b\cos(\omega_0 t + \epsilon)$ 的谱密度,其中 $a$、$b$ 是常数,$\epsilon$ 是随机变量。

**解**:利用它的定义可以找到自相关,即

$$R_{XX}(\tau) = E\{X(t)X(t+\tau)\}$$
$$= \int_{-\infty}^{\infty} (a + b\cos(\omega_0 t + \varepsilon))(a + b\cos(\omega_0[t+\tau] + \varepsilon))f_\epsilon(\varepsilon)\mathrm{d}\tau$$

经过一点代数运算后,再利用三角恒等式,对积分的乘积进行展开,可以得到

$$R_{XX}(\tau) = a^2 + \frac{b^2}{2}\cos\omega_0\tau$$

无论密度 $\epsilon$ 如何,都有

$$S_{XX}(\omega) = \frac{1}{2\pi}\int_{-\infty}^{\infty} R_{XX}(\tau)\mathrm{e}^{-\mathrm{i}\omega\tau}\mathrm{d}\tau$$
$$= \frac{1}{2\pi}\int_{-\infty}^{\infty} \left(a^2 + \frac{b^2}{2}\cos\omega_0\tau\right)\mathrm{e}^{-\mathrm{i}\omega\tau}\mathrm{d}\tau$$

为化简积分,我们进行以下替换

$$\cos\omega_0\tau = \frac{1}{2}[\exp(\mathrm{i}\omega_0\tau) + \exp(-\mathrm{i}\omega_0\tau)]$$

得到结果

$$S_{XX}(\omega) = \frac{1}{2\pi}\int_{-\infty}^{\infty} a^2\mathrm{e}^{-\mathrm{i}\omega\tau}\mathrm{d}\tau + \frac{b^2}{8\pi}\int_{-\infty}^{\infty} ([\exp(\mathrm{i}\omega_0\tau) + \exp(-\mathrm{i}\omega_0\tau)])\mathrm{e}^{-\mathrm{i}\omega\tau}\mathrm{d}\tau$$
$$= a^2\delta(\omega) + \frac{b^2}{4}[\delta(\omega - \omega_0) + \delta(\omega + \omega_0)] \tag{5.44}$$

由于狄拉克 $\delta$ 函数是复指数的傅里叶变换,得到

$$\delta(\omega) = \frac{1}{2\pi}\int_{-\infty}^{\infty} \mathrm{e}^{-\mathrm{i}\omega\tau}\mathrm{d}\tau$$

图 5.17 显示了 $\delta$ 函数在 $\pm\omega_0$ 处的幅值 $\frac{b^2}{4}$,1 在 $\omega = 0$ 处的幅值 $a^2$,表示为常数,零频率,部分随机过程 $X(t)$。

**例 5.14** 几种谱密度

求出下列相关函数的谱密度:(1)纯正弦函数,$\sin\omega_0\tau$;(2)$A\exp(-\alpha|\tau|)\cos\Omega\tau$;(3)$A\exp(-\alpha^2\tau^2)$。

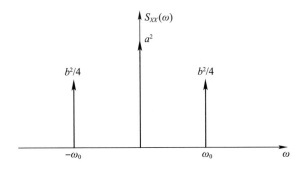

图 5.17 方程(5.44)函数的谱密度(常数和随机过程的和)

**解**:谱密度与相关函数的相关系数通过式(5.36)解出,即

$$S_{XX}(\omega) = \frac{1}{2\pi}\int_{-\infty}^{\infty} R_{XX}(\tau)\mathrm{e}^{-\mathrm{i}\omega t}\mathrm{d}\tau$$

(1) 如果相关是纯正弦函数,则由积分给出 $S_{XX}(\omega)$,即

$$S_{XX}(\omega) = \frac{1}{2\pi}\int_{-\infty}^{\infty} \sin\omega_0\tau \mathrm{e}^{-\mathrm{i}\omega t}\mathrm{d}\tau$$

使用欧拉(Euler)恒等式,有

$$\sin\omega_0\tau = \frac{1}{2\mathrm{i}}[\exp(\mathrm{i}\omega_0\tau) - \exp(-\mathrm{i}\omega_0\tau)]$$

频谱密度变成

$$S_{XX}(\omega) = \frac{1}{2\pi}\int_{-\infty}^{\infty}\frac{1}{2\mathrm{i}}[\exp(\mathrm{i}\omega_0\tau) - \exp(-\mathrm{i}\omega_0\tau)]\mathrm{e}^{-\mathrm{i}\omega\tau}\mathrm{d}\tau$$

$$= \frac{1}{2\pi}\int_{-\infty}^{\infty}\frac{1}{2\mathrm{i}}(\mathrm{e}^{-\mathrm{i}(\omega-\omega_0)\tau} - \mathrm{e}^{-\mathrm{i}(\omega+\omega_0)\tau})\mathrm{d}\tau$$

$$= \frac{1}{2\mathrm{i}}[\delta(\omega-\omega_0) - \delta(\omega+\omega_0)]$$

该结果证实正弦函数不能是相关函数,因为前者是奇函数,而后者必须是偶函数。鉴于这种不一致,结果是一个虚值表达式,因此,在物理上不可能是谱密度。谱密度必须是偶函数且为实数值。

(2) 如果相关由 $A\exp(-\alpha|\tau|)\cos\Omega\tau$ 给出,则谱密度为

$$S_{XX}(\omega) = \frac{1}{2\pi}\int_{-\infty}^{\infty} A\exp(-\alpha|\tau|-\mathrm{i}\omega\tau)\cos\Omega\tau\mathrm{d}\tau$$

$$= \frac{A}{2\pi}\frac{1}{2}\left(\int_{-\infty}^{\infty}\exp(-\alpha|\tau|-\mathrm{i}\omega\tau+\mathrm{i}\Omega\tau) + \exp(-\alpha|\tau|-\mathrm{i}\omega\tau-\mathrm{i}\Omega\tau)\mathrm{d}\tau\right)$$

$$= \frac{A}{2\pi}\frac{1}{2}\int_0^\infty \exp(-\alpha - i\omega + i\Omega)\tau + \exp(-\alpha - i\omega - i\Omega)\tau d\tau +$$

$$\frac{A}{2\pi}\frac{1}{2}\int_{-\infty}^0 \exp(\alpha - i\omega + i\Omega)\tau + \exp(\alpha - i\omega - i\Omega)\tau d\tau$$

$$= \frac{A}{2\pi}\frac{1}{2}\left(\frac{1}{\alpha + i\omega - i\Omega} + \frac{1}{\alpha - i\omega + i\Omega} + \frac{1}{\alpha + i\omega + i\Omega} + \frac{1}{\alpha - i\omega - i\Omega}\right)$$

$$= \frac{A}{2\pi}\left(\frac{\alpha}{\alpha^2 + (\omega - \Omega)^2} + \frac{\alpha}{\alpha^2 + (\omega + \Omega)^2}\right)$$

图 5.18 显示了 α 取各种值时的谱密度。

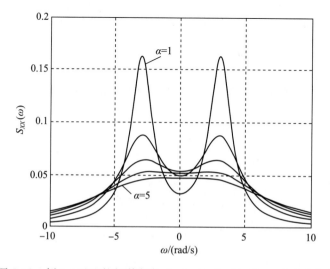

图 5.18 例 5.14(2) 的频谱密度，$A = 1$, $\Omega = 3\mathrm{rad/s}$ 和 $\alpha = 1,2,3,4,5$

对于 $\Omega = 0$, 谱密度为

$$S_{XX}(\omega) = \frac{A}{2\pi}\left(\frac{\alpha}{\alpha^2 + \omega^2}\right)$$

这与图 5.13 中的第四幅图一致。结果表明，当 $\alpha^2 > 3\Omega$ 时，谱密度在 $\omega = 0$ 处有一个峰值，峰值为

$$S_{XX}(0) = \frac{A}{\pi}\frac{\alpha}{\alpha^2 + \Omega^2}$$

当 $\alpha^2 < 3\Omega$, $S_{XX}(\omega)$ 有两个峰值时，在

$$\omega_{\mathrm{peak}} = \pm(\alpha^2 + \Omega^2)^{1/4}(2\Omega - (\alpha^2 + \Omega^2)^{1/2})^{1/2}$$

具有峰值

$$S_{XX}(\omega_{\mathrm{peak}}) = \frac{A\alpha}{4\pi\Omega[(\alpha^2 + \Omega^2)^{1/2} - \Omega]}$$

（3）如果由 $A\exp(-\alpha^2\tau^2)$ 给出相关,则谱密度为

$$S_{XX}(\omega) = \frac{1}{2\pi}\int_{-\infty}^{\infty} A\exp(-\alpha^2\tau^2 - i\omega\tau)d\tau$$

$$= \frac{1}{2\pi}\int_{-\infty}^{\infty} A\exp\left(-\alpha^2\left[\tau^2 + i\frac{\omega}{\alpha^2}\tau - \left(\frac{\omega}{2\alpha^2}\right)^2\right] - \alpha^2\left(\frac{\omega}{2\alpha^2}\right)^2\right)d\tau$$

$$= \frac{1}{2\pi}\int_{-\infty}^{\infty} A\exp\left(-\alpha^2\left(\tau + i\frac{\omega}{2\alpha^2}\right)^2 - \alpha^2\left(\frac{\omega}{2\alpha^2}\right)^2\right)d\tau$$

$$= A\exp\left(-\alpha^2\left(\frac{\omega}{2\alpha^2}\right)^2\right)\cdot\frac{1}{2\pi}\int_{-\infty}^{\infty} A\exp\left(-\alpha^2\left(\tau + i\frac{\omega}{2\alpha^2}\right)^2\right)d\tau$$

求积分 $\alpha\left(\tau + \frac{i\omega}{2\alpha^2}\right) = t$,即

$$\int_{-\infty}^{\infty}\exp\left(-\alpha^2\left(\tau + i\frac{\omega}{2\alpha^2}\right)^2\right)d\tau = \int_{-\infty}^{\infty} A\exp(-t^2)\frac{1}{a}dt = \frac{1}{a}\sqrt{\pi}$$

其中 $\int_{-\infty}^{\infty}\exp(-t^2)dt = \sqrt{\pi}$。然后得到谱密度为

$$S_{XX}(\omega) = \frac{A}{2\alpha\sqrt{\pi}}\exp\left(-\frac{\omega^2}{4\alpha^2}\right)$$

**例 5.15** 同谱、正交谱和相干性函数[①]

求出平稳随机过程 $X(t)$ 和 $Y(t)$ 的互相关函数 $R_{XY}(\tau)$ 及其互谱密度函数 $S_{XY}(\omega)$。

**解**：我们从基本定义开始

$$R_{XY}(\tau) = 2\int_{-\infty}^{\infty} S_{XY}(\omega)e^{i\omega\tau}d\omega$$

$$S_{XY}(\omega) = \frac{1}{2\pi}\int_{-\infty}^{\infty} R_{XY}(\tau)e^{-i\omega\tau}d\tau$$

然后,有

$$S_{XY}(\omega) = \frac{1}{2\pi}\left\{\int_{-\infty}^{0} R_{XY}(\tau)e^{-i\omega\tau}d\tau + \int_{0}^{\infty} R_{XY}(\tau)e^{-i\omega\tau}d\tau\right\}$$

$$= \frac{1}{2\pi}\left\{\int_{-\infty}^{0} R_{YX}(\tau)e^{i\omega\tau}d\tau + \int_{0}^{\infty} R_{XY}(\tau)e^{-i\omega\tau}d\tau\right\}$$

$$= \frac{1}{2\pi}\int_{0}^{\infty}[R_{XY}(\tau) + R_{YX}(\tau)]\cos\omega\tau d\tau +$$

$$\frac{i}{2\pi}\int_{0}^{\infty}[-R_{XY}(\tau) + R_{YX}(\tau)]\sin\omega\tau d\tau$$

$$= C_{XY}(\omega) + iQ_{XY}(\omega)$$

---

[①] 本例子改编自 M. K. Ochi 的《概率应用和统计过程》,Wiley–Interscience,1990,第 243 页 ~ 第 244 页和第 382 页 ~ 第 383 页。

式中：$C_{XY}(\omega)$ 是余谱，偶函数且 $Q_{XY}(\omega)$ 是正交谱奇函数。我们注意到交叉谱密度函数一般是完备函数。

振幅谱和相位谱分别为

$$|S_{XY}(\omega)| = \sqrt{C_{XY}^2(\omega) + Q_{XY}^2(\omega)}$$

$$\varepsilon = \arctan\left(\frac{Q_{XY}(\omega)}{C_{XY}(\omega)}\right)$$

我们可以使用上述谱的奇数和偶数特性得出以下特性

$$S_{XY}(-\omega) = C_{XY}(-\omega) + iQ_{XY}(-\omega) = C_{XY}(\omega) - iQ_{XY}(\omega) = S_{XY}^*(\omega)$$

其中上标 $*$ 表示复数共轭。同样，有

$$S_{YX}(-\omega) = C_{YX}(\omega) + iQ_{YX}(\omega) = C_{YX}(\omega) - iQ_{XY}(\omega) = S_{XY}^*(\omega)$$

最后，我们定义了一致性函数，即

$$\gamma(\omega) = \frac{C_{XY}^2(\omega) + Q_{XY}^2(\omega)}{S_{XX}(\omega) S_{YY}(\omega)}, \quad 0 \leqslant \gamma(\omega) \leqslant 1$$

如果以 $X(t)$ 作为输入，$Y(t)$ 作为输出，则相干函数可以用作系统线性度的度量。在一定的频率范围内，接近上限 1 的值意味着在该范围内的线性。该函数类似于两个随机变量之间的相关系数。它已被用于海上结构动力学和其他地方的定向谱中。

### 例 5.16 海浪谱

由风产生的海浪被建模为随机过程。海浪高程谱 $\eta(t)$ 的一个常用谱是 Pierson-Mskowitz 谱，即

$$S_{\eta\eta}^0(\omega) = \frac{0.0081 g^2}{\omega^5} \exp\left[-0.74\left(\frac{g}{V\omega}\right)^4\right] \mathrm{m}^2 \cdot \mathrm{s} \tag{5.45}$$

这是个单边密度，其中 $\omega > 0$，在静止水位以上 19.5 m 的高度处，$g$ 是重力加速度（9.81 m/s²），$V$ 是风速（m/s）。可以使用 $g$ 和 $V$ 的任何统一的单位，$\omega$ 的单位是 rad/s。图 5.19 中所示的 Pierson-Moskowitz 谱是实验确定的，在应用中的大多数频谱也是一样的。

回想一下，可以从波高标高获得流体粒子的速度和加速度。该方程还有其他形式，以及其他的谱密度。每一种谱线都对应于一年中的特定时间海洋的特定部分。第 13 章介绍了包括关于这种谱线的细节，并提供了对海洋环境中的结构分析的介绍。

### 例 5.17 对海浪的响应

图 5.20 所示的张紧式系泊示意图，其中垂直构件是高弹性的合成绳索，具有拉

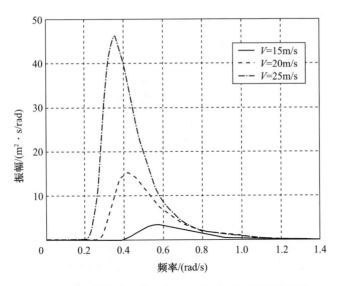

图 5.19 3 种风速 V 的 Pierson–Moskowitz 海浪高度谱

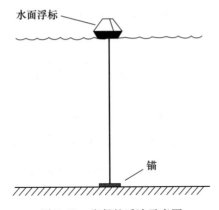

图 5.20 张紧的系泊示意图

伸刚度 EA 和原始长度 L。在假定沿波型 $\eta(t)$ 的位移 $X(t)$ 为垂直位移的情况下,求出绳索的张力谱和均方根张力。假设海浪谱的谱是式(5.45)中的 Pierson–Moskowitz,或者 $\omega$ 的 V=10m/s 时,有

$$S_{\eta\eta}^0(\omega) = \frac{0.78}{\omega^5}\exp\left[-\frac{0.69}{\omega^4}\right] \text{m}^2 \cdot \text{s}$$

**解:** 由于浮标的垂向运动服从波形,所以谱线也相同,$S_{XX}^0(\omega) = S_{\eta\eta}^0(\omega)$。力与浮标的位移 $F = (EA/L)X$ 有关,因此张力谱由 $S_{FF}^0(\omega) = (EA/L)^2 S_{\eta\eta}^0(\omega)$ 给出,均方根张力为

$$E\{F^2\} = \int_0^\infty S_{FF}^0(\omega)\,\mathrm{d}\omega = \left(\frac{EA}{L}\right)^2 \int_0^\infty \frac{0.78}{\omega^5}\exp\left[-\frac{0.69}{\omega^4}\right]\mathrm{d}\omega$$

经数值积分后,均方根张力等于

$$E\{F^2\} = \frac{0.28EA}{L} \text{ N}^2$$

这一结果对设计目的具有重要意义。知道 $E\{F^2\}$ 和 $\mu_F$,方差 $\sigma_F^2$ 可以在预先设定的标准偏差范围内被计算和使用。这个过程通常是迭代的,可以得到 $A$ 和 $E$ 的设计值。如果平均值等于零,则均方根值为

$$\sigma = +\sqrt{\frac{0.28EA}{L}} \text{ N}$$

### 例 5.18 风谱

所有的地面和移动结构都被设计成可以承受风力的流线型或钝体的结构。流线型结构如机翼具有高纵横比(一个维度与另一个维度之比),其形状以最佳方式遵循流线。它们的形状设计成在承受风力时可以产生理想的力配置。诸如高大建筑物或烟囱的钝体通常是低纵横比的,并且可能有角或锐边。它们的设计更多是为了强度,而不是为了适合流线型。

水平速度 $V$ 的风谱的一个例子[①]如

$$S_V(f) = 4_\kappa \bar{V}_{10}^2 \frac{\frac{L}{\bar{V}_{10}}}{(2+\bar{f})^{\frac{5}{6}}} \left(\frac{\text{ft}}{\text{s}}\right)^2 \text{s} \tag{5.46}$$

式中:$f$ 是频率,单位是 Hz;$\bar{f} = FL/\bar{V}_{10}$ 是无量纲频率,$L$ 是长度[②],约 4000ft,$\bar{V}_{10}$ 是离地面 10ft 处的平均风速;$\kappa$ 是 $0.005 \leq R \leq 0.05$ 范围内的数字,这取决于该区域预期的风高。对于 $\kappa = 0.01$,$L = 4000$ft,$\bar{V}_{10} = 50$ft/s,100ft/s,150ft/s,图 5.21 中绘制了风谱。

### 例 5.19 地震谱

为设计或研究的结构物建立地震输入模型时,很难指定地震动谱,这是由于土壤和地质性质的变化显著,即使是在非常接近的两个地点也是这样。我们都看到了与地震有关的毁灭性的照片,并注意到对于两个相邻的相似结构,一个幸免于难,而另一个遭受了严重破坏。这种损伤的差异可能是由于结构和土壤/地基动力特性的细微差别所致。1940 年 5 月 18 日,加利福尼亚州埃尔森特罗的地震[③]模型已经被用作

---

[①] 参见 A. G. Davenport 和 M. Novak,《冲击与振动手册》第 29 章,第 23 页,C. M. Harris 编辑,McGraw-Hill 出版,1988。

[②] 长度比例尺代表建模组件的尺寸。例如,如果简谐力的波长是 $\lambda$,那么,这就是一个长度比例尺。同理,结构尺寸也能用长度比例尺。

[③] 参见 W. J. Hall,Harris,第 24 章第 5 页。

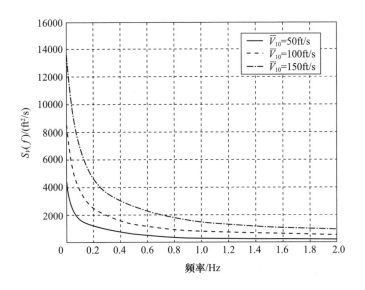

图 5.21　3 个不同的风速 $\bar{V}_{10}$ 时风的谱密度 $S_V(f)$，其中 $\kappa = 0.01, L = 4000\text{ft}$

许多结构设计的输入,以便验证它们能否经受住预期的地面运动。

在地震带中对结构进行动力分析需要估算周围土壤的机械性能。图 5.22 是入射波的水平位移 $x_i(t)$、结构边界条件下产生的地面位移 $x_g(t)$、等效土壤刚度和阻尼 $k_g$ 与 $c_g$ 的结构示意图。

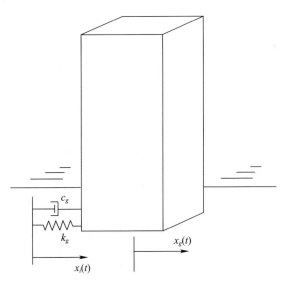

图 5.22　结构的简化模型,表示出结构的地面输入运动 $x_i(t)$ 和地震动响应 $x_g(t)$

Kanai–Tajimi 谱是入射扰动谱 $S_i(\omega)$ 与通过地面直接输入结构的频谱 $S_g(\omega)$ 之间定量关系的一个例子,即

$$S_g(\omega) = \left[ \frac{\omega_g^4 + 4\varsigma_g^2 \omega_g^2 \omega^2}{(\omega_g^2 - \omega^2)^2 + 4\varsigma_g^2 \omega_g^2 \omega^2} \right] S_i(\omega)$$

式中:$\omega_g$ 和 $\varsigma_g$ 分别为场的固有频率和阻尼比。这些参数的平均值是 $\omega_g = 20\text{rad/s}$,而 $\varsigma_g = 0.3$。图 5.23 显示了使用这些平均值的传递函数(上面方括号中的项)或放大因子。曲线表明,在 28Hz 以下有输入频谱的放大,其中传递函数值大于 1,说明输入能量在 28Hz 以上的频率下被滤除,其中传递函数值小于 1。

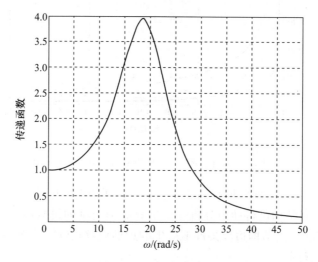

图 5.23　$\omega_g = 20\text{rad/s}$ 和 $\varsigma_g = 0.3$ 的传递函数,对于输入频率 $\omega < 28\text{rad/s}$ 时,其值大于 1

诺伯特·维纳

(1894 年 11 月 26 日—1964 年 3 月 18 日)

**贡献**:诺伯特·维纳是美国理论和应用数学家,他创立了以反馈为主题的控制论。控制论对于工程、计算机科学、生物学、哲学和社会组织具有重要的意义。他是研究随机和噪声过程的先驱,致力于电子工程、电子通信和控制系统相关的工作。

**生平简介**:维纳出生在密苏里哥伦比亚。他是里奥·维纳和伯莎·卡恩的第一个孩子。小时候,他在家接受教育,得益于于他的父亲身份和他自己的能力,维纳是一个神童。

1906年11岁时他从马萨诸塞州艾尔市的艾尔伊学校毕业,然后进入塔夫茨学院。他在14岁时(1909年)被授予数学学士学位,然后在哈佛大学开始了动物学的研究生学习。1910年,他转到康奈尔大学学习哲学。

第二年,他回到哈佛大学,继续学习哲学。维纳于1812年从哈佛大学获得博士学位,当时他只有18岁,他的论文是关于数学、逻辑学的。

1914年,维纳前往欧洲,在剑桥大学跟伯特兰·罗素和G. H. 哈代学习,在哥廷根大学跟大卫·希尔伯特和埃德蒙·兰道学习。1915年至1916年,他在哈佛大学教授哲学,然后为通用电气公司工作,并为《美国百科全书》撰稿。当第一次世界大战爆发时,他被邀请到马里兰州的阿伯丁试验场从事弹道研究,维纳是一位最终的和平主义者,1917年至1918年在那里工作。他与其他数学家一起生活和工作,这加强和加深了他对数学的兴趣。

战后,维纳在哈佛大学寻求学术地位,但没有得到承认(因为他是犹太人)。他在麻省理工学院获得了一个数学讲师职位,并在那里度过了职业生涯的大半时间,最终升为教授。

1926年,维纳作为阿古根海姆学者返回欧洲。他在哥廷根和剑桥(与哈代一起)的大部分时间都在研究布朗运动、傅里叶积分、狄里克莱问题、调和分析以及陶伯定理。

1926年,维纳的父母安排他和德国移民玛格丽特·恩格曼(Margaret Engemann)结婚。他们有两个女儿。维纳在瑞典的斯德哥尔摩去世。

**显著成就**:战后,他的杰出表现帮助麻省理工学院招募了一支认知科学领域的研究团队,该团队由神经心理学、神经系统的数学和生物物理学的研究人员组成,为计算机科学和人工智能做出了开创性的贡献。小组成立后不久,维纳中断了与其成员的所有联系,目前尚不清楚为什么会发生这种分裂。

维纳继续突破控制论、机器人学、计算机控制和自动控制的新领域。他和其他人分享了他的理论和发现,包括苏联研究员维纳斯,与他们的关系使他在冷战期间受到怀疑。他大力提倡自动化,以提高生活水平,克服经济欠发达的情况。他的思想在印度颇具影响力,他在20世纪50年代担任了印度政府的顾问。

维纳拒绝了加入曼哈顿项目的邀请。战后他越来越关注他所认为的对科学研究的政治干预,以及科学的军事化。他在1947年1月《大西洋月刊》上发表的文章《科学家反叛者》敦促科学家们考虑他们工作的伦理学意义。战后,他拒绝接受任何政府资助的军事计划。

1933年,维纳获得博谢奖。1963年,维纳在临终前不久获得了由约翰逊总统于1964年1月在白宫举行的典礼上颁发的国家科学勋章。

亚历山大·雅科夫列维奇·辛钦
(1894年7月19日—1959年11月18日)

**贡献:** 辛钦是苏联数学家,也是苏联概率论学派中最具标志性的人物之一。辛钦从第一篇论文(毕业前发表)开始发表了一系列关于函数性质作品的,删除一组定点中密度为零的点后,保留的函数。1927年,他在《罗马尼亚数学报》上总结了他在这一领域的贡献。

辛钦写了几本关于不同主题的书,其中大多数都有多个版本。他的第一本书是《连分数》,在1936年出版,由3章组成。前两章介绍了连分数的经典理论,而更长、最重要的第3章详细介绍了辛钦对丢图番近似度量理论的贡献。

1943年,辛钦设计了《数学分析八讲》,旨在补充标准微积分课程。它在8章中研究了数学分析的一些基本概念:连续体,极限,函数,级数,导数,积分,函数的级数展开式,微分方程。

1943年,统计力学的数学原理使经典的统计力学成为数学上严格的子类,从而形成了一致的主题表述。1951年,他把他1943年的著作扩展到量子统计学的数学基础,1956年翻译成德语,1960年翻译成英语。这本书是为想深入学习物理的数学家和对细节数学感兴趣的物理学家而写的。主题包括同分布随机变量和的局部极限定理、量子力学基础、量子统计的一般原理、光子统计的基础、熵、热力学第二定律。这本书在质量上相当于冯·诺依曼的杰作《量子力学的数学基础》。

辛钦对数论的另一个贡献是短文《数论的三颗明珠》,它出现在1952年的英文译本中。1957年辛钦的书从俄语原文翻译成英语的《信息论的数学基础》，包括两篇文章：概率论中的熵概念和信息论的基本定理。在第二篇文章中辛钦把香农的一些结果推广到了他书中，用元素系统来描述，同时还提供了全面的目录，其中包含了所有结果的详细信息。

**生平简介**：亚历山大·雅科夫莱维奇·辛钦，他的父亲是一名工程师，在莫斯科的技术高中任教，他对数学着迷。他于1911年完成中等教育，并于当年进入莫斯科大学物理和数学系。

在莫斯科大学，辛钦和卢津等人一起工作。他是一个杰出的学生，对函数的度量理论特别感兴趣。他在1916年毕业之前，已经写了他的第一篇论文，概括了Denjoy积分。毕业后，辛钦仍在莫斯科大学从事研究工作。他成为一名大学教师。几年后，他开始在莫斯科和伊凡诺沃的许多不同的大学教学。莫斯科东部的伊万诺沃小镇，纺织工业的中心，在俄罗斯数学的发展中发挥了令人惊讶的重要作用，该镇有几位重要人物在这里教数学。

大约在1922年时，他开始学习数论和概率论，从而产生新的数学兴趣。第二年，他在《数学期刊》发表了他的重叠对数的介绍，加强了哈代和李特尔伍德的研究成果。有了这些思想，他也加强了博雷尔的大数定律。

1927年，辛钦被任命为莫斯科大学的教授，并在同一年出版了《概率论的基本定律》。在1932年到1934年，他为平稳随机过程理论奠定了基础，最终在1934年的《数学史》的一篇主要论文中达到高潮。辛钦于1935年离开莫斯科，在萨拉托夫大学待了两年，但在1937年回到莫斯科大学，继续与科尔莫戈罗夫和其他人，包括他们的学生格内登科，合作建立概率论学校。1940年，他改变了工作方向。这一次，他对统计力学理论产生了兴趣。在他生命的最后几年里，他的兴趣转向了香农的信息论思想。

**显著成就**：数学不是他上中学时唯一的兴趣，他对诗歌和戏剧有着强烈的爱好。

辛钦因工作而获得的许多荣誉中，有一项是1939年当选苏联科学院院长，另一项是次年获得国家科学成就奖。他被授予斯大林奖（1941年）、列宁奥德奖，以及其他3个奖项和奖章。

### 5.7.2 功率谱单元

功率谱似乎是神秘的，它代表一个真实的物理过程，但式(5.37)，即

$$R_{XX}(\tau) = \int_{-\infty}^{\infty} S_{XX}(\omega) e^{i\omega t} d\omega$$

是一个负频率的积分。当然，这些负频率仅存在于数学意义上，就像在理解上，仅保留实部或虚部的情况下使用复数指数以简化数学运算一样。实验上导出的谱是单边谱密度，符号$W_{XX}(f)$中$f$以Hz为单位，但有时表示为$S_{XX}^0(\omega)$，其中$S_{XX}^0(\omega)$以rad/s为单位。

单边谱可以与标准谱密度相关,通过对各自区域进行等值。图5.24(a)、(b)中所示的阴影区域必须是相等的,以便在所有情况下总功率相同,并且计算相等的概率,即

$$2S_{XX}(\omega)(\omega_0 + \mathrm{d}\omega - \omega_0) = S_{XX}^0(\omega)(\omega_0 + \mathrm{d}\omega - \omega_0)$$

所以,有

$$S_{XX}^0(\omega) = 2S_{XX}(\omega) \tag{5.47}$$

如前所述,频率 $\omega$ 单位为 rad/s。在实际中,以 rad/s 或 Hz 为单位的频率 $f$ 更常见,其中 $f = \omega/2\pi$。图5.24(c)显示了作为 $f$, $S_{XX}(f)$ 的函数的双边谱。通过将图5.24(a)、(c)中的阴影区域等值,我们得到

$$S_{XX}(\omega)\mathrm{d}\omega = S_{XX}(f)\mathrm{d}f$$

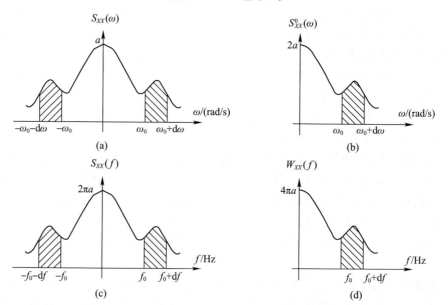

图5.24 rad/s 和 Hz 的双边谱与它们的等效单边谱
(a)单位 rad/s 双边的;(b)单位 rad/s 单边的;(c)单位 Hz 双边的;(d)单位 Hz 单边的。

利用 $2\pi\mathrm{d}f = \mathrm{d}\omega$,有

$$S_{XX}(f) = 2\pi S_{XX}(\omega)$$

图5.24(d)显示了单边谱密度函数 $W_{XX}(f)$。由图5.24(a)和(d)中阴影面积相等,可得,

$$2S_{XX}(\omega)\mathrm{d}\omega = W_{XX}(f)\mathrm{d}f$$
$$W_{XX}(f) = 4\pi S_{XX}(\omega) \tag{5.48}$$

大多数应用依赖于实验数据,我们更有可能看到单侧密度函数。图5.19和图5.21中的波高谱(rad/s)和风谱(Hz)都是单侧的。应该注意 $S_{XX}(\omega)$ 单位是 $X^2/\omega$,$W_{XX}(f)$ 的单位是 $X^2/f$。

用 $S_{XX}^0(\omega)/2$ 代替 $S_{XX}(\omega)$，可以把式(5.40)和式(5.1)中的维纳-辛钦关系写成单侧密度，即

$$S_{XX}^0(\omega) = \frac{2}{\pi}\int_0^\infty R_{XX}(\tau)\cos\omega\tau \mathrm{d}\omega$$

$$R_{XX}(\tau) = \int_0^\infty S_{XX}^0(\omega)\cos\omega\tau \mathrm{d}\omega$$

后者的关系与式(5.33)一致。

## 5.8 窄带和宽带过程

由于功率谱下的面积等于方差(对于零均值过程)，谱密度可被解释为根据频率的方差分布过程。它也可以被解释为代表能量作为频率函数的分布。基于第二种解释，可以根据振荡的类型对行为进行分类，其中振荡的定义特征是其频率。以单一恒定频率振动的结构可在时间和频域中表示为例，如图 5.25 所示，其中 $X(u)$ 是式(5.34)中给出的随机过程 $X(t)$ 的傅里叶变换。

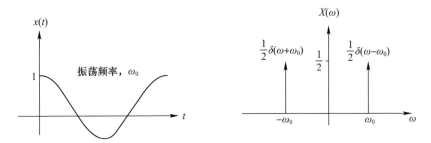

图 5.25 时间和频率 $X(\omega)$ 域中的确定过程 $X(t)$

两个非常重要的过程是窄带(图 5.26)和宽带(图 5.27)。窄和宽表示各自频带的相对扩展。

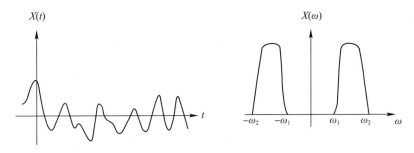

图 5.26 时域中的窄带随机过程 $X(t)$ 的采样函数和频域中的 $X(\omega)$

217

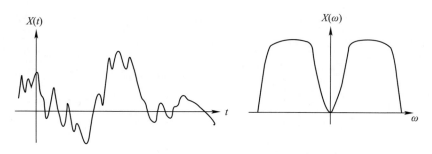

图 5.27 时域中的宽带随机过程 $X(t)$ 的采样函数和频域中的 $X(\omega)$

窄带过程"近似"是谐波振荡器。它不是像谐波振荡器那样在一个不同的频率下振动,而是在一个狭窄的频率范围 $\omega_1 \leqslant \omega \leqslant \omega_2$ 下振动。窄带过程的频谱密度可以由图 5.28 中的频谱理想化。它在频带中具有平坦的频谱,具有恒定大小 $S_0$。

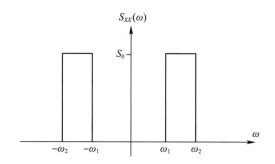

图 5.28 理想化窄带过程的谱密度

这种过程的自相关函数如下:

$$R_{XX}(\tau) = \int_{-\infty}^{\infty} S_{XX}(\omega) e^{i\omega t} d\omega = = \int_{\omega_1}^{\omega_2} S_0(\omega) \cos\omega\tau d\omega$$

如果功率谱是关于零对称的,则复数指数的实部仍然存在。积分求值为

$$R_{XX}(\tau) = 2\frac{S_0}{\tau}(\sin\omega_2\tau - \sin\omega_1\tau) \tag{5.49}$$

因此,自相关函数由两个谐波函数组成,频率分别为 $\omega_1$ 和 $\omega_2$。当频率彼此接近时,就会观察到拍频行为。这可以通过式(5.49)来看出,即

$$R_{XX}(\tau) = 4\frac{S_0}{\tau}\cos\left\{\left(\frac{\omega_1 + \omega_2}{2}\right)\tau\right\}\sin\left\{\left(\frac{\omega_2 - \omega_1}{2}\right)\tau\right\} \tag{5.50}$$

取式(5.50)的下限可以得到均方值,即

$$E\{X^2(t)\} = R_{XX}(0) = \lim_{\tau \to 0} 4\frac{S_0}{\tau}\cos\left\{\left(\frac{\omega_1 + \omega_2}{2}\right)\tau\right\}\sin\left\{\left(\frac{\omega_2 - \omega_1}{2}\right)\tau\right\} = 2S_0(\omega_2 - \omega_1)$$

在这种情况下,通过计算谱密度下的面积很容易计算均方值。

图 5.29 显示了理想窄带过程的相关函数，其中参数 $S_0 = 2\text{m}^2/\text{s}, \omega_1 = 3\text{rad/s}$ 和 $\omega_2 = 3.5\text{rad/s}$。如果 X 以 m/s 为单位表示速度，那么自相关函数具有 $(\text{m/s})^2$ 单位，而谱密度函数具有 $\text{m}^2/\text{s}$ 单位。频谱密度的单位是由于它是关于时间的自相关的积分，单位为 $(\text{m/s})^2$ 或 $\text{m}^2/\text{s}$。

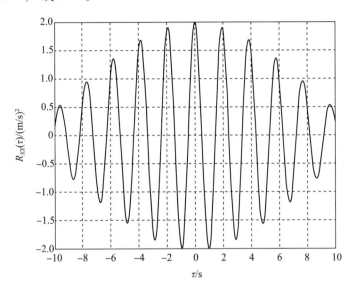

图 5.29 理想的窄带过程的相关函数，其中 $S_0 = 2\text{m}^2/\text{s}, \omega_1 = 3\text{rad/s}, \omega_2 = 3.5\text{rad/s}$

宽带过程是这样的一个过程，即较大的频率范围可以达到较大的幅度范围。以上的窄带过程的方程在这也是有效的，只是现在 $\omega_2 - \omega_1$ 是一个更大的范围。图 5.30 显示了 $S_0 = 2\text{m}^2/\text{s}, \omega_1 = 0\text{rad/s}, \omega_2 = 10\text{rad/s}$ 的相关函数。

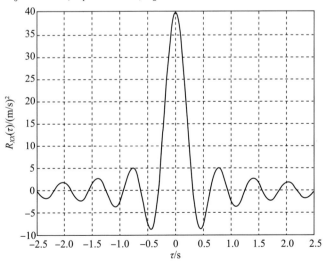

图 5.30 理想的宽带过程的相关函数，其中 $S_0 = 2\text{m}^2/\text{s}, \omega_1 = 0\text{rad/s}, \omega_2 = 10\text{rad/s}$

注意:宽带过程的$R_{XX}(\tau)$在$\tau=0$时具有显著的峰值,随着$\tau$的增加而迅速减小。这意味着函数$X(t)$和$X(t+\tau)$随着$\tau$的增加而减少。

### 5.8.1 白噪声处理

白噪声过程是为数学上的方便引入的理想化过程。假设一个过程是白噪声极大地简化了分析,并且对于某些应用仍然可以得到准确的结果。"白色"一词来自光学,表示所有频率都是这一过程的一部分,很像白色光是由全部颜色组成的。

白噪声功率谱范围为$-\infty \sim \infty$,相关函数可通过设置$\omega_1=0$和取式(5.50)中的极限$\omega_2 \to \infty$来估计,我们发现

$$\lim_{\omega_1=0} 4\frac{S_0}{\tau}\cos\left\{\left(\frac{\omega_1+\omega_2}{2}\right)\tau\right\}\sin\left\{\left(\frac{\omega_2-\omega_1}{2}\right)\tau\right\} = 2S_0\frac{\sin\omega_2\tau}{\tau}$$

然后,有

$$R_{XX}(\tau) = \lim_{\omega_2 \to \infty} 2S_0\frac{\sin\omega_2\tau}{\tau} = 2\pi S_0 \delta(\pi) \tag{5.51}$$

式(5.51)用式(5.36)中给出的谱密度的定义来证明

$$S_{XX}(\omega) = \frac{1}{2\pi}\int_{-\infty}^{\infty} 2\pi S_0 \delta(\pi) e^{-i\omega\tau} d\tau = S_0$$

图 5.31 显示了白噪声过程及其等效单边谱的双边谱密度$S_0$。带限谱的随机过程称为有色噪声。颜色这个词的使用遵循光学类比法。

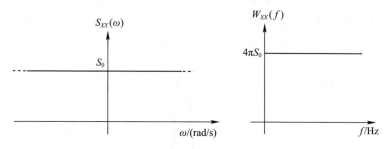

图 5.31 单边和双边光谱

## 5.9 相关函数和谱密度的解释

虽然相关函数和频谱密度已经在其他地方解释了,在这里我们来进一步阐述。①
从数据角度来看,相关函数是衡量未来数据如何基于过去的观测值的一种度量。

---

① 这一部分参考 J. S. Bendat, A. G. Piersol,《相关函数和谱分析的工程应用》,John Wiley & Sons 出版,1980年,第 57 页和第 68 页。

此外,知道随机过程$X(t)$的准确时间历程,如$0 \leq t \leq T$,将提高$t = T + \tau$的可预测性,超出概率密度函数$f_X(x)$所允许的范围。未来的这种优势会持续多久,$\tau$取决于随机过程的特征。

例如,对随机相位正弦波、随机噪声正弦波、窄带随机噪声和宽带随机噪声进行比较,可以看出,第一种情况下,值可以基于过去的观测值精确地预测。在最后一个例子中,相关函数下降得如此之快,以至于对时间历程精确的了解不会显著地改善在不久的将来做出的预测。这是可以量化的。

虽然自相关函数可以表现主频率,但谱密度可以更直接地表示主频率。然而,自相关函数虽然确实直接提供数据(过程)的均方值、均值和方差,但是没有关于相位的信息。

自谱密度是频率的函数,通常解释为数据均方值分布的度量。密度函数下的面积等于总均方值。对于窄带数据,其均方分布在小范围的频率上,而对于宽带数据,均方分布在较宽的频率范围内。在后一种情况下,这种现象具有更大的随机性和较大的方差。如流体湍流和地震活动。

在解释互相关和互谱时,引入两个随机过程。可能一个过程是输入,另一个过程是输出,如对结构的施加力导致结构的输出位移。可能两个过程都是输出的,例如,继续结构应用,受到随机力作用的板发生偏转,其中偏转是位置的函数。由于它们被相同力激活,所以通常两个位置具有两个相关的挠度。有时,这些问题称为传播问题,其中输入通过系统传播,导致了响应。该系统可以是线性的、非线性的、非色散的或分散的(阻尼的)。如果系统是确定性的,输入是随机的,那么响应也是随机的。

输入与输出之间的相关性是输入与系统物理参数的自相关函数。如果可以同时测量互相关和自相关,则可以评估物理系统的至少一个参数。这些解释可以推广到多个耦合的系统,如多自由度动态系统。

除了期望的频率结果不是总值之外,互谱密度函数一般可解释为互相关函数。在估计系统的参数值时,它们是有用的,这在系统辨识等学科中得到很好的建立。

## 5.10 平稳随机过程导数的谱密度

在5.4节中,我们推导了关系

$$\frac{\mathrm{d}}{\mathrm{d}\tau}R_{XX}(\tau) = R_{X\dot{X}}(\tau)$$

$$\frac{\mathrm{d}^2}{\mathrm{d}\tau^2}R_{XX}(\tau) = R_{X\ddot{X}}(\tau) = -R_{\dot{X}\dot{X}}(\tau)$$

在这一节中,推导出$S_{XX}(\omega)$、$S_{X\dot{X}}(\omega)$、$S_{\dot{X}\dot{X}}(\omega)$和$S_{X\ddot{X}}(\omega)$谱密度的相似关系。根据定义,谱密度$S_{X\dot{X}}(\omega)$为

$$S_{X\dot X}(\omega) = \frac{1}{2\pi}\int_{-\infty}^{\infty} R_{X\dot X}(\tau)e^{-i\omega\tau}d\tau$$

在这里,利用式(5.14),可得

$$S_{X\dot X}(\omega) = \frac{1}{2\pi}\int_{-\infty}^{\infty} \frac{d}{d\tau}R_{XX}(\tau)e^{-i\omega\tau}d\tau$$

利用式(5.29)中傅里叶变换的性质,有

$$S_{X\dot X}(\omega) = i\omega\frac{1}{2\pi}\int_{-\infty}^{\infty} R_{XX}(\tau)e^{-i\omega\tau}d\tau = i\omega S_{XX}(\omega)$$

我们在例5.15中看到,在这种情况下,这个表达式可以理解为两个过程的相位差的过程及其导数。

同理,谱密度 $S_{\dot X\dot X}(\omega)$ 可以写成

$$S_{\dot X\dot X}(\omega) = \frac{1}{2\pi}\int_{-\infty}^{\infty} R_{\dot X\dot X}(\tau)e^{-i\omega\tau}d\tau = -\frac{1}{2\pi}\int_{-\infty}^{\infty}\frac{d^2}{d\tau^2}R_{XX}(\tau)e^{-i\omega\tau}d\tau$$

由式(5.30)得

$$S_{\dot X\dot X}(\omega) = \omega^2\frac{1}{2\pi}\int_{-\infty}^{\infty} R_{XX}(\tau)e^{-i\omega\tau}d\tau = \omega^2 S_{XX}(\omega)$$

**例5.20** $X(t)$ 导数的谱密度

推导关联 $S_{X\ddot X}(\omega)$、$S_{\ddot X\ddot X}(\omega)$ 和 $S_{XX}(\omega)$ 的方程。

**解**:谱密度 $S_{X\ddot X}(\omega)$ 根据定义,有

$$S_{X\ddot X}(\omega) = \frac{1}{2\pi}\int_{-\infty}^{\infty} R_{X\ddot X}(\tau)e^{-i\omega t}d\tau$$

互相关函数 $R_{X\ddot X}(\tau)$ 为

$$R_{X\ddot X}(\tau) = \frac{d^2}{d\tau^2}R_{XX}(\tau)$$

然后,有

$$S_{X\ddot X}(\omega) = \frac{1}{2\pi}\int_{-\infty}^{\infty} \frac{d^2}{d\tau^2}R_{XX}(\tau)e^{-i\omega\tau}d\tau = -\omega^2 S_{XX}(\omega)$$

根据定义谱密度 $S_{\ddot X\ddot X}(\omega)$,有

$$S_{\ddot X\ddot X}(\omega) = \frac{1}{2\pi}\int_{-\infty}^{\infty} R_{\ddot X\ddot X}(\tau)e^{-i\omega\tau}d\tau$$

其中互相关函数 $R_{\ddot X\ddot X}(\tau)$ 等于 $R_{XX}(\tau)$ 的第四阶导数式(5.18),即

$$R_{\ddot X\ddot X}(\tau) = \frac{d^4}{d\tau^4}R_{XX}(\tau)$$

然后,有

$$S_{\ddot{X}\ddot{X}}(\omega) = \frac{1}{2\pi}\int_{-\infty}^{\infty}\frac{\mathrm{d}^4}{\mathrm{d}\tau^4}R_{XX}(\tau)\mathrm{e}^{-\mathrm{i}\omega\tau}\mathrm{d}\tau$$

四次分部积分得到密度,即

$$S_{\ddot{X}\ddot{X}}(\omega) = \frac{1}{2\pi}\left(\frac{\mathrm{d}^3}{\mathrm{d}\tau^3}R_{XX}(\tau) - (-\mathrm{i}\omega)\frac{\mathrm{d}^2}{\mathrm{d}\tau^2}R_{XX}(\tau) + (-\mathrm{i}\omega)^2\frac{\mathrm{d}}{\mathrm{d}\tau}R_{XX}(\tau) - (-\mathrm{i}\omega)^3 R_{XX}(\tau)\mathrm{e}^{-\mathrm{i}\omega\tau}\right)\bigg|_{-\infty}^{\infty} + \frac{1}{2\pi}\int_{-\infty}^{\infty}(-\mathrm{i}\omega)^4 R_{XX}(\tau)\mathrm{e}^{-\mathrm{i}\omega\tau}\mathrm{d}\tau$$

如果 $R_{XX}(\tau)$ 及其导数是绝对可积的,则在 ∞ 处计算的项都等于零。然后,有

$$S_{\ddot{X}\ddot{X}}(\omega) = \frac{1}{2\pi}\int_{-\infty}^{\infty}(-\mathrm{i}\omega)^4 R_{XX}(\tau)\mathrm{e}^{-\mathrm{i}\omega\tau}\mathrm{d}\tau = \omega^4 S_{XX}(\omega) \tag{5.52}$$

该方程表明,在较高频率下,加速度谱具有更大的值,因此与位移谱相比具有更多的能量。

直接证明了 $S_{\ddot{X}\ddot{X}}(\omega) = (2\pi f)^4 W_{XX}(f)/4\pi$。

## 5.11 平稳随机过程的傅里叶表达

在典型的时间历程中提取有用的功率谱是常用的方法。例如,时域解在自动化问题中是经常被使用的。

如果 $X(t)$ 是许多独立或几乎独立的效应的结果,则 $X(t)$ 是根据中心极限定理的高斯随机过程[①]。如果 $X(t)$ 是 $[0, T]$ 上的一个平稳过程,它的实现可以用傅里叶级数表示,即

$$X(t) = \sum_{n=1}^{N} a_n \cos\frac{2n\pi}{T}t + b_n \sin\frac{2n\pi}{T}t \tag{5.53}$$

式中:系数 $a_n$ 和 $b_n$ 是具有相同均值的独立变量正态分布的随机变量,即

$$E\{a_n\} = E\{b_n\} = 0$$
$$E\{a_n^2\} = E\{b_n^2\} = \sigma_n^2$$

独立意味着

$$E\{a_n b_m\} = 0, \quad 1 \leqslant n, m \leqslant N$$
$$E\{a_n a_m\} = 0, \quad 1 \leqslant n, m \leqslant N, n \neq m$$

---

① 这部分内容参考 S. O. Rice《随机噪声的数学分析》的 1.7、2.8 和 2.10,Bell System Technical Jouranal,Vol. 23,pp. 282–332;Vol. 24,PP46–156;N. Wax 再版,《噪声和统计过程论文选集》,Dover Publiications,New York,1954。

$$E\{b_n b_m\} = 0, \quad 1 \leq n, m \leq N, n \neq m$$

例如,除了本身,$a_n$ 独立于所有系数。应当注意,傅里叶分量 $N$ 的数量可能需要较大(可能与 $N = 200$ 一样大)以复制复杂的频谱精度。

然后给出自相关函数

$$R_{XX}(\tau) = E\{X(t)X(t+\tau)\}$$

$$= E\left\{\left(\sum_{n=1}^{N} a_n \cos\frac{2n\pi}{T}t + b_n \sin\frac{2n\pi}{T}t\right) \cdot \left(\sum_{m=1}^{\infty} a_m \cos\frac{2m\pi}{T}(t+\tau) + b_m \sin\frac{2m\pi}{T}(t+\tau)\right)\right\}$$

$$= \sum_{n=1}^{N}\sum_{m=1}^{N}\left[E\{a_n a_m\}\cos\frac{2n\pi}{T}t\cos\frac{2m\pi}{T}(t+\tau) + E\{a_n b_m\}\cos\frac{2n\pi}{T}t\sin\frac{2m\pi}{T}(t+\tau) + E\{b_n a_m\}\sin\frac{2n\pi}{T}t\cos\frac{2m\pi}{T}(t+\tau) + E\{b_n b_m\}\sin\frac{2n\pi}{T}t\sin\frac{2m\pi}{T}(t+\tau)\right]$$

由于 $E\{a_n b_m\} = 0$,对于任何 $n$ 和 $m$,我们可以写出

$$R_{XX}(\tau) = \sum_{n=1}^{N}\sum_{m=1}^{N}\left[E\{a_n a_m\}\cos\frac{2n\pi}{T}t\cos\frac{2m\pi}{T}(t+\tau) + E\{b_n b_m\}\sin\frac{2n\pi}{T}t\sin\frac{2m\pi}{T}(t+\tau)\right]$$

对于 $n \neq m, E\{a_n a_m\} = 0$ 和 $n = m$ 时 $E\{a_n^2\} = E\{b_n^2\} = \sigma_n^2$,有

$$R_{XX}(\tau) = \sum_{n=1}^{N}\sigma_n^2\left(\cos\frac{2n\pi}{T}t\cos\frac{2m\pi}{T}(t+\tau) + \sin\frac{2n\pi}{T}t\sin\frac{2m\pi}{T}(t+\tau)\right)$$

$$= \sum_{n=1}^{N}\sigma_n^2\cos\frac{2n\pi}{T}\tau \tag{5.54}$$

角频率为 $2n\pi/T$,表示为 $\omega_n$。角频率之间的间隔是恒定的,并且有

$$\Delta\omega = \omega_{i+1} - \omega_i, i = 0, 1, \cdots, N-1 = \frac{2\pi(n+1)}{T} - \frac{2\pi n}{T} = \frac{2\pi}{T}$$

$X(t)$ 的方差,在 $\tau = 0$ 处评估的自相关函数,仅仅是与每个频率相关联的个体方差的总和,即

$$\sigma_X^2 = \sum_{n=1}^{N}\sigma_n^2$$

因为 $X(t)$ 是零均值。功率谱密度曲线下的总面积是 $\sigma_X^2$,因此每个个体方差 $\sigma_n^2$ 是 $\omega_n - \Delta\omega/2$ 和 $\omega_n + \Delta\omega/2$ 之间的谱密度函数下的面积,如图 5.32 所示,即

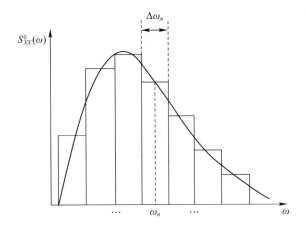

图 5.32 谱密度曲线下的离散区域

$$\sigma_n^2 = \int_{\omega_n - \Delta\omega/2}^{\omega_n + \Delta\omega/2} S_{XX}^0(\omega) \, d\omega \qquad (5.55)$$

或

$$\sigma_n^2 \approx S_{XX}^0(\omega_n) \Delta\omega \qquad (5.56)$$

如果给出 $S_{XX}^0(\omega)$ 的函数形式,则积分表达式用于精确表达。如果将 $S_{XX}^0(\omega)$ 作为离散数据给出,则使用积分求近似值。注意:在这种情况下,$S_{XX}^0(\omega)$ 是单侧的。

上述讨论表明,高斯随机过程 $X(t)$ 的样本时间历程可以表示为具有独立高斯随机数 $a_n$ 和 $b_n$、方差 $\sigma_n^2$ 的傅里叶级数。然而,这并不是 $X(t)$ 的唯一或最方便的表示形式。

另一种表示形式为

$$X(t) = \sum_{n=1}^{N} \sqrt{2}\, \sigma_n \cos\left(\frac{2\pi n}{T} t - \varphi_n\right) \qquad (5.57)$$

其中 $\sigma_n$ 由式(5.55)或式(5.56)给出,$\varphi_n$ 是独立的随机变量,在 $[0, 2\pi)$ 上均匀分布。这种表示不满足高斯过程的条件,除非 $N \to \infty$。然而,对于大量的傅里叶项($N > 1000$)[①],两种表示法在(式(5.53)和式(5.57))之间没有显著差异。

在式(5.57)中,$X(t)$ 由具有固定振幅和均匀随机相移的余弦曲线的总和表示。由于式(5.53)中的表示具有 $2 \times N$ 个正态随机数($a_n$ 和 $b_n$),这里我们只有 $N$ 个均匀随机数($\varphi_n$),所以后一种表示更方便。

我们可以证明后者表示的相关函数与等式(5.54)相同。利用式(5.57),给出了相关函数,即

---

① S. Elgar, R. J. Seymour, "随机海浪数值模拟中的波群统计",应用海洋研究,第7卷,第2期,1985,第93页~第96页。

$$R_{XX}(\tau) = E\{X(t)X(t+\tau)\}$$

$$= E\left\{\sum_{n=1}^{N}\sqrt{2}\,\sigma_n\cos\left(\frac{2n\pi}{T}t - \varphi_n\right)\sum_{m=1}^{N}\sqrt{2}\,\sigma_m\cos\left(\frac{2m\pi}{T}(t+\tau) - \varphi_m\right)\right\}$$

$$= E\left\{\sum_{n=1}^{N}\sqrt{2}\,\sigma_n\left(\cos\varphi_n\cos\frac{2n\pi}{T}t + \sin\varphi_n\sin\frac{2n\pi}{T}t\right)\right.$$

$$\left.\sum_{m=1}^{\infty}\sqrt{2}\,\sigma_m\left(\cos\varphi_m\cos\frac{2m\pi}{T}(t+\tau) + \sin\varphi_m\sin\frac{2m\pi}{T}(t+\tau)\right)\right\}$$

$$= \sum_{n=1}^{N}\sum_{m=1}^{N}2\sigma_n\sigma_m\left[E\{\cos\varphi_n\cos\varphi_m\}\cos\frac{2n\pi}{T}t\cos\frac{2m\pi}{T}(t+\tau) +\right.$$

$$E\{\cos\varphi_n\sin\varphi_m\}\cos\frac{2n\pi}{T}t\sin\frac{2m\pi}{T}(t+\tau) +$$

$$E\{\sin\varphi_n\cos\varphi_m\}\sin\frac{2n\pi}{T}t\cos\frac{2m\pi}{T}(t+\tau) +$$

$$\left.E\{\sin\varphi_n\sin\varphi_m\}\sin\frac{2n\pi}{T}t\sin\frac{2m\pi}{T}(t+\tau)\right]$$

由于$\varphi_n$是独立的和均匀分布的,有

$$E\{\cos\varphi_n\sin\varphi_m\} = 0$$
$$E\{\sin\varphi_n\cos\varphi_m\} = 0$$

举个例子

$$E\{\sin\varphi_n\cos\varphi_m\} = \int_0^{2\pi}\int_0^{2\pi}\left(\frac{1}{2\pi}\right)^2\sin\varphi_n\sin\varphi_m\mathrm{d}\varphi_n\mathrm{d}\varphi_m = 0$$

此外,对于$n\neq m$,项$E\{\cos\varphi_n\cos\varphi_m\}$和$E\{\sin\varphi_n\sin\varphi_m\}$每个都等于零,如:

$$E\{\sin\varphi_n\sin\varphi_m\} = \int_0^{2\pi}\int_0^{2\pi}\left(\frac{1}{2\pi}\right)^2\sin\varphi_n\sin\varphi_m\mathrm{d}\varphi_n\mathrm{d}\varphi_m = 0$$

对于$n = m$,有

$$E\{\sin\varphi_n\sin\varphi_n\} = \int_0^{2\pi}\int_0^{2\pi}\left(\frac{1}{2\pi}\right)^2\sin\varphi_n\sin\varphi_n\mathrm{d}\varphi_n\mathrm{d}\varphi_n = \frac{1}{2}$$

然后给出自相关函数,即

$$R_{XX}(\tau) = \sum_{n=1}^{N}2\sigma_n^2\left(\frac{1}{2}\cos\frac{2n\pi}{T}t\cos\frac{2n\pi}{T}(t+\tau) + \frac{1}{2}\sin\frac{2n\pi}{T}t\sin\frac{2n\pi}{T}(t+\tau)\right)$$

$$= \sum_{n=1}^{N}\sigma_n^2\cos\frac{2n\pi}{T}\tau$$

与式(5.54)一致。

### 例 5.21 高斯过程的傅里叶表示

考虑式(5.45)中海浪高程的 Pierson – Moskowitz 谱密度

$$S_{\eta\eta}^0(\omega) = \frac{A}{\omega^5}\exp\left(-\frac{B}{\omega^4}\right)(\mathrm{m}^2 \cdot \mathrm{s/rad}), \quad \omega > 0$$

其中常数 $A$ 和 $B$ 为

$$A = 0.0081g^2 = 0.7795(\mathrm{m}^2 \cdot \mathrm{rad}^4/\mathrm{s}^4)$$

$$B = 0.74\left(\frac{g}{V_{19.5}}\right)^4 (\mathrm{rad/s})^4$$

式中:$g$ 是重力加速度;$V_{19.5}$ 是在静止水位以上 19.5m 处评估的风速。用 16 项在式(5.57)中绘制 $T = 100$ 的样本历史。

**解**:从式(5.57)给出的傅里叶表示,海浪高程的样本时间历程可以写为

$$\eta(t) = \sum_{n=1}^{N}\sqrt{2}\,\sigma_n\cos\left(\frac{2n\pi}{T}t - \varphi_n\right)$$

式中:$\sigma_n$ 由式(5.55)或式(5.56)给出。由于 $S_{\eta\eta}(\omega)$ 的精确表达式是已知的,所以我们可以使用式(5.55),即

$$\sigma_n = \sqrt{\int_{\omega_n-\Delta\omega/2}^{\omega_n+\Delta\omega/2} S_{\eta\eta}^0(\omega)\,\mathrm{d}\omega}$$

其中 $\sigma_n$ 具有相同的单位,并且假定 $\varphi_n$ 是均匀分布在 $[0, 2\pi)$ 上。首先我们发现

$$\Delta\omega = \frac{2\pi}{T} = \frac{2\pi}{100} = 0.0628(\mathrm{rad/s})$$

$$\omega_n = \frac{2\pi n}{T} = \frac{2\pi n}{100}, \quad n = 1, 2, \cdots, 16$$

$$= \begin{cases} 0.0628 & 0.126 & 0.188 & 0.251 \\ 0.314 & 0.377 & 0.440 & 0.502 \\ 0.565 & 0.628 & 0.691 & 0.754 \\ 0.816 & 0.879 & 0.942 & 1.00 \end{cases} (\mathrm{rad/s})$$

将其依次读取,然后向下读取

$$\sigma_1 = \sqrt{\int_{\omega_n-\Delta\omega/2}^{\omega_n+\Delta\omega/2} S_{\eta\eta}^0(\omega)\,\mathrm{d}\omega} = 1.08 \times 10^{-242}$$

$\sigma_2 = 2.12 \times 10^{-4}, \sigma_3 = 1.39 \times 10^{-2}, \sigma_4 = 0.776, \sigma_5 = 1.63, \sigma_6 = 1.65, \sigma_7 = 1.26,$
$\sigma_8 = 1.07, \sigma_9 = 0.846, \sigma_{10} = 0.668, \sigma_{11} = 0.537, \sigma_{12} = 0.437, \sigma_{13} = 0.360, \sigma_{14} = 0.301,$
$\sigma_{15} = 0.254, \sigma_{16} = 0.217$

$\sigma_1$ 和 $\sigma_2$ 本质上都是零。

接下来,我们使用前一章的随机数生成$\varphi_n$所需的在 0~2 的均匀随机数,即

$\varphi_n = 5.97, 3.05, 2.87, 1.45, 5.60, 0.116, 3.81, 4.79, 5.16, 2.79, 5.79,$
$2.55, 3.87, 4.64, 5.88, 4.98 (\text{rad})$

在 12.2 节中给出了用给定的概率密度获得随机数的过程。采样时间历程如图 5.33 所示。

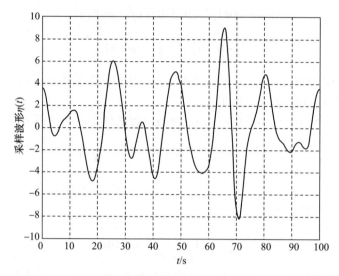

图 5.33 例 5.21 的时间历程 $\eta(t)$

## 5.11.1 博格曼频率离散化方法

当频率 $\omega_n$ 均匀分布时,采样时间历史显示的频率取决于过程频带的离散化。例如,上一个示例中的时间历史记录会在 100s 后重复。

为了避免采样时间历程中的周期性,博格曼[①]使用了平稳高斯过程的稍微不同的表示。在他的方法中,选择频率使得功率谱 $S_{XX}^0(\omega)$ 被分成 $N$ 个相等的区域,如图 5.34 所示。个体方差 $\sigma_n^2$ 是常数,等于

$$\sigma_n^2 = \frac{\sigma^2}{N} (\text{对于所有的 } n)$$

在函数 $S_{XX}^0(\omega)$ 下,$\sigma_n^2$ 是总方差或总面积。

用式(5.57)中的 $\sigma_n^2$ 取代 $\sigma/\sqrt{N}$,将随机过程表示为

$$X(t) = \sum_{n=1}^{N} \sqrt{\frac{2}{N}} \sigma \cos(\bar{\omega}_n t - \varphi_n) \tag{5.58}$$

---

① L. E. Borgman,"海浪仿真技术在工程上的应用",水道和港口的 ASCE 期刊,1969 年 11 月,第 557 页~第 583 页。

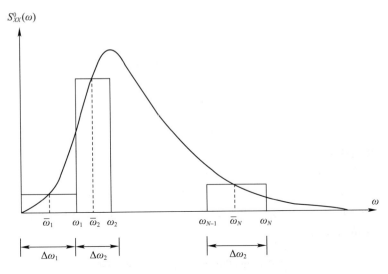

图 5.34 利用博格曼方法离散谱密度函数

式中相位角 $\varphi_n$ 也是独立的,且在 $[0,2\pi)$ 上均匀分布。频率 $\bar{\omega}_n$ 是 $\omega_{n-1}$ 和 $\omega_n$ 的平均值,即

$$\bar{\omega}_n = \frac{\omega_n + \omega_{n-1}}{2} \tag{5.59}$$

### 例 5.22 用博格曼方法模拟海洋波浪高度

这里的程序是由博格曼开发并用于海洋工程应用的。海洋的主要特征是波高 $\eta(x,t)$,这里取为位置 $x$ 和时间 $t$ 的函数,从而允许波传播和振荡。波高 $\eta(x,t)$ 在时间上被现实地模拟为一个随机过程,可能的波高由谱密度 $S_{\eta\eta}^0(\omega)$ 定义,该谱密度表示波高的频率组成和分布。常用的单边谱是式(5.45)中的 Pierson - Moskowitz 谱,即

$$S_{\eta\eta}^0(\omega) = \frac{A}{\omega^5} \exp\left(-\frac{B}{\omega^4}\right) (\mathrm{m}^2 \cdot \mathrm{s/rad}), \quad \omega > 0$$

为了计算的目的,间隔离散在 $\omega$ 的范围内,其中存在显著的能量,如 $\omega_0 < \omega < \omega_N$。将上限频率 $\omega_N$ 选择得足够大,使大部分的面积在 0 和 $\omega_N$ 之间。在等面积上离散化,然后可以将波高写为

$$\eta(x,t) = \sum_{n=1}^{N} \sqrt{\frac{2}{N}} \sigma \cos(\bar{\omega}_n t - \bar{k}_n x - \varphi_n)$$

式中: $\bar{\omega}_n$ 由式(5.59)给出, $\bar{k}_n$ 是波数,与色散关系的角频率有关。对于深水,有

$$\bar{k}_n = \bar{\omega}_n / g$$

总方差 $\sigma_n^2$ 是函数 $S_{\eta\eta}^0(\omega)$ 下的面积:

$$\sigma^2 = \int_0^\infty S_{\eta\eta}^0(\omega)\,d\omega$$

$$= \int_0^\infty \frac{A}{\omega^5}\exp\left(-\frac{B}{\omega^4}\right)d\omega$$

$$= \frac{A}{4B}\exp\left(-\frac{B}{\omega^4}\right)\Big|_0^\infty$$

$$= \frac{A}{4B}$$

然后,波高成为

$$\eta(x,t) = \sum_{n=1}^N \sqrt{\frac{2}{N}}\sqrt{\frac{A}{4B}}\cos(\bar{\omega}_n t - \bar{k}_n x - \varphi_n) = \sum_{n=1}^N \sqrt{\frac{A}{2NB}}\cos(\bar{\omega}_n t - \bar{k}_n x - \varphi_n)$$

为了求 $n=1,2,\cdots,N$ 的 $\omega_n$,我们注意到,0 到 $\omega_n$ 之间的面积等于 0 到 $\omega_N$ 之间的曲线下总面积的分数 $n/N$,即

$$\int_0^{\omega_n} S_{\eta\eta}^0(\omega)\,d\omega = \frac{n}{N}\int_0^{\omega_N} S_{\eta\eta}^0(\omega)\,d\omega$$

$$\frac{A}{4B}\exp\left(-\frac{B}{\omega_n^4}\right) = \frac{n}{N}\frac{A}{4B}\exp\left(-\frac{B}{\omega_N^4}\right)$$

求解 $\omega_n$ 的最后一个方程,我们得到

$$\omega_n = \left(\frac{B}{\ln\left(\dfrac{N}{n}\right) + \left(\dfrac{B}{\omega_N^4}\right)}\right)^{1/4}, \quad n=1,2,\cdots,N$$

图 5.19 显示了若干 $V$ 值的 Pierson – Moskowitz 谱密度,图 5.35 显示了使用上述方法导出的样本波在 $x=0$m 处风速 $V_{19.5} = 25$m/s 和 $N=10$ 的时间历程。

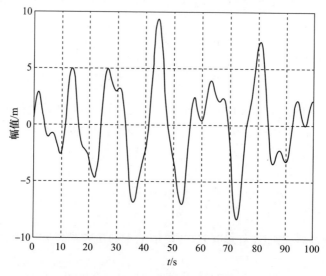

图 5.35 用博格曼方法导出的样本波剖面,应用于 $V_{19.5} = 25$m/s 和 $N=10$ 的 Pierson – Moskowitz 波高谱

博格曼方法的缺点是频率$\omega_n$的选择是模拟随机过程的决定性因素。在12.5.2节中,将展示如何随机地选择频率。

## 5.12 本章小结

在本章中,首先考虑随机变量的时间依赖性,介绍了随机过程分析的基本概念,特别重要的是平稳性、相关、谱密度和维纳-辛钦关系的概念,以及各种功率谱的应用实例。此外,还介绍了后续章节需要的主题,如平稳随机变量的导数。

## 5.13 格言

- 如果你不能向6岁的孩子解释,那么你自己也不明白。——阿尔伯特·爱因斯坦(Albert Einstein)
- 5岁的孩子都能理解,找一个5岁的孩子吧。——格劳乔·马克思(Groucho Marx)
- 任何愚蠢的人都能使事情变得复杂,需要天才才能把事情简单化。——皮特·西格(Pete Seeger)
- 真理在简单中被找到,而不是在事物的多样性和混乱中。——艾萨克·牛顿(Isaac Newton)
- 不要担心你在数学方面的困难,我可以向你保证我的困难更大。——阿尔伯特·爱因斯坦(Albert Einstein)
- 如果一个人以肯定开始,他将以怀疑结束;但如果他愿意以怀疑开始,他将以肯定结束。——弗朗西斯·培根爵士(Sir Francis Bacon)
- 概率是一门数学学科,其目标与几何或分析力学的目标类似。在这个领域中,我们必须仔细地分析这个理论的各个方面:形式逻辑内容;直观背景;应用。而且还需要恰当地考虑3个方面的关系,才能理解整个结构的特征和魅力。——威廉·费勒尔(William Feller)

## 5.14 习题

### 第5.2节 集合平均

1. 设$X(t)$为具有自相关函数的随机过程

$$R_{XX}(t_1,t_2) = \frac{b}{(t_1+c)^2(t_2+c)^2}$$

式中$b$和$c$是正常量,并且$Y(t)$是一个随机过程

$$Y(t) = \int_0^t X(s)\,\mathrm{d}s$$

求出互相关和自相关函数 $R_{XY}(t_1,t_2)$ 和 $R_{YY}(t_1,t_2)$。

2. 随机过程 $X(t)$ 为

$$X(t) = A\cos(\omega t - \Phi)$$

式中 $A$ 和 $\Phi$ 是具有概率密度函数的随机变量

$$f_{A\Phi}(a,\phi) = \frac{1}{2\pi}(1+(3a-1)\cos\phi),\quad 0\leqslant\phi\leqslant 2\pi, 0\leqslant a\leqslant 1$$

求出 $\mu_X$、$\sigma_X^2$ 和 $R_{XX}(t_1,t_2)$。

3. 给定一对随机函数

$$X(t) = A\cos\omega_1 t$$
$$Y(t) = B\sin\omega_2 t$$

式中 $A$ 和 $B$ 是随机变量

$$E\{A\} = 2 \quad E\{B\} = 1$$
$$E\{A^2\} = 1 \quad E\{AB\} = 1 \quad E\{B^2\} = 4$$

求自相关函数 $R_{XX}(t_1,t_2)$、$R_{XY}(t_1,t_2)$、$R_{YX}(t_1,t_2)$ 和 $R_{YY}(t_1,t_2)$。

4. 设 $X(t)$ 是一个离散随机过程，等于从存货箱中选择零件的数量。箱子中的零件总数随着时间而变化。选择零件的方法由以下组合给出（不管顺序如何，从 $N$ 个不同对象中选择 $x$ 个对象的方法数），即

$$_NC_x = \frac{N!}{x!\,(n-x)!}$$

式中：$N$ 是零件的总数。所选零件数为 $x$ 的概率为

$$\Pr(X=x) = \frac{_NC_x}{\sum_{x=1}^N {_NC_x}}$$

假设 $N$ 在时间上指数地变化，这样

$$N = 1000\exp(1.01t)$$

求均值 $E\{X\}$ 和均方 $E\{X^2\}$ 值。

5. 推导出自协方差函数的形式

$$C_{XX}(t_1,t_2) = R_{XX}(t_1,t_2) - \mu_X(t_1)\mu_X(t_2)$$

6. 继续例 5.1，求 $C_{XX}(t_1,t_2)$。

## 第 5.3 节 平稳性

7. 推导出式(5.9)。

8. 表明互相关函数是奇函数,即

$$R_{XY}(\tau) = R_{YX}(-\tau)$$

9. 计算周期函数的时间均值和自相关

$$x(t) = \begin{cases} t, & 0 < t < 1 \\ 2-t, & 1 < t < 2 \end{cases}$$

绘制自相关函数图像。

## 第5.4节　平稳过程的导数

10. 设 $X(t)$ 是由 $R_{XX}(\tau)$ 给出的具有自相关函数的平稳随机过程。找到 $X(t)$ 为零均值过程的协方差 $\mathrm{Cov}(X(t), \dot{X}(t))$（提示:利用 $R_{XX}(\tau)$ 是偶函数,其导数在 $\tau=0$ 处为 0 的事实）。

11. 以下谐波随机过程具有一个均匀概率密度函数的随机变量频率 $\Omega$,即

$$X(t) = \sin(\Omega t + \phi)$$

求自相关函数,假设该过程是平稳的,$\phi$ 是常数。

## 第5.5节　傅里叶级数与傅里叶变换

12. 完成示例问题 5.9。在诸如积分域中存在不连续点的问题中,域的草图可能非常有用。

## 第5.6节　谐波过程

13. 设 $X(t)$ 为样本实现的导数的随机过程为

$$X(t) = A\cos(\omega t - \Phi)$$

式中:$A$ 是常数,$\Phi$ 是在 0 和 $2\pi$ 之间的一致随机变量,证明如果 $t_1 = t_2$,则 $X(t_1)$ 和 $\dot{X}(t_2)$ 不相关。

14. 令随机过程 $X(t)$ 由下式给出

$$X(t) = A\cos(\omega t) + B\sin(\omega t)$$

式中:$A$ 和 $B$ 是独立的随机变量。假设两者均为零均值且分布相同

$$\mu_A = \mu_B = 0$$

$$\sigma_A^2 = \sigma_B^2 = \sigma^2$$

证明自相关函数为

$$R_{XX}(\tau) = \sigma^2 \cos\omega\tau$$

15. 设 $X(t) = A\sin(\omega_0 t + \Phi)$,其中 $\omega_0$ 是常数,$A$ 和 $\Phi$ 是随机变量,边际概率密度

函数为

$$f_A(a) = W_0/2, \quad -W_0 \leq a \leq W_0$$

$$f_\Phi(\phi) = 1/2\pi, \quad 0 < \phi \leq 2\pi$$

求自相关函数和谱密度,$R_{XX}(\tau)$ 和 $S_{XX}(\omega)$。

## 第5.7节 功率谱

16. 完成维纳-辛钦定理的交替推导。

17. 讨论函数

$$R_{XX}(\tau) = \begin{cases} R_0, & |\tau| < \tau_0 \\ 0, & \text{其他} \end{cases}$$

是否为一个自相关函数并解释原因。

18. 绘制如下草图。

(1) 平稳随机过程的典型自相关函数。

(2) 平稳随机过程的典型谱密度。

(3) 不能作为谱密度的函数。

(4) 非平稳随机过程的高斯函数。

(5) 如何为一般随机过程执行相关函数的集合平均值。

19. 考虑一个平均值为 2cm 且具有恒定频谱密度的随机信号,即

$$W(f) = 0.002 \text{cm}^2/\text{Hz}$$

$$40\text{Hz} \leq f \leq 1600\text{Hz}$$

并且在这个频率范围之外为零。求响应的方差。

20. 考虑例子 5.9,其中 $p(t)$ 和 $q(t)$ 是方脉冲。

(1) 求 $p(t)$ 和 $q(t)$ 的傅里叶变换。

(2) 求卷积 $p*q$ 的傅里叶变换。

(3) 验证卷积定理在这种情况下成立,即 $F(p(t))F(q(t)) = F(p(t)*q(t))$。

21. 考虑一个具有自相关函数的随机过程,$R_{XX}(\tau) = \sin\Omega\tau$,求对应的谱密度。

22. 随机过程具有自相关函数。

(1) 求相应的谱密度。

(2) 绘制不同值 $\alpha$、$\beta$ 和 $\gamma$ 的谱密度。

(3) 证明 $\gamma$ 必须大于 $\alpha/\beta$,才能使谱密度对 $\omega$ 为正,并且 $R_{XX}(\tau)$ 的给定函数可以是自相关函数。

23. 证明两个统计独立的平稳过程和非零均值的和的谱密度等于它们各自过程的谱密度之和。

24. 计算具有非零均值的两个平稳的、统计独立的随机过程的和的谱密度:

$Z(t) = X(t) + Y(t)$。然后简述 $Z(t)$ 的谱密度可能是什么样的。

25. 令
$$Z(t) = X(t)Y(t)$$
式中:$X(t)$ 和 $Y(t)$ 是独立的随机过程,根据 $X(t)$ 和 $Y(t)$ 的谱密度函数导出 $Z(t)$ 的谱密度函数。

## 第5.11节 随机过程的傅里叶表示

26. 考虑一个谱密度为
$$S_{XX}(\omega) = \frac{1}{2(\omega_2 - \omega_1)}(\text{m}^2 \cdot \text{s}), \quad \omega_1 < |\omega| < \omega_2$$
的过程,求样本响应:(1)$\omega_1 = 10\text{rad/s}, \omega_2 = 11\text{rad/s}$;(2)$\omega_1 = 0\text{rad/s}, \omega_2 = 20\text{rad/s}$。

# 第6章 单自由度系统的振动

研究结构或系统动力学的一个主要目标是预测其对环境输入(如力)的响应行为。在复杂的环境中,这特别具有挑战性,因为输入不能用数学精确建模。如果输入具有统计特征①,那么输出也具有类似的特征。

区分由布朗运动引起的固有的随机分子力,如在原子尺度上经历的分子力和上面提到的及这里所关注的环境力是重要的。动态问题中的环境力本身并不是随机的,它们经历了复杂的振荡,但无法使用确定性技术进行有效建模。因此,采用概率和统计工具作为组织复杂行为的框架。这样,概率模型就可以用来描述复杂的动态环境,然后就可以使用概率方法预测结构或系统响应。在本章中,我们将演示最简单的动态模型即单自由度系统的概率建模的所有内容。

随机振动理论的应用包括海洋工程、地震工程、风力工程(摩天大楼和桥梁)、机械设计和车辆设计(汽车、火车、飞机和宇宙飞船设计)。尽管这里使用机械振动和动力学的术语进行讨论,但本章和本书其他部分开发的工具广泛适用于工程和物理科学。

卷积积分定义了对确定性力的线性动态响应。但是,当强迫函数 $F(t)$ 以如图 6.1 这样复杂的方式振动时,什么样的数学工具是有用的呢? 一种可能是进行许多实验并以时程分析的形式收集关于 $F(t)$ 的数据。最大振幅的时程可用于确定性分析和设计。但是,如果最大振幅的力很少发生,则结构设计会过度,强度超过必要的范围,因此不经济。如果所有的时间历程都是平均的,那么,将这个平均值或者说平均值时程用作卷积积分中的确定力呢? 这将是一个好的开端,但是以这种方式计

图 6.1 随机函数 $F(t)$ 的样本

---

① 统计学是一门将数据组织成有意义的形式的学科。

算的响应会低估实际的响应。这种情况发生的频率取决于可能的时间历程的散射或标准偏差。

接下来的问题是：平均值响应的上面和下面有多少散射？也许当我们知道平均值响应以及散射的范围，这样的信息就可以用于安全和经济的设计。这确实是一种有意义的方法。

最后，我们思考：工程师是如何知道一个非常大振幅力的发生频率的？如果一个非常大的力，如来自地震的力，在 100 年内只发生一次[①]，那么，这种情况如何被纳入设计呢？设计师需要的是一种方法，在不完全忽略更严重但不太可能发生事件的情况下，为更可能发生的事件赋予更多的权重。概率密度函数就是这样的加权函数。

上面描述的想法实际上是概率概念。我们通过两个激励的例子得到一些启发。这为我们在随机振动建模方面的努力奠定了基础。

## 6.1 激励实例

大多数工程系统都有振动的部件，如桥梁、车辆和旋转机械。我们的研究从相对简单的模型开始，这些模型是实际系统的单自由度理想化，其中一个坐标用于描述运动。我们可能想知道，对于仅具有单自由度模型的复杂系统，如何得到有用的结果。尽管一个坐标不足以进行复杂系统的详细研究，但是捕获这些系统的基本行为以进行初步分析和设计是有用的。同样重要的是要，注意到理想化的数学模型可能与实际系统没有任何物理相似性，但它需要反映物理系统的关键行为特征。

### 6.1.1 卫星运送

振动研究的主要目的是隔离和保护系统免受振动潜在的破坏性影响。由于隔离通常仅部分成功，因此，次要目的是设计结构以使其能够承受振动。分析和设计中通常都会考虑这两个目标。

设计的卫星能够在微重力、无大气的环境中绕地球轨道运行。我们必须考虑卫星从工厂出发点到轨道运行时的运送过程。卫星不能被有效设计以同时满足地面装载和发射到轨道进行空间操作的要求。相互矛盾的设计约束支配了操作的各个阶段——运输到发射台、发射需要的力、在轨运行。航运集装箱的设计要求是将卫星在完好状态下运送到发射台上。一旦卫星被安装在运载火箭中，它就不会受到火箭系统中的高重力发射。由于卫星无法承受由传统车辆（如轨道车或平板卡车）来完成从制造场地到发射台的艰苦运输，因此有必要设计一种集装箱，该集装箱不同于许多其他目的，它是为了将其内容物与振动载荷隔离开来。

同样，当航天飞机准备发射时，需要设计和制造许多部件，如图 6.2 所示的外部

---

① 百年风暴发生的概率是 1/100，在 100 年的时间内，可能发生多次的概率不为零。

油箱,然后运往组装大楼。航天飞机和所有部件最终组装完成之后,完整的航天飞机必须由专门的履带装置运送到发射台,如图6.3所示。

图6.2 航天飞机的外部燃料箱装在一辆运输车上,并被运回佛罗里达州卡纳维拉尔角肯尼迪航天中心的汽车组装大楼。在这座大楼里面,部件与航天飞机组合起来为任务做准备。然而,航天飞机已经拆解并被列为博物馆的展品
(美国宇航局图片)

图6.3 航天飞机安置在一个履带装置上,运送5.6km(3.5mile)才能到达卡纳维拉尔角的发射台——在远处的左边可以看到。这次运送花费了6~8h(美国宇航局图片)

### 6.1.2 火箭

火箭是一个具有可变质量的系统。火箭依靠燃料燃烧产生气体的推力推进太空,所以随着时间推移,燃料箱中的燃料质量不断减小。与加农炮类比有助于理解推力是如何产生的。当加农炮发射时,它会向与炮弹相反的方向反冲,以满足线性动量守恒原则。如果大炮快速射击,它会在每次射击时加快速度。大炮在一个方向上排出质量并向相反方向移动,当它在较短的时间内射出更多质量时移动得更快。类似地,燃烧的燃料不断地喷出,这会产生推动火箭的反作用力,使其朝着与燃料喷射相反的方向加速。加速度是燃料消耗率和燃烧气体喷射速度的函数。随着燃料被喷射燃烧,火箭的总质量随时间而减少。

图 6.4 描绘了一枚将要进入火星大气层的火箭。它的大气层只有地球的百分之一薄,赤道上的温度与南极干燥的山谷相似。火箭结构承受的力有推力、火星重力(约为地球引力的 0.38 倍)以及由于薄的火星大气层引起的一些抖振。

图 6.4　这是一位艺术家关于核热火箭在火星附近的构想。核能推进的方式将缩短星际飞行时间并减少在地球上发射的质量(这件艺术品是 1995 年 2 月由 Pat Rawlings 为 NASA 创作的)

## 6.2　牛顿第二运动定律

对于单自由度模型,使用牛顿第二运动定律推导运动方程是相对直接的。如图 6.5 所示,自由体图有助于我们想象出作用在自由或者孤立体上的力。

牛顿的第二运动定律指出,自由体外力之和等于物体质量和质心加速度的乘

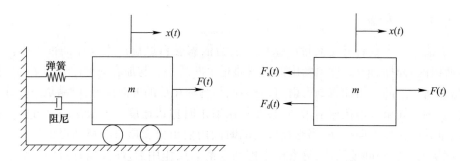

图 6.5　左图是一个由外力 $F(t)$ 作用的质量弹簧阻尼器系统。
右图是自由的质量体(假定 $x(t)$ 的运动方向为正)

积,即

$$\sum_{i=1}^{n} F_i(t) = ma(t) \tag{6.1}$$

在这里我们写出了矢量方程 $\boldsymbol{F} = m\boldsymbol{a}$ 的标量形式。对于做旋转运动的物体,相应的运动方程为

$$\sum_{i=1}^{n} M_i(t) = I\alpha(t) \tag{6.2}$$

外部施加的力矩是围绕一个固定点或质心求和的①(这个方程有时称为牛顿－欧拉方程或欧拉运动方程)。在这种情况下,惯性特性是质量惯性矩 $I$,平移加速度由角加速度 $\alpha(t)$ 代替。数学上,结果还是一个二阶线性微分方程。

具有线性刚度、黏性阻尼并进行直线运动的单独质量体,其运动控制方程可由式(6.1)推出

$$F(t) - c\dot{x}(t) - kx(t) = m\ddot{x}(t) \tag{6.3}$$

式中:$F(t)$ 是外力在运动坐标方向上的矢量和,并且 $a(t) \equiv \ddot{x}(t)$。在标准或规范形式中,式(6.3)变为

$$m\ddot{x}(t) + c\dot{x}(t) + kx(t) = F(t) \tag{6.4}$$

除以 $m$,式(6.4)可以写成

$$\ddot{x}(t) + 2\zeta\omega_n \dot{x}(t) + \omega_n^2 x(t) = \frac{1}{m}F(t) \tag{6.5}$$

式中

$$\zeta = \frac{c}{2m\omega_n}, \quad \omega_n^2 = \frac{k}{m}$$

---

① 虽然力 $F(t)$ 和力矩 $M(t)$ 不是随机过程,但我们也惯用大写字母来表示。

式中:$\zeta$ 是无量纲黏性阻尼系数;$\omega_n$ 是无阻尼的自然振动频率①,单位为 rad/s。式(6.5)是由单自由度模型在外部力作用下理想化的动态系统运动方程。黏性阻尼因子 $\zeta$ 也称为黏性阻尼比或阻尼比,因为它可以写成

$$\zeta = \frac{c}{c_{cr}}$$

其中临界阻尼常数 $c_{cr} = 2m\omega_n$ 是当 $\zeta = 1$ 时 $c$ 的值。

艾萨克·牛顿
(1643 年 1 月 4 日—1727 年 3 月 31 日)

**贡献:** 艾萨克·牛顿对我们世界的贡献是巨大的。牛顿是英国物理学家、数学家、天文学家、自然哲学家、炼金术学家和神学家,也是人类历史上最有影响力的人物之一。他的工作彻底改变了物理学和天体力学领域。

他的《自然哲学的数学原理》于 1687 年出版,被认为是科学史上最具影响力的著作。在这本著作中,牛顿描述了万有引力和三大运动定律,奠定了经典力学的基础,并在接下来 3 个世纪里主导了物理世界的科学观点,是现代工程的基础。牛顿通过证明开普勒行星运动定律与引力理论之间的一致性,表明了地球和天体上物体的运动受同一组自然规律的支配,从而消除了对日心说的最后疑虑,推动了科学革命。

在力学中,牛顿阐述了动量守恒和角动量守恒定律。在物理学中,他提出了冷却的经验法则并研究了声速。

在光学方面,他建造了第一台实用反射望远镜,并在棱镜将白光分解成可见光谱的观察基础上,发展了一种颜色理论。牛顿发展了一种光和色的理论,研究了衍射和色差(在今天数码相机中的镜头仍然存在的一种问题)。为了解释他观察到的一些

---

① 自然频率 $\omega_n$,有时候称为自然圆频率或自然角频率,与自然循环频率 $f_n$ 不同,其中 $\omega_n = 2\pi f_n$。$f_n$ 的单位是 Hz,$\omega_n$ 的单位是 rad/s。

现象,他将光的波动理论和他的微粒理论结合起来。

在数学中,牛顿研究并发现了微分和积分学,与莱布尼茨共享声誉。牛顿在1671年写下了他的"流数法",但他没将这本书出版,直到1736年出版了拉丁文的英文译本,这本书才得以出版。他还证明了广义二项式定理。

牛顿具有虔诚的宗教信仰,他在圣经诠释学(对书面文本的解释)方面的研究比在今天流传下来的自然科学方面的研究要多。

**生平简介:** 牛顿出生于英国伍尔斯索普。他的一生可以分为3个不同的时期。第一个是他童年时代,从1643年一直持续到1669年毕业。第二个时期,从1669年到1687年,是他做剑桥的卢卡斯教授时的高产时期。第三个时期(精神崩溃后),牛顿成为伦敦的一位高薪政府官员,对数学几乎没有进一步的兴趣。

在牛顿出生的时候,英国还没有采用最新的教皇日历,因此他的出生日期被记录为1642年圣诞节。牛顿在他父亲去世3个月后早产出生。牛顿3岁时,他的母亲再婚,与丈夫住在一起,把他留给外婆照顾。牛顿不喜欢他的继父,并对母亲与继父结婚怀有敌意。

从12岁到17岁,牛顿在格兰瑟姆国王学院接受教育(他的签名仍然可以在图书馆的窗台上看到)。牛顿的学校报告称他"懒惰"和"不专心"。

1659年10月,他被学校开除,人们在科尔斯特沃斯附近的伍尔索普找到了他,他的母亲已是第二次守寡,她想把他变成一个农场主。他讨厌耕作。国王学校的校长说服他的母亲送他回学校,这样他就可以完成学业了。他在18岁时做到了这一点,并完成了一份令人钦佩的结业报告。

他的一个叔叔觉得他应该为上大学做好准备,1661年6月,他以公费生(一种勤工俭学的角色)的身份进入了他叔叔的母校剑桥大学三一学院。牛顿在剑桥大学的目标是攻读法律学位。

当时,学院的教学是基于亚里士多德思想理论的教学,但牛顿更喜欢阅读现代哲学家(如笛卡儿)和天文学家(如哥白尼、伽利略和开普勒)的先进思想。在1665年,他发现了广义二项式定理,并开始研究后来成为微积分的数学理论。1665年8月牛顿获得学位后不久,学校为了预防大瘟疫而关闭了。

尽管牛顿在剑桥大学读书时并不出名,但当他不得不回到他在伍尔索普的家时,他的科学天才显露了出来。不到两年的时间里,在牛顿还不到25岁时,他就在数学、光学、物理学和天文学领域取得了革命性进展。

牛顿于1669年(只有27岁)被任命为卢卡斯主席(数学教授)。当时,任何剑桥或牛津的人都必须是圣公会的牧师。然而,卢卡斯教授的任期要求任职者不能在教会中活跃(大概是为了有更多的时间从事科学研究)。牛顿认为应该免除对他这样的要求,查理二世准许了他。因此,牛顿的宗教观点与英国圣公会正统国教之间的冲突得以避免。

他作为卢卡斯教授的第一份工作内容是研究光学。在瘟疫肆虐的那两年里,牛顿得出结论：白光是许多不同类型的光线以略微不同的角度折射而成的混合物。他认为，每一种不同的光线都会产生一种特定的光谱颜色。他研究了光的折射，证明一个棱镜可以把白光分解成光谱的颜色，而一个透镜和第二个棱镜可以把多色光谱重组成白光。

他还指出，彩色光并不会改变其特性。无论它是反射的、散射的还是透射的，它都保持同样的颜色。因此，他观察到，颜色是物体与已经有颜色的光相互作用的结果，而不是物体本身产生颜色的结果。这就是牛顿的色彩理论。

从这项工作中他得出结论，任何折射望远镜的透镜都会受到光线色散的影响——色差。为了证明这一概念，他建造了一架以镜子为接物镜的望远镜，以绕过这个问题。1669年2月，通过研磨自己的镜子，用牛顿环来判断望远镜的光学质量，他制造出了一种没有色差的仪器。

1671年，皇家学会要求演示他的反射望远镜。他们的兴趣促使牛顿在 On Colour 上发表了自己的笔记，后来他将其扩展到他的《光学》中。当罗伯特·胡克批评他的一些想法时，牛顿非常生气，以至于他退出了公开辩论。在胡克去世之前，他们俩仍然是敌人。

牛顿于1672年当选为英国皇家学会会员。同样，在1672年，牛顿在《皇家学会哲学学报》上发表出版了他的第一篇关于《光与颜色》的科学论文。牛顿的论文很受欢迎，但胡克和惠更斯反对牛顿试图仅用实验来证明光是由小粒子而不是波的运动构成的。

牛顿被认为是适用于任何指数的广义二项式定理的创始人。他发现了牛顿恒等式、牛顿法、分类立方平面曲线（具有两个变量的三次多项式），对有限差分理论做出了重大贡献，并且是第一个使用分数指标和坐标几何来推导丢番图方程的解的人。他用对数（欧拉求和公式的前身）近似求得了谐波系列的部分和，并且是第一个使用幂级数的人。他还发现了一种新公式去计算 π。

1677年，牛顿参照开普勒行星运动定律，重新开始研究力学，特别是引力及其对行星轨道的影响。他在1684年发表了他的研究成果，其中包含了运动定律的起源。

在埃德蒙·哈雷的鼓励和经济帮助下，《自然哲学的数学原理》于1687年7月出版。在这项工作中，牛顿陈述了3种普遍的运动定律（200年来，它们都没有被改进）。他用拉丁词重力来表示重力，并定义了万有引力定律。在相同的工作中，他提出了第一个基于玻意耳定律的空气中声速的分析测定方法。牛顿假定有一种无形的力量能够在远距离外活动，这一假设导致他因将"神秘机构"引入科学而受到批评。

凭借这一原理，牛顿得到了国际上的认可。他获得了一群崇拜者，包括出生在瑞士的数学家丢勒。他与杜里耶的亲密关系一直持续到1693年，当这段关系突然结束的同时，牛顿精神崩溃了。

17世纪90年代，牛顿写了一些宗教小册子来解释圣经的字面意义。他在寄给约翰·洛克的一份手稿中，对三位一体的存在提出了质疑，但从未出版。后来的著作

《古代王国年表》(1728年修订)、《但以理书》和《圣约翰启示录》(1733年)在他死后出版。他也在炼金术上投入了大量的时间。

大多数现代历史学家认为,牛顿和莱布尼茨利用自己独特的符号独立地发展了微积分学。根据牛顿的内部圈子,牛顿早在莱布尼茨之前就已经制定出了他的方法,但直到1693年,他几乎没有发表任何关于他的方法的内容,直到1704年才给出完整的说明。与此同时,莱布尼茨在1684年开始发表他的方法。然而,莱布尼茨的笔记显示了从早期到成熟想法的进步,但牛顿已知的笔记中只有最终结果。牛顿声称他不愿意发表他的微积分,因为他害怕因此受到嘲笑。

从1699年开始,皇家学会的成员(牛顿是其中的一员)指责莱布尼茨剽窃,争论在1711年全面爆发。英国皇家学会在一项研究中宣称,牛顿才是真正的发现者,并把莱布尼茨称为骗子。后来,人们发现牛顿自己写了关于莱布尼茨的研究结论,这使得这项研究结果受到了质疑。由此开始了关于牛顿与莱布尼茨微积分的激烈争论,这场争论损害了两人的生活(直到1716年莱布尼茨去世)。

牛顿在1689年至1690年间和1701年是英国议会成员。他唯一被记录下来的评论是抱怨房间里有股冷空气,并要求关上窗户。

1696年,牛顿移居伦敦,担任皇家铸币厂的厂长,这一职位是他在时任财政大臣的哈利法克斯伯爵一世查尔斯·蒙塔古的资助下获得的。他领导了英格兰的伟大复兴。1699年,牛顿成为造币厂最著名的大师,直到他去世。这些任命原本是作为闲职(一个几乎不需要或不需要任何责任、劳动或积极服务的职位),但牛顿很认真地对待它们,他于1701年从剑桥退休,行使改革货币和惩罚造假者的权力。

1717年,作为铸币厂的厂长,牛顿在《安妮女王定律》中,无意中把英镑从银本位制改为金本位制,因为他把金币和银便士之间的双金属关系设定为有利于黄金。这导致了银币被熔化并运出英国。

1703年,牛顿被任命为英国皇家学会会长,并成为法国科学院院士。在皇家学会任职期间,牛顿过早地出版了皇家天文学家约翰·弗拉姆斯蒂德在他的研究中使用过的《弗拉姆斯蒂德星表》,从而与他为敌。

1705年4月,安妮女王在剑桥三一学院的皇家访问中封牛顿为爵士。之所以被授予爵士爵位,可能是出于与1705年5月议会选举有关的政治考虑,而不是出于对牛顿作为铸币厂厂长的科学工作或服务的认可。

牛顿在伦敦去世,葬于威斯敏斯特教堂。牛顿没有孩子,在最后的几年里他把他的大部分财产都转让给了亲戚,并且没有留下遗嘱。

牛顿死后,人们发现他的遗体中含有大量的汞,这可能是由于他对炼金术的追求。汞中毒可以解释牛顿晚年的古怪行为。

**显著成就**:他鼓舞人心的作品使许多人认为他是科学界两位最具革命性的人物之一(另一位是阿尔伯特·爱因斯坦)。2005年,英国皇家学会对科学家进行了一项调查,询问谁对科学史的影响更大,是牛顿还是爱因斯坦?牛顿被认为更有影响力。

约翰·伯努利在1696年提出了对整个欧洲数学家来说都是一个挑战的短距离测时问题(问题是找到一个物体从一点到另一点的最快路径,重力是影响物体的唯一因素)。雅可比·伯努利、洛必达、莱布尼茨和其他人提交了解决方案。牛顿匿名提交。关于这个解决方案,据说约翰·伯努利曾说过:"你可以从狮子的爪子中看出它!"解的曲线就是所谓的摆线曲线。

牛顿认为光是由粒子或小体组成的,但他必须把它们与波联系起来才能解释光的衍射。后来的物理学家转而倾向于光的纯波状解释来解释衍射。今天的量子力学、光子和波粒二象性的概念与牛顿对光的理解不只有一点相似之处。

在1675年的《光的假设》中,牛顿假定以太的存在是为了在粒子之间传递力。在对炼金术重新产生兴趣之后,他以粒子间相互吸引和排斥的封闭思想为基础,用神秘的力量取代了以太。凯恩斯(J. M. Keynes)获得了许多牛顿关于炼金术的著作,他说:"牛顿不是第一个理性时代的人:他是最后一个魔术师。"牛顿对炼金术的兴趣离不开他对科学的贡献(当时在炼金术和科学之间没有明显的区别)。如果他没有依赖于在真空中远距离行动的神秘概念,他可能就不会发展出他的引力理论。

牛顿本人讲述了这个故事,他通过观看苹果从树上掉下来而受到启发,以制定他的万有引力理论。"它直接掉下来了——为什么会这样?"从他的笔记中我们知道,牛顿在17世纪60年代末一直在与地球引力与地球到月球距离成反比的观点做斗争。然而,他花了20年才发展出成熟的理论。

尽管牛顿在英国从事物理学研究,但他很清楚整个欧洲的科学发展。

牛顿有几个著名的座右铭,包括"我不发明假说"。他说:"重力可以解释行星的运动,但无法解释是谁让行星运动。上帝掌管一切,知道一切都是可以做的。"牛顿警告不要使用运动定律和万有引力来把宇宙看成一个更大的机器,就像一个伟大的时钟(因为莱布尼茨曾讽刺他说:"全能的上帝想要不时地给他的表上发条,否则它就会停止转动。他似乎没有足够的先见之明,使这事永远成为可能。")。

在牛顿的一生中,他写的关于宗教的文章比关于自然科学的多。他认为耶稣钉死于公元33年4月3日,这与一个传统上被接受的日期是一致的。他还试图在圣经中寻找隐藏的信息,但没有成功。在1704年的一份手稿中,他描述了他从《但以理书》中提取科学信息的尝试,他估计世界末日不会早于2060年。在预言这一点时,他写道:"这一点我不主张在结束的时候断言,但是为了制止那些经常预言末日来临的爱幻想的人的轻率猜测,这样一来,每当神圣的预言落空时,它们就会遭到诋毁。"

他是一位笃信宗教的学者。他详细描述了耶路撒冷古犹太圣殿的精确尺寸,并撰写了关于圣殿日常活动的论文。他用希伯来语仔细地记下短语。牛顿解释圣经预言意味着犹太人在世界末日之前会回到圣地。末日后的日子,必定会看见"恶国的毁灭,哀哭和一切患难的终结,被掳的犹太人归回,并建立一个兴旺永远的国。"

牛顿看到设计世界系统的证据是:"这样一个奇妙的均匀性必须在行星系统的作用下进行选择。"但是,牛顿坚持认为,由于不稳定性的缓慢增长,最终需要神的干预来改革这个体系。

用一句话总结他的一生:"牛顿是英国物理学家和数学家,他除了研究经典力学和万有引力之外,还发明了微积分(和莱布尼茨一起,1646年—1716年),并发现白光包含彩虹的颜色,但他完全没有幽默感并从研究中退出,作为政府官员度过生命中的最后三分之一后,在1693年遭受了神经崩溃"(J. C. Sprott,物理演示,威斯康星大学出版社,2006年,第1页)。

在总结牛顿辉煌的事业时,亚历山大·蒲柏(一般被认为是18世纪最伟大的英国诗人)在纪念牛顿的文章中写道:"大自然和大自然的法则藏在黑夜里;上帝说,让牛顿去吧! 于是一片光明。"

## 6.3 无阻尼自由振动

无阻尼强迫振子是一种在响应中可以忽略阻尼的结构模型。由于每个实际结构总是存在阻尼,所以该模型是近似的。然而,理解这种无阻尼的极限情况是有用的。这种情况的控制方程为

$$\ddot{x}(t) + \omega_n^2 x(t) = \frac{1}{m}F(t) \tag{6.6}$$

当外力为零时,得到自由振动的解。自由响应只由系统的初始条件即系统的初始位移 $x(0)$ 和初始速度 $\dot{x}(0)$ 来确定。为了求解,我们假设以下形式的谐波解,即

$$x(t) = C_1 \sin rt + C_2 \cos rt \tag{6.7}$$

其中,在满足运动微分方程的过程中,将式(6.7)代入式(6.6),确定频率 $r$ 的值。然后,我们发现

$$-r^2 + \omega_n^2 = 0$$

因此,$r + \omega_n$,导致自由响应

$$x(t) = C_1 \sin\sqrt{\frac{k}{m}}t + C_2 \cos\sqrt{\frac{k}{m}}t \tag{6.8}$$

$\omega_n = \sqrt{k/m}$ 是其固有频率,方程 $-r^2 + \omega_n^2 = 0$ 称为特征方程,$r$ 是方程的根或解。由于物理原因不考虑负根 $r = -\omega_n$,没有负振动频率。

常数 $C_1$ 和 $C_2$ 由初始位移 $x(0)$ 和初始速度 $\dot{x}(0)$ 来决定。利用式(6.8),我们写出方程 $x(0)$ 和 $\dot{x}(0)$ 并发现 $C_2 = x(0)$ 和 $C_1 = \dot{x}(0)/\omega_n$。一般的自由响应为

$$x(t) = \frac{\dot{x}(0)}{\omega_n}\sin\omega_n t + x(0)\cos\omega_n t \tag{6.9}$$

对于无阻尼振动器,没有衰减;振荡持续而不降低峰值振幅。响应是初始条件的函数,振荡频率是刚度与质量之比的平方根的函数。

式(6.9)能够依照振动的振幅、频率和相位重新表述,用振幅 $A$ 和相位角 $\phi$ 来替换 $C_1$ 和 $C_2$。振动的等效表达式为

$$x(t) = A\cos(\omega_n t - \phi) \tag{6.10}$$

其中需要对振幅 $A$ 和相位角 $\phi$ 进行评估。为了做到这一点,我们使用三角恒等式来扩展余弦项,并将结果等同于式(6.9),以得到

$$A = \sqrt{\left(\frac{\dot{x}(0)}{\omega_n}\right)^2 + x^2(0)}, \quad \phi = \arctan\left(\frac{\dot{x}(0)}{x(0)\omega_n}\right) \tag{6.11}$$

从中我们可以看到初始条件对响应幅值和相位的影响。式(6.10)中的相位角在阻尼响应的预期中显示为负,其中在输入力后面存在响应的相位滞后。

### 例 6.1 无阻尼自由振动

考虑一个具有 $\omega_n = 12 \text{rad/s}$ 和零阻尼的单自由度振子。求初始条件 $x(0) = -1\text{m}$ 和 $\dot{x}(0) = 2\text{m/s}$ 的响应。响应的振幅和相位角是多少?

**解**:由式(6.9)得出

$$x(t) = \frac{1}{6}\sin 12t - \cos 12t \, \text{m}$$

振幅和相位角由式(6.11)得出

$$A = \sqrt{\left(\frac{1}{6}\right)^2 + (-1)^2} = 1.014\text{m}$$

$$\phi = \arctan\left(-\frac{2}{12}\right)\text{rad}$$

当使用计算器计算反正切函数时,结果是相位角为 $-0.1651\text{rad}$,但这是不正确的。正确的相位角可以通过识别 $x(0)$ 是负的来发现,这将相位角置于第二象限。

然后,相位角为

$$\phi = \pi - 0.1651 = 3.307(\text{rad})$$

## 6.4 无阻尼谐波强迫振动

我们把 $F(t) = A\cos\omega t$ 代入式(6.6),其中 $\omega$ 是驱动力 $F(t)$ 的频率,并且 $\omega \neq \omega_n$。任何振动响应都有两个分量:瞬态或自由振动;稳态或强迫振动。用数学术语来说,瞬态响应是运动微分方程的齐次解,稳态响应是特解。利用线性叠加的方法,对每个分量分别求解,然后将两个解相加得到完整的响应。完全响应是用来满足初始条件的。对于阻尼结构,解的自由振动部分会衰减,而只要力起作用,强迫振动响应就会继续。

自由振动已在上一节讲过,且一般由式(6.9)描述。强迫响应假设为载荷的函

数形式

$$x(t) = B\cos\omega t$$

将这个假设解代入控制微分方程，$B$ 可以导出为

$$B = \frac{A/m}{-\omega^2 + \omega_n^2} = \frac{A/k}{1-(\omega/\omega_n)^2}$$

因此，强迫或稳态响应为

$$x(t) = \frac{A/k}{1-(\omega/\omega_n)^2}\cos\omega t$$

完全响应（自由加强迫）由求和给出

$$x(t) = C_1\sin\omega_n t + C_2\cos\omega_n t + \frac{A/k}{1-(\omega/\omega_n)^2}\cos\omega t \tag{6.12}$$

式中：$C_1$ 和 $C_2$ 通过满足初始条件而确定。由于增加了强迫响应，这些常数与式(6.8)中的常数不具有相同的值。

### 6.4.1 共振

在下面的讨论中只考虑强迫响应

$$\frac{x(t)}{A/k} = \frac{1}{1-(\omega/\omega_n)^2}\cos\omega t \tag{6.13}$$

其中响应相对于静态响应 $x_{st} = A/k$，已无量纲化。当 $\omega/\omega_n < 1$ 时，分母 $[1-(\omega/\omega_n)^2]$ 是正数；当 $\omega/\omega_n > 1$ 时是负数。物理上，这意味着当固有频率大于强迫频率时，力和运动是同相的。当强迫频率大于固有频率时，它们是异相的。分母的值影响稳态响应的大小。

当强迫频率 $\omega$ 接近或等于固有频率时，振动变得剧烈，因为当 $\omega = \omega_n$ 时该因子 $1/[1-(\omega/\omega_n)^2]$ 变得非常大。当 $\omega = \omega_n$ 时，预测为无限位移振幅（理论上）。在实际系统中，阻尼效应总是存在的，因而限制了位移。

为了抑制明显的振幅，一项初步的工程设计试图使振荡频率尽可能远离激励频率。无论自由度的数量如何，这都是正确的，但是对于具有许多自由度的大型结构来说，几乎不可能实现，因为每个自由度都有一个相关的固有频率。

考虑无量纲式(6.13)，如图 6.6 中所示 $x_{st} = 1.0\text{cm}$ 和 $\omega_n = 1.0\text{rad/s}$ 的情况。激励频率分别为 $\omega = 0.01\text{rad/s}$、$0.5\text{rad/s}$、$0.95\text{rad/s}$ 和 $10\text{rad/s}$。这组曲线表明，驱动频率越高或低于 $\omega_n = 1.0\text{rad/s}$，振荡幅度越小（注意：垂直标尺具有不同的值）。对于较低的激励频率，响应几乎是静态的，并且具有很长的周期。对于较高的激励频率，振荡速度越快，振荡幅度越小。惯性效应使系统无法跟上较高的强迫频率。

为了理解图 6.7 中所示的动态放大系数 $1/[1-(\omega/\omega_n)^2]$ 如何作为激励频率的函数而变化，我们考虑 3 个范围的频率比：① $0 < \omega/\omega_n < 1$；② $\omega/\omega_n = 1$；③ $\omega/\omega_n > 1$。

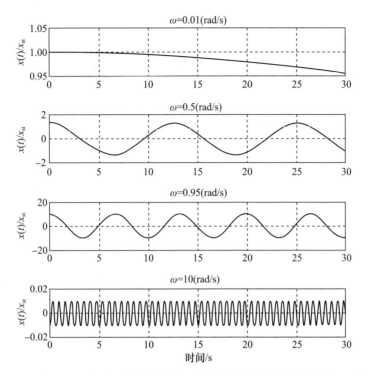

图6.6 $x_{st}=1.0$ 和 $\omega_n=1.0\mathrm{rad/s}$ 情况下式(6.13)的响应曲线。激励频率是 $\omega=0.01\mathrm{rad/s}$、$0.5\mathrm{rad/s}$、$0.95\mathrm{rad/s}$ 和 $10\mathrm{rad/s}$。在激励频率 $\omega=0.95\mathrm{rad/s}$ 中,最大振幅比为15左右,接近于 $1.0\mathrm{rad/s}$ 的自然频率

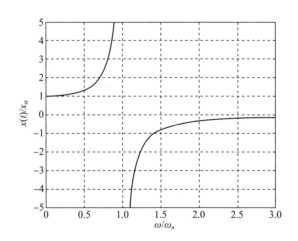

图6.7 无阻尼系统的动态放大系数与频率比

因为 $\omega/\omega_n\ll1$,强迫频率是非常慢的,在很小的扰动下,质量基本上移动到它的静态挠度处。在 $\omega\to0$ 极限情况下,静态位移即是响应,并如图6.7所示 $x(t)/x_{st}\to1$。对于 $\omega/\omega_n\gg1$,强迫频率非常高,质量不能跟随快速振动的力。因此,由于力的平均

值为零,在大 $\omega$ 的极限下,位移也为零,并且 $x(t)/x_{st}=0$。

最有趣和最重要的情况是,当 $\omega/\omega_n=1$ 时,物理上意味着强迫频率正好与系统的固有频率一致。力在运动方向上不断地推动质量,每个周期都为振荡器增加能量。由于没有阻尼耗散能量,系统振动的幅度不断增大。一个较小的力最终会引起非常大的振幅,这种现象称为共振①。对于无阻尼情况,固有频率与谐振频率相同。

通常将图 6.7 绘制为放大因子的绝对值

$$\left|\frac{x(t)}{x_{st}}\right| = \left|\frac{1}{1-(\omega/\omega_n)^2}\right|$$

对应于负曲线绕水平轴翻转的频率比。

对于激励频率等于固有频率的情况 $\omega=\omega_n$,运动方程为

$$\ddot{x} + \omega_n^2 x = \frac{A}{m}\cos\omega_n t \tag{6.14}$$

从线性微分方程的理论来看,非齐次方程的解由两个线性无关解组成,齐次解加上特解。在假设式(6.14)的特解时,我们不能选择 $x(t)=B_1\cos\omega_n t$,因为它是齐次解所以它不与齐次解线性无关。因此,为了得到线性无关的解,我们将式(6.7)的非共振齐次解乘以自变量 $t$,即

$$x(t) = B_1 t\cos\omega_n t + B_2 t\sin\omega_n t$$

式中正弦和余弦项已经包括在内,因为我们在求解共振响应,不确定使用哪个项。

为了解决这个问题,我们将假设的解进行两次微分,将所需的表达式代入运动控制方程、共同因子 $\cos\omega_n t$ 和 $\sin\omega_n t$ 项,并找到恒等式②,即

$$\cos\omega_n t[-B_1 t\omega_n^2 + 2B_2\omega_n + \omega_n^2 B_1 t] +$$

$$\sin\omega_n t[-B_2 t\omega_n^2 - 2B_1\omega_n + \omega_n^2 B_2 t] \equiv \frac{A}{m}\cos\omega_n t$$

化简这个方程并满足恒等式,就得到了两个常数方程

$$B_1 = 0$$

$$B_2 = \frac{A}{2\omega_n m} = \frac{A}{2\sqrt{km}}$$

响应为

$$x(t) = \frac{A}{2\sqrt{km}}t\sin\omega_n t \tag{6.15}$$

---

① 共振可以理解为动力系统各部件之间最容易交换能量的一种情况。
② 恒等式是两个方程,一个满足正弦等式,另一个满足余弦等式。符号≡表示恒等式。

式中:$x(t)$的增长没有约束。带有时间因子 $t$ 的表达式称为非周期性。由于所有系统都有一定的阻尼,所以式(6.15)是一个理论解。然而,即使有阻尼,如果激励频率接近自然频率,系统振幅也将会变得过大并出现故障。如果 $x(t)$ 变得足够大,则解决方案所依赖的线性假设也变得无效。图 6.8 描述了一个特殊情况 $x(t) = t\sin t$ 下的长期振荡行为。

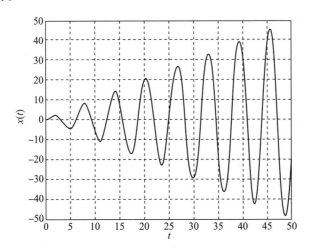

图 6.8 非周期振动 $x(t) = t\sin t$(当驱动频率等于固有频率时,在无阻尼情况下,振荡的每个周期都会导致更大的振幅)

如果式(6.14)中存在力 $(A/m)\sin\omega_n t$,则按照上述过程给出响应 $x(t) = -(A/2\sqrt{km})t\cos\omega_n t$。

共振问题对于确定性振动问题是很严重的。当仅已知力的概率时会出现更多的困难。概率模型的力通常是具有振幅和频率范围的力。许多可能的频率中的任何一个都可能与系统共振,然后我们只能估计它共振的概率。

## 6.5 黏性阻尼自由振动

有阻尼的线性振子的自由振动由以下运动方程决定:

$$\ddot{x}(t) + 2\zeta\omega_n \dot{x}(t) + \omega_n^2 x(t) = 0 \qquad (6.16)$$

式中:$\zeta$ 是阻尼系数(也称阻尼比)且 $\omega_n$ 是无阻尼固有频率。能量耗散在所有物理系统中是固有的,并且根据环境的复杂性通过阻尼常数或阻尼函数来建模。

为了求解微分式(6.16),假定[①]一个结果形式 $x(t) = Ae^{rt}$。这个解求导后代入

---

① 另一种方法是假设三角级数形式的解

$$x(t) = A_1\sin\omega t + A_2\cos\omega t$$

式(6.16),得到

$$A[r^2 + 2\zeta\omega_n r + \omega_n^2]e^{rt} = 0$$

由于 $Ae^{rt} \neq 0$,括号中的二次方程必须等于零,即

$$r^2 + 2\zeta\omega_n r + \omega_n^2 = 0$$

这个方程称为系统的特征方程。从二次方程来看,根为

$$r_{1,2} = [-\zeta \pm \sqrt{\zeta^2 - 1}]\omega_n$$

根据 $\zeta^2 - 1$ 的值,有三类解。对于有重复根的一类解,当 $\zeta = 1$ 时,根是零。$c_{cr}$ 称为临界阻尼。这个解表示非周期指数衰减运动(过阻尼,$\zeta > 1$)和指数衰减振荡运动(欠阻尼,$0 < \zeta < 1$)之间的边界。临界阻尼系统将以最快的速度接近平衡,但大多数结构不会有如此高的黏性阻尼因子。

因为 $\zeta \neq 1$,所以有两个根,一般解可以写成 $x(t) = A_1 \exp(r_1 t) + A_2 \exp(r_2 t)$。因此,响应的一般形式为

$$x(t) = A_1 \exp(-[\zeta - \sqrt{\zeta^2 - 1}]\omega_n t) + A_2 \exp(-[\zeta + \sqrt{\zeta^2 - 1}]\omega_n t) \quad (6.17)$$

(这个表达式对于重复根是无效的,因为这两个解需要线性无关。)解的性质明显取决于黏性阻尼因子 $\zeta$ 的值。

图6.9描绘了 $x(t)$ 作为 $\zeta$ 和 $\omega_n t$ 的函数的图像。注意振荡行为和纯衰减行为在 $\zeta = 1$ 处的过渡。

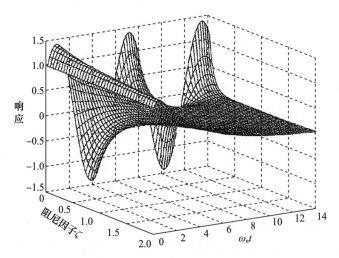

图6.9 $x(t)$ 的自由振动是 $\zeta$ 和 $\omega_n t$ 的函数(虽然这种三维图形难以用于读取特定值,但是它表明了自由响应对阻尼比和固有频率的依赖性,并且显示了欠阻尼、临界阻尼和过阻尼响应)

## 6.6 强迫谐波振动

具有阻尼的线性振子的强迫振动由以下运动方程决定：

$$\ddot{x}(t) + 2\zeta\omega_n \dot{x}(t) + \omega_n^2 x(t) = \frac{1}{m} A\cos\omega t \qquad (6.18)$$

式中：$A\cos\omega t$ 是一个具有振幅 $A$ 和频率 $\omega$ 的谐波力[①]。

重点在于寻找稳态响应的振幅和相位滞后。结果表明，阻尼的引入使响应滞后于输入，也就是说，输入谐波力与输出谐波响应之间存在延迟。

式(6.18)的稳态解具有假定的形式[②]

$$x_s(t) = B_1 \cos\omega t + B_2 \sin\omega t \qquad (6.19)$$

式中：$x_s(t)$ 表示稳态响应。常数 $B_1$ 和 $B_2$ 通过将式(6.19)的假设解代入控制式(6.18)中来计算，即

$$(-\omega^2 B_1 + 2\zeta\omega_n\omega B_2 + \omega_n^2 B_1)\cos\omega t +$$
$$(-\omega^2 B_2 - 2\zeta\omega_n\omega B_1 + \omega_n^2 B_2)\sin\omega t \equiv \frac{1}{m} A\cos\omega t$$

该等式可以通过等值正弦和余弦项的系数来满足 $t$ 的所有值，即

$$-\omega^2 B_1 + 2\zeta\omega_n\omega B_2 + \omega_n^2 B_1 = \frac{1}{m} A$$

$$-\omega^2 B_2 - 2\zeta\omega_n\omega B_1 + \omega_n^2 B_2 = 0$$

从中得到

$$B_1 = \frac{A(\omega_n^2 - \omega^2)/m}{(\omega_n^2 - \omega^2)^2 + (2\zeta\omega_n\omega)^2}$$

$$B_2 = \frac{A(2\zeta\omega_n\omega)/m}{(\omega_n^2 - \omega^2)^2 + (2\zeta\omega_n\omega)^2}$$

因此，式(6.19)变为

$$x_s(t) = \frac{A(\omega_n^2 - \omega^2)/m}{(\omega_n^2 - \omega^2)^2 + (2\zeta\omega_n\omega)^2}\cos\omega t +$$
$$\frac{A(2\zeta\omega_n\omega)/m}{(\omega_n^2 - \omega^2)^2 + (2\zeta\omega_n\omega)^2}\sin\omega t \qquad (6.20)$$

---

① 力可以等效地表示为 $F(t) = A\sin\omega t$。
② 因为控制方程有一阶导数和二阶导数，所以解中需要余弦和正弦。回想一下，对于无阻尼响应，只需要正弦或余弦函数，因为控制方程不包含一阶导数项。

式(6.20)是使响应难以可视化的形式。为了获得更有用的形式,响应可以等效写入

$$x_s(t) = D\cos(\omega t - \theta) \tag{6.21}$$

其中 $D = \sqrt{B_1^2 + B_2^2}$ 且 $\theta = \arctan(B_2/B_1)$,或者

$$D = \frac{A/m}{\sqrt{(\omega_n^2 - \omega^2)^2 + (2\zeta\omega_n\omega)^2}}$$

$$= \frac{A/k}{\sqrt{(1 - \omega^2/\omega_n^2)^2 + (2\zeta\omega/\omega_n)^2}} \tag{6.22}$$

$$\theta = \arctan\left[\frac{2\zeta\omega/\omega_n}{1 - (\omega/\omega_n)^2}\right], \quad 0 \leq \theta \leq \pi \tag{6.23}$$

式中:$\theta$ 落在第一象限或第二象限。振幅的分子 $D$ 被写成 $A/k$,是静态位移。注意:相位滞后与强迫振幅无关。如果 $\zeta = 0$,没有延迟,系统立即响应。有了阻尼,系统对强迫的响应就会延迟。

一个无量纲的放大因子 $\beta$(也称幅值比)可以定义为

$$\beta = \frac{1}{\sqrt{(1 - \omega^2/\omega_n^2)^2 + (2\zeta\omega/\omega_n)^2}} \tag{6.24}$$

表示由式(6.22)给出的振幅中的频率相关因子。式(6.21)可以写成

$$x_s(t) = \frac{A}{k}\beta\cos(\omega t - \theta)$$

其中

$$D = \frac{A}{k}\beta$$

将放大系数 $\beta$ 和相位滞后系数 $\theta$ 绘制成阻尼系数 $\zeta$ 各值的频率比函数,具有一定的指导意义。这些图像分别在图 6.10 和图 6.11 中给出。从图 6.10 中的 $\beta$ 曲线可以看出,阻尼因子的增加导致响应振幅的减小。对于 $\zeta > 0$,最大振幅发生在频率比小于 1 时。

相位滞后作为频率比的函数如图 6.11 所示。没有阻尼的情况下,对于频率低于共振的力,相位 $\theta = 0$,频率在共振以上的力的相位 $\theta = \pi$rad。在谐振频率处存在不连续性。在阻尼作用下,无阻尼情况共振观察到的急剧转变被减轻。对于所有阻尼情况,相位在共振时为 $\frac{\pi}{2}$ 或 90°。这种性质在系统识别和测试问题中非常有用。例如,如果在一台机器上进行振动测试,将相位数据绘制成宽频带的频率函数,那么,在该曲线通过 $\frac{\pi}{2}$rad 的相位值的点处是共振频率,这表明该点是固有频率之一。一般来

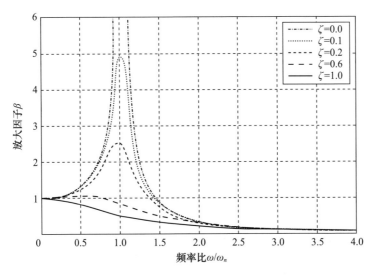

图 6.10　放大因子 $\beta$ 作为函数 $\omega/\omega_n$ 的放大倍数。导致频率 $\omega$ 接近 $\omega_n$ 使得大的 $\beta$ 对应于小值 $\zeta$

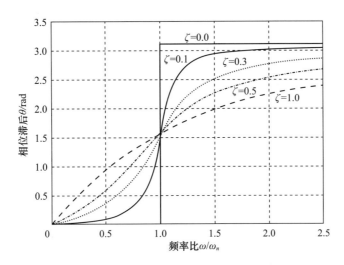

图 6.11　相位滞后 $\theta$ 是 $\zeta$ 和 $\omega/\omega_n$ 的函数

说,结构具有多个固有频率,每个自由度都有一个固有频率。

### 6.6.1　谐波基础激励

基础激励问题中,施加到结构或机器上的力是通过其基础或其支撑物产生的。基础激励问题有许多实际应用。这些包括在地基上的结构振动(如在地震工程中,载荷通过基座)、汽车对路面不平的响应以及机器与其支座之间的相互作用。底座可以是任何支撑结构,如图 6.12 所示。

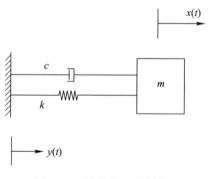

图 6.12 基础激励系统模型

设计工程师需要确定位移 $x(t)$ 以及基座施加在系统上的力。在理想化的模型中,结构和基座由刚度和阻尼元件连接。我们感兴趣的是结构如何响应。使用图 6.13 的自由体图,牛顿的第二运动定律可以写成①

$$m\ddot{x} = -c(\dot{x}-\dot{y})-k(x-y)$$

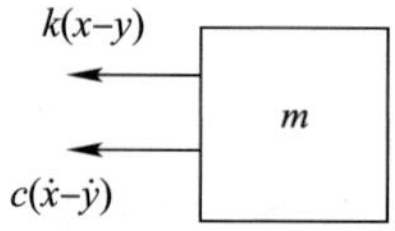

图 6.13 基座激发结构的自由体图

其中时间参数已被舍弃以简化符号表达式。在标准形式下,运动方程变为

$$m\ddot{x}+c\dot{x}+kx=c\dot{y}+ky$$

这里假设激励是谐波的,这为我们提供了一些基础激励系统的关键特性。基础激励位移被建模为 $y(t)=Y\sin\omega_b t$,其中 $\omega_b$ 是基础激励频率。把 $y(t)$ 和 $\dot{y}(t)$ 代入运动方程

$$\ddot{x}+2\zeta\omega_n\dot{x}+\omega_n^2 x = 2\zeta\omega_n\omega_b Y\cos\omega_b t + \omega_n^2 Y\sin\omega_b t \tag{6.25}$$

为了求稳态响应,我们像求解简谐激励下阻尼振子的通解那样进行。为了简化代数运算,把式(6.25)的右边写为 $A_1\cos\omega_b t + A_2\sin\omega_b t$,其中 $A_1 = 2\zeta\omega_n\omega_b Y$ 和 $A_2 = \omega_n^2 Y$。假定响应为

$$x_s(t) = B_1\cos\omega_b t + B_2\sin\omega_b t$$

并将其代入控制微分式(6.25),得到

---

① 我们使用相对速度($\dot{x}-\dot{y}$)和相对位移($x-y$),因为这是质量 $M$ 的运动,并且它们分别与阻尼力和刚度力有关。力 $c\dot{x}$ 和 $kx$ 通过基座的运动 $y$ 和 $\dot{y}$ 来变化。

$$(-\omega_b^2 B_1 + 2\zeta\omega_n\omega_b B_2 + \omega_n^2 B_1)\cos\omega_b t +$$
$$(-\omega_b^2 B_2 - 2\zeta\omega_n\omega_b B_1 + \omega_n^2 B_2)\sin\omega_b t = A_1\cos\omega_b t + A_2\sin\omega_b t$$

对于满足所有时间 $t$ 的方程,类似正弦和余弦项的系数必须相等,也就是说

$$-\omega_b^2 B_1 + 2\zeta\omega_n\omega_b B_2 + \omega_n^2 B_1 = A_1 \tag{6.26}$$

$$-\omega_b^2 B_2 - 2\zeta\omega_n\omega_b B_1 + \omega_n^2 B_2 = A_2 \tag{6.27}$$

求解 $B_1$ 和 $B_2$,我们得到

$$B_1 = \left[\frac{-2\zeta\omega_n\omega_b^3}{(2\zeta\omega_n\omega_b)^2 + (\omega_n^2 - \omega_b^2)^2}\right]Y$$

$$B_2 = \left[\frac{\omega_n^2(\omega_n^2 - \omega_b^2) + (2\zeta\omega_n\omega_b)^2}{(2\zeta\omega_n\omega_b)^2 + (\omega_n^2 - \omega_b^2)^2}\right]Y$$

作为代数密集型方法的替代方法,我们可以使用稳态解,式(6.21)以及式(6.22)和式(6.23)。应用叠加法,可以分别求解每个谐波力,然后将两个解相加,以获得完整的响应。采用这种方法,可以得到稳态响应

$$x_s(t) = x_1(t) + x_2(t)$$
$$= \frac{2\zeta\omega_n\omega_b Y}{\sqrt{(\omega_n^2 - \omega_b^2)^2 + (2\zeta\omega_n\omega_b)^2}}\cos(\omega_b t - \phi) +$$
$$\frac{\omega_n^2 Y}{\sqrt{(\omega_n^2 - \omega_b^2)^2 + (2\zeta\omega_n\omega_b)^2}}\sin(\omega_b t - \phi)$$

$$\phi = \arctan\left[\frac{2\zeta\omega_n\omega_b}{\omega_n^2 - \omega_b^2}\right], \quad 0 \leq \theta \leq \pi$$

因为具有相同的参数 $(\omega_b t - \phi)$,$x_s(t)$ 中的两个调和函数可以合并,导出

$$x_s(t) = Y\left[\frac{1 + (2\zeta\omega_b/\omega_n)^2}{(1 - \omega_b^2/\omega_n^2)^2 + (2\zeta\omega_b/\omega_n)^2}\right]^{1/2}\cos(\omega_b t - \phi - \gamma)$$

$$\gamma = \arctan\left[\frac{\omega_n}{2\zeta\omega_b}\right] \tag{6.28}$$

这里我们引入了由两个谐波函数相加引起的附加滞后 $\gamma$。$x_s(t)$ 的振幅是余弦函数的系数,用 $X$ 表示

$$X = Y\left[\frac{1 + (2\zeta\omega_b/\omega_n)^2}{(1 - \omega_b^2/\omega_n^2)^2 + (2\zeta\omega_b/\omega_n)^2}\right]^{1/2}$$

然后,位移振幅和基础激励振幅的比值 $X/Y$,就可以求得

$$\frac{X}{Y} = \left[ \frac{1 + (2\zeta\omega_b/\omega_n)^2}{(1 - \omega_b^2/\omega_n^2)^2 + (2\zeta\omega_b/\omega_n)^2} \right]^{1/2} \tag{6.29}$$

该式称为位移传递率[①]，并在图 6.14 中绘出。将此结果与式(6.24)的放大系数 $\beta$ 进行比较具有指导意义。分子中有两项：第一项是由于通过刚度元件的载荷引起的；第二项 $(2\zeta\omega_b/\omega_n)^2$，是由于通过阻尼元件承载的基座载荷引起的。

在图 6.14 中，值得注意的是，在 $\omega_b/\omega_n = 0$ 和 $\omega_b/\omega_n = \sqrt{2}$ 处 $X = Y$ 的两点，所有曲线在这两点上相交，无论 $\zeta$ 值是多少。

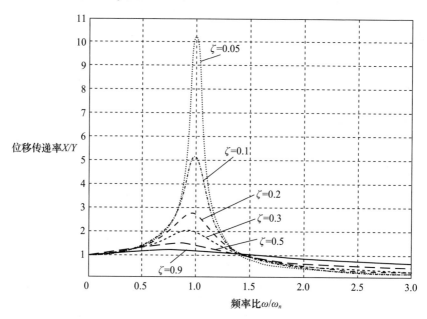

图 6.14 基础激发位移传递率($X/Y$)是 $\zeta$ 和 $\omega_b/\omega_n$ 的函数。对于在频率比 $0 \leqslant \omega_b/\omega_n \leqslant \sqrt{2}$ 范围内，较小的阻尼会导致较大的传递率值，即较大的响应

基础激励系统的一个关键现象是：在频率比 $0 \leqslant \omega_b/\omega_n \leqslant \sqrt{2}$ 范围内，阻尼的减小导致传递率的增大，即阻尼的减小导致响应幅值的增大。频率比 $\omega_b/\omega_n > \sqrt{2}$ 范围内，响应振幅越小，阻尼越小，这是违反常识的[②]。

一种有效的隔振策略，应当使 $X \leqslant Y$ 运行远高于固有频率。例如，考虑设计一个可以在房间中使用的敏感设备，它会由于行走而受到振动。通过使敏感设备的固有频率降低，可以使设备对振动保持相当的免疫力。特别是，如果设备质量大且支撑刚度低，使得组合的固有频率低于 2Hz，那么，它将合理地免受行人（步行或跑步）产生的大多数振动的影响，因为这些振动频率发生在 20Hz 以上。如果比例 $\omega_b/\omega_n = 10$，

---

① 传递性这个术语被用来衡量振动机与地基隔离的程度，反之亦然。

② 似乎频率比 $\sqrt{2}$ 只是数学的结果，而不是任何固有的物理意义。

那么,对于 $\zeta = 0.2$,有 $X/Y = 0.0416$;对于 $\zeta = 0.5$,有 $X/Y = 0.101$;对于 $\zeta = 0.7$,有 $X/Y = 0.140$(这是与直觉相反的效果。我们不期望更小的振幅,以便能够降低阻尼)。

另一种情况是我们希望通过质量(机器或悬挂部件)的位移来跟踪输入,也就是说,我们寻求 $X = Y$。如果不同的部件相对于它们的质量来说变得非常坚硬,这是可以做到的。

与预期操作的输入频率相比,自然频率非常高,意味着 $\omega_b/\omega_n \ll 1$。因此,不需要修改输入函数来补偿延迟或超调,就可以实现所需的跟踪。

接下来,我们用这个方程 $F_{\text{transmit}}(t) = k(x-y) + c(\dot{x} - \dot{y})$ 来考虑基部传递给系统的力,这是对物体的等反作用力。根据牛顿第二运动定律,这个力等于 $-m\ddot{x}$。对式(6.28)进行两次微分,并将项 $-m\ddot{x}$ 代入,可得力传递的表达式为

$$F_{\text{transmit}}(t) = m\omega_b^2 Y \left[ \frac{1 + (2\zeta\omega_b/\omega_n)^2}{(1 - \omega_b^2/\omega_n^2)^2 + (2\zeta\omega_b/\omega_n)^2} \right]^{1/2} \cos(\omega_b t - \phi - \gamma)$$

用 $kY(\omega_b/\omega_n)^2$ 来改写 $m\omega_b^2 Y$,我们可以把传递的力的大小定义为

$$F_T = kY\left(\frac{\omega_b}{\omega_n}\right)^2 \left[ \frac{1 + (2\zeta\omega_b/\omega_n)^2}{(1 - \omega_b^2/\omega_n^2)^2 + (2\zeta\omega_b/\omega_n)^2} \right]^{1/2}$$

比率

$$\frac{F_T}{kY} = \left(\frac{\omega_b}{\omega_n}\right)^2 \left[ \frac{1 + (2\zeta\omega_b/\omega_n)^2}{(1 - \omega_b^2/\omega_n^2)^2 + (2\zeta\omega_b/\omega_n)^2} \right]^{1/2} \tag{6.30}$$

为无量纲参数,称为力传递率。它是传递力的大小与传递到基座的刚度力的大小之比,是一种从基础到结构传递的力大小的无量纲测量。

当式(6.30)绘制出图像时,我们得到了与图6.14中式(6.29)的曲线图相似的结果。就是说,对于 $\omega_b/\omega_n < \sqrt{2}$,如预期的那样,阻尼越小,传递力越大。但是对于 $\omega_b/\omega_n > \sqrt{2}$,较少的阻尼会导致更小的传递力,这又是一个反常识的结果。

**例6.2 机械激振**

底座上的机器将 $y(t) = 0.5\sin\omega_b t(\text{cm})$ 的运动传递到围绕其底座的地板上。估计放置在机器附近的6000kg压缩机所能承受的力。压缩机通过一个垫子安装在地板上,这个垫子的刚度为80000N/m,阻尼为1000(N·s)/m。

**解**:因为峰值力大约在 $\omega_b = \omega_n$ 处,我们简化了力传递方程

$$\frac{F_T}{kY} \approx \left[ \frac{1 + (2\zeta)^2}{(2\zeta)^2} \right]^{1/2}$$

然后用简化关系给出传递力的大小

$$F_T \approx \frac{kY}{2\zeta}(1 + 4\zeta^2)^{1/2}$$

其中 $\zeta$ 由下式给出

$$\zeta = \frac{c}{2\sqrt{km}} = \frac{1000}{2\sqrt{80000 \times 6000}} = 0.023$$

并且 $Y = 0.005$ m。那么，传递的力为

$$F_T \approx \frac{80000 \times 0.005}{2 \times 0.023}(1 + 4 \times 0.023^2)^{1/2} = 8705 \text{N}$$

这比 2000lb 略少，因为 $\zeta$ 是小值，发生在 $\omega_n$ 处的峰值力是有效的。

值得注意的是，所传递的力约为压缩机重量的 15%，由 $6000 \text{kg} \times 9.81 \text{m/s}^2 = 58860\text{N}$ 给出。如果这个峰值力太大，则必须改变压气垫的设计，重新计算压力；否则，可能需要增加地板刚度。

## 6.7 脉冲激励

这一节中，将研究在任意时刻 $t = \tau$ 时对脉冲的响应。理解脉冲响应可以让我们得到一般响应解。脉冲 $I$ 被定义为动量的变化量

$$I = \int_{-\infty}^{\infty} \mathrm{d}(mv) = \int_{-\infty}^{\infty} F(t)\mathrm{d}t$$

其中利用了牛顿第二定律 $\mathrm{d}(mv)/\mathrm{d}t = F$。如果施加短时间的力，则可以使用冲量的概念建模。狄拉克函数通常用于表示这种情况下的力，它的定义为

$$\delta(t-\tau) = \begin{cases} 0, & t \neq \tau \\ \infty, & t = \tau \end{cases}$$

其中

$$\int_{-\infty}^{\infty} \delta(t-\tau)\mathrm{d}t = 1$$

对任意函数 $f(t)$，有

$$\int_{-\infty}^{\infty} \delta(t-\tau)f(t)\mathrm{d}t = f(\tau)$$

对于一个力 $F(t) = \delta(\tau)$，作用于系统的脉冲为

$$I = \int_{-\infty}^{\infty} \delta(t-\tau)\mathrm{d}t = 1$$

并且假定这个系统受到一级单位脉冲的作用。

考虑运动方程

$$m\ddot{x} + c\dot{x} + kx = \delta(t)$$

初始条件为零的情况下，作用在 $t = 0$ 时的单位脉冲的解 $x(t)$ 称为脉冲响应函数，并由 $g(t)$ 表示，即 $x(t) = g(t)$。对于这个系统，脉冲响应函数由下式给出[1]

---

[1] H. Benaroya 和 M. L. Nagurka,《机械振动（第 3 版）》,CRC Press,2010,p263。

$$g(t) = \begin{cases} \left(\dfrac{1}{m\omega_d}\right) e^{-\zeta\omega_n t} \sin\omega_d t, & t \geq 0 \\ 0, & t < 0 \end{cases} \tag{6.31}$$

式中：$\omega_d = \omega_n \sqrt{1-\zeta^2}$ 称为阻尼固有频率。脉冲到达之前，它使响应是零变得有意义。

脉冲响应函数表示法可以使用单位阶跃函数 $u(t)$ 作为因子来表达，即

$$g(t) = \frac{1}{m\omega_d} e^{-\zeta\omega_n t} \sin\omega_d t \cdot u(t) \tag{6.32}$$

其中

$$u(t) = \begin{cases} 1, & t \geq 0 \\ 0, & t < 0 \end{cases}$$

对于控制方程，有

$$\ddot{g} + 2\zeta\omega_n \dot{g} + \omega_n^2 g = \frac{1}{m}\delta(t-\tau)$$

在 $t = \tau$ 时由脉冲带来的响应由下式给出

$$g(t) = \begin{cases} \left(\dfrac{1}{m\omega_d}\right) e^{-\zeta\omega_n(t-\tau)} \sin\omega_d(t-\tau), & t \geq \tau \\ 0, & t < \tau \end{cases} \tag{6.33}$$

如果在 $t = \tau$ 时，施加一个幅值为 $f_0$ 的脉冲力，那么，$F(t) = f_0 \delta(t-\tau)$ 和响应由 $f_0 g(t-\tau)$ 给出。

在进行任意力的推导之前，我们注意到，单位脉冲函数 $\delta(t)$ 可以看成是在 $\Delta t \to 0$ 时作用在很短的一段时间 $\Delta t$ 内的力，其幅值是 $1/\Delta t$，如图 6.15 所示。这个想法在下一节中很有用。

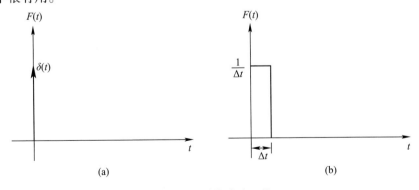

图 6.15 单位脉冲函数
（a）理想值；（b）近似值。

## 6.8　任意载荷:Duhamel 卷积积分

本节的重要目标是评估系统对任意定义的负载的响应。一般而言,任意负载包括必须纳入响应分析的不确定性。

考虑图 6.16 中画出的是任意确定力的时程 $F(t)$。为了得到对这种载荷的响应,我们的方法是通过一系列矩形来逼近任意函数[①]。矩形可以是垂直的或水平的,如图 6.17 所示。零厚度的条件下,$\Delta t \to 0$ 或者 $\Delta F(\tau) \to 0$,都将会接近精确曲线下的面积。

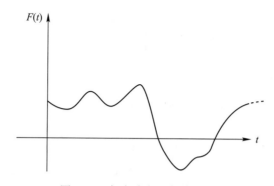

图 6.16　任意确定性负载 $F(t)$

我们只考虑 $F(t)$ 的垂直脉冲近似值。如图 6.17 上图所示,每一个脉冲从时间 $\tau$ 开始,并且在时间段 $\Delta \tau$ 内幅值为 $F(\tau)$。利用单位脉冲响应 $g(t)$,可得到作用在 $t=\tau$ 处的面积为 $F(\tau)\Delta\tau$ 的冲击力的稳态响应为

$$\Delta x_s(t,\tau) = F(\tau)\Delta\tau g(t-\tau) \tag{6.34}$$

通过时间 $\tau$ 的增长来求和,以近似全部力的时程,从而得到力作为时间函数的近似表达式,即

$$F(t) \approx \sum_{\tau} F(\tau)\Delta\tau$$

得到近似稳态响应 $x_s(t) \approx \sum_{\tau} \Delta x(t,\tau)$,或者

$$x_s(t) \approx \sum_{\tau} F(\tau)\Delta\tau g(t-\tau)$$

取极限 $\Delta\tau \to 0$,即得到精确的稳态响应

---

① 用一系列矩形逼近任意函数的方法是一种简单的数值积分方法。

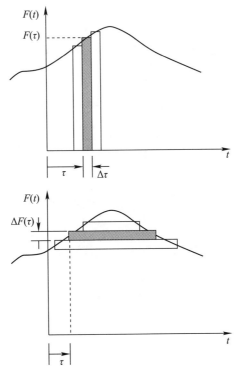

图 6.17 任意载荷 $F(t)$ 的两种极限情况。绘制垂直和水平阴影单元,使它们在曲线的中心相交。极限情况下,它们会完全拟合成曲线

$$x_s(t) = \int_0^t F(\tau)g(t-\tau)d\tau \tag{6.35}$$

其中等式右边是卷积积分。卷积是线性系统叠加原理的一种应用(我们在所有的物理科学中都能看到卷积方程,$g(t)$ 是以学科参数表示的)。对于结构系统,当我们把式(6.32)代入 $g(t-\tau)$ 时,式(6.35)称为 Duhamel 积分。

给定运动控制方程

$$\ddot{x} + 2\zeta\omega_n \dot{x} + \omega_n^2 x = F(t)/m$$

完全解由下式给出

$$x(t) = e^{-\zeta\omega_n t}\left(\frac{\dot{x}(0) + \zeta\omega_n x(0)}{\omega_d}\sin\omega_d t + x(0)\cos\omega_d t\right) +$$

$$\frac{1}{m\omega_d}\int_0^t F(\tau)e^{-\zeta\omega_n(t-\tau)}\sin\omega_d(t-\tau)d\tau \tag{6.36}$$

其中初始条件 $x(0)$ 和 $\dot{x}(0)$ 可显著影响响应的第一部分,具体数值取决于系统参数值。

简·玛丽·杜哈梅尔
(1797年2月5日—1872年4月29日)

**贡献**：杜哈梅尔是著名的法国数学家和物理学家。他主要从事热学、力学和声学的数学研究。他在法国数学家让·巴普蒂斯·约瑟夫·傅里叶和西蒙·德尼·泊松的研究基础上，提出了一个有关晶体结构中热量传递的理论。

他的声学研究集中在弦的振动和空气在圆柱形和锥形管中的振动，以及谐波泛音的物理学。利用偏微分方程，他发现了一种解决固体中热分布问题的方法，这种方法的边界温度可变，现在称为杜哈梅尔原理。

他还发明了微积分中使用无穷小的方法。杜哈梅尔的无穷小定理表明，无穷小的一系列和是通过用它的主分量代替无穷小而不变的。

**生平简介**：杜哈梅尔出生于法国圣马洛。他曾就读于雷恩的法国中学，1814年考入巴黎理工大学。

1816年之前，他一直就读于巴黎理工大学，之后回到雷恩学习法理学。他学业的中断是动荡的拿破仑时代的直接结果（1804年，拿破仑把巴黎理工学院变成了一所军事学校。即使拿破仑在滑铁卢战败后，理工学院的运行也存在着严重的障碍。1815年，依靠盟军重新掌权的国王路易十八开始反对学生，直到1817年，所有课程都被取消了。杜哈梅尔回到雷恩，但在综合理工学校于1817年改组并重新开放后，他仍然没有回到巴黎，而是选择留在雷恩学习法律）。

杜哈梅尔在获得法学学位后，回到了巴黎，在马辛学院和大路易斯中学教授数学与物理。然后他决定开办自己的学校，后来称为圣巴伯学院。尽管工作繁重，杜哈梅尔还是继续他的数学研究，并于1823年与安托万-安德烈-路易斯·雷诺合作发表了他的第一篇论文。1830年，他开始在巴黎理工大学任教。他把他的关于热的数学理论的著作作为博士论文提交给了理学院,并于1834年获得博士学位。杜哈梅尔于1836年被任命为分析和力学教授。他作为一名教师被高度评价,直到1869年退休才离开巴黎理工大学。

杜哈梅尔还曾在巴黎高等师范学院(Ecole Normale Superieure)和巴黎索邦大学(Sorbonne)任教(这两所大学现在都是巴黎大学的一部分),他还是法国科学院(French Academy of Sciences)的成员。

杜哈梅尔在巴黎去世,享年75岁。

**显著成就**:杜哈梅尔于1840当选为科学院院士。

杜哈梅尔自己做了一些实验工作,特别是在弦振动方面。他发明了一种记录仪,它由一根附在振动弦上的笔组成,在它后面的一块移动板上留下了一个记录。他认为,从乐器中感知到的不同声音是由于耳朵接收到一个单一声音的复数的谐波(这种对声音的理解是由 G.S. 欧姆独立完成的)。

杜哈梅尔被认为是一名数学教师,据报道他曾做过很好的演讲。

杜哈梅尔关于非各向同性固体中热传播的理论预言后来由物理学家亨利·德塞纳蒙特的实验验证。

**例 6.3** 使用脉冲响应函数

考虑一个受频率为 $\omega_f$ 的谐波力作用的质量弹簧系统。运动方程为

$$m\ddot{x} + kx = \cos\omega_f t$$

利用卷积积分求出位移 $x(t)$,假设力作用于 $t \geq 0$ 时,初始条件为零。

**解**:无阻尼系统的单位脉冲响应函数由下式给出

$$g(t) = \frac{1}{m\omega_n}\sin\omega_n t, \quad t \geq 0$$

然后,根据式(6.35),响应变为

$$x(t) = \frac{1}{m\omega_n}\int_0^t \cos\omega_f \tau \sin(t-\tau)\,\mathrm{d}\tau$$

$$= \frac{1}{m}\frac{\cos\omega_f t - \cos\omega_n t}{\omega_n^2 - \omega_f^2}, \quad \omega_n \neq \omega_f$$

一般自由振动加强迫振动响应为

$$x(t) = c_1\sin\omega_n t + c_2\cos\omega_n t + \frac{\cos\omega_f t}{m(\omega_n^2 - \omega_f^2)} \tag{6.37}$$

对于零初始条件,积分常数为

$$c_1 = 0$$

$$c_2 = -\frac{1}{m(\omega_n^2 - \omega_f^2)}$$

将它们代入式(6.37),我们得到了与卷积方程相同的解,即

$$x(t) = \frac{1}{m}\frac{\cos\omega_f t - \cos\omega_n t}{\omega_n^2 - \omega_f^2}, \quad \omega_n \neq \omega_f$$

## 6.9 频率响应函数

我们可以用傅里叶变换在频域内解下列一般运动方程

$$\ddot{x} + 2\zeta\omega_n \dot{x} + \omega_n^2 x = \frac{1}{m}F(t)$$

其中假设初始条件为零。对运动方程的两侧进行傅里叶变换[①],我们得到

$$[(i\omega)^2 + i2\zeta\omega_n\omega + \omega_n^2]X(i\omega) = \frac{1}{m}\mathcal{F}(\omega)$$

式中:时间导数的傅里叶变换可在式(5.29)和式(5.30)中得到,并且 $X(i\omega)$ 和 $\mathcal{F}(\omega)$ 分别表示 $x(t)$ 和 $F(t)$ 的傅里叶变换。求解 $X(i\omega)$,我们得到

$$X(i\omega) = \frac{\mathcal{F}(\omega)/m}{(i\omega)^2 + i2\zeta\omega_n\omega + \omega_n^2} \tag{6.38}$$

傅里叶逆变换是期望响应 $x(t)$。

频率响应函数为

$$H(i\omega) = \frac{1}{m[(i\omega)^2 + i2\zeta\omega_n\omega + \omega_n^2]}$$
$$= \frac{1}{m[(\omega_n^2 - \omega^2) + i2\xi\omega_n\omega]} \tag{6.39}$$

$H(i\omega)$ 的另一种可替换的等效形式可通过把运动方程写成 mck(质量 – 阻尼 – 刚度)的形式得到,即

$$H(i\omega) = \frac{1}{-m\omega^2 + ic\omega + k} = \frac{1}{(k - m\omega^2) + ic\omega} \tag{6.40}$$

然后式(6.38)变成

$$X(i\omega) = H(i\omega)\mathcal{F}(\omega)$$

$H(i\omega)$ 也称为该系统的传递函数,因为它将输入 $\mathcal{F}(\omega)$ 与频域 $X(i\omega)$ 中的输出联系起来。传递函数是用参数 $i\omega$ 描述的,因为结果总是以单元的形式出现。符号 $H(i\omega)$ 也是有用的,因为很明显 $H(-i\omega)$ 是 $H(i\omega)$ 的共轭复数,即

$$H(-i\omega) = H^*(i\omega)$$

---

[①] 式(5.25)和式(5.26)中定义了傅里叶变换对。

式中:上标 * 表示复数共轭。

下面我们考虑相同的运动方程,但采用单位脉冲力 $F(t) = \delta(t)$。根据定义,对单位脉冲载荷的响应称为脉冲响应函数,并表示为 $g(t)$。运动方程可以写成

$$\ddot{g} + 2\zeta\omega_n \dot{g} + \omega_n^2 g = \frac{1}{m}\delta(t)$$

利用运动方程的傅里叶变换,其中 $G(i\omega)$ 是 $g(t)$ 的傅里叶变换,并且求解 $G(i\omega)$,我们得到

$$G(i\omega) = \frac{1}{m[(i\omega)^2 + i2\zeta\omega_n\omega + \omega_n^2]}$$

其中我们观察到 $H(i\omega) = G(i\omega)$,因此,式(6.38)可以写成

$$X(i\omega) = G(i\omega)\mathcal{F}(\omega) \tag{6.41}$$

然后,可得

$$H(i\omega) = \frac{1}{2\pi}\int_{-\infty}^{\infty} g(t)\exp(-i\omega t)dt \tag{6.42}$$

且

$$g(t) = \int_{-\infty}^{\infty} H(i\omega)\exp(i\omega t)d\omega \tag{6.43}$$

因此,脉冲响应函数 $g(t)$ 和频率响应函数 $H(i\omega)$ 是一个傅里叶变换对,这是推导系统对随机载荷的动力响应的基础,本章后面会进行推导。

利用卷积定理,给出了式(6.41)的傅里叶逆变换,即

$$x(t) = \mathcal{F}^{-1}\{G(i\omega)\mathcal{F}(\omega)\} = \int_{-\infty}^{\infty} g(t-\tau)F(\tau)d\tau \tag{6.44}$$

$$= \int_{-\infty}^{\infty} g(\tau)F(t-\tau)d\tau = \int_{0}^{\infty} g(\tau)F(t-\tau)d\tau \tag{6.45}$$

因为 $t < 0$ 时 $g(t) = 0$,通过因果关系论证力 $F(t)$ 作用之前,这里不可能有响应 $x(t)$,式(6.44)可以写成

$$x(t) = \int_{-\infty}^{t} g(t-\tau)F(\tau)d\tau \tag{6.46}$$

式(6.46)和式(6.35)完全相同。进一步假设在 $t = 0$ 时施加力,我们有以下等效表达式,即

$$x(t) = \int_{0}^{t} g(t-\tau)F(\tau)d\tau = \int_{0}^{t} g(\tau)F(t-\tau)d\tau$$

## 例6.4 相对运动

考虑由图6.18所示的卡车运输的敏感设备。设备的包装可以用线性弹簧和黏滞阻尼器来模拟。卡车的位移由 $y(t)$ 给出,设备的位移由 $x(t)$ 给出。求:(1)设备的

运动方程;(2)传递函数 $H_{xy}(i\omega)$,相对位移 $x-y$,车辆的单位加速度;(3)传递函数 $H_{\dot{x}\dot{y}}(i\omega)$,对于相对速度 $\dot{x}-\dot{y}$。

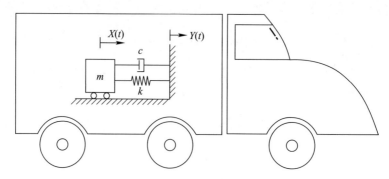

图 6.18 运输敏感仪器的卡车

解:(1) 水平方向上力的和为

$$\sum F(x) = m\ddot{x}$$
$$= -k(x-y) - c(\dot{x}-\dot{y})$$

标记相对位移为 $z = x - y$,运动方程变为

$$m\ddot{z} + c\dot{z} + kz = -m\ddot{y}$$

(2) 利用运动方程的傅里叶变换,我们得到

$$(-m\omega^2 + k + i\omega c)\mathcal{F}(z) = -m\mathcal{F}(\ddot{y})$$

$$\frac{\mathcal{F}(z)}{\mathcal{F}(\ddot{y})} = \frac{-m}{-m\omega^2 + k + i\omega c}$$

$$H_{xy}(i\omega) = -\frac{1}{\omega_n^2 - \omega^2 + i\omega 2\zeta\omega_n}$$

(3) 因为 $\mathcal{F}(\dot{z}) = i\omega\mathcal{F}(z)$,所以有

$$\frac{\mathcal{F}(\dot{z})}{\mathcal{F}(\ddot{y})} = H_{\dot{x}\dot{y}}(i\omega) = -\frac{i\omega}{\omega_n^2 - \omega^2 + i\omega 2\zeta\omega_n}$$

## 6.10 一维随机载荷响应

### 6.10.1 响应均值

卷积方程可表示线性单自由度(SDOF)振荡器对随机过程负载 $F(t)$ 的随机响应 $X(t)$,即

$$X(t) = \int_{-\infty}^{\infty} g(\tau)F(t-\tau)d\tau \tag{6.47}$$

其中 $F(t)$ 在 $t \to -\infty$ 时加载,或者作为一个实际问题,早于当前时间加载。这确保了 $F(t)$ 的平稳性和 $X(t)$ 的平稳性。值得注意的是,脉冲响应函数在负时间为零,并且由于 $\tau > t$ 的因果性等于零。

我们取式(6.47)两侧的期望值。利用数学期望的线性性质,将其与积分交换,放在随机函数 $F(t-\tau)$ 的附近,如下所示:

$$E\{X(t)\} = \int_{-\infty}^{\infty} g(\tau) E\{F(t-\tau)\} \mathrm{d}\tau$$

由于 $F(t)$ 是平稳的,它具有恒定的均值,即

$$E\{X(t)\} = E\{F(t)\} \int_{-\infty}^{\infty} g(\tau) \mathrm{d}\tau$$

$$= \mu_F \int_{-\infty}^{\infty} g(\tau) \mathrm{d}\tau$$

注意到在式(6.42)中 $H(0) = H(\mathrm{i}\omega)|_{\omega=0} = \int_{-\infty}^{\infty} g(\tau) \mathrm{d}\tau$,我们确定力的均值与响应的均值之间的关系为

$$E\{X(t)\} = \mu_F H(0)$$

则平均位移可以写成

$$\mu_X = H(0) \mu_F = \frac{1}{k} \mu_F \tag{6.48}$$

其中第二个等式是用式(6.40)求出来的。我们认为这个方程是胡克定律的"均值"版本,通过刚度常数 $k$ 将力和位移的均值联系起来。

接下来,我们推导出与相关函数有关的中间结果,这些相关函数是确定输出频谱密度所必需的。

### 6.10.2 响应相关性

对于具有概率密度函数 $f_X(x)$ 的平稳随机过程 $X(t)$,给出了自相关函数

$$R_{XX}(\tau) = E\{X(t)X(t+\tau)\} = \int_{-\infty}^{\infty} x(t)x(t+\tau) f_X(x) \mathrm{d}x$$

由于响应密度函数 $f_X(x)$ 是未知的,我们需要另一种方法去求 $R_{XX}(\tau)$。我们可以用两种方法中的一个来进行:①使用自相关函数的遍历定义[①];②使用式(6.47)结合输入的已知的频谱密度 $F(t)$。我们选择第二种方法。

首先,推导出力 $F(t)$ 和位移响应 $X(t)$ 之间的互相关。将式(6.47)的两侧乘以 $F(t-\alpha_1)$,并取两侧的期望值,得到

---

① $R_{XX}(\tau) = \lim\limits_{T \to \infty} \dfrac{1}{2T} \int_{-T}^{+T} X(t)X(t+\tau) \mathrm{d}t$。

$$E\{F(t-\alpha_1)X(t)\} = \int_{-\infty}^{\infty} g(\tau_1) E\{F(t-\alpha_1)F(t-\tau_1)\} d\tau_1$$

其中力的自相关为

$$E\{F(t-\alpha_1)F(t-\tau_1)\} = R_{FF}(\alpha_1-\tau_1)$$

且

$$E\{F(t-\alpha_1)X(t)\} = R_{XF}(\alpha_1)$$

是 $F(t)$ 和 $X(t)$ 的互相关。因此，有

$$R_{XF}(\alpha_1) = \int_{-\infty}^{\infty} g(\tau_1) R_{FF}(\alpha_1-\tau_1) d\tau_1 \tag{6.49}$$

并从实验数据中得知 $R_{FF}(\tau)$。

接下来，式(6.47)两边同时乘以 $X(t+\alpha_2)$，并且取两边的期望值，得到

$$E\{X(t)X(t+\alpha_2)\} = \int_{-\infty}^{\infty} g(\tau_2) E\{F(t-\tau_2)X(t+\alpha_2)\} d\tau_2 \tag{6.50}$$

根据定义，有

$$R_{XX}(\alpha_2) = \int_{-\infty}^{\infty} g(\tau_2) R_{XF}(\tau_2+\alpha_2) d\tau_2 \tag{6.51}$$

把式(6.49)代入式(6.51)，得到①

$$R_{XX}(\tau) = \int_{-\infty}^{\infty}\int_{-\infty}^{\infty} g(\alpha)g(\beta) R_{FF}(\tau+\beta-\alpha) d\alpha d\beta \tag{6.52}$$

这是一个双重卷积，它可以被明确地整合也可以被数值积分，这取决于力的自相关的复杂度。方差可以通过计算下面的表达式得到，即

$$\sigma_X^2 = E\{X^2(t)\} - [E\{X(t)\}]^2$$
$$= R_{XX}(0) - [H(0)E\{F\}]^2 \tag{6.53}$$

如果力的均值等于零，则方差等于均方值 $R_{XX}(0) = E\{X^2(t)\}$。

### 例6.5　直接计算 $R_{XX}(\tau)$

直接推导式(6.52)，而不计算中间结果 $R_{XF}(\tau)$。

**解：** 我们建立了以下关系：

$$R_{XX}(\tau) = E\{X(t)X(t+\tau)\}$$

把 $X(t)$ 和 $X(t+\tau)$ 代入表达式，利用式(6.47)得到如下表达式：

$$R_{XX}(\tau) = \int_{-\infty}^{\infty}\int_{-\infty}^{\infty} g(\tau_1)g(\tau_2) E\{F(t-\tau_1)F(t+\tau-\tau_2)\} d\tau_1 d\tau_2$$

用它的自相关函数代替等式右边的期望，我们得到了结果，即

---

① 注意跟踪虚拟变量，以便保持适当的参数。这里为了简化符号，令 $\alpha_2 = \tau$, $\tau_1 = \alpha$ 且 $\tau_2 = \beta$。

$$R_{XX}(\tau) = \int_{-\infty}^{\infty}\int_{-\infty}^{\infty} g(\tau_1)g(\tau_2)\,R_{FF}(\tau-\tau_2+\tau_1)\,\mathrm{d}\tau_1\mathrm{d}\tau_2$$

这是与积分的不同虚拟变量的相同的关系。

### 例6.6 响应均值和方差

假设分析产生了力的统计数据 $\mu_F$ 和 $\delta_F$，基于前面的分析结果，讨论响应均值和方差(或标准偏差)如何在设计过程中起作用的。

**解**：平稳性意味着均值不是时间的函数，自相关只是时差 $\tau$ 的函数。方程式(6.53)是通过设定 $\tau=0$ 和替换响应均值得到的。设计者需要中值和方差来建立可能响应的界限，如边界：$\mu_F \pm \sigma_F, \mu_F \pm 2\sigma_F, \mu_F \pm 3\sigma_F$。当然，$\sigma$ 范围越大，与更大的概率相关的可能反应的范围就越大。伴随着更高的概率而来的是更大的模糊带。这种不确定性是无法回避的。这些上界和下界用于定义最少与最可能的响应范围。如果为强度而设计，则可使用上 $\sigma$ 边界来确定结构部件的尺寸。

边界有多宽或多窄取决于潜在的密度函数。对于受高斯概率密度控制的参数，在一个 $\pm\sigma$ 界范围内的概率是 0.6827，在两个 $\pm\sigma$ 界范围内的概率是 0.9545，以此类推。不同密度的边界有不同的概率。

因此，设计者必须研究数据以便更好地理解潜在的密度。对于在一个设计中应该使用什么具体的 $\sigma$ 界并没有简单明了的答案。作为一个实际问题，通过在设计中保留较大的 $\sigma$ 界，使它变得更加保守，生产出更昂贵的结构或产品。

### 例6.7 非平稳瞬态响应

考虑由运动方程给出的单自由度系统的瞬态响应：

$$\ddot{X}(t) + 2\zeta\omega_n \dot{X}(t) + \omega_n^2 X(t) = \frac{1}{m}F(t)$$

式中：$F(t)$ 是零均值平稳随机力；$X(t)$ 是零初始条件的位移响应。求出反应的均值和方差。假设质量、刚度和阻尼值是已知的。

**解**：一般位移响应为

$$X(t) = X(0)\mathrm{e}^{-\zeta\omega_n t}\left(\cos\omega_\mathrm{d}t + \zeta\frac{\omega_n}{\omega_\mathrm{d}}\sin\omega_\mathrm{d}t\right) +$$

$$\frac{\dot{X}(0)}{\omega_\mathrm{d}}\mathrm{e}^{-\zeta\omega_n t}\sin\omega_\mathrm{d}t + \frac{1}{m}\int_0^t g(t-\tau)F(\tau)\mathrm{d}\tau$$

其中包括任意初始条件 $X(0)$ 和 $\dot{X}(0)$，并且

$$g(t) = \frac{1}{\omega_\mathrm{d}}\mathrm{e}^{-\zeta\omega_n t}\sin\omega_\mathrm{d}t$$

平均位移响应为

$$E\{X(t)\} = E\{X(0)\}e^{-\zeta\omega_n t}\left(\cos\omega_d t + \zeta\frac{\omega_n}{\omega_d}\sin\omega_d t\right) +$$

$$E\{\dot{X}(0)\}\frac{1}{\omega_d}e^{-\zeta\omega_n t}\sin\omega_d t + \frac{1}{m}\int_0^t g(t-\tau)E\{F(\tau)\}d\tau$$

其中

$$\frac{1}{m}\int_0^t g(t-\tau)E\{F(\tau)\}d\tau = \frac{\mu_F}{m\omega_n^2}\left(1 - e^{-\zeta\omega_n t}\cos\omega_d t - \frac{\zeta}{\sqrt{1-\zeta^2}}e^{-\zeta\omega_n t}\cos\omega_d t\right)$$

我们可以将初始位移 $X(0)$ 和初始速度 $\dot{X}(0)$ 设置为零，但是当我们看到 $t\to\infty$ 时，由于初始条件的项接近零，均值响应 $\mu_X$ 接近 $\mu_F/m\omega_n^2 = \mu_F/k$，这与式(6.48)一致。即随着时间的增加，对静止力的非平稳和瞬态响应接近理论的平稳响应。它接近稳定值的速度取决于阻尼因子 $\zeta$。

考虑下一个均方响应：

$$E\{X^2(t)\} = \frac{1}{m^2}\int_0^t\int_0^t g(t-\tau_1)g(t-\tau_2)R_{FF}(\tau_2-\tau_1)d\tau_1 d\tau_2$$

代入 $R_{FF}(t) = \int_{-\infty}^{\infty}S_{FF}(\omega)\cos\omega t\, d\omega$，得到

$$E\{X^2(t)\} = \frac{1}{m^2}\int_0^t\int_0^t\int_{-\infty}^{\infty}S_{FF}(\omega)\cos\omega(\tau_2-\tau_1)g(t-\tau_1)$$

$$g(t-\tau_2)d\omega d\tau_1 d\tau_2$$

代入 $g(t)$ 的表达式并改变积分的顺序会得到结果

$$E\{X^2(t)\} = \frac{1}{m^2\omega_d^2}\int_{-\infty}^{\infty}S_{FF}(\omega)\left[\int_0^t\int_0^t\cos\omega(\tau_2-\tau_1)\exp(-\zeta\omega_n(2t-\tau_1-\tau_2))\right.$$

$$\sin\omega_d(t-\tau_1)\sin\omega_d(t-\tau_2)d\tau_1 d\tau_2\Big]d\omega$$

联系 $\tau_1$ 和 $\tau_2$ 得出

$$E\{X^2(t)\} = \frac{1}{m^2}\int_{-\infty}^{\infty}\frac{1}{(\omega_n^2-\omega^2)^2 + 4\zeta^2\omega_n^2\omega^2}S_{FF}(\omega)d\omega$$

$$\{1 + e^{-2\zeta\omega_n t} + 2\frac{\zeta}{\sqrt{1-\zeta^2}}e^{-2\zeta\omega_n t}\sin\omega_d t\cos\omega_d t -$$

$$2e^{-\omega_n\zeta t}\left(\cos\omega_d t + \frac{\zeta}{\sqrt{1-\zeta^2}}\sin\omega_d t\right)\cos\omega t -$$

$$2e^{-\omega_n\zeta t}\frac{\omega}{\omega_d}\sin\omega_d t\sin\omega t +$$

$$e^{-2\omega_n\zeta t}\frac{(\omega_n\zeta)^2 - \omega_d^2 + \omega^2}{\omega_d^2}\sin^2\omega_d t\} \quad (6.54)$$

这个结果是由 Caughey 和 Stumpf 首先得到的[①]。当 $t \to \infty$ 时,瞬态均方响应接近平稳值

$$\lim_{t \to \infty} E\{X^2(t)\} = \frac{1}{m^2} \int_{-\infty}^{\infty} \frac{1}{(\omega_n^2 - \omega^2)^2 + 4\zeta^2 \omega_n^2 \omega^2} S_{FF}(\omega) d\omega$$

如果用理想白噪声表示强迫,则式(6.54)可以进一步简化,$S_{FF}(\omega) = S_0$,然后,有

$$E\{X^2(t)\} = \frac{S_0 \pi}{2m^2 \zeta \omega_n^3} \left[ 1 - e^{-2\omega_n \zeta t} \left( 1 + \frac{\zeta}{\sqrt{1-\zeta^2}} \sin 2\omega_d t + 2 \frac{\zeta^2}{1-\zeta^2} \sin^2 \omega_d t \right) \right]$$

其中第一项是平稳值,即

$$E\{X^2(t)\} = \frac{S_0 \pi}{2m^2 \zeta \omega_n^3} = \frac{S_0 \pi}{ck}$$

这一结果在式(6.60)中得到证实。图 6.19 显示了瞬态平均和均方响应,对于 $m=1$ 和变量值 $\zeta$。

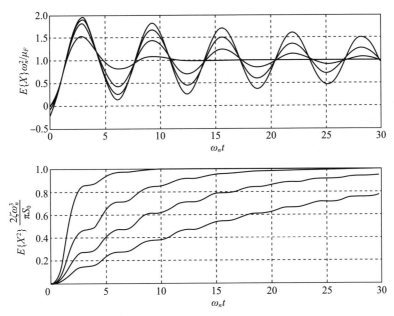

图 6.19 $m=1$ 与 $\zeta = 0.025, 0.05, 0.1, 0.3$ 的瞬态平均和均方响应

第 11 章将更完整地介绍非平稳过程和振动。

---

[①] T. K. Caughey 和 H. J. Stumpf,动态系统在随机激励下的瞬态响应,ASME 应用力学杂志,Vol. 28,1961,pp. 563 – 56。

### 6.10.3 响应谱密度

本节的目的是导出响应谱密度 $S_{XX}(\omega)$ 与输入谱密度 $S_{FF}(\omega)$ 之间的关系。我们从功率谱和相关函数之间的傅里叶变换关系出发，有

$$S_{XX}(\omega) = \frac{1}{2\pi} \int_{-\infty}^{\infty} \exp(-i\omega\tau) R_{XX}(\tau) d\tau$$

用式(6.52)替换 $R_{XX}(\tau)$，并且令 $\lambda = \tau + \beta - \alpha$，得到

$$S_{XX}(\omega) = \frac{1}{2\pi} \int_{-\infty}^{\infty} \exp(-i\omega\tau) \left[ \int_{-\infty}^{\infty} \int_{-\infty}^{\infty} g(\alpha) g(\beta) R_{FF}(\lambda) d\alpha d\beta \right] d\tau$$

$$= \frac{1}{2\pi} \int_{-\infty}^{\infty} g(\alpha) \exp(-i\omega\alpha) d\alpha \times \int_{-\infty}^{\infty} g(\beta) \exp(+i\omega\beta) d\beta \times$$

$$\int_{-\infty}^{\infty} R_{FF}(\lambda) \exp(-i\omega\lambda) d\lambda$$

$$= H(i\omega) H^*(i\omega) S_{FF}(\omega) \tag{6.55}$$

式中：$*$ 表示复数共轭，因此，有

$$S_{XX}(\omega) = |H(i\omega)|^2 S_{FF}(\omega) \tag{6.56}$$

式(6.56)是平稳随机振动和线性系统理论的基本结果，它允许我们在给定输入谱密度和系统频率响应函数的情况下评估输出谱密度。式(6.56)的推导利用了卷积方程，它只适用于线性系统。任何对非线性行为的一般化都需要特定于问题的方法①。

**例 6.8  振荡器对白噪声的响应**

确定阻尼振荡器对具有白噪声谱密度 $S_0$ 的随机力的响应。

**解**：运动的控制方程为

$$\ddot{X}(t) + 2\zeta\omega_n \dot{X}(t) + \omega_n^2 X(t) = \frac{F(t)}{m}$$

式中：$F(t)$ 是外力，系统函数的平方大小由下式给出，即

$$|H(i\omega)|^2 = \frac{1}{m^2[(\omega_n^2 - \omega^2)^2 + (2\zeta\omega_n\omega)^2]}$$

因此，给定任何输入谱密度 $S_{FF}(\omega)$，响应谱密度为

$$S_{XX}(\omega) = |H(i\omega)|^2 S_{FF}(\omega) = \frac{S_{FF}(\omega)}{m^2[(\omega_n^2 - \omega^2)^2 + (2\zeta\omega_n\omega)^2]}$$

---

① 两种广泛应用于非线性随机问题的技术是随机线性化（允许使用线性理论）和摄动方法（将非线性方程转化为无穷序列的局部线性方程），同样允许使用线性理论。第10章讨论了微扰方法。

如果为了数学上的简单性,强迫是白噪声 $S_{FF}(\omega) = S_0$,那么,有

$$S_{XX}(\omega) = \frac{S_0}{m^2[(\omega_n^2 - \omega^2)^2 + (2\zeta\omega_n\omega)^2]} \tag{6.57}$$

均方响应为

$$E\{X^2(t)\} = \int_{-\infty}^{\infty} S_{XX}(\omega)\,\mathrm{d}\omega \tag{6.58}$$

为了计算这个积分,我们利用

$$\int_{-\infty}^{\infty} \left|\frac{B_0 + \mathrm{i}\omega B_1}{A_0 + \mathrm{i}\omega A_1 - \omega^2 A_2}\right|^2 \mathrm{d}\omega = \frac{\pi(A_0 B_1^2 + A_2 B_0^2)}{A_0 A_1 A_2} \tag{6.59}$$

把频率响应函数写成

$$H(\mathrm{i}\omega) = \frac{1/k}{1 + \mathrm{i}\omega \cdot 2\zeta/\omega_n - \omega^2 \cdot 1/\omega_n^2}$$

因此,有

$$\int_{-\infty}^{\infty} S_{XX}(\omega)\,\mathrm{d}\omega = S_0 \int_{-\infty}^{\infty} \left|\frac{\frac{1}{k}}{1 + \mathrm{i}\omega\frac{2\zeta}{\omega_n} - \omega^2\frac{1}{\omega_n^2}}\right|^2 \mathrm{d}\omega$$

$$= S_0 \frac{\pi\left[0 + \left(\frac{1}{\omega_n^2}\right)\left(\frac{1}{k}\right)^2\right]}{1\left(\frac{2\zeta}{\omega_n}\right)\left(\frac{1}{\omega_n^2}\right)} = \frac{S_0\pi}{ck}$$

均方响应也可以用方程式(5.48)表示为单边谱形式,即

$$E\{X^2(t)\} = \frac{S_0\pi}{ck} = \frac{W_0}{4ck} \tag{6.60}$$

式中:$W_0$ 为单边谱密度。

我们可以检查最终方程中的单位作为对方程准确性的再次检查。为了证明这一点,假设 $S_0$ 的单位是 $N^2 \cdot s$。然后,$c$ 的单位是 $(N \cdot s)/m$,$k$ 的单位是 $N/m$,$E\{X^2(t)\}$ 的单位是 $m^2$,正如预期的那样。

即使无限的均方能量被输入到系统中[①],它以有限的均方能量响应。图 6.20 显示方程式(6.57)的组成部分的曲线图。尽管白噪声是非物理性的,但它通常被用作载荷特性的近似值,因为它可以得到相当精确的结果。

---

① 对白噪声来说能量输入等于谱密度下的面积:

$$\lim_{T \to \infty} \int_{-T}^{T} S_0\,\mathrm{d}\omega = \infty$$

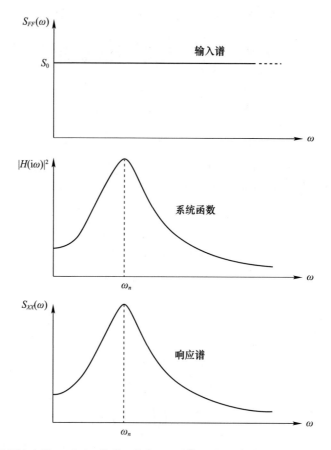

图6.20 利用输入谱 $S_{FF}(\omega)$、传递函数 $|H(i\omega)|^2$ 和输出谱 $S_{XX}(\omega)$,我们看到传递函数如何作为滤波器,只允许系统固有频率附近的输入能量通过,同时系统固有频率附近的输出频谱能量也通过

### 例6.9 有色噪声的响应

最后一个例子中的系统承受更复杂的载荷,其中力的谱密度不是常数,而是 $\omega$ 的函数。分析会有什么变化?

**解:** 当风荷载谱等荷载谱密度较复杂时,输出谱密度成为一个较复杂的频率函数。然后,必须对均方响应进行数值计算。应用程序几乎总是太复杂而无法用解析的方法解决。然而,初步的分析可以提供更好的设计见解。

### 例6.10 交叉谱密度

考虑受随机力 $F(t)$ 作用的质量-弹簧阻尼系统,求交叉谱密度的表达式 $S_{XF}(\omega)$。

**解:** 自相关函数与谱密度通过 Wiener–Khinchine 关系相联系,即

$$S_{XF}(\omega) = \frac{1}{2\pi}\int_{-\infty}^{\infty} R_{XF}(\alpha_1)\exp(-i\omega\alpha_1)\,d\alpha_1$$

式中:$R_{XF}(\alpha_1)$ 由式(6.49)给出,即

$$R_{XF}(\alpha_1) = \int_{-\infty}^{\infty} g(\tau_1) R_{FF}(\tau_1 - \alpha_1) d\tau_1$$

然后,有

$$S_{XF}(\omega) = \frac{1}{2\pi} \int_{-\infty}^{\infty} \int_{-\infty}^{\infty} g(\tau_1) R_{FF}(\tau_1 - \alpha_1) \exp(-i\omega\alpha_1) d\tau_1 d\alpha_1$$

$$= \frac{1}{2\pi} \int_{-\infty}^{\infty} g(\tau_1) \int_{-\infty}^{\infty} R_{FF}(\tau_1 - \alpha_1) \exp(-i\omega\alpha_1) d\alpha_1 d\tau_1$$

积分顺序发生了变化。被积函数为

$$\int_{-\infty}^{\infty} R_{FF}(\tau_1 - \alpha_1) \exp(-i\omega\alpha_1) d\alpha_1$$

可以用 $\tau = \tau_1 - \alpha_1$ 转换为 $d\alpha_1 = -d\tau$ 来改写。

然后,可得

$$\int_{-\infty}^{\infty} R_{FF}(\tau_1 - \alpha_1) \exp(-i\omega\alpha_1) d\alpha_1 = \int_{\tau_1+\infty}^{\tau_1-\infty} R_{FF}(\tau) \exp(-i\omega\tau_1 + i\omega\tau)(-d\tau)$$

$$= \int_{-\infty}^{\infty} R_{FF}(\tau) \exp(-i\omega\tau_1 + i\omega\tau) d\tau$$

交叉谱密度为

$$S_{XF}(\omega) = \int_{-\infty}^{\infty} g(\tau_1) \exp(-i\omega\tau_1) d\tau_1 \frac{1}{2\pi} \int_{-\infty}^{\infty} R_{FF}(\tau) \exp(i\omega\tau) d\tau$$

其中第一个积分是 $H(i\omega)$,第二个积分是 $S_{FF}(-\omega)$。考虑到 $S_{FF}(\omega)$ 是一个偶函数,有

$$S_{XF}(\omega) = H(i\omega) S_{FF}(\omega)$$

同样,可以得到

$$S_{FX}(\omega) = H^*(i\omega) S_{FF}(\omega) \tag{6.61}$$

**例 6.11 单自由度振动,近似白噪声**

考虑一个 30g 的质量,它受到由以下谱密度给出的零均值随机力的作用:

$$W_{FF}(f) = \frac{118000}{100000 + (f - 820)^2} (N^2 \cdot s)$$

它的图像如图 6.21 所示,已知该部件的固有频率为 300Hz,阻尼为临界阻尼的 20%。假设随机力具有高斯密度,得到振动分量振幅大于 0.1mm 的概率。此外,使用近似白噪声谱,即 $W_{FF}(f) = W_{FF}(f_n)$,力仍然假定具有高斯概率。

**解**:由于 $f_n$ 和 $m$ 已知,所以刚度系数 $k$ 能通过解下面的方程得到

$$f_n = \frac{1}{2\pi}\sqrt{\frac{k}{m}} \Rightarrow k = (2\pi f_n)^2 m$$

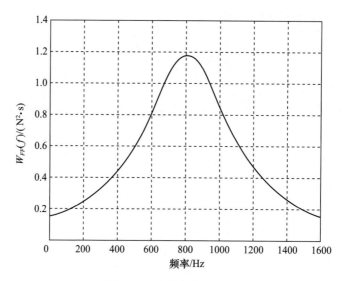

图 6.21　力谱密度 $W_{FF}(f)$

$$k = (2\pi \times 300)^2 \times 0.030 = 106.5 \text{kN/m}$$

给出阻尼因子 $\zeta = 0.2$，因此可以得到传递函数

$$H(f) = \frac{1}{m(2\pi)^2} \frac{1}{(f_n^2 - f^2) + i2\zeta f f_n}$$

$$= 0.845 \times \frac{1}{(90000 - f^2) + i120f}$$

图 6.22 中绘制了幅值的平方 $|H(f)|^2$ 的图像。

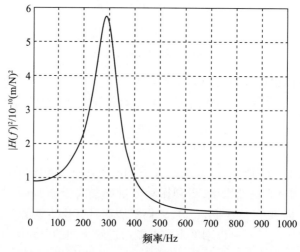

图 6.22　参数为 $m = 0.03\text{kg}$, $f_n = 300\text{Hz}$ 和 $\zeta = 0.2$ 的传递函数

响应的频谱密度为

$$W_{XX}(f) = |H(f)|^2 W_{FF}(f) \tag{6.62}$$

在图 6.23 中由实线绘出。响应谱密度下面的面积为方差 $\sigma_X^2$。经过数值计算，它等于 $0.0378\text{mm}^2$。

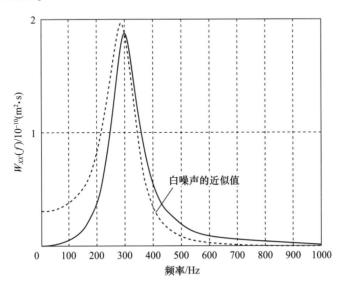

图 6.23　响应谱密度（实线为式(6.62)）

众所周知，一个线性系统在高斯力作用下的响应也是高斯的。

因此，响应大于 0.1mm 的概率为

$$\Pr(|X| > 0.1) = 2\Pr(X > 0.1)$$

$$= 2\Pr\left(\frac{X}{\sigma_X} > \frac{0.1}{\sigma_X}\right)$$

$$= 2\{1 - \Phi(0.514)\}$$

$$= 0.607$$

或 60.7%。在这个计算中，需要的概率采用一种可以在高斯概率表中查找的形式来表示。

对于白噪声近似，假定力谱密度在 $W_{FF}(300) = 0.319\text{N}^2/\text{Hz}$ 处评估为恒定强度。得到的响应谱密度用图 6.23 中的虚线表示，与实际的响应谱密度非常相似。方差的数值计算结果是 $0.0391\text{mm}^2$。概率为

$$\Pr(|X| > 0.1) = 2\{1 - \Phi(0.506)\}$$

$$= 0.613$$

或者61.3%。这个例子演示了近似白噪声在实践中的应用情况。

**例6.12 具有端部质量的弹簧片振动**

考虑长度 $L=20\text{cm}$ 的钢板弹簧的悬臂梁，其边截面为 $b=0.28\text{cm}$，如图6.24所示。弹簧由杨氏模量 $E$ 为 200GPa($200\times10^9\text{N/m}^2$)的钢制成。假设在弹簧末端施加白噪声零均值强度为 $S_0=1\text{N}^2\cdot\text{s}$ 的高斯力。点质量 $m=100\text{g}$ 并且 $\zeta=0.1$。弹簧的最大位移小于 5cm 的概率是多少？如果要求95%的概率，横截面的尺寸应该是多少？

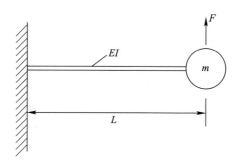

图6.24 有质点的钢板弹簧

**解**：端部位移的运动方程为

$$m\ddot{X}+c\dot{X}+kX=F(t)$$

传递函数为

$$H(\text{i}\omega)=\frac{1}{k+\text{i}c\omega-m\omega^2}$$

弹簧的弹簧系数是 $k=3EI/L^3$，其中正方形截面 $I=b^4/12$。从给定的参数值 $k=384\text{N/m}$ 和问题的描述 $\zeta=0.1$，可知 $c=2\zeta\sqrt{km}=2\times0.1\times\sqrt{384\times0.1}=1.24\text{kg/s}$ 或者(N·s)/m。响应谱密度为

$$S_{XX}(\omega)=|H(\text{i}\omega)|^2 S_0$$

$$=S_0\left|\frac{1}{k+\text{i}c\omega-m\omega^2}\right|^2$$

方差等于谱密度曲线下的面积。由方程式(6.59)可得

$$\sigma_X^2=S_0\frac{\pi}{ck}=0.081\text{m}^2$$

位移小于 0.05m 的概率由下面的计算给出，其中所采取的步骤是将概率放入正态表中查找

$$\Pr(|X|<0.05) = \Pr(-0.05<X<0.05)$$
$$= 1 - \Pr(X>0.05) - \Pr(X<-0.05)$$
$$= 1 - 2\Pr(X>0.05)$$
$$= 1 - 2[1 - \Pr(X<0.05)]$$
$$= 2\Pr\left(\frac{X}{\sqrt{0.081}}<\frac{0.05}{\sqrt{0.081}}\right) - 1$$
$$= 2\Phi(0.18) - 1$$
$$= 2 \times 0.5714 - 1 \approx 0.14$$

由于这种14%的概率不符合设计标准,因此有必要增加梁的横截面积。所需的概率是95%,因此,有

$$2\Phi\left(\frac{0.05}{\sigma_X}\right) - 1 = 0.95$$

或者

$$\Phi\left(\frac{0.05}{\sigma_X}\right) = 0.975$$

从标准正态分布表中查得 $0.05/\sigma_X = 1.96$,那么, $\sigma_X = 0.0255$m。因为 $\sigma_X = \sqrt{\frac{S_0\pi}{(2\zeta\sqrt{kmk})}}$,还有 $S_0 = 1\text{N}^2 \cdot \text{s}, m = 0.1\text{kg}$ 和 $\zeta = 0.1$,,我们发现 $k = 1800\text{N/m}$ 和新值 $b = 0.41\text{cm}$,比原始值 $b = 0.28\text{cm}$ 高出46%。

### 例6.13 带限白噪声过程的响应

考虑一个无量纲的弹簧阻尼器系统,其参数 $k$ 和 $c$ 受到如图6.5所示的外力作用, $m = 0$。

假设 $F(t)$ 是具有谱密度的带限白噪声,即

$$S_{FF}(\omega) = S_0, \quad |\omega|<\omega_c$$

(1) 求均方值, $R_{XX}(0)$,对于不同的 $\omega_c$ 值,最合理的无量纲变量是什么?
(2) 求均方速度作为截止频率 $\omega_c$ 的函数。

**解**:(1) 该系统的运动方程为

$$c\dot{X} + kX = F(t)$$

通过对控制方程两边进行傅里叶变换,我们可以求得传递函数为

$$H(\mathrm{i}\omega) = \frac{1}{c\mathrm{i}\omega + k}$$

响应谱密度为

$$S_{XX}(\omega) = |H(\mathrm{i}\omega)|^2 S_{FF}(\omega)$$
$$= \frac{S_0}{k^2 + \omega^2 c^2}, \quad |\omega| < \omega_c$$

自相关函数等于傅里叶变换 $S_{XX}(\omega)$,即

$$R_{XX}(\tau) = \int_{-\infty}^{\infty} \frac{S_0}{k^2 + \omega^2 c^2} \exp(\mathrm{i}\omega\tau) \mathrm{d}\omega$$
$$= S_0 \int_{-\omega_c}^{\omega_c} \frac{1}{k^2 + \omega^2 c^2} \exp(\mathrm{i}\omega\tau) \mathrm{d}\omega$$

均方值如下式所示:

$$R_{XX}(0) = S_0 \int_{-\omega_c}^{\omega_c} \frac{1}{k^2 + \omega^2 c^2} \mathrm{d}\omega$$
$$= \frac{2S_0}{kc} \arctan\left(\frac{c\omega_c}{k}\right)$$

由这个表达式,无量纲均方位移和无量纲频率可以分别定义为

$$\bar{R}_{XX}(0) = R_{XX}(0) \frac{kc}{2S_0}$$

和

$$\bar{\omega}_c = \frac{c\omega_c}{k}$$

然后,有

$$\bar{R}_{XX}(0) = \arctan(\bar{\omega}_c)$$

(2) 速度自相关函数 $R_{\dot{X}\dot{X}}(\tau)$ 与位移自相关有如下关系:

$$R_{\dot{X}\dot{X}}(\tau) = -\frac{\mathrm{d}^2 R_{XX}(\tau)}{\mathrm{d}\tau^2}$$

然后,有

$$R_{\dot{X}\dot{X}}(\tau) = S_0 \int_{-\omega_c}^{\omega_c} \frac{\omega^2}{k^2 + \omega^2 c^2} \exp(\mathrm{i}\omega\tau) \mathrm{d}\omega$$

均方速度为

$$R_{\dot{X}\dot{X}}(0) = S_0 \int_{-\omega_c}^{\omega_c} \frac{\omega^2}{k^2 + \omega^2 c^2} \mathrm{d}\omega$$
$$= \frac{2S_0}{c}\left[\omega_c - \frac{k}{c} \arctan\left(\frac{c\omega_c}{k}\right)\right]$$

均方速度由 $2S_0 k/c^2$ 进行标准化,因此得到

$$\bar{R}_{\ddot{X}\ddot{X}}(0) = [\bar{\omega}_c - \arctan(\bar{\omega}_c)] \tag{6.63}$$

## 6.11 二维随机载荷响应

在此之前,我们评估了单自由度系统在单随机力作用下的响应。一般来说,一个系统可能受到多个力的作用。即使在两个力作用下的单自由度系统,得到的响应也是复杂的,因为它不仅取决于每种力的性质,而且还取决于两种力之间的相互关系。这是我们在这一部分将要讨论的问题[①]。

考虑系统受到两个随机力 $P(t)$ 和 $Q(t)$ 的响应,这两个作用力同时作用于系统上的不同点,如图 6.25 中的一般结构和图 6.26 中的特定结构所示。

图 6.25 两个随机载荷 $P(t)$ 和 $Q(t)$ 作用在刚体上产生位移 $X(t)$

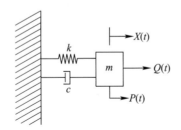

图 6.26 一个单自由度系统受两个随机载荷 $P(t)$ 和 $Q(t)$ 的作用

我们感兴趣的是在系统的任意点上计算 $R_{XX}(\tau)$ 和它的傅里叶变换 $S_{XX}(\omega)$。假定 $E\{P(t)\}=0$ 和 $E\{Q(t)\}=0$。此外,通过利用可用的数据,能够估计 $R_{PP}(\tau)$ 和 $R_{QQ}(\tau)$。

利用线性叠加和卷积积分,两种力引起的响应由求和得到

$$X(t) = \int_{-\infty}^{\infty} [g_{XP}(\tau_1)P(t-\tau_1) + g_{XQ}(\tau_1)Q(t-\tau_1)]\mathrm{d}\tau_1$$

同样地,对于 $X(t+\tau)$,有

---

[①] 本节节选自 J. D. 罗布森的《随机振动导论》,Elsevier 出版社,1964 年版。

$$X(t+\tau) = \int_{-\infty}^{\infty} [g_{XP}(\tau_2)P(t+\tau-\tau_2) + g_{XQ}(\tau_2)Q(t+\tau-\tau_2)]d\tau_2$$

式中：$g_{XP}(t)$是作用在$X$坐标上的力$P(t)$所产生的脉冲响应函数，$g_{XQ}(t)$同理是由力$Q(t)$作用在$X$坐标上产生的脉冲响应函数。然后，有

$$R_{XX}(\tau) = E\{X(t)X(t+\tau)\}$$

$$= E\left\{\int_{-\infty}^{\infty}[g_{XP}(\tau_1)P(t-\tau_1) + g_{XQ}(\tau_1)Q(t-\tau_1)]d\tau_1 \cdot \right.$$

$$\left. \int_{-\infty}^{\infty}[g_{XP}(\tau_2)P(t+\tau-\tau_2) + g_{XQ}(\tau_2)Q(t+\tau-\tau_2)]d\tau_2\right\}$$

将乘积展开并将期望算子移到随机过程中，得到

$$R_{XX}(\tau) = \int_{-\infty}^{\infty} g_{XP}(\tau_1)\left[\int_{-\infty}^{\infty} g_{XP}(\tau_2)E\{P(t-\tau_1)P(t+\tau-\tau_2)\}d\tau_2\right]d\tau_1 +$$

$$\int_{-\infty}^{\infty} g_{XP}(\tau_1)\left[\int_{-\infty}^{\infty} g_{XQ}(\tau_2)E\{P(t-\tau_1)Q(t+\tau-\tau_2)\}d\tau_2\right]d\tau_1 +$$

$$\int_{-\infty}^{\infty} g_{XQ}(\tau_1)\left[\int_{-\infty}^{\infty} g_{XP}(\tau_2)E\{Q(t-\tau_1)P(t+\tau-\tau_2)\}d\tau_2\right]d\tau_1 +$$

$$\int_{-\infty}^{\infty} g_{XQ}(\tau_1)\left[\int_{-\infty}^{\infty} g_{XQ}(\tau_2)E\{Q(t-\tau_1)P(t+\tau-\tau_2)\}d\tau_2\right]d\tau_1$$

在这个表达式中，有

$$E\{P(t-\tau_1)P(t+\tau-\tau_2)\} = R_{PP}(\tau+\tau_1-\tau_2)$$
$$E\{Q(t-\tau_1)Q(t+\tau-\tau_2)\} = R_{QQ}(\tau+\tau_1-\tau_2)$$

第二项和第三项的期望是$R_{PQ}(\tau) = E\{P(t)Q(t+\tau)\}$形式的互相关。因此，相应的自相关为

$$R_{XX}(\tau) = \int_{-\infty}^{\infty} g_{XP}(\tau_1)\left[\int_{-\infty}^{\infty} g_{XP}(\tau_2) R_{PP}(\tau+\tau_1-\tau_2)d\tau_2\right]d\tau_1 +$$

$$\int_{-\infty}^{\infty} g_{XP}(\tau_1)\left[\int_{-\infty}^{\infty} g_{XQ}(\tau_2) R_{PQ}(\tau+\tau_1-\tau_2)d\tau_2\right]d\tau_1 +$$

$$\int_{-\infty}^{\infty} g_{XQ}(\tau_1)\left[\int_{-\infty}^{\infty} g_{XP}(\tau_2) R_{QP}(\tau+\tau_1-\tau_2)d\tau_2\right]d\tau_1 +$$

$$\int_{-\infty}^{\infty} g_{XQ}(\tau_1)\left[\int_{-\infty}^{\infty} g_{XQ}(\tau_2) R_{QQ}(\tau+\tau_1-\tau_2)d\tau_2\right]d\tau_1$$

这个结果的重要性主要体现在观测$R_{XX}(\tau)$时，除非$R_{PQ}(\tau)$和$R_{QP}(\tau)$的互相关

是已知的①,否则 $R_{XX}(\tau)$ 无法导出。利用谱密度与相关函数之间的傅里叶变换关系,得到,如第 6.10.3 节所示

$$S_{XX}(\omega) = H_{XP}^*(i\omega)H_{XP}(i\omega)S_{PP}(\omega) + H_{XP}^*(i\omega)H_{XQ}(i\omega)S_{PQ}(\omega) +$$
$$H_{XQ}^*(i\omega)H_{XP}(i\omega)S_{QP}(\omega) + H_{XQ}^*(i\omega)H_{XQ}(i\omega)S_{QQ}(\omega) \tag{6.64}$$

其中

$$H_{XP}^*(i\omega)H_{XP}(i\omega) = |H_{XP}(i\omega)|^2$$
$$H_{XQ}^*(i\omega)H_{XQ}(i\omega) = |H_{XQ}(i\omega)|^2$$

并且其中,例如,典型的交叉谱密度由下列表达式给出

$$S_{PQ}(\omega) = \frac{1}{2\pi}\int_{-\infty}^{\infty} R_{PQ}(\tau) e^{-i\omega\tau} d\tau$$

正如预期的那样,输出谱密度的评估需要交叉谱 $S_{PQ}(\omega)$ 和 $S_{QP}(\omega)$。如果有两个以上的力,那么需要每一对力之间附加交叉谱。

仔细检查方程式(6.64),我们发现 $S_{XX}(\omega)$ 能够写成矩阵形式:

$$S_{XX}(\omega) = \{H_{XP}^*(i\omega) \quad H_{XQ}^*(i\omega)\}\begin{bmatrix} S_{PP}(\omega) & S_{PQ}(\omega) \\ S_{QP}(\omega) & S_{QQ}(\omega) \end{bmatrix}\begin{Bmatrix} H_{XP}(i\omega) \\ H_{XQ}(i\omega) \end{Bmatrix} \tag{6.65}$$

在下面的例子中,我们推导出 $S_{PQ}(\omega)$ 和 $S_{QP}(\omega)$ 两者之间的关系。

**例 6.14　互功率谱的共轭**

$S_{PQ}(\omega)$ 和 $S_{QP}(\omega)$ 是如何相关的?

**解**:互功率谱密度如下:

$$S_{PQ}(\omega) = \frac{1}{2\pi}\int_{-\infty}^{\infty} R_{PQ}(\tau)\exp(-i\omega\tau) d\tau$$

用 $R_{QP}(-\tau)$ 替换 $R_{PQ}(\tau)$,得到

$$S_{PQ}(\omega) = \frac{1}{2\pi}\int_{-\infty}^{\infty} R_{QP}(-\tau)\exp(-i\omega\tau) d\tau$$

令 $-\tau = t$,有

$$S_{PQ}(\omega) = \frac{1}{2\pi}\int_{-\infty}^{\infty} R_{QP}(t)\exp(i\omega t) dt$$

然后,下面的关系成立,即

$$S_{PQ}(\omega) = S_{QP}(-\omega) = S_{QP}^*(\omega)$$

即,$S_{PQ}(\omega)$ 和 $S_{QP}(\omega)$ 是复数共轭的。

---

① 当我们考虑多自由度系统时,自相关和交叉谱密度也是同样需要考虑的。

## 例6.15 两个随机载荷作用下的响应谱

考虑图6.26中质量－弹簧－阻尼系统受到两种随机力 $P(t)$ 和 $Q(t)$ 的作用,求响应谱 $S_{XX}(\omega)$。假定

$$S_{PP}(\omega) = S_P$$
$$S_{PQ}(\omega) = 0$$
$$S_{QQ}(\omega) = S_Q$$

**解:** 该系统的运动方程为

$$m\ddot{X}(t) + c\dot{X}(t) + kX(t) = P(t) + Q(t)$$

首先,为了获得 $H_{XP}(i\omega)$,假定 $Q(t)=0$。利用运动方程两侧的傅里叶变换导出频域方程

$$(-m\omega^2 + ci\omega + k)X(\omega) = P(\omega)$$

然后将频率响应函数 $H_{XP}(i\omega)$ 定义为

$$H_{XP}(i\omega) = \frac{1}{(-m\omega^2 + ci\omega + k)}$$

或者

$$H_{XP}(i\omega) = \frac{1}{m(-\omega^2 + 2\omega_n\zeta i\omega + \omega_n^2)}$$

同样,$H_{XQ}(i\omega)$ 通过设定 $P(t)=0$ 获得,如下式所示:

$$H_{XQ}(i\omega) = \frac{1}{m(-\omega^2 + 2\omega_n\zeta i\omega + \omega_n^2)}$$

正与预期一致。

然后,根据方程式(6.65),响应的频谱密度为

$$S_{XX}(\omega) = \{[m(\omega_n^2 - \omega^2 - 2\omega_n\zeta i\omega)]^{-1}[m(\omega_n^2 - \omega^2 - 2\omega_n\zeta i\omega)]^{-1}\} \cdot$$

$$\begin{bmatrix} S_{PP}(\omega) & S_{PQ}(\omega) \\ S_{QP}(\omega) & S_{QQ}(\omega) \end{bmatrix} \left\{ \begin{array}{c} [m(\omega_n^2 - \omega^2 + 2\omega_n\zeta i\omega)]^{-1} \\ [m(\omega_n^2 - \omega^2 + 2\omega_n\zeta i\omega)]^{-1} \end{array} \right\}$$

$$= \frac{S_{PP}(\omega) + S_{PQ}(\omega) + S_{QP}(\omega) + S_{QQ}(\omega)}{m^2[(\omega_n^2 - \omega^2)^2 + (2\omega_n\omega\zeta)^2]} \tag{6.66}$$

由于在这个问题中交叉谱等于零,所以谱密度化简为

$$S_{XX}(\omega) = \frac{S_P + S_Q}{m^2[(\omega_n^2 - \omega^2)^2 + (2\omega_n\omega\zeta)^2]}$$

由于方程式(6.66)中的谱密度一般是比较复杂的表达式,所以考虑了一些特殊

情况,以便更好地理解交叉项的影响。

(1) $P(t)$ 和 $Q(t)$ 分别由独立的来源产生,因此是不相关的[①]。

然后,$R_{PQ}(\tau)=0$,$R_{QP}(\tau)=0$,并且 $S_{PQ}(\omega)=0$,$S_{QP}(\omega)=0$。

(2) $P(t)$ 和 $Q(t)$ 是直接相关的,即 $Q(t)=kP(t)$ 中 $k$ 是常数。

(3) $P(t)$ 和 $Q(t)$ 是指数相关的,即

$$E\{P(t)Q(t+\tau)\}=k_{PQ}\exp\{-\alpha\tau\}$$

式中:$k_{PQ}$ 是常数。

(4) $P(t)$ 和 $Q(t)$ 是在一个"简化"指数中相关的,即用三角关系定义

$$E\{P(t)Q(t+\tau)\}=\bar{k}_{PQ}(1-\tau/\tau_1),\quad -\tau_1\leqslant\tau\leqslant\tau_1$$

我们认为,前面列出的两种情况更详细。如果载荷是独立的,因为互相关系数是零,那么输出谱密度就是两个分别作用于力的谱密度之和,即

$$\begin{aligned}S_{XX}(\omega)&=H_{XP}(\mathrm{i}\omega)H_{XP}^*(\mathrm{i}\omega)S_{PP}(\omega)+H_{XQ}(\mathrm{i}\omega)H_{XQ}^*(\mathrm{i}\omega)S_{QQ}(\omega)\\&=|H_{XP}(\mathrm{i}\omega)|^2S_{PP}(\omega)+|H_{XQ}(\mathrm{i}\omega)|^2S_{QQ}(\omega)\end{aligned}\tag{6.67}$$

注意:一个线性系统在受到一个以上的力时,其输出谱密度只有在力不相关时才严格遵循线性叠加原理。

对于情况 $Q(t)=kP(t)$,有

$$R_{PQ}(\tau)=E\{P(t)kP(t+\tau)\}$$
$$=kR_{PP}(\tau)$$
$$R_{QP}(\tau)=E\{kP(t)P(t+\tau)\}$$
$$=kR_{PP}(\tau)$$
$$R_{QQ}(\tau)=E\{kP(t)kP(t+\tau)\}$$
$$=k^2R_{PP}(\tau)$$

然后,各自的谱密度为

$$S_{PQ}(\omega)=S_{QP}(\omega)=kS_{PP}(\omega)$$
$$S_{QQ}(\omega)=k^2S_{PP}(\omega)$$

导致响应的谱密度为

---

① 独立意味着
$$E\{P(t_1)Q(t_2)\}=E\{P(t_1)\}E\{Q(t_2)\}$$
它们是不相关的
$$\mathrm{Cov}\{P(t_1)Q(t_2)\}=E\{P(t_1)Q(t_2)\}-E\{P(t_1)\}E\{Q(t_2)\}=0$$
独立的过程总是不相关的,而不相关的过程可能不是独立的。这在 3.8.4 节中讨论过。

$$S_{XX}(\omega) = H_{XP}^*(i\omega)H_{XP}(i\omega)S_{PP}(\omega) + H_{XP}^*(i\omega)H_{XQ}(i\omega)kS_{PP}(\omega) +$$

$$H_{XQ}^*(i\omega)H_{XP}(i\omega)kS_{PP}(\omega) + H_{XQ}^*(i\omega)H_{XQ}(i\omega)k^2S_{PP}(\omega)$$

$$= [H_{XP}(i\omega) + kH_{XQ}(i\omega)][H_{XP}^*(i\omega) + kH_{XQ}^*(i\omega)]S_{PP}(\omega)$$

$$= |H_{XP}(i\omega) + kH_{XQ}(i\omega)|^2 S_{PP}(\omega) \tag{6.68}$$

最后一个表达式与两个函数 $H_{XP}(i\omega)$ 和 $H_{XQ}(i\omega)$ 之间的相对相位有关。两个频率响应函数的和 $H_{XP}+kH_{XQ}$ 如图 6.27 所示。

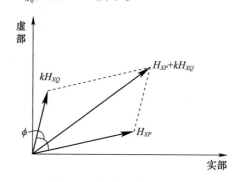

图 6.27 频率响应的函数和

如果 $S_{PP}(\omega) = S_{QQ}(\omega) = S(\omega)$,那么,从方程式(6.67)中我们发现不相关负载为

$$S_{XX}(\omega) = [|H_{XP}(i\omega)|^2 + |H_{XQ}(i\omega)|^2]S(\omega) \tag{6.69}$$

如果力与参数 $k=1$ 直接相关,则由方程式(6.68)得出

$$S_{XX}(\omega) = |H_{XP}(i\omega) + H_{XQ}(i\omega)|^2 S(\omega)$$

$$= [|H_{XP}(i\omega)|^2 + |H_{XQ}(i\omega)|^2 + 2H_{XP}(i\omega)H_{XQ}(i\omega)\cos\phi]S(\omega) \tag{6.70}$$

式中:$\phi$ 是 $H_{XP}(i\omega)$ 和 $H_{XQ}(i\omega)$ 之间的相位差,如图 6.27 所示,第二种关系中使用余弦定理。

因此,方程式(6.69)与方程式(6.70)的比较表明,当 $\cos\phi = 0$ 即 $\phi = \pm\pi/2\text{rad}$ 时不相关载荷的结果将与相关的结果相同。这是图 6.27 中的两个向量互相垂直时的情况。对于其他 $\phi$ 值,相关情况下的谱密度可以假定在 $[|H_{XP}(i\omega)|^2 + |H_{XQ}(i\omega)|^2]S(\omega)$ 所定义的范围内取任意值,这取决于 $\phi$ 的值。

如果在某个频率上,$H_{XP}(i\omega) = -H_{XQ}(i\omega)$,$k=1$ 时相关情况下的频谱密度将为 0。对于 $H_{XP}(i\omega) = H_{XQ}(i\omega)$ 的任何情况下,得到的具有相关的谱密度将是没有相关性的 2 倍。

另一个特殊的结果是 $Q(t)$ 在 $P(t)$ 经过一段时间 $\tau_0$ 后,即 $Q(t) = P(t+\tau_0)$,然后有

$$R_{PQ}(\tau) = E\{P(t)P(t+\tau_0+\tau)\}$$
$$= R_{PP}(\tau_0+\tau)$$

与各自的谱密度为

$$S_{PQ}(\omega) = \frac{1}{2\pi}\int_{-\infty}^{\infty} R_{PQ}(\tau)\mathrm{e}^{-\mathrm{i}\omega\tau}\mathrm{d}\tau$$

$$= \frac{1}{2\pi}\int_{-\infty}^{\infty} R_{PP}(\tau_0+\tau)\mathrm{e}^{-\mathrm{i}\omega\tau}\mathrm{d}\tau$$

$$= \frac{1}{2\pi}\mathrm{e}^{\mathrm{i}\omega\tau_0}\int_{-\infty}^{\infty} R_{PP}(\tau_0+\tau)\mathrm{e}^{-\mathrm{i}\omega(\tau_0+\tau)}\mathrm{d}(\tau_0+\tau)$$

$$= \mathrm{e}^{\mathrm{i}\omega\tau_0}S_{PP}(\omega)$$

因为 $S_{PQ}(\omega)$ 和 $S_{QP}(\omega)$ 是共轭复数,所以有

$$S_{QP}(\omega) = \mathrm{e}^{-\mathrm{i}\omega\tau_0}S_{PP}(\omega)$$

而且,因为已经在上面假设 $S_{QQ}(\omega) = S_{PP}(\omega)$,即

$$S_{XX}(\omega) = [H_{XP}(\mathrm{i}\omega)H_{XP}^*(\mathrm{i}\omega) + \mathrm{e}^{\mathrm{i}\omega\tau_0}H_{XP}(\mathrm{i}\omega)H_{XQ}^*(\mathrm{i}\omega) +$$
$$\mathrm{e}^{-\mathrm{i}\omega\tau_0}H_{XQ}(\mathrm{i}\omega)H_{XP}^*(\mathrm{i}\omega) + H_{XQ}(\mathrm{i}\omega)H_{XQ}^*(\mathrm{i}\omega)]S_{PP}(\omega)$$

在这一理论的许多应用中,我们可以使用各种可能的相关函数,正如上面所做的那样,以便检查所得的频谱密度对相关函数的细节的敏感程度。有时,它们非常敏感,有时则不然。这些信息使我们能够确定是否因为这种敏感性而需要额外的统计数据。

## 6.12 本章小结

本章回顾了确定性单自由度振动问题,推导了卷积积分、频率响应函数和脉冲响应函数。这些关键方程是推导振子对随机力响应统计量的一般表达式所必需的。此外,基于脉冲响应和卷积方程导出了基本输入–输出关系 $S_{XX}(\omega) = |H(\mathrm{i}\omega)|^2 S_{FF}(\omega)$。这些概念被推广到单自由度系统被两个随机过程所强制的情形。

## 6.13 格言

- 不要赌博。把你所有的积蓄拿去买一些好的股票,一直持有到它上涨,然后卖掉。如果它不上涨,就不要买它。——威尔·罗杰斯(Will Rogers)
- 我可以从统计学上证明上帝。——乔治·盖洛普(George Gallup)
- 如果你的父母从来没有孩子,你也不会有。——迪克·卡维特(Dick Cavett)

- 不管你玩不玩,我想你中彩票的机会都是一样的。——弗兰·勒博维茨(Fran Lebowitz)
- 信息:概率的负倒数。——克劳德·香农(Claude Shannon)
- 我永远不会相信上帝和宇宙玩骰子。——阿艾尔伯特·爱因斯坦(Albert Einstein)
- 生活中最重要的问题在很大程度上确实只是概率问题。——皮埃尔·西蒙·拉普拉斯(Pierre Simon Laplace)
- 一页历史抵得上一卷逻辑。——奥利弗·温德尔·福尔摩斯(Oliver Wendell Holmes)

## 6.14 习题

### 第6.2节 确定性单自由度振动

1. 一个 $\omega_n = 1\text{rad/s}$ 和 $\zeta = 0.24$ 的单自由度系统由单位质量的外力激发,$F(t)/m = 2\sin\omega_f t$。推导出当强迫频率与阻尼固有频率重合时的响应。

2. 推导出单自由度系统对阶跃函数的响应

$$F(t) = \begin{cases} 1\text{N}, & 0 < t < 1\text{s} \\ 0, & \text{其他} \end{cases}$$

假设 $\omega_n = 2.1\text{rad/s}$ 和 $\zeta = 0.7$,可利用方程式(6.35)。

3. 一个4lb的组件安装在基座顶部,基座底部具有振幅加速度 $Y_0 = 37g$ 和频率为53Hz 的谐波加速度。如果加速度超过 $20g$,组件将失效,也就是说,如果装置安装在底座上,它将失效。因此,使用弹簧和阻尼器将组件与底座隔离。确定弹簧刚度 $K$ 的最大允许值,假设隔振将具有阻尼系数 $\zeta = 0.2$。

### 第6.10节 单自由度系统:随机载荷响应

4. 一个 $m = 2\text{kg}$ 和 $k = 100\text{N/m}$ 的单自由度系统受 $F(t) = 2\sin 10t$ 的谐波力。确定响应的功率谱密度和相应的自相关函数。

5. 考虑在振动环境中使用的设备,具有频谱密度 $S_0 = 49g^2\text{s}$ 的白噪声加速过程。电子单元被建模为单自由度系统,其固有频率为 $3\text{rad/s}$,阻尼比为 $0.1$。确定加速度谱以及单位的均方根加速度。

6. 推导方程式(6.61)。

7. 假设在实例6.13中添加质量 $m$。

(1) 如果增加了质量 $m$,这些图将如何改变?

(2) 曲线如何随固有频率和阻尼比的变化而变化?(所需的积分虽然冗长,但可以进行分析评价。)

8. 车辆在粗糙的地面上以恒定的速度 $v_o$ 行驶。车辆被建模为具有刚度和阻尼的单自由度系统。道路的粗糙度被记录并且具有已知的自相关函数：

$$R_{YY}(x_2 - x_1) = A\exp(-\alpha|x_2 - x_1|)$$

求响应谱密度 $S_{XX}(\omega)$，以及响应自相关函数 $R_{XX}(\tau)$。

9. 令随机力 $F(t)$ 具有自相关函数

$$R_{FF}(\tau) = A\exp(-\alpha|\tau|)\left(\cos\beta\tau + \frac{\alpha}{\beta}\sin\beta|\tau|\right)$$

求出力谱、反应谱和均方响应。

10. 如图 6.28 所示，火箭包含 $m = 0.324(\text{lb} \cdot \text{s}^2)/\text{in}$，$k = 72.4\text{lb/in}$ 和 $\zeta = 0.0054$ 的敏感设备。敏感设备的位移由 $X(t)$ 表示，并且火箭的位移由 $Y(t)$ 表示，其中 $\ddot{Y}(t)$ 是一个强度为 $0.04g^2/\text{Hz}$ 的基于白噪声的随机过程。求在重力加速度 $g$ 下的加速度 $\ddot{X}$ 的 RMS。

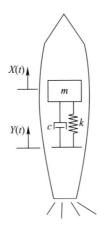

图 6.28 火箭和电子装置的示意图

11. 在实例 6.11 中，一个组件受高斯随机力的作用

$$W_{FF}(f) = \frac{118000}{100000 + (f - f_f)^2}(\text{N}^2 \cdot \text{s})$$

式中：$f_f$ 是主强迫频率。求当主强迫频率在 50～800Hz 变化时，振动振幅超过指定公差 1mm 的概率。使用 $W_{FF}(f)$ 的精确形式求解，然后使用近似白噪声。绘制使用近似白噪声得到的误差百分比，这个误差最大的频率是多少？

12. 海上钻井平台的设计人员利用 Pierson – Moskowitz 海浪高度谱，采用线性单自由度模型对结构进行初步设计。波的输入力是高斯函数。用较少的函数大致描述一下这个过程。

13. 具有刚度常数 $k$ 的线性结构

$$k = \frac{3EI}{L^3}, \quad I = \frac{b^4}{12}$$

受到一个强度为 $S_0$ 的零均值高斯白噪声随机力。通过计算响应谱密度 $S_{XX}(\omega)$，即密度曲线下的面积，得到位移方差的表达式为

$$\sigma_X^2 = \frac{S_0 \pi}{kc}$$

一项设计需要使 $X_{\min} < X < X_{\max}$ 具有 90% 的概率。计算 $b$ 的值需要什么程序？假设 $E, L$ 和 $c$ 是已知且不可更改的。

14. (改编自 Wirsching 等①)考虑图 6.29 中所示系统，质量由随机力驱动，平均值为 2N，有

$$F(t) = 2 + G(t)$$

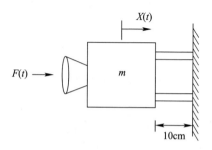

图 6.29　由非零均值的随机力驱动的质量

如图 6.30 所示，其中 $G(t)$ 是零均值白噪声高斯随机力，质量等于 1kg，并且刚度和阻尼系数分别为 100N/m 和 1kg/s (或者(N·s)/m)。弹簧和阻尼器在未变形时长 10cm。估计在确保振动期间阻尼器和弹簧不会损坏的情况下壁与质量之间的距离大于 5cm 的概率。

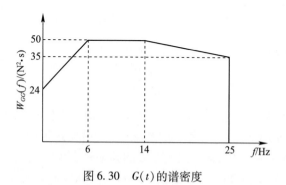

图 6.30　$G(t)$ 的谱密度

---

① P. H. Wirsching, T. L. Paez 和 K. Ortiz, 随机振动：理论与实践, Dover 2006。

15. 一个质量为 $m$、阻尼系数为 $c$ 且没有弹簧元件的单自由度系统,质量受到 $m\ddot{X}(t)$ 的激励力的作用,其中 $\ddot{X}(t)$ 是一个强度为 $S_0$ m²/s³ 的静止白噪声过程。确定:

(1) 对于响应速度 $V(t)$ 的复频域响应函数 $H(\omega)$;

(2) 静止速度的能量谱密度 $S_{VV}(\omega)$ 和均方值 $E\{V^2\}$,其中 $V(t) = \dot{X}(t)$。

16. 图 6.31 中的机械系统由随机位移为 $Y(t)$ 的无质量推车驱动。推导:

(1) 该系统的运动方程;

(2) 频率响应函数 $H(\omega)$;

(3) 求 $Y(t)$ 是一个强度为 $S_0$ m²s 的基于白噪声的随机过程时的响应。

假设 $c_1 = c_2 = c/2, k_1 = k_2 = k/3$ 和 $m = 3c^2/4k$。

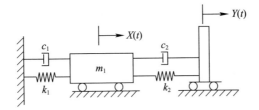

图 6.31 由无质量车驱动的单自由度系统

## 第 6.11 节 两种随机载荷的响应

17. 如图 6.26 所示,考虑由 $N$ 个随机力作用的单自由度系统。

系统固有频率是 $\omega_n$,阻尼因子是 $\zeta$,并且质量是 $m$。证明响应谱密度为如下形式:

$$S_{XX}(\omega) = |H(\omega)|^2 \sum_{i=1}^{N} \sum_{j=1}^{N} S_{F_i F_j}(\omega)$$

其中

$$|H(\omega)|^2 = \frac{1}{m^2[(\omega_n^2 - \omega^2)^2 + (2\omega_n \omega \zeta)^2]}$$

293

# 第 7 章　多自由度系统的振动

在本章中,我们开始为更复杂的动态系统进行建模,其中需要两个或多个自由度模型来描述系统行为。与耦合有关的概念在具有至少两个自由度的系统中发挥作用。在最后一章中,我们观察到这种耦合作用是两个力加载到单自由度系统。这些概念和分析工具可以应用于 $N$ 个自由度的系统。

对确定性多自由度系统进行了概述,从而对这些系统的随机载荷进行了研究。将脉冲响应方法推广到多自由度系统。此外,针对此类系统在随机载荷作用下的模态分析方法进行了研究。

## 7.1　确定性振动

具有一个以上自由度的线性系统的运动方程可以用矩阵形式写成以下形式:

$$[m]\{\ddot{x}(t)\} + [c]\{\dot{x}(t)\} + [k]\{x(t)\} = \{F(t)\} \tag{7.1}$$

对于一个 $N$ 自由度系统,其质量矩阵 $[m]$、阻尼矩阵 $[c]$ 和刚度矩阵 $[k]$ 的维数是 $N \times N$,响应 $\{x(t)\}$ 和力矢量 $\{F(t)\}$ 的维数是 $N \times 1$。我们只考虑属性矩阵是对称矩阵的系统①。为了演示和讨论,我们将通过图 7.1 所示的两自由度系统的求解来说明,所有的性质均可推广到更复杂的多自由系统上。以两自由度模型,可以阐述多自由度系统的关键概念,避免了使用较复杂系统时对代数和数值需求的复杂性。对于图 7.2 所示的每个质量块,利用牛顿第二运动定律,可以推导出运动耦合方程,即

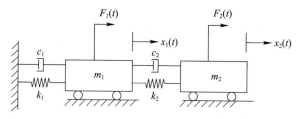

图 7.1　双自由度质量 – 弹簧 – 阻尼器系统

---

① 这些系统以静态平衡作为定义坐标的参考状态。参考状态为稳定旋转运动的系统称为陀螺系统,其性质矩阵是不对称的。有关此主题的更多内容,请参见 J. H. Ginsberg,《机械和结构振动》,John Wiley & Sons, 2001。

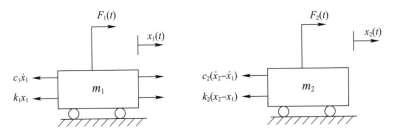

图 7.2 双自由度系统的自由体图

$$m_1\ddot{x}_1 + (c_1 + c_2)\dot{x}_1 + (k_1 + k_2)x_1 - c_2\dot{x}_2 - k_2 x_2 = F_1(t)$$
$$m_2\ddot{x}_2 + c_2\dot{x}_2 - c_2\dot{x}_1 - k_2 x_1 + k_2 x_2 = F_2(t)$$

或者用矩阵矢量的形式：

$$[m]\begin{Bmatrix}\ddot{x}_1\\\ddot{x}_2\end{Bmatrix} + [c]\begin{Bmatrix}\dot{x}_1\\\dot{x}_2\end{Bmatrix} + [k]\begin{Bmatrix}x_1\\x_2\end{Bmatrix} = \begin{Bmatrix}F_1(t)\\F_2(t)\end{Bmatrix} \tag{7.2}$$

式中：质量、阻尼和刚度矩阵为

$$[m] = \begin{bmatrix}m_1 & 0\\0 & m_2\end{bmatrix}, [c] = \begin{bmatrix}c_1 + c_2 & -c_2\\-c_2 & c_2\end{bmatrix}, [k] = \begin{bmatrix}k_1 + k_2 & -k_2\\-k_2 & k_2\end{bmatrix}$$

注意其中属性矩阵是对称的。

在下面的部分中，我们介绍两种方法来求解这种类型的矩阵运动方程。第一部分利用了上一章的脉冲响应函数。这是一种有效的解决方法，但是对于具有非常多自由度的系统来说，计算负担变得令人望而却步。第二种方法称为模态分析，它是基于矩阵运动方程的特征向量的正交性的过程。该方法具有可以减少所需的计算工作量的优点。

### 7.1.1 脉冲响应函数

在本节中，我们将扩展单自由度系统的 6.9 节的求解过程。我们从运动方程的傅里叶变换开始，即

$$[-\omega^2[m] + i\omega[c] + [k]]\{X(i\omega)\} = \{F(\omega)\}$$

式中：$\{X(i\omega)\}$ 和 $\{F(\omega)\}$ 分别是 $\{x(t)\}$ 和 $\{F(t)\}$ 的傅里叶变换。

我们把矩阵 $[-\omega^2[m] + i\omega[c] + [k]]$ 表示为 $[Z(i\omega)]$，因此，有

$$\{X(i\omega)\} = [Z(i\omega)]^{-1}\{F(\omega)\}$$

矩阵 $[Z(i\omega)]^{-1}$ 与复频率响应矩阵 $[H(i\omega)]$ 相同，即

$$\{X(i\omega)\} = [Z(i\omega)]^{-1}\{F(\omega)\} \tag{7.3}$$

对于图 7.1 中的两自由度系统，有

$$[\boldsymbol{H}(\mathrm{i}\omega)] = \frac{1}{\det[\boldsymbol{Z}]}\begin{bmatrix} -m_2\omega^2 + \mathrm{i}\omega c_2 + k_2 & \mathrm{i}\omega c_2 + k_2 \\ \mathrm{i}\omega c_2 + k_2 & -m_1\omega^2 + \mathrm{i}\omega(c_1+c_2) + (k_1+k_2) \end{bmatrix}$$

$$\det[\boldsymbol{Z}] = \omega^4 m_1 m_2 - \mathrm{i}\omega^3(m_1 c_2 + c_1 m_2 + c_2 m_2) + \mathrm{i}\omega(c_1 k_2 + k_1 c_2) - \omega^2(m_1 k_2 + c_1 c_2 + k_1 m_2 + k_2 m_2) + k_1 k_2 \tag{7.4}$$

注意到复频率响应矩阵$[\boldsymbol{H}(\mathrm{i}\omega)]$是对称的,并且对于两自由度系统,其维数是2。为了阐明每个元素的含义,我们展开方程式(7.3),可得

$$X_1(\mathrm{i}\omega) = H_{11}(\mathrm{i}\omega)F_1(\omega) + H_{12}(\mathrm{i}\omega)F_2(\omega)$$
$$X_2(\mathrm{i}\omega) = H_{21}(\mathrm{i}\omega)F_1(\omega) + H_{22}(\mathrm{i}\omega)F_2(\omega)$$

任意一个元素$H_{ij}(\mathrm{i}\omega)$是在位移坐标$i$和力坐标$j$之间的频率响应函数。通常情况下,由于$[\boldsymbol{m}]$、$[\boldsymbol{c}]$和$[\boldsymbol{k}]$是对称矩阵,$[\boldsymbol{H}(\mathrm{i}\omega)]$也是对称矩阵,这反映了线性系统中载荷和位移之间的互易原理。该矩阵是静态系统柔性矩阵的动态模拟。

我们回忆一下脉冲响应函数与频率响应函数的关系式(6.43),即

$$g_{ij}(t) = \frac{1}{2\pi}\int_{-\infty}^{\infty} H_{ij}(\omega)\exp(\mathrm{i}\omega t)\mathrm{d}\omega$$

对于两自由度系统,脉冲响应函数由以下积分给出,即

$$g_{11}(t) = \frac{1}{2\pi}\int_{-\infty}^{\infty} \frac{-m_2\omega^2 + \mathrm{i}\omega c_2 + k_2}{\det[\boldsymbol{Z}]}\exp(\mathrm{i}\omega t)\mathrm{d}\omega$$

$$g_{12}(t) = g_{21}(t) = \frac{1}{2\pi}\int_{-\infty}^{\infty} \frac{\mathrm{i}\omega c_2 + k_2}{\det[\boldsymbol{Z}]}\exp(\mathrm{i}\omega t)\mathrm{d}\omega$$

$$g_{22}(t) = \frac{1}{2\pi}\int_{-\infty}^{\infty} \frac{-m_1\omega^2 + \mathrm{i}\omega(c_1+c_2) + (k_1+k_2)}{\det[\boldsymbol{Z}]}\exp(\mathrm{i}\omega t)\mathrm{d}\omega$$

式中:$[\boldsymbol{g}(t)]$是对称矩阵。

利用卷积积分,由$F_j(t)$引起的响应$x_i(t)$为

$$x_i(t) = \int_{-\infty}^{\infty} g_{ij}(t)F_j(t-\tau)\mathrm{d}\tau$$

质量$m_i$的总响应等于每个力的单独响应的总和。对于两自由度系统,响应为

$$x_1(t) = \int_{-\infty}^{\infty} [g_{11}(\tau)F_1(t-\tau) + g_{12}(\tau)F_2(t-\tau)]\mathrm{d}\tau$$

$$x_2(t) = \int_{-\infty}^{\infty} [g_{21}(\tau)F_1(t-\tau) + g_{22}(\tau)F_2(t-\tau)]\mathrm{d}\tau$$

这种分析可以推广到具有$N$个自由度的系统中,其中矩阵矢量运动方程为

$$[\boldsymbol{m}]\{\ddot{\boldsymbol{x}}(t)\} + [\boldsymbol{c}]\{\dot{\boldsymbol{x}}(t)\} + [\boldsymbol{k}]\{\boldsymbol{x}(t)\} = \{\boldsymbol{F}(t)\}$$

用来在已知力矢量$\{\boldsymbol{F}(t)\}$的前提下求解位移矢量$\{\boldsymbol{x}(t)\}$。频率响应矩阵如下:

$$[H(\mathrm{i}\omega)] = [-\omega^2[m] + \mathrm{i}\omega[c] + [k]]^{-1} \quad (7.5)$$

从中可以求得脉冲响应矩阵为

$$[g(t)] = \frac{1}{2\pi}\int_{-\infty}^{\infty}[H(\mathrm{i}\omega)]\exp(\mathrm{i}\omega t)\mathrm{d}\omega \quad (7.6)$$

导出位移响应矢量为

$$\{x(t)\} = \int_{-\infty}^{\infty}[g(\tau)]\{F(t-\tau)\}\mathrm{d}\tau \quad (7.7)$$

求解这种矢量矩阵卷积方程对于具有大量自由度的系统是很有挑战性的。下面介绍模态分析方法,该方法优于多自由度系统的脉冲响应法。

### 7.1.2 模态分析

首先考虑自由振动的无阻尼 $N$ 自由度系统,由下面矩阵运动方程控制,即

$$[m]\{\ddot{x}(t)\} + [k]\{x(t)\} = \{0\} \quad (7.8)$$

我们假设响应 $\{x(t)\}$ 是谐波的,即

$$\{x(t)\} = A_0\{u\}\mathrm{e}^{\mathrm{i}\omega t}$$

然后将 $\{x(t)\}$ 和它的二阶导数代入运动方程。将其归结为特征值问题,即

$$[-\omega^2[m] + [k]]\{u\} = \{0\} \quad (7.9)$$

要使矢量 $\{u\}$ 是非平凡解,就必须使 $[-\omega^2[m] + [k]]$ 的行列式等于 $0$,即

$$\det[-\omega^2[m] + [k]] = 0$$

使行列式等于零的 $\omega^2$ 的值称为特征值。对于每一个非重复的特征值,都存在一个满足方程式(7.9)的对应的特征向量 $\{u\}$。物理中,这个问题的特征值是固有频率的平方,特征向量是振荡系统的物理振型,因为它们代表了每个模态坐标的各自运动。

求解这种特征值问题可以得到 $N$ 个特征值 $\omega_i^2$ 和相应的特征矢量 $\{u\}_i$ 的合集。通常按升序排列特征值,即

$$\omega_1^2 < \omega_2^2 < \cdots < \omega_N^2$$

通过设置矢量-矩阵三重积等于 1,使特征矢量关于质量矩阵进行归一化,如下所示:

$$\{\hat{u}\}_i^{\mathrm{T}}[m]\{\hat{u}\}_i = 1, \quad i = 1,2,\cdots,N \quad (7.10)$$

其中 $\{\hat{u}\}_i = a_i\{u\}_i$ 是第 $i^{\mathrm{th}}$ 阶归一化矢量并且 $a_i$ 是第 $i^{\mathrm{th}}$ 阶模态的归一化常数。

下面引出归一化特征矢量 $\{\hat{u}\}_i$ 的正交性。对于第 $i^{\mathrm{th}}$ 和第 $j^{\mathrm{th}}$ 特征值与特征矢量的合集,有

$$-\omega_i^2[m]\{\hat{u}\}_i + [k]\{\hat{u}\}_i = 0$$

$$-\omega_j^2[m]\{\hat{u}\}_j + [k]\{\hat{u}\}_j = 0$$

用 $\{\hat{u}\}_j^T$ 乘以第一个方程，$\{\hat{u}\}_i^T$ 乘以第二个方程，得到

$$-\omega_i^2\{\hat{u}\}_j^T[m]\{\hat{u}\}_i + \{\hat{u}\}_j^T[k]\{\hat{u}\}_i = \{0\} \quad (7.11)$$

$$-\omega_j^2\{\hat{u}\}_i^T[m]\{\hat{u}\}_j + \{\hat{u}\}_i^T[k]\{\hat{u}\}_j = \{0\} \quad (7.12)$$

利用第二个方程的转置得到方程

$$-\omega_j^2\{\hat{u}\}_j^T[m]^T\{\hat{u}\}_i + \{\hat{u}\}_j^T[k]^T\{\hat{u}\}_i = \{0\}$$

因为 $[m]$ 和 $[k]$ 是对称阵（$[m]=[m]^T$ 并且 $[k]=[k]^T$），此方程变为

$$-\omega_j^2\{\hat{u}\}_j^T[m]\{\hat{u}\}_i + \{\hat{u}\}_j^T[k]\{\hat{u}\}_i = \{0\} \quad (7.13)$$

将方程式(7.13)和方程式(7.11)相减得到

$$(\omega_j^2 - \omega_i^2)\{\hat{u}\}_j^T[m]\{\hat{u}\}_i = 0$$

如果特征值唯一（$\omega_j^2 \neq \omega_i^2$），那么下面的质量矩阵和任意两个不同的特征矢量是正交的，即

$$\{\hat{u}\}_j^T[m]\{\hat{u}\}_i = 0, \quad i \neq j$$

从方程式(7.13)可知，通过类似的过程，特征向量相对于刚度矩阵的正交性如下式所示：

$$\{\hat{u}\}_j^T[k]\{\hat{u}\}_i = 0, \quad i \neq j$$

如果特征矢量按照方程式(7.10)那样被归一化，那么 $j=i$ 时方程式(7.13)可以写成

$$-\omega_i^2\{\hat{u}\}_i^T[m]\{\hat{u}\}_i + \{\hat{u}\}_i^T[k]\{\hat{u}\}_i = \{0\}$$

因此，有

$$\{\hat{u}\}_i^T[k]\{\hat{u}\}_i = \omega_i^2$$

综上所述，本征矢量相对于质量和刚度矩阵具有如下性质：

$$\{\hat{u}\}_i^T[m]\{\hat{u}\}_j = \begin{cases} 1, & i=j \\ 0, & i \neq j \end{cases}$$

和

$$\{\hat{u}\}_i^T[k]\{\hat{u}\}_j = \begin{cases} \omega_i^2, & i=j \\ 0, & i \neq j \end{cases}$$

我们可以构造一个由归一化特征矢量组成的矩阵，即

$$[P] = [\{\hat{u}\}_1 \cdots \{\hat{u}\}_N] \quad (7.14)$$

其中

$$[P]^T[m][P] = [I]$$

和

$$[P]^{\mathrm{T}}[k][P] = \begin{pmatrix} \omega_1^2 & 0 & 0 \\ 0 & \ddots & 0 \\ 0 & 0 & \omega_N^2 \end{pmatrix} = [\mathrm{diag}(\omega^2)]$$

式中:$[I]$是单位矩阵并且$[P]$是模态矩阵。

模态矩阵可以利用关系式$\{x(t)\} = [P]\{z(t)\}$将矩阵运动方程从物理坐标$\{x(t)\}$变换为新坐标$\{z(t)\}$。将该等式和其二阶导数代入方程式(7.8),得到

$$[m][P]\{\ddot{z}(t)\} + [k][P]\{z(t)\} = \{0\}$$

方程两边同乘以$[P]^{\mathrm{T}}$,并且利用模态正交性,得到模态空间的解耦运动方程为

$$\{\ddot{z}(t)\} + [\mathrm{diag}(\omega^2)]\{z(t)\} = \{0\}$$

初始条件转换为

$$\{z(0)\} = [P]^{\mathrm{T}}\{x(0)\}$$

和

$$\{\dot{z}(0)\} = [P]^{\mathrm{T}}\{\dot{x}(0)\}$$

由于微分方程$z_i(t)$是解耦的,它们可以很容易地求解。随着$\{z(t)\}$的解出,$\{x(t)\}$能够利用$\{x(t)\} = [P]\{z(t)\}$得到。下面的例子演示了模态求解过程。

**例7.1** 求模态矩阵

用属性矩阵求系统的特征值和模态矩阵,即

$$[m] = \begin{bmatrix} 2 & 0 \\ 0 & 1 \end{bmatrix} (\mathrm{kg})$$

和

$$[k] = \begin{bmatrix} 2 & -1 \\ -1 & 1 \end{bmatrix} (\mathrm{N/m})$$

**解**:方程式(7.9)中的特征值问题变成

$$\left[ -\omega^2 \begin{bmatrix} 2 & 0 \\ 0 & 1 \end{bmatrix} + \begin{bmatrix} 2 & -1 \\ -1 & 1 \end{bmatrix} \right] \{u\} = \begin{Bmatrix} 0 \\ 0 \end{Bmatrix}$$

$$\begin{bmatrix} 2-2\omega^2 & -1 \\ -1 & 1-\omega^2 \end{bmatrix} \{u\} = \begin{Bmatrix} 0 \\ 0 \end{Bmatrix} \qquad (7.15)$$

因为$\{u\} \neq \{0\}$[①],方程必须是线性无关的,或

---

① 解$\{u\} = 0$称为平凡解。

$$\det\begin{bmatrix} 2-2\omega^2 & -1 \\ -1 & 1-\omega^2 \end{bmatrix} = 0$$

$$2\omega^4 - 4\omega^2 + 1 = 0$$

得出特征值为

$$\omega_1^2 = 0.293\,(\mathrm{rad/s})^2$$

和

$$\omega_2^2 = 1.707\,(\mathrm{rad/s})^2$$

对于 $\omega_1^2 = 0.293\,(\mathrm{rad/s})^2$，相应的特征矢量可以通过把 $\omega_1^2$ 代入方程式(7.15)中获得，即

$$\begin{bmatrix} 2-2(0.293) & -1 \\ -1 & 1-(0.293) \end{bmatrix} \{u\}_1 = \{0\}$$

$$\begin{bmatrix} 1.414 & -1 \\ -1 & 0.707 \end{bmatrix} \{u\}_1 = \{0\}$$

接下来我们推导归一化的特征矢量 $\{\hat{u}\}_1$。我们把它定义为常数 $a_1$ 和特征矢量 $\{\hat{u}\}_1$ 的乘积，即

$$\{\hat{u}\}_1 = a_1 \begin{Bmatrix} 1 \\ 1.414 \end{Bmatrix}$$

式中：$a_1$ 是一阶模态的归一化常数。利用方程式(7.10)，有

$$a_1^2 \{1 \quad 1.414\} \begin{bmatrix} 2 & 0 \\ 0 & 1 \end{bmatrix} \begin{Bmatrix} 1 \\ 1.414 \end{Bmatrix} = 1$$

我们发现 $a_1 = 0.5$ 并且第一个归一化特征矢量如下：

$$\{\hat{u}\}_1 = \begin{Bmatrix} 0.5 \\ 0.707 \end{Bmatrix}$$

类似地，对应于 $\omega_2^2 = 1.707\,(\mathrm{rad/s})^2$ 的归一化矢量 $\{\hat{u}\}_2$ 如下：

$$\{\hat{u}\}_2 = \begin{Bmatrix} 0.5 \\ -0.707 \end{Bmatrix}$$

然后模态矩阵为

$$[P] = \begin{bmatrix} 0.5 & 0.5 \\ 0.707 & -0.707 \end{bmatrix}$$

接下来，我们考虑一个有强迫力作用的阻尼系统，该系统由如下运动方程控

制,即

$$[m]\{\ddot{x}(t)\} + [c]\{\dot{x}(t)\} + [k]\{x(t)\} = \{F(t)\}$$

我们将问题限制在比例阻尼的情况下,其中$[c]$是$[m]$和$[k]$的线性组合,也就是说

$$[c] = \alpha[m] + \beta[k]$$

具有常数 $\alpha$ 和 $\beta$。

如上所述,我们进行坐标变换,即

$$\{x(t)\} = [P]\{z(t)\} \tag{7.16}$$

式中:$[P]$是方程式(7.14)中定义的模态矩阵。矩阵运动方程变为

$$[m][P]\{\ddot{z}(t)\} + [c][P]\{\dot{z}(t)\} + [k][P]\{z(t)\} = \{F(t)\}$$

方程左乘$[P]^T$,有

$$[P]^T[m][P]\{\ddot{z}\} + [P]^T[c][P]\{\dot{z}\} + [P]^T[k][P]\{z\} = [P]^T\{F(t)\}$$

利用正交性质化简为

$$\{\ddot{z}\} + [\alpha[I] + \beta[\text{diag}(\omega^2)]]\{\dot{z}\} + [\text{diag}(\omega^2)]\{z\} = [P]^T\{F(t)\}$$

以下是解耦的振子方程

$$\ddot{z}_1 + (\alpha + \beta\omega_1^2)\dot{z}_1 + \omega_1^2 z = \{\hat{u}\}_1^T\{F(t)\}$$
$$\vdots$$
$$\ddot{z}_N + (\alpha + \beta\omega_N^2)\dot{z}_N + \omega_N^2 z = \{\hat{u}\}_N^T\{F(t)\}$$

比例阻尼情况下,阻尼矩阵$[c]$被对角化,运动方程被解耦。模态力由$\{q(t)\} = \{\hat{u}\}_i^T\{F(t)\}$给出。定义

$$(\alpha + \beta\omega_i^2) = 2\omega_i\zeta_i$$
$$\{\hat{u}\}_i^T\{F(t)\} = q_i(t)$$

运动方程简化为

$$\ddot{z}_1 + 2\omega_1\zeta_1\dot{z}_1 + \omega_1^2 z_1 = q_1(t)$$
$$\vdots$$
$$\ddot{z}_N + 2\omega_N\zeta_N\dot{z}_N + \omega_N^2 z = q_N(t) \tag{7.17}$$

这些方程的解由每个模态自由度的卷积积分给出(见6.7节和6.8节):

$$z_i(t) = \int_{-\infty}^{\infty} g_i(\tau) q_i(t-\tau)d\tau, \quad i = 1,2,\cdots,N$$

其中

$$g_i(t) = \begin{cases} \left(\dfrac{1}{\omega_d}\right)e^{-\zeta\omega_i t}\sin\omega_{d_i} t, & t \geq 0 \\ 0, & t < 0 \end{cases}$$

且

$$\omega_{d_i} = \omega_i \sqrt{1-\zeta_i^2}$$

是 $i^{th}$ 阻尼固有频率。相应的频率响应函数如下：

$$H_j(i\omega) = \frac{1}{(\omega_j^2 - \omega^2) + i2\omega_j\zeta_j\omega} \tag{7.18}$$

一旦所有的 $z_i(t)$ 用卷积积分计算完成，则可以使用变换方程式(7.16)，$\{x(t)\} = [P]\{z(t)\}$ 恢复其物理坐标。

### 7.1.3 模态分析的优点

工程结构(如桥梁、飞机和许多机器)可能需要使用数千个自由度来建模。对于这种系统，频率响应方法很烦琐并且计算量大，因为它需要计算方程式(7.5)给出的频率响应矩阵 $[H(i\omega)]$。然而，这种方法的一个优点是它不像模态分析那样需要特殊形式的阻尼。

模态分析中，响应通常可以使用捕获系统能量的大部分的前几种模态来近似。例如，1000 个自由度模型的前 3 种模态可能是结构响应的主要贡献者。那么响应可以近似为

$$\{x(t)\}_{1000 \times 1} \approx [P]_{1000 \times 3} \{z(t)\}_{3 \times 1}$$

式中：$[P]_{1000 \times 3}$ 由前 3 种正常的模态组成，即

$$[P]_{1000 \times 3} = [\{\hat{u}\}_1 \quad \{\hat{u}\}_2 \quad \{\hat{u}\}_3]$$

和

$$\{z(t)\}_{3 \times 1} = \begin{bmatrix} z_1(t) \\ z_2(t) \\ z_3(t) \end{bmatrix}$$

因此，对于所有 1000 个自由度的位移矢量 $\{x(t)\}_{1000 \times 1}$，可仅由前 3 种振动模态来近似估计。如果 $n$ 个模态在 1000 个自由度中的某个地方支配着行为，那么上面的过程可以用这 $n$ 个模态替换前 3 个模态。

**例 7.2 使用几种模态的近似**

考虑图 7.3 所示的 30 个自由度的系统，质量矩阵和刚度矩阵如下：

$$[m] = \begin{bmatrix} m & 0 & 0 & 0 \\ 0 & \ddots & 0 & 0 \\ 0 & 0 & \ddots & 0 \\ 0 & 0 & 0 & m \end{bmatrix}, \quad [k] = \begin{bmatrix} 2k & -k & 0 & 0 \\ -k & \ddots & \ddots & 0 \\ 0 & \ddots & \ddots & -k \\ 0 & 0 & -k & m \end{bmatrix}$$

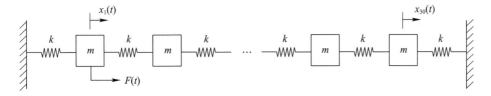

图 7.3 30 个单自由度质量弹簧系统

式中:$m = 0.01 \text{kg}$;$k = 1 \text{N/m}$。计算给定初始位移和外力时的精确响应,即

$$x_{n0}(t) = \begin{cases} 0.1\text{m}, & n = 1 \\ 0, & n = 2, 3, \cdots, 30 \end{cases}$$

$$F(t) = \sin 2.5t (\text{N})$$

初始速度为零。此外,求前 3 种模态的近似解,并与精确解进行比较。

**解**:能够解出固有频率和振型。解得前 3 阶固有频率的平方$(\text{rad/s})^2$如下:

$$\omega_1^2 = 1.0261, \omega_2^2 = 4.0940, \omega_3^2 = 9.1721$$

图 7.4 中绘制了前 3 阶归一化振型。

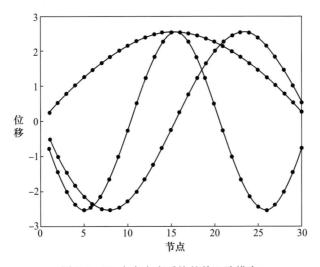

图 7.4 30 个自由度系统的前 3 阶模态

给出了前 3 个模态坐标的运动方程为

$$\ddot{z}_1(t) + 1.0261 z_1(t) = A_1 \sin 2.5t$$

$$\ddot{z}_2(t) + 4.0940 z_2(t) = A_2 \sin 2.5t$$

$$\ddot{z}_3(t) + 9.1721 z_3(t) = A_3 \sin 2.5t$$

其中 $A_1 = 0.2570, A_2 = -0.5113$ 和 $A_3 = -0.7604$。然后，$z_i(t), i = 1,2,3$，的通解如下：

$$z_i(t) = -\frac{\omega_f}{\omega_i} \frac{A_i}{\omega_i^2 - \omega_f^2} \sin \omega_i t + \frac{A_i}{\omega_i^2 - \omega_f^2} \sin \omega_j t$$

其中 $\omega_f = 2.5 \text{rad/s}$。物理坐标 $x_i(t), i = 1,2,3$ 如下：

$$\{x(t)\}_{30 \times 1} \approx [P]_{30 \times 3} \{z(t)\}_{3 \times 1}$$

$$x_i(t) = P_{i1} z_1(t) + P_{i2} z_2(t) + P_{i3} z_3(t)$$

图 7.5 绘出了 $x_{30}(t)$ 近似解和精确解，证实两者误差是非常小的。由图中可以看出，从初始位移 $x_1(t)$ 到第 30 个质点花费了大约 3s 的时间（基于所有 30 阶模态）。

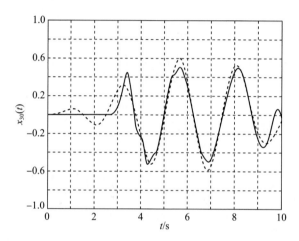

图 7.5　$x_{30}(t)$ 的所有 30 个模态（实线为精确解，虚线为近似解）

## 7.2　随机载荷响应

从单自由度系统的分析中，我们知道需要频率响应函数 $H(i\omega)$ 来获得对随机载荷的响应统计。对于一个具有多个自由度的系统，存在多个频率响应函数。对于 $N$ 自由度系统，频率响应函数用 $N \times N$ 的对称矩阵 $[H(i\omega)]$ 表示。

单自由度系统中，响应统计是响应 $S_{XX}(\omega)$ 的均值响应 $\mu_X$ 和谱密度。对于 $N$ 自由度系统，给出了基于矢量平均响应 $\{\mu_{X_1}, \cdots, \mu_{X_N}\}^T$ 和 $N \times N$ 维的响应谱密度矩阵 $[S_{XX}(\omega)]$ 的 $N$ 自由度的响应统计。

首先，我们现在给出下文推导所得的结果。平均响应矢量 $\{\pmb{\mu}_X\}$ 和输出矩阵 $[S_{XX}(\omega)]$ 的谱密度由下面关系式给出：

$$\{\mu_X\} = [H(0)]\{\mu_F\}$$

$$[S_{XX}(\omega)] = [H^*(i\omega)][S_{FF}(\omega)][H(i\omega)]^T$$

我们习惯用参数 $i\omega$ 来表达频率响应函数 $H(i\omega)$，对于阻尼系统，这些函数是复数。对于谱密度矩阵 $[S_{XX}(\omega)]$，非对角线项通常很复杂，但我们遵循只保留 $\omega$ 的传统。

我们还注意到，谱密度矩阵的方程包括复频率响应函数的转置矩阵。由于这个矩阵是对称的，它看起来是多余的，但是我们需要保留它，因为在更一般的系统中，这个矩阵不是对称的。如果原来的运动方程被修改，会使得属性矩阵不再对称，如我们求解相对运动而不是绝对运动时。

### 7.2.1 单个随机载荷引起的响应

考虑两个连接体的系统，其中一个物体由具有自相关函数 $R_{FF}(\tau)$ 和谱密度 $S_{FF}(\omega)$ 的平稳随机变化的力 $F(t)$ 激发，而另一个物体仅通过与第一个物体连接而受力。由于这样的载荷，两个物体分别具有位移 $X(t)$ 和 $Y(t)$，均值 $\mu_X$ 和 $\mu_Y$，自相关 $R_{XX}(\tau)$ 和 $R_{YY}(\tau)$，以及谱密度 $S_{XX}(\omega)$ 和 $S_{YY}(\omega)$。

由上一章可知，平均位移由下式得出

$$E\{X(t)\} = H_{XF}(0)\mu_F$$
$$E\{Y(t)\} = H_{YF}(0)\mu_F$$

并且这些响应谱密度为

$$S_{XX}(\omega) = |H_{XF}(i\omega)|^2 S_{FF}(\omega) \tag{7.19}$$
$$S_{YY}(\omega) = |H_{YF}(i\omega)|^2 S_{FF}(\omega) \tag{7.20}$$

其中

$$H_{XF}(i\omega) = \int_{-\infty}^{\infty} g_{XF}(\tau) e^{-i\omega\tau} d\tau$$
$$H_{YF}(i\omega) = \int_{-\infty}^{\infty} g_{YF}(\tau) e^{-i\omega\tau} d\tau$$

且

$$X(t) = \int_{-\infty}^{\infty} g_{XF}(\tau) F(t-\tau) d\tau$$
$$Y(t) = \int_{-\infty}^{\infty} g_{YF}(\tau) F(t-\tau) d\tau$$

通过这些关系，我们现在可以得到相互关系函数的表达式 $R_{XY}(\tau)$ 和交叉谱密度 $S_{XY}(\omega)$。

互相关函数表示为

$$R_{XY}(\tau) = E\{X(t)Y(t+\tau)\}$$

$$= E\left\{\int_{-\infty}^{\infty} g_{XF}(\tau_1)F(t-\tau_1)\mathrm{d}\tau_1 \int_{-\infty}^{\infty} g_{YF}(\tau_2)F(t+\tau-\tau_2)\mathrm{d}\tau_2\right\}$$

$$= \int_{-\infty}^{\infty} g_{XF}(\tau_1)\left[\int_{-\infty}^{\infty} g_{YF}(\tau_2)E\{F(t-\tau_1)F(t+\tau-\tau_2)\}\mathrm{d}\tau_2\right]\mathrm{d}\tau_1$$

$$= \int_{-\infty}^{\infty} g_{XF}(\tau_1)\left[\int_{-\infty}^{\infty} g_{YF}(\tau_2)R_{FF}(t+\tau_1-\tau_2)\mathrm{d}\tau_2\right]\mathrm{d}\tau_1$$

即使我们能精确地表示出来,通常也不容易求解。

利用$R_{XY}(\tau)$和$S_{XY}(\omega)$的傅里叶变换的关系可以推导出交叉谱密度,即

$$S_{XY}(\omega) = \frac{1}{2\pi}\int_{-\infty}^{\infty} R_{XY}(\tau)\mathrm{e}^{-\mathrm{i}\omega\tau}\mathrm{d}\tau$$

$$= \frac{1}{2\pi}\int_{-\infty}^{\infty}\int_{-\infty}^{\infty} g_{XF}(\tau_1)\int_{-\infty}^{\infty} g_{YF}(\tau_2)R_{FF}(t+\tau_1-\tau_2)\mathrm{d}\tau_2\mathrm{d}\tau_1\mathrm{e}^{-\mathrm{i}\omega\tau}\mathrm{d}\tau$$

$$= \frac{1}{2\pi}\int_{-\infty}^{\infty} g_{XF}(\tau_1)\mathrm{e}^{+\mathrm{i}\omega\tau_1}\int_{-\infty}^{\infty} g_{YF}(\tau_2)\mathrm{e}^{-\mathrm{i}\omega\tau_2} \cdot$$

$$\int_{-\infty}^{\infty} R_{FF}(t+\tau_1-\tau_2)\mathrm{e}^{-\mathrm{i}\omega(\tau+\tau_1-\tau_2)}\mathrm{d}\tau\mathrm{d}\tau_2\mathrm{d}\tau_1 \tag{7.21}$$

为了对最后一个表达式积分,我们对最后一个积分的变量进行变换,即

$$\lambda = \tau + \tau_1 - \tau_2$$

和

$$\mathrm{d}\lambda = \mathrm{d}\tau$$

式中:$\tau_1$和$\tau_2$是虚拟变量。然后,方程式(7.21)变为

$$S_{XY}(\omega) = \frac{1}{2\pi}\int_{-\infty}^{\infty} g_{XF}(\tau_1)\mathrm{e}^{+\mathrm{i}\omega\tau_1}\mathrm{d}\tau_1 \int_{-\infty}^{\infty} g_{YF}(\tau_2)\mathrm{e}^{-\mathrm{i}\omega\tau_2}\mathrm{d}\tau_2 \int_{-\infty}^{\infty} R_{FF}(\lambda)\mathrm{e}^{-\mathrm{i}\omega\lambda}\mathrm{d}\lambda$$

$$= H_{XF}^*(\mathrm{i}\omega)H_{YF}(\mathrm{i}\omega)S_{FF}(\omega) \tag{7.22}$$

式中:*表示复数共轭。对于一个单自由度系统,系统上$X$和$Y$的位置重合,这一结果归结为经典的基本关系,即

$$S_{XX}(\omega) = |H_{XF}(\mathrm{i}\omega)|^2 S_{FF}(\omega)$$

式(7.19)、式(7.20)和式(7.22)能够写成矩阵的形式,即

$$\begin{bmatrix} S_{XX}(\omega) & S_{XY}(\omega) \\ S_{YX}(\omega) & S_{YY}(\omega) \end{bmatrix} = \begin{Bmatrix} H_{XF}^*(\mathrm{i}\omega) \\ H_{YF}^*(\mathrm{i}\omega) \end{Bmatrix} S_{FF}(\omega)\{H_{XF}(\mathrm{i}\omega) \quad H_{YF}(\mathrm{i}\omega)\} \tag{7.23}$$

等号右边是矩阵的外积,等于

$$\begin{bmatrix} S_{XX}(\omega) & S_{XY}(\omega) \\ S_{YX}(\omega) & S_{YY}(\omega) \end{bmatrix} = \begin{bmatrix} H_{XF}^*(i\omega)S_{FF}(\omega)H_{XF}(i\omega) & H_{XF}^*(i\omega)S_{FF}(\omega)H_{YF}(i\omega) \\ H_{YF}^*(i\omega)S_{FF}(\omega)H_{XF}(i\omega) & H_{YF}^*(i\omega)S_{FF}(\omega)H_{YF}(i\omega) \end{bmatrix}$$

$$= \begin{bmatrix} |H_{XF}(i\omega)|^2 S_{FF}(\omega) & H_{XF}^*(i\omega)S_{FF}(\omega)H_{YF}(i\omega) \\ H_{YF}^*(i\omega)S_{FF}(\omega)H_{XF}(i\omega) & |H_{YF}(i\omega)|^2 S_{FF}(\omega) \end{bmatrix}$$

**例 7.3  两自由度系统在单一随机力作用下的响应谱**

考虑图 7.6 所示的两个自由度质量弹簧阻尼系统。假设随机力 $F_1(t)$ 是静态白噪声,并且 $S_{F_1F_1}(\omega) = S_0$。推导:

(1) 频率响应函数 $H_{11}(i\omega)$ 和 $H_{21}(i\omega)$;
(2) 谱密度 $S_{X_1X_1}(\omega), S_{X_1X_2}(\omega), S_{X_2X_1}(\omega)$ 和 $S_{X_2X_2}(\omega)$。

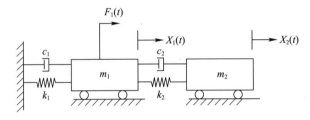

图 7.6  单个随机力激励的两自由度系统

**解**:(1) 该系统的运动方程已在 7.1 节中求得,即 $F_2(t) = 0$ 时的方程式(7.2)。我们之前发现,该系统的频率响应函数为

$$[H(i\omega)] = \frac{1}{\det[Z]} \begin{bmatrix} -m_2\omega^2 + i\omega c_2 + k_2 & i\omega c_2 + k_2 \\ i\omega c_2 + k_2 & -m_1\omega^2 + i\omega(c_1+c_2) + (k_2+k_1) \end{bmatrix}$$

其中

$$\det[Z] = \omega^4 m_1 m_2 - i\omega^3(m_1c_2 + c_1m_2 + c_2m_2) + i\omega(c_1k_2 + k_1c_2) - \omega^2(m_1k_2 + c_1c_2 + k_1m_2 + k_2m_2) + k_1k_2$$

而 $F_2(t) = 0$,频率响应函数 $H_{12}(i\omega)$ 和 $H_{22}(i\omega)$ 等于零,其谱密度如下:

$$S_{F_1F_2}(\omega) = S_{F_2F_1}(\omega) = S_{F_2F_2}(\omega) = 0$$

由 $F_1$ 给出频率响应函数

$$H_{11}(\omega) = \frac{-m_2\omega^2 + i\omega c_2 + k_2}{\det[Z]}$$

$$H_{21}(\omega) = \frac{i\omega c_2 + k_2}{\det[Z]}$$

(2) 由方程式(7.23)可知,响应谱如下:

$$S_{X_1X_1}(\omega) = H_{11}^*(i\omega)S_{F_1F_1}(\omega)H_{11}(i\omega) = |H_{11}(i\omega)|^2 S_{F_1F_1}(\omega)$$
$$= S_0 \frac{(k_2 - m_2\omega^2) + (\omega c_2)^2}{(\det[Z])^2}$$

$$S_{X_2X_2}(\omega) = H_{21}^*(i\omega)S_{F_1F_1}(\omega)H_{21}(i\omega) = |H_{21}(i\omega)|^2 S_{F_1F_1}(\omega) = S_0 \frac{k_2^2 + (\omega c_2)^2}{(\det[Z])^2}$$

$$S_{X_1X_2}(\omega) = H_{11}^*(i\omega)S_{F_1F_1}(\omega)H_{21}(i\omega) = S_0 \frac{(-m_2\omega^2 - i\omega c_2 + k_2)(i\omega c_2 + k_2)}{(\det[Z])^2}$$

$$S_{X_2X_1}(\omega) = H_{21}^*(i\omega)S_{F_1F_1}(\omega)H_{11}(i\omega) = S_0 \frac{(-m_2\omega^2 + i\omega c_2 + k_2)(-i\omega c_2 + k_2)}{(\det[Z])^2}$$

注意到 $S_{X_2X_1}(\omega) = S_{X_1X_2}(-\omega) = S_{X_1X_2}^*(\omega)$,其中 * 表示复数共轭。矩阵形式如下:

$$\begin{bmatrix} S_{X_1X_1}(\omega) & S_{X_1X_2}(\omega) \\ S_{X_2X_1}(\omega) & S_{X_2X_2}(\omega) \end{bmatrix} = \begin{Bmatrix} H_{11}^*(i\omega) \\ H_{21}^*(i\omega) \end{Bmatrix} S_{F_1F_1}(\omega) \{H_{11}(i\omega) \; H_{21}(i\omega)\} \quad (7.24)$$

我们可以扩展上式的外积,得到谱密度的位移响应矩阵,即

$$\begin{bmatrix} S_{X_1X_1}(\omega) & S_{X_1X_2}(\omega) \\ S_{X_2X_1}(\omega) & S_{X_2X_2}(\omega) \end{bmatrix} = \begin{bmatrix} H_{11}^*(i\omega)S_{F_1F_1}(\omega)H_{11}(i\omega) & H_{11}^*(i\omega)S_{F_1F_1}(\omega)H_{21}(i\omega) \\ H_{21}^*(i\omega)S_{F_1F_1}(\omega)H_{11}(i\omega) & H_{21}^*(i\omega)S_{F_1F_1}(\omega)H_{21}(i\omega) \end{bmatrix}$$

$$= \begin{bmatrix} |H_{11}(i\omega)|^2 S_{F_1F_1}(\omega) & H_{11}^*(i\omega)S_{F_1F_1}(\omega)H_{21}(i\omega) \\ H_{21}^*(i\omega)S_{F_1F_1}(\omega)H_{11}(i\omega) & |H_{21}(i\omega)|^2 S_{F_1F_1}(\omega) \end{bmatrix}$$

如果在上面的例子中包含有一个力 $F_2(t)$ 及其谱密度 $S_{F_2F_2}(\omega)$,那么方程式(7.24)中的矩阵乘积将包含一个谱密度矩阵,而不仅仅是单个谱密度 $S_{F_1F_1}(\omega)$。下文我们将考虑将该系统推广到不只受一个力的情况。

### 7.2.2 多随机载荷响应

我们考虑受多个随机力的多自由度系统。对于 $N$ 自由度系统的一般响应,目标是得到与方程式(7.23)等价的关系。首先考虑单自由度系统对 $N$ 个力的响应,然后推广到有 $N$ 个力的 $N$ 自由度系统。

我们从两个方面着手:通过扩展脉冲响应方法,得到卷积积分;利用模态分析方法,在一个新的模态坐标系中解耦耦合的物理运动方程。

1. 脉冲响应法

我们开始使用脉冲响应函数 $g_{ki}(t)$ 表示响应 $X_k(t)$。回顾前文,$g_{ki}(t)$ 是质量 $m_k$ 对平稳随机力 $F_i(t)$ 的脉冲响应。通过线性叠加,质量 $m_k$ 的总响应 $X_k(t)$ 等于 $N$ 个力的单个响应的总和,即

$$X_k(t) = \sum_{i=1}^{N} X_{ki}(t)$$

$$= \sum_{i=1}^{N} \int_{-\infty}^{\infty} g_{ki}(\tau) F_i(t-\tau) \mathrm{d}\tau$$

由于力是固定的，具有各自的平均值$\mu_{F_i}$和互相关$R_{F_iF_j}(\tau)$，所以响应的平均值如下式所示：

$$E\{X_k(t)\} = \sum_{i=1}^{N} \int_{-\infty}^{\infty} g_{ki}(\tau) E\{F_i(t-\tau)\} \mathrm{d}\tau$$

$$\mu_{X_k} = \sum_{i=1}^{N} \mu_{F_i} \int_{-\infty}^{\infty} g_{ki}(\tau) \mathrm{d}\tau$$

$$= \sum_{i=1}^{N} \mu_{F_i} H_{ki}(0)$$

其中，最后一个结果由方程式(6.42)得到。所有自由度的均值响应都是矩阵形式

$$\{\mu_X\} = [\boldsymbol{H}(0)]\{\mu_F\}$$

由于线性平稳系统的均值响应是静态的，可以最后再加上，因此在分析结束之前，我们通常会忽略均值响应，只关注响应相关性和谱密度。

接下来，我们评估响应相关性和谱密度的表达式，从中还可以评估均方响应。根据定义，相关关系为

$$R_{X_kX_j}(\tau) = E\{X_k(t)X_j(t+\tau)\}$$

$$= E\left\{\sum_{m=1}^{N} X_{km}(t) \sum_{n=1}^{N} X_{jn}(t+\tau)\right\}$$

$$= E\left\{\sum_{m=1}^{N} \int_{-\infty}^{\infty} g_{km}(\zeta) F_m(t-\zeta) \mathrm{d}\zeta \sum_{n=1}^{N} \int_{-\infty}^{\infty} g_{jn}(\xi) F_n(t+\tau-\xi) \mathrm{d}\xi\right\}$$

$$= \sum_{m=1}^{N} \sum_{n=1}^{N} \int_{-\infty}^{\infty} \int_{-\infty}^{\infty} g_{km}(\zeta) g_{jn}(\xi) E\{F_m(t-\zeta) F_n(t+\tau-\xi)\} \mathrm{d}\zeta \mathrm{d}\xi$$

$$= \sum_{m=1}^{N} \sum_{n=1}^{N} \int_{-\infty}^{\infty} \int_{-\infty}^{\infty} g_{km}(\zeta) g_{jn}(\xi) R_{F_mF_n}(\tau-\xi+\zeta) \mathrm{d}\zeta \mathrm{d}\xi$$

响应谱密度的定义为

$$S_{X_kX_j}(\omega) = \frac{1}{2\pi} \int_{-\infty}^{\infty} R_{X_kX_j}(\tau) \exp(-\mathrm{i}\omega\tau) \mathrm{d}\tau$$

在将相关函数代入这个方程之前，我们定义$v = \tau - \xi + \zeta$及$\mathrm{d}v = \mathrm{d}\tau$。然后谱密度变为

$$S_{X_k X_j}(\omega) = \sum_{m=1}^{N} \sum_{n=1}^{N} \int_{-\infty}^{\infty} g_{km}(\zeta) \exp(\mathrm{i}\omega\zeta) \mathrm{d}\zeta \int_{-\infty}^{\infty} g_{jn}(\xi) \exp(\mathrm{i}\omega\xi) \mathrm{d}\xi \cdot$$

$$\frac{1}{2\pi} \int_{-\infty}^{\infty} R_{F_m F_n}(v) \exp(-\mathrm{i}\omega v) \mathrm{d}v$$

$$= \sum_{m=1}^{N} \sum_{n=1}^{N} H_{km}^{*}(\mathrm{i}\omega) H_{jn}(\mathrm{i}\omega) S_{F_m F_n}(\omega) \quad (7.25)$$

以矩阵形式表示为

$$S_{X_k X_j}(\omega) = \{\boldsymbol{H}_k^{*}(\mathrm{i}\omega)\} [\boldsymbol{S}_{FF}(\omega)] \{\boldsymbol{H}_j(\mathrm{i}\omega)\}^{\mathrm{T}} \quad (7.26)$$

其中的符号 $\{\boldsymbol{H}_k^{*}(\mathrm{i}\omega)\}$ 是维度为 $1 \times N$ 的行矢量,即

$$\{\boldsymbol{H}_k^{*}(\mathrm{i}\omega)\} = \{H_{k1}^{*}(\mathrm{i}\omega) \cdots H_{kN}^{*}(\mathrm{i}\omega)\}$$

$\{\boldsymbol{H}_j(\mathrm{i}\omega)\}^{\mathrm{T}}$ 是维度为 $N \times 1$ 的列矢量,即

$$\{\boldsymbol{H}_j(\mathrm{i}\omega)\}^{\mathrm{T}} = \begin{Bmatrix} H_{j1}(\mathrm{i}\omega) \\ \vdots \\ H_{jN}(\mathrm{i}\omega) \end{Bmatrix}$$

并且 $[\boldsymbol{S}_{FF}(\omega)]$ 是一个维度为 $N \times N$ 的矩阵,即

$$[\boldsymbol{S}_{FF}(\omega)] = \begin{bmatrix} S_{F_1 F_1}(\omega) & \cdots & S_{F_1 F_N}(\omega) \\ \vdots & & \vdots \\ S_{F_N F_1}(\omega) & \cdots & S_{F_N F_N}(\omega) \end{bmatrix}$$

**例 7.4 两自由度系统的展开式**

对于两自由度系统的情况,即 $N=2$ 的情况,分别在式(7.25)和式(7.26)中进行求和以及矩阵乘积的展开。

**解:** 方程式(7.25)中 $N=2$ 的双重求和为

$$S_{X_k X_j}(\omega) = H_{k1}^{*}(\mathrm{i}\omega)[H_{j1}(\mathrm{i}\omega) S_{F_1 F_1}(\omega) + H_{j2}(\mathrm{i}\omega) S_{F_1 F_2}(\omega)] +$$
$$H_{k2}^{*}(\mathrm{i}\omega)[H_{j2}(\mathrm{i}\omega) S_{F_2 F_1}(\omega) + H_{j2}(\mathrm{i}\omega) S_{F_2 F_2}(\omega)]$$

方程式(7.26)中矢量矩阵乘积为

$$S_{X_k X_j}(\omega) = \{H_{k1}^{*}(\mathrm{i}\omega) \quad H_{k2}^{*}(\mathrm{i}\omega)\} \begin{bmatrix} S_{F_1 F_1}(\omega) & S_{F_1 F_2}(\omega) \\ S_{F_2 F_1}(\omega) & S_{F_2 F_2}(\omega) \end{bmatrix} \begin{Bmatrix} H_{j1}(\mathrm{i}\omega) \\ H_{j2}(\mathrm{i}\omega) \end{Bmatrix}$$

可以相乘得到相同的结果。

方程式(7.26)现在可以推广到所有的 $X_k$ 和 $X_j$,即

$$[\boldsymbol{S}_{XX}(\omega)] = [\boldsymbol{H}^{*}(\mathrm{i}\omega)][\boldsymbol{S}_{FF}(\omega)][\boldsymbol{H}(\mathrm{i}\omega)]^{\mathrm{T}} \quad (7.27)$$

其中

$$[\boldsymbol{H}(\mathrm{i}\omega)] = \begin{bmatrix} H_{11}(\mathrm{i}\omega) & \cdots & H_{1N}(\mathrm{i}\omega) \\ \vdots & & \vdots \\ H_{N1}(\mathrm{i}\omega) & \cdots & H_{NN}(\mathrm{i}\omega) \end{bmatrix}$$

式中:$[H(\mathrm{i}\omega)]$是对称矩阵,并且

$$[\boldsymbol{S}_{XX}(\omega)] = \begin{bmatrix} S_{X_1X_1}(\omega) & \cdots & S_{X_1X_N}(\omega) \\ \vdots & & \vdots \\ S_{X_NX_1}(\omega) & \cdots & S_{X_NX_N}(\omega) \end{bmatrix}$$

我们回顾式(6.56)、式(6.65)和式(7.23)、式(6.56),是单自由度系统对单随机力的响应谱密度,式(6.65)是单自由度系统对两个随机力的响应谱密度,而式(7.23)是两自由度系统对单个力响应谱密度矩阵。将它们和式(7.27)对比,我们注意到它们都是该方程的特例。

$j^{\text{th}}$坐标位移的均方值由下面关系式给出,即

$$\sigma_{X_j}^2 = \int_{-\infty}^{\infty} S_{X_jX_j}(\omega) \mathrm{d}\omega$$

2. 模态分析法

考虑多自由度结构的模态分析[①]。我们从建立了运动模态方程和比例阻尼假设的点开始分析。在方程式(7.17)中,用大写字母表示随机函数,表示符号形式的模态方程为

$$\ddot{Z}_i(t) + 2\zeta_i\omega_i\dot{Z}_i(t) + \omega_i^2 Z_i(t) = Q_i(t), \quad i = 1, 2, \cdots, N \tag{7.28}$$

进一步假设模态力$Q_i(t)$是遍历随机激励。物理位移和模态位移之间的转换关系为

$$X_j(t) = \sum_{i=1}^{N} \hat{\mu}_{ji} Z_i(t), \quad j = 1, 2, \cdots, N$$

物理力和模态力之间的转换关系为

$$Q_j(t) = \sum_{i=1}^{N} \hat{\mu}_{ji} F_i(t) = \{\hat{\boldsymbol{\mu}}\}_j^{\mathrm{T}} \{F(t)\}, \quad j = 1, 2, \cdots, N \tag{7.29}$$

式中:$\{\hat{u}\}_j$是第$j^{\text{th}}$自由度的标准化模态矢量,即

---

[①] 这部分的方法遵循 R. W. Clough 和 J. Penzien 的《结构动力学》(第 2 版)第 23 章,该书 1993 由 McGraw‑Hill 出版。

$$\{\hat{u}\}_j = \begin{Bmatrix} \hat{u}_{1j} \\ \vdots \\ \hat{u}_{Nj} \end{Bmatrix}$$

矩阵形式为

$$\{X(t)\} = [P]\{Z(t)\}$$

$$\{Q(t)\} = [P]^T\{F(t)\}$$

式中：$[P]$ 是模态矩阵，如下式所示：

$$[P] = [\{\hat{u}\}_1 \quad \cdots \quad \{\hat{u}\}_N]$$

对于两自由度系统的每个自由度 $j$，有

$$X_j(t) = \sum_{i=1}^{2} \hat{u}_{ji} Z_i(t) = \hat{u}_{j1} Z_1(t) + \hat{u}_{j2} Z_2(t), \quad j = 1,2 \tag{7.30}$$

$$Q_j(t) = \sum_{i=1}^{2} \hat{u}_{ij} F_i(t) = \hat{u}_{1j} F_1(t) + \hat{u}_{2j} F_2(t), \quad j = 1,2 \tag{7.31}$$

目标是得到自相关和互相关 $R_{X_k X_j}(\tau)$ 及它们的傅里叶变换，功率谱 $S_{X_k X_j}(\omega)$。我们从相互关系的定义开始，把式(7.30)代入 $X_j(t)$，可得

$$R_{X_k X_j}(\tau) = E\{X_k(t) X_j(t+\tau)\}$$

$$= E\left\{\sum_{l=1}^{N} \sum_{m=1}^{N} \hat{u}_{kl} \hat{u}_{jm} Z_l(t) Z_m(t+\tau)\right\} \tag{7.32}$$

式中，求和在 $N$ 个自由度上进行，并且 $Z_i(t)$ 是方程式(7.28)的解，即

$$Z_i(t) = \int_0^t Q_i(\tau) g_i(t-\tau) d\tau \tag{7.33}$$

$$g_i(\tau) = \frac{1}{\omega_{d_i}} \exp(-\zeta_i \omega_i t) \sin\omega_{d_i} t \tag{7.34}$$

$$\omega_{d_i} = \omega_i (1-\zeta_i^2)^{1/2} \tag{7.35}$$

因为 $t<0$ 时，脉冲响应函数 $g(t)$ 等于零，定义 $Z(t)$ 的积分下限可以写成 $-\infty$ 而不会改变积分的值。需要注意的是，这里使用的单下标脉冲响应函数 $g_i(\tau)$，是模态方程的脉冲响应函数，不同于之前使用的双下标的脉冲响应函数 $g_{ij}(\tau)$。

将式(7.33)~式(7.35)代入式(7.32)，并使期望只作用于随机项，就得到了以下关系

$$R_{X_k X_j}(\tau) = \sum_{l=1}^{N} \sum_{m=1}^{N} \int_{-\infty}^{t+\tau} \int_{-\infty}^{t} \hat{u}_{kl} \hat{u}_{jm} E\{Q_l(\theta_1) Q_m(\theta_2)\} \cdot$$

$$g_l(t-\theta_1) g_m(t+\tau-\theta_2) d\theta_1 d\theta_2 \tag{7.36}$$

式中：$\theta_1$ 和 $\theta_2$ 是虚拟时间变量，并且

$$R_{Q_lQ_m}(\theta_2 - \theta_1) = E\{Q_l(\theta_1)Q_m(\theta_2)\}$$

这由于假定了力的遍历性因此相等。

对于具有良好分离模态频率的轻阻尼系统,就像许多工程结构一样,由$Q_l(t)$引起的响应在统计上与由$Q_m(t)$引起的响应几乎是独立的。方程式(7.36)中出现的相互关系项几乎为零,只有非零项出现$m = l$,即

$$R_{Q_lQ_l}(\theta_2 - \theta_1) = E\{Q_l(\theta_1)Q_l(\theta_2)\}$$

现在我们已经得到物理响应的相关函数和随机模态强迫函数的相关函数,可以继续评估响应谱密度。首先,根据下式替换变量①

$$y_1 = t - \theta_1 \quad y_2 = t + \tau - \theta_2$$

$$dy_1 = -d\theta_1 \quad dy_2 = -d\theta_2$$

产生响应相关函数

$$R_{X_kX_j}(\tau) = \sum_{l=1}^{N}\sum_{m=1}^{N}\int_0^\infty\int_0^\infty \hat{u}_{kl}\hat{u}_{jm}R_{Q_lQ_m}(y_1 - y_2 + \tau)g_l(y_1)g_m(y_2)dy_1dy_2$$

然后响应谱密度为

$$S_{X_kX_j}(\omega) = \frac{1}{2\pi}\int_{-\infty}^{\infty}R_{X_kX_j}(\tau)e^{-i\omega\tau}d\tau$$

$$= \frac{1}{2\pi}\int_{-\infty}^{\infty}\left\{\sum_{l=1}^{N}\sum_{m=1}^{N}\int_0^\infty\int_0^\infty \hat{u}_{kl}\hat{u}_{jm}R_{Q_lQ_m}(y_1 - y_2 + \tau)g_l(y_1)\cdot g_m(y_2)dy_1dy_2\right\}\exp(-i\omega\tau)d\tau$$

利用过程遍历性和时间平均的假设,我们发现

$$S_{X_kX_j}(\omega) = \sum_{l=1}^{N}\sum_{m=1}^{N}\hat{u}_{kl}\hat{u}_{jm}\left\{\lim_{T\to\infty}\frac{1}{2T}\int_{-T}^{T}g_l(y_1)dy_1\cdot\right.$$

$$\left.\lim_{T\to\infty}\frac{1}{2T}\int_{-T}^{T}g_m(y_2)dy_2\cdot\lim_{T\to\infty}\frac{1}{2T}\int_{-T}^{T}R_{Q_lQ_m}(y_1-y_2+\tau)\exp(-i\omega\tau)d\tau\right\}$$

积分的下限是$-T$,因为$t < 0$时$g(t)$等于零,因此不会影响积分值。使用变量替换

$$\gamma = y_1 - y_2 + \tau, \quad d\gamma = d\tau$$

谱密度的表达式变为

---

① 当我们替换变量时也必须转换积分限。

$$S_{X_kX_j}(\omega) = \sum_{l=1}^{N}\sum_{m=1}^{N} \hat{u}_{kl}\hat{u}_{jm} \left\{ \lim_{T\to\infty} \frac{1}{2T} \int_{-T}^{T} g_l(y_1) e^{i\omega y_1} dy_1 \cdot \right.$$
$$\left. \lim_{T\to\infty} \frac{1}{2T} \int_{-T}^{T} g_m(y_2) e^{-i\omega y_2} dy_2 \cdot \lim_{T\to\infty} \frac{1}{2T} \int_{-T-y_2+y_1}^{T-y_2+y_1} R_{Q_lQ_m}(\gamma) e^{-i\omega\gamma} d\gamma \right\}$$

在最后一个积分中,随着$|\gamma|$增长,我们提出物理论点 $R_{Q_lQ_m}(\gamma)\to 0$,因此,极限可以分别由 $-T$ 和 $T$ 替换①。然后,有

$$H_l^*(i\omega) = \lim_{T\to\infty} \frac{1}{2T} \int_{-T}^{T} g_l(y_1) e^{i\omega y_1} dy_1$$

$$H_m(i\omega) = \lim_{T\to\infty} \frac{1}{2T} \int_{-T}^{T} g_m(y_2) e^{-i\omega y_2} dy_2$$

$$S_{Q_lQ_m}(i\omega) = \lim_{T\to\infty} \frac{1}{2T} \int_{-T}^{T} R_{Q_lQ_m}(\gamma) e^{-i\omega\gamma} d\gamma$$

得到的响应谱密度为

$$S_{X_kX_j}(\omega) = \sum_{l=1}^{N}\sum_{m=1}^{N} \hat{u}_{kl}\hat{u}_{jm} H_l^*(i\omega) H_m(i\omega) S_{Q_lQ_m}(\omega)$$

注意:单下标频率响应函数 $H_l(\omega)$ 与模态力和模态坐标有关,并由式(7.18)给出。它们和式(7.4)中的双下标频率响应函数 $H_{lm}(\omega)$ 不同,后者在实际力和位移之间。

采用矩阵的形式,有

$$S_{X_kX_j}(\omega) = \begin{bmatrix} \hat{u}_{k1} & \hat{u}_{k2} \end{bmatrix} \begin{bmatrix} H_1^*(i\omega) & 0 \\ 0 & H_1^*(i\omega) \end{bmatrix} \begin{bmatrix} S_{Q_1Q_1}(\omega) & S_{Q_1Q_2}(\omega) \\ S_{Q_2Q_1}(\omega) & S_{Q_2Q_2}(\omega) \end{bmatrix} \cdot$$
$$\begin{bmatrix} H_1(i\omega) & 0 \\ 0 & H_2(i\omega) \end{bmatrix} \begin{bmatrix} \hat{u}_{j1} \\ \hat{u}_{j2} \end{bmatrix}$$
$$= \hat{u}_{k1}\hat{u}_{j1}H_1^*(i\omega)H_1(i\omega)S_{Q_1Q_1}(\omega) + \hat{u}_{k1}\hat{u}_{j2}H_1^*(i\omega)H_2(i\omega)S_{Q_1Q_2}(\omega) +$$
$$\hat{u}_{k2}\hat{u}_{j1}H_2^*(i\omega)H_1(i\omega)S_{Q_2Q_1}(\omega) + \hat{u}_{k2}\hat{u}_{j2}H_2^*(i\omega)H_2(i\omega)S_{Q_2Q_2}(\omega)$$

为了得到两自由度系统中的$[S_{XX}(\omega)]$,我们进行下面的矩阵相乘,即

$$S_{XX}(\omega) = \begin{bmatrix} \hat{u}_{11} & \hat{u}_{12} \\ \hat{u}_{21} & \hat{u}_{22} \end{bmatrix} \begin{bmatrix} H_1^*(i\omega) & 0 \\ 0 & H_2^*(i\omega) \end{bmatrix} \begin{bmatrix} S_{Q_1Q_1}(\omega) & S_{Q_1Q_2}(\omega) \\ S_{Q_2Q_1}(\omega) & S_{Q_2Q_2}(\omega) \end{bmatrix} \cdot$$
$$\begin{bmatrix} H_1(i\omega) & 0 \\ 0 & H_2(i\omega) \end{bmatrix} \begin{bmatrix} \hat{u}_{11} & \hat{u}_{21} \\ \hat{u}_{12} & \hat{u}_{22} \end{bmatrix}$$

---

① 从物理上讲,随着时间差 $t$ 的增加,相关性将呈指数衰减。

一般情况下,对于一个 $N$ 自由度系统,有

$$[S_{XX}(\omega)] = [P]|\mathcal{H}^*(\mathrm{i}\omega)|[S_{QQ}(\omega)][\mathcal{H}(\mathrm{i}\omega)][P]^\mathrm{T} \tag{7.37}$$

其中

$$[\mathcal{H}(\mathrm{i}\omega)] = \begin{pmatrix} H_1(\mathrm{i}\omega) & 0 & 0 \\ 0 & \ddots & 0 \\ 0 & 0 & H_N(\mathrm{i}\omega) \end{pmatrix} \tag{7.38}$$

且

$$H_i(\mathrm{i}\omega) = \frac{1}{-\omega^2 + \mathrm{i}2\zeta_i\omega_i\omega + \omega_i^2}$$

模态力 $S_{Q_lQ_m}(\omega)$ 的谱密度可以利用方程式(7.29)从物理力 $S_{FF}(\omega)$ 中获得。互相关 $R_{Q_lQ_m}(\tau)$ 定义为

$$\begin{aligned} R_{Q_lQ_m}(\tau) &= E\{Q_l(t)Q_m(t+\tau)\} \\ &= E\left\{\sum_{i=1}^N \hat{u}_{il}F_i(t)\sum_{j=1}^N \hat{u}_{jm}F_j(t+\tau)\right\} \\ &= \sum_{i=1}^N \sum_{j=1}^N \hat{u}_{il}\hat{u}_{jm}E\{F_i(t)F_j(t+\tau)\} \\ &= \sum_{i=1}^N \sum_{j=1}^N \hat{u}_{il}\hat{u}_{jm}R_{F_iF_j}(\tau) \end{aligned}$$

对方程两边做傅里叶变换,得到

$$S_{Q_lQ_m}(\omega) = \sum_{i=1}^N \sum_{j=1}^N \hat{u}_{il}\hat{u}_{jm}S_{F_iF_j}(\omega) \tag{7.39}$$

单位阶跃的形式为

$$S_{Q_lQ_m}(\omega) = \{\hat{u}\}_l^\mathrm{T}[S_{FF}(\omega)]\{\hat{u}\}_m$$

或者对所有指标 $l$ 和 $m$ 采用矩阵的形式,即

$$[S_{QQ}(\omega)] = [P]^\mathrm{T}[S_{FF}(\omega)][P] \tag{7.40}$$

将方程式(7.40)代入方程式(7.37),得到

$$[S_{XX}(\omega)] = [P][\mathcal{H}^*(\mathrm{i}\omega)][P]^\mathrm{T}[S_{FF}(\omega)][P][\mathcal{H}(\mathrm{i}\omega)][P]^\mathrm{T} \tag{7.41}$$

将此结果与方程式(7.27)进行比较,我们发现下列关系成立:

$$[H^*(\mathrm{i}\omega)] = [P][\mathcal{H}^*(\mathrm{i}\omega)][P]^\mathrm{T}$$

$$[H(\mathrm{i}\omega)]^\mathrm{T} = [P][\mathcal{H}(\mathrm{i}\omega)][P]^\mathrm{T}$$

其中 $[H(\mathrm{i}\omega)]$ 是和 $\{F(t)\}$ 与 $\{X(t)\}$ 相关的、完全填满的频率响应函数矩阵。

方程式(7.41)是在前一章中获得的单自由度系统的结果的扩展。回想一下,对

于服从两个随机 $P(t)$ 和 $Q(t)$ 的单个质量,我们发现,反应谱由方程式(6.65)给出

$$S_{XX}(\omega) = \{H_{XP}^*(i\omega) \quad H_{XQ}^*(i\omega)\} \begin{bmatrix} S_{PP}(\omega) & S_{PQ}(\omega) \\ S_{QP}(\omega) & S_{QQ}(\omega) \end{bmatrix} \begin{Bmatrix} H_{XP}(i\omega) \\ H_{XQ}(i\omega) \end{Bmatrix}$$

$$= [H_{XP}^*(i\omega)S_{PP}(\omega) + H_{XQ}^*(i\omega)S_{QP}(\omega)]H_{XP}(i\omega) +$$
$$[H_{XP}^*(i\omega)S_{PQ}(\omega) + H_{XQ}^*(i\omega)S_{QQ}(\omega)]H_{XQ}(i\omega)$$

$$= |H_{XP}(i\omega)|^2 S_{PP}(\omega) + H_{XQ}^*(i\omega)S_{QP}(\omega)H_{XP}(i\omega) +$$
$$H_{XP}^*(i\omega)S_{PQ}(\omega)H_{XQ}(i\omega) + |H_{XQ}(i\omega)|^2 S_{QQ}(\omega)$$

对于间隔良好的模态频率的轻阻尼系统,方程式(7.39)的双求和中的交叉项有 $l \neq m$,对由 $\int_{-\infty}^{\infty} S_{X_j X_i}(\omega) d\omega$ 给出的均方响应的影响很小。这种情况下,我们采用近似法

$$S_{X_j X_i}(\omega) \approx \sum_{l=1}^{N} \hat{u}_{jl}^2 |H_l(i\omega)|^2 S_{Q_l Q_l}(\omega) \qquad (7.42)$$

其中

$$|H_l(i\omega)|^2 = \left[ \frac{\dfrac{1}{\omega_l^2}}{\sqrt{\left(1 - \dfrac{\omega^2}{\omega_l^2}\right)^2 + \left(\dfrac{2\zeta_l \omega}{\omega_l}\right)^2}} \right]^2$$

更多细节可在相关专业书籍中找到①。

考虑这样一种情况,$N$ 个自由度中只有前 3 种模态被使用,其中 $N$ 比 3 大得多。然后,基于 3 种模态的谱密度 $[S_{XX}]$ 可以通过执行以下矩阵乘积得到

$$[\boldsymbol{S}_{XX}(\omega)]_{N\times N} = [\boldsymbol{P}]_{N\times 3}[\mathcal{H}^*(\omega)]_{3\times 3}[\boldsymbol{P}]_{3\times N}^{\mathrm{T}}[\boldsymbol{S}_{FF}(\omega)]_{N\times N} \cdot$$
$$[\boldsymbol{P}]_{N\times 3}[\mathcal{H}(\omega)]_{3\times 3}[\boldsymbol{P}]_{3\times N}^{\mathrm{T}} \qquad (7.43)$$

其中

$$[\boldsymbol{P}]_{N\times 3} = [\{\hat{u}\}_1 \quad \{\hat{u}\}_2 \quad \{\hat{u}\}_3]$$

$$[\mathcal{H}(i\omega)]_{3\times 3} = \begin{bmatrix} H_1(i\omega) & 0 & 0 \\ 0 & H_2(i\omega) & 0 \\ 0 & 0 & H_3(i\omega) \end{bmatrix}$$

这种方法计算效率高,突出了模态分析的优点。

**例 7.5 多个随机力的响应**

考虑一个具有质量矩阵 $[m]$、阻尼矩阵 $[c]$ 和刚度矩阵 $[k]$ 的二自由度系统。假

---

① 例如,P. Wirsching,T. Paez 和 H. Ortiz,《随机振动:理论与实践》,1995 年 Wiley – Interscience 出版。

设第一质量受到随机力 $G(t)$ 的作用,其中 $G(t)=F_2(t)+F_3(t)$ 是两个随机力的和。力谱密度矩阵 $[S_{FF}(\omega)]$ 的维度是 $2\times 2$。求响应谱密度矩阵 $[S_{XX}(\omega)]$。

**解**:运动方程如下:

$$[m]\{\ddot{X}(t)\}+[c]\{\dot{X}(t)\}+[k]\{X(t)\}=\{F(t)\}$$

式中: $\{F(t)\}=\{F_1(t)\ G(t)\}^T$。通过对运动方程的傅里叶变换进行求解,可以得到频率响应函数矩阵 $\{X(i\omega)\}$,即

$$[[k]-\omega^2[m]+i\omega[c]]\{X(i\omega)\}=\{F(\omega)\}$$

$$\{X(i\omega)\}_{2\times 1}=[H^*(i\omega)]_{2\times 2}\{F(\omega)\}_{2\times 1}$$

其中

$$[H(i\omega)]=[[k]-\omega^2[m]+i\omega[c]]^{-1}$$

是一个方形对称矩阵,并且

$$\{F(\omega)\}_{2\times 1}=\{F_1(\omega)\ G(\omega)\}^T$$

$$[H(i\omega)]_{2\times 2}=\begin{bmatrix} H_{F_1F_1}(i\omega) & H_{F_1G}(i\omega) \\ H_{GF_1}(i\omega) & H_{GG}(i\omega) \end{bmatrix}$$

此外,$H_{ij}(i\omega)$ 是 $j$ 处的力在坐标 $i$ 上产生位移的频率响应函数。响应谱密度矩阵如下:

$$[S_{XX}(\omega)]_{2\times 2}=[H^*(i\omega)]_{2\times 2}[S_{FF}(\omega)]_{2\times 2}[H(i\omega)]_{2\times 2}^T$$

其中

$$[S_{FF}(\omega)]=\begin{bmatrix} S_{F_1F_1}(\omega) & S_{F_1G}(\omega) \\ S_{GF_1}(\omega) & S_{GG}(\omega) \end{bmatrix}$$

这些谱密度是通过对相关函数的傅里叶变换得到的,例如:

$$R_{GG}(\tau)=E\{G(t)G(t+\tau)\}$$
$$=E\{[F_2(t)+F_3(t)][F_2(t+\tau)+F_3(t+\tau)]\}$$
$$=R_{F_2F_2}(\tau)+R_{F_2F_3}(\tau)+R_{F_3F_2}(\tau)+R_{F_3F_3}(\tau)$$

谱密度为

$$S_{GG}(\omega)=S_{F_2F_2}(\omega)+S_{F_2F_3}(\omega)+S_{F_3F_2}(\omega)+S_{F_3F_3}(\omega)$$

**例 7.6  响应谱密度的模态近似**

一个两自由度系统的运动方程:

$$[m]\{\ddot{X}(t)\}+[c]\{\dot{X}(t)\}+[k]\{X(t)\}=\{F(t)\}$$

其中

$$[m] = \begin{bmatrix} m_1 & 0 \\ 0 & m_2 \end{bmatrix}(\text{kg}), \quad [k] = \begin{bmatrix} k_1+k_2 & -k_2 \\ -k_2 & k_2+k_3 \end{bmatrix}(\text{N/m})$$

$$[c] = [m] + 0.2[k]((\text{N} \cdot \text{s})/\text{m})$$

$$[S_{FF}(\omega)] = \begin{bmatrix} S_{11}(\omega) & S_{12}(\omega) \\ S_{21}(\omega) & S_{22}(\omega) \end{bmatrix}(\text{N}^2 \cdot \text{s})$$

通过模态分析求反应谱和均方值。假定以下参数值：

$$m_1 = 1\text{kg}, m_2 = 1\text{kg}, k_1 = 2\text{N/m}, k_2 = 0.2\text{N/m}, k_3 = 2\text{N/m},$$

$$S_{11}(\omega) = 1\text{N}^2 \cdot \text{s}, S_{12}(\omega) = S_{21}(\omega) = 0, S_{22}(\omega) = 2\text{N}^2 \cdot \text{s}$$

**解**：可以得到固有频率是 $\omega_1 = 1.20\text{rad/s}$ 和 $\omega_2 = 2.36\text{rad/s}$，并且相应的模态矩阵如下：

$$[P] = \begin{bmatrix} 0.189 & 0.982 \\ 0.982 & -0.189 \end{bmatrix}$$

频率响应函数 $H_1(i\omega)$ 和 $H_2(i\omega)$ 在方程式(7.38)中定义并且表示为

$$H_1(i\omega) = \frac{1}{-\omega^2 + 1.162 + 1.232 i\omega}$$

$$H_2(i\omega) = \frac{1}{-\omega^2 + 2.239 + 1.448 i\omega}$$

然后，响应谱由方程式(7.41)给出，响应谱矩阵的元素 $[S_{XX}(\omega)]$ 由下列方程给出

$$S_{X_1X_1}(\omega) = 0.070|H_1(i\omega)|^2 + 0.999|H_2(i\omega)|^2 -$$
$$0.035[H_1(i\omega)H_2^*(i\omega) + H_1^*(i\omega)H_2(i\omega)]$$

$$S_{X_1X_2}(\omega) = 0.365|H_1(i\omega)|^2 - 0.192|H_2(i\omega)|^2 -$$
$$0.179H_1^*(i\omega)H_2(i\omega) + 0.007H_1(i\omega)H_2^*(i\omega)$$

$$S_{X_2X_1}(\omega) = 0.365|H_1(i\omega)|^2 - 0.192|H_2(i\omega)|^2 -$$
$$0.179H_1(i\omega)H_2^*(i\omega) + 0.007H_1^*(i\omega)H_2(i\omega)$$

$$S_{X_2X_2}(\omega) = 1.894|H_1(i\omega)|^2 + 0.037|H_2(i\omega)|^2 +$$
$$0.035[H_1(i\omega)H_2^*(i\omega) + H_1^*(i\omega)H_2(i\omega)]$$

注意：$S_{X_1X_2}(\omega) = S_{X_1X_2}^*(\omega)$。

提供一些额外的细节，我们展示了表达式 $S_{X_1X_1}(\omega)$ 是如何在下面的计算序列中得到的，从方程式(7.41)开始

$$[S_{XX}(\omega)] = [P][\mathcal{H}^*(i\omega)][P]^T[S_{FF}(\omega)][P][\mathcal{H}(i\omega)][P]^T$$

其中

$$[\mathcal{H}(i\omega)] = \begin{bmatrix} H_1(i\omega) & 0 \\ 0 & H_2(i\omega) \end{bmatrix}$$

$$[S_{FF}(\omega)] = \begin{bmatrix} 1 & 0 \\ 0 & 2 \end{bmatrix}(N^2 \cdot s)$$

从左到右进行矩阵乘法运算,得到上述表达式 $S_{X_1X_1}(\omega)$,例如:

$$[P][\mathcal{H}^*(i\omega)][P]^T = \begin{bmatrix} 0.036H_1^* + 0.964H_2^* & 0.186H_1^* - 0.186H_2^* \\ 0.186H_1^* - 0.186H_2^* & 0.964H_1^* + 0.036H_2^* \end{bmatrix}$$

如果我们忽略交叉项,如同方程式(7.42),那么,有

$$S_{X_1X_1}(\omega) = \hat{u}_{11}^2 |H_1(i\omega)|^2 S_{Q_1Q_1}(\omega) + \hat{u}_{12}^2 |H_2(i\omega)|^2 S_{Q_2Q_2}(\omega)$$
$$= 0.189^2 \times |H_1(i\omega)|^2 \times 1.9643 + 0.982^2 \times |H_2(i\omega)|^2 \times 1.0357$$
$$= 0.070 \times |H_1(i\omega)|^2 + 0.999 \times |H_2(i\omega)|^2$$

$$S_{X_2X_2}(\omega) = \hat{u}_{21}^2 |H_1(i\omega)|^2 S_{Q_1Q_1}(\omega) + \hat{u}_{22}^2 |H_2(i\omega)|^2 S_{Q_2Q_2}(\omega)$$
$$= 0.982^2 \times |H_1(i\omega)|^2 \times 1.9643 + 0.189^2 \times |H_2(i\omega)|^2 \times 1.0357$$
$$= 1.894 \times |H_1(i\omega)|^2 + 0.037 \times |H_2(i\omega)|^2$$

其中

$$[S_{QQ}(\omega)] = [P]^T[S_{FF}(\omega)][P]$$
$$= \begin{bmatrix} 0.189 & 0.982 \\ 0.982 & -0.189 \end{bmatrix}\begin{bmatrix} 1 & 0 \\ 0 & 2 \end{bmatrix}\begin{bmatrix} 0.189 & 0.982 \\ 0.982 & -0.189 \end{bmatrix}$$
$$= \begin{bmatrix} 1.9643 & -0.1856 \\ -0.1856 & 1.0357 \end{bmatrix}$$

均方值如下:

$$[R_{XX}(0)] = \int_{-\infty}^{\infty} [S_{XX}(\omega)]d\omega$$
$$= \begin{bmatrix} 1.033 & 0.392 \\ 0.392 & 4.281 \end{bmatrix}$$

其中积分可以用方程式(6.59)进行。基于式(7.42)的近似得到

$$R_{X_1X_1}(0) = 1.122m^2$$

和

$$R_{X_2X_2}(0) = 4.192m^2$$

图 7.7 显示了均方估计 $R_{X_1X_1}(0)$ 和 $R_{X_2X_2}(0)$ 或者变值 $k_2$ 的相对误差。相对误差定义为

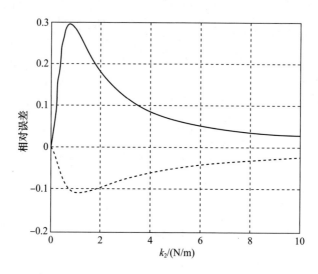

图 7.7 $k_2$ 变化时均方值的相对误差(实线是 $R_{X_1X_1}(0)$,虚线是 $R_{X_2X_2}(0)$)

$$相对误差 = \frac{近似解 - 精确解}{精确解}$$

当两个质量块之间没有机械耦合时,相对误差等于零($k_2 = 0$)。最大相对误差发生在中间值 $k_2$ 处,并且随着 $k_2$ 增加而稳定下降。这两个质量可能是动力学相关的,因为外力是相关的。

图 7.8 显示了当 $k_2 = 0.2 \text{N/m}$ 时均方估计 $R_{X_1X_1}(0)$ 和 $R_{X_2X_2}(0)$ 的相对误差,并且

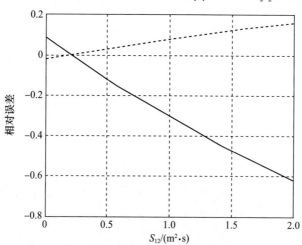

图 7.8 $S_{12}$ 变化时均方值的相对误差(实线是 $R_{X_1X_1}(0)$,虚线是 $R_{X_2X_2}(0)$)

$S_{12}(\omega)$ 是变化的,假设 $S_{12}(\omega) = S_{21}(\omega)$。它表明,当 $S_{12}(\omega) = S_{21}(\omega) \approx 0.2\text{m}^2 \cdot \text{s}$ 时均方误差最小。误差随着 $S_{12}(\omega)$ 的增长而增长,应该注意到,如果两个质量之间的机械耦合等于零($k_2 = 0$),则对于 $S_{12}(\omega)$ 的任何值,误差都等于零。

### 例7.7 使用几种模态的近似响应谱密度

考虑一个纵向振动的梁,如图7.9所示。

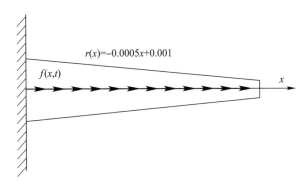

图7.9 分布荷载 $f(x,t)$ 作用下圆形截面半径为 $r(x) = -0.0005x + 0.001(\text{m})$ 的纵向振动梁

梁的长度为1m,截面为圆形,截面半径沿着梁变化,变化方程为

$$r(x) = -0.0005x + 0.001(\text{m})$$

梁受均布荷载 $f(x,t)$ 的作用。单位长度的载荷为 $f(x,t) = x^2 G(t)$,其中 $G(t) \text{N/m}^3$ 是一种基于白噪声的随机过程,谱密度为1。梁的材料是钢,其密度为 $\rho = 7830\text{kg/m}^3$,杨氏模量为200GPa。

(1) 用弹簧连接的10自由度系统来近似这个系统。求出固有频率和振型。
(2) 仅使用前3个自由度找到近似均方值,比较两组结果。

**解**:注意到这是一个轴向加载了非常小的随机载荷的刚度非常大的系统,即 $EA$ 非常大。为了求解,我们首先把梁离散成长度相同的 $N$ 个单元,即 $x_i = \left(\dfrac{L}{N}\right)i$,其中 $i = 0,1,\cdots,N$。图7.10是离散为10个单元的情形。集中质量为

$$m_i = \int_{x_{i-1}}^{x_i} \rho A(x) \mathrm{d}x$$
$$= \int_{x_{i-1}}^{x_i} \rho \pi (0.001 - 0.0005x)^2 \mathrm{d}x, \quad i = 1,2,\cdots,N$$

单元 $i$ 质心的位置为

$$\bar{x}_i = \dfrac{\int_{x_{i-1}}^{x_i} \rho A(x) x \mathrm{d}x}{\int_{x_{i-1}}^{x_i} \rho A(x) \mathrm{d}x}$$

在一个特定的时间 $t$,轴向力 $\mathcal{F}(x)$ 作用在梁的 $x$ 位置处,梁承受轴向位移 $u(x)$,

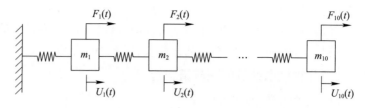

图 7.10 纵向运动的连续梁的多自由度的近似解

它们之间关系如下：

$$\mathcal{F}(x) = EA(x)\frac{du}{dx}$$

式中：$dx$ 是增量梁单元的原长；$du$ 是增量梁单元长度的变化。对于第 $i^{th}$ 梁单元，我们考虑两个质心 $\bar{x}_{i-1}$ 和 $\bar{x}_i$ 之间距离的变化，我们发现

$$\mathcal{F}(x) = \frac{E}{\int_{\bar{x}_{i-1}}^{\bar{x}_i}\frac{dx}{A(x)}}\Delta u_i$$

且

$$\frac{\mathcal{F}(x)}{\Delta u_i} = k_i = \frac{E}{\int_{\bar{x}_{i-1}}^{\bar{x}_i}\frac{dx}{A(x)}}$$

式中：$k_i$ 是第 $(i-1)^{th}$ 和 $i^{th}$ 集中质量之间的刚度。我们注意到第一个质量和墙之间的刚度如下：

$$k_1 = \frac{E}{\int_0^{\bar{x}_1}\frac{dx}{A(x)}}$$

作用在第 $i^{th}$ 梁上的随机力的合力可通过对作用在该单元上的分布力进行积分得到：

$$F_i(t) = \int_{x_{i-1}}^{x_i} f(x,t)dx = G(t)\int_{x_{i-1}}^{x_i} x^2 dx$$

其中 $\int_{x_{i-1}}^{x_i} x^2 dx$ 可以用常数 $C_i \text{m}^3$ 表示。然后，响应谱密度为

$$S_{F_iF_j}(\omega) = C_iC_j S_{GG} = C_iC_j$$

因为负载的强度等于 1。

质量、刚度和谱矩阵为

$$[\boldsymbol{m}] = \begin{bmatrix} m_1 & \cdots & 0 & \cdots & 0 \\ \vdots & & \vdots & & \vdots \\ 0 & \cdots & m_i & \cdots & 0 \\ \vdots & & \vdots & & \vdots \\ 0 & \cdots & 0 & \cdots & m_{10} \end{bmatrix}, \quad [\boldsymbol{k}] = \begin{bmatrix} k_1+k_2 & -k_2 & \cdots & 0 & 0 \\ -k_2 & k_2+k_3 & \cdots & -k_3 & 0 \\ \vdots & \vdots & & \vdots & \cdots \\ 0 & -k_3 & \cdots & & -k_{10} \\ 0 & 0 & \cdots & -k_{10} & k_{10} \end{bmatrix}$$

$$[\boldsymbol{S}_{FF}(\omega)] = S_{GG} \begin{bmatrix} C_1^2 & C_1 C_2 & \cdots & C_1 C_{10} \\ C_2 C_1 & C_2^2 & \cdots & \vdots \\ \vdots & \vdots & & \vdots \\ C_{10} C_1 & \cdots & \cdots & C_{10}^2 \end{bmatrix}$$

从中可以得到固有频率和模态矩阵,以及 $S_{GG}=1$。无阻尼系统的频率响应函数 $H_i(\omega)$ 如下式所示:

$$H_i(\omega) = \frac{1}{\omega_i^2 - \omega^2}$$

式中: $\omega_i$ 是第 $i^{\text{th}}$ 阶固有频率。

如果使用了 5 个梁单元,那么其集中质量、刚度和 $C_i$ 如下:

$$m_1 = 0.00444, m_2 = 0.00356, m_3 = 0.00277,$$

$$m_4 = 0.00167208, m_5 = 0.00149$$

$$k_1 = 6.19 \times 10^6, k_2 = 2.55 \times 10^6, k_3 = 2.02 \times 10^6,$$

$$k_4 = 1.55 \times 10^6, k_5 = 1.138 \times 10^6$$

$$C_1 = 0.00267, C_2 = 0.0187, C_3 = 0.0507,$$

$$C_4 = 0.0987, C_5 = 0.163$$

式中: $m_i$ 的单位是 kg; $k_i$ 的单位是 N/m; $C_i$ 的单位是 m³。固有频率如下:

$$\omega_{1,2,3,4,5} = 0.104, 0.573, 1.32, 2.07, 2.53 (\times 10^9)(\text{rad/s})$$

随着使用的自由度的增加,固有频率和特征矢量越来越接近连续梁的固有频率和特征矢量。如果使用 10 个单元,则我们发现前 3 个固有频率为

$$\omega_{1,2,3} = 0.105, 0.606, 1.545 (\times 10^9)(\text{rad/s})$$

如果使用 20 个单元,则前 3 个固有频率为

$$\omega_{1,2,3} = 0.105, 0.614, 1.605 (\times 10^9)(\text{rad/s})$$

使用 20 自由度模型的前 3 个固有频率和特征矢量,利用方程式(7.14)得到响应谱

$$[S_{XX}(\omega)]_{20\times20} = [P]_{20\times3}[\mathcal{H}^*(\omega)_{3\times3}][P]_{3\times20}^{\mathrm{T}}[S_{FF}(\omega)]_{20\times20} \cdot$$
$$[P]_{20\times3}[\mathcal{H}(\omega)_{3\times3}][P]_{3\times20}^{\mathrm{T}}$$

$$= [P]_{20\times3} \begin{bmatrix} H_1^* H_1 S_{Q_1Q_1} & H_1^* H_2 S_{Q_1Q_2} & H_1^* H_3 S_{Q_1Q_3} \\ H_2^* H_1 S_{Q_2Q_1} & H_2^* H_2 S_{Q_2Q_2} & H_2^* H_3 S_{Q_2Q_3} \\ H_3^* H_1 S_{Q_3Q_1} & H_3^* H_2 S_{Q_3Q_2} & H_3^* H_3 S_{Q_3Q_3} \end{bmatrix} [P]_{3\times20}^{\mathrm{T}}$$

$$= [P]_{20\times3} \begin{bmatrix} |H_1|^2 S_{Q_1Q_1} & H_1^* H_2 S_{Q_1Q_2} & H_1^* H_3 S_{Q_1Q_3} \\ H_2^* H_1 S_{Q_2Q_1} & |H_2|^2 S_{Q_2Q_2} & H_2^* H_3 S_{Q_2Q_3} \\ H_3^* H_1 S_{Q_3Q_1} & H_3^* H_2 S_{Q_3Q_2} & |H_3|^2 S_{Q_3Q_3} \end{bmatrix} [P]_{3\times20}^{\mathrm{T}}$$

谱密度也可以用式(7.42)通过忽略交叉谱来简化：

$$S_{X_jX_j}(\omega) = \sum_{l=1}^{20} \hat{u}_{jl}^2 |H_l(\mathrm{i}\omega)|^2 S_{Q_lQ_l}(\omega)$$

图 7.11 中实线表示响应谱 $S_{X_1X_1}(\omega)$。虚线是前 3 阶模态下 20 自由度系统的近似，虚线是式(7.42)简化后的近似。利用前 3 阶模态近似的谱密度与真实解非常接近。

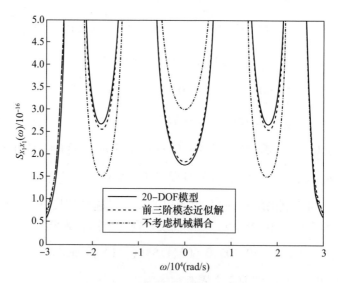

图 7.11　响应谱密度 $S_{X_1X_1}(\omega)$ 的近似解

（实线是 20 自由度模型的精确解；虚线是基于前 3 种模态的 20 自由度模型的近似解，点划线是用式(7.42)化简得到的 20 自由度模型的近似）

## 7.3 周期性结构

周期性结构是那些具有重复模型的结构,每个单元都被设计成与所有其他单元相同,并以相同的方式连接到相邻的单元。这种结构的例子包括机身外壳上有重复加强筋的部分、周期性循环的涡轮叶片和天线盘。图 7.12 提供了周期结构的示意图。

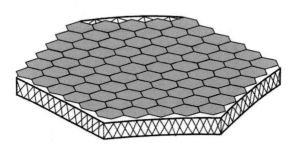

图 7.12 具有周期性几何特性的结构
(示意图显示了由框架支持的镜像网络)

一般认为一个重复结构的每个单元是相同的。这种假设往往会大大简化分析;如果荷载是对称的,则只需要分析一个单元加上边界条件即可。

在实际结构中,周期性质永远不可能是精确的,在从一个单元移动到下一个单元时,材料性能和几何形状至少有很小的差异。最近的研究表明,即使是微小的缺陷也能导致这种近周期结构的结构响应发生重大变化。我们将首先研究一个确切的周期结构的行为,然后研究一个周期性的缺陷如何影响结构响应。

### 7.3.1 完美的晶格模型

完美周期离散结构有时称为晶格模型,因为从历史上看,这种弹簧质量系统对物理学家来说就像格子,他们用它们来模拟固体中原子的相互作用。本文给出了一个进行纵向运动的 10 自由度结构(沿结构轴线运动),并给出了一些数值结果。在本节中,假设结构是完全周期性的;在下一节中,我们将引入一个缺陷,以便研究它的影响。

对于图 7.13 所示的 10 质量结构,每个质量表示惯性特性、子结构或单元。质量由一个耦合弹簧$k_i$连接到相邻的质量,该弹簧$k_i$表示子结构之间的耦合刚度。为了表示子结构的刚度,质量也附着在一些弹簧上,这些弹簧被固定在不动点上。这是某些结构类型的一个概念模型,这些结构内部是弱耦合的,但是连接在一个刚度更大的基础结构上。

其他的例子包括空间框架结构,如空间站,由高刚性支架连接到卫星的太阳能板阵列,旋转机械和其他圆形对称系统,柔性叶片连接到一个刚性非常大的轴。图 7.13中如果$k_1$和$k_{11}$具有同样的刚度,那么这个模型也适用于圆对称结构。

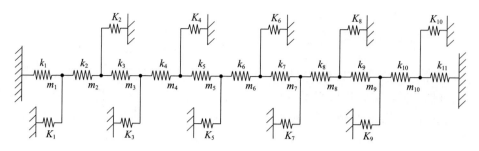

图 7.13 10 格纵向运动结构(具有 10 个质量 $m_i$,11 个耦合弹簧 $k_i$ 和 10 个固定弹簧 $K_i$)

无阻尼周期结构的运动矩阵方程为

$$[m]\{\ddot{x}(t)\} + [k]\{x(t)\} = \{0\}$$

其中

$$[m] = \begin{bmatrix} m_1 & 0 & \cdots & 0 \\ 0 & m_2 & \cdots & 0 \\ \vdots & \cdots & \ddots & 0 \\ 0 & \cdots & \cdots & m_{10} \end{bmatrix}, \quad \{x(t)\} = \begin{Bmatrix} x_1(t) \\ x_2(t) \\ \vdots \\ x_{10}(t) \end{Bmatrix}$$

且

$$[k] = \begin{bmatrix} k_1 + K_1 + k_2 & -k_2 & \cdots & 0 \\ -k_2 & k_2 + K_2 + k_3 & & 0 \\ \vdots & 0 & \ddots & 0 \\ 0 & & & -k_{10} \\ 0 & \cdots & -k_{10} & k_{10} + K_{10} + k_{11} \end{bmatrix}$$

刚度矩阵为三对角矩阵,即非零元素只出现在主对角线和两个相邻对角线上。主对角线具有这样的形式: $k_i + K_i + k_{i+1}$。

我们已经学习的自由振动响应的程序适用于自然频率、模态和响应的评估。我们的目的是检查每一个质量的时间历史响应,在这个讨论中对于所有的 $i$,有 $m_i = 10\text{kg}$ 和 $K_i = 100\text{N/m}$。

在这种系统的行为中发现的一个重要参数是耦合刚度比,定义为

$$\text{CSR} = \frac{k_i}{K_i}$$

一旦规定了 CSR, $k_i$ 就能确定,因为 $K_i$ 已知。例如,弱耦合结构的耦合刚度比为 CSR = 0.01 或者 1%,其中 $k_i$ = 1N/m。单元之间的耦合刚度 $k_i$ 影响能量从一个单元到下一个单元的传播速度。在振动过程中,弹簧的压缩和伸长引起能量的传播。对于大的 $k_i$ 值,一个质量的能量能够更快地传递到下一个质量。这种行为类似于耦合摆。

图 7.14 展示对于质量和其他质量都为零的情况下,10 个质量中每个质量对单位初速度和零初始位移的响应。时程是 600s,而且我们可以看到波是如何从位置 1

传播到位置 10,然后从右端反射回来的。由于周期系统是完全周期的,没有不连续或不完美的情况,所以在任何位置,相邻单元或单元的属性不匹配都会导致一些能量的反射,因此,所有的能量都在质量之间传递。

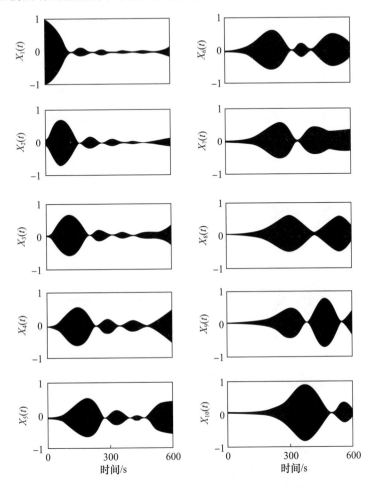

图 7.14　$x_1(0) = 0$ 和 $\dot{x}_1(0) = 1\text{m/s}$ 以及所有其他初始条件为零的理想结构的位移响应（我们在左上方的图表中看到位移的起始点。位移轮廓向右移动,就像下图中看到的那样,$x_1(t), x_2(t), \cdots, x_{10}(t)$。由于时间尺度的关系,响应振荡被压缩并呈现固态）

下一节将讨论缺陷对响应特性的影响。

### 7.3.2　缺陷的影响

通过引入一个测量相邻单元间物理差异的参数,可以研究缺陷的影响[①]。假设

---

① Mester 和 H. Benaroya,局部化参数研究,冲击与振动,1996 年第 3 卷第 1 期,1-10 页。

引入的缺陷是由于单元刚度$K_i$的差异引起的。这种刚度缺陷比 SIR,定义为

$$\text{SIR} = \frac{K_d - K}{K}$$

式中:$K_d$是不正常的单元刚度,引出它来确定其影响;$K$是理想单元刚度。例如,对于具有理想单元刚度$K=100\text{N/m}$的非完美周期结构,如果 SIR = +10%,那么,这意味着

$$K_d = K(\text{SIR}+1)$$
$$= 100 \times (0.10+1) = 110(\text{N/m})$$

如果 SIR = -10%,那么$K_d$ = 90N/m。对第 5 个单元中刚度缺陷为 10% 的 10 个单元结构进行标准自由振动分析,其作用是确定第 5 个单元的振动能。当 CSR = 1% 时,在第一质量处的单位初速度用于启动系统的自由振动,其响应如图 7.15 所示。

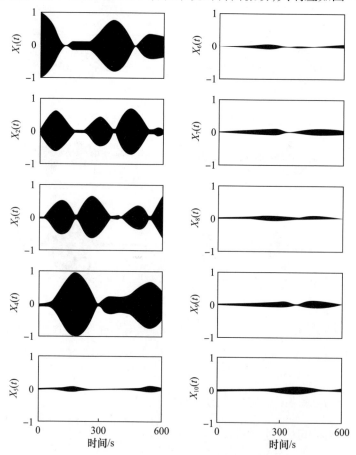

图 7.15　SIR = 10% 的结构在第五舱的位移响应

(第一个舱由$x_1(0) = 0$和$\dot{x}_1(0) = 1\text{m/s}$装载,其他所有初始条件等于 0。我们看到,由于 tr 的缺陷,波不能通过 5 号位置。由于时间尺度的关系,响应振荡被压缩并呈现固态)

作为模态由于不完美而如何变形的例子,见图 7.16 从平滑模态到不规则或扭曲模态的变化,这种变化是由于位置 5 处的缺陷的增加而仅允许部分振动能量被传递并反射掉其余部分。

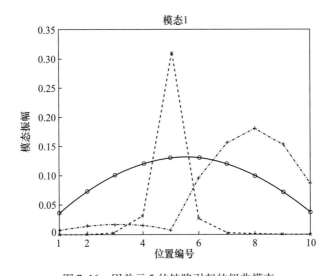

图 7.16 因单元 5 的缺陷引起的扭曲模态

([×]为消极失序,[○]为完美情况,[+]为积极失序,SIR = 0.1,正无序曲线的不对称是由于无序偏离了中心)

## 7.4 振动反问题

振动反问题中,已知的和将要求解的问题与我们处理的常见问题相反。在以前的问题中,系统的质量、阻尼和刚度都是已知的量,而已知的输入力被用来求解未知的响应。一类反问题,有时称为系统辨识问题,其中力和响应是已知的,并用于评估系统的质量、阻尼和刚度。在另一类反问题,称为力重构问题,其中力是未知的,系统的性质和响应是已知的。反问题通常比一般的正问题更难解决,因为可能有多个可能的解决方案。也就是说,可能有多于一个组合的系统特性满足力响应关系。

本节中,本征值数据被用来计算线性动态系统的性质。假设已经运行了一组实验来估计固有频率。例如,多自由度系统可以由可变频率负载驱动。在每个谐振中,存在峰值响应和相位角 $\frac{\pi}{2}$ rad。这些频率数据可以用来求解质量和刚度特性吗?如果不能,那么需要什么额外的信息?

用两种方法研究了这个振动反问题。首先,基于 Gladwell 的工作,是一种假定所有频率数据都是精确的确定性方法。这种方法为我们提供了一种新的思考结构特性与各自自由振动特性之间关系的方法。①

在第二种方法中,更现实地假设数据具有一些小的误差,而不考虑实验设置的复杂性。我们感兴趣的是找出频率数据中对不确定性的质量和刚度的敏感性。

这种方法的一种可能应用是无损检测和结构完整性评估。在固定的时间间隔内进行测量将能够检测到随时间变化的给定结构的光谱(频率)特性的变化。特别是这些技术可以用来估计和定位由于结构老化而引起的结构刚度变化,表明是否需要修理。

### 7.4.1 确定性振动反问题

在典型的振动问题中,系统的物理参数至少是近似已知的。这些参数是离散系统的质量和弹簧常数,或者是连续系统的密度、弹性模量和物理尺寸。通过对这些参数进行分析,可以确定固有频率或自由响应。

在振动反问题中,系统的物理参数是由谱数据确定的,即用频率和振型,也即特征值和特征矢量来确定质量与刚度参数值。考虑图 7.17 所示的简单弹簧质量系统。由振动理论可知,该系统具有两个明显的正特征值 $\lambda_1$ 和 $\lambda_2$,即特征方程的根,即

$$\lambda^2 - \left[\frac{k_1 + k_2}{m_1} + \frac{k_2}{m_2}\right]\lambda + \frac{k_1 k_2}{m_1 m_2} = 0$$

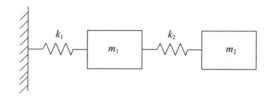

图 7.17 两自由度系统

各自的固有频率分别等于 $\sqrt{\lambda_1}$ 和 $\sqrt{\lambda_2}$。由这个方程得出特征值之间的下列关系:

$$\lambda_1 + \lambda_2 = \frac{k_1 + k_2}{m_1} + \frac{k_2}{m_2}, \quad \lambda_1 \lambda_2 = \frac{k_1 k_2}{m_1 m_2} \tag{7.44}$$

在振动反问题中,目标是利用特征值数据重建系统的物理性质。本例中,对于 4 个未知量 $k_1$、$k_2$、$m_1$ 和 $m_2$ 只有 2 个方程,所以有无穷多个具有特征值 $\lambda_1$ 和 $\lambda_2$ 的 2 自由度模型。因此,有必要再引入两个方程,以便系统可以确定唯一解。

为了得到更多的方程,我们考虑图 7.18 中的系统。这个系统和之前的系统是一样的,只是右边的部分是固定的。这个约束单自由度系统有一个已知的特征值

---

① G. M. L. Gladwell,振动中的反问题,MArtinus Nijhoff 出版,1986 年。G. M. L. Gladwell,振动中的反问题,应用力学综述,第 39 卷,第 7 期,1986 年 7 月,第 1013–1018 页。

$\lambda_3$,即

$$\lambda_3 = \frac{k_1 + k_2}{m_1} \tag{7.45}$$

约束一个端点是获得附加方程的一种方法。

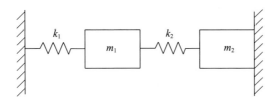

图 7.18 受约束的两自由度系统

通过代数处理式(7.44)和式(7.45),系统性能之间的比值$R_i$能够被求得,即

$$R_1 = \frac{k_2}{m_2} = \lambda_1 + \lambda_2 - \lambda_3 \tag{7.46}$$

$$R_2 = \frac{k_1}{m_1} = \frac{\lambda_1 \lambda_2}{\lambda_1 + \lambda_2 - \lambda_3} \tag{7.47}$$

$$R_3 = \frac{k_2}{m_1} = \frac{(\lambda_3 - \lambda_1)(\lambda_2 - \lambda_3)}{\lambda_1 + \lambda_2 - \lambda_3} \tag{7.48}$$

如果有一个相应的物理系统,所有的比值$R_1$、$R_2$和$R_3$都必须是正的,因为所有质量和刚度都是正数。比率是频率的平方,有相应的单位。这就要求特征值满足不等式:

$$0 < \lambda_1 < \lambda_3 < \lambda_2 \tag{7.49}$$

根据包含原理①来预测系统的类型。

这些比率揭示了系统的动态特性,但它们不能唯一地识别系统。为了做到这一点,需要更多的信息。例如,如果系统的总质量 $m = m_1 + m_2$ 已知,那么这些参数可以使用式(7.46)~式(7.48)唯一求解,

因此,可以得到

$$k_1 = \frac{R_1 R_2}{R_1 + R_3} m \tag{7.50}$$

$$k_2 = \frac{R_1 R_3}{R_1 + R_3} m \tag{7.51}$$

---

① 包含原理,有时称为斯图尔密斯分离定理,是一个系统的固有频率如何随着自由度的增加而减少的陈述。例如,假设同一结构有两个数学模型。一个模型有 3 个自由度,另一个模型有 2 个自由度。第一个模型有特征值 $\lambda_1 \leq \lambda_2 \leq \lambda_3$,而另一个会有特征值 $\Lambda_1 \leq \Lambda_2$。包含原理可以证明 $\lambda_1 \leq \Lambda_1 \leq \lambda_2 \leq \Lambda_2 \leq \lambda_3$。

这在物理意义上是合理的,因为结构变得不那么僵硬,或者更灵活,自由度更大,导致振动频率更低。

$$m_1 = \frac{R_1}{R_1 + R_3}m \tag{7.52}$$

$$m_2 = \frac{R_3}{R_1 + R_3}m \tag{7.53}$$

系统的总质量仅用于缩放结果,因此,在许多情况下,如果不明确地知道某个值,则可以充分假设该值。注意:从式(7.47)和式(7.48)中可以看出,如果特征值不同并且$\lambda_1 \neq \lambda_3 - \lambda_2$,这种方法就会有效。这种退化情况需要其他技术。

**例7.8** 两自由度系统的逆问题

假设以下数据来自两个实验:

$$\omega_1 = \sqrt{\lambda_1} = 2\text{Hz}$$

$$\omega_2 = \sqrt{\lambda_2} = 22\text{Hz}$$

$$\omega_3 = \sqrt{\lambda_3} = 5\text{Hz}$$

第一个实验确定了$\omega_1$和$\omega_2$,而第二个实验确定了$\omega_3$。质量的总和是已知的,$m_1 + m_2 = 11\text{kg}$。求解$k_1$、$k_2$、$m_1$和$m_2$。

**解**:根据式(7.49),注意到当第二个质量固定时,结构的固有频率是$\omega_3$。使用式(7.46) ~ 式(7.48),得到

$$R_1 = 463\text{Hz}, \quad R_2 = 4.2\text{Hz}, \quad R_3 = 20.8\text{Hz}$$

然后,使用式(7.50) ~ 式(7.53),求得物理参数为

$$k_1 = 44.2\text{N/m}, \quad k_2 = 219\text{N/m}$$

$$m_1 = 10.5\text{kg}, \quad m_2 = 0.47\text{kg}$$

这些结果在物理上是有意义的,因为如果固有频率有显著的差异,我们期望质量和/或刚度特性之间会有很大的差异。

已有研究表明,可以求出与2自由度系统相关联的逆振动问题的封闭形式解,但是对于更大的系统来说,则需要复杂的数值方法(格拉德威尔的书探讨了这些问题)。在这里,我们只研究了可以用解析方法来解决的问题。

### 7.4.2 不确定性数据的影响

接下来我们考虑不确定性对实验确定参数的影响。不确定性可能是由于测量误差引起的,但即使数量可以精确测量,材料性质和生产技术固有的统计性质表明仍然需要概率方法。两个看似相同的部件通常表现出轻微的特性差异,这些特性差异可能影响它们各自的性能,这些部件的装配更可能彼此不同。最后,工程系统的数学建模通常需要一些近似。这其中的原因包括缺乏对特定系统的理解或需要简化一个特别复杂的方程。制定中的假设会将不确定性引入到解决方案中。

在这里,我们考虑一个系统,可以在数学建模过程中使用确定性方程,但在系统变量中具有随机性。重要的是,要注意这种类型的概率分析不仅提供了一个比确定性模型更好的系统模型,而且还为分析者提供了一种工具,用于量化分析结果中的统计置信度。

根据上一节的讨论,必须求解式(7.46)~式(7.48)。因为 $\lambda_i$ 是随机变量,所以我们需要能够处理随机变量的函数。为了进行分析,有必要对非线性函数进行近似,如在4.3节中利用泰勒级数的表示方法求出 $R_1$、$R_2$ 和 $R_3$。

考虑一个随机变量 $\lambda_i (i=1,2,\cdots,n)$ 的函数 $R$[①]。每一个变量可以写成下面的形式,即

$$\lambda_i = \mu_{\lambda_i} + \epsilon_i$$

式中:$\mu_{\lambda_i}$ 是 $\lambda_i$ 的一个均值,并且 $\epsilon_i$ 是一个(小的)随机参数,表示频率的实际(平均)值有一些不确定性。因此,$E[\epsilon_i] = 0$ 和 $E[\epsilon_i^2] = \sigma_{\lambda_i}^2$,因为

$$\sigma_{\lambda_i}^2 = E\{(\lambda_i - \mu_{\lambda_i})^2\}$$
$$= E\{\epsilon_i^2\}$$

在进行一般展开之前,考虑一个具有两个不同根(频率的平方)的两自由度结构的情况,每个根都有不确定性,

$$\lambda_1 = \mu_{\lambda_1} + \epsilon_1$$
$$\lambda_2 = \mu_{\lambda_2} + \epsilon_2$$

对于 $\lambda_1$ 和 $\lambda_2$ 的一般非线性函数 $R_1$,关于 $\lambda_1$ 和 $\lambda_2$ 的平均值的泰勒级数展开为

$$R_1(\lambda_1,\lambda_2) = R_1(\mu_{\lambda_1},\mu_{\lambda_2}) + \frac{\partial R_1(\mu_{\lambda_1},\mu_{\lambda_2})}{\partial \lambda_1}(\lambda_1 - \mu_{\lambda_1}) + \frac{\partial R_1(\mu_{\lambda_1},\mu_{\lambda_2})}{\partial \lambda_2}(\lambda_2 - \mu_{\lambda_2}) +$$
$$\frac{1}{2}\left[\frac{\partial^2 R_1(\mu_{\lambda_1},\mu_{\lambda_2})}{\partial \lambda_1^2}(\lambda_1 - \mu_{\lambda_1})^2 + \frac{\partial^2 R_1(\mu_{\lambda_1},\mu_{\lambda_2})}{\partial \lambda_1 \partial \lambda_2}(\lambda_1 - \mu_{\lambda_1})(\lambda_2 - \mu_{\lambda_2}) + \right.$$
$$\left.\frac{\partial^2 R_1(\mu_{\lambda_1},\mu_{\lambda_2})}{\partial \lambda_2^2}(\lambda_2 - \mu_{\lambda_2})^2\right] + \cdots$$

其中 $(\lambda_1 - \mu_{\lambda_1}) = \epsilon_1$ 和 $(\lambda_2 - \mu_{\lambda_2}) = \epsilon_2$。对于 $R_2(\lambda_1, \lambda_2)$ 可以得到类似的表达式。需要注意的是,这些表达式中的所有项都是在分别为 $\lambda_1$ 和 $\lambda_2$ 的平均值下求得的,这些是已知的量。

$n$ 自由度结构的函数 $R_k$ 是所有 $\lambda_i$ 的函数,可以扩展为泰勒级数

---

[①] D. Moss, H. Benaroya. 具有不确定参数的振动离散逆问题,应用数学与计算,第69卷,第313-333页,1995年。

$$R_k(\lambda_1,\lambda_2,\cdots,\lambda_n) = R_k(\mu_{\lambda_1},\mu_{\lambda_2},\cdots,\mu_{\lambda_n}) +$$
$$\sum_{i=1}^{n}\frac{\partial R_k}{\partial \lambda_i}\epsilon_i + \frac{1}{2}\sum_{i=1}^{n}\sum_{j=1}^{n}\frac{\partial^2 R_k}{\partial \lambda_i \partial \lambda_j}\epsilon_i\epsilon_j + \cdots$$

式中：$k=1,2,\cdots,n$。如果频率表现出很小的随机性，也就是说，如果 $\lambda_i - \mu_{\lambda_i} = \epsilon_i \ll 1$，由于 $\epsilon_i^2$、$\epsilon_i\epsilon_j$、$\epsilon_i^3$ 和 $\epsilon_i\epsilon_j\epsilon_k$ 等小的高阶项，展开可以在几项之后被截断，误差很小。

我们只使用泰勒级数的前两项来演示这个过程。这是 $R$ 的线性近似，即

$$R_k(\lambda_1,\lambda_1,\cdots,\lambda_n) \approx R_k(\mu_{\lambda_1},\mu_{\lambda_2},\cdots,\mu_{\lambda_n}) + \sum_{i=1}^{n}\frac{\partial R_k}{\partial \lambda_i}\epsilon_i, \quad k=1,2,\cdots,n$$

从 $E\{\epsilon_i\}=0$ 开始，取 $R_k$ 的期望值得到近似结果

$$E\{R_k\} \approx R_k(\mu_{\lambda_1},\mu_{\lambda_2},\cdots,\mu_{\lambda_n}), \quad k=1,2,\cdots,n \tag{7.54}$$

因此，将所有随机变量的均值代入函数可以得到复杂函数均值的线性或一阶近似。

为了得到 $R_k$ 的标准差估计值，我们假设变量在统计学上是独立的①，因此为 $E[\epsilon_i\epsilon_j] = E[\epsilon_i]E[\epsilon_j] = 0$，其中 $i \neq j$。然后，$R_k$ 的标准差估计为

$$\sigma_{R_k}^2 = E\{R_k^2\} - [E\{R_k\}]^2 = \sum_{i=1}^{n}\left(\frac{\partial R_k}{\partial \lambda_i}\right)^2\sigma_{\lambda_i}^2, \quad k=1,2,\cdots,n \tag{7.55}$$

等式右边的偏导数在各自的平均值处取值。需要注意的是，式(7.55)仅依赖于随机变量的均值和标准差，不依赖于这些变量的特定分布，唯一的假设：它们是独立的。因此，在仅知道随机变量的平均值和方差的情况下，可以证明这种方法是有效的。下面的例7.9演示了刚刚推导的过程。

通过保留泰勒级数的二阶项，可得

$$R_k(\lambda_1,\lambda_2,\cdots,\lambda_n) \approx R_k(\mu_{\lambda_1},\mu_{\lambda_2},\cdots,\mu_{\lambda_n}) + \sum_{i=1}^{n}\frac{\partial R_k}{\partial \lambda_i}\epsilon_i + \frac{1}{2}\sum_{i=1}^{n}\sum_{j=1}^{n}\frac{\partial^2 R_k}{\partial \lambda_i \partial \lambda_j}\epsilon_i\epsilon_j$$

式中：$k=1,2,\cdots,n$，得到了对随机变量 $R_k$ 统计量更精确的预测。有时，在系列中保留较少的项可能比保留更多的项导致更精确的结果。

有必要验证使用这些展开近似所得到的解，因为精确度取决于 $\epsilon$ 的小值。为了验证被截断的泰勒级数的准确性，我们有两个选项：首先是建立一个规模模型，复制振动系统，并在不同条件下进行测试；其次是应用蒙特卡罗模拟技术，本文对此进行了讨论。关键是，在分析中必须验证每个近似。

**例7.9 不确定的两自由度系统**

使用之前的两项泰勒级数近似和下面的数据来估计图 7.17 系统中 $m_1$、$m_2$、$k_1$ 和

---

① 通常将这些假设作为对实际情况的第一近似。对于不是有效假设的情况，通常需要通过实验估算相关性，以便可以评估 $E(\epsilon_i\epsilon_j)$。

$k_2$ 的平均值与方差,其中原始系统的系统特征值的平均值为

$$\lambda_1 = 0.382\,\text{Hz}^2, \quad \lambda_2 = 2.618\,\text{Hz}^2$$

并且

$$\lambda_3 = 2.000\,\text{Hz}^2$$

是固定端约束系统的平均特征值,如图 7.18 所示。

总质量 $m_1 + m_2 = 20\,\text{kg}$ 是完全已知的(零标准差)。所有的 $\lambda$ 值都是随机的,变化系数为 $\delta = \dfrac{\sigma}{\mu} = 0.01$,1% 的变化。

**解**:我们使用式(7.54)进行平均值计算,使用式(7.55)进行标准偏差计算。该计算分为两部分。

(1) 在已知 $\lambda_i$ 的均值和标准差的情况下,利用式(7.46)~式(7.48),我们得到了每个比值 $R_i$ 的估计值和方差。

(2) 根据这些结果,我们使用式(7.50)~式(7.53)推导出每个刚度和质量的估计值与方差。

这个过程将只对一些变量进行演示,因为代数运算单调乏味。我们从比率 $R_1 = \lambda_1 + \lambda_2 - \lambda_3$ 开始,$R_1$ 的均值由下式估计,即

$$\mu_{R_1} = E\{R_1\} = R_1(\mu_{\lambda_1}, \mu_{\lambda_2}, \mu_{\lambda_3})$$

$$= \mu_{\lambda_1} + \mu_{\lambda_2} - \mu_{\lambda_3}$$

$$= 0.382 + 2.618 - 2.000 = 1.000$$

方差由以下关系估计:

$$\sigma_{R_1}^2 = \left(\frac{\partial R_1}{\partial \lambda_1}\right)^2 \sigma_{\lambda_1}^2 + \left(\frac{\partial R_1}{\partial \lambda_2}\right)^2 \sigma_{\lambda_2}^2 + \left(\frac{\partial R_1}{\partial \lambda_3}\right)^2 \sigma_{\lambda_3}^2$$

$$= (1)^2 \sigma_{\lambda_1}^2 + (1)^2 \sigma_{\lambda_2}^2 + (-1)^2 \sigma_{\lambda_3}^2$$

$$= (1)^2 \times (0.01 \times 0.382)^2 + (1)^2 \times (0.01 \times 2.618)^2 + (-1)^2 \times (0.01 \times 2.000)^2$$

$$= 1.1000 \times 10^{-3}$$

接下来,我们对比值

$$R_2 = \frac{\lambda_1 \lambda_2}{(\lambda_1 + \lambda_2 - \lambda_3)}$$

进行同样的处理,由下式估计均值为

$$\mu_{R_2} = E\{R_2\} = \frac{\mu_{\lambda_1} \mu_{\lambda_2}}{\mu_{\lambda_1} + \mu_{\lambda_2} - \mu_{\lambda_3}}$$

$$= \frac{0.382 \times 2.618}{1.000} = 1.000$$

方差由下式估计：

$$\sigma_{R_2}^2 = \left(\frac{\partial R_2}{\partial \lambda_1}\right)^2 \sigma_{\lambda_1}^2 + \left(\frac{\partial R_2}{\partial \lambda_2}\right)^2 \sigma_{\lambda_2}^2 + \left(\frac{\partial R_2}{\partial \lambda_3}\right)^2 \sigma_{\lambda_3}^2$$

$$= \left(\frac{(\mu_{\lambda_1} + \mu_{\lambda_2} - \mu_{\lambda_3})\mu_{\lambda_2} - \mu_{\lambda_1}\mu_{\lambda_2}(1)}{(\mu_{\lambda_1} + \mu_{\lambda_2} - \mu_{\lambda_3})^2}\right)^2 \sigma_{\lambda_1}^2 +$$

$$\left(\frac{(\mu_{\lambda_1} + \mu_{\lambda_2} - \mu_{\lambda_3})\mu_{\lambda_1} - \mu_{\lambda_1}\mu_{\lambda_2}(1)}{(\mu_{\lambda_1} + \mu_{\lambda_2} - \mu_{\lambda_3})^2}\right)^2 \sigma_{\lambda_2}^2 +$$

$$\left(\frac{(\mu_{\lambda_1} + \mu_{\lambda_2} - \mu_{\lambda_3})(0) - \mu_{\lambda_1}\mu_{\lambda_2}(-1)}{(\mu_{\lambda_1} + \mu_{\lambda_2} - \mu_{\lambda_3})^2}\right)^2 \sigma_{\lambda_3}^2$$

可以用代数方法简化，也可以用数值方法计算。同样的方法可以用来估计比值 $R_3$ 的均值和方差。

现在已经估计了每个比值 $R_i$ 的统计信息，我们继续第二步，用它们来估计真正感兴趣的统计信息，如 $k_i$ 和 $m_i$ 的统计信息。我们从关系 $k_2 = R_1 R_3 \frac{m}{(R_1 + R_3)}$ 开始，用 $k_2$ 的平均值来估计：

$$E\{k_2\} = \frac{\mu_{R_1}\mu_{R_3}}{\mu_{R_1} + \mu_{R_3}} m = 10$$

式中：$\mu_{R_3} = 1$，总质量 $m$ 被假设为一个没有方差的精确值。对于 $k_1$ 方差的估计值，有

$$\sigma_{k_2}^2 = \left(\frac{\partial k_2}{\partial R_1}\right)^2 \sigma_{R_1}^2 + \left(\frac{\partial k_2}{\partial R_2}\right)^2 \sigma_{R_2}^2 + \left(\frac{\partial k_2}{\partial R_3}\right)^2 \sigma_{R_3}^2$$

$$= \left(\frac{(\mu_{R_1} + \mu_{R_3})\mu_{R_3} m - \mu_{R_1}\mu_{R_3} m(1)}{(\mu_{R_1} + \mu_{R_3})^2}\right)^2 \sigma_{R_1}^2 +$$

$$\left(\frac{(\mu_{R_1} + \mu_{R_3})(0) - \mu_{R_1}\mu_{R_3} m(0)}{(\mu_{R_1} + \mu_{R_3})^2}\right)^2 \sigma_{R_2}^2 +$$

$$\left(\frac{(\mu_{R_1} + \mu_{R_3})\mu_{R_1} m - \mu_{R_1}\mu_{R_3} m(1)}{(\mu_{R_1} + \mu_{R_3})^2}\right)^2 \sigma_{R_3}^2$$

这里我们注意到右边的第二个表达式等于 0，因为 $R_2$ 不在 $k_2$ 的方程中。然后，同样的方法可以用于估计其余参数（$k_1$ 和 $m_2$）的平均值和方差。将问题陈述中给出的均值和方差代入，我们可以得到一阶展开的结果。表 7.1 将展开值与蒙特卡罗（MC）模拟进行了比较，认为蒙特卡罗模拟本质上是精确的。

与蒙特卡罗结果相比，我们发现近似刚度值的误差大于质量值。这是由于刚度表达式更复杂，如式（7.46）~式（7.48）所列。

对于许多工程应用，可以使用本节中介绍的过程来适当地对不确定性进行建模。

表 7.1 所列为泰勒展开结果与蒙特卡罗模拟比较(标记为 MCΔ% 的列下的值分别显示了 $\mu$ 和 $\sigma$ 的微扰结果和蒙特卡罗结果之间的百分比差异)。

表 7.1 泰勒展开结果与蒙特卡罗模拟比较

| 变量 | $\mu$ | $\sigma$ | $\delta = \dfrac{\sigma}{\mu}$ | (MC$\mu$Δ%) | (MC$\sigma$Δ%) |
|---|---|---|---|---|---|
| $m_1$ | 10.00 | 0.235 | 0.024 | 0.07 | 0.54 |
| $m_2$ | 10.00 | 0.235 | 0.024 | 0.07 | 0.54 |
| $k_1$ | 10.00 | 0.212 | 0.021 | 0.21 | 2.45 |
| $k_2$ | 10.00 | 0.158 | 0.016 | 0.25 | 3.05 |

## 7.5 随机特征值

这里讨论[①]的过程是基于转换 4.1 节中讨论的概率密度函数的概率。众所周知,线性系统最重要的描述符是其特征结构,即特征值和特征矢量。系统特征以及行为,都嵌入系统特征属性中。质量、阻尼和刚度分布的影响决定了特征值的大小与分布,结构缺陷、应力集中和物理约束也是如此。特征结构反映了物理性质和缺陷。

在制造、测量、几何和材料性能方面固有的不准确性使工程系统设计不确定,因为参数值不能精确地指定。如果系统参数与平均值相比的方差非常小,那么设计就可以像知道参数一样进行。但是,如果在设计中不能忽略这些不确定性,则需要通过概率密度函数对参数值进行建模。这类系统有许多名称:无序结构系统、随机系统或随机特征值问题。

考虑结构系统的离散模型:

$$[M]\{\ddot{Y}(t)\} + [C]\{\dot{Y}(t)\} + [K]\{Y(t)\} = \{F(t)\}$$

式中:$\{F(t)\}$ 是随机力矢量。矩阵 $m$、$c$、$k$ 的元素可能包含随机变量。有时随机分布的刚度特性被写成

$$[K] = [K_0] + [\kappa]$$

式中:$E\{[K]\} = [K_0]$ 和 $[\kappa]$ 是为零均值随机变量的矩阵。

例如,考虑一个无阻尼的二自由度系统和一个由随机变量刚度元素 $K_{ij}$ 组成的随机刚度矩阵,即

$$[K] = \begin{bmatrix} K_{11} & K_{12} \\ K_{21} & K_{22} \end{bmatrix}$$

---

① 这部分是基于 H. Benaroya 的《随机结构动力学:新理论的发展》中的"随机特征值和结构动力学模型",Y. K. Lin,I. Eliishakoff,Springer – Verlag 1990。

产生下面的随机特征值问题:
$$|[K]-[\lambda][I]|=0$$

$[\lambda]$ 是通过求解随机二次多项式(特征函数)得到的系统频率平方的对角矩阵,即
$$A_2\lambda^2+A_1\lambda+A_0=0$$

其中
$$A_2=1$$
$$A_1=-(K_{11}+K_{22})$$
$$A_0=K_{11}K_{22}-K_{12}K_{21}$$

假设所有质量单元的数值都是1。特征值问题的两个解$\lambda_{1,2}$都是随机变量。作为矩阵元素的概率密度函数的函数随机特征值的联合概率密度函数是令人感兴趣的。需要考虑3种可能的解决方案集。

(1) $\lambda_{1,2}$是不相等的实数值。

(2) $\lambda_{1,2}$是相等的实数值。

(3) $\lambda_{1,2}$是复数值。

如果系统具有惯性耦合和刚度耦合,则特征值由下式计算:
$$\det\begin{bmatrix}K_{11}-\lambda M_{11} & K_{12}-\lambda M_{12}\\ K_{21}-\lambda M_{21} & K_{22}-\lambda M_{22}\end{bmatrix}=0$$

Hamblen[①] 考虑了下面形式的随机代数方程:
$$\lambda^2-A_1\lambda+A_0=0$$

其根为
$$\lambda_{1,2}=\frac{A_1}{2}\pm\sqrt{\frac{A_1^2}{4}-A_0}$$

求解$A_1$和$A_0$,我们发现
$$A_1=\lambda_1+\lambda_2$$
$$A_0=\lambda_1\lambda_2$$

根要么是实数,要么与以下概率复共轭,即
$$\Pr(R)=\Pr\left(A_0\leqslant\frac{A_1^2}{4}\right)$$
$$\Pr(C)=\Pr\left(A_0\leqslant\frac{A_1^2}{4}\right)$$

---

① J. W. Hamblen,《变系数代数方程的根的分布》,Ph. D. Dissertation,Purdue,1995年。

式中：$R$ 定义为根是实数的事件；$C$ 定义为根是复数的事件。

给定 $f_{A_1A_0}(a_1,a_0)$，我们能够通过在合适的区域对联合密度函数进行积分来得到 $\Pr(R)$ 和 $\Pr(C)$。此外，还可以对下列条件概率密度函数求值：

$$f_{A_1A_0}(a_1,a_0\mid C) = \frac{f_{A_1A_0}(a_1,a_0)}{\Pr(C)}$$

$$f_{A_1A_0}(a_1,a_0\mid R) = \frac{f_{A_1A_0}(a_1,a_0)}{\Pr(R)}$$

例如，如果 $A_1$ 和 $A_0$ 的联合概率密度函数为

$$f_{A_1A_0}(a_1,a_0) = \exp(-a_1 - a_0)$$

那么，$\Pr(R) = 0.24$，可以得到根 $f_i(\lambda_i\mid R)$ 的边缘概率密度为

$$f_1(\lambda_1\mid R) = \frac{1}{0.24}\frac{\lambda_1^2 + \lambda_1 - 1}{(1+\lambda_1)^2}\exp(-\lambda_1) +$$

$$\frac{1}{0.24}\frac{1}{(1+\lambda_1)^2}\exp(-\lambda_1^2 - 2\lambda_1), \quad 0 \leq \lambda_1 < \infty$$

$$f_2(\lambda_2\mid R) = \frac{1}{0.24}\frac{1}{(1+\lambda_2)^2}\exp(-\lambda_2^2 - 2\lambda_2), \quad 0 \leq \lambda_2 < \infty$$

式中：$\lambda_{1,2}$ 是实根。边缘概率密度函数如图 7.19 所示。它们可以用来计算根在一定范围内的概率。

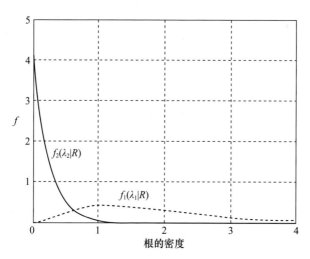

图 7.19 实根的边缘概率密度函数 $f_1(\lambda_1\mid R)$ 和 $f_2(\lambda_2\mid R)$

### 例 7.10 随机特征值

考虑一个无阻尼的两自由度系统，其质量和刚度矩阵由下式给出，即

$$[\boldsymbol{M}] = \begin{bmatrix} 1 & 0 \\ 0 & 1 \end{bmatrix}(\mathrm{kg}), \quad [\boldsymbol{k}] = \begin{bmatrix} k+1 & -1 \\ -1 & 1 \end{bmatrix}(\mathrm{N/m})$$

式中:$k$ 是随机变量,均匀分布在 0.5 和 1.5N/m 之间。求出该系统特征值的边缘概率密度。

**解**:给出特征方程

$$\lambda^2 - (2+k)\lambda + k = 0$$

给出特征方程的根

$$\lambda_{1,2} = \frac{1}{2}(2 + k \pm \sqrt{k^2 + 4})$$

根总为实数。概率密度 $f_{\lambda_i}(\lambda_i)$ 和 $f_k(k)$ 相关,即

$$f_{\lambda_i}(\lambda_i) = f_k(k)\frac{\mathrm{d}k}{\mathrm{d}\lambda_i}$$

其中对于 $0.5 \leqslant k \leqslant 1.5, f_k(k) = 1$。求出 $k$ 的特征方程,我们发现

$$k = \frac{\lambda^2 - 2\lambda}{\lambda - 1}$$

因为导数 $\dfrac{\mathrm{d}k}{\mathrm{d}\lambda}$ 为

$$\frac{\mathrm{d}k}{\mathrm{d}\lambda} = \frac{(\lambda^2 - 2\lambda + 2)}{(\lambda - 1)^2}$$

特征值的边缘概率密度(固有频率的平方)函数(另见图 7.20)为

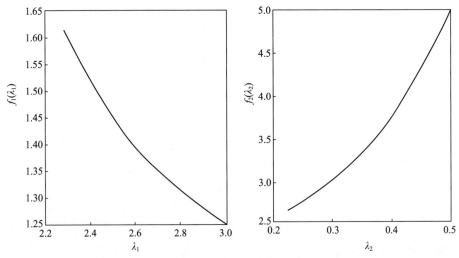

图 7.20　式(7.56)和式(7.57)的边缘概率密度函数

$$f_{\lambda_1}(\lambda_1) = \frac{(\lambda_1^2 - 2\lambda_1 + 2)}{(\lambda_1 - 1)^2}, \quad 2.28 < \lambda_1 < 3.0 (\text{rad/s})^2 \quad (7.56)$$

$$f_{\lambda_2}(\lambda_2) = \frac{(\lambda_2^2 - 2\lambda_2 + 2)}{(\lambda_2 - 1)^2}, \quad 0.219 < \lambda_2 < 0.5 (\text{rad/s})^2 \quad (7.57)$$

式中:$\lambda_i$ 的范围是通过将 $k$ 的范围代入每个特征值的特征方程得到的。

接下来,我们研究从参数的联合概率密度函数移动到特征值的过程。

**两自由度模型**

考虑由矩阵微分方程控制的两个自由度系统,即

$$\begin{bmatrix} 1 & 0 \\ 0 & 1 \end{bmatrix} \begin{Bmatrix} \ddot{X}_1(t) \\ \ddot{X}_2(t) \end{Bmatrix} + \begin{bmatrix} K_1 + K_2 & -K_2 \\ -K_2 & K_2 + K_3 \end{bmatrix} \begin{Bmatrix} X_1(t) \\ X_2(t) \end{Bmatrix} = \begin{Bmatrix} 0 \\ 0 \end{Bmatrix}$$

该系统的特征方程为 $\lambda^2 - A_1 \lambda + A_0 = 0$,其中 $\lambda = \omega^2$,$\omega_{1,2}$ 表示系统的固有频率,且

$$A_1 = K_1 + K_3 + 2K_2 > 0$$

$$A_0 = K_1 K_3 + K_2(K_1 + K_3) > 0$$

刚度由它们各自的概率密度函数 $f_{K_2}(k_1)$ 和 $f_{K_2}(k_2)$ 决定,并且 $K_3 = k_3$ 是确定的。我们的目标是推导出根 $\lambda_{1,2}$ 的联合概率密度函数。这是一个两阶段的过程:

(1) $f_{A_1 A_0}(a_1, a_0) \Leftarrow f_{K_1 K_2}(k_1, k_2)$

(2) $f_{\lambda_1 \lambda_2}(\lambda_1, \lambda_2) \Leftarrow f_{A_1 A_0}(a_1, a_0)$

首先,我们定义以下参数:

$$k_{11} = A_1 - k_3 - 2k_{21}$$

$$k_{12} = A_1 - k_3 - 2k_{22}$$

$$k_{21} = -\frac{a}{2} + \frac{1}{2}\sqrt{a^2 - 4b}$$

$$k_{22} = -\frac{a}{2} - \frac{1}{2}\sqrt{a^2 - 4b}$$

$$a = -\frac{1}{2}(-A_1 + 2k_3)$$

$$b = -\frac{1}{2}(A_0 - k_3 A_1 + k_3^2)$$

由此导出的联合概率密度函数为

$$f_{A_1 A_0}(a_1, a_0) = \frac{f_{K_1 K_2}(k_{11}, k_{21})}{|J(k_{11}, k_{21})|} + \frac{f_{K_1 K_2}(k_{12}, k_{22})}{|J(k_{12}, k_{22})|}$$

式中:$|J|$ 表示雅可比矩阵的绝对值,即

$$J(k_{11}, k_{21}) = \det(k_{11} - k_3 - 2k_{21})$$

$$J(k_{12}, k_{22}) = \det(k_{12} - k_3 - 2k_{22})$$

边缘概率密度函数$f_{A_1}(a_1)$和$f_{A_0}(a_0)$可以通过对另一个变量积分得到。给定$f_{A_1A_0}(a_1, a_0)$,解的第二部分是根的联合概率密度函数。与前面相同,有

$$\lambda_{1,2} = \frac{A_1}{2} \pm \sqrt{\frac{A_1^2}{4} - A_0}$$

并且,求解$A_1$和$A_0$,得到

$$A_1 = \lambda_1 + \lambda_2$$

$$A_0 = \lambda_1 \lambda_2$$

实根和复根的概率如下:

$$\Pr(R) = \Pr\left(A_0 \leq \frac{A_1^2}{4}\right) = \iint_{A_0 \leq \frac{A_1^2}{4}} f_{A_1A_0}(a_1, a_0) \, da_1 da_0$$

$$\Pr(C) = \Pr\left(A_0 > \frac{A_1^2}{4}\right) = \iint_{A_0 > \frac{A_1^2}{4}} f_{A_1A_0}(a_1, a_0) \, da_1 da_0$$

此外,边缘概率密度函数可以用下面这些关系来求解,即

$$f_{A_1A_0}(a_1, a_0 \mid R) = \frac{f_{A_1A_0}(a_1, a_0)}{\Pr(R)}$$

$$f_{A_1A_0}(a_1, a_0 \mid C) = \frac{f_{A_1A_0}(a_1, a_0)}{\Pr(C)}$$

振动中复根很重要。令$\lambda_{1,2} = \alpha \pm i\beta$。可以得到联合密度$f_{\alpha\beta}(\alpha, \beta)$为[①]

$$f_{\alpha\beta}(\alpha, \beta \mid C) = \frac{f_{A_1A_0}(2\alpha, \alpha^2 + \beta^2) |J(\alpha, \beta)|}{\Pr(C)}$$

其中

$$J(\alpha, \beta) = \det \begin{bmatrix} \dfrac{\partial A_1}{\partial \alpha} & \dfrac{\partial A_1}{\partial \beta} \\ \dfrac{\partial A_2}{\partial \alpha} & \dfrac{\partial A_2}{\partial \beta} \end{bmatrix} = 4\beta, \quad \beta > 0$$

这里$\beta < 0, J(\alpha, \beta) = -4\beta$。这个过程取决于执行上述概率密度函数和函数方

---

① 可以写成

$$\alpha = A_1/2$$

$$\beta = \pm \sqrt{A_0 - A_1^2/4}$$

或$A_1 = 2\alpha$和$A_0 = \alpha^2 + \beta^2$。

程的各种变换的概率。

## 7.6 本章小结

本章中,我们讨论了多自由度系统在随机力作用下的分析方法。导出了力和响应谱矩阵的一般关系。讨论了周期结构、振动反问题和随机特征值等问题。

## 7.7 格言

- 没有事情是随机发生的,每件事都有其原因和必然性。——留基伯
- 概率是基于部分的期望,所有影响事件发生的情况都会将期望变为确定性,并且既没有空间也没有对概率理论的要求。——乔治·布尔
- 科学世界与悖论相当融洽。我们知道光是波,光也是粒子。在无限小的粒子物理世界中所做的发现表明了随机性和偶然性,而且我不觉得生活在一个随机性和偶然性的宇宙中的矛盾以及宇宙的模式和目的,比我把光作为一种波和光作为一种粒子更难。生活在矛盾中对人类来说并不是什么新鲜事。——玛德琳·恩格尔
- 在蒙特卡洛玩一个月轮盘赌的记录可以为我们提供讨论知识基础的材料。——卡尔·皮尔森
- 我毕业于道格拉斯学院,成绩平平。我是班上98%的优等生,很高兴能来到这里。我睡在图书馆里,在听历史讲座时做白日梦。我两次数学不及格,从未完全掌握概率论。我的意思是,首先,谁在乎你从袋子里取出一个黑球还是一个白球?其次,如果你对颜色很在意,不要让它随随便便发生。看看这个该死的袋子,选择你想要的颜色。——斯蒂芬妮·梅
- 一个人一生中有两次不应该投机取巧:当他买不起的时候,当他能买得起的时候。——马克·吐温

## 7.8 习题

### 7.1 节 确定性振动

1. 考虑具有下面性质矩阵的无阻尼三自由度系统:

$$[m] = \begin{bmatrix} 1 & 0.5 & 0 \\ 0.5 & 2 & 0.3 \\ 0 & 0.3 & 3 \end{bmatrix} (\text{kg}), \quad [k] = \begin{bmatrix} 1 & 0 & 0 \\ 0 & 1 & 0 \\ 0 & 0 & 2 \end{bmatrix} (\text{N/m})$$

初始条件为

$$\{x(0)\} = \begin{bmatrix} 0 \\ 0.5 \\ 0 \end{bmatrix}(m), \quad \{\dot{x}(0)\} = \begin{bmatrix} 0 \\ 0 \\ 0.1 \end{bmatrix}(m/s)$$

利用模态分析得到响应。

2. 考虑一个 1m 长、具有圆形截面的连续纵梁。这根梁一端固定，另一端自由。截面的半径如下：

$$r(x) = 0.0001 + 0.00005x^2 (m)$$

梁的密度为 7830kg/m³，杨氏模量为 200GPa。用 5 个、10 个、15 个和 20 个自由度模型来近似这个系统。比较第一阶固有频率。遵循示例 7.7 中的过程进行分析。

3. 图 7.21 中瞬态激发力 $f_1(t)$ 作用于系统。假设 $k_1 = 1\text{N/m}, k_1 = 2\text{N/m}, k_1 = 3\text{N/m}$，$m_1 = m_2 = 1\text{kg}, f_2(t) = 0$，并且 $f_1(t)$ 如下：

$$f_1(t) = \begin{cases} 1, & 0 < t < 1 \\ 0, & \text{其他} \end{cases}$$

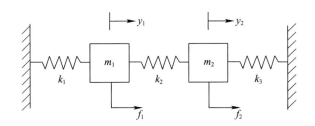

图 7.21 两自由度系统

求：

（1）运动方程；

（2）频率响应函数 $H_{ij}(\omega)(i,j = 1,2)$；

（3）响应 $y_1(t)$ 和 $y_2(t)$。

## 7.2 节 随机载荷响应

4. 考虑图 7.1 所示的两自由度系统，其中 $F_1 = 0$，此外，力 $F_2$ 和随机力 $F_3$ 作用在第二个质量上。力的谱如下：

$$[S_{FF}(\omega)] = \begin{bmatrix} S_{F_2F_2}(\omega) & S_{F_2F_3}(\omega) \\ S_{F_2F_3}(\omega) & S_{F_3F_3}(\omega) \end{bmatrix}$$

从力谱、模态矩阵和矩阵频率响应函数 $[H(i\omega)]$ 导出矩阵反应谱 $[S_{XX}(\omega)]$ 的表达式。

5. 推导方程式 (7.25)。

6. 考虑图 7.21 中的两个自由度系统，其中力谱如下：

$$S_{FF}(\omega) = S_0 \begin{bmatrix} 1 & 0 \\ 0 & 0 \end{bmatrix} (\text{N}^2 \cdot \text{s})$$

其中 $S_0 = 1\text{N}^2 \cdot \text{s}, m_1 = 1\text{kg}, m_1 = 2\text{kg}, k_1 = 1\text{N/m}, k_2 = 1\text{N/m}$ 和 $k_3 = 4\text{N/m}$，假定在墙和第一个质量之间有一个 $c = 1(\text{N} \cdot \text{s})/\text{m}$ 的阻尼器。

(1) 推导均方差表达式 $R_{Y_1Y_1}(0)$、$R_{Y_1Y_2}(0)$ 和 $R_{Y_2Y_2}(0)$。
(2) 得到固有频率和模态矩阵。
(3) 推导响应谱密度矩阵 $[S_{YY}(\omega)]$。
(4) 估计位移的均方值。
(5) 如果使用式(7.42)近似均方值，求出相对误差。

7. 考虑具有下面性质矩阵的三自由度系统：

$$[\boldsymbol{m}] = \begin{bmatrix} m & 0 & 0 \\ 0 & m & 0 \\ 0 & 0 & m \end{bmatrix}, \quad [\boldsymbol{c}] = \begin{bmatrix} c & 0 & 0 \\ 0 & c & 0 \\ 0 & 0 & c \end{bmatrix}, \quad [\boldsymbol{k}] = \begin{bmatrix} 3k & -k & -k \\ -k & 3k & -k \\ -k & -k & 3k \end{bmatrix}$$

确定固有频率和模态矩阵。假设质量 1 受到强度 $S_0$ 的白噪声随机力。求质量 1 位移响应的均方值 $R_{X_1X_1}(0)$。如果用式(7.42)来近似自相关函数，误差百分比是多少？

8. 继续例 7.6，求出 $S_{X_1X_2}(\omega)$、$S_{X_2X_1}(\omega)$ 和 $S_{X_2X_2}(\omega)$。

9. 继续例 7.7，求出力 $S_{QQ}(\omega)$ 的模态矩阵，然后求出 $S_{X_1X_2}(\omega)$、$S_{X_2X_1}(\omega)$ 和 $S_{X_2X_2}(\omega)$。

10. 以图 7.22 中的机械系统为例，无质量驱动车受到随机力 $F(t)$ 的作用。求：
(1) 系统运动方程；
(2) 频率响应函数 $[\boldsymbol{H}(\text{i}\omega)]$；
(3) 如 $F(t)$ 是一个基于白噪声的强度为 $S_0$ 的随机过程，求响应谱。假设 $c_1 = c_2 = \dfrac{c}{2}, k_1 = k_2 = \dfrac{k}{3}$ 和 $m = \dfrac{3c^2}{4k}$。

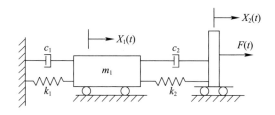

图 7.22 一种由无质量车驱动的多自由度系统

11. 考虑图 7.23 所示的长度为 $L$ 的简支无质量梁。位置 $x = \dfrac{L}{3}$ 和 $\dfrac{2L}{3}$ 处的两个质点质量为 $m$，对应的弹簧刚度为 $k$。质点 1 受到如下相关函数的随机载荷作用，即

$$R_{FF}(\tau) = 2\pi\left(1 - \frac{|\tau|}{T}\right), \quad |\tau| < T$$

求出力谱、反应谱和响应自相关函数。假定梁的弯曲刚度为 $EI$,挠度较小,小角度假设是有效的,导出两个质量的矩阵方程、刚度矩阵、固有频率和模态矩阵。此外,求出反应谱。使用以下参数:$L = 1\text{m}, T = 2\text{s}, EI = 2\text{N} \cdot \text{m}^2, m = 1\text{kg}, k = 300\text{N/m}$。

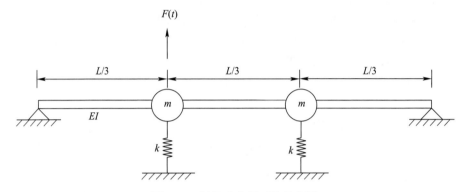

图 7.23 随机力作用下的简支梁

12. 两个具有质量极惯性矩 $I_1$ 和 $I_2$ 的圆盘被安装在一个圆形无质量轴上,如图 7.24 所示。

(1) 根据扭转角 $\Theta_1(t)$ 和 $\Theta_2(t)$ 推导出运动方程。

(2) 如果将具有强度为 $S_0 \text{N}^2 \cdot \text{m}^2 \cdot \text{s}$ 的白噪声的随机扭矩 $T_1$ 施加到第一盘上,求出响应谱 $[S_{\Theta\Theta}(\omega)]$。

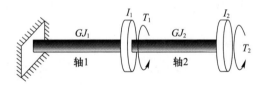

图 7.24 安装在轴上的两个圆盘

13. 单位长度质量为 $m$ 的刚性杆在其端部携带一个点质量 $M$。该杆由两个弹簧支撑,如图 7.25 所示。

(1) 根据整个系统质心的平移和旋转推导出运动方程。

(2) 如果系统受到一个 $S_{FF} = 0.005 \text{N}^2 \cdot \text{s}$ 的白噪声随机力 $F(t)$ 的作用,那么求出 RMS(均方根)响应。假设运动较小,使小角度假设有效,并使用参数值 $m = 0.2\text{kg/m}, M = 1\text{kg}, k_1 = 300\text{N/m}, k_2 = 400\text{N/m}, L = 1\text{m}$。

14. 点质量悬挂在无质量刚性杆上,如图 7.26 所示。点质量受白噪声随机力的影响,其谱密度为 $0.008 \text{N}^2 \cdot \text{m}$。

(1) 这个系统有多少个自由度?

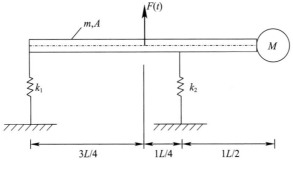

图 7.25 刚性杆和质点（一）

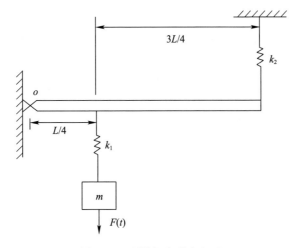

图 7.26 刚性杆和质点（二）

（2）求出 RMS（均方根）响应。使用参数值 $m=3\text{kg}, k_1=250\text{N/m}, k_2=300\text{N/m}$, $I_0=4\text{kg}\cdot\text{m}^2, L=6\text{m}$。

## 7.3 节　周期性结构

15. 举出工程周期结构的几个例子。

16. 一维、二维和三维结构中定位有多重要？从物理的角度讨论。

## 7.4 节　振动反问题

17. 考虑图 7.27 所示的两自由度系统。结果表明，该系统的两个固有频率为 5Hz 和 20Hz。当第二质量固定时，固有频率变为 7Hz。假设总质量为 10kg，求出 $m_1$、$m_2$、$k_1$ 和 $k_2$。

18. 假设前一个问题的两自由度系统现在的频率测量是随机的。当重复测量时，发现原始系统的平均固有频率为 5Hz 和 20Hz，当第二质量固定时，平均频率为

347

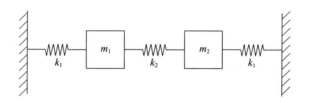

图 7.27 具有未知质量和刚度的两自由度系统

7Hz。原始系统的第一和第二阶自然频率的变异系数为 0.02,对于固定第二质量的系统的固有频率为 0.01。估计 $k_i$ 和 $m_i$ 的平均值和方差。假设总质量是精确已知的。

19. 一辆卡车正在运输敏感设备,如图 7.28 所示。系统通过卡车的加速度 $\ddot{X}_0(t)$ 进行振动设置。求系统的运动方程,用绝对位移 $\{Y(t)\}$ 和相对位移 $\{Z(t)\}$ 表示。确定对应于稳态激励 $\ddot{X}_0$ 的复频率响应。

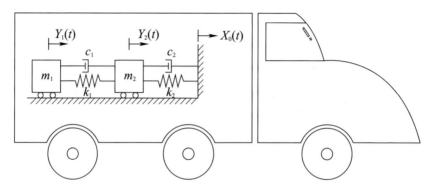

图 7.28 运输敏感设备的卡车

## 7.5 节 随机特征值

20. 重复例 7.10,假设 $k$ 是具有均值 $\mu_k = 1\text{N/m}$ 和标准差 $\sigma_k = 0.1\text{N/m}$ 的正态分布。

21. 图 7.21 中两自由度系统中的弹簧 $k_1$ 和 $k_2$ 是不确定的。测量表明,$k_1$ 服从正态分布 $\mu_1 = 10\text{N/m}, \sigma_1 = 2\text{N/m}, \mu_2 = 20\text{N/m}, \sigma_1 = 3\text{N/m}$。

求出自然频率的边际密度函数,使用 $m_1 = 2\text{kg}$、$m_2 = 1\text{kg}$ 和 $k_3 = 5\text{N/m}$。

# 第8章 连续振动系统

在振动系统的连续模型中,结构特性是分布的,而不是集中在离散点处。这种模型更加真实,而增加模型真实性的代价则是增加模型的复杂性。由于位移响应是时间和位置的函数,所以运动控制方程,即离散模型的常微分方程,变成连续模型的偏微分方程。

本章中的基础模型,推导和求解偏微分方程不是很难。但是,对于更复杂的模型,如具有不同横截面和材料特性的非均匀结构,则需要近似手段。本章主要对振动的弦和梁等连续系统进行介绍,弦和梁等结构应用在许多结构和机器中,了解它们的使用环境和工作状态有助于复杂模型系统的建模。本章我们依然如上一章所做的那样,通过使用直接和模态求解法,来处理问题。

本章首先介绍连续系统的确定性模型。随机模型是基于多自由度系统的确定性方法,因为当通过模态分析求解时,连续系统实际上是离散的[①]。研究弦和梁的目的是为了演示这种方法的分析过程。膜和板是弦和梁的二维延伸,可参照此方法,进一步深入研究。

## 8.1 确定性连续系统

在本节中,我们主要研究3个连续系统:第一个是紧绷的弦;第二个是轴向振动的梁;第三个是横向振动的梁。

### 8.1.1 弦的分析

弦是用于理解连续系统的动态行为的有价值的模型。弦已被用于电话线、传送带甚至人类 DNA 模型的简化模型。当弦从其平衡位置拉伸时,内部产生的张力作为恢复力,使弦回到原来的未变形位置。弦不能传递弯矩,但可以抵抗沿其轴线的张力。电缆可以被视为具有弯矩阻力的弦。

利用位移弦的受力图,可以直接推导出关于平衡位置的运动控制方程,如图 8.1 所示。引入的变量:弦中的张力 $T(x)$,单位长度施加的横向力 $f(x,t)$,以及单位长度的质量 $m(x)$。使用牛顿第二运动定律,并假设小位移使得 $\sin\theta \approx \theta \approx \tan\theta \approx \mathrm{d}y/\mathrm{d}x$,横向 $y$ 方向上的力的总和等于 $y$ 方向上的单位弦的质量和加速度的乘积,即

---

① 数值计算需要连续模型的离散化。

$$\left(T(x)+\frac{\partial T}{\partial x}\mathrm{d}x\right)\left(\frac{\partial y}{\partial x}+\frac{\partial^2 y}{\partial x^2}\mathrm{d}x\right)+f(x,t)\mathrm{d}x-T(x)\frac{\partial y}{\partial x}=m(x)\mathrm{d}x\frac{\partial^2 y}{\partial t^2}$$

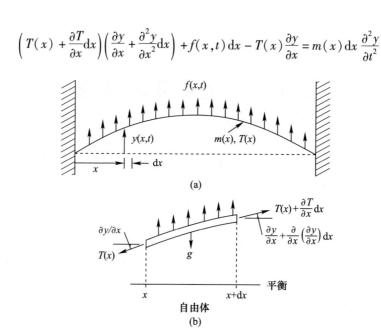

图 8.1 弦(平衡位置的振动,长度为 dx 弦的受力图,描绘了由外力和重力引起的弦末端角度的张力)

(a)两端固定的弦,单位长度上作用分布负载 $f(x,t)$;(b)自由振动微分单元的受力分析图。

当方程左侧的乘积展开时,假设这些项对于线性振动不重要,则二阶项 $(\mathrm{d}x)^2$ 被忽略。两边同时除以 $\mathrm{d}x$ 得出控制运动方程,即

$$\frac{\partial}{\partial x}\left[T(x)\frac{\partial y}{\partial x}\right]+f(x,t)=m(x)\frac{\partial^2 y}{\partial t^2}$$

用于求解系统频率和振型的自由振动问题,是通过设置 $f(x,t)=0$ 来得到的,即

$$\frac{\partial}{\partial x}\left[T(x)\frac{\partial y}{\partial x}\right]=m(x)\frac{\partial^2 y}{\partial t^2} \tag{8.1}$$

对于恒定张力的情况,$T(x)=T$,得到波动方程:

$$c^2\frac{\partial^2 y}{\partial x^2}=1\frac{\partial^2 y}{\partial t^2} \tag{8.2}$$

式中:$C=\sqrt{T/m}$ 是以单位时间的长度为单位的波传播速度。

**可能的边界条件:**

为了求解运动方程,需要两个边界条件和两个初始条件。图 8.1 中的弦模型两端固定,可以用数学方式规定:

$$y(0,t)=0$$
$$\dot{y}(L,t)=0$$

一组可能的初始条件为

$$y(x,0) = (x-L)x$$

$$\dot{y}(x,0) = 0$$

这些表明,对于所有 $x$,弦的初始速度等于0,并且初始位移具有抛物线形状,其最大值在 $x=L/2$ 处。注意:初始位移也必须满足边界条件。

另一个可能的边界条件是弦的两个末端可以自由地上下移动,如图8.2所示。我们可以得出,垂直方向上的边界阻力是0,或

$$T(x)\frac{\partial y}{\partial x}\bigg|_{x=0\text{或}L} = 0$$

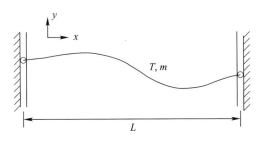

图8.2 两端自由的弦

通过满足边界条件,我们得到一个方程,可找到描述系统特性的特征值和特征函数。在我们介绍完振动梁后,将会研究此方程。

## 8.1.2 梁的轴向振动

梁是建筑和机器的基本组成部分。梁也用作更复杂系统的简化模型。例如,梁用作响应海浪的海洋平台结构的降阶模型。它们还被用作汽车、火车和飞机等交通工具的初始模型。在每一种情况下,都需要专门的边界条件。

考虑图8.3中的梁在 $x$ 方向上进行振动的原理图。在给定的横截面上,假设位移、应变和应力是均匀的。在梁的受力单元上,力 $P$ 作用于左侧,该力加上待定增量 $\mathrm{d}P$ 作用于右侧。在静态平衡中,$\mathrm{d}P=0$。

$x$ 方向上的力的总和等于质量和加速度的乘积。单元的单位长度的质量为 $m(x)$,其中 $m(x)=\rho(x)A(x)$,密度为 $\rho(x)$ 且 $x$ 处的横截面积为 $A(x)$,然后,在长度为 $\mathrm{d}x$ 的单元上,根据牛顿第二定律,有

$$[P+\mathrm{d}P](x,t) - P(x,t) = m(x)\mathrm{d}x\frac{\partial^2 u(x,t)}{\partial t^2}$$

根据材料的强度,$P=AE\partial u(x,t)/\partial x$,其中梁材料具有恒定的杨氏模量 $E$,并且力的微分如下式所示:

$$\mathrm{d}P(x,t) = \frac{\partial P(x,t)}{\partial x}\mathrm{d}x$$

351

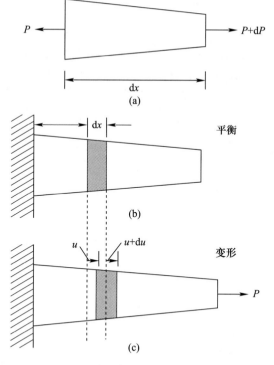

**图 8.3** 载荷 $P$ 引起的梁的轴向变形

(a)长度为 $dx$ 的单位梁的受力图(图示为端部的受力情况);(b)平衡位置的梁;
(c)变形位置,梁的变形量在单位元素 $dx$ 的末端。

$$= \frac{\partial}{\partial x}\left(A(x)E\frac{\partial u}{\partial x}\right)dx$$

因此,有

$$\frac{\partial}{\partial x}\left(A(x)E\frac{\partial u}{\partial x}\right)dx = m(x)\frac{\partial^2 u}{\partial t^2} \tag{8.3}$$

如果梁是均匀的,那么,$m(x) = m = \rho A$,两边可以同时消去 $A$,导出波动方程 $u(x,t)$,即

$$c^2 \frac{\partial^2 u}{\partial x^2} = 1 \frac{\partial^2 u}{\partial t^2}$$

其中 $C^2 = E/P$ 的单位是速度平方。注意:运动方程采用与式(8.2)相同的形式,即与弦的运动方程形式相同,因此轴向振动梁的自由和强迫振动的一般解与横向振动的弦相同。然而,弦和梁是两种不同的物理系统,边界条件具有不同的物理意义。我们接下来简要讨论轴向振动梁的可能边界条件。

**可能的边界条件:**

对于轴向振动梁,我们可以考虑两种类型的端部条件:位移 $u(x,t)$ 或轴向力

$P = AE\partial u(x,t)/\partial x$。对于固定端,位移 $u$ 为零,对于自由端,纵向力 $AE\partial u(x,t)/\partial x$ 为零。其他端部条件如图 8.4 所示。

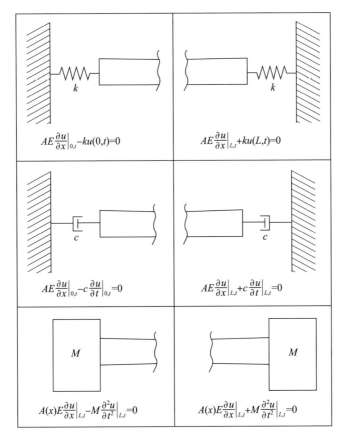

图 8.4 长度为 $L$、恒定面积 $A$ 和杨氏模量 $E$ 的梁的样本边界条件

边界条件可以使用牛顿第二运动定律导出。第一个边界条件可以通过想象弹簧和梁之间具有零质量的物体来获得。然后假设一个正位移 $u$ 并绘制这个虚构体的受力图,如图 8.5 所示,并应用牛顿第二运动定律,得到

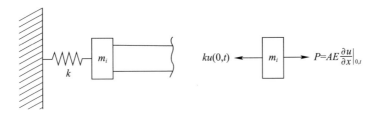

图 8.5 左图是弹簧边界条件的示意图,右图是端部质量的受力图
(可用于推导弹簧力边界条件)

$$\sum F = m_i \frac{\partial^2 u}{\partial t^2}\bigg|_{(0,t)}$$

$$AE\frac{\partial u}{\partial x}\bigg|_{(0,t)} - ku(0,t) = m_i\frac{\partial^2 u}{\partial t^2}\bigg|_{(0,t)}$$

由于$m_i = 0$,我们得到

$$AE\frac{\partial u}{\partial x}\bigg|_{(0,t)} - ku(0,t) = 0$$

这表明弹簧中的力等于梁上的力。

### 8.1.3 横向振动梁

考虑在纯弯曲作用下的单元梁,如图 8.6 所示,其中 $y$ 是单元梁在横向上的位移,$M$ 是弯矩,$Q$ 是剪切力。对于较小的位移,通常认为剪切力只作用于 $y$ 方向上。

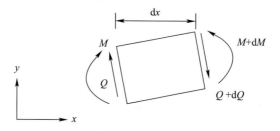

图 8.6 横向振动的梁的受力图

通过横向上的力平衡得到

$$-[Q(x,t) + \mathrm{d}Q] + Q(x,t) + f(x,t)\mathrm{d}x = m(x)\mathrm{d}x\frac{\partial^2 y(x,t)}{\partial t^2}$$

式中:$m(x)$是单位长度的质量;$\mathrm{d}Q$ 是每跨越 $\mathrm{d}x$ 段后剪切力的变化。

在受力图的两端之间,可以得出

$$\mathrm{d}Q = \frac{\partial Q}{\partial x}\mathrm{d}x$$

从材料强度来看,剪切力和弯矩的关系如下:

$$M = EI(x)\frac{\partial^2 y}{\partial x^2}$$

$$Q = \frac{\partial M}{\partial x} = \frac{\partial}{\partial x}\left(EI(x)\frac{\partial^2 y}{\partial x^2}\right)$$

剪切力和弯矩按照规定在图 8.6 中以正向绘制。增量梁正面的向下剪切和负面的向上剪切定义为正。对于弯矩,正面上的逆时针力矩和负面上的顺时针力矩定义为正。将剪切表达式代入力平衡方程,能够得到运动方程为

$$\frac{\partial^2}{\partial x^2}\left(EI(x)\frac{\partial^2 y}{\partial x^2}\right) + m(x)\frac{\partial^2 y}{\partial t^2} = f(x,t) \tag{8.4}$$

由于 $x$ 显示为 0,因此左端可能的边界条件为

夹紧:$y(0,t) = 0$ 和 $y'(0,t) = 0$

铰链:$y(0,t) = 0$ 和 $EIy''(0,t) = 0$

自由:$EIy''(0,t) = 0$ 和 $(EIy'')'(0,t) = 0$

滑动:$y'(0,t) = 0$ 和 $(EIy'')'(0,t) = 0$

式中:′和″分别表示关于 $x$ 的一阶和二阶导数。式(8.4)称为 Bernoull – Euler(伯努利 – 欧拉)梁模型,它是横向振动梁的最简单模型。该模型假设横向运动仅由梁弯曲引起。

## 8.2 特征值问题

这里考虑的所有运动方程均可以采用以下形式:

$$L[y(x,t)] = m(x)\frac{\partial^2 y(x,t)}{\partial t^2}$$

该方程具有适当的齐次边界条件,其中 $L(\cdot)$ 是微分算子,下面列出了弦和梁的方程:

$$弦:L(y) = \frac{\partial}{\partial x}\left(T\frac{\partial y}{\partial x}\right) \tag{8.5}$$

$$轴向振动梁:L(y) = \frac{\partial}{\partial x}\left(EA\frac{\partial y}{\partial x}\right) \tag{8.6}$$

$$横向振动梁:L(y) = -\frac{\partial^2}{\partial x^2}\left(EI\frac{\partial^2 y}{\partial x^2}\right) \tag{8.7}$$

对于弦和轴向振动梁,$x = 0$ 或 $L$ 处的边界条件必须是以下形式:

$$\left[B_1 y(x,t) + B_2 \frac{\partial^2 y(x,t)}{\partial x^2}\right]_{x=0,L} = 0$$

$$\left[C_1 y(x,t) + C_2 \frac{\partial^2 y(x,t)}{\partial x^2}\right]_{x=0,L} = 0$$

对于横向振动梁,边界条件必须是以下形式:

$$\left[B_1 y(x,t) + B_2 \frac{\partial}{\partial x}\left(EI\frac{\partial y}{\partial x}\right)(x,t)\right]_{x=0,L} = 0$$

$$\left[B_3 \frac{\partial y(x,t)}{\partial x} + B_4 \left(EI\frac{\partial y}{\partial x^2}\right)(x,t)\right]_{x=0,L} = 0$$

这些边界条件称为 Sturm – Liouville 型条件,指的是一类重要的问题。

我们假设偏微分方程的解是可分离的,即

$$y(x,t) = \eta(t)Y(X) \tag{8.8}$$

这种形式意味着时间和空间上的行为是独立和调和的。这方法称为变量分离的方法,适用条件是控制偏微分方程和相应的边界条件都是齐次时。

由于式(8.8)必须满足控制方程,我们采用适当的导数,$y'(x,t) = \eta(t)Y'(x)$,$\ddot{y}(x,t) = \ddot{\eta}(t)Y(x)$,并且将它们代入控制式(8.1)得到

$$L[Y(x)]\eta(t) = m(x)\ddot{\eta}(t)Y(x)$$

$$\frac{L[Y(x)]}{m(x)Y(x)} = \frac{\ddot{\eta}(t)}{\eta(t)} = -\omega^2$$

在最后那个等式中,时间相关变量和空间相关变量被放置在等号的两侧。左侧只是关于 $x$ 的函数,右侧只是关于 $t$ 的函数。两边都必须等于相同的常数,常数用 $-\omega^2$ 表示,这样以便控制 $\eta(t)$ 行为的方程是调和的,正如预期的那样。接下来,将该偏微分方程分为两个常微分方程,即

$$\frac{d^2\eta}{dt^2} + \omega^2\eta(t) = 0$$

$$L[Y(x)] + m(x)\omega^2 Y(x) = 0 \tag{8.9}$$

第一个常微分方程的解为

$$\eta(t) = A\cos\omega t + B\sin\omega t$$

式中:常数 $\omega$ 是振荡频率。第二个常微分式(8.9)必须满足 $0 < x < L$。可以发现,对于给定的一组边界条件,它由多于一组的 $Y(x)$ 和 $\omega^2$ 所满足,其中 $Y(x)$ 是特征函数或模态,并且 $\omega^2$ 是该问题的特征值。在下一节中,我们将讨论特征函数的正交性质。这些性质将帮助我们进行模态分析。

### 8.2.1 正交性

根据式(8.9),第 $n$ 个和第 $r$ 个特征函数的空间方程可以写成

$$L[Y_n(x)] + m(x)\omega_n^2 Y_n(x) = 0$$

$$L[Y_r(x)] + m(x)\omega_r^2 Y_r(x) = 0$$

将第一个等式乘以 $Y_r(x)$,第二个等式乘以 $Y_n(x)$,并在全定义域内积分,得

$$\int_0^L Y_r(x)L[Y_n(x)]dx + \omega_n^2\int_0^L m(x)Y_n(x)Y_r(x)dx = 0$$

$$\int_0^L Y_n(x)L[Y_r(x)]dx + \omega_r^2\int_0^L m(x)Y_r(x)Y_n(x)dx = 0$$

第一个方程减去第二个方程,得

$$\int_0^L \{Y_r(x)L[Y_n(x)] - Y_n(x)L[Y_r(x)]\}dx = (\omega_r^2 - \omega_n^2)\int_0^L m(x)Y_n(x)Y_r(x)dx \tag{8.10}$$

当应用边界条件时,左侧积分为零。式(8.10)中 $r$ 和 $n$ 取所有值,该公式有时称为系统的特征方程,因为它们定义了系统的特征值和特征函数。

例如,对于弦问题,式(8.10)的左侧可以进行分部积分,变为

$$\text{LHS}_{\text{string}} = Y_r(x)[T(x)Y_n(x)'] - Y_n(x)[T(x)Y_n(x)']\big|_0^L$$

由于边界条件,该式化简为零。对于横向振动梁,式(8.10)的左侧可以分部积分成

$$\text{LHS}_{\text{beam}} = Y_r(x)(EI(x)Y_n''(x))' - Y_r'(x)(EI(x)Y_n''(x))\big|_0^L$$

由于边界条件,它也化简为零。那么,式(8.10)的右边也必须等于零,即

$$(\omega_r^2 - \omega_n^2)\int_0^L m(x)Y_n(x)Y_r(x)\mathrm{d}x = 0$$

如果特征值是唯一的,则 $\omega_n \neq \omega_r$,那么,有

$$\int_0^L m(x)Y_n(x)Y_r(x)\mathrm{d}x = 0 \quad n \neq r$$

当 $r = n$ 时,可以对特征函数进行标准化,即

$$\int_0^L m(x)Y_n(x)Y_n(x)\mathrm{d}x = 1, \quad n = 1,2,\cdots \tag{8.11}$$

另一个正交条件为

$$\int_0^L Y_r(x)L[Y_n(x)]\mathrm{d}x = -\omega_n^2 \delta_{nr} \tag{8.12}$$

式中:$\delta_{nr}$ 是克罗内克符号。对于弦,当左侧分部积分并应用边界条件时,式(8.12)变为

$$\int_0^L T(x)\frac{\mathrm{d}Y_r(x)}{\mathrm{d}x}\frac{\mathrm{d}Y_n(x)}{\mathrm{d}x}\mathrm{d}x = -\omega_n^2 \delta_{nr} \tag{8.13}$$

对于横向振动梁,式(8.12)变为

$$\int_0^L EI(x)\frac{\mathrm{d}^2 Y_r(x)}{\mathrm{d}x^2}\frac{\mathrm{d}^2 Y_n(x)}{\mathrm{d}x^2}\mathrm{d}x = -\omega_n^2 \delta_{nr} \tag{8.14}$$

为了找到满足式(8.11)~式(8.14)的标准化模型 $\hat{Y}_n(x)$,我们将特征函数 $Y_n(x)$ 代入适当的标准化方程,式(8.11)或式(8.12),并找到满足标准化条件的常数值。接下来说明这些正交性条件的有用性。

## 8.2.2 固有频率和振型

在前一节中,我们讨论了特征函数的正交性,但没有得到特定系统的特征函数及其边界条件。固有频率和振型是特征值-特征函数分析的结果。

考虑具有恒定张力的均匀振动弦,其中弦两端固定。均匀的弦是指几何形状和材料属性沿其长度不变的弦。对于振幅较小的弦,恒张力近似是有效的。式(8.9)中弦的公式针对于常数 $T$ 和 $m$ 而进行了简化,则其特征函数的公式变成

$$Y'' + \beta^2 Y = 0, \quad \beta^2 = \frac{\omega^2 m}{T} \tag{8.15}$$

边界条件 $Y(0) = 0$ 且 $Y(L) = 0$。由于波速 $c$ 由 $c = \sqrt{T/m}$ 给出,因此 $\beta = \omega/c$。二阶常系数微分方程式(8.15)在 $x$ 中有周期解,即

$$Y(x) = C_1 \sin\beta x + C_2 \cos\beta x \tag{8.16}$$

并且满足边界条件,给出以下两个方程:

$$Y(0) = 0 = C_2$$

$$Y(L) = 0 = C_1 \sin\beta L$$

若要 $Y(x)$ 存在非零解,必须 $C_1 \neq 0$,因此 $\beta_r L = r\pi, r = 1,2,\cdots$,然后通过求解式(8.15)中的第二个方程得到固有频率 $\omega$,即

$$\omega_r = \sqrt{\frac{T}{m}}\beta_r$$

$$= \sqrt{\frac{T}{m}}\frac{r\pi}{L}, \quad r = 1,2,\cdots \tag{8.17}$$

一旦我们得到系统的固有频率,就可以使用式(8.11)对式(8.16)进行标准化,得到

$$\hat{Y}_r(x) = \sqrt{\frac{2}{mL}}\sin\frac{r\pi x}{L}, \quad r = 1,2,\cdots \tag{8.18}$$

前 3 个标准化的特征函数如图 8.7 所示。这些函数具有相同的振幅 $\sqrt{2/mL}$。

### 例 8.1 固支弦的固有频率

一个固定在 $x = 0$ 和 1m 处的弦遵守胡克定律,比例常数为 10kN/m。弦的未拉伸长度为 0.99m,重量为 0.1N。求前 3 阶振荡频率。

**解**:张力为

$$T = k\Delta x = 10000 \times 0.01 = 100\text{N}$$

弦的总质量为 0.1/9.8 = 0.0102kg,则弦的线性质量密度为

$$m = \text{mass/length} = 0.0102/1 = 0.010\text{kg/m}$$

固有频率由式(8.17)给出,从中可以计算出前 3 阶固有频率为

$$\omega_{1,2,3} = 99\pi, 128\pi, 297\pi \quad \text{rad/s}$$

### 例 8.2 轴向振动梁的特征值问题

沿轴向振动的均匀梁,一端固定,一端自由。求固有频率和振型。

**解**:一端固定、一端自由的梁的轴向振动问题,假设解是 $u(x,t) = U(x)F(t)$,其中 $U(x)$ 是待定的振动模式。将假定的解及其导数代入式(8.3),得到

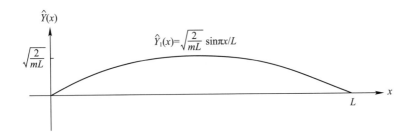

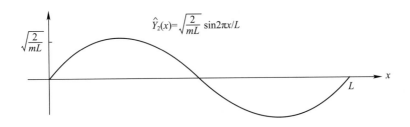

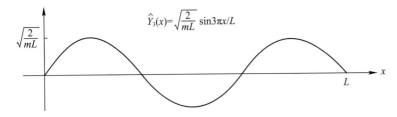

图 8.7 前 3 个标准化特征函数(也称为模态振型)

$$\frac{\mathrm{d}}{\mathrm{d}x}\left[EA(x)\frac{\mathrm{d}U(x)}{\mathrm{d}x}\right] = m(x)U(x)\frac{\ddot{F}}{F}$$
$$= -\omega^2 m(x)U(x)$$

假设一端固定、一端自由,如图 8.3 所示,则 $U(x)$ 的边界条件如下:

$$U(x)\big|_{x=0} = 0$$

且

$$EA(x)\frac{\mathrm{d}U(x)}{\mathrm{d}x}\bigg|_{x=L} = 0$$

对于具有恒定特性的均匀梁,$A(x) = A$ 且 $m(x) = \dot{m}$,特征值问题变为

$$\frac{\mathrm{d}^2 U}{\mathrm{d}x^2} + \frac{m}{EA}\omega^2 U = 0$$

求解 $U(x)$,并满足边界条件,得到固有频率和特征函数的表达式为

$$\omega_r = \frac{(2r-1)\pi}{2L}\sqrt{\frac{EA}{m}}$$

$$U_r(x) = C_r \sin \frac{(2r-1)\pi}{2L}x, \quad r = 1,2,\cdots$$

其中,通过将 $U_r(x)$ 代入下面的标准化关系来获得特征函数的常系数,即

$$\int_0^L m U_r^2(x)\,\mathrm{d}x = 1$$

并求解 $C = \sqrt{2/mL}$。该值用于定义标准化的特征矢量 $\hat{U}_r(x) = CU_r(x)$,,在这种情况下,只有一个常数,$C_r = C$。

### 例8.3 有端质量的轴向振动梁

长度为 $L$ 的振动梁一端固定,点质量 $M$ 连接在另一端。单位长度的质量为 $m$,点质量 $M = mL$,并且恒定的轴向刚度为 $EA$。求特征函数和固有频率的表达式。

**解**:空间方程由下式给出

$$\frac{\mathrm{d}^2 U(x)}{\mathrm{d}x^2} + \frac{m}{EA}\omega^2 U(x) = 0$$

得到

$$U(x) = C_1 \sin\sqrt{\frac{m}{EA}}\omega x + C_2 \cos\sqrt{\frac{m}{EA}}\omega x$$

边界条件如下:

$$U(x)\big|_{x=L} = 0$$

$$EA(x)\frac{\mathrm{d}U(x)}{\mathrm{d}x}\bigg|_{x=L} - M\omega^2 U(x)\big|_{x=L} = 0$$

其中 $M = mL$。当假设解被代入边界条件时,我们发现特征函数如下:

$$U_r(x) = C_r \sin\beta_r x, \quad n = 1,2,\cdots$$

并且特征方程由下式给出

$$\cos\beta L - \beta L \sin\beta L = 0$$

其中 $\beta = \sqrt{m/EA}\,\omega$。这个超越方程可以用数值方法求解。前 3 个根为

$$(\beta L)_{1,2,3} = 0.860, 3.426, 6.437$$

通过除以 $L$ 得到 $\beta_r$,然后可以求得

$$\omega_{1,2,3} = 0.860\frac{1}{L}\sqrt{\frac{EA}{m}}, 3.426\frac{1}{L}\sqrt{\frac{EA}{m}}, 6.437\frac{1}{L}\sqrt{\frac{EA}{m}}$$

### 例8.4 由弹簧支撑的横向振动梁

一根横向振动梁,其一端固定,另一端由弹簧支撑。如果弹簧的刚度为 $k = 0.001 EI/L^3$,求振型和固有频率。

**解**:振型必须满足由下式给出的空间方程

$$EI\frac{\mathrm{d}^4(x)}{\mathrm{d}x^4} - m\omega^2 Y(x) = 0$$

和相应的边界条件

$$Y(x)\big|_{x=0} = 0$$
$$Y''(x)\big|_{x=0} = 0$$
$$Y''(x)\big|_{x=L} = 0$$
$$EIY'''(x) - kY(x)\big|_{x=L} = 0$$

最后一个条件可以通过在弹簧连接处添加假想零质量来获得,并写出力平衡公式,如图 8.8 所示。增量梁正侧的逆时针力矩和向下剪切力定义为正,如图 8.6 所示。由于梁附着在虚拟质量的左侧,因此正剪切向上。对于增量正位移,弹簧施加向下的力。

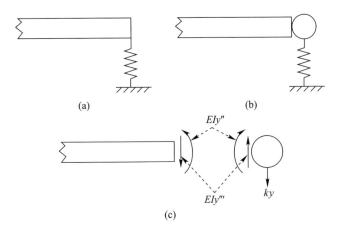

图 8.8　一端由弹簧支撑的梁(a),由弹簧支撑的端部附有假想质量的梁(b)及附在梁上并由弹簧支撑的假想质量的受力图(c)

垂直方向上的力的总和为

$$EI\frac{\partial^3 y(x,t)}{\partial x^3}\bigg|_{x=L} - ky(x,t)\big|_{x=L} = M\frac{\partial^2 y(x,t)}{\partial t^2}\bigg|_{x=L}$$

由于末端质量不存在,令 $M = 0$。

从空间方程来看,解的一般形式为

$$Y(x) = C_1\sin\beta x + C_2\cos\beta x + C_3\sinh\beta x + C_4\cosh\beta x$$

式中:$\beta^4 = m\omega^2/EI$,由前两个边界条件得 $C_2 = C_4 = 0$。应用第三和第四边界条件,得到

$$-C_1\sin\beta L + C_3\sinh\beta L = 0$$
$$C_1(-\beta^3 EI\cos\beta L - k\sin\beta L) + C_3(\beta^3 EI\cosh\beta L - k\sinh\beta L) = 0$$

由第三个边界条件,得到特征函数为

$$Y(x) = C_1\left(\sin\beta x + \frac{\sin\beta L}{\sinh\beta L}\sinh\beta x\right)$$

由第三和第四个边界条件,得到特征方程为

$$2\frac{kL^3}{EI}\sin\beta L\sinh\beta L - \beta^3 L^3\sin\beta L\cosh\beta L + \beta^3 L^3\cos\beta L\sinh\beta L = 0$$

代入 $k = 0.001EI/L^3$,特征方程可写为

$$0.02\sin\beta L\sinh\beta L - \beta^3 L^3\sin\beta L\cosh\beta L + \beta^3 L^3\cos\beta L\sinh\beta L = 0$$

这个等式的解为

$$(\beta L)_r = 3.927, 7.069, 10.21, \cdots$$

相应的固有频率得

$$\omega_r = \sqrt{\frac{EI}{mL}}(\beta L)_r^2$$

我们可以对特征函数标准化以得到可以用于模态分析的 $\hat{Y}_r(x)$。

## 8.3 确定性振动

到目前为止,我们已经获得了不同连续系统的固有频率和振型。在本节中,我们将这些用于推导非零初始条件和外力的位移响应。

### 8.3.1 自由振动响应

我们通过假设 $y(x,t) = \eta(t)Y(x)$,求解偏微分运动方程的自由响应,其中 $\eta(t) = A\cos\omega t + B\sin\omega t$。我们发现这样的乘积 $\eta_r(t)Y_r(x)$ 有无数个,然后将模态标准化。在一个完整解中,把所有的解加起来得

$$y(x,t) = \sum_{r=1}^{\infty}\eta_r(t)\hat{Y}_r(x)$$

$$= \sum_{r=1}^{\infty}\hat{Y}_r(x)(A_r\sin\omega_r t + B_r\cos\omega_r t)$$

我们使用标准化特征函数来求解。常数 $A_r$, $B_r$ 是初始条件 $y(x,0)$ 和 $\dot{y}(x,0)$ 的函数,并且它们也可以使用特征函数的正交性质来求,如下所示,当 $t=0$ 时,有

$$y(x,0) = \sum_{r=1}^{\infty}B_r\hat{Y}_r(x) \tag{8.19}$$

$$\dot{y}(x,0) = \sum_{r=1}^{\infty}A_r\omega_r\hat{Y}_r(x) \tag{8.20}$$

将式(8.19)乘以$\hat{Y}_n(x)$并从 0 到 $L$ 积分得

$$m\int_0^L y(x,0)\hat{Y}_n(x)\mathrm{d}x = \int_0^L \sum_{r=1}^\infty B_r m \hat{Y}_r(x)\hat{Y}_n(x)\mathrm{d}x$$

从正交性原理来看,只有 $r=n$ 的项将是非零的,等式的右边变为

$$\int_0^L \sum_{r=1}^\infty B_r m\hat{Y}_r(x)\hat{Y}_n(x)\mathrm{d}x = \sum_{r=1}^\infty B_r \int_0^L m\hat{Y}_r(x)\hat{Y}_n(x)\mathrm{d}x = B_n$$

然后,有

$$B_n = m\int_0^L y(x,0)\hat{Y}_n(x)\mathrm{d}x, \quad n = 1,2,\cdots$$

同理,$A_n$ 可以通过将式(8.20)乘以 $m\hat{Y}_n(x)$ 并从 0 到 $L$ 的积分来获得,即

$$A_n = \frac{m}{\omega_n}\int_0^L \dot{y}(x,0)\hat{Y}_n(x)\mathrm{d}x, \quad n = 1,2,\cdots$$

那么,完整的解为

$$y(x,t) = \sum_{r=1}^\infty \left[\hat{Y}_r(x)\left(\frac{m}{\omega_n}\int_0^L \dot{y}(x,0)\hat{Y}_r(x)\mathrm{d}x\right)\sin\omega_r t \right.$$
$$\left. + \hat{Y}_r(x)\left(m\int_0^L y(x,0)\hat{Y}_r(x)\mathrm{d}x\right)\cos\omega_r t\right]$$

在下个例子之后,我们将研究在输入力非零的情况下求位移响应的过程。

**例8.5 固支弦的自由振动响应**

假设 1m 长的均匀弦,波传播速度 $c = 100\mathrm{m/s}$。弦的总质量为 10g。如果初始位移由下式给出,求自由振动响应

$$y(x,0) = \begin{cases} 0.2x, & 0 \leq x < \frac{1}{2}\mathrm{m} \\ 0.2(1-x), & \frac{1}{2} < x \leq 1\mathrm{m} \end{cases} \quad (8.21)$$

假定初始速度为 0。

**解:** 初始位移描述了最初在中间位置受拉的一根弦。其固有频率如式(8.17)所列,即

$$\omega_r = \sqrt{\frac{T}{m}}\frac{r\pi}{L}, \quad r = 1,2,\cdots$$

波传播速度为 $C = \sqrt{T/m}$,因此,有

$$\omega_r = 100\pi r, \quad r = 1,2,\cdots$$

单位长度的质量 $m = 0.01\mathrm{kg/m}$。标准化的特征函数(式(8.18))如下:

$$\hat{Y}_r(x) = \sqrt{\frac{2}{mL}}\sin\frac{r\pi x}{L} = \sqrt{\frac{2}{0.01}}\sin r\pi x$$

完全响应为

$$y(x,t) = \sum_{r=1}^{\infty} \hat{Y}_r(x)(A_r\sin\omega_r t + B_r\cos\omega_r t)$$

其中 $A_r = 0$,并且

$$B_r = m\int_0^L y(x,0)\hat{Y}_r(x)\mathrm{d}x, \quad r = 1,2,\cdots$$

对于偶数 $r$,$B_r$ 等于零,并且其前 4 个非零系数(单位:m)为

$$B_1 = 0.00573, B_3 = -0.000637, B_5 = 0.000229, B_7 = -0.000117, \cdots$$

图 8.9 显示了当解中使用前 11 项时,在 0.001s 间隔时对前 0.01s 的响应。响应为谐波,其周期为 0.02s。

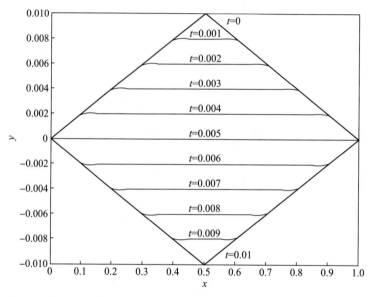

图 8.9 弦对初始条件式(8.21)的响应($t$ 的单位是 s,$x$ 和 $y$ 的单位是 m)

## 8.3.2 通过特征函数展开的强迫振动响应

对于包括阻尼和分布外力的一般情况,运动方程可以写成

$$-L(y(x,t)) + c\frac{\partial y(x,t)}{\partial t} + m\frac{\partial^2 y(x,t)}{\partial t^2} = f(x,t) \quad (8.22)$$

式中:$L(\cdot)$ 是微分算子,如式(8.5)~式(8.7)中给出的那些。假设为 Sturm–Liouville 型的均匀边界条件。为了解决该问题,我们在 8.2 节中考虑了相关的特征值问题,即

$$-L(Y_r(x)) + \omega_r^2 m Y_r(x) = 0, \quad 0 < x < L, \quad r = 1, 2, \cdots$$

式中:下标 $r$ 加到 $Y(x)$ 和 $\omega^2$ 上表示它们分别是第 $r$ 个特征函数和特征值。通过根据标准化特征函数 $\hat{Y}_r(x)$ 将 $y(x,t)$ 展开,可以得到完全响应,即

$$y(x,t) = \sum_{r=1}^{\infty} \eta_r(t) \hat{Y}_r(x) \tag{8.23}$$

其中特征函数是 8.2 节中等效齐次问题的解。目标是找到 $\eta_r(t)$,使用式(8.23)构造对强迫振动的响应。

这种方法称为特征函数展开法,因为强迫系统的解根据其标准化特征函数进行了展开。还假设分布载荷 $f(x,t)$ 可以根据这些特征函数进行展开,所以,有

$$f(x,t) = \sum_{r=1}^{\infty} q_r(t) \hat{Y}_r(x) \tag{8.24}$$

其中包含参数 $m$,因为它是标准化积分的一部分。函数 $q_r(t)$ 可以通过将式(8.24)乘以 $\hat{Y}_n(x)$ 并从 0 到 $L$ 积分来得到。将式(8.23)和式(8.24)代入式(8.22)得

$$\sum_{r=1}^{\infty}\left[-\eta_r(t) L(\hat{Y}_r(x)) + c \frac{\mathrm{d}\eta_r(t)}{\mathrm{d}t}\hat{Y}_r(x) + m \frac{\mathrm{d}^2\eta_r(t)}{\mathrm{d}t^2}\hat{Y}_r(x)\right] = \sum_{r=1}^{\infty} q_r(t) m \hat{Y}_r(x)$$

其中 $L(\hat{Y}_r(x))$ 可以用 $-\omega_r^2 m \hat{Y}_r(x)$ 代替。然后,可得

$$\sum_{r=1}^{\infty}\left(\frac{\mathrm{d}^2\eta_r(t)}{\mathrm{d}t^2} + \frac{c}{m}\frac{\mathrm{d}\eta_r(t)}{\mathrm{d}t} + \omega_r^2 \eta_r(t)\right)\hat{Y}_r(x) = \sum_{r=1}^{\infty} q_r(t) \hat{Y}_r(x) \tag{8.25}$$

然后,将式(8.25)乘以 $\hat{Y}_n(x)$ 并从 0 到 $L$ 积分。用模态正交性质,我们在求和中只留下 $n=r$ 项,并且每个 $\eta_r(t)$ 由以下解耦常微分方程控制,即

$$\frac{\mathrm{d}^2\eta_r}{\mathrm{d}t^2} + \frac{c}{m}\frac{\mathrm{d}\eta_r}{\mathrm{d}t} + \omega_r^2 \eta_r = q_r(t), \quad r = 1, 2, \cdots \tag{8.26}$$

式(8.26)是单自由度系统的公式。基于单自由度系统的解,基于式(6.36)的卷积积分可以求得对各个模态力 $q_r(t)$ 的模态位移响应,即

$$\eta_r(t) = \left(\frac{\dot{\eta}_r(0) + \zeta_r \omega_r \eta_r(0)}{\omega_{d_r}}\sin\omega_{d_r}t + \eta_r(0)\cos\omega_{d_r}t\right)\mathrm{e}^{-\zeta_r\omega_r t} + \int_0^t q_r(\tau) g_r(t-\tau)\mathrm{d}\tau \tag{8.27}$$

式中:第 $r$ 阶阻尼固有频率为 $\omega_{d_r} = \omega_r \sqrt{1-\zeta_r^2}$,阻尼比 $\zeta_r = c/(2m\omega_r)$,以及脉冲响应函数,即

$$g_r(t) = \begin{cases} \dfrac{1}{\omega_{d_r}}\mathrm{e}^{-\zeta_r\omega_r t}\sin\omega_{d_r}t, & t \geq 0 \\ 0, & t < 0 \end{cases}$$

由 $y(x,t)$ 的初始条件获得 $\eta_r(t)$ 的初始条件。给定 $y(x,0)$ 和 $\dot{y}(x,0)$，式(8.23)可以写成

$$y(x,0) = \sum_{r=1}^{\infty} \eta_r(0)\hat{Y}_r(x)$$

$$\dot{y}(x,0) = \sum_{r=1}^{\infty} \dot{\eta}_r(0)\hat{Y}_r(x)$$

将这些方程乘以 $m\hat{Y}_m(x)$ 并在 0 到 $L$ 的域上积分，再次使用正交性，我们只剩下 $m=r$ 项，即

$$\eta_r(0) = \int_0^L y(x,0)m\hat{Y}_r(x)\mathrm{d}x$$

$$\dot{\eta}_r(0) = \int_0^L \dot{y}(x,0)m\hat{Y}_r(x)\mathrm{d}x$$

现在可以使用式(8.23)对无穷级数解的多个项求和，以获得响应 $y(x,t)$ 的近似表达式。

### 例8.6 弦的强迫振动响应

均匀固定的弦，长度 $L=1\mathrm{m}, m=0.1\mathrm{kg/m}$ 且 $T=200\mathrm{N}$ 的由函数定义的移动点负载，函数如下：

$$f(x,t) = \delta(x - 0.01t)(\mathrm{N}), \quad 0 \leq t \leq 100$$

式中：$\delta(t)$ 是狄拉克 $\delta$ 函数。假设零初始条件，求响应。

**解**：固有频率和标准化振型如下：

$$\omega_r = \frac{r\pi}{1}\sqrt{\frac{200}{0.1}} = 140.5r$$

$$\hat{Y}_r(x) = \sqrt{\frac{2}{0.1 \times 1}}\sin\frac{r\pi x}{1}$$

$$= 4.472\sin r\pi x, \quad r = 1, 2, \cdots$$

移动点负载的响应和，即

$$y(x,t) = \sum_{r=1}^{\infty} \eta_r(t)\hat{Y}_r(x)$$

$\eta_r(t)$ 由式(8.27)给出，即

$$\eta_r(t) = \frac{1}{\omega_r}\int_0^t q_r(\tau)\sin\omega_r(t-\tau)\mathrm{d}\tau$$

其中

$$q_r(\tau) = \int_0^t f(x,\tau)\hat{Y}_r(x)\mathrm{d}x$$

我们假设阻尼为零,因此 $\omega_{dr} = \omega_r$ 和 $\zeta_r = 0$。

广义力 $q_r(\tau)$ 为

$$q_r(\tau) = \int_0^L \delta(x - 0.01\tau)\hat{Y}_r(x)\mathrm{d}x = \hat{Y}_r(0.01\tau)$$

$$= \begin{cases} 4.472\sin 0.01 r\pi\tau, & 0 \leq \tau \leq 100 \\ 0, & 100 < \tau \end{cases}$$

广义坐标 $\eta_r(t)$ 由下式给出

$$\eta_r(t) = \frac{4.472}{\omega_r}\int_0^t \sin 0.01 r\pi\tau \cdot \sin\omega_r(r - \tau)\mathrm{d}\tau$$

对于 $t < 100\mathrm{s}$,有

$$\eta_r(t) = \frac{4.472}{\omega_r}\left(\frac{\pi r\sin\omega_r t - 100\omega_r\sin 0.01 r\pi t}{(\pi r)^2 - 10000\omega_r^2}\right)$$

并且对于 $t > 100\mathrm{s}$,有

$$\eta_r(t) = \frac{223.6}{\omega_r}\left(\frac{1}{(\pi r)^2 - 10000\omega_r^2}\right)\{(r\pi - 100\omega_r)\sin(r\pi + \omega_r(100 - t)) -$$

$$(r\pi + 100\omega_r)\sin(r\pi - \omega_r(100 - t)) - 2r\pi\sin(\omega_r t)\} \tag{8.28}$$

然后,完整解 $y(x,t) = \sum_{r=1}^{\infty} \eta_r(t)\hat{Y}_r(x)$。式(8.28)是本章习题9的一部分。

### 例8.7 横向振动悬臂梁的强迫响应

由以下运动方程控制的横向振动悬臂梁为

$$EI\frac{\partial^4 y}{\partial x^4} + c\frac{\partial y}{\partial t} + m\frac{\partial^2 y}{\partial t^2} = f(x,t)$$

求振型、固有频率和对施加的脉冲载荷 $f(x,t) = f_0 x^2\delta(t)$ 的响应。其中 $EI = 10^7 \mathrm{N} \cdot \mathrm{m}^2$,$c = 1(\mathrm{N} \cdot \mathrm{s})/\mathrm{m}^2$,$m = 0.01\mathrm{kg/m}$,初始条件为零。

**解:** 通过求解得到特征值和特征函数

$$\frac{\mathrm{d}^4 Y(x)}{\mathrm{d}x^4} - \beta^4 Y(x) = 0$$

边界条件

$$Y(0) = \left.\frac{\mathrm{d}Y}{\mathrm{d}x}\right|_{x=0} = 0$$

$$\left.\frac{\mathrm{d}^2 Y}{\mathrm{d}x^2}\right|_{x=L} = \left.\frac{\mathrm{d}^3 Y}{\mathrm{d}x^3}\right|_{x=L} = 0$$

其中 $\beta^4 = m\omega^2/EI$,$L$ 为梁的长度。标准化振型和固有频率如下:

$$\hat{Y}_r(x) = C_r\{(\sin\beta_r L - \sinh\beta_r L)(\sin\beta_r x - \sinh\beta_r x) + \\ (\cos\beta_r L - \cosh\beta_r L)(\cos\beta_r x - \cosh\beta_r x)\}$$

$$C_{1,2,3} = 0.329/\sqrt{mL}, 0.0183/\sqrt{mL}, 0.000776/\sqrt{mL}$$

$$\beta_{1,2,3} = 1.88, 4.69, 7.86$$

$$\omega_{1,2,3} = 1.88^2\sqrt{\frac{EI}{m}}, 4.69^2\sqrt{\frac{EI}{m}}, 7.86^2\sqrt{\frac{EI}{m}}$$

强迫响应如下：

$$y(x,t) = \sum_{j=1}^{\infty} \hat{Y}_j(x) \int_0^t \left[\int_0^L f(\xi,\tau)\hat{Y}_j(\xi)\mathrm{d}\xi\right] g_j(t-\tau)\mathrm{d}\tau \tag{8.29}$$

脉冲响应函数如下：

$$g_j(t) = \frac{1}{\omega_{d_j}} e^{-\zeta_j \omega_j t} \sin\omega_{d_j} t$$

阻尼比和阻尼固有频率如下：

$$\zeta_j = \frac{c}{2m\omega_j}, \omega_{d_j} = \omega_j\sqrt{1-\zeta_j^2}$$

使用已知的特征函数和脉冲响应函数解的时间部分，响应可以通过这个 4 项表达式来近似，即

$$y(x,t) = f_0\sqrt{\frac{2}{mL}}L^3\left\{\frac{(\pi^2-4)}{\pi^3}\hat{Y}_1(x)g_1(t) - \frac{1}{2\pi}\hat{Y}_2(x)g_2(t) + \\ \frac{(9\pi^2-4)}{27\pi^3}\hat{Y}_3(x)g_3(t) - \frac{1}{4\pi}\hat{Y}_4(x)g_4(t)\right\} \tag{8.30}$$

## 8.4 连续系统的随机振动

从单自由度系统的分析来看，频率响应函数 $H(\mathrm{i}\omega)$ 对于获得随机负载的响应统计是至关重要的。对于多自由度系统，如果矩阵频率响应函数$[H(\mathrm{i}\omega)]$是已知的，则可以获得$[S_{XX}(\omega)]$。在大多数情况下，矩阵频率响应函数难以获得或非常复杂，因此使用模态分析更好；或者，可以根据特征函数来展开响应和强迫函数。然后，用模态力谱、模态坐标与模态力相关联的频率响应函数以及特征矢量或模态矩阵的集合来表示矩阵响应谱密度。注意：连续系统的响应谱是空间坐标和频率的连续函数。这个稍后说明。

我们先给出下一节的结果。我们用 $y(t)$ 表示随机位移响应。位移响应的交叉谱密度与系统 $X = x_1$ 和 $X = x_2$ 两个位置处的位移有关，公式如下：

$$S_{yy}(x_1,x_2;\omega) = \sum_{r=1}^{\infty}\sum_{k=1}^{\infty}\hat{Y}_r(x_1)H_r^*(\mathrm{i}\omega)S_{Q_rQ_k}(\omega)H_k(\mathrm{i}\omega)\hat{Y}_r(x_2)$$

式中:$\hat{Y}_r(x)$是第 $r$ 个标准化特征函数;$H_r(\mathrm{i}\omega)$是第 $r$ 个的广义坐标和广义力之间的复频率响应函数,如下式所示:

$$H_r(\mathrm{i}\omega) = \frac{1}{\omega_r^2 - \omega^2 + \mathrm{i}2\zeta_r\omega_r\omega}$$

式中:$\omega_r$ 是第 $r$ 个固有频率;$\zeta_r$ 是第 $r$ 个阻尼比;$S_{Q_rQ_k}(\omega)$ 是广义力 $Q_r(t)$ 和 $Q_k(t)$ 的交叉谱密度,由下式给出:

$$S_{Q_rQ_k}(\omega) = \int_0^L\int_0^L S_{FF}(x_1,x_2;\omega)\hat{Y}_r(x_1)\hat{Y}_k(x_2)\mathrm{d}x_1\mathrm{d}x_2$$

式中:$S_{FF}(x_1,x_2;\omega)$是力在 $x_1$ 和 $x_2$ 处的交叉谱密度。我们接下来推导出这些表达式。

### 8.4.1 响应谱密度的推导

我们从式(8.23)中的分布力随机响应 $\gamma(x,t)$ 开始,其中 $\eta_r(t)$ 由式(8.27)中的卷积解代替,即

$$\gamma(x,t) = \sum_{r=1}^{\infty}\left[\int_0^t Q_r(t)g_r(t-\tau)\mathrm{d}\tau\right]\hat{Y}_r(x) = \sum_{r=1}^{\infty}\left[\int_0^t Q_r(t-\tau)g_r(t)\mathrm{d}\tau\right]\hat{Y}_r(x)$$

式中:$Q_r(t)$是由随机力 $F(x,t)$ 引起的广义力,即

$$Q_r(t) = \int_0^L F(x,t)\hat{Y}_r(x)\mathrm{d}x$$

忽略由初始条件引起的瞬态效应。一般情况下,响应的平均值为

$$E\{\gamma(x,t)\} = \sum_{r=1}^{\infty}\hat{Y}_r(x)\int_0^L\left[\int_0^L E\{F(x,t-\tau)\}\hat{Y}_r(x)\mathrm{d}x\right]g_r(\tau)\mathrm{d}\tau$$

假设 $F(x,t)$ 的平均值已知、力静止,这样它的平均值 $\mu_F$ 是恒定的,将其提出积分公式,即

$$E\{\gamma(x,t)\} = \mu_F\sum_{r=1}^{\infty}\hat{Y}_r(x)\int_0^L\left(\int_0^L\hat{Y}_r(x)\mathrm{d}x\right)g_r(\tau)\mathrm{d}\tau$$

$$= \mu_F\sum_{r=1}^{\infty}\hat{Y}_r(x)\int_0^L\left(\int_0^L\hat{Y}_r(x)\mathrm{d}x\right)g_r(\tau)\mathrm{d}\tau$$

$$= \mu_F\sum_{r=1}^{\infty}H_r(0)\hat{Y}_r(x)\int_0^L\hat{Y}_r(x)\mathrm{d}x$$

式中:$H_r(\mathrm{i}\omega)$已在最后一节的末尾定义。

为了简单起见,均值可以取为零。然后,在不假设平稳性的前提下,推导出响应的自相关关系,即

$$R_{\gamma\gamma}(x_1,x_2;t_1,t_2) = E\{\gamma(x_1,t_1)\gamma(x_2,t_2)\}$$

$$= \sum_{r=1}^{\infty}\sum_{k=1}^{\infty} E\{\eta_r(t_1)\eta_k(t_2)\}\hat{Y}_r(x_1)\hat{Y}_k(x_2)$$

$$= \sum_{r=1}^{\infty}\sum_{k=1}^{\infty} R_{\eta_r\eta_k}(t_1,t_2)\hat{Y}_r(x_1)\hat{Y}_k(x_2) \tag{8.31}$$

其中

$$R_{\eta_r\eta_k}(t_1,t_2) = \int_0^L\int_0^L E\{Q_r(t_1-\theta)Q_k(t_2-\kappa)\}g_r(\theta)g_k(\kappa)\mathrm{d}\theta\mathrm{d}\kappa$$

$$= \int_0^L\int_0^L R_{Q_rQ_k}(t_1-\theta,t_2-\kappa)g_r(\theta)g_k(\kappa)\mathrm{d}\theta\mathrm{d}\kappa$$

然后,假设平稳状态为

$$R_{\eta_r\eta_k}(t_2-t_1) = \int_0^L\int_0^L R_{Q_rQ_k}(t_2-t_1+\theta-\kappa)g_r(\theta)g_k(\kappa)\mathrm{d}\theta\mathrm{d}\kappa \tag{8.32}$$

$R_{Q_rQ_k}(t_1,t_2)$ 的表达式为

$$R_{Q_rQ_k}(t_1,t_2) = E\{Q_r(t_1)Q_k(t_2)\}$$

$$= \int_0^L\int_0^L E\{F(x_1,t_1)F(x_2,t_2)\}\hat{Y}_r(x_1)\hat{Y}_k(x_2)\mathrm{d}x_1\mathrm{d}x_2$$

$$= \int_0^L\int_0^L R_{FF}(x_1,x_2;t_1,t_2)\hat{Y}_r(x_1)\hat{Y}_k(x_2)\mathrm{d}x_1\mathrm{d}x_2$$

对于静止载荷,$R_{FF}(x_1,x_2;t_1,t_2) = R_{FF}(x_1,x_2;\tau)$,因此 $R_{Q_rQ_k}(t_1,t_2) = R_{Q_rQ_k}(\tau)$,$\tau = t_2-t_1$,即

$$R_{Q_rQ_k}(\tau) = \int_0^L\int_0^L R_{FF}(x_1,x_2;\tau)\hat{Y}_r(x_1)\hat{Y}_k(x_2)\mathrm{d}x_1\mathrm{d}x_2 \tag{8.33}$$

通过式(8.31)的傅里叶变换得到响应的功率谱。考虑到平稳性,有

$$S_{\gamma\gamma}(x_1,x_2;\omega) = \sum_{r=1}^{\infty}\sum_{k=1}^{\infty}\left[\frac{1}{2\pi}\int_{-\infty}^{\infty} R_{\eta_r\eta_k}(\tau)\exp(-\mathrm{i}\omega\tau)\mathrm{d}\tau\right]\hat{Y}_r(x_1)\hat{Y}_k(x_2)$$

$$\tag{8.34}$$

式中:方括号中的项是 $R_{\eta_r\eta_k}(\tau)$ 的傅里叶变换,即谱密度 $S_{\eta_r\eta_k}(\omega)$。将式(8.32)代入方括号,两边进行傅里叶变换,并定义 $\lambda = \tau+\theta-\kappa$,得到

$$S_{\eta_r\eta_k}(\omega) = \frac{1}{2\pi}\int_{-\infty}^{\infty} \mathrm{e}^{-\mathrm{i}\omega(\lambda-\theta+\kappa)}\left[\int_{-\infty}^{\infty}\int_{-\infty}^{\infty} R_{Q_rQ_k}(\lambda)g_r(\theta)g_k(\kappa)\mathrm{d}\theta\mathrm{d}\kappa\right]\mathrm{d}\lambda \tag{8.35}$$

其中,$\tau$ 被 $\lambda-\theta+\kappa$ 取代,而 $\mathrm{d}\tau$ 被 $\mathrm{d}\lambda$ 取代。根据虚拟积分变量分离积分,式(8.35)可写为

$$S_{\eta_r\eta_k}(\omega) = \left(\int_{-\infty}^{\infty} g_r(\theta)\mathrm{e}^{-\mathrm{i}\omega\theta}\mathrm{d}\theta\right)\left(\int_{-\infty}^{\infty} g_k(\kappa)\mathrm{e}^{-\mathrm{i}\omega\kappa}\mathrm{d}\kappa\right)\left(\frac{1}{2\pi}\int_{-\infty}^{\infty} R_{Q_rQ_k}(\lambda)\mathrm{e}^{-\mathrm{i}\omega\lambda}\mathrm{d}\lambda\right)$$

脉冲响应函数 $g(t)$ 的傅里叶变换是频率响应函数 $H(\mathrm{i}\omega)$。因此,有

$$S_{\eta_r\eta_k}(\omega) = H_r^*(\mathrm{i}\omega)H_k(\mathrm{i}\omega)S_{Q_jQ_k}(\omega)$$

式中:$S_{Q_jQ_k}(\omega)$ 是模态力分量的交叉谱密度。假设 $Q_j(t)$ 的傅里叶变换存在,就如它对大多数物理过程的作用一样,可得

$$Q_j(t) = \int_{-\infty}^{\infty} Q_j(\omega)\mathrm{e}^{\mathrm{i}\omega t}\mathrm{d}\omega$$

然后,式(8.33)两边都运用傅里叶变换,可得

$$S_{Q_rQ_k}(\omega) = \int_0^L \int_0^L S_{FF}(x_1,x_2;\omega)\hat{Y}_r(x_1)\hat{Y}_k(x_2)\mathrm{d}x_1\mathrm{d}x_2 \tag{8.36}$$

式中:$S_{FF}(\omega)$ 是载荷的谱密度,是根据数据估算的量。将各自表达式代入式(8.34),可得

$$S_{\gamma\gamma}(x_1,x_2;\omega) = \sum_{r=1}^{\infty}\sum_{k=1}^{\infty} H_r^*(\mathrm{i}\omega)H_k(\mathrm{i}\omega)S_{Q_rQ_k}(\omega)\hat{Y}_r(x_1)\hat{Y}_k(x_2) \tag{8.37}$$

得到上式的价值是可以评估均方(MS)位移,即

$$\gamma_{\mathrm{MS}}(x) = R_{\gamma\gamma}(x_1,x_2;0) = \int_{-\infty}^{\infty} S_{\gamma\gamma}(x,x;\omega)\mathrm{d}\omega$$

我们知道,如果 $\mu_\gamma(x)=0$,那么 $\gamma_{\mathrm{MS}}(x) = \sigma_\gamma^2(x)$ 即为方差。

现在,通过在 $n$ 个离散位置采样响应谱密度来检验结果,如:

$$S_{\gamma_i\gamma_j}(\omega) = S_{\gamma\gamma}(x=x_i,x=x_j;\omega)$$

这意味着,我们需要构建响应谱的 $n\times n$ 阶矩阵。我们只考虑第一个 $m$ 特征函数,其中 $m$ 小于或等于 $n$。然后,可以构造一个 $n\times m$ 阶矩阵,其元素 $Y_{ij}$ 由在 $x=x_i$ 处评估的第 $j$ 个特征函数组成。注意:该矩阵等效于由元素 $P_{ij}$ 填充的模态矩阵,其中元素 $P_{ij}$ 来自第 $i$ 行坐标的第 $j$ 个本征向量(第 $j$ 列,第 $i$ 行)。

令 $[H(\mathrm{i}\omega)]$ 是具有第 $i$ 个对角线元素 $H_i(\omega)$ 的对角线 $m\times m$ 阶矩阵,并且 $[S_{QQ}(\omega)]$ 是具有由 $S_{Q_iQ_j}(\omega)$ 给出的元素的 $m\times m$ 阶矩阵。然后,式(8.37)可以写成

$$[\boldsymbol{S}_{\gamma\gamma}(\omega)]_{n\times n} = [\hat{\boldsymbol{Y}}(x)]_{n\times m}[\boldsymbol{H}^*(\mathrm{i}\omega)]_{m\times m}[\boldsymbol{S}_{QQ}(\omega)]_{m\times m}[\boldsymbol{H}(\mathrm{i}\omega)]_{m\times m}[\hat{\boldsymbol{Y}}(x)]_{m\times n}^{\mathrm{T}}$$

注意:该结果与式(7.43)中的多自由度系统的结果相同,其中谱密度由前 $m$ 个模态近似得到。

这些推导现在已经完成,但它们意味着什么?又如何应用?概率分析的一个功能是帮助设计者限制不确定性并理解强制力的随机性如何导致由 $\sigma_\gamma^2(x)$ 到 $[\boldsymbol{S}_{\gamma\gamma}(\omega)]_{n\times n}$ 定义的可能的结构响应的分散。方差可用于约束平均值响应。以下示例提供了更加现实和复杂的工程问题。

### 例8.8 轴向振动梁的随机振动

一个两端固定的均匀梁,其中 $m=0.01\mathrm{kg/m}$,$EA=100\mathrm{N}$ 且 $L=1\mathrm{m}$,受到强度为

$S_0 = 1\text{N}^2 \cdot \text{s}$ 的白噪声。求梁中点处的响应谱 $S_{yy}(L/2,L/2;\omega)$，将此结果与离散系统的梁的响应谱进行比较(见例7.7)。

**解**：通过求解得到特征函数和固有频率，即

$$EA\frac{\mathrm{d}^2 Y}{\mathrm{d}x^2} + m\omega^2 Y = 0$$

对于两端固定的梁，其标准化的特征函数和各自的自然频率如下：

$$\hat{Y}_r(x) = \sqrt{\frac{2}{mL}}\sin\frac{r\pi x}{L}, \quad r = 1, 2, \cdots$$

$$= 14.14\sin r\pi x$$

$$= \frac{r\pi}{L}\sqrt{\frac{EA}{m}} = 100\pi r, \quad r = 1, 2, \cdots$$

注意：特征函数已经相对于 $m$ 标准化，因此，它们满足关系：

$$\int_0^L m\hat{Y}_r(x)\hat{Y}_n(x) = \delta_{rn}$$

$$\int_0^L EA\frac{\mathrm{d}^2\hat{Y}_r}{\mathrm{d}x^2}\hat{Y}_n(x) = -\omega_n^2\delta_{rn}$$

假设解 $\gamma(x,t)$ 和分布力 $F(x,t)$ 可以根据标准化的特征函数进行展开，即

$$\gamma(x,t) = \sum_{r=1}^{\infty}\eta_r(t)\hat{Y}_r(x)$$

$$F(x,t) = \sum_{r=1}^{\infty}mq_r(t)\hat{Y}_r(x)$$

将这些展开代入运动方程，得到控制 $\eta_r(t)$ 的常微分方程，即

$$\ddot{\eta}_r + \omega_r^2\eta_r = q_r(t), \quad r = 1, 2, \cdots$$

其中

$$q_r(t) = \int_0^L \hat{Y}_r(x) F(x,t)\mathrm{d}x$$

第 $r$ 个频率响应函数为

$$H_r(\mathrm{i}\omega) = \frac{1}{\omega_r^2 - \omega^2}$$

这并不复杂，因为系统是无阻尼的。响应谱密度由式(8.37)给出，即

$$S_{\gamma\gamma}(x_1,x_2;\omega) = \sum_{r=1}^{\infty}\sum_{k=1}^{\infty}H_r^*(\mathrm{i}\omega)H_k(\mathrm{i}\omega)S_{Q_rQ_k}(\omega)\hat{Y}_r(x_1)\hat{Y}_k(x_2)$$

其中 $S_{Q_rQ_k}(\omega)$ 由式(8.36)给出，即

$$S_{Q_rQ_k}(\omega) = \int_0^L \int_0^L S_{FF}(x_1,x_2;\omega)\hat{Y}_r(x_1)\hat{Y}_k(x_2)\mathrm{d}x_1\mathrm{d}x_2$$

以及 $S_{FF}(x_1,x_2;\omega) = S_0$。因此,双积分成为单积分的乘积,其中每个积分都为

$$\int_0^L \hat{Y}_r(x)\mathrm{d}x = \sqrt{\frac{2}{mL}}\frac{2L}{r\pi}$$

然后,计算积分的乘积,得到

$$S_{QQ}(\omega) = \begin{cases} S_0 \dfrac{8L}{m\pi^2}\dfrac{1}{rk}, & \text{奇数 } r \text{ 和 } k \\ 0, & \text{偶数 } r \text{ 和偶数 } r \end{cases} \qquad (8.38)$$

例如:

$$S_{Q_1Q_1}(\omega) = S_0 \frac{8L}{m\pi^2}$$

$$S_{Q_1Q_2}(\omega) = S_{Q_2Q_1}(\omega) = S_{Q_2Q_2}(\omega) = 0$$

$$S_{Q_1Q_3}(\omega) = S_{Q_3Q_1}(\omega) = S_0 \frac{8L}{3m\pi^2}\cdots$$

然后,响应谱密度如下:

$$\begin{aligned}S_{yy}(x_1,x_2;\omega) = &H_1^*(\mathrm{i}\omega)H_1(\mathrm{i}\omega)S_{Q_1Q_1}(\omega)\hat{Y}_1(x_1)\hat{Y}_1(x_2) + \\ &[H_1^*(\mathrm{i}\omega)H_3(\mathrm{i}\omega) + H_3^*(\mathrm{i}\omega)H_1(\mathrm{i}\omega)]S_{Q_1Q_3}(\omega)\hat{Y}_1(x_1)\hat{Y}_3(x_2) + \\ &H_3^*(\mathrm{i}\omega)H_3(\mathrm{i}\omega)S_{Q_3Q_3}(\omega)\hat{Y}_3(x_1)\hat{Y}_3(x_2) + \\ &H_5^*(\mathrm{i}\omega)H_5(\mathrm{i}\omega)S_{Q_5Q_5}(\omega)\hat{Y}_5(x_1)\hat{Y}_5(x_2) + \\ &[H_1^*(\mathrm{i}\omega)H_5(\mathrm{i}\omega) + H_5^*(\mathrm{i}\omega)H_1(\mathrm{i}\omega)]S_{Q_1Q_5}(\omega)\hat{Y}_1(x_1)\hat{Y}_5(x_2) + \\ &[H_3^*(\mathrm{i}\omega)H_5(\mathrm{i}\omega) + H_5^*(\mathrm{i}\omega)H_3(\mathrm{i}\omega)]S_{Q_3Q_5}(\omega)\hat{Y}_3(x_1)\hat{Y}_5(x_2) + \cdots\end{aligned}$$

其中 $H_j^*(\mathrm{i}\omega)H_j(\mathrm{i}\omega) = |H_j(\mathrm{i}\omega)|^2$。$x = L/2$ 处的谱密度由下式给出,即

$$\begin{aligned}S_{yy}(L/2,L/2;\omega) = &\frac{16S_0}{m^2\pi^2}\Big\{\frac{1}{(\omega_1^2-\omega^2)^2} + \frac{1}{9}\frac{1}{(\omega_3^2-\omega^2)^2} + \frac{1}{25}\frac{1}{(\omega_5^2-\omega^2)^2} + \\ &\frac{2}{3}\frac{1}{(\omega_1^2-\omega^2)(\omega_3^2-\omega^2)} + \frac{2}{5}\frac{1}{(\omega_1^2-\omega^2)(\omega_5^2-\omega^2)} + \\ &\frac{2}{15}\frac{1}{(\omega_3^2-\omega^2)(\omega_5^2-\omega^2)} + \cdots\Big\}\end{aligned}$$

图 8.10 显示了围绕第一阶固有频率的 $S_{yy}(L/2,L/2;\omega)$,使用 151 个离散质量模拟的系统中点的响应谱,由虚线表示。第一阶固有频率的差异是由于离散模型是

连续模型的近似,并且通过很少的自由度来近似。

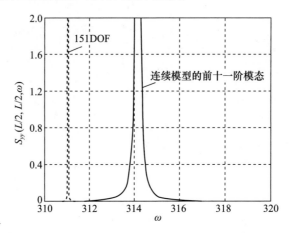

图 8.10 响应谱 $S_{yy}(x,x;\omega)$ 在 $x = L/2$ 处

离散模型的第一阶固有频率作为自由度数的函数如图 8.11 所示。随着自由度数的增加,离散系统的第一阶固有频率接近连续系统的固有频率。

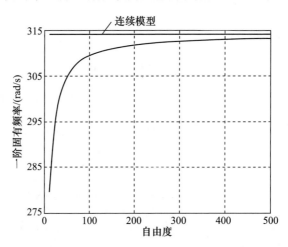

图 8.11 离散多自由度系统的一阶固有频率与自由度的函数关系
(连续模型的确切基频在顶部显示为直线)

### 例 8.9 横向振动梁的随机振动

简单支撑的梁单位长度上具有 $m$ 的均匀质量,单位长度的阻尼 $C$ 和弯曲刚度 $EI$。该梁带有一个固定的随机载荷 $F(x,t)$,在沿梁的跨度的两个不同位置 $x_1$ 和 $x_2$ 处的载荷强度之间具有交叉谱 $S_{yy}(x_1,x_2;\omega)$,即

$$S_{FF}(x_1,x_2;\omega) = \begin{cases} \dfrac{q^2}{\omega_c L^2}\sin^2\left(\dfrac{\pi x_1}{L}\right)\sin^2\left(\dfrac{\pi x_2}{L}\right), & |\omega| < \omega_c \\ 0, & \text{其他} \end{cases} \quad (8.39)$$

式中:$q$ 和 $\omega_c$ 是已知的常数。

（1）求出作用在梁上的总力 $P(t)$ 的自相关函数 $R_{PP}(\tau)$：

$$P(t) = \int_0^L F(x,t)\,dx$$

（2）求出均方值 $E\{F^2\}$。

（3）求出响应 $E\{\gamma^2\}$ 的均方值。假设 $c = 0.1\sqrt{mEI}\pi^2/L^2$ 且 $\omega_c = 10\omega_1$，即 $\omega_c$ 是基频的 10 倍。

**解**:（1）我们注意到 $S_{FF}(x_1, x_2; \omega)$ 的式(8.39)相对于 $\omega$ 具有恒定的强度（函数中没有 $\omega$，只有截止频率 $\omega_c$），但是随着梁上 $x_1$、$x_2$ 的位置发生变化，总力的自相关可以用分布力的自相关函数来描述：

$$R_{PP}(\tau) = E\left\{\int_0^L F(x_1,t)\,dx_1 \int_0^L F(x_2, t+\tau)\,dx_2\right\}$$

$$= \int_0^L \int_0^L R_{FF}(x_1, x_2; \tau)\,dx_1\,dx_2$$

由此得出，总力的谱密度与分布力的交叉谱密度有关，分布力交叉谱密度如下：

$$S_{PP}(\omega) = \int_0^L \int_0^L S_{FF}(x_1, x_2; \omega)\,dx_1\,dx_2$$

$$= \frac{q^2}{4\omega_c}, \quad |\omega| < \omega_c$$

常数 $\omega$ 的范围给定为 $-\omega_c < \omega < \omega_c$。

（2）总力的均方值等于密度函数 $S_{PP}(\omega)$ 下的面积，即

$$E\{P^2\} = \frac{q^2}{2}$$

（3）为了找到响应均方值，我们从特征值问题入手。振型必须满足如下的空间方程

$$EI\frac{d^4 Y(x)}{dx^4} - m\omega^2 Y(x) = 0$$

与相应的边界条件

$$Y(0) = 0, \quad Y''(0) = 0$$
$$Y(L) = 0, \quad Y''(L) = 0$$

在应用边界条件对特征函数进行标准化后，得到第 $r$ 个特征函数和特征值，即

$$\hat{Y}_r(x) = \sqrt{\frac{2}{mL}}\sin\frac{r\pi}{L}x$$

$$\omega_r = \sqrt{\frac{EI}{m}}\left(\frac{r\pi}{L}\right)^2, \quad r = 1, 2, \cdots$$

第 $r$ 个复频率响应函数为

$$H_r(i\omega) = \frac{1}{\omega_r^2 - \omega^2 + i\omega c/m}$$

下一步是获得广义力 $S_{Q_rQ_k}(\omega)$ 的交叉谱密度，由式(8.36)得

$$S_{Q_rQ_k}(\omega) = \int_0^L \int_0^L S_{FF}(x_1, x_2; \omega) \hat{Y}_r(x_1) \hat{Y}_k(x_2) dx_1 dx_2$$

在这种情况下，积分得到如下表达式

$$S_{Q_rQ_k}(\omega) = \frac{q^2}{\omega_c L^2} \frac{2}{mL} \frac{L^2}{\pi^2} \frac{16}{kr(k^2-4)(r^2-4)}, \quad |\omega| < \omega_c$$

当 $r$ 和 $k$ 为奇数时，广义力的交叉谱密度变为零。对于偶数 $r$ 或 $k$，将表达式替换为 $S_{Q_rQ_k}(\omega)$ 代入式(8.37)，响应交叉谱密度如下：

$$S_{\gamma\gamma}(x_1, x_2; \omega) = \sum_{r=1}^{\infty} \sum_{k=1}^{\infty} H_r^*(i\omega) H_k(i\omega) S_{Q_rQ_k}(\omega) \hat{Y}_r(x_1) \hat{Y}_k(x_2)$$

在该式中，$S_{\gamma\gamma}$ 独立于 $x_1, x_2$。

其中特征函数的积分为

$$\int_0^L \hat{Y}_r(x_i) dx_i = \sqrt{\frac{2}{mL}} \frac{2L}{r\pi}$$

然后，有

$$S_{\gamma\gamma}(\omega) = \sum_{\substack{r=1 \\ \text{奇数}r}}^{\infty} \sum_{\substack{k=1 \\ \text{奇数}k}}^{\infty} H_r^*(i\omega) H_k(i\omega) \frac{q^2}{\omega_c m^2} \frac{1}{\pi^4} \frac{256}{k^2 r^2 (k^2-4)(r^2-4)}, \quad |\omega| < \omega_c$$

合力的均方值为 $R_{\gamma\gamma}(0)$，相当于谱密度函数下的面积，即

$$E(\gamma^2) = \int_{-\omega_c}^{\omega_c} S_{\gamma\gamma}(\omega) d\omega$$

$$= \sum_{\substack{r=1 \\ \text{奇数}r}}^{\infty} \sum_{\substack{k=1 \\ \text{奇数}k}}^{\infty} \frac{q^2}{\omega_c m^2} \frac{1^2}{\pi^4} \frac{256}{k^2 r^2 (k^2-4)(r^2-4)} A_{rk}$$

定义

$$A_{rk} = \int_{-\omega_c}^{\omega_c} H_r^*(i\omega) H_k(i\omega) d\omega$$

频率响应函数可以写成

$$H_r(i\omega) = \frac{1}{\omega_1^2(r^4 - \bar{\omega}^2 + 0.1i\bar{\omega})}$$

式中：$\omega_1$ 是第一阶固有频率；$\bar{\omega} = \omega/\omega_1$ 是由第一阶固有频率标准化后的频率。然后，有

$$\overline{A}_{rk} = \omega_1^3 A_{rk} = \int_{-\omega_c/\omega_1 = -10}^{\omega_c/\omega_1 = 10} H_r^*(\mathrm{i}\overline{\omega}) H_k(\mathrm{i}\overline{\omega}) \mathrm{d}\overline{\omega}$$

可以求 $r$ 和 $k$ 的不同值。该积分的虚部是 $\omega$ 的奇函数,等于零。求 $\overline{A}_{rk}$。

$$\overline{A}_{11} = 31.4$$

$$\overline{A}_{13} = \overline{A}_{31} = -0.00138$$

$$\overline{A}_{33} = 0.383$$

$$\overline{A}_{51} = 0.000269$$

$$\overline{A}_{53} = 0.000541$$

$$\overline{A}_{55} = 0.0000576$$

均方响应为

$$E(\gamma^2) = \sum_{\substack{r=1 \\ 奇数 r}}^{\infty} \sum_{\substack{k=1 \\ 奇数 k}}^{\infty} \frac{q^2}{\omega_c m^2} \frac{1}{\pi^4} \frac{256}{k^2 r^2 (k^2 - 4)(r^2 - 4)} \frac{1}{\omega_1^3} \overline{A}_{rk}$$

$$= \frac{q^2}{m^2 \pi^4} \frac{256}{\omega_1^4} \frac{1}{10} \left( \frac{31.4}{9} + 2 \frac{-0.00138}{-135} + \frac{0.383}{2025} + \cdots \right)$$

均方响应由第一项主导,有

$$E(\gamma^2) \approx 89.3 \frac{q^2}{m^2 \pi^4} \frac{1}{\omega_1^4}$$

## 8.5 复杂载荷承重梁

在本节,我们考虑涉及具有更真实的边界条件和力的梁的问题。推导出一种简化的理论,并讨论了其应用。

### 8.5.1 轴向力梁的横向振动

考虑横向和轴向加载的梁的横向振动,其示意图如图 8.12 所示。重点在于确定轴向力对响应的附加效应。无论何时,梁或柱受压缩短,都会出现弯曲问题。如果轴向载荷为压力且逐渐增加,最终达到临界值,其中可能产生新的(弯曲的)变形。这种变形通常是负面的,因此,假设在该临界负载下发生结构破坏,设计规范通常根据安全系数假设在低于屈曲载荷的载荷下失效。

为了解决这个问题,我们利用梁的任意截面的受力图,如图 8.13 所示。注意:由

于恒定的轴向力 $S$,存在一个额外的力矩项 $S_y$,其中 $y$ 是所求的截面挠曲变形。

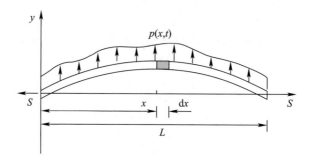

图 8.12　横向和轴向力同时作用的梁

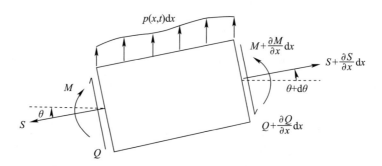

图 8.13　具有横向和轴向力的梁的振动受力图

对 $y$ 方向的力进行求和并应用牛顿第二定律,得到运动方程

$$-(Q+\mathrm{d}Q)+Q+(S+\mathrm{d}S)(\theta+\mathrm{d}\theta)-S\theta+p(x,t)\mathrm{d}x=m(x)\mathrm{d}x\frac{\partial^2 y}{\partial t^2}$$

其中

$$Q=\frac{\partial}{\partial x}\left(EI(x)\frac{\partial^2 y}{\partial x^2}\right),\theta=\frac{\partial y}{\partial x}$$

$$\mathrm{d}Q=\frac{\partial Q}{\partial x}\mathrm{d}x,\mathrm{d}S=\frac{\partial S}{\partial x}\mathrm{d}x,\mathrm{d}\theta=\frac{\partial \theta}{\partial x}\mathrm{d}x$$

代入并展开得到运动方程

$$-\frac{\partial^2}{\partial x^2}\left(EI(x)\frac{\partial^2 y}{\partial x^2}\right)\mathrm{d}x+S\frac{\partial^2 y}{\partial x^2}\mathrm{d}x+\frac{\partial y}{\partial x}\frac{\partial S}{\partial x}\mathrm{d}x+\frac{\partial^2 y}{\partial x^2}\frac{\partial S}{\partial x}\mathrm{d}x^2+p(x,t)\mathrm{d}x=m(x)\mathrm{d}x\frac{\partial^2 y}{\partial t^2}$$

除以 $\mathrm{d}x$ 并将极限设为 $\mathrm{d}x\to 0$,等式变为

$$m(x)\frac{\partial^2 y}{\partial t^2}+\frac{\partial^2}{\partial x^2}\left(EI(x)\frac{\partial^2 y}{\partial x^2}\right)-\frac{\partial}{\partial x}\left(S(x)\frac{\partial y}{\partial x}\right)=p(x,t) \qquad (8.40)$$

进行均匀性假设 $EI(x) = EI$ 并设置 $p(x,t) = 0$ 且 $S(x) = S$,得出以下特征值

$$EI\frac{\mathrm{d}^4 Y}{\mathrm{d}x^4} - S\frac{\mathrm{d}^2 Y}{\mathrm{d}x^2} = \omega^2 m Y(x) \tag{8.41}$$

其中轴向力 $S$ 的影响很大。对于这个问题,模态为

$$Y_r(x) = C_r \sin\frac{r\pi x}{L}, \quad r = 1, 2, \cdots$$

我们发现,取适当的导数并将这些导数代入式(8.41),有

$$EIC_r\left(\frac{r\pi}{L}\right)^4 \sin\frac{r\pi x}{L} + SC_r\left(\frac{r\pi}{L}\right)^2 \sin\frac{r\pi x}{L} = \omega_r^2 m C_r \sin\frac{r\pi x}{L}$$

其中系数 $C_r$ 可以被消去,得到

$$\omega_r = \left(\frac{r\pi}{L}\right)^2 \sqrt{\frac{EI}{m}} \sqrt{1 + \frac{S}{EI}\left(\frac{L}{r\pi}\right)^2}, \quad r = 1, 2, \cdots$$

对于拉伸轴向力 $+S$,效果是自由振动频率增加。对于压缩轴向力 $-S$,频率为

$$\omega_r = \left(\frac{r\pi}{L}\right)^2 \sqrt{\frac{EI}{m}} \sqrt{1 - \frac{S}{EI}\left(\frac{L}{r\pi}\right)^2} \tag{8.42}$$

导致较低的固有频率。我们可以讨论,对于多大的压缩负载,频率会下降使基频变为零?

对于 $r = 1$,我们得到基频为

$$\omega_1 = \left(\frac{\pi}{L}\right)^2 \sqrt{\frac{EI}{m}} \sqrt{1 - \frac{S}{EI}\left(\frac{L}{\pi}\right)^2} \tag{8.43}$$

其中

$$\frac{S}{EI}\left(\frac{L}{\pi}\right)^2$$

是 $S$ 与欧拉屈曲负载的比值。如果 $SL^2/EI\pi^2 \to 1$,则最低阶振型接近零频率,并且对于 $S = EI\pi^2/L^2$ 发生横向屈曲。我们可以用以下形式写出式(8.43),即

$$\omega_1\left(\frac{L}{\pi}\right)^2 \sqrt{\frac{m}{EI}} = \sqrt{1 - \frac{S}{EI}\left(\frac{L}{\pi}\right)^2}$$

然后,使用式(8.12)得到作为 $S(L/\pi)^2/EI$ 函数的曲线 $\omega_1(L/\pi)^2\sqrt{m/EI}$,如图 8.14 所示。该图说明,当 $SL^2/EI\pi^2 \to 1$ 时,$\omega_1 \to 0$,因此梁在压缩下弯曲。

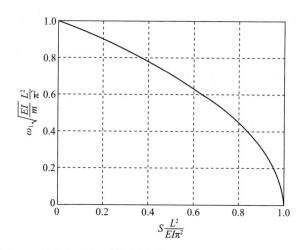

图 8.14 轴向力函数 $S$ 的固有频率 $\omega_1$（两个坐标轴均已标准化）

## 8.5.2 弹性地基上梁的横向振动

在离散点处，即在弦或梁的末端处考虑先前的边界条件。沿着梁的长度可能存在连续边界。在这种情况下，边界条件可以成为控制方程的一部分。这种问题的一个重要例子是弹性地基上的梁。其原理图如图 8.15 所示。应用包括机器振动、基础结构的振动，以及地震和爆炸等结构对地面震动的响应①。

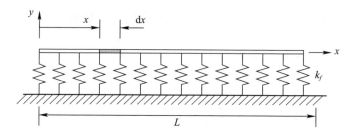

图 8.15 在弹性地基上的横向振动梁

这里，横向运动的弹性约束沿梁呈连续分布，并且忽略了阻尼效应。对于长度为 $\mathrm{d}x$ 的单位梁，运动的微分方程为

$$\frac{\partial^2}{\partial x^2}\left[EI(x)\frac{\partial^2 y}{\partial x^2}\right]\mathrm{d}x = -k_f(x)y\mathrm{d}x - \rho A(x)\mathrm{d}x\frac{\partial^2 y}{\partial t^2}$$

其中，约束力由 $k_f(x)y\mathrm{d}x$ 给出。参数 $k_f(x)$ 是单位长度的基础刚度，并且 $\rho A(x)=m(x)$，即单位长度的梁的质量。对于具有恒定特性的柱状梁（均匀横截面），运动控制方程为

---

① 浸入润滑套筒中的旋转轴的示例子是沿着连续刚度长度有连续阻尼而不是连续刚度。

$$EI\frac{\partial^4 y}{\partial x^4} + k_f y = -\rho A \frac{\partial^2 y}{\partial t^2}$$

基础刚度改变了控制方程的数学特征。假设一个解并进行常用的导数替换,则可以得到模态变量 $Y(x)$ 的控制方程为

$$EI\frac{\mathrm{d}^4 y}{\mathrm{d}x^4} - (\rho A \omega^2 - k_f)Y = 0$$

或

$$\frac{\mathrm{d}^4 y}{\mathrm{d}x^4} + \left(\frac{-\rho A}{EI}\omega^2 + \frac{k_f}{EI}\right)Y = 0 \tag{8.44}$$

令 $m = \rho A$,重新定义 $\beta$ 以包括基础刚度,$\beta^4 = (\omega^2 m - k_f)/EI$,并以标准形式重写式(8.44),得到

$$Y''''(x) - \beta^4 Y(x) = 0$$

$\omega$ 的方程变为

$$\omega_r = \left(\frac{r\pi}{L}\right)^2 \sqrt{\frac{EI}{m} + \frac{k_f}{m}\left(\frac{L}{r\pi}\right)^4}$$

$k_f(L/r\pi)^4$ 项的重要性取决于特定问题的参数值。对于大多数 $k_f$ 值,与 $EI$ 相比,该项可以忽略。弹性地基的重要性主要在于最低频率。

**例 8.10　弹性地基上轴向随机加载的铁摩辛柯梁**

这个问题结合了上面讨论的负载[①]。许多结构及其构件可以理想化为弹性基础上的梁,如桥梁、跑道、轨道、道路和管线。轴向载荷暗指该梁仅是大型结构的一部分,可以施加一个约束力。使用模态展开法求解耦合运动方程。

**解:** 在弹性地基上,均匀阻尼的铁摩辛柯梁受到轴向载荷。季莫申科梁的变形受到剪切变形和旋转惯性的影响,如果跨度/深度比相对较小,则这些影响很大。我们只概述关键步骤并提出主要结果(详细解题步骤在来源文献中提供)。

横向平移耦合控制偏微分方程 $u(x,t)$ 和旋转耦合控制偏微分方程 $\phi(x,t)$ 为

$$m\ddot{u} + c_1 \dot{u} + k_l u + Su'' - kGA(u' + \phi)' = p(x,t)$$

$$I_0 \ddot{\phi} + c_2 \dot{\phi} + k_r \phi - EI\phi'' + kGA(u' + \phi) - k_s u' = q(x,t)$$

系统由外部随机力 $p$ 和随机力矩 $q$ 加载,而 $I_0 = mr^2$ 是每单位长度的转动惯性矩,$S$ 是静态轴向载荷,$I$ 是面积惯性矩,$k$ 是剪切中的有效面积系数,$k_l$、$k_r$ 和 $k_s$ 是刚度,$c_1$、$c_2$ 是阻尼系数。

---

① 这一发展基于 T. P. Chang 的论文,"弹性地基上的轴向载荷季莫申科梁的波动和随机振动",Sound and Vibration,第 178 卷,第 1 期,1994 年,第 55 – 66 页。

分析分为 3 个步骤:①自由振动分析以得出振动的频率和振型;②模态强迫振动分析;③随机振动分析。

(1) 对于自由振动分析,根据定义,外部强迫和阻尼设定为零。假设谐波解为

$$u(x,t) = \sum_{n=1}^{\infty} \eta_n(t) U_n(x)$$

$$\phi(x,t) = \sum_{n=1}^{\infty} \eta_n(t) \Phi_n(x)$$

其中 $\eta_n(t) = \exp(i\omega_n t)$。将这些方程和各自的导数代入控制方程,得到两个特征函数 $U_n$ 和 $\Phi_n$ 的四阶常微分方程。$U_n(x)$ 的方程为

$$U_n'''' + \alpha_n^2 U_n'' - \beta_n^4 U_n = 0$$

解为

$$U_n(x) = D_1 \sin\delta_n x + D_2 \cos\delta_n x + D_3 \sinh\epsilon_n x + D_4 \cosh\epsilon_n x$$

式中:$\delta_n$ 和 $\epsilon_n$ 是 $\alpha_n^2$ 与 $\beta_n^4$ 的函数,它们是系统物理参数的函数。对于 $\Phi_n(x)$ 的解采用类似的形式,即

$$\Phi_n(x) = D_5 \sin\delta_n x + D_6 \cos\delta_n x + D_7 \sinh\epsilon_n x + D_8 \cosh\epsilon_n x$$

8 个常系数 $D_i$ 可以通过满足边界条件来计算。这也导出了弹性地基上轴向加载的铁摩辛柯梁的特征值和特征函数。以下正交条件可以确定振型(参见来源文献),即

$$\int_0^L [m U_m(x) U_n(x) + m r^2 \Phi_m(x) \Phi_n(x)] dx = \mu_m \delta_{mn}$$

式中:$\mu_m$ 是在正交性应用中出现的广义质量;$\delta_{mn}$ 是 Kronecker $\delta$ 函数。

(2) 对于强迫振动分析,我们根据标准化的特征函数展开强迫响应,即

$$u_f(x,t) = \sum_{n=1}^{\infty} y_n(t) \hat{U}_n(x)$$

$$\phi_f(x,t) = \sum_{n=1}^{\infty} y_n(t) \hat{\Phi}_n(x)$$

将这些解代入控制铁摩辛柯方程,分别乘以 $\hat{U}_m(x)$ 和 $\hat{\Phi}_m(x)$,并使用模态正交性得到解耦方程,即

$$\ddot{y}_n + 2\zeta_n \omega_n \dot{y}_n + \omega_n^2 y_n = P_n(t) + Q_n(t) \tag{8.45}$$

式中:参数为标准参数,并且假设阻尼系数与 $c_2 = r^2 c_1$ 相关,以便阻尼项也解耦。模态强制项与外部强制有关,如下式所示:

$$P_n(t) = \frac{1}{\mu_n} \int_0^L \hat{U}_n(x) p(x,t) \mathrm{d}x$$

$$Q_n(t) = \frac{1}{\mu_n} \int_0^L \hat{\Phi}_n(x) q(x,t) \mathrm{d}x$$

一旦得到 $p(x,t)$ 和 $q(x,t)$，就可以计算 $P_n(t)$ 和 $Q_n(t)$，然后通过卷积求解 $y_n(t)$，最后得到强迫响应 $u_f(x,t)$ 和 $\phi_f(x,t)$。可以使用关系式 $M(x,t) = EI\phi_f'(x,t)$ 获得旋转耦合控制偏微分方程。

(3) 对于随机振动分析，从式(8.45)开始。就复杂的频率响应函数而言，有

$$y_n(t) = \int_{-\infty}^{\infty} H_n(\mathrm{i}\omega) \exp(\mathrm{i}\omega t)[P_n(t) + Q_n(t)] \mathrm{d}\omega$$

$$H_n(\mathrm{i}\omega) = [-\omega^2 + \omega_n^2 + 2\mathrm{i}\zeta_n\omega_n\omega]^{-1}$$

对于随机振动问题，假设激励 $P(x,t)$ 和 $Q(x,t)$ 是静止的，因此 $P_n(t)$ 和 $Q_n(t)$ 静止。假设负载是独立的随机过程，从而可以排除 $P_n(t)$ 和 $Q_n(t)$ 之间的交叉谱密度。对于特定的应用程序，可能有必要包含这种相关性。对于 $x_1$ 和 $x_2$ 处的响应之间的互相关，计算顺序如下：

$$R_{u_{x_1}u_{x_2}}(x_1, x_2, \tau) = E\{u(x_1,t)u(x_2, t+\tau)\}$$

$$= E\left\{\sum_{m=1}^{\infty} \hat{U}_m(x_1) y_m(t) \sum_{n=1}^{\infty} \hat{U}_n(x_2) y_n(t+\tau)\right\}$$

$$= \sum_{m=1}^{\infty} \sum_{n=1}^{\infty} \hat{U}_m(x_1) \hat{U}_n(x_2) R_{y_m y_n}(\tau)$$

$$= \frac{1}{2\pi} \sum_{m=1}^{\infty} \sum_{n=1}^{\infty} \hat{U}_m(x_1) \hat{U}_n(x_2)$$

$$\int_{-\infty}^{\infty} H_m(\mathrm{i}\omega) H_n^*(\mathrm{i}\omega)[S_{P_m P_n}(\omega) + S_{Q_m Q_n}(\omega)] \exp(\mathrm{i}\omega\tau) \mathrm{d}\omega$$

我们使用符号 $u(x,t)$ 来表示 $x$ 处的随机位移，即

$$S_{P_m P_n}(\omega) = \frac{1}{\mu_n^2} \int_0^L \int_0^L \hat{U}_m(x_1) \hat{U}_n(x_2) S_{P_{x_1} P_{x_2}}(x_1, x_2, \omega) \mathrm{d}x_1 \mathrm{d}x_2$$

$$S_{Q_m Q_n}(\omega) = \frac{1}{\mu_n^2} \int_0^L \int_0^L \hat{\Phi}_m(x_1) \hat{\Phi}_n(x_2) S_{q_{x_1} q_{x_2}}(x_1, x_2, \omega) \mathrm{d}x_1 \mathrm{d}x_2$$

$S_{p_{x_1} p_{x_2}}(x_1, x_2; \omega)$ 和 $S_{q_{x_1} q_{x_2}}(x_1, x_2; \omega)$ 是随机激励 $p(x_1,t)$ 和 $p(x_2,t)$ 及 $q(x_1,t)$ 和 $q(x_2,t)$ 之间的空间交叉谱密度。因此，给定这些密度，可以计算 $R_{u_{x_1}u_{x_2}}(x_1, x_2; \tau)$。

上面的表达式是针对梁上的两个任意点，即 $x = x_1$ 和 $x = x_2$。设置 $x = x_1 = x_2$，可以得到自相关函数 $R_{uu}(x, \tau)$，也可以通过设置 $\tau = 0$ 得到均方位移。

类似地，均方弯矩由下式给出

$$E\{M^2(x)\} = \frac{1}{2\pi}(EI)^2 \sum_{m=1}^{\infty} \sum_{n=1}^{\infty} \hat{\Phi}'_m(x_1) \hat{\Phi}'_n(x_2)$$

$$= \int_{-\infty}^{\infty} H_m(i\omega) H_n^*(i\omega) [S_{P_m P_n}(\omega) + S_{Q_m Q_n}(\omega)] d\omega$$

### 8.5.3 梁对移动力的响应

这里简要介绍了移动力问题的形式。可以以这种形式构建许多重要的应用程序。车辆-结构相互作用问题①在现代工程设计中起着重要作用。熟悉的例子是汽车、桥、喷气式飞机、航空母舰、火车轨道和结构-海浪相互作用。基于磁悬浮车辆的高速地面运输系统导致车辆与导轨之间的电磁耦合。图8.16和图8.17显示了移动力问题的简单初步模型。

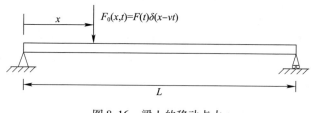

图 8.16  梁上的移动点力

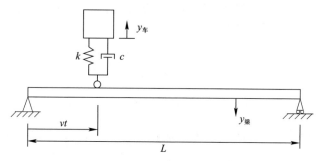

图 8.17  由单自由度车辆引起的移动力（$v$ 为常数，车辆的位置为 $x=vt$）

在图中，变量 $v$ 表示车辆的速度，$F(t)$ 可以是谐波函数，如 $\sin\Omega t$ 对梁振动特性与参数 $v$ 和 $\Omega$ 之间的关系的研究至关重要。

在图 8.17 中，显示了车辆的单自由度模型，虽然 $n$ 自由度模型可以用于更高级的车辆模型。梁模型可以像伯努利-欧拉模型一样简单，或者可以包括铁摩辛柯梁的附加效应。对于轨道系统，梁可以在基础上添加阻尼。根据应用程序的不同，梁存在许多选项，并且可以通过添加我们研究的更基本模型的一些单独效果来构建实际模型。

---

① 相互作用问题通常是两个系统以某种方式耦合的问题，因此，它们的振动特性必须同时解决。

### 例8.11 由移动随机载荷和确定性轴向力引起的梁响应

这个问题也结合了两个加载情况[①]。伯努利 – 欧拉梁受到随时变速度发生变化的随机载荷影响。在结构上移动负载的问题广泛适用于桥梁、铁路、经受两相流的管道系统、受到压力波的梁以及轴向高速加工作业。确定的轴向力可能是由于预应力或由于相邻结构的影响导致的。

式(8.40)变为

$$EI\frac{\partial^4 y}{\partial x^4} - S\frac{\partial^2 y}{\partial x^2} + m\frac{\partial^2 y}{\partial t^2} + c\frac{\partial y}{\partial t} = F_0(x,t)$$

式中:$y(x,t)$是随机响应,具有简支边的边界条件

$$y(0,t)=0, \quad y(L,t)=0$$

$$\left.\frac{\partial^2 y}{\partial x^2}\right|_{x=0}=0, \quad \left.\frac{\partial^2 y}{\partial x^2}\right|_{x=L}=0$$

以及初始条件

$$y(x,t)\big|_{t=0}=0, \quad \left.\frac{\partial^2 y(x,t)}{\partial t^2}\right|_{t=0}=0$$

注意:边界和初始条件被假定为完全确定的。

随机力$F_0(x,t)$的正号表示向下作用。参数$m$和$c$分别是单位长度的质量和单位长度的阻尼系数。移动负载定义为

$$F_0(x,t) = F(t)\delta(x-\omega(t))$$

式中:$\omega(t)$是载荷的位置;$F(t)$是随机驱动力,即

$$F(t) = \mu_F + P(t)$$

式中:$\mu_F$是力的平均值;$P(t)$是力的零均值随机部分。驱动力大小是随机的,但其位置是已知的,因此是确定的。

在模态形式中,垂直偏转如下:

$$y(x,t) = \sum_{n=1}^{\infty} \eta_n(t)\sin\frac{n\pi x}{L}$$

其中振型由$\sin(n\pi x/L)$给出。这个展开式被代入控制方程,然后乘以$\sin(m\pi x/L)$并在域上积分以利用正交性条件,从而得到广义偏转的第$n$阶模态为

$$m\frac{L}{2}\ddot\eta_n + c\frac{L}{2}\dot\eta_n + \left[EI\frac{L}{2}\left(\frac{n\pi}{L}\right)^4 + S\frac{L}{2}\left(\frac{n\pi}{L}\right)^2\right]\eta_n = \int_0^L F_0(x,t)\sin\frac{n\pi x}{L}dx$$

这个等式可以用更紧凑的形式写成

---

[①] 本文是基于 H. S. Zibden, "Stochastic Vibration of an Elastic Beam due to Random Moving Loads and Deterministic Axial Forces," Engineering Structure, Vol. 17, No. 7, 1995, pp. 530 – 535。

$$\ddot{\eta}_n + \frac{c}{m}\dot{\eta}_n + \omega_n^2 \eta_n = Q_n(t) \tag{8.46}$$

其中

$$Q_n(t) = \frac{2}{mL}\int_0^L F_0(x,t)\sin\frac{n\pi x}{L}\mathrm{d}x$$

$$\omega_n^2 = \frac{EI}{m}\left(\frac{\pi}{L}\right)^4 n^2\left(n^2 + \left[\frac{S}{S_{\text{critical}}}\right]\right)$$

而

$$S_{\text{critical}} = \frac{\pi^2 EI}{L^2}$$

是欧拉屈曲载荷。式(8.46)的解由卷积积分给出

$$\eta_n(t) = \int_0^t g_n(t-\tau)Q_n(\tau)\mathrm{d}\tau \tag{8.47}$$

式中:$g_n(t)$是脉冲响应函数,因此,有

$$y(x,t) = \frac{2}{mL}\sum_{n=1}^{\infty}\frac{1}{\omega_{d_n}}\sin\frac{n\pi x}{L}\int_0^t \sin\omega_{d_n}(t-\tau)\exp\left(-\frac{c}{2m}[t-\tau]\right)\sin\frac{n\pi\omega(\tau)}{L}F(\tau)\mathrm{d}\tau$$

阻尼圆周频率如下:

$$\omega_{d_n}^2 = \sqrt{\omega_n^2 - \left(\frac{c}{2m}\right)^2}$$

负载位置函数 $\omega(t)$ 通常可以定义为

$$\omega(t) = a + bt + \frac{1}{2}ct^2$$

式中:$a$ 是力的作用点;$b$ 是初始速度;$c$ 是恒定加速度。

通过用 $F(t) = \mu_F$ 求解上述方程,可以得到平均值响应,它也是偏转的确定性部分。对于随机情况,有 $F(t) = \mu_F + P(t)$。我们已经得到解的确定性部分。解的随机部分,也可以被认为是关于平均值响应的方差,需要评估响应协方差。

首先计算随机力的协方差,即

$$\text{Cov}_{FF}(t_1,t_2) = E\{P(t_1)P(t_2)\}$$

然后,有

$$\text{Cov}_{F_0 F_0}(x_1,x_2,t_1,t_2) = \delta(x_1 - \omega(t_1))\delta(x_2 - \omega(t_2))\text{Cov}_{FF}(t_1,t_2)$$

如果 $P(t)$ 是强度为 $S_{PP}$ 的白噪声,那么,有

$$\text{Cov}_{FF}(t_1,t_2) = S_{PP}\delta(t_2 - t_1) = \begin{cases} S_{PP}, & t_2 = t_1 \\ 0, & \text{其他} \end{cases}$$

以及

$$\text{Cov}_{Q_l Q_n}(t_1, t_2) = E\{Q_l(t_1) Q_n(t_2)\}$$

$$= \frac{4}{m^2 L^2} \int_0^L \int_0^L \delta(x_1 - \omega(t_1)) \delta(x_2 - \omega(t_2)) \text{Cov}_{FF}(t_1, t_2)$$

$$\sin \frac{l\pi x_1}{L} \sin \frac{n\pi x_2}{L} dx_1 dx_2$$

$$= \frac{4}{m^2 L^2} \sin \frac{l\pi \omega(t_1)}{L} \sin \frac{n\pi \omega(t_2)}{L} S_{PP} \delta(t_2 - t_1)$$

通过利用消除积分的 delta 函数①的属性得到最后一个等式。同样地,有

$$\text{Cov}_{\eta_l \eta_n}(t_1, t_2) = \frac{4 S_{PP}}{m^2 L^2} \int_0^t g_l(t_1 - \tau_1) g_n(t_2 - \tau_1) \sin \frac{l\pi\omega(\tau_1)}{L} \sin \frac{n\pi\omega(\tau_2)}{L} d\tau_1$$

最后,偏差的协方差由下式给出

$$\text{Cov}_{yy}(x_1, x_2; t_1, t_2) = \sum_{l=1}^{\infty} \sum_{n=1}^{\infty} \sin \frac{l\pi x_1}{L} \sin \frac{n\pi x_2}{L} \text{Cov}_{\eta_l \eta_n}(t_1, t_2)$$

根据该表达式,得到偏转的方差为

$$\sigma_y^2(x, t) = \text{Cov}_{yy}(x, x; t, t) = \frac{4 S_{PP}}{m^2 L^2} \sum_{l=1}^{\infty} \sin^2 \frac{l\pi x}{L} \int_0^t g_l^2(t - \tau_1) \sin^2 \frac{l\pi\omega(\tau_1)}{L} d\tau_1$$

该方差可以积分。变动系数定义为

$$\rho y(x, t) = \frac{\sigma y(x, t)}{y_{\text{static}}}$$

式中:$y_{\text{static}}$是由于中跨处的集中力 $P$ 引起的静态变形,等于 $PL^3/48EI$。这些统计数据可用于基于指定平均位移和在平均值的一定标准偏差范围内的概率的设计过程中。

## 8.6 本章小结

本章介绍了动态连续参数化结构的基本概念,着重讲解了弦和梁。确定性地证明了模态方法,然后扩展到包括随机强迫的情况。引入了特殊的边界条件,以显示如何使用相对简单的物理模型(如梁)来处理复杂的物理问题。

## 8.7 格言

- 总的来说,巧合是阻碍这一类思想家前进道路上的一大绊脚石,他们受过教

---

① $\int x\delta(x-y)dx = y$,唯一的非零值存在于 $x=y$ 时。

育,对概率理论一无所知,而人类最辉煌的研究对象也得益于这种理论。——埃德加·爱伦·坡(Edgar Allen Poe)

· 总是有点不可能的事情会发生。——奥斯卡·王尔德(Oscar Wilde)

· 犯错者为人,宽恕者为神。设计中出错在所难免。——莱斯利·基士(Leslie Keys)

· 我从来没有说过这是可能的。我只是说这是真的。——查尔斯·里奇(Charies Richet)

· 采取一种方法并尝试它是常识。如果它失败了,坦白地承认,尝试另一个。但最重要的是,去尝试一些东西。——富兰克林·D. 罗斯福(Franklin D. Roosevelt)

· 每个数学家都认为他比其他所有人都领先。他们之所以不在公开场合说这些是因为他们是聪明人。——安德烈·科尔莫戈罗夫(Andrei Kolmogorov)

· 任何走可靠道路的人无异于死了。——卡尔·荣格(Carl Jung)

· 赌徒在赌博时的兴奋程度等于他赢的次数乘以获胜的概率。——布莱斯·帕斯卡尔(Blaise Pascal)

· 幸运是意料之外。——瑞奇(Ricky)

## 8.8 习题

### 第8.1节 连续系统

1. 横梁由两端的扭转弹簧支撑,每个弹簧具有刚度 $k$。求运动方程和相应的边界条件。

### 第8.2节 Sturm–Liouville(斯特鲁姆–刘维尔)特征值问题

2. 一根弦固定在一端,可以在另一端自由地上下移动。求特征函数和特征值。

3. 在式(8.12)中证明弦的正交性条件。

4. 一根轴向振动的均匀杆,已知每单位长度的质量 $m$、长度 $L$ 和轴向刚度 $EA$。$x=0$ 处的一端连接到刚度为 $h$ 的弹簧上,并且在 $x=L$ 时自由。求特征函数和特征值(使用 $k=EA/L$)。

5. 一根两端固定的均匀弦,它具有每单位长度的质量 $m$、长度 $L$ 和张力 $T$。具有刚度 $k$ 的弹簧在 $x=L/2$ 处附接到弦上。求特征函数和特征值。

6. 推导轴向振动中的杆的边值问题,其中集中质量 $M$ 在 $x=L$ 处,并且杆固定在 $x=0$ 处。然后,推导出特征值问题。求特征值、特征函数和特征函数的正交性条件。假设 $EA(x)=EA, m(x)=m, M=0.5mL$。

### 第8.3节 确定性振动

7. 求具有均匀横截面的两端固定弦对阶跃初始位移的响应

$$y(x,0) = \begin{cases} A, & 0.45L < x < 0.55L \\ 0, & 其他 \end{cases}$$

假设初始速度为零。

8. 沿横向振动的均匀悬臂梁在其自由端带有点质量 $M$。梁具有抗弯刚度 $EI$ 和单位长度质量 $m$，以及点质量 $M = 0.5mL$。梁受到分布载荷 $f(x,t) = x\sin\omega_f t$，其中 $\omega_f$ 与某个自然频率不一致。假设零初始条件，求点质量的响应。

9. 对于给定参数值：$r = 1, r = 2$ 和 $r = 3$，绘制式(8.28)的图像。

10. 在例 8.7 中，添加式(8.29)和式(8.30)的推导中的细节。

11. 使用一项 $(\eta_1 Y_1)$、两项 $(\eta_1 Y_1 + \eta_2 Y_2)$ 和三项 $(\eta_1 Y_1 + \eta_2 Y + \eta_3 Y_3)$ 近似绘制式(8.30)的解 $y(x,t)$。可以得出什么结论？

## 第8.4节　连续系统的随机振动

12. 固定在两端的均匀弦受到分布载荷 $f(x,t)$ 作用，其平均值不为零，而是关于 $x$ 的函数，使得 $\mu_F = \sin x$。求平均响应。假设每单位长度的质量为 $m$、张力为 $T$、长度为 $L$。

13. 一个可以建模为横向振动均匀悬臂梁的建筑物，其具有轴向刚度 $EI$、每单位长度的质量 $m$ 和结构阻尼 $c$。建筑物受到静态随机地面运动的影响，其零均值和任意谱密度为 $S_0(\omega) = S_0$。估算建筑物 $y(L,t)$ 顶部响应偏转的谱密度函数 $S_{yy}(L,L;\omega)$。另外，求均方响应。

14. 一个均匀的两端固定弦受到一个弱静止的随机激励 $F(x,t)$，其特征为

$$E\{F(x,t)\} = 0$$
$$R_{FF}(x_1, x_2; \tau) = \sigma^2 \exp(-\alpha|\tau|)\delta(x_1 - x_2)$$

式中：$\delta(\cdot)$ 是狄拉克三角函数。计算响应的互相关函数和交叉谱密度。

15. 横向振动梁一端固定而另一端是自由的。在整个跨度长度 $L$ 内，梁是均匀的，具有恒定的 $m$、$c$ 和 $EI$。在自由端施加点载荷 $F(t)$。根据集中载荷 $F(t)$ 的谱密度，表示出固定端的随机法向力的谱密度。

16. 在例 8.8 中，推导出式(8.38)。

17. 一根弯曲的均匀杆，在两端简支并受到激励

$$f(x,t) = F(t)\delta(x - L/2)$$

式中：$F(t)$ 是具有理想白噪声功率谱密度的遍历随机过程；$\delta(x - L/2)$ 是空间狄拉克 $\delta$ 函数。导出点 $x = L/4$ 和 $x = 3L/4$ 处的响应以及与 $x = L/4$ 处的响应的均方值之间的互相关函数的表达式。假设沿梁的常数为 $m$、$c$ 和 $EI$。

## 第8.5节　复杂载荷梁

18. 悬索桥的塔受到地震激励。该塔理想化为横向振动梁，由于悬挂缆索而处于

恒定压力 $S$ 下。水平方向上的地面运动用 $Q(t)$ 表示,梁柱的总横向位移用 $Y(x,t)$ 表示,相对横向位移为

$$Y_0(x,t) = Y(x,t) + Q(t)$$

与梁柱的弯矩直接相关。假设地面运动可以建模为

$$Q(t) = \int_0^t (e^{-\alpha\tau} - e^{-\beta\tau}) G(\tau) d\tau$$

式中:$G(\tau)$ 为具有零期望和谱密度 $S_{GG}(\omega)$ 的静态高斯随机过程。另外,梁特性 $EI$、$S$、$c$ 和 $m$ 是沿梁长度的常数。求响应的互相关函数的表达式。

# 第 9 章 可 靠 性

## 9.1 简介

假设动态系统中的一个组件受到随机振动,这个组件可能是桥的桁架、摩天大楼的钢柱或飞机的机身壁板,它们可能因为材料、几何形状以及载荷类型等许多不同的原因而失效,例如,桥的桁架可能因疲劳而失效,钢柱可能会弯曲,而机身壁板可能会在应力集中处产生裂缝。组件或系统的可靠性是指在规定的时间内按设计规范运行的概率。在考虑加工的成品时,质量一词往往被用来衡量零件的差异[①]。

设计这些组件的目的是在各种许用范围内的载荷作用下,组件可以正常工作一定的时间。组件失效的时间 $T_f$ 是随机变量,因此工作过程中不同组件的失效时间是不同的。现实情况清楚地表明,$T_f$ 不是确定性的。承受"相同载荷"的"相同组件"会在不同时间失效,因此,失效时间只能用概率描述。当然,在某些微观尺度上,组件和载荷并不相同,但这种小的差异是不可量化的。

在本章中,我们考虑两种类型的失效形式。第一种称为首次超越破坏或首次偏移破坏。在这种情况下,正如图 9.1 所示,当结构性能的一个方面首次超过某个阈值时,结构可能会失效。例如,当位移或加速度超过阈值 $Z$ 时,组件可能会失效。一个零件的变形被设计为在弹性范围内,当其关键部位的应力超过屈服强度时,就可以认

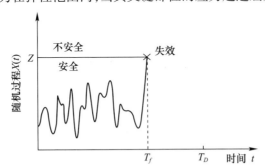

图 9.1 当 $X(t)$ 首次超过 $Z$ 时,发生首次超越破坏(其中 $Z$ 可以是特定的确定性值,也可以是随机值)

---

[①] J. Jin 和 Y. Chen,用于夹具系统可靠性设计评估的质量和可靠性信息集成,《国际质量和可靠性工程》第 17 卷,355–372 页,2001。

为它失效了。当轴向载荷超过屈曲临界载荷时,受压杆将失效。当应力强度系数超过其临界值时,受拉应力作用的板中的裂纹就会扩展导致失效。

另一种类型的失效是疲劳破坏。当零件受到循环载荷时,其损坏是由于反复暴露或循环造成的。当累积的损伤达到零件能够承受的总损伤时,则该零件最终会失效。所以在振荡过程中,零件会在比屈服强度低得多的应力水平下失效。

所有这些问题都是非确定性的,需要使用概率方法来进行分析和设计。

## 9.2 首次超越破坏

假设一个组件受到平稳的随机力作用,如果组件失效,则确定有一个或多个组件的行为 $X(t)$,首次超过预定的临界值时它会失效。这个行为可以是位移加速度、临界位置处的应力、压缩载荷或裂缝开口处的应力强度系数。我们在本章假设 $X(t)$ 是一个弱静态随机过程。非平稳过程将会在第 11 章进行讨论。

图 9.1 显示了 $x(t)$ 的实例。当 $x(t)$ 超过最大允许值 $Z$ 时,我们将失效定义为事件。工程设计的目标是生产出能在设计寿命 $T_D$ 内正常工作的部件,设计寿命是设计者指定的一个确定的数值。如果失效事件发生的时间 $T_f$ 大于 $T_D$,则表明该组件设计成功。图 9.1 显示了首次超越破坏,其中 $T_f < T_D$ 表示设计不成功,并且过早地失效。

由于 $T_f$ 是随机变量,因此在整个设计寿命期间该组件是否正常运行只能用概率表示。这称为可靠性,并表示为

$$p_r = P_r(T_f > T_D)$$

失效事件发生的概率记为 $p_f$,由下式给出

$$\begin{aligned} p_f &= 1 - p_r \\ &= P_r(T_f \leq T_D) \end{aligned}$$

如果 $T_f$ 的概率密度函数已知并记为 $f_{T_f}(t_f)$,则可靠性和失效概率可以写成

$$p_r(T_D) = \int_{T_D}^{\infty} f_{T_f}(t_f) \, dt_f$$

$$p_f(T_D) = \int_{\infty}^{T_D} f_{T_f}(t_f) \, dt_f$$

由此可见,失效概率也是累积分布函数,即

$$p_f(T_D) = F_{T_f}(T_D) \tag{9.1}$$

可靠性和失效概率是 $T_f$ 概率密度函数下的面积,如图 9.2 所示。在本章假设设计寿命 $T_D$ 是一个固定的数字。

求取第一次发生时间 $f_{T_f}(t_f)$ 的概率密度函数的一般问题称为首次通过时间问

题。假设的 $f_{T_f}(t_f)$ 有多种形式。我们将考虑指数、伽马、正态和威布尔失效定律。

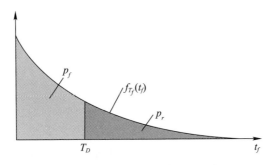

图 9.2　可靠性 $p_r$ 和失效发生概率 $p_f$

## 9.2.1　指数失效定律

许多组件都受到指数失效定律的控制,其适用于以下几方面。

(1) 表示失效的参数(应力、应变、加速度)为弱平稳,因而失效率为常数。

(2) 作用于系统上的扰动相互独立,因此扰动(力或加速度)的数量被定义为泊松过程。

(3) 扰动以恒定速率发生。

指数失效定律公式为

$$f_{T_f}(t_f) = v e^{-v t_f}, \quad t_f \geqslant 0$$

式中:$v$ 为恒定失效率或单位时间内的失效率。除了特定情况下可以使用年为单位,通常我们以小时为单位计算。我们在本书的 3.5.2 节讨论了指数概率密度函数,其中分别给出了失效时间的均值和方差:

$$E\{T_f\} = \frac{1}{v} h$$

$$\text{Var}\{T_f\} = \frac{1}{v^2} h^2$$

例如,$v$ 的扰动率为 0.01 故障/h,也就表示特定组件的预期失效时间为 $E\{T_f\}$ = $1/v$ = 100h,方差为 $\text{Var}\{T_f\}$ = $1/v^2$ = 10000h,标准差是 100h。直观地说,我们可以从组件 $v$ = 0.01 故障/h 的失效率中预估平均每小时有 100 个组件出现故障。同样,我们可以从例 9.1(1) 和例 9.4 中计算得出 100 个组件中会有 2 个组件失效。

指数定律失效时间的方差相对较大,标准差等于均值,这说明失效时间分布的范围较大。恒定失效率 $v$ 表明该产品在使用一段时间后,其可靠性没有改变。也就是说,没有损耗效应,概率是无记忆的。因此,一根没有弯曲的钢梁就被认为和新的一样好。例 9.2 对此进行了演示。在 9.2.1 节和例 9.3 中,我们将重新讨论预期的失效次数,其中将显示 $v$ 确实是失效率。

失效率是一个实验确定的量,我们假设是给定的。估算失效率的一种方法是记录许多组件的失效时间,并用公式 $E\{T_f\} = 1/v$ 计算出 $v$ 的平均值 $E\{T_f\}$。失效率也可以通过联合概率密度函数 $f_{X\dot{X}}(x,\dot{x})$ 计算,它不需要检测许多物理量,如 9.2.3 节所述。

**例 9.1** 可靠性计算和成本分析

经验数据表明,构件失效时间的概率密度函数为

$$f_{T_f}(t_f) = 0.1\mathrm{e}^{-0.1t_f}$$

其中失效时间 $t_f$ 以年为单位,概率密度函数单位是年。失效率是每年 $v = 0.1$ 次。我们预估在一年内每 10 个组件中会有 1 个失效,并且任何给定构件的预期寿命都是 10 年。

(1) 将概率密度函数绘制成 $t_f$ 的函数。
(2) 检查构件最终失效的概率是否为 1。
(3) 找出任何一个特定构件至少能维持 10 年的概率。
(4) 将可靠性作为设计寿命的函数绘制出来。
(5) 若期望的可靠性是 90%,确定其设计寿命。
(6) 假设提供一年更换保修期,该项目的更换费用为 200 美元。对公司来说,一次保修的平均成本是多少?
(7) 如果有 30% 的破损零件需要更换,70% 需要 100 美元的维修,一次保修的平均成本是多少?

**解:**

(1) 图 9.3 为概率密度函数 $f_{T_f}(t_f)$。

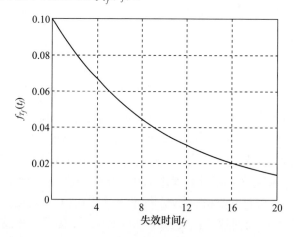

图 9.3 失效时间的概率密度函数 $f_{T_f}(t_f) = v\mathrm{e}^{-vt_f}$ 与 $v = 0.1$

(2) 构件最终失效的概率为概率密度函数下的总面积,即

$$\int_0^\infty f_{T_f}(t_f)\,\mathrm{d}t_f = \int_0^\infty 0.1\mathrm{e}^{-0.1t_f}\mathrm{d}t_f = 1$$

（3）任何给定构件函数至少运行 10 年的概率是设计寿命为 10 年，即 $T_d = 10$ 年的可靠性为

$$p_r(10) = \int_{10}^\infty f_{T_f}(t_f)\,\mathrm{d}t_f = \int_{10}^\infty 0.1\mathrm{e}^{-0.1t_f}\mathrm{d}t_f = 0.368$$

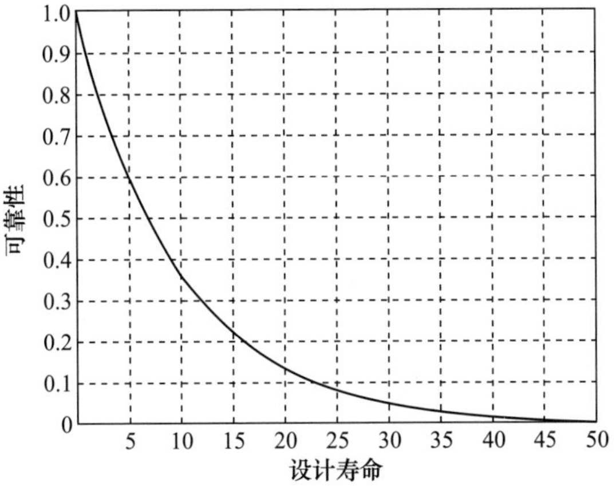

图 9.4　可靠性作为设计寿命的函数

即使构件的预期寿命为 10 年，一个构件持续时间超过预期寿命 $1/v$ 年的概率也只有 36.8%。

（4）任意设计寿命 $T_D$ 的可靠性为

$$p_r(T_D) = \int_{T_D}^\infty f_{T_f}(t_f)\,\mathrm{d}t_f = \int_{T_D}^\infty 0.1\mathrm{e}^{-0.1t_f}\mathrm{d}t_f = \mathrm{e}^{-0.1T_D}$$

图 9.4 显示了可靠性作为设计寿命的函数。

（5）90% 可靠性的设计寿命为

$$0.9 = \mathrm{e}^{-0.1T_D}$$

$$T_D = \frac{1}{-0.1}\ln 0.9 = 1.054\ \text{年}$$

（6）这是一个工程经济学问题。构件在第一年失效的概率等于

$$p_r(T_D = 1) = \int_0^1 f_{T_f}(t_f)\,\mathrm{d}t_f = \int_0^1 0.1\mathrm{e}^{-0.1t_f}\mathrm{d}t_f = 0.095$$

公司的预期成本为

$$E\{C\} = \sum_{i=1}^2 p_i c_i$$

式中：$p_i$ 和 $c_i$ 是个体概率和成本；$C$ 是总成本。在这种情况下，构件要么工作，要么失

效(在第一年之内)。它失效的概率是 0.095,替换成本是 200 美元。构件工作的概率是 0.905,成本是 0 美元。即可得

$$E\{C\} = 0.095 \times \$200 + 0.905 \times \$0 = \$19$$

(7) 在这种情况下,只有 30% 的故障构件需要更换,剩下的 70% 需要维修。构件失效并需要替换的可能性是 $0.095 \times 0.3$。构件损坏并可以修复的概率是 $0.095 \times 0.7$。那么,期望成本等于

$$E\{C\} = \sum_{i=1}^{3} p_i c_i$$
$$= (0.095 \times 0.3) \times \$200 + (0.095 \times 0.7) \times \$100 + 0.905 \times \$0$$
$$= \$12.35$$

### 例 9.2 无记忆概率

求出以下概率:(1)一个组件至少工作 $t$ 小时的概率;(2)一个组件在已经成功工作 $\tau h$ 的前提下工作 $th$ 的概率;(3)从(2)中可以得出什么结论?

**解:**

(1) 根据定义,组件至少工作 $th$ 的概率为可靠性 $p_r(t)$,即

$$p_r(t) = \Pr(T_f \geq t) = \int_t^\infty f_{T_f}(t_f) \mathrm{d}t_f$$
$$= \int_t^\infty v \exp(-vt_f) \mathrm{d}t_f$$
$$= \exp(-vt)$$

(2) 如果一个组件已经成功地工作了 $\tau h$,那么,它工作 $th$ 的概率是事件的条件概率 $(T_f \geq \tau + t | T_f \geq \tau)$,即

$$\Pr(T_f \geq \tau + t | T_f \geq \tau) = \frac{\Pr([T_f \geq \tau + t] \cap [T_f \geq \tau])}{\Pr(T_f \geq \tau)}$$
$$= \frac{\Pr(T_f \geq \tau + t)}{\Pr(T_f \geq \tau)}$$
$$= \frac{\exp(-v\tau - vt)}{\exp(-v\tau)} = \exp(-vt)$$

(3) 比较这两个概率,我们确定指数分布是一个无记忆分布。下一个 $th$ 和上一个 $th$ 一样。如果一个组件具有指数分布,那么,它至少多运行 $th$ 的概率对一个旧组件和一个新组件来说都是一样的。考虑 100 个新组件,它们的设计寿命为 10h,可靠性为 0.90。10h 后,我们预计 90 个组件仍在工作。再过 10h,我们可以预估 90% 的前 90 个组件或 81 个组件都在工作。

虽然组件的失效率是恒定的,但最终,作为一个实际问题,所有组件都会失效。

**指数失效定律的推导:**

我们考虑弱平稳随机过程 $X(t)$,它代表用来确定失效的观测质量。图 9.5 显示了一个示例实现,其中 $X(t)$ 可能超过期望范围 $N$ 次,$N$ 是实现次数 $n$ 的随机变量,每个超过任意级别 $Z$ 的值都被记录为扰动,如图 9.5 所示。造成这种干扰的原因可能是突然刮起一阵风、路上的颠簸或空气中的湍流。

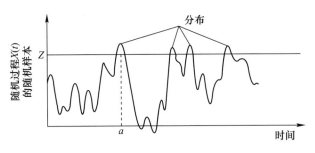

图 9.5  $X(t)$ 进入不良行为时的示例

设 $N_Z(t, t+\Delta t)$ 为图 9.5 所示的扰动次数。例如,$t=0$ 和 $t=a$ 之间的扰动数是 $N_Z(0,a)=1$。下标 $Z$ 用于表示将要定义不良扰动的阈值。由于随机过程是平稳的,则交叉次数只取决于间隔的长度 $\Delta t$,而不取决于特定的时间 $t$。因此,我们把 $N_Z(t, t+\Delta t)$ 写成 $N_Z(\Delta t)$,$t$ 是任意数值,故而 $N_Z(0,t)$ 可表示为 $N_Z(t)$。在一个固定的时间间隔上的交叉次数 $t_0$ 是一个随机变量,写成 $N_Z(t_0)$。在 $t_0$ 中交叉的次数可能会随着 $X(t)$ 的实现而变化。任意时间 $t$ 的交叉次数记为 $N_Z(t)$,它是一个随机过程,其概率密度函数 $p_N(n,t)$ 随时间变化①。概率密度 $p_N(n,t)$ 在 $t$ 中是连续的,在 $n$ 中是离散的。

在弱平稳随机过程中,扰动相互独立,并且扰动发生率恒定的情况下,可以用泊松概率密度函数对发生次数进行建模。泊松控制发生时间的假设导致了失效时间的指数概率密度。

第二种情况,独立假设在很多情况下都是合理的假设。例如,在 $A$ 点的路面颠簸并不意味着在 $B$ 点的路面颠簸,反之亦然。泊松概率密度函数由下式给出,即

$$p_N(n,t) = \frac{(vt)^n e^{-vt}}{n!}, \quad n \geq 0, \quad t \geq 0$$

式中:$v$ 是发生或失效率(每单位时间发生或失效的次数);$vt$ 是指在给定的时间内发生或失效的次数,曾在 3.6.2 节用 $\lambda$ 表示。

概率密度函数 $p_N(n,t)$ 是在 $(0,t)$ 时间内恰好发生 $n$ 次的概率。例如,$p_N(0,t)$ 是 $(0,t)$ 期间 0 发生的概率,$p_N(1,t)$ 是 $(0,t)$ 期间 1 发生的概率。$n=0,1,2,3,4,5$ 发生的概率在图 9.6 中以时间函数表示。当 $t=0$ 时,0 发生的概率等于 1;当 $t \to \infty$ 时,发

---

① 即使 $X(t)$ 是静止过程,其阈值 $Z$ 与 $N_Z(t)$ 的交叉数也是非平稳过程。

生的概率接近 0。对于 $t=0$ 和 $t\to\infty$，发生一次的概率都是 0，这与我们的直觉相吻合，即很可能会有不止一次的发生。当 $n$ 次发生的概率最大时，存在一个最优时间 $t$。我们将在例子 9.4 中进一步探讨 $n=1$ 的情况。

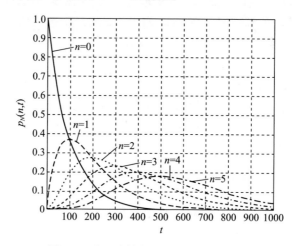

图 9.6 在 $t$ 时刻发生 $n$ 次概率 $v=0.01$

对于任何时间间隔 $t$，0 到 $\infty$ 发生概率之和必为 1。可以给出如下证明：

$$\begin{aligned}\sum_{n=0}^{\infty} p_N(n,t) &= \sum_{n=0}^{\infty} \frac{(vt)^n \mathrm{e}^{-vt}}{n!} \\ &= \mathrm{e}^{-vt}\left(1 + \frac{(vt)^1}{1!} + \frac{(vt)^2}{2!} + \frac{(vt)^3}{3!} + \cdots\right) \\ &= \mathrm{e}^{-vt}(\mathrm{e}^{vt}) = 1\end{aligned}$$

0 到 $M$ 发生概率的总和是累积分布，由下式可得

$$\begin{aligned}p_N(M,t) &= \sum_{n=0}^{M} p_N(n,t) \\ &= \sum_{n=0}^{M} \frac{(vt)^n \mathrm{e}^{-vt}}{n!}, \quad n \geq 0, t \geq 0\end{aligned}$$

充分利用泊松过程的性质，每次 $X(t)$ 与 $Z$ 相交时，只要斜率为正，就可以计算出每个扰动。另外，上交叉和下交叉并不是独立的。每次 $X(t)$ 向上与 $Z$ 相交，我们都认为它迟早会向下相交。因此，上交叉率 $v_Z^+$ 是一个更具体的泊松发生率。上标 + 表示它是向上交叉发生率。同样，下交叉率记为 $v_Z^-$（当交叉率 $v$ 没有 + 或 − 符号时，默认为上交叉率）。

上交叉数 $N_Z^+$ 的概率密度函数由下式给出

$$p_{N_Z^+}(n,t) = \frac{(v_Z^+ t)^n \mathrm{e}^{-v_Z^+ t}}{n!}, \quad n \geq 0, t \geq 0 \tag{9.2}$$

式(9.2)和泊松概率密度函数的一般表达式是相同的。例9.3给出了 $N_Z^+$ 的均值和方差

$$\mu_{N_Z^+} = \sum_{i=0}^{\infty} n p_{N_Z^+}(n,t) = v_Z^+ t \tag{9.3}$$

$$\sigma_{N_Z^+}^2 = \sum_{n=0}^{\infty} n^2 p_{N_Z^+}(n,t) - \mu_{N_Z^+}^2 = v_Z^+ t \tag{9.4}$$

式(9.3)改写为 $v_Z^+ = \mu_{N_Z^+}/t$，证实了交叉率 $v_Z^+$ 确实是单位时间内的平均交叉次数。式(9.3)也说明我们可以在 $t = 1/v_Z^+$ 的时间间隔内预期发生 1 次($\mu_{N_Z^+} = 1$)。例如，对于 0.001 的上交叉率/h，我们期望平均在 1000h 中有一个上交叉。

可靠性是 $t \leq T_D$ 时组件没有失效的概率，也就是说，对于首次偏移破坏，在 $t \leq T_D$ 时没有上交叉的概率，即

$$p_r = p_{N_Z^+}(0, T_D) = e^{-v_Z^+ T_D}$$

失效的概率为

$$p_f = 1 - e^{-v_Z^+ T_D}$$

或者失效概率等于累积分布函数在 $t_f = T_D$ 时评估的式(9.1)，即

$$F_{T_f}(T_D) = \int_0^{T_D} f_{T_f}(t_f) dt_f = 1 - e^{-v_Z^+ T_D}$$

通过对累积分布求导，得到在失效时刻 $t_f$ 的概率密度函数，为

$$f_{T_f}(t_f) = \frac{dF_{T_f}(t_f)}{dt_f} = 1 - e^{-v_Z^+ T_D}, \quad t_f \geq 0 \tag{9.5}$$

式(9.5)为指数失效定律，是向上交叉率 $v_Z^+$ 的函数，将在 9.2.3 节中进行推导。需要注意的是，交叉率 $v_Z^+$ 通常是一个很小的数字，因此第一次交叉发生在较大的 $t_f$ 值处。这就完成了基于扰动数是泊松过程的假设下对失效时间的指数失效定律 $f_{T_f}(t_f)$ 的推导。

**例9.3** 泊松过程的均值和方差

推导式(9.3)和式(9.4)。

**解:** 发生的平均数由下式得到

$$\mu_{N_Z^+} = \sum_{n=0}^{\infty} n p_{N_Z^+}(n,t)$$

$$= \sum_{n=0}^{\infty} n \frac{(v_Z^+ t)^n e^{-v_Z^+ t}}{n!}$$

注意:级数的第一项 $n=0$，所以指数可以从 $n=1$ 开始，即

$$\mu_{N_Z^+} = e^{-v_Z^+ t} \sum_{n=1}^{\infty} \frac{(v_Z^+ t)^n}{(n-1)!} = (v_Z^+ t) e^{-v_Z^+ t} \sum_{n=1}^{\infty} \frac{(v_Z^+ t)^{n-1}}{(n-1)!}$$

令 $k = n-1$，有

$$\mu_{N_Z^+} = (v_Z^+ t) e^{-v_Z^+ t} \sum_{k=0}^{\infty} \frac{(v_Z^+ t)^k}{k!}$$

用 $\exp(v_Z^+ t)$ 表示求和，得到表达式

$$\mu_{N_Z^+} = (v_Z^+ t) e^{-v_Z^+ t} e^{v_Z^+ t} = v_Z^+ t$$

同样，方差由下式给出

$$\sigma_{N_Z^+}^2 = \sum_{n=0}^{\infty} n^2 p_{N_Z^+}(n,t) - \mu_{N_Z^+}^2$$

第一项可以写成

$$\sum_{n=0}^{\infty} n^2 p_{N_Z^+}(n,t) = \sum_{n=0}^{\infty} n \frac{(v_Z^+ t)^n e^{-v_Z^+ t}}{(n-1)!}$$

$$= \sum_{n=1}^{\infty} n \frac{(v_Z^+ t)^n e^{-v_Z^+ t}}{(n-1)!}$$

令 $k = n-1$，有

$$\sum_{n=0}^{\infty} n^2 p_{N_Z^+}(n,t) = (v_Z^+ t) e^{-v_Z^+ t} \sum_{k=0}^{\infty} (k+1) \frac{(v_Z^+ t)^k}{k!}$$

$$= (v_Z^+ t) e^{-v_Z^+ t} \Big[ \sum_{k=0}^{\infty} k \frac{(v_Z^+ t)^k}{k!} + \sum_{k=0}^{\infty} \frac{(v_Z^+ t)^k}{k!} \Big]$$

代入 $l = k-1$，得到的表达式为

$$\sum_{n=0}^{\infty} n^2 p_{N_Z^+}(n,t) = (v_Z^+ t) e^{-v_Z^+ t} \Big[ (v_Z^+ t) \sum_{l=0}^{\infty} \frac{(v_Z^+ t)^l}{l!} + \sum_{k=0}^{\infty} \frac{(v_Z^+ t)^k}{k!} \Big]$$

$$= (v_Z^+ t) e^{-v_Z^+ t} ((v_Z^+ t) e^{v_Z^+ t} + e^{v_Z^+ t})$$

$$= (v_Z^+ t)(v_Z^+ t + 1)$$

同时，有

$$\sigma_{N_Z^+}^2 = (v_Z^+ t)^2 + (v_Z^+ t) - (v_Z^+ t)^2$$

$$= v_Z^+ t$$

**例 9.4** 在时间 $t = 1/v$ 内 $n$ 次交叉的概率

考虑随机过程 $X(t)$，在 $X(t) = Z$ 水平上有 $N_Z^+$ 个交叉，由具有如下形式的概率密度函数的泊松随机过程控制：

$$p_{N_Z^+}(n,t) = \frac{(v_Z^+ t)^n e^{-v_Z^+ t}}{n!}$$

式中：$t$ 以 h 为单位。在例 9.3 中，我们已经展示了平均发生数量为 $\mu_{N_Z^+} = v_Z^+ t$，由此

可以推断 $1/vh$ 中预期有一次发生，$n/vh$ 中同样有 $n$ 次发生。例 9.1(3) 还表明，在 $1/vh$ 中出现 1 次失效的概率仅为 36.79%。将 $n/vh$ 内 $n$ 次发生的概率制成表格。

**解**：$t = n/v_Z^+$ 时刻的概率密度函数为

$$p_{N_Z^+}(n, t = n/v_Z^+) = \frac{(n)^n \mathrm{e}^{-n}}{n!}$$

如下表为 $n = 1, 2, \cdots, 6$。

| $n \to$ | 1 | 2 | 3 | 4 | 5 | 6 |
|---|---|---|---|---|---|---|
| $p_{N_Z^+}(n, n/v_Z^+ t)$ | 0.3679 | 0.2707 | 0.2240 | 0.1954 | 0.1755 | 0.1606 |

有趣的是，随着 $n$ 的增加，在 $n/v_Z^+ h$ 中 $n$ 次发生的可能性会降低。这在图 9.6 中得到了确认，其中使 $v_Z^+ = 0.01$。峰值高度随 $n$ 的增加而减小。虽然在 $n/v_Z^+$ 时间内有 $n$ 次发生的概率小于 0.5，对于所有的 $n$ 值，它仍然是最有可能的值。例如，对于 $n = 2$，当 $t = n/v_Z^+ = 2/0.01 = 200$ 时，最大概率为 0.2707。

$n$ 个交叉的概率是最大的时间 $t_n$，是通过求 $p_{N_Z^+}(n, t)$ 关于时间的微分得到的，将结果设为 0，然后求解 $t_n$，给出 $t_n = n/v_Z^+$, $n = 0, 1, 2, \cdots$。$t_n$ 点的概率

$$p_{N_Z^+}(n, t_n = n/v_Z^+) = \frac{(v_Z^+ t_n)^n \mathrm{e}^{-v_Z^+ t_n}}{n!} = \frac{(n)^n \mathrm{e}^{-n}}{n!}$$

是与 $n/v_Z^+ h$ 中 $n$ 个交叉的概率相同的概率密度函数。

## 9.2.2 修正的指数失效定律

假设扰动根据泊松定律给出。同样，假设在第一次遇到扰动时，该组件将以概率 $p_s$ 保持完好，而不是立即失效。也就是说，一个组件将正常工作直到 $t$ 时刻，当没有发生扰动，或者发生一个没有导致失效的扰动，或两个没有导致失效的扰动时，依此类推。$t$ 时刻 0 扰动的概率为 $p_N(0, t)$，其中 $p_N(0, t)$ 由式(9.2)给出，1 个扰动没有失效的概率为 $p_N(0, t)p_s$，2 个扰动没有失效的概率为 $p_N(2, t)p_s^2$。那么，组件在 $[0, t]$ 期间正常工作的概率为

$$\begin{aligned}\mathrm{Pr}(T_f > t) &= p_N(0, t) + p_N(1, t)p_s + p_N(2, t)p_s^2 + \cdots \\ &= \sum_{n=0}^{\infty} \frac{(v_Z^+ t)^n \mathrm{e}^{-v_Z^+ t}}{n!} p_s^n \\ &= \exp[-v_Z^+(1-p_s)t]\end{aligned}$$

组件在 $[0, t]$ 时刻失效的概率为

$$\begin{aligned}\mathrm{Pr}(T_f \leq t) &= 1 - \mathrm{Pr}(T_f > t) \\ &= 1 - \exp[-v_Z^+(1-p_s)t]\end{aligned}$$

$T_f$ 的概率密度，由下式给出

$$f_{T_f}(t_f) = \frac{\mathrm{d}F_{T_f}(t_f)}{\mathrm{d}t_f} = \frac{\mathrm{d}}{\mathrm{d}t_f} P_r(T_f \leq t_f)$$

$$= v_Z^+(1-p_s)\exp[-v_Z^+(1-p_s)t_f], \quad t_f \geq 0$$

它是一个具有失效率 $p_s = 0$ 的指数概率密度函数。如果组件失效概率为 1 时遇到扰动 ($p_s = 0$)，那么失效率等于 $v_Z^+$。

### 9.2.3 上交叉率 $v_Z^+$

到目前为止，我们假定上交叉率或首次偏移破坏率 $v_Z^+$ 是一个已知的量，它取决于随机过程 $X(t)$，假设 $X(t)$ 是弱平稳的，和干扰是相互独立的，因此，原则上，可以通过用 $X(t)$ 的样本平均 $Z$ 的交叉次数来估计 $v_Z^+$ 的交叉率。然而，这不仅耗时，而且更重要的是，只适用于具有指数失效定律的组件。在本节中，我们推导出两个关于失效率的一般表达式。

如果已知失效规律，则有

$$v_Z^+ = \frac{f_{T_f}(t)}{1 - F_{T_f}(t)}$$

如果已知 $X(t)$ 的联合概率密度函数，则上交叉率为

$$v_Z^+ = \int_0^\infty f_{X\dot{X}}(Z, \dot{x})\dot{x}\mathrm{d}\dot{x}$$

同样地，下交叉率为

$$v_Z^- = -\int_{-\infty}^0 f_{X\dot{X}}(Z, \dot{x})\dot{x}\mathrm{d}\dot{x}$$

1. $T_f$ 的失效率与概率密度函数的关系

现在我们正式定义了一般失效率 $v_Z^+$，它与失效时间的概率密度函数 $f_{T_f}(t_f)$ 有关。这里给出的推导是一般性的，并不只适用于指数密度。

我们考虑一个极限情况，其中时间间隔 $\Delta t$ 变得无穷小，因此 $\Delta t$ 中只能有一个或零个上行交叉，如图 9.7 所示。因此，$\Delta t$ 中 1 个或 0 个正交点的概率，由 $N_Z^+\Delta t$ 给出

$$\Pr(N_Z^+\Delta t = 1) = p_1$$

$$\Pr(N_Z^+\Delta t = 0) = 1 - p_1$$

式中：$p_1$ 是 $\Delta t$ 下 1 发生的概率。$N_Z^+\Delta t$ 的期望值为

$$E\{N_Z^+\Delta t\} = p_1 \times 1 + (1-p_1) \times 0 = p_1$$

我们假设期望值与时间间隔 $\Delta t$ 成正比，比例常数等于交叉率，即

$$E\{N_Z^+\Delta t\} = v_Z^+\Delta t$$

$$\Rightarrow p_1 = v_Z^+\Delta t \tag{9.6}$$

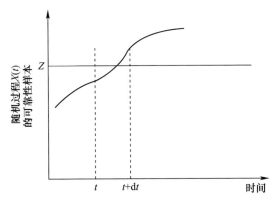

图 9.7 水平交叉, $\Delta t$ 为正斜率

瞬时上交叉率为极限,即

$$v_Z^+(t) = \lim_{\Delta t \to 0} \frac{p_1}{\Delta t} \tag{9.7}$$

例如,如果 $p_1 = 0.002$, $\Delta t = 0.01\text{s}$,那么,瞬时失效率等于 $0.002/0.01 = 0.02$ 失效/s。

我们回顾了失效概率 $p_f = p_1$,即一个组件在 $\Delta t$ 内已成功运行的情况下,在 $t$ 内失效的概率。就扰动而言,这是扰动发生在 $t$ 和 $t + \Delta t$ 之间的概率,因为在 $t_f$ 之前没有发生扰动,所以有

$$p_1 = \Pr(t \leqslant T_f \leqslant t + \Delta t \mid T_f \geqslant t)$$

瞬时失效率 $v_Z^+$ 定义为

$$v_Z^+(t) = \lim_{\Delta t \to 0} \frac{\Pr(t \leqslant T_f \leqslant t + \Delta t \mid T_f \geqslant t)}{\Delta t}$$

用条件概率的定义,可以写成

$$\begin{aligned} p_1 &= \Pr(t \leqslant T_f \leqslant t + \Delta t \mid T_f \geqslant t) \\ &= \frac{\Pr(t \leqslant T_f \leqslant t + \Delta t)}{\Pr(T_f \geqslant t)} \\ &= \frac{\int_t^{t+\Delta t} f_{T_f}(t_f) \, \mathrm{d}t_f}{p_r(t)} \end{aligned}$$

其中分母被认为是可靠度,也就是说,组件在 $t$ 时刻之前的作用概率,因此,有

$$v_Z^+(t) = \lim_{\Delta t \to 0} = \frac{\int_t^{t+\Delta t} f_{T_f}(t_f) \, \mathrm{d}t_f}{p_r(t) \Delta t}$$

当 $\Delta t \to 0$ 时,分子可以近似为

$$\int_t^{t+\Delta t} f_{T_f}(t_f)\,\mathrm{d}t_f \approx f_{T_f}(t)\Delta t$$

除以 $\Delta t$，得到瞬时失效率为

$$v_Z^+(t) = \frac{f_{T_f}(t)}{p_r(t)}$$

$$= \frac{f_{T_f}(t)}{1 - F_{T_f}(t)} \tag{9.8}$$

式中：$F_{T_f}(t)$ 为累积概率分布函数。我们刚刚得到了要证明的第一个方程。

我们还可以推导出逆关系，即概率密度和累积分布作为交叉率的函数，如下式所示。对式(9.8)积分，得到

$$\int_0^t v_Z^+(\tilde{t})\,\mathrm{d}\tilde{t} = -\ln(1 - F_{T_f}(\tilde{t}))\big|_0^t$$

$$= -\ln(1 - F_{T_f}(t)) + \ln(1 - F_{T_f}(0))$$

当 $t=0, F_{T_f}(0)=0$ 时，累积概率分布为 0，即

$$F_{T_f}(t) = 1 - \exp\left(-\int_0^t v_Z^+(\tilde{t})\,\mathrm{d}\tilde{t}\right)$$

$$f_{T_f}(t) = \frac{\mathrm{d}}{\mathrm{d}t}F_{T_f}(t)$$

$$= v_Z^+(t)\exp\left(-\int_0^t v_Z^+(\tilde{t})\,\mathrm{d}\tilde{t}\right) \tag{9.9}$$

我们将式(9.8)应用到指数失效定律中，可以验证失效率确实是常数 $v_Z^+$，即

$$v_Z^+(t) = \frac{f_{T_f}(t)}{1 - F_{T_f}(t)} = \frac{v_Z^+ \mathrm{e}^{-v_Z^+ t}}{\mathrm{e}^{-v_Z^+ t}} = v_Z^+$$

**2. 由联合概率密度函数 $f_{X\dot{X}}(x,\dot{x})$ 计算上交叉率**

在前一节中，通过已知函数 $f_{T_f}(t)$ 和 $F_{T_f}(t)$ 求出交叉率，在这里，我们从已知的联合概率密度函数 $f_{X\dot{X}}(x,\dot{x})$ 推导出弱平稳过程 $X(t)$ 的上交叉率 $v_Z^+$ 的表达式。

在式(9.7)中有 $v_Z^+(t) = \lim_{\Delta t \to 0}(p/\Delta t)$。概率 $p$ 稍微有点不同。设 $A$ 为 $X(t)$ 的一个样本实现越过阈值 $Z$ 且在 $\Delta t$ 内斜率为正的事件，如图 9.7 所示，即

$$A = \{在(t, t+\Delta t)期间, X(t)以正斜率穿过 Z\}$$

概率 $p$ 由 $P_r\{A\}$ 给出。事件 $A$ 可以划分为 3 个相互排斥的事件：

(1) 在区间的起始 $X(t) < Z$；

(2) 在区间的起始 $\dot{X}(t) > 0$；

(3) 在区间的末尾 $X(t+\Delta t) > Z$。

由泰勒级数展开

$$X(t+\Delta t) = X(t) + \dot{X}(t)\Delta t + \ddot{X}(t)\frac{\Delta t^2}{2!} + \cdots$$

保留泰勒级数的前两项,事件$\{X(t+\Delta t) > Z\}$可以写成

$$\{X(t) + \dot{X}(t)\Delta t > Z\}$$

或者

$$\{X(t) > Z - \dot{X}(t)\Delta t\}$$

将这3个事件联合起来,事件$A$可以写成

$$A = \{(X(t) < Z) \cap (Z - \dot{X}(t)\Delta t < X(t)) \cap \dot{X}(t) > 0\}$$

$$= \{(Z - \dot{X}(t)\Delta t < X(t) < Z) \cap \dot{X}(t) > 0\}$$

事件$A$的概率$p$为

$$\Pr(A) = p = \int_0^\infty \int_{Z-\dot{x}\Delta t}^Z f_{X\dot{X}}(x, \dot{x})\mathrm{d}x\mathrm{d}\dot{x}$$

当下限接近上限时,这个积分可以简化为$\Delta t \to 0$。因此,被积函数可以在$x = Z$处取值。把$\mathrm{d}x$换成上下限之差$Z - (Z - \dot{x}\Delta t)$,得到近似值为

$$\int_{Z-\dot{x}\Delta t}^Z f_{X\dot{X}}(x, \dot{x})\mathrm{d}x\mathrm{d}\dot{x} \approx f_{X\dot{X}}(Z, \dot{x})\dot{x}\Delta t$$

因此,有

$$p = \int_0^\infty f_{X\dot{X}}(Z, \dot{x})\dot{x}\mathrm{d}\dot{x}\Delta t \tag{9.10}$$

将式(9.6)和式(9.10)进行比较,得到了上交叉率为

$$v_Z^+ = \int_0^\infty f_{X\dot{X}}(Z, \dot{x})\dot{x}\mathrm{d}\dot{x} \tag{9.11}$$

同样,下交叉率由下式给出

$$v_Z^- = -\int_{-\infty}^0 f_{X\dot{X}}(Z, \dot{x})\dot{x}\mathrm{d}\dot{x} \tag{9.12}$$

式中:$\dot{x}$为负数,需要负号以保持交叉率为正。那么,总的交叉率就是两种交叉率的总和,即

$$v_Z = \int_{-\infty}^\infty f_{X\dot{X}}(Z, \dot{x})|\dot{x}|\mathrm{d}\dot{x}$$

注意:交叉率的推导不要求交叉彼此独立。只要$X(t)$固定,它们就有效。泊松模型仅适用于交叉点彼此独立的情况。

### 例9.5 交叉率的计算

假设机器零件由于过度拉伸和压缩而失效。

(1) 当应力 $|X(t)| \geq Z$ 时,如果零件失效,求出总交叉率。

(2) 当抗拉屈服强度为 $Z_1$ 且抗压屈服强度为 $-Z_2$ 时,如果零件失效,求出总交叉率。

**解:** (1) 总交叉率是 $X(t)$ 向上与 $Z$ 相交,向下与 $-Z$ 相交的交叉率之和。由式(9.11)和式(9.12)得到

$$v_Z^+ = \int_0^\infty f_{X\dot{X}}(Z,\dot{x})\dot{x}\,\mathrm{d}\dot{x}$$

$$v_{-Z}^- = -\int_{-\infty}^0 f_{X\dot{X}}(-Z,\dot{x})\dot{x}\,\mathrm{d}\dot{x}$$

总交叉率等于

$$v = \int_0^\infty f_{X\dot{X}}(Z,\dot{x})\dot{x}\,\mathrm{d}\dot{x} - \int_{-\infty}^0 f_{X\dot{X}}(-Z,\dot{x})\dot{x}\,\mathrm{d}\dot{x}$$

$$= \int_0^\infty [f_{X\dot{X}}(Z,\dot{x}) - f_{X\dot{X}}(-Z,-\dot{x})]\dot{x}\,\mathrm{d}\dot{x}$$

(2) 同样地,总交叉率是 $X(t)$ 向上与 $Z$ 相交,向下与 $-Z$ 相交的交叉率之和。由式(9.11)和式(9.12)得到

$$v_{Z_1}^+ = \int_0^\infty f_{X\dot{X}}(Z_1,\dot{x})\dot{x}\,\mathrm{d}\dot{x}$$

$$v_{-Z_2}^- = -\int_{-\infty}^0 f_{X\dot{X}}(-Z_2,\dot{x})\dot{x}\,\mathrm{d}\dot{x}$$

总交叉率等于

$$v = \int_0^\infty f_{X\dot{X}}(Z_1,\dot{x})\dot{x}\,\mathrm{d}\dot{x} - \int_{-\infty}^0 f_{X\dot{X}}(-Z_2,\dot{x})\dot{x}\,\mathrm{d}\dot{x}$$

$$= \int_0^\infty [f_{X\dot{X}}(Z_1,\dot{x}) - f_{X\dot{X}}(-Z_2,-\dot{x})]\dot{x}\,\mathrm{d}\dot{x}$$

在已知联合概率密度函数 $f_{X\dot{X}}(Z,\dot{x})$ 的情况下,交叉率 $v$ 可以精确计算或数值计算。

下面的例子展示了高斯过程的上述过程。

**例 9.6 高斯过程的上交叉率**

求零均值高斯过程 $X(t)$ 的上交叉率 $v_Z^+$。同时,求出零阈值上交叉率。

**解:** $X(t)$ 和 $\dot{X}(t)$ 的联合概率密度函数由下式给出

$$f_{X\dot{X}}(x,\dot{x}) = \frac{1}{2\pi\sigma_X\sigma_{\dot{X}}}\exp\left[-\frac{1}{2}\left(\frac{x}{\sigma_X}\right)^2 - \frac{1}{2}\left(\frac{\dot{x}}{\sigma_{\dot{X}}}\right)^2\right], \quad -\infty < x < \infty, \ -\infty < \dot{x} < \infty$$

上交叉率为

$$v_Z^+ = \int_0^\infty f_{X\dot{X}}(Z,\dot{x})\dot{x}\,d\dot{x}$$

$$= \frac{1}{2\pi\sigma_X\sigma_{\dot{X}}}\exp\left[-\frac{1}{2}\left(\frac{Z}{\sigma_X}\right)^2\right]\int_0^\infty \exp\left[-\frac{1}{2}\left(\frac{\dot{x}}{\sigma_{\dot{X}}}\right)^2\right]\dot{x}\,d\dot{x}$$

$$= \frac{1}{2\pi\sigma_X\sigma_{\dot{X}}}\exp\left[-\frac{1}{2}\left(\frac{Z}{\sigma_X}\right)^2\right](-\sigma_{\dot{X}}^2)\exp\left[-\frac{1}{2}\left(\frac{\dot{x}}{\sigma_{\dot{X}}}\right)^2\right]_0^\infty$$

$$= \frac{\sigma_{\dot{X}}}{2\pi\sigma_X}\exp\left[-\frac{1}{2}\left(\frac{Z}{\sigma_X}\right)^2\right] \tag{9.13}$$

通过设 $Z=0$,得到 0 阈值上交叉率 $v_0^+$,即

$$v_0^+ = \frac{\sigma_{\dot{X}}}{2\pi\sigma_X} \tag{9.14}$$

然后,用 $v_0^+$ 表示的上交叉率可以写成

$$v_Z^+ = v_0^+\exp\left[-\frac{1}{2}\left(\frac{Z}{\sigma_X}\right)^2\right]$$

**例 9.7  振动结构的上交叉率**

考虑一个包含图 9.8 所示卡车运输的敏感设备的包。包装材料可采用弹簧和阻尼器进行建模。我们假设卡车以恒定速度运动。由于路面不平整,包裹会发生垂直运动。这种不规则度 $Y(t)$ 可以表示或强度为 $S_0$ 的平稳高斯白噪声过程。假设相对加速度 $A$ 超过 $a_{cr}$,设备就会损坏。求 $a_{cr}$ 的上交叉率。

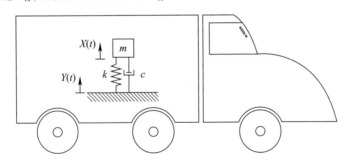

图 9.8  移动卡车中设备的相对运动

**解**:我们感兴趣的数值是相对加速度,由下式给出

$$A = \ddot{X} - \ddot{Y}$$

因为 $X$ 和 $Y$ 是高斯分布,那么 $A$ 也是,且

$$f_{A\dot{A}}(a,\dot{a}) = \frac{1}{2\pi\sigma_A\sigma_{\dot{A}}}\exp\left[-\frac{1}{2}\left(\frac{a}{\sigma_A}\right)^2 - \frac{1}{2}\left(\frac{\dot{a}}{\sigma_{\dot{A}}}\right)^2\right],\quad -\infty < a < \infty,\ -\infty < \dot{a} < \infty$$

由式(9.11)得到上交叉率为

$$v^+_{A=a_{\text{cr}}} = \int_0^\infty f_{A\dot{A}}(a_{\text{cr}},\dot{a})\dot{a}\,\mathrm{d}\dot{a}$$

$$= \frac{1}{2\pi\sigma_A\sigma_{\dot{A}}}\exp\left[-\frac{1}{2}\left(\frac{a_{\text{cr}}}{\sigma_A}\right)^2\right]\int_0^\infty \exp\left[-\frac{1}{2}\left(\frac{\dot{a}}{\sigma_{\dot{A}}}\right)^2\right]\dot{a}\,\mathrm{d}\dot{a}$$

$$= \frac{\sigma_{\dot{A}}}{2\pi\sigma_A}\exp\left[-\frac{1}{2}\left(\frac{a_{\text{cr}}}{\sigma_A}\right)^2\right]$$

其中

$$\sigma_A = \sqrt{\int_{-\infty}^{\infty} S_{AA}(\omega)\,\mathrm{d}\omega}$$

$$\sigma_{\dot{A}} = \sqrt{\int_{-\infty}^{\infty} \omega^2 S_{AA}(\omega)\,\mathrm{d}\omega}$$

运动的基本激励方程可以写成

$$m\ddot{X} + c(\dot{X} - \dot{Y}) + k(X - Y) = 0$$

为了求相对加速度的谱密度,我们将 $W = X - Y$ 定义为相对位移,使 $\ddot{W} = A$,相对运动方程为

$$m\ddot{W} + c\dot{W} + kW = -m\ddot{Y}$$

我们对两边做傅里叶变换,得到

$$\frac{W(\omega)}{Y(\omega)} = H(\mathrm{i}\omega) = \frac{\omega^2}{-\omega^2 + 2\mathrm{i}\varsigma\omega_n\omega + \omega_n^2}$$

$W(\omega)$ 和 $Y(\omega)$ 分别是 $W(t)$ 与 $Y(t)$ 的傅里叶变换,且

$$\omega_n^2 = \frac{k}{m}, \quad 2\varsigma\omega_n = \frac{c}{m}$$

$W(t)$ 的谱密度为

$$S_{WW}(\omega) = |H(\mathrm{i}\omega)|^2 S_{YY}(\omega)$$

$$= \left|\frac{\omega^2}{-\omega^2 + 2\mathrm{i}\varsigma\omega_n\omega + \omega_n^2}\right|^2 S_0, \quad -\infty < \omega < \infty$$

利用例 5.20 中的结果,$\ddot{W}(t)$ 的谱密度等于

$$S_{AA}(\omega) = S_{\ddot{W}\ddot{W}}(\omega) = \omega^4 S_{WW}(\omega)$$

$$= \omega^4 \left|\frac{\omega^2}{-\omega^2 + 2\mathrm{i}\varsigma\omega_n\omega + \omega_n^2}\right|^2 S_0$$

$\sigma_A$ 和 $\sigma_{\dot{A}}$ 的标准差为

$$\sigma_A = \sqrt{\int_{-\infty}^{\infty} \omega^8 \left| \frac{1}{-\omega^2 + 2\mathrm{i}\varsigma\omega_n\omega + \omega_n^2} \right|^2 S_0 \mathrm{d}\omega}$$

$$\sigma_{\dot{A}} = \sqrt{\int_{-\infty}^{\infty} \omega^{10} \left| \frac{1}{-\omega^2 + 2\mathrm{i}\varsigma\omega_n\omega + \omega_n^2} \right|^2 S_0 \mathrm{d}\omega}$$

### 9.2.4 窄带过程的包络函数

当这个过程是窄频带时,交叉会成块或成堆出现,如图9.9所示。一旦跨过阈值 $Z$,很有可能会再次越过。在这种情况下,交叉不是相互独立的。因此,将 $N_{X=Z^+}(t)$ 建模为泊松过程是不正确的。相反,赖斯①将包络函数 $R(t)$ 定义为一个随机过程,如图9.9所示。

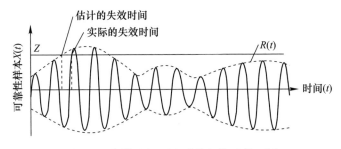

图9.9 窄带过程 $X(t)$ 及其包络函数 $R(t)$

从图中可以看出,当包络函数 $R(t)$ 越过 $Z$ 时,$X(t)$ 越过了阈值 $Z$。我们假设包络交叉是独立的,因此允许使用泊松过程建模包络函数的交叉次数 $N_{R=Z^+}$。也就是说,将 $v_Z^+$(隐含 $v_{X=Z}^+$)替换为 $v_{R=Z}^+$ 到目前为止所得到的所有结果都是有效的。即上交叉个数的概率密度函数由式(9.2)给出

$$p_{N_{R=Z^+}}(n,t) = \frac{(v_{R=Z^t}^+)^n \exp(-v_{R=Z^t}^+)}{n!}, \quad n \geq 0, t \geq 0$$

交叉率为

$$v_{R=Z}^+ = \int_0^\infty f_{R\dot{R}}(Z,\dot{r})\dot{r}\mathrm{d}\dot{r} \tag{9.15}$$

式中:$r(t)$ 是 $R(t)$ 的实现。可靠性为

$$p_r = p_{N_{R=Z^+}}(0,T_D)$$
$$= \exp(-v_{R=Z}^+ T_D) \tag{9.16}$$

如前所述,$T_D$ 是设计生命周期。第一次交叉的平均时间为

---

① S. O. Rice,随机噪声的数学分析,贝尔系统技术杂志,1945年第23卷,282–332页,1945年第24卷,4—156页,N. WAX 重印,《关于噪声和随机过程的论文选编》,Dover,第213–216页,纽约,1954。

$$E\{T_f\} = \frac{1}{v_{R=Z}^+} \qquad (9.17)$$

方差为

$$\text{Var}\{T_f\} = \frac{1}{(v_{R=Z}^+)^2}$$

获得交叉率 $v_{R=Z}^+$ 是一个漫长的过程，其推导过程如 9.2.5 节所示。

### 9.2.5 高斯窄带过程的赖斯包络函数

为了得到包络线的上交叉率，在 $r = Z$ 处估算联合概率密度函数 $f_{R\dot{R}}(r,\dot{r})$，即 $f_{R\dot{R}}(Z,\dot{r})$。在这一节中，我们将会发现一个窄带高斯过程 $X(t)$ 的 $f_{R\dot{R}}(r,\dot{r})$ 由下式给出

$$f_{R\dot{R}}(r,\dot{r}) = \frac{r}{\sqrt{2\pi}\sigma_X^2\sqrt{\sigma_{\dot{X}}^2 - \omega_m^2\sigma_X^2}}\exp\left(-\frac{1}{2}\left[\frac{r^2}{\sigma_X^2} + \frac{\dot{r}^2}{\sigma_{\dot{X}}^2 - \omega_m^2\sigma_X^2}\right]\right), \quad r \geq 0, -\infty < \dot{r} < \infty$$

其中

$$\omega_m = \frac{\int_0^\infty \omega S_{XX}^0(\omega)\,\mathrm{d}\omega}{\int_0^\infty S_{XX}^0(\omega)\,\mathrm{d}\omega}$$

$$\sigma_X^2 = \int_0^\infty S_{XX}^0(\omega)\,\mathrm{d}\omega$$

$$\sigma_{\dot{X}}^2 = \int_0^\infty \omega^2 S_{XX}^0(\omega)\,\mathrm{d}\omega$$

式中：$S_{XX}^0(\omega)$ 是一个单边谱。然后给出了窄带过程的上交叉率为

$$v_{R=Z}^+ = \int_0^\infty f_{R\dot{R}}(Z,\dot{r})\dot{r}\,\mathrm{d}\dot{r}$$

$$= \frac{Z\sqrt{\sigma_{\dot{X}}^2 - \omega_m^2\sigma_X^2}}{\sqrt{2\pi}\sigma_X^2}\exp\left(-\frac{1}{2}\frac{Z^2}{\sigma_X^2}\right)$$

**1. 求导**

假设窄带高斯过程 $X(t)$ 可以写成

$$X(t) = R(t)\cos(\omega_m t - \Phi(t)) \qquad (9.18)$$

式中：$\omega_m$ 为待测中频；$R(t)$ 为包络函数；$\Phi(t)$ 为相位角。包络函数和相位角[①]关于 $t$

---

① 这里，$\Phi(t)$ 表示一个随机相位角。同一个变量有时也被用来表示标准的普通随机变量，因为这两者都是这个变量的常用用法，希望读者在上下文中避免混淆。

的变化比 $X(t)$ 慢得多。我们假设 $R$ 的值为正,$\Phi(t)$ 为 $0\sim2\pi$,不失一般性。我们的目标是推导出联合概率密度函数 $X(t)$。一旦找到联合概率密度函数,利用式(9.15)求出包络函数的上交叉率。然后,假设包络函数的上交点服从泊松分布,分别用式(9.16)和式(9.17)得到了可靠性和平均失效时间。

我们把 $X(t)$ 写成

$$X(t) = C(t)\cos\omega_m t - S(t)\sin\omega_m t \qquad (9.19)$$

其中

$$C(t) = R(t)\cos\Phi(t)$$

$$S(t) = R(t)\sin\Phi(t)$$

$X(t)$ 的导数为

$$\dot{X}(t) = \dot{C}(t)\cos\omega_m t - \omega_m C(t)\sin\omega_m t - \dot{S}(t)\sin\omega_m t - \omega_m S(t)\cos\omega_m t$$

其中

$$\dot{C}(t) = \dot{R}(t)\cos\Phi(t) - R(t)\dot{\Phi}(t)\sin\Phi(t)$$

$$\dot{S}(t) = \dot{R}(t)\sin\Phi(t) + R(t)\dot{\Phi}(t)\cos\Phi(t)$$

在 $f_{CS\dot{C}\dot{S}}(c,s,\dot{c},\dot{s})$ 条件下,通过变量变换得到联合概率密度函数 $f_{R\dot{R}\Phi\dot{\Phi}}(r,\dot{r},\phi,\dot{\phi})$。由联合概率密度函数 $f_{R\dot{R}\Phi\dot{\Phi}}(r,\dot{r},\phi,\dot{\phi})$ 可得联合边缘概率密度函数 $f_{R\dot{R}}(r,\dot{r})$。首先找到高斯过程 $C(t)$、$S(t)$、$\dot{C}(t)$ 和 $\dot{S}(t)$ 的 $f_{CS\dot{C}\dot{S}}(c,s,\dot{c},\dot{s})$[①]。

2. 推导 $f_{CS\dot{C}\dot{S}}(c,s,\dot{c},\dot{s})$

回顾一下,平稳高斯随机过程可以写成(式(5.57))

$$X(t) = \sum_{n=1}^{N}\sqrt{2}\sigma_n\cos(\omega_n t - \varphi_n) \qquad (9.20)$$

其中方差为

$$\sigma_X^2 = \sum_{n=1}^{N}\sigma_n^2 \qquad (9.21)$$

在功率谱密度下的部分面积 $\sigma_n$ 近似为

---

① 如果 $X(t)$ 是高斯函数,那么,$\dot{X}(t)$、$C(t)$、$S(t)$、$\dot{C}(t)$、$\dot{S}(t)$ 也是。

$$\sigma_n \approx S_{XX}^o(\omega_n)\Delta\omega$$
$$\approx 2S_{XX}(\omega_n)\Delta\omega$$

式中：$S_{XX}^o(\omega)$ 为单边功率谱密度；$S_{XX}(\omega)$ 为双边功率谱密度。相角 $\varphi_n$ 相互独立，在 $[0,2\pi]$ 上均匀分布。

式(9.20)可以改写为

$$\begin{aligned}X(t) &= \sum_{n=1}^{N}\sqrt{2}\sigma_n\cos(\omega_n t - \omega_m t - \varphi_n + \omega_m t)\\ &= \sum_{n=1}^{N}\sqrt{2}\sigma_n\cos(\omega_n t - \omega_m t - \varphi_n)\cos\omega_m t -\\ &\quad \sum_{n=1}^{N}\sqrt{2}\sigma_n\sin(\omega_n t - \omega_m t - \varphi_n)\sin\omega_m t\end{aligned}$$

将该方程与式(9.19)进行比较，可得

$$C(t) = \sum_{n=1}^{N}\sqrt{2}\sigma_n\cos(\omega_n t - \omega_m t - \varphi_n) \tag{9.22}$$

$$S(t) = \sum_{n=1}^{N}\sqrt{2}\sigma_n\sin(\omega_n t - \omega_m t - \varphi_n) \tag{9.23}$$

其中，$C(t)$ 和 $S(t)$ 是同分布的平稳高斯过程，均值为 $0$，$\mu_C = \mu_S = 0$，它们也是不相关的，即

$$\begin{aligned}\mathrm{Cov}\{C(t),S(t)\} &= E\{(C(t)-\mu_C)(S(t)-\mu_S)\}\\ &= E\{C(t)S(t)\}\\ &= \left(\frac{1}{2\pi}\right)^N\int_0^{2\pi}\int_0^{2\pi}\cdots\int_0^{2\pi}C(t)S(t)\mathrm{d}\varphi_1\mathrm{d}\varphi_2\cdots\mathrm{d}\varphi_N\\ &= \left(\frac{1}{2\pi}\right)^N\sum_{n=1}^{N}\sum_{l=1}^{N}\int_0^{2\pi}\int_0^{2\pi}\cdots\int_0^{2\pi}[2\sigma_n\sigma_l\cos(\omega_n t - \omega_m t - \varphi_n)\cdot\\ &\quad \sin(\omega_l t - \omega_m t - \varphi_l)]\mathrm{d}\varphi_1\mathrm{d}\varphi_2\cdots\mathrm{d}\varphi_N\\ &= 0\end{aligned}$$

我们知道，独立的过程也是不相关的，而反之则不然。但是，如果过程是高斯过程，则不相关的高斯过程也是独立的。因此，$C(t)$ 和 $S(t)$ 是不相关且相互独立的[①]。

$C(t)$ 的方差为

---

① $\rho=0$ 表示高斯 $X$ 和 $Y$ 的 $f(y|x)=f(y)$。

$$\begin{aligned}
\sigma_C^2 &= E\{(C(t)-\mu_C)^2\} \\
&= \left(\frac{1}{2\pi}\right)^N \int_0^{2\pi}\int_0^{2\pi}\cdots\int_0^{2\pi} C^2(t)\,\mathrm{d}\varphi_1\mathrm{d}\varphi_2\cdots\mathrm{d}\varphi_N \\
&= \left(\frac{1}{2\pi}\right)^N \sum_{n=1}^N \sum_{l=1}^N \int_0^{2\pi}\int_0^{2\pi}\cdots\int_0^{2\pi}[2\sigma_n\sigma_l\cos(\omega_n t-\omega_m t-\varphi_n)\cdot \\
&\quad \cos(\omega_l t-\omega_m t-\varphi_l)]\,\mathrm{d}\varphi_1\mathrm{d}\varphi_2\cdots\mathrm{d}\varphi_N \\
&= \frac{1}{2\pi}\sum_{n=1}^N \int_0^{2\pi} 2\sigma_n^2\cos^2(\omega_n t-\omega_m t-\varphi_n)\,\mathrm{d}\varphi_n \\
&= \sum_{n=1}^N \sigma_n^2 = \sigma_X^2
\end{aligned}$$

$S(t)$ 的方差可以用类似的方法得到。我们发现,$C(t)$ 和 $S(t)$ 的方差都等于随机过程 $X(t)$ 的方差 $\sigma_X^2$。

到目前为止,我们已经确定 $C(t)$ 和 $S(t)$ 是独立的高斯过程,其方差等于 $\sigma_X^2$。现在让我们把注意力转向 $\dot{C}(t)$ 和 $\dot{S}(t)$。

$C(t)$ 和 $\dot{C}(t)$ 的协方差为

$$\begin{aligned}
\mathrm{Cov}\{C(t),\dot{C}(t)\} &= E\{(C(t)-\mu_C)(\dot{C}(t)-\mu_{\dot{C}})\} \\
&= R_{C\dot{C}}(0) - \mu_C\mu_{\dot{C}}
\end{aligned}$$

我们在式(5.17)中表明,当 $\tau=0$ 时,平稳过程的相互关系函数及其时间导数等于零,即

$$R_{C\dot{C}}(0) = 0$$

对于 $\mu_C=0$,$C(t)$ 和 $\dot{C}(t)$ 是不相关的高斯过程。因此,它们也是独立的。同样地,我们可以发现 $S(t)$ 和 $\dot{S}(t)$ 是独立的。还需要证明成对的 $(\dot{C}(t),\dot{S}(t))$、$(C(t),\dot{S}(t))$ 和 $(S(t),\dot{C}(t))$ 是相互独立的,所以 $C(t)$、$S(t)$、$\dot{C}(t)$、$\dot{S}(t)$ 是相互独立的。我们要证明 $E\{\dot{C}(t)\dot{S}(t)\} = E\{C(t)\dot{S}(t)\} = E\{S(t)\dot{C}(t)\} = 0$。

$\dot{C}(t)\dot{S}(t)$ 的期望值为 0,即

$$\begin{aligned}
E\{\dot{C}(t)\dot{S}(t)\} &= \left(\frac{1}{2\pi}\right)^N \int_0^{2\pi}\int_0^{2\pi}\cdots\int_0^{2\pi} \dot{C}(t)\dot{S}(t)\,\mathrm{d}\varphi_1\mathrm{d}\varphi_2\cdots\mathrm{d}\varphi_N \\
&= \left(\frac{1}{2\pi}\right)^N \sum_{n=1}^N \sum_{l=1}^N \int_0^{2\pi}\cdots\int_0^{2\pi}[2\sigma_n\sigma_l(\omega_l-\omega_m)(\omega_n-\omega_m)\cdot \\
&\quad \sin(\omega_n t-\omega_m t-\varphi_n)\cos(\omega_l t-\omega_m t-\varphi_l)]\,\mathrm{d}\varphi_1\mathrm{d}\varphi_2\cdots\mathrm{d}\varphi_N \\
&= 0
\end{aligned}$$

$C(t)\dot{S}(t)$ 的期望值为

$$E\{C(t)\dot{S}(t)\} = \left(\frac{1}{2\pi}\right)^N \int_0^{2\pi}\int_0^{2\pi}\cdots\int_0^{2\pi} C(t)\dot{S}(t)\,\mathrm{d}\varphi_1\mathrm{d}\varphi_2\cdots\mathrm{d}\varphi_N$$

$$= \left(\frac{1}{2\pi}\right)^N \sum_{n=1}^N \sum_{l=1}^N \int_0^{2\pi}\cdots\int_0^{2\pi}[2\sigma_n\sigma_l(\omega_l-\omega_m)\cos(\omega_n t-\omega_m t-\varphi_n)\cdot$$

$$\cos(\omega_l t-\omega_m t-\varphi_l)]\mathrm{d}\varphi_1\mathrm{d}\varphi_2\cdots\mathrm{d}\varphi_N$$

对于 $n\neq l$,积分变成 0,剩下的为

$$E\{C(t)\dot{S}(t)\} = \frac{1}{2\pi}\sum_{n=1}^N \int_0^{2\pi} 2\sigma_n^2(\omega_n-\omega_m)\cos^2(\omega_n t-\omega_m t-\varphi_n)\mathrm{d}\varphi_n$$

$$= \sum_{n=1}^N \sigma_n^2(\omega_n-\omega_m)$$

我们回忆一下,在式(9.18)中,$\omega_m$ 是任意的,还没有确定。因此,可以通过选择 $\omega_m$ 使 $E\{C(t)\dot{S}(t)\} = 0$,即

$$\sum_{n=1}^N \sigma_n^2(\omega_n-\omega_m) = 0$$

或者

$$\omega_m = \frac{\sum_{n=1}^N \omega_n \sigma_n^2}{\sum_{n=1}^N \sigma_n^2} \tag{9.24}$$

如果是这样,那么,$C(t)$、$S(t)$、$\dot{C}(t)$、$\dot{S}(t)$ 是相互独立的。联合概率密度函数可以写成

$$f_{CS\dot{C}\dot{S}}(c,s,\dot{c},\dot{s}) = \frac{1}{4\pi\sigma_C^2\sigma_{\dot{C}}^2}\exp\left(-\frac{c^2+s^2}{2\sigma_C^2}-\frac{\dot{c}^2+\dot{s}^2}{2\sigma_{\dot{C}}^2}\right),\quad -\infty<c,s,\dot{c},\dot{s}<\infty$$

式中:$\sigma_C^2$ 是 $C(t)$ 或 $S(t)$ 的方差;$\sigma_{\dot{C}}^2$ 是 $\dot{C}(t)$ 或 $\dot{S}(t)$ 的方差。

3. 推导 $f_{R\Phi\dot{R}\dot{\Phi}}(r,\phi,\dot{r},\dot{\phi})$

$R$、$\Phi$、$\dot{R}$、$\dot{\Phi}$ 的联合概率密度函数为

$$f_{R\Phi\dot{R}\dot{\Phi}}(r,\phi,\dot{r},\dot{\phi}) = J f_{CS\dot{C}\dot{S}}(c,s,\dot{c},\dot{s})$$

雅可比矩阵 $J$ 定义为以下行列式,即

$$J = \begin{vmatrix} \partial c/\partial r & \partial c/\partial \phi & \partial c/\partial \dot{r} & \partial c/\partial \dot{\phi} \\ \partial s/\partial r & \partial s/\partial \phi & \partial s/\partial \dot{r} & \partial s/\partial \dot{\phi} \\ \partial \dot{c}/\partial r & \partial \dot{c}/\partial \phi & \partial \dot{c}/\partial \dot{r} & \partial \dot{c}/\partial \dot{\phi} \\ \partial \dot{s}/\partial r & \partial \dot{s}/\partial \phi & \partial \dot{s}/\partial \dot{r} & \partial \dot{s}/\partial \dot{\phi} \end{vmatrix}$$

同时,有

$$c = r\cos\phi$$

$$s = r\sin\phi$$

$$\dot{c} = \dot{r}\cos\phi - r\dot{\phi}\sin\phi$$

$$\dot{s} = \dot{r}\sin\phi + r\dot{\phi}\cos\phi$$

则雅可比矩阵为

$$J = \begin{vmatrix} \cos\phi & -r\sin\phi & 0 & 0 \\ \sin\phi & r\cos\phi & 0 & 0 \\ -\dot{\phi}\sin\phi & -\dot{r}\sin\phi - r\dot{\phi}\cos\phi & \cos\phi & -r\sin\phi \\ \dot{\phi}\cos\phi & \dot{r}\cos\phi - r\dot{\phi}\sin\phi & \sin\phi & r\cos\phi \end{vmatrix} = r^2$$

联合概率密度函数 $f_{R\Phi\dot{R}\dot{\Phi}}(r,\phi,\dot{r},\dot{\phi})$ 为

$$f_{R\Phi\dot{R}\dot{\Phi}}(r,\phi,\dot{r},\dot{\phi}) = \frac{r^2}{4\pi\sigma_C^2\sigma_{\dot{C}}^2}\exp\left(-\frac{r^2}{2\sigma_C^2} - \frac{\dot{r}^2 + r^2\dot{\phi}^2}{2\sigma_{\dot{C}}^2}\right), \quad r \geq 0, -\infty < \dot{r},\dot{\phi} < \infty, 0 < \phi < 2\pi$$

4. 推导 $f_{R\dot{R}}(r,\dot{r})$

$R$ 和 $\dot{R}$ 的边缘联合概率密度函数为

$$f_{R\dot{R}}(r,\dot{r}) = \int_{-\infty}^{\infty}\int_0^{2\pi} f_{R\Phi\dot{R}\dot{\Phi}}(r,\phi,\dot{r},\dot{\phi}) \mathrm{d}\phi \mathrm{d}\dot{\phi}$$

$$= \frac{r^2}{\sqrt{2\pi}\sigma_C^2\sigma_{\dot{C}}}\exp\left(-\frac{r^2}{2\sigma_C^2} - \frac{\dot{r}^2}{2\sigma_{\dot{C}}^2}\right), \quad r \geq 0, -\infty < \dot{r} < \infty$$

这个结果对于一个平稳窄带高斯过程 $X(t)$ 是有效的。

我们之前确定了 $\sigma_C^2 = \sigma_X^2$。为了求出 $\sigma_{\dot{C}}^2$ 的表达式,从 $\dot{X}(t)$ 的表达式开始,由式(9.20)给出,即

$$\dot{X}(t) = \sum_{n=1}^{N}\sqrt{2}\sigma_n\omega_n\cos(\omega_n t - \varphi_n)$$

$\dot{X}(t)$ 的均值为

$$E\{\dot{X}(t)\} = \sum_{n=1}^{N}\sqrt{2}\sigma_n\omega_n E\{\cos(\omega_n t - \varphi_n)\} = 0$$

$\dot{X}(t)$ 的方差为

$$\sigma_X^2 = \sum_{n=1}^{N} \sigma_n^2 \omega_n^2 \tag{9.25}$$

用式(9.22)和式(9.23)给出了 $C(t)$ 和 $S(t)$ 的导数,即

$$\dot{C}(t) = \sum_{n=1}^{N} -\sqrt{2}\sigma_n(\omega_n - \omega_m)\sin(\omega_n t - \omega_m t - \varphi_n)$$

$$\dot{S}(t) = \sum_{n=1}^{N} \sqrt{2}\sigma_n(\omega_n - \omega_m)\cos(\omega_n t - \omega_m t - \varphi_n)$$

$\dot{C}(t)$ 的方差为

$$\sigma_{\dot{C}}^2 = E\{(\dot{C}(t) - \mu_{\dot{C}})^2\}$$

$$= \frac{1}{2\pi}\sum_{n=1}^{N}\int_0^{2\pi} 2\sigma_n^2(\omega_n - \omega_m)^2 \sin^2(\omega_n t - \omega_m t - \varphi_n)\mathrm{d}\varphi_n$$

$$= \sum_{n=1}^{N} \sigma_n^2(\omega_n - \omega_m)^2 \tag{9.26}$$

我们展开式(9.26),用式(9.21)、式(9.24)和式(9.25)来代替各自的和,即

$$\sigma_{\dot{C}}^2 = \sum_{n=1}^{N} \sigma_n^2(\omega_n^2 - 2\omega_n\omega_m + \omega_m^2)$$

$$= \sum_{n=1}^{N} \sigma_n^2\omega_n^2 - 2\omega_m\sum_{n=1}^{N}\sigma_n^2\omega_n + \omega_m^2\sum_{n=1}^{N}\sigma_n^2$$

$$= \sigma_{\dot{X}}^2 - 2\omega_m\omega_m\sigma_X^2 + \omega_m^2\sigma_X^2$$

$$= \sigma_{\dot{X}}^2 - \omega_m^2\sigma_X^2$$

可以看出,$\dot{S}(t)$ 的方差等于 $\dot{C}(t)$ 的方差。

最后给出了 $R$ 和 $\dot{R}$ 的联合概率密度函数为

$$f_{R\dot{R}}(r,\dot{r}) = \frac{r}{\sqrt{2\pi\sigma_X^2}\sqrt{\sigma_{\dot{X}}^2 - \omega_m^2\sigma_X^2}}\exp\left(-\frac{1}{2}\left[\frac{r^2}{\sigma_X^2} + \frac{\dot{r}^2}{\sigma_{\dot{X}}^2 - \omega_m^2\sigma_X^2}\right]\right), \quad r \geq 0, -\infty < \dot{r} < \infty$$

$$\tag{9.27}$$

其中

$$\omega_m = \frac{\sum_{n=1}^{N}\omega_n\sigma_n^2}{\sum_{n=1}^{N}\sigma_n^2} \tag{9.28}$$

$$\sigma_n^2 = S_{XX}^o(\omega_n)\Delta\omega \tag{9.29}$$

式(9.28)的连续参数形式为

$$\omega_m = \frac{\int_0^\infty \omega S_{XX}^o(\omega)\,d\omega}{\int_0^\infty S_{XX}^o(\omega)\,d\omega} \tag{9.30}$$

如果 $S_{XX}^o(\omega)$ 以函数形式给出,中频段 $\omega_m$ 可以解释为由式(9.30)定义的归一化频率,其中方差 $\sigma_X^2$ 和 $\sigma_{\dot X}^2$ 定义为

$$\sigma_X^2 = \int_0^\infty S_{XX}^o(\omega)\,d\omega$$

$$\sigma_{\dot X}^2 = \int_0^\infty S_{\dot X \dot X}^o(\omega)\,d\omega = \int_0^\infty \omega^2 S_{XX}^o(\omega)\,d\omega$$

**5. 推导 $v_{R(t)=Z}^+$**

包络线 $R(t)$ 的上交叉率由式(9.15)给出

$$v_{R(t)=Z}^+ = \int_0^\infty f_{R\dot R}(Z,\dot r)\dot r\,d\dot r$$

$$= \int_0^\infty \frac{Z}{\sqrt{2\pi}\sigma_X^2 \sqrt{\sigma_{\dot X}^2 - \omega_m^2 \sigma_X^2}} \exp\left(-\frac{1}{2}\left[\frac{Z^2}{\sigma_X^2} + \frac{\dot r^2}{\sigma_{\dot X}^2 - \omega_m^2 \sigma_X^2}\right]\right)\dot r\,d\dot r$$

$$= \frac{Z\sqrt{\sigma_{\dot X}^2 - \omega_m^2 \sigma_X^2}}{\sqrt{2\pi}\sigma_X^2}\exp\left(-\frac{1}{2}\frac{Z^2}{\sigma_X^2}\right) \tag{9.31}$$

定义 $\omega_{0^+} = 2\pi v_0^+$,式(9.14)可以写成

$$\frac{\sigma_{\dot X}}{\sigma_X} = \omega_{0^+}$$

那么,式(9.31)化简为

$$v_{R(t)=Z}^+ = \frac{Z\sqrt{\omega_{0^+}^2 - \omega_m^2}}{\sqrt{2\pi}\sigma_X^2}\exp\left(-\frac{1}{2}\frac{Z^2}{\sigma_X^2}\right) \tag{9.32}$$

注意:

$$\omega_{0^+}^2 = \frac{\sigma_{\dot X}^2}{\sigma_X^2} = \frac{\int_0^\infty \omega^2 S_{XX}^o(\omega)\,d\omega}{\int_0^\infty S_{XX}^o(\omega)\,d\omega} \tag{9.33}$$

$X(t)$ 的上交叉率与 $R(t)$ 的上交叉率之比是 $v_{X=Z}^+/v_{R=Z}^+$,称为平均群超尺寸。例如,如果 $v_{X=Z}^+/v_{R=Z}^+ = 3$,那么,$X(t)$ 穿过 $Z$ 3次而其包络线穿过一次。使用式(9.13)和式(9.31),平均群超尺寸大小为

$$\text{平均块大小} = \frac{v_{X=Z}^+}{v_{R=Z}^+}$$

$$= \frac{\sigma_X}{\sqrt{2\pi} Z \sqrt{1 - \omega_m^2 \sigma_X^2 / \sigma_{\dot{X}}^2}}$$

$$= \frac{\sigma_X}{\sqrt{2\pi} Z \sqrt{1 - \omega_m^2 / \omega_{0+}^2}} \tag{9.34}$$

### 例 9.8 窄带高斯过程的交叉参数

考虑带单边谱密度的窄带高斯过程 $X(t)$，即

$$S^o(\omega) = \begin{cases} S_0 \omega, & \omega_1 \leqslant \omega \leqslant \omega_2 \\ 0, & \text{其他} \end{cases}$$

求：(1) 中频段 $\omega_m$；(2) 零上交叉率 $\omega_{0+}$；(3) $\sigma_X, \sigma_{\dot{X}}$；(4) 群超尺寸。

**解**：(1) 由式(9.30)给出的中频段频率可简化为

$$\omega_m = \frac{\int_{\omega_1}^{\omega_2} S_0 \omega^2 d\omega}{\int_{\omega_1}^{\omega_2} S_0 \omega d\omega}$$

$$= \frac{2(\omega_2^3 - \omega_1^3)}{3(\omega_2^2 - \omega_1^2)}$$

$$= \frac{2(\omega_2^2 + \omega_2 \omega_1 + \omega_1^2)}{3(\omega_2 + \omega_1)}$$

(2) 式(9.33)中的零上升率由下式给出，即

$$\omega_{0+} = \sqrt{\frac{\int_0^\infty \omega^2 S_{XX}(\omega) d\omega}{\int_0^\infty S_{XX}(\omega) d\omega}}$$

$$= \sqrt{\frac{\int_{\omega_1}^{\omega_2} S_0 \omega^3 d\omega}{\int_{\omega_1}^{\omega_2} S_0 \omega d\omega}} = \sqrt{\frac{(\omega_2^2 + \omega_1^2)}{2}}$$

同时，有

$$\frac{\omega_m^2}{\omega_{0+}^2} = \frac{8(\omega_2^2 + \omega_2 \omega_1 + \omega_1^2)^2}{9(\omega_1 + \omega_2)^2 (\omega_2^2 + \omega_1^2)}$$

(3) 标准差为

$$\sigma_X = \sqrt{\int_{\omega_1}^{\omega_2} S_0 \omega d\omega} = \sqrt{\frac{S_0}{2}(\omega_2^2 - \omega_1^2)}$$

$$\sigma_{\dot X} = \sqrt{\int_{\omega_1}^{\omega_2} S_0 \omega^3 d\omega} = \sqrt{\frac{S_0}{4}(\omega_2^4 - \omega_1^4)}$$

(4) 利用式(9.34),可得平均块大小为

$$\frac{v_{X=Z}^+}{v_{R=Z}^+} = \frac{\sigma_X}{\sqrt{2\pi} Z \sqrt{1-\omega_m^2/\omega_{0+}^2}}$$

$$= \frac{\sqrt{\frac{S_0}{2}(\omega_2^2 - \omega_1^2)}}{\sqrt{2\pi} Z \sqrt{1 - \frac{8(\omega_2^2 + \omega_2\omega_1 + \omega_1^2)^2}{9(\omega_1+\omega_2)^2(\omega_2^2+\omega_1^2)}}}$$

$$= \frac{1}{Z}\sqrt{\frac{S_0}{4\pi}}\frac{(\omega_2+\omega_1)}{(\omega_2-\omega_1)}\sqrt{\frac{(\omega_2^4-\omega_1^4)}{(\omega_1^2+4\omega_2\omega_1+\omega_2^2)}}$$

### 例9.9 包络过程的概率密度函数

确定零均值窄带高斯过程包络过程的边缘概率密度函数 $f_R(r)$。

**解**:已知

$$f_{R\dot R}(r,\dot r) = \frac{r}{\sqrt{2\pi}\sigma_X^2 \sqrt{\sigma_{\dot X}^2 - \omega_m^2 \sigma_X^2}} \exp\left(-\frac{1}{2}\left[\frac{r^2}{\sigma_X^2} + \frac{\dot r^2}{\sigma_{\dot X}^2 - \omega_m^2 \sigma_X^2}\right]\right), \quad r \geqslant 0, -\infty < \dot r, \phi < \infty$$

$f_R(r)$ 是边缘概率密度函数,即

$$f_R(r) = \int_{-\infty}^{\infty} f_{R\dot R}(r,\dot r) d\dot r$$

$$= \frac{r}{\sqrt{2\pi}\sigma_X^2 \sqrt{\sigma_{\dot X}^2 - \omega_m^2 \sigma_X^2}} \exp\left(-\frac{1}{2}\frac{r^2}{\sigma_X^2}\right) \int_{-\infty}^{\infty} \exp\left(-\frac{1}{2}\frac{\dot r^2}{\sigma_{\dot X}^2 - \omega_m^2 \sigma_X^2}\right) d\dot r$$

我们使用积分

$$\int_{-\infty}^{\infty} \exp\left(-\frac{1}{2}x^2\right) dx = \sqrt{2\pi}$$

得到

$$f_R(r) = \frac{r}{\sigma_X^2} \exp\left(-\frac{1}{2}\frac{r^2}{\sigma_X^2}\right), \quad r \geqslant 0$$

这是瑞利概率密度函数。$R(t)$ 的均值和方差是 $\mu_R = 1.253\sigma_X$ 与 $\sigma_R = 1.253\sigma_X$ (见3.5.5节)。峰的密度 $f_R(r)$ 将在9.4.2节以另一种方式重新推导。

### 例9.10 窄带高斯过程的第一段

考虑一个受 $X(t)$ 激励的机器组件,这是一个理想的窄带高斯过程。力谱范围为 10~11rad/s,强度为 $2N^2 \cdot s$。当力第一次超过3.3N时,组件将失效。组件的设计寿命为30s。它的可靠性如何?如果我们不假设力是窄带的,那可靠性是多少?

**解**:求出 $f_{R\dot R}(r,\dot r)$、交叉率 $v_Z^+$、可靠性。我们已知

$$S_{XX}(\omega) = S_0, \quad \omega_1 < \omega < \omega_2$$

中频为

$$\omega_m = \frac{\int_{\omega_1}^{\omega_2} \omega S \mathrm{d}\omega}{\int_{\omega_1}^{\omega_2} S_0 \mathrm{d}\omega} = \frac{\omega_2 + \omega_1}{2}$$

方差为

$$\sigma_X^2 = \int_{\omega_1}^{\omega_2} S_0 \mathrm{d}\omega = S_0(\omega_2 - \omega_1)$$

$$\sigma_{\dot X}^2 = \int_{\omega_1}^{\omega_2} \omega^2 S_0 \mathrm{d}\omega = S_0 \frac{(\omega_2^3 - \omega_1^3)}{3}$$

给定 $S_0 = 2\mathrm{N}^2 \cdot \mathrm{s}$,可得

$$\omega_1 = 10\,\mathrm{rad/s}$$

$$\omega_2 = 11\,\mathrm{rad/s}$$

$$\omega_m = 10.5\,\mathrm{rad/s}$$

$$\sigma_X^2 = 2\mathrm{N}^2$$

$$\sigma_{\dot X}^2 = 220.667\ (\mathrm{N/s})^2$$

$$\omega_{0^+} = 10.504\,\mathrm{rad/s}$$

利用式(9.27),联合概率密度函数为

$$f_{R\dot R}(r,\dot r) = \frac{r}{\sqrt{2\pi} \times 2\sqrt{221 - (10.5)^2 \times 2}} \exp\left(-\frac{1}{2}\left[\frac{r^2}{2} + \frac{\dot r^2}{221 - (10.5)^2 \times 2}\right]\right)$$

$$= 0.484 r \exp\left(-\left[\frac{r^2}{4} + \frac{\dot r^2}{0.825}\right]\right), \quad r \geq 0, -\infty < \dot r < \infty$$

如图 9.10 所示。

利用式(9.32),上交叉率为

$$v_{R=Z}^+ = \frac{Z\sqrt{\omega_{0^+}^2 - \omega_m^2}}{\sqrt{2\pi}\sigma_X} \exp\left(-\frac{1}{2}\frac{Z^2}{\sigma_X^2}\right)$$

$$= 8.14 \times 10^{-2} Z \exp\left(-\frac{Z^2}{4}\right)$$

当 $Z = 3.3\mathrm{N}$ 时,有

$$v_{R=Z}^+ = 0.0177$$

到第一次交叉的平均时间为

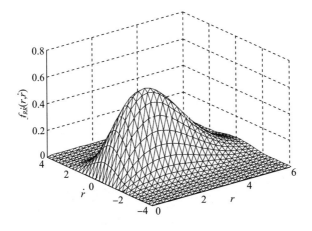

图9.10 联合概率密度函数 $f_{R\dot{R}}(r,\dot{r})$

$$E\{T_f\} = \frac{1}{v_{R=Z}^+} = 56.5\text{s}$$

方差为

$$\text{Var}\{T_f\} = \frac{1}{(v_{R=Z}^+)^2} = 3190\text{s}^2$$

利用式(9.16),该组件的可靠性为

$$p_r = e^{-v_{R=Z}^+ T_D}$$
$$= e^{-0.0177 \times 30} = e^{-0.531} = 0.588$$

这是组件在其设计生命周期内不失效的概率。

如果不使用这个过程是窄带的假设,那么,利用式(9.11),有

$$v_{X=Z}^+ = \frac{\sigma_{\dot{X}}}{2\pi\sigma_X}\exp\left[-\frac{1}{2}\left(\frac{Z}{\sigma_X}\right)^2\right]$$
$$= 0.1099$$

可靠性为

$$p_r = e^{-v_{R=Z}^+ T_D} = 0.0404$$

这远远低于0.588的实际可靠性。

利用式(9.34),平均集群大小为6.22,这是通过绘制样本响应图来确定的。图9.11显示了在5.11.1节中使用式(5.58)中的傅里叶表示法得到的响应样本,即

$$X(t) = \sum_{n=1}^{N}\sqrt{\frac{2}{N}}\sigma\cos(\bar{\omega}_n t - \varphi_n)$$

其中 $N=150$, $\sigma = \sqrt{S_0(\omega_2-\omega_1)} = \sqrt{2}$, $\bar{\omega}_n = 2\pi(2n-1)/T$ 且 $T=100$ s。对于这个响

应,该部件在45.4s时失效。我们可以预期,如果对足够数量的样本响应进行平均,平均故障时间将接近理论值56.5s。这个响应中的前3个集群大小分别是3、6和7。从理论上讲,平均集群大小应该接近6.22。

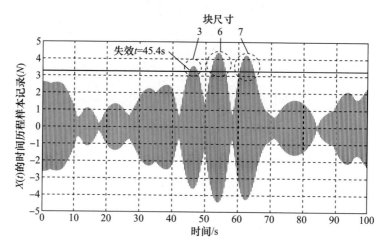

图9.11 例9.10的样例响应(3以上的暗线是3.3)

## 9.3 其他失效定律

这里我们讨论伽马失效定律、正态失效定律和威布尔失效定律。这些失效规律包括磨损效应。

### 9.3.1 伽马失效定律

如果一个组件在时间$T_D$中而不是在时间$T_D$之前遇到$r^{th}$扰动而发生故障,则它受伽马失效定律的约束。扰动数被建模为泊松过程。

一个组件在时间$t$中不会失效的概率,即它的可靠性,等于$0,1,\cdots$,或者$r-1$扰动发生在时间$T_D$内的概率,即

$$p_r = p_N(0, T_D) + p_N(1, T_D) + \cdots + p_N(r-1, T_D)$$
$$= \sum_{n=0}^{r-1} \frac{(vT_D)^n e^{-vT_D}}{n!} \tag{9.35}$$

可靠性与失效时间的概率密度函数有关,即

$$p_f = \int_0^{T_D} f_{T_f}(t_f) \, dt_f = 1 - p_r$$

用这种方法很难找到概率密度函数。相反,我们将从伽马概率密度函数开始,并证明可靠性由式(9.35)给出。

如果失效时间的概率密度函数是由下式给出

$$f_{T_f}(t_f) = \frac{v}{\Gamma(r)}(vt_f)^{r-1}e^{-vt_f}, \quad t_f \geq 0$$

式中：$v$ 是正干扰率或失效率；$r$ 是一个正整数，且 $\Gamma(r)$ 是伽马函数，由以下积分定义

$$\Gamma(r) = \int_0^\infty t^{r-1}e^{-t}dt \tag{9.36}$$

$r$ 的 3 个值的概率密度函数绘制在图 9.12 中。将伽马函数 $r-1$ 乘以正整数 $r$，可将伽马函数简化为

$$\Gamma(r) = (r-1)!$$

概率密度函数为

$$f_{T_f}(t_f) = \frac{v}{(r-1)!}(vt_f)^{r-1}e^{-vt_f}, \quad t_f \geq 0$$

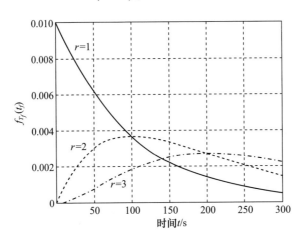

图 9.12　$v=0.01, r=1,2,3$ 的概率密度函数

可靠性为

$$p_r = \int_{T_D}^\infty f_{T_f}(t_f)dt_f = \int_{T_D}^\infty \frac{v(vt_f)^{r-1}}{(r-1)!}e^{-vt_f}dt_f \tag{9.37}$$

式(9.37)和式(9.35)是等价的，可以通过将式(9.37)分部积分 $(r-1)$ 次得到。例如，分部积分一次，得到

$$\int_{T_D}^\infty \frac{v(vt_f)^{r-1}}{(r-1)!}e^{-vt_f}dt_f = \left[\frac{v(vt_f)^{r-1}}{(r-1)!}\frac{e^{-vt_f}}{-v}\right]_{T_D}^\infty - \int_{T_D}^\infty \frac{v^2(r-1)(vt_f)^{r-2}}{(r-1)!}\frac{e^{-vt_f}}{-v}dt_f$$

$$= \frac{(vT_D)^{r-1}e^{-vT_D}}{(r-1)!} + \int_t^\infty \frac{v(vt_f)^{r-2}}{(r-2)!}e^{-vt_f}dt_f \tag{9.38}$$

式(9.38)的第一项是式(9.35)级数的最后一项。通过再分部积分 $(r-2)$ 次，可

以得到式(9.35)中的所有项。失效的概率为

$$p_f = 1 - \int_t^\infty \frac{v}{(r-1)!}(vt_f)^{r-1}\mathrm{e}^{-vt_f}\mathrm{d}t_f$$

$$= \int_0^t \frac{v}{(r-1)!}(vt_f)^{r-1}\mathrm{e}^{-vt_f}\mathrm{d}t_f$$

由于失效的概率是 $T_f$ 的累积分布,$p_f = F_{T_f}(t_f)$,故概率密度函数由下式给出,即

$$f_{T_f}(t_f) = \frac{\mathrm{d}F_{T_f}(t_f)}{\mathrm{d}t_f}$$

$$= \frac{v}{(r-1)!}(vt_f)^{r-1}\mathrm{e}^{-vt_f}$$

$$= \frac{v}{\Gamma(r)}(vt_f)^{r-1}\mathrm{e}^{-vt_f}, \quad t_f \geq 0$$

均值和方差由下式给出

$$E\{T_f\} = \int_0^\infty \frac{v}{(r-1)!}(vt_f)^{r}\mathrm{e}^{-vt_f}\mathrm{d}t_f = \frac{r}{v}$$

$$\mathrm{Var}\{T_f\} = \int_0^\infty \frac{vt_f^2}{(r-1)!}(vt_f)^{r-1}\mathrm{e}^{-vt_f}\mathrm{d}t_f - \left(\frac{r}{v}\right)^2 = \frac{r}{v^2}$$

注意:如果在第一次扰动($r=1$)时发生失效,则伽马失效定律会降低为指数失效定律。

### 9.3.2 正态失效定律

与指数失效定律不同的是,正态失效定律指出,失效时间由以下概率密度函数控制,即

$$f_{T_f}(t_f) = \frac{1}{\sqrt{2\pi}\sigma}\exp\left(-\frac{1}{2}\left[\frac{t_f-\mu}{\sigma}\right]^2\right), \quad t_f \geq 0$$

这个密度在 $t_f = 0$ 时被截断,因为在 $t_f = 0$ 之前一个组件失效是没有意义的。假设 $\mu$ 离零的距离足够远,那么,截断是可以接受的,这样可以确保在密度函数下对于 $t_f < 0$ 有一个不显著的面积。

正态失效定律表明,68.27%的失效发生在均值的1个标准差范围内,95.45%发生在均值的2个标准差范围内,99.73%发生在均值的3个标准差范围内。

### 9.3.3 威布尔失效定律

威布尔失效定律与指数失效定律相似,只是失效率不是常数,而是由下式给出,即

$$v(t_f) = (\alpha\beta)t_f^{\beta-1}$$

式中:$\alpha$ 和 $\beta$ 是正常数。从式(9.9)可知,首次偏移破坏的概率密度函数为

$$\begin{aligned} f_{T_f}(t_f) &= v(t_f)\exp\left(-\int_0^{t_f} v(s)\,\mathrm{d}s\right) \\ &= (\alpha\beta)t_f^{\beta-1}\exp\left(-\int_0^{t_f}(\alpha\beta)s^{\beta-1}\,\mathrm{d}s\right) \\ &= (\alpha\beta)t_f^{\beta-1}\exp(-\alpha t_f^{\beta}), \quad t_f > 0 \end{aligned} \quad (9.39)$$

图 9.13 显示了 $\alpha=1$ 和 $\beta=1,2,3$ 的概率密度函数。

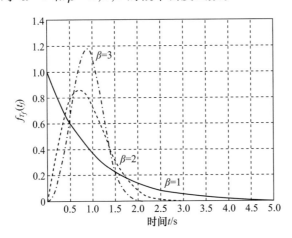

图 9.13  $\alpha=1$ 和 $\beta=1,2,3$ 的威布尔概率密度函数

## 例 9.11  威布尔分布的均值和方差

证明威布尔分布的均值和方差为

$$E\{T_f\} = \alpha^{-1/\beta}\Gamma\left(\frac{1}{\beta}+1\right)$$

$$\mathrm{Var}\{T_f\} = \alpha^{-2/\beta}\left\{\Gamma\left(\frac{2}{\beta}+1\right) - \left[\Gamma\left(\frac{1}{\beta}+1\right)\right]^2\right\}$$

**解**:均值为

$$\begin{aligned} E\{T_f\} &= \int_0^{\infty} t_f f_{T_f}(t_f)\,\mathrm{d}t_f \\ &= \int_0^{\infty}(\alpha\beta)t_f^{\beta}\exp(-\alpha t_f^{\beta})\,\mathrm{d}t_f \end{aligned}$$

令 $\alpha t_f^{\beta} = x$,即得

$$t_f = \left(\frac{x}{\alpha}\right)^{1/\beta}$$

$$\mathrm{d}t_f = \beta^{-1}\alpha^{-1/\beta}x^{1/\beta-1}\mathrm{d}x$$

化简后,均值的表达式为

$$E\{T_f\} = \alpha^{-1/\beta} \int_0^\infty x^{1/\beta+1-1} \exp(-x) \, dx$$

$$= \alpha^{-1/\beta} \Gamma\left(\frac{1}{\beta} + 1\right)$$

这里使用了伽马函数。均方值为

$$E\{T_f^2\} = \int_0^\infty t_f^2 f_{T_f}(t_f) \, dt_f$$

$$= \int_0^\infty (\alpha\beta) t_f^{\beta+1} \exp(-\alpha t_f^\beta) \, dt_f$$

做同样的变量替换,我们用$(x/\alpha)^{1/\beta}$替换$t_f$,用$dt_f$替换$\beta^{-1}\alpha^{-1/\beta}x^{1/\beta-1}$,得到

$$E\{T_f^2\} = \int_0^\infty t_f^2 f_{T_f}(t_f) \, dt_f$$

$$= \int_0^\infty \alpha^{1-(1/\beta+1)-1/\beta} x^{(1/\beta+1)+1/\beta-1} \exp(-x) x^{1/\beta-1} \, dx$$

$$= \int_0^\infty \alpha^{-2/\beta} x^{2/\beta} \exp(-x) \, dx$$

$$= \int_0^\infty \alpha^{-2/\beta} x^{(2/\beta+1)-1} \exp(-x) \, dx$$

$$= \alpha^{-2/\beta} \Gamma\left(\frac{2}{\beta} + 1\right)$$

方差为

$$\text{Var}\{T_f\} = E\{T_f^2\} - (E\{T_f\})^2$$

$$= \alpha^{-2/\beta}\left\{\Gamma\left(\frac{2}{\beta}+1\right) - \left[\Gamma\left(\frac{1}{\beta}+1\right)\right]^2\right\}$$

## 9.4 疲劳寿命预测

当机器或结构构件受到重复的动态应力时,即使这个应力低于屈服强度,它们最终也会表现出强度和延展性的下降。当循环应力持续存在时,材料中的裂纹开始扩展,最终断裂。这种现象称为疲劳,断裂前的应力循环次数称为疲劳寿命。在失效前,由于材料的缺陷、表面粗糙度和/或结构几何形状的突然变化,疲劳裂纹可能从高应力集中的位置扩展[1]。

---

[1] 这绝不是疲劳失效的完整描述。感兴趣的读者应该参考 N. E. Frost, K. J. Marsh, L. P. Pook,《金属疲劳》,1974年牛津大学出版社,1999年多弗出版社再版。

由于实验数据固有的离散性,以及将实验室数据转换为现实寿命情况的困难,一般很难预测疲劳寿命。本节的目的是介绍利用 Miner 法则进行损伤预测和疲劳寿命的概念。虽然在某些情况下不能令人满意,但是 Miner 法则是最简单且应用最广泛的基于应力的疲劳破坏规则。假设:

(1) 平均应力等于 0;
(2) 应力水平或振幅是离散的,可以指定;
(3) 施加应力水平的顺序没有影响。

在 Miner 法则中,给定应力水平下,对一个组件造成的损伤是由施加的循环次数 $n_i$ 与失效循环次数 $N_i$ 的比值之和表示的。也就是说,总的损伤为

$$D = \sum_i \frac{n_i}{N_i} \tag{9.40}$$

当损伤 $D$ 达到 1 时,该组件被规定为失效。在给定的应力水平下失效的总循环次数是通过实验获得的。通过计算某一应力水平上的峰值数,可以得到施加的循环次数。在数学上,应力水平 $s$ 是给定周期中的局部最大值或峰值。当采用离散的应力水平数时,式(9.40)中的 Miner 法则形式是适用的。

然而,一个随机过程可能达到任何应力水平,不可能计算离散应力水平的循环次数。相反,循环次数可以在一个应力范围内计算。例如,应力水平 $s_1$ 和 $s_2$ 之间的循环次数为

$$n = \int_{s_1}^{s_2} n(s) \mathrm{d}s$$

式中:$n(s)$ 为单位应力范围内的循环次数,表示应用循环次数在应力水平上的分布情况。然后给出了 Miner 法则的连续版本,即

$$D = \int_s \frac{n(s)}{N(s)} \mathrm{d}s$$

式中:$N(s)$ 为应力水平 $s$ 处的失效循环次数,由所谓的失效曲线得到。下一节将介绍 $S-N$ 曲线。在实践中,这些曲线是由各种材料和几何体的实验确定的。

$n(s)$ 可以由总峰数 $n_t$ 归一化,从而得到外加应力水平的概率密度函数,

$$f_S(s) = \frac{n(s)}{n_t}$$

我们处理 $X(t)$ 为材料应力。应力水平 $s$ 是 $X(t)$ 的峰值。因此,峰高 $f_H(h)$ 的概率密度函数也是应力水平 $f_S(s)$ 的概率密度函数。由 Miner 法则预测的总损失为

$$D = n_t \int_s \frac{f_S(s)}{N(s)} \mathrm{d}s \tag{9.41}$$

对于疲劳失效问题,我们首先得到峰高 $f_H(h)$ 的概率密度,或等效的 $f_S(s)$。利用 $f_S(s)$ 和实验数据得出的经验法则($S-N$ 曲线),估计了总损失。与首次偏移破坏

问题相比,通常很难得到失效时间概率密度函数的解析表达式。

### 9.4.1 失效曲线

结构件的疲劳行为通常用 $S-N$ 曲线来表示。这些曲线是由经典的单轴疲劳实验产生的,如图9.14所示。试件受到谐波载荷作用,会产生等幅应力 $S$。记录并绘制每个应力水平的失效的循环次数 $N$。图9.15中的每个点对应于一个单独的实验。结果用对数尺度来表示 $S$ 和 $N$。试件在任何荷载循环次数下都不会破坏的应力水平称为疲劳极限或疲劳极限强度,用 $S_e$ 表示。

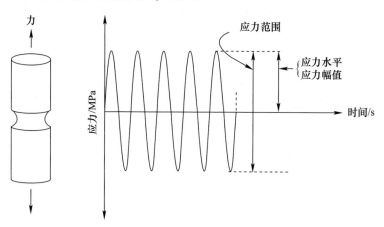

图 9.14 单轴疲劳试验生成 $S-N$ 曲线

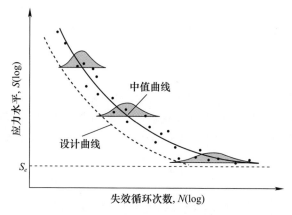

图 9.15 疲劳实验结果及 $S-N$ 曲线

在大多数情况下,即使相同材料和相同尺寸的试件受到相同的加载方式,与一定应力 $S$ 相对应的破坏循环次数 $N$ 也会有很大的变化。也就是说,对于给定的应力,$N$ 是一个随机变量,它有一个概率密度函数称为寿命分布函数。寿命分布函数随应力水平的变化而变化。随着应力水平接近极限强度,数据的离散度增大。当测试足够多的样本时,高斯概率密度函数提供了适当的数据拟合。高斯分布可以的合理近似为 $\log N$ 分布。

$S-N$ 曲线如图 9.16(a) 所示,用于设计目的。它们被给出了下限。假设 $\log N$ 为正态分布[①],将设计曲线定义为均值-负双标准偏差曲线,则 $S-N$ 曲线的可靠率为 97.7%。

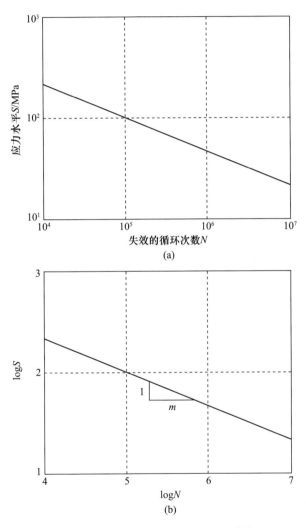

图 9.16 $S-N$ 曲线(a)和 $\log S$ 与 $\log N$ 曲线(b)

原则上,Miner 法则适用于零均值过程。然而,在实践中,应用的负载不会有零平均值。当施加的荷载具有非零平均值时,$S-N$ 曲线通常会进行修改。载荷具有非

---

① 高斯分布不是寿命分布的唯一近似,也不是最好的近似。威布尔概率密度函数,使寿命分布具有更好的拟合性。

零平均值的最重要后果之一是疲劳寿命的变化。预测非零均值过程疲劳寿命的模型包括改进的 Goodman 模型、Gerber 模型和 Soderberg 模型。

在图 9.15 中,设计 $S-N$ 曲线可以作为数据的保守表示。假设它们是确定性的,可以写成

$$NS^m = A \tag{9.42}$$

$m$ 和 $A$ 是通过实验确定的。两边取对数,可得

$$\log S = -\frac{1}{m}\log N + \frac{1}{m}\log A$$

当 $\log S$ 相对于 $\log N$ 作图时,得到斜率为 $-\frac{1}{m}$ 的线性模型 $S-N$ 曲线,如图 9.16(b) 所示。一组 $m$ 和 $A$ 的值对于一定范围的 $N$ 是有效的。因此,整个 $S-N$ 曲线可能包含不止一条直线,如图 9.17 所示。

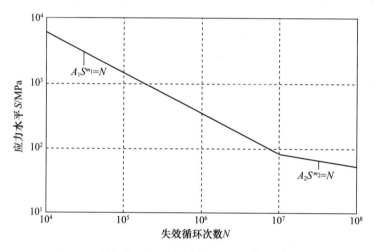

图 9.17 不同范围 $N$ 的 $S-N$ 曲线

损伤式(9.41)可以写成

$$D = \frac{n_t}{A}\int_s s^m f_S(s)\,\mathrm{d}s$$

$$= \frac{n_t}{A} E\{S^m\} \tag{9.43}$$

在下一节中,我们将得到峰值概率密度函数 $f_S(s)$ 的表达式。

### 9.4.2 平稳随机过程的峰值分布

假设 $X(t)$ 是平稳随机过程,均值为零。对 $S-N$ 曲线进行了适当的修改,使其考虑到非零均值的影响。

首先考虑 $X(t)$ 在 $(t,t+dt)$ 处有任何大小的峰值的概率。如果 $X(t)$ 在区间开始时斜率为正，$\dot{X}(t)>0$，在区间结束时斜率为负，$\dot{X}(t,t+dt)<0$，$X(t)$ 为下凹，则为峰值，如图 9.18 所示。

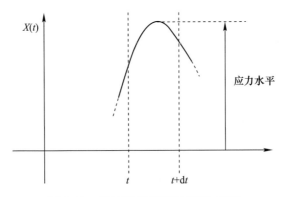

图 9.18 零均值平稳随机过程的峰值

我们可以写 $\Pr(X(t)$ 在 $(t,t+dt)$ 中有一个峰值$) = \Pr(\dot{X}(t)>0 \cap \dot{X}(t,t+dt)<0 \cap \ddot{X}(t)<0)$，使用泰勒展开式关于 $t$ 展开 $\dot{X}(t,t+dt)$ 并保留前两项，即

$$\dot{X}(t+dt) \approx \dot{X}(t) + \ddot{X}(t)dt$$

第二个条件 $\dot{X}(t,t+dt)<0$ 写成

$$\dot{X}(t) + \ddot{X}(t)dt < 0$$

$$\dot{X}(t) < -\ddot{X}(t)dt$$

那么，$(t,t+dt)$ 中的峰值出现的概率为

$$\Pr(X(t) \text{ 在}(t,t+dt) \text{ 中有 1 个峰值}) = \Pr(0 < \dot{X}(t) < -\ddot{X}(t)dt \cap \ddot{X}(t) < 0)$$
$$= \int_{-\infty}^{0} \int_{0}^{-\ddot{x}(t)dt} \int_{-\infty}^{\infty} f_{X\dot{X}\ddot{X}}(x,\dot{x},\ddot{x}) dx d\dot{x} d\ddot{x}$$

(9.44)

式中：$f_{X\dot{X}\ddot{X}}(x,\dot{x},\ddot{x})$ 是 $X$、$\dot{X}$、$\ddot{X}$ 的联合概率密度函数。概率可以转化为

$$\Pr(X(t) \text{ 在}(t,t+dt) \text{ 中有 1 个峰值}) = -\int_{-\infty}^{0} f_{\dot{X}\ddot{X}}(0,\ddot{x})(\ddot{x}dt)d\ddot{x} \quad (9.45)$$

其中我们用到

$$\int_{-\infty}^{\infty} f_{X\dot{X}\ddot{X}}(x,\dot{x},\ddot{x})dx = f_{\dot{X}\ddot{X}}(\dot{x},\ddot{x})$$

$$\int_0^{-\ddot{x}(t)\mathrm{d}t} f_{\dot{X}\ddot{X}}(\dot{x},\ddot{x})\mathrm{d}\dot{x} \approx f_{\dot{X}\ddot{X}}(0,\ddot{x})(-\ddot{x}(t)\mathrm{d}t)$$

注意:如果期望的概率是 $\dot{X}(t)$ 在 $(t,t+\mathrm{d}t)$ 上向下穿过 0 的概率,也可以得到同样的结果。这个表达式在式(9.12)中,用 $\dot{X}$ 代替 $X$,用 $\ddot{X}$ 代替 $\dot{X}$ 且 $Z=0$。

如果 $X(t)$ 在 $(t,t+\mathrm{d}t)$ 上确实有峰值,那么,峰值在 $(s,s+\mathrm{d}s)$ 范围内的概率是多少。也就是说

$$\Pr(\text{峰值在}(s,s+\mathrm{d}s)\text{中}|X(t)\text{在}(t,t+\mathrm{d}t)\text{中有 1 个峰值})$$

注意:这个概率可以用峰值大小的概率密度表示为

$$\Pr(\text{峰值在}(s,s+\mathrm{d}s)\text{中}|X(t)\text{在}(t,t+\mathrm{d}t)\text{中有 1 个峰值}) = f_S(s)\mathrm{d}s \quad (9.46)$$

或者,条件概率定义为

$$\Pr(\text{峰值在}(s,s+\mathrm{d}s)\text{中}|X(t)\text{在}(t,t+\mathrm{d}t)\text{中有 1 个峰值})$$
$$= \frac{\Pr(\text{峰值在}(s,s+\mathrm{d}s)\text{中}|X(t)\text{在}(t,t+\mathrm{d}t)\text{中有 1 个峰值})}{\Pr(X(t)\text{在}(t,t+\mathrm{d}t)\text{中有 1 个峰值})} \quad (9.47)$$

分子是 $X(t)$ 在 $(t,t+\mathrm{d}t)$ 中有最大值的概率,其大小在 $(s,s+\mathrm{d}s)$ 之间。式(9.44)中第一次积分的上下限分别用 $s$ 和 $s+\mathrm{d}s$ 代替,即

$$\Pr(\text{峰值在}(s,s+\mathrm{d}s) \text{ 中} \cap X(t) \text{ 在}(t,t+\mathrm{d}t) \text{ 中有 1 个峰值})$$
$$= \int_{-\infty}^{0} \int_{0}^{-\ddot{x}(t)\mathrm{d}t} \int_{s}^{s+\mathrm{d}s} f_{X\dot{X}\ddot{X}}(x,\dot{x},\ddot{x})\mathrm{d}x\mathrm{d}\dot{x}\mathrm{d}\ddot{x}$$
$$= -\int_{-\infty}^{0} f_{X\dot{X}\ddot{X}}(s,0,\ddot{x})\ddot{x}\mathrm{d}\ddot{x}\mathrm{d}s\mathrm{d}t \quad (9.48)$$

将式(9.45)和式(9.48)代入式(9.47),得到

$$\Pr(\text{峰值在}(s,s+\mathrm{d}s) \text{ 中}|X(t)\text{在}(t,t+\mathrm{d}t) \text{ 中有 1 个峰值}) = \frac{\int_{-\infty}^{0} f_{X\dot{X}\ddot{X}}(s,0,\ddot{x})\ddot{x}\mathrm{d}\ddot{x}}{\int_{-\infty}^{0} f_{\dot{X}\ddot{X}}(0,\ddot{x})\ddot{x}\mathrm{d}\ddot{x}}$$

令该表达式与式(9.46)相等,则所求的峰值概率密度函数由下式给出

$$f_S(s) = \frac{\int_{-\infty}^{0} f_{X\dot{X}\ddot{X}}(s,0,\ddot{x})\ddot{x}\mathrm{d}\ddot{x}}{\int_{-\infty}^{0} f_{\dot{X}\ddot{X}}(0,\ddot{x})\ddot{x}\mathrm{d}\ddot{x}} \quad (9.49)$$

### 9.4.3 高斯过程的峰值分布

如果 $X(t)$ 是一个平稳的高斯过程,则联合概率密度函数为

$$f_{X\dot{X}\ddot{X}}(x,\dot{x},\ddot{x}) = \frac{1}{(2\pi)^{3/2}|M|^{1/2}}\exp\left(-\frac{1}{2}(\{x\}-\{\mu_X\})^{\mathrm{T}}[M]^{-1}(\{x\}-\{\mu_X\})\right)$$

其中[**M**]是协方差矩阵,即

$$[M] = \begin{bmatrix} \text{Var}\{X\} & 0 & \text{Cov}\{\ddot{X},X\} \\ 0 & \text{Var}\{\dot{X}\} & 0 \\ \text{Cov}\{X,\ddot{X}\} & 0 & \text{Var}\{\ddot{X}\} \end{bmatrix}$$

$$\{x\} - \{\mu_X\} = \begin{Bmatrix} x - \mu_X \\ \dot{x} - \mu_{\dot{X}} \\ \ddot{x} - \mu_{\ddot{X}} \end{Bmatrix}$$

$|M|^{1/2}$是$[M]$的行列式的平方根。$[M]$的逆用$[M]^{-1}$表示。我们证明

$$-\text{Cov}\{X,\ddot{X}\} = -\text{Cov}\{\ddot{X},X\} = \text{Var}\{\dot{X}\}$$

如下。方差和协方差为

$$\text{Var}\{\dot{X}\} = R_{\dot{X}\dot{X}}(0) - \mu_{\dot{X}}^2$$

$$\text{Cov}\{X,\ddot{X}\} = R_{X\ddot{X}}(0) - \mu_X \mu_{\ddot{X}}$$

由于平稳过程的导数的均值为零[①],因此方差和协方差变成

$$\text{Var}\{\dot{X}\} = R_{\dot{X}\dot{X}}(0)$$

$$\text{Cov}\{X,\ddot{X}\} = R_{X\ddot{X}}(0)$$

用式(5.16)得到

$$\text{Var}\{\dot{X}\} = -\text{Cov}\{X,\ddot{X}\}$$

给出了一个平稳高斯过程$X(t)$及其前两阶导数的联合概率密度函数

$$f_{X\dot{X}\ddot{X}}(x,\dot{x},\ddot{x}) = \frac{1}{(2\pi)^{3/2} |\sigma_{\dot{X}}^2(\sigma_X^2 \sigma_{\ddot{X}}^2 - \sigma_{\dot{X}}^4)|^{1/2}} \cdot$$

$$\exp\left(-\frac{\sigma_{\dot{X}}^2 \sigma_{\ddot{X}}^2 x^2 + (\sigma_X^2 \sigma_{\ddot{X}}^2 - \sigma_{\dot{X}}^4)\dot{x}^2 + \sigma_X^2 \sigma_{\dot{X}}^2 \ddot{x}^2 + 2x\ddot{x}\sigma_{\dot{X}}^4}{2|\sigma_{\dot{X}}^2(\sigma_X^2 \sigma_{\ddot{X}}^2 - \sigma_{\dot{X}}^4)|}\right)$$

其中

$$\text{Var}\{X\} = \sigma_X^2$$

---

[①] 例如,对于静止的$X(t)$,$dE\{X(t)\}/dt$等于0,因为$dE\{X(t)\}$是常数。$dE\{X(t)\}/dt$可以写成$\frac{d}{dt}E\{X(t)\} = E\left\{\frac{d}{dt}X(t)\right\} = E\{\dot{X}(t)\}$,因此,$E\{\dot{X}(t)\} = 0$。

$$\text{Var}\{\dot{X}\} = \sigma_{\dot{X}}^2$$

$$\text{Var}\{\ddot{X}\} = \sigma_{\ddot{X}}^2$$

$\dot{X}(t)$ 和 $\ddot{X}(t)$ 的联合概率密度函数为

$$f_{\dot{X}\ddot{X}}(\dot{x},\ddot{x}) = \int_{-\infty}^{\infty} f_{X\dot{X}\ddot{X}}(x,\dot{x},\ddot{x}) \mathrm{d}x$$

$$= \frac{1}{2\pi\sigma_{\dot{X}}\sigma_{\ddot{X}}}\exp\left(-\frac{1}{2}\left[\frac{\dot{x}^2}{\sigma_{\dot{X}}^2} + \frac{\ddot{x}^2}{\sigma_{\ddot{X}}^2}\right]\right)$$

然后,式(9.49)的分母为

$$\int_{-\infty}^{0} f_{\dot{X}\ddot{X}}(0,\ddot{x})\ddot{x}\mathrm{d}\ddot{x} = \int_{-\infty}^{0} \frac{1}{2\pi\sigma_{\dot{X}}\sigma_{\ddot{X}}}\exp\left(-\frac{1}{2}\frac{\ddot{x}^2}{\sigma_{\ddot{X}}^2}\right)\ddot{x}\mathrm{d}\ddot{x}$$

$$= \frac{1}{2\pi}\frac{\sigma_{\ddot{X}}}{\sigma_{\dot{X}}} \tag{9.50}$$

分子为

$$\int_{-\infty}^{0} f_{X\dot{X}\ddot{X}}(s,0,\ddot{x})\ddot{x}\mathrm{d}\ddot{x} = \int_{-\infty}^{0} \frac{1}{(2\pi)^{3/2}C}\exp\left(-\frac{[\sigma_{\dot{X}}^2\sigma_{\ddot{X}}^2 s^2 + \sigma_X^2\sigma_{\dot{X}}^2\ddot{x}^2 + 2s\ddot{x}\sigma_{\dot{X}}^4]}{2|\sigma_{\dot{X}}^2(\sigma_X^2\sigma_{\ddot{X}}^2 - \sigma_{\dot{X}}^4)|}\right)\ddot{x}\mathrm{d}\ddot{x}$$

$$= \frac{1}{(2\pi)^{3/2}\sigma_X^2\sigma_{\ddot{X}}^2}C\exp\left(\frac{-\sigma_{\dot{X}}^2\sigma_{\ddot{X}}^2 s^2}{2|\sigma_{\dot{X}}^2(\sigma_X^2\sigma_{\ddot{X}}^2 - \sigma_{\dot{X}}^4)|}\right) +$$

$$\sigma_{\dot{X}}^4 s\sqrt{\frac{\pi}{2\sigma_X^2\sigma_{\ddot{X}}^2}}\left(1 + \text{erf}\left(\frac{\sigma_{\dot{X}}^3 s}{\sqrt{2}C\sigma_X}\right)\right)\exp\left(\frac{-s^2}{2\sigma_X^2}\right) \tag{9.51}$$

其中 $C = |\sigma_{\dot{X}}^2(\sigma_X^2\sigma_{\ddot{X}}^2 - \sigma_{\dot{X}}^4)|^{1/2}$,$\text{erf}(s)$ 是误差函数,即

$$\text{erf}(s) = \int_0^s \frac{2}{\sqrt{\pi}}\exp(-t^2)\mathrm{d}t$$

注意:误差函数与累积标准正态分布通过下式相关,即

$$\Phi(x) = \int_{-\infty}^{x} \frac{1}{\sqrt{2\pi}}\exp\left(-\frac{1}{2}t^2\right)\mathrm{d}t$$

$$= \frac{1}{2}\text{erf}\left(\frac{x}{\sqrt{2}}\right) + \frac{1}{2}$$

由式(9.49)、式(9.50)、式(9.51)可得

$$f_S(s) = \frac{1}{\sqrt{2\pi}\sigma_X^2\sigma_{\dot{X}}\sigma_{\ddot{X}}}\left[\sigma_{\dot{X}}\sqrt{(\sigma_X^2\sigma_{\ddot{X}}^2 - \sigma_{\dot{X}}^4)}\exp\left(\frac{-\sigma_{\dot{X}}^2\sigma_{\ddot{X}}^2 s^2}{2\sigma_{\dot{X}}^2(\sigma_X^2\sigma_{\ddot{X}}^2 - \sigma_{\dot{X}}^4)}\right) + \right.$$

$$\left. 2\sigma_{\dot{X}}^4 s\sqrt{\frac{\pi}{2\sigma_X^2\sigma_{\ddot{X}}^2}}\Phi\left(\frac{\sigma_{\dot{X}}^3 s}{\sqrt{\sigma_{\dot{X}}^2(\sigma_X^2\sigma_{\ddot{X}}^2 - \sigma_{\dot{X}}^4)}\sigma_X}\right)\exp\left(\frac{-s^2}{2\sigma_X^2}\right)\right]$$

为了简化这个表达式,定义

$$\alpha = \frac{\Pr(X(t) \text{ 在}(t,t+dt) \text{ 中上交叉为} 0)}{\Pr(X(t) \text{ 在}(t,t+dt) \text{ 中有 1 个峰值})}$$

$$= \left(\frac{1}{2\pi}\frac{\sigma_{\dot{X}}}{\sigma_X}dt\right) \Big/ \left(\frac{1}{2\pi}\frac{\sigma_{\ddot{X}}}{\sigma_{\dot{X}}}dt\right)$$

$$= \frac{\sigma_{\dot{X}}^2}{\sigma_X \sigma_{\ddot{X}}} \tag{9.52}$$

式中:$\alpha$ 称为不规则因子。

$X(t)$ 在 $(t,t+dt)$ 中向上与 0 相交的概率由式(9.6)和式(9.14)得到,$X(t)$ 在 $(t,t+dt)$ 中出现峰值的概率由式(9.45)和式(9.50)得到。高斯函数 $X(t)$ 的峰值概率密度为

$$f_S(s) = \frac{\sqrt{1-\alpha^2}}{\sqrt{2\pi}\sigma_X}\exp\left(\frac{-s^2}{2\sigma_X^2(1-\alpha^2)}\right) + 2s\frac{\alpha}{2\sigma_X^2}\Phi\left(\frac{s\alpha}{\sigma_X\sqrt{1-\alpha^2}}\right)\exp\left(\frac{-s^2}{2\sigma_X^2}\right) \tag{9.53}$$

这也称为莱斯分布。

### 9.4.4 特殊情况

利用式(9.52)中 $\alpha$ 的定义,$\alpha \approx 1$ 描述了一个窄带过程。也就是说,每次 $X(t)$ 向上越过 0,它很可能会有一个峰值。然后将窄带高斯过程的峰值概率密度函数简化为

$$f_S(s) = \frac{s}{\sigma_X^2}\exp\left(\frac{-s^2}{2\sigma_X^2}\right), \quad s \geqslant 0 \tag{9.54}$$

随机变量 $S$ 称为瑞利分布,这在 3.5.5 节中讨论过。需要注意的是,$\sigma_X$ 不是 $S$ 的标准差,而是随机过程 $X(t)$ 的标准差。

上面得到的窄带高斯过程的峰值的概率密度函数与例 9.9 中得到的窄带高斯 $X(t)$ 的莱斯包络函数 $R(t)$ 的概率密度函数相同。这是因为包络函数描述了峰的大小。

考虑这样一种情况,$\alpha$ 是一个非常小的数,以至于 $\alpha \approx 0$。在这种情况下,峰的数量远远大于零交叉的数量,而 $X(t)$ 是宽带。图 9.19 显示了 $X(t)$ 的这种实现。那么,宽带高斯过程的峰值概率密度接近高斯函数,即

$$f_S(s) \approx \frac{1}{\sqrt{2\pi}\sigma_X}\exp\left(\frac{-s^2}{2\sigma_X^2}\right), \quad -\infty < s < \infty \tag{9.55}$$

Miner 法则适用于应力循环造成损伤的窄带过程。对于图 9.19 所示的应力时间

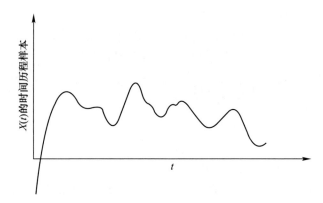

图 9.19　$\alpha \approx 0$ 时 $X(t)$ 的样本时间历程

历史记录，由于每个周期都没有明确的定义，对系统造成的损害多少是主观的。道林[①]提出的雨流法广泛应用于宽带过程中循环次数的计算。

除了在这些极端条件下，峰值的概率密度既不是瑞利函数也不是高斯分布，而是介于两者之间。同样，输入可能不是静止的，$X(t)$ 也不是。在实践中，威布尔分布用于非平稳环境载荷下的长期应力水平分布。威布尔分布由下式给出

$$f_S(s) = \zeta \left(\frac{1}{\delta}\right)^{\zeta} s^{\zeta-1} \exp\left(-\left(\frac{s}{\delta}\right)^{\zeta}\right), \quad s \geq 0 \tag{9.56}$$

式中：$\zeta$ 和 $\delta$ 是与式(9.39)中的威布尔常数相关的常数，即

$$\beta = \zeta, \quad \alpha = \left(\frac{1}{\delta}\right)^{\zeta}$$

这里，当威布尔分布描述应力水平分布时，$\zeta$ 和 $\delta$ 优于 $\alpha$ 与 $\beta$，其中 $\zeta$ 称为威布尔形状参数，$\delta$ 称为威布尔尺度参数。

假设 $S_{\max}$ 是我们期望在 $N_s$ 个周期的整个操作中只看到一次的最大应力。换句话说，应力超过 $S_{\max}$ 的概率是 $1/N_s$。我们可以写成

$$\int_{S_{\max}}^{\infty} f_S(s) \, \mathrm{d}s = \frac{1}{N_s}$$

$f_S(s)$ 由式(9.56)给出。积分后，我们发现

$$\exp(-(S_{\max}/\delta)^{\zeta}) = \frac{1}{N_s}$$

求出 $1/\delta$，即

$$\frac{1}{\delta} = \frac{1}{S_{\max}} \left(\ln \frac{1}{N_s}\right)^{1/\zeta}$$

---

[①]　"复杂应力-应变历史的疲劳失效预测"，美国材料杂志，第7卷，第1期，1972年，第71~87页。

将 $1/\delta$ 代入式(9.56),威布尔概率分布为

$$f_S(s) = -\frac{\ln N_s}{N_s}\zeta\frac{s^{\zeta-1}}{S_{\max}^{\zeta}}\exp\left(-\left(\frac{s}{S_{\max}}\right)^{\zeta}\right), \quad s \geqslant 0$$

**例9.12** 用 Miner 法则计算高斯输入下系统的累积损伤

求当 $S(t)$ 以(1)瑞利和(2)威布尔密度为特征时的总损伤。假设 $S-N$ 曲线由 $NS^m = A$ 给出。

**解**:我们用式(9.43)来量化损伤,即

$$D = \frac{n_t}{A}\int_s s^m f_S(s)\mathrm{d}s = \frac{n_t}{A}E\{S^m\}$$

每一种情况,都可以用 $f_S(s)$ 评估代替损伤。

(1) 这种情况下,$X(t)$ 是一个窄带高斯过程。概率密度函数 $f_S(s)$ 由式(9.54)给出,损伤为

$$D = \frac{n_t}{A}\int_0^\infty \frac{s^{m+1}}{\sigma_X^2}\exp\left(\frac{-s^2}{2\sigma_X^2}\right)\mathrm{d}s$$

设 $s^2/2\sigma_X^2 = t$,即

$$s = \sqrt{2t}\sigma_X$$

$$\mathrm{d}s = \sqrt{2}\sigma_X \frac{1}{2}t^{-1/2}\mathrm{d}t$$

损伤为

$$\begin{aligned}D &= \frac{n_t}{A}(\sqrt{2}\sigma_X)^m\int_0^\infty t^{m/2}\exp(-t)\mathrm{d}t \\ &= \frac{n_t}{A}(\sqrt{2}\sigma_X)^m\int_0^\infty t^{(\frac{m}{2}+1)-1}\exp(-t)\mathrm{d}t \\ &= \frac{n_t}{A}(\sqrt{2}\sigma_X)^m\Gamma\left(\frac{m}{2}+1\right)\end{aligned} \quad (9.57)$$

其中

$$E\{S^m\} = (\sqrt{2}\sigma_X)^m\Gamma\left(\frac{m}{2}+1\right)$$

伽马函数被定义为

$$\Gamma(r) = \int_0^\infty t^{r-1}\exp(-t)\mathrm{d}t$$

(2) 这种情况下的概率密度 $f_S(s)$ 由式(9.56)给出,损伤为

$$D = \frac{n_t}{A}\int_0^\infty s^m\zeta\left(\frac{1}{\delta}\right)^\zeta s^{\zeta-1}\exp(-(s/\delta)^\zeta)\mathrm{d}s$$

设$(s/\delta)^\zeta = t$，即

$$s = \delta t^{1/\zeta}$$

$$\mathrm{d}s = \frac{\delta}{\zeta} t^{1/\zeta - 1} \mathrm{d}t$$

损伤为

$$D = \frac{n_t}{A} \int_0^\infty \zeta \left(\frac{1}{\delta}\right)^\zeta (\delta t^{1/\zeta})^{m+\zeta-1} \exp(-t) \frac{\delta}{\zeta} t^{1/\zeta-1} \mathrm{d}t$$

$$= \frac{n_t}{A} \int_0^\infty \delta^m t^{m/\zeta + 1 - 1} \exp(-t) \mathrm{d}t$$

$$= \frac{n_t}{A} \delta^m \Gamma\left(\frac{m}{\zeta} + 1\right)$$

其中

$$E\{S^m\} = \delta^m \Gamma\left(\frac{m}{\zeta} + 1\right)$$

本例问题的结果如表 9.1 所列。

表 9.1 例 9.12 的小结

| 峰值分布 | $E\{S^m\}$ |
|---|---|
| 瑞利分布 | $(\sqrt{2}\sigma_X)^m \Gamma\left(\frac{m}{2} + 1\right)$ |
| 高斯分布 | $\frac{1}{2\sqrt{\pi}} (\sqrt{2}\sigma_X)^m \Gamma\left(\frac{m}{2} + \frac{1}{2}\right)$ |
| 威布尔分布 | $\delta^m \Gamma\left(\frac{m}{\zeta} + 1\right)$ |

### 例 9.13  Miner 法则的应用

如果应力 $X(t)$ 是一个平稳的、均值和方差为 $10\mathrm{N/m^2}$ 的窄带高斯过程,应力循环的总数为 100000 次,加载时间超过 10000s,就可以求出对一个分量的总损伤。假设失效曲线服从

$$N(s) = \frac{1.08 \times 10^{14}}{s^{3.5}}, \quad s > 0$$

其中, $S$ 的单位是 MPa。

**解**:将给定的 $N(s)$ 方程与式(9.42) $NS^m = A$ 进行比较,确定参数值 $A$ 和 $m$,即

$$A = 1.08 \times 10^{14}$$

$$m = 3.5$$

对构件的总损伤由式(9.57)给出

$$D = \frac{n_t}{A}(\sqrt{2}\sigma_X)^m \Gamma\left(\frac{m}{2} + 1\right)$$

$$= \frac{100000}{1.08 \times 10^{14}}(\sqrt{2 \times 10})^{3.5} \Gamma\left(\frac{3.5}{2} + 1\right)$$

$$= \frac{100000}{1.08 \times 10^{14}}(\sqrt{2 \times 10})^{3.5} \times 1.6084$$

$$= 2.8169 \times 10^{-7}$$

通常,我们关心的是零件剩余的疲劳寿命,即估计失效时间 $T_f$。如果这个过程是平稳的,可以把总的循环次数写成

$$n_t = vt$$

然后,给出平均损伤值

$$E\{D\} = vE\{t\} \int_s \frac{f_S(s)}{N(s)} \mathrm{d}s$$

其中

$$v \int_s \frac{f_S(s)}{N(s)} \mathrm{d}s$$

可以认为是失效率。直到损伤达到一个,则估计时间为

$$E\{T_f\} = \left[v \int_s \frac{f_S(s)}{N(s)} \mathrm{d}s\right]^{-1}$$

由于在 10000s 中应用了 100000 次应力循环,峰值速率 $v$ 等于 0.1,或每秒 10 个峰值。估计的失效时间为

$$E\{T_f\} = \frac{1}{\frac{v}{A}(\sqrt{2}\sigma_X)^m \Gamma\left(\frac{m}{2} + 1\right)}$$

$$= \left(\frac{0.1}{1.08 \times 10^{14}}(\sqrt{2 \times 10})^{3.5} \times 1.6084\right)^{-1}$$

$$= 3.550 \times 10^{12} \mathrm{s}$$

$$= 46.53 \text{ 天}$$

式(9.43)表示对系统造成的损伤为

$$D = \frac{n_t}{A} E\{S^m\}$$

式中:$n_t$ 为循环次数;$A$ 和 $m$ 为 $S-N$ 曲线的参数。考虑除了恒定振幅应力 $S_e$ 外所有物理参数都相同的情况。然后,恒定振幅损伤由下式给出,即

$$D = \frac{n_t}{A} S_e^m$$

式中不需要期望。那么,对系统造成的相同损伤量的 $S_e$ 的大小可以通过等效的损伤表达式得到,即

$$\frac{n_t}{A} S_e^m = \frac{n_t}{A} E\{S^m\}$$

$$S_e^m = (E\{S^m\})^{1/m} \tag{9.58}$$

式中: $S_e$ 为等效等幅应力。

### 例 9.14 等效等幅应力

考虑图 9.20 的弹簧 – 质量系统。一个具有单边功率谱密度的高斯随机力 $mF(t)$,可得

$$S_{FF}^o(\omega) = \begin{cases} S_0, & \omega_1 < \omega < \omega_2 \\ 0, & \text{其他} \end{cases}$$

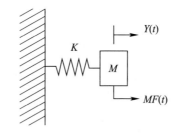

图 9.20 受高斯力作用的弹簧质量系统

作用于质量。由于疲劳,弹簧在与墙壁的连接点处很可能失效。在墙壁上感受到的力是 $X(t) = kY(t)$,其中 $k$ 是弹簧常数。求:(1) $S_{XX}^o(\omega)$;(2)峰值 $f_S(s)$ 的概率密度;(3)假设总循环次数 $n_t = 100000$ 时对系统造成的破坏;(4)等效应力水平 $S_e$。利用参数值 $m = 1\text{kg}, k = 10\text{N/m}, S_e = 20\text{m/s}, \omega_1 = 4\text{rad/s}, \omega_2 = 5\text{rad/s}$ 及失效定律,可得

$$N(s) = \frac{1.08 \times 10^{14}}{s^{3.5}}, \quad s > 0$$

**解**:(1)该系统的运动方程为

$$m\ddot{Y} + kY = mF(t)$$

该系统的频率响应函数为

$$H(i\omega) = \frac{F\{Y(t)\}}{F\{F(t)\}} = \frac{1}{\omega_n^2 - \omega^2}$$

式中: $F\{Y(t)\}$ 表示 $Y(t)$ 的傅里叶变换; $\omega_n$ 是固有频率,由下式定义

$$\omega_n = \sqrt{\frac{k}{m}}$$

$Y(t)$的谱密度为

$$S_{YY}^o(\omega) = |H(\mathrm{i}\omega)|^2 S_{FF}^o(\omega)$$

$$= \left(\frac{1}{\omega_n^2 - \omega^2}\right)^2 S_0, \quad \omega_1 < \omega < \omega_2$$

感兴趣的量是力 $kY$ 或 $X = kY$。利用 $X(t)$ 与 $Y(t)$ 的自相关函数之间的关系可以得到 $X(t)$ 的谱密度,即

$$R_{XX}(\tau) = E\{X(t)X(t+\tau)\}$$

$$= k^2 E\{Y(t)Y(t+\tau)\} = k^2 R_{YY}(\tau)$$

对自相关函数进行傅里叶变换,得到

$$S_{XX}^o(\omega) = k^2 S_{YY}^o(\omega) = \left(\frac{k}{\omega_n^2 - \omega^2}\right)^2 S_0$$

(2) 标准差为

$$\sigma_X = \sqrt{\int_{\omega_1}^{\omega_2} S_{XX}^o(\omega)\,\mathrm{d}\omega} = 4.79\mathrm{Pa}$$

$$\sigma_{\dot{X}} = \sqrt{\int_{\omega_1}^{\omega_2} \omega^2 S_{XX}^o(\omega)\,\mathrm{d}\omega} = 20.9\mathrm{Pa/s}$$

$$\sigma_{\ddot{X}} = \sqrt{\int_{\omega_1}^{\omega_2} \omega^4 S_{XX}^o(\omega)\,\mathrm{d}\omega} = 91.9\mathrm{Pa/s^2}$$

其中,通过数值积分求出计算值,不规则因子为

$$\alpha = \frac{\sigma_{\dot{X}}^2}{\sigma_X \sigma_{\ddot{X}}} = 0.992$$

利用式(9.53)给出了应力水平的概率密度函数

$$f_S(s) = \frac{1}{\sqrt{2\pi}\,4.79\sqrt{1-(0.992)^2}}\exp\left(\frac{-s^2}{2(4.79^2)(1-(0.992)^2)}\right) +$$

$$s\frac{0.992}{(4.79)^2}\Phi\left(\frac{s}{4.79\sqrt{1/(0.992)^2 - 1}}\right)\exp\left(\frac{-s^2}{2(4.79)^2}\right)$$

$$= 0.468\exp(-0.688s^2) + 0.0216s\Phi(1.16s)\exp(-0.0109s^2)$$

由于不规则因子 $\alpha$ 接近于1,我们可以用瑞利概率密度函数近似 $f_S(s)$

$$f_S(s) \approx \frac{s}{\sigma_X^2}\exp\left(\frac{-s^2}{2\sigma_X^2}\right)$$

$$= 0.0416s\exp(-0.0218s^2), \quad s \geq 0$$

(3) 利用式(9.57)，损伤为

$$D = \frac{n_t}{A}(\sqrt{2}\sigma_X)^m \Gamma\left(\frac{m}{2}+1\right)$$

$$= \frac{n_t}{A}E\{S^m\}$$

(4) 利用式(9.58)，等效等幅应力为

$$S_e = (E\{S^m\})^{1/m} = \left[(\sqrt{2}\sigma_X)^m \Gamma\left(\frac{m}{2}+1\right)\right]^{1/m}$$

## 9.5　本章小结

本章介绍了机械损伤和疲劳的概念。推导了几种循环计数规则，并总结了各种失效机制。这个总结侧重强调了随机过程/振动理论的重要应用。在此基础上，读者可以继续进行更深入的研究。

## 9.6　格言

·世界上还有比最伟大的发现更重要的东西，那就是创造它们的方法。——戈特弗里德·莱布尼茨(Gottfried Leibniz)

·努力工作不会导致死亡！但是为什么要冒险呢？——埃德加·伯杰(Edgar Berger)

·站着不动的时候，你就不会被绊倒。你跑得越快，你绊到脚的机会就越大，但你到达某个地方的机会也就越多。——查尔斯·凯特林(Charles Kettering)

·经济学家和气象学家一样坏，他们都是美国文化的先知。他们是高收入的通灵者，拥有统计上微不足道的能力。——马克·纳格卡(Mark Nagurka)

·经济学家是这样的专家，他明天就会知道为什么他昨天预测的事情今天没有发生。——劳伦斯·J. 彼得(Lawrence J. Peter)

·那些不记得历史的人可能在代数和物理方面也做得不好。——奥鲁克(Oruk)

·我要么希望减少腐败，要么希望有更多参与腐败的机会。——阿什利·布里连特(Ashley Brillant)

·爱是比责任更好的主人。——阿尔伯特·爱因斯坦(Albert Einstein)

## 9.7　习题

### 第9.2节　首次偏移破坏

1. 以一辆被冰雹击中的汽车为例。冰雹击中汽车的次数建模为泊松过程，发生

率为 $v = 1\text{hail/s}$。找出汽车在 20min 内被击中 100 次以上的概率。估计只有 1/10 的冰雹足以对汽车造成永久性伤害。汽车在 20min 内有超过 5 个这样的凹痕的概率是多少？

2. 电子元件受随机力的作用，该随机力是一个带状高斯过程，其频谱为

$$S_{FF}(\omega) = \frac{S_0}{\omega_2 - \omega_1}, \quad \omega_1 < |\omega| < \omega_2$$

什么时候力会首次超过 $F_0$ 的阈值？电子元件由一个阻尼和刚度分别为 $c$ 和 $k$ 的隔振器保护。如果电子元件的加速度超过 $F_0/m$，就会失效。如果元件受到隔离器的保护，我们预计它什么时候会失效？

3. 在前面的问题中，假设 $\omega_2 - \omega_1$ 很小，因此力可以被认为是一个窄带过程。在有和没有隔振器的情况下，力第一次超过 $F_0$ 的预期时间是多少？结果与之前的问题相比有何变化？

4. 一个精密的系统被封闭在一个盒子里，盒子也由弹簧和阻尼系统保护，如图 9.21 所示。如果加速度超过临界值 $a_c$，精密系统就会失灵。盒子受到高斯随机力 $F(t)$，其白噪声谱强度为 $S_0$。失效的预期时间是多少？

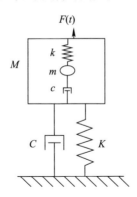

图 9.21 受随机力作用的两自由度系统

5. 确定零均值窄带高斯过程的包络过程时间导数的概率密度函数 $f_{\dot{R}}(\dot{r})$。

6. 求出具有单边谱密度的窄带高斯过程 $X(t)$ 的平均团块大小。

$$S^o(\omega) = \begin{cases} S_0, & \omega_1 < \omega < \omega_2 \\ 0, & \text{其他} \end{cases}$$

7. 说明非相关高斯过程也是独立的。

## 第 9.4 节 疲劳寿命预测

8. $X(t)$ 是一个窄带高斯过程，其包络函数按瑞利分布进行分布。峰值超过 5 倍 $X(t)$ 标准差的概率是多少？如果超过的概率是 0.1，峰值的值是多少？

9. 描述随机海浪高度的有用统计参数是均方高度、平均高度和有效浪高,其中有效浪高是 1/3 最高浪的平均值。设 $\eta(t)$ 为静止水位测量的窄带随机波高程,波幅 $A$ 服从瑞利密度,即

$$f_A(a) = \frac{a}{\sigma_\eta^2}\exp\left(-\frac{1}{2}\frac{a^2}{\sigma_\eta^2}\right), \quad 0 < a < \infty$$

波峰高度由波谷与波峰之间的距离或 $2A$ 来定义。求出以 $\sigma_\eta$ 表示的均方高度、平均高度和有效波高。

10. 如果随机过程具有如下谱密度,求莱斯分布中使用的不规则因子 $\alpha$。

$$S_{XX}(\omega) = \frac{S_0}{\omega_0}, \quad |\omega| < \omega_0$$

11. 确定系统应力 $S(t)$ 可以用高斯分布来表征时所造成的总损伤。假设 $S-N$ 曲线由 $NS^m = A$ 给出。

# 第10章 非线性和随机动态模型

## 10.0.1 引言

到目前为止,我们只考虑了线性系统。然而,在实践中,所有物理系统都包含一些非线性,以准确预测它们的行为。正如我们将在本章中看到的那样,即使很小的非线性也可以显著改变系统的行为。通常需要非线性来准确地模拟现实世界的行为。

非线性系统在几个重要方面与线性系统不同,线性叠加原理和均匀性对非线性系统无效。非线性系统的响应高度依赖于输入的大小,因此即使已知某些标准输入的响应,也很难预测。

非线性系统的稳定性不仅仅是系统的特性,如同线性系统的特性那样。它可能取决于输入的大小和初始条件。在线性系统中,如果输入是正弦的,则输出的稳态也将是正弦的,通常具有与输入不同的幅度和相位。对于非线性系统,稳态输出可能包含输入的谐波,甚至可能出现次谐波和超谐波。

许多现象都是非线性系统所特有的,如极限环和跳跃共振。在极限环行为中,系统可能产生一定周期和振幅的振荡,不一定是正弦振荡,并且与输入的大小或初始条件无关。在跳跃共振中,随着谐振附近输入频率的改变,响应幅度和相位出现跃变;这与线性系统的平滑频率响应图形成对比。当输入频率增加或减少时,可能发生跳跃或不连续,并且在不同频率下发生。

在本章中,我们将研究如何产生这种非线性特征,然后介绍特别适用于研究非线性系统的分析方法。我们将看到线性系统比非线性系统更简单、更易处理。然而,非线性系统的世界比线性系统更丰富。

非线性振荡发生在由非线性运动控制方程建模的系统中。由于材料或几何属性是非线性的,方程也是非线性的。如果力是参数化的[①],则这被认为是非线性效应,部分原因是系统的稳定性取决于参数函数的值。

作为非线性振荡器的一个例子,考虑一个简单摆的微分方程,有

---

[①] 参数项是出现在运动方程左边或系统侧面的项,它通常被认为是系统的非线性输入。一个通用的例子就是

$$m\ddot{x} + c(t)\dot{x} + kx = 0$$

式中:$c(t)$是时间的参数阻尼函数。根据$c(t)$的值,系统在稳定行为和不稳定行为之间移动。

$$ml^2\ddot{\theta} + c\dot{\theta}^2 + mgl\sin\theta = 0$$

我们有两种类型的非线性。阻尼项是非线性的，因为 $\dot{\theta}$ 的幂不是 1；刚度项是非线性的，因为 $\sin\theta$ 是一个非线性三角函数。在数学上，摆动的模型是非线性的，因为存在这两个非线性项都与出现在方程左边的"系统属性"有关。诸如摆的方程等类似的方程称为超越方程。

由于控制方程是非线性的，因此其解不遵循同质性，即如果初始条件 $\theta(0) = \theta_{10}$ 和 $\dot{\theta}(0) = 0$ 的解由 $\theta_1(t)$ 表示，并且初始条件 $\theta(0) = \theta_{20} = 2\theta_{10}$ 和 $\dot{\theta}(0) = 0$ 的解由 $\theta_2(t)$ 表示，然而 $\theta_2(t) \neq 2\theta_1(t)$。另外，该解不遵循线性叠加原则，即如果初始条件为 $\theta(0) = \theta_{10} + \theta_{20}$ 和 $\dot{\theta}(0) = 0$，则解不是 $\theta_1(t) + \theta_2(t)$。

这些概念可以推广于摆锤受外部扭矩 $T(t)$ 作用时的强制情况对扭矩 $T_1(t)$ 和 $T_2(t)$ 作用下的强制方程，有

$$ml^2\ddot{\theta} + c\dot{\theta}^2 + mgl\sin\theta = T_1(t) + T_2(t)$$

由两个转矩引起的完全响应 $\theta(t)$ 不等于 $\theta_1(t) + \theta_2(t)$，其中 $\theta_1(t)$ 是由 $T_1(t)$ 引起的响应，$\theta_2(t)$ 是由 $T_2(t)$ 引起的响应。

由于非线性行为的复杂性，没有单一的总体原则来控制非线性方程的解。然而，有一些通用方法可用于解决某类非线性微分方程[1]。

非线性系统行为的研究大致分为定性或定量。定性方法较少涉及响应时间历程，更多涉及系统在平衡点或条件附近的稳定性特征。定量方法也是如此。重点研究控制非线性运动方程的（通常是近似的）解的推导。扰动方法是一组定量方法[2]，用于逼近具有小非线性的系统的响应。有时，扰动方法也用于定义稳定边界，本章后面将介绍相关的过程。如果非连续性很大，通常需要数值方法来确定响应时间历史。人们特别感兴趣的是具有周期性解的非线性振荡问题[3]。非线性方程可以具有周期解以及非周期解。

非线性方程的一个有趣且具有挑战性的方面是它们通常有许多解[4]。根据分析师需要了解的行为，不同的技术可能都是适当的。在本章中，我们只对小非线性振荡器的周期解感兴趣。在这里，重点是非线性单自由度振荡器，这些振荡器足够简单，

---

[1] J. J. Stoker, Nonlinear Vibrations in Mechanical and Electrical Systems, Original edition 1950. Wiley Classics Library Edition, Reprinted 1992。

[2] R. Bellman, Perturbation Techniques in Mathematics, Physics, and Engineering, Holt Rinehart and Winston, 1966。

定量方法的源自早期的天文计算，当时它被称为微扰法。

[3] A. H. Nayfeh, D. T. Mook, Nonlinear Oscillations, Wiley – Inter science, New York, 1979。

D. W. Jordan, P. Smith, Nonlinear Ordinary Differential Equations, Oxford University Press, Second Edition, 1988。

[4] 线性方程有唯一解。

因此基本的近似解析解可用于它们的研究。虽然高阶非线性系统和非线性连续系统很重要，但它们超出了本书的范围。

**自治方程：**

我们注意到两类方程：自治方程是一个时间 $t$ 不显式出现的方程。一个非自治方程是 $t$ 显式的，例如，在强迫项中，非自治系统在外部激励的周期内振荡，或者更一般地说，是与这个周期成合理的比例，而自治系统的周期是由微分方程本身的参数决定的。

在一个自治的微分方程中，$t$ 可以被 $t+t_0$ 所代替并且仍然有相同的解。这意味着，时间轴可以被任意平移，原点可以选择，这样初始速度 $dx/dt=0$。有时对于非自治方程，附加了条件，如零初速度。结果分析不太具有一般性，但大大简化了过程，有时仍然有用。在这一章中，我们有时会做另外的假设。

### 10.0.2 非线性振动的例子

为了帮助理解由非线性方程控制的物理系统，我们从可以用单非线性常微分方程建模的例子开始。

引力场中的运动：在引力场中振荡的摆，假设没有耗散，由以下运动方程控制，即

$$\ddot{\theta}+\frac{g}{l}\sin\theta=0$$

式中：$\theta$ 为摆与纵轴之间的夹角。对于小的振荡 $\theta$ 是小的，我们可以近似于 $\sin\theta\approx\theta$，大约 $\theta=0$，结果是简谐振子的方程，$\ddot{\theta}+(g/l)\theta=0$。图 10.1 显示了线性逼近与非线性项 $\sin\theta$ 合理匹配的范围。

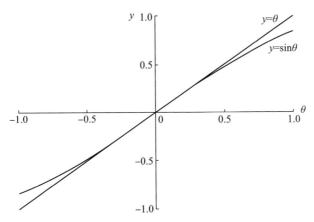

图 10.1　$y=\sin\theta$ 的关系图近似于 $y=\theta$ 关系图
（当 $\theta<0.4\mathrm{rad}$ 时线性近似性匹配相当好）

浮动物体的恢复力矩：浮动物体，如船舶，对作用于其上的波、流和风载荷做出响应。一般来说，浮体的运动是由一个非线性过程控制的。举个例子，考虑一艘船的滚

动运动①,它会导致横滚②。非线性的建立是困难的,但这些性质决定了船舶的稳定性条件。一个简化的滚动角控制方程的例子为

$$\ddot{\phi} + c_L \dot{\phi} + c_N |\dot{\phi}|\dot{\phi} + \omega_\phi^2 \phi + k_3 \phi^3 + k_5 \phi^5 = \lambda \omega_e \alpha_m \cos\omega_e t$$

式中:$c_L$ 和 $c_N$ 分别为线性和非线性阻尼系数;$\omega_\phi$ 为滚动的固有频率;$k_3$ 和 $k_5$ 为非线性"刚度"常数;$\lambda$ 为惯性项;$\omega_e$ 为加载频率;$\alpha_m$ 为最大波斜率。这个方程称为达菲型方程,我们将在本章后面进行研究。

**弹性恢复力**:系泊物体的恢复力,如用绳索或锚固定的船只或飞机,是非线性的。对于配置和环境条件对称的两个对立缆绳系统,系泊力的示例如下③:

$$F \approx (a_1 + a_6 \dot{x}^2 + a_8 \ddot{x}^2)x + (a_3 + a_5 x^2 + a_{11}\ddot{x}^2)\dot{x} +$$

$$(a_4 + a_7 x^2 + a_{10}\dot{x}^2)\ddot{x} + a_2 x^3 + a_9 \ddot{x}^3 + a_{12}\dot{x}^3 + a_{13}x\dot{x}\ddot{x}$$

其中系数 $a_i$ 适合特定海况。

**几何非线性**:当一个物体移动时,附加的力可能会在离散的位置和时间点上发挥作用。例如,换热器管遇到止动器,带有系泊缆和护舷的船舶具有"开-关"约束,即它们可以移动一定距离,直到与物理约束接触为止。这些非线性问题可以按分段线性顺序求解;分别求解每个线性段,并对线性部分之间的系统状态进行匹配。

恢复力也可能是由非线性弹簧引起的,如在例 10.1 中非线性恢复力矩 $mgl\sin\theta$ 中考虑的情况。非线性恢复力涉及动能和势能的交换,非线性耗散力通常从系统中移除能量。考虑以下非线性耗散力的类。

**内部阻尼**:振动结构由于内部摩擦,开裂和塑性变形而耗散能量。当一个结构循环通过其本构关系的非弹性范围时,能量通过永久变形而丧失,并且该结构被认为是滞后的。例如,非线性恢复力 $F(x)$,称为 Reid 模式④,由下式给出

$$F(x) = kx[1 + g\mathrm{sgn}(x\dot{x})]$$

式中:$k$ 和 $g$ 是常量;sgn 是 signum 函数,定义为

$$\mathrm{sgn} = \begin{cases} 1, & \nu > 0 \\ 0, & \nu = 0 \\ -1, & \nu < 0 \end{cases}$$

---

① S. Surendran, S. K. Lee, J. V. Reddy, G. Lee, "Nonlinear roll dynamics of a Ro-Ro ship in waves," Ocean Engineering, Vol. 32, 2005, pp. 1818-1828。

② 横滚运动是绕船的纵轴的旋转。

③ R. Pascoal, S. Huang, N. Barltrop, C. Guesdes Soares, "Equivalent force model for the effect of mooring systems on the horizontal motions," Applied Ocaen Research, Vol. 27, 2005, pp. 165-172。

④ Y. Zhang, W. D. Iwan, "Some observations on two piecewise-linear dynamic systems with induced hysteretic damping," International Jouranal of Nonlinear Mechanics, Vol. 38, 2003, pp. 753-765。

因此，非线性运动方程为

$$m\ddot{x} + kx[1 + g\mathrm{sgn}(x\dot{x})] = 0$$

界面阻尼或摩擦：在表面上滑动的物体经历库仑摩擦。非线性是由于物体改变运动方向时力的突然变化而产生。

流动诱导力：流体和结构之间的阻力与积 $v|v|$ 成正比，其中 $v$ 是相对速度。例如，阻力通常写成

$$F_D = \rho A C_D v|v|$$

式中：$\rho$ 为流体密度；$A$ 为截面面积；$C_D$ 为阻力系数，通常由实验确定。

**例 10.1** 单摆的非线性模型

对于长度为 $l$ 和质量为 $m$ 的单摆，运动方程为

$$ml^2\ddot{\theta} + mgl\sin\theta = 0$$

式中：$\theta$ 表示垂直旋转。用线性逼近 $\sin\theta \approx \theta$ 解决这个问题，得到

$$\theta(t) = A\sin(\omega_n t + \phi)$$

其中，固有频率为 $\omega_n = \sqrt{g/l}$。推导出包含非线性属性的近似运动控制方程。

**解**：借鉴图 10.1 的思想，通过线性运动方程近似非线性运动方程是相对简单的，假设角度偏差很小。在这个例子中，我们希望得到一个近似的非线性运动方程。通过保留正弦系列的前两个项来实现，即

$$\sin\theta \approx \theta - \frac{\theta^3}{6}$$

然后运动方程为

$$ml^2\ddot{\theta} + mgl\left(\theta - \frac{\theta^3}{6}\right) = 0$$

或

$$\ddot{\theta} + \omega_n^2\left(\theta - \frac{\theta^3}{6}\right) = 0 \tag{10.1}$$

式（10.1）表示具有典型形式的非线性扭转弹簧的振荡器

$$\ddot{\theta} + f(\theta) = 0$$

通常，$f(\theta)$ 是 $\theta$ 的非线性函数。线性弹簧是一种特殊的情况，其行为符合规则 $f(\theta) = k\theta$，其中斜率 $k$ 是线性刚度，非线性弹簧可归类为软化弹簧，其斜率随着增加 $\theta$ 而减小，或者是一个硬化弹簧，其斜率增加为 $\theta$，如图 10.2 所示。数学上：

如果 $\dfrac{\mathrm{d}f}{\mathrm{d}\theta} = k$（常数），然后弹簧是线性的；

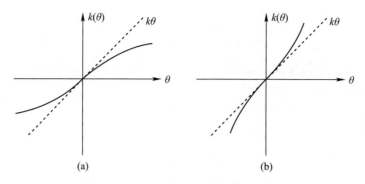

图 10.2　扭矩与角位移弹簧特性的关系

(a)软弹簧在相同的扭矩增量下经历较大的位移；(b)相同的位移增量，硬弹簧需要更大的扭矩。

如果 $\dfrac{\mathrm{d}f}{\mathrm{d}\theta} \neq k$，弹簧是非线性的，具有局部刚度 $\dfrac{\mathrm{d}f}{\mathrm{d}\theta}\bigg|_{\theta=\theta_0} = k$；

如果 $\dfrac{\mathrm{d}f}{\mathrm{d}\theta} > k$ 和 $\dfrac{\mathrm{d}^2 f}{\mathrm{d}\theta^2} > 0$，则弹簧变硬；

如果 $\dfrac{\mathrm{d}f}{\mathrm{d}\theta} > k$ 和 $\dfrac{\mathrm{d}^2 f}{\mathrm{d}\theta^2} < 0$，则弹簧变软。

### 10.0.3　单摆的近似解

如例 10.1 所示，单摆的运动方程为

$$\ddot{\theta} + \frac{g}{l}\sin\theta = 0 \tag{10.2}$$

对于小幅度的振荡，可以通过近似 $\sin\theta \approx \theta$ 来线性化该等式。然后是小振荡的运动方程

$$\ddot{\theta} + \frac{g}{l}\theta = 0 \tag{10.3}$$

一般的解为

$$\theta(t) = \theta_m \sin(\omega_n t + \phi)$$

式中：$\theta_m$ 是振荡的幅度；$\phi$ 是相位角；$\omega_n = \sqrt{g/l}$ 是固有频率。钟摆的小振荡周期为

$$T = \frac{2\pi}{\omega_n} = 2\pi\sqrt{\frac{l}{g}} \tag{10.4}$$

### 10.0.4　单摆的精确解

通过假设小角度，我们将非线性运动方程式(10.2)近似为线性方程式(10.3)，并以闭形式求解。在这里，我们放宽小角度的假设，并寻找一个精确的方程周期的

钟摆。

将式(10.2)乘以 2θ̇ 并从对应于最大偏差的初始位置积分,即 $\theta = \theta_m$ 和 $\dot{\theta} = 0$,得到

$$\left(\frac{d\theta}{dt}\right)^2 = \frac{2g}{l}(\cos\theta - \cos\theta_m)$$

用 $\cos\theta = 1 - 2\sin^2(\theta/2)$ 和 $\cos\theta_m = 1 - 2\sin^2(\theta_m/2)$ 代入,从 $t = 0, \theta = 0$ 和 $t = T/4$, $\theta = \theta_m$ 求解和积分 1/4 周期,有

$$T = 2\sqrt{\frac{l}{g}}\int_0^{\theta_m}\left[\frac{1}{\sqrt{\sin^2(\theta_m/2) - \sin^2(\theta/2)}}\right]d\theta$$

这种称为椭圆积分不能以封闭形式求解。但是,通过写作

$$\sin(\theta/2) = \sin(\theta_m/2)\sin\psi$$

可以表达 $T$ 为

$$T = 4\sqrt{\frac{l}{g}}\int_0^{\pi/2}\left[\frac{1}{\sqrt{1 - \sin^2(\theta_m/2)\sin^2\psi}}\right]d\psi$$

或

$$T = \frac{2K}{\pi}\left(2\pi\sqrt{\frac{l}{g}}\right) \tag{10.5}$$

其中

$$K = \int_0^{\pi/2}\left[\frac{1}{\sqrt{1 - \sin^2(\theta_m/2)\sin^2(\psi)}}\right]d\psi$$

由 $K$ 给出的积分可以用数值计算,或者在给定 $\theta_m$ 值的椭圆积分表中找到。形式上它被称为第一类完整的椭圆积分,一般写成

$$K(\sigma) = \int_0^{\pi/2}\left[\frac{1}{\sqrt{1 - \sigma^2\sin^2\psi}}\right]d\psi$$

在我们的例子中 $\sigma = \sin(\theta_m/2)$。虽然无法解析分析,但 $K$ 可以用一数列来表示

$$K(\sigma) = \frac{\pi}{2}\left[1 + \left(\frac{1}{2}\right)^2\sigma^2 + \left(\frac{1\times 3}{2\times 4}\right)^2\sigma^4 + \cdots\right]$$

对于小振幅 $\sigma = \sin(\theta_m/2) \approx \theta_m/2$,可以将 $K$ 近似为

$$K(\sigma) \approx \frac{\pi}{2}\left[1 + \frac{1}{16}\theta_m^2\right]$$

保留二阶导数,这对应周期

$$T \approx \left(1 + \frac{1}{16}\theta_m^2\right)\left(2\pi\sqrt{\frac{l}{g}}\right)$$

和自然频率

$$\omega_n \approx \left(1 - \frac{1}{16}\theta_m^2\right)\sqrt{\frac{g}{l}}$$

对于非常小的振幅,二阶项在这些表达式中消失,我们恢复线性解的方程。

从式(10.5)开始,单摆的周期值等于式(10.4)中给出的近似值 $2\pi\sqrt{l/g}$ 乘以校正因子 $2K/\pi$。对于幅值 $\theta_m$ 的各种值,校正因子的值在表 10.1 中给出。对于小角度,校正因子 $2K/\pi$ 接近于 1,再次验证了线性解。

表 10.1 非线性摆修正因子

| $\theta_m/°$ | 0 | 10 | 20 | 30 | 60 | 90 | 120 | 150 | 180 |
|---|---|---|---|---|---|---|---|---|---|
| $K$ | 1.571 | 1.574 | 1.583 | 1.598 | 1.686 | 1.854 | 2.157 | 2.768 | ∞ |
| $2K/\pi$ | 1.000 | 1.002 | 1.008 | 1.017 | 1.073 | 1.180 | 1.373 | 1.762 | ∞ |

### 10.0.5 Duffing 方程和范德波尔方程

接下来我们考虑一个带有非线性弹簧和非线性阻尼器的振荡器。根据牛顿第二运动定律,外力的总和等于加速度乘以质量

$$-g(\dot{x}) - h(x) + F(t) = m\ddot{x}$$

阻尼力由非线性函数 $-g(\dot{x})$ 给出,弹簧或恢复力由非线性函数 $-h(x)$ 给出,外力由函数 $F(t)$ 激励,位移为 $x$,速度为 $\dot{x}$,加速度为 $\ddot{x}$。这种非线性振荡器可以以标准形式写出

$$m\ddot{x} + g(\dot{x}) + h(x) = F(t)$$

该方程有两种特殊情况:一种只有刚度力是非线性的;另一种只有阻尼力是非线性的。非线性刚度情况由以下等式控制:

$$m\ddot{x} + c\dot{x} + h(x) = F(t)$$

这种形式中最重要的方程称为 Duffing 方程。

具有非线性阻尼的稳定系统的运动方程由下式控制:

$$m\ddot{x} + g(\dot{x}) + h(x) = F(t)$$

$$\begin{cases} g(\dot{x}) < 0 \\ g(\dot{x}) > 0 \end{cases}$$

其中条件限制了不会无限增长的响应。阻尼力 $g(\dot{x})$ 是速度 $\dot{x}$ 的非线性函数,并且可以是正的或负的。在正阻尼的通常情况下,能量会被消散。负阻尼增加了系统的

能量,使得静止状态不稳定,并且即使没有外力,在最轻微的干扰下也从静止位置开始运动。这个等式的一个例子称为范德波尔等式。我们将在本章后面更详细地研究 Duffing 和范德波尔方程。

## 10.1 相平面

相平面①提供了振荡系统行为的替代视图,无论是线性的还是非线性的。用于绘制动态行为的相平面的优点是轨迹路径可以表明振荡的性质。以定性的方式,人们可以跟踪轨迹并观察系统是否稳定、振荡、周期性或其他定性,可以在不必求解微分方程的情况下理解系统的行为。

配置空间或平面是控制方程的几何域。单自由度系统由二阶微分方程控制,该方程在两个广义坐标系中转换为两个一阶微分方程。例如,二阶线性微分方程

$$\ddot{x} + 2\varsigma\omega_n \dot{x} + \omega_n^2 x = 0$$

可以等效地改写为

$$\dot{x} = y$$
$$\dot{y} = -\omega_n^2 x - 2\varsigma\omega_n y$$

在相平面中速度 $y$ 可以作为位置 $x$ 的函数绘制在 $\dot{x}$ 与 $x$ 的关系图中。要唯一地确定系统的行为,需要斜率和位置,如图 10.3 所示。在相平面中,时间是隐式变量。

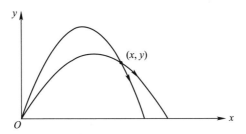

图 10.3 显示两条轨迹的相平面图。时间正沿着轨迹发生变化

具有 $n$ 个自由度的系统具有 $2n$ 个状态方程。这导致二维相平面向 $2n$ 维相位或

---

① 这里按顺序给出定义:

a. 给定由二阶微分方程式控制的 $n$ 个自由度系统,该系统由 $n$ 个广义坐标定义,则 $n$ 维空间称为配置空间。对于单自由度系统,可以定义配置平面。

b. 可以将 $n$ 个二阶微分方程转换为 $2n$ 个一阶微分速度(或动量)方程的等价方程组。$n$ 个广义位移和 $n$ 个广义速度的 $2n$ 维空间称为相空间。相平面是指单自由度的情况,其中速度是平面中位移的函数。

c. 就 $2n$ 个状态变量而言,$2n$ 个一阶方程组称为状态方程。这些变量定义的 $2n$ 维空间,称为状态空间。

配置空间的推广。在这个空间中有 $2n$ 个广义坐标(在拉格朗日动力学中,广义坐标被解释为定义系统配置的最小坐标集)。

由于一点处的向量场随时间变化,因此不能针对非自主方程绘制相平面。然而,可以通过将其增加一个维度来使系统自主。因此,对于单个非自主方程,通过包含随时间的变化,相平面可以变为三维的。

接下来我们推导出无阻尼摆的相平面。

**例 10.2 无阻尼非线性摆的相平面**

推导无阻尼非线性摆的轨迹。绘制不同能量水平的轨迹。

**解:** 运动方程为

$$\ddot{\theta} + \frac{g}{l}\sin\theta = 0$$

或

$$\ddot{\theta} + \omega_n^2 \sin\theta = 0$$

其中 $\omega_n^2 = g/l$。通过定义 $x = \theta$ 和 $y = \dot{x} = \dot{\theta}$,这个二阶方程可以写成两个一阶方程组的系统,即

$$\dot{x} = y$$

$$\dot{y} = -\omega_n^2 \sin x$$

可以组合这两个方程来导出轨迹的方程,其中时间是隐含的。为此,我们将两个方程分开:

$$\frac{dy/dt}{dx/dt} = \frac{-\omega_n^2 \sin x}{y}$$

并消除 $dt$,即

$$\frac{dy}{dx} = \frac{-\omega_n^2 \sin x}{y}$$

得到

$$y dy = -\omega_n^2 \sin x \, dx \tag{10.6}$$

我们可以对式(10.6)的两边进行积分,注意在摆动周期结束时 $\dot{x} = 0$ 和 $x = x_0$ 因为没有阻尼,导致如下关系:

$$y^2 = 2\omega_n^2 (\cos x - \cos x_0)$$

通过令 $z = y/\omega_n$,可以简化为

$$z^2 = 2(\cos x - \cos x_0)$$

图 10.4 显示了一些代表性的轨迹。在 $x = \pm n\pi$ 处相交的轨迹近似表示简谐运动的情况。它们几乎是 $x - z$ 平面上的圆圈。为了说明这一点,对于小的 $x$,式(10.6)的积分形式变为

$$y^2 + \omega_n^2 x^2 = C$$

或

$$z^2 + x^2 = C_1$$

这是一个圆的方程。其外部的轨迹不是振荡的。它们可能代表一个像螺旋桨一样的旋转,而不是围绕静态平衡摆动的钟摆。

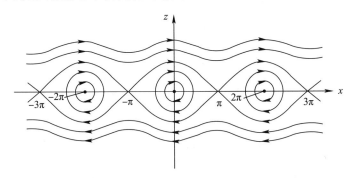

图 10.4　无阻尼非线性摆的轨迹,其中 $z = y/\omega_n = \dot{\theta}/\omega_n$
闭合轨迹代表周期性运动,其大致代表简谐运动

### 例 10.3　无阻尼非线性振荡器的相平面

非线性方程

$$\ddot{x} + \omega_n^2(x - 2\alpha x^3) = 0$$

推导相平面中的轨迹方程。

**解**:方程是一个线性振荡器,增加了非线性恢复项 $-2\alpha\omega_n^2 x^3$。我们观察到,对于 $x$ 的小值,$(x - 2\alpha x^3) > 0$;对于较大的 $x$ 值,$(x - 2\alpha x^3) < 0$。我们将在图 10.5 中看到该项的值决定了运动是否是振荡的。

然后定义 $y = \dot{x}$,即

$$\dot{x} = y$$
$$\dot{y} = -\omega_n^2(x - 2\alpha x^3)$$

微分给出

$$\frac{\mathrm{d}y}{\mathrm{d}x} = -\frac{\omega_n^2(x - 2\alpha x^3)}{y}$$

或

$$y dy = -\omega_n^2(x - 2\alpha x^3) dx$$

假设在摆动循环 $\dot{x} = 0$ 和 $x = x_0$ 的结尾处产生等式,则对两侧进行积分,可得

$$z^2 + x^2 - \alpha x^4 = A^2 \tag{10.7}$$

式中:$z = y/\omega_n$ 且 $A^2 = x_0^2(1 - \alpha x_0^2)$ 是常数。对于具有 $z = 0$ 的 $\alpha$,将振荡行为与非振荡行为和不稳定行为分开的曲线的交点由式(10.7)的解给出。

图 10.5 描绘了几个 $\alpha$ 值的轨迹。对于 $\alpha < 1/(4A^2)$,运动是周期性的。$\alpha = 0$ 的圆表示简谐运动。对于 $\alpha = 1/(4A^2)$,有

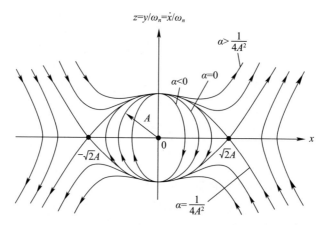

图 10.5  针对不同 $\alpha$ 和 $x_0$ 值的非线性振荡器的轨迹

轨迹由抛物线给出,即

$$\frac{y}{\omega_n} = \pm\left(A - \frac{x^2}{2A}\right)$$

式中:点 $(x, y) = (\pm\sqrt{2}A, 0)$ 是不稳定的均衡。对于 $\alpha > 1/(4A^2)$,运动不稳定(我们注意到垂直轴除以了 $\omega_n$)。

上述两个例子的控制方程可以推广到非线性方程

$$\ddot{x} + f(x, \dot{x}) = 0$$

定义 $\dot{x} = y$,则 $\dot{y} = -f(x, y)$,并且轨迹的斜率由下式给出,即

$$\frac{dy}{dx} = \frac{(dy/dt)}{(dx/dt)} = -\frac{f(x, y)}{y} \equiv \varphi(s, y) \tag{10.8}$$

如果 $\varphi(x, y)$ 不是不确定的(由于零分母),那么,在相平面中的每个点 $(x, y)$ 处存在唯一的轨迹斜率。如果 $y = 0$ 且 $f(x, 0) \neq 0$,则该点位于 $x$ 轴上,并且该轨迹的斜率是无穷大。这意味着所有轨迹都以直角与 $x$ 轴交叉。如果 $y = 0$ 且 $f(x, 0) = 0$,则

该点称为奇点,并且斜率是不确定的。这样的点表示平衡位置,其中 $x$ 等于常数并且速度等于零,$y = \dot{x} = 0$。因此,$\dot{y} = -f(x,y) = 0$ 并且系统上没有力。在图 10.5 中,$x = \pm\sqrt{2}A$ 处的点是不稳定的奇点。

奇点稳定性的性质将在下一节中讨论。

### 10.1.1 平衡的稳定性

作为动态稳定性的介绍,研究了单自由度非线性动力系统。它可以用两个一阶微分方程表示,即

$$\frac{dx}{dt} = g_1(x,y) \tag{10.9}$$

$$\frac{dy}{dt} = g_2(x,y) \tag{10.10}$$

式中:$g_1$ 和 $g_2$ 是 $x$ 与 $y$ 的非线性函数。相平面中轨迹的斜率由下式给出,即

$$\frac{dy}{dx} = \frac{(dy/dt)}{(dx/dt)} = -\frac{g_2(x,y)}{g_1(x,y)} \tag{10.11}$$

式(10.11)是式(10.8)的通用版本。对于奇点或平衡点 $(x_0, y_0)$,其中

$$g_1(x_0, y_0) = g_2(x_0, y_0) = 0$$

斜率具有不确定的值 0/0。

前面讨论的简单相平面,斜率为式(10.8),是某些机械系统的有用模型。可能需要使用更一般的等式(10.9)和式(10.10)的一阶系统来建模更复杂的机械、生物和几何问题。因为由等式(10.11)定义的斜率更具一般性,所以轨迹不必垂直地穿过 $x$ 轴。以下示例演示了特定函数集 $g_1(x,y)$ 和 $g_2(x,y)$ 的非垂直斜率。

**例 10.4　一般相位平面**

对于两个一阶方程组的系统

$$\dot{x} = 3x + 2y$$

$$\dot{y} = -2x - 2y$$

确定轨迹穿过 $x$ 轴的斜率。

**解:** 应用式(10.11),斜率为

$$\frac{dy}{dx} = \frac{-2x - 2y}{3x + 2y}$$

可以利用绘图(未示出)来找到穿过 $x$ 轴的轨迹。它们是在 $\pi/2$ 弧度以外的斜率上进行的。在穿过 $x$ 轴时,$y$ 的值为零,可以给出

$$\frac{dy}{dx} = \frac{-2x}{3x} = -\frac{2}{3}$$

作为相位路径与 $x$ 轴交叉的斜率。

**奇点附近的轨迹：**

检查奇点附近轨迹的行为可以回答有关平衡稳定性的问题。我们可以通过扩展泰勒级数中关于任何奇点的非线性函数 $g_1$ 和 $g_2$ 来做到。可能有许多奇点，每个都必须单独检查。

可以很方便地假设 $(x_0, y_0) = (0, 0)$ 是一个奇点，因为轨迹的斜率不随平移而变化，即

$$x_1 = x - x_0$$
$$y_1 = y - y_0$$
$$\frac{dy_1}{dx_1} = \frac{dy}{dx}$$

然后，通过泰勒级数展开两个变量的函数，得到

$$\dot{x} = g_1(x, y) = \frac{\partial g_1}{\partial x}\bigg|_{(0,0)} x + \frac{\partial g_1}{\partial y}\bigg|_{(0,0)} y + 高阶项 \quad (10.12)$$

$$\dot{y} = g_2(x, y) = \frac{\partial g_2}{\partial x}\bigg|_{(0,0)} x + \frac{\partial g_2}{\partial y}\bigg|_{(0,0)} y + 高阶项 \quad (10.13)$$

在奇点的邻域中，高阶项可以忽略，因为它们的幅度相对较小，并且方程可以以矩阵向量的形式近似（约 0，0），即

$$\begin{Bmatrix} \dot{x} \\ \dot{y} \end{Bmatrix} \approx \begin{bmatrix} d_{11} & d_{12} \\ d_{21} & d_{22} \end{bmatrix} \begin{Bmatrix} x \\ y \end{Bmatrix} \quad (10.14)$$

式中：$d_{ij}$ 表示式（10.12）和式（10.13）中的各向偏导数。

线性化矩阵方程式（10.1）的解在局部几何上类似于非线性方程式（10.9）和式（10.10）的解[①]。假设解为

$$\begin{Bmatrix} x \\ y \end{Bmatrix} = \begin{Bmatrix} X \\ Y \end{Bmatrix} \exp(\lambda t) \quad (10.15)$$

式中：$X$、$Y$ 和 $\lambda$ 是常数，并将式（10.15）代入式（10.14），得出特征值问题

$$\begin{bmatrix} d_{11} - \lambda & d_{12} \\ d_{21} & d_{22} - \lambda \end{bmatrix} \begin{Bmatrix} X \\ Y \end{Bmatrix} = \begin{Bmatrix} 0 \\ 0 \end{Bmatrix}$$

---

① 几何相似是指几何性质相似（就像两个三角形相似时，相应边的尺寸可能不同）。式（10.14）的解在拓扑上可能不同于式（10.9）和式（10.10）的解。它们仅是"局部"相似（在非奇异点附近）。因此，一般的非线性系统不能用"全局"的线性化系统来表示，即大运动。

通过评估由特征矩阵的行列式产生的特征方程,可以找到特征值 $\lambda_{1,2}$,即

$$\begin{vmatrix} d_{11}-\lambda & d_{12} \\ d_{21} & d_{22}-\lambda \end{vmatrix} = 0$$

且

$$\lambda^2 - p\lambda + q = 0$$
$$p = (d_{11} + d_{22})$$
$$q = d_{11}d_{22} - d_{12}d_{21}$$

然后,$\lambda_{1,2} = (p \pm \sqrt{p^2 - 4q})/2$ 具有相应的特征向量

$$\begin{Bmatrix} X \\ Y \end{Bmatrix}_1, \begin{Bmatrix} X \\ Y \end{Bmatrix}_2$$

对于情况 $\lambda_1 \neq \lambda_2$ 和 $\lambda_1 \neq 0, \lambda_2 \neq 0$,一般的解为

$$\begin{Bmatrix} x \\ y \end{Bmatrix} = C_1 \begin{Bmatrix} X \\ Y \end{Bmatrix}_1 \exp(\lambda_1 t) + C_2 \begin{Bmatrix} X \\ Y \end{Bmatrix}_2 \exp(\lambda_2 t)$$

式中:常数 $C_1$ 和 $C_2$ 取决于初始条件。我们注意到这些结果与控制阻尼谐振子的二阶线性微分方程的解的结果相同。可以根据判别式的值来定义行为类别:

如果 $(p^2 - 4q) < 0$,则运动是振荡的;

如果 $(p^2 - 4q) \geqslant 0$,则运动衰减或呈指数增长。

系统的稳定性特征与给定的稳健性、初始条件的微小变化或小的随机波动有关①。考虑第一特征值的指数

$$\exp(\lambda_1 t) = \exp\left(\frac{p}{2}\right) \exp\left(\frac{1}{2}\sqrt{p^2 - 4q}\right)$$

$p$ 的值确定系统是否稳定。如果 $p > 0$,则系统不稳定;如果 $p \leqslant 0$,则系统稳定。

因此,系统轨迹的特征取决于 $p$ 的值以及 $p^2$ 和 $4q$ 的相对值。接下来描述可能的情况。

情况 1:$\lambda_1$ 和 $\lambda_2$ 是真实且不同的,$p^2 > 4q$。

(1) 如果 $\lambda_1$ 和 $\lambda_2$ 的符号相同且 $q > 0$,则平衡点称为节点。如果 $\lambda_2 < \lambda_1 < 0$ 且 $p < 0$,则所有轨迹都随着 $t \to \infty$ 倾向于原点,并且原点称为稳定节点(图 10.6(a))。如果 $\lambda_2 > \lambda_1 > 0$ 且 $p > 0$,则所有轨迹都倾向于与 $t \to \infty$ 相反的方向,并且原点称为不稳定节点(图 10.6(b))。两个轨迹(接近平衡)是直的。

(2) 如果 $\lambda_1$ 和 $\lambda_2$ 具有相反的符号并且 $q < 0$,则对于任何符号的 $p$,一个解倾向于原点而另一个解倾向于无穷大。原点称为鞍点,它对应于不稳定的平衡点

---

① 系统的鲁棒性是其抵御干扰并保持稳定的能力。

(图10.6(c))。两个轨迹是笔直的。

情况2：$\lambda_1$ 和 $\lambda_2$ 是实值且相等，$p^2 = 4q$。

轨迹是穿过原点的直线，这是平衡点。如果 $\lambda_{1,2} < 0$，则原点是稳定节点；如果 $\lambda_{1,2} > 0$，则原点是不稳定节点。对于稳定节点的情况，如图10.6(d)所示。如果节点不稳定，则箭头指向相反方向。

情况3：$\lambda_1$ 和 $\lambda_2$ 是实值且相等，$p^2 < 4q$。

这些轨迹是对数螺旋。平衡点称为焦点或螺旋点。

(1) 如果 $p < 0$ 和 $q > 0$，则运动渐近稳定，因此焦点稳定(图10.6(e))。

(2) 如果 $p > 0$ 且 $q > 0$，则运动不稳定，因此焦点不稳定(图10.6(f))。

(3) 如果 $p = 0$，垂直轴被归一化，则轨迹减小为圆形；否则，轨迹是椭圆形。平衡点称为中心点或顶点，运动是周期性的，因此是稳定的(图10.6(g))。

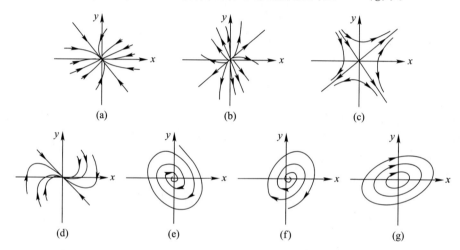

图10.6 相平面中平衡点附近的轨迹表示各种参数值组合的稳定性
(a)稳定节点；(b)不稳定节点；(c)鞍点；(d)稳定节点；(e)稳定焦点；(f)不稳定焦点；(g)中心。

如果发现线性化系统渐近稳定或不稳定(随着 $t$ 增加)，则说它表现出显著行为：在这种情况下，线性化系统的稳定性特征与非线性系统的稳定性特征相同。如果发现线性化系统是稳定的，则说它表现出临界行为，并且关于它的稳定性结论不一定延伸到完整的非线性系统。在这种情况下，需要对非线性系统进行分析。

## 10.2 统计等效线性化

有时可以创建一个等效的线性系统来再现原始非线性系统的基本特征[①]。考虑

---

① T. K. Caughey, "Equivalent Linearization Techniques," The Journal of The Acoustical Society of America, Vol. 35, No. 11, November 1963, pp. 1703 – 1711。

一般的非线性系统

$$\ddot{Y} + \alpha \dot{Y} + \omega^2 Y + g(Y, \dot{Y}) = f(t) \tag{10.16}$$

式中：$\alpha = c/m$；$\omega^2 = k/m$；$g(Y, \dot{Y}) = g_0(Y, \dot{Y})/m$ 是非线性分量；$f(t) = F(t)/m$ 是单位质量的随机力。非线性力的一个例子是 $g(Y, \dot{Y}) = \gamma \dot{Y} |\dot{Y}| + \beta Y^3$。在应用中出现了许多类非线性函数。

等效线性化程序使控制方程线性化，同时保持线性近似与精确非线性方程之间的能量相等。这可以通过最小化式(10.16)和下面的公式之间的误差来实现，即

$$\ddot{Y} + \alpha_e \dot{Y} + \omega_e^2 Y = f(t) + \varepsilon(t)$$

我们已经介绍了等效阻尼参数 $\alpha_e$ 和频率参数 $\omega_e^2$。在等式右侧，$\varepsilon(t)$ 体现了由于使用控制方程的简化版本而导致的误差。

将线性化方程与原始方程进行比较，为我们提供了误差的表达，即

$$\varepsilon(t) = (\alpha_e - \alpha)\dot{Y} + (\omega_e^2 - \omega^2)Y - g(Y, \dot{Y}) \tag{10.17}$$

由于假设该等式具有随机强迫 $f(t)$，因此输出过程 $Y(t)$ 也是随机过程。然后，该错误是随机的并且可以最小化。一种方法是通过首先将表达式相对于两个参数微分两次来最小化均方误差 $E\{\varepsilon^2(t)\}$，并且我们验证存在最小值（如果二阶导数是正的，则误差是最小化）。然后，对于求得 $\alpha_e$ 和 $\omega_e^2$ 的表达式所需的两个方程，将相应的一阶导数设置为零。我们可以观察到 $E\{\varepsilon^2(t)\}$ 关于 $\alpha_e$ 的二阶导数等于 $2E\{\dot{Y}^2\}$，并且关于 $\omega_e$ 等于 $2E\{Y^2\}$。这些结果可以通过检查式 10.17 来验证。因为我们正在求二阶导数，并且唯一能够在两个导数中存在的项必须乘以差分变量的平方，即 $(\alpha_e)^2$ 和 $(\omega_e^2)^2$。

考虑到方程式(10.17)，我们看到只有乘以 $\alpha_e$ 和 $\omega_e^2$ 的项才能得到一阶导数。因此，取得与 $\alpha_e$ 相关的导数为

$$\frac{\partial}{\partial \alpha_e} E\{\varepsilon^2(t)\} = 0$$

$$(\alpha_e - \alpha)E\{\dot{Y}^2\} + (\omega_e^2 - \omega^2)E\{Y\dot{Y}\} - E\{\dot{Y}g(Y, \dot{Y})\} = 0$$

$$\alpha_e = \alpha - \frac{(\omega_e^2 - \omega^2)E\{Y\dot{Y}\} - E\{\dot{Y}g(Y, \dot{Y})\}}{E\{\dot{Y}^2\}} \tag{10.18}$$

然后，关于 $\omega_e^2$ 的导数为

$$\frac{\partial}{\partial(\omega_e^2)} E\{\varepsilon^2(t)\} = 0$$

$$(\omega_e^2 - \omega^2)E\{Y^2\} + (\alpha_e - \alpha)E\{Y\dot{Y}\} - E\{Yg(Y,\dot{Y})\} = 0$$

$$\omega_e^2 = \omega^2 - \frac{(\alpha_e - \alpha)E\{Y\dot{Y}\} - E\{Yg(Y,\dot{Y})\}}{E\{Y^2\}} \tag{10.19}$$

有了这些等效参数,我们就可以对运动方程进行线性化分析:

$$\ddot{Y} + \alpha_e \dot{Y} + \omega_e^2 Y = f(t) \tag{10.20}$$

由于将 $\varepsilon(t)$ 从右侧舍弃,式(10.20)得到了近似值。我们从式(10.18)和式(10.19)看出,如果系统是线性的,则 $g(Y,\dot{Y}) = 0$,$\alpha_e = \alpha$,并且 $\omega_e^2 = \omega^2$。如果原始系统受到轻微阻尼和弱非线性,那么,系统的运动几乎是谐波的,随机幅度和频率会缓慢变化。

为了进一步推导,我们需要关于非线性函数 $g(Y,\dot{Y})$ 以及 $(Y,\dot{Y})$ 的概率性质的附加信息。要找到诸如 $E\{Y,\dot{Y}\}$ 和 $E\{Y^2\}$ 之类的表达式,我们需要求解式(10.16)。可以采用两种可能的近似来避免这种困难。第一个是基于原始系统,几乎是线性的。然后,通过设置 $g(Y,\dot{Y}) = 0$,剩余的等式可用于计算所需的期望值。第二种可能的近似并不假设弱非线性,而是使用等效线性方程式(10.20)来得出所需的期望值。在该方法中,式(10.18)和式(10.19)在 $\alpha_e$ 和 $\omega_e$ 中变为非线性。在两种方法中,通常假设输入是高斯的[①]。

如果非线性刚度和非线性阻尼是可分离的,则 $g(Y,\dot{Y}) = g_1(Y) + g_2(\dot{Y})$ 并且激励 $f(t)$ 是高斯的。第二个假设意味着响应也是高斯的,并且 $E\{Y\dot{Y}\} = 0$。对于等效参数,我们发现

$$\alpha_e = \alpha + \frac{E\{\dot{Y}g_2(\dot{Y})\}}{E\{\dot{Y}^2\}} \tag{10.21}$$

$$\omega_e^2 = \omega^2 + \frac{E\{Yg_1(Y)\}}{E\{Y^2\}} \tag{10.22}$$

可以分离非线性阻尼和非线性刚度项的情况下,如果系统只有非线性阻尼,那么,$g_1(Y) = 0$;如果它只有非线性刚度,那么,$g_2(\dot{Y}) = 0$。在式(10.21)和式(10.22)中,等效参数 $\alpha_e$ 和 $\omega_e^2$ 不是时间的函数。这将在下面的示例中说明。

---

① C. W. S. To, Nonlinear Random Vibration: Analytical Techniques and Qpplications, Second Edition, CRC Press, 2011.

### 例 10.5 圆柱结构的流激振动

能量在结构和流过它的流体之间传递是非常复杂的。在这里,我们讨论直线振动,即与随机波动的流速相同方向上的振动[①]。

单自由度振荡器用于表示在海上结构中典型的结构圆柱体。汽缸上的弹性约束由刚度为 $k$ 的线性弹簧建模,而线性黏滞阻尼器的结构阻尼由系数 $c$ 建模。当结构振动时,它随之推动流体,使得结构振荡成为结构加上附加质量的函数。

假设随机运动方程为

$$m\ddot{Y} + c\dot{Y} + kY = F(t) \tag{10.23}$$

式中:$y$ 是圆柱体的绝对位移。莫里森方程用于将流动引起的力 $F(t)$ 与波动的流速 $\dot{U}$ 相关联

$$F(t) = \rho A \ddot{U} + C_I \rho A (\ddot{U} - \ddot{Y}) + \frac{1}{2} C_D \rho D |\dot{U} - \dot{Y}|(\dot{U} - \dot{Y}) \tag{10.24}$$

其中,通过使用相对加速度 $\ddot{U} - \ddot{Y}$ 和相对速度 $|\dot{U} - \dot{Y}|(\dot{U} - \dot{Y})$ 来考虑圆柱体的运动。这里 $\rho$ 是流体密度,$A$ 和 $D$ 分别是圆柱体的横截面积和直径,$C_I$ 和 $C_D$ 分别是实验确定的惯性和阻力系数。流速可以分解为恒定的平均值分量 $V$ 和零平均波动分量 $\dot{\xi}$,即

$$\dot{U} = V + \dot{\xi}(t) \tag{10.25}$$

流体位移 $\xi(t)$ 被假定为静态和高斯随机过程,由此得出它的导数也是静止的、零均值和高斯的,即

$$Q = \xi - Y \tag{10.26}$$

得到以下运动方程

$$M\ddot{Q} + c\dot{Q} + \frac{1}{2}C_D \rho D |V + \dot{Q}|(V + \dot{Q}) + kQ$$

$$= (M_0 - \rho A)\ddot{U} + c\dot{U} + kU$$

其中

$$M = m + C_I \rho A$$

除以 $M$,有

$$\ddot{Q} + \beta \dot{Q} + \omega_n^2 Q + \upsilon G(\dot{Q}) = F(t) \tag{10.27}$$

---

[①] J. B. Roberts, P. D. Spanos, Random Vibration and Statistical Linearization, John Wiley and Sons, 1990. Now Published by Dover Publications。

其中

$$\beta = \frac{c}{M}, \omega_n^2 = \frac{k}{M}, v = \frac{C_D \rho D}{2M}$$

$$G(\dot{Q}) = |V + \dot{Q}|(V + \dot{Q})$$

$$F(t) = \frac{1}{M}(M_0 - \rho A)\ddot{\xi} + \beta \dot{\xi} + \omega_n^2 \xi$$

从 $F(t)$ 的等式,我们推导出 $E\{F(t)\} = 0$,因为 $\xi(t)$ 及其导数是零均值。但由于 $G(\dot{Q})$ 是奇数和非线性函数,故 $E\{Q\} \neq 0$。

使用统计线性化过程,我们搜索 $\beta$ 和 $\omega_n^2$ 的等效值来定义等效线性系统

$$\ddot{Q}_0 + \beta_e \dot{Q}_0 + \omega_e^2 Q_0 = F(t) \tag{10.28}$$

其中 $Q_0 = Q - E\{Q\}$。由于非线性仅在阻尼中,$\omega_e^2 = \omega_n^2$,并且假设 $Q(t)$ 是高斯,则得到

$$\beta_e = \beta + v\left[\left(\frac{8}{\pi}\right)^{1/2} \sigma_{\dot{Q}} \exp(-v^2) + 2V\mathrm{erf}(v)\right]$$

式中:$\sigma_{\dot{Q}}$ 是 $\dot{Q}$ 的标准偏差,并且

$$v = \frac{V}{\sqrt{2}\sigma_{\dot{Q}}}$$

$$\mathrm{erf}(v) = \frac{2}{\sqrt{\pi}}\int_0^v \exp(-t^2)\,\mathrm{d}t$$

我们看到等效参数 $\beta_e$ 是 $\sigma_{\dot{Q}}$ 的函数,它是我们寻求的解 $Q$ 的函数。显然,还需要额外的方程式和假设。对于线性化系统式(10.28),有

$$\sigma_{\dot{Q}}^2 \approx \sigma_{\dot{Q}_0}^2 = \int_{-\infty}^{\infty} |H(\mathrm{i}\omega)|^2 \omega^2 S_{FF}(\omega)\,\mathrm{d}\omega$$

其中

$$H(\mathrm{i}\omega) = \frac{1}{\omega_e^2 - \omega^2 + \mathrm{i}\omega\beta_e}$$

并且力谱密度 $S_{FF}(\mathrm{i}\omega)$ 可以与已知流体位移的谱相关。

我们还需要 $E\{Q\}$ 的表达式。取式(10.27)的预期值,我们发现

$$E\{\ddot{Q}\} + \beta E\{\dot{Q}\} + \omega_n^2 E\{Q\} + vE\{G(\dot{Q})\} = E\{F(t)\}$$

根据线性化的公式(10.28),由于力的平均值为零,$E\{F(t)\} = 0$,输出 $Q_0$ 及其导数的平均值也等于零。因此,有

$$E\{\ddot{Q}\} = E\{\ddot{Q}_0\} = 0$$

$$E\{\ddot{Q}\} = E\{\dot{Q}_0\} = 0$$

我们保留以下表达式

$$\omega_n^2 E\{Q\} + vE\{G(\dot{Q})\} = 0$$

基于 $Q(t)$ 是高斯的假设，发现其平均值为

$$E\{Q\} = -\frac{v}{\omega_n^2}\left[(\sigma_{\dot{Q}}^2 + V^2)\mathrm{erf}v + \left(\frac{2}{\pi}\right)^{1/2} V\sigma_{\dot{Q}} \exp(-v^2)\right]$$

**例 10.6  圆板的非线性随机响应**

这个例子研究了非均匀正交各向异性圆板的随机动态响应[①]。正交各向异性结构或材料具有至少 2 个正交对称平面。其中材料特性与每个平面内的方向无关。这种材料在其组成基质中需要 9 个弹性常数。相反，没有任何对称平面的材料是完全各向异性的并且需要 21 个弹性常数，而具有无限对称平面的材料（即每个平面是对称平面）是各向同性的，并且仅需要 2 个弹性常数。

板是许多工程结构的基本组成部分。正在考虑的问题是：应用冯·卡门板理论的轴对称固支的正交各向异性圆板的大挠度，受到轴对称随机动载荷 $P(r,t)$ 的作用。这里给出了公式的概要。详细信息在源文献中。

控制运动方程的推导需要以下内容。

(1) 应变 - 位移关系。
(2) 应力 - 应变关系。
(3) 动能。
(4) 应变能量。
(5) 瑞利阻尼力的耗散函数。

导出两个耦合运动方程：一个用于 $u$，径向拉伸；一个用于 $\omega$，即横向变形。形成拉格朗日函数并应用 Hamilton 原理得到两个耦合控制偏微分方程。板的不均匀厚度由该关系给出，即

$$h = h_0\left[1 - \gamma\left(\frac{r}{a}\right)\right]$$

式中：$\gamma$ 是一个常数，它描述了圆形板的线性不均匀厚度的变化。假设基于变量分离的解，有

$$u(r,t) = h_0 g(t)\left(\frac{r}{a}\right)^2\left[1 - \left(\frac{r}{a}\right)^2\right]$$

$$\omega(r,t) = h_0 f(t)\left[1 - \left(\frac{r}{a}\right)^2\right]$$

---

[①] T. P. Chang, J. L. KE, "Nonlinear Dynamic Response of a Nonuniform Orthotropic Circular Plate Under Random Excitation," Computers & Structures, Vol. 60, No. 1, 1996, pp. 113 – 123。

满足夹紧边界条件。伽辽金方法用于推导出以无量纲形式控制横向偏转的运动方程,即

$$f(\tau) + cf(\tau) + \omega^2 [f(\tau) + \varepsilon f^3(\tau)] = \theta(\tau)\psi(\tau) \qquad (10.29)$$

随机力作为乘积 $\theta(\tau)\psi(\tau)$ 给出具有零均值和非维度确定性时间函数 $\theta(\tau)$ 的平稳高斯随机过程 $\psi(\tau)$,其中 $\tau$ 是无量纲时间。式(10.29)通过随机等效线性化程序求解。

鲍里斯·格里戈里耶维奇·伽辽金
(1871年3月4日—1945年7月12日)

**贡献**:鲍里斯·格里戈里耶维奇·伽辽金是俄罗斯/苏联数学家和工程师。他最重要的贡献是微分方程的近似积分方法,称为伽辽金方法。他于1915年发表了有限元方法。他的第一本关于纵向曲率的出版物发表于1909年,它是从欧拉开始的工作。这篇论文与他对建筑工地的研究高度相关,因为结果被应用于建筑物的桥梁和框架的建造。他还因其在1937年出版的关于薄弹性板材的作品而闻名,即专著《薄弹性板》(Thin Elaslic Plates)。伽辽金在套管理论方面的科学研究(1934—1945)使其在工业建筑中的广泛应用。

**生平简介**:伽辽金出生于俄罗斯帝国的波洛茨克,现在是白俄罗斯的一部分。他的父母在镇上拥有一所房子,但他们制造的家庭手工业品并没有带来足够的钱,所以在12岁时,鲍里斯开始在法庭上担任文书。他在波洛茨克完成了学业,但仍需要额外一年的考试,这使他有权继续接受更高级别的教育。他作为外部学生于1893年在明斯克毕业。同年,他在机械学部的 St. Petersburg 技术学院注册。由于缺乏资金,伽辽金不得不在研究所学习,同时担任绘图员和进行私人授课。

像许多其他学生/技术专家一样,伽辽金参与了政治活动,并加入了社会民主党。1899年,他从该研究所毕业的那一年,成为俄罗斯社会民主党(未来的共产党)的成员。这为他频繁的工作变化提供了合理的解释。毕业后的头3年,他是哈尔科夫俄罗斯机械和蒸汽机车联盟工厂的工程师,同时教授工人特殊课程。从1903年底开始,他成为中国远东铁路建设的工程师。半年后,他成为"北方机械锅炉厂"的技术

负责人。他参与了在圣彼得堡组织工程师联盟的工作,并于1905年因组织工程师罢工而被捕。1906年,伽辽金成为社会民主党圣彼得堡委员会的成员,并没有在其他任何地方工作。

1906年8月5日,警察包围了他的房子,几乎逮捕了委员会的每一个成员。1907年3月26日,圣彼得堡法院分庭通过了一项令人惊讶的轻判,因为在被捕时,一些委员会成员向警察开枪。19名委员会成员有8人被监禁了两年,其中包括伽辽金(或称"Zakhar",根据他的地下昵称),被监禁1.5年,其他人被释放。

在以"Kresty"为名的监狱中,伽辽金对革命活动失去了兴趣,并致力于科学和工程研究。伽辽金从1907年起担任设计和建造锅炉发电厂的工程师。这个事实没有得到解释,伽辽金也不愿让别人想起他年轻时的革命岁月。后来,在苏联的调查问卷中,他不会就关于不同政党成员资格的持续问题给出明确的答案。当然,他熟悉旧党员的命运,但其主要原因是他在孟什维克(一个有非自由主义观点的党组织)当选为委员会成员,后来成员被指控为反革命活动并受到压制)。如果公众知道这一事实,伽辽金的生命可能成为代价。

从1909年开始,伽辽金开始在整个欧洲研究建筑工地和建筑工程。同年,他开始在彼得堡技术学院任教。他在欧洲建筑工地周围的访问于1914年左右结束,但他的学术工作仍在继续。

1920年,伽辽金晋升为彼得堡技术研究所的结构力学主管。到了这个时候。他还在担任两个职位,一个在列宁格勒通信工程师学院弹性学专业,另一个在列宁格勒大学结构力学专业。1921年,由于俄罗斯革命而于1917年关闭的圣彼得堡数学学会重新开放为彼得格勒物理和数学学会。伽辽金在该协会中发挥了重要作用。从1940年到他去世,伽辽金是苏联科学院力学研究所的负责人。

**显著成就:**伽辽金是苏联最大的水电站规划和建设的顾问。1929年,在建造第聂伯河大坝和水力发电站的过程中,伽辽金研究了水坝和挡土墙的梯形剖面应力。他的结果用于规划大坝。

伽辽金的名字永远与有限元方法联系在一起,用于数值求解偏微分方程。伽辽金方法包括伽辽金方法(用于近似解决弱形式问题的方法,并且在有限元方法中最为人熟知)、Petrov - 伽辽金方法、流线逆风Petrov - 伽辽金方法(SUPG)和不连续伽辽金方法。

### 例10.7 使用液柱阻尼器进行地震振动控制

液体容器已被用作被动和主动结构阻尼器,以减轻风和地震载荷。在该示例中[1],液柱阻尼器用于短周期结构的地震振动控制。该结构被建模为线性、黏性阻尼的单自由度系统。非线性流体阻尼通过随机等效线性化方法来线性化。系统如

---

[1] A. Ghosh, B. Basu, "Seismic Vibration Control of Short Period Structures Using the Liquid Column Damper," Engineering Structures, Vol. 26, 2004, pp. 1905 – 1913。

图10.7所示。

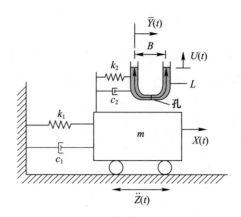

图10.7 用于地震振动控制的液柱阻尼器示意图

该系统采用无源控制设备,可在各种激励水平下提供一致的行为。图中的管具有横截面积 $A$,水平尺寸 $B$,并且包含质量密度为 $\rho$ 的液体和长度为 $L$ 的柱。水头损失系数由孔口的开口率控制并且用 $\xi$ 表示。封闭流体加容器的质量由 $\rho AL + M_c$ 给出。结构流体 – 阻尼系统受到基础加速度 $\ddot{Z}(t)$。液柱的运动方程为

$$\rho AL\ddot{U}(t) + \frac{1}{2}\rho A\xi |\dot{U}(t)|\dot{U}(t) + 2\rho AgU(t) = -\rho AB\left[\frac{\mathrm{d}^2\bar{Y}}{\mathrm{d}t^2} + \ddot{X}(t) + \ddot{Z}(t)\right] \quad (10.30)$$

其中,参数在图中定义。流体运动 $U(t)$ 的等式是非线性的。统计等效线性化得到线性方程

$$\rho AL\ddot{U}(t) + 2\rho AC_p\dot{U}(t) + 2\rho AgU(t) = -\rho AB\left[\frac{\mathrm{d}^2\bar{Y}}{\mathrm{d}t^2} + \ddot{X}(t) + \ddot{Z}(t)\right] \quad (10.31)$$

式中:$C_p$ 表示通过最小化获得的等效线性化阻尼系数。

式(10.30)和式(10.31)之间的均方误差,即

$$C_p = \frac{\sigma_{\dot{U}}\xi}{\sqrt{2\pi}}$$

由于 $C_p$ 取决于 $\sigma_{\dot{U}}$,因而取决于 $U(t)$,因此需要针对 $C_p$ 的迭代求解程序,即

$$m[\ddot{X}(t) + \ddot{Z}(t)] + c_1\dot{X}(t) + k_1X(t) = c_2\frac{\mathrm{d}\bar{Y}}{\mathrm{d}t} + k_2\bar{Y}(t) \quad (10.32)$$

式中:$c_2\mathrm{d}\bar{Y}/\mathrm{d}t + k_2\bar{Y}(t)$ 是结构和流体阻尼器之间的相互作用力。

解决方案的关键步骤是归一化上述运动方程,导出各自的复频率响应函数,然后使用输入功率谱和输出功率谱之间的基本关系,即

$$S_{xx}(\omega) = |H(\mathrm{i}\omega)|^2 S_{\ddot{Z}\ddot{Z}}(\omega)$$

得到位移的均方根值为

$$\sigma_X = \sqrt{\int_{-\infty}^{\infty} S_{XX}(\omega)\,\mathrm{d}\omega}$$

### 10.2.1 等效非线性化

提高线性化质量的努力已经产生了许多近似技术。其中之一是等效非线性化的方法。顾名思义,非线性方程由一个更容易求解的近似非线性方程代替[①]。

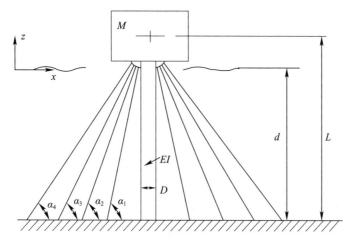

图 10.8 符合要求的海上塔架,带有电缆支架

以海洋结构动力学为例进行了验证。我们考虑图 10.8 中的兼容结构,并使用单自由度模型对其进行建模,即

$$\ddot{X} + 2\varsigma\omega_n \dot{X} + \omega_n^2[X + BX^2 + CX^3] = \frac{c_e}{m}F_d(t)$$

式中:$B$ 和 $C$ 是定义非线性的参数;$m$ 是结构质量;$F_d(t)$ 是莫里森波力 $p_d(z,t)$ 的结果;$c_e$ 为莫里森力的系数,即将莫里森力转化为作用在水平位移 $X(t)$ 的力的系数。由此产生的莫里森力由下式给出

$$F_d(t) = \int_0^{-d} p_d(z,t)\,\mathrm{d}z = \int_0^{-d} [k_d u(z,t)|u(z,t)| + k_m \dot{u}(z,t)]\,\mathrm{d}z \quad (10.33)$$

式中:$k_d$ 和 $k_m$ 是阻力与惯性系数;$\mu(z,t)$ 是水粒子速度,由平均值 $\mu_\mu(z)$ 加到波动分量为零均值的高斯函数 $U(z,t)$ 组成,即

---

① C. Floris, R. Pulega, "Stochastic Response of Offshore Structures via Statistical Cubicization," Meccanica, Vol. 37, 2002, pp. 15 – 32。

$$\mu(z,t) = \mu_\mu(z) + U(z,t)$$

因此，$\dot{\mu}(z,t) = \dot{U}(z,t)$ 和 $U(z,t)$ 完全由功率谱确定波高 $\eta(t)$ 乘以传递函数，即

$$S_{UU}(\omega,z) = T^2(w,z) S_{\eta\eta}(w)$$

$$= \omega^2 \frac{\cosh^2[\kappa(z+d)]}{\sinh^2(\kappa d)} S_{\eta\eta}(w)$$

假设 $S_{\eta\eta}(w)$ 是 Pierson-Moskowitz 谱，$\kappa$ 是深水波数，近似为 $\kappa \approx \omega^2/g$，且

$$S_{\eta\eta}(w) = \alpha g^2 \omega^{-5} \exp\left[-\beta\left(\frac{U_{19.5}}{gw}\right)^4\right]$$

其中，$\alpha = 0.0081$，$\beta = 0.74$，并且 $U_{19.5}$ 是静水以上 19.5m 处的风速。为了简化式 (10.33) 中定义的莫里森力，$k_d \mu(z,t) |\mu(z,t)|$ 由具有通过最小化均方误差获得的系数的 3 次多项式代替。由此产生的莫里森力为

$$p_d(z,t) = b_0(z) + b_1(z) U(z,t) + b_2(z) U^2(z,t) +$$

$$b_3(z) U^3(z,t) + k_m \dot{\mu}(z,t)$$

此时，给定函数 $U(z,t)$ 和 $\dot{\mu}(z,t)$，可以将 $p_d$ 积分得到 $F_d(t)$，然后成为非线性控制方程中的强迫。

## 10.3 扰动或扩展方法

不同的近似技术可用于建模和求解非线性控制方程。其中一种定量方法称为系统扰动的系列扩展方法。与所有近似分析方法一样，这种方法固有的非线性是"小的"。微扰方法[①]作为非线性分析的第一步非常有用，可以帮助我们及时了解系统的行为。对于更现实和复杂的数学模型，该方法变得很麻烦。一旦理解了该行为，其他方法(如数值方法)就很有用。

扰动方法用于确定非线性振荡器的周期解。给定线性谐振子，根据两个积分常数，存在无穷多个周期解。解采用系列扩展的形式。

问题：如果通过向方程左侧添加一个小项 $\varepsilon f(t,x,\dot{x})$ 来扰动线性系统 $\ddot{x} + x = 0$ 会发生什么？其中 $f$ 是非线性函数。答案取决于函数 $f(t,x,\dot{x})$ 和 $\varepsilon$ 的"小"。例如，如果 $\varepsilon f(t,x,\dot{x}) = \varepsilon c\dot{x}$，那么，只有当系统欠阻尼时，轨迹才变为螺旋形。平衡是螺旋焦点或节点，如果 $c > 0$ 则稳定，如果 $c < 0$ 则不稳定。$E$ 的值必须足够小，以确保 $x(t)$

---

[①] J. A. Murdock, Perturbations, Theory and Methods, Wiley-Interscience, 1991. 本书对扰动方法的应用和数学基础进行了严密的讨论。

的一系列解收敛。

扰动方法用于确定扰动方程在什么条件下具有周期解以及解是否稳定。这种方法有时称为庞加莱问题。庞加莱严格地研究了这些问题。

虽然该方法烦琐,并且精度取决于 $\varepsilon$ 的值,$\varepsilon$ 是非线性强度的度量,但它通常是理解复杂现象的非常有用的方法。

**例 10.8 非强迫非线性摆**

近似控制无阻尼非线性摆的方程式(10.1),即

$$\ddot{\theta} + \omega_n^2 \left( \theta - \frac{\theta^3}{6} \right) = 0$$

可以用更一般的形式写作

$$\ddot{\theta} + \omega_n^2 \theta + \varepsilon \theta^3 = 0 \tag{10.34}$$

其中

$$\omega_n^2 = \sqrt{g/l}, \varepsilon = -\omega_n^2/6$$

式(10.34)称为非强迫杜芬方程。可以合理地假设非线性是弱的,即 $\varepsilon$ 与 1 相比较小。假设 $\theta(t)$ 的扰动(系列)解并且解为 1 阶。

**解:** 扰动解由无穷级数给出

$$\theta(t, \varepsilon) = \theta_0(t) + \varepsilon \theta_1(t) + \varepsilon^2 \theta_2(t) + \cdots \tag{10.35}$$

我们发现,使用 $\theta(t)$ 的两项近似并将其代入运动方程

$$(\ddot{\theta}_0 + \varepsilon \ddot{\theta}_1) + \omega_n^2 (\theta_0 + \varepsilon \theta_1) + \varepsilon (\theta_0 + \varepsilon \theta_1)^3 = 0$$

根据扰动参数 $\varepsilon$ 的顺序对项进行扩展和分组

$$(\ddot{\theta}_0 + \omega_n^2 \theta_0) + \varepsilon (\ddot{\theta}_1 + \omega_n^2 \theta_1 + \theta_0^3) + \varepsilon^2 (3\theta_0^2 \theta_1) + \varepsilon^3 (3\theta_0 \theta_1^2) + \varepsilon^4 \theta_1^3 = 0$$

由于假设 $\varepsilon$ 较小,因此阶数 $\varepsilon^2$、$\varepsilon^3$ 和 $\varepsilon^4$ 的项是更高阶的。它们比我们需要的一阶解小得多,因此被忽略了。以这种方式获得的解被认为对阶数 $\varepsilon$ 是正确的。解的每个阶独立地满足[1],如下所述

$$\varepsilon^0 : \ddot{\theta}_0 + \omega_n^2 \theta_0 = 0 \tag{10.36}$$

$$\varepsilon^1 : \ddot{\theta}_1 + \omega_n^2 \theta_1 = -\theta_0^3 \tag{10.37}$$

式中:$\theta_0$ 称为方程序列的生成解,并且被认为满足初始条件。

杜芬方程需要两个初始条件。它们可以完全通用地指定,但我们假设值

$$\theta(0) = C, \dot{\theta}(0) = 0$$

---

[1] 将展开式代入微分方程时,我们在 $\varepsilon$ 中获得一个幂级数,该幂级数必须在 $E$ 中完全消失。这就是为什么 $\varepsilon$ 中的每个阶数都必须生成一个微分方程的原因。

如果初始角速度不是零,则只改变相位。不改变自治方程式(10.34)的解的特征。由于我们规定 $\varepsilon^0$ 阶方程满足初始条件,其余的高阶方程将满足零初始条件。式(10.35)的解的总和将满足问题的初始条件。

方程式按顺序求解。求解式(10.36)用于 $\theta_0$,然后根据需要将其替换到式(10.37)的右侧,以便可以获得解 $\theta_1$,从而有

$$\theta_0 = A\sin(\omega_n t + \phi)$$

满足初始条件的结果为

$$A = C, \quad \phi = \pi/2 \,\text{rad}$$

然后,式(10.37)变为

$$\ddot{\theta} + \omega_n^2 \theta_1 = -C^3 \sin^3(\omega_n t + \pi/2)$$

$$= -C^3 \left[ \frac{3}{4}\sin(\omega_n t + \pi/2) - \frac{1}{4}\sin 3(\omega_n t + \pi/2) \right]$$

其中,三角恒等式已用于转换立方正弦项。这个等式的解为

$$\theta_1(t) = \frac{3}{8\omega_n} tC^3 \cos(\omega_n t + \pi/2) -$$

$$\frac{C^3}{32\omega_n^2}[-\sin(\omega_n t + \pi/2) + \sin 3(\omega_n t + \pi/2)] \tag{10.38}$$

然后,两项近似解是 $\theta(t) = \theta_0(t) + \varepsilon\theta_1(t)$。我们立即在式(10.38)的右侧看到第一项的问题。它是一个非周期项,即由于因子 $t$ 乘以余弦而无限制地增长的表达式。我们知道式(10.34)的解对于小 $\varepsilon$ 应该是周期性的,因此,这个无界的项不应该是解的一部分。

该方法的问题在于截断删除了能够平衡非周期项并导致周期性解的项。通过扩展以下正弦函数来证明这种效果,即

$$\sin(\omega_n + \varepsilon)t = \sin\omega_n t \cos\varepsilon t + \cos\omega_n t \sin\varepsilon t$$

$$= \left(1 - \frac{1}{2!}\varepsilon^2 t^2 + \frac{1}{4!}\varepsilon^4 t^4 - \cdots\right)\sin\omega_n t +$$

$$\left(\varepsilon t - \frac{1}{3!}\varepsilon^3 t^3 + \frac{1}{5!}\varepsilon^5 t^5 - \cdots\right)\cos\omega_n t$$

通过右侧的两个扩展项来表达 $\sin(\omega_n + \varepsilon)t$ 的表达式,得到

$$\sin(\omega_n + \varepsilon)t = \left(1 - \frac{1}{2!}\varepsilon^2 t^2\right)\sin\omega_n t + \left(\varepsilon t - \frac{1}{3!}\varepsilon^3 t^3\right)\cos\omega_n t$$

由于正弦函数是谐波的,因此不应存在非周期项,必须以合理的方式将其删除。使用下一节中导出的 Lindstedt – Poincaré 方法校正该方法中的这个缺陷。

儒勒·亨利·庞加莱
(1854年4月29日—1912年7月17日)

**贡献**：庞加莱是法国数学家，理论物理学家和科学哲学家。他为纯数学和应用数学、数学物理学和天体力学做出了许多独创性的基础贡献。他的工作涉及多个学科：流体力学、狭义相对论和科学哲学。

在应用数学领域，他研究光学、电学、电报、毛细管作用、弹性、热力学、势理论、量子理论、相对论和宇宙学。在天体力学领域，他研究了三体问题以及光和电磁波的理论。

他提出了庞加莱猜想，这是一个著名的数学问题。在对三体问题的研究中，庞加莱成为第一个发现混沌确定性系统的人，为现代混沌理论奠定了基础。他被认为是拓扑领域的创始人之一。

庞加莱引入了现代相对论原理，并且是第一个在其现代对称形式中呈现洛伦兹变换的人。庞加莱发现了剩余的相对论速度变换，并在1905年写给洛伦兹的一封信中记录下来。因此，他得到了所有麦克斯韦方程的完美不变性，这是狭义相对论的一个重要步骤。因为这些工作，他与爱因斯坦和洛伦兹一起成为狭义相对论的共同发现者。

**生平简介**：庞加莱出生于法国洛林大区南锡市的一个有影响力的家庭。他的父亲是南锡大学的医学教授。在童年时代，他患有严重疾病——白喉，由他的母亲辅导学业。

1862年，亨利进入南锡的Lycée(现在它和南锡大学一起更名为Lycee Henri Poincaré)。他在Lycée度过了11年，在此期间他是最优秀的学生之一。他的数学老师将他描述为"数学怪物"，并且他在法国所有Lycée的顶尖学生之间的比赛中获得了一等奖(他最弱的科目是音乐和体育。有些人后来将其归因于他视力不佳)。他于1871年毕业于Lycée，获得文学和科学学士学位。

在1870年的普法战争期间，他与父亲一起在救护队服役。

庞加莱于1873年进入高等理工学院。在那里，他作为查尔斯·赫米特的学生学习数学。他于 1875 年或 1876 年毕业。他继续在 Ecole des Mines 学习,继续学习数学以及采矿工程教学大纲,并于 1879 年 3 月获得普通工程师学位。

作为 Ecole des Mines 的毕业生,他加入了 Corps des Mines,担任法国东北部 Vesoul 地区的检查员。他于 1879 年 8 月在马格尼的一次采矿事故现场,当时有 18 名矿工死亡。他以一种特有的彻底和人道的方式进行了官方事故调查。

与此同时,庞加莱正在 Charles Hermite 的监督下准备他的数学博士学位。他的博士论文是在微分方程领域。庞加莱不仅面临确定这些方程的积分的问题,而且还是第一个研究它们的一般几何性质的人。他意识到它们可以用来模拟太阳系内自由运动的多个天体的行为。庞加莱于 1879 年毕业于巴黎大学。

不久之后,卡恩大学(Caen University)为他提供了一个数学初级讲师的职位,但他从未完全放弃采矿业而投身于数学。他于 1881 年至 1885 年在公共服务部担任负责北方铁路发展的工程师。他最终于 1893 年成为军团总工程师,并于 1910 年成为总督察。

从 1881 年开始,在他职业生涯的剩余时间里,他在巴黎大学(索邦大学)任教。他曾担任物理和实验力学、数学物理和概率论以及天体力学和天文学专业的主席。

1881 年,庞加莱结婚并育有 4 个孩子。

1912 年,庞加莱因前列腺问题接受了手术,随后在巴黎因栓塞而死亡。那年他 58 岁。他被埋葬在巴黎蒙帕纳斯公墓的庞加莱家族墓穴中。

**显著成就**:庞加莱获得了最高荣誉。他于 1887 年(32 岁时)当选为法国科学院院士,并于 1906 年成为该学院院长。他的研究范围使他成为唯一被选入学院 5 个部分的成员:几何、力学、物理、地理和导航。

自从牛顿时代以来,找到太阳系中两个以上轨道运动的一般解的问题一直困扰着数学家。这最初称为三体问题,后来称为 $n$ 体问题。1887 年,为庆祝他的 60 岁生日,瑞典国王奥斯卡二世为任何能够找到解的人设立了奖项。

虽然他没有成功解决这个问题,但是这个奖项被授予庞加莱作为他的巧妙尝试的认可。其中一位评委 Karl Weierstrass(德国著名数学家,被认为是"现代分析之父")评论说:"这项工作确实不能被视为提出所提出问题的完整解,但它仍然具有如此的重要性,它的出版将开启天体力学史上的新纪元。"(这个问题的 $n=3$ 的情况在 1912 年由 Karl Sundman 解决,并且在 1991 年由 Qiudong Wang 推广到 $n>3$ 的情况。)

1908 年,庞加莱被选入法国学院:他在去世当年当选为主任。他还被授予法国荣誉军团骑士称号。他受到世界各地众多学术团体的嘉奖,并因其工作获得了无数奖项、奖章和奖金。

庞加莱有着非凡的记忆。他从自己阅读的文本中记忆了很多,并且能够以可视方式链接这些想法。当他参加讲座时,能够想象他听到的内容,这被证明特别有用。他的视力非常差,是否能看到老师写在黑板上的东西是值得怀疑的。

庞加莱保持非常精确的工作时间。他每天上午 10 点到中午,然后是下午 5 点到晚上 7 点进行数学研究,时间为 4h。他会在晚上晚些时候阅读期刊上的文章。

庞加莱倾向于从第一原理发展他的结果。虽然许多数学家回顾以前的工作,但这不是庞加莱的实践方式。不只是在他的研究中,而且在他的讲座和书籍中,他从基础知识中精心开发了所有内容。

1893 年,庞加莱加入了法国经度局,致力于让世界各地的时间同步。1897 年,庞加莱支持一项关于循环测量十进制化的不成功提案。正是这个职位使他考虑建立国际时区的问题以及相对运动的物体之间的时间同步。

1899 年和 1904 年,他两次参与了对阿尔弗雷德·德雷福斯(Alfred Dreyfus)的审判,他抨击了针对德雷福斯的虚假证据指控。德雷福斯是法国军队的一名犹太军官,被军事法庭诬陷,反犹太的同事毫无根据地指控他犯有叛国罪。

在庞加莱作为一名数学家获得突出地位后,他将他高超的文学天赋用在了向大众描述科学和数学的意义和重要性的任务上。庞加莱受欢迎的作品包括"科学与假设"(Science and Hypothesis,1901)、"科学的价值"(1905)、"科学与方法"(1908)。

庞加莱对他的思维方式很感兴趣。他研究了自己的习惯,并于 1908 年在巴黎的普通心理学研究所讲述了他的观察。他用自己的思维方式思考了他是如何做出一些发现的。他承认他的成功主要是视觉表现的结果。他认为逻辑不是一种发明的方式,而是一种构建想法的方法。他不喜欢逻辑,认为它限制了思想。庞加莱声称,直觉是数学的生命。物理学和数学中的庞加莱小组就是以他的名字命名的。

另外,他的堂兄雷蒙德·庞加莱在 1913 年至 1920 年期间担任法国总统,并且是法国学院的一名成员。

2004 年,法国教育部长克劳德·阿莱格提议将庞加莱重新埋葬在巴黎的万神殿中,这是为享有最高荣誉的法国公民保留的。

### 10.3.1 Lindstedt – Poincaré 方法

对例 10.8 展开式的检查表明,解被限制为以频率 $\omega_n$ 振荡。无论初始条件如何,线性谐波系统的特征在于恒定的振荡周期。线性响应($\varepsilon = 0$)是具有周期 $T_n = 2\pi/\omega_n$ 的谐波。然而,非线性准谐波系统具有作为非线性和初始条件的函数的周期与频率。导致非周期项的以上方法的失败是由于忽略了这种非线性。在存在非线性项的情况下,响应需要是周期性的并且周期 $T_n = 2\pi/\omega$,其中 $\omega$ 是未知的基频,其是 $\varepsilon$ 和初始条件的函数。

Lindstedt – Poincaré 方法通过在小参数的幂中扩展响应频率 $\omega$ 以及 $\theta$ 来避免前一部分的非周期项的问题。我们记得线性和非线性系统的初始条件通过积分常数与解耦合。因此,我们期望 $\omega$ 的扩展将是积分常数的函数。由于 $\omega_n$ 不仅出现在运动方程中,因此首先引入变换 $\tau = \omega t$,其中 $\omega$ 以 $\varepsilon$ 的幂展开[①]。然后,$dt = d\tau/\omega$,且

---

① rad 是派生 SI 的单位,被认为是无量纲的。因此,$\tau$ 在这里可以被认为是无量纲的时间。

$$\frac{\mathrm{d}}{\mathrm{d}t} = \omega \frac{\mathrm{d}}{\mathrm{d}\tau}$$

$$\frac{\mathrm{d}}{\mathrm{d}t}\left(\frac{\mathrm{d}}{\mathrm{d}t}\right) = \omega \frac{\mathrm{d}}{\mathrm{d}\tau}\left(\omega \frac{\mathrm{d}}{\mathrm{d}\tau}\right)$$

或

$$\frac{\mathrm{d}^2}{\mathrm{d}t^2} = \omega^2 \frac{\mathrm{d}^2}{\mathrm{d}\tau^2}$$

这种方法的基本特征(由 Minorsky 强调[①])是在近似中存在任意性,因为在同一微分方程中引入了两个扩展。这种随意性使我们能够处理可用的常数,从而逐步消除后续近似中的非周期项。

非线性摆方程(10.34),$\ddot{\theta} + \omega_n^2 \theta + \varepsilon \theta^3 = 0$,变为

$$\omega^2 \theta'' + \omega_n^2 \theta + \varepsilon \theta^3 = 0 \tag{10.39}$$

在转化之后,撇号表示相对于 $\tau$ 的微分,$\omega_n^2 = \sqrt{g/l}$,并且 $\varepsilon = -\omega_n^2/6$。对于 $\varepsilon < 0$,弹簧软化;对于 $\varepsilon > 0$,弹簧硬化。假设初始条件为 $\theta(0,\varepsilon) = a_0$ 和 $\theta'(0,\varepsilon) = 0$,对于独立系统,可以允许一阶解 $\theta_0(\tau)$ 满足条件 $\theta_0(0) = a_0$ 和 $\theta'_0(0) = 0$,在剩余阶数满足零初始条件的情况下,有

$$\theta_i(0) = 0, \quad \theta'_i(0) = 0, i = 1, 2, \cdots$$

对于非独立系统,积分常数必须是特定值,以便存在周期性解。并不是所有的初始条件都能得到周期解。

我们接下来扩展 $\theta$ 和 $\omega$ 并考虑线性近似(即除了线性项之外只保留 $\varepsilon$ 项),即

$$\theta(\tau,\varepsilon) = \theta_0(\tau) + \varepsilon \theta_1(\tau) + \cdots$$

$$\omega = \omega_n + \varepsilon \omega_1 + \cdots$$

注意:对于 $\varepsilon = 0$,振荡频率降低到 $\omega_n$。我们发现,将这些扩展代入式(10.39),有

$$(\omega_n + \varepsilon \omega_1)^2 (\theta_0 + \varepsilon \theta_1)'' + \omega_n^2 (\theta_0 + \varepsilon \theta_1) + \varepsilon (\theta_0 + \varepsilon \theta_1)^3 = 0$$

该等式根据 $\varepsilon$ 的幂扩展和分组,有

$$\varepsilon^0 : \omega_n^2 \theta_0'' + \omega_n^2 \theta_0 = 0 \tag{10.40}$$

$$\varepsilon^1 : \omega_n^2 \theta_1'' + \omega_n^2 \theta_1 = -\theta_0^3 - 2\omega_n \omega_1 \theta_0'' \tag{10.41}$$

$$\vdots$$

由于使用了两个项的扩展,我们只保留前两个方程。然后迭代地求解方程。求解式(10.40)得到 $\theta_0(\tau)$,然后根据需要将其幂和导数代入式(10.41),然后求解 $\theta_1(\tau)$。

---

① N. Minorsky, Nonlinear Oscillations, Krieger Publishing Company, 1987。

注意:每个迭代方程都是线性的,因为非线性效应转移到随后的等式的右侧,作为系统的输入。

我们可以将式(10.40)和式(10.41)改写为

$$\theta_0'' + \theta_0 = 0$$

$$\theta_1'' + \theta_1 = -\frac{1}{\omega_n^2}\theta_0^3 - 2\frac{\omega_1}{\omega_n}\theta_0''$$

在满足初始条件之后,第一个等式的解是 $\theta_0(\tau) = a_0\cos\tau$。第二个变成①

$$\theta_1'' + \theta_1 = \left(-\frac{3}{4}\frac{a_0^3}{\omega_n^2} + 2\frac{\omega_1 a_0}{\omega_n}\right)\cos\tau - \frac{a_0^3}{4\omega_n^2}\cos3\tau$$

为了去除非周期项②,必须将谐振加载函数 $\cos\tau$ 的系数设置为等于零③。这导致了控制 $\omega_1$ 的可能值的等式为

$$\omega_1 = \frac{3}{8}\frac{a_0^2}{\omega_n}$$

因此,有

$$\theta_1(\tau) = a_1\cos\tau + b_1\sin\tau + \frac{a_0^3}{32\omega_n^2}\cos3\tau$$

通过对 $\theta_1(\tau)$ 应用零初始条件找到系数 $a_1$ 和 $b_1$,得到值 $a_1 = -a_0^3/32\omega_n^2$ 和 $b_1 = 0$。

然后,$\theta(\varepsilon,\tau)$ 的近似解为

$$\theta(\tau,\varepsilon) = a_0\cos\tau - \varepsilon\frac{a_0^3}{32\omega_n^2}(\cos\tau - \cos3\tau) + O(\varepsilon^2)$$

通过变换回 $t$ 域,可得

$$\theta(t,\varepsilon) = a_0\cos t - \varepsilon\frac{a_0^3}{32\omega_n^2}(\cos\omega t - \cos3\omega t) + O(\varepsilon^2)$$

$$\omega = \omega_n + \varepsilon\frac{3}{8}\frac{a_0^2}{\omega_n} + O(\varepsilon^2)$$

这些方程式提供了系统非线性对系统响应 $\theta(t,\varepsilon)$ 和响应频率 $\omega$ 的影响的度量。

---

① 我们用三角函数来求解,即

$$\cos^3\tau = \frac{3}{4}\cos\tau + \frac{1}{4}\cos3\tau$$

② 长期项的消除根据物理证据来判断,即稍微受干扰的系统仍会振荡,但会以近谐的方式振荡。因此,需要以合理的方式消除无限增长的项的解。

③ 谐振负载函数是一种由于负载和系统频率之间的匹配而导致振荡器谐振的函数。

**何时扩展 $\omega$：**

关于何时需要扩展第二参数可能存在一些模糊性。有时我们会看到 $\omega$ 的扩展,有时我们看不到。实际上,当参数的值未知时,会扩展这个参数。例如,振荡器响应幅度是未知的并被扩展了。对于自主振荡器,周期和频率是未知的,因此 $\omega$ 被扩展。

在以下部分中,研究了强制非线性振荡器,目的是在强制周期或频率下发现周期性振荡。对于这些情况,没有必要扩展 $\omega$。

### 10.3.2 准谐波系统的强迫振荡

我们接下来考虑强迫杜芬方程,即

$$\ddot{x} + \omega_n^2 x = \varepsilon [-\omega_n^2(\alpha x + \beta x^3) + F\cos\Omega t], \quad \varepsilon \ll 1 \tag{10.42}$$

式中:$\alpha$ 和 $\beta$ 为给定的常数参数,$\omega_n^2 = k/m$,并且谐波强迫函数是 $\varepsilon F\cos\Omega t$。在这里,谐波激励的幅度很小,响应几乎都是谐波或准谐波。有意义的是,确定什么情况下响应 $x(t)$ 是周期性的且周期 $T = 2\pi/\Omega$,从而不需要频率的扩展。

1. $x(t)$ 的扩展

使用扰动方法来解决这个问题,变量有如下变化:

$$\Omega t = \tau + \phi$$

$$\frac{d}{dt} = \Omega \frac{d}{d\tau}$$

式中:$\tau$ 是无量纲时间;$\phi$ 是未知的相位角,为了一般性而引入。变量 $\tau$ 的周期为 $2\pi$。

通过这些变换,式(10.42)变为

$$\Omega^2 x'' + \omega_n^2 x = \varepsilon [-\omega_n^2(\alpha x + \beta x^3) + F\cos(\tau + \phi)], \quad \varepsilon \ll 1 \tag{10.43}$$

式中:撇号表示关于 $\tau$ 的微分。由于它们是非物理的,因此我们要求式(10.43)的解是周期性的,$x(\tau + 2\pi) = x(\tau)$,并且它必须被去除。以强迫频率或强迫频率的倍数响应,这相当于在线性情况下找到特定解,意味着以这种方式找到的解缺少"瞬态"解。

我们还假设 $x(0) = C_0$,为方便起见,$x'(0) = 0$,$C_0$ 的值不是任意的,而是根据下面的其他系统参数确定的。扰动解基于 $x(\tau)$ 和 $\phi$ 的扩展,有

$$x(\tau, \varepsilon) = x_0(\tau) + \varepsilon x_1(\tau) + \varepsilon^2 x_2(\tau) + \cdots$$

$$\phi = \phi_0 + \varepsilon \phi_1 + \varepsilon^2 \phi_2 + \cdots$$

其中,$x_i(\tau + 2\pi) = x_i(\tau)$,$x_i'(0) = 0$,$i = 1, 2, \cdots$,并且假设 $x$ 的扩展中的第一项将满足初始条件,$x_0(0) = C_0$。扩展被代入式(10.43),并且等于 $\varepsilon$ 的相似幂的系数,可得

$$\Omega^2 x_0'' + \omega_n^2 x_0 = 0 \tag{10.44}$$

$$\Omega^2 x_1'' + \omega_n^2 x_1 = -\omega_n^2(\alpha x_0 + \beta x_0^3) + F\cos(\tau + \phi_0) \tag{10.45}$$

$$\Omega^2 x_2'' + \omega_n^2 x_2 = -\omega_n^2(\alpha x_1 + 3\beta x_0^2 x_1) + F\cos(\tau + \phi_1) \qquad (10.46)$$

$$\vdots$$

我们按顺序求解所有 $i$ 的 $x_i(\tau)$，尽管实际上可以应用周期性和初始条件在序列中求解两个或三个项。式(10.44)的解为

$$x_0(\tau) = C_0\cos\frac{\omega_n}{\Omega}\tau$$

式中：$C_0$ 是恒定幅度。只有当 $\Omega = \omega_n$ 时，才能满足 $\tau$ 中的 $2\pi$ 周期。该替换在随后的式(10.45)和式(10.46)中进行。将 $x_0(\tau)$ 代入式(10.45)，可得

$$x_1'' + x_1 = -(\alpha C_0\cos\tau + \beta C_0^3\cos^3\tau) + \frac{F}{\omega_n^2}\cos(\tau + \phi_0)$$

使用三角关系 $\cos^3\tau = (3\cos\tau + \cos 3\tau)/4$ 可以简化该表达式，从而得到

$$x_1'' + x_1 = -\alpha C_0\cos\tau - \beta C_0^3 \frac{1}{4}(3\cos\tau + \cos 3\tau) + \frac{F}{\omega_n^2}(\cos\tau\cos\phi_0 - \sin\tau\sin\phi_0)$$

$$= -\frac{F}{\omega_n^2}\sin\phi_0\sin\tau - \left(\alpha C_0 + \frac{3}{4}\beta C_0^3 - \frac{F}{\omega_n^2}\cos\phi_0\right)\cos\tau - \frac{1}{4}\beta C_0^3\cos 3\tau \qquad (10.47)$$

为了避免非周期项，$\sin\tau$ 和 $\cos\tau$ 项的系数被设置为等于零。因此，$\sin\phi_0 = 0$，这产生了强迫周期性的条件，即

$$\alpha C_0 + \frac{3}{4}\beta C_0^3 - \frac{F}{\omega_n^2} = 0, \phi_0 = 0 \qquad (10.48)$$

$$\alpha C_0 + \frac{3}{4}\beta C_0^3 + \frac{F}{\omega_n^2} = 0, \phi_0 = \pi \qquad (10.49)$$

现在可以确定参数 $C_0$，因为 $\alpha$、$\beta$ 和 $F$ 都是已知的（$C_0$ 可以有 3 个值，我们将在下面看到，因为方程是三次方的）。式(10.49)没有提供超出式(10.48)的额外信息。由式(10.49)可知，对于相位 $\phi_0 = \pi\text{rad}$，响应和强迫函数是 $180°$ 异相的。这与负幅度响应同相。

满足式(10.48)，我们为 $x_1(\tau)$ 求解式(10.47)，可得

$$x_1(\tau) = C_1\cos\tau + \frac{1}{32}\beta C_0^3\cos 3\tau \qquad (10.50)$$

基于 $x_2(\tau)$ 所需的周期确定 $C_1$ 的值，正如基于 $x_1(\tau)$ 的周期确定 $C_0$ 一样。将式(10.50)代入式(10.46)，并利用多个三角恒等式，推导出一组必须检查非周期响应可能性的表达式。

如果仅保留 $x_1(\tau)$，则阶数 $\varepsilon$ 或 $O(\varepsilon)$ 为

$$x(\tau,\varepsilon) \approx x_0(\tau) + \varepsilon x_1(\tau)$$
$$= C_0\cos\tau + \varepsilon\left(C_1\cos\tau + \frac{1}{32}\beta C_0^3\cos3\tau\right)$$

其中,$\phi \approx \phi_0 + \varepsilon\phi_1 = 0$,因为 $\varepsilon^2$ 解决方案产生 $\phi_1 = 0$。事实证明,由于系统中没有阻尼,因此所有相角项都等于零。这对我们对没有相位滞后的线性无阻尼振荡器的研究很有意义。我们本可以避免 $\phi$ 扩展,但是,对于具有阻尼的系统,$\phi$ 将具有非零值。更重要的是,一个稳定的解,其中线性无阻尼系统不存在 $\omega_n = \Omega$。当添加小的立方项时,即使强迫频率等于固有频率,也可以获得稳定的解。

2. 解 $C_0$ 和 $\omega_n$

式(10.48)使人联想到复频率响应函数 $H(\mathrm{i}\omega)$,因为两者都是响应幅度和强制幅度之间的关系。式(10.48)是类似的非线性关系。我们感兴趣的是研究各种 EF 值的响应幅度 $C_0$ 和线性固有频率 $\omega_n$ 之间的关系。

定义

$$\omega_0^2 = (1 + \varepsilon\alpha)\omega_n^2 \tag{10.51}$$

式(10.42)变为

$$\ddot{x} + \omega_0^2 x + \varepsilon\omega_n^2\beta x^3 = \varepsilon F\cos\Omega t, \quad \varepsilon \ll 1$$

求解式(10.51)得到 $\alpha$,将结果代入式(10.48),并求解 $\omega_n^2$ 的这个方程,我们发现

$$\omega_n^2 = \omega_0^2\left(1 + \frac{3}{4}\varepsilon\beta C_0^2\right) - \varepsilon\frac{F}{C_0} \tag{10.52}$$

在进行以下近似的情况下,可得

$$\left(1 - \frac{3}{4}\varepsilon\beta C_0^2\right)^{-1} \approx \left(1 + \frac{3}{4}\varepsilon\beta C_0^2\right) \tag{10.53}$$

基于泰勒级数展开 $1/(1+x) \approx 1-x$ 表示小 $x$,其中 $\varepsilon^2$ 阶项已被消去。

式(10.52)可以绘制为 $|C_0|$ 与 $\omega_n$ 的图像,其中 $\omega_n$ 以 $\omega_0$ 为单位测量。项 $\varepsilon\beta$ 是已知的,项 $\varepsilon F$ 是参数。代表性曲线如图10.9所示,$\varepsilon\beta = \pm 0.1$。注意:单个案例的参数曲线成对出现在 $F = 0$ 曲线的两侧。

可以从这组曲线中辨别出重要信息。$\varepsilon\beta$ 的符号确定曲线是向右倾斜($\varepsilon\beta > 0$ 表示硬化弹簧)还是向左倾斜($\varepsilon\beta < 0$ 表示软化弹簧)。与线性情况不同,对于无阻尼振荡器,没有共振条件,振幅变大,而不受系统固有频率的限制。

如果我们在图10.9(a)中的一条切线右侧绘制一条垂直线,它将在一个分支上的两个位置和 $F = 0$ 另一侧的镜像分支上的一个位置处与曲线相交。任何交叉点均代表真实的根,因此,该垂直线表示存在对应于给定激励力幅度的 3 个可能的幅度。其中一条切线左侧的垂直线只有一个实根,但也有两个复根。在代表性曲线之后,随着 $\omega_0$ 增加,存在更大的振幅。

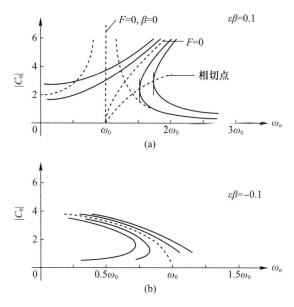

图 10.9 两个 $\varepsilon\beta$ 值的杜芬方程的幅度曲线(其中 $\varepsilon F$ 是变化的参数)
(a) $\beta=0$ 的虚线表示线性响应,向右倾斜的虚线表示 $F=0$ 的非线性情况以及相切点的轨迹;
(b) 由于负参数 $\varepsilon\beta$,曲线向左倾斜。

### 10.3.3 跳跃现象

由于所有系统都有一些阻尼,因此有必要在杜芬振荡器上增加轻阻尼,以检查预测行为的变化。我们考虑控制方程

$$\ddot{x} + \omega_n^2 x = \varepsilon\left[-2\zeta\omega_n \dot{x} - \omega_n^2(\alpha x + \beta x^3) + F\cos\Omega t\right], \quad \varepsilon \ll 1$$

其中增加了阻尼项 $-2\varepsilon\zeta\omega_n\dot{x}$,假设为小值(注意:$\alpha$ 是无量纲的,$\beta$ 的单位与 $x^{-2}$ 相同)。按照与以前相同的程序可进行比较。

发现式(10.52)成为

$$\left[\omega_0^2\left(1+\frac{3}{4}\varepsilon\beta C_0^2\right)-\omega_n^2\right]^2 + (2\varepsilon\zeta\omega_0^2)^2 = \left(\frac{\varepsilon F}{C_0}\right)^2$$

并绘制在图 10.10 中。对于无阻尼情况,该图和图 10.9 之间的主要区别在于两个分支在某个位置连接。

这种连接很重要,因为它意味着频率的增加并不总是导致振幅增加。在某个频率值处,振幅会下降到另一个解分支。这可以通过沿到点 4 的路径来观察频率增加,在点 1 到点 2 处频率下降。类似地,为了降低频率,从位置 2 移动到位置 3 导致在点 3 到点 4 处的幅度跳跃。从第 1 点到第 3 点的路径不稳定。

这种在幅度上有下降和跳跃的行为称为跳跃现象。它适用于具有阻尼的非线性

系统,有实际应用。例如,当电动机达到其运行速度时,非线性效应可能导致角位移的跳跃。这种现象也发生在涡激振荡中,并在10.5.3节中讨论。

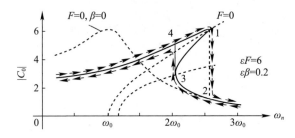

图10.10　点3向上和点1向下的跳跃现象。点1和点3之间的实线路径不稳定

$F=0$,$\beta=0$ 的虚线表示线性、阻尼、非强迫情况。向右转向并标记为 $F=0$ 的虚线表示非线性和非强迫情况。带有箭头的实线在两个方向上标记路径表示参数 $\varepsilon F=6$、$\varepsilon\beta=0.2$ 的非线性强迫情况。

### 10.3.4　非自治系统的周期解

考虑由等式控制的系统

$$\ddot{u} + \omega_n^2 u = F_0 \cos t + \varepsilon f(u, \dot{u}, t, \varepsilon)$$

假设强迫函数 $F_0$ 与 $\varepsilon$ 阶非线性相比较大。当 $\varepsilon=0$ 且 $F_0=0$ 时,非线性方程简化为具有固有频率 $\omega_n$ 和周期 $T=2\pi/\omega_n$ 的非强迫简谐振子。

对于 $\varepsilon=0$ 的情况,强迫频率是统一的且周期为 $2\pi$,线性方程的解为 $u_0$,即

$$u_0 = C_0 \cos\omega_n(t-t_0) + \frac{F_0}{\omega_n^2 - 1}\cos t, \quad \omega_n^2 \neq 1$$

式中: $C_0$ 和 $t_0$ 是整合的常数。解有两种方式可以具有与强迫项相同的 $2\pi$ 周期。一种方法是使 $\omega_n$ 成为整数。如果 $\omega_n$ 不是整数,那么,解 $u_0$ 可以是周期性的;第二种方式是 $C_0=0$,在这种情况下,周期自动为 $2\pi$,就像强制一样。

1. 强迫摆

在非线性问题中,自由响应、强制响应和初始条件之间存在耦合。我们无法单独解决自由振荡和强迫振荡,然后添加两个解。积分常数不会指定周期解的允许初始条件,但是是执行周期性解释的结果。

考虑强迫摆,有控制方程

$$\ddot{\theta} + \omega_n^2 \sin\theta = F_0 \cos\omega t$$

一个代表完全非线性摆方程的近似非线性方程为

$$\ddot{\theta} + \omega_n^2\left(\theta - \frac{\theta^3}{6}\right) = F_0 \cos\omega t$$

接下来,考虑这个等式的更一般的版本,其中我们使用变换 $\tau=\omega t$ 来对变量进行

无量纲化。然后,非线性控制方程变为

$$\omega^2 \theta'' + \omega_n^2 \theta - \frac{1}{6}\omega_n^2 \theta^3 = \Gamma \omega^2 \cos\tau$$

或

$$\theta'' + \Omega^2 \theta - \frac{1}{6}\Omega^2 \theta^3 = \Gamma \cos\tau$$

其中 $\Gamma = F_0/\omega^2$, $\Omega = \omega_n/\omega$。为了进一步推广[①],我们定义 $\varepsilon = -\Omega^2/6$ 并将扰动扩展应用于等式

$$\theta'' + \Omega^2 \theta + \varepsilon \theta^3 = \Gamma \cos\tau \tag{10.54}$$

其简化为 $\varepsilon = 0$ 的线性问题。我们寻找与驱动力同周期的解,其具有 $2\pi$ 周期。

通过以下方式将扩展视为 $\varepsilon$ 和 $\tau$ 的函数:

$$\theta(\tau,\varepsilon) = \theta_0(\tau) + \varepsilon\theta_1(\tau) + \varepsilon^2\theta_2(\tau) + \cdots \tag{10.55}$$

其中周期性条件 $\theta_i(\tau+2\pi) = \theta_i(\tau)$,$i = 0,1,2,\cdots$ 用于从解中删除任何非周期项。如果这种方法在实际意义上有效,则有必要 $\varepsilon \ll 1$ 使得 $\theta_0(\tau) \gg \varepsilon\theta_1(\tau)\varepsilon^2\theta_2(\tau)\cdots$。然后,我们可以保持扩展到 $\varepsilon$ 或 $\varepsilon^2$ 的阶数并获得精确的近似。到目前为止,所讨论的内容并没有假设强迫函数的性质,这里不需要扩展 $\omega$,因为在寻求具有已知周期的振荡。

该过程是将表达式 $\theta(\tau,\varepsilon)$ 和 $\theta''(\tau,\varepsilon)$ 关于 $\tau$ 的二阶导数替换为式(10.54),结果为

$$(\theta_0'' + \varepsilon\theta_1'' + \varepsilon^2\theta_2'' + \cdots) + \Omega^2(\theta_0 + \varepsilon\theta_1 + \varepsilon^2\theta_2 + \cdots) +$$
$$\varepsilon(\theta_0 + \varepsilon\theta_1 + \varepsilon^2\theta_2 + \cdots)^3 = \Gamma\cos\tau$$

当三次项展开时,就会得到 $\varepsilon^3$、$\varepsilon^4$ 和更高阶的表达式[②]。保留一个 $\varepsilon^2$ 阶的解并去掉所有高阶项意味着近似,即

$$\varepsilon(\theta_0 + \varepsilon\theta_1 + \varepsilon^2\theta_2)^3 \approx \varepsilon(\theta_0^3 + 3\theta_0^2\varepsilon\theta_1)$$

由于 $\theta_i$ 与 $\varepsilon$ 无关,并且对于所有 $\varepsilon$ 的逼近必须满足,展开的微分方程实际上是一个微分方程的序列,它可以通过等价于 $\varepsilon$ 中的同阶项来识别,即

$$\varepsilon^0: \theta_0'' + \Omega^2\theta_0 = \Gamma\cos\tau \tag{10.56}$$

$$\varepsilon^1: \theta_1'' + \Omega^2\theta_1 = -\theta_0^3 \tag{10.57}$$

$$\varepsilon^2: \theta_2'' + \Omega^2\theta_2 = -3\theta_0^2\theta_1 \tag{10.58}$$

---

① 我们定义 $\varepsilon$ 为正数,并在运动方程中的保留负号。当然,结果是一样的,但是有时希望保留 $\varepsilon$ 的物理意义,因为它是一个频率比,在这种情况下 $\varepsilon > 0$。

② 立方项展开式为
$$(\theta_0 + \varepsilon\theta_1 + \varepsilon^2\theta_2)^3 = \theta_0^3 + 3\theta_0^2\varepsilon\theta_1 + 3\theta_0^2\varepsilon^2\theta_2 + 3\theta_0\varepsilon^2\theta_1^2 +$$
$$6\theta_0\varepsilon^3\theta_1\theta_2 + 3\theta_0\varepsilon^4\theta_2^2 + \varepsilon^3\theta_1^3 + 3\varepsilon^4\theta_1^2\theta_2 + 3\varepsilon^5\theta_1\theta_2^2 + \varepsilon^6\theta_2^3$$

然后,由式(10.55)给出近似解,其误差为 $O(\varepsilon^3)$。

接下来,依次求解式(10.56)~式(10.58)。$\varepsilon^0$ 阶控制方程的解为

$$\theta_{0h}(\tau) = a_0\cos\Omega\tau + b_0\sin\Omega\tau$$

式中:下标 $h$ 表示均匀解;$a_0$ 和 $b_0$ 是常数,其值通过强制执行所需的周期来确定。特定的解为

$$\theta_{0p}(\tau) = \frac{\Gamma}{\Omega^2 - 1}\cos\tau$$

线性微分方程式(10.56)的完整解是均匀和特定解的总和。特定解在谐振条件 $\Omega = 1$ 处或附近无效。这种情况需要单独解决①。为简洁起见,我们也对此感兴趣,仅适用于具有加载周期 $T = 2\pi/1 \text{s}$ 的解。存在其他解,其中一些在下一节中进行了研究。

如果响应必须具有周期 $2\pi \text{s}$,则 $a_0 = b_0 = 0$,并且 $\theta_0(\tau) = \theta_{0p}(\tau)$。最后一个函数是立方的,即

$$\theta_0^3(\tau) = \left(\frac{\Gamma}{\Omega^2 - 1}\cos\tau\right)^3$$

$$= \left(\frac{\Gamma}{\Omega^2 - 1}\right)^3\left(\frac{3}{4}\cos\tau + \frac{1}{4}\cos3\tau\right)$$

它的负数是式(10.57)控制 $\theta_1(\tau)$ 的强迫函数。$\cos^3\tau$ 的扩展非常重要,因为它有助于识别立方余弦中包含的各种谐波分量。再次,忽略同质解,特定解为

$$\theta_{1p}(\tau) = a_1\cos\tau + b_1\cos3\tau, \quad \Omega \neq 1, 3$$

$$a_1 = \frac{3\Gamma^3}{4(\Omega^2 - 1)^4}$$

$$b_1 = \frac{\Gamma^3}{4(\Omega^2 - 1)(\Omega^2 - 9)}$$

对于式(10.58),有必要对输入函数 $3\theta_0^2\theta_1$ 进行评估。这里省略了这一步。修正为 $\varepsilon$ 的截断解为

$$\theta(\varepsilon, \tau) \approx \theta_0(\tau) + \varepsilon\theta_1(\tau) + O(\varepsilon^2)$$

其中,$\theta_0(\tau)$ 和 $\theta_1(\tau)$ 的表达式是已知的,并且 $\varepsilon = -\Omega^2/6$。变量现在可以转换回物理变量。

2. 任意强迫函数

我们从非线性控制方程开始,可得

---

① 在 $\Omega \approx 1$ 时,有

$$\Omega^2 \approx 1 + \varepsilon\beta \tag{10.59}$$

与 $\Gamma = \varepsilon\gamma$,如我们前面展开一样。

$$\ddot{\theta} + \alpha\dot{\theta} + \omega_n^2\theta + \varepsilon h(\theta,\dot{\theta}) = f(t) \tag{10.60}$$

其中强迫函数 $f(t)$ 是通用的。扩大 $\theta$，可得

$$\theta(t,\varepsilon) = \theta_0(t) + \varepsilon\theta_1(t) + \varepsilon^2\theta_2(t) + \cdots$$

其中 $\theta_0(t)$ 满足相应的线性微分方程。在将扩展代入控制方程之前，首先将非线性函数 $h(\theta,\dot{\theta})$ 扩展为线性解 $(\theta,\dot{\theta})$，以便我们可以跟踪 $\varepsilon$ 的各种阶数，即

$$h(\theta,\dot{\theta}) = h(\theta_0 + \varepsilon\theta_1 + \varepsilon^2\theta_2 + \cdots, \dot{\theta}_0 + \varepsilon\dot{\theta}_1 + \varepsilon^2\dot{\theta}_2 + \cdots)$$

$$= h(\theta_0,\dot{\theta}_0) + (\varepsilon\theta_1 + \varepsilon^2\theta_2 + \cdots)\frac{\partial}{\partial\theta}h(\theta_0,\dot{\theta}_0) +$$

$$(\varepsilon\dot{\theta}_1 + \varepsilon^2\dot{\theta}_2 + \cdots)\frac{\partial}{\partial\dot{\theta}}h(\theta_0,\dot{\theta}_0) + 高阶项$$

代入式(10.60)后，在 $\varepsilon$ 中保留了 $\varepsilon^2$ 和等幂等项的条件，生成了下列方程：

$$\varepsilon^0 : \ddot{\theta}_0 + \alpha\dot{\theta}_0 + \omega_n^2\theta_0 = f(t)$$

$$\varepsilon^1 : \ddot{\theta}_1 + \alpha\dot{\theta}_1 + \omega_n^2\theta_1 = -h(\theta_0,\dot{\theta}_0)$$

$$\varepsilon^2 : \ddot{\theta}_2 + \alpha\dot{\theta}_2 + \omega_n^2\theta_2 = -\theta_1\frac{\partial}{\partial\theta}h(\theta_0,\dot{\theta}_0) - \dot{\theta}_1\frac{\partial}{\partial\dot{\theta}}h(\theta_0,\dot{\theta}_0)$$

作为一个实际的问题，对于超过一个两项或三项的近似它变得很难解决。

对于 $\theta_0$ 和 $\theta_1$ 的解，现在用卷积积分得到了序列。对于一般的非线性函数 $h(\theta,\dot{\theta})$，可得

$$\theta_0(t) = \int_{-\infty}^{\infty} f(t-\tau)g(\tau)\mathrm{d}\tau$$

$$\theta_1(t) = -\int_{-\infty}^{\infty} h(\theta_0(t-\tau),\dot{\theta}_0(t-\tau))g(\tau)\mathrm{d}\tau$$

$$\vdots$$

式中：$g(t)$ 是脉冲响应函数。然后，对于 $\theta(t,\varepsilon) \approx \theta_0(t) + \varepsilon\theta_1(t)$，给出近似的两项响应

$$\theta(t) \approx \int_{-\infty}^{\infty} f(t-\tau)g(\tau)\mathrm{d}\tau - \varepsilon\int_{-\infty}^{\infty} h(\theta_0(t-\tau),\dot{\theta}_0(t-\tau))g(\tau)\mathrm{d}\tau$$

上面的推导确定了在强迫频率上的振荡。我们可以交替变换微分方程，引入响应频率，在 Lindstedt 方法中也可以展开。

### 例 10.9  随机参数激励的摄动技术

这个例子研究了随机参数振动的各个方面[1]。参数这个项意味着外部物理强迫的某些部分出现在运动方程的左边[2]，在一个或多个参数中，如阻尼或刚度，一个有趣的副产品——系统稳定性是由系统参数的相对大小决定的。因此，参数振动必须包含对系统稳定性的明确研究。

我们从运动的一般控制方程开始

$$m\frac{\mathrm{d}^2 x}{\mathrm{d}T^2} + c\frac{\mathrm{d}x}{\mathrm{d}T} + K_{\mathrm{rand}}(T)x = \varGamma(T) \qquad (10.61)$$

式中：$K_{\mathrm{rand}}(T)$ 和 $\varGamma(T)$ 是时间 $T$ 的随机函数。"随机"刚度可分解为一个零均值随机波动加上一个确定性均值，$K_{\mathrm{rand}}(T) = k_d + K_f$，因此 $E\{K_{\mathrm{rand}}(T)\} = k_d$。使用下列定义来对控制方程进行无量纲化，即

$$\omega_n = k_d/m, \quad \varsigma = c/2m\omega_n, \quad t = \omega_n T$$
$$X = xk_d/E\{F\} \quad K = K_f/k_d \quad F = F(T)/E\{F\}$$

将式(10.61)转换为下式

$$\frac{\mathrm{d}^2 X}{\mathrm{d}t^2} + 2\varsigma\frac{\mathrm{d}X}{\mathrm{d}t} + X + KX = F$$

假设 $K$ 和 $F$ 是统计上独立的平稳过程，虽然这并不一定是真的。随机输入被放在控制方程的右边，以便更清晰地组织解，即

$$\frac{\mathrm{d}^2 X}{\mathrm{d}t^2} + 2\varsigma\frac{\mathrm{d}X}{\mathrm{d}t} + X = F - KX$$

虽然这个方程是线性的，但是由于 $X$ 出现在方程的两边，所以线性不是纯的。需要一个迭代或顺序的解决过程。

在正式的解中，我们暂时忽略了等式两边同时出现 $X$ 的事实。卷积积分是右边出现的每个力的解 $F$ 和 $KX$，通过线性化，我们可以叠加响应的两个分量，即

$$X(t) = \int_{-\infty}^{\infty} g(\tau)F(t-\tau)\mathrm{d}\tau - \int_{-\infty}^{\infty} g(\tau)K(t-\tau)X(t-\tau)\mathrm{d}\tau \qquad (10.62)$$

---

[1] H. Benaroya, M. Rehak, "Parametric Random Excitation. I: Exponentially Correlated Parameters," Journal of Engineering Mechanics, Vol. 113, No. 6, June 1987, pp. 861–874。

H. Benaroya, M. Rehak, "Parametric Random Excitation. II: White–Noise Parameters," Journal of Engineering Mechanics, Vol. 113, No. 6, June 1987, pp. 875–884。

H. Benaroya, M. Rehak, "Response and Stability of Random Differential Equation: Part I Moment Equation Method," Journal of Applied Mechanics, Vol. 111, March 1989, pp. 192–195。

H. Benaroya, M. Rehak, "Response and Stability of Random Differential Equation: Part II Expansion Method," Journal of Applied Mechanics, Vol. 111, March 1989, pp. 196–201。

[2] R. A. Ibrahim, "Strucural Dynamics with Parameter Uncertainties," Applied Mechanics Reviews, Vol. 40, No. 3, March 1987, pp. 309–328。

式中:$g(t)$是脉冲响应函数,即

$$g(t) = \frac{\exp(-\varsigma t)}{\sqrt{1-\varsigma^2}} \sin\sqrt{1-\varsigma^2}\, t, \quad t \geq 0$$

由于$X(t)$出现在式(10.62)的两侧,因此需要递归过程。可以通过假设解来组织解

$$X(t) = \sum_{j=0}^{\infty} X_j(t)$$

然后,可得

$$X(t) = \int_{-\infty}^{\infty} g(\tau) F(t-\tau) \mathrm{d}\tau -$$

$$\int_{-\infty}^{\infty} g(\tau) K(t-\tau) [X_0(t-\tau) + X_1(t-\tau) + \cdots] \mathrm{d}\tau$$

其中,$X_0(t) = \int_{-\infty}^{\infty} g(\tau) F(t-\tau) \mathrm{d}\tau$ 是各自确定性问题的解,然后,可得

$$X_1(t) = -\int_{-\infty}^{\infty} g(t_1) K(t-t_1) X_0(t-t_1) \mathrm{d}t_1$$

$$X_2(t) = -\int_{-\infty}^{\infty} g(t_2) K(t-t_2) X_1(t-t_2) \mathrm{d}t_2$$

$$\vdots \tag{10.63}$$

注意:形式$X(t) = \sum_{j=0}^{\infty} \varepsilon^j X_j(t)$的扰动扩展将导致相同的一系列方程。

在式(10.63)的右侧进行适当的替换突出了这些方程式的隐藏复杂性,即

$$X_0(t) = \int_{-\infty}^{\infty} g(\tau) F(t-\tau) \mathrm{d}\tau$$

$$X_1(t) = -\int_{-\infty}^{\infty} \mathrm{d}t_1 g(t_1) K(t-t_1) \int_{-\infty}^{\infty} \mathrm{d}t_2 g(t_2) F(t-t_1-t_2)$$

$$X_2(t) = -\int_{-\infty}^{\infty} \mathrm{d}t_1 g(t_1) K(t-t_1) \int_{-\infty}^{\infty} \mathrm{d}t_2 g(t_2) K(t-t_1-t_2) \cdot$$

$$\int_{-\infty}^{\infty} \mathrm{d}t_3 g(t_3) F(t-t_1-t_2-t_3)$$

$$\vdots$$

由于$K$和$F$是随机过程,我们只能通过考虑每个$X_j(t)$的数学期望来进行,即

$$E\{X(t)\} = \sum_{j=0}^{\infty} E\{X_j(t)\}$$

其中

$$E\{X_0(t)\} = \int_{-\infty}^{\infty} g(\tau) E\{F(t-\tau)\} d\tau$$

$$E\{X_1(t)\} = -\int_{-\infty}^{\infty}\int_{-\infty}^{\infty} dt_1 dt_2 g(t_1) g(t_2) E\{K(t-t_1) F(t-t_1-t_2)\}$$

$$E\{X_2(t)\} = -\int_{-\infty}^{\infty}\int_{-\infty}^{\infty}\int_{-\infty}^{\infty} dt_1 dt_2 dt_3 g(t_1) g(t_2) g(t_3) \cdot$$

$$E\{K(t-t_1) K(t-t_1-t_2) F(t-t_1-t_2-t_3)\}$$

评估相关性

$$E\{K(t-t_1) F(t-t_1-t_2)\}$$

是基于 $K$ 和 $F$ 在统计上独立的假设,即

$$E\{K(t-t_1) F(t-t_1-t_2)\} = E\{K(t-t_1)\} E\{F(t-t_1-t_2)\}$$

其中,我们记得 $E\{K\}=0$。对于期望 $E\{X_2(t)\}$,有必要评估表达式

$$E\{K(t-t_1) K(t-t_1-t_2) F(t-t_1-t_2-t_3)\} = E\{K(t-t_1) K(t-t_1-t_2)\} \cdot$$

$$E\{F(t-t_1-t_2-t_3)\}$$

$$= R_{KK}(t_2) E\{F\}$$

响应的平均值是 $R_{KK}(\tau)$ 的函数,$R_{KK}(\tau)$ 是随机刚度的相关函数。该系列中的后续项需要评估高阶相关性。为了进一步继续上述项,假设物理相关模型为

$$R_{KK}(\tau) = \sigma_K^2 \exp(-\beta|\tau|) \qquad (10.64)$$

其中,$\sigma_K$ 和 $\beta$ 取决于特定的应用及其相关数据,并在图 10.11 中显示为 $\beta=1,2,4$。$\beta$ 值越大,曲线的衰减越快。

由于缺乏额外的数据,参数研究变得合适,其中数值变化以探索输出结果的敏感性。

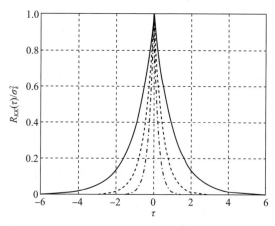

图 10.11  $R_{KK}(\tau)/\sigma_K^2 = \exp(-\beta|\tau|)$

### 10.3.5 随机杜芬振荡器

考虑受到随机力的杜芬(Duffing)方程并应用扰动技术来推导响应相关性和谱密度的估计。控制方程为

$$\ddot{X} + 2\varsigma\omega_n\dot{X} + \omega_n^2(X + rX^3) = F(t)$$

我们定义 $\varepsilon = \omega_n^2 r$,并回想起惯性振荡器符号 $c/m = 2\varsigma\omega_n$ 和 $k/m = \omega_n^2$。单位质量的激发 $F(t)$ 是具有功率谱 $S_{FF}(\omega)$ 的静态高斯随机过程。

控制展开式中各项的方程 $X \approx X_0 + \varepsilon X_1 + \varepsilon^2 X_2$ 中的项为

$$\ddot{X}_0 + 2\varsigma\omega_n\dot{X}_0 + \omega_n^2 X_0 = F(t) \tag{10.65}$$

$$\ddot{X}_1 + 2\varsigma\omega_n\dot{X}_1 + \omega_n^2 X_1 = -X_0^3 \tag{10.66}$$

$$\ddot{X}_2 + 2\varsigma\omega_n\dot{X}_2 + \omega_n^2 X_2 = -3X_0^2 X_1 \tag{10.67}$$

式(10.65)是由随机负载 $F(t)$ 驱动的线性振荡器。

注意:上述过程采用非线性振荡器并将其转换为一系列线性振荡器。非线性已经移动到每个线性振荡器的右侧,但系统方程,即左侧,始终是线性的,并且通过卷积积分可以解决,无论右边驱动它的函数形式如何。

无穷序列解中的前3项为

$$X_0(t) = \int_{-\infty}^{\infty} g(t) F(t-\tau) \, d\tau \tag{10.68}$$

$$X_1(t) = -\int_{-\infty}^{\infty} g(t) X_0^3(t-\tau) \, d\tau \tag{10.69}$$

$$X_2(t) = -3\int_{-\infty}^{\infty} g(t) X_0^2(t-\tau) X_1(t-\tau) \, d\tau \tag{10.70}$$

其中

$$g(t) = (1/\omega_d)\exp(-\varsigma\omega_d t)$$

$$\omega_d = \omega_n\sqrt{1-\varsigma^2}$$

然后,将式(10.68)的解取立方并代入式(10.69),并且该等式被积分以得到表达式 $X_1(t)$。然后,将该表达式和 $X_0^2(t)$ 的表达式代入式(10.70)以进行积分。由于 $F(t)$ 是时间的随机函数,因此,只能估计响应的统计数据。对于三项展开式,响应的平均值由下式给出

$$E\{X\} = E\{X_0\} + \varepsilon E\{X_1\} + \varepsilon^2 E\{X_2\}$$

其中

$$E\{X_0\} = \int_{-\infty}^{\infty} g(t) E\{F(t-\tau)\} \, d\tau$$

$$E\{X_1\} = -\int_{-\infty}^{\infty} g(t) E\{X_0^3(t-\tau)\} d\tau$$

$$E\{X_2\} = -3\int_{-\infty}^{\infty} g(t) E\{X_0^2(t-\tau) X_1(t-\tau)\} d\tau$$

对这些期望的评估在分析上可能非常困难,并且通常需要对变量的统计特性进行一些假设。

更复杂的是估计输出相关函数 $R_{XX}(\tau)$ 和谱密度 $S_{XX}(\omega)$,即

$$\begin{aligned}
R_{XX}(\tau) &= E\{X(t)X(t+\tau)\} \\
&\approx E\{[X_0(t) + \varepsilon X_1(t) + \varepsilon^2 X_2(t)][X_0(t+\tau) + \varepsilon X_1(t+\tau) + \varepsilon^2 X_2(t+\tau)]\} \\
&= E\{X_0(t)X_0(t+\tau) + \varepsilon X_0(t)X_1(t+\tau) + \varepsilon^2 X_0(t)X_2(t+\tau) + \\
&\quad \varepsilon X_1(t)X_0(t+\tau) + \varepsilon^2 X_1(t)X_1(t+\tau) + \varepsilon^3 X_1(t)X_2(t+\tau) + \\
&\quad \varepsilon^2 X_2(t)X_0(t+\tau) + \varepsilon^3 X_2(t)X_1(t+\tau) + \varepsilon^4 X_2(t)X_2(t+\tau)\}
\end{aligned}$$

为了评估该表达式,需要大量的相互关系数据。为了与 $X(t)$ 的展开仅为 $\varepsilon^2$ 阶相一致,放弃大于 $\varepsilon^2$ 阶的项。因此,有

$$R_{XX}(\tau) \approx R_{X_0 X_0}(\tau) + \varepsilon[R_{X_0 X_1}(\tau) + R_{X_1 X_0}(\tau)] + \\
\varepsilon^2[R_{X_1 X_1}(\tau) + R_{X_0 X_2}(\tau) + R_{X_2 X_0}(\tau)]$$

响应谱密度近似是 $R_{XX}(\tau)$ 的傅里叶变换,即

$$S_{XX}(\omega) \approx S_{X_0 X_0}(\omega) + \varepsilon[S_{X_0 X_1}(\omega) + S_{X_1 X_0}(\omega)] + \\
\varepsilon^2[S_{X_1 X_1}(\omega) + S_{X_0 X_2}(\omega) + S_{X_2 X_0}(\omega)]$$

虽然方程的推导相对简单,但实际情况是,几乎没有必要的数据来执行方程中的计算。通常情况下,为了得到一个数值解,分析人员可能只保留到 $\varepsilon$ 阶的项,即使这样,也需要进行主要的简化。

### 10.3.6 次谐波和超谐波振荡

线性振荡系统响应于强迫函数的频率,非线性系统也响应于次谐波和超谐波频率[①]。人们可能会问:为什么这些谐波会存在? 正如斯托克斯所说[②],"对它们的发生

---

[①] 举例说明,情况并非如此,参见 D. W. Jordan, P. Smith, Nonlinear Ordinary Differential Equations, Oxford University Press, 1977, pp. 195 – 196。

[②] "对它们的出现给出合理的物理解释,并不是一件简单的事情。让我们回顾一下线性系统的行为。如果线性系统的自由振动的频率为 $\omega_n/m$,其中 $m$ 为整数,则频率为 $\omega_n$ 的周期性外力除了可以激发频率 $\omega_n$ 之外,还可以激发自由振动。为什么非线性系统的情况会有所不同? 通常提供的解释如下:非线性系统的任何自由振荡都包含较高的谐波,因此,与该频率之一相同频率的外力可能能够激发并维持该谐波较低的频率。当然,实际上应该发生这种情况,可能要求阻尼不要太大,并且要采取各种适当的预防措施。" J. J. Stoker, Nonlinear Vibrations in Mechanical and Electrical Systems, 1992, p. 103。

给出一个合理的物理解释并不是一个完全简单的问题。"

次谐波响应涉及频率 $\omega_m$ 处的振荡,该振荡与强迫频率 $\Omega$ 通过以下等式相关:

$$\omega_m = \frac{\Omega}{m}, \quad m = 2,3,\cdots$$

类似地,超谐波响应涉及频率 $\omega_n$ 处的振荡,该振荡与强迫频率 $\Omega$ 相关:

$$\omega_n = n\Omega, n = 2,3,\cdots$$

此外,由两个不同频率的力的组合加载的非线性系统,如 $\Omega_1$ 和 $\Omega_2$,以这些频率的各种组合做出响应。本节研究了几个案例来说明可能的行为[①]。

值得注意的是,除了强迫频率恰好等于有理数的解之外,还出现了用于强迫频率几乎等于有理数的附加周期解。此外,并非所有有理数都产生这种效果;只有小整数比例的有理数(如 1、1/2、1/3、2/3)才会产生。

1. 次谐波

当强制使用非线性方程时,非线性项产生的"外来"谐波可能会导致一系列参数和一系列频率出现稳定的次谐波。即使在存在阻尼的情况下,强迫幅度也在产生和维持稳定的次谐波中起作用。

我们认为,无阻尼杜芬振荡器具有周期解,其基频等于驱动频率的1/3。我们从式(10.42)开始,即

$$\ddot{x} + \omega_n^2 x = -\varepsilon\omega_n^2(\alpha x + \beta x^3) + F\cos\Omega t, \quad \varepsilon \ll 1$$

力幅度不一定很小,因此不乘以 $\varepsilon$。令 $\omega_n = \Omega/3$,并假设 $t$ 中有以下扩展,

$$x(t,\varepsilon) = x_0(t) + \varepsilon x_1(t) + \varepsilon^2 x_2(t) + \cdots$$

不需要扩展无阻尼振荡器的相位。按照前面的步骤,我们得到了一系列方程,即

$$\ddot{x}_0 + \left(\frac{\Omega}{3}\right)^2 x_0 = F\cos\Omega t \tag{10.71}$$

$$\ddot{x}_1 + \left(\frac{\Omega}{3}\right)^2 x_1 = -\left(\frac{\Omega}{3}\right)^2(\alpha x_0 + \beta x_0^3) \tag{10.72}$$

$$\ddot{x}_2 + \left(\frac{\Omega}{3}\right)^2 x_2 = -\left(\frac{\Omega}{3}\right)^2(\alpha x_1 + 3\beta x_0^2 x_1) \tag{10.73}$$

式(10.71)~式(10.73)按照所需的周期条件顺序求解,可得

$$x_i\left(\frac{\Omega}{3}t + 2\pi\right) = x_i\left(\frac{\Omega}{3}t\right)$$

对于所有 $i$,假定的初始条件,$x_i'(0) = 0$。式(10.71)的解为

$$x_0(t) = C_0\cos\frac{\Omega}{3}t - \frac{9F}{8\Omega^2}\cos\Omega t \tag{10.74}$$

---

[①] L. Meirovitch, Fundamentals of Vibrations, McGraw-Hill, 2001。

该等式代入 $x_i(t)$ 的控制方程可得式(10.72)。在扩展 $x_0^3$ 项并简化以确保周期解后,将解中的项 $\cos(\Omega t/3)$ 乘以 $x_1(t)$ 的因子设置为等于零,得到

$$C_0^2 - \frac{9F}{8\Omega^2}C_0 + 2\left(\frac{9F}{8\Omega^2}\right)^2 + \frac{4\alpha}{3\beta} = 0 \tag{10.75}$$

式(10.75)是具有根的二次方程

$$C_0 = \frac{1}{2}\frac{9F}{8\Omega^2} \pm \frac{1}{2}\sqrt{-7\left(\frac{9F}{8\Omega^2}\right)^2 - \frac{16\alpha}{3\beta}}$$

其中,$C_0$ 必须是实数,这意味着,根号下的表达式必须大于或等于零。另外,通过以下表达式定义 $\omega_0^2$,可得

$$\omega_0^2 = (1+\varepsilon\alpha)\omega_n^2 = (1+\varepsilon\alpha)\frac{\Omega^2}{9} \tag{10.76}$$

并且求解 $\Omega^2$,我们做出近似

$$\Omega^2 \approx 9\omega_0^2(1-\varepsilon\alpha)$$

其中,$(1+\varepsilon\alpha)^{-1} \approx (1-\varepsilon\alpha)$,根据式(10.51)的讨论,这里 $\omega_n = \Omega/3$。

这种振荡称为三阶次谐波。该阶数与弹簧恢复力的非线性功率一致。

2. 组合谐波

在线性振动中,如果振荡器受到不同频率的两个力,则响应的叠加可以得到它的响应,每个载荷对应一个。这里检查非线性对应物。除了非耦合响应之外,还有响应是驱动频率的整数倍以及驱动频率的线性组合。

我们考虑以下 Duffing 方程:

$$\ddot{x} + \omega_n^2 x = -\varepsilon\beta\omega_n^2 x^3 + F_1\cos\Omega_1 t + F_2\cos\Omega_2 t, \quad \varepsilon \ll 1$$

假设展开解和相等阶的等式项,我们得到下面的方程序列,即

$$\ddot{x}_0 + \omega_n^2 x_0 = F_1\cos\Omega_1 t + F_2\cos\Omega_2 t \tag{10.77}$$

$$\ddot{x}_1 + \omega_n^2 x_1 = -\beta\omega_n^2 x_0^3 \tag{10.78}$$

$$\ddot{x}_2 + \omega_n^2 x_2 = -3\beta\omega_n^2 x_0^2 x_1$$

仅考虑稳态响应,式(10.77)的解为

$$x_0(t) = G_1\cos\Omega_1 t + G_2\cos\Omega_2 t \tag{10.79}$$

其中

$$G_1 = \frac{F_1}{\omega_n^2 - \Omega_1^2}, \quad G_2 = \frac{F_2}{\omega_n^2 - \Omega_2^2}$$

将式(10.79)插入式(10.78),我们得到了强制函数的显式表达式[①],即

---

[①] 我们使用三角函数等式 $\cos a\cos b = \frac{1}{2}[\cos(a+b)+\cos(a-b)]$。

$$\ddot{x}_1 + \omega_n^2 x_1 = C_1\cos\Omega_1 t + C_2\cos\Omega_2 t +$$
$$C_3[\cos(2\Omega_1+\Omega_2)t + \cos(2\Omega_1-\Omega_2)t] +$$
$$C_4[\cos(\Omega_1+2\Omega_2)t + \cos(\Omega_1-2\Omega_2)t] +$$
$$C_5\cos3\Omega_1 t + C_6\cos3\Omega_2 t \tag{10.80}$$

其中

$$C_1 = -\frac{3}{4}\beta\omega_n^2 G_1(G_1^2+2G_2^2), C_2 = -\frac{3}{4}\beta\omega_n^2 G_2(2G_1^2+G_2^2)$$

$$C_3 = -\frac{3}{4}\beta\omega_n^2 G_1^2 G_2, C_4 = -\frac{3}{4}\beta\omega_n^2 G_1 G_2^2$$

$$C_5 = -\frac{1}{4}\beta\omega_n^2 G_1^3, C_6 = -\frac{1}{4}\beta\omega_n^2 G_2^3$$

从这些结果可以清楚地看出,非线性方程的解由谐波分量 $\Omega_1$ 和 $\Omega_2$ 的线性组合组成。由于这些组合谐波出现在 $\varepsilon$ 阶项的解中,因此它们通常比零阶解 $x_0(t)$ 小一个数量级。然而,如果任何组合频率接近频率 $\omega_n$,则较高的谐振型幅度是可能的。$G_1$ 和 $G_2$ 的表达式表明,当 $\Omega_1 \approx \omega_n$ 或 $\Omega_2 \approx \omega_n$ 时,放大率是如何发生的。

## 10.4　Mathieu 方程

具有时间相关系数的方程出现在许多应用中,如弹性管中的轴向流动和直升机叶片的动力学。如图 10.12 所示,悬挂在移动底座上的摆锤的摆动代表了这些问题。它是一种简化的模型,用于表示集装箱中的流体晃动,可能是飞机机翼或火箭中的燃料。在其基频处的流体运动被解释为在那些基频处的摆锤振荡。

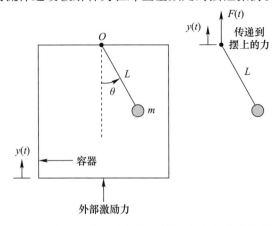

图 10.12　摆锤围绕垂直振荡支撑摆动,摆锤的自由体图

493

运动方程为

$$\ddot{y} + L\ddot{\theta}\sin\theta + L\dot{\theta}^2\cos\theta + g = \frac{F(t)}{m} \tag{10.81}$$

$$mL^2\ddot{\theta} + mL\ddot{y}\sin\theta + mgL\sin\theta = 0 \tag{10.82}$$

式中：$g$ 是重力加速度。我们检查关于平衡位置 $\theta = 0$ 的运动的稳定性。在小 $\theta$ 的区域中，式(10.82)可以写成

$$\ddot{\theta} + \frac{1}{L}(\ddot{y} + g)\theta = 0 \tag{10.83}$$

这与 $y$ 方向的加速度相关联。式(10.81)可以写成

$$\ddot{y} + L\ddot{\theta}\theta + L\dot{\theta}^2 + g = \frac{F(t)}{m} \tag{10.84}$$

它是简化的，但仍然是非线性的。如果 $\theta$ 和 $\dot{\theta}$ 是小的，像 $\dot{\theta}^2$ 和 $\ddot{\theta}\theta$ 这样的高阶项可能会被忽略。在这种情况下，式(10.84)被线性化为

$$\ddot{y} + g = \frac{F(t)}{m} \tag{10.85}$$

并与 $\theta$ 运动分离。如果支持运动是谐波的，可以写出 $y = A\cos\omega t$，然后，根据式(10.85)，所需的力是 $F(t) = -mA\omega^2\cos\omega t + mg$。将 $\ddot{y}$ 代入式(10.83)，我们得到了控制 $\theta$ 的方程，即

$$\ddot{\theta} + \frac{1}{L}(g - A\omega^2\cos\omega t)\theta = 0 \tag{10.86}$$

这是一个具有时变系数的方程。

这种形式的方程称为 Mathieu 方程[①]。我们立即注意到，$(g - A\omega^2\cos\omega t)$ 是一个谐波函数，它可以具有负值或正值，具体取决于 $g$、$A$ 和 $\omega$ 的相对大小。如果 $g > A\omega^2$，则 $g > A\omega^2\cos\omega t$，系数 $\theta$ 总是正的，响应 $\theta(t)$ 总是稳定的。如果 $g < A\omega^2$，则我们获得具有 $\exp(+\omega T)$ 形式的系数的解，其无限制地增长。

Mathieu 方程在工程和物理学中有应用，可用于回答有关动态系统稳定性的问题，如浮动结构。由于不稳定的可能性，我们期望描绘解周期性和稳定性的参数范围，并定义稳定性和不稳定性之间的界限。

扰动方法可用于定位周期解以及稳定边界。Mathieu 方程的一般形式为

$$\ddot{\theta} + (\delta + 2\varepsilon\cos 2t)\theta = 0 \tag{10.87}$$

其中 $\varepsilon \ll 1$，以及式(10.86)和式(10.87)的转换是直截了当的。该等式代表准谐波系

---

[①] Mathieu 方程是 Hill's 方程的特例。关于此类方程式，存在大量专业文献。前面引用的有关扰动方法的文献提供了介绍。另一个有用的参考是 R. Grimshaw, Nonlinear Ordinary Differential Equations, CRC Press, 1993，其中包含周期系数的线性方程。

统。对于 $\varepsilon=0$，恢复线性谐振子，其中参数 $\delta$ 代表固有频率的平方。

振荡的特征取决于 $\delta$ 和 $\varepsilon$ 的相对大小，并且可以使用 $\delta-\varepsilon$ 参数空间以图形方式方便地识别稳定区域。该平面通过边界或过渡曲线分为稳定性和不稳定性区域。这种曲线上的任何点都由周期解表征。随后讨论的图 10.13 是这种图的一个例子。阴影区域有时称为不稳定地带。

使用 Lindstedt 方法获得 Mathieu 方程的周期解，我们假设 $\theta(t)$ 的扩展解，并扩展"频率"参数 $\delta$，即

$$\theta(t,\varepsilon)=\theta_0(t)+\varepsilon\theta_1(t)+\varepsilon^2\theta_2(t)+\cdots$$

$$\delta=n^2+\varepsilon\delta_1+\varepsilon^2\delta_2+\cdots, n=0,1,2,\cdots$$

$\delta$ 的扩展意味着它与整数 $n$ 平方的小量不同。再次，$\delta$ 代表一个频率平方项，因为我们知道行为是准振荡的，发现 $\delta$ 与 $n^2$ 的变化不大。$\delta$ 存在其他扩展可能性，包括非整数扩展[①]。

将这些扩展代入式（10.87）并使 $\varepsilon$ 的相似幂的系数相等，我们得到以下方程序列，即

$$\ddot{\theta}_0+n^2\theta_0=0 \tag{10.88}$$

$$\ddot{\theta}_1+n^2\theta_1=-(\delta_1+2\cos 2t)\theta_0 \tag{10.89}$$

$$\ddot{\theta}_2+n^2\theta_2=-(\delta_1+2\cos 2t)\theta_1-\delta_2\theta_0 \tag{10.90}$$

$$\vdots$$

每个 $n=0,1,2$ 的值都有一个集合。对于 $n$ 的每个值，按顺序求解式（10.88）~式（10.90）。

集合中的第一个方程提供零阶近似，即

$$\theta_0(t)=\begin{cases}\cos nt\\ \sin nt\end{cases}, \quad n=0,1,2,\cdots \tag{10.91}$$

通过将式（10.91）代入式（10.89）和式（10.90）并选择参数使得解 $\theta_i(t)$，$i=1,2,\cdots$，得到过渡曲线。它是周期性的。此过程导致无穷数量的解对，每个 $n$ 值对应一对，但对于 $n=0$，只有一个解。

1. 案例 $n=0$

首先我们考虑 $n=0$ 的情况，其中 $\theta_0=1$（$\theta_0=0$ 是一个简单的解，不会导致任何进一步的信息）。$\theta_1$ 的等式变为

---

① $\delta$ 的其他展开式 $D$ 会导致其他部分的不稳定，例如，来自下式

$$\delta=\frac{(2n+1)^2}{4}, \quad n=0,1,2,\cdots$$

其他部分的不稳定性出现在各种扰动方法中的高阶截断。

$$\ddot{\theta}_1 = -\delta_1 - 2\cos 2t$$

对于 $\theta_1$ 是周期性的情况,$\delta_1$ 必须等于零,在这种情况下,有

$$\theta_1 = \frac{1}{2}\cos 2t$$

控制 $\theta_2$ 的 $n=0$ 的等式变为

$$\ddot{\theta}_2 = -2\cos 2t\left(\frac{1}{2}\cos 2t\right) - \delta_2$$

$$= -\left(\frac{1}{2} + \delta_2\right) - \frac{1}{2}\cos 4t$$

其中使用三角关系 $\cos^2 2t = (1+\cos 4t)/2$。对于 $\theta_2$ 是周期性的,右边的常数项必须设置为等于零,因此,$\delta_2 = -1/2$。对应于 $n=0$,只有一条过渡曲线,即

$$\delta = -\frac{1}{2}\varepsilon^2 + \cdots$$

对于二阶近似,它是通过 $\delta-\varepsilon$ 参数平面原点的抛物线,如图 10.13 所示。

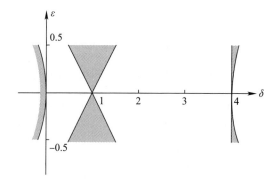

图 10.13　阴影区域不稳定的参数平面
(对于 $n=0$、$1$ 和 $2$,生成阴影区域和非阴影区域之间的边界曲线,并表示振荡解)

2. 案例 $n=1$

接下来,我们考虑 $n=1$ 的情况。现在有两个零阶解,即

$$\theta_0 = \begin{cases} \cos t \\ \sin t \end{cases}$$

我们得出这些解中的第一个解的过渡曲线,$\theta_0 = \cos t$,其中 $\theta_0 = \cos t$ 的控制方程变为

$$\ddot{\theta}_1 + \theta_1 = -(\delta_1 + 2\cos 2t)\cos t$$

$$= -(\delta_1 + 1)\cos t - \cos 3t$$

其中,使用标识 $2\cos 2t \cos t = \cos 3t + \cos t$。我们从早期的振动研究中得知,如果一个无阻

尼振荡器被强迫在其固有频率上,它将产生共振。这里"固有频率"等于1,"加载"$-(\delta_1+1)\cos t$的频率也是等于1。因此,为了防止非周期项,我们必须设置$\delta_1=-1$。然后是简化微分方程的解

$$\theta_1 = \frac{1}{8}\cos 3t$$

将$\theta_0$、$\theta_1$和$\delta_1$代入$\theta_2$的控制方程中得到等式

$$\ddot{\theta}_2 + \theta_2 = -\frac{1}{8}(-1+2\cos 2t)\cos 3t - \delta_2\cos t$$

$$= -\left(\frac{1}{8}+\delta_2\right)\cos t + \frac{1}{8}\cos 3t - \frac{1}{8}\cos 5t$$

我们用恒等式$2\cos 2t\cos 3t = \cos 5t + \cos t$。用$\theta_2$和$\theta_1$相同的观点,要得到周期解,$\cos t$的系数必须等于0,得到$\delta_2 = -1/8$。在二阶过程中截断计算,对应于$\theta_0 = \cos t$的过渡曲线

$$\delta = 1 - \varepsilon - \frac{1}{8}\varepsilon^2 + \cdots$$

继续推导对应于$\theta_0 = \sin t$的过渡曲线,控制方程$\theta_1$变为

$$\ddot{\theta}_1 + \theta_1 = -(\delta_1 + 2\cos 2t)\sin t$$

$$= -(\delta_1 - 1)\sin t - \sin 3t \qquad (10.92)$$

这里用的关系是$2\cos 2t\sin t = \sin 3t - \sin t$。式(10.92)的解在$\delta_1 = 1$时是周期性的,可得

$$\theta_1 = \frac{1}{8}\sin 3t$$

控制方程$\theta_2$变为

$$\ddot{\theta}_2 + \theta_2 = -\frac{1}{8}(-1+2\cos 2t)\sin 3t - \delta_2\sin t$$

$$= -\left(\frac{1}{8}+\delta_2\right)\sin t - \frac{1}{8}\sin 3t + \frac{1}{8}\sin 5t$$

$$2\cos 2t\sin 3t = \sin 5t + \sin t$$

对于$\theta_2$是周期性的,它必须是$\delta_2 = -1/8$,而对应于$\theta_0 = \sin t$的跃迁曲线为

$$\delta = 1 + \varepsilon - \frac{1}{8}\varepsilon^2 + \cdots$$

3. 案例 $n \geq 2$

最后,我们考虑$n=2,3,4$的情况。可以用与以前相同的方式获得过渡曲线。对应于$n=2$的过渡曲线为

$$\delta = 4 + \frac{5}{12}\varepsilon^2 + \cdots, \quad \theta_0 = \cos 2t \tag{10.93}$$

$$\delta = 4 - \frac{1}{12}\varepsilon^2 + \cdots, \quad \theta_0 = \sin 2t \tag{10.94}$$

过渡曲线可以在 $\delta-\varepsilon$ 平面上绘制，$\delta-\varepsilon$ 平面定义了稳定性和不稳定性区域。图 10.13 显示了 $n=0,1,2$ 时生成的曲线。这个图形称为斯特拉特图，以瑞利勋爵的名字命名[①]。终止于 $(\delta,\varepsilon)=(1,0)$ 的区域称为主不稳定区域。它比终止于 $\delta=n^2$，$n=2,3,\cdots$ 点的区域宽。不稳定区域为阴影部分，围绕 $\delta$ 轴对称。稳定区域在点 $\delta=n^2$，$\varepsilon=0,n=0,1,2\cdots$ 处相连。

这些图可用于确定设计中使用的参数是否在不稳定区域中或附近。虽然 $\delta$ 和 $\varepsilon$ 可以是物理系统中的任何值，但是由于

$$\delta = \frac{g}{l}, \quad \varepsilon = -\frac{A\omega^2}{2L}$$

因此只有某些值会导致周期解。具有阻尼的 Mathieu 方程导致类似的结果，除了阻尼常数 $c>0$ 的阴影区域与 $\delta$ 轴分离之外。

## 10.5 范德波尔方程

一个多世纪以来，范德波尔方程一直被用来模拟一种非常特殊的非线性行为，称为自激振荡，在一个总是运动的系统中，有时耗散能量，有时吸收能量。

它应用的一个例子是涡激振动的流振模型。毕肖普和哈桑[②]首先提出了使用范德波尔式振荡器来表示由于涡流脱落而对圆柱体产生的时变力的想法，柯里[③]提出了早期振荡器模型中最值得注意的一个。在他们的模型中，升力的范德波尔[④]软非线性振荡器与圆柱体的运动是线性依赖于圆柱体的速度的。圆柱体的运动是受限制的，所以为纯横向的平移，垂直于流体的方向和圆柱体的轴。圆柱体受线性弹簧约束，呈线性阻尼。

数学模型由以下一对耦合的无量纲微分方程给出

$$x_r'' + 2\varsigma x_r' + x_r = a\omega_0^2 c_L \tag{10.95}$$

$$c_L'' - \alpha\omega_0 c_L' + \frac{\gamma}{\omega_0}(c_L')^3 + \omega_0^2 c_L = bx_r' \tag{10.96}$$

---

[①] 正如约翰·威廉·斯特鲁特的传记指出的他的名字。

[②] R. E. D. Bishop, A. Y. Hassan, "The Lift and Drag Forces on a Circular Cylinder in a Flowing Fluid," Proceedings of the Royal Sociiety, Series A, Mathematical and Physical Sciences, Vol. 277, 1963, pp. 32–50。

[③] R. T. Hartlen, I. G. Currie, "Lift–Oscillator Model of Vortex Induced Vibration," Journal of Engineering Mechanics, Vol. 96, No. 5, 1970, pp. 577–591。

[④] 范德波尔振荡器的概念在 10.5.3 节介绍。

式中：撇号表示对无量纲时间 $\tau = \omega_n t$ 的导数；$x_r$ 是无量纲位移；$\varsigma$ 是材料阻尼因子；$a$ 是一种已知的无量纲常数；$c_L$ 是升力系数，这是圆柱位移振幅的响应；$\omega_0$ 是斯特劳哈尔放射频率与圆柱体的固有频率的比值，$\omega_0 = f/f_n$。无量纲的 Strouhal 数定义为 $St = fD/V$，其中 $D$ 为圆柱体直径，$V$ 为流速，$f$ 为脱落频率。

在未确定的参数 $\alpha$、$\gamma$ 和 $b$ 中，只有两个必须被选择来提供与实验数据相匹配的数据。这是因为 $\alpha$ 和 $\gamma$ 通过表达式 $C_{L0} = (4\alpha/3\gamma)^{1/2}$ 相互关联，其中 $C_{L0}$ 是一个固定柱体的 $C_L$ 的波动振幅。式(10.96)左边的第二项提供了升力系数 $C_L$ 的增长，左边的第三项阻止了它的无限增长。这些项对于模型的成功非常重要，因为涡激振动的大振幅振荡特性伴随着升力系数的显著(但有限)增加。

通过适当的参数选择，Hartlen 和 Currie 模型定性地捕捉了实验结果中所看到的许多特征。例如，当涡流脱落频率接近圆柱体的固有频率时，会产生较大的柱体振荡幅值共振区。这个区域的振荡频率在接近圆柱体固有频率时几乎是恒定的。

### 10.5.1 非强迫范德波尔方程

非强迫范德波尔方程由下式给出

$$\ddot{x} - \alpha(1 - x^2)\dot{x} + x = 0, \quad \alpha > 0 \tag{10.97}$$

如果 $\alpha$ 很小，那么，可以使用 $\varepsilon$ 符号并且范德波尔方程变为

$$\ddot{x} + x = \varepsilon(1 - x^2)\dot{x} \tag{10.98}$$

把等式右侧展开到 $\varepsilon^2$，也就是 $x = x_0 + \varepsilon x_1 + \varepsilon^2 x_2$，可得

$$(1 - x^2)\dot{x} \approx [1 - (x_0 + \varepsilon x_1 + \varepsilon^2 x_2)^2](\dot{x}_0 + \varepsilon \dot{x}_1 + \varepsilon^2 \dot{x}_2)$$

$$\approx (1 - x_0^2)\dot{x}_0 + \varepsilon[-2x_0 x_1 \dot{x}_0 + (1 - x_0^2)\dot{x}_1] +$$

$$\varepsilon^2[-x_1^2 \dot{x}_0 - 2x_0 x_2 \dot{x}_0 - 2x_0 x_1 \dot{x}_1 + (1 - x_0^2)\dot{x}_2]$$

将结果代入式(10.98)中，将同阶项代入 $\alpha$ 中，我们得到如下的方程序列

$$\varepsilon^0: \ddot{x}_0 + x_0 = 0$$

$$\varepsilon^1: \ddot{x}_1 + x_1 = (1 - x_0^2)\dot{x}_0$$

$$\varepsilon^2: \ddot{x}_2 + x_2 = -2x_0 x_1 \dot{x}_0 + (1 - x_0^2)\dot{x}_1$$

$$\varepsilon^3: \ddot{x}_3 + x_3 = -x_1^2 \dot{x}_0 - 2x_0 x_2 \dot{x}_0 - 2x_0 x_1 \dot{x}_1 + (1 - x_0^2)\dot{x}_2$$

由于展开到 $\varepsilon^2$，因此忽略了 $O(\varepsilon^3)$ 的方程。

现在每个方程都按顺序求解，并给出 $x(t)$ 的近似解：

$$x(t, \varepsilon) \approx x_0 + \varepsilon x_1 + \varepsilon^2 x_2$$

通过与实验数据的比较，可以确定该近似解的有效性。接下来，我们将解出强迫范德波尔方程。

### 10.5.2 限制周期

在10.1.1节中,我们讨论了运动的稳定性,并注意到所有运动要么趋向于平衡点,要么变得不稳定。也有可能,不是接近一个平衡点,运动可以接近一个称为平衡路径的相平面上的闭合轨迹。这个轨迹可以从内部或外部接近,我们接下来会看到。

对于阻尼振动,在有平衡路径的地方,轨迹可以从接近原点或远离原点的初始条件开始,所有的轨迹都接近原点的闭合曲线。这条曲线表示控制方程的周期解,但不是谐波解,称为极限环。范德波尔振荡器方程式(10.97),就有这样一个极限环。

这个方程支配着许多系统,包括非线性的机械系统和电气系统。由于阻尼力的形式为 $\alpha(1-x^2)\dot{x}$,小振幅有负阻尼,大振幅有正阻尼,这取决于 $(1-x^2)$ 的符号。

范德波尔方程可以在相平面上绘制出来。从两个一阶方程开始:

$$\dot{x} = y$$
$$\dot{y} = \alpha(1-x^2)y - x$$

轨迹是由下式定义的,即

$$\frac{\mathrm{d}y}{\mathrm{d}x} = \frac{\alpha(1-x^2)y - x}{y}$$

无论初始条件如何,轨迹渐近地接近极限环内的一个初始点,遵循一个外旋轨迹。在极限之外的初始点,循环遵循内在螺旋轨迹。无数的等斜线穿过原点①,这就是奇点。极限环有一个有趣的性质,即无论 $\alpha$ 的值是多少,$x$ 的最大值总是接近2。

图10.14 显示了两种情况的轨迹。图10.15 显示了对于相同的两种情况(几个初始条件),该振荡器的时间历史。范德波尔方程只能用数值或近似的方法求解,下一节将通过摄动法进行求解。

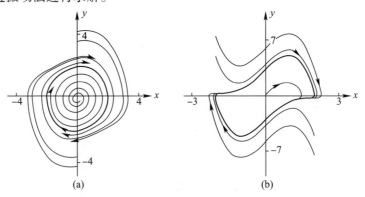

图10.14 范德波尔方程在若干初始条件下的轨迹(极限环是粗线)
(a)$\alpha=0.3$; (b)$\alpha=3$。

---

① 等斜线定义为通过轨迹的轨迹具有恒定斜率的点的轨迹。等斜线方法用于构造单自由度的动力学系统的轨迹。

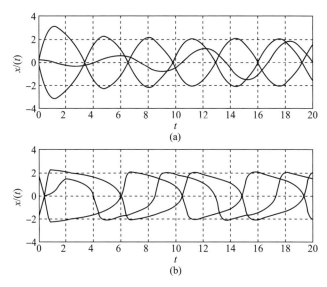

图 10.15 范德波尔方程 α 的两个值和 α 的三组初始条件的时间历史
（a）α = 0.3；（b）α = 3。

### 10.5.3 强迫范德波尔方程

强迫范德波尔方程是一个系统模型，该系统在受到另一个振荡器的作用时能够自激。兰德指出了一个涉及人类睡眠 – 觉醒周期的生物学应用[①]，其中一个人的生物钟由范德波尔振荡器模拟，由地球自转引起的每日昼夜循环被建模为周期性强迫项。

1. 夹带

强迫振动的周期是强迫周期的整数倍的现象称为频率夹带。反应的频率，如 $\nu$，被说成是被强迫的频率所夹带的，如 $\omega$，所以对于一些正整数 $l$ 有 $\nu = \omega/l$，称为夹带指数。范德波尔方程具有这样的特点。

夹带的一个例子是本节开始提到的涡激振动问题。随着流动速度的增加，涡旋的脱落频率也随之增加。

但是，当脱落频率近似等于系统的固有频率时，即使流量增加，脱落频率也会在一个速度范围内锁定在系统频率上，达到某个速度会突然恢复上升趋势。这是我们前面讨论过的跳转现象，如图 10.10 所示。

2. 硬激励和软激励

不强迫的范德波尔解的极限环半径约为 2，周期约为 $2\pi$。极限环是由内部能量损失和能量产生之间的平衡产生的。强迫项将改变这种平衡。

---

① R. H. Rand, Lecture Notes on Nonlinear Vibrations. 最新版本的讲义参见 Cornell University 的网站。

考虑以下强迫范德波尔方程：

$$\ddot{x} + \varepsilon(x^2 - 1)\dot{x} + x = F\cos\omega t \tag{10.99}$$

如果 $F$ 为小幅度，则称为弱或软，其影响取决于 $\omega$ 是否接近振荡器固有频率。如果是，就会产生一个振动，这是极限环的扰动。如果 $F$ 的振幅不是很小，那么激发就称为硬。如果固有频率和施加频率不接近，则我们期望自由振荡会像对应的线性方程那样衰减。

为了进一步研究这个方程，我们根据 $\omega t = \tau$ 来拉伸时间，从而得到式(10.99)，即

$$\omega^2 x'' + \varepsilon\omega(x^2 - 1)x' + x = F\cos\tau$$

许多情况需要进一步检查。例如，如果硬激发远离共振，$\omega$ 不接近 1，$x$ 像往常一样扩大

$$x(\tau, \varepsilon) = x_0(\tau) + \varepsilon x_1(\tau) + \cdots \tag{10.100}$$

我们发现

$$\omega^2 x_0'' + x_0 = F\cos\tau$$

$$\omega^2 x_1'' + x_1 = -\omega(x_0^2 - 1)x_0'$$

式中：$x_0(\tau)$ 和 $x_1(\tau)$ 周期为 $2\pi$。因此，有

$$x_0(\tau) = \frac{F}{1-\omega^2}\cos\tau$$

由于 $x_1(\tau)$ 的解为 $O(\varepsilon)$，因此近似解为

$$x(\tau, \varepsilon) = \frac{F}{1-\omega^2}\cos\tau + O(\varepsilon)$$

解是一个普通线性响应的扰动，并且极限环如预期的那样被抑制。这几乎是谐波行为。

如果激励是软的且远离共振，则程序是类似的硬激励。对于这种情况，响应通常是不稳定的。相反，考虑软激励接近共振。令 $F = \varepsilon\gamma$，假设系统与 $\omega = 1 + \varepsilon\omega_1$ 近似共振，利用展开式(10.100)，得到方程的序列

$$x_0'' + x_0 = 0$$

$$x_1'' + x_1 = -2\omega_1 x_0'' - (x_0^2 - 1)x_0' + \gamma\cos\tau \tag{10.101}$$

力项出现在 $\varepsilon$ 阶项的第二个方程中。像往常一样，由于解需要一个周期 $2\pi$，所以 $x_0(\tau)$ 的解为

$$x_0(\tau) = a_0\cos\tau + b_0\sin\tau$$

式(10.101)变成

$$x_1'' + x_1 = \left[\gamma + 2\omega_1 a_0 - b_0\left(\frac{1}{4}r_0^2 - 1\right)\right]\cos\tau +$$

$$\left[2\omega_1 b_0 + a_0\left(\frac{1}{4}r_0^2 - 1\right)\right]\sin\tau + \cdots$$

$$r_0 = +\sqrt{a_0^2 + b_0^2}$$

式中：$r_0$ 为 $x_0(\tau)$ 的响应振幅。对于存在的周期解，谐波函数的系数必须设为零，从而得到

$$2\omega_1 a_0 - b_0\left(\frac{1}{4}r_0^2 - 1\right) = -\gamma$$

$$2\omega_1 b_0 + a_0\left(\frac{1}{4}r_0^2 - 1\right) = 0$$

这两个方程可以合并成一个方程：

$$r_0^2\left[4\omega_1^2 + \left(\frac{1}{4}r_0^2 - 1\right)^2\right] = \gamma^2$$

利用上式可以求出 $r_0$ 的可能值。注意：对于 $r_0 > 0$ 可能有多达 3 个实解。这些是 $x_0$ 解的可能振幅。需要更多的分析来确定哪种解在物理上是可行的，然后使用它来确定解 $x_i(\tau)$。因此，周期性只可能存在于 $r_0$ 的一定范围内。

巴尔塔萨·范德波尔
(1889 年 2 月 27 日—1959 年 10 月 6 日)

**贡献**：范德波尔是一名荷兰电气工程师。他的主要兴趣是无线电波传播、电路理论和数学物理。

他因为以他的名字命名的方程式而被人们记住。范德波尔方程是一个描述自维持振荡的常微分方程，其中能量被输入到小振荡中，并从大振荡中去除。

二十世纪二三十年代，他在实验室里开创了现代实验动力学。他利用真空管研究电路，发现电路有稳定的振荡，称为极限环。当这些电路被一个频率接近极限环的信号驱动时，产生的周期响应将其频率转移到驱动信号的频率上。据说，该电路对驱动信号进行了"训练"。然而，波形或信号形状可以是非常复杂的，包含丰富的谐波和次谐波结构。

范德波尔建立了人类心脏的电路模型，他研究了心脏动力学稳定性的范围。他

对一个外部驱动信号的研究类似于一个真正的心脏是由心脏起搏器驱动的情况。他感兴趣的是如何利用他的工作,稳定心脏不规则跳动或"心律失常"。

**生平简介**:范德波尔出生在荷兰乌得勒支。他年轻时很有才华。他在乌得勒支参加了哈佛商学院,1911年毕业。他后来进入乌得勒支大学学习数学和物理,直到1916年。他以物理学学位毕业,并获得最高荣誉奖。

1916年,他与英国电气工程师、物理学家约翰·安布罗斯·弗莱明(John Ambrose Fleming)一起学习。在与弗莱明共事一年后,他搬到了剑桥大学,在卡文迪什实验室与约翰·约瑟夫·汤普森一起学习。范德波尔在卡文迪什实验室花了两年时间研究环绕在一个导电球体上的无线电波的衍射现象。他直接比较了信号强度和无线电传输信号强度。

1919年,范德波尔回到了尼日兰,并被派到哈勒姆的泰勒斯博物馆。在那里,他完成了关于电离气体对电磁波传播的影响及其在无线电中的应用的博士论文。范德波尔于1920年被乌尔勒支大学授予科学博士学位。

1922年,范德波尔离开泰勒博物馆,在埃因霍温的飞利浦物理实验室担任首席物理学家。

1949年退休后,他成为驻日内瓦国际无线电通信咨询委员会(Comite Consultatif International des Radiocommunications)的董事。他一直担任这个职位直到1956年。

在荷兰西部的瓦瑟纳尔镇,范德波尔去世,享年70岁。

**显著成就**:范德波尔在无线电波的传播、非线性电路、弛豫振荡、瞬变现象和算子演算等方面都取得了进步。

1927年,他被任命为Oranje Nassau骑士团的骑士,因为他建立了第一个无线电话通信系统,在荷兰和荷兰东印度群岛之间。

在1927年9月的英国杂志《自然》上,他和他的同事Van der Mark报告说,在自然夹带频率之间的特定频率下,人们听到了一种"不规则的噪声"。通过重建他的电子管电路,我们现在知道他们已经发现了确定性混沌。他们的论文可能是最早的混沌实验报告之一。

范德波尔振荡器是以他的名字命名的(范德波尔振荡器是一种具有非线性阻尼的非保守振荡器)。1935年,他被授予无线电工程师协会(现在称为IEEE)荣誉勋章。小行星10443范德波尔是以他的名字命名的。

## 10.6 基于马尔可夫过程的模型

在这一节中,我们将介绍一种特殊的随机过程,即马尔可夫过程[1]。它具有有趣的性质,并且与控制响应的演化概率密度的福克-普朗克方程有关。福克-普朗克

---

[1] D. T. Gillespie, Markov Processes, An Introduction for Physical Scientists, Academic Press, 1992。

方程推导如下。定义了马尔可夫过程,建立了查普曼-科尔莫戈洛夫方程。查普曼-科尔莫戈洛夫方程是一个微分方程,其解是随机过程的概率密度函数。它被用来推导福克-普朗克方程。

与其他用于解决非线性问题的方法(如前几节讨论的微扰技术)不同,马尔可夫过程方法的优点是它不仅限于具有弱非线性的系统。在本节中,我们将在杜芬和范德波尔振荡器上应用这个理论。

### 10.6.1 概率背景

如果满足下列条件概率,则随机过程 $X(t)$ 称为马尔可夫过程

$$\Pr(X(t_n) \leq x_n | X(t_{n-1}) = x_{n-1}, \cdots, X(t_2) = x_2, X(t_1) = x_1)$$
$$= \Pr(X(t_n) \leq x_n | X(t_{n-1}) = x_{n-1}) \quad (10.102)$$

其中,$t_1 < t_2 < \cdots t_{n-1} < t_n$。式(10.102)指出,随机过程 $X(t)$ 在 $t = t_n$ 处取值 $x_n$ 的概率只取决于最近的值 $X(t_{n-1})$,因此概率与 $t = t_{n-1}$ 之前的时间无关。

随机过程 $X(t)$ 可以是离散过程,也可以是连续过程。离散马尔可夫过程称为马尔可夫链,连续马尔可夫过程称为扩散过程。

连续随机过程 $X(t)$ 是一个马尔可夫过程,满足以下条件概率密度函数,即

$$f_{X_1\cdots X_n}(x_n, t_n | x_{n-1}, t_{n-1}; \cdots; x_2, t_2; x_1, t_1) = f_{X_1\cdots X_n}(x_n, t_n | x_{n-1}, t_{n-1}) \quad (10.103)$$

其中,$X_1 \equiv X(t_1), \cdots, X_n \equiv X(t_n)$。因此,$X(t)$ 的概率在时间 $t_n$ 时是 $(x_n, x_n + dx_n)$,鉴于在时间 $t_{n-1}$ 时是 $(x_{n-1}, x_{n-1} + dx_{n-1})$,在时间 $t_{n-2}$ 时是 $(x_{n-2}, x_{n-2} + dx_{n-2})$,在时间 $t_1$ 时是 $(x_1, x_1 + dx_1)$,与位于区间 $(x_n, x_n + dx_n)$ 在 $t_n$ 时刻,在时间 $t_{n-1}$ 时位于区间 $(x_{n-1}, x_{n-1} + dx_{n-1})$ 具有相同的概率。

式(10.103)的符号很麻烦,我们可以更简单地把方程写成

$$f_{\{X\}}(x_n(t_n) | x_{n-1}(t_{n-1}); \cdots; x_2(t_2); x_1(t_1)) = f_{X_1\cdots X_n}(x_n(t_n) | x_{n-1}(t_{n-1}))$$

其中,下标被向量 $\{X\}$ 替换,且 $x_n(t_n)$ 被替换为 $x_n, t_n$。符号 $x_n(t_n)$ 并不意味着 $x_n$ 是 $t_n$ 的函数。这意味着随机过程 $X(t)$ 可以在时间上取一个值。为了进一步简化这个方程,我们可以放弃这个自变量 $t_n$,即

$$f_{\{X\}}(x_n | x_{n-1}, \cdots, x_1) = f_{\{X\}}(x_n | x_{n-1})$$

我们回想一下定义条件概率密度函数的表达式

$$f(E_2 | E_1) = \frac{f(E_2, E_1)}{f(E_1)} \quad (10.104)$$

可以推广到任意数量的事件。例如,对于 3 个事件,有

$$f(E_3 | E_2, E_1) = \frac{f(E_3, E_2, E_1)}{f(E_2, E_1)} \quad (10.105)$$

利用式(10.104)和式(10.105),$(x_1, x_2, x_3)$ 的联合概率密度函数的表达式为

$$f_{\{X\}}(x_3,x_2,x_1) = f_{\{X\}}(x_3|x_2,x_1)f_{\{X\}}(x_2,x_1)$$
$$= f_{\{X\}}(x_3|x_2,x_1)f_{\{X\}}(x_2|x_1)f_{\{X\}}(x_1) \quad (10.106)$$

如果 $X(t)$ 是一个马尔可夫过程，式(10.106)可以重写为

$$f_{\{X\}}(x_3,x_2,x_1) = f_{\{X\}}(x_3|x_2)f_{\{X\}}(x_2|x_1)f_{\{X\}}(x_1) \quad (10.107)$$

一般来说，有

$$f_{\{X\}}(x_n,x_{n-2},\cdots,x_1) = f_{\{X\}}(x_1)\prod_{i=2}^{i=n} f_{\{X\}}(x_i|x_{i-1}) \quad (10.108)$$

式中: $f(x_i|x_{i-1})$ 称为过渡概率密度函数，或演化密度函数。式(10.108)表明，在初始时间 $t_1$ 已知概率密度的情况下，可以发现完全的概率结构，其演化机制是由转移概率密度给出的。

图 10.16 显示了状态 – 时间历程，在时间 $(t_f - t_0)$ 内，从状态 $x_0(t_0)$ 传递到当前状态 $x_f(t_f)$，过程 $X(T)$ 在 $t_j$ 经过某个中间状态 $x_j$。定义这 3 个状态的联合密度函数 $f(x_f(t), x_j(t_j), x_0(t_0))$，式中 $x_j$ 表示初始状态和最终状态之间的任何状态。初始状态和最终状态的边际联合概率密度函数可以通过对所有可能的中间状态的积分得到，即

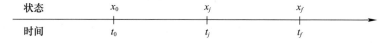

图 10.16 马尔可夫过程的状态

$$f_{\{X\}}(x_f(t_f),x_0(t_0)) = \int f_{\{X\}}(x_f(t_f),x_j(t_j),x_0(t_0))\mathrm{d}x_j$$

利用式(10.107)，我们得到

$$f_{\{X\}}(x_f(t_f),x_0(t_0)) = \int f_{\{X\}}(x_f(t_f)|x_j(t_j),x_0(t_0)) \cdot$$
$$f_{\{X\}}(x_j(t_j)|x_0(t_0)) \cdot f_{\{X\}}(x_0(t_0))\mathrm{d}x_j$$

由于 $X(t)$ 是马尔可夫链，可得

$$f_{\{X\}}(x_f(t_f),x_0(t_0)) = \int f_{\{X\}}(x_f(t_f)|x_j(t_j)) \cdot$$
$$f_{\{X\}}(x_j(t_j)|x_0(t_0)) \cdot f_{\{X\}}(x_0(t_0))\mathrm{d}x_j$$

$f_{\{X\}}(x_0(t_0))$ 不是 $x_j$ 的函数，可以从积分中提出，两边同时除以 $f_{\{X\}}(x_0(t_0))$，然后做下面的替换，即

$$\frac{f_{\{X\}}(x_f(t_f),x_0(t_0))}{f_{\{X\}}(x_0(t_0))} = f_{\{X\}}(x_f(t_f),x_0(t_0))$$

得到

$$f_{\{X\}}(x_f(t_f),x_0(t_0)) = \int f_{\{X\}}(x_f(t_f)|x_j(t_j)) \cdot f_{\{X\}}(x_j(t_j)|x_0(t_0))\mathrm{d}x_j$$

或者用更简洁的符号表示：

$$f_{|X|}(x_f|x_0) = \int f_{|X|}(x_f|x_j) \cdot f_{|X|}(x_j|x_0)\mathrm{d}x_j$$

这是 Markov 过程 $X(t)$ 的查普曼 – 科尔莫戈洛夫方程,它表示给定初始状态 $x_0(t_0)$ 的最终状态 $x_f(t_f)$ 的条件概率等于所有中间状态 $x_j(t_j)$ 的所有可能转变的和(积分)。可以认为,这是一个概率守恒定律,如图 10.17 所示。这个方程解释了这样一个事实,即在初始状态和最终状态之间的转换中,过程 $X(t)$ 是随机的,可以经过各种中间状态 $x_j$,这些可能性由各自的条件概率密度函数决定。

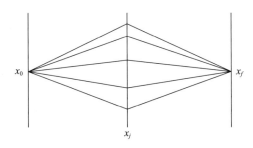

图 10.17　马尔可夫过程的可能转变

对于离散马尔可夫过程 $X(t)$,等价的查普曼 – 科尔莫戈洛夫方程为

$$\Pr(X(t_f) = x_f|X(t_0) = x_0) = \sum_j \Pr(X(t_f) = x_f|X(t_j) = x_j)$$

$$\Pr(X(t_j) = x_j|X(t_0) = x_0)$$

我们应该记住,如果 $X(t)$ 是一个马尔可夫过程,那么,查普曼 – 科尔莫戈洛夫方程就一定满足。然而,反过来不一定是正确的;查普曼 – 科尔莫戈洛夫方程的所有解不一定都是马尔可夫过程。

安德烈·马尔可夫
(1856 年 6 月 14 日—1922 年 7 月 20 日)

**贡献**：1900 年以后，马尔可夫将他老师帕夫努季·切比雪夫首创的连分数法应用到概率论中。他还研究了相互依存变量的序列，希望以最一般的形式建立概率的极限定律。在相当一般的假设下，他证明了中心极限定理。

**生平简介**：马尔可夫出生在俄罗斯的梁赞。他的母亲娜杰日达·彼得罗夫娜是一名国家工人的女儿，他的父亲安德烈·格里戈里耶维奇·马尔可夫是一个国家乡村执事的儿子，他的父亲曾在圣彼得堡的林业部门工作，后来成了多个家庭和庄园的经理。他的父亲结过两次婚：与第一任妻子娜杰日达育有两个儿子和几个女儿。安德烈·安德烈耶维奇·马尔可夫是两个男孩中年龄最大的。马尔可夫的弟弟弗拉基米尔 25 岁时死于肺结核，那时，马尔可夫已经获得了数学家的国际声誉。

马尔可夫早年身体欠佳，10 岁以前只能靠拐杖走路。他曾就读于圣彼得堡中学，在那里他表现出了杰出的数学天赋，但其他学科表现不佳。他在中学写了第一篇数学论文，虽然论文中给出的线性微分方程积分的结果并不新颖，但确实让他认识了科尔金和佐洛塔列夫，这两位顶尖的大学教授。

1874 年，马尔可夫考入了圣彼得堡大学的物理和数学学院。在那里，他参加了由科尔金和佐洛塔列夫主持的研讨会，并听了数学系主任切比雪夫的讲座。切比雪夫提出的新的研究课题，让他的学生们去研究，这些对马尔可夫来特别有启发。

1878 年，马尔可夫毕业，毕业论文《以连分数方法解微分方程》获得了当年系里的金奖。他渴望成为一名大学教授，并在接下来的两年里攻读硕士学位。1880 年，他以一篇《关于双正定二次型》的硕士论文，获得硕士学位。

在提交硕士论文后，马尔可夫开始在圣彼得堡大学教书，同时攻读博士学位。1884 年，他以《关于连分数的某些应用》的论文而获得博士学位。

马尔可夫从儿时起就认识了玛利亚·伊凡诺娃·瓦尔瓦蒂娃，她是他父亲经营地产的雇主的女儿。马尔可夫曾指导玛利亚·伊万诺娃学习数学，后来向她求婚。但玛利亚母亲不允许她嫁给房地产经理的儿子。到 1883 年，马尔可夫获得了足够的社会地位，才获得玛利亚母亲的同意，并在那年举行了婚礼。

1886 年，马尔可夫成为圣彼得堡大学的副教授，1893 年升为正教授。1886 年，切比雪夫提议让马尔可夫作俄罗斯科学院的助手。1890 年，马尔可夫当选为议员。1905 年，他正式退休，但仍继续教书。

1917 年初，俄国革命开始。1917 年 9 月，马尔可夫请求科学院派他到俄罗斯内陆的一个贫困小镇工作。他被送到一个乡村小镇萨拉斯克，无偿地担负了中学里的数学教学工作。当健康状况每况愈下，马尔可夫回到了圣彼得堡做了一次眼科手术。到 1921 年，他几乎站不起来，但他继续在大学里讲授概率论。1922 年 7 月，在经历了几个月的痛苦之后，他辞别了人世。

**显著成就**：马尔可夫是切比雪夫的概率论思想的发言人。特别值得注意的是，他的研究涉及被称为大数定律的雅各布·伯努利定理、切比雪夫的概率论的两个基本定理，以及最小二乘法。

除了数学,马尔可夫还喜欢诗歌和研究诗歌风格(有趣的是,柯尔莫戈洛夫也有相似的兴趣)。虽然马尔可夫在研究他的理论时没有考虑物理应用,但他确实应用了这些思想两个状态的链,即文学文本中元音和辅音。因此,他对诗歌的兴趣并没有完全脱离他的数学工作。

马尔可夫有一个儿子(和他同名),1903 年 9 月 9 日出生,他追随父亲成了一位著名数学家。

作为一名讲师,马尔可夫对他的学生要求很高。他的演讲以一种无可指责的严谨为特色,他在学生中培养出一种数学思维,这种思维方式不需要任何想当然的东西。他在课程中包括了许多最新的研究结果,同时也经常遗漏传统问题。他讲的课很难,只有认真的学生才能听懂。在他的课上,他不关心他在黑板上写的方程式的顺序,也不关心他的个人形象。

马尔可夫在俄罗斯经历了一段政治动荡的时期。1902 年,俄国文学家马克西姆·高尔基当选为俄罗斯科学院院士。但由于政治原因,高尔基的当选无效。马尔可夫强烈抗议,拒绝接受第二年授予他的荣誉。1907 年 6 月沙皇尼古拉斯解散了第二届国家杜马,但组织了第三届国家杜马,马尔可夫回绝了他的会员资格,并预计会有严重后果,但当局选择不以他为榜样。1913 年,自 1613 年一直在俄罗斯掌权的罗曼诺夫王朝庆祝了 300 年的统治。马尔可夫不赞成这个庆典。他自己庆祝了大数定律产生 200 年的庆典!

1923 年,诺伯特·维纳成为第一个严格对待连续马尔可夫过程的人。安德烈·柯尔莫戈洛夫在 20 世纪 30 年代建立了马尔可夫过程的一般理论基础。

### 10.6.2 福克-普朗克方程

现在我们将利用查普曼-科尔莫戈洛夫方程来推导福克-普朗克方程[1]。这是通过定义一个包含任意函数作为因子的积分来实现的。通过对这个积分的研究,我们可以推导出一个控制进化密度的方程。这个方程是福克-普朗克方程。

对于马尔可夫过程 $X(t)$ 我们定义如下的积分[2]

$$I = \int_{-\infty}^{\infty} \mathrm{d}y R(y) \frac{\partial}{\partial t} f_{|X|}(y(t) | x_0(t_0)), \quad t > t_0 \tag{10.109}$$

式中:$R(y)$ 是 $y$ 的任意函数,它趋近于 0 的速度足够快,就像 $y \to \pm \infty$,即

---

[1] 这也称为 Fokker-Plamck-Kolmogorov 方程。

[2] 本部分内容参考下面两篇文章:

M. C. Wang, G. E > Uhlenbeck,"On the Theory of the Brownian Motion II," Reviews of Modern Physics, Vol. 17, Nos. 2,3, April-July 1945, pp. 323-342。

T. K. Caughey,"Derivation and Application of the Fokker-Planck Equation to Discrete Nonlinear Dynamic Systems Subjected to White Random Excitation," The Journal of the Acoustical Society, Vol. 35, No. 11, November 1963, pp. 1683-1692。

$$\lim_{y \to \pm\infty} \frac{d^n}{dy^n} R(y) = 0$$

式中:$n$ 为任意值。在这里,$y(t)$ 是一个积分中的哑变量,但它具有由条件概率密度函数 $f_{|X|}(y(t)|x_0(t_0))$ 控制的任意状态,且 $y(t)$ 是一个值,随机过程 $X(t)$ 可以在任意时间 $t$ 假设。我们通常把它表示为 $x(t)$。但是,我们把它写成 $y(t)$ 以便在下面的推导中可以省略一些参数来简化方程(在推导过程的最后,我们把它变回 $x(t)$,在式(10.114)和式(10.115)中,没有导致混淆)。

我们做下面的替换

$$\frac{\partial}{\partial t} f_{|X|}(y(t)|x_0(t_0)) = \lim_{\Delta t \to 0} \frac{1}{\Delta t}[f_{|X|}(y(t+\Delta t)|x_0(t_0)) - f_{|X|}(y(t)|x_0(t_0))]$$

以便得出

$$I = \int_{-\infty}^{\infty} dy R(y) \lim_{\Delta t \to 0} \frac{1}{\Delta t}[f_{|X|}(y(t+\Delta t)|x_0(t_0)) - f_{|X|}(y(t)|x_0(t_0))]$$

$$= \lim_{\Delta t \to 0} \frac{1}{\Delta t} \int_{-\infty}^{\infty} dy R(y) [f_{|X|}(y(t+\Delta t)|x_0(t_0)) - f_{|X|}(y(t)|x_0(t_0))]$$

其中积分和极限的相交是可能的,因为假设积分在 $t$ 附近一致收敛。

我们现在用查普曼-科尔莫戈洛夫方程做下面的替换:

$$f_{|X|}(y(t+\Delta t)|x_0(t_0)) = \int_{-\infty}^{\infty} f_{|X|}(y(t+\Delta t)|x(t)) f_{|X|}(x(t)x_0(t_0)) dx$$

注意:$x(t)$ 是一个任意的中间状态,它将被积分出来,因此不会出现在方程左边的结果中。因此,有

$$I = \lim_{\Delta t \to 0} \frac{1}{\Delta t} \int_{-\infty}^{\infty} dy R(y) \left[ \int_{-\infty}^{\infty} f_{|X|}(y(t+\Delta t)|x(t)) f_{|X|}(y(t)|x_0(t_0)) dx - \right.$$

$$\left. f_{|X|}(y(t)|x_0(t_0)) \right]$$

$$= \lim_{\Delta t \to 0} \frac{1}{\Delta t} \left[ \int_{-\infty}^{\infty} dx \{f_{|X|}(x(t)|x_0(t_0)) \int_{-\infty}^{\infty} dy \{R(y) f_{|X|}(y(t+\Delta t)|x(t))\}\} - \right.$$

$$\left. \int_{-\infty}^{\infty} dy \{R(y) f_{|X|}(y(t)|x_0(t_0))\} \right]$$

最后一个积分用下面的方法重写,认识到 $y$ 是积分的哑变量:

$$\int_{-\infty}^{\infty} dy \{R(y) f_{|X|}(y(t)|x_0(t_0))\} = \int_{-\infty}^{\infty} dx \{R(x) f_{|X|}(x(t)|x_0(t_0))\}$$

然后,可得

$$I = \lim_{\Delta t \to 0} \frac{1}{\Delta t} \int_{-\infty}^{\infty} dx \left\{ f_{|X|}(x(t)|x_0(t_0)) \right.$$

$$\left. \left[ \int_{-\infty}^{\infty} dy \{R(y) f_{|X|}(y(t+\Delta t)|x(t))\} - R(x) \right] \right\} \tag{10.110}$$

这个方程有两个哑变量 $x$ 和 $y$,每个积分对应一个。物理上,我们可以把它们解释为马尔可夫过程的两个任意状态。这两个任意状态可能相同,也可能不同。把它们联系起来的一种方法是在泰勒级数中展开其中一个。我们选择关于状态 $x$ 的展开函数 $R(y)$,即

$$R(y) = R(x) + (y-x)R'(x) + \frac{(y-x)^2}{2}R''(x) + \cdots$$

任意阶导数的近似都可以保留。在讨论了关于 $y(t)$ 的方程式(10.109)之后,有

$$y - x = y(t + \Delta t) - x(t)$$

这样我们就可以在已经很复杂的方程中去掉参数。把 $R(y)$ 的展开式代入式(10.110),得到

$$I = \lim_{\Delta t \to 0} \frac{1}{\Delta t} \int_{-\infty}^{\infty} \mathrm{d}x \left\{ f_{|X|}(x(t)|x_0(t_0)) \left[ \int_{-\infty}^{\infty} \mathrm{d}y \{ R(x) + (y-x)R'(x) + \frac{(y-x)^2}{2}R''(x) + \cdots \} f_{|X|}(y(t + \Delta t)|x(t)) - R(x) \right] \right\}$$

扩展上述结果,并在展开中保留二阶项

$$I = \lim_{\Delta t \to 0} \frac{1}{\Delta t} \Big[ \int_{-\infty}^{\infty} \mathrm{d}x \{ f_{|X|}(x(t)|x_0(t_0)) \int_{-\infty}^{\infty} \mathrm{d}y \{ R(x) f_{|X|}(y(t + \Delta t)|x(t)) \} \} +$$

$$\int_{-\infty}^{\infty} \mathrm{d}x \{ f_{|X|}(x(t)|x_0(t_0)) \int_{-\infty}^{\infty} \mathrm{d}y \{ (y-x)R'(x) f_{|X|}(y(t + \Delta t)|x(t)) \} \} +$$

$$\int_{-\infty}^{\infty} \mathrm{d}x \{ f_{|X|}(x(t)|x_0(t_0)) \int_{-\infty}^{\infty} \mathrm{d}y \{ \left(\frac{(y-x)^2}{2}\right) R''(x) f_{|X|}(y(t + \Delta t)|x(t)) \} \} -$$

$$\int_{-\infty}^{\infty} \mathrm{d}x \{ f_{|X|}(x(t)|x_0(t_0)) R(x) \} \tag{10.111}$$

回忆一下,$x_0(t_0)$ 是初始状态,$x(t)$ 是任意的中间状态,$y(t + \Delta t)$ 是之后的状态。二阶展开式适用于高斯白噪声过程。

我们可以把 $R(x)$ 和它的导数用 $y$ 表示出来,即

$$\int_{-\infty}^{\infty} \mathrm{d}y \{ f_{|X|}(y(t + \Delta t)|x(t)) \} = 1$$

将式(10.111)中的第一项和最后一项的和消去,可得

$$\int_{-\infty}^{\infty} \mathrm{d}x \{ R(x) f_{|X|}(x(t)|x_0(t_0)) \int_{-\infty}^{\infty} \mathrm{d}y \{ f_{|X|}(y(t + \Delta t)|x(t)) \} \} -$$

$$\int_{-\infty}^{\infty} \mathrm{d}x \{ f_{|X|}(x(t)|x_0(t_0)) R(x) \} = 0$$

为了便于表示,我们定义以下内容

$$a(x, t) = \lim_{\Delta t \to 0} \frac{1}{\Delta t} \int_{-\infty}^{\infty} \mathrm{d}y \{ (y-x) f_{|X|}(y(t + \Delta t)|x(t)) \} \tag{10.112}$$

$$b(x,t) = \lim_{\Delta t \to 0} \frac{1}{\Delta t} \int_{-\infty}^{\infty} \mathrm{d}y \{(y-x)^2 f_{|X|}(y(t+\Delta t)|x(t)) \} \quad (10.113)$$

这些是条件期望值的极限,所以 $a(x,t)$ 和 $b(x,t)$ 可以写成

$$a(x,t) = \lim_{\Delta t \to 0} \frac{1}{\Delta t} E\{x(t+\Delta t) - x(t)|x(t)\} \quad (10.114)$$

$$b(x,t) = \lim_{\Delta t \to 0} \frac{1}{\Delta t} E\{x(t+\Delta t) - x(t))^2|x(t)\} \quad (10.115)$$

条件期望的条件是 $x(t)$ 和 $x(t+\Delta t)$。然后,有

$$I = \int_{-\infty}^{\infty} \mathrm{d}x \left\{ f_{|X|}(x(t)|x_0(t_0)) \left[ R'(x)a(x,t) + \frac{R''(x)}{2} b(x,t) \right] \right\}$$

要把这个表达式变成有用的形式,我们需要提出任意的函数 $R(x)$。这可以通过对右边的每一个表达式进行分部积分来实现,一个是因子 $a(x,t)$ 项,另一个是因子 $b(x,t)$ 项。在分部积分的过程中,我们得到了边界条件项。在上面的例子中,由于任意函数 $R(x)$ 的给定性质,边界项将趋于零。然后,我们将得到

$$\int_{-\infty}^{\infty} \mathrm{d}x \{ f_{|X|}(x(t)|x_0(t_0)) R'(x) a(x,t) \} =$$

$$-\int_{-\infty}^{\infty} \mathrm{d}x \left\{ R(x) \frac{\partial}{\partial x} (f_{|X|}(x(t)|x_0(t_0)) a(x,t)) \right\}$$

$$\int_{-\infty}^{\infty} \mathrm{d}x \left\{ f_{|X|}(x(t)|x_0(t_0)) \frac{R''}{2} b(x,t) \right\} =$$

$$\int_{-\infty}^{\infty} \mathrm{d}x \left\{ \frac{R(x)}{2} \frac{\partial^2}{\partial x^2} (f_{|X|}(x(t)|x_0(t_0)) b(x,t)) \right\}$$

在式(10.109)中,我们用它的等价项替换 $I$,即

$$\int_{-\infty}^{\infty} \left\{ R(x) \frac{\partial}{\partial t} f_{|X|}(x(t)|x_0(t_0)) \right\} \mathrm{d}x =$$

$$-\int_{-\infty}^{\infty} \left\{ R(x) \frac{\partial}{\partial x} (f_{|X|}(x(t)|x_0(t_0)) a(x,t) \right\} \mathrm{d}x +$$

$$\int_{-\infty}^{\infty} \left\{ \frac{R(x)}{2} \frac{\partial^2}{\partial x^2} (f_{|X|}(x(t)|x_0(t_0)) b(x,t)) \right\} \mathrm{d}x$$

将函数 $R(x)$ 分解并合并项就得到了表达式

$$\int_{-\infty}^{\infty} \mathrm{d}x \left\{ R(x) \left[ \frac{\partial f_{|X|}}{\partial t} + \frac{\partial (a(x,t) f_{|X|})}{\partial x} - \frac{1}{2} \frac{\partial^2 (b(x,t) f_{|X|})}{\partial x^2} \right] \right\} = 0$$

由于 $R(x)$ 是一个任意函数,方括号中的表达式必须等于零,以便使表达式有效。因此,有

$$\frac{\partial f_{\{X\}}}{\partial t} = -\frac{\partial (a(x,t)f_{\{X\}})}{\partial x} + \frac{1}{2}\frac{\partial^2 (b(x,t)f_{\{X\}})}{\partial x^2}$$

它是福克-普朗克方程控制马尔可夫过程 $X(t)$ 的概率密度函数 $f_{\{X\}}$ 的演化[①]。初始条件为

$$f_{\{X\}}(x(t)\mid x_0(t_0))\mid_{t=t_0} = \delta(x-x_0)$$

对于特殊的控制微分运动方程,推导出了式(10.112)和式(10.113)。

1. 一个 $n$ 维的过程

对于 $n$ 维过程,$\boldsymbol{x}(t)$ 是一个向量随机过程[②]

$$\boldsymbol{x}(t) = [x_{(1)}(t)\ x_{(2)}(t)\cdots x_{(n)}(t)]^T$$

$x_i(t)$ 是 $i^{th}$ 随机过程,而各自的福克尔-普朗克方程为

$$\frac{\partial f_{\{X\}}(\boldsymbol{x}(t)\mid \boldsymbol{x}_0(t_0))}{\partial t} = -\sum_{i=1}^{n}\frac{\partial}{\partial x_i}[a_i(\boldsymbol{x},t)f_{\{X\}}(\boldsymbol{x}(t)\mid \boldsymbol{x}_0(t_0))] +$$

$$\frac{1}{2}\frac{\partial^2}{\partial x_i \partial x_j}\sum_{i=1}^{n}\sum_{j=1}^{n}[b_{ij}(\boldsymbol{x},t)]f_{\{X\}}(\boldsymbol{x}(t)\mid \boldsymbol{x}_0(t_0)) \quad (10.116)$$

$$a_i(\boldsymbol{x},t) = \lim_{\Delta t \to 0}\frac{1}{\Delta t}E\{\Delta x_{(i)}\mid \boldsymbol{x}\}$$

$$b_{ij}(\boldsymbol{x},t) = \lim_{\Delta t \to 0}\frac{1}{\Delta t}E\{\Delta x_{(i)}\Delta x_{(j)}\mid \boldsymbol{x}\}$$

多维过程是耦合微分方程的高阶系统。将二阶微分方程转化为两个耦合的一阶微分方程。

项 $\Delta x_{(i)} = x_{(i)}(t+\Delta t) - x_{(i)}(t)$,其中 $\Delta t$ 是一个小的时间间隔。条件变量意味着 $\boldsymbol{x}(t) = \boldsymbol{x}$,一组特定的值。因此,有

$$E\{\Delta x_i\mid \boldsymbol{x}\} \equiv E\{x_{(i)}(t+\Delta t) - x_{(i)}(t)\mid \boldsymbol{x}(t) = \boldsymbol{x}\}$$

$$E\{\Delta x_i \Delta x_j\mid \boldsymbol{x}\} \equiv E\{(x_{(i)}(t+\Delta t) - x_{(i)}(t))\cdot(x_{(j)}(t+\Delta t) - x_{(j)}(t))\mid \boldsymbol{x}(t) = \boldsymbol{x}\}$$

然后,可得

$$\{\Delta x_{(i)}\mid \boldsymbol{x}\} = \dot{x}_{(i)}\Delta t + O(\Delta t)^2$$

且

$$a_i(\boldsymbol{x},t) = \lim_{\Delta t \to 0}\frac{1}{\Delta t}E\{\Delta x_{(i)}\mid \boldsymbol{x}\} \approx \dot{x}_{(i)} \quad (10.117)$$

---

[①] Fokker-Planck 方程是 Kramers-Moyal 方程的一类,当二阶截断后,我们在马尔可夫过程中设置高阶项为 0(Gillespie, p.120)。

函数 $a(x,t)$ 和 $b(x,t)$ 是传导函数的(高斯)均值和方差,传导函数和 Markov 密度 $f$ 相关(Gillespie, p.115)。

Fokker-Planck 方程的推导假设的更详细内容参见 J. B. Morton, S. Corrsin, "Experimental Confirmation of the Applicability of the Fokker-Planck Equation to a Nonlinear Oscillator," Jouranal of Mathematical Physics, Vol. 10, No. 3, 1969, pp. 361-368。

[②] 我们选择遵循源引用的符号,而不是用大写字母变量表示随机过程。

因为 $\Delta t$ 消去了,并且

$$\{\Delta x_{(i)}\Delta x_{(j)}\mid\boldsymbol{x}\} = \dot{x}_{(i)}\dot{x}_{(j)}(\Delta t)^2 + O(\Delta t)^4$$

和

$$b_{ij}(\boldsymbol{x},t) = \lim_{\Delta t\to 0}\frac{1}{\Delta t}E\{\Delta x_{(i)}\Delta x_{(j)}\mid\boldsymbol{x}\} \approx \dot{x}_{(i)}\dot{x}_{(j)}\Delta t \tag{10.118}$$

下面的例子演示了我们如何应用式(10.116)~式(10.118)来推导各种福克 - 普朗克方程,以及如何推导稳态解。大多数福克 - 普朗克方程只能用数值方法求解,虽然也可以找到近似解[①]。下面的例子特别适用于 $n=2$ 的情况下的多维方程式(10.116)~式(10.118)。

**例 10.10 随机的杜芬振荡器**

对于杜芬振荡器的一般控制方程为

$$\ddot{X} + c\dot{X} + h(X) = F(t)$$

其中 $h(X) = X + X^3$,输入 $F(t)$ 为零均值,且 $\delta$ 相关

$$E\{F\} = 0, E\{F(t)F(t+\tau)\} = 2\alpha\delta(\tau)$$

导出福克 - 普朗克方程并求解稳态解。

**解:** 将二阶微分方程转化为两个一阶微分方程。我们用 $x_1 = X$ 和 $x_2 = \dot{x}_1$ 定义状态空间。然后,二阶系统变成

$$\begin{Bmatrix}\dot{x}_1\\ \dot{x}_2\end{Bmatrix} = \begin{Bmatrix}x_2\\ -cx_2 - h(x_1) + F(t)\end{Bmatrix}$$

式中: $x_1$ 表示位移; $x_2$ 表示速度; $\dot{x}_2$ 表示加速度。我们开始计算必要系数 $a_1, a_2, b_{11}$, $b_{12} = b_{21}$ 和 $b_{22}$,使用式(10.117)和式(10.118)中的系数 $a_i$ 和 $b_{ij}$ 的定义,即

$$a_1 = \lim_{\Delta t\to 0}\frac{1}{\Delta t}E\{\Delta x_1\mid\boldsymbol{x}\} = \lim_{\Delta t\to 0}\frac{E\{\dot{x}_1\Delta t\}}{\Delta t} = \dot{x}_1 = x_2 = v$$

$$a_2 = \lim_{\Delta t\to 0}\frac{1}{\Delta t}E\{\Delta x_2\mid\boldsymbol{x}\} = \lim_{\Delta t\to 0}\frac{E\{\dot{x}_2\Delta t\}}{\Delta t} = \dot{x}_2 = -cx_2 - h(x_1)$$

---

[①] E. M. Weinstein and H. Benaroya,"The Van Kampen expansion for the Fokker - Planck equation of a Duffing oscillator," Journal of Statistical Physics, Vol. 77, Nos. 3/4,1994, pp. 667 - 679。

E. M. Weinstein and H. Benaroya,"The Van Kampen expansion for the Fokker - Planck equation of a Duffing oscillator excited by colored noise," Journal of Statistical Physics, Vol. 77, Nos. 3/4,1994, pp. 681 - 690。

E. M. Weinstein and H. Benaroya,"The Van Kampen expansion for the linked - Duffing oscillator excited by colored noise," Journal of Sound and Vibration, Vol. 191, Nos. 3,1996, pp. 397 - 414。

$$b_{11} = \lim_{\Delta t \to 0} \frac{1}{\Delta t} E\{(\Delta x_1)^2 | \boldsymbol{x}\} = \lim_{\Delta t \to 0} \frac{E\{(\dot{x}_1 \Delta t)^2\}}{\Delta t} = \lim_{\Delta t \to 0} E\{(\dot{x}_1^2 \Delta t)\} = 0$$

$$b_{12} = \lim_{\Delta t \to 0} \frac{1}{\Delta t} E\{\Delta x_1 \Delta x_2 | \boldsymbol{x}\} = \lim_{\Delta t \to 0} \frac{E\{\dot{x}_1 \dot{x}_2 (\Delta t)^2\}}{\Delta t} = \lim_{\Delta t \to 0} E\{\dot{x}_1 \dot{x}_2 \Delta t\} = 0$$

要计算的最后一项需要更多的运算

$$b_{22} = \lim_{\Delta t \to 0} \frac{1}{\Delta t} E\{(\Delta x_2)^2 | \boldsymbol{x}\} = \lim_{\Delta t \to 0} \frac{1}{\Delta t} E\{(\dot{x}_2 \Delta t)^2\}$$

$$= \lim_{\Delta t \to 0} \frac{1}{\Delta t} E\{(-cx_2 - h(x_1) + F(t))^2 (\Delta t)^2\}$$

平方表达式需要展开，结果为

$$b_{22} = \lim_{\Delta t \to 0} \frac{1}{\Delta t} E\{[c^2 x_2^2 + h(x_1)^2 - 2cx_2 h(x_1) - 2cx_2 F(t) - 2h(x_1) F(t) + F^2(t)](\Delta t)^2\}$$

我们需要把 $F(t)$ 写成

$$F(t) = \frac{\mathrm{d}}{\mathrm{d}t} \int F(u) \mathrm{d}u$$

$$= \lim_{\Delta t \to 0} \frac{1}{\Delta t} \int_t^{t+\Delta t} F(u) \mathrm{d}u$$

同样地，有

$$F^2(t) = \lim_{\Delta t \to 0} \frac{1}{(\Delta t)^2} \int_t^{t+\Delta t} F(u) \mathrm{d}u \int_t^{t+\Delta t} F(v) \mathrm{d}v$$

通过这样做，我们得到了期望值中适当的 $\Delta t$ 因子。然后，取极限

$$\lim_{\Delta t \to 0} \frac{1}{\Delta t} E\{(-cx_2 - h(x_1))^2 (\Delta t)^2\} = 0$$

展开平方项，可得

$$\lim_{\Delta t \to 0} \frac{1}{\Delta t} E\{(-2cx_2 - 2h)(\Delta t)^2 \lim_{\Delta t \to 0} \frac{1}{\Delta t} \int_t^{t+\Delta t} F(u) \mathrm{d}u\}$$

$$= (-2cx_2 - 2h) \lim_{\Delta t \to 0} \int_t^{t+\Delta t} E\{F(u)\} \mathrm{d}u = 0$$

最后，有

$$\lim_{\Delta t \to 0} \frac{1}{\Delta t} E\{F^2(t)(\Delta t)^2\} = \lim_{\Delta t \to 0} \frac{1}{\Delta t} \int_t^{t+\Delta t} \int_t^{t+\Delta t} E\{F(u)F(w)\} \mathrm{d}u \mathrm{d}w$$

$$= \lim_{\Delta t \to 0} \frac{1}{\Delta t} \int_t^{t+\Delta t} \int_t^{t+\Delta t} R_{FF}(u-w) \mathrm{d}u \mathrm{d}w$$

$$= \lim_{\Delta t \to 0} \frac{1}{\Delta t} \int_t^{t+\Delta t} \int_t^{t+\Delta t} 2\alpha \delta(u-w) \mathrm{d}u \mathrm{d}w$$

使用变换 $u - w = \Delta t$，可得

$$\lim_{\Delta t \to 0} \frac{1}{\Delta t} E\{F^2(t)(\Delta t)^2\} = \lim_{\Delta t \to 0} \frac{1}{\Delta t} \int_t^{t+\Delta t} \int_t^{t+\Delta t} 2\alpha \delta \Delta t \mathrm{d}u \mathrm{d}(u - \Delta t)$$

$$= \lim_{\Delta t \to 0} \frac{1}{\Delta t} \int_t^{t+\Delta t} 2\alpha \mathrm{d}(u - \Delta t)$$

$$= \lim_{\Delta t \to 0} \frac{1}{\Delta t} 2\alpha \cdot \Delta t$$

$$= 2\alpha \qquad (10.119)$$

函数的作用是把二重积分化为一个积分。

因此，$b_{22} = 2\alpha$。式(10.116)可以写成

$$\frac{\partial f}{\partial t} = -\frac{\partial}{\partial x_1}(a_1 f) - \frac{\partial}{\partial x_2}(a_2 f) + \frac{1}{2}\frac{\partial^2}{\partial x_1^2}(b_{11}f) + \frac{\partial^2}{\partial x_1 \partial x_2}(b_{12}f) + \frac{1}{2}\frac{\partial^2}{\partial x_2^2}(b_{22}f)$$

$$= -\frac{\partial}{\partial x_1}(x_2 f) - \frac{\partial}{\partial x_2}([-cx_2 - h(x_1)]f) + \frac{1}{2}\frac{\partial^2}{\partial x_2^2}(2\alpha f) \qquad (10.120)$$

其中 $f \equiv f(x_1, x_2)$，用 $h(x) = x_1 + x_1^3$ 替换各自的系数，得到方程

$$\frac{\partial f}{\partial t} = -\frac{\partial}{\partial x_1}(x_2 f) - \frac{\partial}{\partial x_2}([-cx_2 - x_1 - x_1^3]f) + \frac{1}{2}\frac{\partial^2}{\partial x_2^2}(2\alpha f)$$

$$= -\frac{\partial}{\partial x}(vf) - \frac{\partial}{\partial v}([-cx - x - x^3]f) + \frac{1}{2}\frac{\partial^2}{\partial v^2}(2\alpha f)$$

展开我们得到的导数

$$\frac{\partial f}{\partial t} = -v\frac{\partial f}{\partial x} + c\frac{\partial(vf)}{\partial v} + (x + x^3)\frac{\partial f}{\partial v} + \alpha\frac{\partial^2 f}{\partial v^2}$$

这个方程对于域中的所有 $(x,v)$ 有初始密度条件

$$f(x,v;0|x(0),v(0)) = \delta(x - x(0))\delta(v - v(0))$$

由于这个微分方程的复杂性，$f(x,v,t)$ 的"稳态"解通过设 $\partial f / \partial t = 0$，然后求解 $f_s(x,v)$ 得到。考虑稳态下的方程式(10.120)，可得

$$-x_2 \frac{\partial f_s}{\partial x_1} + \frac{\partial}{\partial x_2}([cx_2 + h(x_1)]f_s) + \alpha \frac{\partial^2 f_s}{\partial x_2^2} = 0 \qquad (10.121)$$

其中 $(x,v) \equiv (x_1,x_2)$，我们简化了第二个表达式的符号并将 $x_2$ 从对 $x_1$ 的导数中提出。一般来说，这个偏微分方程的解需要一些近似的分析工具或数值分析，但是，可以将式(10.121)改写成以下的形式，即

$$\left[h(x_1)\frac{\partial f_s}{\partial x_2} - x_2 \frac{\partial f_s}{\partial x_1}\right] + \frac{\partial}{\partial x_2}\left[cx_2 f_s + \alpha \frac{\partial f_s}{\partial x_2}\right] = 0 \qquad (10.122)$$

根据 Caughey[①]，如果采用下面的分离方法，可以对任意 $h(x_1)$ 求解

---

① T. K. Caughey,"Nonlinear Theory of Random Vibrations," Advances in Apllied Mechanics, Vol. 11, 1971。

式(10.122),即

$$\left[h(x_1)\frac{\partial f_s}{\partial x_2} - x_2\frac{\partial f_s}{\partial x_1}\right] = 0$$

$$\frac{\partial}{\partial x_2}\left[cx_2 f_s + \alpha\frac{\partial f_s}{\partial x_2}\right] = 0$$

另一种方法是 Soong[①] 提出的假设 $f_s(x_1,x_2) = f_s(x_1)f_s(x_2)$。将式(10.121)重新排列如下:

$$\frac{\partial}{\partial x_2}\left[h(x_1)f_s + \frac{\alpha}{c}\frac{\partial f_s}{\partial x_1}\right] + \left(c\frac{\partial}{\partial x_2} - \frac{\partial}{\partial x_1}\right)\left[x_2 f_s + \frac{\alpha}{c}\frac{\partial f_s}{\partial x_2}\right] = 0$$

只有当方括号中的每一项都是归一化零时,它才能得到任意 $h(x_1)$ 的解。因此,有

$$\begin{aligned}f_s(x_1,x_2) &= \text{const} \cdot \exp\left(-\frac{c}{\alpha}\left[\int_0^{x_1} h(x)\,dx + \frac{x_2^2}{2}\right]\right) \\ &= \text{const} \cdot \exp\left(-\frac{c}{\alpha}\int_0^{x_1} h(x)\,dx\right)\exp\left(-\frac{c}{\alpha}\frac{x_2^2}{2}\right)\end{aligned}$$

根据解的唯一性,这是唯一的解。

**例 10.11** 随机范德波尔振荡器

导出范德波尔方程的福克 – 普朗克方程,即

$$\ddot{X} + c(X^2 - a^2)\dot{X} + X = F(t)$$

**解**:输入强迫 $F(t)$ 具有与前面示例中定义的 $x_1 = X$ 和 $x_2 = \dot{x}_1$ 相同的属性。然后,有

$$\begin{Bmatrix}\dot{x}_1 \\ \dot{x}_2\end{Bmatrix} = \begin{Bmatrix}x_2 \\ c(x_1^2 - a^2)x_2 - x_1 + F(t)\end{Bmatrix}$$

按照以前的步骤,可得

$$a_1 = \lim_{\Delta t \to 0}\frac{1}{\Delta t}E\{\Delta x_1|\boldsymbol{x}\} = \lim_{\Delta t \to 0}\frac{1}{\Delta t}E\{\dot{x}_1 \Delta t\} = \dot{x}_1 = x_2 = v$$

$$a_2 = \lim_{\Delta t \to 0}\frac{1}{\Delta t}E\{\Delta x_2|\boldsymbol{x}\} = \lim_{\Delta t \to 0}\frac{1}{\Delta t}E\{\dot{x}_2 \Delta t\} = \dot{x}_2 = c(x_1^2 - a^2)x_2 - x_1$$

$$b_{11} = \lim_{\Delta t \to 0}\frac{1}{\Delta t}E\{(\Delta x_1|\boldsymbol{x})^2\} = \lim_{\Delta t \to 0}\frac{1}{\Delta t}E\{(\dot{x}_1\Delta t)^2\} = \lim_{\Delta t \to 0}E\{\dot{x}_1^2\Delta t\} = 0$$

---

[①] T. T. Soong, Random Differential Equations in Science and Engineering, Academic Press, New York, 1973, pp. 197–200。

$$b_{12} = \lim_{\Delta t \to 0} \frac{1}{\Delta t} E\{\Delta x_1 \Delta x_2 | \pmb{x}\} = \lim_{\Delta t \to 0} \frac{1}{\Delta t} E\{\dot{x}_1 \dot{x}_2 (\Delta t)^2\} = \lim_{\Delta t \to 0} E\{\dot{x}_1 \dot{x}_2 \Delta t\} = 0$$

按照计算式(10.119)的步骤,可得

$$b_{22} = \lim_{\Delta t \to 0} \frac{1}{\Delta t} E\{(\Delta x_2)^2 | \pmb{x}\} = \lim_{\Delta t \to 0} \frac{1}{\Delta t} E\{(c(x_1^2 - a^2)x_2 - x_1 + F(t))^2 (\Delta t)^2\} = 2\alpha$$

得到福克 - 普朗克方程

$$\frac{\partial f}{\partial t} = -v\frac{\partial f}{\partial x} + c(X^2 - a^2)\frac{\partial(vf)}{\partial v} + X\frac{\partial f}{\partial v} + \alpha\frac{\partial^2 f}{\partial v^2}$$

**例 10.12  有色噪声激发杜芬振子的福克 - 普朗克方程**

系统由彩色噪声过程 $y(t)$ 驱动。使用下面的高斯白噪声(零均值)过程 $w(t)$ 的一阶线性微分滤波器生成 $y(t)$,即

$$E\{w(t)w(t+\tau)\} = 2\alpha\delta(\tau)$$

$$c_1\dot{y} = c_2 y + c_3 w(t)$$

式中: $c_i$ 是常量。这个方程的一种形式包含了相关时间 $\tau_c$,即

$$\tau_c \dot{y} = -y + w(t)$$

注意:当相关时间趋于 0 时, $y(t)$ 趋于 $w(t)$ 。

2. 二阶杜芬振荡器

$$\ddot{x} + \gamma\dot{x} + x + x^3 = y(t)$$

现在可以写成3个一阶微分方程构成的方程组,即

$$\mu = 1/\tau_c$$

$$\dot{x} = v$$

$$\dot{v} = y - \gamma v - x - x^3$$

$$\dot{y} = -\mu y + \mu w(t)$$

定义 $f(x,v,y;t)$ 为 $x$ 、 $v$ 和 $y$ 在 $t$ 时刻的联合概率密度函数。要得到福克 - 普朗克方程,需要找到系数(就像我们在前两个例子中所做的那样)

$$a_1 = \lim_{\Delta t \to 0} \frac{1}{\Delta t} E\{\dot{x}\Delta t\} = \lim_{\Delta t \to 0} E\{v\} = v$$

$$a_2 = \lim_{\Delta t \to 0} \frac{1}{\Delta t} E\{\dot{v}\Delta t\} = \lim_{\Delta t \to 0} E\{y - \gamma v - x - x^3\} = y - \gamma v - x - x^3$$

$$a_3 = \lim_{\Delta t \to 0} \frac{1}{\Delta t} E\{\dot{y}\Delta t\} = \lim_{\Delta t \to 0} E\{-\mu y + \mu w(t)\} = -\mu y$$

然后计算系数 $b_{ij}$,即

$$b_{11} = \lim_{\Delta t \to 0}\frac{1}{\Delta t}E\{(\dot{x}\Delta t)^2\} = \lim_{\Delta t \to 0}\Delta t E\{\dot{x}^2\} = 0$$

$$b_{12} = \lim_{\Delta t \to 0}\frac{1}{\Delta t}E\{\dot{x}\dot{v}(\Delta t)^2\} = \lim_{\Delta t \to 0}\Delta t E\{\dot{x}\dot{v}\} = 0$$

$$b_{22} = \lim_{\Delta t \to 0}\frac{1}{\Delta t}E\{(\dot{v}\Delta t)^2\} = \lim_{\Delta t \to 0}\Delta t E\{\dot{v}^2\} = 0$$

最后,可得

$$b_{13} = \lim_{\Delta t \to 0}\frac{1}{\Delta t}E\{\dot{x}\dot{y}(\Delta t)^2\} = \lim_{\Delta t \to 0}E\{v(-\mu y \Delta t + \mu \int_t^{\Delta t} w(u)\mathrm{d}u)\} = 0$$

$$b_{23} = \lim_{\Delta t \to 0}\frac{1}{\Delta t}E\{\dot{v}\dot{y}(\Delta t)^2\} = \lim_{\Delta t \to 0}E\{(y - \gamma v - x - x^3)(-\mu y \Delta t + \mu \int_t^{\Delta t} w(u)\mathrm{d}u)\} = 0$$

$$b_{33} = \lim_{\Delta t \to 0}\frac{1}{\Delta t}E\{\dot{y}(\Delta t)^2\} = \lim_{\Delta t \to 0}\frac{1}{\Delta t}E\{(-\mu y \Delta t + \mu \int_t^{\Delta t} w(u)\mathrm{d}u)^2\}$$

$$= \lim_{\Delta t \to 0}\frac{1}{\Delta t}E\{(\mu y \Delta t)^2 - 2\mu^2 y \Delta t \int_t^{\Delta t} w(u)\mathrm{d}u + \mu^2 \int_t^{\Delta t}\int_t^{\Delta t} w(u_1)w(u_2)\mathrm{d}u_1\mathrm{d}u_2\}$$

$$= \lim_{\Delta t \to 0}\frac{1}{\Delta t}E\{\mu^2 \int_t^{\Delta t}\int_t^{\Delta t} w(u_1)w(u_2)\mathrm{d}u_1\mathrm{d}u_2\} = 2\mu^2\alpha$$

福克 – 普朗克方程变为

$$\frac{\partial f}{\partial t} = -\frac{\partial}{\partial x}(vf) - \frac{\partial}{\partial v}[(y - \gamma v - x - x^3)f] - \frac{\partial}{\partial y}(-\mu y f) + \frac{1}{2}\frac{\partial^2}{\partial y^2}(2\mu^2\alpha f)$$

$$= -v\frac{\partial f}{\partial x} - \frac{\partial}{\partial v}[(y - \gamma v - x - x^3)f] + \mu\frac{\partial}{\partial y}(yf) + \mu^2\alpha\frac{\partial^2 f}{\partial y^2}$$

### 例 10.13 福克 – 普朗克耦合线性 – 杜芬振荡器方程

有时更复杂的动态系统需要耦合振荡器模型,其中每个振荡器代表不同的子系统。我们可以在多部件结构和机器以及流体结构交互问题中看到这一点。

我们将再次使用有色噪声来强制系统。在我们假设的模型中,有色噪声驱动线性振子、耦合杜芬振子驱动线性振子与线性振子之间的相对位移。假定的控制方程如下:

$$\dot{y} + \mu y = \mu w(t)$$

$$\ddot{x}_1 + \gamma_1 \dot{x}_1 + x_1 = y$$

$$\ddot{x}_2 + \gamma_2 \dot{x}_2 + x_2 + \varepsilon x_2^3 = k(x_1 - x_2)$$

其中参数具有与上一个示例相同的属性和含义。令 $v_1 = \dot{x}_1$ 和 $v_2 = \dot{x}_2$,并把运动方程

写成一阶微分方程,即

$$\dot{y} = -\mu y + \mu w(t)$$

$$\dot{x}_1 = v_1$$

$$\dot{v}_1 = y - \gamma_1 v_1 - x_1$$

$$\dot{x}_2 = v_2$$

$$\dot{v}_2 = kx_1 - \gamma_2 v_2 - (1+k)x_2 - \varepsilon x_2^3$$

接下来,我们继续推导福克 – 普朗克方程所需的系数

$$a_1 = \lim_{\Delta t \to 0} \frac{1}{\Delta t} E\{\dot{y}\Delta t\} = \lim_{\Delta t \to 0} \mu E\{-y + w(t)\} = -\mu y$$

$$a_2 = \lim_{\Delta t \to 0} \frac{1}{\Delta t} E\{\dot{x}_1 \Delta t\} = \lim_{\Delta t \to 0} E\{v_1\} = v_1$$

$$a_3 = \lim_{\Delta t \to 0} \frac{1}{\Delta t} E\{\dot{v}_1 \Delta t\} = \lim_{\Delta t \to 0} E\{y - \gamma_1 v_1 - x_1\} = y - \gamma_1 v_1 - x_1$$

$$a_4 = \lim_{\Delta t \to 0} \frac{1}{\Delta t} E\{\dot{x}_2 \Delta t\} = \lim_{\Delta t \to 0} E\{v_2\} = v_2$$

$$a_5 = \lim_{\Delta t \to 0} \frac{1}{\Delta t} E\{\dot{v}_2 \Delta t\} = \lim_{\Delta t \to 0} E\{kx_1 - \gamma_2 v_2 - (1+k)x_2 - \varepsilon x_2^3\}$$

$$= kx_1 - \gamma_2 v_2 - (1+k)x_2 - \varepsilon x_2^3$$

和

$$b_{11} = \lim_{\Delta t \to 0} \frac{1}{\Delta t} E\{\dot{y}(\Delta t)^2\} = \lim_{\Delta t \to 0} \frac{1}{\Delta t} E\{(-\mu y \Delta t + \mu \int_t^{\Delta t} w(u)du)^2\}$$

$$= \lim_{\Delta t \to 0} \frac{1}{\Delta t} E\{(\mu y \Delta t)^2 - 2\mu^2 y \Delta t \int_t^{\Delta t} w(u)du + \mu^2 \int_t^{\Delta t}\int_t^{\Delta t} w(u_1)w(u_2)du_1 du_2\}$$

$$= \lim_{\Delta t \to 0} \frac{1}{\Delta t} E\{\mu^2 \int_t^{\Delta t}\int_t^{\Delta t} w(u_1)w(u_2)du_1 du_2\} = 2\mu^2 \alpha$$

继续可得

$$b_{12} = \lim_{\Delta t \to 0} \frac{1}{\Delta t} E\{\dot{y}\dot{x}_1(\Delta t)^2\} = \lim_{\Delta t \to 0} \Delta t E\{\mu[-y + w(t)]v_1\} = 0$$

$$b_{13} = \lim_{\Delta t \to 0} \frac{1}{\Delta t} E\{\Delta y \Delta v_1\} = \lim_{\Delta t \to 0} \frac{1}{\Delta t} E\{\dot{y}\dot{v}_1(\Delta t)^2\}$$

$$= \lim_{\Delta t \to 0} \Delta t E\{\mu[-y + w(t)][y - \gamma v_1 - x_1]\} = 0$$

$$b_{14} = \lim_{\Delta t \to 0}\frac{1}{\Delta t}E\{\dot{y}\dot{x}_2(\Delta t)^2\} = \lim_{\Delta t \to 0}\Delta t E\{\mu[-y + w(t)]v_2\} = 0$$

$$b_{15} = \lim_{\Delta t \to 0}\frac{1}{\Delta t}E\{\dot{y}\dot{v}_2(\Delta t)^2\}$$
$$= \lim_{\Delta t \to 0}E\{\mu[-y + w(t)][kx_1 - \gamma_2 v_2 - (1+k)x_2 - \varepsilon x_2^3]\} = 0$$

$$b_{22} = \lim_{\Delta t \to 0}\frac{1}{\Delta t}E\{(\dot{x}_1 \Delta t)^2\} = \lim_{\Delta t \to 0}\Delta t E\{v_1^2\} = 0$$

$$b_{23} = \lim_{\Delta t \to 0}\frac{1}{\Delta t}E\{\dot{x}_1\dot{v}_1(\Delta t)^2\} = \lim_{\Delta t \to 0}\Delta t E\{v_1[y - \gamma v_1 - x_1]\} = 0$$

$$b_{24} = \lim_{\Delta t \to 0}\frac{1}{\Delta t}E\{\dot{x}_1\dot{x}_2(\Delta t)^2\} = \lim_{\Delta t \to 0}\Delta t E\{v_1 v_2\} = 0$$

剩下的系数被求得,即

$$b_{25} = \lim_{\Delta t \to 0}\frac{1}{\Delta t}E\{\dot{x}_1\dot{v}_2(\Delta t)^2\} = \lim_{\Delta t \to 0}\Delta t E\{v_1[kx_1 - \gamma_2 v_2 - (1+k)x_2 - \varepsilon x_2^3]\} = 0$$

$$b_{33} = \lim_{\Delta t \to 0}\frac{1}{\Delta t}E\{(\dot{v}_1 \Delta t)^2\} = \lim_{\Delta t \to 0}\Delta t E\{[y - \gamma_1 v_1 - x_1]^2\} = 0$$

$$b_{34} = \lim_{\Delta t \to 0}\frac{1}{\Delta t}E\{\dot{v}_1\dot{x}_2(\Delta t)^2\} = \lim_{\Delta t \to 0}\Delta t E\{[y - \gamma_1 v_1 - x_1]v_2\} = 0$$

$$b_{35} = \lim_{\Delta t \to 0}\frac{1}{\Delta t}E\{\dot{v}_1\dot{v}_2(\Delta t)^2\}$$
$$= \lim_{\Delta t \to 0}\Delta t E\{[y - \gamma_1 v_1 - x_1]^2[kx_1 - \gamma_2 v_2 - (1+k)x_2 - \varepsilon x_2^3]\} = 0$$

$$b_{44} = \lim_{\Delta t \to 0}\frac{1}{\Delta t}E\{(\dot{x}_2 \Delta t)^2\} = \lim_{\Delta t \to 0}\Delta t E\{v_2^2\} = 0$$

改进密度函数 $f \equiv f(y, x_1, v_1, x_2, v_2; t)$ 所得到的福克 – 普朗克方程

$$\frac{\partial f}{\partial t} = \frac{\partial}{\partial y}(\mu y f) - \frac{\partial}{\partial x_1}(v_1 f) - \frac{\partial}{\partial v_1}[(y - \gamma_1 v_1 - x_1)f] - \frac{\partial}{\partial x_2}(v_2 f) -$$
$$\frac{\partial}{\partial v_2}[(kx_1 - \gamma_2 v_2 - (1+k)x_2 - \varepsilon x_2^3)f] + \mu^2 \alpha \frac{\partial^2 f}{\partial y^2} \qquad (10.123)$$

这个方程可以通过展开导数来简化

$$\frac{\partial f}{\partial t} = \mu\frac{\partial}{\partial y}(yf) - v_1\frac{\partial f}{\partial x_1} - \frac{\partial f}{\partial v_1}[(y - \gamma_1 v_1 - x_1)f] - v_2\frac{\partial f}{\partial x_2} -$$
$$\frac{\partial}{\partial v_2}[(kx_1 - \gamma_2 v_2 - (1+k)x_2 - \varepsilon x_2^3)f] + \mu^2 \alpha \frac{\partial^2 f}{\partial y^2}$$

这个方程是用数值方法求解的。如果 $\partial f/\partial t = 0$,稳态解是可能的。

马克恩·卡尔·恩斯特·路德维希·普朗克
(1858年4月23日—1947年10月4日)

**贡献**：普朗克是德国理论物理学家，量子力学的创始人，并于1918年获得诺贝尔物理学奖。他对理论物理学做出了许多贡献，但主要因量子理论的创始人而闻名于世。这个理论彻底改变了我们对原子和亚原子过程的理解，正如阿尔伯特·爱因斯坦的相对论彻底改变了我们对空间和时间的理解一样。它们共同构成了20世纪物理学的基本理论。这两件事都迫使人类改变了最珍视的一些哲学信仰，并且都导致了工业和军事上的应用，影响了现代生活的方方面面。

普朗克研究了热力学，根据波长检验了能量的分布。通过结合维恩和瑞利的公式，普朗克在1900年公布了普朗克辐射公式，在两个月之内，普朗克放弃了经典物理学，引入了能量量子，对他的公式进行了完整的理论推导。起初，这个理论遭到了反对，但由于1913年尼尔斯·玻尔利用该理论成功地计算谱线的位置的工作，使得这个理论被普遍接受。

**生平简介**：马克思·普朗克出生于一个学术家庭。他的父亲是德国基尔的法学教授，而他的祖父和曾祖父曾是哥廷根的神学教授。1867年，普朗克一家搬到了慕尼黑，他在那里开始上学。他在学校表现优异，但并不出色，通常在班级的第三和第八名之间。

1874年，16岁的他进入了慕尼黑大学。后来，普朗克在柏林学习，他师从于亥姆霍兹和基尔霍夫。他后来写道，他非常钦佩基尔霍夫，但觉得他作为老师枯燥乏味。普朗克21岁回到慕尼黑并获得博士学位，并发表了一篇关于热力学第二定律的论文。1880年，他被任命为慕尼黑大学的教师，直至1885年。

1885年，普朗克被任命为基尔大学的教授，并担任了四年的教授。1887年，在基尔霍夫去世后，普朗克于1889年接替他成为柏林大学的理论物理学教授。他担任柏林教授38年，直到1927年退休。在柏林，普朗克做了非常出色的工作，并发表了杰出的演讲。

1918年，普朗克获得诺贝尔物理学奖。他几乎没有参与量子理论的进一步发展

(这留给了保罗·狄拉克和其他人)。从 1912 年到 1943 年,普朗克一直担任普鲁士科学院数学和自然科学部门的秘书等行政职务。

**显著成就**:他开始大学学习之前,普朗克与物理学教授菲利普·冯·乔利讨论了物理学的研究前景,结果却被告知物理学的一切已经被研究了,几乎没有进一步发展的希望。幸运的是,尽管前景黯淡,普朗克还是决定学习物理。普朗克解释了为什么选择了物理:外部世界是独立于人的,是绝对的,对适用于这个绝对的规律的探索,在我看来是生命中最崇高的科学追求。

普朗克十分具有音乐天赋。在很小的时候,他就开始学习唱歌、演奏钢琴、管风琴和大提琴、还创作歌曲和歌剧。

普朗克获得了许多荣誉:1915 年获 Pour le Merite 科学和艺术勋章(1930 年,他成了这个教团的议长),1918 年获诺贝尔物理学奖(1919 年授予),1927 年获洛伦兹奖章和富兰克林勋章,1928 年获德意志帝国雄鹰勋章,1929 年与爱因斯坦共同获德国帝国总统马克思·普朗克奖章和科普利奖章,普朗克获得了来自法兰克福大学、慕尼黑大学、罗斯托克大学、柏林大学、格拉茨大学、雅典、剑桥大学,伦敦大学和格拉斯哥大学的荣誉博士学位,1938 年第 1069 号小行星被国际天文学联合会命名为"Stella Planckia"。

在他的一生中,战争给他带来深深的痛苦。在第一次世界大战中,他失去了长子。在第二次世界大战中,他在柏林的房子因空袭被烧毁。1945 年,他的另一个儿子因犯有暗杀希特勒未遂罪而被纳粹杀害。尽管承受了巨大的家庭悲剧和痛苦,普朗克仍然坚持留在德国,捍卫德国科学。1930 年至 1937 年及 1945 年至 1946 年任德国主要研究机构威廉皇家学会会长。

安德烈·尼古拉耶维奇·柯尔莫哥洛夫
(1903 年 4 月 25 日—1987 年 10 月 20 日)

**贡献**:柯尔莫哥洛夫是 20 世纪苏联最杰出的数学家,在概率论、拓扑学、直觉逻辑、湍流、古典力学和计算复杂性等科学领域都有突出贡献。

他从基本公理出发严格地定义了条件期望(1933 年,概率计算的基础)和马尔可夫随机过程(1938年,概率论中的分析方法,),建立了概率论。其他相关思想包括集论拓扑、近似理论、湍流理论、几何基础的泛函分析、数学的历史和方法。他把概率论扩展到物理学的其他领域。1941年,他发表了湍流方面两篇具有重要意义的论文。1954年,他研究了关于行星运动的动力系统的工作。

1953年和1954年,柯尔莫哥洛夫发表了两篇关于动力学系统及其在哈密顿动力学中应用方面的论文标志这KAM理论的开始,它是以柯尔莫戈洛夫、阿诺德和莫泽的名字命名的。1954年,在阿姆斯特丹举行的国际数学家大会上,柯尔莫哥洛夫在《动力学系统的一般理论和经典力学》的演讲中提出了这个主题。

柯尔莫哥洛夫对希尔伯特的第六个问题做出了重大贡献。1957年,完全解决了希尔伯特的第13个问题。他表明希尔伯特要求证明存在3个变量的连续函数不能用2个变量的连续函数来表示,是错误的。

**生平简介:**安德烈·柯尔莫哥洛夫出生于俄罗斯的坦博夫城,非婚所生,他的父母没有参与他的成长过程。他是外祖父图诺什纳的家里长大的,姨妈薇拉·雅科维娜把他抚养长大。他对姨妈一直怀有最深的爱。事实上,柯尔莫哥洛夫的名字来自他的祖父雅科夫·斯特帕诺维奇·柯尔莫哥洛夫,而不是他的父亲。离开学校后,他在铁路上当了一段时间的售票员,在业余时间,他写了一篇关于牛顿力学定律的论文。

1920年,他19岁进入莫斯科国立大学,不仅对数学感兴趣,而且对其他学科也感兴趣,如冶金学和俄罗斯历史等。他曾写了一篇关于15和16世纪诺夫格勒地区地主财产所有权的科学论文。柯尔莫哥洛夫在早期就受到许多杰出数学家的影响。他参加了斯特帕诺夫的三角级数讲座,这给他留下了最深的印象。柯尔莫哥洛夫还是大学生时,就取得了举世瞩目的成就。1922年春天,他完成了一篇关于集合运算的论文,推广了苏斯林的结果。到1922年6月,他构造了一个可求和的函数,这个函数几乎处处发散。1925年,柯尔莫哥洛夫毕业于莫斯科国立大学,共有8篇论文。

1925年,他在鲁津的指导下开始攻读博士学位。1925年的另一个里程碑是柯尔莫哥洛夫与辛钦合作发表了关于概率论方面的第一篇论文,其中含有三角级数定理,以及关于独立随机变量部分和的不等式,后来成为鞅不等式和随机微积分的基础。1929年,柯尔莫哥洛夫获得了博士学位,发表了18篇论文。这包括他对大数定律和迭代对数定律的解释,微分和积分运算的若干推广以及对直觉主义逻辑的贡献。

1931年,柯尔莫戈洛夫被莫斯科大学聘为教授。他在数学的各个分支中都有杰出的工作。1938年,柯尔莫哥洛夫加入了科学院斯特克洛夫数学研究所,并在该大学保留了职位,与他一起的还有莫斯科大学的一些顶尖数学家,包括亚历山大·格尔福德(Aleksandrov Gelfand)、彼得罗夫斯基(Petrovsky)和欣奇内(Khinchine)。他是该研究所新成立的概率与统计学系的系主任。

**显著成就:**柯尔莫哥洛夫与许多杰出的数学家有着极好的友情。他和亚历山大的友谊始于1929年夏天,从雅洛斯拉夫尔出发,沿伏尔加河航行了3周,穿越高加索山脉,最后到达亚美尼亚的塞万湖。他们在湖边的工作成果颇丰。亚历山大·德罗夫精心地写了一部拓扑学著作,后来此书与霍普夫合著。

柯尔莫哥洛夫研究了连续状态和连续时间的马尔可夫过程,该结果在1931年一篇论文中发表,标志着扩散理论的开始。后来,在1931年夏天,柯尔莫戈洛夫和亚历山大又进行了一次长途旅行,这次他们访问了柏林、哥廷根、慕尼黑和巴黎。然后他们在海边和弗雷歇度过了一个月。1935年,他们在莫斯科郊外的小村庄科马洛夫卡买了一所房子,许多著名的数学家都来拜访过这里,包括阿达玛,弗雷歇、巴拿赫、霍普夫、库拉托夫斯基等。

柯尔莫哥洛夫的研究生包括马采夫,盖尔范德和格涅坚科。他们回忆说,师从柯尔莫哥洛夫做研究的岁月是终生难忘的:在科学与文化上的发奋努力,科学上的巨大进步,解决科学问题的全身心投入。格涅坚科进一步指出,难以忘怀的是星期天的一次次郊游,柯尔莫哥洛夫邀请了研究生或本科生以及其他导师的学生。在 30~35km 远直到波尔谢夫、克利亚兹竺马和其他的别的地方的郊游过程中,我们一直讨论着当前的数学问题(及其应用),还讨论文化进步问题,尤其是绘画、建筑和文学问题。

柯尔莫哥洛夫除了数学之外还有很多兴趣。他对一项为有天赋的儿童提供特殊教育的计划特别感兴趣。为此,他花费大量时间在写教学大纲上,和孩子们在一起,向他们介绍文学和音乐,加入他们的娱乐活动,带孩子们去爬山、远足和探险。他试图确保这些孩子的人格得到广泛而自然的发展,如果学校里的孩子没有成为数学家,他也并不感到担忧。不管他们最终从事什么职业,只要能视野开阔,好奇心不受抑制,他都会满足。他花时间研究俄国作家普希金的诗歌形式和结构。

柯尔莫哥洛夫获得了来自许多不同国家的荣誉。1939年,他当选为苏联科学院院士。1941年,他荣获首届苏联国家奖。1963年,他获得了博尔扎诺国际奖,1965年,获得了列宁奖。6枚不同的列宁勋章和1987年的洛巴切夫斯基奖。他还被选入许多其他院校和学会,包括罗马尼亚科学院(1956)、伦敦皇家统计学会(1956)、德国利奥波第那学院(1959年)、美国艺术与科学学院(1959)、伦敦数学协会(1959年)、美国哲学协会(1961年)、印度统计研究所(1962)、荷兰科学院(1963)、英国皇家学会外国会员(1964)、美国国家科学院(1967)、法国科学院(1968)。许多大学授予他荣誉学位,包括巴黎大学、斯德哥尔摩大学和华沙大学。

他的一句名言是:"每个数学家都相信自己比别人领先。他们在公共场合不这么说的原因是因为他们是聪明人。"

## 10.7 本章小结

在本章中,我们引入了确定性和随机的方法来推导非线性振子的近似解。导出了将非线性方程转化为线性方程组的线性化和微扰方法。

介绍了马尔可夫过程,提出了马尔可夫过程驱动非线性方程随机分析的方法。

特别推导出了查普曼−柯尔莫哥洛夫方程和对特殊方程推导出相应的福克−普朗克方程。

这一章展示了理解线性系统的重要性。非线性分析的一种重要的解决方法是摄动法，它取决于求解线性方程的能力。下一章将会看到，在同样的脉络下，非平稳解在许多情况下都是基于平稳解。

## 10.8 格言

- 科学家发现了存在的世界，工程师创造了从未存在过的世界。——西奥多·冯·卡尔曼(Theodore von Kalman)
- 科学家梦想做伟大的事情，工程师做这些事。——詹姆斯·麦切纳(James McCenna)
- 无论一个理论成功地经受了多少次考验，都不可能确定它不会被下一次的观察所推翻。因此，这是现代自然哲学的基石。它没有宣称达到终极真理。事实上，词组"终极真理"变得毫无意义，因为不可能有足够的观察来确定真理是"终极真理"。——艾萨克·阿西莫夫(Isaac Asimov)
- 当你在听玉米粥时，你听到中心极限定理了吗？——威廉·A. 梅西(William A. Messi)
- 我们只能对我们不理解的事情绝对肯定。——埃里克·霍弗(Eric Hoffer)
- 一般来说，巧合对于那些受过教育却对概率理论一无所知的思想家来说，是巨大的绊脚石。——埃德加·爱伦·坡(Edgar Allan Poe)
- 我们看到概率论本质上只是简化为计算的常识；它使我们用一种本能正确地理解理性的头脑所感受的东西，而往往无法解释它。生活中最重要的问题，在很大程度上，只是概率问题。——皮埃尔·西蒙·拉普拉斯侯爵(Pierre Simon Laplace)
- 工程学是一门伟大的职业。有一种魅力，就是看着想象的虚构通过科学的帮助出现在纸上的计划中。然后它以石头、金属或能量走向实现。然后，它给男人或女人带来了家庭，提升了生活的标准，增加了生活的舒适。这是工程师的特权。——赫伯特·胡佛(Herbert Hoover)

## 10.9 习题

**第 10.0.2 节：非线性振动的例子**

1. 图 10.1 对比了 $\sin\theta$ 和 $\theta$，显示非线性的影响随 $\theta$ 的增加，求误差为 5%、10% 和 15% 的 $\theta$ 值。百分比误差可以定义为

$$\% \text{ error} = \frac{\theta - \sin\theta}{\sin\theta} \times 100$$

2. 图 10.2 比较了硬弹簧和软弹簧的特性。提供每一种弹簧的例子。

## 第 10.1 节：相平面

3. 构造简单谐振子 $\ddot{x} + \omega_n^2 x = 0$ 的相图。
4. 构造方程 $\ddot{x} - \omega_n^2 x = 0$ 的相图。
5. 绘制例 10.4 中的方程。

## 第 10.2 节：统计等效线性化

6. 推导式(10.21)和式(10.22)。

## 第 10.3 节：扰动或膨胀法

7. 为方程

$$\ddot{x} + (x^2 + \dot{x}^2 - 1)\dot{x} + x = 0$$

研究阻尼如何根据 $x$ 和 $\dot{x}$ 的值添加和移除系统能量。定义 $\dot{x} = y$。

8. 对于方程 $x'' + \frac{1}{4}x + 0.1x^3 = \cos\tau$，求出周期为 $2\pi$ 的强迫响应的近似值。

9. 求出方程 $x'' + \frac{1}{2}x + 0.1x^3 = \cos\tau$ 的二阶强迫响应的近似值。

10. 推导式(10.38)。

11. 对于强迫的准谐波系统，推导出式(10.52)的(a)式，式(10.53)的(b)式。

12. 求出周期为 $2\pi$ 的 $\ddot{x} + \Omega^2 x - \varepsilon x^2 = \Gamma \cos t$，$\varepsilon > 0$ 方程的近似解。

13. 推导出方程 $x'' + (9 + \varepsilon\beta)x - \varepsilon x^3 = \Gamma\cos\tau$ 的强迫周期响应。

14. 如果 $\Gamma$ 是式(10.56)中的一个随机变量，我们该如何估计 $\theta(\varepsilon, \tau)$？

15. 用物理术语解释关于振荡器 $x(T)$ 的式(10.61)。

16. 式(10.64)代表什么类型的随机过程？用物理术语讨论。

17. 推导式(10.65)～式(10.67)。

18. 使用式(10.59)脚注中建议的方法求解 $\Omega \approx 1$ 的式(10.54)。

19. 对于次谐波响应，推导式(10.71)～式(10.76)。

20. 求线性方程 $\ddot{x} + \frac{1}{n^2}x = \Gamma\cos t$ 的 $1/n$ 次谐波响应。

21. 考虑 Duffing 方程

$$\ddot{x} + \alpha x + \varepsilon x^3 = \Gamma\cos\omega t$$

其中 $\alpha$、$\Gamma$、$\omega > 0$。在微扰解中，次谐波发生的 $w$ 值在扰动解中是未知的，展开 $x$ 和 $w$。

22. 对于组合谐波响应，推导式(10.80)。

## 第 10.4 节：Mathieu 方程

23. 推导式(10.93)。
24. 推导式(10.94)。

**第 10.5 节：范德波尔方程**

25. 考虑范德波尔方程式(10.97)。假设 $\alpha$ 是一个随机变量。$\alpha$ 的统计信息如何影响图 10.14 所示的轨迹和图 10.15 所示的时间轨迹。

26. 推导式(10.101)。

**第 10.6 节：基于马尔可夫过程的模型**

27. 给出可以建模为马尔可夫过程的物理过程或机械行为的例子。

28. 讨论什么是物理条件下的跃迁概率密度函数。

29. 马尔可夫过程可以是平稳的吗？福克 – 普朗克跃迁密度的稳态假设是否与平稳性假设相同？

30. 在例 10.12 中，从 3 个一阶方程出发，推导出动力学方程。

31. 在例 10.13 中，从一阶方程开始推导出原始的动力学方程。

# 第 11 章 非平稳模型

非平稳随机过程的研究非常具有挑战性,因为它们的统计数据会随时间和/或空间而变化。非平稳随机过程进行建模时需要大量的数据,其中大部分通常既不容易创建,也不容易近似。

许多应用程序无法实际建模为平稳过程,因此需要努力捕获数学模型中非平稳性的一些关键因素。在动态系统中,除非行为是稳态的,否则统计数据也会随时间变化,如爆炸载荷、地震力和空气动力阵风力等。即使这些模型是近似的并且基于很少的信息,但对非平稳过程进行建模的研究也很重要。

演化谱分析与传统稳态谱分析中使用相同的物理思想,其中在频率上需要表征能量分布。两者的不同之处在于这些分布可随时间和/或空间变化。通常,对非平稳过程进行建模的最简单方法是先构建稳态模型,就像非线性模型可以用线性模型表述一样,如上一章所示。

本章介绍了非平稳建模,提供了几个重要而且很有趣的学科中的激励示例,如喷射噪声谱、地震数据和地面加速度。通过这一章的介绍,读者可以对非平稳模型分析和数据分析进行更专业的研究。

**3 个应用案例如下。**

(1) 喷气噪声谱。Priestly[①]引用了 Hammond 讨论的应用,其中分析了由非平稳随机激励驱动的单自由度和多自由度系统的喷气发动机噪声谱。当射流的速度 $V(t)$ 变化时,声压场的谱模式也变化。这些时变谱特性就是非平稳的。

为了估计 100~1000Hz 频率范围内的演化谱,采用参考射流速度 $V_0 = 2000 \text{ft/s}$,并且当速度在 1700ft/s 和 2000ft/s 之间变化时,分析变化的谱模式。然后,将演化谱与稳态谱进行比较,其中稳态谱是当固定喷射速度在 1700ft/s 和 2000ft/s 之间以 50ft/s 的增量进行比较获得的。

通过将得到的 7 个稳态谱与相应的演化谱相匹配,稳态谱与演化谱 $S_{VV}(t,\omega)$ 相关,即

$$S_{VV}(t,\omega) = |A(t,\omega)|^2 S_{v_0 v_0}(\omega) \tag{11.1}$$

其中

$$A(t,\omega) = \left\{1 - \frac{v(t)}{V_0}\right\}^4 10^{x_1(t)} \left\{\frac{720}{900 - x_3(t)}\right\} 10^{x_2(t)}$$

---

① M. B. Priestly, Nonlinear and Nonstationary Times Series Analysis, Academic Press, 1988。

$$x_1(t) = \frac{v(t)}{4000}$$

$$x_2(t) = -\frac{(f-f_c)v(t)}{5.30 \times 10^6}$$

$$x_3(t) = -\frac{(V_0-v(t))^2}{2.22 \times 10^4}$$

其中,$v(t) = V_0 - V(t)$,$f = \omega/2\pi \text{Hz}$ 和 $f_c = 365\text{Hz}$。$f_c$ 的值取决于相对于喷射排气进行声压测量的点的位置。式(11.1)可以联想到基本的平稳方程 $S_{XX}(\omega) = |H(i\omega)|^2 S_{FF}(\omega)$。

在该示例中呈现的思想,即演化谱与参考稳态谱相关,被广泛用作非平稳建模方法。

(2) 地震数据。Priestly 引用了 Dargahi–Noubary 和 Laycock 关于分析地震数据问题的研究。他们观察到许多地震序列显示出明显的非平稳性,并表明这些序列可以更加逼真地模拟为调制过程的形式

$$X(t) = c(t)Y(t)$$

式中:$c(t)$ 为确定性函数;$Y(t)$ 为稳态过程。已经用于拟合地震和爆炸数据的 $c(t)$ 的示例函数为

$$c(t) = a_1 \exp(a_2 t) + a_3 \exp(a_4 t)$$

$$c(t) = (a + bt)\exp(ct)$$

$$c(t) = t^\alpha a^{-\beta t}$$

这些函数适合特定的应用数据。

(3) 地面加速度。Yang[①] 讨论了大坝–水库系统对垂直和水平地面运动响应的各种模型。该问题用确定性、平稳和非平稳模型表示。水平地面加速度被建模为零平均非平稳过程。响应剪切力的非平稳谱密度由下式给出,即

$$S_{FF}(t,\omega) = \left|\int_0^t A(t-\theta)\exp(-i\omega\theta)g_F(\theta)\mathrm{d}\theta\right|^2 S_{AA}(\omega)$$

式中:$S_{AA}(\omega)$ 是参考静止谱;$A(t-\theta)$ 是确定性调制函数;$g_F(\theta)$ 是剪切力 $F(t)$ 的脉冲响应函数。假设调制函数 $A(t)$ 是单位阶跃函数,而稳态频谱是白噪声 $S_{XX}(\omega) = S_0$。那么,有

$$S_{FF}(t,\omega) = \left|\int_0^t \exp(-i\omega\theta)g_F(\theta)\mathrm{d}\theta\right|^2 S_0$$

其中

---

① C. Y. Yang, Random Vibration of Structures, Wiley–Interscience, 1986。

$$g_F(\theta) = \frac{16c}{\pi^2 gH} F_0 \sum_{n=1}^{\infty} \frac{J_0(k_n ct)}{(2n-1)^2}$$

式中：$J_0$ 为第一类零阶的贝塞尔函数；$F_0 = wH^2/2$ 为静水剪切力；$k_n = \pi(2n-1)/2H$，$n$ 为水库中振动水的波数；$c$ 为水中的波速；$H$ 为水深。

弗里德里·希威廉姆·贝塞尔
(1784年7月22日—1846年3月17日)

**贡献**：贝塞尔是德国数学家和天文学家，为数学做出了卓越贡献。他因发明圆柱函数而闻名，现在称为贝塞尔函数，他在行星扰动研究中使用了这种函数。贝塞尔函数表示为行星间接扰动的级数展开中的系数（雅各布·伯努利、丹尼尔·伯努利、欧拉和拉格朗日在贝塞尔之前研究过椭圆轨道）。

贝塞尔是天体测量学的先驱。他提高了对恒星和行星位置的认识程度，给出了它们位置的参考系统。1818年，他出版了一本价值连城的包括3222颗星星的目录。

贝塞尔研究了章动，精度，像差和折射等。1821年至1833年间，他承担了确定超过5万颗恒星的位置和自身运动的重大任务。这使他在1838年发现了天鹅座61"飞星"的视差图。贝塞尔确定了0.314″的视差值，大约10光年的距离。天鹅座61的现代视差值是0.292″。

1841年，贝塞尔从36颗马斯基林的基本恒星中的两颗天狼星和南河三星的固有运动变化的周期中，推断出它们周围有未发现其轨道的伴星。因此，他是第一个预测"暗星"存在的人。

贝塞尔通过校正秒摆而影响了物理学的研究。他指导了东普鲁士子午弧的大地测量，并将地球的形状推导为椭圆度1/299的扁球体。这最终导致了新的普鲁士测量系统的引入。贝塞尔还创立了势理论。

**生平简介**：贝塞尔出生于德国威斯特伐利亚的明登。他的父亲是公务员，母亲是牧师的女儿。贝塞尔在明登的文理中学上了4年，但那时他并没有表现得非常有才气，并且还认为拉丁文难学（他后来自学拉丁语，也说明当时的学校没有激发起贝塞尔的学习热情）。

在 14 岁时，贝塞尔离开了学校，并与一家进出口贸易公司签订了为期 7 年的学徒合同。起初，公司并没有给他发工资，然而，随着公司对他的会计能力的赏识，他开始得到一点微薄的工资。由于对与公司所往来的国家感兴趣，贝塞尔就利用晚上时间研究地理、航海、天文、数学，西班牙语和英语。特别是公司对货船的依赖给他带来了航海方面的问题。这反过来引起了他对天文学的兴趣，将其作为确定经度的一种方法。

1804 年，贝塞尔发表了一篇关于哈雷彗星的论文，并使用 1607 年观测数据计算了轨道。贝塞尔进行进一步的观察，并继续致力于天文学、天体力学和数学等领域的研究。

1806 年，贝塞尔在不来梅附近的利连撒尔天文台工作。经过一番深思熟虑后，贝塞尔才放弃了他商业工作中所保证的富裕生活，而选择了在观测站过着近乎贫困的生活，在这里他可以观测到宝贵的彗星并促使他继续进行天体力学的研究。1807 年，他开始致力于研究詹姆斯·布拉德利在格林尼治 1750 年左右观测的 3222 颗星的位置。

贝塞尔的卓越工作很快得到了认可，这给予了他不同的职位。1809 年，贝塞尔接受了普鲁士的弗雷德里克·威廉三世的邀请，担任新的哥尼斯堡天文台的主任，并担任天文学教授。因此，年仅 26 岁的贝塞尔成了主任。然而，贝塞尔不可能在没有博士学位的情况下获得教授职位。1807 年，贝塞尔曾在不来梅遇见高斯，并得到他的赏识和推荐，哥廷根大学为贝塞尔颁发了博士学位。

虽然哥尼斯堡的天文台仍在建设中，贝塞尔还是在 1810 年 5 月开始了新职位的工作。他继续研究布拉德利的观测，直到 1813 年天文台建筑结束。

如今，贝塞尔的工作在国际上已享有盛名，贝塞尔在哥尼斯堡期间已经确定了超过 20000 颗星的位置。他基于布拉德利的观测而得到的屈光度测定表获得了法兰西学院颁发的拉朗德奖。1812 年，他入选柏林科学院。

1813 年，天文台建成后，贝塞尔继续从事研究和教学工作。他因担心更大的行政和社会责任而拒绝了柏林天文台的管理职位。

贝塞尔研究出了一种数学分析方法，其中包括现在所称的贝塞尔函数。1817 年，他在确定 3 个在相互引力作用下移动的物体的运动问题中介绍了此方法。

1830 年，贝塞尔发表了 1750 年至 1850 年间 38 颗恒星的平均位置和视位置。这 38 颗恒星包括马斯克林的 36 颗"基本恒星"和另外两颗极星。贝塞尔从马斯基林的 36 颗基本恒星中的天狼星和南河三星的固有运动变化的周期中，推断出它们周围有未发现其轨道的伴星。1841 年，贝塞尔宣布天狼星有一个伴星，因此，他成为第一个预测"暗星"存在的人。10 年后，他计算出了伴星的轨道，并在 1862 年进行了观测。

贝塞尔是第一个使用视差来计算恒星距离的人。一段时间以来，天文学家一直认为，视差将提供对星际距离的首次精确测量。实际上，在 19 世纪 30 年代，天文学家之间的激烈竞争是为了成为第一个准确测量恒星视差的人。1838 年，贝塞尔成功地宣布了天鹅座 61 的视差为 0.314 弧秒,即考虑地球轨道的直径,可推算出这颗恒星距离地球约3s(9.8 光年)。

贝塞尔的精确测量使他能够注意到天狼星和南河三星运动的偏差,他推断出这种偏差必定是由周围未发现轨道的伴星的引力引起的。1844 年,贝塞尔宣布先前未被观察到的天狼星的"暗伴星",是可以通过位置测量得出的,最终发现了天狼星 B,因此,第一次的预测是正确的。

尽管他取得了许多成功,但他的个人生活却迎来了悲剧和挑战。1812 年,他的幸福婚姻因他的两个儿子的早逝和持续的疾病而变得黯淡无光。

1842 年,他前往英国参加了曼彻斯特英国协会的会议。在那里,他遇见了英国科学家,在他们的鼓励下完成并发表他的重要著作。

贝塞尔 61 岁时在普鲁士的哥尼斯堡(现俄罗斯加里宁格勒)因癌症去世。

## 11.1 包络函数模型

使用包络函数模型,非平稳随机过程 $X(t)$ 被建模为时间 $A(t)$ 和零均值稳态过程 $F(t)$ 的乘积,即

$$X(t) = A(t)F(t) \tag{11.2}$$

以这种方式定义非平稳过程的原因在于,它更容易对确定性函数和稳态过程的乘积进行操作。挑战在于需要选择适当的调制函数 $A(t)$ 和适当的稳态过程 $F(t)$,使两者的乘积是所需的非平稳函数 $X(t)$。通常需要通过实验证明乘积 $A(t)F(t)$ 等同于所需的非平稳过程。我们在之前的喷气噪声示例中看到,首先定义稳态过程,然后需要数据来导出其调制函数。

虽然这种建模方法意味着非平稳随机过程可以分为确定性和稳态随机过程的乘积,但这并不总是可行的。

对于具有输入 $X(t)$ 的线性系统,输出 $Y(t)$ 由下式给出,即

$$Y(t) = \int_{-\infty}^{\infty} g(t-\tau) X(t) \mathrm{d}\tau$$

时间依赖的自相关函数和响应的功率谱推导如下:

$$\begin{aligned} R_{YY}(t,\tau) &= E\{Y(t)Y(t+\tau)\} \\ &= \int_0^t \int_0^{t+\tau} g(t-u)g(t+\tau-v) E\{X(u)X(v)\} \mathrm{d}u\mathrm{d}v \end{aligned}$$

其中 $E\{X(u)X(v)\} = R_{XX}(v-u) = A(u)A(v)R_{FF}(v-u)$,使用式(11.2),并且

$$\begin{aligned} R_{FF}(v-u) &= \int_{-\infty}^{\infty} S_{FF}(\omega) \mathrm{e}^{\mathrm{i}\omega(v-u)} \mathrm{d}\omega \\ &= \frac{1}{A(u)A(v)} \int_{-\infty}^{\infty} S_{XX}(\omega) \mathrm{e}^{\mathrm{i}\omega(v-u)} \mathrm{d}\omega \end{aligned}$$

式中:$R_{FF}(\tau)$是一个偶函数;$S_{XX}(w)$必须是实数和偶数。然后,可得

$$R_{YY}(t,\tau) = \int_0^t \int_0^{t+\tau} A(u)A(v)g(t-u)g(t+\tau-v) \cdot$$
$$\left[\int_{-\infty}^{\infty} S_{FF}(\omega)e^{i\omega(v-u)}d\omega\right]dudv \tag{11.3}$$

我们还知道,根据定义,时间相关的自相关函数为

$$R_{YY}(t,\tau) = \int_{-\infty}^{\infty} S_{YY}(t,\omega)e^{i\omega\tau}d\omega \tag{11.4}$$

令式(11.3)和式(11.4)相等可以得到如下关系式:

$$\int_{-\infty}^{\infty} S_{YY}(t,\omega)e^{i\omega\tau}d\omega = \int_0^t \int_0^{t+\tau} A(u)A(v)g(t-u)$$
$$g(t+\tau-v) \cdot \left[\int_{-\infty}^{\infty} S_{FF}(\omega)e^{i\omega(v-u)}d\omega\right]dudv$$

$$S_{YY}(t,\omega)e^{i\omega\tau} = S_{FF}(\omega)\int_0^t \int_0^{t+\tau} A(u)A(v)g(t-u)$$
$$g(t+\tau-v)e^{i\omega(v-u)}dudv$$

$$S_{YY}(t,\omega) = S_{FF}(\omega)e^{-i\omega\tau}\int_0^t \int_0^{t+\tau} A(u)A(v)g(t-u)$$
$$g(t+\tau-v)e^{i\omega(v-u)}dudv \tag{11.5}$$

由于响应谱密度$S_{YY}(t,w)$与时滞$\tau$无关,因此可以将其视为任意的,并且可以设置为等于零,即$\tau=0$,可得

$$S_{YY}(t,\omega) = S_{FF}(\omega)\int_0^t \int_0^t A(u)A(v)g(t-u)g(t-v)\cos[\omega(v-u)]dudv \tag{11.6}$$

该结果是强制$S_{FF}(w)$的固定频谱与响应$S_{YY}(t,w)$的演化频谱之间的关系,其中必须根据特定问题(使用数据)来指定$A(t)$。

### 11.1.1 瞬态响应

这里研究了简谐振子对具有任意频谱的平稳随机输入的瞬态响应[①]。该系统受到在时间$t=0$时施加的不变随机力。它经历突然施加的力并且响应于初始非平稳性,其随着时间的增加而接近静止。

振荡器由以下等式控制

$$\ddot{X}(t) + 2\zeta\omega_n\dot{X}(t) + \omega_n^2 X(t) = F(t)$$

---

① 本节源于 T. K. Caughey, H. J. Stumpf, "Transient Response of a Dynamic System under Random Excitation", Journal of Applied Mechanics, December 1961, pp. 563 – 566。

其中每单位质量的随机力 $F(t)$ 具有平稳的高斯分布、零均值的性质,并且具有功率谱 $S_{FF}^0(\omega)$。

对于 $\zeta<1$ 的情况,系统的脉冲响应为

$$g(t) = \begin{cases} (1/\omega_d)\exp(-\zeta\omega_n t)\sin\omega_d t, & t \geqslant 0 \\ 0, & t < 0 \end{cases} \quad (11.7)$$

其中 $\omega_d = \omega_n\sqrt{1-\zeta^2}$。初始条件为 $X(0)=a$ 和 $\dot{X}(0)=b$。假设力是均方条件,响应由以下等式给出

$$X(t) = a\exp(-\zeta\omega_n t)\left[\cos\omega_d t + \frac{\zeta\omega_n}{\omega_d}\sin\omega_d t\right] +$$

$$\frac{b}{\omega_d}\exp(-\zeta\omega_n t)\sin\omega_d t + \int_0^t g(t-\tau)F(\tau)\mathrm{d}\tau \quad (11.8)$$

该解决方案用于确定响应 $X(t)$ 的统计值。

1. 均值

对于线性系统,如果输入 $F(t)$ 是高斯过程,那么输出 $X(t)$ 也是如此。由于高斯过程完全由其均值和方差表征,一旦计算出均值 $E\{X\}=\mu_X(t)$ 和 $\mathrm{Var}\{X\}=\sigma_X^2$,$X(t)$ 的概率描述就完全已知。从式(11.8)可得

$$\mu_X(t) = a\exp(-\zeta\omega_d t)\left[\cos\omega_d t + \frac{\zeta\omega_n}{\omega_d}\sin\omega_d t\right] +$$

$$\frac{b}{\omega_d}\exp(-\zeta\omega_n t)\sin\omega_n t + \int_0^t g(t-\tau)E\{F(\tau)\}\mathrm{d}\tau \quad (11.9)$$

这是一个与时间相关的均值,是非平稳过程的属性。时间依赖性来自作为初始条件 $a$ 和 $b$ 的函数的前两个瞬态项。随着时间的增加,$E\{X(t)\}$ 接近极限,结果是均值渐近不变。接近不变的速度取决于指数衰减的速度。

在这个问题中 $E\{F(\tau)\}=0$。因此,有

$$\lim_{t\to\infty} E\{X(t)\} = 0$$

否则,均值将接近固定值 $E\{X(t)\} = E\{F(t)\}H(0)$。

2. 方差

方差定义为

$$\sigma_X^2(t) = E\{[X(t) - \mu_X]^2\} \quad (11.10)$$

将式(11.8)和式(11.9)代入式(11.10),可以得到

$$\sigma_X^2(t) = \int_0^t\int_0^t g(t-\tau)g(t-\lambda)E\{F(\tau)F(\lambda)\}\mathrm{d}\tau\mathrm{d}\lambda \quad (11.11)$$

其中
$$E\{F(\tau)F(\lambda)\} = R_{FF}(\tau,\lambda)$$
$$= R_{FF}(\tau - \lambda)$$

由于假设 $F(t)$ 是一个稳态过程，力的功率谱与傅里叶余弦变换的相关函数有关，最后等式如下：
$$R_{FF}(\tau - \lambda) = \int_0^\infty S_{FF}^0(\omega)\cos(\omega)(\tau - \lambda)\mathrm{d}\omega$$

将上式代入式(11.11)可以得到
$$\sigma_X^2(t) = \int_0^t\int_0^t\int_0^\infty S_{FF}^0\cos\omega(\tau-\lambda)g(t-\tau)g(t-\lambda)\mathrm{d}\omega\mathrm{d}\tau\mathrm{d}\lambda$$

由于积分是均匀收敛的，因此可以改变积分顺序。结合式(11.7)，得到
$$\sigma_X^2(t) = \int_0^\infty \frac{1}{\omega_d^2}S_{FF}^0(\omega)\left[\int_0^t\int_0^t\exp(-\zeta\omega_n[2t-\tau-\lambda])\cdot\right.$$
$$\left.\sin\omega_d(t-\tau)\sin\omega_d(t-\lambda)\cos\omega(\tau-\lambda)\mathrm{d}\tau\mathrm{d}\lambda\right]\mathrm{d}\omega$$

在大量的代数运算之后，二重积分可以表示为
$$\sigma_X^2(t) = \int_0^\infty \frac{1}{(\omega_n^2-\omega^2)^2+(2\zeta\omega_n\omega)^2}S_{FF}^0(\omega)\cdot$$
$$\left[1+\exp(-2\zeta\omega_n t)\left\{1+\frac{2\omega_n}{\omega_d}\zeta\sin\omega_d t\cos\omega_d t-\right.\right.$$
$$\exp(\zeta\omega_n t)\left(2\cos\omega_d t+\frac{2\omega_n}{\omega_d}\zeta\sin\omega_d t\right)\cos\omega t - \exp(\zeta\omega_n t)\frac{2\omega}{\omega_d}\sin\omega_d t\sin\omega t +$$
$$\left.\left.\frac{(\zeta\omega_n)^2-\omega_d^2+\omega^2}{\omega_d^2}\sin^2\omega_d t\right\}\right]\mathrm{d}\omega \tag{11.12}$$

式(11.12)具有以下属性。

(1) 随着 $t\to 0$，$\sigma_X^2(t)\to 0$，因为初始条件是确切的，正如预期的那样。

(2) 随着 $t\to\infty$，可得
$$\sigma_X^2(t) \to \int_0^\infty \frac{1}{(\omega_n^2-\omega^2)^2+(2\zeta\omega_n\omega)^2}S_{FF}^0(\omega)\mathrm{d}\omega$$

该结果源于对等效稳态问题的分析。

(3) 如果 $F(t)$ 是具有 $S_{FF}^0(\omega) = 2D/\pi$ 的白噪声过程，通过围道积分法进行求解，式(11.12)可写成
$$\sigma_X^2(t) = \frac{D}{2\zeta\omega_n^3}\left[1 - \frac{\exp(-2\zeta\omega_n t)}{\omega_d^2}\right.$$
$$\left.\left\{\omega_d^2+\zeta\omega_n\omega_d\sin2\omega_d t+\frac{(2\zeta\omega_n)^2}{2}\sin^2\omega_d t\right\}\right] \tag{11.13}$$

这是白噪声强迫情况的结果。

3. 方差评估

式(11.12)可以通过多种方式进行评估,具体取决于所需的精度和函数 $S_{FF}^0(\omega)$ 的形式。如果频谱是数值可用的,则积分也可以用数值计算。如果频谱是 $\omega$ 的平滑函数并且阻尼常数 $\zeta$ 很小,则 $1/[(\omega_n^2 - \omega^2)^2 + (2\zeta\omega_n\omega)^2]$ 在 $w = w_n$ 附近急剧上升,并且对积分的主要贡献在区域 $w = w_n$。

然后,$S_{FF}^0(\omega) \approx S_{FF}^0(\omega_n)$ 可以在积分之外取值并近似为

$$\sigma_X^2(t) \approx \frac{\pi S_{FF}^0(\omega_n)}{4\zeta\omega_n^3}\left[1 - \frac{\exp(-2\zeta\omega_n t)}{\omega_d^2}\cdot\right.$$

$$\left.\left\{\omega_d^2 + \frac{(2\zeta\omega_n)^2}{2}\sin^2\omega_d t + \zeta\omega_n\omega_d\sin 2\omega_d t\right\}\right] \quad (11.14)$$

为了绘制结果的图像,我们可以将式(11.14)写为

$$\frac{2\sigma_X^2(t)}{\pi}\frac{\omega_n^2}{S_{FF}^0(\omega_n)} \approx \frac{1}{2\zeta}[1 - \exp(-2\zeta\theta)\cdot$$

$$\left\{1 + \frac{2\zeta^2}{1-\zeta^2}\sin^2\sqrt{1-\zeta^2}\theta + \frac{\zeta}{\sqrt{1-\zeta^2}}\sin 2\sqrt{1-\zeta^2}\theta\right\}$$

其中,$\theta = \omega_n t$。

图 11.1 绘制了随着阻尼常数 $\zeta$ 的值的增加,$2\sigma_X^2(t)\omega_n^3/\pi S_{FF}^0(\omega_n)$ 作为 $\theta = \omega_n t$ 的函数的曲线。$\zeta$ 的值越大,方差随时间变化的幅度越小。所有阻尼响应统计量都具有渐近值。

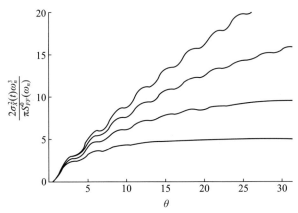

图 11.1 $\dfrac{2\sigma_X^2(2)}{\pi}\dfrac{\omega_n^2}{S_{FF}^0(\omega_n)}$ 为 $\theta$ 的函数,$\zeta = 0.1, 0.05, 0.025$ 和 $0.005$。

最低方差曲线是 $\zeta = 0.1$,最高方差曲线是 $\zeta = 0.005$

如果可以忽略阻尼,式(11.14)右边取极限,得到

$$\sigma_X^2(t) \approx \frac{\pi S_{FF}^0(\omega_n)}{4\omega_n^3}[2\omega_n t - \sin 2\omega_n t] \quad (11.15)$$

在这种无阻尼的情况下,由于非周期项 $2\omega_n t$,响应方差无限制增长。我们可以检查单元确认式(11.15)的有效性。由于 $F(t)$ 具有每单位质量的力单元,因此,式(11.15)的单位平衡([ = ])为

$$\sigma_X^2(t)\ [\ =\ ]\ [\text{m}^2]$$

$$S_{FF}^0(\omega_n)\ [\ =\ ]\ \left[\frac{1}{\text{m}}\frac{\text{kg}-\text{m}}{\text{s}^2}\right]\left[\frac{1}{\text{m}}\frac{\text{kg}-\text{m}}{\text{s}^2}\right][\text{s}]$$

$$\omega_n^3\ [\ =\ ]\frac{1}{[\text{s}^3]}$$

可以证实单元也满足方差方程。

4. 密度函数及其用途

对于该线性振荡器,输出概率密度函数是高斯函数。$x < X \leq x + \mathrm{d}x$ 范围内密度函数表达式为①

$$f_X(x)\mathrm{d}x = \frac{1}{\sqrt{2\pi}\sigma_X(t)}\exp\left\{-\frac{(x-E\{X(t)\})^2}{2\sigma_X^2(t)}\right\}\mathrm{d}x$$

利用密度函数,可以计算 $X(t)$ 超过给定值 $k\sigma$ 的概率,即

$$\Pr(X(t) > k\sigma) = \int_{k\sigma}^{\infty}\frac{1}{\sqrt{2\pi}\sigma_X(t)}\exp\left\{-\frac{(x-E\{X(t)\})^2}{2\sigma_X^2(t)}\right\}\mathrm{d}x$$

对于地震工程应用,式(11.14)可用于估计两个部分之间相对位移的方差,如屋顶和地基,即

$$\sigma_X^2(t) \approx \frac{\pi S_{GG}(\omega_n)}{4\zeta\omega_n^3}\left[1 - \frac{\exp(-2\zeta\omega_n t)}{\omega_d^2}\cdot\left\{\omega_d^2 + \frac{(2\zeta\omega_n)^2}{2}\sin^2\omega_d t + \zeta\omega_n\omega_d\sin 2\omega_d t\right\}\right]$$

其中选用金井地震频谱密度是一个合理的选择,即

$$S_{GG}(\omega_n) = B\frac{1+4h_g^2(\omega/\nu_g)^2}{(1-(\omega/\nu_g)^2)^2 + 4h_g^2(\omega/\nu_g)^2}$$

式中:$B$ 为基岩的谱密度;$\nu_g$ 和 $h_g$ 为取决于当地地质的参数。示例参数值是 $h_g = 0.5$,$\nu_g = 4\pi$ 和 $B = 1$(英尺$^2$/s$^4$)(s/rad)。

---

① 为了获得确切的概率,我们需要对 $x$ 和 $x + \mathrm{d}x$ 之间的密度函数进行积分。

## 11.1.2 均方非平稳响应

在这里,我们研究单个自由度系统对调幅随机噪声的均方响应[1],即

$$\ddot{Y}(t) + 2\zeta\omega_n \dot{Y}(t) + \omega_n^2 Y(t) = \frac{1}{m}F(t)$$

式中:$F(t) = e(t)N(t)$ 和 $e(t)$ 是明确定义的确定性包络函数;$N(t)$ 是具有零均值的高斯宽带平稳过程。

激励被建模为非平稳过程,其包括来自稳态过程的样本函数的乘积和 $e(t)$。不是根据系统脉冲响应函数 $g(t)$ 来确定解,而是根据复频率响应函数和广义谱密度函数直接得到均方解。

假定最初系统处于静止状态。由于 $E\{F(t)\} = 0$,响应也是零均值,$E\{Y(t)\} = 0$,我们只需要考虑均方响应 $E\{Y^2(t)\}$。一般表达式在下面得出,而参考文献也考虑 $e(t)$ 和 $N(t)$ 的以下值组合:

$e(t) = u(t) = 1, t \geq 0$,其他时间为零;

$e(t) = u(t) - u(t - t_0)$;

$N(t)$ 是三角相关的,$R_{NN}(\tau) = 2\pi S_0 \delta(\tau)$;

$N(t)$ 是指数相关的,$R_{NN}(\tau) = R_0 e^{-\alpha|\tau|} \cos\Omega\tau$。

响应式如下。

响应自相关函数由下式给出

$$R_{YY}(t_1, t_2) = E\{Y(t_1)Y(t_2)\} \tag{11.16}$$

在频域中,有

$$Y(\omega) = H(i\omega)F(\omega)$$

其中复频率响应函数为

$$H(i\omega) = \frac{1}{m} \frac{1}{\omega_n^2 - \omega^2 + i2\zeta\omega\omega_n}$$

然后,响应 $Y(t)$ 是 $Y(\omega)$ 的傅里叶逆变换,即

$$Y(t) = \frac{1}{2\pi} \int_{-\infty}^{\infty} H(i\omega)F(\omega)\exp(i\omega t)d\omega \tag{11.17}$$

将式(11.17)代入式(11.16),得到

$$R_{YY}(t_1, t_2) = \int_{-\infty}^{\infty}\int_{-\infty}^{\infty} S_{YY}(\omega_1, \omega_2) \cdot \exp(-i[\omega_1 t_1 - \omega_2 t_2])d\omega_1 d\omega_2 \tag{11.18}$$

---

[1] 本节基于 R. L. Barnoski, J. R. Mayrer, "Mean-Square Response of Simple Mechanical System to Nonstationary Random Excitation," Journal of Applied Mechanics, June 1969, pp. 221-227。

其他一些研究可参考, L. L. Bucciarelli, C. Kuo, "Mean-Square Response of a Second-Order System to Nonstationary, Ransom Excitation," Journal of Applied Mechanics, September 1970, pp. 612-616。

其中
$$S_{YY}(\omega_1,\omega_2) = H^*(i\omega_1)H(i\omega_2)S_{FF}(\omega_1,\omega_2)$$
$$S_{FF}(\omega_1,\omega_2) = \frac{1}{(2\pi)^2}E\{F^*(\omega_1)F(\omega_2)\} \quad (11.19)$$

通过设置 $t_1 = t_2 = t$,可以得到均方响应
$$E\{Y^2(t)\} = R_{YY}(t,t)$$
$$R_{YY}(t,t) = \int_{-\infty}^{\infty}\int_{-\infty}^{\infty} H^*(i\omega_1)H(i\omega_2)S_{FF}(\omega_1,\omega_2) \cdot$$
$$\exp(-i[\omega_1-\omega_2]t)\mathrm{d}\omega_1\mathrm{d}\omega_2$$

从维纳-辛钦关系来看,可得
$$S_{FF}(\omega_1,\omega_2) = \frac{1}{(2\pi)^2}\int_{-\infty}^{\infty}\int_{-\infty}^{\infty} R_{FF}(t_1,t_2) \cdot$$
$$\exp(i[w_1t_1-w_2t_2])\mathrm{d}t_1\mathrm{d}t_2$$

其中
$$R_{FF}(t_1,t_2) = e(t_1)e(t_2)R_{NN}(\tau)$$

并且 $N(t)$ 是稳态过程,因此,有
$$R_{NN}(\tau) = \int_{-\infty}^{\infty} S_{NN}(\omega)\exp(i\omega\tau)\mathrm{d}\omega$$

其中 $\tau = t_2 - t_1$,有
$$R_{FF}(t_1,t_2) = e(t_1)e(t_2)\int_{-\infty}^{\infty} S_{NN}(\omega)\exp(i\omega[t_2-t_1])\mathrm{d}\omega$$

并且
$$S_{FF}(\omega_1,\omega_2) = \frac{1}{(2\pi)^2}\int_{-\infty}^{\infty}\int_{-\infty}^{\infty} e(t_1)e(t_2)$$
$$\cdot\left[\int_{-\infty}^{\infty} S_{NN}(\omega)e^{i\omega(t_2-t_1)}\mathrm{d}\omega\right]e^{i(\omega_1t_1-\omega_2t_2)}\mathrm{d}t_1\mathrm{d}t_2$$
$$= \int_{-\infty}^{\infty} S_{NN}(\omega)\cdot\left[\frac{1}{2\pi}\int_{-\infty}^{\infty} e(t_1)\exp[-i(\omega-\omega_1)t_1]\mathrm{d}t_1\cdot\right.$$
$$\left.\frac{1}{2\pi}\int_{-\infty}^{\infty} e(t_2)\exp[-i(-\omega+\omega_2)t_2]\mathrm{d}t_2\right]\mathrm{d}\omega \quad (11.20)$$

现在可以根据 $e(t)$ 和 $S_{NN}(\omega)$ 评估式(11.19),即
$$S_{YY}(\omega_1,\omega_2) = H^*(i\omega_1)H(i\omega_2)\int_{-\infty}^{\infty} S_{NN}(\omega)\varepsilon(\omega-\omega_1)\varepsilon(-\omega+\omega_2)\mathrm{d}\omega \quad (11.21)$$
$$\varepsilon(\omega-\omega_1) = \frac{1}{2\pi}\int_{-\infty}^{\infty} e(t_1)\exp[-i(\omega-\omega_1)t_1]\mathrm{d}t_1$$

$$\varepsilon(-\omega+\omega_2) = \frac{1}{2\pi}\int_{-\infty}^{\infty} e(t_2)\exp[-\mathrm{i}(-\omega+\omega_2)t_2]\mathrm{d}t_2$$

式中:$\varepsilon(\omega)$是$e(t)$的傅里叶变换。

## 11.2 非平稳概述

### 11.2.1 确定性预处理

有几种表示时间函数的方法。单个谐波时间函数可写为

$$x(t) = a\cos(\omega t - \theta)$$

式中:参数$a$、$\omega$和$\theta$分别表示幅度、频率与相位角。通常使用谐波函数的和表示更复杂的时间函数,即

$$x(t) = \sum_{n=1}^{N} a_n \cos(\omega_n t - \theta_n) \tag{11.22}$$

或者,在极限中使用积分,可得

$$x(t) = \int_{-\infty}^{\infty} a(\omega)\cos(\omega t - \theta(\omega))\mathrm{d}\omega$$

还可以通过复指数的实部或虚部来表示调和函数,即

$$x(t) = \int_{-\infty}^{\infty} a(\omega)\mathrm{e}^{\mathrm{i}(\omega t - \theta(\omega))}\mathrm{d}\omega \tag{11.23}$$

通过用复数值函数$\mathrm{d}Z(\omega)$替换$a(\omega)\mathrm{d}\omega$,其中也包含相位$\theta(\omega)$,可以得到

$$x(t) = \int_{-\infty}^{\infty} \mathrm{e}^{\mathrm{i}\omega t}\mathrm{d}Z(\omega) \tag{11.24}$$

式(11.24)是斯蒂尔吉斯积分,随后将进行更详细的讨论。

### 11.2.2 离散随机模型

假设式(11.22)中相位角为具有均匀概率密度函数的随机变量,可得

$$f(\theta_n)\begin{cases} 1/2\pi, & 0 < \theta \leqslant 2\pi \\ 0, & 其他 \end{cases}$$

然后,$x(t)$成为具有期望值的随机过程$X(t)$,即

$$E\{X(t)\} = \sum_{n=1}^{N} a_n E\{\cos(\omega_n t - \theta_n)\} = 0$$

因为 $\cos\theta_n$ 和 $\sin\theta_n$ 的数学期望等于 0，可得

$$\begin{aligned} E\{\cos(\omega_n t - \theta_n)\} &= E\{\cos\omega_n t\cos\theta_n + \sin\omega_n t\sin\theta_n\} \\ &= \cos\omega_n t E\{\cos\theta_n\} + \sin\omega_n t E\{\sin\theta_n\} \\ &= \cos\omega_n t \int_0^{2\pi}\cos\theta_n \left(\frac{1}{2\pi}\right)\mathrm{d}\theta_n + \\ &\quad \sin\omega_n t \int_0^{2\pi}\cos\theta_n \left(\frac{1}{2\pi}\right)\mathrm{d}\theta_n = 0 \end{aligned}$$

整体均方值由下式给出

$$\begin{aligned} E\{X^2(t)\} &= E\left\{\sum_{n=1}^{N}a_n\cos(\omega_n t - \theta_n)\sum_{m=1}^{N}a_n\cos(\omega_m t - \theta_m)\right\} \\ &= \sum_{n=1}^{N}\frac{a_n^2}{2} \end{aligned}$$

因此，$X(t)$ 是稳态过程。

假设在式(11.22)中 $X(t)$ 是非平稳过程，可建模为

$$X(t) = \sum_{n=1}^{N} A(t,\omega_n) a_n \cos(\omega_n t - \theta_n)$$

式中：$A(t,\omega_n)$ 是时间和频率的确定性函数。以这种方式修改模型，我们获得了非平稳随机过程的离散模型。

该过程的矩和时间相关的谱密度函数可以根据稳态过程谱密度函数导出。总平均值为

$$E\{X(t)\} = \sum_{n=1}^{N} A(t,\omega_n) a_n E\{\cos(\omega_n t - \theta_n)\} = 0$$

整体均方值由下式给出

$$E\{X^2(t)\} = E\left\{\sum_{n=1}^{N} A(t,\omega_n) a_n \cos(\omega_n t - \theta_n) \cdot \sum_{m=1}^{N} A(t,\omega_m) a_m \cos(\omega_m t - \theta_m)\right\} \tag{11.25}$$

均方值也等于功率谱密度函数曲线下方的面积

$$E\{X^2(t)\} = \sum_{n=1}^{N} 2S(t,\omega_n)\Delta\omega \tag{11.26}$$

其中，$\Delta\omega = \omega_{n+1} - \omega_n$，并且因子 2 是由于求和的单侧性质。功率谱关于原点是对称的，因此在计算均方值时，可以考虑一侧并将其乘以 2。比较并令式(11.25)和式(11.26)相等，可以得到

$$\frac{1}{2}A^2(t,\omega_n)a_n^2 = 2S(t,\omega_n)\Delta\omega \tag{11.27}$$

因此，非平稳离散随机过程可以表示为

$$X(t) = \sum_{n=1}^{N} \sqrt{4S(t,\omega_n)\Delta\omega} \cos(\omega_n t - \theta_n)$$

然后，$a_n = \sqrt{4S(\omega_n)\Delta\omega}$，其中 $S(\omega_n)$ 是没有时变系数的过程 $X(t)$ 的谱密度。由式(11.27)可得

$$S(t,\omega_n) = A^2(t,\omega_n)S(\omega_n)$$

其中稳态状态下 $A(t,\omega_n) = 1$。

### 11.2.3 复值随机过程

复值随机过程 $Z(t) = X(t) + iY(t)$，可以用两种方式来考虑。该过程可以在状态空间中被建模作为复平面的子集，或者建模为双分量向量值过程。这两个分量是 $Z(t)$ 的实部 $X(t)$ 和虚部 $Y(t)$。它的平均值函数也是复值的，即

$$E\{Z(t)\} = E\{X(t)\} + iE\{Y(t)\}$$

$$\mu_Z(t) = \mu_X(t) + i\mu_Y(t)$$

然而，方差是实值，可得

$$\begin{aligned}
\sigma_Z^2(t) &= E\{|Z(t) - \mu_Z(t)|^2\} \\
&= E\{|X(t) + iY(t) - \mu_X(t) - i\mu_Y(t)|^2\} \\
&= E\{|X(t) - \mu_X(t) + I[Y(t) - \mu_Y(t)]|^2\} \\
&= E\{[X(t) - \mu_X(t)]^2 + [Y(t) - \mu_Y(t)]^2\} \\
&= \sigma_X^2(t) + \sigma_Y^2(t)
\end{aligned}$$

复数函数的模数 $|Z(t)|^2$ 由函数及其复共轭 $Z(t)Z^*(t)$ 的乘积给出。相关函数由下式定义

$$R_{ZZ}(t_1,t_2) = E\{Z(t_1)Z^*(t_2)\}$$

是具有 Hermitian 对称性的复值函数，也具有如下定义，即

$$R_{ZZ}(t_1,t_2) = R_{zz}^*(t_2,t_1)$$

### 11.2.4 连续随机模型

我们从式(11.23)开始并加入确定性因子 $A(t,\omega)$ 以获得连续非平稳随机过程的表达式，即

$$X(t) = \int_{-\infty}^{\infty} A(t,\omega)a(\omega)e^{i(\omega t - \theta(\omega))}d\omega$$

总平均值由下式给出

$$E\{X(t)\} = \int_{-\infty}^{\infty} A(t,\omega)a(\omega)E\{e^{i(\omega t - \theta(\omega))}\}d\omega = 0$$

集合自相关函数 $R_{XX}(t,\tau)$ 现在与时间相关并由下式给出

$$\begin{aligned}R_{XX}(t,\tau) &= E\{X^*(t)X(t+\tau)\}\\ &= E\Big\{\int_{-\infty}^{\infty} A(t,\omega_1)a(\omega_1)e^{i(-\omega_1 t + \theta(\omega_1))}d\omega_1 \cdot\\ &\quad \int_{-\infty}^{\infty} A(t,\omega_2)a(\omega_2)e^{i(\omega_2[t+\tau] - \theta(\omega_2))}d\omega_2\Big\}\\ &= \int_{-\infty}^{\infty}\int_{-\infty}^{\infty} A(t,\omega_1)a(\omega_1)A(t,\omega_2)a(\omega_2) \cdot\\ &\quad E\{e^{i[\theta(\omega_1) - \theta(\omega_2)]}\}e^{i[-\omega_1 t + \omega_2 t + \omega_2 \tau]}d\omega_1 d\omega_2\\ &= \int_{-\infty}^{\infty} [A(t,\omega)a(\omega)d\omega]^2 e^{i\omega\tau} \quad (11.28)\end{aligned}$$

对于关于 $\omega_2$ 的积分,期望由下式给出

$$E\{\exp i[\theta(\omega_1) - \theta(\omega_2)]\} = \begin{cases} 0, & \omega_2 \neq \omega_1 \\ 1, & \omega_2 = \omega_1 \end{cases}$$

将式(11.28)与 $R_{XX}(t,\tau)$ 的定义进行比较,可得

$$R_{XX}(t,\tau) = \int_{-\infty}^{\infty} S_{XX}(t,\omega)e^{i\omega\tau}d\omega$$

有如下关系

$$A(t,\omega)a(\omega)d\omega = \sqrt{S_{XX}(t,\omega)d\omega}$$

由此产生的非平稳随机过程为

$$X(t) = \int_{-\infty}^{\infty} \sqrt{S(t,\omega)d\omega}\exp[i(\omega t - \theta(\omega))]$$

如前所述,对于稳态情况,$A(t,\omega) = 1$,$a(\omega)d\omega = \sqrt{S(\omega)d\omega}$,并且

$$S(t,\omega) = A^2(t,\omega)S(\omega) = S(\omega)$$

它涉及稳态和非平稳谱密度。

## 11.3 普里斯特利模型

根据式(11.24),复杂的平稳随机过程 $X(t)$ 可以由以下复数积分表示,即

$$X(t) = \int_{-\infty}^{\infty} e^{i\omega t}dZ(\omega) \quad (11.29)$$

其中，$dZ(\omega)$被定义为零均值随机正交复杂过程，使得

$$E\{dZ(\omega)\} = 0, \quad 对于所有\omega$$

$$E\{dZ^*(\omega)dZ(\omega_1)\} = 0, \quad \omega \neq \omega_1$$

我们的讨论基于普里斯特利[①]讲到的式(11.29)的含义，事实上，"几乎任何稳态过程都可以表示为具有不相关系数的正弦和余弦函数的'和'，这无疑是稳态过程理论中最重要的结论之一。"

### 11.3.1 斯蒂尔杰斯积分简介

当进行稳态过程的频谱分析时，随机过程被分解成其频率分量。使用傅里叶积分表示法的困难在于该积分一般不存在，但可以通过考虑有限区间然后取极限来规避。

更一般的傅里叶展开是傅里叶-斯蒂尔杰斯积分，如式(11.29)所定义。它称为过程$X(t)$的谱表示，任何稳态过程都可以用随机系数$dZ(\omega)$或随机幅度$|dZ(\omega)|$和随机相位$\arg\{dZ(\omega)\}$表示为正弦和余弦函数之和(的极限)。傅里叶-斯蒂尔杰斯表示法适用于具有连续和不连续谱的过程。

傅里叶-斯蒂尔杰斯积分可以理解为一个积分的黎曼定义的扩展，积分形式为

$$\int_a^b g(t)X(t)dt$$

当$(t_i - t_{i-1})$的最大值趋于0时，是序列平均值的极限。其中$g(t)$是确定性函数，$X(t)$是随机过程，即

$$\sum_{i=1}^n g(t_i)X(t_i)(t_i - t_{i-1})$$

两个确定性函数$g(t)$和$F(t)$的经典确定性黎曼-斯蒂尔杰斯积分为

$$R = \int_a^b g(t)dF(t)$$

定义为离散求和的极限值，$(t_i - t_{i-1})$的最大值趋于0，即

$$\sum_{i=1}^n g(t_i)\{F(t_i) - F(t_{i-1})\}$$

注意：如果对于所有$t \in (a,b)$，存在$f(t) = dF(t)/dt$，则$dF(t) = f(t)dt$，并且$R$可以以熟悉的形式$\int_a^b g(t)f(t)dt$写入。但对于不可微分的函数$F(t)$，黎曼-斯蒂尔杰斯积分以有意义的方式定义。

---

[①] M. B. Priestley, Spectral Analysis and Time Series, Academic Press, Sec. 4.11, London, 1981。
M. B. Priestley, "Power Spectral Analysis of Nonstationary Random Processes," Journal of Sound and Vibration, Vol. 6, No. 1, 1967, pp. 86–97。

如果 $F(t)$ 是一个随机过程,则 $R$ 可以使用类似的表达式,但该序列的极限是在均方意义上的。连续参数稳态过程的谱表示定理不需要证明。

**定理**(连续参数平稳过程的谱表示)  设 $X(t)(-\infty < t < \infty)$ 是具有广义、静止、零平均的随机连续过程,其功率谱为

$$S_{XX}(\omega), \quad -\infty < \omega < \infty$$

然后,在频域 $-\infty < \omega < \infty$ 上存在复值有限方差 $Z(\omega)$,使得对于所有 $\omega$,$X(t)$ 可以下形式写出

$$X(t) = \int_{-\infty}^{\infty} e^{i\omega t} dZ(\omega) \tag{11.30}$$

$Z(\omega)$ 称为 $X(t)$ 的谱过程,具有以下特性:

$$E\{dZ(\omega)\} = 0$$

$$E\{|dZ(\omega)|^2\} = dS_{XX}(\omega)$$

$Z(\omega)$ 也是正交的,也就是说,它具有不相关的增量,对于任何两个不同的频率,$\omega$ 和 $\omega'$,$\omega \neq \omega'$,即

$$\text{Cov}\{dZ(\omega), dZ(\omega_1)\} = E\{dZ^*(\omega), dZ(\omega_1)\} = 0$$

如上所述,对于我们的目标 $dS_{XX}(\omega) = S_{XX}(\omega)d\omega$,可以假设 $S_{XX}(\omega) = dS_{XX}(\omega)/d\omega$。

### 11.3.2 普里斯特利模型

复杂稳态过程 $X(t)$ 的自相关函数定义为

$$\begin{aligned}
R_{XX}(\tau) &= \text{Re} E\{X^*(t)X(t+\tau)\} \\
&= \text{Re}\left[E\left\{\int_{-\infty}^{\infty}\int_{-\infty}^{\infty} e^{-i\omega t} dZ^*(\omega) e^{i\omega_1(t+\tau)} dZ(\omega_1)\right\}\right] \\
&= \text{Re}\left[\int_{-\infty}^{\infty}\int_{-\infty}^{\infty} e^{-i\omega t} e^{i\omega_1(t+\tau)} E\{dZ^*(\omega) dZ(\omega_1)\}\right] \\
&= \text{Re}\int_{-\infty}^{\infty} e^{i\omega\tau} E\{|dZ(\omega)|^2\} \tag{11.31}
\end{aligned}$$

因为唯一的非零值是针对 $\omega_1 = \omega$ 的,并且其中 Re 被定义为参数的实部。根据上一节中的讨论,我们定义

$$E\{|dZ(\omega)|^2\} = S_{XX}(\omega)d\omega \tag{11.32}$$

通过假设 $X(t)$ 是实际过程,$S_{XX}(\omega)$ 是 $\omega$ 的偶函数,式(11.31)变为

$$R_{XX}(\tau) = \int_{-\infty}^{\infty} e^{i\omega\tau} S_{XX}(\omega)d\omega$$

其中由于 $X(t)$ 是关于 $t$ 的实函数,Re 被去掉。

扩展上述非平稳过程分析需要将确定性调制函数 $A(t,\omega)$ 引入式(11.29),即

$$X(t) = \int_{-\infty}^{\infty} A(t,\omega) e^{i\omega t} dZ(\omega) \tag{11.33}$$

然后根据上述过程,可以得到

$$R_{XX}(t,\tau) = \mathrm{Re} \int_{-\infty}^{\infty} |A(t,\omega)|^2 e^{i\omega\tau} E\{|dZ(\omega)|^2\} \tag{11.34}$$

定义

$$|A(t,\omega)|^2 E\{|dZ(\omega)|^2\} = S_{XX}(t,\omega) d\omega \tag{11.35}$$

可得

$$R_{XX}(t,\tau) = \int_{-\infty}^{\infty} e^{i\omega\tau} S_{XX}(t,\omega) d\omega$$

比较式(11.32)和式(11.35),可以得到

$$S_{XX}(t,\omega) = |A(t,\omega)|^2 S_{XX}(\omega) \tag{11.36}$$

式(11.36)是基于假定调制函数的稳态和非平稳频谱密度之间的另一种关系。该建模方法将在下一节中应用于简谐振荡器。

## 11.4 振动响应

在本节中,我们将上一节的理论应用于我们熟悉的问题——稳态振荡器和非平稳振荡器。

### 11.4.1 稳态振动

考虑卷积响应

$$Y(t) = \int_{-\infty}^{\infty} g(t-\tau) F(\tau) d\tau, \quad -\infty < t < \infty$$

式中:$g(t)$ 是脉冲响应函数,在 $-\infty < t < \infty$ 区间内,$F(t)$ 是具有功率谱 $S_{FF}(\omega)$($-\infty < \omega < \infty$)的广义、稳态、均方连续过程。

我们用它的频谱表示,式(11.30)代替 $F(\tau)$,可得

$$F(\tau) = \int e^{i\omega\tau} dZ_F(\omega), \quad -\infty < t < \infty$$

式中:$dZ_F(\omega)$ 是 $F(t)$ 的谱过程,可得

$$Y(t) = \int_{-\infty}^{\infty} g(t-\tau) \int_{-\infty}^{\infty} e^{i\omega\tau} dZ_F(\omega) d\tau$$

$$= \int_{-\infty}^{\infty} e^{i\omega t} \left[ \int_{-\infty}^{\infty} g(t-\tau) \cdot e^{-i\omega(t-\tau)} d\tau \right] dZ_F(\omega) \tag{11.37}$$

由于 $\exp(i\omega\tau) = \exp(i\omega t)\exp(-i\omega(t-\tau))$,我们可以用以下方式写出积分,即

$$\int_{-\infty}^{\infty} g(t-\tau) e^{-i\omega(t-\tau)} d\tau = \int_{-\infty}^{\infty} g(s) e^{-i\omega s} ds = H(i\omega)$$

那么,式(11.37)就可以表示为

$$Y(t) = \int_{-\infty}^{\infty} e^{i\omega t} H(i\omega) dZ_F(\omega)$$

将该等式与输出过程的频谱表示进行比较,可得

$$Y(t) = \int_{-\infty}^{\infty} e^{i\omega t} dZ_Y(\omega), \quad -\infty < t < \infty$$

导出线性系统的输入和输出谱过程之间的关系为

$$dZ_Y(\omega) = H(i\omega) dZ_F(\omega), \quad -\infty < \omega < \infty \tag{11.38}$$

式(11.38)与线性系统的输入和输出的傅里叶变换之间的关系相同。使用式(11.38),以及谱特性

$$E\{|dZ_F(\omega)|^2\} = dS_{FF}(\omega)$$

$$E\{|dZ_Y(\omega)|^2\} = dS_{YY}(\omega)$$

以下关系成立,即

$$dS_{YY}(\omega) = |H(i\omega)|^2 dS_{FF}(\omega), \quad -\infty < \omega < \infty$$

接下来对非平稳情况使用该结果。

### 11.4.2 非平稳振动

我们遵循上一节以及11.3节的思想。首先考虑具有脉冲响应函数$g(t)$和频率响应函数$H(i\omega)$的通用振荡器。令输入力为零均值非平稳随机过程$F(t)$,由式(11.33)给出。假设响应$Y(t)$也是零均值,但非平稳,并由下式给出

$$Y(t) = \int_{-\infty}^{\infty} B(t,\omega) e^{i\omega t} dZ_Y(\omega) \tag{11.39}$$

式中:$B(t,\omega)$是相应的调制函数,其相关性和谱密度由下式定义

$$S_{YY}(t,\omega) = |B(t,\omega)|^2 S_{YY}(\omega) \tag{11.40}$$

$$R_{YY}(t,\tau) = \int_{-\infty}^{\infty} e^{i\omega\tau} S_{YY}(t,\omega) d\omega \tag{11.41}$$

对于线性系统,输入-输出关系为

$$Y(t) = \int_{-\infty}^{\infty} g(t-\tau) F(\tau) d\tau$$

使用Priestly模型(式(11.33))得到$F(t)$的结果为

$$Y(t) = \int_{0}^{t} g(t-\tau) \left[ \int_{-\infty}^{\infty} A(\tau,\omega) e^{i\omega t} dZ_F(\omega) \right] d\tau$$

令$\theta = t - \tau$并交换积分的顺序,可以得到

$$Y(t) = \int_{-\infty}^{\infty} e^{i\omega t} \left[ \int_{0}^{t} A(t-\theta,\omega) g(\theta) e^{-i\omega\theta} d\theta \right] dZ_F(\omega) \tag{11.42}$$

从上一节关于稳态问题的讨论中可知存在以下关系：
$$dZ_Y(\omega) = H(i\omega) dZ_F(\omega)$$
$$S_{YY}(\omega) = |H(i\omega)|^2 S_{FF}(\omega) \tag{11.43}$$

式(11.42)可以写成
$$Y(t) = \frac{1}{H(i\omega)} \int_{-\infty}^{\infty} e^{i\omega\tau} \left[ \int_0^t A(t-\theta,\omega) g(\theta) e^{-i\omega\theta} d\theta \right] dZ_Y(\omega)$$

将该等式与式(11.39)进行比较，可得
$$B(t,\omega) = \frac{1}{H(i\omega)} \int_0^t A(t-\theta,\omega) g(\theta) e^{-i\omega\theta} d\theta \tag{11.44}$$

接下来，我们将式(11.43)和式(11.44)代入式(11.40)可以得到
$$S_{YY}(t;\omega) = \left| \frac{1}{H(i\omega)} \int_0^t A(t-\theta,\omega) g(\theta) e^{-i\omega\theta} d\theta \right|^2$$
$$|H(i\omega)|^2 S_{FF}(\omega)$$
$$= \left| \int_0^t A(t-\theta,\omega) g(\theta) e^{-i\omega\theta} d\theta \right|^2 S_{FF}(\omega) \tag{11.45}$$

从式(11.41)可以得到输出相关函数为
$$R_{YY}(t,\tau) = \int_{-\infty}^{\infty} \left| \int_0^t A(t-\theta,\omega) g(\theta) e^{-i\omega\theta} d\theta \right|^2$$
$$\cdot S_{FF}(\omega) e^{i\omega\tau} d\omega \tag{11.46}$$

由定义
$$S_{FF}(\omega) = \frac{1}{2\pi} \int_{-\infty}^{\infty} R_{FF}(\tau) e^{-i\omega\tau} d\tau$$

可知，当 $t \to \infty$，$A(t,\omega) = 1$ 时，式(11.45)和式(11.46)简化为稳态情况，如式(11.43)所示。

我们还可以证明式(11.45)等效于式(11.5)。用 $A(t-\theta,\omega) = A(t-\tau)$ 和相应的复共轭的乘积代替幅度平方因子，有
$$S_{YY}(t,\omega) = S_{XX}(\omega) \int_{-\infty}^{\infty} A(t-\theta_1) g(\theta_1) e^{+i\omega\theta_1} d\theta_1 \int_{-\infty}^{\infty} A(t-\theta_2) g(\theta_2) e^{-i\omega\theta_2} d\theta_2$$

然后，利用 $t - \theta_1 = v$ 和 $t - \theta_2 = u$，可得
$$S_{YY}(t,\omega) = S_{XX}(\omega) \int_0^t A(v) g(t-v) e^{+i\omega(t-v)} dv \int_0^t A(u) g(t-u) e^{-i\omega(t-u)} du$$
$$= S_{XX}(\omega) \int_0^t \int_0^t A(u) A(v) g(t-u) g(t-v) e^{-i\omega(v-u)} du dv$$

令式(11.5)中的 $\tau$ 为0，可知两式相同。

### 11.4.3 无阻尼振动

考虑具有脉冲响应功能的无阻尼线性振动

$$g(t) = \begin{cases} (1/\omega_n)\sin\omega_n t, & t \geq 0 \\ 0, & t < 0 \end{cases}$$

我们假设激励 $F(t)$ 是零均值和非平稳随机过程,其中 $A(t,\omega) = u(t)$,为单位阶跃函数,并且 $S_{FF}(\omega) = S_0$。然后,结合式(11.36),有

$$S_{FF}(t,\omega) = S_0 u(t)$$

利用式(11.45),可得

$$S_{YY}(t,\omega) = \left| \int_0^t u(t-\tau) e^{-i\omega\tau} \sin\omega_n\tau d\tau \right|^2 \frac{S_0}{\omega_n^2}$$

可简化为

$$S_{YY}(t,\omega) = \left| \int_0^t e^{-i\omega\tau} \sin\omega_n\tau d\tau \right|^2 \frac{S_0}{\omega_n^2} \tag{11.47}$$

积分范围为 $t \geq \tau$,并且 $u(t-\tau) = 1$,则积分如下:

$$\int_0^t e^{-i\omega\tau} \sin\omega_n\tau d\tau = \frac{1}{2i} \int_0^t e^{-i\omega\tau} (e^{i\omega_n\tau} - e^{-i\omega_n\tau}) d\tau$$

$$= \frac{1}{2i} \int_0^t (e^{i(\omega_n-\omega)\tau} - e^{-i(\omega_n+\omega)\tau}) d\tau$$

$$= \frac{1}{2} \left( -\frac{1}{(\omega_n-\omega)} e^{i(\omega_n-\omega)t} - \frac{1}{(\omega_n+\omega)} e^{-i(\omega_n+\omega)t} + 2\omega_n \right)$$

$$= \frac{1}{2} \frac{1}{(\omega_n^2-\omega^2)} \{ -(\omega_n+\omega) e^{i(\omega_n-\omega)t} - (\omega_n-\omega) \cdot e^{-i(\omega_n+\omega)t} + 2\omega_n \}$$

$$= \frac{1}{(\omega_n^2-\omega^2)} \{ \omega_n - \omega\sin t\omega\sin t\omega_n - \omega_n\cos t\omega\cos t\omega_n +$$

$$i(\omega_n\cos\omega_n t\sin\omega t - \omega\cos\omega t\sin\omega_n t) \} \tag{11.48}$$

复数的模的大小等于实部和虚部的平方和的平方根。计算式(11.48)大小,并将结果代入式(11.47),即

$$S_{YY}(t,\omega) = \frac{S_0}{(-\omega^2+\omega_n^2)^2} \left( 1 + \cos^2\omega_n t + \frac{\omega^2}{\omega_n^2}\sin^2\omega_n t - 2\cos\omega t\cos\omega_n t - 2\frac{\omega}{\omega_n}\sin\omega t\sin\omega_n t \right) \tag{11.49}$$

时间依赖方差等于谱密度函数下的面积,即

$$\sigma_Y^2(t) = R_{YY}(t,\tau=0) = \int_{-\infty}^{\infty} S_{YY}(t,\omega)\mathrm{d}\omega$$
$$= \frac{\pi S_0}{2\omega_n^3}(2\omega_n t - \sin 2\omega_n t), \quad t \geq 0$$

如图 11.2 所示。

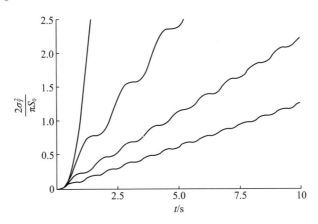

图 11.2 $\omega_n = 1,2,3,4\mathrm{rad/s}$ 下 $2\sigma_Y^2/(\pi S_0)$ 与时间的关系,其中较大值的 $\omega_n$ 值产生较小的幅度

### 11.4.4 欠阻尼振动

接下来我们考虑具有脉冲响应功能的欠阻尼振动

$$g(t) = \begin{cases} (1/\omega_d)\exp(-\zeta\omega_n t)\sin\omega_d t, & t \geq 0 \\ 0, & t < 0 \end{cases}$$

我们假设激励 $F(t)$ 是零均值和非平稳随机过程,其中 $A(t,\omega) = u(t)$ 为单位阶跃函数,并且 $S_{FF}(\omega) = S_0$。然后,结合式(11.36),得到

$$S_{FF}(t,\omega) = u(t)S_0$$

利用式(11.45),有

$$S_{YY}(t,\omega) = \left|\int_0^t u(t-\tau)\mathrm{e}^{\mathrm{i}\omega\tau}\exp(-\zeta\omega_n\tau)\sin\omega_d\tau\mathrm{d}\tau\right|^2 \frac{S_0}{\omega_d^2}$$

积分范围为 $t \geq \tau, u(t-\tau) = 1$,表达式为

$$S_{YY}(t,\omega) = \left|\int_0^t \mathrm{e}^{-\mathrm{i}\omega\tau}\exp(-\zeta\omega_n\tau)\sin\omega_d\tau\mathrm{d}\tau\right|^2 \frac{S_0}{\omega_d^2}$$
$$= \left|\int_0^t \exp(-\mathrm{i}\omega - \zeta\omega_n)\tau\sin\omega_d\tau\mathrm{d}\tau\right|^2 \frac{S_0}{\omega_d^2}$$

积分并取平均值,可以得到

$$S_{YY}(t,\omega) = \frac{S_0}{\omega_d^2}|I(t,\omega)|^2$$

$$|I(t,\omega)|^2 = \omega_d^2|H(i\omega)|^2\{1+\exp(-2\zeta\omega_n t)[1+a(t)+\omega^2 b(t)]-\exp(-\zeta\omega_n t)[c(t)\cos\omega t + \omega d(t)\sin\omega t]\}$$

其中

$$a(t) = \left(\frac{\zeta^2\omega_n^2-\omega_d^2}{\omega_d^2}\right)\sin^2\omega_d t + \frac{\zeta\omega_n}{\omega_d}\sin 2\omega_d t$$

$$b(t) = \frac{\sin^2\omega_n t}{\omega_d^2}$$

$$c(t) = \frac{2\zeta\omega_n}{\omega_d}\sin\omega_d t + 2\cos\omega_d t$$

$$d(t) = \frac{2\sin\omega_d t}{\omega_d}$$

对于小阻尼,有

$$a(t) \approx -\sin^2\omega_n t, \quad b(t) \approx \sin^2\omega_n t/\omega_n^2$$
$$c(t) \approx 2\cos\omega_n t, \quad d(t) \approx 2\sin\omega_n t/\omega_n$$

并且

$$S_{YY}(t,\omega) \approx \frac{S_0}{(\omega_n^2-\omega^2)^2}\left\{1+\exp(-2\zeta\omega_n t)\left[\cos^2\omega_n t + \frac{\omega^2}{\omega_n^2}\sin^2\omega_n t\right] - \exp(-\zeta\omega_n t)\left[2\cos\omega_n t\cos\omega t + \frac{2\omega}{\omega_n}\sin\omega_n t\sin\omega t\right]\right\}$$

对于 $\zeta=0$,可以使用式(11.49)。利用谱密度,均方响应由以下关系给出

$$\sigma_Y^2(t) = R_{YY}(t,\tau=0) = \int_{-\infty}^{\infty} S_{YY}(t,\omega)d\omega$$

$$= \frac{\pi S_0}{2\zeta\omega_n^3}\left\{1-\exp(-2\zeta\omega_n t)\left[1+2\left(\frac{\zeta\omega_n}{\omega_d}\right)^2\sin^2\omega_d t + \frac{\zeta\omega_n}{\omega_d}\sin 2\omega_d t\right]\right\}$$

其中如果 $S_0$ 被 $2D/\pi$ 替换,则与式(11.13)相同,但式(11.13)是通过时域导出的,这里使用了频域方法。出于绘图的目的,最后的等式可以写成

$$\frac{2\sigma_Y^2}{\pi S_0} = \frac{1}{2\zeta\omega_n^3}\left\{1-\exp(-2\zeta\omega_n t)\left[1+2\left(\frac{\zeta}{\sqrt{1-\zeta^2}}\right)^2\sin^2\omega_n\sqrt{1-\zeta^2}\,t + \frac{\zeta}{\sqrt{1-\zeta^2}}\sin 2\omega_n\sqrt{1-\zeta^2}\,t\right]\right\}$$

图 11.3 给出了 $\zeta = 0.05, 0.15$ 时的响应。

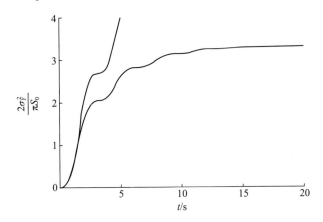

图 11.3 $\zeta = 0.05, 0.15, 2\sigma_Y^2/\pi S_0$ 与时间的关系,其中较小的 $\zeta$ 值产生较大的振幅

## 11.5 多自由度振荡器响应

我们通过矩阵方法将单自由度非平稳振荡的分析扩展到多自由度系统[①]。

### 11.5.1 输入特征

我们从线性 $n$ 自由度系统的矩阵运动方程开始,可得

$$\boldsymbol{m}\ddot{\boldsymbol{X}}(t) + \boldsymbol{c}\dot{\boldsymbol{X}}(t) + \boldsymbol{k}\boldsymbol{X}(t) = \boldsymbol{p}\boldsymbol{F}(t) \tag{11.50}$$

向量和矩阵以粗斜体显示。矩阵 $\boldsymbol{p}$ 是 $n \times m$ 阶荷载分布矩阵。

属性矩阵阶数是 $n \times n$。由于 $\boldsymbol{F}(t)$ 是随机 $m \times 1$ 列向量过程,因此得到的 $\boldsymbol{p}\boldsymbol{F}(t)$ 是 $n \times 1$ 向量。我们使用演化的 Priestley 定义,零均值向量过程 $\boldsymbol{F}(t)$ 作为傅里叶-斯蒂尔杰斯积分,有

$$\boldsymbol{F}(t) = \int_{-\infty}^{\infty} \boldsymbol{A}_F(t,\omega)\exp(\mathrm{i}\omega t)\,\mathrm{d}\boldsymbol{Z}(\omega) \tag{11.51}$$

其中

$$\boldsymbol{A}_F(t,\omega) = \begin{bmatrix} \boldsymbol{a}_{F_1}(t,\omega) \\ \boldsymbol{a}_{F_2}(t,\omega) \\ \vdots \\ \boldsymbol{a}_{F_m}(t,\omega) \end{bmatrix}_{m \times k}$$

---

① 本节主要参考 J. P. Conte, B-F. Peng, "An Explicit Closed-Form Solution for Linear Systems Subjected to Nonstationary Random Excitation," Probabilistic Engineering Mechanics, Vol. 11, 1996, pp. 37-50. 上述资料也参考了 Priestly 先前提到的两篇文章。

是 $F(t)$ 的频率-时间调制函数矩阵，$F_j(t)$ 是频率-时间调制函数的 $1 \times k$ 行向量，$\mathrm{d}Z(\omega)$ 是具有下式属性的 $k \times 1$ 列向量正交增量向量过程，即

$$E\{\mathrm{d}Z(\omega)\} = 0$$

并且

$$E\{\mathrm{d}Z^*(\omega_1)\mathrm{d}Z^T(\omega_2)\} = S(\omega_1)\delta(\omega_1 - \omega_2)\mathrm{d}\omega_1\mathrm{d}\omega_2 \tag{11.52}$$

式中：$S(\omega)$ 是 $k \times k$ 阶厄米特矩阵；$\delta(\cdot)$ 是狄拉克函数。如果 $A_F(t,\omega) = A_F$ 是常数矩阵，则 $F(t)$ 是稳态向量过程。

$F(t)$ 自相关函数定义为

$$\begin{aligned}
R_{FF}(t,\tau) &= E\{F^*(t)F^T(t+\tau)\} \\
&= E\Big\{\int_{-\infty}^{\infty} A_F^*(t,\omega_1)\exp(-\mathrm{i}\omega t)\mathrm{d}Z^*(\omega_1)\int_{-\infty}^{\infty} A_F^T(t+\tau,\omega_2) \cdot \\
&\quad \exp(\mathrm{i}\omega_2(t+\tau))\mathrm{d}Z^T(\omega_2)\Big\} \\
&= \int_{-\infty}^{\infty}\int_{-\infty}^{\infty} A_F^*(t,\omega_1)A_F^T(t+\tau,\omega_2)\exp(-\mathrm{i}\omega t)\exp(\mathrm{i}\omega_2(t+\tau)) \cdot \\
&\quad E\{\mathrm{d}Z^*(\omega_1)\mathrm{d}Z^T(\omega_2)\}
\end{aligned}$$

利用式(11.52)，可以得到

$$R_{FF}(t,\tau) = \int_{-\infty}^{\infty} A_F^*(t,\omega)S(\omega)A_F^T(t+\tau,\omega)\exp(\mathrm{i}\omega\tau)\mathrm{d}\omega$$

对于 $\tau = 0$，有

$$R_{FF}(t,0) = \int_{-\infty}^{\infty} A_F^*(t,\omega)S(\omega)A_F^T(t,\omega)\mathrm{d}\omega$$

被积函数是 $F(t)$ 的 $m \times m$ 进化功率谱密度矩阵，即

$$S_{FF}(t,\omega) = A_F^*(t,\omega)S(\omega)A_F^T(t,\omega) \tag{11.53}$$

式中：$S(\omega)$ 是相应的固定功率谱密度矩阵。

$F(t)$ 的特殊形式可以定义为以下乘积形式：

$$F(t) = A_F(t)X_S(t)$$

式中：$X_S(t)$ 是具有功率谱密度矩阵 $S(\omega)$ 的稳态向量过程，即

$$X_S(t) = \int_{-\infty}^{\infty} \exp(\mathrm{i}\omega t)\mathrm{d}Z(\omega)$$

并且 $A_F(t)$ 是一个时间调制矩阵。在这种情况下，式(11.53)可分解为

$$S_{FF}(t,\omega) = A_F(t)S(\omega)A_F^T(t) \tag{11.54}$$

式(11.53)定义了 $F(t)$ 的一般进化功率谱密度矩阵，式(11.54)对特殊情况定义相同，其中 $F(t)$ 可以定义为上面给出的乘积。

### 11.5.2 响应特征

假设我们遵循在正交模态下展开矩阵控制方程式(11.50)的步骤,并假设阻尼具有比例性质,则

$$X(t) = U\psi(t)$$

式中:$\hat{U}$ 是归一化的模态矩阵,即

$$\hat{U} = \begin{bmatrix} \hat{U}_1 & \hat{U}_2 & \cdots & \hat{U}_n \end{bmatrix}$$

并且 $\psi(t)$ 是模态响应的向量,即

$$\psi(t) = \{\psi_1(t)\,\psi_2(t)\cdots\psi_n(t)\}^T$$

关系式为

$$\ddot{\psi}_i(t) + 2\zeta_i\omega_i\dot{\psi}_i(t) + \omega_i^2\Psi_i(t) = \Gamma_i F(t), \quad i = 1,2,\cdots,n \quad (11.55)$$

式中:$\Gamma_i = \hat{U}_i^T p/(\hat{U}_i^T m\,\hat{U}_i)$ 是模态参与因子的 $m \times 1$ 行向量。

该求解过程的结果是解耦微分方程,其控制归一化的模态响应向量为

$$\ddot{\Lambda}_i(t) + 2\zeta_i\omega_i\dot{\Lambda}_i(t) + \omega_i^2\Lambda_i(t) = F(t), \quad i = 1,2,\cdots,n \quad (11.56)$$

式中:$\Lambda_i(t) = \{\Lambda_{i1}(t),\Lambda_{i2}(t),\cdots,\Lambda_{im}(t)\}^T$ 和 $\psi_{ij}(t)$ 可以解释为单位质量、固有频率 $\omega_i$ 和阻尼比 $\zeta_i$ 的单自由度振荡器对强迫函数 $F_j(t)$ 的响应。比较式(11.55)和式(11.56)可以得到 $\Psi_i(t) = \Gamma_i\Lambda_i(t)$。

式(11.56)的解是杜哈梅积分,即

$$\Lambda_i(t) = \int_0^t g_i(t - \tau) F(\tau) d\tau, \quad i = 1,2,\cdots,n \quad (11.57)$$

其中脉冲响应函数由下式给出

$$g_i(t) = \frac{1}{\omega_d}\exp(-\zeta_i\omega_i t)\sin\omega_d t, \quad t \geq 0$$

将式(11.51)代入式(11.57),并改变积分的顺序,可得

$$\Lambda_i(t) = \int_{-\infty}^{\infty}\left[\int_0^t g_i(t-\tau) A_F(t,\omega)\exp(-i\omega(t-\tau))d\tau\right]\exp(i\omega t)\mathbf{dZ}(\omega)$$

将此定义推广到第 $i$ 阶模态响应的第 $p$ 个时间导数是有用的,即

$$\frac{\partial^p}{\partial t^p}\Lambda_i(t) = \Lambda_i^{(p)}(t) = \frac{\partial^p}{\partial t^p}\Big[\int_0^t g_i(t-\tau) F(\tau) d\tau\Big]$$

$$= \int_{-\infty}^{\infty} \overline{M}_i^{(p)}(t,\omega)\exp(i\omega t)\mathbf{dZ}(\omega)$$

其中

$$\tilde{\boldsymbol{M}}_i^{(p)}(t,\omega) = \exp(-\mathrm{i}\omega t)\frac{\partial^p}{\partial t^p}[\boldsymbol{M}_i^{(p)}(t,\omega)\exp(\mathrm{i}\omega t)]$$

式中：$\boldsymbol{M}_i(t,\omega)$ 是 $\boldsymbol{\Lambda}_i(t)$ 的频率 – 时间调制函数的 $m\times k$ 阶矩阵，即

$$\boldsymbol{M}_i(t,\omega) = \int_0^t g_i(t-\tau)\boldsymbol{A}_F(t,\omega)\exp(-\mathrm{i}\omega(t-\tau))\mathrm{d}\tau$$

利用这些关系，第 $i$ 个和第 $j$ 个归一化模态响应的阶 $p$ 和 $q$ 的导数之间的进化交叉功率谱密度函数的 $m\times m$ 阶矩阵为

$$\boldsymbol{S}_{\Lambda_i^{(p)}\Lambda_j^{(q)}}(t,\omega) = [\tilde{\boldsymbol{M}}_i^{(p)}(t,\omega)]^*\boldsymbol{S}(\omega)[\tilde{\boldsymbol{M}}_i^{(p)}(t,\omega)]^\mathrm{T}$$

然后，有

$$\boldsymbol{S}_{\boldsymbol{\Psi}_i^{(p)}\boldsymbol{\Psi}_j^{(q)}}(t,\omega) = \boldsymbol{\Gamma}_i\boldsymbol{S}_{\Lambda_i^{(p)}\Lambda_j^{(q)}}(t,\omega)\boldsymbol{\Gamma}_j^\mathrm{T}$$

在物理响应方面，有

$$R_{X_i^{(p)}X_j^{(q)}}(t,\tau) = \sum_{k=1}^n\sum_{l=1}^n U_{ik}U_{jl}\boldsymbol{\Gamma}_k\boldsymbol{R}_{\Lambda_k^{(p)}\Lambda_l^{(q)}}(t,\tau)\boldsymbol{\Gamma}_l^\mathrm{T}$$

$$S_{X_i^{(p)}X_j^{(q)}}(t,\omega) = \sum_{k=1}^n\sum_{l=1}^n U_{ik}U_{jl}\boldsymbol{\Gamma}_k\boldsymbol{S}_{\Lambda_k^{(p)}\Lambda_l^{(q)}}(t,\tau)\boldsymbol{\Gamma}_l^\mathrm{T}$$

式中：$U_{ij}$ 是第 $k$ 阶模态的第 $i$ 个分量。可以为加速度导出类似的表达式，这些对于地面运动问题很有用。

## 11.6 非平稳和非线性振动

增加非平稳性复杂性的是系统表现出非线性行为的可能性[①]。在本节中，我们使用了 10.2 节中介绍的等效线性化技术。一般的单自由度方程为

$$\ddot{X}(t) + \beta\dot{X}(t) + \omega_n^2 X(t) + \varepsilon h(X,\dot{X},t) = F(t) \tag{11.58}$$

式中：$F(t)$ 是一种非平稳的高斯力。非线性微分方程由等效线性方程近似为

$$\ddot{X}(t) + \beta_e\dot{X}(t) + \omega_e^2 X(t) = F(t) \tag{11.59}$$

式中：$\beta_e$ 和 $\omega_e$ 分别是等效阻尼和频率。通过用式（11.59）替换式（11.58），引入的误差 $\Delta$ 由下式给出

$$\Delta = (\beta-\beta_e)\dot{X} + (\omega_n^2-\omega_e^2)X + \varepsilon h(X,\dot{X},t)$$

均方误差 $E\{\Delta^2\}$ 可以最小化，导出用于求解 $\beta e$ 和 $\omega e$ 的方程，即

---

[①] 本节和下一小节的示例参考 G. Ahmadi, Mean Square Response of a Duffing Oscillator to a Modulated White Noise Excitation by the Generalized Method of Equivalent Linearization," Journal of Sound and Vibration, Vol. 71, No. 1, 1980, pp. 9–15。

$$-\frac{1}{2}\frac{\partial E\{\Delta^2\}}{\partial \omega_e^2} = (\beta-\beta_e)E\{X\dot{X}\} + (\omega_n^2-\omega_e^2)E\{X^2\} + \varepsilon E\{Xh\} = 0 \quad (11.60)$$

$$-\frac{1}{2}\frac{\partial E\{\Delta^2\}}{\partial \beta_e} = (\beta-\beta_e)E\{\dot{X}^2\} + (\omega_n^2-\omega_e^2)E\{X\dot{X}\} + \varepsilon E\{\dot{X}h\} = 0 \quad (11.61)$$

求解式(11.60)和式(11.61)，等效参数为

$$\omega_e^2 = \omega_n^2 + \varepsilon \frac{E\{Xh\}E\{\dot{X}^2\} - E\{\dot{X}h\}E\{X\dot{X}\}}{E\{X^2\}E\{\dot{X}^2\} - (E\{X\dot{X}\})^2} \quad (11.62)$$

$$\beta_e = \beta + \varepsilon \frac{E\{\dot{X}h\}E\{X^2\} - E\{Xh\}E\{X\dot{X}\}}{E\{X^2\}E\{\dot{X}^2\} - (E\{X\dot{X}\})^2} \quad (11.63)$$

在 $E\{X^2\}E\{\dot{X}^2\} - (E\{X\dot{X}\})^2 = 0$ 时有效。

由于 $X(t)$ 通常是非平稳过程，因此 $E\{X\dot{X}\} \neq 0$，$\beta_e$ 和 $\omega_e$ 是时间相关的。假设系统是轻微阻尼和弱非线性的，因此 $\beta_e(t)$ 和 $\omega_e(t)$ 变为缓慢变化的时间函数。脉冲响应函数近似为 $g(t,\tau) = g(t-\tau)$，从而导出式(11.59)的近似解，即

$$X(t) \approx \int_0^t g(t-\tau)F(\tau)\mathrm{d}\tau \quad (11.64)$$

其中脉冲响应函数由下式给出：

$$g(t) = \begin{cases} (1/\bar{\omega}_e)\exp(-\beta t/2)\sin\bar{\omega}_e t, & t \geq 0 \\ 0, & t < 0 \end{cases}$$

并且 $\bar{\omega}_e^2 = \bar{\omega}_e^2 - \beta_e^2/4$。初始条件为

$$X(0) = 0, \quad g(0) = 0$$
$$\dot{X}(0) = 0, \quad \dot{g}(0^+) = 1$$

其中

$$\dot{X}(t) \approx \int_0^t \dot{g}(t-\tau)F(\tau)\mathrm{d}\tau \quad (11.65)$$

式(11.64)和式(11.65)可用于产生一些计算等效阻尼和频率表达式所需的各种力矩，即

$$E\{X^2\} = \int_0^t \mathrm{d}\tau_1 \int_0^t \mathrm{d}\tau_2 g(t-\tau_1)g(t-\tau_2)E\{F(\tau_1)F(\tau_2)\}$$

$$E\{\dot{X}^2\} = \int_0^t \mathrm{d}\tau_1 \int_0^t \mathrm{d}\tau_2 \dot{g}(t-\tau_1)\dot{g}(t-\tau_2)E\{F(\tau_1)F(\tau_2)\}$$

$$E\{X\dot{X}\} = \int_0^t \mathrm{d}\tau_1 \int_0^t \mathrm{d}\tau_2 g(t-\tau_1)\dot{g}(t-\tau_2)E\{F(\tau_1)F(\tau_2)\}$$

另外,$E\{Xh\}$ 和 $E\{\dot{X}h\}$ 的表达式也是必需的,并且可以在针对特定问题定义 $h(X,\dot{X},t)$ 时评估表达式。

这个一般理论现在应用于非平稳可分离激励下的特定杜芬振子。

### 11.6.1 非平稳和非线性杜芬方程

考虑杜芬方程

$$\ddot{X}(t)+\beta\dot{X}(t)+\omega_n^2 X(t)+\varepsilon\omega_n^2 X^3 = F(t)$$

其中 $F(t)=e(t)n(t)$ 取为形状白噪声,$e(t)$ 是缓慢变化的包络函数,$n(t)$ 是白噪声相关增量过程,即

$$E\{n(t_1)n(t_2)\} = 2\pi S_0 \delta(t_1-t_2)$$

$S_0$ 为强度。时刻由下式给出

$$E\{X^2\} = 2\pi S_0 \int_0^t g^2(t-\tau)e^2(\tau)\mathrm{d}\tau$$

$$E\{\dot{X}^2\} = 2\pi S_0 \int_0^t \dot{g}^2(t-\tau)e^2(\tau)\mathrm{d}\tau$$

$$E\{X\dot{X}\} = 2\pi S_0 \int_0^t g(t-\tau)\dot{g}(t-\tau)e^2(\tau)\mathrm{d}\tau$$

此外,给定 $h(X,\dot{X},t)=\omega_n^2 X^3$,我们发现以下时刻,即

$$E\{Xh\} = \omega_n^2 E\{X^4\} = 3\omega_n^2 E^2\{X^2\}$$

$$E\{\dot{X}h\} = \omega_n^2 E\{\dot{X}X^3\} = 3\omega_n^2 E\{\dot{X}X\}E\{X^2\}$$

其中假设 $X$ 和 $\dot{X}$ 是联合高斯的。我们发现,将这些时刻代入式(11.62)和式(11.63),可得

$$\omega_e^2 = \omega_n^2(1+3\varepsilon E\{X^2\})$$

$$\beta_e = \beta$$

其中,一旦定义或假设包络函数 $e(t)$,就可以计算 $E\{X^2\}$。

对于

$$e(t)=\begin{cases}1, & 0<t\leqslant t_0\\ 0, & \text{其他}\end{cases}$$

并且 $\omega_e^2(0)=\omega_n^2$,可以得到下列表达式,即

$$\omega_e^2(t) = \omega_n^2 \sqrt{1+\frac{6\varepsilon\alpha(t)}{\omega_n^2}} \quad 0<t\leqslant t_0$$

$$E\{X^2\} = \left(\frac{1}{3\varepsilon}\right)\left[\sqrt{1 + \frac{6\varepsilon\alpha(t)}{\omega_n^2}} - 1\right], \quad 0 < t \leq t_0$$

其中

$$\alpha(t) = \left(\frac{\pi S_0}{\beta}\right)[1 - \exp(-\beta t)]$$

对于 $S_0 = 1, \omega_n^2 = 4\ (\text{rad/s})^2, \varepsilon = 0.05, \zeta = 0.1, \beta = 2\zeta\omega_n = 0.4$,得到

$$\alpha(t) = \left(\frac{\pi}{0.4}\right)[1 - \exp(-0.4t)]$$

$$\omega_e^2(t) = 4\sqrt{1 + \frac{6(0.05)\alpha(t)}{4}}$$

并且

$$E\{X^2\} = \left(\frac{1}{3(0.05)}\right)\left[\sqrt{1 + \frac{6(0.05)\alpha(t)}{4}} - 1\right]$$

$$= \left(\frac{1}{3(0.05)}\right)\left[\sqrt{1 + \frac{6(0.05)(\pi/0.4)[1 - \exp(0.4t)]}{4}} - 1\right]$$

$$= 6.67\left[\sqrt{1 + 0.59[1 - \exp(0.4t)]} - 1\right]$$

图 11.4 展示了均方值 $E$ 的演变图。在 $t$ 趋于无穷时的极限为

$$\lim_{t\to\infty} E\{X^2\} = \lim_{t\to\infty} 6.67\left(\sqrt{1 + 0.59(1 - \exp(-0.4t))} - 1\right)$$

$$= 1.7405$$

因此,对于相对复杂的系统,它可以近似均方响应中的瞬变。

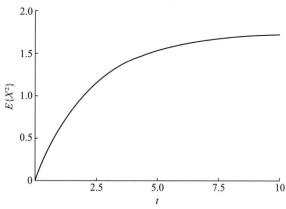

图 11.4　在 $S_0 = 1, \omega_n^2 = 4\ (\text{rad/s})^2$,
$\varepsilon = 0.05, \zeta = 0.1, \beta = 2\zeta\omega_n = 0.4$ 情况下,$E\{X^2\}$ 的变化曲线

## 11.7 本章小结

本章介绍了非平稳输入动态系统建模的一些基本方法。包络函数的使用允许非平稳解建立在稳态解之上,类似于非线性解建立在线性解之上。

## 11.8 格言

- 你对数学一无所知,你只是习惯了而已。——冯·诺依曼(John Von Neumann)
- 要想有一个好主意,最好的方法就是有很多主意。——莱纳斯·鲍林(Linus Pauling)
- 逻辑会把你从 A 带到 Z;想象力能带你去任何地方。——阿尔伯特·爱因斯坦(Albert Einstein)
- 我以同样的方式与每个人交谈,无论他是清洁工还是大学校长。——阿尔伯特·爱因斯坦(Albert Einstein)
- 幸运是有原因的。——彼得罗尼厄斯(Petronius)
- 工程师不是超人。他们在假设中、在计算中、在结论中犯错误是可以原谅的,他们必须抓住错误。因此,既能检查自己的工作,又能检查别人的工作,是现代工程的本质。——亨利·波卓斯基(Henry Petroski)
- 无论是好是坏,任何行为都不会不受惩罚,而且,作为好的衡量标准,惩罚是按照未知的概率分布分配给所有参与者的,即行为的给予者和接受者。——海姆·贝纳罗亚(Haym Benaroya)

## 11.9 习题

1. 对于 11.1.2 节中讨论的问题,推导出为 $e(t)$ 和 $N(t)$ 定义的特殊情况。将您的分析与本节中引用的论文结果进行比较。
2. 图 11.1 如何证明 $s$ 对非平稳响应的重要性?讨论关于式(11.15)的重要性。
3. 验证式(11.34)。
4. 对于式(11.49),假设 $S_0 = 1, \omega_n = 0.5$ 并将其绘制为 $\omega$ 的函数。
5. 推导出 11.5.1 节中的方程式,明确假设一个两自由度系统。
6. 明确假设两自由度系统,推导出 11.5.2 节中的方程式。
7. 推导式(11.62)和式(11.63)。
8. 对于 $\zeta = 0.15$ 和 $\zeta = 0.2$ 的情况,执行必要的计算以绘制 $E\{X^2(t)\}$ 的图像,如图 11.4 所示。

# 第 12 章 蒙特卡罗法

## 12.1 引言

蒙特卡罗(Monte Carlo)法[1]是基于随机变量分布的重复采样的概率计算方法的一般框架。蒙特卡罗法最初由 Metropolis 和 Ulam[2] 在第二次世界大战期间发明,该方法以度假城市里维埃拉(Riviera)命名,赌博是这座城市的主要产业。蒙特卡罗法被用于原子弹的研制,适用于裂变材料中随机中子扩散的问题。

蒙特卡罗法的第一个使用记录是 1777 年蒲丰的投针问题[3]:长度为 $L$ 的针头被投射到具有均匀间距 $a > L$ 的垂直线的板上,如图 12.1 所示。蒲丰寻求针与这些线中的一条相交的概率。

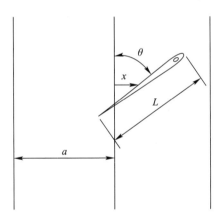

图 12.1 估计 π 值的蒲丰投针问题

为了回答这个问题,令 $X$ 为表示针的中点和最近的线之间的距离的随机变量,$\theta$ 为针和线之间的随机角度。$X$ 的范围从 $0$ 到 $a/2$,$\theta$ 的范围从 $0$ 到 $\pi/2$。显然,$X$ 和 $\theta$ 是均匀分布的独立随机变量[4],即

---

[1] J. M. Hammersley, D. C. Handscomb, Monte Carlo Methods, John Wiley and Sons, 1964。

[2] N. Metropolis and S. Ulam "The Monte Carlo Method," Journal of the American Staistical Association, 1949, Vol. 44, No. 247, PP. 335 – 441。

[3] M. Kalos and P. Whitlock, Monte Carlo Methods, Wiley – Interscience, 1986. See p. 4。

[4] 回想一下,连续随机变量 $X$ 等于离散值的概率为 0。因此,从实际的角度来看,变量上的范围是否写为 $a < X < b$ 或 $a < X \leq b$ 都没有区别。

$$f_{X\Theta}(x,\theta) = f_X(x)f_\Theta(\theta)$$

其中

$$f_X(x) = \frac{2}{a}, \quad 0 < x \leq \frac{a}{2}$$

$$f_\Theta(\theta) = \frac{2}{\pi}, \quad 0 < \theta \leq \frac{\pi}{2}$$

如果 $X < (L/2)\sin\Theta$,针将穿过这些线中的一条。发生这种情况的概率为

$$p = \Pr\left(X < \frac{L}{2}\sin\Theta\right)$$

$$= \int_0^{\pi/2} \int_0^{(L/2)\sin\theta} f_{X\Theta}(x,\theta)\,\mathrm{d}x\mathrm{d}\theta = \frac{2L}{a\pi}$$

蒙特卡罗法可用于模拟受随机因素影响的任何过程。但是,它们也可用于非概率问题,如蒲丰的投针问题。

拉普拉斯(Laplace)后来建议,从投针问题的实验中收集数据可用于使用以下关系估计 π 的值,即

$$\pi = \frac{2L}{ap} \tag{12.1}$$

即使 π 的值没有任何随机内容。该实验可以重复多次以产生 $p$ 的平均值和方差,因此可以精确估计 π。以这种方式获得的 π 值具有人工随机性。应该注意的是,必须随机抛出针头,而不必优先选择桌子上的任何特殊位置。此时,针的位置均匀分布。

**随机数生成**

模拟蒲丰的投针问题来计算 π 值,有必要为 $X$ 和 $\Theta$ 生成均匀的随机数,并测试每对随机数是否满足 $x < (L/2)\sin\theta$。以这种方式,可以估计概率 $p$,使用式(12.1)可以从中求得 π 的值(在我们引入随机数生成的思想后,在例 12.3 中使用这种方法对 π 的值进行数值估计)。

蒙特卡罗法生成均匀随机数的能力可以通过诸如轮盘赌轮之类的机械装置产生。然而,使用物理设备生成的随机数通常具有与理想情形略有不同的统计特性,并且模拟过程可能很慢,因为统计收敛需要大量数据。因此,随机数通常是从已经开发的程序中系统生成的,这种随机数称为伪随机数,因为它们是通过确定性方程得到的。

生成令人满意的均匀伪随机数的工作是具有挑战性的。第一种算法称为平均取中法,可以获得伪随机数,由 Neyman 于 1951 年提出[1]。然而,这种方法不令人满意,

---

[1] J. Von Neyman, "Various Techniques used in Connection with Random Digits," National Bureau of Standards, Applied Mathematics Series, 1951, Vol. 12, pp. 36–38。

平均取中方法在这两本书中有介绍:I. M. Sobol, The Monte Carlo Method, The University of Chicago Press, 1974, pp. 18–23; I. Elishakoff, Probabilistic Theory of Structures, Dover Publications, 1999, pp. 436–438。

因为随机数中没有期望的均匀分布的统计量。在 1951 年，Lehmer 提出的线性同余方法①，被证明是产生均匀随机数的最佳方法。我们将在 12.2.1 节中介绍这种方法。

在某些情况下，也许会出现更多可能的值，因为并非所有分布都是均匀的。例如，如果磁铁放在桌子下面，蒲丰的针将倾向于聚集在磁铁附近。在这种情况下，概率密度函数 $f_X(x)$ 和 $f_\Theta(\theta)$ 将不再是统一的，并且需要对它们进行修改以适应这种变化。问题是如何选择 $X$ 和 $\Theta$ 的随机数，使它们与各自的概率密度函数一致。可以从均匀随机数生成具有非均匀分布的随机数。我们将在 12.2.2 节中了解如何做到这一点。

一旦我们估计了模拟变量的值，如在蒲丰投针问题中的 $\pi$，我们希望知道它的准确性。通常，随着实验数量的增加，误差变小（估计的方差变小）。然而，大量实验在计算上耗费时间，而且只能估算出真实解。因此，蒙特卡罗法被视为最后的方法。简单的计算和理论的优越性使得蒙特卡罗法在一定程度上被认为是一种分析复杂概率问题的完备的数值方法②。理论发展包括使用中心极限定理的误差（方差）估计。误差估计导致误差水平所需的模拟周期数的确定。这将在 12.4 节中讨论。

总之，蒙特卡罗法是确定性地多次解决复杂随机问题的过程，其中根据各自的密度函数通过随机数生成为每个循环选择随机参数，从而生成随机输出组。然后将结果平均以获得输出平均值和更高的矩，从中可以获得置信界限。图 12.2 中的流程图说明了该过程。

在 12.5 节中，给出了一些实际例子来说明如何使用蒙特卡罗法来评估积分和求解非线性微分方程。

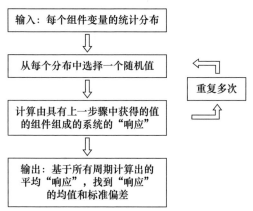

图 12.2 蒙特卡罗法模拟过程流程图

---

① D. H. Lehmer，"Mathematical Methods in Large-Scale Computing Units," Ann，Comp，Lab，Harvard University，1951，Vol. 26，pp. 141–146。

② 这一主题的优秀教科书如 R. Y. Rubinstein，Simulation and The Monte Carlo Method，John Wiley and Sons，1981。

## 12.2 随机数生成

### 12.2.1 标准均匀随机数

本节概述了使用标准均匀概率密度函数系统地生成伪随机数的过程。用于生成标准均匀伪随机数的当前最常用的方法是莱默的线性同余发生器。该发生器基于线性变换的模量 $m$ 的残差的递归计算。这种递归关系可以表示为

$$X_{i+1} = (aX_i + c)(\mathrm{mod}\ m)$$

式中：$a$、$c$ 和 $m$ 是非负整数；mod 是模数，定义为 $X_{i+1}$ 是 $aX_i + c$ 除以 $m$ 时的余数。重复该过程以获得下一个值 $X_{i+2}$。如果 $k_i$ 是除法的商，那么，有

$$k_i = \mathrm{int}\left(\frac{aX_i + c}{m}\right)$$

式中：$\mathrm{int}(\cdot)$ 是商中剩余的最大整数。相应的模量 $m$ 的余数为

$$X_{i+1} = aX_i + c - mk_i \tag{12.2}$$

通过模数 $m$ 将从式(12.2)获得的值归一化，我们得到

$$u_{i+1} = \frac{X_{i+1}}{m} = \frac{aX_i + c}{m} - k_i$$

在单位区间$(0,1)$上给出一组随机值，具有标准均匀概率分布（均值 = 0.5，标准差 = 0.289）[①]。

这种伪随机数序列是循环的，因为它将在最多 $m$ 个步骤中重复。为了确保随机性，周期应该尽可能长，因此，在实际应用中，应该在 $u_i$ 的生成中分配较大的 $m$ 值。$m$、$a$ 和 $c$ 值的选择是创建此类生成器的最重要步骤。表 12.1 列出了产生较大周期的这些常量的一些选择值。这些值已经通过统计测试并显示出令人满意的结果。从表 12.1 中选择哪些常数集以及随机洗牌的规模基本上是任意的。洗牌的阵列越大，顺序相关性发生的可能性就越小。最终，$m$、$a$ 和 $c$ 的选择必须与计算时间和阵列所需的存储空间相平衡。

表 12.1 随机数生成器

| $m$ | $a$ | $c$ |
|---|---|---|
| 7875 | 421 | 1663 |
| 11979 | 859 | 2531 |

---

① 均值和标准差分别为

$$\mu_X = \int_0^1 \hat{x} f_X(\hat{x}) \mathrm{d}\hat{x} = 0.5,\ \sigma_X = \sqrt{\int_0^1 (\hat{x} - \mu_X)^2 f_X(\hat{x}) \mathrm{d}\hat{x}} = 0.289$$

式中：$\hat{x}$ 为虚拟变量。

续表

| $m$ | $a$ | $c$ |
|---|---|---|
| 21870 | 1291 | 4621 |
| 81000 | 421 | 17117 |
| 86436 | 1093 | 18257 |
| 117128 | 1277 | 24749 |
| 121500 | 4081 | 25673 |
| 134456 | 8121 | 28411 |
| 243000 | 4561 | 51349 |
| 259200 | 7141 | 54773 |

### 例 12.1 标准均匀随机数

设 $m=7875, a=421, c=1663, X_0=1000$,产生的 3 个伪随机数是 $X_1=5228, X_2=7161, X_3=319$。相应的归一化伪随机数是 $u_1=0.6715, u_2=0.9093, u_3=0.0405$。计算如下：

$$k_0 = \text{int}\left(\frac{421 \times 1000 + 1663}{7875}\right) = \text{Int}(53.6715)$$

可得 $k_0=53$,则

$$u_1 = 53.6715 - 53 = 0.6715$$

结合式(12.2),有

$$X_1 = 421X_0 + 1663 - 7875 \times k_0 = 5288$$

那么

$$k_1 = \text{Int}\left(\frac{421 \times 5288 + 1663}{7875}\right) = \text{Int}(282.9093)$$

所以,有

$$u_1 = 0.6715, u_2 = 0.9093, u_3 = 0.0405$$

可得 $k_1=282$,则

$$u_2 = 282.9093 - 282 = 0.9093$$

同理

$$X_2 = 421X_1 + 1663 - 785 \times k_1 = 7161$$

所以,有

$$k_2 = \text{Int}\left(\frac{421 \times 7161 + 1663}{7875}\right) = \text{Int}(383.0405)$$

可得 $k_2=383$,则

$$u_3 = 383.0405 - 383 = 0.0405$$

同理

$$X_3 = 421X_2 + 1663 - 785 \times k_2 = 319$$

乔治·路易·勒克莱尔,蒲丰伯爵
(1707 年 09 月 07 日—1788 年 04 月 16 日)

**贡献**:乔治·路易·勒克莱尔,蒲丰伯爵是法国博物学家、数学家、宇宙学家和百科全书作家。在他 20 岁时,发现了二项式定理。他曾在几个领域中工作,包括力学、几何、概率、数论和微分与积分学。他的第一部作品《关于弗兰克-卡罗的游戏》将微积分引入概率论。他后来写了《地球的理论》,并成为当时最重要的自然历史学家。

蒲丰的作品影响了接下来的两代自然学者,包括琼-巴普蒂斯特·拉马克和乔治·居维叶。在他的一生中,他出版了 36 卷的《自然历史记录》;在他去世后的 20 年里,根据他的笔记和进一步的研究发表了更多的论文。

**生平简介**:乔治·路易·勒克莱尔(后来的蒲丰伯爵)出生在勃艮第省的蒙巴尔,父亲本杰明·勒克莱尔是一位负责盐税的当地小官员,母亲是来自公务员家庭的安妮-克里斯汀·马林。乔治以他母亲的叔叔(他的教父)乔治·布莱索特(Georges Blaisot)的名字命名,乔治·布莱索特是西西里所有萨沃伊公爵的税吏。1714 年,由于布莱索特无儿无女,在去世后为 7 岁的孩子留下了相当可观的财富。本杰明·勒克莱尔随后购买了一个包含附近蒲丰村的庄园,并将家人搬到第戎,在那里获得了各种办事处以及第戎议会的一个席位。

乔治从 10 岁开始就读于第戎耶稣会的戈德朗(Godrans)学院。从 1723 年至 1726 年,他在第戎学习法律,这是延续公务员家庭传统的先决条件。1728 年,乔治离开第戎去瑞士昂热大学学习数学和医学。在 1730 年的昂热,他结识了正在欧洲巡游的年轻英国金斯敦公爵,并与他和一大群奢侈的随行人员一起旅行了一年半,穿过法国南部和意大利的部分地区。在这一时期,一直有关于他在英格兰决斗、绑架和秘密旅行的传闻，但未被证实。

1732年，在他母亲去世后、他父亲即将再婚之前，乔治离开了金斯敦并返回第戎以确保他的继承权。在与公爵一起旅行时，将"德·蒲丰"添加到他的名字中，同时他回购了他的父亲卖掉的蒲丰村。蒲丰拥有大约80000里弗的财富，在巴黎开始从事科学研究，最初主要是数学和力学，以及他财富的增长。

1732年，他搬到了巴黎，在那里他结识了伏尔泰和其他知识分子。他首先在数学领域取得了成功。他将微积分引入概率论，并在概率论中提出了一个问题，现在称为蒲丰投针问题。1734年，他被法国科学院录取。在此期间，他与瑞士数学家加布里埃尔·克莱默保持通信。

他的保护者莫勒帕要求科学院在1733年进行木材建造研究。不久之后，蒲丰开始了一项长期研究，对迄今为止的木材的机械性能进行了最全面的测试，以比较小样品和大构件的性质。在仔细测试了1000多个没有结或其他缺陷的小样本之后，蒲丰得出结论，他认为无法推断出全尺寸木材的特性。于是，他开始对全尺寸结构构件进行一系列测试。

1739年，他被任命为巴黎 Jardin du Roi（相当于法国皇家植物园）的负责人，他一直担任这一职务。蒲丰在将 Jardin du Roi 转变为一个主要的研究中心和博物馆方面发挥了重要作用。他扩大了规模，安排购买相邻的土地，并从世界各地获取新的植物和动物标本。

由于他具有出色的作家才华，他于1753年被邀请加入巴黎第二大学院，即 Acadèmie Francise。在他在 Acadèmie Francaise 之前发表的《论风格》（"话语风格"）中说，"写得好，包括思考、感觉和表达，清晰的心灵、灵魂和品味……文如其人。"对他来说不幸的是，蒲丰作为文学造型师的声誉也给他的批评者提供了弹药，如数学家让·勒朗·达朗贝尔称他为"伟大的短语贩子"。

1752年，蒲丰与玛丽－弗朗索瓦·德·圣－贝林－马兰结婚，后者是勃艮第的一个贫穷的贵族家庭的女儿，她在他的姐姐经营的修道院学校就读。他们的第一个孩子没有幸存下来，他们的第二个孩子，一个1764年出生的儿子，在童年时幸存。他的妻子蒲丰夫人于1769年去世。

1772年，蒲丰病重。他的儿子当时只有8岁，应该接替他作为花园的负责人的承诺显然是不切实际的。国王把勃艮第的蒲丰庄园提升到一个县的地位，因此蒲丰（和他的儿子）成了伯爵。蒲丰于1788年在巴黎去世。

**显著成就**：在《博物学》的开篇中，蒲丰质疑数学的有用性，批评了对自然历史的分类学方法，概述了地球的历史，与圣经的描述没什么关系，并提出了一种与先前存在的理论背道而驰的再生产理论。早期的卷宗被索邦大学的神学院谴责。蒲丰宣布撤稿，但继续发布违规卷宗而不做任何改变。

在对动物世界的考察中，蒲丰指出，尽管环境相似，但不同的地区有不同的植物和动物，这个概念后来称为蒲丰定律。这被认为是生物地理学的第一原理。

他认为物种在从创造中心分散后可能既"改善"又"退化"。在此基础上,他有时被认为是"变形主义"和达尔文的先驱。蒲丰考虑了人类和猿类之间的相似性,但最终拒绝了共同血统的可能性。他还断言,气候变化可能促进了物种从其原产地传播到世界各地。

蒲丰提出了一个理论,即新世界的自然不如欧亚大陆。他认为,美洲缺乏强大的大型生物,即便是人类也不像欧洲人那样具有男性气质。托马斯·杰斐逊对这些言论感到非常愤怒,他派出二十名士兵前往新罕布什尔州的树林,为布丰找到一头雄驼鹿,证明了"美国四足动物的身形和威严。"蒲丰后来承认了他的错误。

在《自然时代》(1778年)中,蒲丰讨论了太阳系的起源,推测这颗行星是由彗星与太阳的碰撞产生的。他还提出地球起源早于公元前4004年,这是由Arch主教詹姆斯·乌瑟尔确定的日期。根据他在Montbard的Petit Fontenet实验室测试的铁的冷却速度数据,他计算出地球的年龄为75000年。再一次,他的想法受到了索邦大学的谴责,他又一次撤回以避免进一步的问题。

尽管存在许多有争议的想法,但蒲丰将进化理念带入了科学领域。他提出了"统一型"的概念,这是比较解剖学的先驱。他因为接受地球历史的长期性,因此被视为生物地理学的创始人。

蒲丰因其概率实验而在数学领域被纪念。他通过计算扔过肩膀的针落在地板上瓷砖之间的线上的次数来计算 $\pi$。这个实验引起了数学家之间的大量讨论,并有助于进一步理解概率。

有人说,"蒲丰是18世纪下半叶自然历史思想之父"。

### 12.2.2 非均匀随机变量的产生

下一个要解决的问题是如何根据特定的概率密度函数生成随机数。随机变量的生成可以从区间(0,1)上的均匀分布系统地完成,如前一节中所创建的。这是通过几种方法之一完成的,如逆变换方法、组成方法或伪随机数法,所有这些方法都将在下面介绍。

1. 逆变换方法

我们规定 $X$ 是具有标准均匀分布的随机变量,$Y$ 是随机变量,其概率密度函数 $f_Y(y)$ 在 $(a,b)$ 上且累积分布函数为 $F_Y(y)$。如果知道它们各自的概率密度,则希望找到 $X$ 和 $Y$ 之间的函数关系。一旦我们知道了这种关系,就可以获得对应于每个均匀随机数 $x$ 的实现 $y$。

在第4章中,当 $f_X(x)$ 与 $X$ 和 $Y$ 之间的函数关系已知时,确定概率密度函数:$Y = g(X)$。在这里,我们寻找函数关系 $Y = g(X)$,其中 $f_Y(y)$ 和 $f_X(x)$ 都是已知的。我们注意到有许多函数关系对应于给定的 $f_Y(y)$ 和 $f_X(x)$ 集合。我们假设 $X$ 是一个单调递增的函数,可以将式(4.1)写成

$$f_Y(y)\,\mathrm{d}y = f_X(x)\,\mathrm{d}x \tag{12.3}$$

对式(12.3)进行积分,累积分布函数必须相等,则有

$$F_Y(y) = F_X(x), \quad \frac{\mathrm{d}y(x)}{\mathrm{d}x} > 0 \tag{12.4}$$

其中 $X$ 的标准均匀密度为

$$f_X(x) = 1, \quad 0 < x \leqslant 1$$
$$F_X(x) = \int_0^x 1 \mathrm{d}\hat{x} = x, \quad 0 < x \leqslant 1 \tag{12.5}$$

然后,可以将式(12.4)写成

$$F_Y(y) = x, \quad \frac{\mathrm{d}y(x)}{\mathrm{d}x} > 0 \tag{12.6}$$

为了确定 $y$ 值,式(12.6)的两边倒置,可得

$$y = F_Y^{-1}(x) \tag{12.7}$$

接下来可以以图形方式描述逆变换。我们假设概率密度函数如图 12.3(a)所示,相应的累积分布函数如图 12.3(b)所示。垂直轴上在 0 和 1 之间绘制均匀分布的随机数 $x_1, x_2, \cdots, x_n$。式(12.7)中的反演过程构成了为每个 $x_i$ 找到相应的 $y_i$。因为 $F_Y$ 和 $f_Y$ 是相关的,可得

$$f_Y(y) = \frac{\mathrm{d}F_Y(y)}{\mathrm{d}y}$$

$F_Y(y)$ 有一个拐点(凹陷从上到下变化),其中 $f_Y(y)$ 达到最大值。因此,在 $f_Y(y)$ 最大的情况下采样更多的点。

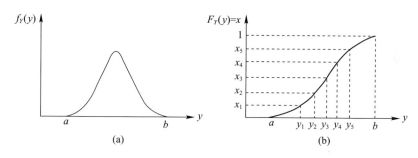

图 12.3 逆变换方法的示意图

当然,为了应用逆变换方法,分布函数必须以可以解析地找到对应的逆变换的形式存在。

**例 12.2 非标准均匀分布**

考虑任意区间 $(a, b)$ 上的非标准均匀概率分布。累积分布函数为

$$F_Y(y) = \begin{cases} 0, & y < a \\ (y-a)/(b-a), & a \leqslant y \leqslant b \\ 1, & y > b \end{cases}$$

通过设置 $F_Y(y) = x$ 然后反转,使用式(12.5)求出逆函数即

$$y = F_Y^{-1}(x) = a + (b-a)x \tag{12.8}$$

找到反函数,其中 $x$ 均匀分布在 $(0,1)$ 上。

### 例 12.3 蒲丰的投针问题

这里重新讨论蒲丰的投针问题。针的中点与最近的线 $X$ 之间的距离均匀地分布在 $(0, a/2)$ 上,并且针和线之间的角度中的较小者 $\Theta$ 均匀分布在 $(0, \pi/2)$ 上。我们演示了作为生成随机数的副产品如何获得 $\pi$ 的值。为了便于计算,取 $a = 1$ 且 $L = 0.5$。

概率密度函数由下式给出

$$f_X(x) = \frac{2}{a}, \qquad 0 < x \le \frac{a}{2}$$

$$f_\Theta(\theta) = \frac{2}{\pi}, \qquad 0 < x \le \frac{\pi}{2}$$

首先,生成两组标准统一编号 $x_1$ 和 $x_2$(使用 MATLAB 中的 rand 命令)。假设 $x$ 和 $\theta$ 的增量分别为 $x_1$ 和 $x_2$,使用式(12.8)得到

$$x = \frac{a}{2}x_1, \qquad \theta = \frac{\pi}{2}x_2$$

表 12.2 显示了 10 次实验的样本结果。针在 9 次中穿过 3 次,因此,针将穿过的概率估计为 0.333。式(12.1)($\pi = 2L/pa$)的估计值为 3.333。随着越来越多的实验,这一估计将得到改善。当使用 2500 个样本时,$\pi$ 的估计值为 3.1211。我们注意到,该值将根据使用的特定 2500 个随机数略有变化。

表 12.2 蒲丰投针问题的样本结果

| 实验 | $x_1$ | $x = \frac{a}{2}x_1$ | $x_2$ | $\theta = \frac{\pi}{2}x_2$ | $x < \frac{L}{2}\sin\theta$ |
|---|---|---|---|---|---|
| 1 | 0.9501 | 0.4751 | 0.4447 | 0.6985 | 否 |
| 2 | 0.4860 | 0.2430 | 0.9218 | 1.4480 | 是 |
| 3 | 0.4565 | 0.2282 | 0.4057 | 0.6373 | 否 |
| 4 | 0.2311 | 0.1156 | 0.6154 | 0.9667 | 是 |
| 5 | 0.8913 | 0.4456 | 0.7382 | 1.1596 | 否 |
| 6 | 0.0185 | 0.0093 | 0.9355 | 1.4694 | 是 |
| 7 | 0.6068 | 0.3034 | 0.7919 | 1.2440 | 否 |
| 8 | 0.7621 | 0.3810 | 0.1763 | 0.2769 | 否 |
| 9 | 0.8214 | 0.4107 | 0.9169 | 1.4403 | 否 |
| 10 | 0.6854 | 0.3427 | 0.0136 | 0.0214 | 否 |

### 例 12.4 威布尔分布

考虑可靠性理论中使用的威布尔概率密度函数来预测寿命,即

$$f_T(t) = \alpha\beta t^{\beta-1}\exp[-\alpha t^\beta], \quad 0 < t < \infty$$

其中 $\alpha, \beta > 0$。求威布尔概率密度函数的逆。

**解**：累积分布由下式给出

$$F_T(t) = \int \alpha\beta \hat{t}^{\beta-1}\exp[-\alpha \hat{t}^\beta]\mathrm{d}\hat{t}$$

$$= 1 - \exp[-\alpha t^\beta], \quad t > 0$$

设累积分布函数等于 $x$，我们可以求解 $t$，即

$$t = \left[-\frac{1}{\alpha}\ln(1-x)\right]^{1/\beta}$$

如果 $x$ 在 $(0,1)$ 上是均匀的，那么 $(1-x)$ 也是如此。因此，有

$$t = \left[-\frac{1}{\alpha}\ln x\right]^{1/\beta}, \quad 0 < x \le 1$$

### 例 12.5 柯西密度函数

求柯西密度函数的反函数，可得

$$f_Y(y) = \frac{1}{\pi(1+y^2)}, \quad -\infty < y < \infty$$

**解**：累积分布函数由下式给出

$$x = F_Y(y) = \int_0^y \frac{1}{\pi(1+\hat{y}^2)}\mathrm{d}\hat{y}$$

$$= \frac{1}{\pi}\arctan y$$

然后解出 $y$，可以得到

$$y = \tan\pi x$$

### 例 12.6 指数密度 I

求指数概率密度函数的逆，即

$$f_Y(y) = \frac{1}{\lambda}\mathrm{e}^{-y/\lambda}, \quad 0 < y < \infty$$

式中：$\lambda$ 是常量。

**解**：指数密度可以被认为是威布尔(Weibull)密度的一个特例，$\alpha = 1/\lambda$ 且 $\beta = 1$。为了得到 $y$ 的表达式，求解 $F_Y(y)$，将此表达式设置为等于 $x$，然后求解 $y$。然后，随机变量 $y$ 表达式为

$$y = -\lambda\ln x, \quad 0 < x \le 1$$

**例 12.7 指数密度 II**

求概率密度函数的倒数,即

$$f_Y(y) = y\exp\left(-\frac{y^2}{2}\right), \quad 0 < y < \infty$$

**解:** 相应的累积分布由下式给出

$$F_Y(y) = \int_0^y \hat{y}\exp\left(-\frac{\hat{y}^2}{2}\right)d\hat{y} = 1 - \exp\left(-\frac{y^2}{2}\right), \quad 0 < y < \infty$$

令其等于累积分布函数(式(12.6)),可以得到

$$y = +\sqrt{-2\ln(1-x)}, \quad 0 < x \leqslant 1$$

我们注意到只采用正解,因为 $y$ 定义在 $0 < y < \infty$。这个表达式也可以写成

$$y = \sqrt{-2\ln x}, \quad 0 < x \leqslant 1$$

如果 $x$ 均匀分布,则 $1-x$ 均匀分布。该结果将有助于生成正态密度的随机变量。

逆变换方法需要累积概率密度函数的逆的解析表达式。但是,在某些情况下可能难以获得。例如,必须采用其他技术来生成正态密度的随机变量,即

$$f_Y(y) = \frac{1}{\sigma\sqrt{2\pi}}\exp\left[-\frac{(y-\mu)^2}{2\sigma^2}\right], \quad -\infty < y < \infty$$

该概率密度函数 $f_Y(y)$ 由 $R_N(\mu,\sigma)$ 表示,其中 $\mu$ 是平均值,$\sigma$ 是标准偏差。对于如下的累积分布函数的逆,没有解析表达式,即

$$F_Y(y) = \frac{1}{\sigma\sqrt{2\pi}}\int_{-\infty}^y \exp\left[-\frac{(\hat{y}-\mu)^2}{2\sigma^2}\right]d\hat{y}, \quad -\infty < y < \infty$$

事实证明,使用 Box–Muller 方法同时采样两个独立的正态随机变量更容易,如下例所示。

**例 12.8 标准正态密度的 Box–Muller 方法**

设 $Y_1$ 和 $Y_2$ 为独立的标准正态随机变量。联合概率密度函数由下式给出

$$f_{Y_1 Y_2}(y_1, y_2) = \frac{1}{2\pi}\exp\left[-\frac{1}{2}(y_1^2 + y_2^2)\right], \quad -\infty < y_1 < \infty, \; -\infty < y_2 < \infty$$

累积分布由下式给出

$$F_{Y_1 Y_2}(y_1, y_2) = \frac{1}{2\pi}\int_{-\infty}^{y_1}\int_{-\infty}^{y_2}\exp\left[-\frac{1}{2}(\hat{y}_1^2 + \hat{y}_2^2)\right]d\hat{y}_2 d\hat{y}_1,$$
$$-\infty < y_1 < \infty, \; -\infty < y_2 < \infty$$

使用几何解释,随机变量 $Y_1$ 和 $Y_2$ 通过坐标变换与 $R$ 和 $\Theta$ 相关,即

$$Y_1 = R\cos\Theta, \quad Y_2 = R\sin\Theta \tag{12.9}$$

或者

$$Y_1^2 + Y_2^2 = R^2$$

$$\frac{Y_2}{Y_1} = \tan\Theta$$

概率相等,则有

$$\Pr((r<R\leqslant r+\mathrm{d}r)\cap(0<\Theta\leqslant\theta+\mathrm{d}\theta))=$$
$$\Pr((y_1<Y_1\leqslant y_1+\mathrm{d}y_1)\cap(y_2<Y_2\leqslant y_2+\mathrm{d}y_2))$$

或者

$$F_{R\Theta}(r,\theta)=F_{Y_1Y_2}(y_1,y_2)$$

可以写成

$$F_{R\Theta}(r,\theta) = \frac{1}{2\pi}\int_{-\infty}^{y_1}\int_{-\infty}^{y_2}\exp\left[-\frac{1}{2}(\hat{y}_1^2+\hat{y}_2^2)\right]\mathrm{d}\hat{y}_2\mathrm{d}\hat{y}_1$$

$$= \frac{1}{2\pi}\int_0^{\theta}\int_0^{r}\exp\left[-\frac{1}{2}\hat{r}^2\right]J\mathrm{d}\hat{r}\mathrm{d}\hat{\theta}, \quad 0<r<\infty, \quad 0<\theta<2\pi$$

其中 $\mathrm{d}\hat{y}_2\mathrm{d}\hat{y}_1$ 被 $J\mathrm{d}\hat{r}\mathrm{d}\hat{\theta}$ 替换,$J$ 是雅可比矩阵,即

$$J = \begin{vmatrix} \partial y_1/\partial r & \partial y_1/\partial\theta \\ \partial y_2/\partial r & \partial y_2/\partial\theta \end{vmatrix}$$

这样,$J = r$。

变换后的联合概率密度函数由下式给出

$$f_{R\Theta}(r,\theta) = \frac{1}{2\pi}r\exp\left[-\frac{1}{2}r^2\right], \quad 0<r<\infty, 0<\theta<2\pi$$

由于 $R$ 和 $\Theta$ 是独立的,因此联合概率密度函数 $f_{R\Theta}(r,\theta)$ 可以被认为是每个变量的边缘密度函数的乘积,即

$$f_R(r) = r\exp\left[-\frac{1}{2}r^2\right], \quad 0<r<\infty$$

$$f_\Theta(\theta) = \frac{1}{2\pi}, \quad 0<\theta\leqslant 2\pi$$

如例 12.7 所示,可以使用 $(0,1)$ 上的 $x_1$ 的均匀分布对随机变量 $R$ 进行采样,即

$$r = \sqrt{-2\ln x_1}$$

并且可以使用 $(0,1)$ 上的 $x_2$ 的均匀分布对随机变量 $\Theta$ 进行采样,如例 12.2 所示,即

$$\theta = 2\pi x_2$$

使用式(12.9)中的变换关系,有

$$y_1 = \sqrt{-2\ln x_1} \cos 2\pi x_2 \tag{12.10}$$

$$y_2 = \sqrt{-2\ln x_1} \sin 2\pi x_2 \tag{12.11}$$

式中:$x_1$ 和 $x_2$ 是均匀分布在 $(0,1)$ 上的随机数。

类似地,可以使用以下关系生成具有平均值 $\mu_1$ 和 $\mu_2$ 的独立高斯随机数,以及标准偏差 $\sigma_1$ 和 $\sigma_2$,即

$$y_1 = \sigma_1\sqrt{-2\ln x_1} \cos 2\pi x_2 + \mu_1 \tag{12.12}$$

$$y_1 = \sigma_2\sqrt{-2\ln x_1} \sin 2\pi x_2 + \mu_2 \tag{12.13}$$

我们注意到,如果只需要一组随机数,则可以使用式(12.12)或式(12.13)。

另一个常见密度,对数正态,可以从正常密度导出。如果 $\ln y$ 是正态的,则随机变量 $y$ 称为具有对数正态密度,其具有平均值 $\mu$ 和标准偏差 $\sigma$。概率密度函数由下式给出

$$f_Y(y) = \frac{1}{\sqrt{2\pi}\sigma y}\exp\left[-\frac{1}{2}\left(\frac{\ln y - \mu}{\sigma}\right)^2\right], \quad y > 0$$

可以使用以下关系生成两个独立的对数正态变量

$$y_1 = \exp[\sigma_1\sqrt{-2\ln x_1}\cos 2\pi x_2 + \mu_1]$$

$$y_2 = \exp[\sigma_2\sqrt{-2\ln x_2}\cos 2\pi x_2 + \mu_2]$$

式中:$\mu_i$ 和 $\sigma_i$ 分别是 $\ln y_i$ 的平均值和标准差;$x_1$ 和 $x_2$ 是在 $(0,1)$ 上具有均匀密度的随机变量的实现。

### 例 12.9 正态随机数的产生

验证式(12.12)生成的随机数是否为具有均值 $\mu$ 和标准差 $\sigma$ 的正态分布。使用 $\mu = 5$ 和 $\sigma = 1$ 生成 4900 个均匀随机数 $x_1$ 和 $x_2$。

**解**:图 12.4 中的实线显示了使用精确表达式绘制的正态分布,即

$$f_Y(y) = \frac{1}{\sqrt{2\pi}\sigma}\exp\left[-\frac{1}{2}\left(\frac{y-\mu}{\sigma}\right)^2\right]$$

同一图中的直方图显示了式(12.12)中随机数 $y_1$ 的出现频率。出现频率 $n$ 通过随机数总数 $N$(在该例中为 4900)和间隔长度 $h = 0.5$(在该例中为 $\sigma/2$)的乘积归一化。

对于此例,4900 个随机数中的 974 个出现在 $5.0 < y < 5.5$ 的范围内。归一化频率为 $974/(4900 \times 0.5) = 0.398$。

频率被归一化,因此可以更容易地比较图 12.4 中所示的两个图。我们看到这些图形具有相同的形状。因此,根据期望的概率密度函数生成随机数。注意:对数正态

密度可以使用相同的程序产生。

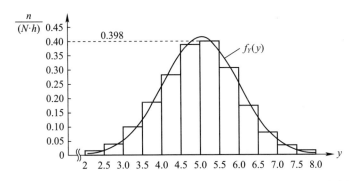

图 12.4　正态分布，$u=5, a=1$，实际密度（实线）和蒙特卡罗预测（直方图）

2. 数值逆变换

在大多数情况下，不可能获得逆的解析表达式。因此，需要以数值方式生成随机数。

首先，我们发现 $f_Y(y)$ 的变量 $y$ 对应于 $(0,1)$ 上的 $N$ 个等间距数 $x$。在数学上，我们正在寻找满足以下条件的 $y_i$，即

$$\int_{-\infty}^{y_i} f_Y(\tilde{y}) \, \mathrm{d}\tilde{y} = x_i, \quad F_Y(y_i) = x_i, \quad i = 0, 1, \cdots, N \tag{12.14}$$

其中

$$x_i = \frac{i}{N}, \quad i = 0, 1, \cdots, N \tag{12.15}$$

为了找到对应于不是采样点之一的 $y$，我们需要找到包含 $x$ 的区间。如果 $x$ 在 $x_n$ 和 $x_{n+1}$ 之间，其中 $0 \leq n < N$，则可以对随机变量 $y$ 进行线性插值，结合式(12.15)，则有

$$\begin{aligned} y &= y_n + (y_{n+1} - y_n)\frac{x - x_n}{x_{n+1} - x_n} \\ &= y_n + (y_{n+1} - y_n)(Nx - n) \end{aligned} \tag{12.16}$$

此过程将在下一个示例中演示。

**例 12.10　伽马密度的数值逆变换**

使用数值逆变换方法根据伽马密度函数生成随机数。

**解**：随机变量在其概率密度函数给出时遵循伽马分布，即

$$f_Y(y) = \frac{\beta}{\Gamma(\alpha)}(\beta y)^{\alpha-1} e^{-y/\beta}, \quad y > 0$$

式中：$\alpha$ 和 $\beta$ 是正常数；$\Gamma(\alpha)$ 是伽马函数，定义如下：

$$\Gamma(\alpha) = \int_0^\infty x^{\alpha-1} e^{-x} dx \qquad (12.17)$$

伽马密度函数通常用于可靠性理论来预测失效时间[1]。当 $a$ 是整数时,伽马函数由下式给出

$$\Gamma(\alpha) = (\alpha-1)!, \quad \alpha = 1,2,3,\cdots$$

这可以通过将式(12.17)进行 $n-1$ 次分部积分得到。累积分布函数由下式给出[2]

$$F_Y(y) = 1 - \sum_{k=0}^{\alpha-1} \frac{e^{-\beta y}}{k!} (\beta y)^k, \quad y > 0, \alpha = 1,2,3,\cdots$$

注意:伽马分布成为 $\alpha=1$ 的指数分布。

目的是根据伽马概率密度函数找到随机数。对于 $\alpha=2$ 且 $\beta=1$ 的情况,概率密度函数和累积分布由下式给出

$$f_Y(y) = y e^{-y}, \qquad y > 0$$

$$F_Y(y) = 1 - e^{-y} - y e^{-y}, \qquad y > 0$$

逆累积分布没有解析表达式。因此,在数值上确定随机数。

为此,我们首先在式(12.15)中选择介于 0 和 1 之间的 21 个等间距数字。也就是说,$N=20$。然后使用式(12.14)找到对应于 $i=0,1,\cdots,20$ 的每个 $x_i$ 的 $y_i$。在这种情况下,可得

$$1 - e^{-y_i} - y_i e^{-y_i} = x_i$$

每个 $y_i$ 都用求根的方法数值求解[3]。相应的 $y_i$ 在表 12.3 中给出。

表 12.3 $y_i$ 与 $x_i$ 对应值

| $i$ | $x_i$ | $y_i$ | $i$ | $x_i$ | $y_i$ |
|---|---|---|---|---|---|
| 1 | 0.05 | 0.355 | 7 | 0.35 | 1.235 |
| 2 | 0.1 | 0.532 | 8 | 0.4 | 1.376 |
| 3 | 0.15 | 0.683 | 9 | 0.45 | 1.523 |
| 4 | 0.2 | 0.824 | 10 | 0.5 | 1.678 |
| 5 | 0.25 | 0.961 | 11 | 0.55 | 1.844 |
| 6 | 0.3 | 1.100 | 12 | 0.6 | 2.022 |

---

[1] 可靠性的简述参见 P. L. Meyer, Introductory Probability and Statistical Applications, Addison – Wesley Publishing Company, Chapter 11, pp. 225 – 243, 1970. 这一章包含正态、指数、伽马和威布尔失效法则。

[2] 累计分布函数可以写成

$$F_Y(y) = 1 - \int_y^\infty f_Y(\hat{y}) d\hat{y}$$

[3] 寻根算法利用诸如二等分法就可以。

续表

| $i$ | $x_i$ | $y_i$ | $i$ | $x_i$ | $y_i$ |
|---|---|---|---|---|---|
| 13 | 0.65 | 2.219 | 17 | 0.85 | 3.372 |
| 14 | 0.7 | 2.439 | 18 | 0.9 | 3.890 |
| 15 | 0.75 | 2.693 | 19 | 0.95 | 4.744 |
| 16 | 0.8 | 2.994 | 20 | 1.0 | ∞ |

下一步是在 $(0,1)$ 上选择随机数 $x$。使用表 12.2 中的例 12.4 的第二组均匀随机数，通过线性插值式 (12.16) 获得随机数 $y$。例如，$x = 0.4447$ 在 $x_8$ 和 $x_9$ 之间，因此 $n = 8$。然后可以得到相应的 $y$，即

$$y = y_8 + \frac{y_9 - y_8}{0.05}(0.4447 - 0.4)$$

$$= 1.376 + \frac{1.523 - 1.376}{0.05}(0.0447) = 1.507$$

这些结果列于表 12.4 的第一列。

表 12.4 具有 $\alpha = 2, \beta = 1$ 的伽马分布随机数

| $x$ | 0.4447 | 0.9218 | 0.4057 | 0.6154 | 0.7382 | 0.9355 | 0.7919 | 0.1763 | 0.9169 | 0.0136 |
|---|---|---|---|---|---|---|---|---|---|---|
| $y$ | 1.507 | 4.262 | 1.393 | 2.083 | 2.633 | 4.496 | 2.906 | 0.767 | 4.179 | 0.0966 |

### 12.2.3 组合方法

有时，要采样的概率密度函数是其他密度函数的加权和，其反向累积分布已知是解析的。例如，对于给出的概率密度函数，有

$$f_Y(y) = \frac{1}{4} + 3y^3, \quad 0 < y \leqslant 1 \tag{12.18}$$

累积概率分布函数为

$$F_Y(y) = \frac{1}{4}y + \frac{3}{4}y^4$$

虽然这个函数的逆是不容易得到的，但每个项的倒数 $y/4$ 和 $3y^4/4$ 很容易找到。式 (12.18) 可以写成

$$f_Y(y) = \frac{1}{4}f_\mathrm{I}(y) + \frac{3}{4}f_\mathrm{II}(y)$$

其中

$$f_\mathrm{I}(y) = 1, f_\mathrm{II}(y) = 4y^3, \quad 0 < y \leqslant 1$$

已知的累积分布函数为

$$F_\mathrm{I}(y) = y, F_\mathrm{II}(y) = y^4, \quad 0 < y \leqslant 1$$

然后,可得

$$F_Y(y) = \int_0^y \left[\frac{1}{4}f_{\mathrm{I}}(\hat{y}) + \frac{3}{4}f_{\mathrm{II}}(\hat{y})\right]\mathrm{d}\hat{y}$$

我们注意到 $f_{\mathrm{I}}$ 和 $f_{\mathrm{II}}$ 的系数必须加起来为 1。累积分布函数 $F_Y(y)$ 可以被认为是具有 25% 比重的 $F_{\mathrm{I}}(y)$ 和具有 75% 比重的 $F_{\mathrm{II}}(y)$ 的组合。

该过程涉及在 $(0,1)$ 上生成两个独立的均匀随机数 $x_1$ 和 $x_2$。由所选择的均匀随机数 $x_1$ 确定应该使用哪个分布。例如,如果 $0 \leq x_1 < 1/4$,则选择 $F_{\mathrm{I}}(y)$;如果 $1/4 \leq x_1 < 1$,则选择 $F_{\mathrm{II}}(y)$[①]。一旦我们确定了分布,$x_2$ 就与这个分布($F_{\mathrm{I}}(y)$ 或 $F_{\mathrm{II}}(y)$) 一起使用来求得相应的 $y$。在数学上,我们可以写成

$$y = F_{\mathrm{I}}^{-1}(x_2) = x_2, \quad 0 \leq x_1 < \frac{1}{4}$$

$$y = F_{\mathrm{II}}^{-1}(x_2) = \sqrt[4]{x_2}, \quad \frac{1}{4} \leq x_1 < 1$$

更一般地说,如果概率密度函数由下式给出

$$f_Y(y) = \sum_{i=1}^N \beta_i g_i(y), \quad a < y \leq b$$

并且满足

$$\sum_{i=1}^N \beta_i = 1$$

$$G_i(y) = \int_a^y g_i(\hat{y})\mathrm{d}\hat{y}, G_i(b) = 1$$

对于 $i = 1, 2, \cdots, N$,有

$$y = G_1^{-1}(x_2), \quad 0 \leq x_1 < \beta_1$$

$$y = G_2^{-1}(x_2), \quad \beta_1 \leq x_1 < \beta_1 + \beta_2$$

$$\vdots$$

$$y = G_N^{-1}(x_2), \quad \beta_1 + \cdots + \beta_{N-1} \leq x_1 < 1$$

**例 12.11 组成方法**

求由概率密度函数控制的随机数

$$f_Y(y) = y^2 + \frac{\pi}{3}\sin\frac{\pi}{2}y, \quad 0 < y \leq 1 \tag{12.19}$$

---

[①] 因为 $x_1$ 是统一的随机变量,只要 $F_{\mathrm{I}}(y)$ 的使用时间为 25%、$F_{\mathrm{II}}(y)$ 使用时间为 75%,则具体的限制是不重要的。

**解**:式(12.19)可以分解成

$$f_Y(y) = \frac{1}{3} \times 3y^2 + \frac{2}{3} \times \frac{\pi}{2}\sin\frac{\pi}{2}y$$

那么,有

$$\beta_1 = \frac{1}{3}, \quad \beta_2 = \frac{2}{3}$$

$$g_1(y) = 3y^2, g_2(y) = \frac{\pi}{2}\sin\frac{\pi}{2}y, \quad 0 < y \leq 1$$

$g_1$ 和 $g_2$ 的累积分布由下式给出

$$G_1(y) = y^3, G_2(y) = 1 - \cos\frac{\pi}{2}y, \quad 0 < y \leq 1$$

随机变量 $y$ 由下式给出

$$y = \sqrt[3]{x_2}, \qquad 0 \leq x_1 < \frac{1}{3}$$

$$y = \frac{2}{\pi}\arccos(1 - x_2), \qquad \frac{1}{3} \leq x_1 < 1$$

式中:$x_1$ 和 $x_2$ 是 $(0,1)$ 上的独立均匀随机数。表 12.5 显示了使用 9 个均匀随机数 $x_1$ 和 $x_2$ 时的样本结果。

表 12.5　组合法样本结果

| $x_1$ | $x_2$ | $y$ |
|---|---|---|
| 0.9501 | 0.4447 | 0.6252 |
| 0.4860 | 0.9218 | 0.8506 |
| 0.4565 | 0.4057 | 0.8665 |
| 0.2311 | 0.6154 | 0.9502 |
| 0.8913 | 0.7382 | 0.8314 |
| 0.0185 | 0.9355 | 0.3838 |
| 0.6068 | 0.7919 | 0.5949 |
| 0.7621 | 0.1763 | 0.9780 |
| 0.8214 | 0.9169 | 0.9470 |

### 12.2.4　冯·诺依曼的拒绝-接受法

拒绝-接受法是为任意概率密度函数生成随机数的一般方法。如下面定义的程序,根据所选随机数的概率密度,提出随机数并接受或拒绝该随机数。该方法非常慢,因为不是所有提议的随机数都被接受,可以认为是一种通用的组合方法。

假设 $y$ 是随机变量,在 $(a,b)$ 上具有任意概率密度函数 $f_Y(y)$。在 $(a,b)$ 上选择

一个均匀随机数 $y_1$。这可以通过在 $(0,1)$ 上生成标准均匀随机数 $x_1$ 来实现,并使用式(12.8)找到 $y_1$,即

$$y_1 = a + (b-a)x_1$$

如果 $f_Y(y_1)$ 很大,更可能接受数字 $y_1$;如果 $f_Y(y_1)$ 很小,更不可能接受数字 $y_1$。为了确定是否应该接受或拒绝 $y_1$,我们生成另一个标准的均匀随机数 $x_2$。如果 $x_2 < f_Y(y_1)/\max(f_Y)$,我们接受 $y_1$。如果 $f_Y(y_1)/\max(f_Y) = 0.3$,我们有 30% 的机会接受 $y_1$,其中 $\max(f_Y)$ 是 $f_Y(y)$ 的最大纵坐标。

我们注意到概率密度函数 $f_Y(y)$ 不需要归一化,因为只使用了比率 $f_Y(y_1)/\max(f_Y)$。我们在以下示例中演示了拒绝 – 接受方法。

### 例 12.12 拒绝 – 接受方法

设 $Y$ 是具有概率密度函数的随机变量

$$f_Y(y) = 3.661\exp(-10y^2), \quad 0 < y < 0.5$$

生成相应的随机数 $y$。

**解**:图 12.5 是概率密度函数的图表。使用拒绝 – 接受方法生成对应于 $f_Y(y)$ 的随机数 $y$。由于不存在累积概率分布函数的解析表达式,因此不可能解析地反转累积分布。尽管可以按照 12.2.2 节的程序以数值方式这样做,但在式(12.14)中获得 $y_i$ 可能并不简单,甚至在数值上也是如此。

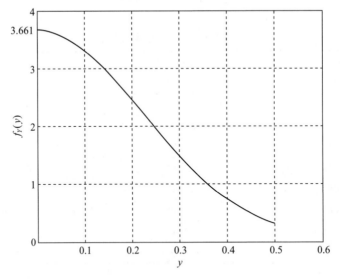

图 12.5 $f_Y(y_1) = 3.661\mathrm{e}^{-10y^2}$

为了使用拒绝 – 接受方法,首先生成在 $(0,1)$ 上的两组均匀随机数 $x_1$ 和 $x_2$。使用表 12.5 中生成的均匀随机数。第一组随机数 $x_1$ 用于在 $(0,0.5)$ 上使用该关系找到均匀随机数 $y_1$,即

$$y_1 = 0.5x_1$$

然后,使用第二组标准均匀随机数 $x_2$ 来测试 $f_Y(y_1)/\max(f_Y)$ 是否大于 $x_2$。如果 $f_Y(y_1)/\max(f_Y)>x_2$,则接受 $y_1$。9 项实验的结果如表 12.6 所列。随机数 $y$ 的 4 个接受值为

$$0.2282,0.1156,0.0093,0.3810$$

在实践中,使用了超过 9 次实验以获得具有令人满意的统计特性的随机数 $y$。注意:9 个中只接受了 4 个随机数 $y$,证明了该方法的低效性。

表 12.6 拒绝-接受方法的样本结果

| 实验 | $x_1$ | $y_1 = 0.5x_1$ | $x_2$ | $f_Y(y_1)/\max(f_Y)$ | 是否接受 |
|---|---|---|---|---|---|
| 1 | 0.9501 | 0.4751 | 0.4447 | 0.1047 | 否 |
| 2 | 0.4860 | 0.2430 | 0.9218 | 0.5541 | 否 |
| 3 | 0.4565 | 0.2282 | 0.4057 | 0.5940 | 是 |
| 4 | 0.2311 | 0.1156 | 0.6154 | 0.8750 | 是 |
| 5 | 0.8913 | 0.4456 | 0.7382 | 0.1372 | 否 |
| 6 | 0.0185 | 0.0093 | 0.9355 | 0.9991 | 是 |
| 7 | 0.6068 | 0.3034 | 0.7919 | 0.3983 | 否 |
| 8 | 0.7621 | 0.3810 | 0.1763 | 0.2341 | 是 |
| 9 | 0.8214 | 0.4107 | 0.9169 | 0.1851 | 否 |

## 12.3 联合概率密度的随机数

到目前为止,我们已经讨论了具有一个随机变量模型的随机数的推广。如果结果由多个变量控制会发生什么?如何对这些变量进行抽样?

设 $Y_1$ 和 $Y_2$ 是联合概率密度函数 $f_{Y_1Y_2}(y_1,y_2)$ 的随机变量。当在例 12.8 中获得正态随机数时,该问题已被简单处理,其中 $y_1$ 和 $y_2$ 被转换成 $r$ 和 $\theta$。由于变量是相互独立的,因此联合概率密度函数可以写成每个变量的概率密度函数的乘积,即

$$f_{Y_1Y_2}(y_1,y_2) \rightarrow f_R(r)f_\Theta(\theta)$$

具有已知的累积分布函数 $F_R(r)$ 和 $F_\Theta(\theta)$。然后独立生成 $r$ 和 $\theta$。

蒙特卡罗法最重要的步骤是将联合概率密度函数写为具有已知逆累积分布函数的概率密度函数的乘积。在下一节中,我们考虑联合概率函数的随机变量不是独立的一般情况。

### 12.3.1 逆变换方法

通常,联合概率密度函数可写为[①]

---

[①] 读者可以回顾 2.9 节中与条件概率密度函数有关的概念。

$$f_{Y_1Y_2}(y_1y_2) = f_{Y_1}(y_1)f_{Y_1|Y_2}(y_2|y_1)$$

即使 $Y_1$ 和 $Y_2$ 不必相互独立,随机变量 $Y_1$ 和 $Y_2|Y_1$ 也是相互独立的。累积分布函数设为两个独立的标准均匀随机数 $x_1$ 和 $x_2$,即

$$F_{Y_1}(y_1) = x_1$$

$$F_{Y_1|Y_2}(y_2|y_1) = x_2$$

然后可以生成相应的值 $y_1$ 和 $y_2$。

**例 12.13 逆变换方法**

一个联合概率密度函数的例子,即

$$f_{Y_1Y_2}(y_1y_2) = y_1 + y_2, \quad 0 < y_1, y_2 \leq 1$$

边际概率密度函数 $f_{Y_1}(y_1)$ 和条件概率密度函数 $f_{Y_2|Y_1}(y_2|y_1)$ 由下式给出

$$f_{Y_1}(y_1) = \int_0^1 f_{Y_1Y_2}(y_1, y_2)\mathrm{d}y_2 = y_1 + \frac{1}{2}, \quad 0 < y_1 \leq 1$$

$$f_{Y_2|Y_1}(y_2|y_1) = \frac{f_{Y_1Y_2}(y_1, y_2)}{f_{Y_1}(y_1)} = \frac{2(y_1 + y_2)}{2y_1 + 1}, \quad 0 < y_1, y_2 \leq 1$$

累积分布函数由下式给出

$$F_{Y_1}(y_1) = \int_0^{y_1} f_{Y_1}(\tilde{y}_1)\mathrm{d}\tilde{y}_1 = \frac{1}{2}y_1^2 + \frac{1}{2}y_1, \quad 0 < y_1 \leq 1$$

$$F_{Y_1|Y_2}(y_2|y_1) = \int_0^{y_2} f_{Y_2|Y_1}(\tilde{y}_2|y_1)\mathrm{d}\tilde{y}_2$$

$$= \frac{2y_1y_2 + y_2^2}{2y_1 + 1}, \quad 0 < y_1, y_2 \leq 1$$

将累积分布函数等同于具有标准均匀分布的独立随机数 $x_1$ 和 $x_2$,即

$$\frac{1}{2}y_1^2 + \frac{1}{2}y_1 = x_1$$

$$\frac{2y_1y_2 + y_2^2}{2y_1 + 1} = x_2$$

可以针对随机数 $y_1$ 和 $y_2$ 求解该方程组,其中必须首先获得 $y_1$ 以便获得 $y_2$。当解析地知道逆累积分布时,该方法是有效的。

我们可以将这种方法扩展到具有两个以上随机变量的联合概率密度函数的问题。联合概率密度 $f(y_1, y_2, \cdots, y_n)$ 可写为

$$f(y_1, y_2, \cdots, y_n) = f(y_1)f(y_1|y_1) \cdot$$

$$f(y_3|y_2, y_1) \cdots f(y_n|y_{n-1}, y_{n-2}, \cdots, y_1)$$

随机变量从以下方程组中获得,即

$$F(y_1) = x_1$$
$$F(y_2 \mid y_1) = x_2$$
$$\vdots$$
$$F(y_n \mid y_{n-1}, y_{n-2}, \cdots, y_1) = x_n \tag{12.20}$$

其中 $x_1, x_2, \cdots, x_n$ 是具有标准均匀分布函数的独立随机数。式(12.20)可以求解 $y_1$, $y_2, \cdots, y_n$。在上面的通用表达式中,省略了下标以避免使等式的形式复杂化。

### 12.3.2 线性变换方法

生成随机数[①]的一种方法是应用前一节中描述的方法。该过程可能是耗时的,因为它涉及获得每个条件概率密度函数,将其反转并求解每个随机变量。如果没有逆分布的解析表达式,则需要另一种方法。或者,线性变换方法使我们能够从相同的各自的概率密度函数的独立随机数中找到对应于已知分布的随机变量 $Y_1, Y_2, \cdots, Y_n$ 的随机数 $y_1, y_2, \cdots, y_n$。

我们首先考虑 $Y_1, Y_2, \cdots, Y_n$ 是正态分布的随机变量的情况,其中

$$E\{Y_i\} = \mu_i$$
$$\text{Cov}\{Y_i Y_j\} = \sigma_{ij}^2, \quad i,j = 1,2,\cdots,n \tag{12.21}$$

并且 $\mu_i$ 和 $\sigma_{ij}$ 是已知的。设 $Z_1, Z_2, \cdots, Z_n$ 是独立标准正态分布的随机变量

$$E\{Z_i\} = 0$$
$$\text{Cov}\{Z_i Z_j\} = \delta_{ij}, \quad i,j = 1,2,\cdots,n \tag{12.22}$$

具有标准正态分布的 $n$ 组独立随机数 $z_1, z_2, \cdots, z_n$ 可以从均匀随机数生成,如例 12.8 所示。

假设 $Y_1, Y_2, \cdots, Y_n$ 可以通过 $Z_1, Z_2, \cdots, Z_n$ 的线性变换获得

$$\{Y\} = [C]\{Z\} + \{\mu\} \tag{12.23}$$

其中

$$\{Y\} = [Y_1, Y_2, \cdots, Y_{n-1}, Y_n]^T$$
$$\{Z\} = [Z_1, Z_2, \cdots, Z_{n-1}, Z_n]^T$$
$$\{\mu\} = [\mu_1, \mu_2, \cdots, \mu_{n-1}, \mu_n]^T$$

并且 $\{Y\}$、$\{\mu\}$ 和 $[C]\{Z\}$ 有相同的单位。

现在重新解决该问题以找到变换矩阵 $[C]$,使得满足式(12.21)。式(12.21)和式(12.22)可以矩阵形式写成

---

① 这一部分内容是基于 I. Elishakoff 的书第 11.5 节, Probabilistic Theory of Structures, Dover Publications, 1999。

$$E\{\{Y\}\} = \{\mu\} \tag{12.24}$$

$$\text{Cov}\{\{Y\}\{Y\}^T\} = [\sigma^2] \tag{12.25}$$

并且

$$E\{\{Z\}\} = \{0\}$$

$$\text{Cov}\{\{Z\}\{Z\}^T\} = \{I\}$$

其中

$$\text{Cov}\{\{Z\}\{Z\}^T\} = E\{(\{Y\}-\mu_Y)(\{Y\}-\mu_Y)^T\}$$

用式(12.23)替换$\{Y\}$,自动满足式(12.24),式(12.25)化简为

$$[C][C]^T = [\sigma^2] \tag{12.26}$$

通过逐个元素地满足式(12.26)来获得矩阵$[C]$。由于对称性,式(12.26)产生$(n^2+n)/2$个独立方程。因此,矩阵$[C]$应该只有$(n^2+n)/2$个未知元素(不是$n^2$)。我们使用$[C]$的下三角系数矩阵,可得

$$[C] = \begin{bmatrix} c_{11} & 0 & \cdots & 0 \\ c_{21} & c_{22} & & \vdots \\ \vdots & \vdots & & 0 \\ c_{n1} & c_{n2} & \cdots & c_{nn} \end{bmatrix}$$

这样,$[C]$具有正确数量的未知数,零元素使计算更容易。前几个方程式如下:

$$\begin{aligned} c_{11}^2 &= \sigma_{11}^2 \\ c_{11}c_{21} &= \sigma_{21}^2 \\ c_{21}^2 + c_{22}^2 &= \sigma_{22}^2 \\ &\vdots \end{aligned} \tag{12.27}$$

以下例子演示了该过程。

**例12.14 线性变换方法**

图12.6中所示的长度$L=1$m 的悬臂梁分别在$x=L$和$L/2$处加载相关力$Y_1$和$Y_2$。假设点载荷是正态分布的,则生成随机点载荷,其均值向量和协方差矩阵为

$$\{\mu\} = \begin{bmatrix} 15 \\ 20 \end{bmatrix} \text{N}$$

$$[\sigma^2] = \begin{bmatrix} 2 & 0.5 \\ 0.5 & 1 \end{bmatrix} \text{N}^2$$

如式(12.21)中所定义。求$x=0$处的反作用力矩。

**解**:我们注意到协方差矩阵$[\sigma^2]$中的非对角线项不是零,因为力是相关的。也

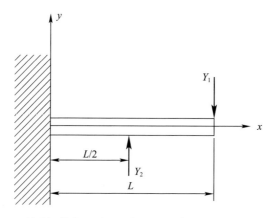

图 12.6 通过相关力 $Y_1$ 和 $Y_2$ 在 $x = L/2$ 与 $x = L$ 处加载的悬臂梁

就是说,点加载 $Y_1$ 和 $Y_2$ 在统计上不是独立的。一个值会影响另一个的值,可以推测这些力可能至少部分是由同一个源引起的。

为了利用上面给出的均值和协方差来获得点载荷的随机样本,使用式(12.27)获得变换矩阵$[C]$。个别元素为

$$c_{11}^2 = 2 \rightarrow c_{11} = \sqrt{2}$$

$$c_{11}c_{21} = 0.5 \rightarrow c_{21} = 0.5/\sqrt{2} = 0.354$$

$$c_{21}^2 + c_{22}^2 = 1 \rightarrow c_{22} = \sqrt{1-(0.5/\sqrt{2})^2} = 0.935$$

并且

$$[C] = \begin{bmatrix} 1.414 & 0.0 \\ 0.354 & 0.935 \end{bmatrix}$$

然后,生成两组独立的均匀随机数 $x_1$ 和 $x_2$,并列于表 12.5 中。利用它们通过式(12.10)和式(12.11)生成两组独立的标准正态随机数 $z_1$ 与 $z_2$。对于每对正态随机数,使用变换方程(12.23)获得一对随机数 $y_1$ 和 $y_2$。

从静力学来看,夹紧端的反酬矩为

$$M = -Y_1 L + Y_2 \frac{L}{2} \tag{12.28}$$

计算每对点载荷的力矩。数值结果如表 12.7 所列。

表 12.7 例 12.14 的样品结果

| $x_1$ | $x_2$ | $z_1$ | $z_2$ | $y_1$ | $y_2$ | $M$ |
|---|---|---|---|---|---|---|
| 0.9501 | 0.4447 | -0.3008 | 0.1089 | 14.3985 | 20.0704 | -4.3633 |
| 0.4860 | 0.9218 | 1.0592 | -0.5667 | 12.4384 | 18.7136 | -3.0816 |

续表

| $x_1$ | $x_2$ | $z_1$ | $z_2$ | $y_1$ | $y_2$ | $M$ |
|---|---|---|---|---|---|---|
| 0.4565 | 0.4057 | -1.0389 | 0.6993 | 15.5207 | 19.0753 | -5.9830 |
| 0.2311 | 0.6154 | -1.2808 | -1.1354 | 17.1185 | 19.5702 | -7.3334 |
| 0.8913 | 0.7382 | -0.0355 | -0.4784 | 14.9290 | 19.5210 | -5.1685 |
| 0.0185 | 0.9355 | 2.5958 | -1.1142 | 15.6588 | 20.6953 | -5.3112 |
| 0.6068 | 0.7919 | 0.2603 | -0.9650 | 12.9221 | 20.5639 | -2.6402 |
| 0.7621 | 0.1763 | 0.3294 | 0.6594 | 20.1916 | 19.2192 | -10.5820 |
| 0.8214 | 0.9169 | 0.5437 | -0.3128 | 16.0874 | 19.7576 | -6.2086 |

由每对点载荷获得的力矩具有各自的平均值和方差。反作用力矩的样本平均值 $\overline{M}$ 为

$$\overline{M} = \sum_{i=1}^{N} \frac{M(y_1^i, y_2^i)}{N} = -5.63 \text{N} \cdot \text{m}$$

式中:$N$ 是样本的数量；上标 $i$ 指的是表中的第 $i$ 行。

算术平均值或样本均值称为估计量。

## 12.4 误差估计

在前面的例子中，我们暂时找到了估计量 $\overline{M}$ 的值。除了平均值之外，我们希望找到估计量的方差。估计量的质量随着方差的减小而提高。在本节中，使用切比雪夫不等式和中心极限定理得到了误差的上界。

注意：例 12.14 中的 $M$ 是由式(12.28)定义的随机变量，具有平均值和方差。随机变量的平均值和方差可能是已知的。在例 12.14 中，平均值由下式给出

$$E\{M\} = E\left\{-Y_1 L + Y_2 \frac{L}{2}\right\} = -L E\{Y_1\} = \frac{L}{2} E\{Y_1\} = -5$$

方差由下式给出

$$\text{Var}\{M\} = \text{Var}\left\{-Y_1 L + Y_2 \frac{L}{2}\right\}$$

$$= L^2 \text{Var}\{Y_1\} - L^2 \text{Cov}\{Y_1 Y_2\} + \frac{L^2}{4} \text{Var}\{Y_2\} = 1.75$$

我们使用估计量 $\overline{M}$ 来估计 $M$，估计量 $\overline{M}$ 也是具有均值和方差的随机变量。该估计量的均值为[①]

---

① M. H. Kalos, P. A. Whitlock, Monte Carlo Methods, John Wiley and Sons, 1986, Section 2.6 给出了估计量均值和方差的一般表达式。

$$E\{\overline{M}\} = E\left\{\frac{1}{N}\sum_{i=1}^{N} M(y_1^i y_2^i)\right\}$$

$$= \frac{1}{N}\sum_{i=1}^{N} E\{M_i\}$$

因此，$\overline{M}$ 的期望值与 $M$ 的预期值相同，即

$$E\{\overline{M}\} = E\{M\} \tag{12.29}$$

类似地，$\overline{M}$ 的方差由下式给出

$$\mathrm{Var}\{\overline{M}\} = \mathrm{Var}\left\{\frac{1}{N}\sum_{i=1}^{N} M(y_1^i y_2^i)\right\}$$

$$= \frac{1}{N^2}\sum_{i=1}^{N} \mathrm{Var}\{M_i\}$$

所以

$$\mathrm{Var}\{\overline{M}\} = \frac{1}{N}\mathrm{Var}\{M\} \tag{12.30}$$

随着样本数 $N$ 的增加，$\mathrm{Var}\{\overline{M}\}$ 减小，并且估计的质量变得更好。例 12.14 的 $E\{\overline{M}\}$ 和 $\mathrm{Var}\{\overline{M}\}$ 的数值分别为 $-5.000$ 和 $0.1944$。

虽然 $M$ 的分布是已知的[①]，但 $\overline{M}$ 的分布却不是。如果已知 $\overline{M}$ 的概率密度函数，则 $\overline{M}$ 在某个阈值内的概率由下式给出

$$\mathrm{Pr}(|\overline{M} - E\{\overline{M}\}| < \delta) = \int_{E\{\overline{M}\}-\delta}^{E\{\overline{M}\}+\delta} f_{\overline{M}}(\overline{m})\mathrm{d}\overline{m}$$

虽然不能精确地获得概率，但是可以使用切比雪夫不等式找到上限[②]，即

$$\mathrm{Pr}(|\overline{M} - E\{\overline{M}\}| > \delta) \leq \frac{\mathrm{Var}\{\overline{M}\}}{\delta^2}$$

令 $\delta = k\sqrt{\mathrm{Var}\{\overline{M}\}}$，那么，有

$$\mathrm{Pr}(|\overline{M} - E\{\overline{M}\}| > k\sqrt{\mathrm{Var}\{\overline{M}\}}) \leq \frac{1}{k^2}$$

或者

---

① 因为 $Y_1$ 和 $Y_2$ 是正态分布，所以随机变量 $M$ 也是正态分布。

② 关于 Chebyshev 不等式的证明，读者可参考 P. L. Meyer, Introductory Probability and Statistical Applications, Addison – Wesley Publishing Company, 1970, p. 142。

$$\Pr\left(\frac{|\overline{M} - E\{\overline{M}\}|}{\sqrt{\operatorname{Var}\{\overline{M}\}}} > k\right) \leq \frac{1}{k^2} \qquad (12.31)$$

式(12.31)表明,估计量超出其平均值的第 $k$ 个标准偏差的概率小于 $1/k^2$。然后,估计量在 $k$ 个标准偏差内的概率由下式给出

$$\Pr\left(\frac{|\overline{M} - E\{\overline{M}\}|}{\sqrt{\operatorname{Var}\{\overline{M}\}}} < k\right) \geq 1 - \frac{1}{k^2}$$

估计量在 2 个标准差内的概率,$k = 2$,则等于 3/4。利用式(12.29)和式(12.30),用 $E\{M\}$ 替换 $E\{\overline{M}\}$ 并用 $\sqrt{\operatorname{Var}\{M\}/N}$ 替换 $\sqrt{\operatorname{Var}\{\overline{M}\}}$,我们也可以写成

$$\Pr\left(\frac{|\overline{M} - E\{M\}|}{\sqrt{\operatorname{Var}\{M\}}} < \frac{k}{\sqrt{N}}\right) \geq 1 - \frac{1}{k^2} \qquad (12.32)$$

**例 12.15 使用切比雪夫不等式**

继续例 12.14,求所需样本的数量,使得估计量在 $M$, $\sqrt{\operatorname{Var}\{\overline{M}\}}/10$ 的标准偏差的 1/10 内的概率至少为 0.9544,或者

$$\Pr\left(|\overline{M} - E\{M\}| < \frac{\sqrt{\operatorname{Var}\{M\}}}{10}\right) \geq 0.9544 \qquad (12.33)$$

**解:**式(12.32)可以写成

$$\Pr\left(|\overline{M} - E\{M\}| < \frac{k}{\sqrt{N}}\sqrt{\operatorname{Var}\{M\}}\right) \leq 1 - \frac{1}{k^2}$$

将此式与式(12.33)进行比较可以得到

$$\frac{k}{\sqrt{N}} = \frac{1}{10}$$

$$1 - \frac{1}{k^2} = 0.9544$$

其中

$$k = 4.6529$$

$$N = 2164.9$$

由于 $N$ 不是整数,因此 $N = 2165$ 是达到指定概率所需的最小样本数。

提供估计量超出其均值阈值概率的上限的更好方法来自中心极限定理[①]。中心极限定理表明,如果 $\overline{M}$ 是具有相同或相似分布的大量随机变量的总和,那么 $\overline{M}$ 是正

---

[①] 省略的证明可参考 I. M. Sobol, Monte Carlo Method, University of Chicago Press, 1974, pp. 15。

态分布的,即

$$f_{\overline{M}}(\bar{m}) = \frac{1}{\sqrt{2\pi \text{Var}\{\overline{M}\}}} \exp\left[-\frac{1}{2} \frac{(\bar{m} - E\{\overline{M}\})^2}{\text{Var}\{\overline{M}\}}\right], \quad -\infty < \bar{m} < \infty$$

可以使用变量的变换将该密度转换为标准正态密度

$$x_n = \frac{\bar{m} - E\{\overline{M}\}}{\sqrt{\text{Var}\{\overline{M}\}}}$$

那么,有

$$f_{X_n}(x_n) = \frac{1}{\sqrt{2\pi}} \exp\left[-\frac{1}{2} x_n^2\right], \quad -\infty < x_n < \infty$$

如果 $\overline{M}$ 正态分布,则 $\overline{M}$ 在 $M(\sqrt{\text{Var}\{M\}/N})$ 的一个标准偏差内的概率为 $0.683$,在两个标准偏差内为 $0.954$,并且在 3 个标准偏差内的概率是 $0.997$。

**例 12.16 使用中心极限定理**

重新回答与例 12.15 中相同的问题:需要多少样本,以便估计量大于 0.9544?

**解:** 再次寻找满足以下条件的 $N$,即

$$\Pr\left(|\overline{M} - E\{M\}| < \frac{\sqrt{\text{Var}\{M\}}}{10}\right) > 0.9544$$

这个等式可以写成

$$\Pr\left(\frac{|\overline{M} - E\{M\}|}{\sqrt{\text{Var}\{\overline{M}\}}} < \frac{\sqrt{N}}{10}\right) > 0.9544$$

或者

$$\Pr\left(|X_n| < \frac{\sqrt{N}}{10}\right) > 0.9544 \tag{12.34}$$

其中,标准正态分布的累积分布函数由 $\Phi(x_n)$ 制表,那么,有

$$\Pr(X_n < x_n) = \Phi(x_n)$$
$$\Pr(|X_n| < x_n) = 2\Phi(x_n) - 1$$

因此,可得

$$\Pr\left(|X_n| < \frac{\sqrt{N}}{10}\right) = 2\Phi\left(\frac{\sqrt{N}}{10}\right) - 1$$

然后,可以将式(12.34)写成

$$2\Phi\left(\frac{\sqrt{N}}{10}\right) - 1 \geq 0.9544$$

从标准正态分布表中，$\sqrt{N}/10 \geq 2$。因此，$N$ 必须至少为 400。

根据中心极限定理，我们需要至少 400 个样本。这个数字远小于由切比雪夫不等式得到的数字 2165。估计量具有大 $N$ 的正态分布的额外信息意味着我们需要较小的样本容量。

该过程可总结如下。设估计量 $G$ 由下式定义

$$G = \frac{1}{N} \sum_{i=1}^{N} g(y_1^i, y_2^i, \cdots, y_n^i) \tag{12.35}$$

其中 $y_1, y_2, \cdots, y_n$ 是随机变量。该估计量的均值和方差由下式给出

$$E\{G\} = E\{g\}, \quad \mathrm{Var}\{G\} = \frac{1}{N} \mathrm{Var}\{g\}$$

当样本量很小时，使用切比雪夫不等式，可得

$$\Pr\left(\frac{|G - E\{g\}|}{\sqrt{\mathrm{Var}\{g\}}} < \frac{k}{\sqrt{N}}\right) \geq 1 - \frac{1}{k^2}$$

当样本量很大时，使用中心极限定理，可得

$$\Pr\left(\frac{|G - E\{g\}|}{\sqrt{\mathrm{Var}\{g\}}} < \frac{k}{\sqrt{N}}\right) = 2\Phi(k) - 1 \tag{12.36}$$

其中，$\Phi(k)$ 可以从标准正态分布表中找到。

## 12.5 应用

### 12.5.1 有限维积分的评估

蒙特卡罗法可用于计算这种形式的积分

$$I = \int_D F(y_1, y_2, \cdots, y_n) \mathrm{d}y_1 \mathrm{d}y_2 \cdots \mathrm{d}y_n$$

首先，我们将被积函数重写为 $g(y_1, y_2, \cdots, y_n)$ 和 $h(y_1, y_2, \cdots, y_n)$ 的乘积[①]

$$I = \int_D [g(y_1, y_2, \cdots, y_n) h(y_1, y_2, \cdots, y_n)] \mathrm{d}y_1 \mathrm{d}y_2 \cdots \mathrm{d}y_n$$

其中 $D$ 表示积分域，在 $D$ 内 $h(y_1, y_2, \cdots, y_n) > 0$，并且有

$$\int_D h(y_1, y_2, \cdots, y_n) \mathrm{d}y_1 \mathrm{d}y_2 \cdots \mathrm{d}y_n = 1 \tag{12.37}$$

---

① 一贯做法是先选择 $h(y_1, y_2, \cdots, y_n)$，则
$$g(y_1, y_2, \cdots, y_n) = \frac{F(y_1, y_2, \cdots, y_n)}{h(y_1, y_2, \cdots, y_n)}$$

可以将积分的值视为具有概率密度函数 $h(y_1,y_2,\cdots,y_n)$ 的 $g(y_1,y_2,\cdots,y_n)$ 的期望值

$$I = E\{g(y_1,y_2,\cdots,y_n)\}$$

我们记得 $g$ 的期望值与其估计量 $G$ 的期望值相同，$E\{g\} = E\{G\}$，其中 $G$ 在式(12.35)中定义。对于大 $N$，我们应用中心极限定理，以便可以利用式(12.36)。对于固定数 $k$，如 $k=3$，有

$$\Pr\left(\frac{|G-E\{g\}|}{\sqrt{\mathrm{Var}\{g\}}} < \frac{3}{\sqrt{N}}\right) = 0.997$$

这个等式中 $N \to \infty$，$E\{g\} \to G$。也就是说，对于大 $N$，有

$$I \approx G = \frac{1}{N}\sum_{i=1}^{N} g(y_1^i, y_2^i, \cdots, y_n^i) \tag{12.38}$$

其中 $y_1^i, y_2^i, \cdots, y_n^i$ 根据概率密度函数 $h(y_1,y_2,\cdots,y_n)$ 选择。

大多数情况下，不会给出概率密度函数 $h(y_1,y_2,\cdots,y_n)$。相反，由我们选择满足式(12.37)的函数 $h(y_1,y_2,\cdots,y_n)$。任何函数，只要满足式(12.37)就足够了。然而，可以选择 $h(y_1,y_2,\cdots,y_n)$ 使得估计量的方差最小，因此实现最小误差。如果选择 $h(y_1,y_2,\cdots,y_n)$① 使得它与被积函数 $F(y_1,y_2,\cdots,y_n)$ 成比例，则方差将是最小的，即

$$h(y_1,y_2,\cdots,y_n) \propto |F(y_1,y_2,\cdots,y_n)|$$

在实践中，当处理一维问题时，诸如梯形规则和辛普森规则的正交公式优于蒙特卡罗积分，因为它们更有效和精确。然而，当考虑多值积分时，蒙特卡罗积分可能是首选，因为随着维数的增加它不会变得更加复杂。

**例 12.17** 蒙特卡罗积分

计算积分

$$I = \int_0^2 y\exp(y^2)\mathrm{d}y \tag{12.39}$$

使用 $h(y)$ 的下列选项：(1) $h_1(y) = 1/2$；(2) $h_2(y) = 0.0243y\mathrm{e}^{2y}$。被积函数用 $F(y) = y\exp(y^2)$ 表示。这些函数如图 12.7 所示。

**解**：我们期望使用 $h_2(y)$ 得到的估计值优于使用 $h_1(y)$ 得到的估计值，因为 $h_2(y)$ 的形状更接近于 $F(y)$。利用 $h(y)g(y)$ 必须等于式(12.39)中的积分的事实，得到相应的 $g(y)$。因此，有

$$h_1(y)g_1(y) = h_2(y)g_2(y) = y\mathrm{e}^{y^2}$$

---

① 证明可参考 M. H. Kalos, P. A. Whitlock, Monte Carlo Methods, John Wiley and Sons, 1986, pp. 92 – 94 和 I. M. Sobol, Section 9.6。

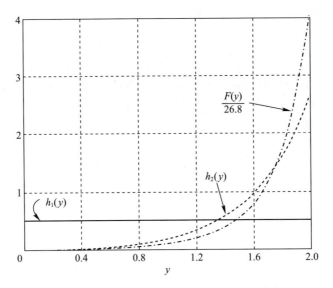

图 12.7 任意概率密度函数, $h_1(y)$、$h_2(y)$ 和 $F(y)/26.8$

其中

$$g_1(y) = 2ye^{y^2}$$

$$g_2(y) = 41.15e^{y^2-2y}$$

积分 $I$ 的精确值在数值上为 26.80。

我们首先在 $(0,1)$ 上生成均匀随机数 $x$,然后根据概率密度函数 $h_1(y)$ 和 $h_2(y)$ 生成随机数 $y_1$ 和 $y_2$。表 12.8 列出了这些表格。累积分布函数由下式给出

$$H_1(y) = \frac{1}{2}y$$

$$H_2(y) = 0.0243\left(\frac{1}{2}ye^{2y} - \frac{1}{4}e^{2y} + \frac{1}{4}\right)$$

使用式(12.38)近似积分,可得

$$I \approx \frac{1}{N}\sum_{i=1}^{N}g(y)$$

情况(1)和(2)中积分的近似值分别为 36.34 和 29.16。正如我们所预期的,情况(2)给出了真实值 26.80 的一个更好的近似值。

表 12.8 例 12.17 的样品结果

| $x$ | $y_1 = 1/H_1(x)$ | $g(y_1)$ | $y_2 = 1/H_2(x)$ | $g(y_2)$ |
| --- | --- | --- | --- | --- |
| 0.9501 | 1.900 | 140.6 | 1.980 | 39.57 |
| 0.4860 | 0.9720 | 5.000 | 1.733 | 25.92 |

续表

| $x$ | $y_1 = 1/H_1(x)$ | $g(y_1)$ | $y_2 = 1/H_2(x)$ | $g(y_2)$ |
| --- | --- | --- | --- | --- |
| 0.4565 | 0.9130 | 4.203 | 1.711 | 25.09 |
| 0.2311 | 0.4622 | 1.145 | 1.473 | 18.94 |
| 0.8913 | 1.783 | 85.53 | 1.956 | 37.78 |
| 0.0185 | 0.03700 | 0.07410 | 0.7351 | 16.24 |
| 0.6068 | 1.214 | 10.59 | 1.814 | 29.36 |
| 0.7621 | 1.524 | 31.12 | 1.898 | 33.90 |
| 0.8214 | 1.643 | 48.83 | 1.926 | 35.67 |

约翰·冯·诺伊曼

(1903年12月28日—1957年2月8日)

**贡献**：冯·诺伊曼，在许多领域做出了重大贡献，被认为是现代历史上最伟大的数学家之一。他的工作影响了数学（集合论、泛函分析、遍历理论、几何、数值分析和许多其他数学领域）、物理学（量子力学、流体力学和流体动力学）、经济学（博弈论）、计算机科学（线性规划）以及统计学。

冯·诺伊曼是将算子理论应用于量子力学中的先驱。他在几乎两年（1927年—1929年）内开发了量子力学理论的整个数学框架（1925年提出），他在他的文章《量子力学数学基础》中详细阐述了这一点（1932年）。

在博弈论中，冯·诺伊曼证明了极小极大定理并被认为有许多独创性的想法。与共同作者摩根斯坦一起，撰写了经典著作《博弈论与经济行为》（1944年）。

**生平简介**：约翰·冯·诺伊曼出生于匈牙利布达佩斯，出生时叫亚诺士·诺伊曼。小时候他叫扬奇，这是亚诺士的昵称，他去了美国之后改叫约翰。1913年，他的父亲顶级银行家马克思·诺伊曼买下了一个头衔，之后他加上了德国头衔"冯"。作为一个在布达佩斯长大的孩子，他从德国和法国的家庭教师那里学习语言，并表现出令人难以置信的记忆力。虽然是犹太人，但他们并不完全遵守严格的犹太教义，他的家庭似乎更像一个犹太教和基督教传统的混合体。

1911年,冯·诺伊曼进入了一所学术声誉很高的路德教会学校。他的天分很快被他的数学老师发现了。

第一次世界大战几乎没有影响到冯·诺依曼学习。但是第一次世界大战结束后,情况发生了变化。1919年,匈牙利由共产党领导人贝拉·库恩掌管。诺依曼一家作为富人受到攻击并不得不逃往奥地利。但是,一个月后,他们又不得不回来面对布达佩斯所发生的一切。5个月后,当贝拉·库恩的政府倒台后,犹太人成了被攻击的对象,因为在贝拉·库恩的政府中犹太人占了大部分,尽管诺依曼一家是反对库恩政府的,可这并不能使他们免遭迫害。

1921年,冯·诺伊曼完成了路德教会学校的学业。1922年,他与担任布达佩斯大学的助理导师费科特共同撰写的第一篇数学论文。

尽管对于想进入布达佩斯大学学习的犹太学生有严格的数量限制,但冯·诺依曼的成绩足以让他轻松地在1921年进入数学系。1921年,他转到柏林大学学习化学。这是他和他的父亲以及他的父亲指定的中间人之间的折中决定。西奥多·冯·卡门说:他的父亲似乎"不希望他学习一个不会给他带来财富的课程。"尽管他没去听过一节课,他仍在布达佩斯大学的数学考试中取得了优异的成绩。

1923年,他来到苏黎世。1926年,他获得苏黎世联邦工业学院的化学工程的毕业证书。尽管在苏黎世学习化学,但他仍对数学充满了兴趣,并且当时也在苏黎世的外尔和波伊亚俩人交流学术。1926年,冯·诺伊曼以一篇关于集合论的毕业论文获得了布达佩斯大学的数学博士学位。

1926年至1929年,冯·诺伊曼在柏林大学任教,1929年至1930年转任汉堡大学。他还获得了洛克菲洛奖学金,这使他能够在哥廷根大学进行数学博士后的学习。1926年至1927年期间,他在哥廷根大学的希尔伯特门下学习。20世纪20年代中期,他在数学界的声誉已遍布全球。在学术大会上,冯·诺伊曼通常被看作是一位年轻的天才。

1929年,凡勃伦邀请冯·诺伊曼到普林斯顿大学作关于量子论的演讲。诺依曼回复凡勃伦说,他办完一些私事就会去普林斯顿。冯·诺伊曼回到了布达佩斯,与他的未婚妻玛丽埃塔·柯维斯结了婚,然后就出发去了美国。

1930年,冯·诺伊曼成为普林斯顿大学的客座教授,1931年被任命为教授。1930年至1933年,他在普林斯顿大学教授数学和物理。

1933年,他成为刚成立的普林斯顿大学高等数学研究所最初的六位数学教授之一(詹姆斯·沃德尔·亚历山大,阿尔伯特·爱因斯坦,莫尔斯,奥斯韦尔德·维布伦,约翰·冯·诺伊曼和赫尔曼·外尔),他一直拥有这个职位,直到去世。同时,冯·诺伊曼成为数学学会年刊的编辑。两年后,他又成为Composition Mathematica的编辑。他一直担任这些编辑职务,直到去世。

冯·诺伊曼和妻子玛丽埃塔在1936年有了一个女儿玛丽娜,但他们的婚姻在1937年以离婚告终。次年,他与来自布达佩斯克拉拉·丹结婚了,他们是在一次欧洲之行中认识的,婚后他们在普林斯顿安了家。

1938年,美国数学学会向冯·诺伊曼颁奖,以表彰他的杰出贡献,尤其是在周期性函数和周期群方面。

在20世纪30年代中期,冯·诺伊曼转向应用数学。他对流体动力学湍流和非线性偏微分方程的奥秘着迷。在第二次世界大战期间,他的工作就是集中研究流体动力学方程和振荡理论。这些系统的行为在分析上令人困惑,这促使他研究数值方法在电子机器上进行计算的新可能性。

在第二次世界大战期间和之后,冯·诺伊曼担任军方的顾问。他的重要贡献包括:提出以内燃方式引爆核燃料的提议,以及参与氢弹的研究。从1940年起,他就是马里兰州阿伯丁试验场弹道研究实验室的科学顾问委员会的成员。1941年至1955年任海军军械署成员,1943年至1955年任洛斯阿拉莫斯科学实验室顾问。1950年至1955年,他参与了华盛顿特区军方特种武器研究计划。1955年,艾森豪威尔总统任命他为原子能委员会委员。

1956年,他获得了恩里科·费米奖,但那时,他已患上了癌症,勇敢地抗争到最后。

冯·诺伊曼所获得的荣誉范围非常广泛。他于1937年担任美国数学学会座谈会讲师。他于1947年举办了美国数学学会吉布斯讲座,并1951年至1953年担任该协会主席。

他曾工作过的学术团体,包括秘鲁国家学院(秘鲁利马)、意大利国家林塞学院(罗马,意大利)、美国艺术与科学学院(美国)、美国哲学学会(美国)、伦巴多科学与文学研究所(意大利,米兰)、美国国家科学院(美国)和荷兰皇家科学院及文学院(荷兰,阿姆斯特丹)。冯·诺伊曼获得两项总统奖,1947年获得功勋奖章,1956年获得自由勋章。1956年,他获得了阿尔伯特·爱因斯坦纪念奖和上面提到的恩里科·费米奖。

1955年,冯·诺伊曼被诊断出患有骨癌或胰腺癌。冯·诺伊曼的传记作者诺曼·马克拉推测说:"1955年,当时51岁的约翰可能因为参加1946年的比基尼核试验而患上癌症。"冯·诺伊曼一年半后在华盛顿特区去世。

**显著成就**:诺伊曼是一个非常有天赋的孩子,能够在6岁时与他的父亲用古希腊语讲笑话。有时,诺伊曼一家招待客人,就让约翰在客人面前表演背电话簿。客人随意地从簿中选择一页上的一栏,小约翰看上几遍然后就把簿还给客人。然后,他会准确地回答客人提出的任何问题,例如与电话相对应的名称或直接按顺序背出姓名、地址和电话。

20岁时,他发表了一个今天仍在使用的序数的定义。

在美国的头几年里,每年暑假冯·诺伊曼都会回欧洲。直到1933年他在国内还担任一些学术上的职务,不过在纳粹掌权后,他就把这些职务辞掉了。与许多其他人不同,冯·诺伊曼到美国不是为了政治避难,而只是考虑到美国的职位比德国的更有学术发展的前途。

作为一名教师,冯·诺伊曼可以解释物理学中的复杂思想,但在数学中就不是这样了。对于那些不那么有天赋的人来说,他流畅的数学思想很难追随。他因在黑板的小部分列出方程式并在学生抄写它们之前擦掉而被学生们讨厌。相比之下,在与他谈论物理学之后,人们感到这一问题非常简单透明。

冯·诺依曼是计算机科学的先驱之一,为逻辑设计的发展做出了重要贡献。他提出了元胞自动机理论,主张采用比特作为计算机存储器的度量单位,并解决了如何从不可靠的计算机工作中获得可靠结果的问题。

对于一位顶级数学家来说,他的生活方式相当不寻常。在德国时,冯·诺伊曼就是卡巴莱时代的柏林夜生活圈子的常客。在普林斯顿大学,他继续参加派对和夜生活。他和他的妻子克拉拉经常举办各种聚会,也因此而很有名。

冯·诺伊曼总是非常注重仪表,对国际政治和实际事务有着积极的见解。他身患癌症的悲惨遭遇使情况大大改变。他的朋友爱德华·泰勒评论了他的痛苦,"当他的思想不再发挥作用时,冯·诺伊曼遭受的痛苦是常人难以想象的"。关于冯·诺伊曼的去世,尤金·维格纳写道:"当冯·诺伊曼意识到自己患了不治之症时,他思维严谨的头脑,那时已不再可靠了,接着他的精神上彻底崩溃了。令人心碎的是当所有希望都消失的时候,他心中的挫败感让人心碎,在与命运的斗争中,这对他来说是不可避免但又不得不接受的。

冯·诺伊曼在他的一生中共发表 150 余篇学术论文:纯数学 60 篇,物理学 20 篇,应用数学 60 篇。他的最后一部作品是在医院写的,一份未完成的手稿,后来以书籍形式出版的"计算机与大脑",表明了他当时感兴趣的方向。

### 12.5.2　生成由功率谱密度定义的稳态随机过程的时间历程

当计算仪器或组件在随机环境中发生的振动响应时,有时需要在时域而不是在频域中研究。尤其当控制结构行为的微分方程是非线性时。这样的系统以数值方式求解,为此,我们需要一个代表强制函数的谱密度的时间序列。

考虑受到随机力的系统,该随机力被假定为具有谱密度函数 $S_{FF}(\omega)$ 的稳态高斯过程。在第 6 章中,我们学习了如果系统是线性的,如何在频域中解决这些问题。也就是说,对于给定的自相关函数、谱密度函数、平均值和输入力的方差,我们能够得到输出响应。在第 10 章中,我们为非线性方程的研究开发了近似解析技术。

在这里,我们开发了一种技术,通过模拟时域中的输入力来及时找到输出响应。这是通过利用功率谱密度中的信息来完成的,如下所述。

在 5.11.1 节中的伯格曼方法可以看出,如果 $F(t)$ 是静止的和高斯的,它的样本时间历史可以用下式表示,即

$$F(t) = \sum_{n=1}^{N} \sqrt{\frac{2}{N}} \sigma_{FF} \cos(\bar{\omega}_n t - \varphi_n)$$

其中随机相位角 $\varphi$ 一致选择在 $0 \leqslant \varphi < 2\pi$ 内[1],并且

$$\bar{\omega}_n = \frac{\omega_n + \omega_{n-1}}{2}$$

选择频率 $\omega_n$,使得 $\omega_{n-1}$ 和 $\omega_n$ 之间的区域对于所有 $n$ 都相等。Shinozuka[2] 提出 $\omega_n$ 是根据密度函数 $f(\omega) = S_{FF}^0(\omega)/\sigma_{FF}^2$ 分布的随机频率,其中 $S_{FF}^0(\omega)$ 是 $F(t)$ 的单侧功率谱。$S_{FF}^0(\omega)$ 下的总面积是 $\sigma_{FF}^2$。因此,$S_{FF}^0(\omega)/\sigma_{FF}^2$ 可以充当概率密度函数。

**例 12.18** 使用 Shinozuka 方法模拟海浪波高程

对于 5.11.1 节中考虑的海浪波高程单边谱密度由下式给出

$$S_{\eta\eta}^0(\omega) = \frac{A}{\omega^5}\exp\left(-\frac{B}{\omega^4}\right)(\text{m}^2 \cdot \text{s/rad}), \quad w > 0$$

其中

$$A = 0.7795(\text{m} - \text{rad/s})^4$$
$$B = 0.0175(\text{rad/s})^4$$

对于高于静水位 19.5m 处的风速,取 25m/s,然后给出 $x = 0$(零水平位置)处的波高,即

$$\eta(t) = \sum_{n=1}^{N}\sqrt{\frac{2}{N}}\sigma\cos(\omega_n t - \varphi_n)$$

其中,$\sigma^2 = A/4B$。

根据概率密度 $f(\omega) = S_{\eta\eta}^0(\omega)/\sigma^2$ 选择频率 $\omega_n$,即

$$f(\omega) = \frac{4B}{\omega^5}\exp\left(-\frac{B}{\omega^4}\right), \quad \omega > 0$$

累积分布函数为

$$F(\omega) = \exp\left(-\frac{B}{\omega^4}\right), \quad \omega > 0$$

随机频率和随机相位角由标准均匀随机数 $x_1$ 和 $x_2$ 生成,并在表 12.9 中列出。

表 12.9 海浪波高程的随机频率和相位角

| $x_1$ | $\varphi = 2\pi x_1$ | $x_2$ | $\omega = F^{-1}(x_2) = (-B/\ln(x_2))^{1/4}$ |
|---|---|---|---|
| 0.9501 | 5.970 | 0.4447 | 0.3834 |
| 0.4860 | 3.054 | 0.9218 | 0.6809 |

---

[1] 因为 2πrad 和 0rad 相同,所以排除 2π。
[2] M. Shinozuka, "Monte Carlo Solution of Structure Dynamics," Computers and Structures, 1972, Vol. 2, pp. 855–874。

续表

| $x_1$ | $\varphi = 2\pi x_1$ | $x_2$ | $\omega = F^{-1}(x_2) = (-B/\ln(x_2))^{1/4}$ |
|---|---|---|---|
| 0.4565 | 2.868 | 0.4057 | 0.3732 |
| 0.2311 | 1.452 | 0.6145 | 0.4357 |
| 0.8913 | 5.600 | 0.7382 | 0.4900 |
| 0.0185 | 0.1162 | 0.9355 | 0.7158 |
| 0.6068 | 3.813 | 0.7919 | 0.5233 |
| 0.7621 | 4.788 | 0.1763 | 0.3169 |
| 0.8214 | 5.161 | 0.9169 | 0.6702 |

图 12.8 显示了在 $x=0$ 时使用上述程序,当风速 $V_{19.5}=25\text{m/s}$ 和 $N=0$ 导出的样本波的时间历程。

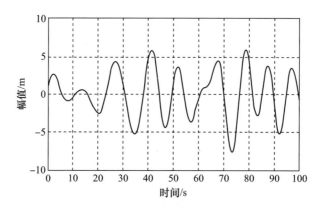

图 12.8  应用 Pierson – Moskowitz 波高谱的 Shinozuka 方法得到的样本波轮廓

## 12.6  本章小结

本章介绍了蒙特卡罗法的基本思想,这些在概率和确定性问题中广泛使用的数值方法都是基于特定概率密度函数生成数。本章讨论了由几个概率密度函数控制的随机数的生成,以及误差估计的计算。基于这些知识,读者可以开展进一步的研究。

## 12.7  格言

- 随机数的产生非常重要,不能置之不理。——佚名
- 科学不试图解释,他们甚至不尝试解释,他们主要是建立模型。模型是指一种数学结构,它通过添加某些语言解释来描述观察到的现象。这样一个数学构造的正

当性仅仅是期望它能起作用。——约翰·冯·诺伊曼(John Von Neumann)

- 忘掉在学校里所学到的每一样东西,留下来的就是教育。——爱因斯坦(Albert Einstein)

- 如果我不是物理学家,我可能会成为一名音乐家。我经常在音乐方面思考,我在音乐中实现我的白日梦,我用音乐来看待我的生活。——爱因斯坦(Albert Einstein)

## 12.8 习题

### 第12.2节:随机数生成

1. 使用 MATLAB 等软件生成均匀的随机数,使用线性同余生成器或程序内置随机数生成器。绘制平均值和标准偏差,并将它们与均匀分布的理论值进行比较。

2. 证明根据对数正态密度函数分布的随机数,均值 $\exp(\mu)$ 和标准差 $\exp(\sigma)$ 可以通过下式获得

$$y = \exp\{\sigma\sqrt{-2\ln x_1}\cos 2\pi x_2 + \mu\}$$

其中 $x_1$ 和 $x_2$ 是 0~1 的均匀随机数。

3. 验证先前问题中产生的随机数是否确实根据对数正态密度分布。绘制平均值和标准差作为所用随机数的函数。

4. 使用逆数值变换方法生成 $\mu = 0$ 和 $\sigma = 1$ 的正态随机数。在 $y = -3\sigma$ 和 $y = 3\sigma$ 之间使用 10 个等距间隔。

5. 使用组合方法生成根据以下分布的随机数

$$f_Y(y) = \frac{1}{4}\sin y + \frac{9}{32\pi^3}y^2, \quad 0 < y \leq 2\pi$$

6. 使用冯·诺依曼的拒绝-接受方法生成正态分布的随机数。该方法与 Box-Muller 方法相比如何?

### 第12.3节:联合概率密度的随机数

7. 使用逆变换方法生成以下联合概率密度函数的随机数

$$f_{Y_1 Y_2}(y_1, y_2) = y_1 y_2, \quad 0 < y_1, y_2 \leq 1$$

8. 使用线性变换方法为前一个问题中给出的联合概率密度函数生成随机数 $y_1$ 和 $y_2$。

# 第 13 章  流体诱发振动

在进行海上结构的建模中,我们必须考虑周围流体的影响,因为被水包围的结构,它们的振动特性与在空气中的振动特性有很大的不同,流体的存在降低了结构振动的固有频率。

本章的目的是介绍由流体和随机波引起的流体力的建模以及海洋结构物对它们的响应。在 13.1 节中,我们讨论了如何描述海洋中的流体力。在 13.2 节中,我们讨论如何估算海上结构的流体力。在 13.3 节中,开发了示例性问题来说明前两节内容是如何应用的。

本章展示了如何使用本书中提供的一些方法来解决更大规模的应用问题。对更详细的研究感兴趣的读者可以参考 Chakrabarti[1]、Faltinsen[2]、Kinsman[3]、Sarpkaya[4] 和 Wilson[5] 的文章。本章旨在自成一体,为了便于读者阅读,包含了前面章节的一些重复内容。

## 13.1 洋流和海浪

在研究离岸结构的动力学问题时,我们必须考虑周围流体产生的力。波浪运动的两个重要来源是海浪和洋流。

大多数稳定的水流是由风通过水面的拖曳产生的,而水流仅限于靠近海面的区域。潮汐流是由太阳和月亮的引力产生的,它们在海岸附近是最显著的。海洋环流的根本原因是太阳对地球辐射的不均匀加热。

Isaacson[6] 提出了基于水平方向上的海流速度为深度的函数的经验公式,即

$$U_c(x) = (U_{\text{tide}}(d) + U_{\text{circulation}}(d))\left(\frac{x}{d}\right)^{1/7} + U_{\text{drift}}(d)\left(\frac{x-d+d_0}{d_0}\right)$$

式中:$U_{\text{drift}}$ 是风海流;$U_{\text{tide}}$ 是潮汐流;$U_{\text{circulation}}$ 是低频长期环流;$a$ 是距海底的垂直距离;

---

[1] S. Chakrabarti, Hydrodynamics of Offshore Structures, Computational Mechanics Publications, 1987。

[2] O. Faltinsen, Sea Loads on ships and Offshore Structures, Cambridge University Press, 1993。

[3] B. Kinsman, Wind Waves, Prentice – Hall, 1965, now available in a Dover edition。

[4] T. Sarpkaya, M. Isaacson, Mechanics of Wave Forces on Offshore Structures, Van Nostrand Reinhold, 1981。

[5] J. Wilson, Dynamics of Offshore structures, John Wiley & Sons, Second Edition, 2003。

[6] M. Isaacson, "Wave and Current Forces on Fixed Offshore Structures," Canadian Jouranal of Civil Engineering, Vol. l5, 1988, pp. 937 – 947。

$d$ 是水深；$d_0$ 取温跃层深度或 50m 的较小值。$U_{\text{tide}}$ 值来自潮汐表，$U_{\text{drift}}$ 约为海平面 10m 的 3%。

一方面，这些水流与工程感兴趣的时间尺度相比发展缓慢，因此，它们可以被视为准稳态现象；另一方面，波浪不能被视为稳定的现象。控制波浪动力的基础物理太复杂，因此，波浪必须随机建模。

接下来，我们将讨论频谱密度的概念，可用的海浪频谱密度，一种从波浪历程中获取频谱密度的方法，从频谱密度中获取采样历程的方法，短期和长期统计数据，以及使用线性波动理论从波高确定流体速度和加速度的方法。

### 13.1.1 谱密度

首先研究常规表面重力波①，以便熟悉描述波浪的术语。波面高度表示为 $\eta(x,t)$，可以写为 $\eta(x,t) = A\cos(kx - \omega t)$，其中 $k$ 是波数，$\omega$ 是角频率。图 13.1 示出在两个时间实例（$t=0$ 和 $t=\tau$）和在一个固定位置（$x=0$）的表面高程。振幅为 $A$，波高为 $H$，最大和最小波之间的距离为振幅的 2 倍，周期为 $T$，由 $T = 2\pi/\omega$ 给出。

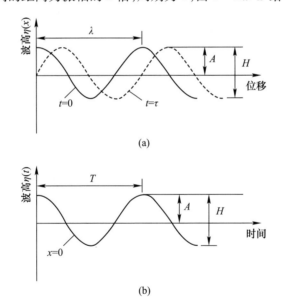

图 13.1 定义常规波的参数 $\eta(t)$
(a) 两个时刻 $t=0$ 和 $t=\tau$ 的表面波高；(b) 固定位置 $x=0$ 的表面波高。

在实践中，波浪不是规则的。图 13.2 显示了不规则波表面抬升的时间历程图。波高和频率不易确定，因此，波高谱密度用于统计描述波高。

随机表面仰角 $\eta(t)$ 可以看作是不同频率的规则波的总和。它可以与它的傅里

---

① 我们认为常规波在理论上具有单一的简单的周期性。

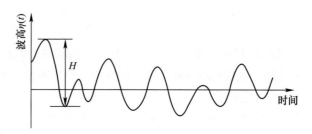

图 13.2 随机波的历程

叶变换 $X(\omega)$ 有关,即

$$\eta(t) = \frac{1}{2\pi}\int_{-\infty}^{\infty} X(\omega)\exp(-i\omega t)d\omega$$

假设系统的能量与 $\eta^2(t)$ 成正比,从而使能量变为

$$\varepsilon = \frac{1}{2}C\eta^2(t)$$

式中:$C$ 是比例常数,则能量的期望值为

$$E\{\varepsilon\} = \frac{1}{2}CE\{\eta^2(t)\}$$

式中:$E\{\eta^2(t)\}$ 是 $\eta(t)$ 的均方值。如果 $\eta(t)$ 是遍历过程,则可以在很长的时间内用时间平均逼近 $\eta(t)$ 的均方值,即

$$E\{\eta^2(t)\} = \lim_{T_s\to\infty}\frac{1}{T_s}\int_{-T_s/2}^{T_s/2}\eta^2(t)dt = \lim_{T_s\to\infty}\frac{1}{T_s}\frac{1}{2\pi}\int_{-\infty}^{\infty}|X(\omega)|d\omega$$

应用 Parseval 定理,可得

$$\int_{-\infty}^{\infty}\eta^2(t)dt = \frac{1}{2\pi}\int_{-\infty}^{\infty}|X(\omega)|^2 d\omega$$

且

$$|X(\omega)|^2 = X(\omega)X^*(\omega)$$

$$X(\omega) = \int_{-\infty}^{\infty}\eta(t)\exp(-i\omega t)dt$$

$$X^*(\omega) = \int_{-\infty}^{\infty}\eta(t)\exp(i\omega t)dt$$

功率谱密度(或简单的频谱)被定义为

$$S_{\eta\eta}(\omega) = \frac{1}{2\pi T_s}|X(\omega)|^2 \tag{13.1}$$

因此,$E\{\eta^2(t)\}$ 为

$$E\{\eta^2(t)\} = \int_{-\infty}^{\infty} S_{\eta\eta}(\omega)\,\mathrm{d}\omega \qquad (13.2)$$

对于一个零均值过程，$E\{\eta^2(t)\}$ 等于方差 $\sigma_\eta^2$。谱密度单位为 $\eta^2 t$ 或 $m^2 \cdot s$。
由维纳-辛钦关系[1]可知，$S_{\eta\eta}(\omega)$ 与其自相关函数 $R_{\eta\eta}(\tau)$ 有关，即

$$S_{\eta\eta}(\omega) = \frac{1}{2\pi}\int_{-\infty}^{\infty} R_{\eta\eta}(\tau)\exp(-\mathrm{i}\omega\tau)\,\mathrm{d}\tau \qquad (13.3)$$

$$R_{\eta\eta}(\tau) = \int_{-\infty}^{\infty} S_{\eta\eta}(\omega)\exp(\mathrm{i}\omega\tau)\,\mathrm{d}\omega \qquad (13.4)$$

在一些教科书中，因子 $1/2\pi$ 出现在第二个方程中，而不是第一个方程。

密度有几个重要的性质。第一个性质是实值平稳过程的谱密度函数是实对称的，$S_{\eta\eta}(\omega) = S_{\eta\eta}(-\omega)$。其次，谱密度下的面积等于 $E\{\eta^2(t)\}$（式(13.2)），也等于 $R_{\eta\eta}(0) = \sigma_\eta^2 + \mu_\eta^2$，其中 $\eta(t)$ 的方差是 $\sigma_\eta^2$，平均值是 $\mu_\eta$。在大多数情况下，我们考虑一个零均值过程，使得谱密度下的面积等于 $\sigma_\eta^2$。如果过程不具有零均值，则从过程中减去平均值，使其具有零均值。

对于海洋应用，经常使用单边谱，以每秒或赫兹的周期来表示。单边谱由上标 0 给出，并且通过以下关系可以从双边谱（以 $\omega(\mathrm{rad/s})$ 给出）得到

$$S_{\eta\eta}^0(\omega) = 2S_{\eta\eta}(\omega), \quad \omega \geq 0$$

$\omega$ 的双边谱可以用 $f(\omega = 2\pi f)$ 的关系变换成谱：

$$S_{\eta\eta}(f) = 2\pi S_{\eta\eta}(\omega)$$

然后，$\omega$ 单位的双边频谱可以通过如下关系转换成 Hz 的单边谱单元：

$$S_{\eta\eta}^0(f) = 4\pi S_{\eta\eta}(\omega), \quad f,\omega > 0$$

我们在本文中定义的谱密度是振幅半谱 $S(\omega)$ 的振幅[2]、高度和高度双谱，如下式所示：

$$S^A(\omega) = 2S(\omega)$$

$$S^H(\omega) = 8S(\omega)$$

$$S^{2H}(\omega) = 16S(\omega)$$

## 13.1.2 海浪谱密度

在这部分，介绍了随机海洋的谱密度模型[3]。海洋波浪数学模型是半经验公式，

---

[1] N. Wienerr, "Generalized Harmonic Analysis," Acta Mathematica, Vol. 55, 1930, pp. 117-258。
A. Khinchine, "Korrelations Theorie der stationaren Stochastischen Prozesse," Mathematische Annalen, Vol. 109, 1934, pp. 604-615。

[2] W. H. Michel, "Sea Spectra Simplified," Marine Technology, January 1968, pp. 17-30。

[3] Chakrabarti 的第 4 章对谱密度的现状做了非常优秀的综述。

需要一个或多个实验确定的参数,这些参数的选择在很大程度上决定了频谱的精度。

在确定谱密度时,影响谱的参数是取值限制、海洋的生成和消亡、水深、水流与膨胀。需要提取的是风在一个波浪产生相位吹过的距离。取值限制指的是由于某些物理边界对距离的限制,从而禁止全波的传播的现象。一个生成中的海洋,波浪在平稳的风作用下还没有达到稳定状态。相反,风在充分发展的海中吹了足够的时间,海已经达到了稳定状态。在一个衰退的海面上,风从稳定的值下降了。膨胀是由一个遥远的风暴引起的波动,即使在风暴已经消失或移动之后仍然存在。

Pierson – Moskowitz 谱[①]是使用最广泛的谱,代表一个完全发展的海况。它是一个单参数模型,其中海况的剧烈程度可以根据风速而定,并由下式给出

$$S_{\eta\eta}^0(\omega) = \frac{8.1 \times 10^{-3} g^2}{\omega^5} \exp\left(-0.74\left(\frac{g}{U_{\omega,19.5}}\right)^4 \omega^{-4}\right), \quad \omega > 0$$

式中:$g$ 是重力加速度,而 $U_{\omega,19.5}$ 是在静止水面上方 19.5m 高度处的风速。Pierson – Moskowitz 谱也叫风速谱,因为它需要风的数据。它也可以利用模态频率写为

$$S_{\eta\eta}^0(\omega) = \frac{8.1 \times 10^{-3} g^2}{\omega^5} \exp\left(-1.25\left(\frac{\omega_m}{\omega}\right)^4\right), \quad \omega > 0$$

其中,模态频率是频谱具有最大灵敏度的频率。

在某些情况下,用有效波高来表示频谱可能比用风速或模频来表示更为方便。对于窄带高斯过程[②],显著的波高与标准偏差相关:$H_s = 4\sigma_\eta$。标准偏差是光谱密度下的面积的平方根,$\int_0^\infty S_{\eta\eta}^0(\omega)d\omega = \sigma_\eta^2$。然后,频谱可以写成

$$S_{\eta\eta}^0(\omega) = \frac{8.1 \times 10^{-3} g^2}{\omega^5} \exp\left(-\frac{0.0324 g^2}{H_S^2}\omega^{-4}\right), \quad \omega > 0$$

峰值频率和有效波高相关:

$$\omega_m = 0.4\sqrt{g/H_s}$$

Pierson – Moskowitz 谱是一种完全适用于深水的谱。它在本地风力发电,单向海洋无限的获取和开发北大西洋等领域是有效的。在这一谱中不考虑涌浪的影响。结果发现,即使它是北大西洋的,但谱对于其他位置也是有效的。然而,海洋完全发展的局限性是限制性的,因为它不能模拟在远处产生的波浪的影响。在这种情况下,双参数谱(如 Bretschneider 谱),用于模拟非完全发展的海,以及全面发展的海洋。

Bretschneider 谱[③]是一个双参数谱,其中可以指定海况的剧烈程度和发展状态。

---

① W. Pierson, L. Moskowitz, "A Proposed Spectral Form for Fully Developed Wind Seas Based on theSimilarity Theory of S. A. Kitaigorodskii," Journal of Geophysical Research, Vol. 69, No. 24, 1964, pp. 5181 – 5203。

② 参见 13.1.5 节波高的意义。

③ C. Bretschneider, "Wave Variability and Wave Spectra for Wind – Generated Gravity Waves," Tecchnical Memorandum No. 118, Beach Erosion Board, U. S. Army Corps of Engineerings, Washington, D. C. ,1959。

J. Meyers, Editor, "Wave Forcasting," in Handbook of Ocean and Underwater Engineering, McGraw – Hill, 1969。

下面给出 Bretschneider 谱,即

$$S_{\eta\eta}^0(\omega) = 0.169 \frac{\omega_s^4}{\omega^5} H_s^2 \exp\left(-0.675\left(\frac{\omega_s}{\omega}\right)^4\right), \quad \omega > 0$$

其中 $\omega_s = 2\pi/T_s$ 和 $T_s$ 是显著周期。海况的剧烈程度是特殊的,其发展状态可以由 $\omega_s$ 表示。可以看出,对于 $\omega_s = 1.167\omega_m$(当量 $\omega_s = 1.46/\sqrt{H_s}$),Bretschneider 和 Pierson-Moskowitz 谱是等效的。图 13.3 显示了 $H_s = 4\text{m}$ 的 Bretschneider 谱图和 $\omega$ 的各种值,对于 $\omega_s = 0.731\,\text{rad/s}$,Pierson-Moskowitz 和 Bretschneider 谱是相同的。发展中的海洋的模态频率比充分发展的海洋稍高,可以用大于 $1.46/\sqrt{H_s}$ 的 $\omega_s$ 来描述。

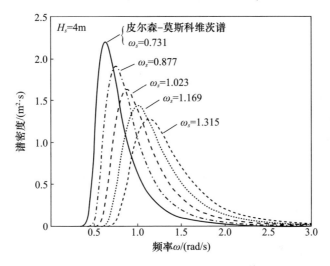

图 13.3 各种 $\omega_s$ 的 Bretschneider 谱

其他经常使用的双参数谱密度是 ISSC(国际船舶结构大会)和 ITTC(国际拖曳水箱会议)谱。ITTC 谱是基于信号波高和过零点频率而给出的,即

$$S_{\eta\eta}^0(\omega) = 0.0795 \frac{\omega_z^4}{\omega^5} H_s^2 \exp\left(-0.318\left(\frac{\omega_z}{\omega}\right)^4\right), \quad \omega > 0$$

其中零交叉频率 $\omega_z$ 为

$$\omega_z = \sqrt{\frac{\int_0^\infty \omega^2 S(\omega)\,\mathrm{d}\omega}{\int_0^\infty S(\omega)\,\mathrm{d}\omega}} = 1.41\omega_m$$

ISSC 谱是用显著波高和平均频率来表达的,即

$$S_{\eta\eta}^0(\omega) = 0.111 H_s^2 \frac{\bar{\omega}^4}{\omega^5} \exp\left(-A\left(\frac{\bar{\omega}}{\omega}\right)^{-4}\right), \quad \omega > 0$$

其中平均频率为

$$\bar{\omega} = \sqrt{\frac{\int_0^\infty \omega^2 S(\omega)\,\mathrm{d}\omega}{\int_0^\infty S(\omega)\,\mathrm{d}\omega}} = 1.30\omega_m$$

Bretschneider、ITTC 和 ISSC 谱称为双参数谱。双参数谱的一个推广方程为

$$S_{\eta\eta}^0(\omega) = \frac{A}{4}H_s^2 \frac{\tilde{\omega}^4}{\omega^5}\exp\left(-A\left(\frac{\tilde{\omega}}{\omega}\right)^{-4}\right), \quad \omega > 0$$

$A$ 和 $\bar{\omega}$ 在表 13.1 中给出了这里讨论的公式。

表 13.1 $S_{\eta\eta}^0(\omega) = \frac{A}{4}H_s^2\tilde{\omega}^4/\omega^5 \exp(-A(\tilde{\omega}/\omega)^{-4})$ 的参数

| 模型 | $A$ | $\bar{\omega}$ |
|---|---|---|
| Bretschneider | 0.675 | $\omega_s$ |
| ITTC | 0.318 | $\omega_z$ |
| ISSC | 0.4427 | $\bar{\omega}$ |

我们迄今为止所讨论的谱不允许具有两个峰的谱代表局部或远处的风暴,也不允许指定峰的清晰度。Ochi – Hubble 谱[1]是一个六参数谱,提供了这样的建模灵活性。它具有以下形式:

$$S_{\eta\eta}^0(\omega) = \frac{1}{4}\sum_{i=1}^{2}\frac{\left(\frac{4\lambda_i+1}{4}\omega_{m_i}^4\right)^{\lambda_i}}{\Gamma(\lambda_i)}\frac{H_{S_i}^2}{\omega^{4\lambda_i+1}}\exp\left(-\left(\frac{4\lambda_i+1}{4}\right)\left(\frac{\omega_{m_i}}{\omega}\right)^{-4}\right), \quad \omega > 0$$

式中:$\Gamma(\lambda_i)$ 是伽马函数;$H_{S_1}$、$\omega_{m_1}$ 和 $\lambda_1$ 分别是低频分量的显著波高、模态频率和形状因子;$H_{S_2}$、$\omega_{m_2}$ 和 $\lambda_2$ 是高频分量的显著波高、模态频率和形状因子。假设整个谱带窄带,给出等效波高,即

$$H_s = \sqrt{H_{S_1}^2 + H_{S_2}^2}$$

对于 $\lambda_1 = 1$ 和 $\lambda_2 = 0$,谱简化为 Pierson – Moskowitz 谱。假设整个频谱是窄带的,$\lambda_1$ 的值远远大于$\lambda_2$。Ochi – Hubble 谱代表单向海洋,具有无限的获取。海况的剧烈程度和发展状况可以由 $H_{S_i}$ 规定。另外,$A$ 可以适当地选择以控制波谱的频率宽度。图 13.4 显示了 Ochi – Hubble 谱,其中$\lambda_1 = 2.72$,$\omega_{m_1} = 0.626\mathrm{rad/s}$,$H_{S_1} = 3.35\mathrm{m}$,$\lambda_2 = 2.72$,$\omega_{m_2} = 1.25\mathrm{rad/s}$,$H_{S_2} = 2.19\mathrm{m}$。

---

[1] M. Ochi and E. Hubble, "Six Parameter Wave Spectra," Proceeding of the Fifteenth ASCE Coastal Engineering Conference, Honolulu, 1976, pp. 301 – 328。

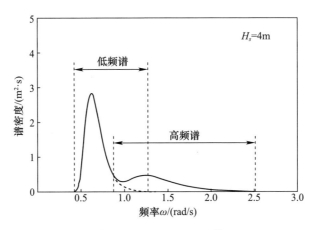

图 13.4　Ochi – Hubble 谱

另一个常用的是 Hasselmann 等[1]开发的 JONSWAP(Joint North Sea Wave Project)频谱。这是一个有限的频谱,因为增长情况,仅考虑有限的获取。此外,考虑到浅水的衰减。JONSWAP 频谱为

$$S_{\eta\eta}^0(\omega) = \frac{\alpha g^2}{\omega^5} H_s^2 \exp\left(-1.25\left(\frac{\omega_m}{\omega}\right)^4\right) \gamma^{\exp\left(-\frac{(\omega-\omega_m)^2}{2\tau^2\omega_m^2}\right)}, \quad \omega > 0$$

式中:$\gamma$ 是峰值参数;$\tau$ 是形状参数。峰值参数是对应的 Pierson – Moskowitz 谱的最大谱能量与最大谱能量的比值。也就是说,当 $\gamma = 7$ 时,峰值谱能量是 Pierson – Moskowitz 谱的 7 倍。参数的值如下:

$$\gamma = \begin{cases} 7.0, & \text{峰值数据} \\ 3.3, & \text{选定 JONSWAP 数据的均值} \\ 1.0, & P-M \text{ 谱} \end{cases}$$

$$\tau = \begin{cases} 0.07, & \omega \leq \omega_m \\ 0.09, & \omega > \omega_m \end{cases}$$

$$\alpha = 0.076(\bar{X})^{-0.22}(\text{如果取独立数据,则为 } 0.0081)$$

$$\bar{X} = gX/U_\omega^2$$

$$X = \text{取回长度(n mile)}$$

$$U_\omega = \text{风速(节)}$$

$$\omega_m = 2\pi \cdot 3.5 \cdot (g/U_\omega)\bar{X}^{-0.33}$$

---

[1] K. Hasselmann, T. P. Barnett, E. Bouws, H. Carlson, D. E. Cartwright, K. Enke, J. A. Ewing, II. Gienapp, D. E. Hasselmann, P. Kruseman, A. Meerbrug, P. Muller, D. J. Olbers, K. Richter, W. Sell and II. Walden, Measurement of Wind – Wave Growth and Swell Decay During the Joint North Sea Wave Project(JONSWAP), Deutschen Hydrographischen Zeitschrift, Technical Report 13A, 1973。

图 13.5 描述了 3 个峰度参数的 JONSWAP 谱 $\alpha = 0.0081$ 和 $\omega_m = 0.626\text{rad/s}$。

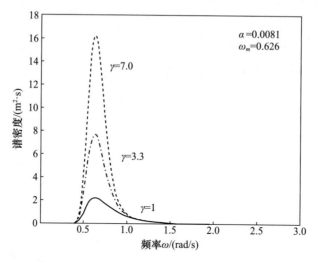

图 13.5 $\gamma = 1.0, 3.3$ 和 7.0 的 JONSWAP 频谱

## 13.1.3 时间序列的谱密度的近似逼近

根据波高的时程,可以通过两种方法得到谱密度函数。第一种方法是使用自相关函数 $R_{\eta\eta}(\tau) = E\{\eta(t)\eta(t+\tau)\}$,它通过维纳 - 辛钦关系与谱密度函数 $S_{\eta\eta}(\omega)$ 相关(式(13.3)和式(13.4))。

为了保证过程是遍历的,对于给定长度 $T_S$ 的历史的自相关函数可以用下式表示:

$$\widehat{R}_{\eta\eta}(\tau) = \lim_{T_S \to \infty} \frac{1}{T_S - \tau} \int_0^{T_S - \tau} \eta(t)\eta(t+\tau)\mathrm{d}t$$

这里使用符号"^"来强调变量是基于长度 $T_S$ 的样本时间历史的近似。然后利用 $\widehat{R}_{\eta\eta}(\tau)$ 的傅里叶余弦变换得到谱密度,即

$$\widehat{S}_{\eta\eta}(\omega) = \frac{1}{\pi} \int_0^{T_S} \widehat{R}_{\eta\eta}(\tau) \cos\omega\tau \mathrm{d}\tau \tag{13.5}$$

获得谱密度函数的第二种方法是利用谱密度与时间序列的傅里叶变换之间的关系。它们是

$$\widehat{S}_{\eta\eta}(\omega) = \lim_{T_S \to \infty} \frac{1}{2\pi T_S} |\widehat{X}(\omega)\widehat{X}^*(\omega)| \tag{13.6}$$

$\widehat{X}(\omega)$ 为

$$\widehat{X}(\omega) = \int_0^{T_S} \eta(t) \exp(-i\omega t) \mathrm{d}t$$

$\widehat{X}^*(\omega)$ 是复共轭,即

$$\widehat{X}^*(\omega) = \int_0^{T_S} \eta(t)\exp(i\omega t)\mathrm{d}t$$

为了得到时间序列的傅里叶变换,可以使用离散傅里叶变换(DFT)或快速傅里叶变换(FFT)过程①。谱分析几乎总是通过FFTS来进行的,因为它比通过相关函数形式的方法更容易使用且更快。

应该注意的是,采样时间历史的长度仅需要足够长,以使限制收敛。采集较长的样本不会提高准确性,相反,建议采集许多样本或将一个较长的样本分成很多部分。对于 $n$ 个样本,使用式(13.5)或式(13.6)获得每个样本时间历程的谱密度,然后取平均值进行估算。

从波形记录中确定谱密度取决于过程的细节,如记录的长度、采样间隔、滤波和平滑的程度和类型以及时间离散化。

### 13.1.4 时间序列的频谱密度生成

在非线性分析中,通过数值积分求出结构响应,需要将波高谱转换为等效时间历程。波高可以表示为具有不同角度频率和随机相位角的许多正弦函数之和,即

$$\eta(t) = \sum_{i=1}^{N} \cos(\omega_i t - \varphi_i)\sqrt{2 S_{\eta\eta}(\omega_i)\Delta\omega_i} \tag{13.7}$$

式中:$\varphi_i$ 是 $0 \sim 2\pi$ 的均匀分布的随机数;$\omega_i$ 是离散采样频率,$\Delta\omega_i = \omega_i - \omega_{i-1}$;$N$ 是分区数。我们记得谱下的面积等于方差 $\sigma_\eta^2$。在谱 $S_{\eta\eta}(\omega_i)\Delta\omega_i$ 下的增量面积可以表示为 $\sigma_i^2$,因此,所有增量面积之和等于波高的方差 $\sigma_\eta^2 = \sum_{i=1}^{N}\sigma_i^2$。然后,可以将时间历程写入下式,即

$$\eta(t) = \sum_{i=1}^{N} \sqrt{2}\sigma_i \cos(\omega_i t - \varphi_i)$$

采样频率 $\omega_i$ 可以以相等的间隔选择,使得 $\omega_i = i\omega_1$,其中 $i$ 是指数(而不是虚数)。然而,时间历史将有最低频率的 $\omega_1$ 和一个周期 $T = 2\pi/\omega_1$。为了避免不必要的周期性,博格曼②建议选择频率,以便使缓存间隔的频谱曲线的面积相等,$\sigma_i^2 = \sigma^2 = \sigma_\eta^2/N$。然后,将时间记录写入下式,即

$$\eta(t) = \sqrt{\frac{2}{N}}\sigma_\eta \sum_{i=1}^{N} \cos(\overline{\omega}_i t - \varphi_i) \tag{13.8}$$

---

① 如何获得傅里叶变换的更详细的描述,可参考附录 I, M. Tucker, Waves in Ocean Engineering: Measurement, Analysis, Interpretation, Eillis Horwood Limited, England, 1991。

② L. Borgman, "Ocean Wave Simulation for Engineering Design," Journal of the waterways and harbors division, ASCE, Vol. 95, pp. 557 – 583, 1969。

其中 $\bar{\omega}_i = (\omega_i + \omega_{i-1})$。选择离散频率 $\omega_i$，使得间隔 $0 < \omega < \omega_i$ 之间的面积等于 $0 < \omega < \omega_N$ 区间内曲线下总面积的 $i/N$，即

$$\int_0^{\omega_i} S_{\eta\eta}(\omega)\mathrm{d}\omega = \frac{i}{N}\int_0^{\omega_N} S_{\eta\eta}(\omega)\mathrm{d}\omega, \quad i = 1,2,\cdots,N$$

假设在 $\omega_N$ 以外的频谱下的面积是可以忽略的。如果 $\eta(t)$ 是窄带高斯过程，则标准偏差可以用 $\sigma_\eta = H_s/4$ 代替，并且时间历史可以写成

$$\eta(t) = \frac{H_s}{4}\sqrt{\frac{2}{N}}\sum_{i=1}^{N}\cos(\bar{\omega}_i t - \varphi_i)$$

Shinozuka[①] 提出，式(13.8)中的采样频率 $\bar{\omega}_i$ 应根据密度函数 $f(\omega) = S_{\eta\eta}^0(\omega)/\sigma_\eta^2$ 随机选择。这相当于使用蒙特卡罗法进行集成。根据 $f(\omega)$ 分布的随机频率 $\omega$ 可由均匀分布的随机数 $\omega = F^{-1}(x)$ 得到，其中 $F(\omega)$ 是 $f(\omega)$ 的累积分布。

用这种方法得到的随机频率是用式(13.8)产生的。一般地，需要获得许多样本时程，并将其平均化为数值模拟中的时程。

### 13.1.5 短期统计

在讨论波浪统计时，我们经常使用有效波这个术语来描述不规则海面。有效波不是可以看到的物理波，而是随机波的统计量描述。Sverdrup 和 Munk[②] 首先引入了有效波高的概念，使用所有波中最高的 1/3 的平均高度。通常情况下，船舶会按计划合作，通过根据观测到的波高报告风暴强度的粗略估算来找到海洋统计数据。我们可以发现，该观测波高始终非常接近有效波高。

描述短期波浪统计的两个假设是平稳性和遍历性。这些假设只适用于"短的"时间间隔，大约几个小时或暴风雨的持续时间，但不适用于数周或数年。假定波的涨落是弱平稳的，因此它的自相关是时间滞后的函数。所以，均值和方差是恒定的，并且谱密度随时间变化。因此，当考虑短期统计时，有效波高和有效波周期是恒定的。在这种情况下，单个波的高度和波周期是随机变量。

我们考虑一个零均值随机过程的样本时间历程，如图 13.6 所示，我们要问的是：超过某个水平(如图中的 Z)的频率是多少以及最大值是如何分布的？同样地，我们可以预期什么时候第一次超过某个水平，并且随机过程峰的值是什么？第一个问题对于确定结构何时由于一次过载而再次失效是重要的，而第二个问题对于确定结构何时由于循环载荷而失效是重要的。

---

① M. Shinozuka "Monte Carlo Solution of Structure Dynamics," Computers and Structures, Vol. 2, pp. 855 – 874, 1972。

② H. Sverdrup and W. Munk, Wind, Sea, and Swell: Theory of Relation for Forecasting, Technical Report 601, U. S. Navy Hydrographic Office, 1947。

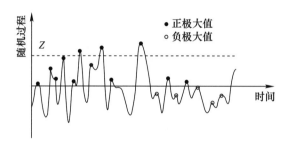

图 13.6 用最大值突显的样本历程

发现随机过程 $X(t)$ 以正斜率通过随机变量门限 $Z$ 的速率可以用以下关系来计算：

$$\nu_{z+} = \int_0^\infty v f_{X\dot{X}}(z,v) \mathrm{d}v$$

式中：$f_{X\dot{X}}(x,\dot{x})$ 是 $X$ 和 $\dot{X}$ 的联合概率密度函数，即

$$E\{T\} = 1/\nu_{z+}$$

极大值 $A$ 的概率密度函数可以由下式计算

$$f_A(a) = \frac{\int_{-\infty}^0 -\omega f_{X\dot{X}\ddot{X}}(a,0,\omega) \mathrm{d}\omega}{\int_{-\infty}^0 \omega f_{\dot{X}\ddot{X}}(0,\omega) \mathrm{d}\omega}$$

式中：$f_{X\dot{X}\ddot{X}}(x,\dot{x},\ddot{x})$ 是 $X$、$\dot{X}$ 和 $\ddot{X}$ 的联合概率密度函数。

如果 $X(t)$ 是零均值高斯过程，则联合概率密度函数为

$$f_{X\dot{X}}(x,\dot{x}) = \frac{1}{2\pi\sigma_X\sigma_{\dot{X}}}\exp\left[-\frac{1}{2}\left(\frac{x-\mu_X}{\sigma_X}\right) - \frac{1}{2}\left(\frac{\dot{x}-\mu_{\dot{X}}}{\sigma_{\dot{X}}}\right)\right], \quad -\infty < x < \infty, -\infty < \dot{x} < \infty$$

且

$$f_{X\dot{X}\ddot{X}}(x,\dot{x},\ddot{x}) = \frac{1}{(2\pi)^{3/2}|M|^{1/2}}\exp\left(-\frac{1}{2}(\{x\}-\{\mu_X\})^{\mathrm{T}}[M]^{-1}(\{x\}-\{\mu_X\})\right)$$

其中 $|M|^{1/2}$ 是矩阵行列式 $[M]$ 的平方根，即

$$[M] = \begin{bmatrix} \sigma_X^2 & 0 & \sigma_{\dot{X}}^2 \\ 0 & \sigma_{\dot{X}}^2 & 0 \\ \sigma_{\dot{X}}^2 & 0 & \sigma_{\ddot{X}}^2 \end{bmatrix}$$

且

$$\{x\} - \{\mu_X\} = \begin{bmatrix} x - \mu_X \\ \dot{x} - \mu_{\dot{X}} \\ \ddot{x} - \mu_{\ddot{X}} \end{bmatrix}$$

均值所在位置设置为零。然后,对于平稳高斯过程,给出了上交速率,即

$$\nu_{z+} = \int_0^\infty f_{X\dot{X}}(Z,\dot{x})\dot{x}\mathrm{d}\dot{x}$$

$$= \frac{1}{2\pi\sigma_X\sigma_{\dot{X}}}\exp\left[-\frac{1}{2}\left(\frac{Z}{\sigma_X}\right)^2\right]\int_0^\infty \exp\left[-\frac{1}{2}\left(\frac{\dot{x}}{\sigma_X}\right)^2\right]\dot{x}\mathrm{d}\dot{x}$$

$$= \frac{\sigma_{\dot{X}}}{2\pi\sigma_X}\exp\left[-\frac{1}{2}\left(\frac{Z}{\sigma_X}\right)^2\right]$$

极大值的概率密度函数由 Rice 密度函数[①]给出,即

$$f_A(a) = \frac{\sqrt{1-\alpha^2}}{\sqrt{2\pi}\sigma_\eta}\exp\left(\frac{-a^2}{2\sigma_\eta^2(1-\alpha^2)}\right) + a\frac{\alpha}{\sigma_\eta^2}\Phi\left(\frac{a\alpha}{\sigma_\eta\sqrt{(\alpha^2-1)}}\right)\exp\left(\frac{-a^2}{2\sigma_\eta^2}\right)$$

式中:$\Phi(x)$ 是标准正态随机变量的累积分布函数,即

$$\Phi(x) = \frac{1}{\sqrt{2\pi}}\int_{-\infty}^x \exp(-z^2/2)\mathrm{d}z$$

$\alpha$ 是不规则因子[②]:等于零上交叉数 $\eta(t)$ 以正斜率过零的次数与峰数的比率,其范围从 0 到 1,并且也等于

$$\alpha = \frac{\sigma_{\dot{\eta}}^2}{\sigma_\eta\sigma_{\ddot{\eta}}}$$

如果 $X(t)$ 是宽带过程,则 $\alpha = 0$,Rice 分布被简化为高斯概率密度函数,即

$$f_A(a) = \frac{1}{\sqrt{2\pi}\sigma_\eta}\exp\left(\frac{-a^2}{2\sigma_\eta^2}\right), \quad -\infty < \alpha < \infty$$

如果 $X(t)$ 是窄带过程,则保证当 $\eta(t)$ 超过其平均值时,它将有一个峰值。在这种情况下,不规则因子接近于统一,并且 Rice 密度降低到 Rayleigh 概率密度函数,即

$$f_A(a) = \frac{a}{\sigma_\eta^2}\exp\left(-\frac{1}{2}\frac{a^2}{\sigma_\eta^2}\right), \quad 0 < \alpha < \infty$$

换句话说,窄带平稳高斯过程的振幅是 Rayleigh 分布的。

图 13.7 显示了不同值的 Rice 分布。注意:Rice 分布包括正极大值和负极大值,

---

① S. Rice, Mathematical Analysis of Random Noise, Dover Publications, 1954。
② P-N. L, Y-W. Cheng, "Estimation of Irregularity Factor from a Power Spectrum," National Bureau of Standards Report。

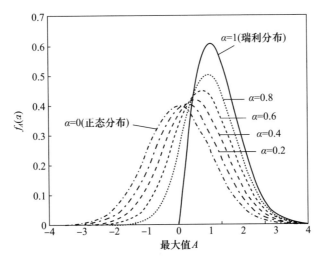

图 13.7 Rice 的最大值分布

除了当 $a=1$ 时,在这种情况下,所有的极大值都是正的。正极大值是出现在 $X(t)$ 平均值之上的局部极大值,负极大值是出现在平均值之下的局部极大值,如图 13.6 所示。在某些情况下,负极大值可能没有物理意义。在这些情况下,我们可以使用截断 Rice 分布,其中仅使用 $f_A(a)$ 的正部分。$f_A(a)$ 用概率密度下的面积归一化正极大值[①],即

$$f_A^{\text{trune}}(a) = \frac{f_A(a)}{\int_0^\infty f_A(a)\,\mathrm{d}a}, \quad a \geq 0$$

截断 Rice 分布的图如图 13.8 所示。

如果 $X(t)$ 是波高,它的最大值 $A$ 是波高的振幅,那么波高 $H=2A$,然后按

$$f_H(h) = f_A(H/2)\frac{\mathrm{d}A}{\mathrm{d}H} = \frac{h}{4\sigma_\eta^2}\exp\left(-\frac{1}{2}\frac{h^2}{4\sigma_\eta^2}\right), \quad 0 < h < \infty$$

对于任意给定的波,高度小于 $h$ 的概率是累积分布函数:

$$F_H(h) = 1 - \exp\left(-\frac{1}{2}\frac{h^2}{4\sigma_\eta^2}\right), \quad 0 < h < \infty$$

如果 $\eta(t)$ 是一个平稳的窄带过程,使得峰按照瑞利分布来分布,我们发现,均方根波高 $\sqrt{E\{H^2\}}$ 为

---

① M. Longuet–Higgins, "On the Statistical Distribution of the Height of Sea Waves," Journal of Marine Research, Vol. 11, No. 3, 1952, pp. 245–266。
M. Ochi, "On the Prediction of Extreme Values," Journal of Ship Research, Vol. 17, 1973, pp. 29–37。

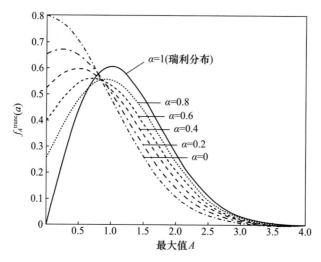

图 13.8 不同 $\alpha$ 的截断 Rice 分布

$$\sqrt{E\{H^2\}} = \int_0^\infty h^2 f_H(h)\,\mathrm{d}h = 2\sqrt{2}\sigma_\eta$$

此外,可以证明,平均波高和有效波高为

$$H_O = E\{H\} = \sqrt{2\pi}\sigma_\eta$$
$$H_S = E\{H^{1/3}\} = 4\sigma_\eta$$

### 13.1.6　长期统计

因为离岸结构是为长寿命而设计的,所以我们还必须考虑长期波统计。以前,当我们考虑短期统计时,假定有效波高和频谱随时间不变。该假设仅在几天左右的时间段内有效。对于较长的时间段,有效波动具有自己的统计信息,并且是随机变量。

当人们用短期统计数据来描述长期事件时,不可能发生的事件似乎有不合理的可能性。例如,考虑根据上一节中讨论的以瑞利分布而分布的波高超过某个极值的概率。假设这个波的平均周期是 10s,任何给定波的高度大于 300 英尺的概率是 $10^{-10}$。这种可能性很小,300 英尺波的出现似乎是不可能的。然而,波高在 10 年内至少超过 300 英尺($3\times10^8$ s)的概率由以下公式给出

$$1 - (1-10^{-10})^{3\times\frac{10^8}{10}} = 0.997$$

因此,统计描述指出,几乎可以肯定,波高将在 10 年内至少超过 300 英尺一次。因为使用短期统计数据进行了长期预测。如此大的波不会以这种概率发生。

为了计算波高超过某个极限值的概率,我们必须对这些极限事件进行统计。随机振幅序列中的实际最大振幅本身是随机变量。它具有均值、标准偏差和其他统计性质的概率分布。事实上,这些最大值的分布被称为极值分布(EVD)。Gumbel[1] 导

---

[1] E. Gumbel, Statistics of Extremes, Columbia University Press, 1958。

出的3种外推方法,称为3个渐近线,它们是 Gumbel 分布、Fretchet 分布和 Weibull 分布。我们将在下一节中讨论 Gumbel 分布和 Weibull 分布。

在长期统计中,我们经常提到 $N$ 年风暴。这意味着,对于任何给定年份,将发生 $N$ 年风暴的概率为

$$p = \frac{1}{N}$$

因此,$m$ 次风暴将发生在 $n$ 年的概率为

$$\Pr(m \text{ 在 } n \text{ 年内的 } N \text{ 年风暴}) = {}_nP_m \left(\frac{1}{N}\right)^m \left(1 - \frac{1}{N}\right)^{n-m}$$

其中,${}_nP_m$ 是置换

$$_nP_m = \frac{n!}{(n-m)!}$$

$n$ 年至少有一次 $N$ 年风暴的概率为

$$\Pr(\text{在 } n \text{ 年内至少有一次 } N \text{ 年风暴}) = 1 - \left(1 - \frac{1}{N}\right)^n$$

对于大的概率可以近似为 $1 - \exp(n/N)$。值得注意的是,在 $N$ 年中确切地发生一次 $N$ 年风暴的概率不是1,而是

$$\Pr(\text{在 } N \text{ 年中发生一次 } N \text{ 年风暴}) = \left(1 - \frac{1}{N}\right)^{N-1}$$

当 $N \to \infty$ 时,我们发现

$$\Pr(\text{在 } N \text{ 年中发生一次 } N \text{ 年风暴}) = 1/e \approx 0.3679$$

在 $N$ 年内至少有一次 $N$ 年风暴发生的概率为

$$\Pr(\text{在 } N \text{ 年内至少有一次 } N \text{ 年风暴}) = 1 - \left(1 - \frac{1}{N}\right)^N$$

当 $N \to \infty$ 时,我们发现

$$\Pr(\text{在 } N \text{ 年至少有一次 } N \text{ 年风暴}) = 1 - 1/e \approx 0.6321$$

1. 威布尔(Weibull)分布

威布尔分布能很好地拟合极端概率。在长期统计中,显著波高服从威布尔分布。给出了概率密度函数和累积分布函数为

$$f(h) = \frac{m}{\beta}\left(\frac{h-\gamma}{\beta}\right)^{m-1} \exp\left(-\left(\frac{h-\gamma}{\beta}\right)^m\right)$$

$$F(h) = 1 - \exp\left(-\left(\frac{h-\gamma}{\beta}\right)^m\right), \quad \gamma < h \tag{13.9}$$

式中:$m$ 为形状参数,变换累积分布,我们可以写为

$$\ln[-\ln(1-F(h))] = m(\ln(h-\gamma) - \ln\beta)$$

由数据得到等式左边的部分。如果
$$y = \ln[-\ln(1-F(h))]$$
且
$$x = \ln(h-\gamma)$$
$y$ 与 $x$ 的曲线是斜率 $m$ 和 $y$ 上截距为 $-m\ln\beta$ 的直线
$$y = mx - m\ln\beta$$

假设我们有长时间的显著波高数据,并且我们的目标是找到最适合显著波高分布的威布尔参数 $\gamma$、$\beta$ 和 $m$。这些参数可以通过最小二乘法或使用威布尔图纸来确定。使用后一种方法,我们首先猜测 $\gamma$,使得离散点 $(x,y)$,或者
$$\ln(h-\gamma), \ln[-\ln(1-F(h))]$$
形成一条直线。这条线的斜率是 $m$,当线与 $y$ 轴相交时,$y$ 的值是 $-m\ln\beta$。此方法在 13.3.3 节中有说明。

2. Gumbel 分布和对数正态分布

甘贝尔(Gumbel)概率密度函数和累积分布函数由以下公式给出

$$f(h) = \alpha\exp[-\alpha(h-\beta)]\exp(-\exp[-\alpha(h-\beta)]) \qquad (13.10)$$
$$F(h) = \exp\{-\exp[-\alpha(h-\beta)]\}, \quad -\infty < h < \infty$$

当 $\ln[-\ln F(h)]$ 被绘制为 $h$ 的函数时,结果是一条具有斜率 $-\alpha$ 和 $y$ 截距 $\alpha\beta$ 的直线。

所用的是一种对数正态分布,表征为[①]
$$f(h) = \frac{1}{\sqrt{2\pi}\sigma h}\exp\left\{\frac{-(\ln h-\mu)^2}{2\sigma^2}\right\}$$
$$F(h) = \Phi\left(\frac{\ln h-\mu}{\sigma}\right), \quad 0 \leq h$$

### 13.1.7 线性波理论计算波速度

利用线性波理论,可以得到与式(13.7)中给出的波高相对应的波速。线性波理论,也称为艾里正弦波理论、(Airy)波理论和小振幅波理论,是最简单的理论。它也是最重要的波理论,因为它是描述波的概率谱的基础。

线性波理论保证了波高比波长及水深小。此外,假设流体粒子沿圆形轨道[②]

---

[①] N. Jasper, "Statistical Distribution Patterns of Ocean Waves and of Wave Induced Ship Stresses and Motions with Engineering Applications," Transactions of the Society of Naval Architects and Marine Engineers, Vol. 64, 1954, pp. 375–432。

[②] 详细描述,读者可参考 Kinsman 早期的书:
B. LeMehaute, Introduction to Hydrodynamics and Water Waves, Springer-Verlag, New York, 1976。

运动。

在线性波理论中,表面标高为

$$\eta(y,t) = A\cos(\omega t - ky)$$

这是一个向右行进的平面波,如图 13.9 所示。线性波理论把这个正弦表面高度与波速联系起来,可得

$$\omega_y(x,y,t) = A\omega \frac{\cosh kx}{\sinh kd}\cos(\omega t - ky)$$

$$\omega_x(x,y,t) = A\omega \frac{\sinh kx}{\sinh kd}\sin(\omega t - ky)$$

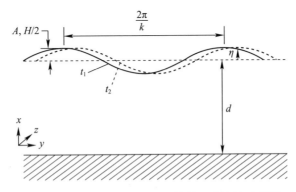

图 13.9 两个不同时间显示的简单正弦波的示意图

式中:$k$、$\omega$ 和 $A$ 分别是表面波的波数、角频率和振幅。速度随时间、水平坐标 $y$ 和深度 $x$ 而变化,正如从海底确定的那样。波速在 $y$ 和 $t$ 是正弦的,但随着离水面距离的增加而减小。频率 $\omega$ 与色散系数的波数 $k$ 有关,即

$$\omega^2 = gk\tanh kd$$

其中,$d$ 为水深。对于深水,$\tanh kd$ 接近统一,频率平方由下式给出

$$\lim_{d \to \infty}\omega^2 = gk$$

由式(13.7)可知,线性波分布和波速为

$$\eta(y,t) = \sum_{i=1}^{N}\cos(\omega_i t - k_i y - \varphi_i y)\sqrt{2S_{\eta\eta}(\omega_i)\Delta\omega_i}$$

$$\omega_y(x,y,t) = \sum_{i=1}^{N}\omega_i \frac{\cosh k_i x}{\sinh k_i d}\cos(\omega_i t - k_i y - \varphi_i y)\sqrt{2S_{\eta\eta}(\omega_i)\Delta\omega_i}$$

$$\omega_x(x,y,t) = \sum_{i=1}^{N}\omega_i \frac{\sinh k_i x}{\sinh k_i d}\sin(\omega_i t - k_i y - \varphi_i y)\sqrt{2S_{\eta\eta}(\omega_i)\Delta\omega_i}$$

波加速度可以通过对时间进行速度微分得到。用 Borgmnan 法或 Shinozuka 法都可以得到波速和加速度的样本时程。

## 13.2 一般流体力

流体作用在物体上力的主要类型如下。

(1) 阻力是由于下游和上游流动区域之间的压力差而引起的,可以将其视为在恒定速度的流体中保持物体静止所需的力。阻力与流体相对于结构的速度的平方成正比。

(2) 惯性力是流体在通过结构时加速和减速时所施加的力,并且与流体加速度成比例。Lamb[1] 首先提出了无黏性流中的惯性力的概念。

(3) 附加质量当物体在静止流体中加速或减速时,物体会携带一定量的周围流体。这种附带流体的质量称为附加的、表面的或虚拟的质量,需要额外的力来加速或减速附加的质量。

(4) 衍射力是由于入射波在结构表面的散射而产生的。当物体比入射波的波长大时,这一点很重要。

(5) Froude - Kryloff 力是假设结构不存在且不干扰入射波时入射波对结构的压力。

(6) 升力是由于流体的非对称分离或以非对称方式脱落的涡流引起的。垂直于流动方向的力的分量是升力。

(7) 波浪撞击力是由单个偶然的波浪引起的,该波浪具有特别高的振幅和能量,在自由表面上可能很重要。Sarpkaya 和 Isaacson 回顾了对水撞击圆形汽缸的研究。Miller[2] 发现在刚性支撑的水平圆柱体上的峰值波浪撞击力与水平水粒子速度的平方成正比。

### 13.2.1 波浪力规则

各种类型的力是由波浪和水流引起的。在某些情况下,一种类型的力可能是占主导地位的。Hogben[3] 回顾了关于不同规则下流体力的文献。

对于垂直圆柱体的情况,在图 13.10 中用 $H/D$ 和 $\pi D/\lambda$ 示意性地显示了重要的载荷状态,其中 $F$ 是波高,$D$ 是圆柱体直径,$\lambda$ 是波长。当使用线性波理论时,$H/D$ 与 Keulegan - Carpenter 数 $K$ 有关,即

$$K = \pi H/D$$

---

[1] H. Lamb, Hydrodynamics, Cambridge University Press, New York, Sixth Edition, 1945. Available in a Dover edition。

[2] B. Miller, Wave Slamming Loads on Horizontal Circular Elements of Offshore Structures, Technical Report RINA Paper No. 5, Journal of the Royal Institute of Naval Architecture, 1977。
B. Miller, Wave Slamming on Offshore Structures, Technical Report No. NMI - R81, National Maritime Institute, 1980。

[3] N. Hogben, "Wave Loads on Structures," Marine Science Communications, Vol. 4, No. 2, 1978, pp. 89 - 119。

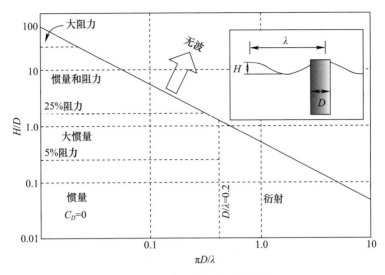

图 13.10 表面附近的载荷状态

Keulegan – Carpenter 数给出了阻力与惯性力相关的重要性的度量。$\pi D/\lambda$ 称为衍射参数,它决定了衍射效应的重要性。随着 $H/D$ 的增加,阻力变得更加重要,惯性力变得不重要。随着 $\pi D/\lambda$ 的增大,衍射力变得越来越重要。

根据线性波理论,最大阻力到最大惯性力可以写成

$$\frac{f_{\text{drag}}}{f_{\text{inertia}}} = \frac{1}{2\pi}\frac{H}{D} = \frac{K}{2\pi^2}$$

利用这个关系式,我们发现,当 $H/D = \pi/10 \approx 0.314$ 时,阻力是惯性力的 5%。Mouison 方程可用于参数 $D/\lambda < 0.2$ 和 $\frac{f_{\text{drag}}}{f_{\text{inertia}}} > 0.1$ 的情况。应该注意,图 13.10 仅在表面附近有效。对于从底部延伸到近表面的圆柱,阻力是主要的,因此可以使用 Morison 方程。

以直径 $D = 10\text{m}$ 的支架和直径 $D = 0.8\text{m}$ 的支柱的导管架平台为例[①],对于 $\lambda = 100\text{m}$ 和 $H = 8\text{m}$ 的 10 年风暴,我们有 $H/D = 0.8$ 和 $D/\lambda = 0.1$。类似地,对于支柱 $H/D = 10$ 和 $D/\lambda = 0.08$,使用图 13.10 中的相应值 $\pi D/\lambda$,我们发现支架的惯性力是主要的;对于支柱,惯性和阻力都是主要的。

### 13.2.2 小结构的波浪力 – Morison 方程

附加质量 $M_A$ 可以写成

$$M_A = C_A M_{\text{disp}}$$

---

① 固定导管架平台是用于石油勘探和钻井的多种海上平台之一。导管架通常是指矗立在海床中的垂直管状钢管或混凝土构件。

式中：$C_A$ 是附加质量系数；$M_{disp}$ 是被结构体排开的流体的质量。对于直径 $D$ 和高度 $h$ 的圆柱体，位移的流体质量是 $\pi D^2 h/4$。

应该注意的是，附加质量是张量。也就是说，我们可以用 $M_{ij}^A$ 表示由于物体在 $x_j$ 方向的加速度引起的 $x_i$ 方向的附加质量所产生的力。它是对称的，所以由 $x_j$ 方向的加速度产生的 $x_i$ 方向的附加质量力与 $x_i$ 方向的加速度产生的 $x_j$ 方向的附加质量力相等。如果横截面不是对称的，则非对角线项不是零。

同理，惯性力可以写成

$$F_M = C_M M_{disp} \dot{\omega} \tag{13.11}$$

式中：比例常数 $C_M$ 是惯性系数。

对于在空气中振动的物体，附加质量和惯性效应常常被忽略，因为位移的气体质量可以忽略不计。

阻力与流体速度 $\omega$ 的平方、流体的密度 $\rho$ 以及投射到垂直于流动方向的平面上的物体的面积 $A_f$ 成正比，即

$$F_D = \frac{1}{2} C_D \rho A_f \omega |\omega| \tag{13.12}$$

式中：$C_D$ 是阻力系数。绝对值符号用于确保阻力始终与流动的方向相反。对于直径为 $D$ 和高度为 $H$ 的圆柱体，投影面积 $A_f = Dh$。

对于具有非零速度 $v$ 的物体，阻力为

$$F_D = \frac{1}{2} C_D \rho A_f (\omega - v) |\omega - v| \tag{13.13}$$

式中：$\omega - v$ 是流体相对于物体的速度。

Morison[①] 和他的同事们把惯性力与阻力项结合在一起（式(13.11) 和式(13.12)），这样物体上的流体力就由下式给出

$$f = \frac{1}{2} C_D \rho A_f \omega |\omega| + C_M M_{disp} \dot{\omega}$$

对于圆柱体，单位长度的流体力可以写成

$$f = C_D \rho \frac{D}{2} \omega |\omega| + C_M \rho \pi \frac{D^2}{4} \dot{\omega}$$

对于速度为 $v$ 的圆柱体，单位长度的 Morison 力为

$$f = C_D \rho \frac{D}{2} (\omega - v) |\omega - v| + C_M \rho \pi \frac{D^2}{4} \dot{\omega}$$

---

① J. Morison, M. O'Brien, J. Johnson and S. Schaaf, "," Petroleum Transactions AIME, Vol. 189, 1950, pp. 149-157。

## 1. 倾斜圆柱体

考虑图 13.11 所示的倾斜圆柱体。与流动的方向相垂直的方向与圆柱体间的角度为 $\theta$。通常,只考虑法线方向上的流体力。正态分量由下式给出

$$f^n = C_D \rho \frac{D}{2}(\omega^n - v^n)|\omega^n - v^n| + C_M \rho \pi \frac{D^2}{4}\dot{\omega}^n \tag{13.14}$$

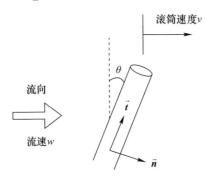

图 13.11 倾斜圆柱的流向和速度方向

式中:上标 $n$ 用于表示法向分量;$\omega^n - v^n$ 是流体相对于结构的相对速度的法向分量。如果流体向右流动,而圆柱体也向右移动,如图 13.11 所示,流体和圆柱体速度的法向分量为

$$\omega^n = |\omega|\cos\theta, v^n = |v|\cos\theta$$

在三维空间中,可能很难想象法向分量应该是什么,在这种情况下,法向分量是用公式确定的,即

$$(\omega^n - v^n)\boldsymbol{n} = \boldsymbol{t} \times (\boldsymbol{\omega} - \boldsymbol{v}) \times \boldsymbol{t} \tag{13.15}$$

式中:$\boldsymbol{t}$ 是与圆柱体相切的单位向量;× 是叉积;$\boldsymbol{n}$ 是垂直于圆柱体的单位向量。法线方向取决于流动的方向以及圆柱的倾斜度。

在某些情况下,可以包括切向阻力,并且可以写成

$$f^t = C_T \rho \frac{D}{2}(\omega^t - v^t)|\omega^t - v^t| \tag{13.16}$$

式中:$C_T$ 通常是非常小的数,是切向阻力系数。

流体力的法向分量比切向分量占主导地位。流体力不沿流体运动的方向作用似乎很奇怪。相反,力主要沿等式(13.15)所定义的法线方向作用。在 13.3.1 节中,我们将通过考虑拖曳缆索上的力来演示这意味着什么。

## 2. 流体系数的测定

阻力、惯性力和附加质量系数必须通过实验获得。然而,对于长圆柱体,$C_M$ 接近其理论极限值 2,$C_A$ 接近于统一(参见 Wilson 和 Lamb 的参考文献)。实际上,惯性和阻力系数是至少 3 个参数的函数(参见 Wilson 的参考文献),即

$$C_M = C_M(Re, K, 圆柱体粗糙度)$$
$$C_D = C_D(Re, K, 圆柱体粗糙度)$$

式中:$Re$ 是雷诺数;$K$ 是 Keulegan – Carpenter 数,即

$$Re = \frac{\rho_f UD}{\mu}$$

$$K = \frac{UT}{D}$$

式中：$\rho_f$ 是流体的密度；$U$ 是自由流速；$D$ 是结构的直径；$\mu$ 是动态或绝对黏度；$T$ 是波动周期。

Sarpkaya 广泛地研究了这些水动力系数的变化，并得到了图 13.12～图 13.14 中再现的图表。图 13.12 显示了光滑圆柱体的惯性系数和阻力系数，对于雷诺数的不同值和由 $\beta = Re/K$ 定义的约化频率 $\beta$，它是 $K$ 的函数。从这个图中，我们发现，对于较低的 $Re$ 和 $\beta$，惯性系数减小，阻力系数增加。范围为 $10 < K < 15$。发现这些系数的减小和增大是由于脱落涡引起的，脱落涡还会施加垂直于结构和流动的力。

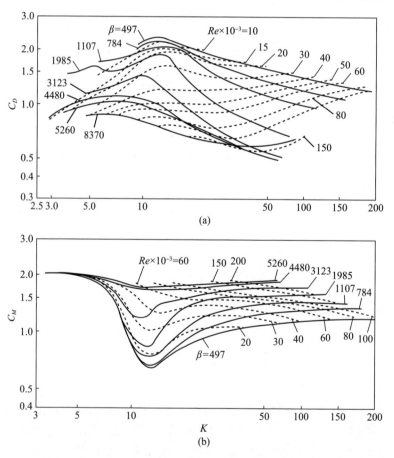

图 13.12　(a)阻力系数 $C_D$ 和(b)惯性系数 $C_M$ 在不同 $Re$ 和 $\beta$ 值的 $K$ 的函数

图 13.13 和图 13.14 显示了粗糙度为 $k/D$ 粗糙圆柱体的惯性与阻力系数，其中

$k/D$ 是粗糙度参数。图 13.13(a) 显示了雷诺数在 $10^4 \sim 10^5$ 阻力系数下降,这是阻力危机的表现。对于较大的雷诺数,阻力系数保持恒定。随着表面变得更粗糙,雷诺数较低时阻力系数降低,雷诺数较高时阻力系数增加。

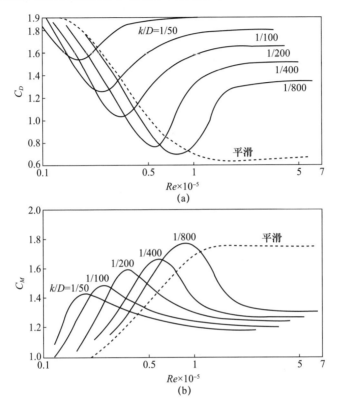

图 13.13　(a) 粗圆柱体的阻力系数 $C_D$ 和
(b) 惯性系数 $C_M$ 对于 $K=20$ 的各种圆柱体粗糙度值(用 $k/D$ 测量)作为 $Re$ 的函数

图 13.12 ~ 图 13.14 可用于获得具有已知雷诺数、Keulegan – Carpenter 数和圆柱粗糙度的流体的阻力与惯性系数的值。

### 13.2.3　涡激振动

对于非常低的雷诺数 ($Re < 4$),当流体绕过固定的圆柱体流动时,它将分离并平稳地重新结合。当雷诺数为 4 ~ 40 时,会形成涡流并重新附着到圆柱的下游侧。它们是稳定的,并且在流动中没有振荡。对于雷诺数大于大约 40 的流体,由于涡的脱落,靠近圆柱体的流体开始振荡。这些脱落涡在圆柱体上沿垂直于两个流动余隙结构的方向施加振荡力。振荡频率与称为 Strouhal 数的无量纲参数有关,该参数为

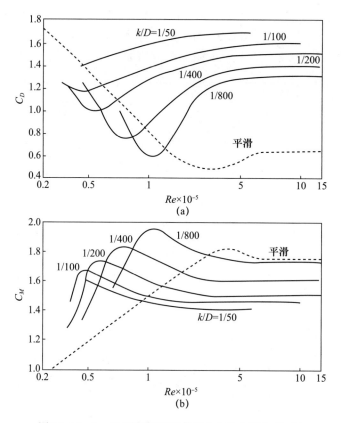

图 13.14 $k=60$ 时粗糙圆柱体的(a)阻力系数 $C_D$ 和
(b)惯性系数 $C_M$ 关于 $Re$ 的函数(用 $k/D$ 测量)

$$St = \frac{f_v D}{U}$$

式中:$f_v$ 是振荡频率;$U$ 是流动的稳定速度;$D$ 是圆柱的直径。对于圆柱体,层流时 Strouhal 数大致为 $0.22(10^3 < Re < 2 \times 10^5)$,湍流时 Strouhal 数大致为 $0.3$[①]。

由于这些脱落涡的升力可以写成

$$f_L(t) = \frac{1}{2}\rho A_f C_L U^2 \cos 2\pi f_v t$$

式中:$C_L$ 是升力系数,它也是 $Re$、$K$ 的函数,关于升力系数的表面粗糙度实验数据显示出相当大的散射,典型值范围为 $0.25 \sim 1$。对于光滑圆柱体,随着 $Re$ 和 $K$ 的增加,升力系数接近 $0.25$。应该注意,涡旋脱落力一般不是与整个圆柱体长度相关的。也就是说,涡旋脱落力的相位随长度变化。对于层流流场,静止圆柱的相关长度,即旋涡脱落的同步长度,为 $3 \sim 7$ 个直径。如果截面力是随机分配的,则净效应将很小。

---

① M. Patel, Dynamics of Offshore Structures, Butterworths and Co. ,1989。

对长度为 $L$ 的圆柱体的总力是 $Lf_L$ 的一小部分,这个小部分称为目标接受,取决于相关长度与总长度的比率。

当流体绕自由振动的圆柱体流过时,脱落频率也由圆柱体的运动控制。当脱落频率接近圆柱体的第一阶固有频率,±25%~30% 的固有频率(参见 Sarpkaya 和 Isaacson 的参考文献),圆柱体就控制了涡脱落频率。旋涡将以基本的结构固有频率而不是 Strouhal 数确定的频率脱落。这种现象称为锁定或同步,这是物体振动与流体作用之间发生非线性相互作用的结果。图 13.15 显示了在存在前两阶固有频率为 $f_1$ 和 $f_2$ 的结构的情况下,脱落频率与流速的函数关系。

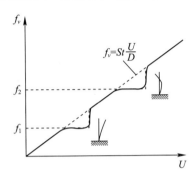

图 13.15 流体弹性同步的例子,在 $f_1$ 和 $f_2$ 的两阶自然频率处锁定

结构响应的幅度和持续存在锁定现象的流体速度范围是缩减的阻尼参数的函数,该参数被定义为阻尼力与激振力之比。① 如果缩减的阻尼参数较小,则锁定可以在更大的流速范围内持续。

现有的刚性圆柱体涡激振动模型包括单自由度模型和耦合模型。单自由度模型假定涡脱落效应是一个不受物体运动影响的外力函数。耦合模型假设控制结构运动的方程和升力系数是耦合的,因此流体和结构相互影响。②

## 13.3 实例

本节给出了 4 个实例。第一个例子说明了阻力的法向和切向分量对拖缆静态结构的作用。第二个例子显示了在存在周围流体的情况下铰接塔的运动方程是如何得

---

① J. Vandiver,"Prediction of Lock – In Vibration on Flexible Cylinders in Sheared Flow," Proceedings of the 1985 offshore Technology Conference, Paper No. 5006, Houston, 1985。

J. Vandiver,"Dimensionless Parameters Important to the Prediction of Vortex – Induced Vibration of Long, Flexible Cylinders in Ocean Currenta," Jouranl of Fluids, and strucutres, Vol. 7, No. 5, 1993, PP. 423 – 455。

② K. Billah, A Study of Vortex – Induced Vibration, Ph. D Dissertation, Princeton Uninversity, 1989。

R. D. Gabbai and H. Benaroya, "An Overview of Modeling and Experiments of Vortex – Induced Vibration of Circular Cylinders," Journal of Sound and Vibration, Vol. 282, 2005, pp. 575 – 616。

到的。第三个例子说明了如何利用长时间有效波高数据选择单次有效波高来表示某一条件。最后一个例子展示了如何从给定的功率谱重构一个时间序列。

### 13.3.1 牵引缆的静态结构

对于海洋监视、海洋和地理测量或具有仪器包的海洋探测海底电缆或遥控车辆，通常牵引在船只或潜艇后面。例如，美国国家海洋和大气管理局（NOAA）的"喷口计划"的目标是研究海底火山和热液喷口对全球海洋的影响和后果，试图定位和绘制大洋中脊系统，一个称为CTD（电导率、温度和深度传感器）的仪器包被牵引在船后面。

考虑一根缆绳和一个物体牵引在没有水流的恒速船后面的情况，如图13.16所示。电缆将形成什么样的形状？船和牵引体之间的距离是多少？

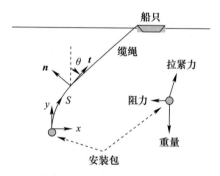

图13.16 拖曳系统处于平衡状态，作用在牵引自由体上的力

$$\sum F = ma(s,t) = 0 = \frac{\partial}{\partial s}(Tt) + f^n n + f^t t + mgk$$

式中：$m$ 为单位长度电缆的质量；$a(s,t)$ 为电缆的加速度；$s$ 为沿着电缆的坐标；$T$ 为张力$s$的函数；$(t,n,b)$ 为曲线坐标系中单位向量的集合；$k$ 为重力方向上向下的单位向量；$g$ 为重力加速度；$f^n$ 为法向牵引；$f^t$ 为切向牵引。附加质量和惯性项等于零，因为流体加速度和电缆加速度等于零。切线和诺玛拉力由式（13.16）式（13.14）给出，即

$$f^t = -C_T \rho \frac{D}{2} U^2 \sin^2\theta$$

$$f^n = C_D \rho \frac{D}{2} U^2 \cos^2\theta$$

给出了相应的标量方程

$$\frac{dT}{ds} - C_T \rho \frac{D}{2} U^2 \sin^2\theta - mg\cos\theta = 0 \qquad (13.17)$$

$$-T\frac{d\theta}{ds} + C_D \rho \frac{D}{2} U^2 \cos^2\theta - mg\sin\theta = 0 \qquad (13.18)$$

式中：$\theta$ 是切向量与垂直的、测量的正时针方向的角度，并且我们使用了以下关系式：

$$\partial t/\partial s = -(\partial\theta/\partial s)n$$

$$k = -\cos\theta t - \sin\theta n$$

式(13.17)和式(13.18)表明,外力的切向分量增加张力,而法向分量使拖缆弯曲。由于阻力的法向分量远大于切向分量,大多数流体力被用来转动缆绳。

从图 13.16 受力图可知,电缆与牵引体连接处的垂线所成的角度,可由以下方程得到

$$|T(s)\cos\theta(s)|_{s=0} = W$$

$$|T(s)\sin\theta(s)|_{s=0} = \text{Drag}$$

一旦知道牵引体的重量和阻力,就会得到张力和动量。如果与竖直方向相比,阻力可以忽略不计,并且张力必须在 $s=0$,$T(0) \approx W$ 和 $\theta(0) \approx 0$ 时等于牵引体的重量。

假设是这种情况,那么利用这些初始条件,常微分方程式(13.17)和式(13.18)可以针对 $T(s)$ 和 $\theta(s)$ 进行数值求解[①]。笛卡儿坐标 $x$ 和 $y$ 与 $\theta$ 相关,即

$$\frac{dx}{ds} = \sin\theta, \frac{dy}{ds} = \cos\theta$$

也可以通过数值积分得到。

图 13.17 描绘了 $mg = 1.5\text{N/m}$,$C_D \rho \dfrac{D}{2} U^2 = 10\text{N/m}$,$C_T \rho \dfrac{D}{2} U^2 = 0.1\text{N/m}$,$W = $

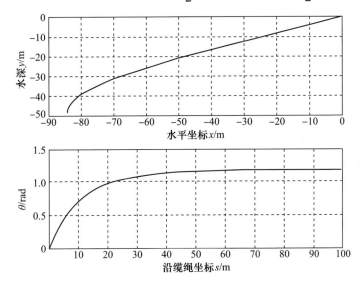

图 13.17 引缆的平衡构型及 $mg = 1.5\text{N/m}$、$C_D \rho \dfrac{D}{2} U^2 = 10\text{N/m}$、$C_T \rho \dfrac{D}{2} U^2 = 0.1\text{N/m}$、$W = 100\text{N}$ 时缆线与垂线成交的角度

---

① 利用非常简单的有限差分方程来计算。例如,方程组

$$T_{i+1} = T_i + \left(mg\cos\theta_i - C_T\rho\frac{D}{2}U^2 \sin^2\theta_i\right)\Delta s$$

$$\theta_{i+1} = \theta_i - \left(mg\sin\theta_i + C_D\rho\frac{D}{2}U^2 \cos^2\theta_i\right)\Delta s / T_i$$

其中 $T_i = T(i\Delta s)$,$\Delta s = 0.05$。

100N,电缆长度为100m 的电缆结构。船的位置是 $x = 0, y = 0$。从这些图中,$\theta$ 接近一个临界值 $\theta_{cr}$,而电缆形状靠近船时逐渐变成直线。数学上,$d\theta/ds$ 变为零。这是阻力完全与电缆重量的法向分量平衡。这个临界角可以从式(13.18)得到,即

$$mg\sin\theta_{cr} = -f^n$$

$$\frac{\sin\theta_{cr}}{\cos^2\theta_{cr}} = C_D\rho \frac{D}{2} U^2 \frac{1}{mg}$$

在我们的例子中,$\theta_{cr} = 1.184\text{rad}$,与图 13.17 一致。

### 13.3.2 铰接塔架上的流体力

海洋结构物在石油工业中用作勘探、生产、储油,必须是自给自足的,并且对于诸如钻井和生产的海洋活动来说足够稳定。一种铰接式塔,如图 13.18 所示,是海洋平台的一个例子,包括底座、轴、连接底座和轴的通用接头、压载舱与浮力舱以及甲板。压载舱提供额外的重量,使塔保持在海底,浮力舱增加浮力,使甲板在所有情况下都保持在水线以上。

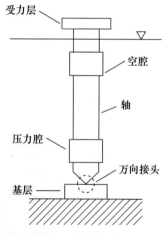

图 13.18 铰接塔示意图

铰接塔可以建模为刚性倒立摆,其中甲板建模为点质量,轴建模为均匀的刚性杆,浮力室建模为点浮力。塔架的运动可以用单自由度模型来描述[1],通过求出图 13.19 中关于点 O 的力矩,得到塔架的偏转角的运动方程,并由下式给出

$$I\frac{d^2\theta}{dt^2} = \sum M_o = mg\frac{L}{2}\sin\theta + MgL\sin\theta - Bl\sin\theta + \int_0^L f^n x dx$$

---

[1] S. Chakrabarti and D. Cotter,"Motion Analysisi of Articulated Tower,"Journal of the Waterway,Port,Coastal,and Ocean Division,ASCE,Vol. 105,1979,pp. 281 – 292。

P. Bar – Avi,Dynamic Response of an offshore Articulated Tower,Ph. D. Disssertation,Rutgers University,1996。

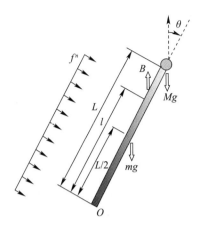

图 13.19 铰接塔受力图

式中：$I$ 为关于点 $O$ 的质量惯性矩，由表达式 $I = mL^2/3 + ML^2$ 给出；$m$ 为轴的质量；$g$ 为重力加速度；$L$ 为轴的长度；$M$ 为顶部的点质量；$B$ 为由浮力室引起的浮力；$l$ 为其力矩臂；$f^n$ 为单位长度的法向流体力；$x$ 为 $O$ 轴上的坐标。

单位长度的流体力在法线方向上为

$$f^n = C_D \rho \frac{D}{2} (\omega^n - v^n) |\omega^n - v^n| + C_M \rho \pi \frac{D^2}{4} \dot{\omega}^n - C_A \rho \frac{D^2}{4} a^n$$

其中，最后一项是法线方向上的力，由附加的质量产生，而 $v^n$ 和 $a^n$ 是物体的法线方向上的速度和加速度，由下式给出

$$v^n = x \frac{d\theta}{dt}, a^n = x \frac{d^2\theta}{dt^2}$$

如果周围流体是静止的，则流体的正常速度和加速度（$\omega$ 和 $\dot{\omega}$）各等于零。然后，由流体力引起的力矩为

$$\int_0^L f^n x dx = \int_0^L \left( -C_D \rho \frac{D}{2} x^2 \left(\frac{d\theta}{dt}\right)^2 \mathrm{sign}\left(\frac{d\theta}{dt}\right) + C_A \rho \pi \frac{D^2}{4} x \frac{d^2\theta}{dt^2} x \right) dx$$

$$= -C_D \rho \frac{D}{2} \frac{L^4}{4} \left(\frac{d\theta}{dt}\right)^2 \mathrm{sign}\left(\frac{d\theta}{dt}\right) + C_A \rho \pi \frac{D^2}{4} \frac{L^3}{3} \frac{d^2\theta}{dt^2}$$

并给出了运动方程：

$$\left( m \frac{L^3}{3} + ML^2 + C_A \rho \pi \frac{D^2}{4} \frac{L^3}{3} \right) \frac{d^2\theta}{dt^2} = \left( mg \frac{L}{2} + MgL - Bl_b \right) \sin\theta - C_D \rho \frac{D}{2} \frac{L^4}{4} \left(\frac{d\theta}{dt}\right)^2 \mathrm{sign}\left(\frac{d\theta}{dt}\right)$$

注意：对于刚性杆，法向流体阻力可直接与恢复力矩相加。给定初始条件 $\theta(0)$ 和 $d\theta(0)/dt$，运动方程可用数值方法求解。

如果假定旋转角 $\theta$ 足够小，则可以简化运动方程。特别地，在 $\theta$ 是小角度的假设下，与 1 相比，$\theta^2$ 可以忽略不计，且 $\sin\theta \approx \theta$。运动方程可以简化为

$$\left( m \frac{L^3}{3} + ML^2 + C_A \rho \pi \frac{D^2}{4} \frac{L^3}{3} \right) \frac{d^2\theta}{dt^2} + C_D \rho \frac{D}{2} \frac{L^4}{4} \left(\frac{d\theta}{dt}\right)^2 \mathrm{sign}\left(\frac{d\theta}{dt}\right) + \left( Bl_b - mg \frac{L}{2} - MgL \right) \theta = 0$$

其类似于具有非线性阻尼项的线性振动方程。注意:当刚度项($\theta$ 的系数)变为负数时,系统变得不稳定。该情况发生在浮力不够时,即

$$B < \frac{1}{l_b}\left(mg\frac{L}{2} + MgL\right)$$

这种结构的设计过程取决于强度和稳定性。在确定结构"尺寸"之前,需要进行设计迭代。

### 13.3.3　Weibull 和 Gumbel 波高分布

由美国国家海洋和大气管理局(NOAA)运营的国家浮标数据中心(NBDC)收集各个位置的海洋数据,如气压、波浪、压力和温度,并公开记录。假设我们要为有数据可用的这些位置之一设计 13.3.2 节的铰接塔。第一项任务是表征环境。使用收集到的所有信息则会效率低下且不切实际。相反,我们有兴趣选择一些可以代表典型和极端情况(如 10 年和 50 年风暴)的数字。仅考虑随机波浪需要确定代表 10 年和 50 年风暴的重要波高。

根据蒙特利湾外浮标的 NBDC 数据,表 13.2 报告了出现显著波高的次数。这些测量是 12 年来按小时进行的。我们首先使用 13.1.6 节描述的方法构造相应的 Weibull 分布。我们首先猜测 $\gamma$,以便使 $n(-\ln\{1-F(h)\})$ 与 $\ln(h-\gamma)$ 的曲线形成一条直线。图 13.20 显示了 $\gamma \approx 0.84$ 的几乎是直线的结果。这条直线的斜率和截距分别为 1.6 和 −0.78,然后,$\beta = 1.63$ 和 $m = 1.6$。

表 13.2　各种海浪的发生次数

| 主要浪高 $h/m$ | 发生次数 | 总计 |
| --- | --- | --- |
| <1 | 2367 | 2367 |
| 1~2 | 46353 | 48720 |
| 2~3 | 34285 | 83005 |
| 3~4 | 13181 | 96186 |
| 4~5 | 3813 | 99999 |
| 5~6 | 716 | 100715 |
| 6~7 | 145 | 100860 |
| 7~8 | 32 | 100892 |
| 8~9 | 8 | 100900 |
| 9~10 | 2 | 100902 |
| 总计 | 100902 | |

图 13.21 显示了实线中的 Weibull 概率密度函数和累积分布函数(式(13.9)),虚线中的 Gumbel 概率密度函数和累积分布函数(式(13.10)),以及由表 13.2 导出的符号形式的可离散性密度函数和累积分布函数。

下一步是寻找一个可以代表 $N$ 年暴雨的重要波高 $h_N$。在任何给定年份都不会有 $N$ 年风暴的概率是 $1-1/N$ 且这与当年有效波高不会超过 $h_n$ 的概率相当。在一次测量中 $h<h_n$ 的概率是 $F(h_N)$，在一年内每次测量中 $h<h_n$ 的概率是 $F(h_N)^{24\times365}$，接着

$$1-\frac{1}{N}=F(h_N)^{24\times365}$$

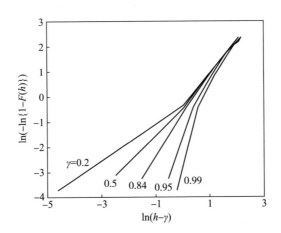

图 13.20　$\ln(-\ln\{1-F(h)\})$ 和 $\ln(h-\gamma)$ 关于 $\gamma$ 的图像

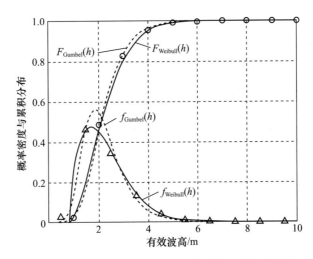

图 13.21　蒙特利湾外海区测量的有效波高的概率密度和累积分布的 Weibull 近似，这些符号表示表 13.2 中给出的值

用 Weibull 和 Gumbel 分布得到的代表 5 年、10 年和 50 年风暴的显著波高。

Gumbel 概率密度函数估计得到更高的有效波高。对于特定的数据集，Weibull 分布似乎更适合于数据（图 13.21），而 Weibull 分布是离岸工业中最常用的分布。

### 13.3.4 重建有效波高的时间序列

以前,我们发现对于一个特定的地点,显著的波高可以代表 5 年、10 年和 25 年的风暴。它们表征了皮尔逊-莫斯科维茨谱。一旦确定了谱密度,就可以使用 Borgman 方法或 Shinozuka 方法(13.1.4 节)确定波形的采样时间历程 $\eta(t)$。这里,使用 Shinozuka 方法生成随机波高程。

首先,我们发现随机频率按照 $S_{\eta\eta}^0(\omega)/\sigma_\eta^2$ 分布。关于有效波高,Pierson-Moskowitz 谱为

$$S_{\eta\eta}^0(\omega) = 0.7795\omega^{-5}\exp\left(-\frac{3.118}{H_s^2}\omega^{-4}\right)$$

方差为

$$\sigma_\eta^2 = \int_0^\infty S_{\eta\eta}^0(\omega)\,\mathrm{d}\omega = \frac{H_s^2}{16}$$

概率密度和累积分布函数由下式给出

$$f(\omega) = \frac{1}{\sigma_\eta^2}S_{\eta\eta}^0(\omega) = \frac{12.472}{H_s^2}\omega^{-5}\exp\left(-\frac{3.118}{H_s^2}\omega^{-4}\right)$$

$$F(\omega) = 1 - \exp\left(-\frac{3.118}{H_s^2}\omega^{-4}\right)$$

累计分布函数的逆为

$$F^{-1}(x) = \left(-\frac{H_s^2}{3.118}\ln(1-x)\right)^{-1/4}$$

根据 $f(\omega)$ 分布的随机频率可由从 0 到 1 之间的均匀分布的随机数 $X$ 得到。表 13.4 显示了 0~1 的均匀随机数①,以及根据 $f(\omega)$ 分布的随机频率。使用表 13.3 中 7.84m 的显著波高。

表 13.3 Gumbel 和 Weibull 分布在长期预测中代表性显著波高的比较

|  | 5 年 | 10 年 | 50 年 |
|---|---|---|---|
| Weibull | 7.84m | 8.15m | 8.79m |
| Gumbel | 8.83m | 9.33m | 10.4m |

用这种方法可以得到 100 个随机频率,用式(13.8)求出波高。随机相位 $\varphi_i$ 是通过将均匀随机数(不同于用于产生随机频率的随机数)乘以 $2\pi$ 而获得的。

---

① 利用 MATLAB 的 rand 函数生成统一的随机数。

图 13.22 显示了作为时间的函数的表面高度,作为时间的函数的水表面的相应波速(13.1.7 节),以及作为水深的函数的波速 $t=0$。注意:波速随水深衰减。

13.4 从均匀随机数生成按 $f(\omega)$ 分布的随机频率

| 均匀随机数 $0 < X < 1$ | $f(\omega)$ 随机频率分布 |
| --- | --- |
| 0.950 | $(-19.713\ln(1-0.950))^{-1/4} = 0.360$ |
| 0.231 | $(-19.713\ln(1-0.231))^{-1/4} = 0.662$ |
| 0.606 | $(-19.713\ln(1-0.606))^{-1/4} = 0.483$ |
| ⋮ | ⋮ |

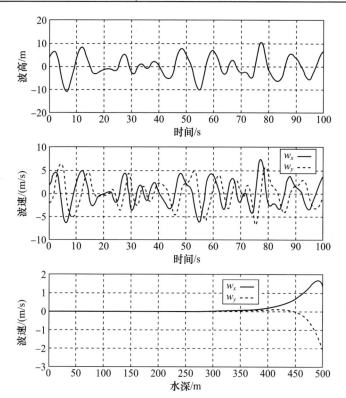

图 13.22 水面波高和相应的波速随时间变化,$t=0$ 的波速随水深变化。海底为 0,海面为 500m

## 13.4 可用的数值代码

许多数值代码可用于建模细长结构、系绳、连接管和系缆的动力学。本节中的第一个例子是由 Woods Hole 海洋研究所开发的数值代码 WHOI 缆线(WHOI Cable)解决的。WHOI 缆线是一个时域程序,用于分析拖曳和系泊缆线系统的二维和三维动力学。它考虑了系缆的弯曲和扭转以及伸长。

ISSC V7 委员会根据 11 个不同机构在 1988 年至 1991 年期间开发的计算机程序,对柔性提升管进行了比较研究,结果由 Larsen 报告[1]。最近,Brown 和 Mavrakos[2] 对悬索系缆和链式系缆的动力分析进行了对比研究,并报告了 15 种不同的数值计算结果。参加者包括工程顾问、从事海洋技术的学术和研究机构[3]。

这样的代码总是在被升级和新建。已发表的文献是获得最新信息的最佳来源。

## 13.5 本章小结

关于流体诱发振动的这一章是以专著的形式写的,本书从与教科书不同的角度更好地介绍了这个主题。以一个独立的章节,介绍了海浪和海流的建模背景、海浪高度谱密度,以及如何从这些谱密度生成各自的时间历程。时间历程被用作结构动力学模型的输入。介绍了海浪高度的短期和长期统计,讨论了以 Morinson 方程对海洋结构物上的波浪力构建的卓越模型,并对涡激振动进行了简要的讨论。典型案例包括拖缆的静态配置、铰接塔上的流体力、Weibull 和 Gumbel 波高分布的讨论,以及给定有效波高的时间序列重建。

## 13.6 格言

- 我们只有在遇到问题时才思考。——约翰·杜威(John Dewey)
- 生活是不确定的,因此要首先研究概率。——马克·纳古尔卡(Mark Nagurka)
- 一撮可能性也许值一磅。——詹姆斯·G. 瑟伯(James G. Thurber)
- 工程学就是把我们并不完全理解的材料建模成我们无法精确分析的形状,从而承受我们无法正确评估的力,从而确保公众没有理由怀疑我们无知的程度的艺术。——A. R. 戴克斯(A. R. Dykes)
- 有一件事情是肯定的,那就是,我们没有什么可以肯定;因此,我们不能肯定我们没有什么可以肯定。——塞缪尔·巴特勒(Samuel Butler)

---

[1] C. Larsen, "Flexible Riser Analysis Comparison of Results from Computer Programs," Marine Structures, Vol. 5, 1992, pp. 103 – 119。

[2] D. Brown and S. Mavrakos, "Comparative Study on Mooring Line Dynamic Loading," Marine Sturcutres, Vol. 12, 1999, pp. 131 – 151。

[3] 对比研究中包括的一些时域程序:查尔默斯理工大学的 MODEX,弗朗西斯·杜朗罗尔研究所的 FLEX-AN – C、MARIN. R. FLEX、MARINTEK 的 DYWFLX95,雅典国立技术大学的 CABLEDYN、DMOOR 由 Noble Denton Consultancy Services Ltd 提供,由 Orcina Ltd Consulting Engineerings 提供的 V. ORCAFLEX,由 Petrobras SA 提供的 ANFLEX,由伦敦大学学院提供的 TDMOOR – DYN,由 Zentech International 提供的 FLEXRISER。学术机构和政府实验室可以免费获得其中的某些程序。

- 在所有的摩擦阻力中,最阻碍人类运动的是无知,佛陀称之为"世界上最大的邪恶"。——尼古拉·特斯拉(Nikola Tesla)
- 冯·米塞斯定义了观测序列中的随机性,即无法设计一个系统来预测未知序列中的某个观测序列中的某个位置。——黛博拉·J. 贝内特(Deborah J. Bennett)

# 第14章　机电控制系统的概率模型

本章首先介绍确定性系统的控制,作为我们本章主题——机电控制系统中的概率模型的开篇。利用概率论的数学工具,将确定性的方法推广到控制系统的方法和策略中,用以处理不可预测的行为和信号,而且这种方法更普遍地应用于机械、机电或其他多学科的动态工程系统中。

一般来说,依赖于传感器、执行器、机构、仪器、控制器和微处理器的机械与进程都可称为机械系统[1]。机电一体化领域一方面应用于有许多控制回路,并在计算机控制下使用传感器和执行器等的大型系统中,如工业设备和航天飞机等;另一方面应用于相对简单的装置,如磁性轴承和家用电器等。

从数码相机到汽车(具有巡航和牵引力控制,自适应悬架和防撞系统)的许多产品和系统,都是机电一体化系统的典型案例。一些具有灵活性和人工智能的机电系统可以在不确定的环境中执行任务,并在任务进行中,通过网络通信,以最佳或接近最佳的方式自主或半自主地操作。

机电一体化学科发展了一种复杂工程系统的设计、开发和操作的综合方法。它与许多领域重叠并相互借鉴,包括系统工程、控制工程、设计工程、机械工程、电气工程、计算机科学和制造。机电一体化与这些或其他学科的构成和区别问题往往是争论的主题。人们普遍认为,与串行或顺序设计阶段相比,在机电一体化的设计过程中,学科的整合贯穿始终[2]。

机电一体化系统的特点是通过设计过程将物理系统、控制系统和计算机技术有机结合并高度集成,并且在该过程中强调系统级别的思维[3]。机电一体化系统通过应用控制系统和电子设备实现了高精度的快速响应和丰富的功能[4]。在本章,我们

---

[1] "机电一体化"一词最早由日本安川电气公司(Yaskawa Electric Company)于20世纪60年代末引入,用于描述一种新型产品,如依靠机械和电子技术集成的自动对焦相机。安川随后公布了这个名字的商标权,从那以后,它就被用于工业和教育领域,用来描述反映这一传统的系统(更多信息,请参阅 M. Tomizuka, "Mechatronics:from the 20th to 21st century," Control Engineering Practice, Vol. 10, 2002, pp. 877 – 886)。

[2] 并行工程的实践反映在协同作用和设计集成中,通常被认为是将机电一体化系统与传统的多学科系统相区别。然而,关于什么构成和区别了其他工程学科的机电一体化仍然有些含糊不清。D. Bradley, "Mechatronics More oestious than answers," Mechatronics, Vol. 20, 2010, pp. 827 – 841.

[3] 机电一体化系统的定义和特征归功于 K. C. Craig。读者可以访问网站 http://multimechatronics.com/,获取 K. C. 克雷格的一系列令人印象深刻的机电一体化文章、视频和讲座。

[4] 这些概念参见 K. C. Craig, F. Stolli, "Tenching control system design through mechatronics:academic and industrial perspectives," Mechatronics, Vol. 12, 2002. pp. 371 – 381.

将使用术语机电一体化系统指代那些通过计算机控制运行的广义上的物理系统,如机电系统。简单来说,就是控制器从传感器接收测量值,并根据计算机的控制策略向执行器发送命令。由于所有机电一体化系统的基本组成部分都是控制器(机电一体化系统无法在没有控制系统的情况下运行),因此我们将重点放在控制系统上。我们将从确定性模型开始,并建立称为随机模型的概率模型。

随机控制是控制工程的一个专业领域,它解决了诸如输入、输出和内部系统变量(状态变量)可随机变化的控制系统的分析与设计问题。随机控制问题解释了这些变量的不确定性概率,并可能包括闭环系统中的随机噪声和随机扰动。一般来说,如果可用诸如高斯分布来表征一个变量的随机性,则可以将确定性控制理论的结果扩展到随机控制理论中。

随机控制的主题很大程度上借鉴了随机过程理论[①]。它建立在最优滤波和预测理论的基础上,该理论在20世纪40年代分别由美国的Wiener和苏联的Kolmogorov独立提出,随后,在20世纪60年代发展为卡尔曼滤波。卡尔曼滤波是利用输入和输出的噪声污染测量值来确定系统状态变量的最优估计。令人惊奇的是,该方法似乎能从噪声信号中提取出状态估计。

我们只能猜测控制和机电系统中概率模型的广度和深度,因为这个主题引发了诸多学者的极大兴趣,并在数学上具有极大的挑战性。我们利用有限的数学工具来研究线性、连续时间的概率系统模型,并发展了卡尔曼滤波。在我们的研究范围之外还有许多主题,包括非线性和离散时间模型的概率方法。读者可以参考专门用于系统动力学[②]、控制、机电一体化、估计和随机系统的教科书,以填补学术空白。希望读者可以仔细阅读更多的科技论文和报告[③],本章也包含了几篇参考文献[④]。

## 14.1 确定性系统概念

在讨论概率模型之前,我们先介绍系统动力学和确定性系统的控制[⑤]。在确定性系统(由物理定律支配的动态系统)的模型中,因为其不具有随机性,并且所有事件的发生都可以确切知晓,因此,确定性模型总是能根据给定的初始条件或初始状态

---

① 随机过程由理论上无限数量的可能时间函数组成,称为实现,它无法明确地描述,但仅在概率意义上如此。

② 系统动力学的重点是建模。它属于称为系统工程的更普遍的学科,与控制有很大关系。系统工程处理整个系统的设计,考虑组件和子系统的复杂交互。

③ 在众多参考文献中,我们推荐 Q. Wang 和 R. F. Stengel 的文章"非线性不确定系统的概率控制"。出自书 Probabilistic and Randomized Methods for Design under Uncertainty, ed, G. Calafiore and F Dabbene, springer, 2006, pp 381-414。

④ 特别是,本章的部分内容大量借鉴了 A. Tewari 的书 Modern Control Design 的第 7 章关于卡尔曼滤波器的内容,John Wiley,2002 年出版。

⑤ 本节的概念适用于单输入单输出(SISO)系统。最后一小节概括为多输入多输出(MIMO)系统。

产生相同的输出结果。

### 14.1.1 反馈控制简介

通常来说,我们将发动机、机械或者建筑等需要控制的系统都称为设备。在开环系统中,设备是基于与设备输出结果无关的输入命令来操作的。换句话说,在开环控制系统中,控制动作独立于系统响应。这样系统的输出结果(即输出按预期执行)取决于系统模型的准确性和影响系统响应的不可控扰动①。

如图 14.1 所示,图中使用框图②对开环系统进行了示意图式的描述。框图中的箭头线描述了输入(如一个力)和输出(如位移)之间的因果关系。因此,框图是输出信号和输入信号的数学运算的符号。

图 14.1 开环系统框图

在图中,变量用时域变量的拉普拉斯变换来表示。输入的拉普拉斯变换为 $U(s)$,其中频域变量 $s = \mathrm{i}\omega$③。输出 $y(t)$ 的拉普拉斯变换记作 $Y(s)$,为系统由于输入而产生的响应。系统动力学特征为 $G(s)$,称为传递函数。

传递函数是线性系统的输入–输出表示形式,其定义为在系统初始条件为零的前提下,输出变量的拉普拉斯变换与输入变量的拉普拉斯变换之比。因此,在图 14.1 中,$G(s) = Y(s)/U(s)$。为了说明传递函数的概念,假设一个具有质量 $m$、黏性阻尼 $c$、刚度 $k$、位移 $x(t)$ 和应力 $F(t)$ 的单自由度机械振子。其运动方程为

$$m\ddot{x}(t) + c\dot{x}(t) + kx(t) = F(t)$$

并且,需要两个初始条件 $x(0)$ 和 $\dot{x}(0)$ 来解这个方程。位移与力④之间的传递函数为

$$G(s) = \frac{X(s)}{F(s)} = \frac{1}{ms^2 + cs + k}$$

传递函数构成了所谓的经典控制的基础。表征系统动力学的另一种方法依赖于状态空间模型。它们通过状态变量给出了与输入和输出变量相关的系统动力学的内

---

① 干扰可以是任何不期望的或不可控的影响,当与系统交互时,可能导致性能下降。
② 框图是可视化系统中输入、输出和互连的图形方法。
③ 拉普拉斯变量很复杂,通常可以写成 $s = \sigma + \mathrm{i}\omega$。在时域中,$\sigma$ 项转换为指数,$\omega$ 项转换为正弦。由于我们主要关注的是稳态正弦信号,在这种情况下 $\sigma = 0$,我们将忽略 $\sigma$。为了评估传递函数的 DC 响应,我们将 $s$ 设置为零。
④ 我们尝试使用不同的符号作为时域变量及其拉普拉斯变换。通常,小字母用于时域变量,大写字母用于该变量的拉普拉斯变换。在这种情况下,我们使用大写字母表示时域力 $F(t)$ 和力 $F(s)$ 的拉普拉斯变换,并通过参数区分两者,而不是引入新符号,如 $I(s)$。

部描述,并形成了所谓的现代控制的基础。传递函数①和状态空间模型都用于控制研究。

**例 14.1 基础激励系统的传递函数**

确定质量-弹簧-阻尼基础激励系统的传递函数如图 14.2 所示,其中输出为质量的位移 $y(t)$,输入为基座的位移 $z(t)$。

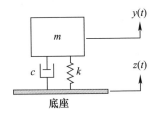

图 14.2 基础激励系统的质量-弹簧-阻尼模型

**解**:基础激励系统中质量的运动方程为

$$m\ddot{y}(t) + c\dot{y}(t) + ky(t) = c\dot{z}(t) + kz(t)$$

在零初始条件下,这个方程的拉普拉斯变换为

$$(ms^2 + cs + k)Y(s) = (cs + k)Z(s)$$

通过重新排列,质量位移与基座位移之间的传递函数为

$$\frac{Y(s)}{Z(s)} = \frac{cs + k}{ms^2 + cs + k} \tag{14.1}$$

传递函数描述了系统的输入-输出动态。

与开环控制系统相比,闭环系统包含反馈,即通过传感器测量实际系统响应,反馈并与期望响应(也称为参考输入)进行比较。通过执行器实现的控制动作依赖于参考输入和实际响应。

设计具有反馈控制的系统的目的是为了获得可接受的效果,并尽可能减少由于干扰、不准确建模和系统随时间变化而产生的不必要的行为。一些称为跟踪或伺服的系统,被设计用来跟踪(也就是说跟随)参考信号。另一些称为调节器的系统,被设计用来保持输出稳定。

我们所面临的挑战是如何设计控制系统,使其在短期(瞬态)和长期(稳态)面对已知(确定性)和随机输入(如扰动)时,产生期望的输出响应,无论是跟踪还是调节。一个成功的设计必须确保稳定性,符合规范,并且不受建模错误和系统参数随时间变化的影响。

---

① 传递函数假设系统的线性模型,输入被视为原因,输出被视为效果。尽管传递函数是控制系统分析和设计的有用工具,但它具有局限性。例如,它不能应用于非线性系统或时变系统的模型。

反馈控制成就了无数的工程,无论是从早期蒸汽机的机械调速器①还是到包含几十个控制系统的现代汽车,这些系统包括发动机控制、排放控制、牵引控制、防抱死刹车、安全气囊的部署等。

闭环反馈系统的框图如图 14.3 所示。如前所述,每个块用传递函数来表示系统动力学。被控对象的传递函数,也称为开环传递函数,是 $G(s)$,输出 $Y(s)$ 由传递函数 $H(s)$ 的传感器测量并被反馈。内部为 × 的圆 ⊗ 表示求和操作。圆的每个扇形上都有一个正号或负号,表示输入的信号是加还是减,计算结果是离开的直线②。

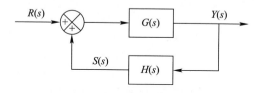

图 14.3　闭环正反馈系统框图

传感器可以通过传递函数 $H(s)$ 进行动力学建模。当选择正确的传感器时,其对输出的测量准确,响应时间短,传感器的动态特性比输出信号的动态特性快得多,并且很快就稳定下来。在这种情况下,它的传递函数可以被认为是一个常数(称为传感器灵敏度)。如果常数为 1,即 $H(s) = 1$,则控制系统有单位反馈。

1. 正反馈

在图 14.3 中,传感器反馈的信号为 $S(s) = H(s)Y(s)$,并被添加到参考输入 $R(s)$ 中,通常被设置为期望的输出③,这种反馈系统称为正反馈系统。系统输入是输入信号 $R(s)$ 和传感器反馈信号 $S(s)$ 的组合。

根据图 14.3 的方框图中的信号信息给出

$$Y(s) = G(s)(R(s) + S(s)) \\ = G(s)(R(s) + H(s)Y(s)) \tag{14.2}$$

其中方程两边都有 $Y(s)$。解方程(14.2)得到 $Y(s)$ 如下:

$$Y(s) = \left(\frac{G(s)}{1 - G(s)H(s)}\right)R(s)$$

---

① 詹姆斯·瓦特,蒸汽机的发明者,被认为是一种称为飞球调节器自动控制装置的发明者。调速器的目的是通过调节发动机的蒸汽供应来保持发动机的转速不变。它包含两个飞球,它们以与发动机速度成正比的速度绕垂直轴旋转。由于离心力,它们倾向于向外运动,这种运动是通过与蒸汽供应阀的机械连接来控制向发动机提供蒸汽的。该连杆的设计是在发动机转速过高时减少蒸汽供应,转速过低时增加蒸汽供应。

② 要组合的信号必须有相同的单位。此外,我们假设块是不交互的,因为一个块对另一个块没有加载效果。这意味着,如果块 $G_1(s)$ 和 $G_2(s)$ 是串联的(级联块),等效传递函数为 $G_1(s)G_2(s)$。

③ 控制系统的目标是将实际输出 $Y(s)$ 驱动到期望的输出。如果 $H(s) = 1$,目标是将 $Y(s)$ 驱动到 $R(s)$,因此,参考输入 $R(s)$ 是期望的输出。

其中,括号中的项称为正反馈系统的闭环传递函数①,可视为 $Y(s)/R(s)$。

对正反馈的关注是显而易见的。理论上,如果传递函数的分母消失,输出变为无穷大的可能性是存在的。在现实中,输出随着反馈路径周围的每个连续循环的增加而增加,并使得系统不稳定。例如,如果把话筒放在离扬声器太近的地方,就会发出刺耳的蜂鸣声。因此,正反馈系统的效果并不一定是令人满意的正向的。这个名字指的是变化的性质,而不是结果的可取性②(关于正反馈和负反馈以及它们之间的区别,有很多有趣的故事③)。

2. 负反馈

图 14.4 展示了一个负反馈控制系统的框图,它由控制器的传递函数 $G_c(s)$ 和被控对象的传递函数 $G_p(s)$ 串联在一起,称为正向路径。正向路径中的等效传递函数为 $G(s) = G_c(s)G_p(s)$。负反馈的概念在 1927 年由 Harold Black 正式提出。

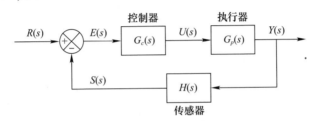

图 14.4 闭环负反馈控制系统框图

在求和点处,取参考输入 $R(s)$ 与反馈信号 $S(s) = H(s)Y(s)$ 之间的差。误差 $E(s)$ 是输入和输出信号的函数(求和点有时称为比较点,它将输入与输出的函数进行比较)。误差是控制器的输入,它在控制规律中用于生成控制动作 $U(s)$。控制动作是控制器的输出和被控对象的输入。

如果选择一个较差的控制规律,闭环系统不稳定的可能性仍然存在。然而,通过

---

① 通过设置 $H(s) = 0$ 可以恢复开环传递函数。

② 正反馈的结果是放大,一个小的扰动会导致非常大的变化。正反馈驱动系统远离其参考输入。
在早期的无线电接收器中使用了正反馈以提高灵敏度,使实际的无线电接收成为可能。埃德温·阿姆斯特朗(Edwin Armstrong,1890 年 12 月 18 日—1954 年 1 月 31 日),一位美国电气工程师,也许是最著名的调频(FM)收音机的发明者,被认为是这个想法的始作俑者。1912 年,他通过正反馈构建了电子放大器。

③ 下面的故事,可以帮助我们巩固这个想法,来自 G. Richardson, A. Pugh, Introduction to System Dynamics Modeling with Dynamo, MIT Press, Cambridge, MA, 1981, pp 11 – 12。

"负反馈和正反馈回路的稳定性和不稳定性之间的区别在连接不当的电热毯的故事中被巧妙地捕捉到了。"一对新婚夫妇的大号双人床得到了一条电热毯,这条毯子有单独的温度控制装置。双方的毯子有单独的温度设置床的……如果连接得当,应该有两个独立的负反馈系统,每个系统都可以单独控制毯子的温度,以使每个人都感到舒适。

据说这对新婚夫妇把毛毯连接错了,丈夫的温控装置控制着妻子的毯子的温度,而妻子的温控装置控制着丈夫的毯子的温度。结果……是一个令人讨厌的积极反馈系统。妻子感到很冷,便把自己这边的温度装置调高,而这对于丈夫来说太暖和了,于是丈夫把温度设置调低,使妻子感觉更冷了,于是妻子把温度设置调得更高……这样的场景将如何结束取决于读者丰富的想象力。

适当的控制规律的设计,闭环系统将是稳定的①,将按照期望执行,甚至是鲁棒的,即能够适应扰动和未建模的动态。反馈控制系统的一个主要优点是能够确保瞬态和稳态响应都符合性能规范。

对于图 14.4 的闭环负反馈控制系统,输出的拉普拉斯变换为

$$Y(s) = \left(\frac{G_c(s)G_p(s)}{1 + G_c(s)G_p(s)H(s)}\right)R(s) \tag{14.3}$$

在式(14.3)中,括号中的项是闭环传递函数 $Y(s)/R(s)$②。误差的拉普拉斯变换为

$$E(s) = \left(\frac{1}{1 + G_c(s)G_p(s)H(s)}\right)R(s)$$

为了减小误差(即 $E(s) \ll 1$),我们可以使循环增益,$G_c(s)G_p(s)H(s)$ 大于操作的频率范围,即

$$|G_c(s)G_p(s)H(s)| \gg 1$$

此外,如果环路增益较大且 $H(s) = 1$,即传感器具有单位增益且无动态(或传感器动态比系统动态快得多),则输出趋向于输入(即 $Y(s) \approx R(s)$),并满足控制系统的目标。

实现这些目标和其他相关观测的控制系统的设计一直是重要研究课题。

哈罗德·史蒂芬·布莱克
(Harold Stephen Black)
(1898 年 4 月 14 日—1983 年 12 月 11 日)

**贡献**:哈罗德·斯蒂芬·布莱克发明了消除电话反馈失真的系统,彻底改变了电信行业。成功的电信行业面临的主要挑战就是失真。他最初并没有从减少失真的角度考虑,而是试图从放大器的输出中去除失真,只留下原始的信号。他的第一个解决方案是前馈放大器,这为他赢得了多项专利中的第一项。在这个装置中,输入信号从输出中减去,只留下失真。然后,将失真分别放大,用来抵消原始信号中的失真。

---

① 闭环系统的稳定性意味着 $E(s)$ 有界或趋于零。

② 通过对方框图信号进行代数处理,可以很容易地推导出 $E(s)$ 的这个方程和下面的这个方程,其方式与前面正反馈系统类似。

这项技术奏效了,但设备很灵敏并难以维护。在 3 年多的时间里,布莱克继续完善前馈放大器,同时寻找一个更优的方法。他在 1927 年 8 月 1 日提出的解决方案是负反馈放大器。原理是通过将信号的一部分反馈给放大器,将其与原始信号进行比较,并使用比较器来降低失真,从而使通信信号中的失真得以纠正。

在 1934 年的经典论文《稳定反馈放大器》中,他提到了 H. 奈奎斯特(H. Nyquist)的稳定性理论及其与负反馈放人器的联系,其中负反馈放大器可能不稳定并振荡。因此,在奈奎斯特理论的帮助下,他能够演示一个稳定的负反馈放大器。

布莱克的负反馈思想被广泛认为是工程学中最重要和最基本的概念之一。虽然这一想法是为长途电话服务而发展起来的,但它在工程的各个领域都有应用,并被应用到工程以外的许多领域,如心理学。反馈这个词在词典中是一个众所周知的词。

布莱克的照片(大约 1941 年)展示了他使用的放大器,该放大器实现了他的想法,即通过反转部分输出并将其反馈回输入端来减少失真。

**生平简介**:布莱克出生在马萨诸塞州的莱明斯特。1921 年,他在伍斯特理工学院(Worcester Polytechnic Institute)获得学士学位(多年后,他从伍斯特理工学院获得工程学荣誉博士学位)。毕业后,布莱克于 1925 年加入了西部电气公司的西街实验室,该实验室更名为贝尔电话实验室(贝尔实验室),直到 1963 年退休,他一直是该实验室的技术人员。在他的一生中,布莱克还是一位文学评论家、教师和演说家。从 1966 年到去世,他一直致力于负反馈系统用于帮助盲人和聋人。他在新泽西州的默里山去世,享年 83 岁。

**显著成就**:1981 年,布莱克被选入俄亥俄州阿克伦的国家发明家名人堂。1981 年,他因杰出的专业成就而被伍斯特理工学院授予最高荣誉——罗伯特·H. 戈达德奖。他还获得了 10 枚奖牌、11 个奖学金、9 个奖项和无数荣誉。布莱克写了《调制理论》,并于 1953 年发表。

关于布莱克如何发现负反馈理论有一个传奇的故事。1927 年,他乘坐哈德逊河渡轮前往位于纽约市贝尔实验室的办公室时,突然想到了一个解决信号放大失真问题的办法(这是经济长途电话服务的一个根本障碍)。由于没有别的东西可用,他在一份《纽约时报》上简述了自己的想法,然后在上面签名并注明日期。他为负反馈放大器赢得的专利是他在贝尔实验室漫长而杰出的职业生涯中获得的 63 项美国专利和 278 项外国专利中最著名的一项。

3. 反馈系统的干扰

大多数控制系统都会受到不必要的干扰。这些干扰有时被分为在被控对象的输入时的干扰称为过程噪声,而在输出时的干扰称为传感器噪声或测量噪声①。

---

① 我们使用"噪声"这个术语不是声学意义上,而是更普遍地作为一个不受欢迎的随机信号。在测量中,不可避免地会受到外界的干扰。例如,加速度计可以从附近的发电机接收振动。

一般来说,传感器提供精确的频率带宽测量。在更高的频率,超过带宽上限,精度会下降,在测量噪声上通常精度下降得更加明显。

图14.5为包含这两种干扰的负反馈控制系统的框图。

这个闭环系统可以看作有3个输入,即参考$R(s)$、被控对象扰动$D(s)$和传感器噪声$N(s)$。它也有一个输出$Y(s)$,可以通过框图代数得到

$$Y(s) = \left(\frac{G_c(s)G_p(s)}{1+G_c(s)G_p(s)H(s)}\right)R(s) + \left(\frac{G_p(s)}{1+G_c(s)G_p(s)H(s)}\right)D(s) -$$
$$\left(\frac{G_c(s)G_p(s)H(s)}{1+G_c(s)G_p(s)H(s)}\right)N(s) \tag{14.4}$$

可以识别出3个传递函数:第一个括号是输出和参考输入之间的传递函数$Y(s)/R(s)$,第二个括号是输出和对象扰动之间的传递函数$Y(s)/D(s)$,第三个括号是项输出和传感器噪声之间的传递函数$Y(s)/N(s)$。

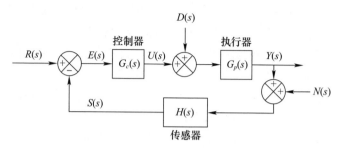

图14.5 闭环负反馈控制系统的框图
(该系统有3个输入(参考、被控对象扰动和传感器噪声)和一个输出)

式(14.4)突出了控制设计的一个基本问题:为了尽量减小被控对象扰动对输出的影响,回路增益$G_c(s)G_p(s)H(s)$应该变大,但为了尽量减小传感器噪声的影响,回路增益应该变小。这种固有的权衡是控制系统设计中的一个挑战①。

解决这种需求难题的一种方法就是频率分离。通常情况下,参照系的信号能量和被控对象扰动在低频时占主导地位,而在高频时,传感器噪声的信号能量更明显。我们的目标是使用一个在低频频段响应低噪声的传感器,在低频频段$R(s)$和$D(s)$的信号能量通常很高。然后,在$R(s)$和$D(s)$大、$N(s)$小的情况下,可以使环路增益大,而当频率较高,传感器噪声不可避免时,可以使环路增益变小。一个设计良好的控制器将在较低的频率下得到一个小的甚至可忽略的传递函数$Y(s)/D(s)$,而在较高的频率下可得到一个小的甚至可忽略的传递函数$Y(s)/N(s)$。

还可以提出若干其他意见。首先令$H(s)=0$,由式(14.4)可得开环系统的输出方程$Y_{OL}(s) = G_c(s)G_p(s)R(s) + G_p(s)D(s)$(由于在开环情况下不使用传感器,所以不会出现$N(s)$)。因此,传递函数$Y_{OL}(s)/D(s)$是被控对象的传递函数$G_p(s)$。由于不包含控制器传递函数$G_c(s)$,因此无法减小扰动的影响。

---

① 在所有的工程设计解决方案中,权衡利弊并因此而做出妥协,是家常便饭。

其次,在一个成功的设计中,参考输入和输出之间的差异应该很小。如果 $H(s)=1$,这个差值就是闭环系统的误差,记为 $E_{CL}(s)=R(s)-Y(s)$,其中①

$$E_{CL}(s) = \left(\frac{1}{1+G_c(s)G_p(s)}\right)R(s) - \left(\frac{G_p(s)}{1+G_c(s)G_p(s)}\right)D(s) +$$
$$\left(\frac{G_c(s)G_p(s)}{1+G_c(s)G_p(s)}\right)N(s) \tag{14.5}$$

如前所述,这个方程表明,要使由 $D(s)$ 引起的误差和由 $N(s)$ 引起的误差减小,首先要求循环增益 $G_c(s)G_p(s)$ 大,其次要求循环增益小,除非通过分离不同频率范围的需求,否则该需求无法实现。

式(14.5)的闭环误差有时用灵敏度函数 $S(s)$ 和互补灵敏度函数 $T(s)$ 表示为

$$E_{CL}(s) = S(s)R(s) - S(s)G_p(s)D(s) + T(s)N(s) \tag{14.6}$$

其中

$$S(s) = \frac{1}{1+G_c(s)G_p(s)}, T(s) = \frac{G_c(s)G_p(s)}{1+G_c(s)G_p(s)}$$

灵敏度函数与干扰抑制(以及期望跟踪,即 $Y(s) \to R(s)$)有关,互补灵敏度函数与传感器噪声衰减有关。由于 $S(s)+T(s)=1$,从式(14.6)可以清楚地看出,我们必须牺牲其中之一来换取另一个。典型的设计规范为低频时 $|S(s)| \ll 1$,高频时 $|T(s)| \ll 1$。②

### 14.1.2 反馈控制的优缺点

反馈控制依赖于测量输出的能力,并根据观察到的偏差使用它来改变输入,而不管是什么引起了干扰。反馈控制系统不需要知道扰动的来源或性质,并且只需要极小的关于设备本身如何工作的详细信息。

设计合理的闭环控制系统,既能保证了系统的稳定性,还可以保证系统的稳态和瞬态性能。它是鲁棒的,并且可以适应模型的不准确和参数变化。通过反馈控制,不稳定的被控对象可以稳定,并且尽管系统知识不完善,期望的跟踪或调节也还是可以实现。

综上所述,闭环控制的优点包括能够抵抗干扰,即使模型不确定(当模型与实际对象不匹配且模型参数不精确时)也能达到预期的性能时,可以稳定不稳定的被控对象,降低对参数变化的敏感性,提高参考跟踪性能。

虽然似乎应该将反馈控制应用于所有系统以提高性能,但这是有代价的。

---

① 这个误差是 $R(s)$ 和实际输出 $Y(s)$ 的差值。这与图14.5中的误差 $E(s)$ 不同,误差 $E(s)$ 是 $R(s)$ 与实测输出 $Y(s)+N(s)$ 的差值。

② 这些是波德环路整形规范的一部分:环路增益应该在低频时高,用于跟踪性能、抗干扰和对小参数变化不敏感;在高频时低,以限制其对噪声的响应,并保持稳定性,防止建模错误。

(1) 主动控制需要额外的组件,包括传感器、执行器和控制器。要实现这些组件,必须建立和维护一个更复杂的系统。除了可靠性问题之外,硬件组件的成本也很高(可以这样说,从长远来看,受控系统的成本更低,因为它的行为不容易超过规范或失效)。

(2) 传感器可能会给系统引入噪声。闭环系统可能会对这些测量误差做出反应,降低整体性能。为了克服这个问题,传感器必须具有高精确度和高信噪比[①],这无疑增加了总成本。如上所述,在对被控对象扰动的敏感性和对传感器噪声的敏感性之间存在设计权衡问题。

(3) 反馈可能会导致闭环系统的不稳定,即使对于一个开环系统来说,该系统是稳定的。由于系统固有的时间滞后,原本被认为是负反馈的东西,可能会在更高的频率变成正反馈。因此,闭环控制的使用引入了由于反馈回路滞后而产生不稳定性的可能性。尽管对于非常复杂的系统,在所有操作条件下确保稳定性并不是一件简单的事情,但控制系统的设计人员仍然必须考虑稳定性问题,并尽可能进行广泛的测试。

大多数情况下,反馈系统的优点大于缺点,而且在某些实际应用中,除了利用反馈控制之外别无选择。反馈控制系统的一个主要优点是它提供了调整瞬态和稳态性能的能力。但是,反馈在减少由被控对象扰动引起的误差和传感器噪声引起的误差之间存在着冲突。此外,它还有引入不稳定的可能性,并有额外的硬件成本。尽管有这些缺点,反馈控制系统仍然无处不在,因为它们在提高整体的性能上十分有效。

### 14.1.3 状态空间模型

系统的状态被定义为在任何给定时间内必须已知的最小变量的集合,以便确定系统对任何指定输入的未来响应。状态可以看作是系统过去历史的紧凑表示,它可以用来预测系统在响应外部输入或初始条件时的未来行为。由于 $n$ 阶微分方程的完全解需要 $n$ 个初始条件,因此动态系统的状态将由 $n$ 个量的值指定,称为状态变量[②]。

系统的未来行为可以由一组 $n$ 个一阶微分方程组成的控制动力学方程组来决定。我们注意到将一个 $n^{th}$ 阶微分方程重构为一组 $n$ 个一阶微分方程总是可能的;例如,一个二阶运动方程可以被等同地表示为两个耦合的一阶微分方程。

用一阶微分方程来描述系统动力学模型是有好处的。无论模型是由两个一阶方程组成,还是由 100 个一阶方程组成,都可以使用相同的矩阵格式,并为理解和计算

---

① 对于信号的可检测性(即观察噪声中的信号),信噪比(SNR)的定义是 SNR =(峰值信号功率)/(总噪声功率)。

② 系统的状态变量数等于建模所需的微分方程的阶数。状态变量的个数也等于系统中独立储能元件的个数。例如,质量-弹簧-阻尼振荡器的动力学可以用两个状态变量来表示,因为有两个独立的能量存储单元:质量,可以存储动能;弹簧,可以存储势能。

提供了一个有用的框架。由于许多数值积分算法都是基于一阶方程组的求解,因此这些模型适合于数值解。

在控制工程中,单输入 – 单输出系统的状态空间模型由 $n$ 个一阶微分方程和一个与输入、输出和状态变量相关的代数方程表示。通过两个单自由度振子的例子,引入了状态空间模型。

**例 14.2　质量 – 弹簧 – 阻尼系统状态空间模型**

以状态空间形式写出质量 – 弹簧 – 阻尼系统的运动方程。系统受到外力的影响。

**解:** 质量 – 弹簧 – 阻尼系统是单自由度机械振荡器。它的运动方程是二阶微分方程,$m\ddot{y}(t) + c\dot{y}(t) + ky(t) = F(t)$,其中 $y(t)$ 是质量的位移,$F(t)$ 是作用在质量上的外力[1]。解这个方程需要初始条件 $y(0)$ 和 $\dot{y}(0)$。为了写出状态空间形式的运动方程,我们首先需要定义状态变量[2]。

这里,我们把质量的位移和速度作为状态变量,即

$$x_1(t) = y(t)$$
$$x_2(t) = \dot{y}(t)$$

有了这些状态变量,运动方程可以写成

$$\dot{x}_2(t) + \frac{c}{m}x_2(t) + \frac{k}{m}x_1(t) = \frac{F(t)}{m}$$

等效为两个一阶方程为

$$\dot{x}_1(t) = \dot{y}(t) = x_2(t)$$
$$\dot{x}_2(t) = \ddot{y}(t) = -\frac{c}{m}x_2(t) - \frac{k}{m}x_1(t) + \frac{F(t)}{m}$$

或者以矩阵向量的形式表示为

$$\begin{Bmatrix} \dot{x}_1(t) \\ \dot{x}_2(t) \end{Bmatrix} = \begin{bmatrix} 0 & -1 \\ -k/m & -c/m \end{bmatrix} \begin{Bmatrix} x_1(t) \\ x_2(t) \end{Bmatrix} + \begin{Bmatrix} 0 \\ 1/m \end{Bmatrix} F(t) \tag{14.7}$$

初始条件为 $x_1(0)$ 和 $x_2(0)$。在这个符号中,大括号 { } 表示向量,方括号 [ ] 表示矩阵。式(14.7)的解可用于求位移 $y(t)$,即

---

[1] 与位移变量 $x(t)$ 相同的运动方程在本章的前面已经给出。

[2] 可以为给定的系统定义不同的状态变量集,这意味着状态空间表示不是唯一的。在实践中,我们希望选择物理变量作为状态变量,因为它们可以很容易地测量,以便在反馈循环中使用。虽然状态变量不是唯一的,但状态变量的个数是唯一的。

$$y(t) = \{1 \quad 0\} \begin{Bmatrix} x_1(t) \\ x_2(t) \end{Bmatrix} \tag{14.8}$$

并且速度 $\dot{y}(t)$ 为

$$\dot{y}(t) = \{0 \quad 1\} \begin{Bmatrix} x_1(t) \\ x_2(t) \end{Bmatrix}$$

在第二个例子之后,式(14.7)和式(14.8)得到推广。

**例 14.3** 基础激励系统的状态空间模型

以状态空间形式写出基础激励机械系统的方程。

**解**:在例 14.1 中讨论了在其基础处通过刚度和阻尼元件激励的机械系统。如果 $y(t)$ 是质量的位移而 $z(t)$ 是基础的位移,则可以写出运动方程(除以 $m$ 表示最高阶导数的单位系数)为

$$\ddot{y}(t) + \frac{c}{m}\dot{y}(t) + \frac{k}{m}y(t) = \frac{c}{m}\dot{z}(t) + \frac{k}{m}z(t)$$

或者等效为

$$\ddot{y}(t) + 2\zeta\omega_n \dot{y}(t) + \omega_n^2 y(t) = 2\zeta\omega_n \dot{z}(t) + \omega_n^2 z(t)$$

式中:$\zeta = c/(2\sqrt{km})$ 为(无量纲)阻尼比;$\omega_n = \sqrt{k/m}$ 为无阻尼固有频率(rad/s)。

由于右边的导数项,我们不能按照前面的步骤把这个二阶方程转化成两个一阶方程。为了避免这种情况,我们引入变量变换,即

$$x_1(t) = y(t)$$

$$x_2(t) = \dot{x}_1(t) - 2\zeta\omega_n z(t)$$

然后做下面的变换。我们把 $y(t)$ 代入控制方程,得到

$$\ddot{x}_1(t) + 2\zeta\omega_n \dot{x}_1(t) + \omega_n^2 x_1(t) = 2\zeta\omega_n \dot{z}(t) + \omega_n^2 z(t)$$

接下来,我们用 $x_2(t) + 2\zeta\omega_n z(t)$ 替换 $\dot{x}_1(t)$,用 $\dot{x}_2(t) + 2\zeta\omega_n \dot{z}(t)$ 替换 $\ddot{x}_1(t)$:

$$\dot{x}_2(t) + 2\zeta\omega_n \dot{z}(t) + 2\zeta\omega_n [x_2(t) + 2\zeta\omega_n z(t)] + \omega_n^2 x_1(t) = 2\zeta\omega_n \dot{z}(t) + \omega_n^2 z(t)$$

变量的变化导致 $\dot{z}(t)$ 项的消去。化简并求解 $\dot{x}_2(t)$ 的结果如下:

$$\dot{x}_2(t) = -\omega_n^2 x_1(t) - 2\zeta\omega_n x_2(t) + [\omega_n^2 - (2\zeta\omega_n)^2]z(t)$$

以矩阵-向量形式,两个一阶状态方程为

$$\begin{Bmatrix} \dot{x}_1(t) \\ \dot{x}_2(t) \end{Bmatrix} = \begin{bmatrix} 0 & 1 \\ -\omega_n^2 & -2\zeta\omega_n \end{bmatrix} \begin{Bmatrix} x_1(t) \\ x_2(t) \end{Bmatrix} + \begin{Bmatrix} 2\zeta\omega_n \\ \omega_n^2 - (2\zeta\omega_n)^2 \end{Bmatrix} z(t) \tag{14.9}$$

输出方程为

$$y(t) = \begin{Bmatrix} 0 & 1 \end{Bmatrix} \begin{Bmatrix} x_1(t) \\ x_2(t) \end{Bmatrix} \qquad (14.10)$$

其中的状态变量 $x_1(t)$ 是可以测量的输出。这些方程是式(14.1)的传递函数表示得更详细的等效函数。

这个过程可以扩展到方程右端出现高阶导数的情况。

式(14.7)和式(14.9)称为状态方程。它们可以推广为 $n$ 个一阶方程,并写成更紧凑的形式:

$$\dot{x}(t) = Ax(t) + bu(t) \qquad (14.11)$$

式中:$x(t)$ 是一个 $n$ 维列向量($n \times 1$),称为状态向量;$u(t)$ 是一个标量输入(假设是一个单输入系统);$A$ 是一个 $n \times n$ 阶系统矩阵或状态矩阵;$b$ 是一个 $n$ 维列向量($n \times 1$),称为控制影响向量。$x(t)$ 的元素是状态变量。矩阵 $A$ 定义了状态变量之间的内部相互作用;向量 $b$ 反映了输入和状态变量之间的相互作用。状态方程(式(14.11))表示与状态变量和输入相关的 $n$ 阶微分方程。

式(14.8)或式(14.10)称为输出方程。它们可以写成更一般的形式,即

$$y(t) = cx(t) + du(t) \qquad (14.12)$$

式中:$y(t)$ 是标量输出(假设是单输出系统);$c$ 是 $n$ 维的行向量($1 \times n$),称为状态输出向量;$d$ 是一个标量,称为直接传输①。向量 $c$ 连接内部状态变量到输出;标量 $d$ 直接将输入连接到输出,并且通常不存在。输出式(14.12)是一个将输出与状态变量和输入联系起来的代数方程。

在这里和下面的符号中,用黑斜体大写字母表示矩阵,用黑斜体小写字母表示向量,用明体小写字母表示标量。对于定常系统,$A$、$b$、$c$ 和 $d$ 是常数。对于时变系统,其中一个或多个是时间的函数。式(14.11)和式(14.12)分别表示线性定常 SISO 系统的状态方程和输出方程,并构成其状态空间模型。

这些方程的框图如图 14.6 所示②。与之前用拉普拉斯变量表示的框图不同,这个框图是在时域内表示的。特别地,图 14.6 是图 14.1 的时域版本,其中状态和状态变量都隐藏在块中。在传递函数表示中,状态变量是隐藏的且不可测量的。

如何解式(14.11)是一个重要的问题,它表示一组一阶微分方程。我们从如下单一一阶方程的解中得到启发,即

$$\dot{x}(t) = ax(t) + bu(t) \qquad (14.13)$$

---

① 我们注意到使用唯一变量的挑战,并希望通过上下文有清晰的表达。在例 14.1~例 14.3 中我们用字母 $c$ 表示黏性阻尼常数,而与式(14.12)中 $c$ 的意思完全不同。

② 积分块有时会显示一个额外的输入,一个箭头表示初始条件 $x(0)$。

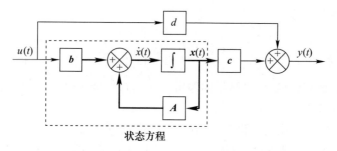

图 14.6 单输入 – 单输出系统状态和输出方程的框图
（细线表示标量信号,粗线表示向量信号,虚线框表示状态方程）

我们假设输入 $u(t)$ 和初始条件 $x(0)$ 都已知。对式(14.13)两边同时做拉普拉斯变换,得到

$$sX(s) - x(0) = aX(s) + bU(s)$$

$X(s)$ 的解通过变换得到

$$X(s) = \frac{x(0)}{s-a} + \frac{b}{s-a}U(s)$$

其逆变换[①]为

$$x(t) = e^{at}x(0) + \int_0^t e^{a(t-\tau)}bu(\tau)d\tau \tag{14.14}$$

对于矩阵向量形式的 $n$ 个一阶方程,我们寻求式(14.14)的一般化。一般化方程为

$$x(t) = e^{At}x(0) + \int_0^t e^{A(t-\tau)}bu(\tau)d\tau \tag{14.15}$$

我们假设输入 $u(t)$ 和初始状态 $x(0)$ 都已知,而且矩阵指数为

$$e^{At} = \exp[At] = I + At + \frac{A^2t^2}{2!} + \cdots + \frac{A^nt^n}{n!} + \cdots$$

收敛于所有有限 $t$ 和任意 $A$,其中 $I$ 是单位矩阵。矩阵指数通常称为状态转移矩阵,对于一个常数(即时不变),矩阵 $A$ 可以表示为

$$\Phi(t,\tau) = e^{A(t-\tau)} \tag{14.16}$$

式(14.15)可以用状态转移矩阵(初始时间为 $t_0 = 0$)表示为

$$x(t) = \Phi(t,0)x(0) + \int_0^t \Phi(t,\tau)bu(\tau)d\tau$$

右边的第一项是解的一部分,称为自由解,它只与初始条件有关;第二项称为强迫解,

---

① 这个结果是用博雷尔定理得到的。更多相关信息,请参阅 H. Benaroya, M. L. Nagurka, Mechanical Vibration, Third Edition, CRC Press, 2010, p 94。

是只与输入有关的部分。自由解与设 $u(\tau)=0$ 得到的非强制响应相同,即
$$x(t)=\Phi(t,0)x(0)$$
对于由式(14.7)定义的二阶振荡器,响应由下式给出
$$\begin{Bmatrix}x_1(t)\\x_2(t)\end{Bmatrix}=\exp\left(\begin{bmatrix}0 & 1\\-k/m & -c/m\end{bmatrix}t\right)\begin{Bmatrix}x_1(0)\\x_2(0)\end{Bmatrix}+$$
$$\int_0^t\exp\left(\begin{bmatrix}0 & 1\\-k/m & -c/m\end{bmatrix}(t-\tau)\right)\begin{Bmatrix}0\\1/m\end{Bmatrix}u(\tau)\mathrm{d}\tau$$

状态空间形式的方程可以用 MATLAB 等程序数值求解[①]。

### 14.1.4 状态空间模型的传递方程

状态方程和输出方程表示系统的完整内部描述,而传递函数只给出输入-输出关系。从状态空间模型中可以得到唯一的传递函数。为了说明这个过程,我们从状态方程开始,将方程(14.11)的两边做拉普拉斯变换并假设初始条件为零,有
$$sX(s)=AX(s)+bU(s)$$
可以求出 $X(s)$ 为
$$X(s)=[sI-A]^{-1}bU(s)$$
将这个表达式代入输出方程的拉普拉斯变换的方程(14.12),得到
$$Y(s)=(c[sI-A]^{-1}b+d)U(s)$$
输出和输入之间的传递函数可以写成
$$G(s)=\frac{Y(s)}{U(s)}=c[sI-A]^{-1}b+d \tag{14.17}$$
矩阵的逆矩阵可以用伴随矩阵除以行列式得到,我们可以把式(14.17)写成
$$G(s)=\frac{c\mathrm{adj}[sI-A]b}{\det[sI-A]}+d=\frac{P(s)}{Q(s)} \tag{14.18}$$

也就是说,有理传递函数可以写成两个多项式的比值,一般记作 $P(s)$ 和 $Q(s)$。分母多项式 $Q(s)$ 是 $[sI-A]$ 的行列式,称为特征多项式。对于 $n\times n$ 阶矩阵 $A$,它是 $n$ 次多项式。$Q(s)=0$ 的根称为传递函数的极点。由于 $\det[sI-A]=0$ 的根是 $A$ 的特征值,传递函数的极点与 $A$ 的特征值是相同的。极点决定了系统的稳定性,以及系统的自然或非强迫行为。

分子多项式 $P(s)$ 为
$$P(s)=c\mathrm{adj}[sI-A]b+dQ(s) \tag{14.19}$$

---

[①] MATLAB 是 Math Works,Inc. 的注册商标。

其中,第一项的次数小于等于 $n-1$,第二项的次数是 $n$,因为 $d$ 是标量。$P(s)=0$ 的根称为传递函数的有限零。①

在复平面即 $s$ 平面中,极点和零点的位置是反馈控制系统分析与设计的核心。

**例 14.4  状态空间方程的传递函数**

用状态空间模型确定系统的传递函数

$$\begin{Bmatrix} \dot{x}_1(t) \\ \dot{x}_2(t) \\ \dot{x}_3(t) \end{Bmatrix} = \begin{bmatrix} -2 & 0 & 1 \\ 1 & -2 & 0 \\ 1 & 1 & -1 \end{bmatrix} \begin{Bmatrix} x_1(t) \\ x_2(t) \\ x_3(t) \end{Bmatrix} + \begin{Bmatrix} 1 \\ 0 \\ 1 \end{Bmatrix} u(t)$$

$$y(t) = \{2 \quad 1 \quad -1\} \begin{Bmatrix} x_1(t) \\ x_2(t) \\ x_3(t) \end{Bmatrix}$$

**解**:对于这个三阶方程组,我们对方程(14.17)求值。分母多项式是 $[sI-A]$ 行列式给出的特征多项式,即

$$Q(s) = \det \begin{bmatrix} s+2 & 0 & -1 \\ -1 & s+2 & 0 \\ -1 & -1 & s+1 \end{bmatrix} = s^3 + 5s^2 + 7s + 1$$

$[sI-A]$ 的伴随矩阵为

$$\text{adj} \begin{bmatrix} s+2 & 0 & -1 \\ -1 & s+2 & 0 \\ -1 & -1 & s+1 \end{bmatrix} = \begin{bmatrix} s^2+3s+2 & 1 & s+2 \\ s+1 & s^2+3s+1 & 1 \\ s+3 & s+2 & s^2+4s+4 \end{bmatrix}$$

由于 $d=0$,分子多项式为 $P(s) = c\,\text{adj}[sI-A]\,b$,即

$$P(s) = \{2 \quad 1 \quad -1\} \begin{bmatrix} s^2+3s+2 & 1 & s+2 \\ s+1 & s^2+3s+1 & 1 \\ s+3 & s+2 & s^2+4s+4 \end{bmatrix} \begin{Bmatrix} 1 \\ 0 \\ 1 \end{Bmatrix}$$

$$= s^2 + 4s + 3$$

因此,传递函数为

$$G(s) = \frac{P(s)}{Q(s)} = \frac{s^2+4s+3}{s^3+5s^2+7s+1}$$

---

① 如果一个传递函数有 $m$ 个有限的零和 $n$ 个极,且 $m<n$,那么这个系统在无穷远处有 $n-m$ 个零。

需要注意的是,由传递函数确定系统状态方程和输出方程的逆问题有多个解,没有唯一的解。不同的状态空间模型可以得到相同的传递函数。这些状态空间模型可以以不同的形式写出,这称为实现。两种标准形式是物理实现和规范实现。感兴趣的读者可以在系统动力学和建模的教科书中找到关于这个主题的完整讨论。

关于传递函数的更多讨论如下:

关于传递函数还可以提出一些其他想法。当传递函数的分母多项式 $Q(s)$ 或分子多项式 $P(s)$ 的根是实数时,它们分别称为简单极点或简单零点。当它们的根是复数时,它们总是成对出现,是彼此的共轭复数。

如果所有的极点和零点都包含在 $s$ 平面的左半边(即在左半边平面上,并且不是在虚轴上),则传递函数称为最小相位,系统是稳定的。当传递函数在 $s$ 平面的右半边有一个极点或零点时,这个极点或零点是非最小相位,系统是不稳定的。

在严格正则的传递函数中,分子的次数小于分母的次数。当频率趋于无穷时,任何一个严格正则的传递函数将趋于零,这对所有物理系统都成立。如果分子多项式的次数不超过分母多项式的次数,则称传递函数为正则。因此,当 $d$ 不为 0 时传递函数是正则的,当 $d = 0$ 时传递函数是严格正则的。例 14.4 的传递函数是严格正则的。

传递函数是一个复函数,可以表示为极坐标形式,也可以表示为模相形式,如 $G(i\omega) = M(\omega)e^{i\phi(\omega)}$。这意味着,如果一个以传递函数 $G(s)$ 为代表的系统有一个振幅为 $A$ 的正弦输入,那么,它的稳态输出将是一个振幅为 $AM$ 的频率相同的正弦输出,相位偏移为角度 $\phi$。传递函数是单位脉冲响应的拉普拉斯变换,如果输入是单位脉冲,那么 $G(s) = Y(s)$,因为它的拉普拉斯变换是 1。

### 14.1.5 可控性和可观测性

由鲁道夫·卡尔曼[①]首先定义的可控性和可观测性的双重概念,在利用状态空间模型分析和设计控制系统时具有重要意义。它们表明是否有可能通过适当的输入选择来完全控制系统的所有状态变量,以及是否有可能通过输入和输出来重建系统的状态变量。这些问题有着重要的意义,因为有时状态变量不与系统的输入或输出耦合。

1. 可控性

如果能找到一个系统的输入,使每个状态变量在有限的时间间隔内从初始状态变为期望的最终状态,那么系统就是可控的;否则,系统就是不可控的。换句话说,如果状态向量的所有元素都能在有限时间内通过输入从一个值驱动到另一个值,那么系统就是可控的。如果一个系统不满足这个条件,那么一个或多个状态变量则可独立于输入而改变,系统是不可控的。

为了确定状态方程由式(14.11)给出的 $n^{\text{th}}$ 阶系统是否可控,我们引入了 $n \times n$ 阶

---

① 鲁道夫·卡尔曼的传记在本章的后半部分介绍。

的控制矩阵①

$$M_C = \begin{bmatrix} b & Ab & A^2b & \cdots & A^{n-1}b \end{bmatrix} \quad (14.20)$$

可以使用两种不同的数学测试方法来确定系统是否可控:秩检验或行列式检验。这两个测试都基于式(14.20)中定义的控制矩阵。在秩检验中,当 $M_C$ 的秩等于状态变量的个数 $n$ 时,系统是可控的;在行列式检验中,当 $M_C$ 的行列式不为零时,系统是可控的。我们注意到这两个测试之间的联系,因为如果一个矩阵的行列式不为零,那么,这个矩阵是可逆或非奇异的,因此可达到满秩②。

### 例 14.5 可控性测试

由以下状态方程描述的系统的可控性

$$\begin{Bmatrix} \dot{x}_1(t) \\ \dot{x}_2(t) \end{Bmatrix} = \begin{bmatrix} -3 & 0 \\ 0 & 2 \end{bmatrix} \begin{Bmatrix} x_1(t) \\ x_2(t) \end{Bmatrix} + \begin{Bmatrix} 0 \\ 1 \end{Bmatrix} u(t)$$

**解**:该系统的可控性矩阵为

$$M_C = \begin{bmatrix} b & Ab \end{bmatrix} = \begin{bmatrix} 0 & 0 \\ 1 & -2 \end{bmatrix}$$

它是奇异的。因此,系统是不可控的。考虑状态方程的框图(如图 14.7 中的虚线框所示)或状态变量方程,可得

$$\dot{x}_1(t) = -3x_1(t)$$

$$\dot{x}_2(t) = -2x_2(t) + u(t)$$

尽管 $x_2(t)$ 可以被 $u(t)$ 改变,$x_1(t)$ 是不会受到输入影响的,因为它不直接和 $u(t)$ 或 $x_2(t)$ 耦合。因此,状态变量 $x_1(t)$ 是不可控的。

2. 可观测性

可观测性意味着在任意时间间隔内,从系统的输入和输出中确定状态向量的所有元素的能力。可观测性的概念解决了一个对已知输入的输出进行测量是否可以确定所有的状态变量的问题。当且仅当系统的初始状态由有限时间内的输入和输出决定,则称该系统是可观测的。③

可观测性矩阵是一个 $n \times n$ 阶矩阵,定义为

---

① 要详细了解可控性矩阵的推导过程,读者可以参考 B. Friedland 的书 Control System Design – An Introduction to State – Space Methods, McGraw – Hill, 1987。同时,可控性矩阵有时也称为可达性矩阵。可达性解决了是否可能以一种暂时的方式到达状态空间中的所有点。感兴趣的读者可以在 K. J. Astrom 和 R. M. Murray 的书中找到更多信息,Feedback Systems: An Introduction for Scientists and Engineers, Princeton University Press, 2008。

② 系统的可控性对于状态坐标变换是不变的。

③ 根据定义,如果我们知道系统的初始状态,我们就可以确定指定输入的未来状态和输出。

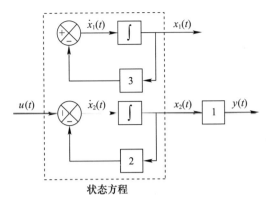

图 14.7 例 14.5 的状态方程框图

$$M_O = \begin{bmatrix} c \\ cA \\ cA^2 \\ \vdots \\ cA^{n-1} \end{bmatrix}$$

就像可控性一样，两个测试方法都可以用来确定一个系统是否可观测：秩检验或行列式检验。在秩检验中，当 $M_O$ 的秩等于状态变量的个数 $n$ 时，系统是可观测的。在行列式检验中，当 $M_O$ 的行列式不为零时，系统是可观测的。同样，我们注意到两个测试之间的联系，如果一个矩阵的行列式不为零，那么矩阵是可逆的或者非奇异的，由此达到满秩。[①]

### 例 14.6 可观测性测试

确定由例 14.5 中使用的相同状态方程和输出方程描述的系统的可观测性，即

$$y(t) = \{0 \quad 1\} \begin{Bmatrix} x_1(t) \\ x_2(t) \end{Bmatrix}$$

**解**：从例 14.5 我们知道这个系统是不可控制的。现在我们得到可观测性矩阵

$$M_O = \begin{bmatrix} c \\ Ac \end{bmatrix} = \begin{bmatrix} 0 & 1 \\ 0 & -2 \end{bmatrix}$$

是奇异的。系统是不可观测的，如图 14.7 所示，$x_1(t)$ 既不影响输出 $y(t)$，也不影响与输出耦合的 $x_2(t)$。

可以证明，一个线性时不变的单输入–单输出系统是完全可控且可观测的，当且

---

① 系统的可观测性对于状态坐标变换是不变的。

仅当其传递函数的分子和分母多项式为互质时,即除了常数外,它们没有公因数。因此,当且仅当传递函数中没有零极点消去时,状态方程才是可控且可观察的。在这种情况下,状态方程被称为传递函数的最小实现。

### 例 14.7　传递函数中的极–零点消去

确定例 14.5 和例 14.6 中描述的系统的传递函数,并调查是否有任何极零点消去。

**解**:由式(14.17)及 $d=0$ 可知,系统的传递函数为

$$G(s) = \frac{s+3}{s^2+5s+6} = \frac{s+3}{(s+2)(s+3)}$$

得到 $s=-3$ 处为零点,$s=-2$ 及 $s=-3$ 处为极点。在 $s=-3$ 处的极–零消去表示系统的可控性和/或可观测性存在问题。

### 14.1.6　状态反馈

考虑一个带有状态反馈的闭环单输入–单输出系统,如图 14.8 所示。根据线性控制律反馈的状态向量,可得

$$u(t) = k_{FL}(r(t) - \boldsymbol{k}x(t)) \tag{14.21}$$

式中:$k_{FL}$(标量)为前向循环增益;$\boldsymbol{k}$ 为 $n$ 维行向量$(1 \times n)$,即

$$\boldsymbol{k} = \{k_1 \quad k_2 \quad \cdots \quad k_n\}$$

称为状态反馈增益向量[①]。式(14.21)可以展开为

$$u(t) = k_{FL}(r(t) - k_1 x_1(t) - k_2 x_2(t) - \cdots - k_n x_n(t))$$

控制律实现负状态反馈。

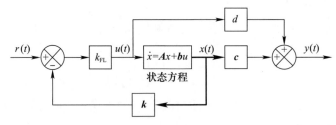

图 14.8　状态反馈闭环单输入–单输出系统框图
(细线表示标量信号,粗线表示向量信号,状态方程块对应于图 14.6 中的虚线框)

将式(14.21)代入状态方程式(14.11),得到

$$\dot{x}(t) = \boldsymbol{A}x(t) + \boldsymbol{b}k_{FL}(r(t) - \boldsymbol{k}x(t))$$

---

[①] 假设状态向量的所有元素,即所有状态变量,都可以测量。

可以写成

$$\dot{x}(t) = A_{CL}x(t) + b_{CL}r(t)$$

其中闭环系统矩阵和闭环控制影响向量分别为

$$A_{CL} = A - k_{FL}bk = A - b_{CL}k, b_{CL} = k_{FL}b$$

元素 $k$ 和增益 $k_{FL}$ 可以看作可以调整的控制参数，以达到稳定和期望的性能。确定这些参数的控制问题称为极点配置问题或特征值分配问题。

首先考虑开环系统的极点或特征值，它们是如下开环特征多项式的根，即

$$Q_{OL}(s) = \det[sI - A] = s^n + \alpha_1 s^{n-1} + \cdots + \alpha_{n-1} s + \alpha_n$$

开环系统的一个或多个极点可能位于 $s$ 平面的右半部分（或在 $i\omega$ 轴上），使系统不稳定，或者极点可能位于性能不理想的位置。通过状态变量反馈，我们可以将极点转移到期望的位置，创建一个满足期望性能的闭环系统。特别是闭环系统的极点或特征值是如下闭环特征多项式的根，即

$$Q_{CL}(s) = \det[sI - A_{CL}] = s^n + \beta_1 s^{n-1} + \cdots + \beta_{n-1} s + \beta_n$$

通过调整增益，即 $k$ 和 $k_{FL}$ 的元素，我们可以控制闭环系统的行为。

**例 14.8  状态反馈控制器的设计**

确定系统实现状态反馈的增益，即

$$\begin{Bmatrix} \dot{x}_1(t) \\ \dot{x}_2(t) \\ \dot{x}_3(t) \end{Bmatrix} = \begin{bmatrix} 0 & -6 & -20 \\ 1 & 0 & 0 \\ 0 & 1 & 0 \end{bmatrix} \begin{Bmatrix} x_1(t) \\ x_2(t) \\ x_3(t) \end{Bmatrix} + \begin{Bmatrix} 1 \\ 0 \\ 0 \end{Bmatrix} u(t)$$

$$y(t) = \{0 \quad 1 \quad 2\} \begin{Bmatrix} x_1(t) \\ x_2(t) \\ x_3(t) \end{Bmatrix}$$

使期望的极点位置是 $s = -6$ 和 $s = -3 \pm 4i$，并且单位阶跃输入的稳态误差为零。

**解**：开环极点可以从开环特征多项式的根得到，因为开环多项式为 $Q_{OL}(s) = \det[sI - A] = s^3 + 6s + 20$，则 $s = -2, s = +1 \pm 3i$ 为极点。由于复共轭对在 $s$ 平面的右半平面，开环系统是不稳定的。开环系统的传递函数为①

---

① 问题的状态方程是用一种特殊的形式写的，称为控制器规范形式。在这种形式下，通过检验可以得到特征多项式，即传递函数的分母。得到的模型保证是可控的。

$$\frac{Y(s)}{U(s)} = \frac{s+2}{s^3+6s+20}$$

由于希望闭环系统的极点是 $s = -6$ 和 $s = -3 \pm 4i$,我们可以写出闭环特性多项式 $Q_{OL}(s) = (s+6)(s^2+6s+25) = s^3+12s^2+61s+150$。因此,闭环系统的传递函数为

$$\frac{Y(s)}{R(s)} = \frac{k_{FL}(s+2)}{s^3+12s^2+61s+150}$$

对于零稳态误差的阶跃输入,我们必须有单位 DC 增益(即当 $s \to 0$ 时 $Y(s) = R(s)$),由此我们得到正向循环增益 $k_{FL} = 75$。从闭环传递函数可以得到闭环系统矩阵为

$$A_{CL} = \begin{bmatrix} -12 & -61 & -150 \\ 1 & 0 & 0 \\ 0 & 1 & 0 \end{bmatrix}$$

由于 $A_{CL} = A - k_{FL}bk$,我们可以写出

$$bk = \frac{1}{k_{FL}}[A - A_{CL}]$$

$$\begin{Bmatrix} 1 \\ 0 \\ 0 \end{Bmatrix} \{k_1 \quad k_2 \quad k_3\} = \frac{1}{75} \begin{bmatrix} 12 & 55 & 130 \\ 0 & 0 & 0 \\ 0 & 0 & 0 \end{bmatrix}$$

$$\begin{bmatrix} k_1 & k_2 & k_3 \\ 0 & 0 & 0 \\ 0 & 0 & 0 \end{bmatrix} = \frac{1}{75} \begin{bmatrix} 12 & 55 & 130 \\ 0 & 0 & 0 \\ 0 & 0 & 0 \end{bmatrix}$$

得到状态反馈增益向量 $k = \{k_1 \quad k_2 \quad k_3\} = \{0.16 \quad 0.73 \quad 1.73\}$。

### 14.1.7 状态观测

在状态反馈中,我们假设所有的状态变量都可以得到反馈。但是,在许多实际情况下,可能无法测量和控制所有(或部分)状态变量,只有被控对象的输入和输出是已知的。[①]

如果所有的状态变量都不可观察,则可以使用输入和输出来驱动一个输出近似

---

[①] 输入-输出设备模型通常是由给定传递函数的系统的频率响应测试产生的。当传递函数模型转换为状态空间模型时,唯一可以访问的状态变量是分配给对象输出的状态变量。所有其他状态都是由数学产生的,可能根本不对应于物理变量。它们显然无法测量(有关实现状态变量反馈的挑战的更多信息,请参阅 K. Dutton, S. Thornpsonl and B. Barraclough, The Art of Control Engineering, Prentice–Hall, 1997, p. 439)。

于状态向量的系统。这个系统称为全状态观测器,如图 14.9 所示。观测器的输出是一个估计状态 $\hat{x}(t)$,可用于实现全状态反馈控制①。因为它的功能是估计状态,观测器有时被称为状态估计器②。

图 14.9　单输入 – 单输出对象及其状态观测器关系的概述框图
（细线表示标量信号,粗线表示向量信号）

图 14.10 显示了单输入 – 单输出系统的状态观测器的详细框图③。执行器的特征在于线性时不变的状态方程和输出方程,即式(14.11)和式(14.12)。观测器是基于模型的,使用与被控对象相同的模型,但是其不访问实际状态,因此它必须估计状态。从图 14.10 中可以看出,观测器的估计状态方程可以写成

$$\frac{\mathrm{d}}{\mathrm{d}t}\hat{x}(t) = \dot{\hat{x}}(t) = A\hat{x}(t) + bu(t) + h(y(t) - \hat{y}(t)) \tag{14.22}$$

式中:$\hat{y}(t) = c\hat{x}(t) + du(t)$ 是观测器的估计输出;$h$ 是一个 $n$ 维的列向量($n \times 1$),称为观测器增益向量。式(14.22)复制了被控对象状态方程,但现在是用估计状态表示的,包括一个修正项 $h(y(t) - \hat{y}(t))$。

为了使这个校正项最小化,我们可以设计 $h$ 使残差 $y(t) - \hat{y}(t)$ 最小化。这等价于最小化 $x(t) - \hat{x}(t)$,使估计状态收敛于实际状态。全状态观测器的一个重要特征是如果在任意时刻 $\tau$,$\hat{x}(\tau) = x(\tau)$,那么对于所有的 $t \geq \tau$,$\hat{x}(t) = x(t)$。由式(14.22)控制的全状态观测器称为龙伯格观测器。

将 $\hat{y}(t)$ 代入式(14.22),得

$$\dot{\hat{x}}(t) = [A - hc]\hat{x}(t) + (b - hd)u(t) + hy(t) \tag{14.23}$$

式(14.23)支配着观测器的动力学状态。估计状态的响应基于两个"输入",即系统输入 $u(t)$ 和系统输出 $y(t)$,以及估计状态的初始条件 $\hat{x}(0)$。

将 $y(t)$ 的输出式(14.12)代入式(14.23),减去状态方程(14.11)对 $\dot{x}(t)$ 的结

---

① 我们的讨论集中在估计所有状态变量的观测器,有时也称为全阶观测器。我们将不讨论利用某些状态变量可能是可用的,因而不需要估计的事实的简化顺序观察员。降阶观测器只估计不可测的状态变量,而不是直接可测的状态变量。

② 有几位作者更喜欢用"估测器"而不是"观测器",因为它更能描述其功能。"观测器"一词可能意味着对状态的直接测量,而这种测量并不发生(参见 S. H. Zak, Systems and Control, Oxford University Press, 2003, p127)。

③ 通过结合两个连续的夏季,可以以更紧凑的形式绘制 14.10 图。它以显示的形式绘制,以显式形式显示估计的输出 $\hat{y}(t)$。

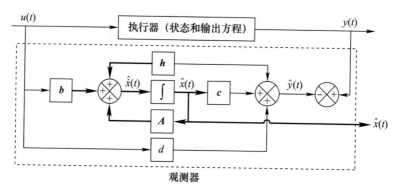

图 14.10 单输入 – 单输出对象线性时不变状态观测器的框图
（细线表示标量信号，粗线表示向量信号，虚线框表示观测器）

果，化简得到

$$\dot{e}(t) = [A - hc]e(t) \tag{14.24}$$

状态与估计状态的差值 $e(t) = x(t) - \hat{x}(t)$ 称为状态估计误差。该误差可以被驱使为零并且使其快速衰减，如果如下式所示的观测器系统矩阵的特征值

$$A_o = A - hc \tag{14.25}$$

被正确选择（下标 o 表示观测器）。因此，设计目标是找到一个合适的 $h$，对于任何初始状态估计误差 $e(0)$，当 $t \to \infty$ 时，$e(t) \to 0$。结果表明，如果原始系统是可观测的，那么 $A_o$ 的特征值可以任意选择①。式(14.24)可以简写为 $\dot{e}(t) = A_o e(t)$，状态估计误差的响应只受初始条件 $e(0)$ 控制。

### 例 14.9  观测器的设计

考虑控制轴的速度这部分机电系统，可以近似为单输入 – 单输出被控对象并建立传递函数

$$\frac{Y(s)}{U(s)} = \frac{1}{s^2 + 3s + 4}$$

式中：$Y(s)$ 为轴的速度的拉普拉斯变换；$U(s)$ 为驱动电机电压的拉普拉斯变换。设计一个观测器来估计系统的状态变量②。

**解**：在继续求解之前，我们考虑使用观测器的动机是什么。由所给传递函数，可知被控对象的开环特征多项式为 $Q_{OL}(s) = s^2 + 3s + 4$，极点为 $s = -1.5 \pm 1.3i$（对于

---

① 本声明的证明使用了二元性质。如果对 $(A, c)$ 是可观测的，那么对 $(A^T, c^T)$ 是可控的。可以任意选择 $[A^T - c^T h^T]$ 的特征值。它们与 $[A - hc]^T$ 或 $[A - hc]$ 的特征值相同。

② 这个例子是从 K. Dutto, S. Thompson 和 B. Barracloug 的书中的例 9.1 修改而来的, The Art of Control Engineering, Prentice – Hall, 1997, pp. 446 – 449。

被控对象,自然频率为 $\omega_n = 2\text{rad/s}$,阻尼比为 $\zeta = 0.75$)。通过使用状态变量反馈将闭环极点移动到不同的位置(可能使阻尼比接近 1,以使系统具有临界阻尼),可能会加快系统的动态响应,并减少对阶跃输入的响应变化的超调。

传递函数的状态空间表示(在本例中,可以通过检查写出)为

$$A = \begin{bmatrix} 0 & 1 \\ -4 & 3 \end{bmatrix}, b = \begin{Bmatrix} 0 \\ 1 \end{Bmatrix}, c = \{1 \quad 0\}, d = 0$$

(我们注意到这是一种可能的表示,它不是唯一的)从向量 $c$ 和 $d = 0$ 可以看出状态变量 $x_1$ 是输出。状态变量 $x_2$ 是隐藏的,无法测量和反馈。因此,我们需要一个观测器来估计状态。

我们必须首先检查系统是否可观测。可观测性矩阵为

$$M_0 = \begin{bmatrix} C \\ CA \end{bmatrix} = \begin{bmatrix} 1 & 0 \\ 0 & 1 \end{bmatrix}$$

它是满秩(也就是秩为 2),这样我们就可以继续设计了。

由式(14.25)知,可观测系统矩阵为

$$A_o = \begin{bmatrix} 0 & 1 \\ -4 & 3 \end{bmatrix} - \begin{Bmatrix} h_1 \\ h_2 \end{Bmatrix} \{1 \quad 0\} = \begin{bmatrix} -h_1 & 1 \\ -4 - h_2 & -3 \end{bmatrix}$$

由此我们可以计算出观测器特征多项式,即

$$Q_o(s) = \det[sI - A_o] = \det\begin{bmatrix} s + h_1 & -1 \\ 4 + h_2 & s + 3 \end{bmatrix} \quad (14.26)$$

$$= s^2 + (3 + h_1)s + (4 + 3h_1 + h_2)$$

为了得到 $h_1$ 和 $h_2$,我们需要确定两个观测器极点的位置,即式(14.26)的根。我们知道需要使观测器的动态比被控对象的动态"快"(否则,观测器的动态将占主导地位)。被控对象的极点为 $s = -1.5 \pm 1.3i$,我们可以选择观测器极点的实部为 $s = -15$,使观测器动态比被控对象快 10 倍。但是,这仍然给我们留下了 3 个选择。

(1) 在 $s = -15$ 的左边取两个不同的实数极点。根据我们对二阶系统的了解,这个选项将给出一个过阻尼观测器响应。这样做很不寻常,因为我们希望观测器尽可能快地跟踪被控对象的行为,所以我们拒绝这个选择。

(2) 在 $s = -15$ 处取两个相等的实数极点。该选项将给出一个临界阻尼的观测器,具有尽可能快的上升时间[①],而不会在阶跃响应中出现超调。这是一种合理的可能性。

(3) 使极点成为实部为 $s = -15$ 的复共轭对。第三种选择将在估算中提供更快的上升时间,但代价是其阶跃响应中会出现超调[②]。根据实际应用,这可能是所希望

---

[①] 上升时间定义为信号响应从 $x\%$ 上升到 $y\%$,从初始值上升到最终值所需的时间。一般来说,0~100% 的上升速度适用于欠阻尼二阶系统,5%~95% 适用于临界阻尼系统,10%~90% 适用于过阻尼系统。

[②] 阻尼比应保持在 0.707 以上,以避免观测器频率响应出现共振。这个阻尼比的值对应于大约 4.3% 的阶跃响应超调。

的,也可能不是。

对于这个例子,我们采用第二个选项,两个观测器极点都在 $s=-15$,这意味着观测器具有特征方程:

$$Q_o(s) = (s+15)^2 = s^2 + 30s + 225 \tag{14.27}$$

(对于观测器,自然频率为 $\omega_n = 15\text{rad/s}$,阻尼比为 $\zeta = 1$。)

为了使观测器按需行事,式(14.26)和式(14.27)必须一致。比较两个方程并将相似的系数等效以给出观测器的增益 $h_1 = 27$ 和 $h_2 = 140$。因此,观测器增益向量和观测器系统矩阵分别为

$$\boldsymbol{h} = \begin{Bmatrix} 27 \\ 140 \end{Bmatrix}, \boldsymbol{A}_o = \begin{bmatrix} -27 & 1 \\ -144 & -3 \end{bmatrix}$$

在有和没有观测器的情况下,对系统进行单位阶跃变化输入进行模拟测试。在模拟中,假设被控对象初始条件为零,任取观测器初始条件,如 $\hat{x}_1(0) = 0.5, \hat{x}_2(0) = 0$。图14.11 和图 14.12 分别显示了状态变量1和状态变量2的状态和估计状态响应。对于两个状态变量,观测器响应在大约0.5s内接近被控对象响应并且此后相匹配。

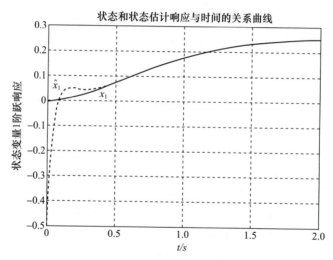

图 14.11 例 14.9 的状态变量 1(实线)和估计状态变量 1(虚线)的阶跃响应

在观测器的设计中,我们做了一些假设。首先,假设观测器中的 $\boldsymbol{A}$、$\boldsymbol{b}$、$\boldsymbol{c}$ 和 $d$ 与被控对象完全相同。因为如果存在差异,那么估计状态和估计误差的动态不再分别由式(14.23)和式(14.24)控制。这意味着误差可能不会如预期的那样接近零。其次,我们假设观测器的动力学显著"快"于被控对象。这可使我们能够有效地忽略观测器的瞬时动态,并将估计状态视为实际状态。因此,我们需要选择 $\boldsymbol{h}$ 使得观测器稳定,在存在小的建模误差的情况下估计误差仍然可接受,并且观测器动态响应明显比对象的更"快"。

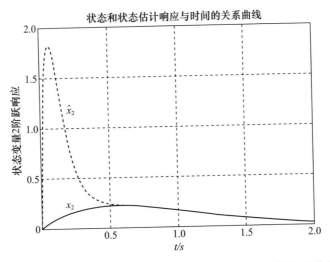

图 14.12　例 14.9 的状态变量 2(实线)和估计状态变量 2(虚线)的阶跃响应

### 14.1.8　用状态观测器进行状态反馈控制

图 14.13 为使用状态观测器实现状态反馈的闭环单输入 – 单输出系统,它与图 14.8 相似,只是这里的状态是由观测器估计的。我们可以证明,独立地解决状态估计和控制设计这两个问题是可能的,即观测器的设计与反馈系统的设计是分离的。这将导致比其他情况更简单的设计过程。

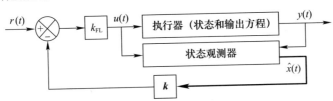

图 14.13　估计状态反馈的闭环单输入 – 单输出系统的框图
(细线表示标量信号,粗线表示向量信号)

1. 分离原理的推导

假设完整状态 $x(t)$ 不能用于反馈,并且使用完整状态观测器来提供状态向量的估计值 $\hat{x}(t)$,则式(14.21)中的反馈控制律变为

$$u(t) = k_{\mathrm{FL}}(r(t) - \boldsymbol{k}\hat{x}(t)) \tag{14.28}$$

我们需要确定式(14.28)中的反馈控制律是否能得到一个稳定的闭环系统。把式(14.28)代入状态方程(14.11),得到

$$\dot{x}(t) = \boldsymbol{A}x(t) + \boldsymbol{b}k_{\mathrm{FL}}(r(t) - \boldsymbol{k}\hat{x}(t)) \tag{14.29}$$

由于 $e(t) = x(t) - \hat{x}(t)$,我们得到

$$\dot{x}(t) = [A - bk_{FL}k]x(t) + [bk_{FL}k]e(t) + bk_{FL}r(t) \quad (14.30)$$

状态估计误差方程(14.24)保持不变。用矩阵向量的形式写出式(14.24)和式(14.30),得到

$$\begin{Bmatrix} \dot{x}(t) \\ \dot{e}(t) \end{Bmatrix} = \begin{bmatrix} A - k_{FL}bk & k_{FL}bk \\ 0 & A - hc \end{bmatrix} \begin{Bmatrix} x(t) \\ e(t) \end{Bmatrix} + \begin{Bmatrix} k_{FL}b \\ 0 \end{Bmatrix} r(t) \quad (14.31)$$

稳定性是由式(14.31)中矩阵的特征值决定的。重要的结果是,特征值是由 $[A - bk_{FL}k]$ 的特征值与 $[A - hc]$ 的特征值联合给出的。我们可以设计闭环系统以便获得稳定性,通过假设可以访问全状态向量并独立设计观测器以使其稳定。结果反馈控制器稳定得到了保证。

设计的目标是找到 $k_{FL}$、$k$ 和 $h$ 以实现所需的闭环性能。设计过程涉及两个单独的步骤。第一步是选择控制增益(正向环路增益和状态变量反馈增益),使得闭环系统具有所需的动态性能。第二步是选择观测器的增益,使观测器足够"快",使其瞬态响应比被控对象的响应快得多。① 这些步骤的独立性称为分离原则。

**2. 进一步的建议**

通过操纵这些方程,可以根据估计状态找到参考输入和输出之间的关系。为了简化代数运算,我们考虑 $d = 0$ 的情况,因此 $\hat{y}(t) = c\hat{x}(t)$。把这个方程和式(14.28)代入式(14.23)化简得到

$$\dot{\hat{x}}(t) = [A - k_{FL}bk]\hat{x}(t) + k_{FL}br(t)$$

利用 $\hat{y}(t) = c\hat{x}(t)$,可以得到

$$\dot{\hat{y}}(t) = c[A - k_{FL}bk]\hat{y}(t) + k_{FL}cbr(t)$$

该微分方程将参考输入与估计输出联系起来,并且不包括观测器增益。因此,估计状态反馈系统的输入和输出之间的关系与观测器动态无关。

通过对方程进行拉普拉斯变换,得到参考输入与估计输出之间的传递函数为

$$\frac{\hat{Y}(s)}{R(s)} = k_{FL}c[A - k_{FL}bk]^{-1}b$$

观测器动态不影响传递函数的原因是:从参考输入的角度看,估计的状态变量是不可控的。然而,估计的状态变量通常可以从输出中观察到,并且可能对初始条件下的瞬态响应有贡献。

总之,基于观测器的状态反馈是一种被广泛采用的"现代"控制技术。这部分归因于分离原则。然而,观测器设计与控制设计的独立性在一般情况下并不适用。例

---

① 最好的办法是在 $s$ 平面的左侧设置一个非常深的观测器极点,以确保响应速度非常快。然而,更快的衰减意味着更大的增益,可能导致信号饱和和不可预测的非线性效应(S. H. Zak, Systems and Control, Oxford University Press, 2003, p. 133)。

如,当考虑模型误差和外来输入的影响时,它是无效的。

### 14.1.9 多变量控制

在本节中,我们将前面的单输入单输出(SISO)概念扩展到多变量系统,通常称为多输入多输出(MIMO)系统。状态空间模型,即时域模型,比频率响应模型(传递函数)更常用于 MIMO 系统;它们提供关于系统内部行为和输入–输出行为的信息。然而,可以通过传递函数矩阵来表示 MIMO 系统中的输入–输出关系。这个矩阵的每个元素都是一个传递函数,它将一个特定的输出与一个特定的输入相关联,并假设所有其他输入都为零。

多变量控制的挑战在于不同输入和输出之间的耦合。在传递函数矩阵中,这种耦合用非零的非对角元素在数学上表示。其中一种方法(如果可能)是解耦系统,然后独立处理每个循环。这并不总是可实现的。从历史上看,控制工程师忽略了耦合项来希望它们不会发挥重要作用。有时这个方法奏效,但很多时候都没有用。

除了状态空间方法提供的内部表示的优点外,还有一个显著的优点。我们可以研究多变量系统,而不需要改变 SISO 系统的符号框架。

1. MIMO 系统的状态空间模型

从我们对 SISO 系统的讨论出发,可以用状态方程写出定常 MIMO 系统的状态空间表达式

$$\dot{x}(t) = Ax(t) + Bu(t) \quad (14.32)$$

输出方程为

$$y(t) = Cx(t) + Du(t) \quad (14.33)$$

如前所述,向量用黑斜体小写字母表示,矩阵用黑斜体大写字母表示,$x(t)$ 向量是一个 $n \times 1$ 的状态向量($n$ 维列向量的状态变量),输入向量 $u(t)$ 是一个 $m \times 1$ 的状态向量($m$ 维列向量的控制输入),输出向量 $y(t)$ 是一个 $p \times 1$ 的状态向量($p$ 维度列向量的输出变量)。系统矩阵 $A$ 为 $n \times n$ 阶矩阵,控制影响矩阵 $B$ 为 $n \times m$ 阶矩阵,状态输出矩阵 $C$ 为 $p \times n$ 阶矩阵,直接传输矩阵 $D$ 为 $p \times m$ 阶矩阵。式(14.32)和式(14.33)的关系如图 14.14 的框图所示。

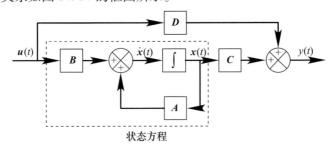

图 14.14 MIMO 系统状态和输出方程的框图(粗线条表示向量信号)

对于给定的初始条件 $x(t_0)$，式(14.32)的解可以表示为

$$x(t) = \boldsymbol{\Phi}(t,t_0)x(t_0) + \int_{t_0}^{t} \boldsymbol{\Phi}(t,\tau)\boldsymbol{u}(\tau)\mathrm{d}\tau \qquad (14.34)$$

式中：$(t,t_0)$ 为式(14.16)中给出的状态跃迁矩阵，初始时间一般为零。式(14.34)中的积分通常称为矩阵叠加积分。由式(14.34)的微分可得式(14.32)。

2. MIMO 系统的传递函数

正如我们之前所做的，从状态空间表达式中确定传递函数矩阵是可实现的。对式(14.32)两边做拉普拉斯变换，假设初始条件为零，可以得到

$$s\boldsymbol{X}(s) = \boldsymbol{A}\boldsymbol{X}(s) + \boldsymbol{B}\boldsymbol{U}(s)$$

解方程得到

$$\boldsymbol{X}(s) = [s\boldsymbol{I} - \boldsymbol{A}]^{-1}\boldsymbol{B}\boldsymbol{U}(s)$$

将这个表达式代入式(14.33)的拉普拉斯变换，得到

$$\boldsymbol{Y}(s) = [\boldsymbol{C}[s\boldsymbol{I} - \boldsymbol{A}]^{-1}\boldsymbol{B} + \boldsymbol{D}]\boldsymbol{U}(s)$$

输出和输入之间的传递函数矩阵可以写成

$$\boldsymbol{G}(s) = \boldsymbol{C}[s\boldsymbol{I} - \boldsymbol{A}]^{-1}\boldsymbol{B} + \boldsymbol{D}$$

式中：$\boldsymbol{G}(s)$ 是一个含有 $p \cdot m$ 个传递函数的 $p \times m$ 阶矩阵。对于 $m$ 中的每一个输入，都有 $p$ 个传递函数，每个输出都有一个传递函数。

3. MIMO 系统的可控性和可观测性

将可控性和可观测性的双重概念推广到 MIMO 系统中。这些性质可以告诉我们是否有可能通过适当的输入选择来完全控制系统的所有状态变量，以及是否有可能通过输入和输出来重建系统的状态变量。

为了确定状态式(14.32)的 $n^{\text{th}}$ 阶系统是否完全可控，我们引入可控性矩阵 $\boldsymbol{M}_C(n \times nm$ 维$)$，即

$$\boldsymbol{M}_C = [\boldsymbol{B} \quad \boldsymbol{AB} \quad \boldsymbol{A}^2\boldsymbol{B} \quad \cdots \quad \boldsymbol{A}^{n-1}\boldsymbol{B}]$$

当 $\boldsymbol{M}_C$ 的秩等于 $n$ 时系统是可控的，其中 $n$ 是状态变量的个数。

如果给定输入 $\boldsymbol{u}(t)$ 存在一个有限的时间且已知 $\boldsymbol{u}(t)$、$\boldsymbol{A}$、$\boldsymbol{B}$、$\boldsymbol{C}$ 和 $\boldsymbol{D}$，系统就可以观测到初始状态 $x(t_0)$。可观测性矩阵 $\boldsymbol{M}_O$（维度为 $np \times n$）为

$$\boldsymbol{M}_O = \begin{bmatrix} \boldsymbol{C} \\ \boldsymbol{CA} \\ \boldsymbol{CA}^2 \\ \vdots \\ \boldsymbol{CA}^{n-1} \end{bmatrix}$$

如果 $\boldsymbol{M}_O$ 的秩等于 $n$，即状态变量的个数，那么系统是可观测的。

### 4. MIMO 系统的状态反馈

反馈的一种方法,称为状态反馈,是将状态向量 $x(t)$ 乘以一个 $m\times n$ 阶反馈增益矩阵 $K$,返回结果向量,并从参考输入中减去它。如图 14.15 的框图所示,是没有前向循环增益的图 14.8 的推广。

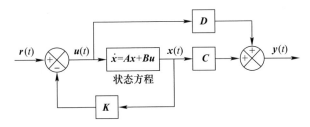

图 14.15　MIMO 系统的状态反馈(粗线条表示向量信号)

输入方程为
$$u(t) = -Kx(t) + r(t)$$
可代入状态和输出方程,得到闭环方程,即
$$\dot{x}(t) = [A - BK]x(t) + Br(t)$$
$$y(t) = [C - DK]x(t) + Dr(t)$$
闭环系统矩阵为 $A_{\text{CL}} = [A - BK]$。设计的挑战是为稳定性和期望的性能选择 $K$ 的元素。在许多系统中,输入没有直接传输到输出,这意味着 $D$ 不存在,则输出方程简化为更简单的形式,即
$$y(t) = Cx(t)$$

### 5. MIMO 系统的状态观测器

MIMO 系统中估计状态的观测器的概念直接来自于 SISO 系统中提出的概念(14.1.7 节)。MIMO 系统的观测器将在本章中的卡尔曼滤波的开发部分讨论。分离原理适用于有状态观测器的 MIMO 系统的状态反馈控制。

## 14.2　随机系统概念

随机系统是会受随机噪声影响的系统。大多数物理过程是随机的,但是当噪声含量或其影响可以忽略不计时,它们被认为是确定的。在确定性系统中,如果状态是已知的,那么状态可以在以后的任何时候确定。通常,状态由初始条件指定。在实际系统中,由于干扰、传感器和其他测量误差以及未知的动力学因素,存在不确定性。不像确定性过程,状态在每个时刻都有一个确定的值,随机过程只能用概率来描述。[①]

---

① 我们之所以对用概率工具描述随机过程感兴趣,是因为我们不只是想描述一次实验中发生的特定情况,更确切地说,我们需要的是同一实验在许多实现中可能的结果范围的信息。

### 14.2.1 统计和随机

在前几章中,我们没有区分 stochastic 随机系统和 random 随机系统,而是交替使用这些术语。形式上,这两类非确定性系统是被区分开的。

(1)在 stochastic 随机系统中,即使初始条件是已知的,它也是不可能去预测稍后的时间状态的。换句话说,根据随机支配定律和初始条件,我们只能确定一个状态的概率,而不能确定状态本身。许多自然系统所遇到的扰动——如航天器上流星和粒子的撞击、飞机和陆地车辆上的阵风和大气湍流以及其他环境扰动——可以看作是随机系统的输出。

(2)在 random 随机系统中,没有明显的支配物理定律。有些自然现象是如此复杂,以致于无法模拟它们的物理规律。例如,由于气象条件似乎是随机的,环境温度可以看作是随机系统的输出。

在实际中,很难区分 stochastic 随机和 random 随机系统。由于我们无法准确地识别初始条件或初始条件的测量误差,很难区分非确定性(stochastic 随机或 random 随机)系统及无法正确预测其未来状态的确定性系统(双摆是确定性系统的一个经典例子,由于初始条件的高灵敏度,其行为似乎是混乱的)。

按照惯例,并且为了避免实际困难,我们将把所有不可预测的系统——确定性系统和非确定性系统——都视为随机系统。我们将使用相同的概率方法来研究这些系统的行为。我们将交替使用"stochastic 随机""random 随机"和"不可预测"这 3 个词,并使用概率模型来处理这些系统。

### 14.2.2 概率背景

在前几章使用的记号中,我们用大写字母表示随机过程。在这里,我们遵循系统动力学和控制文献中常用的符号,即使用一个黑斜体小字母 $x(t)$ 表示状态向量,尽管我们现在认为它是随机的。与确定性系统不同,随机系统的初始状态 $x(t_0)$ 不足以确定当 $t > t_0$ 初始时间时的未来状态 $x(t)$。状态 $x(t)$ 是一个向量;它的元素是标量状态变量,$x_1(t), x_2(t), \cdots, x_n(t)$。

要预测未来的状态,我们必须根据对许多类似系统的统计分析来做出一个有根据的猜测,即在给定的时间点 $t$ 上取它们未来状态的平均值,即

$$x_m(t) = \frac{1}{N}\sum_{i=1}^{N} x_i(t) \tag{14.35}$$

式中:$x_i(t)$ 是 $i = 1, 2, \cdots, N$ 时 $i^{th}$ 系统的状态。

由于 $x_m(t)$ 是我们在研究 $N$ 个相似的随机系统后所期望的状态,故又称状态的期望值,表示为

$$x_m(t) = E\{x(t)\}$$

式中：$E\{\cdot\}$ 是期望值运算符，它具有以下性质（由式(14.35)得出）。

(1) $E\{$随机信号$\}$ = 随机信号的平均值。

(2) $E\{$确定性信号$\}$ = 确定性信号。

(3) $E\{\boldsymbol{x}_1(t)+\boldsymbol{x}_2(t)\} = E\{\boldsymbol{x}_1(t)\}+E\{\boldsymbol{x}_2(t)\}$。

(4) 对于常数矩阵 $\boldsymbol{C}$，$E\{\boldsymbol{C}\boldsymbol{x}(t)\} = \boldsymbol{C}E\{\boldsymbol{x}(t)\}$ 并且 $E\{\boldsymbol{x}(t)\boldsymbol{C}\} = E\{\boldsymbol{x}(t)\}\boldsymbol{C}$。

(5) 对于随机信号向量 $\boldsymbol{x}(t)$ 和确定性信号 $\boldsymbol{y}(t)$，$E\{\boldsymbol{x}(t)\boldsymbol{y}^{\mathrm{T}}(t)\} = E\{\boldsymbol{x}(t)\}\boldsymbol{y}^{\mathrm{T}}(t)$ 并且 $E\{\boldsymbol{y}(t)\boldsymbol{x}^{\mathrm{T}}(t)\} = \boldsymbol{y}(t)E\{\boldsymbol{x}^{\mathrm{T}}(t)\}$，其中上标 T 表示转置矩阵。

另一个概率量是状态向量 $\boldsymbol{x}(t)$ 的自相关矩阵 $\boldsymbol{R}_{xx}(t,\tau)$。如果平均状态为零，则自相关①为

$$\boldsymbol{R}_{xx}(t,\tau) = \frac{1}{N}\sum_{i=1}^{N}\boldsymbol{x}_i(t)\boldsymbol{x}_i^{\mathrm{T}}(\tau) \tag{14.36}$$

比较式(14.35)和式(14.36)，对于 $\tau$ 不同于 $t$ 的自相关为

$$\boldsymbol{R}_{xx}(t,\tau) = E\{\boldsymbol{x}_i(t)\boldsymbol{x}_i^{\mathrm{T}}(\tau)\}$$

如果 $\boldsymbol{R}_{xx}(t,\tau)$ 是一个对角矩阵，则所有的状态变量都是不相关的，即

$$E\{\boldsymbol{x}_i(t)\boldsymbol{x}_j(\tau)\} = 0, \quad i \neq j$$

当 $\tau = t$ 时，自相关称为协方差矩阵，即

$$\boldsymbol{R}_{xx}(t,t) = E\{\boldsymbol{x}_i(t)\boldsymbol{x}_i^{\mathrm{T}}(t)\}$$

该矩阵是对称的，即 $\boldsymbol{R}_{xx}(t,t) = \boldsymbol{R}_{xx}^{\mathrm{T}}(t,t)$。关于期望值、自相关和协方差矩阵的详细信息已经在前面的章节中介绍过了。

对于一类特殊的随机系统，称为平稳系统，它的所有概率性质，如平均值 $\boldsymbol{x}_m(t)$ 和自相关 $\boldsymbol{R}_{xx}(t,\tau)$，不随时间的平移而改变。对于这样的系统，对于时移 $\alpha$ 当时间 $t$ 被替换为 $(t+\alpha)$ 时，$\boldsymbol{x}_m(t+\alpha) = \boldsymbol{x}_m$ = 常量，$\boldsymbol{R}_{xx}(t+\alpha,\tau+\alpha) = \boldsymbol{R}_{xx}(\tau-t)$。换句话说，对于平稳系统，自相关只是时间位移 $\beta$ 的函数，其中 $\tau = t+\beta$，或者 $\boldsymbol{R}_{xx}(t,\tau) = \boldsymbol{R}_{xx}(t,t+\beta) = \boldsymbol{R}_{xx}(\beta)$。许多随机系统假设是平稳的，这大大简化了它们的概率分析。

均值或期望值 $\boldsymbol{x}_m(t)$ 和自相关 $\boldsymbol{R}_{xx}(t,\tau)$ 是系统统计特性的例子，即 $N$ 个样品属性中的一个（或一组）。期望值近似于实际状态向量的精度取决于样本个数 $N$，随着 $N$ 的增加，精度有所提高。对于随机系统，需要无限数量的样本来预测状态。通常，在有限但大量的样本中可以获得较高的准确率。②

取时间平均和取总体平均是不同的，特别是当系统非平稳时。然而，对于被称为

---

① 非正式地说，自相关是一种衡量信号与自身的时间偏移版本匹配程度的指标，它是时间偏移量的函数。高值（接近1）意味着时间偏移和原始信号高度相关，表明信号具有某种"记忆"。一个很小的自相关值表明信号很快就会"忘记"它的现值，就像高频分量迫使信号迅速改变一样。

② 在某些情况下，要找到一个整体平均是不可能的。如 A. Tewari ( Modern Control Design, John Wiley, 2002, p. 325)所述，试图计算伦敦年降水量的期望值需要构建 $N$ 个伦敦，并取所有伦敦年降水量的总体平均值。然而，我们可以用多年的时间来测量伦敦的年降水量，用总降水量除以年的数量来计算平均时间。

遍历系统的一类特殊的固定系统,①时间平均与总体平均相同。对于那些非遍历性的固定系统,用时间平均代替总体平均是不准确的,尽管经常这么做。

在本章中,我们将使用平稳系统的时间平均统计量来进行总体统计。因此,对于平稳系统,我们可以通过取它们的时间平均值,评估长期 $T \to \infty$ 的均值和自相关,即

$$x_m = \lim_{T \to \infty} \frac{1}{T} \int_{-T/2}^{T/2} x(t) \, dt \qquad (14.37)$$

$$R_{xx}(\tau) = \lim_{T \to \infty} \frac{1}{T} \int_{-T/2}^{T/2} x(t) x^T(t-\tau) \, dt \qquad (14.38)$$

正如预期的那样,对于平稳系统,均值是一个常数,而自相关只是时间位移 $\tau$ 的函数。

对于随机系统的频域分析,输入频率为 $\omega$ 时,定义功率谱密度 $S_{xx}(\omega)$,其自相关的傅里叶变换为

$$S_{xx}(\omega) = \int_{-\infty}^{\infty} R_{xx}(\tau) e^{-i\omega \tau} \, dt \qquad (14.39)$$

功率谱密度矩阵是随机信号 $x(t)$ 的功率随频率变化的度量。由式(14.38)和式(14.39)可以看出

$$S_{xx}(\omega) = \lim_{T \to \infty} \frac{1}{T} X(i\omega) X^T(i\omega) \qquad (14.40)$$

其中 $X(i\omega)$ 是随机信号②的傅里叶变换

$$X(i\omega) = \int_{-\infty}^{\infty} x(t) e^{-i\omega t} \, dt \qquad (14.41)$$

通过计算功率谱密度③的傅里叶逆变换可以得到自相关

$$R_{xx}(\tau) = \frac{1}{2\pi} \int_{-\infty}^{\infty} S_{xx}(\omega) e^{-i\omega \tau} \, d\omega \qquad (14.42)$$

由式(14.38)和式(14.42)可知,当 $\tau = 0$ 时,自相关成为协方差,即

$$R_{xx}(0) = \lim_{T \to \infty} \frac{1}{T} \int_{-T/2}^{T/2} x(t) x^T(t) \, dt = \frac{1}{2\pi} \int_{-\infty}^{\infty} S_{xx}(\omega) \, d\omega \qquad (14.43)$$

或者,整理为

---

① 遍历性这个术语用来描述一个动态系统,该系统具有与系统所有状态在时间上的平均行为相同的平均行为。James Clerk Maxwell(1831—1879)假设随机系统的时间均值等于其总体均值。这个概念由George David Birkhoff(1884—1944)和John von Neuman(1903—1957)在 1930 年前后提出,Norbert Wiener(1894—1964)在 1940 年提出。

② 随机信号向量的傅里叶变换也是一个向量,这里的大写字母符号不表示矩阵。

③ 在第5章中,功率谱密度 $S_{xx}(\omega)$ 定义为积分乘以 $1/2\pi$,相关矩阵在积分前没有 $1/2\pi$。因此,这两种形式是一种替代形式,但是等价形式。类似地,傅里叶变换 $X(i\omega)$ 的定义是 $1/2\pi$ 乘以它的积分。

$$\int_{-\infty}^{\infty} \boldsymbol{S}_{xx}(\omega)\,\mathrm{d}\omega = 2\pi \boldsymbol{x}_{ms}$$

其中 $\boldsymbol{x}_{ms} = \boldsymbol{R}_{xx}(0) = E\{\boldsymbol{x}(t)\boldsymbol{x}^{\mathrm{T}}(t)\}$ 是一个对角线为 $\boldsymbol{x}(t)$ 的均方值的矩阵,即

$$\boldsymbol{x}_{ms} = \lim_{T\to\infty}\frac{1}{T}\int_{-T/2}^{T/2}\boldsymbol{x}(t)\boldsymbol{x}^{\mathrm{T}}(t)\,\mathrm{d}t \tag{14.44}$$

连续与离散形式如下:

根据测量结果,状态通常是离散点,而不是一个连续时间的函数,[①]离散时间状态向量 $\tilde{\boldsymbol{x}}_n(n\Delta t)$, $n = 1,2,\cdots,N$ 的离散傅里叶变换对为

$$\tilde{\boldsymbol{X}}_k(\omega_k) = \sum_{n=0}^{N-1} \tilde{\boldsymbol{x}}_n(t_n)\,\mathrm{e}^{-\mathrm{i}\omega_k t_n}$$

$$\tilde{\boldsymbol{x}}_n(t_n) = \frac{1}{N}\sum_{k=0}^{N-1} \tilde{\boldsymbol{X}}_k(\omega_k)\,\mathrm{e}^{\mathrm{i}\omega_k t_n}$$

其中,时间步长 $\Delta t = T/N$,频率步长 $\Delta\omega = 2\pi/T = 2\pi/(N\Delta t)$, $t_n = n\Delta t$, $\omega_k = k\Delta\omega$, $N$ 是样本的数量。上标"~"符号表示离散形式。换元后,离散傅里叶变换对可以写成

$$\tilde{\boldsymbol{X}}_k(k\Delta\omega) = \sum_{n=0}^{N-1} \tilde{\boldsymbol{x}}(n\Delta t)\,\mathrm{e}^{-\mathrm{i}k2\pi n/N}$$

$$\tilde{\boldsymbol{x}}_n(n\Delta t) = \frac{1}{N}\sum_{k=0}^{N-1} \tilde{\boldsymbol{X}}_k(k\Delta\omega)\,\mathrm{e}^{\mathrm{i}k2\pi n/N}$$

当使用离散傅里叶变换计算功率谱密度时,结果必须除以 $N$,即 $\tilde{\boldsymbol{X}}_k(k\Delta\omega)$ 中的频率点数为

$$\tilde{\boldsymbol{S}}_{xxk}(k\Delta\omega) = \frac{1}{N}\tilde{\boldsymbol{X}}_k(k\Delta\omega)\tilde{\boldsymbol{X}}_k^{\mathrm{T}}(k\Delta\omega)$$

需要注意的是,$\tilde{\boldsymbol{x}}_n$ 是 $t = n\Delta t$ 处 $\boldsymbol{x}(t)$ 的值;此时,$\boldsymbol{x}(t)$ 的离散和连续的形式是相等的,因此不需要使用"~"上标。

傅里叶变换在 $\omega = \omega_k$ 处的值为

$$\begin{aligned}\boldsymbol{X}(\mathrm{i}\omega_k) &= \lim_{T\to\infty}\int_0^T \boldsymbol{x}(t)\,\mathrm{e}^{-\mathrm{i}\omega_k t}\,\mathrm{d}t \\ &= \lim_{T\to\infty}\lim_{N\to\infty}\sum_{n=0}^{N-1}\boldsymbol{x}(t_n)\,\mathrm{e}^{-\mathrm{i}\omega_k t_n}\Delta t \\ &= \lim_{T\to\infty}\lim_{N\to\infty}\tilde{\boldsymbol{X}}_k(k\Delta\omega)\Delta t\end{aligned}$$

---

[①] "不断思考,离散行动"(M. S. Grewal 和 A. P. Andrews, Kalman Filtering. Third Edlition. Jotun Wiley, 2008, p. 105.)。

假设 $x(t)=0$ 在 $t=0$ 之前,该积分的下限是 0。因此,傅里叶变换的离散和连续的形式近似地与 $X \approx \tilde{X}_k \Delta t$ 相关,随着我们增加总样本时间和样本数量,近似度会变得更好。

$\omega = \omega_k$ 时的功率谱密度为

$$S_{xx}(\mathrm{i}\omega_k) = \lim_{T \to \infty} \frac{1}{T} X(\mathrm{i}\omega_k) X^{\mathrm{T}}(\mathrm{i}\omega_k)$$

$$= \lim_{T \to \infty} \lim_{N \to \infty} \frac{1}{T} \tilde{X}_k(k\Delta\omega) \tilde{X}_k^{\mathrm{T}}(k\Delta\omega) \Delta t^2$$

$$= \lim_{T \to \infty} \lim_{N \to \infty} \frac{1}{T} \tilde{X}_k(k\Delta\omega) \tilde{X}_k^{\mathrm{T}}(k\Delta\omega) \frac{T}{N} \Delta t$$

从中我们发现

$$S_{xx}(\mathrm{i}\omega_k) = \lim_{T \to \infty} \lim_{N \to \infty} \tilde{S}_{xxk}(k\Delta\omega) \Delta t$$

式中:$\tilde{S}_{xxk}(k\Delta\omega)$ 为功率谱密度的离散形式,有

$$\tilde{S}_{xxk}(k\Delta\omega) = \frac{1}{N} \tilde{X}_k(k\Delta\omega) \tilde{X}_k^{\mathrm{T}}(k\Delta\omega)$$

同样,我们可以通过将 $\tilde{S}_{xxk}(k\Delta\omega)$ 乘以样本时间间隔来近似估计 $S_{xx}(\mathrm{i}\omega_k)$。

**例 14.10  随机信号、傅里叶变换、功率谱密度和自相关**

对于零均值和高斯概率分布的随机信号,求其傅里叶变换幅值、相应的功率谱密度和自相关函数。[①]

**解:** 在 20s 内,时间步长为 0.1s,共 201 个步长的情况下,生成了一个标量随机信号 $x(t)$,其均值、单位方差和高斯概率分布均为 0。[②] 图 14.16 显示了信号的时间历史。

在离散频率 $\omega$ 下,$x(t)$ 的傅里叶变换(记为 $|X(\omega)|$)的幅值如图 14.17 所示。[③] 图中 31rad/s 的中点频率[④]似乎是对称的。然而,这种对称性是虚假的,因为它是奈奎斯特频率,它规定采样频率必须至少是待测量的最高频率的 2 倍。[⑤] 由于采样频

---

① 这个例子是 A. Tewari 根据书中例 7.1 修改而来的。Modern Control Design,John Wiley,2002,pp. 327 - 328。
② MATLAB 命令 randn 生成了一个均值和单位方差为零的高斯(正态)分布随机变量的样本。要获得除零以外的平均值,只需从生成的向量中添加或减去一个常数。要获得一个不同于 1 的方差,将生成的向量乘以标准差(方差的平方根)。将随机数生成器 randn 的种子设置为 0,以在 MATLAB 启动时初始化生成过程。
③ 使用一个 MATLAB 命令 fft(x)就可以找到完整的离散傅里叶变换。
④ 由于频率为 201,在第 100 步时,中点频率可以计算为
$$\omega = 100\Delta\omega = 100(2\pi/20) = 31.4 \text{rad/s}$$
⑤ "混叠"是指由于信号采样频率不够高而使原始信号呈现出不同的"角色"或错误的,误导性的呈现方式。当重构以其最高频率的两倍以下的频率采样的信号时,可能会出现混叠,即出现混叠或视在信号。

率为 10Hz($\Delta t = 0.1s$),可以检测到的最高频率为 5Hz,即 31.4rad/s。图 14.17 中奈奎斯特频率以上的值无效。

可以计算出离散随机信号 $x(t)$ 的功率谱密度 $S_{xx}(\omega)$ 以及自相关函数 $R_{xx}(\tau)$。后者是通过对 $S_{xx}(\omega)$ 进行傅里叶逆变换①得到的。$S_{xx}(\omega)$ 和 $R_{xx}(\tau)$ 分别如图 14.18 和图 14.19 所示。$S_{xx}(\omega)$ 的图关于 $\omega = 0$ 是对称的(MATLAB 不会在负频率范围内显示它)。和傅里叶变换一样,图中中点频率是对称的,但是这种对称性是虚假的。当它为奈奎斯特频率时存在,而高于奈奎斯特频率时则无效。

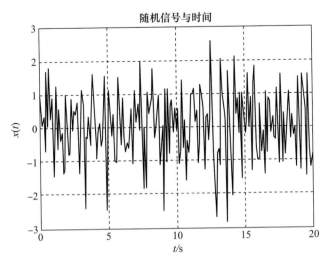

图 14.16 例 14.10 的一个随机信号的历程,均值为 0,方差为 1,概率分布为高斯分布

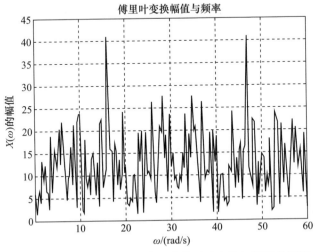

图 14.17 例 14.10 的随机信号的傅里叶变换与频率的幅值

---

① MATLAB 的命令 ifft。

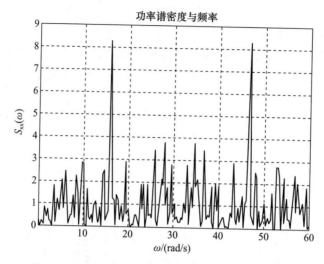

图 14.18　例 14.10 的随机信号的功率谱密度与频率

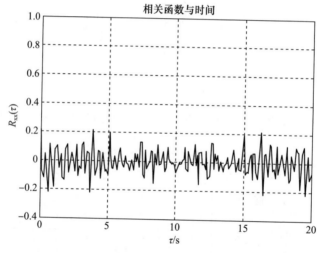

图 14.19　例 14.10 的随机信号的自相关函数与时间

$x(t)$ 的 201 个值的均值为 0.048,非常接近于零。只有当采样点的个数,即 $x(t)$ 的长度为无穷大时,均值才为零。协方差 $R_{xx}(0)$ 可以从 $R_{xx}(t)$ 的图中读取①,约为 1.0,或通过计算得到 1.013。$x(t)$ 的均方通过计算为 1.010,等于功率谱密度的平均值,如图 14.18 所示。

这个例子可通过一个不同的随机数发生器重复,如给定一个均匀概率分布发生器②。

---

① MATLAB 的命令 cov。
② 具有均匀概率分布的随机数生成器的 MATLAB 命令 rand。

## 14.3 随机信号滤波

当随机信号通过确定性系统时,信号的概率性质被修正。我们将使用滤波器一词来指代确定性系统,其中输入是一个随机信号,输出是一个具有期望性质的随机信号。

### 14.3.1 滤波器分类

滤波器可以是线性或非线性、时不变或时变的,并且具有不同的动态特性。在控制系统中,常用线性定常滤波器来减小测量噪声的影响。在这种系统中,输出可以看作确定性信号和随机测量噪声的叠加。我们希望过滤掉测量噪声,测量噪声一般都是高频的(其功率谱密度在高频时达到峰值)。

为了滤除高频噪声,可以采用低通滤波器。从理论上讲,它会阻塞所有超过指定截止频率 $\omega_0$ 的信号频率。因此,理想(理论上完美的)低通滤波器的输出只包含较低的频率 $\omega < \omega_0$。在其他应用中,如衰减低频干扰,可以使用高通滤波器。理想的高通滤波器屏蔽指定截止频率 $\omega_0$ 以下的所有频率,其输出仅包含更高的频率 $\omega > \omega_0$。在某些情况下,需要同时屏蔽高、低频噪声信号。这是通过将信号通过带通滤波器来实现的,从理论上讲,带通滤波器只允许信号通过特定频带,即 $\omega_1 < \omega < \omega_2$。

### 14.3.2 理想滤波器与实际滤波器

在实际应用中,当滤波器在截止频率上阻塞或传递所有信号时,是不可能实现完美的滤波的。因此,我们希望在低通滤波器的截止频率以上或在高通滤波器的截止频率以下的信号的幅值随频率迅速衰减。这种信号幅值随频率的衰减称为衰减或滚降。

一般来说,滤波器的输出不仅作为频率的函数具有不同的幅值,而且作为频率的函数具有不同的相位。因此,滤波器的输出可能会经历幅值的变化和相移,这可能是理想的,也可能不是。换句话说,通过滤波器的信号可能被滤波器的幅度和相位特性所扭曲。这些特性通常以两幅波德图显示:波德幅度图显示滤波器稳态增益(幅度比)与频率的关系,波德相位图显示滤波器稳态相角与频率的关系(在下面的示例中有更详细的描述)。

滤波器的设计可以实现一组期望的性能目标,如输入信号在截止频率以上或以下的期望衰减,使通过滤波器的信号的可能失真最小。通常,噪声衰减越大,滤波器输出信号的失真也越大。输入信号通过滤波器时发生的变化是基于滤波器特性的,通过它的传递函数或状态空间表示来描述。滤波器传递函数的分子和分母多项式,或者滤波器状态空间模型的系数矩阵,可以通过设计过程来选择,以达到最大噪声衰减和最小信号失真相冲突的要求的平衡①。

### 例 14.11　正态分布噪声的低通滤波器

用以下传递函数确定 SISO 低通滤波器的输出，即

$$G(s) = \frac{\omega_0}{s + \omega_0}$$

假设输入是确定性正弦信号，被正态分布随机噪声②破坏。

**解**：传递函数为 $Y(s)/U(s)$，表示最简单的低通滤波器。它具有 DC 单位增益（即对于 $s=0$，$G(s)=1$）和 $\omega_0$ 的截止频率。它有时称为一阶或单极滤波器，因为它在 $s = -\omega_0$ 处有一个单极。

我们假设给滤波器的输入信号如下：

$$u(t) = u_d(t) + u_n(t) = \sin 10t + u_n(t)$$

其中，信号的确定性部分 $u_d(t) = \sin 10t$，噪声 $u_n(t)$ 为正态分布随机信号，均值为 0，方差为 0.2。输入信号 $u(t)$ 以 0.01s 的时间步长生成 1s（总共 101 个时间步长），如图 14.20 所示，与确定部分 $u_d(t)$ 比较。

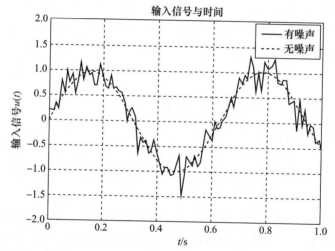

图 14.20　例 14.11 中一阶低通滤波器的输入信号

（将信号（实线）与其确定性部分（虚线，在图例中表示"无噪声"）进行比较）

为了研究低通滤波器的特性，我们考虑了 3 种不同截止频率的滤波器，$\omega_0 =$ 10rad/s、20rad/s 和 100rad/s。这些测试是为了评估它们在阻断随机噪声方面的有效性。经过过滤的输出信号如图 14.21 所示。

---

① 本章讨论的范围不包括不同滤波器的设计方法。
② 本例是根据 A. Tewari 书中的例 7.2 修改而来，Modern Control Design, John Wiley, 2002, pp. 330－332。

在这3种设计中,截止频率为 $\omega_0=10\text{rad/s}$ 的滤波器输出信号最平滑,但似乎滞后于无噪声信号,即相对于无噪声信号,它表现出最大的波形位移,称为相位畸变。$\omega_0=100\text{rad/s}$ 的滤波器输出信号粗糙,相位失真最小;它允许巨大的噪声通过,所以它似乎是最没有效的。截止频率 $\omega_0=20\text{rad/s}$ 的滤波器在增加噪声衰减和减少相位失真的矛盾要求之间提供了一种折中。为了更好地理解这些结果,我们考虑了滤波器的频率响应。

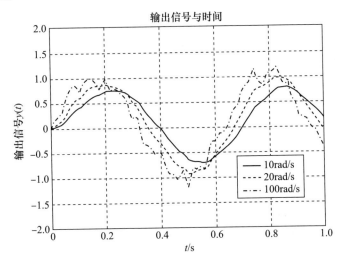

图 14.21　例 14.11 中一阶低通滤波器的滤波输出信号,
截断频率分别为 10rad/s、20rad/s 和 100rad/s

图 14.22 显示了作为 3 个截止频率的频率函数的传递函数的大小。这个图有时称为幅值(或振幅)相对频率图,因为它显示了稳态输出信号幅值(振幅)与经过一个频率范围的完美正弦输入幅值(振幅)的比值。

对于这 3 种情况,随着频率的增加幅值减小,意味着输出信号的幅值小于输入信号的幅值。在低频($\omega \leq 1\text{rad/s}$)时,幅值变化可以忽略不计,即输出的幅值与输入的幅值相匹配。

当 $\omega_0=10\text{rad/s}$ 和 20rad/s 的滤波器频率低于 10rad/s 时,其幅值开始减小。在 $\omega=10\text{rad/s}$(输入信号的确定性部分的频率)时,$\omega_0=10\text{rad/s}$ 的滤波器的幅值为 0.7。这意味着,输出信号(期望的部分)的振幅为 0.7,如图 14.21 所示,因此存在一些不必要的抑制。然而,(高频)随机噪声的幅值明显降低,这是可取的。

在 $\omega=10\text{rad/s}$ 时,$\omega_0=20\text{rad/s}$ 的滤波器的幅值为 0.9,表示有轻微的幅值衰减,$\omega_0=100\text{rad/s}$ 的幅值接近 1,表示几乎没有抑制。对于所有 3 种情况,在高频率下输出信号的幅度都有显著的损失,即有显著的衰减和很少的,如果有,有意义的信号通过。这是低通滤波器的一个特性。

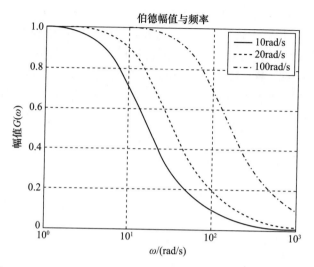

图 14.22　例 14.11 中一阶低通滤波器的传递函数与频率的大小，截止频率分别为 10rad/s、20rad/s 和 100rad/s

图 14.22 中的幅度通常以分贝的对数表示，频率以对数刻度①表示。结果如图 14.23 所示，称为波德幅度图。对于 $\omega_0$ 以上的频率，滤波器不会完全阻断信号，但是幅值与对数频率几乎呈线性衰减。在 rad/s 中，下降幅度（随频率递减的斜率）为 20dB/10 对数频率（称为 20dB/10）。

对于截止频率较低的值，衰减从较低的频率开始，减少滤波信号的噪声含量。由图 14.23 可知，$\omega_0 = 10\text{rad/s}$ 的低通滤波器在 20rad/s 以上的频率下，以每 20dB/10 的速度滚降；其他两个滤波器在更高频率下实现相同的滚降。

图 14.24 显示了传递函数的相角作为三个截止频率的对数频率的函数，称为波德相位图。② 对于这 3 种情况，随着频率的增加，滤波器减小了输入信号的相位，意味着输出信号滞后于输入信号。所有一阶低通滤波器都引入了相位滞后。

在较低频率（低于 1rad/s）下，图中显示了较小的相位延迟，即输出的相位几乎与输入的相位匹配，因此存在不显著的波形偏移。$\omega_0 = 10\text{rad/s}$ 和 20rad/s 的滤波器相位在频率低于 10rad/s 时开始改变。这意味着，超过 10rad/s 的随机输入信号 $\sin 10t$ 的确定性部分会出现相位畸变，这是不可取的。含有 $\omega_0 = 100\text{rad/s}$ 的过滤器的相位似乎在 10rad/s 以下保持不变。对于这 3 种情况，输出信号相对于高频输入信号有 90° 的相位偏移，这是一阶低通滤波器的特征。

如前所述，线性系统的频域行为可以用波德图来描述，该图显示了系统的传递函

---

① 分贝的计算方法为 $|G(\omega)|_{dB} = 20\log|G(\omega)|$，即以 dB 为单位的传递函数的大小是传递函数大小的对数的 20 倍（以 10 为底）。

② 波德相位图等价地给出了输入正弦信号和稳态输出正弦信号之间的时移。滞后用度数表示，其中 360° 等于输入正弦的一个周期。

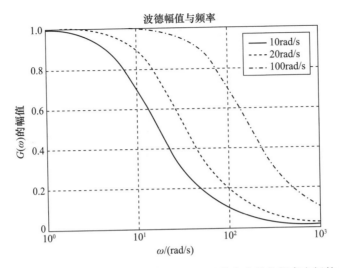

图 14.23　例 14.11 中一阶低通滤波器的传递函数在分贝和频率之间的大小，
截止频率为 10rad/s、20rad/s 和 100rad/s

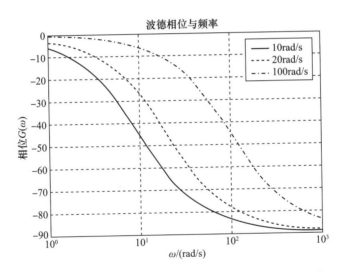

图 14.24　例 14.11 中一阶低通滤波器的传输函数相位与频率，
截止频率分别为 10rad/s、20rad/s 和 100rad/s

数与频率的大小和相位。任何由正弦输入驱动的线性系统，只要输入时间足够长，使其响应稳定，就会输出相同频率的正弦信号。输出信号的幅值可能与输入信号的幅值不同，并且在相位上偏移。波德图以简洁的方式描述了幅值的相对变化和相位的变化作为频率的函数，通常在对数尺度上覆盖广泛的频率范围。

当输入信号的频率内容（无论是确定性的还是随机性的）已知时，通过波德图就能深入了解线性系统的行为。这些图通常是通过实验确定的，用于系统识别。在实验室中,通常用于生成波德图的仪器称为动态信号分析仪(DSA)。DSA 通过向系统注入随机信号,然后通过执行快速傅里叶变换(FFT)创建频域图①来工作。

亨德里克·韦德·波德
(1905 年 12 月 24 日—1982 年 6 月 21 日)

**贡献:** 亨德里克·韦德·波德(发音为 Boh – dee),美国工程师、研究员和发明家。他是现代控制理论和电子电信的先驱,改革了这两个领域的内容和方法。他的研究影响了一系列工程学科,并为许多现代创新奠定了基础,包括计算机、机器人和移动电话。

他以开发频率响应幅度和相位图而闻名,该图以他的名字命名,即波德图。在 1938 年,他发展了他的相位和幅度图以及渐近行为的规则。他在自动反馈控制系统方面的工作为系统稳定性的研究引入了创新的方法,这使得工程师们能够利用增益和相位裕度的频域概念来研究时域稳定性。

波德的基于频域的分析比传统的基于时域的方法评估稳定性和性能更快、更简单。他的方法为工程师提供了一种快速、直观的分析和设计工具,这种工具在今天和当时看来都是开创性的。

**生平简介:** 波德出生在威斯康星州的麦迪逊,在伊利诺斯州长大。他在厄巴纳学校系统中快速成长,14 岁时高中毕业。

高中毕业后,他申请了伊利诺伊大学厄巴 – 香槟分校,他的父亲是那里的一名教育学教授,但由于年龄问题被拒绝(1977 年,学校授予他荣誉学士学位)。

他最终被俄亥俄州立大学录取,他的父亲也在那里教书。1924 年,他 19 岁获得学士学位,1926 年获得硕士学位,二者都是数学专业。在获得他的硕士学位后他还在俄勒冈州立大学继续做了一年的助教。

波德受雇于纽约市贝尔实验室,在那里他开始了他的职业生涯,作为电子过滤器

---

① 欲知详情,请参阅 G. Ellis 的书,Observers in Control Systems, Academic Press, 2002, p. 37。

和均衡器的设计师。1929 年,他被分配到数学研究组工作,擅长电子网络理论及其在电信领域的应用研究。在贝尔实验室的赞助下,他继续在哥伦比亚大学读研,并于 1935 年获得物理学博士学位。

随着第二次世界大战的开始,波德转向了他的控制系统研究的军事应用。他通过在国防研究委员会的工作而为国家服务。

1944 年,波德被任命为贝尔实验室数学研究组的负责人。他从事电子通信方面的工作,特别是滤波器和均衡器的设计,1945 年他出版了《网络分析与反馈放大器设计》,这本书被认为是电子通信领域的经典著作。它被许多大学的研究生课程以及贝尔实验室的内部培训课程广泛采用。波德还撰写了许多研究论文和技术期刊论文。

**显著成就**:在贝尔实验室,波德开发了自动防空控制系统。他利用雷达信息提供有关敌机位置的数据,然后反馈给高射炮伺服机构,使其能够实现"自动雷达增强的敌机弹道跟踪"(即借助雷达自动击落敌机)。所使用的伺服电机都是电动力和液压动力,后者主要用于重型高射炮的定位。

1945 年,随着第二次世界大战的结束,美国国家发改委在关闭前发布了一份技术报告摘要。波德与拉尔夫·毕比·布莱克曼和克劳德·香农合著了一篇特别论文《火控系统中的数据平滑和预测》,正式介绍了火控问题。它从数据和信号处理的角度对这个问题进行建模,从而预示着信息时代的到来。被认为是信息论之父的香农,深受这一工作的影响。

## 14.4 白噪声滤波器

### 14.4.1 白噪声

从理论上讲,我们可以使用随机数生成器来创建一个无限的随机数集,其均值为零,概率分布为正态分布。这将给出一个稳定的随机信号,具有恒定的功率谱密度。理论随机信号的均值为零,功率谱密度为常数,称为平稳白噪声信号①。

一个白噪声向量 $w(t)$,每个元素都是一个白噪声信号,可以看作白噪声过程的随机系统的状态向量。对于这种过程,均值 $w_m = 0$,功率谱密度矩阵 $S_{ww}(\omega) = W$,其中 $W$ 是一个常数矩阵。由式(14.43)可知,白噪声过程的协方差是一个矩阵 $R_{ww}(0)$,所有元素均为无穷大。

由式(14.42)可知,白噪声过程的自相关为

$$R_{ww}(\tau) = W\delta(t) \tag{14.45}$$

---

① 随机噪声通常称为白色,因为它和白色一样,包含所有频率("颜色")的强度相同。

因为常数的傅里叶逆变换是常数乘以单位脉冲函数,或狄拉克函数 $\delta(t)$,由式(14.45)可知,对于 $\tau=0$,白噪声的协方差为无穷大。对于 $\tau\neq 0$,白噪声的自相关为零,即 $R_{ww}(\tau)=0$,说明白噪声在时间上不相关,即 $w(t)$ 与 $w(t+\tau)$ 之间不相关。因此,白噪声可以看作是完全随机的[①]。

常数功率谱密度的物理过程是未知的;随着 $\omega\to\infty$,每个现实世界的进程都有一个功率谱趋于零[②]。

一个物理过程的带宽是有限的,也就是说,它所能激发的频率范围是有限的(用功率谱中的峰值表示)。由于白噪声的功率谱是恒定的,因此白噪声由所有的频率分量组成,因此,白噪声的带宽是无限的。这就使得白噪声成了一个在实践中无法实现的理论模型,因为它意味着无限的能量;物理系统永远不会受到它的影响。

尽管白噪声是一种数学上的虚构,但它却是一种有用的模型。许多物理过程是近似高斯的和平稳的,并且具有近似恒定的功率谱,直到某个频率。如果这个频率高于系统响应的最大频率,白噪声是一个合理的模型。

白噪声通常被近似为功率谱密度在宽带宽 $(-W,W)$ 上为常数且在外部为零的噪声。带宽要比它所代表的物理过程的功率谱密度更宽。这种称为带限白噪声的近似方法给出了一个自相关"峰值",用来模拟理论脉冲。

### 14.4.2 白噪声滤波器特性

如果将白噪声输入到线性定常确定性系统中,[③]系统充当白噪声滤波器。由于输入是白噪声,我们期望输出是随机信号。我们想知道这个随机信号的概率性质。

具有传递函数矩阵 $G(s)$ 和白噪声输入 $w(t)$ 的线性系统的输出 $y(t)$ 可以用矩阵叠加积分表示,即

$$y(t) = \int_{-\infty}^{t} g(t-\tau)w(\tau)d\tau$$

其中 $g(t)$ 是与传递函数矩阵 $G(s)$ 有关的滤波器单位脉冲响应,通过拉普拉斯逆变换得到[④]

$$g(t) = \int_{0}^{\infty} G(s)e^{st}ds \tag{14.46}$$

式(14.46)的积分下限为零,假设系统是因果的,意思是输出在 $t=0$ 时接收输入,而

---

[①] 在时间上不相关有助于解释声学白噪声的声音。"每个嘶嘶声和白色嗡嗡声都在技术上独立于时间之前的嘶嘶声和流行音,并且及时跟随它。这次独立是白噪声的白度属性。"(B. Kosko, Noise, Viking Press, 2006)

[②] 从理论上讲,连续白噪声的功率谱密度是平的,意味着时间上的零相关,总能量是无限的。真实信号具有非平谱,因此时间信号至少在一定程度上相互关联。

[③] 白噪声的影响可以用一个相关时间远小于系统最短时间常数的随机信号来模拟。

[④] 拉普拉斯逆变换存在的两个条件是:$\lim_{s\to\infty}G(s)=0$ 和 $\lim_{s\to\infty}sG(s)$ 是有限的。

不是在之前。大多数物理系统都是因果关系。

1. 白噪声滤波器输出的均值

由于输入白噪声是一个平稳过程而滤波器是时不变的,我们期望输出 $y(t)$ 是一个平稳过程。我们可以通过取时间均值来确定其均值 $y_m$,注意输入的均值 $w_m = 0$,即

$$y_m = \lim_{T \to \infty} \frac{1}{T} \int_{-T/2}^{T/2} y(t) \mathrm{d}t = \lim_{T \to \infty} \frac{1}{T} \int_{-T/2}^{T/2} \left[ \int_{-\infty}^{t} g(t-\tau) w(\tau) \mathrm{d}\tau \right] \mathrm{d}t$$

$$= \int_{-\infty}^{t} g(t-\tau) \left[ \lim_{T \to \infty} \frac{1}{T} \int_{-T/2}^{T/2} w(\tau) \mathrm{d}\tau \right] \mathrm{d}t = \int_{-\infty}^{t} g(t-\tau) w_m \mathrm{d}t = 0 \quad (14.47)$$

因此,根据式(14.47),输出的均值为零,因为线性系统输入的均值为零。

2. 白噪声滤波器输出的自相关

使用期望值运算符的属性,可以确定输出的自相关性,即

$$R_{yy}(\tau) = E\{y(t) y^{\mathrm{T}}(t+\tau)\}$$

$$= E\left\{ \int_{-\infty}^{t} g(t-\alpha) w(\alpha) \mathrm{d}\alpha \cdot \int_{-\infty}^{t+\tau} w^{\mathrm{T}}(\beta) g^{\mathrm{T}}(t+\tau-\beta) \mathrm{d}\beta \right\}$$

$$= E\left\{ \int_{-\infty}^{t} \int_{-\infty}^{t+\tau} g(t-\alpha) w(\alpha) w^{\mathrm{T}}(\beta) g^{\mathrm{T}}(t+\tau-\beta) \mathrm{d}\alpha \mathrm{d}\beta \right\}$$

$$= \int_{-\infty}^{t} \int_{-\infty}^{t+\tau} g(t-\alpha) E\{w(\alpha) w^{\mathrm{T}}(\beta)\} g^{\mathrm{T}}(t+\tau-\beta) \mathrm{d}\alpha \mathrm{d}\beta \quad (14.48)$$

此外,由于 $E\{w(\alpha) w^{\mathrm{T}}(\beta)\} = R_{ww}(\alpha - \beta) = W\delta(\alpha - \beta)$,只有当 $\alpha = \beta$ 时,内积分才存在,因此式(14.48)可以简化为

$$R_{yy}(\tau) = \int_{-\infty}^{t} g(t-\alpha) W g^{\mathrm{T}}(t+\tau-\alpha) \mathrm{d}\alpha = -\int_{\infty}^{0} g(\rho) W g^{\mathrm{T}}(\rho+\tau) \mathrm{d}\rho$$

$$= \int_{0}^{\infty} g(\rho) W g^{\mathrm{T}}(\rho + \tau) \mathrm{d}\rho \quad (14.49)$$

其中 $\rho = t - \alpha$。由于对于 $t < 0$,脉冲响应 $g(t) = 0$,因此积分的下限可以推广到 $-\infty$,自相关可以写成

$$R_{yy}(\tau) = \int_{-\infty}^{\infty} g(\rho) W g^{\mathrm{T}}(\rho + \tau) \mathrm{d}\rho$$

3. 白噪声滤波器输出的功率谱密度

输出 $y(t)$ 的功率谱密度 $S_{yy}(\omega)$ 可以通过对自相关函数进行傅里叶变换得到

$$S_{yy}(\omega) = \int_{-\infty}^{\infty} \left[ \int_{-\infty}^{\infty} g(\rho) W g^{\mathrm{T}}(\rho + \tau) \mathrm{d}\rho \right] \mathrm{e}^{-\mathrm{i}\omega\tau} \mathrm{d}\tau \quad (14.50)$$

颠倒式(14.50)的积分顺序,可得

$$S_{yy}(\omega) = \int_{-\infty}^{\infty} g(\rho) W \left[ \int_{-\infty}^{\infty} g^{\mathrm{T}}(\rho + \tau) \mathrm{e}^{-\mathrm{i}\omega\tau} \mathrm{d}\tau \right] \mathrm{d}\rho \quad (14.51)$$

式(14.51)的内积分表达式为

$$\int_{-\infty}^{\infty} g^{\mathrm{T}}(\rho + \tau) \mathrm{e}^{-\mathrm{i}\omega\tau} \mathrm{d}\tau = \int_{-\infty}^{\infty} g^{\mathrm{T}}(\sigma) \mathrm{e}^{-\mathrm{i}\omega(\sigma-\rho)} \mathrm{d}\sigma = \mathrm{e}^{\mathrm{i}\omega\rho} G^{\mathrm{T}}(\mathrm{i}\omega) \quad (14.52)$$

式中:$G(i\omega)$为滤波器的频响矩阵。将式(14.52)代入式(14.51),功率谱密度可表示为

$$S_{yy}(\omega) = \left[\int_{-\infty}^{\infty} g(\rho) e^{i\omega\rho} d\rho\right] WG^T(i\omega)$$

$$= G(-i\omega) WG^T(i\omega) \quad (14.53)$$

由式(14.53)可知,滤波后的白噪声输出功率谱密度不是常数,而是取决于滤波器的频率响应①。

**例 14.12 白噪声的低通滤波器**

对于例 14.11 中研究的低通滤波器,假设输入是被白噪声损坏的确定性正弦信号,求输出。

**解:** 过滤器的传递函数与例 14.11 中给出的相同。现在假设滤波器的输入信号为

$$u(t) = u_d(t) + u_n(t) = \sin 10t + 0.2w(t)$$

其中信号的确定性部分 $u_d(t) = \sin 10t$ 且噪声 $u_n(t)$ 是白噪声信号的信号 $w(t)$,在 -1 和 +1 之间均匀分布,幅值为 0.2。因此,信号被 20% 的噪声破坏。如在例 14.11 中所做的那样,输入信号 $u(t)$ 以 0.01s 的时间步长产生 1s。图 14.25 显示了与确定性部分 $u_d(t)$ 相比的信号。

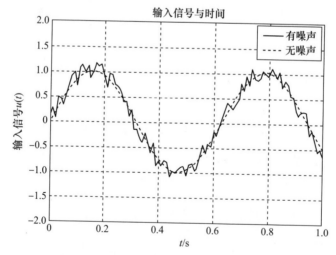

图 14.25 例 14.12 中的一阶低通滤波器的输入信号,带 20% 白噪声(将信号(实线)与其确定性部分(虚线,在图例中表示"无噪声")进行比较)

---

① 我们将在下面的例子和讨论中看到,如果白噪声馈送一个低通滤波器,在滤波器截止频率及以上的频率分量将被衰减,这种滤波器的输出称为有色噪声。

如前例所示,测试了具有 3 个截止频率 $\omega_0 = 10\text{rad/s}$、$20\text{rad/s}$ 和 $100\text{rad/s}$ 的低通滤波器,以了解它们在阻挡随机噪声方面的效果。滤波后的输出信号如图 14.26 所示。

可以得出与以前相同的结论。截止频率 $\omega_0 = 10\text{rad/s}$ 的滤波器具有最平滑的输出信号,但相对于无噪声信号显示出最大的相位失真。$\omega_0 = 100\text{rad/s}$ 的滤波器具有最粗糙的输出信号,相位失真最小。由于它允许大量噪声通过,因此效果最差。具有截止频率 $\omega_0 = 20\text{rad/s}$ 的滤波器在增加噪声衰减和降低相位失真的冲突要求之间提供了折中的结果。如前所述,这些结果可以使用波德图来解释,这些图在例 14.11 中针对相同的一阶低通滤波器给出。

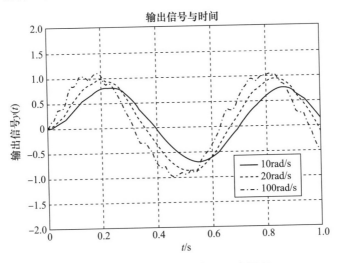

图 14.26　例 14.12 中具有 20% 白噪声
(截止频率为 10rad/s、20rad/s 和 100rad/s 的一阶低通滤波器的滤波输出信号)

通过考虑更严重噪声的情况,可以进一步研究滤波器的有效性。将噪声幅值增加到 40%,即 $u(t) = \sin 10t + 0.4w(t)$,会产生更多损坏的信号,如图 14.27 所示。经过滤波的输出信号如图 14.28 所示,表明滤波器在衰减噪声方面取得了成功,特别是对于具有最大相位失真的代价的最高截止频率。相位失真是否可以容忍将取决于实际应用。

例 14.12 研究了通过一阶低通滤波器后的白噪声的影响。我们可以为这种特殊情况开发功率谱密度自相关和协方差的显式表达式。SISO 滤波器的频率响应为

$$G(i\omega) = \frac{\omega_0}{i\omega + \omega_0}$$

代入式(14.53)中,可以得到(标量)功率谱密度为

$$S_{yy}(\omega) = \left(\frac{\omega_0}{-i\omega + \omega_0}\right) W \left(\frac{\omega_0}{i\omega + \omega_0}\right) = \frac{\omega_0^2}{\omega^2 + \omega_0^2} W \quad (14.54)$$

式(14.54)表明,通过滤波器的白噪声频谱不再是常数,而是随着频率的增加而衰

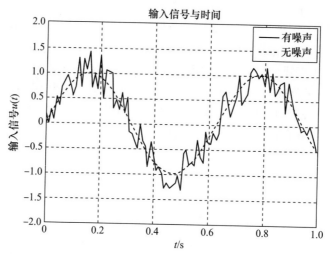

图 14.27 例 14.12 的一阶低通滤波器的输入信号,白噪声为 40%
(将信号(实线)与其确定性部分(虚线,在图例中表示为"无噪声")进行比较)

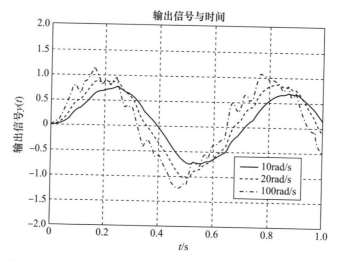

图 14.28 例 14.12 的截止频率为 10rad/s、20rad/s 和 100rad/s 的
一阶低通滤波器的滤波输出信号,白噪声为 40%

减。因此,滤波的白噪声称为有色噪声,其"颜色"与截止频率 $\omega_0$ 相关。式(14.54)可以等效地写成 $S_{yy}(\omega) = M_S(\omega)W$,其中功率谱密度的归一化幅值为

$$M_S(\omega) = \frac{\omega_0^2}{\omega^2 + \omega_0^2} = \frac{1}{(\omega/\omega_0)^2 + 1} \quad (14.55)$$

该无量纲归一化幅值是滤波器的传递函数的幅值的平方。随着截止频率的增加,归一化幅值和功率谱密度对于更高频率保持平稳。

根据式(14.39),可以通过式(14.54)的傅里叶逆变换获得自相关函数,即

$$R_{yy}(\tau) = \frac{1}{2\pi}\int_{-\infty}^{\infty}\frac{\omega_0^2}{\omega^2+\omega_0^2}We^{i\omega\tau}d\omega$$

$$= \frac{W\omega_0}{2}e^{-\omega_0\tau}, \tau > 0$$

因为对于一个稳定的过程,$R_{yy}(-\tau) = R_{yy}(\tau)$,我们可以为 $R_{yy}(\tau)$ 写出一个对 $\tau$ 的所有值都有效的一般表达式,即

$$R_{yy}(\tau) = \frac{W\omega_0}{2}e^{-\omega_0|\tau|}$$

最后,滤波后的白噪声 $R_{yy}(0)$ 的协方差由下式给出

$$R_{yy}(0) = \frac{W\omega_0}{2}$$

**例 14.13  白噪声低通滤波器的功率谱密度**

求出例 14.11 的低通滤波器的功率谱密度。

**解**:本例功率谱密度的表达式如式 14.54 所示。由 $W$ 归一化得到了式(14.55)中功率谱密度的无量纲幅值。图 14.29 显示了之前测试过的 3 个截止频率 $\omega_0 =$ 10rad/s、20rad/s 和 100rad/s 的幅值。该数字是图 14.22 中传递函数大小的平方。图 14.29 乘以 $W$ 得到功率谱密度。从图中可以看出,虽然随着截止频率的增加,功率谱密度保持平缓,但是对于更高的频率,所有情况下滤波器的输出都会衰减。我们注意到功率谱密度是关于 $\omega = 0$ 对称的。

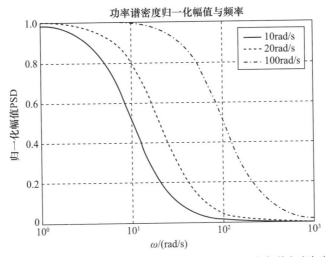

图 14.29  例 14.13 中通过一阶低通滤波器的白噪声的功率谱密度与频率的归一化幅值,截止频率分别为 10rad/s、20rad/s 和 100rad/s

## 14.5 随机系统模型

在上一节中,我们研究了在白噪声输入下线性定常确定性系统的响应。现在我们将分析扩展到考虑不确定性的被控对象。这种随机系统的表示在遇到我们不能用确定性模型精确地建模的对象时是有用的,此时对象扰动被称为过程噪声,而输出扰动被称为测量噪声。噪声对象可以看作是一个随机系统,通过将白噪声通过适当的线性系统来建模。

### 14.5.1 多输入输出随机系统模型

考虑一个具有线性、时变的状态空间表示的 MIMO 对象,其中状态空间由具有如下过程噪声的状态方程组成

$$\dot{x}(t) = A(t)x(t) + B(t)u(t) + F(t)v(t) \quad (14.56)$$

带测量噪声的输出方程为

$$y(t) = C(t)x(t) + D(t)u(t) + z(t) \quad (14.57)$$

如图 14.30 的框图所示,这些随机系统模型方程是确定性 MIMO 系统状态和输出方程的广义版本,由式(14.32)和式(14.33)建模。

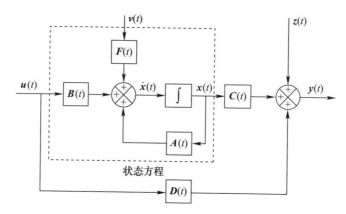

图 14.30 带有过程和测量噪声的线性时变 MIMO 系统的状态和输出方程框图
(粗线条表示向量信号)

符号表示的意义如下:$A(t)$是一个 $n \times n$ 阶系统矩阵(有时称为状态矩阵);$B(t)$是一个 $n \times m$ 阶控制影响矩阵(有时称为输入矩阵);$C(t)$是一个 $p \times n$ 阶输出矩阵;$D(t)$是一个 $p \times m$ 阶直接传输(也称为前馈或引线)矩阵;$F(t)$是一个 $n \times r$ 阶噪音影响矩阵;$u(t)$是一个 $m \times 1$ 阶确定性输入(也称为控制)向量;$v(t)$是一个 $r \times 1$ 阶过程噪声向量(计算建模误差,忽略非线性或高频率的动态);$y(t)$是一个 $p \times 1$ 阶输出向量;$z(t)$是一个 $p \times 1$ 阶测量噪声向量。在确定性系统中,$v(t)$和$z(t)$都不存在。

在这里,它们被建模为白噪声向量。我们还假设无噪声系统是可控的和可观测的。

对于时变随机系统,输出是非平稳随机信号。随机噪声向量 $v(t)$ 和 $z(t)$ 一般可表示为非平稳白噪声。平稳白噪声通过时变增益的放大器,可以得到非平稳白噪声。非平稳白噪声向量 $v(t)$ 和 $z(t)$ 的自相关矩阵可以表示为

$$R_{vv}(t,\tau) = V(t)\delta(t-\tau) \tag{14.58}$$

$$R_{zz}(t,\tau) = Z(t)\delta(t-\tau) \tag{14.59}$$

式中:$V(t)$ 和 $Z(t)$ 分别为 $v(t)$ 和 $z(t)$ 的时变功率谱密度矩阵。这些矩阵有时被分别称为过程噪声强度和测量噪声强度。式(14.58)和式(14.59)是式(14.45)的广义形式。它们表明,协方差矩阵 $R_{vv}(t,\tau)$ 和 $R_{zz}(t,\tau)$ 是无限的,这是平稳白噪声和非平稳白噪声都存在的特征。

## 14.6 卡尔曼滤波器

### 14.6.1 卡尔曼滤波器简介

在随机对象中,我们不能确定地预测状态 $x(t)$,因为它是一个随机向量。这就意味着在设计一个基于随机对象的控制系统时,我们不能依赖于状态反馈。根据式(14.57)给出的输出 $y(t)$ 和已知输入 $u(t)$ 的测量,需要一个观测器来估计状态。

如前所述,观测器是一个对象输入和输出驱动的动态系统,并具有观测器的状态收敛于对象状态的属性。在一些报告中,对"观测器"和"状态估计器"进行了区分。我们将交替使用这些术语,但有时"观测器"一词用于确定性的对象模型,而"状态估计器"一词用于随机噪声损坏的对象模型[1]。有时,观测器被定义为状态估计器,它的结构被定义得足够好,以保证一致的估计[2]。

由于测量的输出和状态是随机向量,我们需要一个基于概率而不是确定性方法估计状态的观测器。这样的观测器称为卡尔曼滤波器。卡尔曼滤波器是一种具有广泛适用性的强大工程工具。它适用于连续或离散时间内具有有限状态维数的平稳或非平稳系统[3]。

下面这段引文说明了卡尔曼滤波器的重要性:

"卡尔曼滤波器可以说是 20 世纪下半叶控制理论中最重要的发展。这一理论不仅影响了现代控制理论的许多分析方法,而且也是在实践中应用最广泛的理论发

---

[1] 参见 K. Dutton, S. Thompson, B. Barraclough, The Art of Control Engineering, Prentice – Hall, 1997, p. 440。

[2] 参见李建平, An Engineering Approach to Optimal Control and Estimation Theory, John Wiley, 1996, p. 96。

[3] 本章讨论的重点是连续卡尔曼滤波器。离散卡尔曼滤波器是通常在实际应用中实现的滤波器。人们已经注意到,"工程师和科学家们经常发现,从连续时间的模型开始,然后将模型转换成离散时间的模型,这是比较困难的。在我看来,他们对自己开发的模型是完全信任的。在连续时间内从模型开始,然后将模型转换为对他们开发的模型充满信心的离散时间后,更自然可靠。"(MS Grewal, AP Andrews. Kalman Filtering, Third Edition, John Wiley. 2008, p. 105)

展。在航空航天领域的应用特别引人注目,包括卫星和导弹的轨道估计、空间飞行器制导和导航以及飞机导航。"[1]

1. 卡尔曼滤波器中的状态估计

卡尔曼滤波器是一个观测器,它最小化了估计误差的概率度量,$e(t) = x(t) - \hat{x}(t)$,其中$\hat{x}(t)$是来自观测器的估计状态[2]。卡尔曼滤波器的估计状态方程为时变观测器状态方程,可以写成

$$\dot{\hat{x}} = A(t)\hat{x}(t) + B(t)u(t) + L(t)(y(t) - \hat{y}(t)) \quad (14.60)$$

式中:$\hat{y}(t) = C(t)\hat{x}(t) + D(t)u(t)$为观测器的估计输出;$L(t)$为卡尔曼滤波器的$n \times p$阶增益矩阵(也称为最优观测器增益矩阵)。[3] 式(14.60)描述了一个时变MIMO观测器,是SISO龙伯格观测器的式(14.22)的推广。式(14.56)、式(14.57)和式(14.60)的关系如图14.31的框图所示。

将$\hat{y}(t)$代入式(14.60)中,有

$$\dot{\hat{x}} = [A(t) - L(t)C(t)]\hat{x}(t) + [B(t) - L(t)D(t)]u(t) + L(t)y(t) \quad (14.61)$$

式(14.61)控制着观测器的动态,是式(14.23)的推广。动态基于输入、输出和初始条件。

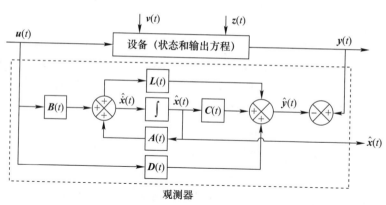

图14.31 MIMO线性随机系统时变状态观测器的框图(观测器作为卡尔曼滤波器工作)

由于过程和测量噪声,我们永远无法确定状态的真实值。状态观测器从可以进行的任何噪声测量中重建对象状态的最佳可能估计。在重构状态时,观测器有效地过滤了噪声信号,从而赋予了"卡尔曼滤波器"的意义。

---

① B. Friedlland, Advanced Control System Design, Prentice Hall, 1996, p. 192。

② 如果状态的大致轮廓是可以接受的,那么观测器的设计就有很大的自由度。但是,如果需要获得准确的估计,并且可以得到测量噪声和激励噪声所需的统计信息,则可以使用卡尔曼滤波器获得近似最优估计(B. Friedlland, Advanced Control System Design, Prentice Hall, 1996, p. 164)。

③ 字母L经常被用来表示David Luenberger的增益矩阵,David Luenberger被认为是第一个设计观测器的人,观测器有时称为龙伯格观测器。

## 2. 最优估计均值

考虑到上述模型,我们希望理解"最优可能估计"一词对卡尔曼滤波器的意义。我们希望最小化的概率度量(性能指标)

$$E\{e(t)e^{\mathrm{T}}(t)\} = E\{(x(t) - \hat{x}(t))(x(t) - \hat{x}(t))^{\mathrm{T}}\}$$

是估计误差 $R_{ee}(t,t)$ 的协方差。

由于 $R_{ee}(t,t)$ 是一个 $n \times n$ 阶矩阵,我们需要澄清协方差"最小化"的概念。明确地说,我们的意思是最小化 $R_{ee}(t,t)$ 的迹,其中迹是其对角元素的和,即

$$\mathrm{trace}[R_{ee}(t,t)] = E\{(x_1(t) - \hat{x}_1(t))^2 + (x_2(t) - \hat{x}_2(t))^2 + \cdots + (x_n(t) - \hat{x}_n(t))^2\}$$

我们注意到,$R_{ee}(t,t)$ 的对角元素是估计误差分量的方差。因此,在最小二乘意义上,卡尔曼滤波器是一个最小误差方差滤波器。它生成状态 $\hat{x}(t)$ 的估计值,使误差协方差矩阵对角线上的方差之和最小化。另一种表达方式是,卡尔曼滤波器是一个增益矩阵 $L(t)$ 的状态观测器,其选取的方法是最小化 $R_{ee}(t,t)$ 的迹,而 $R_{ee}(t,t)$ 是对滤波器精度的标量度量。

在接下来的研究中,当我们提到矩阵的大小时,指的是它的迹,当我们使用"最小化矩阵"这个短语时,指的是最小化它的迹。

## 3. 条件属性[①]

对卡尔曼滤波器的输出 $y(t)$ 的测量是在有限的时间 $T$ 内进行的。$x(t)$ 的真实统计平均值需要对输出进行无限长时间的测量,取无限多的样本,然后求 $x(t)$ 的期望值。卡尔曼滤波器对 $x(t)$ 的最优估计不是真实的均值,而是基于输出 $y(t)$ 的有限时间 $T$ 的一个"条件",即 $T \leqslant t$ 下得到的均值 $\bar{x}_m(t)$,即

$$\bar{x}_m(t) = E\{x(t) | y(T), T \leqslant t\} \tag{14.62}$$

上标用来表示条件变量。估计状态可能不同于条件平均值,即

$$\hat{x}(t) = \bar{x}_m(t) + \delta x(t) \tag{14.63}$$

式中:$\delta x(t)$ 是条件均值的偏差。

估计误差的条件协方差是基于输出的有限记录的协方差,即

$$\begin{aligned}\bar{R}_{ee}(t,t) &= E\{e(t)e^{\mathrm{T}}(t) | y(T), T \leqslant t\} \\ &= E\{(x(t) - \hat{x}(t))(x^{\mathrm{T}}(t) - \hat{x}^{\mathrm{T}}(t)) | y(T), T \leqslant t\}\end{aligned} \tag{14.64}$$

为了简单起见,我们将符号 $y(T), T \leqslant t$ 从期望值中去掉,尽管它仍然被假设采用。利用式(14.62),我们可以将式(14.64)写成如下形式:

$$\bar{R}_{ee}(t,t) = E\{x(t)x^{\mathrm{T}}(t)\} - \hat{x}(t)\bar{x}_m^{\mathrm{T}}(t) - \hat{x}^{\mathrm{T}}(t)\bar{x}_m(t) + \hat{x}(t)\hat{x}^{\mathrm{T}}(t) \tag{14.65}$$

---

[①] 这里和下面的推导是由 A. Tewari 推导的,参见 Modern Control Design, John Wiley, 2002, pp. 340-344。

最后,将式(14.63)代入式(14.65),化简得到

$$\bar{R}_{ee}(t,t) = E\{x(t)x^{\mathrm{T}}(t)\} - \bar{x}_m(t)\bar{x}_m^{\mathrm{T}}(t) + \delta x(t)\delta x^{\mathrm{T}}(t) \qquad (14.66)$$

由式(14.66)可知,当 $\delta x(t) = 0$ 时,状态向量的最佳估计值为 $\hat{x}(t) = \bar{x}_m(t)$。这对应于"最小化"条件协方差 $\bar{R}_{ee}(t,t)$。关键是最小化 $\bar{R}_{ee}(t,t)$ 得到了最优或最优可能(最小平方意义上的)观测器,即卡尔曼滤波器。

### 14.6.2 卡尔曼滤波方程推导

我们可以推导出卡尔曼滤波器的增益矩阵 $L(t)$ 的表达式,它最小化了 $\bar{R}_{ee}(t,t)$,一旦得到 $L(t)$,就可以用在式(14.61)中来求估计状态。[①]

1. 最优估计误差

如上所述,最小化 $\bar{R}_{ee}(t,t)$ 使估计状态等于条件均值。因此,最优估计误差为 $e(t) = x(t) - \bar{x}_m(t)$。由式(14.56)减去式(14.60),代入式(14.57),得到最优估计误差(状态型)方程

$$\dot{e}(t) = [A(t) - L(t)C(t)]e(t) + F(t)v(t) - L(t)z(t) \qquad (14.67)$$

由于 $v(t)$ 和 $z(t)$ 是白噪声向量,因此,式(14.67)最后两项中出现的线性组合也是一个(非平稳)白噪声向量。我们可以更简洁地写出式(14.67),即

$$\dot{e}(t) = A_o(t)e(t) + w(t) \qquad (14.68)$$

其中

$$A_o(t) = A(t) - L(t)C(t) \qquad (14.69)$$

(下标 o 表示观测器)并且

$$w(t) = F(t)v(t) - L(t)z(t) \qquad (14.70)$$

为了确定估计误差的协方差,我们必须找到式(14.68)的解,这是一个由非平稳白噪声 $w(t)$ 激发的线性时变系统。在给定初始条件 $e(t_0)$ 下的解可以表示为

$$e(t) = \Phi(t,t_0)e(t_0) + \int_{t_0}^{t} \Phi(t,\tau)w(\tau)\mathrm{d}\tau$$

式中:$\Phi(t,t_0)$ 是与式(14.68)相关联的状态转移矩阵。与定常情况不同,我们不能将状态转移矩阵定义为矩阵指数,$\exp[A_o(t_0)(t-t_0)]$,如式(14.16)所示。对于时变情况,$\Phi(t,t_0)$ 对于每个系统都是不同的函数,尽管它通常由指数函数或正弦函数组成。

---

[①] 关于卡尔曼过滤器的推导、实现和应用,有很多很好的参考资料。例如,M. S. Grewal, A. P. Andrews, Kalman Filtering, Third Edition, John Wiley, 2008。

状态转移矩阵 $\boldsymbol{\Phi}(t,t_0)$ 是齐次矩阵线性微分方程的解,即

$$\dot{\boldsymbol{\Phi}}(t,t_0) = \boldsymbol{A}_\mathbf{o}(t_0)\boldsymbol{\Phi}(t,t_0)$$

初始条件为

$$\boldsymbol{\Phi}(t_0,t_0) = \boldsymbol{I}$$

式中:$\boldsymbol{I}$ 是单位矩阵。状态转移矩阵的性质包括

$$\boldsymbol{\Phi}^{-1}(t,\tau) = \boldsymbol{\Phi}(\tau,t),\boldsymbol{\Phi}(t_1,t_2) = \boldsymbol{\Phi}(t_1,t_0)\boldsymbol{\Phi}(t_0,t_2)$$

2. 最优估计误差的条件协方差

估计误差的条件协方差,我们将简称为误差协方差,可以写成

$$\begin{aligned}\bar{\boldsymbol{R}}_{ee}(t,t) &= E\{\boldsymbol{e}(t)\boldsymbol{e}^\mathrm{T}(t)\} = E\Big\{\boldsymbol{\Phi}(t,t_0)\boldsymbol{e}(t)\boldsymbol{e}^\mathrm{T}(t)\boldsymbol{\Phi}^\mathrm{T}(t,t_0) + \\ &\quad \boldsymbol{e}(t_0)\int_{t_0}^t \boldsymbol{\Phi}(t,\tau)\boldsymbol{w}(\tau)\mathrm{d}\tau + \Big[\int_{t_0}^t \boldsymbol{\Phi}(t,\tau)\boldsymbol{w}(\tau)\mathrm{d}\tau\Big]\boldsymbol{e}(t_0) + \\ &\quad \int_{t_0}^t\int_{t_0}^t \boldsymbol{\Phi}(t,\tau)\boldsymbol{w}(\tau)\boldsymbol{w}^\mathrm{T}(\sigma)\boldsymbol{\Phi}^\mathrm{T}(t,\sigma)\mathrm{d}\tau\mathrm{d}\sigma\Big\}\end{aligned}$$

使用期望值运算符的属性,可以得到

$$\begin{aligned}\bar{\boldsymbol{R}}_{ee}(t,t) &= \boldsymbol{\Phi}(t,t_0)E\{\boldsymbol{e}(t_0)\boldsymbol{e}^\mathrm{T}(t_0)\}\boldsymbol{\Phi}^\mathrm{T}(t,t_0) + \\ &\quad \boldsymbol{e}(t_0)\int_{t_0}^t \boldsymbol{\Phi}(t,\tau)E\{\boldsymbol{w}(\tau)\}\mathrm{d}\tau + \Big[\int_{t_0}^t \boldsymbol{\Phi}(t,\tau)E\{\boldsymbol{w}(\tau)\}\mathrm{d}\tau\Big]\boldsymbol{e}(t_0) + \\ &\quad \int_{t_0}^t\int_{t_0}^t \boldsymbol{\Phi}(t,\tau)E\{\boldsymbol{w}(\tau)\boldsymbol{w}^\mathrm{T}(\sigma)\}\boldsymbol{\Phi}^\mathrm{T}(t,\tau)\mathrm{d}\tau\mathrm{d}\sigma \end{aligned} \quad (14.71)$$

由于白噪声的期望值为零,即 $E\{\boldsymbol{w}(\tau)\}=0$,白噪声的自相关为

$$E\{\boldsymbol{e}(t_0)\boldsymbol{e}^\mathrm{T}(t_0)\} = \boldsymbol{W}(\tau)\delta(\tau-\sigma) \quad (14.72)$$

利用功率谱密度 $\boldsymbol{W}(\tau)$,可以将式(14.71)简单表示为

$$\bar{\boldsymbol{R}}_{ee}(t,t) = \boldsymbol{\Phi}(t,t_0)E\{\boldsymbol{e}(t_0)\boldsymbol{e}^\mathrm{T}(t_0)\}\boldsymbol{\Phi}^\mathrm{T}(t,t_0) + \int_{t_0}^t \boldsymbol{\Phi}(t,\tau)\boldsymbol{W}(\tau)\boldsymbol{\Phi}^\mathrm{T}(t,\tau)\mathrm{d}\tau$$

$$(14.73)$$

如果初始估计误差 $\boldsymbol{e}(t_0)$ 也是一个随机向量,我们可以把初始误差协方差写成

$$\bar{\boldsymbol{R}}_{ee}(t_0,t_0) = E\{\boldsymbol{e}(t_0)\boldsymbol{e}^\mathrm{T}(t_0)\} \quad (14.74)$$

将式(14.74)代入式(14.73)得到进一步的简化形式为

$$\bar{\boldsymbol{R}}_{ee}(t,t) = \boldsymbol{\Phi}(t,t_0)\bar{\boldsymbol{R}}_{ee}(t_0,t_0)\boldsymbol{\Phi}^\mathrm{T}(t,t_0) + \int_{t_0}^t \boldsymbol{\Phi}(t,\tau)\boldsymbol{W}(\tau)\boldsymbol{\Phi}^\mathrm{T}(t,\tau)\mathrm{d}\tau \quad (14.75)$$

式(14.75)描述了最优误差协方差随时间的变化。然而,时变系统 $\boldsymbol{\Phi}(t,t_0)$ 的状态转移矩阵是未知的。

找到关于$\bar{R}_{ee}(t,t)$的微分方程是可能的①,即

$$\dot{\bar{R}}_{ee}(t,t) = A_o(t)\bar{R}_{ee}(t,t) + \bar{R}_{ee}(t,t)A_o^T + W(t) \tag{14.76}$$

其中,$A_o(t)$如式(14.69)所示。式(14.76)称为卡尔曼滤波器的误差协方差方程,它是黎卡提型非线性矩阵微分方程,因此称为矩阵黎卡提方程②,它可以用式(14.74)给出的初始条件进行求解(数值)。我们不需要知道状态转移矩阵就能解出协方差矩阵。

下面我们考虑式(14.76)的特殊情况。

3. 非相关过程和测量噪声

假设两个白噪声向量$v(t)$和$z(t)$不相关,互相关矩阵为

$$R_{vz}(t,\tau) = E\{v(t)z^T(\tau)\} = 0$$

对于这种不相关噪声的情况,我们可以将式(14.58)和式(14.59)代入式(14.70),将结果代入式(14.72),得到$W(t)$与两个白噪声向量的功率谱密度$V(t)$和$Z(t)$之间的关系,即

$$W(t) = F(t)V(t)F^T(t) + L(t)Z(t)L^T(t) \tag{14.77}$$

将式(14.77)代入式(14.76)并使用式(14.69),我们可以将误差协方差的微分方程写为

$$\dot{\bar{R}}_{ee}(t,t) = [A(t) - L(t)C(t)]\bar{R}_{ee}(t,t) + \bar{R}_{ee}(t,t)[A(t) - L(t)C(t)]^T + F(t)V(t)F^T(t) + L(t)Z(t)L^T(t) \tag{14.78}$$

由式(14.78)可知③,最优卡尔曼滤波增益为

$$L^o(t) = R_{ee}^o(t,t)C^T(t)Z^{-1}(t) \tag{14.79}$$

式中:$R_{ee}^o(t,t)$为满足非线性矩阵黎卡提方程的最优误差协方差,即

$$\dot{R}_{ee}^o(t,t) = A(t)R_{ee}^o(t,t) + R_{ee}^o(t,t)A^T(t) + F(t)V(t)F^T(t) - R_{ee}^o(t,t)C^T(t)Z^{-1}(t)C(t)R_{ee}^o(t,t) \tag{14.80}$$

式(14.80)有时称为非相关过程和测量噪声的最优误差协方差方程。将其解代入式(14.79),得到最优卡尔曼滤波增益矩阵。

对式(14.80)右边的项赋予意义是可能的,前两项是由均匀(非强迫)系统的行为引起的,第三项是由于过程噪声引起的不确定性增加引起的,最后一项(带负号)是由于测量而引起的不确定性减少引起的④。卡尔曼滤波器提供状态精确估计的能力反映在这4项的大小上。

---

① 参见 A. Tewari,Modern Control Design,John Wiley,2002,p.342。
② 在决定系统的线性最优控制理论中提到了黎卡提方程。
③ 参见 A. Tewari,Modern Control Design,John Wiley,2002,p.343。
④ 参见 A. Gelb,Applied Optimal Estimation,MIT Press,1974,p.122。

如前所述,过程噪声和测量噪声对卡尔曼滤波器运行的影响是分开的。过程噪声对误差协方差增长的影响出现在第三项,即半正定项,无论是否有测量,都是一样的。定性地说,我们可以说,反映在 $V(t)$ 的"尺寸"上的过程噪声的统计参数越大,反映在 $F(t)$ 的"尺寸"上的噪声的权重越显著,误差协方差增加得越快。

第四项是测量噪声的影响。如果测量的每个元素都有噪声,$Z(t)$ 和 $Z^{-1}(t)$ 就是正定矩阵。第四项也是正定的,负号表示它总是会导致非零误差协方差矩阵的"大小"减小。由于矩阵的逆,这一项的大小与测量噪声的统计参数成反比。较大的测量噪声会使误差协方差减小得更慢;较小的噪声会使估计值更快地收敛于真实值[①]。

我们可以对式(14.80)做更多的讨论[②]。首先,误差协方差矩阵的传播与输出的测量无关。它只依赖于系统动态 $A(t)$,输出矩阵 $C(t)$,过程噪声强度 $V(t)$ 及其影响 $F(t)$,以及测量噪声强度 $Z(t)$。其次,如果 $C(t)=0$,式(14.80)化简为线性误差协方差方程

$$\dot{R}_{ee}^{o}(t,t) = A(t)R_{ee}^{o}(t,t) + R_{ee}^{o}(t,t)A^{T}(t) + F(t)V(t)F^{T}(t)$$

最后,如果 $z(t)=0$,即没有测量噪声,测量结果是完美的,那么,$Z(t)$ 就是零矩阵,式(14.80)是奇异的。

**4. 相关过程和测量噪声**

如果两个噪声信号是相关的,我们可以推导出更一般的卡尔曼滤波器矩阵黎卡提方程。我们首先写出互相关矩阵

$$R_{vz}(t,\tau) = E\{v(t)z^{T}(\tau)\} = G(t)\delta(t-\tau)$$

式中:$G(t)$ 是 $v(t)$ 和 $z(t)$ 之间的交叉谱密度矩阵。然后,卡尔曼滤波器的最优增益矩阵 $L^{o}(t)$ 可以表示为[③]

$$L^{o}(t) = [R_{ee}^{o}(t,t)C^{T}(t) + F(t)G(t)]Z^{-1}(t) \tag{14.81}$$

式中:$R_{ee}^{o}(t,t)$ 为满足一般矩阵黎卡提方程的最优误差协方差矩阵,即

$$\dot{R}_{ee}^{o}(t,t) = A_{G}(t)R_{ee}^{o}(t,t) + R_{ee}^{o}(t,t)A_{G}^{T}(t) +$$
$$F(t)V_{G}(t)F^{T}(t) - R_{ee}^{o}(t,t)C^{T}(t)Z^{-1}(t)C(t)R_{ee}^{o}(t,t) \tag{14.82}$$

其中

$$A_{G}(t) = A(t) - F(t)G(t)Z^{-1}(t)C(t)$$
$$V_{G}(t) = V(t) - G(t)Z^{-1}(t)G^{T}(t)$$

在过程和测量噪声相关的情况下,将式(14.82)的解代入式(14.81),得到最优卡尔曼滤波增益矩阵。

---

[①] Ibid,pp. 127-128。

[②] 这些评论来自 G. M. Siouris, An Engineering Approach to Optimal Control and Estimation Theory, John Wiley,1996,p. 97。

[③] 参见 A. Tewari, Modern Control Design, John Wiley, 2002, p. 343。

## 5. 稳态卡尔曼滤波器

在很多问题中,我们对稳态卡尔曼滤波器感兴趣,也就是卡尔曼滤波器协方差矩阵在极限 $t \to \infty$ 中收敛到一个常数。稳态卡尔曼滤波的结果是:当对象是时不变的,噪声信号是平稳白噪声。在这种情况下,估计误差是一个固定的白噪声,具有常数最优误差协方差矩阵 $R_{ee}^o$。

对于含有平稳白噪声信号的时不变问题(或者对于非平稳白噪声信号的时变问题一旦达到稳态),可以写出最优误差协方差矩阵 $R_{ee}^o$ 的代数黎卡提方程,即

$$0 = A_G R_{ee}^o + R_{ee}^o A_G^T + FV_G F^T - R_{ee}^o C^T Z^{-1} C R_{ee}^o \qquad (14.83)$$

其中,右侧的矩阵对于定常对象是常量(或者对于定常对象是稳态值)①。代数黎卡提方程(式(14.83))的唯一正定解存在的充分条件是:系统矩阵 $A$ 和输出矩阵 $C$ 的系统是可检测的②;具有系统矩阵 $A$ 和控制影响矩阵 $B = FV^{1/2}$ 的系统是可稳定的③。如果系统的矩阵 $A$ 和输出矩阵 $C$ 是可观测的,$V$ 是一个正定半定矩阵,$Z$ 是一个正定矩阵,则满足这些充分条件。

鲁道夫·埃米尔·卡尔曼
(1930 年 5 月 19 日—2016 年 7 月 2 日)

**贡献**:鲁道夫·卡尔曼是电气工程师和数学系统理论家,他对控制理论、应用数学和工程做出了重要贡献。他最著名的发明是卡尔曼滤波器,这是一种在控制系统中广泛使用的数学技术,用于从一系列噪声和/或不完整的测量数据中提取信号。卡尔曼滤波器(或卡尔曼-布西滤波器)的应用包括控制系统、导航系统(用于飞机、卫

---

① MATLAB 命令可以用于求解稳态卡尔曼滤波器的代数黎卡提方程,还有专门的卡尔曼滤波命令 lqe 或 lqe2。

② 据说一个稳定的、不可观测的系统是可以探测到的。如果引起不可观测性的子系统是稳定的,我们可以安全地忽略那些不影响输出的状态变量。

③ $V^{1/2}$ 表示 $V$ 的平方根,它满足 $V^{1/2}(V^{1/2})^T = V$。
当所有不可控的状态都具有稳定的动力学时,系统是可稳定的,也就是说,即使某些状态不能被控制(意味着系统不是完全可控的),所有的状态在系统的历史中都是有界的。

星和飞行器)以及社会经济系统。基于状态空间技术和递归算法的卡尔曼滤波器，使估计领域发生了革命性的变化。

**生平简介：**鲁道夫·埃米尔·卡尔曼出生于匈牙利布达佩斯。作为一名电气工程师的儿子，他决定追随父亲的脚步。在第二次世界大战期间，他们一家人于1943年先后离开土耳其和非洲，最终于1944年来到美国俄亥俄州的扬斯敦。

卡尔曼在进入麻省理工学院之前曾在扬斯敦大学就读，于1953年获得了学士学位，1954年又获得了硕士学位。在麻省理工学院毕业后他在哥伦比亚大学继续他的学业，并在那里获得了博士学位。1957年在 J. R. 拉格齐尼教授的指导下进修。

1957年到1958年期间，卡尔曼是纽约波基普西 IBM 研究实验室的一名工程师。他在线性采样数据控制系统的设计中做出了关键的贡献，使用了二次性能标准，并利用李亚普诺夫理论进行了控制系统的分析和设计。他预见到数字计算机对大型系统的重要性。

1958年，卡尔曼加入了位于马里兰州巴尔的摩市的高级研究所。他最初是一名研究数学家，后来被提升为研究副主任。在1958年到1964年之间，他对现代控制理论做出了一些开创性的贡献。

卡尔曼最为人所知的是他在1958年至1961年间开发的线性滤波技术(从1960年起部分与理查德·布西合作)，该技术用于从数据流中去除不必要的噪声。在1960年和1961年发表的论文中，他介绍了现在被称为卡尔曼滤波器的东西。

他在1958年末和1959年初获得了卡尔曼滤波离散时间(采样数据)版本的结果。他将维纳、科尔莫戈罗夫、博德、香农、普加乔夫等人早期在过滤方面的基础工作与现代状态空间方法相结合。他对离散时间问题的解决很自然地导致了问题的连续时间版本。在1960年至1961年，他与布西合作开发了连续时间版本的"卡尔曼滤波器"。

1964年到1971年期间，他是斯坦福大学的教授，在那里他与电气工程、力学和运筹学系有联系。1971年，他成为佛罗里达大学数学系统理论中心的研究生教授和主任，并于1992年荣誉退休。

从1973年到1997年退休，他还在瑞士苏黎世联邦理工学院担任数学系统理论教授。

**显著成就：**卡尔曼关于滤波的想法最初遭到了深深的质疑，以至于他不得不首先在机械工程期刊上发表他的研究成果，而不是在电子工程或系统工程出版物上(1991年，卡尔曼[①]就这一决定发表了评论，他说："当你害怕与既得利益集团一起踏

---

① 引自1991年4月17日卡尔曼在加州大学洛杉矶分校的演讲"System Theory: Past and Present"，M. S. Grewal 和 A. P. Andrews 报道，Kalman Filtering, Third Edition, John Wiley, 2008, p. 16。在同一篇讲话中，卡尔曼指出，他的第二篇关于连续时间的论文曾经被否决过，因为正如一名裁判审稿人所说的那样，证明中的一个步骤"不可能是真的"(这是真的)。

上圣地时,最好走偏路。")。

卡尔曼在 1960 年参观美国国家航空航天局艾姆斯研究中心时适时地提出了他的想法,这使得卡尔曼滤波器应用在阿波罗计划中,此外,还用在美国国家航空航天局航天飞机、海军潜艇、无人航天飞行器和武器上,如巡航导弹。

卡尔曼是 1969 年出版的《数学系统理论中的主题》一书的合著者,该书被广泛采用。

卡尔曼获得了许多奖项,包括 1974 年 IEEE《荣誉勋章》("开拓现代系统理论的方法,包括概念的可控性、可观测性、滤波器和代数结构"),1984 年 IEEE 纪念奖章,1985 年稻盛成基金会的京都高技术奖,1987 年美国数学学会的斯蒂尔奖,1997 年理查德·E. 贝尔曼控制遗产奖以及 2008 年美国国家工程院查尔斯·斯塔克·德雷珀奖。

2009 年 10 月 7 日,美国总统奥巴马授予卡尔曼国家科学奖章。

卡尔曼是美国国家科学院、美国国家工程院和美国艺术与科学学院的院士。他是匈牙利、法国和俄罗斯科学院的外籍院士,也被许多大学授予荣誉博士学位。

他的工作总结发表在《SIAM 新闻》(1994 年 6 月)上:"在 20 世纪 60 年代,卡尔曼是发展严格控制系统理论的领军人物。在他的众多杰出贡献中,最基本的状态空间概念(包括可控性、可观测性、极小性、输入/输出数据的可实现性、矩阵黎卡提方程、线性二次控制和分离原理)的制定和研究在当今控制领域普遍存在。虽然这些概念中的一些在其他情况下也会遇到,如最优控制理论,但正是卡尔曼认识到它们在系统分析中所起的中心作用。卡尔曼制定的范例和他所建立的基本成果已经成为控制和系统理论基础的固有部分,并且是研究的标准工具,也是该领域的每一个论述的标准工具,从本科工程教科书到研究生数学研究专著。20 世纪 70 年代,卡尔曼在引入代数和几何技术研究线性和非线性控制系统方面发挥了重要作用。他从 20 世纪 80 年代开始研究统计学,计量经济学建模和识别的系统理论方法,作为他早期研究的最小和可实现性的自然补充。

### 例 14.14　卡尔曼滤波器设计

考虑例 14.11 中一个具有以下传递函数的 SISO 对象,$\omega_0 = 1\,\text{rad/s}$,即

$$G(s) = \frac{1}{s+1}$$

一阶输入和输出都受到白噪声信号 $v(t)$ 和 $z(t)$ 的干扰,而确定性输入 $u(t)$ 是一个单位阶跃函数。配置如图 14.32 所示。各白噪声信号不相关,强度大小相等,且为 1。设计一个卡尔曼滤波器来估计状态 $x(t)$,这是对象的输出。

**解**:图 14.32 是图 14.30 的标量形式,$A = -1, B = 1, C = 1, D = 0, F = 1$。用给定的对象传递函数表示系统的状态空间模型为

$$\dot{x}(t) = -x(t) + u(t) + v(t) \tag{14.84}$$

图 14.32 例 14.14 的对象和信号的框图

$$y(t) = x(t) + z(t) \tag{14.85}$$

这些状态方程和输出方程分别是式(14.56)和式(14.57)的简化形式。

对于不相关过程噪声 $v(t)$ 和测量噪声 $z(t)$，标量误差协方差 $R_{ee}(t)$，在下面简单记为 $R(t)$，可以写成

$$\dot{R}(t) = -2R(t) + V(t) - R^2(t)Z^{-1}(t)$$

初始条件下，$R_0 = R(0)$，卡尔曼滤波增益 $L(t)$ 可以写成

$$L(t) = R(t)Z^{-1}(t)$$

分别从式(14.80)和式(14.79)中得到。对于等单位强度噪声信号，功率谱密度为 $V(t) = Z(t) = 1$。误差协方差方程为

$$\dot{R}(t) = -2R(t) + 1 - R^2(t) \tag{14.86}$$

卡尔曼滤波增益就是协方差，即 $L(t) = R(t)$。

设式(14.86)中的 $\dot{R}(t) = 0$，协方差的稳态值 $R_\infty = R(t \to \infty)$ 有如下方程：

$$R_\infty^2 + 2R_\infty - 1 = 0$$

求解(仅应用正解)得到 $R_\infty = \sqrt{2} - 1 \approx 0.414$。

在初始条件 $R_0 = R(0)$ 的情况下，式(14.86)可以数值求解。对于这个方程，有可能找到一个封闭形式的解，即

$$R(t) = R_\infty + \frac{\beta \Delta R}{e^{\beta t}(\Delta R + \beta) - \Delta R} \tag{14.87}$$

其中 $\beta = 2\sqrt{2}$，$\Delta R = R_0 - R_\infty$。对于任意选择的初始条件 $R_0 = 1$，即 $\Delta R = 2 - \sqrt{2}$，式(14.87)的误差协方差(与本例中的卡尔曼滤波增益相同)绘制在图14.33中。在图中确定了稳态值，并在2s内达到稳态。

鉴于 $u(t)$ 是一个单位阶跃函数(也就是说，$t<0$ 时 $u(t)=0$，$t>0$ 时 $u(t)=1$)，$v(t)$ 和 $z(t)$ 为(限带)白噪声信号且具有联合功率谱密度，我们可以数值求解式(14.84)和式(14.85)，给定一个初始条件，取 $x(0)=0$。输出响应 $y(t)$ 如图14.34所示。由于被高度损坏，很难识别一阶阶跃响应。

根据单位阶跃输入和输出响应，卡尔曼滤波器能够重建状态估计。估计状态的控制方程是式(14.61)的简化形式，即

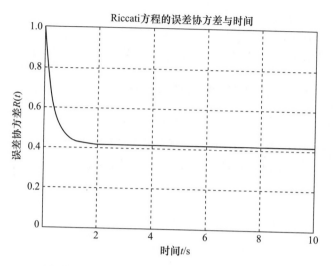

图 14.33　例 14.14 误差协方差作为时间的函数

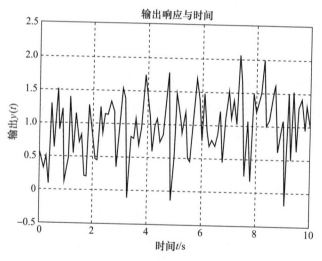

图 14.34　例 14.14 的输出信号响应

$$\dot{\hat{x}}(t) = -(1+R(t))\hat{x}(t) + u(t) + R(t)y(t)$$

并且其初始条件为 $\hat{x}(0)$。

对于与状态相同的初始条件($\hat{x}(0)=0$),估计状态的响应如图 14.35 所示。状态响应也由式(14.84)的解显示在图中。响应之间的差异(即估计误差)很小,并且通过比较证明了卡尔曼滤波器的有效性。

对于这个简单的一阶示例,可以进行进一步的研究,以探索不同强度对过程噪声和测量噪声信号的影响。

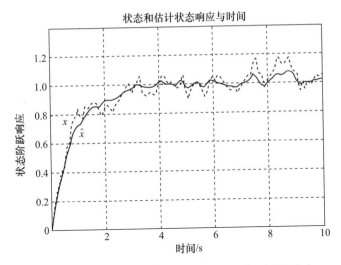

图 14.35　例 14.14 状态(虚线)和估计状态(实线)响应

## 14.7　其他问题

前一节中的卡尔曼滤波器推导提供了设计随机多变量对象的状态观测器的过程。在存在白噪声信号的情况下,这种观测器保证是最佳的。然而,由于很少遇到白噪声,因此可以将用于设计卡尔曼滤波器的功率谱密度视为调谐参数,以达到具有期望特性(例如性能和鲁棒性)的观测器。线性卡尔曼滤波器还可用于设计非线性设备的状态观测器,通过使用适当的功率谱密度矩阵将非线性视为过程噪声。

### 14.7.1　扩展卡尔曼滤波

"线性卡尔曼滤波"这个术语有时被用来描述这样的卡尔曼滤波,它假设系统模型是用状态空间形式表示的线性微分方程描述的,测量是状态的线性函数。当系统模型被非线性微分方程描述或者测量结果不是滤波器状态的线性函数时,使用扩展卡尔曼滤波器[1]。卡尔曼滤波最有趣、最成功的应用就是针对这种情况。

扩展卡尔曼滤波器给出了最优状态估计的近似。用非线性系统模型的线性化版本,围绕最后的状态估计近似被控对象动态的非线性。为了使这种近似有效,线性化应该在状态估计的不确定性范围内近似非线性模型。

对于线性和扩展卡尔曼滤波器,很少需要先验信息。例如,对于扩展的卡尔曼滤波器,唯一需要的信息是初始状态估计和一个初始协方差矩阵。在某些问题中,还存

---

[1]　将当前均值和协方差线性化的卡尔曼滤波器称为扩展卡尔曼滤波器。在类似于泰勒级数的情况下,即使在非线性关系的情况下,也可以使用过程和测量函数的偏导数来计算估计,从而在当前估计周围线性化估计。

在其他信息,这些信息可能有助于滤波器的设计。例如,在卫星跟踪中,卫星的近似轨道是事先知道的。在卡尔曼滤波器应用中,包括可用的附加信息,如标称轨迹信息,是一个已经深入研究的课题①。

### 14.7.2 最优补偿器

卡尔曼滤波器是多变量系统中许多先进控制方法的核心部分。在一类方法中,将卡尔曼滤波器与最优调节器②相结合,为随机多变量对象建立最优补偿器。最优补偿器通常被称为线性二次高斯补偿器,或 LQG 补偿器,如果它是基于一个线性被控对象、一个二次目标函数(即最小化的二次性能指数)和一个具有高斯概率分布的白噪声假设。

由于分离原理,控制器的设计可以独立于卡尔曼滤波器的设计。带有卡尔曼滤波器的 LQG 补偿器的设计过程如下。

(1) 假设状态反馈③(即假设所有状态变量都可用于测量)和二次目标函数,为线性对象设计最优调节器。该调节器用于根据测量状态 $x(t)$ 生成控制输入 $u(t)$。

(2) 假设已知控制输入 $u(t)$、实测输出 $y(t)$ 和白噪声输入 $v(t)$ 与 $z(t)$,并且已知功率谱密度,为对象设计一个卡尔曼滤波器。卡尔曼滤波器的设计是为了提供状态 $\hat{x}(t)$ 的最优估计。

(3) 将单独设计的最优调节器和卡尔曼滤波器组合成一个最优补偿器,根据估计状态 $\hat{x}(t)$ 生成输入 $u(t)$,而不是实际状态 $x(t)$ 和实测输出 $y(t)$。

由于最佳调节器和卡尔曼滤波器是分开设计的,因此可以选择它们具有相互独立的理想特性。通过在闭环系统的性能指标和卡尔曼滤波器的谱噪声密度中适当地选择最优调节器的加权矩阵,可以得到理想的闭环系统的性能。

由下式的状态空间方程和控制律给出了用式(14.56)和式(14.57)的状态空间表示来调节噪声对象的最优补偿器的状态空间实现,即

$$\dot{\hat{x}}(t) = \{A - BK - LC + LDK\}\hat{x}(t) + Ly(t)$$
$$u(t) = -K\hat{x}(t)$$

式中:$K$ 和 $L$ 分别为最优反馈增益与卡尔曼滤波增益矩阵。

我们注意到,使用状态观测器或卡尔曼滤波器进行状态反馈控制可能会影响整个闭环系统的性能。例如,依赖于初始条件(状态估计或协方差矩阵),闭环系统的瞬态响应可能不如依赖于完全状态反馈的系统。此外,使用状态估计器可能会损失系统的鲁棒性。然而,使用观测器或卡尔曼滤波器的优点远远超过了随机系统闭环系统设计的缺点。

---

① 参见 P. Zarchan, H. Musoff 和 F. K. Lu 书中关于线性化卡尔曼滤波的第 13 章,Fundamentals of Kalman Filtering: A Practical Approach, AIAA, Third Edition, 2009。

② 一个输出保持不变的控制系统称为调节器。

③ 利用状态反馈设计控制系统,要求装置是可控的;否则,控制输入不会影响对象的所有状态变量。

## 14.8 本章小结

任何控制系统的最终目标都是验证和优化动态系统的性能,对于机电系统,控制系统的设计与机电或其他多学科工程系统的设计是一致的。

本章旨在介绍对随机系统控制有用的数学工具,它促进了卡尔曼滤波的产生,并提供了一种从间接和噪声测量用来估计系统的状态变量的方法。这些估计状态变量可用于随机动态系统的预测和控制。卡尔曼滤波器可以被描述为过程和测量噪声损坏的系统的最优状态观测器,并建模为白噪声。特别地,卡尔曼滤波器计算了线性随机系统状态概率分布的条件均值和协方差,它们都被建模为白噪声过程。它在参数识别、预测、滤波以及实现随机系统状态反馈等方面都具有重要意义。

## 14.9 格言

- 错误是生活的事实,重要的是对错误的响应。——妮基·乔瓦尼(Nikki Giovanni)
- 谁能控制他自己的命运?——威廉·莎士比亚(William Shakespeare)
- 完美只是一种理想,现实只能追求最优结果。——塔尔·本-沙哈尔(Tal Ben-Shahar)
- 如果一切都在控制之中,那就是你的速度不够快。——马里奥·安德雷蒂(Mario Andretti)
- 遇到麻烦时,请使用反馈。——吉恩·富兰克林,大卫·鲍威尔,阿巴斯·艾米·内埃尼(Gene Franklin, David Powell, Abbas Emami-Naeini)
- 反馈是将所有美丽的人都带到聚会来的朋友。——弗兰克·雅各比(Frank Jacoby)
- 系统失效的严重程度与设计者认为不会失效的强度成正比。——泰坦尼克号效应(The Titanic Effect)
- 我们不是生活在一个一成不变的世界里。——迈克尔·斯威岑鲍姆(Michael Switzenbaum)
- 世界是非线性的,意味着现在及其趋势只能用于预测未来的短暂时间,其他难以预测的力量也会发挥作用,他们可以改变事情的好坏。——海姆·贝纳罗亚(Haym Benaroya)

# 作者简介

Haym Benaroya,博士,1976年在库伯高等科学艺术联盟学院(The Cooper Union for the Advancement of Science and Art)获得学士学位,1977年和1981年在宾夕法尼亚大学分别获得硕士学位和博士学位。1981年至1989年作为咨询工程师在纽约威德林格工程师事务所(Weidlinger Associates,)工作,1989年加入新泽西州立罗格斯大学,现任机械与航空工程系教授。他的主要研究方向为结构振动,海上结构动力学,流固耦合,飞行器结构和月球结构概念研究等,以及关于科学、太空、国防政策和教育方法等相关研究方向。Benaroya教授出版了很多学术论文和著作。Benaroya教授是英国星际学会院士,国际宇航学院的当选成员,也是美国纽约的注册工程师。

Seon Mi Han,博士,1996年在美国库伯高等科学艺术联盟学院(The Cooper Union for the Advancement of Science and Art)获得学士学位,1998年和2001年在美国新泽西州立罗格斯大学(Rutgers, the State University of New Jersey)分别获得硕士学位和博士学位。2001年至2003年获得美国伍兹霍尔海洋研究所(The Woods Hole Oceanographic Institution)的博士后奖学金。2004年至2010年担任美国德克萨斯理工大学(Texas Tech University)机械工程系副教授,博士生导师。Seon Mi Han博士的研究方向为振动和海上及海洋结构物动力学。

Mark Nagurka,博士,1978年和1979年分别获得美国宾夕法尼亚大学(The University of Pennsylvania)机械工程和应用力学专业学士学位和硕士学位。1983年获得美国麻省理工学院(M.I.T.)机械工程专业博士学位。Nagurka博士在任美国马凯特大学(Marquette University)机械生物工程系副教授前曾执教于卡内基梅隆大学(Carnegie Mellon University)。Nagurka教授是美国机械工程师协会院士,是美国威斯康星州和宾夕法尼亚州的注册工程师。他的研究方向是机械和机电系统设计、控制系统设计、机电一体化、自动化、人机交互和车辆动力学。